国家出版基金项目
NATIONAL PUBLICATION FOUNDATION

国家出版基金项目
“十二五”国家重点出版物出版规划项目

现代兵器火力系统丛书

非定常气体动力学

王保国　高　歌　黄伟光
徐燕骥　闫文辉　著

北京理工大学出版社
BEIJING INSTITUTE OF TECHNOLOGY PRESS

内容简介

在现代气体动力学的研究中，非定常流动问题难度很大，物理现象复杂，一直是该领域的前沿内容。本书是关于气体动力学非定常流动问题的一部专著。全书分两篇12章，分别从一维、二维和三维非定常流动的重要特征入手，描述简单波、稀疏波、压缩波、激波、燃烧波以及爆轰波间相互作用的特点，分析涡量动力学在非定常气动力计算中的作用，探讨脉冲激光推进技术的力学基础以及应用前景。书中还细致讨论非定常流动在航空动力设计、现代兵器的气动设计、飞行器气动布局和未来航天器研制中的应用。

本书可供航空航天、动力工程与工程热物理以及兵器科学领域等相关专业科研人员参考，也可作为有关院校流体力学专业、航空航天专业研究生学位课教材。

图书在版编目（CIP）数据

非定常气体动力学/王保国等著. —北京：北京理工大学出版社，2014.2
（现代兵器火力系统丛书）
国家出版基金项目及“十二五”国家重点出版物出版规划项目
ISBN 978-7-5640-8770-8

Ⅰ.①非…　Ⅱ.①王…　Ⅲ.①非定常空气动力学　Ⅳ.①O354

中国版本图书馆CIP数据核字（2014）第020667号

出版发行 / 北京理工大学出版社有限责任公司
社　　址 / 北京市海淀区中关村南大街5号
邮　　编 / 100081
电　　话 / （010）68914775（总编室）
82562903（教材售后服务热线）
68948351（其他图书服务热线）
网　　址 / http：//www.bitpress.com.cn
经　　销 / 全国各地新华书店
印　　刷 / 北京地大天成印务有限公司
开　　本 / 787毫米×1092毫米　1/16
印　　张 / 38
字　　数 / 718千字
版　　次 / 2014年2月第1版　2014年2月第1次印刷
定　　价 / 144.00元

责任编辑 / 李炳泉
王佳蕾
文案编辑 / 李炳泉
责任校对 / 周瑞红
责任印制 / 王美丽

总　序

国防科技工业是国家战略性产业，是先进制造业的重要组成部分，是国家创新体系的一支重要力量。为适应不同历史时期的国际形势对我国国防力量提出的要求，国防科技工业秉承自主创新、与时俱进的发展理念，建立了多学科交叉，多技术融合，科研、实验、生产等多部门协作的现代化国防科研生产体系。兵器科学与技术作为国防科学与技术的一个重要分支，直接关系到我国国防科技总体发展水平，并在很大程度上决定着国防科技诸多领域的成果向国防军事硬实力的转化。

进入 21 世纪以来，随着兵器发射技术、推进增程技术、精确制导技术、高效毁伤技术的不断发展，以及新概念、新原理兵器的出现，火力系统的射程、威力和命中精度均大幅提升。火力系统的技术进步将推动兵器系统的其他分支发生相应的革新，乃至促使军队的作战方式发生变化。然而，我国现有的国防科技类图书落后于相关领域的发展水平，难以适应信息时代科技人才的培养需求，更无法满足国防科技高层次人才的培养要求。因此，构建系统性、完整性和实用性兼备的国防科技类专业图书体系十分必要。

为了解决新形势下兵器科学所面临的理论、技术和工程应用等问题，王兴治院士、王泽山院士、朵英贤院士带领北京理工大学、南京理工大学、中北大学的学者编写了《现代兵器火力系统》丛书。本丛书以兵器火力系统相关学科为主线，运用系统工程的理论和方法，结合现代化战争对兵器科学技术的发展需求和科学技术进步对其发展的推动，在总结兵器火力系统相关学科专家学者取得主要成果的基础上，较全面地论述了现代兵器火力系统的学科内涵、技术领域、研制程序和运用工程，并按照兵器发射理论与技术的研究方法，分述了枪炮发射技术、火炮设计技术、弹药制造技术、引信技术、火炸药安全技术、火力控制技术等内容。

本丛书围绕“高初速、高射频、远程化、精确化和高效毁伤”的主题，梳理了近年来我国在兵器火力系统相关学科取得的重要学术理论、技术创新和工程转化等方面的成果。这些成果优化了弹药工程与爆炸技术、特种能源工程与烟火技术、武器系统与发射技术等专业体系，缩短了我国兵器火力系统与国外的差距，提升了我国在常规兵器装备研制领域的理论水平和技术水平，为我国兵器火力系统的研发提供了技术保障和智力支持。本丛书旨在总结该领域的先进成果和发展经验，适应现代化高层次国防科技人才的培养需求，助力国防科学技术研发，形成具有我国特色的“兵器火力系统”理论与实践相结合的知识体系。

本丛书入选“十二五”国家重点出版物出版规划项目，并得到国家出版基金资助，体现了国家对兵器科学与技术，以及对《现代兵器火力系统》出版项目的高度重视。本丛书凝结了兵器领域诸多专家、学者的智慧，承载了弘扬兵器科学技术领域技术成就、创新和发展兵工科技的历史使命，对于推进我国国防科技工业的发展具有举足轻重的作用。期望这套丛书能有益于兵器科学技术领域的人才培养，有益于国防科技工业的发展。同时，希望本丛书能吸引更多的读者关心兵器科学技术发展，并积极投身于中国国防建设。

丛书编委会

序

非定常流动是指流动状态随时间变化的流动，而不随时间变化的称为定常流动。在自然界中非定常流动是最普遍存在的流体运动形式。

飞机飞行时若迎角超过一定范围，气流会在机翼吸力面分离，而分离流往往是非定常的。特别对于现代战斗机，大迎角机动飞行在进攻和防御中都是不可缺少的，具备这种能力是现代先进战机的重要标志。随着迎角增大，气流分离现象更加严重，往往导致飞机发生抖振和失控现象。要解决这些问题就必须对非定常流动特性进行深入研究。

各种燃气轮机的压气机和涡轮通道中，转子与静子叶片排的交替排列使得流场具有固有的非定常性。在此背景框架下，进口流场畸变、旋转失速、喘振、颤振、二次流、叶尖泄漏流、分离流、转捩、尾迹、不同尺度的旋涡，以及几乎充满整个流动空间的湍流等各种非定常流动现象更加复杂。

非定常性进一步增加了气动力学的复杂性和难度。针对非定常性，数学家进行了大量研究，得到了一些深刻反映非定常物理特征的结果，深化了人们的认识，很有教益。尽管非定常项本身不是非线性，但描写非定常气动力学物理现象的却是非定常非线性偏微分方程组，对于这样的数学问题，至今未能得到一般情况下的解析解，而且至今也看不到从理论上根本解决这些问题的前景。不断提高产品质量的客观需求不能等待科学问题的彻底解决，于是采用了两条途径：一是简化数学问题；二是依靠试验研究，这两者紧密结合、相互补充，取得了惊人的成就。

简化数学问题主要是非定常问题定常化，即用各种方法将非定常问题近似为定常问题。例如，将非定常偏微分方程（组）对时间积分，消去时间项，成为定常方程（组）；也可以采用其他假设，简化为定常方程（组）。应当指出，过去几十年，压气机和涡轮的产品性能得到了非常大的提高，而工程设计的手段都是基于各种简化的定常设计体系，而且至今这仍是世界先进国家所采用的基本体系。当然，这些体系都是以大量试验数据为支撑的。尽管定常体系取得了巨大的成就，但毕竟没有反映真实流动的全部信息，有一定局限性。这正是本书的出发点。特别是随着数值技术的进步，人们做出了很大的努力，力求利用CFD的方法，在设计体系中引入非定常的因素，并已取得可喜的进展。

依靠试验研究处理非定常问题，是基本的有效途径。最典型的成功例子是Calming效应。剑桥大学针对上游叶排尾迹对下游叶排扫掠的作用，经过大量深入细致的试验研究发现，在非定常尾迹作用下，边界层的转捩过程与定常边界层有明显不同，充分利用湍流斑镇静区（Calming Region）的特性可以既延缓分离，又得到高效率。利用此技术，在低雷诺数条件下，可使得低压涡轮在效率不降低甚至略有提高的情况下，气动负荷提高30%～40%。此技术已成功应用于多种航空燃气涡轮发动机上。

鉴于非定常流动现象的普遍性和工程应用的重要性，本书从现代航空、航天、动力与工程热物理以及兵器科学与技术中，抽取其中的非定常流动问题并针对流动中所发生的基本物理现象和流动作用的机理进行阐述，力求使读者对问题有一个较全面的了解与认识，使读者能够掌握书中所讲述的基本理论和基本方法，并为进一步开展这方面的科学研究指明方向。该书的出版进一步充实、加强了空气动力学领域中的非定常部分，对空气动力学本身也是非常有意义的。本书的五位作者来自两所国家级重点高校（北京理工大学、北京航空航天大学）和两个国家级科研机构（中国科学院上海高等研究院、中国航空研究院），他们率领着五个学术研究团队，其研究领域涵盖了航空、航天、动力工程与工程热物理以及兵器科学与技术的多个学科。他们实行强强联合、优势互补的合作模式，具有很好的多学科融合性。这种合作的模式，有利于理论分析与工程实践之间的密切结合，有利于多个学科之间的交叉、碰撞与激励，有利于写出一本好书，值得推广。本书凝聚了作者们多年来的研究成果与实践经验，是一本学术水平高、系统性强、密切联系实际的好书，对读者很有启示和教益。相信本书的出版，对非定常气体动力学的研究会产生积极的推动作用。

陈懋章

2013年9月18日

前　言

这是一部气体动力学非定常问题的专著，全书分两篇 12 章，始终坚持重基础、重应用和少而精的基本原则。目前，阐述从一维、二维到三维非定常流动的重要特征，研究从内流到外流的流动性质，描述从简单波、稀疏波、压缩波、激波、燃烧波到爆轰波间相互作用的特点，分析涡量动力学在非定常气动力计算中的重要作用，探讨激光推进技术的力学基础，讨论非定常流动在航空动力设计、飞行器气动布局、未来航天器研制以及在现代兵器设计中应用的书籍实为少见，从这个意义上讲，这部专著弥补了国内这方面出版的缺憾。

长期工作在教学与科研第一线上的五位作者，分别来自北京理工大学宇航学院、北京航空航天大学能源与动力工程学院、中国科学院上海高等研究院和中国航空研究院新技术研究所，他们都是这个领域中不同部门的学术带头人，曾发表过百余篇学术论文，出版过多部专著与教材，具有较丰富的科研与写作经验。本书第一作者王保国教授荣获北京市教学名师称号，出版专著与教材 12 部，而且全部为第一作者，其中已出版的《流体力学》（机械工业出版社）、《空气动力学基础》（国防工业出版社）、《气体动力学》（原国防科工委五院校出版社）、《工程流体力学（上、下册）》（科学出版社）、《高超声速气动热力学》（科学出版社）、《稀薄气体动力学计算》（北京航空航天大学出版社）、《高精度算法与小波多分辨分析》（国防工业出版社）、《叶轮机械跨声速及亚声速流场的计算方法》（国防工业出版社）、《传热学》（机械工业出版社）、《安全人机工程学》（机械工业出版社）、《人机环境安全工程原理》（中国石化出版社）、《人机系统方法学》（清华大学出版社）等涉及流体力学学科、工程热物理学科以及航空宇航一级学科中人机与环境工程学科，涉及高速飞行器、动力机械以及喷气推进装置的气动布局与气动设计，涉及航天器的高超声速再入飞行问题以及热防护与热安全，涉及微观物理与宏观力学之间的交叉与结合，涉及物理力学与工程力学问题的融合与统一。上述书籍的写作与王保国教授在中国科学院力学研究所和工程热物理研究所长达 16 年、在清华大学力学系长达 10 年以及在北京理工大学宇航学院长达 10 年的工作经历紧密相联。另外，王保国教授有许多社会学术兼职，他连续两届担任中国人类工效学学会副理事长（2008－2016 年）、长期担任人机工程专业委员会主任（自 2003 至今）；另外，从 2003 年至今还一直担任中国系统工程学会人—机—环境委员会副秘书长等。2011 年 10 月 22 日在北京召开的“隆重纪念伟大科学家钱学森诞辰 100 周年暨人—机—环境系统工程创立 30 周年大会”上授予王保国教授终身成就奖并颁发证书（本次全国大会两名获奖人之一）。此外，有一点还应说明：山东临清是京剧之乡，也是国学大师季羡林先生的故乡，因此王保国教授自幼喜爱中国京剧（虽不是京剧名票，但自 5 岁开始听戏至今）并受益极大，从中学会了做人、做事、做学问，学会了为人忠厚、懂得感恩，深知百善孝为先的人生道理；他自幼立志以季羡林先生为榜样，具有学习刻苦认真、一丝不苟的基本素质；深刻理解了苦练基本功、举一反三、融会贯通做学问的基本道理。正是这些基本素质和基本道理，促使王教授写出了上述 12 本专著与教材。这些著作深刻与准确地反映了他在从事航空发动机气动设计、飞行器气动布局与高超声速再入热防护、载人航天器人机系统评价与分析三个涉及国防建设的重要前沿科学领域中，40 多年学术研究与辛勤耕耘的丰硕成果；体现了他作为学术带头人，在工程热物理、航空航天、人机与环境工程这三个不同学科但又密切联系的交叉学术前沿领域中，潜心专研、勇于探索、一丝不苟、严谨求实的优良学风。本书第二作者高歌教授是 1984 年国家发明一等奖、首届航空金奖和首届国防科工委光华特等奖的获得者，是 GAO-YONG 理性湍流理论的创始人；他提出与设计的沙丘驻涡火焰稳定器是我国近年来在喷气推进技术上的重大发明之一，1985 年 2 月国家最高领导人在中南海接见了高歌教授和宁榥先生，并合影留念；他于 1980 年在科学出版社出版的《燃烧室气动力学》一书一直作为航空航天动力专业高年级学生及研究生的重要指导性著作；近年来，他出版的《兰星科技畅想》和《宇宙天演论》深受国内外读者们的欢迎。本书第三作者黄伟光先生现任中国科学院上海高等研究院副院长、研究员，曾任中国科学院工程热物理研究所所长以及国家重点基础研究发展（“973”计划）项目首席科学家，曾两次荣获国家科技进步二等奖，一次荣获国家自然科学二等奖，著有《气体动力学》、《高超声速气动热力学》和《人机环境安全工程原理》；兼任《航空学报》与《工程热物理学报》编委、《Journal of Thermal Science》杂志主编；另外，兼任北京理工大学特聘教授。本书第四作者徐燕骥博士是 20 世纪 80 年代毕业于清华大学热能系的优秀学子，大学毕业后一直在中国科学院工程热物理研究所和中国科学院上海高等研究院从事气动热力学以及新型能源动力的研究，他是中国科学院上海新喆机电技术的总负责人、学术带头人。本书第五作者闫文辉博士，在北京航空航天大学接受的长达9年的本科和研究生系统教育，打下了坚实的理论基础；在美国著名大学的留学经历开阔了眼界，增强了从事科学研究的活力；他是中国航空研究院新技术研究所的高级工程师，是一位年轻的学术新秀。五位作者紧密合作、共同完成了这部多学科交叉、紧紧贴近气体动力学前沿的学术著作。

五位作者十分感谢卞荫贵先生、吴仲华先生、宁榥先生、陈乃兴先生、陈懋章院士、童秉纲院士、朵英贤院士、徐更光院士、顾诵芬院士和陶文铨院士对研究工作的长期关心与支持。另外，感谢五位作者所在团队人员的共同努力和不懈的工作。此外，还向书中参考文献里所列出的作者们与同仁们表示感谢。在本书出版期间，得到了北京理工大学出版社罗勇总编、樊红亮副社长以及编辑尹晅的大力支持与帮助，正是他们的敬业精神才使得本书得以如期出版，我们表示感谢。尤其令五位作者非常感动并深受教育的是，陈懋章院士那种一丝不苟的敬业精神和对晚辈那份关爱与热情，也体现在为本书写序的过程中。为给本书写序，先生在百忙之中，占用了整整一个星期的宝贵时间。他首先认真审阅了该书的详细目录、写作大纲和整体框架以及全书的重点章节，而后在此基础上动手写序。为了准确与充分地给读者表达书中的内容，陈先生反复推敲序中的用词、用字以及序中的内容，并与我们多次当面或电话沟通。序的电子稿，我们曾收到过四稿，这种办事认真负责的敬业精神深深地教育了我们。同样，陈懋章院士的这种严谨学风也体现在他的著作与他发表的文章中。他的《黏性流体动力学基础》（高等教育出版社，2002年）概念准确、论述严谨，是我们业内公认的打好专业基础的必读教材；他的《黏性流体动力学理论及紊流工程计算》（北京航空学院出版社，1986年）是我们当时学习湍流工程算法的最宝贵教材，也是当时最贴近工程计算的工具书，深得专业工程技术人员的欢迎。他发表的《压气机气动力学发展的一些问题》（《航空学报》，1985年）、《中国航空发动机高压压气机发展的几个问题》（《航空发动机》，2006年）、《叶轮机气动力学研究及其发展趋势》（《航空百年学术论坛》，2003年）、《中国压气机基础研究及工程研制的一些进展》（《航空发动机》，2007年）、《大涵道比涡扇发动机风扇/压气机气动设计技术分析》（《航空学报》，2008年）、《风扇/压气机技术发展和对今后工作的建议》（《航空动力学报》，2002年）以及《风扇/压气机气动设计技术发展趋势——用于大型客机的大涵道比涡扇发动机》（《航空动力学报》，2008年）等，这些极为重要的文章及时地为我国从事航空发动机研制的高等学校、研究院所以及工程技术人员指明了方向，为我国航空发动机关键部件压气机与涡轮的研究与研制引领了前进的方向。这里必须指出的是，航空发动机对一个国家的安全至关重要。航空发达国家都把发动机作为优先发展的技术列入国家或国防关键技术计划，并且严格禁止向别国转让。世界上能够自主设计与生产航空喷气发动机的也仅有少数几个国家，因此航空发动机的研制关系到我国国防的安全。我国需要一批像陈院士这样敬业的科学家和工程师去发展我国的航空事业，我国更需要成千上万的学子们能够热爱祖国的航空、热爱祖国航空发动机事业的发展、热爱祖国的国防事业，陈懋章院士为我们树起了人生楷模。

本书主要内容已在北京理工大学博士生《高等计算流体力学》学位教材中讲过多届，同学们反映较好。该书可作为研究生学位教材，也可作为相关专业科技人员的参考书。由于五位作者水平有限，书中的错误和不妥之处，敬请读者批评指正；还可通过 Email：bguowang@163.com 与我们联系，共同探讨。

作　者

2013 年 9 月 28 日

目　录

第一篇　基本理论与力学基础

第二篇　工程应用与研究进展

第一篇

基本理论与力学基础

第 1 章　广义气体动力学基本方程组

本章在三维空间中，首先在经典流体力学与气体动力学的框架下给出了气体非定常可压缩流动时所遵循的基本方程组的积分与微分形式[1-5]，给出了一般控制体的 Reynolds 输运定理[6,7]，给出了非定常可压缩湍流流动中采用 Favre 质量加权平均的纳维—斯托克斯（Navier-Stokes，N-S）方程组[8-18]。随着 20 世纪 80 年代以来，随着天体物理、宇宙学、激光推进（包括激光维持的爆轰波推进技术）、新型能源[激光聚变（Fusion）反应堆、热核实验反应堆等]、航空航天科学以及现代兵器装备的飞速发展，电磁流体力学、高温高超声速气动热力学、辐射流体力学（包括光辐射、核辐射、核电磁脉冲以及高温与辐射引起的大气电离）已成为拓广现代气体动力学的主要内容，传统的四大力学（即理论力学、电动力学、量子力学、热力学与统计物理学）已融合到现代气体动力学的研究中。因此，本章除讨论经典气体动力学之外还增加了非惯性相对坐标系中的 Navier-Stokes 方程组、电磁流体力学、高温高超声速气动热力学以及辐射流体力学方面的重要内容，给出了相应的基本方程组。以第 1.4 节为例，针对现代高超声速气体动力学以及激光推进技术中需要考虑热力学非平衡、化学非平衡的影响，需要考虑气体分子的振动速率方程、化学反应速率方程以及光子的辐射输运方程之间的耦合作用[19,20]，因此这节便给出了高温高速非定常流动的广义 Navier-Stokes 方程组[21,22]。更为重要的是，随着现代航空航天飞行器向着更高与更远空间飞行的特点以及现代兵器围绕着高初速、高射频、远程化、精确化的目标所开展的研究工作，特别是随着现代星际航行中气动力辅助变轨技术的飞速发展，需要精确确定在稀薄气体环境下的气动力与气动热，因此在 1.6 节中给出了气体动理学中的 Boltzmann（波耳兹曼）方程[23,24]与 Wang Chang-Uhlenbeck 方程[25-27]。这里还要特别说明的是，在上面给出的两个方程中，后一个方程也称作广义 Boltzmann 方程（Generalized Boltzmann Equation，GBE），国际上特意用我国科学家王承书先生和她早年在美国求学时导师的名字命名，以此表彰与纪念这两位伟大科学家在这方面为人类做出的杰出贡献。使用这个方程可以考虑多组元、多原子分子，可以考虑分子内部自由度（例如转动、振动和电子能级的激波）的量子数以及所对应的量子态。因此，目前国际学术界认为 GBE 的数值求解问题属于现代计算流体力学的前沿课题[25,27]。显然，在本章后四节给出的相关内容与相应的基本方程组，在一般流体力学与气体动力学书[11,12,28-36]中是很难看到的。

1.1 经典气体动力学的 Navier-Stokes 方程组

1.1.1 一般控制体及 Reynolds 输运定理

令 $\tau*(t)$ 是移动着的一般控制体，它的边界面与单位外法线矢量分别为 $\sigma*(t)$ 与 $\boldsymbol{n}$；令控制体的边界面上局部边界速度为 $\boldsymbol{b}$ 并且在整个表面 $\sigma*(t)$ 上变化，因此对于一般控制体来讲，Reynolds（雷诺）输运定理可表述为[31,7]：

$$\frac{\mathrm{d}}{\mathrm{d}t}\iiint_{\tau*(t)}\varphi\mathrm{d}\tau=\iiint_{\tau*(t)}\frac{\partial\varphi}{\partial t}\mathrm{d}\tau+\oiint_{\sigma*(t)}\varphi(\boldsymbol{b}\cdot\boldsymbol{n})\mathrm{d}\sigma \tag{1.1.1}$$

$$\frac{\mathrm{d}}{\mathrm{d}t}\iiint_{\tau*(t)}\boldsymbol{a}\mathrm{d}\tau=\iiint_{\tau*(t)}\frac{\partial\boldsymbol{a}}{\partial t}\mathrm{d}\tau+\oiint_{\sigma*(t)}\boldsymbol{a}(\boldsymbol{b}\cdot\boldsymbol{n})\mathrm{d}\sigma \tag{1.1.2}$$

两式中，φ 与 $\boldsymbol{a}$ 为任意标量与任意矢量。

对于 $\boldsymbol{b}$ 可有多种选取方式，例如，若取 $\boldsymbol{b}=0$，则控制面常称为第一类控制面；若取 $\boldsymbol{b}=\boldsymbol{V}$（$\boldsymbol{V}$ 为流体速度），则控制面为跟随所研究的流体微团一起运动的第二类控制面，这时控制体所包围的体积常称为物质体积[4,6,11,12]；若选取 $\boldsymbol{b}\neq 0$ 且 $\boldsymbol{b}\neq\boldsymbol{V}$，则这类控制面常称为第三类控制面。显然，将 Reynolds 输运定理应用于物质体积（这里用符号 $\tau(t)$ 与 $\sigma(t)$ 表示物质体积与相应的外表面），则式(1.1.1)与式(1.1.2)可变为：

$$\frac{\mathrm{d}}{\mathrm{d}t}\iiint_{\tau(t)}\varphi\mathrm{d}\tau=\iiint_{\tau(t)}\frac{\partial\varphi}{\partial t}\mathrm{d}\tau+\oiint_{\sigma(t)}\varphi(\boldsymbol{V}\cdot\boldsymbol{n})\mathrm{d}\sigma \tag{1.1.3}$$

$$\frac{\mathrm{d}}{\mathrm{d}t}\iiint_{\tau(t)}\boldsymbol{a}\mathrm{d}\tau=\iiint_{\tau(t)}\frac{\partial\boldsymbol{a}}{\partial t}\mathrm{d}\tau+\oiint_{\sigma(t)}\boldsymbol{a}(\boldsymbol{V}\cdot\boldsymbol{n})\mathrm{d}\sigma \tag{1.1.4}$$

1.1.2 一般控制体下流体力学的基本方程组

首先给出广义 Green（格林）公式[7]：令 $\boldsymbol{T}$ 为任意张量，则有：

$$\iiint_{\tau}\nabla\cdot\boldsymbol{T}\mathrm{d}\tau=\oiint_{\sigma}\boldsymbol{n}\cdot\boldsymbol{T}\mathrm{d}\sigma \tag{1.1.5a}$$

$$\iiint_{\tau}\nabla\boldsymbol{T}\mathrm{d}\tau=\oiint_{\sigma}\boldsymbol{n}\boldsymbol{T}\mathrm{d}\sigma \tag{1.1.5b}$$

$$\iiint_{\tau}\nabla\times\boldsymbol{T}\mathrm{d}\tau=\oiint_{\sigma}\boldsymbol{n}\times\boldsymbol{T}\mathrm{d}\sigma \tag{1.1.5c}$$

特别是当取 $\boldsymbol{T}=\boldsymbol{ab}$ 时（注意本书引入了并矢张量的概念），则有：

$$\oiint_{\sigma}\boldsymbol{b}(\boldsymbol{n}\cdot\boldsymbol{a})\mathrm{d}\sigma=\oiint_{\sigma}\boldsymbol{n}\cdot(\boldsymbol{ab})\mathrm{d}\sigma=\iiint_{\tau}\nabla\cdot(\boldsymbol{ab})\mathrm{d}\tau \tag{1.1.6}$$

注意：

$$\frac{\partial}{\partial n}=\boldsymbol{n}\cdot\boldsymbol{\nabla} \tag{1.1.7}$$

式中，$\boldsymbol{n}$ 为单位矢量。于是，对于任意张量 $\boldsymbol{T}$，则有[7]：

$$\oiint_{\sigma}\boldsymbol{n}\cdot[\boldsymbol{a}\times(\boldsymbol{\nabla}\times\boldsymbol{T})]\mathrm{d}\sigma=\iiint_{\tau}[(\boldsymbol{\nabla}\times\boldsymbol{a})\cdot(\boldsymbol{\nabla}\times\boldsymbol{T})-\boldsymbol{a}\cdot(\boldsymbol{\nabla}\times(\boldsymbol{\nabla}\times\boldsymbol{T}))]\mathrm{d}\tau \tag{1.1.8a}$$

$$\oiint_{\sigma}(\boldsymbol{n}\cdot\boldsymbol{a})\boldsymbol{T}\mathrm{d}\sigma=\iiint_{\tau}[\boldsymbol{a}\cdot\boldsymbol{\nabla}\boldsymbol{T}+(\boldsymbol{\nabla}\cdot\boldsymbol{a})\boldsymbol{T}]\mathrm{d}\tau \tag{1.1.8b}$$

$$\oiint_{\sigma}\boldsymbol{n}\cdot\varphi(\boldsymbol{\nabla}\times\boldsymbol{T})\mathrm{d}\sigma=\iiint_{\tau}(\boldsymbol{\nabla}\varphi)\cdot(\boldsymbol{\nabla}\times\boldsymbol{T})\mathrm{d}\tau \tag{1.1.8c}$$

在式(1.1.8c)中，φ 为任意标量；式(1.1.5a)～式(1.1.5c)与式(1.1.8a)～式(1.1.8c)，常称为广义 Green 公式，这是一类在流体力学中时常会用到的非常重要的数学公式。

令 $\tau*(t)$ 为一般控制体，$\sigma*(t)$ 为控制体 $\tau*(t)$ 的边界面，$\boldsymbol{b}$ 为控制面的局部边界速度，于是在一般控制体下流体力学的基本方程组为：

$$\frac{\mathrm{d}}{\mathrm{d}t}\iiint_{\tau*(t)}\rho\mathrm{d}\tau+\oiint_{\sigma*(t)}\rho(\boldsymbol{V}-\boldsymbol{b})\cdot\boldsymbol{n}\mathrm{d}\sigma=0 \tag{1.1.9a}$$

$$\frac{\mathrm{d}}{\mathrm{d}t}\iiint_{\tau*(t)}\rho\boldsymbol{V}\mathrm{d}\tau+\oiint_{\sigma*(t)}\rho\boldsymbol{V}(\boldsymbol{V}-\boldsymbol{b})\cdot\boldsymbol{n}\mathrm{d}\sigma=\iiint_{\tau*(t)}\rho\boldsymbol{f}\mathrm{d}\tau+\oiint_{\sigma*(t)}\boldsymbol{n}\cdot\boldsymbol{\pi}\mathrm{d}\sigma \tag{1.1.9b}$$

$$\frac{\mathrm{d}}{\mathrm{d}t}\iiint_{\tau*(t)}\rho e_t\mathrm{d}\tau+\oiint_{\sigma*(t)}\rho e_t(\boldsymbol{V}-\boldsymbol{b})\cdot\boldsymbol{n}\mathrm{d}\sigma=\iiint_{\tau*(t)}\rho\boldsymbol{f}\cdot\boldsymbol{V}\mathrm{d}\tau+\oiint_{\sigma*(t)}(\boldsymbol{n}\cdot\boldsymbol{\pi})\cdot\boldsymbol{V}\mathrm{d}\sigma-\oiint_{\sigma*(t)}\boldsymbol{q}\cdot\boldsymbol{n}\mathrm{d}\sigma \tag{1.1.9c}$$

$$\frac{\mathrm{d}}{\mathrm{d}t}\iiint_{\tau*(t)}\rho S\mathrm{d}\tau+\oiint_{\sigma*(t)}\rho S(\boldsymbol{V}-\boldsymbol{b})\cdot\boldsymbol{n}\mathrm{d}\sigma=\iiint_{\tau*(t)}\frac{\Phi}{T}\mathrm{d}\tau+\iiint_{\tau*(t)}\frac{\boldsymbol{\nabla}\cdot(-\boldsymbol{q})}{T}\mathrm{d}\tau \tag{1.1.9d}$$

式中，$\boldsymbol{\pi}$ 为应力张量；e_t 为单位质量气体所具有的广义内能；ρ,$\boldsymbol{V}$,T 与 S 分别为气体的密度、速度、温度与熵；$\boldsymbol{f}$ 为作用在单位质量流体上的体积力；$\boldsymbol{q}$ 与 Φ 分别为热流矢量与耗散函数[37,38]。

如果将 Reynolds 输运定理与广义 Green 公式分别用于式(1.1.9a)～式(1.1.9d)的左边并注意使用连续方程，即：

$$\frac{\partial\rho}{\partial t}+\boldsymbol{\nabla}\cdot(\rho\boldsymbol{V})=0 \tag{1.1.10}$$

根据这个条件，则式(1.1.9a)～式(1.1.9d)左边分别变为：

$$\frac{\mathrm{d}}{\mathrm{d}t}\iiint_{\tau*(t)}\rho\mathrm{d}\tau+\oiint_{\sigma*(t)}\rho(\boldsymbol{V}-\boldsymbol{b})\cdot\boldsymbol{n}\mathrm{d}\sigma=\iiint_{\tau*(t)}\left[\frac{\partial\rho}{\partial t}+\boldsymbol{\nabla}\cdot(\rho\boldsymbol{V})\right]\mathrm{d}\tau \tag{1.1.11a}$$

$$\frac{\mathrm{d}}{\mathrm{d}t}\iiint_{\tau*(t)}\rho\boldsymbol{V}\mathrm{d}\tau+\oiint_{\sigma*(t)}\rho\boldsymbol{V}(\boldsymbol{V}-\boldsymbol{b})\cdot\boldsymbol{n}\mathrm{d}\sigma=\iiint_{\tau*(t)}\left(\rho\frac{\mathrm{d}\boldsymbol{V}}{\mathrm{d}t}\right)\mathrm{d}\tau \tag{1.1.11b}$$

$$\frac{\mathrm{d}}{\mathrm{d}t}\iiint\limits_{\tau^*(t)}\rho e_{\mathrm{t}}\mathrm{d}\tau+\oiint\limits_{\sigma^*(t)}\rho e_{\mathrm{t}}(\boldsymbol{V}-\boldsymbol{b})\cdot\boldsymbol{n}\mathrm{d}\sigma=\iiint\limits_{\tau^*(t)}\left(\rho\frac{\mathrm{d}e_{\mathrm{t}}}{\mathrm{d}t}\right)\mathrm{d}\tau \tag{1.1.11c}$$

$$\frac{\mathrm{d}}{\mathrm{d}t}\iiint\limits_{\tau^*(t)}\rho S\mathrm{d}\tau+\oiint\limits_{\sigma^*(t)}\rho S(\boldsymbol{V}-\boldsymbol{b})\cdot\boldsymbol{n}\mathrm{d}\sigma=\iiint\limits_{\tau^*(t)}\left(\rho\frac{\mathrm{d}S}{\mathrm{d}t}\right)\mathrm{d}\tau \tag{1.1.11d}$$

或者将式(1.1.9a)～式(1.1.9d)写为：

$$\iiint\limits_{\tau^*(t)}\frac{\partial\rho}{\partial t}\mathrm{d}\tau+\oiint\limits_{\sigma^*(t)}\rho(\boldsymbol{V}\cdot\boldsymbol{n})\mathrm{d}\sigma=0 \tag{1.1.12a}$$

$$\iiint\limits_{\tau^*(t)}\frac{\partial(\rho\boldsymbol{V})}{\partial t}\mathrm{d}\tau+\oiint\limits_{\sigma^*(t)}\rho\boldsymbol{V}(\boldsymbol{V}\cdot\boldsymbol{n})\mathrm{d}\sigma=\iiint\limits_{\tau^*(t)}\rho\boldsymbol{f}\mathrm{d}\tau+\oiint\limits_{\sigma^*(t)}\boldsymbol{n}\cdot\boldsymbol{\pi}\mathrm{d}\sigma \tag{1.1.12b}$$

$$\iiint\limits_{\tau^*(t)}\frac{\partial(\rho e_{\mathrm{t}})}{\partial t}\mathrm{d}\tau+\oiint\limits_{\sigma^*(t)}\rho e_{\mathrm{t}}(\boldsymbol{V}\cdot\boldsymbol{n})\mathrm{d}\sigma=\iiint\limits_{\tau^*(t)}\rho\boldsymbol{f}\cdot\boldsymbol{V}\mathrm{d}\tau+\oiint\limits_{\sigma^*(t)}(\boldsymbol{n}\cdot\boldsymbol{\pi})\cdot\boldsymbol{V}\mathrm{d}\sigma-\oiint\limits_{\sigma^*(t)}\boldsymbol{q}\cdot\boldsymbol{n}\mathrm{d}\sigma \tag{1.1.12c}$$

$$\iiint\limits_{\tau^*(t)}\frac{\partial(\rho S)}{\partial t}\mathrm{d}\tau+\oiint\limits_{\sigma^*(t)}\rho S(\boldsymbol{V}\cdot\boldsymbol{n})\mathrm{d}\sigma=\iiint\limits_{\tau^*(t)}\left[\frac{\Phi}{T}+\frac{\nabla\cdot(-\boldsymbol{q})}{T}\right]\mathrm{d}\tau \tag{1.1.12d}$$

另外，式(1.1.12a)～式(1.1.12d)又可以写为：

$$\iiint\limits_{\tau^*(t)}\left[\frac{\partial\rho}{\partial t}+\nabla\cdot(\rho\boldsymbol{V})\right]\mathrm{d}\tau=0 \tag{1.1.13a}$$

$$\iiint\limits_{\tau^*(t)}\left(\rho\frac{\mathrm{d}\boldsymbol{V}}{\mathrm{d}t}\right)\mathrm{d}\tau=\iiint\limits_{\tau^*(t)}(\rho\boldsymbol{f}+\nabla\cdot\boldsymbol{\pi})\mathrm{d}\tau \tag{1.1.13b}$$

$$\iiint\limits_{\tau^*(t)}\left(\rho\frac{\mathrm{d}e_{\mathrm{t}}}{\mathrm{d}t}\right)\mathrm{d}\tau=\iiint\limits_{\tau^*(t)}[\rho\boldsymbol{f}\cdot\boldsymbol{V}+\nabla\cdot(\boldsymbol{\pi}\cdot\boldsymbol{V})-\nabla\cdot\boldsymbol{q}]\mathrm{d}\tau \tag{1.1.13c}$$

$$\iiint\limits_{\tau^*(t)}\left(\rho\frac{\mathrm{d}S}{\mathrm{d}t}\right)\mathrm{d}\tau=\iiint\limits_{\tau^*(t)}\left[\frac{\Phi}{T}-\frac{\nabla\cdot\boldsymbol{q}}{T}\right]\mathrm{d}\tau \tag{1.1.13d}$$

由于被积函数的连续性及积分域的任意性，所以积分形式的式(1.1.12a)～式(1.1.12d)与式(1.1.13a)～式(1.1.13d)可整理为如下微分形式：

$$\frac{\partial\rho}{\partial t}+\nabla\cdot(\rho\boldsymbol{V})=0 \tag{1.1.14a}$$

$$\rho\frac{\mathrm{d}\boldsymbol{V}}{\mathrm{d}t}=\frac{\partial(\rho\boldsymbol{V})}{\partial t}+\nabla\cdot(\rho\boldsymbol{V}\boldsymbol{V})=\rho\boldsymbol{f}+\nabla\cdot\boldsymbol{\pi}=\rho\boldsymbol{f}+\nabla\cdot\boldsymbol{\Pi}-\nabla p \tag{1.1.14b}$$

$$\rho\frac{\mathrm{d}e_{\mathrm{t}}}{\mathrm{d}t}=\frac{\partial(\rho e_{\mathrm{t}})}{\partial t}+\nabla\cdot[(\rho e_{\mathrm{t}}+p)\boldsymbol{V}]=\rho\boldsymbol{f}\cdot\boldsymbol{V}+\nabla\cdot(\boldsymbol{\Pi}\cdot\boldsymbol{V})-\nabla\cdot\boldsymbol{q} \tag{1.1.14c}$$

$$\frac{\partial(\rho S)}{\partial t}+\nabla\cdot(\rho S\boldsymbol{V})=\frac{1}{T}(\Phi-\nabla\cdot\boldsymbol{q}) \tag{1.1.14d}$$

显然，积分型方程式(1.1.12a)～式(1.1.12d)与式(1.1.13a)～式(1.1.13d)以及微分型方程式(1.1.14a)～式(1.1.14d)具有很好的通用性。通常将式(1.1.12a)～式(1.1.12c)与式(1.1.13a)～式(1.1.13c)分别称为积分型 Navier-Stokes 基本方程组，将式(1.1.14a)～式(1.1.14c)称为微分型 Navier-Stokes 基本方程组。对于 Newton(牛顿)

流体而言，其本构方程可由应力张量 $\boldsymbol{\pi}$ 与应变速率张量 $\boldsymbol{D}$ 之间线性表达式表达，即[8,5,7,38]

$$\boldsymbol{\pi}=\pi_{ij}\boldsymbol{e}^i\boldsymbol{e}^j=\pi^{ij}\boldsymbol{e}_i\boldsymbol{e}_j=\boldsymbol{\Pi}-p\boldsymbol{I}=2\mu\boldsymbol{D}+\left[-p+\left(\mu_b-\frac{2}{3}\mu\right)\nabla\cdot\boldsymbol{V}\right]\boldsymbol{I} \tag{1.1.15}$$

式中，$\boldsymbol{\Pi}$ 为黏性应力张量；p 为压强；$\boldsymbol{I}$ 为单位张量；μ_b 与 μ 分别为流体的体膨胀系数(Bulk Viscosity)与流体的动力黏性系数；π_{ij} 与 π^{ij} 分别为应力张量 $\boldsymbol{\pi}$ 的协变分量与逆变分量；$\boldsymbol{e}^i$ 与 $\boldsymbol{e}^j$ 为曲线坐标系 (x_1,x_2,x_3) 的基矢量；$\boldsymbol{e}_i$ 与 $\boldsymbol{e}_j$ 为曲线坐标系 (x^1,x^2,x^3) 的基矢量。

注意：这里 (x^1,x^2,x^3) 坐标系与 (x_1,x_2,x_3) 坐标系互易，换句话说，$(\boldsymbol{e}_1,\boldsymbol{e}_2,\boldsymbol{e}_3)$ 与 $(\boldsymbol{e}^1,\boldsymbol{e}^2,\boldsymbol{e}^3)$ 构成对偶基矢量[39]，即有：

$$\boldsymbol{e}_i\times\boldsymbol{e}_j=\varepsilon_{ijk}\boldsymbol{e}^k,\ \boldsymbol{e}^i\times\boldsymbol{e}^j=\varepsilon^{ijk}\boldsymbol{e}_k \tag{1.1.16}$$

式中，ε_{ijk} 与 ε^{ijk} 为 Eddington 张量。

在式(1.1.15)中应变速率张量 $\boldsymbol{D}$ 与单位张量 $\boldsymbol{I}$ 又分别定义为：

$$\boldsymbol{D}=\frac{[\nabla\boldsymbol{V}+(\nabla\boldsymbol{V})_c]}{2} \tag{1.1.17}$$

$$\boldsymbol{I}=g^{ij}\boldsymbol{e}_i\boldsymbol{e}_j=g_{ij}\boldsymbol{e}^i\boldsymbol{e}^j \tag{1.1.18}$$

在式(1.1.18)中，g^{ij} 与 g_{ij} 分别表示曲线坐标系 (x_1,x_2,x_3) 与 (x^1,x^2,x^3) 的度量张量，其表达式为：

$$g^{ij}=\boldsymbol{e}^i\cdot\boldsymbol{e}^j \tag{1.1.19a}$$

$$g_{ij}=\boldsymbol{e}_i\cdot\boldsymbol{e}_j \tag{1.1.19b}$$

在式(1.1.15)中，$\boldsymbol{\pi}$、$\boldsymbol{\Pi}$、p 与 $\boldsymbol{V}$ 之间还有下式成立，即：

$$\nabla\cdot(\boldsymbol{\pi}\cdot\boldsymbol{V})=\nabla\cdot(\boldsymbol{\Pi}\cdot\boldsymbol{V})-\nabla\cdot(p\boldsymbol{V}) \tag{1.1.20}$$

另外，在式(1.1.15)中，系数 μ、μ_b 与第二黏性系数 $\tilde{\lambda}$ 间的关系为：

$$\tilde{\lambda}=\mu_b-\frac{2}{3}\mu \tag{1.1.21}$$

对于空气来讲，在温度不高的情况下，常可以引进 Stokes 假设，即令

$$\tilde{\lambda}+\frac{2}{3}\mu=0 \tag{1.1.22}$$

成立；但在高温情况下，分子振动能被激发或者在常温情况下，运动的周期短(如高频声波)，这时 μ_b 的影响便不可忽略。在式(1.1.14a)～式(1.1.14d)中，由符号 e_t、$\boldsymbol{f}$、$\boldsymbol{q}$、$\boldsymbol{\Pi}$ 以及 Φ 的含义可以得到如下定义式与某些重要关系式：

$$e_t=e+\frac{1}{2}(\boldsymbol{V}\cdot\boldsymbol{V}) \tag{1.1.23}$$

$$e=e_e+e_v+e_r+e_{tr}+e_s+\cdots \tag{1.1.24}$$

$$\boldsymbol{f}=\boldsymbol{f}_g+\boldsymbol{f}_{em}+\cdots \tag{1.1.25a}$$

$$\boldsymbol{q}=\boldsymbol{q}_{\mathrm{c}}+\boldsymbol{q}_{\mathrm{w}}+\boldsymbol{q}_{\mathrm{D}}+\boldsymbol{q}_{\mathrm{R}}+\cdots \tag{1.1.26a}$$

$$\boldsymbol{\Pi}=\Pi_{ij}\boldsymbol{e}^{i}\boldsymbol{e}^{j} \tag{1.1.27a}$$

$$\Pi_{ij}=\mu\left(\boldsymbol{\nabla}_{i}v_{\mathrm{j}}+\boldsymbol{\nabla}_{\mathrm{j}}v_{i}-\frac{2}{3}g_{ij}\ \boldsymbol{\nabla}_{k}v^{k}\right) \tag{1.1.27b}$$

$$\Phi=\boldsymbol{\Pi}:\boldsymbol{D}=\boldsymbol{\Pi}:\boldsymbol{\nabla}\boldsymbol{V} \tag{1.1.28}$$

$$q_{\mathrm{c}}=-\lambda_{k}\ \boldsymbol{\nabla}T \tag{1.1.26b}$$

$$\boldsymbol{\nabla}\boldsymbol{V}=(\boldsymbol{\nabla}u)\boldsymbol{i}_{1}+(\boldsymbol{\nabla}v)\boldsymbol{i}_{2}+(\boldsymbol{\nabla}w)\boldsymbol{i}_{3} \tag{1.1.29a}$$

$$(\boldsymbol{\nabla}\boldsymbol{V})_{\mathrm{c}}=\boldsymbol{i}_{1}(\boldsymbol{\nabla}u)+\boldsymbol{i}_{2}(\boldsymbol{\nabla}v)+\boldsymbol{i}_{3}(\boldsymbol{\nabla}w) \tag{1.1.29b}$$

注意：在式(1.1.23)与式(1.1.24)中，e_{t} 与 e 分别表示单位质量气体所具有的广义内能与单位质量气体所具有的内能；由式(1.1.24)可以看出，对于气体分子来讲，e 中通常包括轨道电子能 e_{e}、振动能 e_{v}、转动能 e_{r}、平动能 e_{tr}、核态等能量；在式(1.1.25a)中，$\boldsymbol{f}$ 代表作用在单位质量气体上的体积力，它可以包括重力 $\boldsymbol{f}_{\mathrm{g}}$、电磁力 $\boldsymbol{f}_{\mathrm{em}}$ 以及其他力等，其中 $\boldsymbol{f}_{\mathrm{g}}$ 与 $\boldsymbol{f}_{\mathrm{em}}$ 可以表达为：

$$\boldsymbol{f}_{\mathrm{g}}=-\boldsymbol{g} \tag{1.1.25b}$$

$$\boldsymbol{f}_{\mathrm{em}}=\rho_{\mathrm{e}}\boldsymbol{E}+\boldsymbol{J}\times\boldsymbol{B} \tag{1.1.25c}$$

式中，ρ_{e} 为电荷密度；$\boldsymbol{E}$ 为电场强度；$\boldsymbol{J}$ 与 $\boldsymbol{B}$ 分别为电流强度与磁感应强度。

在式(1.1.26a)中，$\boldsymbol{q}$ 为热流矢量，它可以包括由于热传导所导致的热流矢量 $\boldsymbol{q}_{\mathrm{c}}$，包括由于对流传热所导致的热流矢量 $\boldsymbol{q}_{\mathrm{w}}$，包括由于扩散传热所导致的热流矢量 $\boldsymbol{q}_{\mathrm{D}}$，也可以包括由于热辐射传热所导致的热流矢量 $\boldsymbol{q}_{\mathrm{R}}$ 等[19,20]；式(1.1.26b)是著名的 Fourier(傅里叶)导热定律，λ_{k} 为热传导系数。在式(1.1.27a)与式(1.1.27b)中，$\boldsymbol{\Pi}$ 与 Π_{ij} 分别表示黏性应力张量与黏性应力张量的协变分量；在(1.1.27b)式中，$\boldsymbol{\nabla}_{i}$、$\boldsymbol{\nabla}_{\mathrm{j}}$、$\boldsymbol{\nabla}_{k}$ 代表协变导数，例如，$\boldsymbol{\nabla}_{i}v_{\mathrm{j}}$ 则代表协变速度分量 v_{j} 对坐标 x^{i} 的协变导数；g_{ij} 为曲线坐标系 (x^{1},x^{2},x^{3}) 的度量张量。

在式(1.1.28a)中，Φ 代表耗散函数，$\boldsymbol{\Pi}:\boldsymbol{D}$ 代表张量 $\boldsymbol{\Pi}$ 与张量 $\boldsymbol{D}$ 的双点积[39]。

在式(1.1.29a)与式(1.1.29b)中，$(\boldsymbol{\nabla}\boldsymbol{V})_{\mathrm{c}}$ 成为 $\boldsymbol{\nabla}\boldsymbol{V}$ 的转置张量，符号 $\boldsymbol{i}_{1}$，$\boldsymbol{i}_{2}$ 和 $\boldsymbol{i}_{3}$ 表示在笛卡儿(Descartes)坐标系 (y^{1},y^{2},y^{3}) 中的单位矢量，符号 u，v，w 代表速度 $\boldsymbol{V}$ 沿 $\boldsymbol{i}_{1}$，$\boldsymbol{i}_{2}$ 和 $\boldsymbol{i}_{3}$ 方向上的分速度；另外，符号 $\boldsymbol{\nabla}u$，$\boldsymbol{\nabla}v$ 与 $\boldsymbol{\nabla}w$ 分别表示对 u，v 与 w 求梯度运算。

1.1.3 Navier-Stokes 方程组的守恒形式

在省略了式(1.1.14b)与式(1.1.14c)中的体积力 $\boldsymbol{f}$ 并且仅考虑式(1.1.26)中的热传导项之后，式(1.1.14a)～式(1.1.14c)可变为：

$$\frac{\partial\rho}{\partial t}+\boldsymbol{\nabla}\cdot(\rho\boldsymbol{V})=0 \tag{1.1.30a}$$

$$\frac{\partial(\rho\boldsymbol{V})}{\partial t}+\boldsymbol{\nabla}\cdot(\rho\boldsymbol{V}\boldsymbol{V}+p\boldsymbol{I}-\boldsymbol{\Pi})=0 \tag{1.1.30b}$$

$$\frac{\partial(\rho e_{\mathrm{t}})}{\partial t}+\nabla\cdot\left[(\rho e_{\mathrm{t}}+p)\boldsymbol{V}-\boldsymbol{\Pi}\cdot\boldsymbol{V}-(\lambda_k\nabla T)\right]=0 \tag{1.1.30c}$$

相应的积分型为：

$$\frac{\partial}{\partial t}\iiint_{\tau}\boldsymbol{W}\mathrm{d}\tau+\oint\!\!\!\oint_{\sigma}\boldsymbol{E}\cdot\boldsymbol{n}\mathrm{d}\sigma=0 \tag{1.1.31a}$$

式中，符号 $\boldsymbol{W}$，$\boldsymbol{E}$ 分别定义为：

$$\boldsymbol{W}=\begin{bmatrix}\rho\\ \rho\boldsymbol{V}\\ \rho e_{\mathrm{t}}\end{bmatrix} \tag{1.1.31b}$$

$$\boldsymbol{E}=\begin{bmatrix}\rho\boldsymbol{V}\\ \rho\boldsymbol{V}\boldsymbol{V}-\boldsymbol{\pi}\\ (\rho e_{\mathrm{t}}+p)\boldsymbol{V}-\boldsymbol{V}\cdot\boldsymbol{\Pi}-\lambda_k\nabla T\end{bmatrix}=\boldsymbol{E}_1+\boldsymbol{E}_2 \tag{1.1.31c}$$

$$\boldsymbol{E}_1=\begin{bmatrix}\rho\boldsymbol{V}\\ \rho u\boldsymbol{V}+p\boldsymbol{i}_1\\ \rho v\boldsymbol{V}+p\boldsymbol{i}_2\\ \rho w\boldsymbol{V}+p\boldsymbol{i}_3\\ (\rho e_{\mathrm{t}}+p)\boldsymbol{V}\end{bmatrix} \tag{1.1.31d}$$

式(1.1.31d)中，符号 u，v，w，$\boldsymbol{i}_1$，$\boldsymbol{i}_2$ 和 $\boldsymbol{i}_3$ 的定义同式(1.1.29a)。在式(1.1.31c)中，$\boldsymbol{E}_1$ 与 $\boldsymbol{E}_2$ 分别表示无黏部分的通量与黏性部分的通量。式(1.1.31a)还可以整理为如下积分形式[40,41]：

$$\frac{\partial}{\partial t}\iiint_{\tau}\boldsymbol{W}\mathrm{d}\tau+\oint\!\!\!\oint_{\sigma}\boldsymbol{n}\cdot\boldsymbol{F}_{\mathrm{inv}}\mathrm{d}\sigma=\oint\!\!\!\oint_{\sigma}\boldsymbol{n}\cdot\boldsymbol{F}_{\mathrm{vis}}\mathrm{d}\sigma \tag{1.1.32a}$$

式中，$\boldsymbol{W}$ 的定义同式(1.1.31a)，而符号 $\boldsymbol{F}_{\mathrm{inv}}$ 与 $\boldsymbol{F}_{\mathrm{vis}}$ 为广义通量，可分别定义为：

$$\boldsymbol{F}_{\mathrm{inv}}=\begin{bmatrix}\rho\boldsymbol{V}\\ \rho\boldsymbol{V}\boldsymbol{V}+p\boldsymbol{I}\\ (\rho e_{\mathrm{t}}+p)\boldsymbol{V}\end{bmatrix} \tag{1.1.32b}$$

$$\boldsymbol{F}_{\mathrm{vis}}=\begin{bmatrix}0\\ \boldsymbol{\Pi}\\ \boldsymbol{\Pi}\cdot V+\lambda_k\nabla T\end{bmatrix} \tag{1.1.32c}$$

显然，$\boldsymbol{F}_{\mathrm{inv}}$、$\boldsymbol{F}_{\mathrm{vis}}$ 与 $\boldsymbol{E}$ 间的关系为：

$$\boldsymbol{E}=\boldsymbol{F}_{\mathrm{inv}}-\boldsymbol{F}_{\mathrm{vis}} \tag{1.1.32d}$$

1.1.4 Navier-Stokes 方程组的数学性质与定解条件

为便于讨论 Navier-Stokes 方程组的数学结构，这里选用笛卡儿坐标系，并用 x_1，x_2，x_3 代表 x，y，z，用 u_1，u_2，u_3 代表分速度 u，v，w，于是连续方程(1.1.30a)可写为：

$$\frac{\partial\rho}{\partial t}+u_i\frac{\partial\rho}{\partial x_i}=\widetilde{f}_0 \tag{1.1.33a}$$

式中，采用了 Einstein（爱因斯坦）求和规约；而符号 $\widetilde{f}_0$ 的定义为：

$$\widetilde{f}_0=-\rho\,\nabla\cdot\mathbf{V} \tag{1.1.33b}$$

将动量方程写为：

$$\frac{\partial(\rho\mathbf{V})}{\partial t}+\nabla\cdot(\rho\mathbf{V}\mathbf{V}-\boldsymbol{\pi})=\rho\boldsymbol{f} \tag{1.1.34a}$$

或者利用连续方程，将动量方程改写为：

$$\rho\frac{\mathrm{d}u_i}{\mathrm{d}t}+\frac{\partial p}{\partial x_i}-\frac{\partial}{\partial x_i}\left[\left(\mu_\mathrm{b}-\frac{2}{3}\mu\right)\nabla\cdot\mathbf{V}\right]-\frac{\partial}{\partial x_\mathrm{j}}\left[\mu\left(\frac{\partial u_i}{\partial x_\mathrm{j}}+\frac{\partial u_\mathrm{j}}{\partial x_i}\right)\right]=\rho\hat{f}_i\ (i=1,2,3) \tag{1.1.34b}$$

将式(1.1.34b)写为矢量形式为：

$$\rho\frac{\mathrm{d}\mathbf{V}}{\mathrm{d}t}+\nabla p-\nabla\left[\left(\mu_\mathrm{b}-\frac{2}{3}\mu\right)\nabla\cdot\mathbf{V}\right]-2\,\nabla\cdot(\mu\boldsymbol{D})=\rho\hat{\boldsymbol{f}} \tag{1.1.34c}$$

当状态方程采用

$$p=\rho RT \tag{1.1.34d}$$

并且认为

$$\mu=\mathrm{const},\mu_\mathrm{b}=\mathrm{const} \tag{1.1.34e}$$

时，则式(1.1.34b)简化为：

$$\frac{\partial u_1}{\partial t}-\frac{1}{\rho}\left[\left(\mu_\mathrm{b}+\frac{4}{3}\mu\right)\frac{\partial^2 u_1}{\partial x_1^2}+\mu\frac{\partial^2 u_1}{\partial x_2^2}+\mu\frac{\partial^2 u_1}{\partial x_3^2}\right]-\frac{\mu^*}{\rho}\frac{\partial^2 u_2}{\partial x_1\partial x_2}-\frac{\mu^*}{\rho}\frac{\partial^2 u_3}{\partial x_1\partial x_3}=\widetilde{f}_1 \tag{1.1.34f}$$

$$\frac{\partial u_2}{\partial t}-\frac{\mu^*}{\rho}\frac{\partial^2 u_1}{\partial x_1\partial x_2}-\frac{1}{\rho}\left[\mu\frac{\partial^2 u_2}{\partial x_1^2}+\left(\mu_\mathrm{b}+\frac{4}{3}\mu\right)\frac{\partial^2 u_2}{\partial x_2^2}+\mu\frac{\partial^2 u_2}{\partial x_3^2}\right]-\frac{\mu^*}{\rho}\frac{\partial^2 u_3}{\partial x_2\partial x_3}=\widetilde{f}_2 \tag{1.1.34g}$$

$$\frac{\partial u_3}{\partial t}-\frac{\mu^*}{\rho}\frac{\partial^2 u_1}{\partial x_1\partial x_3}-\frac{\mu^*}{\rho}\frac{\partial^2 u_2}{\partial x_2\partial x_3}-\frac{1}{\rho}\left[\mu\frac{\partial^2 u_3}{\partial x_1^2}+\mu\frac{\partial^2 u_3}{\partial x_2^2}+\left(\mu_\mathrm{b}+\frac{4}{3}\mu\right)\frac{\partial^2 u_3}{\partial x_3^2}\right]=\widetilde{f}_3 \tag{1.1.34h}$$

式中，$\widetilde{f}_1$、$\widetilde{f}_2$ 与 $\widetilde{f}_3$ 为方程相应的右端项；符号 μ^* 定义为：

$$\mu^*=\mu_\mathrm{b}+\frac{1}{3}\mu \tag{1.1.34i}$$

对于能量方程式(1.1.14c)，在省略体积力并且注意使用连续方程，经适当整理后[5]能量方程可写为：

$$\frac{\partial T}{\partial t}-\lambda_k\left(\rho\frac{\partial e}{\partial T}\right)^{-1}\nabla^2 T=\widetilde{f}_4 \tag{1.1.35a}$$

这里在式(1.1.35a)中，认为内能 e 是关于 ρ 与 T 的函数，于是有：

$$e = e(\rho, T) \tag{1.1.35b}$$

注意：连续方程式(1.1.33a)，动量方程式(1.1.34f)、式(1.1.34g)、式(1.1.34h)和能量方程式(1.1.35a)这五个方程所组成的 Navier-Stokes 方程组，如果令

$$\boldsymbol{U} = [u_1 \quad u_2 \quad u_3 \quad T]^{\mathrm{T}} \tag{1.1.36a}$$

如果将动量方程式(1.1.34f)、式(1.1.34g)、式(1.1.34h)与能量方程式(1.1.35a)的左端整理为只包含$\boldsymbol{U}$对t的一阶偏导数以及对x_i的二阶偏导数，其余项全部移到方程的右端，于是这时的动量方程与能量方程便可以整理为如下矩阵形式：

$$\frac{\partial \boldsymbol{U}}{\partial t} - \sum_{i=1}^{3}\sum_{j=1}^{3}\left(\boldsymbol{A}_{ij} \cdot \frac{\partial^2 \boldsymbol{U}}{\partial x_i \partial x_j}\right) = \boldsymbol{C} \tag{1.1.36b}$$

式中，$\boldsymbol{A}_{11}$，$\boldsymbol{A}_{22}$，$\boldsymbol{A}_{33}$，$\boldsymbol{A}_{12}$，$\boldsymbol{A}_{23}$，$\boldsymbol{A}_{13}$ 均为 4×4 的对称矩阵。（文献[5]上册中的第 72 页上给出了这些矩阵的具体表达式，这里因篇幅所限不再给出）。

文献[5]中还严格证明了对于任意给定的归一化矢量$\boldsymbol{\eta}$，并且$|\boldsymbol{\eta}| = 1$，矩阵$\sum_{i=1}^{3}\sum_{j=1}^{3}(A_{ij}\eta_i\eta_j)$为对称正定阵，于是便证实了由动量方程与能量方程所构成的方程式(1.1.36b)属于 Petrovsky 意义下的对称抛物型方程。另外，又由于连续方程式(1.1.33a)是关于密度ρ的一阶对称双曲型偏微分方程，因此由连续方程、动量方程和能量方程所组成的 Navier-Stokes 基本方程组是一阶对称双曲方程与二阶对称抛物型方程组相互耦合的结果，它们构成了一个拟线性对称双曲—抛物耦合方程组，这就是通常经典气体黏性力学中常使用的 Navier-Stokes 基本方程组的数学结构与数学性质。对于这类问题通常可以提 Cauchy 问题，即给定初始状态。除此之外，有时还应该给定边界条件，其中包括入流边界条件、出流边界条件、物面条件以及远场边界条件等。因篇幅所限，这里仅对物面条件的提法略作讨论。对物面条件，常给定物面的速度条件，例如，给定物面条件为：

$$\boldsymbol{V}|_{\Gamma} = 0 \tag{1.1.37a}$$

式中，Γ为绕流的物体表面。

对于物面温度分布的边界条件，可以给定如下常用的三类边界条件之一，这三类边界条件如下：

① 在边界Γ上给定温度T的分布，这属于第一类边界条件，即 Dirichlet 问题。

② 在边界Γ上给定$\frac{\partial T}{\partial n}$的分布，这属于第二类边界条件，即 Neumann 问题，这里$\frac{\partial T}{\partial n}$又可表示为：

$$\frac{\partial T}{\partial n} = \boldsymbol{n} \cdot \boldsymbol{\nabla} T = f(\boldsymbol{r}, t) \tag{1.1.37b}$$

③ 在边界Γ上给定如下形式的分布：

$$\alpha T + \lambda_{\mathrm{k}} \frac{\partial T}{\partial n} = f(\boldsymbol{r}, t) \tag{1.1.37c}$$

这属于第三类边界条件，即 Robin 问题。

Navier-Stokes 方程组属于拟线性偏微分方程组，如何恰当地给出它的初边值问题的提法[42,43]，给出合适的边界条件(其中包括物理边界条件与数值边界条件)以及探讨一种高效率、高分辨率[44-48]、高精度、高有效带宽(Effective Bandwidth)、低数值耗散、能够适用于各种运动速度(包括不可压缩流、亚声速流、跨声速流[49-57]、超声速流以及高超声速流动[58-62])的数值方法，仍是一个亟待解决的难题，这里不做进一步的讨论。

1.2 非惯性相对坐标系中 Navier-Stokes 方程组

1.2.1 绝对坐标系与非惯性相对坐标系间的转换关系

在现代战术武器和航空动力装置中，飞行器的旋转飞行和航空发动机叶轮机械的高速旋转是经常会遇到的两类技术。旋转飞行使飞行弹体产生 Magnus 空气动力效应，使静态不稳定的炮弹变为动态稳定飞行；在航空喷气发动机中，转动的压气机与涡轮连接在同一根轴上，两者之间装有燃烧室，空气连续不断地被吸入压气机，并在其中压缩增压后进入燃烧室；在燃烧室中喷油燃烧使进入燃烧室的空气变为高温高压燃气，而后再进入涡轮中膨胀做功。综上所述，尽管高速旋转的飞弹与叶轮机中高速旋转的转子各有不同的工作目的，但在对它们进行流场计算与分析时都要涉及两类重要的坐标系：一类是绝对坐标系；另一类是非惯性相对坐标系。为了便于本小节下面的叙述，对这两类坐标系进行了如下的假设与符号约定：绝对坐标系 (x^1, x^2, x^3) 与地面固连，取动坐标系 (ξ^1, ξ^2, ξ^3) 相对于绝对坐标系 (x^1, x^2, x^3) 可以既有平动又有旋转，因此 (ξ^1, ξ^2, ξ^3) 是一个非惯性相对坐标系，简称相对坐标系。在绝对坐标系中，任一质点的矢径、速度和加速度分别用 $\boldsymbol{r}_a$、$\boldsymbol{V}$ 和 $\boldsymbol{a}$ 表示；在非惯性相对坐标系中，令质点的相对矢径与相对速度分别为 $\boldsymbol{r}_R$ 与 $\boldsymbol{W}$，于是有(图 1.1)：

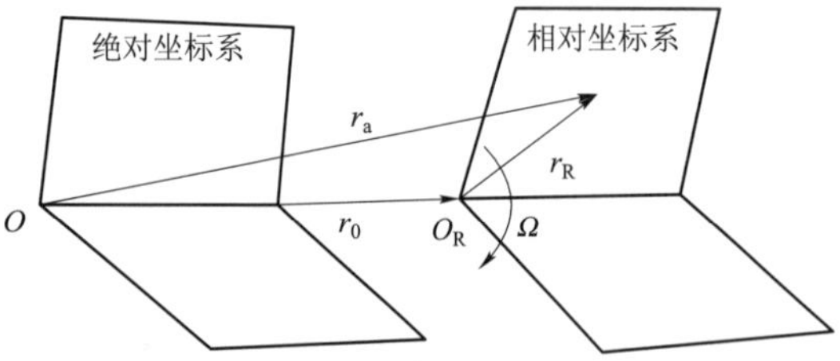

图 1.1 绝对坐标系与相对坐标系

$$\boldsymbol{r}_a = \boldsymbol{r}_0 + \boldsymbol{r}_R \tag{1.2.1}$$

注意：

$$\frac{\mathrm{d}_a q}{\mathrm{d}t} = \frac{\mathrm{d}_R q}{\mathrm{d}t} \tag{1.2.2}$$

$$\frac{\mathrm{d}_a \boldsymbol{B}}{\mathrm{d}t} = \frac{\mathrm{d}_R \boldsymbol{B}}{\mathrm{d}t} + \boldsymbol{\Omega} \times \boldsymbol{B} \tag{1.2.3}$$

式中，$\frac{\mathrm{d}_a}{\mathrm{d}t}$ 表示对绝对观察者而言所观察到的全导数(又称随体导数)；用 $\frac{\mathrm{d}_R}{\mathrm{d}t}$ 表示对相对观察者而言所观察到的全导数(又称随体导数)；q 与 $\boldsymbol{B}$ 分别表示任意标量与任意矢量；$\boldsymbol{\Omega}$ 代表相对坐标系绕一固定轴旋转的角速度矢量，如图 1.1 所示。

绝对速度 $\boldsymbol{V}$、绝对加速度 $\boldsymbol{a}$、相对速度 $\boldsymbol{W}$ 间的关系为[39]：

$$\boldsymbol{V}=\frac{\mathrm{d}_a\boldsymbol{r}_a}{\mathrm{d}t}=\boldsymbol{W}+\left(\frac{\mathrm{d}_a\boldsymbol{r}_0}{\mathrm{d}t}+\boldsymbol{\Omega}\times\boldsymbol{r}_R\right)=\boldsymbol{W}+\boldsymbol{V}_e \tag{1.2.4}$$

$$\boldsymbol{a}=\frac{\mathrm{d}_a\boldsymbol{V}}{\mathrm{d}t}=\boldsymbol{a}_r+\boldsymbol{a}_e+\boldsymbol{a}_c \tag{1.2.5}$$

式中：

$$\boldsymbol{a}_r=\frac{\mathrm{d}_R\boldsymbol{W}}{\mathrm{d}t}=\frac{\partial_R\boldsymbol{W}}{\partial t}+\boldsymbol{W}\cdot\nabla_R\boldsymbol{W} \tag{1.2.6a}$$

$$\boldsymbol{a}_e=\frac{\mathrm{d}_a\boldsymbol{V}_0}{\mathrm{d}t}+\left(\frac{\mathrm{d}_a\boldsymbol{\Omega}}{\mathrm{d}t}\right)\times\boldsymbol{r}_R+\boldsymbol{\Omega}\times(\boldsymbol{\Omega}\times\boldsymbol{r}_R) \tag{1.2.6b}$$

$$\boldsymbol{a}_c=2\boldsymbol{\Omega}\times\boldsymbol{W} \tag{1.2.6c}$$

$$\boldsymbol{a}=\frac{\mathrm{d}_a\boldsymbol{V}}{\mathrm{d}t}=\frac{\partial_a\boldsymbol{V}}{\partial t}+\boldsymbol{V}\cdot\nabla_a\boldsymbol{V} \tag{1.2.6d}$$

$$\boldsymbol{V}_0=\frac{\mathrm{d}_a\boldsymbol{r}_0}{\mathrm{d}t} \tag{1.2.6e}$$

$$\boldsymbol{V}_e=\boldsymbol{V}_0+\boldsymbol{\Omega}\times\boldsymbol{r}_R \tag{1.2.6f}$$

$$\boldsymbol{W}=\frac{\mathrm{d}_R\boldsymbol{r}_R}{\mathrm{d}t} \tag{1.2.6g}$$

式中，$\boldsymbol{a}$，$\boldsymbol{a}_r$，$\boldsymbol{a}_e$ 与 $\boldsymbol{a}_c$ 分别表示绝对加速度、相对加速度、牵连加速度与 Coriolis 加速度；$\boldsymbol{V}_0$ 与 $\boldsymbol{\Omega}\times\boldsymbol{r}_R$ 分别为相对坐标系平移牵连速度与旋转牵连速度；$\boldsymbol{\Omega}\times(\boldsymbol{\Omega}\times\boldsymbol{r}_R)$ 为向心加速度；$\boldsymbol{W}$ 为气体的相对速度。另外，$\frac{\partial_a}{\partial t}$ 表示对绝对观察者而言所观察到的关于时间的偏导数；$\frac{\partial_R}{\partial t}$ 表示对相对观察者而言所观察到的关于时间的偏导数；算子 ∇_R 与 ∇_a 分别表示在相对坐标系 (ξ^1,ξ^2,ξ^3) 中与在绝对坐标系 (x^1,x^2,x^3) 中进行 Hamilton(哈密顿)算子的运算。

在两类坐标系的相互转换中，下面两个关系式十分重要：

$$\frac{\partial_a q}{\partial t}=\frac{\partial_R q}{\partial t}-(\boldsymbol{\Omega}\times\boldsymbol{r}_R)\cdot\nabla_R q \tag{1.2.7a}$$

$$\frac{\partial_a\boldsymbol{B}}{\partial t}=\frac{\partial_R\boldsymbol{B}}{\partial t}+\boldsymbol{\Omega}\times\boldsymbol{B}-(\boldsymbol{\Omega}\times\boldsymbol{r}_R)\cdot\nabla_R\boldsymbol{B} \tag{1.2.7b}$$

式中，q 与 $\boldsymbol{B}$ 的定义分别同式(1.2.2)与式(1.2.3)。

1.2.2　绝对坐标系中叶轮机械 Navier-Stokes 方程组

在绝对坐标系中，Navier-Stokes 方程组的微分型守恒形式为：

$$\frac{\partial \rho}{\partial t}+\nabla\cdot(\rho \boldsymbol{V})=0 \tag{1.2.8a}$$

$$\frac{\partial(\rho \boldsymbol{V})}{\partial t}+\nabla\cdot(\rho \boldsymbol{V}\boldsymbol{V})=\rho \boldsymbol{f}+\nabla\cdot\boldsymbol{\Pi}-\nabla p \tag{1.2.8b}$$

$$\frac{\partial(\rho e_{\mathrm{t}})}{\partial t}+\nabla\cdot[(\rho e_{\mathrm{t}}+p)\boldsymbol{V}]=\rho \boldsymbol{f}\cdot\boldsymbol{V}+\nabla\cdot(\boldsymbol{\Pi}\cdot\boldsymbol{V})-\nabla\cdot\boldsymbol{q} \tag{1.2.8c}$$

为书写简便起见,式(1.2.8a)~式(11.2.8c)中将 $\frac{\partial_{\mathrm{a}}}{\partial t}$ 与 ∇_{a} 分别简记为 $\frac{\partial}{\partial t}$ 与 ∇,这里 $\frac{\partial_{\mathrm{a}}}{\partial t}$ 与 ∇_{a} 的含义与式(1.2.6d)相同。

在笛卡儿坐标系 (x,y,z) 中,令 $\boldsymbol{i},\boldsymbol{j},\boldsymbol{k}$ 为坐标系 (x,y,z) 中的单位矢量,$\boldsymbol{E},\boldsymbol{F}$ 与 $\boldsymbol{G}$ 为无黏通量;$\boldsymbol{E}_{\mathrm{v}}$,$\boldsymbol{F}_{\mathrm{v}}$ 与 $\boldsymbol{G}_{\mathrm{v}}$ 为黏性通量,令 $\boldsymbol{V}$ 为气体的速度,因此在省略了体积力 $\boldsymbol{f}$ 的情况下,式(1.2.8a)~式(1.2.8c)可以整理为如下形式:

$$\frac{\partial \boldsymbol{U}}{\partial t}+\nabla\cdot\boldsymbol{H}=0 \tag{1.2.9a}$$

$$\frac{\partial \boldsymbol{U}}{\partial t}+\frac{\partial(\boldsymbol{E}-\boldsymbol{E}_{\mathrm{v}})}{\partial x}+\frac{\partial(\boldsymbol{F}-\boldsymbol{F}_{\mathrm{v}})}{\partial y}+\frac{\partial(\boldsymbol{G}-\boldsymbol{G}_{\mathrm{v}})}{\partial z}=0 \tag{1.2.9b}$$

在式(1.2.9a)中,符号 $\boldsymbol{H}$ 与 $\boldsymbol{U}$ 的定义分别为:

$$\boldsymbol{H}=\boldsymbol{i}(\boldsymbol{E}-\boldsymbol{E}_{\mathrm{v}})+\boldsymbol{j}(\boldsymbol{F}-\boldsymbol{F}_{\mathrm{v}})+\boldsymbol{k}(\boldsymbol{G}-\boldsymbol{G}_{\mathrm{v}}) \tag{1.2.10a}$$

$$\boldsymbol{U}=[\rho \quad \rho V_1 \quad \rho V_2 \quad \rho V_3 \quad \rho e_{\mathrm{t}}]^{\mathrm{T}} \tag{1.2.10b}$$

在(1.2.10b)式中,V_1,V_2,V_3 与 $\boldsymbol{V}$ 的关系为:

$$\boldsymbol{V}=\boldsymbol{i}V_1+\boldsymbol{j}V_2+\boldsymbol{k}V_3 \tag{1.2.10c}$$

另外,在式(1.2.9b)中,$\boldsymbol{E}$,$\boldsymbol{F}$,$\boldsymbol{G}$,$\boldsymbol{E}_{\mathrm{v}}$,$\boldsymbol{F}_{\mathrm{v}}$ 与 $\boldsymbol{G}_{\mathrm{v}}$ 的表达式已在文献[5]上册的式(4.6.6)与式(4.6.7)中给出,这里因篇幅所限不再给出。

1.2.3 绝对坐标系中 Navier-Stokes 方程组的强守恒与弱守恒型

在绝对坐标系中,选取柱坐标系 (r,θ,z),令 (r,θ,z) 构成右手系,其基矢量为 $\boldsymbol{e}_{\mathrm{r}},\boldsymbol{e}_{\theta}$,$\boldsymbol{e}_{\mathrm{z}}$,并用 $\boldsymbol{i}_{\mathrm{r}},\boldsymbol{i}_{\theta},\boldsymbol{i}_{\mathrm{z}}$ 表示单位基矢量,用 $\boldsymbol{V}$ 表示气体的速度矢量,用 $V_{\mathrm{r}},V_{\theta},V_{\mathrm{Z}}$ 表示物理分速度,于是有:

$$\boldsymbol{e}_{\mathrm{r}}=\boldsymbol{i}_{\mathrm{r}},\boldsymbol{e}_{\theta}=r\boldsymbol{i}_{\theta},\boldsymbol{e}_{\mathrm{z}}=\boldsymbol{i}_{\mathrm{z}} \tag{1.2.11a}$$

$$\frac{\partial \boldsymbol{i}_{\mathrm{r}}}{\partial \theta}=\boldsymbol{i}_{\theta},\ \frac{\partial \boldsymbol{i}_{\theta}}{\partial \theta}=-\boldsymbol{i}_{\mathrm{r}} \tag{1.2.11b}$$

$$\frac{\partial \boldsymbol{e}_{\mathrm{r}}}{\partial \theta}=\frac{\boldsymbol{e}_{\theta}}{r},\ \frac{\partial \boldsymbol{e}_{\theta}}{\partial \theta}=-r\boldsymbol{e}_{\mathrm{r}} \tag{1.2.11c}$$

$$\boldsymbol{V}=\boldsymbol{i}_{\mathrm{r}}V_{\mathrm{r}}+\boldsymbol{i}_{\theta}V_{\theta}+\boldsymbol{i}_{\mathrm{z}}V_{\mathrm{z}} \tag{1.2.11d}$$

因此 Navier-Stokes 方程式(1.2.9a)在 (r,θ,z) 坐标系下变为弱守恒形式:

$$\frac{\partial \hat{\boldsymbol{U}}}{\partial t}+\frac{\partial(\hat{\boldsymbol{E}}-\hat{\boldsymbol{E}}_{\mathrm{v}})}{\partial r}+\frac{\partial(\hat{\boldsymbol{F}}-\hat{\boldsymbol{F}}_{\mathrm{v}})}{r\partial \theta}+\frac{\partial(\hat{\boldsymbol{G}}-\hat{\boldsymbol{G}}_{\mathrm{v}})}{\partial z}=\boldsymbol{N} \tag{1.2.12a}$$

式中，$\hat{\boldsymbol{E}},\hat{\boldsymbol{E}}_{\mathrm{v}},\hat{\boldsymbol{F}},\hat{\boldsymbol{F}}_{\mathrm{v}},\hat{\boldsymbol{G}},\hat{\boldsymbol{G}}_{\mathrm{v}},\boldsymbol{N}$ 的表达式与文献[5]上册式(4.7.11b)～式(4.7.11h)相同；另外，$\hat{\boldsymbol{U}}$ 的表达式为：

$$\hat{\boldsymbol{U}} = r[\rho \quad \rho V_{\mathrm{r}} \quad r\rho V_{\theta} \quad \rho V_{z} \quad \rho e_{\mathrm{t}}]^{\mathrm{T}} \tag{1.2.12b}$$

值得注意的是，这里式(1.2.12a)是弱守恒型方程组，而方程式(1.2.9b)是强守恒型。比较式(1.2.9b)与式(1.2.12a)还可以发现 $\boldsymbol{U}$ 与 $\hat{\boldsymbol{U}}$ 不同，而且动量方程是在不同方向上列出的，前者分别是沿 $\boldsymbol{i}_x,\boldsymbol{i}_y,\boldsymbol{i}_z$ 方向给出，而后者分别是沿 $\boldsymbol{i}_{\mathrm{r}},\boldsymbol{i}_{\theta},\boldsymbol{i}_z$ 方向。

在绝对坐标系中，选取一个笛卡儿坐标系 (x,y,z) 与另一个任意曲线坐标系 (ξ,η,ζ)，并假定两个坐标系间存在着如下变换关系：

$$\begin{cases} t = \tau \\ x = x(\tau,\xi,\eta,\zeta) \\ y = y(\tau,\xi,\eta,\zeta) \\ z = z(\tau,\xi,\eta,\zeta) \end{cases} \tag{1.2.13a}$$

相应地还有：

$$\begin{cases} \tau = t \\ \xi = \xi(t,x,y,z) \\ \eta = \eta(t,x,y,z) \\ \zeta = \zeta(t,x,y,z) \end{cases} \tag{1.2.13b}$$

借助于两个坐标系间的变换，可以将 (t,x,y,z) 系中的式(1.2.9b)变换到 (τ,ξ,η,ζ) 系中，即：

$$\frac{\partial \widetilde{\boldsymbol{U}}}{\partial t} + \frac{\partial(\widetilde{\boldsymbol{E}} - \widetilde{\boldsymbol{E}}_{\mathrm{v}})}{\partial \xi} + \frac{\partial(\widetilde{\boldsymbol{F}} - \widetilde{\boldsymbol{F}}_{\mathrm{v}})}{\partial \eta} + \frac{\partial(\widetilde{\boldsymbol{G}} - \widetilde{\boldsymbol{G}}_{\mathrm{v}})}{\partial \zeta} = 0 \tag{1.2.14a}$$

式中，$\widetilde{\boldsymbol{E}} - \widetilde{\boldsymbol{E}}_{\mathrm{v}},\widetilde{\boldsymbol{F}} - \widetilde{\boldsymbol{F}}_{\mathrm{v}},\widetilde{\boldsymbol{G}} - \widetilde{\boldsymbol{G}}_{\mathrm{v}}$ 的表达式与文献[5]的上册式(4.7.17)～式(4.7.19)相同。

另外，在式(1.2.14a)中符号 $\widetilde{\boldsymbol{U}}$ 的定义为：

$$\widetilde{\boldsymbol{U}} = J[\rho \quad \rho u \quad \rho v \quad \rho w \quad \rho e_{\mathrm{t}}]^{\mathrm{T}} \tag{1.2.14b}$$

式中，u,v,w 与气体速度 $\mathbf{V}$ 间的关系为：

$$\mathbf{V} = \boldsymbol{i}u + \boldsymbol{j}v + \boldsymbol{k}w \tag{1.2.14c}$$

另外，在式(1.2.14b)中，符号 J 定义为：

$$J \equiv \frac{\partial(x,y,z)}{\partial(\xi,\eta,\zeta)} \tag{1.2.14d}$$

如果令上述曲线坐标系 (ξ,η,ζ) 的基矢量为 $\boldsymbol{e}_{\xi},\boldsymbol{e}_{\eta},\boldsymbol{e}_{\zeta}$，并且将动量方程沿着 $\boldsymbol{e}_{\xi},\boldsymbol{e}_{\eta},\boldsymbol{e}_{\zeta}$ 方向列出后，这时可以得到如下形式的弱守恒 Navier-Stokes 方程组[41,63]：

$$\frac{\partial}{\partial t}\left\{\sqrt{g}\begin{bmatrix}\rho\\ \rho v^1\\ \rho v^2\\ \rho v^3\\ \rho e_t\end{bmatrix}\right\}+\frac{\partial}{\partial x^j}\left\{\sqrt{g}\begin{bmatrix}\rho v^j\\ \rho v^j v^1+g^{1j}p\\ \rho v^j v^2+g^{2j}p\\ \rho v^j v^3+g^{3j}p\\ (\rho e_t+p)v^j\end{bmatrix}\right\}-\frac{\partial}{\partial x^j}\left\{\sqrt{g}\begin{bmatrix}0\\ \mu\left(\nabla^j v^1+\frac{1}{3}g^{1j}\ \nabla\cdot\mathbf{V}\right)\\ \mu\left(\nabla^j v^2+\frac{1}{3}g^{2j}\ \nabla\cdot\mathbf{V}\right)\\ \mu\left(\nabla^j v^3+\frac{1}{3}g^{3j}\ \nabla\cdot\mathbf{V}\right)\\ \mu\widetilde{M}^j+\lambda_k g^{ij}\ \frac{\partial T}{\partial x^i}\end{bmatrix}\right\}=\begin{bmatrix}0\\ \widetilde{N}^1\\ \widetilde{N}^2\\ \widetilde{N}^3\\ 0\end{bmatrix}$$

(1.2.15a)

式中，$\sqrt{g}$ 的定义为：

$$\sqrt{g}=\boldsymbol{e}_\xi\cdot(\boldsymbol{e}_\eta\times\boldsymbol{e}_\zeta)=J \tag{1.2.15b}$$

另外，在式(1.2.15a)中，v^1,v^2,v^3 为速度 $\mathbf{V}$ 在 (ξ,η,ζ) 曲线坐标系中的逆变分速；g^{ij}，g^{1j},g^{2j},g^{3j} 表示曲线坐标系 (ξ,η,ζ) 的逆变度量张量，例如，g^{ij} 定义为：

$$g^{ij}=\boldsymbol{e}^i\cdot\boldsymbol{e}^j \tag{1.2.15c}$$

其中，$(\boldsymbol{e}^1,\boldsymbol{e}^2,\boldsymbol{e}^3)$ 与 $(\boldsymbol{e}_1,\boldsymbol{e}_2,\boldsymbol{e}_3)$ 构成对偶基矢量。此外，在式(1.2.15a)中，符号 $\widetilde{M}^j,\widetilde{N}^1,\widetilde{N}^2,\widetilde{N}^3$ 的定义同文献[39]的式(1.14)，这里还要说明的是，在式(1.2.15a)中，为便于张量表达，已特意将曲线坐标系 ξ,η,ζ 改写为 x^1,x^2,x^3，将基矢量 $\boldsymbol{e}_\xi,\boldsymbol{e}_\eta,\boldsymbol{e}_\zeta$ 改写为 $\boldsymbol{e}_1,\boldsymbol{e}_2,\boldsymbol{e}_3$；同样，比较式(1.2.14a)与式(1.2.15a)可以发现：尽管 Navier-Stokes 方程组都在同一个曲线坐标系中写出，但由于动量方程的列出方向不同，所得到的方程组也就不同，前者为强守恒型，后者为弱守恒型，而且沿不同方向所得到的动量方程的项数也不相同，对于这一点应格外注意。

1.2.4 相对坐标系中 Navier-Stokes 方程组及广义 Bernoulli 方程

对于式(1.2.1)，在叶轮机械气动热力学中，常采用 $\boldsymbol{r}_0=0$ 的特殊相对坐标系[64-79]，在这种特殊相对坐标系中式(1.2.4)与式(1.2.5)简化为：

$$\mathbf{V}=\boldsymbol{W}+\boldsymbol{\Omega}\times\boldsymbol{r}_R \tag{1.2.16}$$

$$\boldsymbol{a}=\frac{\mathrm{d_a}\mathbf{V}}{\mathrm{d}t}=\frac{\mathrm{d_R}\boldsymbol{W}}{\mathrm{d}t}+2\boldsymbol{\Omega}\times\boldsymbol{W}-\Omega\cdot\Omega\,\nabla_R\left(\frac{\boldsymbol{r}_R\cdot\boldsymbol{r}_R}{2}\right)+\left(\frac{\mathrm{d_a}\boldsymbol{\Omega}}{\mathrm{d}t}\right)\times\boldsymbol{r}_R=\frac{\partial_a\mathbf{V}}{\partial t}+\mathbf{V}\cdot\nabla_a\mathbf{V} \tag{1.2.17}$$

当 $|\boldsymbol{\Omega}|=\mathrm{const}$ 时，则式(1.2.17)又可简化为：

$$\frac{\mathrm{d_a}\mathbf{V}}{\mathrm{d}t}=\frac{\partial_R\boldsymbol{W}}{\partial t}+\nabla_R\left(\frac{\boldsymbol{W}\cdot\boldsymbol{W}}{2}\right)-\boldsymbol{W}\times(\nabla_a\times\mathbf{V})-\nabla_R\left(\frac{\Omega^2r^2}{2}\right) \tag{1.2.18a}$$

式中，r 为流体质点离旋转轴的距离，即圆柱坐标系中的 r 坐标；Ω 定义为：

$$\Omega=|\boldsymbol{\Omega}| \tag{1.2.18b}$$

另外，在这个特殊相对坐标系中，下列几个关系式也是常用的：

$$\nabla_{a} q = \nabla_{R} q \tag{1.2.19a}$$

$$\nabla_{a} \cdot \boldsymbol{B} = \nabla_{R} \cdot \boldsymbol{B} \tag{1.2.19b}$$

$$\nabla_{a} \boldsymbol{B} = \nabla_{R} \boldsymbol{B} \tag{1.2.19c}$$

$$\nabla_{a} \times \boldsymbol{B} = \nabla_{R} \times \boldsymbol{B} \tag{1.2.19d}$$

$$\nabla_{a} \cdot \boldsymbol{V} = \nabla_{R} \cdot \boldsymbol{W} \tag{1.2.19e}$$

$$\nabla_{a} \times \boldsymbol{V} = \nabla_{R} \times \boldsymbol{W} + 2\boldsymbol{\Omega} \tag{1.2.19f}$$

式(1.2.19a)～式(1.2.19f)中，q 为任意标量，$\boldsymbol{B}$ 为任意矢量。

在叶轮机械气体动力学中，吴仲华教授在 20 世纪 50 年代首次引入滞止转子焓(Total Rothalpy 或者 Stagnation Rothalpy) I 的概念[80]，其定义为：

$$I = h + \frac{\boldsymbol{W} \cdot \boldsymbol{W}}{2} - \frac{(r\Omega)^2}{2} \tag{1.2.20}$$

式中，h 为静焓，符号 Ω 和 r 的含义分别与式(1.2.18b)和式(1.2.18a)相同。

于是在 $\Omega = \text{const}$ 的非惯性特殊相对坐标系中，叶轮机械三维流动的基本方程组为：

$$\frac{\partial_R \rho}{\partial t} + \nabla \cdot (\rho \boldsymbol{W}) = 0 \tag{1.2.21a}$$

$$\frac{\mathrm{d}_R \boldsymbol{W}}{\mathrm{d}t} + 2\boldsymbol{\Omega} \times \boldsymbol{W} + \boldsymbol{\Omega} \times (\boldsymbol{\Omega} \times \boldsymbol{r}) = -\frac{1}{\rho} \nabla p + \frac{1}{\rho} \nabla \cdot \boldsymbol{\Pi} \tag{1.2.21b}$$

$$\frac{\mathrm{d}_a I}{\mathrm{d}t} = \frac{1}{\rho} \frac{\partial_R p}{\partial t} + \dot{q} + \frac{1}{\rho} \nabla \cdot (\boldsymbol{\Pi} \cdot \boldsymbol{W}) \tag{1.2.21c}$$

式(1.2.21a)～式(1.2.21c)中，I，$\boldsymbol{\Pi}$，p，ρ 分别代表滞止转子焓，黏性应力张量，压强，密度；$\dot{q}$ 为外界对每单位质量气体的传热率，它与熵 S、温度 T、耗散函数 Φ 之间的关系为：

$$T \frac{\mathrm{d}S}{\mathrm{d}t} = \dot{q} + \frac{\Phi}{\rho} \tag{1.2.22}$$

借助于式(1.2.22)，则 Crocco(克罗克)形式的绝对运动的动量方程与相对运动的动量方程分别为：

$$\frac{\partial_a \boldsymbol{V}}{\partial t} + (\nabla \times \boldsymbol{V}) \times \boldsymbol{V} = T \nabla S - \nabla H + \frac{1}{\rho} \nabla \cdot \boldsymbol{\Pi} \tag{1.2.23}$$

$$\frac{\partial_R \boldsymbol{W}}{\partial t} + (\nabla \times \boldsymbol{V}) \times \boldsymbol{W} = T \nabla S - \nabla I + \frac{1}{\rho} \nabla \cdot \boldsymbol{\Pi} \tag{1.2.24}$$

在式(1.2.23)中，H 为总焓，即：

$$H = h + \frac{1}{2}(\boldsymbol{V} \cdot \boldsymbol{V}) \tag{1.2.25}$$

相应地能量方程可写为：

$$\frac{\mathrm{d}_a H}{\mathrm{d}t} = \frac{1}{\rho} \frac{\partial_a p}{\partial t} + \dot{q} + \frac{1}{\rho} \nabla \cdot (\boldsymbol{\Pi} \cdot \boldsymbol{V}) \tag{1.2.26}$$

在流体满足正压条件下，式(1.2.21b)又可以改写为：

$$\frac{\partial_R \boldsymbol{W}}{\partial t}+\boldsymbol{\nabla}_R\left[\frac{\boldsymbol{W}\cdot\boldsymbol{W}}{2}-\frac{(r\Omega)^2}{2}+\int\frac{1}{\rho}\mathrm{d}p\right]=\frac{1}{\rho}\boldsymbol{\nabla}_R\cdot\boldsymbol{\Pi}+\boldsymbol{W}\times(\boldsymbol{\nabla}_R\times\boldsymbol{W})-2\boldsymbol{\Omega}\times\boldsymbol{W} \tag{1.2.27}$$

对于定常、无黏、正压流体，则式(1.2.27)可变为：

$$\boldsymbol{\nabla}_R\left[\frac{\boldsymbol{W}\cdot\boldsymbol{W}}{2}-\frac{(r\Omega)^2}{2}+\int\frac{1}{\rho}\mathrm{d}p\right]=\boldsymbol{W}\times(\boldsymbol{\nabla}\times\boldsymbol{V}) \tag{1.2.28}$$

如果用任一微元长度矢量 $\mathrm{d}\hat{\boldsymbol{S}}$ 与式(1.2.28)作数性积，便有：

$$\mathrm{d}\left[\frac{W^2}{2}-\frac{(r\Omega)^2}{2}+\int\frac{\mathrm{d}p}{\rho}\right]=[\boldsymbol{W}\times(\boldsymbol{\nabla}\times\boldsymbol{V})]\cdot\mathrm{d}\hat{\boldsymbol{S}} \tag{1.2.29a}$$

式中，W 定义为：

$$W=|\boldsymbol{W}| \tag{1.2.29b}$$

欲使式(1.2.29a)可积，则必须使上式右端的三个矢量 $\boldsymbol{W}$，$\boldsymbol{\nabla}\times\boldsymbol{V}$ 与 $\mathrm{d}\hat{\boldsymbol{S}}$ 共面，或其中一个矢量为零，或其中任两个矢量平行。这里只讨论如下三种情况。

(1) 当相对运动的流线与绝对运动的涡线相重合时，即 $\boldsymbol{W}$ 与 $\boldsymbol{\nabla}\times\boldsymbol{V}$ 平行，于是在全流场有：

$$\frac{W^2}{2}-\frac{(r\Omega)^2}{2}+\int\frac{\mathrm{d}p}{\rho}=\mathrm{const}\ (\text{沿全流场}) \tag{1.2.30a}$$

此积分为 Lamb 积分。

(2) 当积分路线沿相对流线进行时，即 $\boldsymbol{W}$ 与 $\mathrm{d}\hat{\boldsymbol{S}}$ 平行，于是沿着每一条流线有：

$$\frac{W^2}{2}-\frac{(r\Omega)^2}{2}+\int\frac{\mathrm{d}p}{\rho}=\mathrm{const}\ (\text{沿流线}) \tag{1.2.30b}$$

而沿不同的相对流线，其积分常数可以不同。这里(1.2.30b)式常称为非惯性相对坐标系中的 Bernoulli 积分。

(3) 当 $\mathrm{d}\hat{\boldsymbol{S}}$ 与 $\boldsymbol{\nabla}\times\boldsymbol{V}$ 平行时，沿每一条涡线便有下式成立，即：

$$\frac{W^2}{2}-\frac{(r\Omega)^2}{2}+\int\frac{\mathrm{d}p}{\rho}=\mathrm{const}\ (\text{沿涡线}) \tag{1.2.30c}$$

1.2.5 吴仲华的两类流面理论以及涉及转子焓与熵的气动方程组

吴仲华先生于 1952 年在文献[64]中正式系统提出与发表他的三元流动理论，建议采用 S_1 与 S_2 两类流面的交叉迭代获取叶轮机械中的复杂三维流场。时至今日，60 多年过去了，他提出的两类流面的重要思想、S_1 与 S_2 流面交叉迭代的技巧以及沿两类流面分析与处理复杂工程流动问题的方法仍然被广泛地应用。更为重要的是，在叶轮机械(包括压气机、涡轮以及风扇等)气动设计的方案论证阶段，中心 S_2 流面以及任意回转的 S_1 流面在气动设计中一直担当着不可或缺的角色。正如文献[47]第 89～92 页所综述的那样，世界各国在进行叶轮机械的气动设计时，尤其是一些国际上著名航空发动机，如 Spey、RB211、JT3D、JT9D、F404 等的研制与气动设计都普遍采用了吴仲华先生的两类流面理论。由于过度劳累，吴仲华先生于1992年9月19日傍晚在北京医院逝世。国际著名科学家、原美国加州大学Berkeley(伯克利)分校校长田长霖先生说："吴仲华先生一生对科学的主要贡献有两个：一个是创立叶轮机械三元流动理论，这已经是举世公认的了；另一个是他提出了工程热物理学科……"另外，国际学术界为表彰与追思这位世界级杰出的科学家，从1995年起在每两年举办一届的国际吸气式发动机学术会议(International Symposium on Air-Breathing Engines)上专门设立了"吴仲华讲座"。

吴仲华三元流动理论(简称"吴氏三元流理论"、"吴氏三维流动理论"或"吴氏理论")的基本方程组为[80,81,47]：

$$\boldsymbol{\nabla}\cdot(\rho\boldsymbol{W})=0 \tag{1.2.31a}$$

$$\boldsymbol{W}\times(\boldsymbol{\nabla}\times\boldsymbol{V})\approx\boldsymbol{\nabla}I-T\boldsymbol{\nabla}S \tag{1.2.31b}$$

$$\frac{\mathrm{d}I}{\mathrm{d}t}\approx 0 \tag{1.2.31c}$$

$$\frac{\mathrm{d}S}{\mathrm{d}t}>0 \tag{1.2.31d}$$

式中，I、S、ρ、T、$\boldsymbol{V}$ 和 $\boldsymbol{W}$ 分别为吴仲华相对滞止焓(简称吴仲华转子焓)、熵、气体密度、温度、绝对速度和相对速度。显然，吴先生给出的上述方程组简洁、漂亮。

在定常流动的假设下，与式(1.2.31a)～式(1.2.31d)相对应的在严格意义下相对坐标系中的方程有如下四个：

$$\boldsymbol{\nabla}\cdot(\rho\boldsymbol{W})=0 \tag{1.2.32a}$$

$$\boldsymbol{W}\times(\boldsymbol{\nabla}\times\boldsymbol{V})=\boldsymbol{\nabla}I-T\boldsymbol{\nabla}S-\frac{1}{\rho}\boldsymbol{\nabla}\cdot\boldsymbol{\Pi} \tag{1.2.32b}$$

$$\frac{\mathrm{d}I}{\mathrm{d}t}=\frac{1}{\rho}\boldsymbol{\nabla}\cdot(\boldsymbol{\Pi}\cdot\boldsymbol{W})+\dot{q} \tag{1.2.32c}$$

$$T\frac{\mathrm{d}S}{\mathrm{d}t}=\dot{q}+\frac{\Phi}{\rho} \tag{1.2.32d}$$

式中，$\boldsymbol{\Pi}$、$\dot{q}$ 与 Φ 分别为气体的黏性应力张量、传热率与耗散函数。

比较式(1.2.31)与式(1.2.32)可以发现：在吴先生给出的动量方程中省略了 $\left(-\frac{1}{\rho}\boldsymbol{\nabla}\cdot\boldsymbol{\Pi}\right)$ 项，在能量方程中省略了 $\left(\dot{q}+\frac{1}{\rho}\boldsymbol{\nabla}\cdot(\boldsymbol{\Pi}\cdot\boldsymbol{W})\right)$ 项。吴先生认为：黏性力的作用与黏性力做功都可以反映到流体熵增的变化。在叶轮机械试验测量中，流动损失是容易测得的，而且又不难得到这一损失与熵增的变化关系，因此在式(1.2.31)中所省略的项在一定程度上可以用相应熵增值的变化来代替。毫无疑问，吴先生给出的这种近似与简化是恰当的、合理的。遵照上述观点，吴仲华先生给出的式(1.2.31a)～式(1.2.31d)明显不同于叶轮机械的一般无黏流动方程组。另外，还有一点必须指出：在研究三维流动时，式(1.2.32a)～式(1.2.32d)中所包含的6个标量方程，仅有5个方程独立。事实上只要将式(1.2.32b)两边点乘 $\boldsymbol{W}$ 并注意补充上非定常项，便有：

$$\boldsymbol{W}\cdot\frac{\partial\boldsymbol{W}}{\partial t}=-\boldsymbol{W}\cdot\nabla I+\boldsymbol{W}\cdot(T\nabla S)+\frac{1}{\rho}\boldsymbol{W}\cdot(\nabla\cdot\boldsymbol{\Pi})\tag{1.2.33a}$$

注意：由热力学 Gibbs(吉布斯)关系和转子焓定义，有：

$$\frac{\partial h}{\partial t}-\frac{1}{\rho}\frac{\partial p}{\partial t}=T\frac{\partial S}{\partial t}\tag{1.2.33b}$$

$$\frac{\partial I}{\partial t}+\boldsymbol{W}\cdot\nabla I=\frac{\partial h}{\partial t}+\boldsymbol{W}\cdot\frac{\partial\boldsymbol{W}}{\partial t}+\boldsymbol{W}\cdot\nabla I\tag{1.2.33c}$$

式中，h 为气体的静焓。将式(1.2.33a)～式(1.2.33c)相加便得到式(1.2.32c)。

“吴氏理论”的核心思想：首先引入沿流面的导数、流片厚度以及流面之间的作用力(简称叶片力)这三个重要概念，将复杂的三维流动问题分解为广义二维意义下沿 S_1 与 S_2 两类流面上的流动，其中两类流面的交线就是相对流线。吴仲华先生发现：沿相对流线运动时，略去黏性与传热的影响，转子焓不变，这使得能量方程变得十分简洁；而后，吴先生引入流面上的流函数的概念，获得了在两类流面上气体流动时流函数主方程[64]。为了便于工程计算，20 世纪 50 年代初，吴先生提出了任意回转 S_1 流面和中心 S_2 流面的重要概念，这是“吴氏理论”走向工程计算所采取的非常重要的措施，这一简化很快在国际工程界和工业设计部门中广泛采纳。文献[5]下册第 114～121 页上详细给出了流面导数、流片厚度、叶片力等重要概念的定义式与表达式，给出了用沿流面导数表达的 S_1 流面的流函数主方程与 S_2 流面的流函数主方程的表达式，这里因篇幅所限不再给出。为了使两类流面上的流函数主方程的表达式更具有通用性，20 世纪 60 年代中期吴仲华先生引入了非正交曲线坐标系，引进了曲线坐标系下相对速度的物理分量，发展了应用任意非正交曲线坐标系的叶轮机械三元流动理论[81]。这就为三元流场计算的源程序编写奠定了坚实的理论基础[65,72,73]，吴文权、刘翠娥、朱荣国、陈乃兴、刘高联、曹孝瑾、蔡睿贤、徐建中、葛满初、陈静宜、刘殿魁、凌志光、邹滋祥、吴帮贤、汪庆桓、卢文强等同志在吴仲华先生的直接率领下中国科学院工程热物理研究所的强大科研团队编制出一批用于求解 S_1 流面与 S_2 流面的正问题和反问题源程序，其中包括无黏流与黏性流动两大类型。那时，在与英国帝国工学院 D. B. Spalding 教授本人的交流中发现：我国吴仲华先生所率领的中国科学院团队所编制的流场计算源程序的精度要比 Spalding 教授所率领的英国团队高。为了便于两类流面间的交叉迭代，得到精度较高的三维流场收敛解，吴仲华先生又提出了任意翘曲的 S_1 流面与多个翘曲的 S_2 流面的重要概念，提出了采用多个 S_1 流面与多个 S_2 流面之间交叉迭代的计算方法[65]，他亲自率领华耀南、王保国、朱根兴、赵晓路、王正明、蒋洪德、陈宏冀、秦立森、张家麟、吕盘明、俞大帮、孙春林、乔宗淮、吴忆峰等由中国科学院研究生院首届(1978 届)和 1979 届研究生们组成的青年团队编制大型跨声速三维流场计算的叶轮机械气动设计源程序。与此同时，也激励了中国科学院计算所、清华大学、北京航空航天大学、哈尔滨工业大学、复旦大学、中国科技大学、西北工业大学、西安交通大学、航空部 606 所、上海汽轮机厂、上海机械学院等单位从事流场计算的研究人员与教授们率领各自团队动手编制流场计算源程序的热潮。国内外大量数值计算的实践表明：吴仲华先生给出的计算方法物理概念清晰，计算简便易行。正是基于这个原因，“吴氏理论”至今仍然广泛地用在先进的航空发动机以及燃气轮机的气动设计中。

1.2.6　三维空间中两类流面的流函数主方程以及拟流函数法

1. 标量函数法

令 Ψ_1 和 Ψ_2 是两个辅助函数，(x^1, x^2, x^3) 代表某一个曲线坐标系，并且令：

$$\Psi_1 = \Psi_1(x^1, x^2, x^3) \tag{1.2.34a}$$

$$\Psi_2 = \Psi_2(x^1, x^2, x^3) \tag{1.2.34b}$$

即 Ψ_1 与 Ψ_2 分别为 x^1, x^2, x^3 的函数。令 $\boldsymbol{W}$ 仍代表相对速度，并有：

$$\rho\boldsymbol{W} = (\nabla\Psi_1) \times (\nabla\Psi_2) \tag{1.2.34c}$$

于是容易推出：

$$w^1 = \frac{1}{\sqrt{g}} \frac{\partial(\Psi_1, \Psi_2)}{\partial(x^2, x^3)} \Big/ \rho \tag{1.2.35a}$$

$$w^2 = \frac{1}{\sqrt{g}} \frac{\partial(\Psi_1, \Psi_2)}{\partial(x^3, x^1)} \Big/ \rho \tag{1.2.35b}$$

$$w^3 = \frac{1}{\sqrt{g}} \frac{\partial(\Psi_1, \Psi_2)}{\partial(x^1, x^2)} \Big/ \rho \tag{1.2.35c}$$

$$w_\beta = g_{\beta k} \frac{1}{\rho} \in^{ijk} \frac{\partial\Psi_1}{\partial x^i} \frac{\partial\Psi_2}{\partial x^j} \tag{1.2.35d}$$

式中，w^1，w^2，w^3 为速度 $\boldsymbol{W}$ 在曲线坐标系 (x^1, x^2, x^3) 中的逆变分量；w_β 为 $\boldsymbol{W}$ 的协变分量；$\in^{ijk}$ 为 Eddington 张量；Ψ_1 与 Ψ_2 为曲线坐标系 (x^1, x^2, x^3) 下的辅助函数，这种获取辅助函数 Ψ_1 与 Ψ_2 的方法常称为标量函数法。下面举三个特例。

特例 1：将式(1.2.35a)～式(1.2.35d)在圆柱坐标系下进行展开，便得到文献[82]给出的形式；

特例 2：将式(1.2.35a)～式(1.2.35d)在笛卡儿坐标系下进行展开，便得到文献[83]给出的形式；

特例 3：传统的流函数方法可以看作上述标量函数法的特殊情况。事实上，如果取

$$\Psi_1 = \Psi_1(x^1, x^2, x^3) \tag{1.2.36a}$$

$$\Psi_2 = \Psi_2(x^3) = \text{const} \tag{1.2.36b}$$

并且令 $w^3 = 0$，则式(1.2.34c)变为：

$$\rho\boldsymbol{W} = \frac{1}{\sqrt{g}} \left(\frac{\partial\Psi_1}{\partial x^2}\boldsymbol{e}_1 - \frac{\partial\Psi_1}{\partial x^1}\boldsymbol{e}_2 \right) \frac{\partial\Psi_2}{\partial x^3} \tag{1.2.36c}$$

如果取

$$\frac{1}{\hat{\tau}} = |\nabla\Psi_2| = \frac{\partial\Psi_2}{\partial x^3} \tag{1.2.37a}$$

于是式(1.2.35a)与式(1.2.35b)便退化为：

$$w^1 = \frac{1}{\hat{\tau}\rho\sqrt{g}}\frac{\partial \Psi_1}{\partial x^2} \tag{1.2.37b}$$

$$w^2 = \frac{-1}{\hat{\tau}\rho\sqrt{g}}\frac{\partial \Psi_1}{\partial x^1} \tag{1.2.37c}$$

对于定常、无黏、等角速度 $\boldsymbol{\omega}$ 旋转下的 Crocco 型理想气体动量方程为：

$$\begin{vmatrix} \boldsymbol{e}^1 & \boldsymbol{e}^2 & \boldsymbol{e}^3 \\ w^1 & w^2 & w^3 \\ \dfrac{\partial w_3}{\partial x^2}-\dfrac{\partial w_2}{\partial x^3} & \dfrac{\partial w_1}{\partial x^3}-\dfrac{\partial w_3}{\partial x^1} & \dfrac{\partial w_2}{\partial x^1}-\dfrac{\partial w_1}{\partial x^2} \end{vmatrix} = (\nabla I - T\nabla S) + 2\boldsymbol{\omega}\times\boldsymbol{W} \tag{1.2.38}$$

这时沿 $\boldsymbol{e}^2$ 方向上 Ψ_1 的方程可由式(1.2.38)得到，其表达式为：

$$\frac{\partial}{\partial x^\alpha}\left(\frac{\sqrt{g}}{\hat{\tau}\rho}g^{\alpha\beta}\frac{\partial \Psi_1}{\partial x^\beta}\right) = (2\sqrt{g})\omega^3 + \frac{1}{w^1}\left(\frac{\partial I}{\partial x^2} - T\frac{\partial S}{\partial x^2}\right) \tag{1.2.39}$$

显然，如果省略了式(1.2.39)中 Ψ_1 的下注脚“1”，便得到我们熟知的 S_1 流面弱守恒型流函数主方程[84]，这里 $\hat{\tau}$ 为流片厚度。

2. 矢量函数法

令 (x^1, x^2, x^3) 为曲线坐标系，$\boldsymbol{W}$ 代表流体的相对速度，w^i 为在 (x^1, x^2, x^3) 曲线坐标系上的协变分速度。引入矢量函数 $\boldsymbol{f}$ 并用 f_i 表示 $\boldsymbol{f}$ 在曲线坐标系 (x^1, x^2, x^3) 上的协变分量，而且 $\boldsymbol{f}$ 满足

$$\rho\boldsymbol{W} = \nabla\times\boldsymbol{f} \tag{1.2.40a}$$

于是有：

$$w^1 = \frac{1}{\sqrt{g}}\left(\frac{\partial f_3}{\partial x^2} - \frac{\partial f_2}{\partial x^3}\right)\Big/\rho \tag{1.2.40b}$$

$$w^2 = \frac{1}{\sqrt{g}}\left(\frac{\partial f_1}{\partial x^3} - \frac{\partial f_3}{\partial x^1}\right)\Big/\rho \tag{1.2.40c}$$

$$w^3 = \frac{1}{\sqrt{g}}\left(\frac{\partial f_2}{\partial x^1} - \frac{\partial f_1}{\partial x^2}\right)\Big/\rho \tag{1.2.40d}$$

$$w_\beta = \frac{1}{\rho}g_{\beta k}\in^{ijk}\frac{\partial f_j}{\partial x^i} \tag{1.2.40e}$$

式中，符号 $\in^{ijk}$ 与 $g_{\beta k}$ 的含义同式(1.2.35d)。

将式(1.2.40a)～式(1.2.40d)代入到式(1.2.38)后便得到关于 f_1，f_2 和 f_3 的方程组。与上面标量函数法的处理类似，这里仅列举关于上述 f_1，f_2 和 f_3 方程组的一个特例：如果取 $f_1=0$，并且在满足式(1.2.40a)的条件下，令这时的 f_2 和 f_3 分别记为 $\widetilde{f}_2$ 和 $\widetilde{f}_3$，于是式(1.2.40b)～式(1.2.40e)便退化为：

$$w^1 = \frac{1}{\sqrt{g}}\left(\frac{\partial \widetilde{f}_3}{\partial x^2} - \frac{\partial \widetilde{f}_2}{\partial x^3}\right)\Big/\rho \tag{1.2.41a}$$

$$w^2 = \frac{1}{\sqrt{g}}\left(-\frac{\partial \widetilde{f}_3}{\partial x^1}\right)\Big/\rho \tag{1.2.41b}$$

$$w^3 = \frac{1}{\sqrt{g}}\left(\frac{\partial \widetilde{f}_2}{\partial x^1}\right)\Big/\rho \tag{1.2.41c}$$

$$w_\beta = \frac{1}{\rho\sqrt{g}}\left[g_{1\beta}\left(\frac{\partial \widetilde{f}_3}{\partial x^2} - \frac{\partial \widetilde{f}_2}{\partial x^3}\right) - g_{2\beta}\frac{\partial \widetilde{f}_3}{\partial x^1} + g_{3\beta}\frac{\partial \widetilde{f}_2}{\partial x^1}\right] \tag{1.2.41d}$$

将式(1.2.41a)～式(1.2.41d)代入到式(1.2.38)后并注意使用

$$\boldsymbol{e}_i = g_{ij}\boldsymbol{e}^j \tag{1.2.42}$$

便可以得到沿 $\boldsymbol{e}_1$，$\boldsymbol{e}_2$ 和 $\boldsymbol{e}_3$ 方向上的动量方程：

$$\in^{\beta\alpha m} w_\beta g_{k\alpha} \in^{ijk} \frac{\partial}{\partial x^i}\left\{\frac{1}{\rho\sqrt{g}}\left[g_{1j}\left(\frac{\partial \widetilde{f}_3}{\partial x^2} - \frac{\partial \widetilde{f}_2}{\partial x^3}\right) - g_{2j}\frac{\partial \widetilde{f}_3}{\partial x^1} + g_{3j}\frac{\partial \widetilde{f}_2}{\partial x^1}\right]\right\} =$$

$$\left[g^{im}\left(\frac{\partial I}{\partial x^i} - T\frac{\partial S}{\partial x^i}\right) + 2\omega_i w_j \in^{ijm}\right]\ (m = 1,2,3) \tag{1.2.43}$$

式(1.2.43)就是关于 $\widetilde{f}_2$ 和 $\widetilde{f}_3$ 的通用方程组。应当指出，在文献[85]中又将式(1.2.41)所定义的 $\widetilde{f}_2$ 和 $\widetilde{f}_3$ 称为拟流函数(Streamlike Function)。

1.3　电磁流体力学的基本方程组及电磁对偶原理

电磁场是物理世界的重要组成部分之一，用连续介质的观点研究宏观运动的电荷体系与电磁场的相互作用是经典电磁理论和连续介质力学交叉所形成的边缘学科，即电磁流体力学(Electromagnetodynamics of Fluids，EMD)。要了解电磁场，就必须知道电场强度 $\boldsymbol{E} = (E_x, E_y, E_z)$ 和磁感应强度 $\boldsymbol{B} = (B_x, B_y, B_z)$ 随空间位置 (x, y, z) 与时间 t 的变化情况，即掌握函数 $\boldsymbol{E}(t, x, y, z)$ 与 $\boldsymbol{B}(t, x, y, z)$ 的分布及变化规律。有了它们就可以计算出电磁场对带电物质的作用力[Lorentz(洛伦兹力)]，也可以算出电磁场的能量与动量等。电磁场的运动规律由场的运动方程即 $\boldsymbol{E}$ 与 $\boldsymbol{B}$ 所满足的 Maxwell(麦克斯韦)方程组来描述，它包括了 Faraday(法拉第)电磁感应定律、Maxwell-Ampere(麦克斯韦一安培)定律、电场 Gauss(高斯)定律、磁场 Gauss 定律、电荷守恒定律以及 Coulomb(库仑)一Ampere 力密度公式。将 Maxwell 方程组与连续介质力学广义 Navier-Stokes 方程组融合在一起便导出了电磁流体力学方程组。在研究与电磁场发生相互作用的连续介质运动的模型中，电流体力学(Electrohydrodynamics，EHD)与磁流体力学(Magnetohydrodynamics，MHD)是两类重要的特殊实例，在本节中均有简要的讨论。另外，在 Maxwell 方程的基础上可以建立一系列的重要定理和原理，例如关于电磁力、电磁动量和电磁应力张量的 Maxwell 定理，涉及电荷与磁荷、电流与磁流、电场与磁场等所构成对偶量之间关系的电磁对偶原理，以及反映线性系统中可逆性原理在电磁学中具体体现的互易定理等，这些定理和原理对处理各种具体工程问题带来很大的方便，具有极大的指导意义。但因篇幅所限，本节仅对电磁对偶原理略作介绍。最后还有一点必须说明，通常电动力学把研究的问题分成了两大类：一类问题是给定了电荷和电流去计算它们所产生的电磁场（如波导、谐振腔等都是这类问题的实例）；另一类问题是给定了外电磁场去计算带电粒子的运动或电流（如电荷在电场和磁场中的运动以及能量损失现象便是这类问题的实例）；只是在讨论轫致辐射问题时才把这两类问题结合在一块。本节因篇幅所限，对上述两大类处理问题的细节做了省略，而把焦点放到了电磁理论的基本方程与基本原理的讨论上。

1.3.1 Maxwell 电磁理论的普遍规律及其对称形式

从大量实验所概括出来的电磁场基本规律，主要是指下列 Maxwell 电磁场方程组：

$$\nabla \times \boldsymbol{E} = -\frac{\partial \boldsymbol{B}}{\partial t} \tag{1.3.1a}$$

$$\nabla \times \boldsymbol{H} = \boldsymbol{j}_{\mathrm{f}} + \frac{\partial \boldsymbol{D}}{\partial t} \tag{1.3.1b}$$

$$\nabla \cdot \boldsymbol{D} = \rho_{\mathrm{f}} \tag{1.3.1c}$$

$$\nabla \cdot \boldsymbol{B} = 0 \tag{1.3.1d}$$

式(1.3.1a)～式(1.3.1d)中，$\boldsymbol{E}$、$\boldsymbol{B}$、$\boldsymbol{H}$、$\boldsymbol{D}$、$\boldsymbol{j}_{\mathrm{f}}$ 和 ρ_{f} 分别表示电场强度、磁感应强度（或磁感应矢量）、磁场强度、电感应强度（或电感应矢量、电位移矢量）、传导电流密度和自由电荷密度。

另外，由于电荷的守恒性，电荷在运动中必须满足电流的连续性方程：

$$\nabla \cdot \boldsymbol{j}_{\mathrm{f}} = -\frac{\partial \rho_{\mathrm{f}}}{\partial t} \tag{1.3.2}$$

对于运动的带电体，由于电荷与电流同时存在，因此会同时受到电场与磁场的作用力，即 Lorentz 力 $\boldsymbol{f}_{\mathrm{L}}$ 的作用。令电荷的宏观运动速度为 $\boldsymbol{v}$，则电流密度 $\boldsymbol{j}_{\mathrm{f}}$ 与 Lorentz（洛伦兹）力 $\boldsymbol{f}_{\mathrm{L}}$ 分别为：

$$\boldsymbol{j}_{\mathrm{f}} = \rho_{\mathrm{f}} \boldsymbol{v} \tag{1.3.3}$$

$$\boldsymbol{f}_{\mathrm{L}} = \rho_{\mathrm{f}} \boldsymbol{E} + \boldsymbol{j}_{\mathrm{f}} \times \boldsymbol{B} \tag{1.3.4a}$$

或者：

$$\boldsymbol{f}_{\mathrm{L}} = \rho_{\mathrm{f}} \boldsymbol{E} + \rho_{\mathrm{f}} \boldsymbol{v} \times \boldsymbol{B} \tag{1.3.4b}$$

因此，Maxwell 方程式(1.3.1a)～式(1.3.1d)、Lorentz 力公式(1.3.4a)和式(1.3.4b)以及电荷守恒定律式(1.3.2)一起构成了电动力学的基本方程组[86,22]。将这个电动力学基本方程组再加上牛顿第二定律便构成了完整的可以描述相互作用的带电粒子与电磁场的经典理论。这里必须指出的是，通常介质在电磁场的作用下，可能会出现介质的极化、介质的磁化以及传导电流三种运动形态。这会改变原来的电磁场并且会使有关的方程改变其形式，然而在式(1.3.1a)～式(1.3.1d)中仅出现了自由电荷密度 ρ_f 以及传导电流密度 $\boldsymbol{j}_f$，而没有出现介质极化及磁化的电荷及电流；在式(1.3.1a)～式(1.3.1d)中引入 $\boldsymbol{D}$ 和 $\boldsymbol{H}$ 就是为了将极化及磁化的效果包括在内，这便使得 Maxwell 方程组十分简洁方便。事实上，为了求解 Maxwell 方程组，就必须知道 $\boldsymbol{D}$ 和 $\boldsymbol{E}$ 以及 $\boldsymbol{B}$ 和 $\boldsymbol{H}$ 之间的关系，也就是说要知道介质特性，即本构关系。在一般情况下，电场中 $\boldsymbol{D}$ 与 $\boldsymbol{E}$ 以及磁场中 $\boldsymbol{H}$ 与 $\boldsymbol{B}$ 的关系式分别为：

$$\boldsymbol{D} = \varepsilon_r\varepsilon_0\boldsymbol{E} = \varepsilon_e\boldsymbol{E} \tag{1.3.5a}$$

$$\boldsymbol{B} = \mu_m\boldsymbol{H} = \mu_r\mu_0\boldsymbol{H} \tag{1.3.5b}$$

如果介质有损耗时还有：

$$\boldsymbol{j}_f = \sigma_e(\boldsymbol{E} + \boldsymbol{E}_{ext}) \tag{1.3.5c}$$

式(1.3.5a)中，ε_e，ε_r，ε_0 分别为介电常数、相对介电常数和真空中的介电常数；式(1.3.5b)中，μ_m，μ_r，μ_0 分别为磁导率、相对磁导率和真空中的磁导率；式(1.3.5c)中，σ_e 为电导率。

另外，还要指出：式(1.3.1c)的物理基础是 Coulomb 定律，它是一个独立的实验定律；式(1.3.1b)作为 Ampere 定律时，是一个独立的物理定律，它描述了直流电流产生的磁场的规律。而一旦考虑了时变项即加入了 Maxwell 的位移电流，则式(1.3.1b)就不再是一个独立的规律。因为由这个方程，对于确定的外源 $\boldsymbol{j}_f$ 并不可能求出确定的电场或磁场，它只有与式(1.3.1a)联立才能完整地描述交流电流激励的电磁场的规律。在 Maxwell 方程式(1.3.1a)～式(1.3.1d)中，有两种不同性质的源：一种是电荷 ρ_f，另一种是电流 $\boldsymbol{j}_f$；虽然它们服从电荷守恒定律式(1.3.2)，但电荷守恒定律并不能说明这两种源之间有确定的因果关系。换句话说，对于确定的电荷分布，无法确定电流分布，因此这一点便使得式(1.3.2)与式(1.3.1a)～式(1.3.1d)中所包含的四个方程的性质不同。式(1.3.2)仅仅是对两种源所加的一种辅助性关系，因此式(1.3.2)称为辅助方程，使用时更应注意它的适用条件。总之，在式(1.3.1a)～式(1.3.1d)和式(1.3.2)中，五个方程仅有三个独立，其余两个为辅助方程，可以从独立方程中导出。

自然界具有对称性，因此描述自然界的物理规律的方程式也应具有对称性。如果存在磁荷，则 Maxwell 方程式(1.3.1a)～式(1.3.1d)应修改为：

$$\nabla \times \boldsymbol{E} = -\frac{\partial \boldsymbol{B}}{\partial t} - \boldsymbol{j}_m \tag{1.3.6a}$$

$$\nabla \times \boldsymbol{H} = \boldsymbol{j}_f + \frac{\partial \boldsymbol{D}}{\partial t} \tag{1.3.6b}$$

$$\nabla \cdot \boldsymbol{D} = \rho_f \tag{1.3.6c}$$

$$\nabla \cdot \boldsymbol{B} = \rho_m \tag{1.3.6d}$$

另外，磁荷还应该满足连续方程，即：

$$\frac{\partial \rho_{\mathrm{m}}}{\partial t}+\nabla \cdot \boldsymbol{j}_{\mathrm{m}}=0 \tag{1.3.7}$$

在式(1.3.6a)～式(1.3.6d)与式(1.3.7)中，ρ_{m} 与 $\boldsymbol{j}_{\mathrm{m}}$ 分别为磁荷密度与磁流密度。

1982 年 2 月 14 日，美国斯坦福大学 B. Cabrera 用超导量子干涉器观察到一个可能是磁单极子存在的记录，但自然界是否存在磁单极子还不能肯定，它仍是当代物理学的一个重要研究课题。

1.3.2 电磁场的标量势与矢量势以及 Maxwell 方程组的规范条件

由式(1.3.1d)可知，矢量场 $\boldsymbol{B}$ 为横场，因此由场论公式可知，$\boldsymbol{B}$ 必定可表示为另一个矢量场 $\boldsymbol{A}$ 的旋度，即有：

$$\boldsymbol{B}=\nabla \times \boldsymbol{A} \tag{1.3.8a}$$

另外，由式(1.3.8a)与式(1.3.1a)以及场论公式可知，$\boldsymbol{E}+\frac{\partial \boldsymbol{A}}{\partial t}$ 为纵场，即满足：

$$\nabla \times\left(\boldsymbol{E}+\frac{\partial \boldsymbol{A}}{\partial t}\right)=0 \tag{1.3.8b}$$

因此，$\boldsymbol{E}+\frac{\partial \boldsymbol{A}}{\partial t}$ 必为某个标量场 φ 的梯度，即：

$$\boldsymbol{E}+\frac{\partial \boldsymbol{A}}{\partial t}=-\nabla \varphi \tag{1.3.8c}$$

将式(1.3.8c)与式(1.3.5a)代入式(1.3.1c)后，得：

$$\nabla \cdot\left[-\varepsilon_{\mathrm{e}}\left(\nabla \varphi+\frac{\partial \boldsymbol{A}}{\partial t}\right)\right]=\rho_{\mathrm{f}} \tag{1.3.9a}$$

将式(1.3.8c)、式(1.3.8a)以及式(1.3.5)代入式(1.3.1b)后，得：

$$\nabla \times\left(\frac{\nabla \times \boldsymbol{A}}{\mu_{\mathrm{m}}}\right)=\boldsymbol{j}_{\mathrm{f}}-\frac{\partial}{\partial t}\left[\varepsilon_{\mathrm{e}}\left(\frac{\partial \boldsymbol{A}}{\partial t}+\nabla \varphi\right)\right] \tag{1.3.9b}$$

从表面上看，式(1.3.9a)与式(1.3.9b)中变量数与方程数一致，似乎可以得矢量势 $\boldsymbol{A}$ 与标量势 φ 的唯一解，但由于式(1.3.8a)与式(1.3.8c)没有唯一性，因此欲由式(1.3.9a)和式(1.3.9b)中获得 $\boldsymbol{A}$ 与 φ 的唯一解，还必须对 $\boldsymbol{A}$ 与 φ 的关系作出限定，这种限定就称为规范。在电动力学中，常采用的规范有两种：一种为 Lorentz 规范；另一种为 Coulomb 规范，以下仅讨论前一种。

为便于讨论 Lorentz 规范的过程，这里暂时令 μ_{m} 与 ε_{e} 分别为常数 $\widetilde{\mu}$ 与 $\widetilde{\varepsilon}$，即：

$$\mu_{\mathrm{m}}=\widetilde{\mu}, \varepsilon_{\mathrm{e}}=\widetilde{\varepsilon} \tag{1.3.10a}$$

借助于式(1.3.10a)，则式(1.3.9a)与式(1.3.9b)分别变为：

$$-\nabla^{2} \varphi-\frac{\partial}{\partial t}(\nabla \cdot \boldsymbol{A})=\frac{\rho_{\mathrm{f}}}{\widetilde{\varepsilon}} \tag{1.3.10b}$$

$$\nabla\times(\nabla\times\boldsymbol{A})=\widetilde{\mu}\boldsymbol{j}_{\mathrm{f}}-\widetilde{\mu}\widetilde{\varepsilon}\left[\frac{\partial^2\boldsymbol{A}}{\partial t^2}+\frac{\partial}{\partial t}(\nabla\varphi)\right] \tag{1.3.10c}$$

引入 Lorentz 规范条件，即令：

$$\nabla\cdot\boldsymbol{A}=-\widetilde{\mu}\widetilde{\varepsilon}\frac{\partial\varphi}{\partial t} \tag{1.3.11}$$

于是借助于式(1.3.11)，则式(1.3.10c)与式(1.3.10b)分别变为：

$$\nabla^2\boldsymbol{A}-\widetilde{\mu}\widetilde{\varepsilon}\frac{\partial^2}{\partial t^2}\boldsymbol{A}=-\widetilde{\mu}\boldsymbol{j}_{\mathrm{f}} \tag{1.3.12a}$$

$$\nabla^2\varphi-\widetilde{\mu}\widetilde{\varepsilon}\frac{\partial^2}{\partial t^2}\varphi=-\frac{\rho_{\mathrm{f}}}{\widetilde{\varepsilon}} \tag{1.3.12b}$$

即 $\boldsymbol{A}$ 和 φ 分别满足以 $\boldsymbol{j}_{\mathrm{f}}$ 和 ρ_{f} 为源的波动方程。

如果在分析式(1.3.1b)时考虑式(1.3.5c)的关系，则在假设介质均匀并且 μ_{m}、ε_{e} 和 σ_{e} 与时空坐标皆无关，它们分别为常数 $\widetilde{\mu}$、$\widetilde{\varepsilon}$ 和 $\widetilde{\sigma}$，即：

$$\mu_{\mathrm{m}}=\widetilde{\mu},\ \varepsilon_{\mathrm{e}}=\widetilde{\varepsilon},\ \sigma_{\mathrm{e}}=\widetilde{\sigma} \tag{1.3.13a}$$

并注意到这时有：

$$\boldsymbol{H}=\frac{\boldsymbol{B}}{\widetilde{\mu}},\ \boldsymbol{D}=\widetilde{\varepsilon}\boldsymbol{E} \tag{1.3.13b}$$

$$\boldsymbol{j}_{\mathrm{f}}=\widetilde{\sigma}\boldsymbol{E}+\widetilde{\sigma}\boldsymbol{E}_{\mathrm{ext}}=\widetilde{\sigma}\boldsymbol{E}+\boldsymbol{j}_{\mathrm{ext}} \tag{1.3.13c}$$

如果选规范变换，使

$$\nabla\cdot\boldsymbol{A}+\widetilde{\mu}\widetilde{\varepsilon}\frac{\partial\varphi}{\partial t}+\widetilde{\sigma}\widetilde{\mu}\varphi=0 \tag{1.3.14a}$$

成立，于是借助于式(1.3.14a)，则式(1.3.10c)与式(1.3.10b)分别变为：

$$\nabla^2\boldsymbol{A}-\widetilde{\mu}\widetilde{\varepsilon}\frac{\partial^2}{\partial t^2}\boldsymbol{A}-\widetilde{\sigma}\widetilde{\mu}\frac{\partial}{\partial t}\boldsymbol{A}=-\widetilde{\mu}\boldsymbol{j}_{\mathrm{ext}} \tag{1.3.14b}$$

$$\nabla^2\varphi-\widetilde{\mu}\widetilde{\varepsilon}\frac{\partial^2}{\partial t^2}\varphi-\widetilde{\sigma}\widetilde{\mu}\frac{\partial}{\partial t}\varphi=-\frac{\rho_{\mathrm{f}}}{\widetilde{\varepsilon}} \tag{1.3.14c}$$

即这时 $\boldsymbol{A}$ 和 φ 分别满足以 $\boldsymbol{j}_{\mathrm{ext}}$ 和 ρ_{f} 为源的波动方程。

1.3.3　电磁流体力学的基本方程组及其守恒形式

1. 连续方程

考虑到电磁场存在时，电磁流体力学的连续方程为：

$$\frac{\partial\rho}{\partial t}+\nabla\cdot(\rho\boldsymbol{V})=0 \tag{1.3.15}$$

2. 动量方程

积分型电磁流体力学的动量方程为：

$$\frac{\partial}{\partial t}\iiint(\rho\boldsymbol{V}+\boldsymbol{g}_{\mathrm{e}})\mathrm{d}\tau+\oint\!\!\!\!\oint_{\sigma}(\rho\boldsymbol{V}\boldsymbol{V}-\boldsymbol{\pi})\cdot\boldsymbol{n}\mathrm{d}\sigma=\iiint_{\tau}\hat{\boldsymbol{f}}\mathrm{d}\tau \tag{1.3.16a}$$

式中，$\boldsymbol{g}_{\mathrm{e}}$、$\boldsymbol{\pi}$ 与 $\hat{\boldsymbol{f}}$ 分别为电磁场的动量密度矢量、电磁流体的应力张量和除电磁力以外的体积力（如重力或其他体积力），它们的表达式分别为[87,22]：

$$\boldsymbol{g}_{\mathrm{e}} = \frac{\boldsymbol{E}\times\boldsymbol{H}}{c^2} = \frac{\boldsymbol{S}_{\mathrm{em}}}{c^2} \tag{1.3.16b}$$

$$\boldsymbol{\pi} = \boldsymbol{\pi}_{\mathrm{f}} + \boldsymbol{\pi}_{\mathrm{em}} \tag{1.3.16c}$$

式(1.3.16b)与式(1.3.16c)中，$\boldsymbol{S}_{\mathrm{em}}$、$\boldsymbol{\pi}_{\mathrm{f}}$ 与 $\boldsymbol{\pi}_{\mathrm{em}}$ 分别为电磁能量流密度矢量（又称 Poynting 矢量）、流体的应力张量与 Maxwell 应力张量（又称电磁场应力张量）；$\boldsymbol{S}_{\mathrm{em}}$ 和 $\boldsymbol{\pi}_{\mathrm{em}}$ 的表达式分别为：

$$\boldsymbol{S}_{\mathrm{em}} = \boldsymbol{E}\times\boldsymbol{H} \tag{1.3.16d}$$

$$\begin{aligned}\boldsymbol{\pi}_{\mathrm{em}} &= \boldsymbol{\pi}_{\mathrm{e}} + \boldsymbol{\pi}_{\mathrm{m}} = (\boldsymbol{ED}+\boldsymbol{HB}) - \frac{1}{2}(\boldsymbol{E}\cdot\boldsymbol{D}+\boldsymbol{H}\cdot\boldsymbol{B})I \\ &= (\boldsymbol{ED}+\boldsymbol{HB}) - \frac{1}{2}U_{\mathrm{em}}\boldsymbol{I}\end{aligned} \tag{1.3.16e}$$

式(1.3.16e)中，$\boldsymbol{\pi}_{\mathrm{e}}$、$\boldsymbol{\pi}_{\mathrm{m}}$、$\boldsymbol{I}$ 和 U_{em} 分别为电场应力张量、磁场应力张量、单位张量和电磁场的能量密度，它们的表达式分别为：

$$\boldsymbol{\pi}_{\mathrm{e}} = \boldsymbol{ED} - \frac{1}{2}(\boldsymbol{E}\cdot\boldsymbol{D})\boldsymbol{I} \tag{1.3.16f}$$

$$\boldsymbol{\pi}_{\mathrm{m}} = \boldsymbol{HB} - \frac{1}{2}(\boldsymbol{H}\cdot\boldsymbol{B})\boldsymbol{I} \tag{1.3.16g}$$

$$\boldsymbol{I} = \boldsymbol{ii} + \boldsymbol{jj} + \boldsymbol{kk} \tag{1.3.16h}$$

$$U_{\mathrm{em}} = \frac{1}{2}(\boldsymbol{E}\cdot\boldsymbol{D}+\boldsymbol{H}\cdot\boldsymbol{B}) \tag{1.3.16i}$$

式(1.3.16h)中，$\boldsymbol{i}$,$\boldsymbol{j}$,$\boldsymbol{k}$ 为笛卡儿坐标系中的单位矢量。

3. 能量方程

积分型电磁流体的能量方程为[22]：

$$\frac{\partial}{\partial t}\iiint(\rho e_{\mathrm{t}} + \boldsymbol{U}_{\mathrm{em}})\mathrm{d}\tau + \oiint_{\sigma}\boldsymbol{n}\cdot(\rho e_{\mathrm{t}}\boldsymbol{V} - \boldsymbol{\pi}_{\mathrm{f}}\cdot\boldsymbol{V} + \boldsymbol{S}_{\mathrm{em}} + \boldsymbol{q})\mathrm{d}\sigma = \iiint_{\tau}(\hat{\boldsymbol{f}}\cdot\boldsymbol{V} + \hat{Q})\mathrm{d}\tau \tag{1.3.17a}$$

式中，$\boldsymbol{U}_{\mathrm{em}}$、$\boldsymbol{\pi}_{\mathrm{f}}$、$\boldsymbol{S}_{\mathrm{em}}$、$\boldsymbol{q}$ 和 e_{t} 分别为电磁场的能量密度、流体的应力张量、Poynting 矢量、热流矢量和单位质量流体具有的广义内能；符号 $\hat{\boldsymbol{f}}$ 的定义同式(1.3.16a)；符号 $\hat{Q}$ 代表非电磁热源。

另外，若仅考虑热传导，则热流矢量 $\boldsymbol{q}$ 定义为：

$$\boldsymbol{q} = -\lambda\nabla T \tag{1.3.17b}$$

式中，λ 与 T 分别为流体的导热系数与流体的温度。

4. 描述介质电磁状态的三个关系式

在一定的介质中，$\boldsymbol{B}$, $\boldsymbol{E}$, $\boldsymbol{H}$, $\boldsymbol{D}$ 和 $\boldsymbol{j}_{\mathrm{f}}$ 间尚有本构关系，具体形式依赖于介质的构成和

运动的状态[88-90]。令 ε_e，μ_m 和 σ_e 分别代表介电常数、磁导率与电导率，于是描述介质电磁状态的三个重要关系为：

$$\boldsymbol{D}=\varepsilon_e\boldsymbol{E} \tag{1.3.18a}$$

$$\boldsymbol{B}=\mu_m\boldsymbol{H} \tag{1.3.18b}$$

$$\boldsymbol{j}_f=\rho_f\boldsymbol{V}+\sigma_e(\boldsymbol{E}+\boldsymbol{V}\times\boldsymbol{B}+\hat{\boldsymbol{E}}) \tag{1.3.18c}$$

式(1.3.18c)中，$\hat{\boldsymbol{E}}$ 代表其他的感应电场，式(1.3.18c)也称为运动介质的 Ohm(欧姆)定律。

5. 电磁场的 Maxwell 方程组

Maxwell 方程组包括了 Faraday(法拉第)电磁感应定律、Maxwell-Ampere 定律、Coulomb 定律等四个微分方程，即：

$$\nabla\times\boldsymbol{E}=-\frac{\partial\boldsymbol{B}}{\partial t} \tag{1.3.19a}$$

$$\nabla\times\boldsymbol{H}=\boldsymbol{j}_f+\frac{\partial\boldsymbol{D}}{\partial t} \tag{1.3.19b}$$

$$\nabla\cdot\boldsymbol{D}=\rho_f \tag{1.3.19c}$$

$$\nabla\cdot\boldsymbol{B}=0 \tag{1.3.19d}$$

综上所述，守恒关系式(1.3.15)、式(1.3.16a)、式(1.3.17a)以及 Maxwell 方程式(1.3.19a)～式(1.3.19d)，再加上热力学状态方程和电磁状态方程便构成了电磁流体力学的完整方程组。

1.3.4　电流体力学与磁流体力学的基本方程组

令 L 为特征长度，c 与 σ 分别为光速与电导率。为了得到电流体力学与磁流体力学的适用范围，这里首先对式(1.3.19b)中各项的量级进行分析。为此应把 Ohm(欧姆)定律式(1.3.18c)代入式(1.3.19b)中，并注意由式(1.3.19c)定出 ρ_f 的量级。根据量级估计可以证明，一般在

$$\left(\frac{\sigma L}{c}\right)^2\gg 1 \tag{1.3.20a}$$

时，便有

$$\boldsymbol{H}\cdot\boldsymbol{H}\gg\boldsymbol{E}\cdot\boldsymbol{E} \tag{1.3.20b}$$

此时可纳入磁流体力学的范畴。

当

$$\left(\frac{\sigma L}{c}\right)^2\ll 1 \tag{1.3.21a}$$

时，便有

$$\boldsymbol{E}\cdot\boldsymbol{E}\gg\boldsymbol{H}\cdot\boldsymbol{H} \tag{1.3.21b}$$

此时应纳入电流体力学的范畴。

在不考虑介质的黏性和热传导的情况下，最简单的封闭的电流体力学方程组如下：

$$\frac{\mathrm{d}\rho}{\mathrm{d}t}+\rho\,\boldsymbol{\nabla}\cdot\boldsymbol{V}=0 \tag{1.3.22a}$$

$$\rho\frac{\mathrm{d}\boldsymbol{V}}{\mathrm{d}t}=-\boldsymbol{\nabla}p+\rho_{\mathrm{f}}\boldsymbol{E}+\rho\hat{\boldsymbol{F}} \tag{1.3.22b}$$

$$\rho T\frac{\mathrm{d}S}{\mathrm{d}t}=\sigma\boldsymbol{E}\cdot\boldsymbol{E} \tag{1.3.22c}$$

$$\boldsymbol{\nabla}\times\boldsymbol{E}=0 \tag{1.3.22d}$$

$$\boldsymbol{\nabla}\cdot\boldsymbol{D}=\rho_{\mathrm{f}} \tag{1.3.22e}$$

$$\frac{\partial\rho}{\partial t}+\boldsymbol{\nabla}\cdot\boldsymbol{j}_{\mathrm{f}}=0 \tag{1.3.22f}$$

$$\boldsymbol{j}_{\mathrm{f}}=\rho_{\mathrm{f}}\boldsymbol{V}+\sigma\boldsymbol{E} \tag{1.3.22g}$$

式(1.3.22b)和式(1.3.22c)中，S 为流体的熵；$\hat{\boldsymbol{F}}$ 为与流体和电磁场之间的相互作用无关的质量力，如重力等。

令 e 代表热力学狭义内能，ρ 与 T 分别代表密度与温度，于是有热力学微分关系[37,7]：

$$\mathrm{d}e=T\mathrm{d}s-p\mathrm{d}\left(\frac{1}{\rho}\right) \tag{1.3.23a}$$

$$e=e(\rho,s) \tag{1.3.23b}$$

$$p=\rho^2\frac{\partial e}{\partial\rho} \tag{1.3.23c}$$

$$T=\frac{\partial e}{\partial s} \tag{1.3.23d}$$

显然，电流体力学方程式(1.3.22a)～式(1.3.22g)中不包括磁场强度 $\boldsymbol{H}$。如果需要，可以在求解完方程式(1.3.22a)～式(1.3.22g)后再由以下方程去确定 $\boldsymbol{H}$：

$$\boldsymbol{\nabla}\times\boldsymbol{H}=\boldsymbol{j}_{\mathrm{f}}+\frac{\partial\boldsymbol{D}}{\partial t} \tag{1.3.24a}$$

$$\boldsymbol{\nabla}\cdot\boldsymbol{H}=0 \tag{1.3.24b}$$

在不考虑介质的黏性和热传导的情况下，磁流体力学方程组最简单的一种形式为：

$$\frac{\mathrm{d}\rho}{\mathrm{d}t}+\rho\,\boldsymbol{\nabla}\cdot\boldsymbol{V}=0 \tag{1.3.25a}$$

$$\rho\frac{\mathrm{d}\boldsymbol{V}}{\mathrm{d}t}=-\boldsymbol{\nabla}p+(\boldsymbol{\nabla}\times\boldsymbol{H})\times\boldsymbol{H}+\rho\hat{\boldsymbol{F}} \tag{1.3.25b}$$

$$\rho T\frac{\mathrm{d}s}{\mathrm{d}t}=\frac{1}{\sigma}(\boldsymbol{\nabla}\times\boldsymbol{H})\cdot(\boldsymbol{\nabla}\times\boldsymbol{H}) \tag{1.3.25c}$$

$$\frac{\partial\boldsymbol{H}}{\partial t}=\boldsymbol{\nabla}\times(\boldsymbol{V}\times\boldsymbol{H})-\boldsymbol{\nabla}\times(\nu_{\mathrm{m}}\boldsymbol{\nabla}\times\boldsymbol{H}) \tag{1.3.25d}$$

$$\boldsymbol{\nabla}\cdot\boldsymbol{H}=0 \tag{1.3.25e}$$

式(1.3.25d)中，ν_m 为磁黏度。

显然，在式(1.3.25a)～式(1.3.25e)中不包括 $\boldsymbol{E}$、ρ_f 和 $\boldsymbol{j}_f$。如果需要，可以在求解方程式(1.3.25a)～式(1.3.25e)后再用以下方程去计算这些量：

$$\boldsymbol{j}_f = \nabla \times \boldsymbol{H} \tag{1.3.26a}$$

$$\boldsymbol{E} = \nu_m \nabla \times \boldsymbol{H} - \boldsymbol{V} \times \boldsymbol{H} \tag{1.3.26b}$$

$$\rho_f = \nabla \cdot \boldsymbol{D} \tag{1.3.26c}$$

最后需特别指出的是，在宇宙环境中普遍存在着等离子体和磁场，磁流体力学流动过程处处可见。太阳风绕地球形成了地球磁层，地球磁层物理与地球环境密切相关，磁流体力学已成为研究宇宙等离子体运动的基本方法，柏实义先生、胡文瑞院士等在这方面曾做出了杰出的贡献。

1.3.5　电磁对偶原理

首先，在讨论电磁对偶原理的理论依据以及使用方法之前，先介绍一下工程计算中通常使用的物质中电磁场定律的三种形式。

1. $\boldsymbol{B}-\boldsymbol{D}$ 形式的场定律方程组

电磁场可使物质产生极化和磁化，而极化和磁化的物质又会对电磁场产生影响。正是由于极化和磁化现象的存在，因此当考虑到物质存在时就必须对自由空间的电磁场定律做相应的修正，以便得到物质中的电磁场定律。这里所采用的 $\boldsymbol{B}-\boldsymbol{D}$ 这种形式的场定律是物质中场定律的最重要形式，它具有普适性，可适用于一切物质，这种形式的场定律共包括下面四个方程：

$$\nabla \times \boldsymbol{E} = -\frac{\partial \boldsymbol{B}}{\partial t} \tag{1.3.27a}$$

$$\nabla \times \boldsymbol{H} = \boldsymbol{j}_f + \frac{\partial \boldsymbol{D}}{\partial t} \tag{1.3.27b}$$

$$\nabla \cdot \boldsymbol{D} = \rho_f \tag{1.3.27c}$$

$$\nabla \cdot \boldsymbol{B} = 0 \tag{1.3.27d}$$

式(1.3.27a)～式(1.3.27d)中，由于电磁场使物质产生极化(令极化强度为 $\hat{\boldsymbol{P}}$) 与磁化(令磁化强度为 $\hat{\boldsymbol{M}}$)，于是 $\boldsymbol{D}$ 和 $\boldsymbol{B}$ 的表达式为：

$$\boldsymbol{D} = \varepsilon_0 \boldsymbol{E} + \hat{\boldsymbol{P}} \tag{1.3.27e}$$

$$\boldsymbol{B} = \mu_0 (\boldsymbol{H} + \hat{\boldsymbol{M}}) \tag{1.3.27f}$$

2. $\boldsymbol{E}-\boldsymbol{H}$ 形式的场定律方程组

对于简单物质而言，其本构关系式为：

$$\boldsymbol{B} = \mu_m \boldsymbol{H} \tag{1.3.28a}$$

$$\boldsymbol{D} = \varepsilon_e \boldsymbol{E} \tag{1.3.28b}$$

式(1.3.28a)和式(1.3.28b)中，μ_m 和 ε_e 都是与时间无关的实数，它们可以与位置有关。

在这种情况下 $\boldsymbol{B}-\boldsymbol{D}$ 形式的场定律可变为：

$$\nabla\times\boldsymbol{E}=-\mu_{\mathrm{m}}\frac{\partial\boldsymbol{H}}{\partial t}\tag{1.3.28c}$$

$$\nabla\times\boldsymbol{H}=\boldsymbol{j}_{\mathrm{f}}+\varepsilon_{\mathrm{e}}\frac{\partial\boldsymbol{E}}{\partial t}\tag{1.3.28d}$$

$$\nabla\cdot(\varepsilon_{\mathrm{e}}\boldsymbol{E})=\rho_{\mathrm{f}}\tag{1.3.28e}$$

$$\nabla\cdot(\mu_{\mathrm{m}}\boldsymbol{H})=0\tag{1.3.28f}$$

这里，式(1.3.28c)～式(1.3.28f)便成为 $\boldsymbol{E}-\boldsymbol{H}$ 形式的场定律方程组。因为在这个方程组中仅出现了电场强度 $\boldsymbol{E}$ 和磁场强度 $\boldsymbol{H}$，这使 $\boldsymbol{E}-\boldsymbol{H}$ 型场定律方程组使用非常方便。但应注意，由于使用了式(1.3.28a)与式(1.3.28b)，因此 $\boldsymbol{E}-\boldsymbol{H}$ 型场定律方程组不具备普适性，它只能适用于简单物质。

3. 对称形式的场定律方程组

引入磁荷模型，将电磁理论构造成一种对称的理论下的方程组，将场定律方程组分成A组与B组，使A组方程组右边的源属于电型的源，使B组方程组右边的源属于磁型的源。A组与B组的表达式为：

$$\text{A组}\begin{cases}\nabla\times\boldsymbol{H}=\varepsilon_0\dfrac{\partial\boldsymbol{E}}{\partial t}+\widetilde{\boldsymbol{j}}\\[2mm]\nabla\cdot(\varepsilon_0\boldsymbol{E})=\widetilde{\rho}\\[2mm]\nabla\cdot\widetilde{\boldsymbol{j}}=-\dfrac{\partial\widetilde{\rho}}{\partial t}\end{cases}\tag{1.3.29a}$$

$$\text{B组}\begin{cases}\nabla\times\boldsymbol{E}=-\mu_0\dfrac{\partial\boldsymbol{H}}{\partial t}-\widetilde{\boldsymbol{j}}_{\mathrm{m}}\\[2mm]\nabla\cdot(\mu_0\boldsymbol{H})=\rho_{\mathrm{m}}\\[2mm]\nabla\cdot\boldsymbol{j}_{\mathrm{m}}=-\dfrac{\partial\rho_{\mathrm{m}}}{\partial t}\end{cases}\tag{1.3.29b}$$

式(1.3.29a)中，$\widetilde{\boldsymbol{j}}$ 与 $\widetilde{\rho}$ 分别为：

$$\widetilde{\boldsymbol{j}}=\boldsymbol{j}_{\mathrm{f}}+\boldsymbol{j}_{\mathrm{p}}\tag{1.3.29c}$$

$$\widetilde{\rho}=\rho_{\mathrm{f}}+\rho_{\mathrm{p}}\tag{1.3.29d}$$

因此，式(1.3.29a)与式(1.3.29b)便构成了对称型的场定律方程组。如果将A组中的量按下面的方式做替换：

$$\begin{cases}\boldsymbol{E}\rightarrow\boldsymbol{H}\\\boldsymbol{H}\rightarrow\boldsymbol{E}\\\varepsilon_0\rightarrow-\mu_0\\\widetilde{\rho}\rightarrow-\rho_{\mathrm{m}}\\\widetilde{\boldsymbol{j}}\rightarrow-\boldsymbol{j}_{\mathrm{m}}\end{cases}\tag{1.3.29e}$$

便可得到 B 组的方程，反过来也是一样的。由于在这里电流与磁流、电场与磁场、ε_0 与 μ_0 构成电磁对偶量，因此这种对偶方法便称为电磁对偶原理。

对偶关系以及电磁对偶原理

今考察两个系统，其中一个系统的电磁场 $\boldsymbol{E}_1(\boldsymbol{r},t)$ 和 $\boldsymbol{H}_1(\boldsymbol{r},t)$ 满足

$$
\text{A}_1\text{组}\begin{cases}\nabla\times\boldsymbol{H}_1(\boldsymbol{r},t)=\varepsilon_0\dfrac{\partial\boldsymbol{E}_1(\boldsymbol{r},t)}{\partial t}+\widetilde{\boldsymbol{j}}_1(\boldsymbol{r},t)\\ \nabla\cdot[\varepsilon_0\boldsymbol{E}_1(\boldsymbol{r},t)]=\widetilde{\rho}_1(\boldsymbol{r},t)\\ \nabla\cdot\widetilde{\boldsymbol{j}}_1(\boldsymbol{r},t)=-\dfrac{\partial\widetilde{\rho}_1(\boldsymbol{r},t)}{\partial t}\end{cases}\tag{1.3.30a}
$$

$$
\text{B}_1\text{组}\begin{cases}\nabla\times\boldsymbol{E}_1(\boldsymbol{r},t)=-\mu_0\dfrac{\partial\boldsymbol{H}_1(\boldsymbol{r},t)}{\partial t}-\widetilde{\boldsymbol{j}}_{\text{m}1}(\boldsymbol{r},t)\\ \nabla\cdot(\mu_0\boldsymbol{H}_1(\boldsymbol{r},t))=\rho_{\text{m}1}(\boldsymbol{r},t)\\ \nabla\cdot\boldsymbol{j}_{\text{m}1}(\boldsymbol{r},t)=-\dfrac{\partial\rho_{\text{m}1}(\boldsymbol{r},t)}{\partial t}\end{cases}\tag{1.3.30b}
$$

以及边界条件

$$
\begin{cases}\boldsymbol{E}_1|_\sigma=\boldsymbol{F}(\boldsymbol{r},t)\\ \boldsymbol{H}_1|_\sigma=\boldsymbol{G}(\boldsymbol{r},t)\end{cases}\tag{1.3.30c}
$$

另一个系统的电磁场 $\boldsymbol{E}_2(\boldsymbol{r},t)$ 和 $\boldsymbol{H}_2(\boldsymbol{r},t)$ 满足

$$
\text{A}_2\text{组}\begin{cases}\nabla\times\boldsymbol{E}_2(\boldsymbol{r},t)=-\mu_0\dfrac{\partial\boldsymbol{H}_2(\boldsymbol{r},t)}{\partial t}-\boldsymbol{j}_{\text{m}2}(\boldsymbol{r},t)\\ \nabla\cdot(\mu_0\boldsymbol{H}_2(\boldsymbol{r},t))=\rho_{\text{m}2}(\boldsymbol{r},t)\\ \nabla\cdot\boldsymbol{j}_{\text{m}2}(\boldsymbol{r},t)=-\dfrac{\partial\rho_{\text{m}2}(\boldsymbol{r},t)}{\partial t}\end{cases}\tag{1.3.31a}
$$

$$
\text{B}_2\text{组}\begin{cases}\nabla\times\boldsymbol{H}_2(\boldsymbol{r},t)=\varepsilon_0\dfrac{\partial\boldsymbol{E}_2(\boldsymbol{r},t)}{\partial t}+\widetilde{\boldsymbol{j}}_2(\boldsymbol{r},t)\\ \nabla\cdot[\varepsilon_0\boldsymbol{E}_2(\boldsymbol{r},t)]=\widetilde{\rho}_2(\boldsymbol{r},t)\\ \nabla\cdot\widetilde{\boldsymbol{j}}_2(\boldsymbol{r},t)=-\dfrac{\partial\widetilde{\rho}_2(\boldsymbol{r},t)}{\partial t}\end{cases}\tag{1.3.31b}
$$

以及边界条件

$$
\begin{cases}\boldsymbol{E}_2|_\sigma=\boldsymbol{G}(\boldsymbol{r},t)\\ \boldsymbol{H}_2|_\sigma=\boldsymbol{F}(\boldsymbol{r},t)\end{cases}\tag{1.3.31c}
$$

如果一个系统中 $\widetilde{\boldsymbol{j}}_1(\boldsymbol{r},t)$、$\widetilde{\rho}_1(\boldsymbol{r},t)$、$\boldsymbol{j}_{\text{m}1}(\boldsymbol{r},t)$ 和 $\rho_{\text{m}1}(\boldsymbol{r},t)$ 与另一个系统中 $\widetilde{\boldsymbol{j}}_2(\boldsymbol{r},t)$、$\widetilde{\rho}_2(\boldsymbol{r},t)$、$\boldsymbol{j}_{\text{m}2}(\boldsymbol{r},t)$ 和 $\rho_{\text{m}2}(\boldsymbol{r},t)$ 分别具有相同的数学形式，并且两个系统具有同样的计算域与边界，那么，在这种情况下，从下面的对偶关系

$$\begin{cases} \boldsymbol{E} \rightarrow \boldsymbol{H} \\ \boldsymbol{H} \rightarrow \boldsymbol{E} \\ \widetilde{\rho} \rightarrow -\rho_{\mathrm{m}} \\ \rho_{\mathrm{m}} \rightarrow -\widetilde{\rho} \\ \widetilde{\boldsymbol{j}} \rightarrow -\boldsymbol{j}_{\mathrm{m}} \\ \boldsymbol{j}_{\mathrm{m}} \rightarrow -\widetilde{\boldsymbol{j}} \\ \varepsilon_0 \rightarrow -\mu_0 \\ \mu_0 \rightarrow -\varepsilon_0 \end{cases} \tag{1.3.31d}$$

来看，这两个系统具有完全一致的数学表达形式。因此，如果一个系统的 $\boldsymbol{E}_1(\boldsymbol{r},t)$ 和 $\boldsymbol{H}_1(\boldsymbol{r},t)$ 已经解出，那么只要依照式(1.3.31d)的对偶关系做替换便可得到另一个系统的 $\boldsymbol{E}_2(\boldsymbol{r},t)$ 和 $\boldsymbol{H}_2(\boldsymbol{r},t)$。在数学形式上，$\boldsymbol{E}_2(\boldsymbol{r},t)$ 与 $\boldsymbol{H}_1(\boldsymbol{r},t)$、$\boldsymbol{H}_2(\boldsymbol{r},t)$ 与 $\boldsymbol{E}_1(\boldsymbol{r},t)$ 是完全一致的，它反映了电磁对偶原理的主要内涵。

1.4 高温高速热力学与化学非平衡流动的基本方程组

航天器以高超声速(如飞行速度为 7～12 km/s，有时甚至更高)再入星球(如地球)大气层的飞行过程中，随着飞行高度和再入速度的不断变化，飞行器头部脱体激波后高温区域内的气体处于热力学非平衡与化学反应非平衡的状态，本节正是研究这类问题的流动。T. von Karman 曾把这类流动的研究称为气动热化学(Aerothermochemistry)问题，卞荫贵先生称为气动热力学(Aerothermodynamics)问题，我们认为虽然两位先生研究问题的侧重面不同，但他们的叫法都是恰当的。早在 20 世纪 60 年代初期，卞荫贵先生就为中国科学技术大学力学系编写了高速飞行器热防护技术方面的讲义，并于 1986 年 9 月由科学出版社正式出版[91]。进入 20 世纪末期，卞先生在总结几十年从事高超声速气动热力学研究的基础上，1997 年 10 月出版了《气动热力学》的第 1 版[21]，2011 年 6 月出版了第 2 版[92]，本节给出这类问题的基本方程组。

1.4.1 组元 s 的连续方程以及总的连续方程

令 $\boldsymbol{V}_s$ 与 $\boldsymbol{U}_s$ 分别代表组元 s 的运动速度与扩散速度，$\boldsymbol{V}$ 代表气体混合物的运动速度，于是有[91,7,22]：

$$\boldsymbol{V}_s = \boldsymbol{V} + \boldsymbol{U}_s \tag{1.4.1}$$

令 $\dot{\omega}_s$ 为组元 s 的单位体积化学生成率，于是组元 s 的连续方程为：

$$\frac{\partial}{\partial t}\iiint_{\Omega}\rho_s \mathrm{d}\Omega + \oiint_{\sigma}\rho_s \boldsymbol{V}_s \cdot \boldsymbol{n}\mathrm{d}\sigma = \iiint_{\Omega}\dot{\omega}_s \mathrm{d}\Omega \tag{1.4.2a}$$

其微分形式为：

$$\frac{\partial \rho_s}{\partial t}+\nabla\cdot(\rho_s \boldsymbol{V}_s)=\dot{\omega}_s \tag{1.4.2b}$$

引入组元 s 的质量扩散流矢 $\boldsymbol{J}_s$，它通常与温度梯度(导致 Soret 效应)、浓度梯度(导致 Dufour 效应)、压强梯度以及外力有关。在忽略了外力以及压强梯度的影响后，并且仅考虑二元扩散时，$\boldsymbol{J}_s$ 的表达式为：

$$\boldsymbol{J}_s=\rho_s \boldsymbol{U}_s=-\rho D_s \nabla Y_s-D_s^{\mathrm{T}} \nabla(\ln T) \tag{1.4.3a}$$

式中，D_s 与 D_s^{T} 分别为组元 s 的二元扩散系数与组元 s 的热扩散系数；Y_s 为质量比数，其表达式为：

$$Y_s=\frac{\rho_s}{\rho} \tag{1.4.3b}$$

由于通常 D_s^{T} 很小，于是在省略了温度梯度项后式(1.4.3a)变为：

$$\boldsymbol{J}_s=\rho_s \boldsymbol{U}_s \approx-\rho D_s \nabla Y_s \tag{1.4.4a}$$

将式(1.4.4a)代入式(1.4.2b)后，得：

$$\rho \frac{\mathrm{d} Y_s}{\mathrm{d} t}-\nabla\cdot(\rho D_s \nabla Y_s)=\dot{\omega}_s \tag{1.4.4b}$$

注意到：

$$\sum_s Y_s=1,\ \sum_s \rho_s=\rho \tag{1.4.5a}$$

$$\sum_s \dot{\omega}_s=0,\ \sum_s(\rho_s U_s)=0 \tag{1.4.5b}$$

于是可得到混合气体总的连续方程为：

$$\frac{\partial \rho}{\partial t}+\nabla\cdot(\rho \boldsymbol{V})=0 \tag{1.4.6}$$

1.4.2　组元 s 的动量方程以及总的动量方程

通常，组元 s 的动量方程可写为[22]：

$$\frac{\partial(\rho_s \boldsymbol{V}_s)}{\partial t}+\nabla\cdot(\rho_s \boldsymbol{V}_s \boldsymbol{V}_s)+\nabla p_s-\nabla\cdot \boldsymbol{\Pi}_s=\boldsymbol{F}_{s,\mathrm{coll}}+\boldsymbol{F}_{s,\mathrm{f}} \tag{1.4.7}$$

式中，$\boldsymbol{F}_{s,\mathrm{coll}}$ 代表对应于组元 s 的碰撞体积力矢量项；$\boldsymbol{F}_{s,\mathrm{f}}$ 代表对应于组元 s 的电磁体积力(Electromagnetic Volume Force，EVF)，并且 $\sum_s \boldsymbol{F}_{s,\mathrm{f}}$ 与 $\boldsymbol{j}\times\boldsymbol{B}$ 有关；$\boldsymbol{\Pi}_s$ 为对应于组分 s 的黏性应力张量；p_s 为组元 s 的分压强。另外，总的动量方程为：

$$\rho \frac{\mathrm{d} \boldsymbol{V}}{\mathrm{d} t}=-\nabla p+\nabla\cdot \boldsymbol{\Pi} \tag{1.4.8}$$

式中，$\boldsymbol{\Pi}$ 为混合气的黏性应力张量；p 为压强。

当气体处于弱电离状态时，组元 s 的动量方程式(1.4.7)应变为：

$$\frac{\partial(\rho_s \boldsymbol{V}_s)}{\partial t}+\nabla\cdot(\rho_s \boldsymbol{V}_s \boldsymbol{V}_s+p_s \boldsymbol{I}-\boldsymbol{\Pi}_s)=\boldsymbol{F}_{s,\mathrm{ele}}+\boldsymbol{F}_{s,\mathrm{ela}} \tag{1.4.9a}$$

式中，$\boldsymbol{I}$ 为单位张量；$\boldsymbol{F}_{s,ele}$ 与 $\boldsymbol{F}_{s,ela}$ 分别代表组元 s 的电场作用力与弹性相互作用力；通常 $\boldsymbol{F}_{s,ele}$ 可由下式近似算出，即：

$$\boldsymbol{F}_{s,ele} \approx n_s e z_s \boldsymbol{E} \tag{1.4.9b}$$

式中，n_s 为组元 s 的粒子数密度；e 为电子电荷；$\boldsymbol{E}$ 为电场强度；z_s 为组元 s 的电离电荷数。

相应地，由式(1.4.9a)可得到弱电离状态时总的动量方程为：

$$\frac{\partial(\rho \boldsymbol{V})}{\partial t} + \nabla \cdot (\rho \boldsymbol{V}\boldsymbol{V} + p\boldsymbol{I} - \boldsymbol{\Pi}) = \sum_s (n_s e z_s \boldsymbol{E}) \tag{1.4.9c}$$

1.4.3 组元 s 的能量方程以及总的能量方程

热力学非平衡过程，通常可由四个温度即平动温度 T_{tr}、转动温度 T_r、振动温度 T_v 以及电子温度 T_e 来描述，为此通常需要给出关于这几个温度的能量方程。在不同的计算中，对于温度的处理出现了三种模型[93-95]：

(1) 一温模型。在这个模型中

$$T = T_{tr} = T_v = T_e \tag{1.4.10a}$$

即认为只存在一个平动温度，这时考虑的非平衡效应只有化学非平衡

(2) 两温模型。在这个模型中只考虑平动温度 T_{tr} 和振动温度 T_v，而且令

$$T_v = T_e \tag{1.4.10b}$$

因此在两温模型下考虑非平衡效应时便有振动非平衡和化学非平衡。

(3) 三温模型。考虑这种温度模型时，认为存在着平动温度 T_{tr}、振动温度 T_v 以及电子温度 T_e，这时考虑的非平衡效应有化学非平衡、振动非平衡以及电离非平衡。为了便于本小节描述与表达，这里首先给出组元 s 的能量方程，即[22]：

$$\frac{\partial(\rho_s E_{t,s})}{\partial t} + \nabla \cdot [\rho_s \boldsymbol{V}_s \boldsymbol{E}_{t,s} - (\boldsymbol{\Pi}_s - p_s \boldsymbol{I}) \cdot \boldsymbol{V}_s + \boldsymbol{q}_s] = \dot{Q}_s - Q_{R,s} \tag{1.4.11a}$$

式中，$E_{t,s}$ 为组元 s 的广义内能；$\boldsymbol{q}_s$ 为组元 s 的热流矢量；$\dot{Q}_s$ 代表由于碰撞等原因而导致的能量生成；$Q_{R,s}$ 为辐射能量的损失；$\boldsymbol{I}$ 为单位张量；$\boldsymbol{q}_s$ 的表达式为：

$$\boldsymbol{q}_s = -\eta_s \nabla T_{tr,s} - \eta_{v,s} \nabla T_{v,s} - \eta_{e,s} \nabla T_{e,s} \tag{1.4.11b}$$

$$\dot{Q}_s = \dot{Q}_{s,f} + \dot{Q}_{s,coll} \tag{1.4.11c}$$

式(1.4.11c)中，$\dot{Q}_{s,f}$ 为由于外部电磁场所导致的能量生成项；$\dot{Q}_{s,coll}$ 为由于粒子间碰撞所导致的能量生成项。

注意：

$$\boldsymbol{\pi} = \boldsymbol{\Pi} - p\boldsymbol{I} \tag{1.4.11d}$$

$$\dot{Q}_f = \sum_s \dot{Q}_{s,f} \tag{1.4.11e}$$

$$Q_R = \sum_s Q_{R,s} \tag{1.4.11f}$$

$$\boldsymbol{q} = \sum_{s} \boldsymbol{q}_{s} \tag{1.4.11g}$$

于是式(1.4.11a)变为：

$$\frac{\partial(\rho e_{t})}{\partial t} + \nabla \cdot [(\rho e_{t} + p)\boldsymbol{V} + \boldsymbol{q} - \boldsymbol{\Pi} \cdot \boldsymbol{V}] = \nabla \cdot \left[\rho \sum_{s} (h_{s} D_{s} \nabla Y_{s})\right] + \dot{Q}_{f} - Q_{R} \tag{1.4.11h}$$

式中，h_s 为组元 s 的静焓；E_t 为混合气体的广义内能。

1.4.4　组元 s 的振动能量方程

早在 20 世纪 80 年代，J. H. Lee、C. Park、P. A. Gnoffo、G. V. Candler、R. W. MacCormack 以及 T. K. Bose 等就对振动能守恒、电子能守恒以及电子和电子激发能量守恒问题进行了细致的研究，这里给出组元 s 的振动能量守恒方程，其表达形式为[22]：

$$\frac{\partial(\rho_{s} e_{v,s})}{\partial t} + \nabla \cdot (\rho_{s} e_{v,s} \boldsymbol{V} + \rho_{s} e_{v,s} \boldsymbol{U}_{s} + \boldsymbol{q}_{v,s}) = \dot{Q}_{v,s} + \dot{\omega}_{s} \hat{D}_{s} \tag{1.4.12a}$$

式中，矢量 $\boldsymbol{V}$ 和 $\boldsymbol{U}_s$ 的定义同式(1.4.1)；$e_{v,s}$ 代表组元 s 的每单位质量所具有的振动能，它是温度 T_v 的函数；$\hat{D}_s$ 代表组元 s 的分子由于复合或离解的原因产生或者损耗的振动能大小；$\boldsymbol{q}_{v,s}$ 代表组元 s 借助于振动传热的热流矢量，其表达式为：

$$\boldsymbol{q}_{v,s} = -\eta_{v,s} \nabla T_{v,s} \tag{1.4.12b}$$

并且有：

$$\boldsymbol{q}_{v} = \sum_{s} q_{v,s} = -\eta_{v} \nabla T_{v} \tag{1.4.12c}$$

式(1.4.12a)中，符号 $\dot{Q}_{v,s}$ 的表达式为：

$$\dot{Q}_{v,s} = \dot{Q}_{s}^{t-v} + \dot{Q}_{s}^{v-v} + \dot{Q}_{s}^{e-v} \tag{1.4.12d}$$

式(1.4.12d)中，等号右边三项的上标 t-v、v-v 和 e-v 分别表示平动—振动能量转换、振动—振动能量转换和电子—振动能量转换。借助于式(1.4.12a)，可得到总的振动能量守恒方程，即：

$$\begin{aligned}\frac{\partial(\rho e_{v})}{\partial t} &+ \nabla \cdot \left[\rho \boldsymbol{V} e_{v} - \eta_{v} \nabla T_{v} - \rho \sum_{s} (h_{v,s} D_{s} \nabla Y_{s})\right] = \\ &\sum_{s} \left[\rho_{s} \frac{e_{v,s}^{*}(T) - e_{v,s}}{\tau_{s}}\right] + \sum_{s} \left[\rho_{s} \frac{e_{v,s}^{**}(T_{e}) - e_{v,s}}{\tau_{es}}\right] + \sum_{s} (\dot{\omega}_{s} \hat{D}_{s})\end{aligned} \tag{1.4.12e}$$

式(1.4.12e)中，$e_{v,s}^{*}(T)$ 表示组元 s 在平动—转动温度(温度 T)下的振动能；$e_{v,s}^{**}(T_e)$ 表示组元 s 在电子温度 T_e 下的振动能；τ_s 表示平动—振动(t-v)能量转换时的特征松弛时间；τ_{es} 表示电子—振动(e-v)能量转换的特征松弛时间。

1.4.5　总的电子与电子激发能量守恒方程

总的电子与电子激发能量守恒方程的表达式为[22]：

$$\frac{\partial(\rho e_{e})}{\partial t}+\nabla\cdot[(\rho e_{e}+p_{e})\boldsymbol{V}]+\nabla\cdot\left[\sum_{s}(\rho_{s}e_{e,s}\boldsymbol{U}_{s})\right]+\nabla\cdot\boldsymbol{q}_{e}=$$

$$\boldsymbol{V}\cdot\nabla p_{e}+\sum_{s}\dot{Q}_{s}^{T-e}-\sum_{s}\dot{Q}_{s}^{e-v}-Q_{R} \tag{1.4.13a}$$

或者写为：

$$\frac{\partial(\rho e_{e})}{\partial t}+\nabla\cdot[(\rho e_{e}+p_{e})\boldsymbol{V}]-\nabla\cdot\left[\eta_{e}\nabla T_{e}+\rho\sum_{s}(h_{e,s}D_{s}\nabla Y_{s})\right]=$$

$$\boldsymbol{V}\cdot\nabla p_{e}+\sum_{s}\dot{Q}_{s}^{T-e}-\sum_{s}\dot{Q}_{s}^{e-v}-Q_{R} \tag{1.4.13b}$$

式(1.4.13a)与式(1.4.13b)中，p_e 代表电子压强；$h_{e,s}$ 代表组元 s 每单位质量的电子静焓，它是温度 T_e 的函数；$e_{e,s}$ 代表组元 s 每单位质量的电子能，它是电子温度 T_e 的函数；Q_R 表示由电子引起的辐射所产生的能量损失率。

综上所述，组元 s 的连续方程式(1.4.2b)、动量方程式(1.4.8)、能量方程式(1.4.11h)、振动能量方程式(1.4.12e)以及总的电子与电子激发能量方程式(1.4.13b)便构成了以 ρ_s，$\boldsymbol{V}$，T，T_v 和 T_e 为未知量的考虑高超声速高温流动状态下热力学非平衡、化学非平衡的广义 Navier-Stokes 方程组，用它可以有效地描述高超声速再入飞行时采用三温度（T，T_v 与 T_e）模型的气动热力学问题。文献[22]曾采用这组方程组用自己编制的源程序成功完成了再入地球大气层、进入火星大气层以及土卫六大气层的大量典型算例。在自己编制的广义 Navier-Stokes 方程组源程序以及自己编制的稀薄气体 DSMC 源程序的基础上，10 年来 AMME Lab 团队对国外 18 种著名飞行器的 242 个飞行工况进行了成功计算，其中 231 个飞行工况已发表在国内外有关的国际会议、国内会议以及著名学报与杂志上，文献[22]与文献[24]给出了上述 242 个工况的部分重要计算结果。

1.5 辐射流体力学及其基本方程组

考虑辐射场影响的流体力学常称为辐射流体力学，Ya. B. Zeldovich 和 Yu. P. Raizer[96]，柏实义[97]，G. C. Pomraning[98]，M. F. Modest[99] 以及 R. Siegel 和 J. R. Howell 等[100,101]在这方面做了大量研究。20 世纪 80 年代以来，在飞行器再入(Reentry)大气层(如飞行速度为 7～8 km/s)过程中，除了气动力与气动热问题十分严重外，再入体本身的光辐射特性和再入体周围等离子体流场对电磁波传播的影响也直接关系到飞行器的飞行安全；再加上某些飞行体(如弹体、飞机)隐身技术的需要，使得辐射传输问题的研究变得重要。另外，随着国际上热核聚变技术、惯性约束聚变技术、高强激光束驱动核聚变技术、强脉冲中子源技术、高能粒子束武器技术以及电磁轨道炮技术等的大力发展，对于系统内部进行着剧烈的热核反应而且反应率很大并且系统内离子、电子、光子趋向平衡的弛豫过程相对较长，那里热核聚变燃烧过程处于非平衡状态的这类问题变成了关注的热点，因此近些年来非定常非平衡辐射流体力学的研究工作得到了重视。本节主要讨论光子和中子的辐射输运问题以及一维与二维的非定常非平衡辐射流体力学基本方程组。

1.5.1　粒子以及中子的辐射输运方程

输运理论的基础是统计力学，它所研究的问题属于非平衡统计力学的范畴，它把微观粒子在介质内的输运现象采用数学的方法加以描述，在这方面 R. Balescu 院士[102,103]、黄祖洽先生[104]等做了大量研究并获得了重要成果。微观粒子可以是中子、光子、电子、分子等，中子的约化波长 $\hat{\lambda}$ 为：

$$\hat{\lambda} = \frac{4.55 \times 10^{-12}}{\sqrt{E}} \tag{1.5.1}$$

式中，E 是以 eV 为单位的中子能量。

可以看到，即使中子能量低到 0.01eV，这时 $\hat{\lambda}$ 也只有 4.55×10^{-11} m，它仍比固体中原子间距小一个数量级，而比宏观尺寸和平均自由程要小几个数量级。中子在介质内的输运过程，主要是中子与介质原子核碰撞的结果。在核技术问题中，中子的密度（一般小于 $10^{11}/\text{cm}^3$）比起介质的原子核密度（一般为 $10^{22}/\text{cm}^3$）要小得多，因而中子与中子之间的碰撞可以略去不计。另外，中子不带电荷，不受电和磁的影响，因此，可以认为它在介质内两次碰撞之间穿行的路程是直线。

在平衡统计力学中有三种不同层次的描述，即微观层次、动理学层次和流体力学层次，其中动理学是从微观动力学出发，通过单粒子分布函数来讨论系统的宏观性质。从实质上讲，输运方程是粒子数守恒的数学描述，对于粒子其输运方程为[22,104]：

$$\frac{\partial f}{\partial t} + \mathbf{V} \cdot \nabla f + \frac{\boldsymbol{F}}{m} \cdot \frac{\partial f}{\partial \mathbf{V}} = \left(\frac{\partial f}{\partial t}\right)_{\text{c}} + \left(\frac{\partial f}{\partial t}\right)_{\text{s}} \tag{1.5.2a}$$

或者：

$$\frac{\partial f}{\partial t} + \mathbf{V} \cdot \nabla f + \frac{\boldsymbol{F}}{m} \cdot \nabla_{\text{v}} f = \left(\frac{\partial f}{\partial t}\right)_{\text{c}} + \left(\frac{\partial f}{\partial t}\right)_{\text{s}} \tag{1.5.2b}$$

式(1.5.2a)与式(1.5.2b)中，f 与 $\mathbf{V}$ 分别为分布函数与粒子速度；$\boldsymbol{F}$ 与 m 分别为作用在粒子上的外力以及粒子的质量；$\left(\frac{\partial f}{\partial t}\right)_{\text{c}}$ 为碰撞项，$\left(\frac{\partial f}{\partial t}\right)_{\text{s}}$ 为源项。f 的定义式为：

$$f \equiv f(\boldsymbol{r}, E, \boldsymbol{\Omega}, t) \tag{1.5.2c}$$

式中，t 为时间；$\boldsymbol{r}$、E 和 $\boldsymbol{\Omega}$ 分别为粒子的位置矢量、粒子的动能和粒子运动方向上的单位矢量；其中 $\mathbf{V}$ 与 $\boldsymbol{\Omega}$ 之间的关系为：

$$\mathbf{V} = V\boldsymbol{\Omega} \tag{1.5.2d}$$

$$V = |\mathbf{V}|, \quad |\boldsymbol{\Omega}| = 1 \tag{1.5.2e}$$

用

$$\mathrm{d}n = f\mathrm{d}\boldsymbol{r}\mathrm{d}E\mathrm{d}\boldsymbol{\Omega} \tag{1.5.2f}$$

表示 t 时刻，空间点 $\boldsymbol{r}$ 附近的微元体 $\mathrm{d}\boldsymbol{r}$ 内，具有能量为 $E\sim(E+\mathrm{d}E)$，在立体角元 $\mathrm{d}\boldsymbol{\Omega}$ 内沿着 $\boldsymbol{\Omega}$ 方向运动的粒子数。

式(1.5.2b)中，算子 $\boldsymbol{\nabla}$ 与 $\boldsymbol{\nabla}_{\mathrm{v}}$ 分别定义为：

$$\boldsymbol{\nabla}\equiv\frac{\partial}{\partial\boldsymbol{r}},\boldsymbol{r}=x\boldsymbol{i}+y\boldsymbol{j}+z\boldsymbol{k} \tag{1.5.2g}$$

$$\boldsymbol{\nabla}=\left(\frac{\partial}{\partial x},\frac{\partial}{\partial y},\frac{\partial}{\partial z}\right) \tag{1.5.2h}$$

$$\boldsymbol{\nabla}_{\mathrm{v}}=\left(\frac{\partial}{\partial u},\frac{\partial}{\partial v},\frac{\partial}{\partial z}\right),\boldsymbol{V}=u\boldsymbol{i}+v\boldsymbol{j}+w\boldsymbol{k} \tag{1.5.2i}$$

引入微分散射截面 $\mathrm{d}\sigma_{\mathrm{s}}(\boldsymbol{r},E\rightarrow E',\boldsymbol{\Omega}\rightarrow\boldsymbol{\Omega}',t)$ 的概念，因此表达式

$$\mathrm{d}\sigma_{\mathrm{s}}(\boldsymbol{r},E\rightarrow E',\boldsymbol{\Omega}\rightarrow\boldsymbol{\Omega}',t)\mathrm{d}E\mathrm{d}\boldsymbol{\Omega}\mathrm{d}s \tag{1.5.2j}$$

便表示在 t 时刻 $\boldsymbol{r}$ 点处一个粒子在穿行 $\mathrm{d}s$ 距离、能量间隔 $\mathrm{d}E$ 内从能量 E 散射到 E'、在 $\mathrm{d}\boldsymbol{\Omega}$ 内方向由 $\boldsymbol{\Omega}$ 变化到 $\boldsymbol{\Omega}'$ 的概率。对于式(1.5.2j)，也可用下面形式表达，即：

$$\mathrm{d}\sigma_{\mathrm{s}}(\boldsymbol{r},E\rightarrow E',\boldsymbol{\Omega}\cdot\boldsymbol{\Omega}',t)\mathrm{d}E\mathrm{d}\boldsymbol{\Omega}\mathrm{d}s \tag{1.5.2k}$$

式中，$\boldsymbol{\Omega}\cdot\boldsymbol{\Omega}'$ 表示散射角余弦，即两单位方向的点积。

在式(1.5.2a)与式(1.5.2b)中，碰撞项 $\left(\frac{\partial f}{\partial t}\right)_{\mathrm{c}}$ 的表达式为：

$$\begin{aligned}\left(\frac{\partial f}{\partial t}\right)_{\mathrm{c}}=&\iint[V'\mathrm{d}\sigma_{\mathrm{s}}(\boldsymbol{r},E'\rightarrow E,\boldsymbol{\Omega}'\rightarrow\boldsymbol{\Omega},t)f(\boldsymbol{r},E',\boldsymbol{\Omega}',t)-\\&V\mathrm{d}\sigma_{\mathrm{s}}(\boldsymbol{r},E\rightarrow E',\boldsymbol{\Omega}\rightarrow\boldsymbol{\Omega}',t)f(\boldsymbol{r},E,\boldsymbol{\Omega},t)]\mathrm{d}E'\mathrm{d}\boldsymbol{\Omega}'-\\&V\sigma_{\mathrm{a}}(\boldsymbol{r},E,t)f(\boldsymbol{r},E,\boldsymbol{\Omega},t)\end{aligned} \tag{1.5.2l}$$

式中，$\sigma_{\mathrm{a}}(\boldsymbol{r},E,t)$ 为介质的宏观吸收截面(又称吸收系数)。

如果将 $\sigma_{\mathrm{a}}(\boldsymbol{r},E,t)$ 乘以 $\mathrm{d}s$，则可以表示粒子在穿行 $\mathrm{d}s$ 距离后被吸收的概率；符号 V 与 V' 分别定义为：

$$V=|\boldsymbol{V}|,\quad V'=|\boldsymbol{V}'| \tag{1.5.2m}$$

另外，在式(1.5.2k)中 $\mathrm{d}\boldsymbol{\Omega}$ 有：

$$\mathrm{d}\boldsymbol{\Omega}=\sin\theta\mathrm{d}\theta\mathrm{d}\varphi \tag{1.5.2n}$$

式中，θ 与 φ 分别为天顶角与圆周角[20]。

在输运理论中，常引进强度函数 $\psi(\boldsymbol{r},E,\boldsymbol{\Omega},t)$，它与分布函数 $f(\boldsymbol{r},E,\boldsymbol{\Omega},t)$ 的关系为：

$$\psi(\boldsymbol{r},E,\boldsymbol{\Omega},t)=Vf(\boldsymbol{r},E,\boldsymbol{\Omega},t) \tag{1.5.2o}$$

借助于强度函数 ψ，式(1.5.2l)可改写为：

$$\begin{aligned}\left(\frac{\partial f}{\partial t}\right)_{\mathrm{c}}=&\iint[\psi(\boldsymbol{r},E',\boldsymbol{\Omega}',t)\mathrm{d}\sigma_{\mathrm{s}}(\boldsymbol{r},E'\rightarrow E,\boldsymbol{\Omega}'\rightarrow\boldsymbol{\Omega},t)-\\&\psi(\boldsymbol{r},E,\boldsymbol{\Omega},t)\mathrm{d}\sigma_{\mathrm{s}}(\boldsymbol{r},E\rightarrow E',\boldsymbol{\Omega}\rightarrow\boldsymbol{\Omega}',t)]\mathrm{d}E'\mathrm{d}\boldsymbol{\Omega}'-\sigma_{\mathrm{a}}(\boldsymbol{r},E,t)\psi(\boldsymbol{r},E,\boldsymbol{\Omega},t)\end{aligned} \tag{1.5.2p}$$

式(1.5.2a)中，$\left(\frac{\partial f}{\partial t}\right)_{\mathrm{s}}$ 项代表源项。

因为吸收和散射只改变粒子的能量和运动方向，并不产生新的粒子，所以为了描述粒子源，要引进源函数 $S^*(\boldsymbol{r},E,\boldsymbol{\Omega},t)$，那么，在 t 时刻 $\boldsymbol{r}$ 点 $\mathrm{d}\boldsymbol{r}$ 内，能量为 E 的 $\mathrm{d}E$ 间隔内，沿着方向 $\boldsymbol{\Omega}$ 在 $\mathrm{d}\boldsymbol{\Omega}$ 内每单位时间的源粒子数为：

$$\text{源速率} = S^* = S^*(\boldsymbol{r},E,\boldsymbol{\Omega},t)\mathrm{d}\boldsymbol{r}\mathrm{d}E\mathrm{d}\boldsymbol{\Omega} \tag{1.5.2q}$$

并且有：

$$\left(\frac{\partial f}{\partial t}\right)_{\mathrm{s}} = S^*(\boldsymbol{r},E,\boldsymbol{\Omega},t) \tag{1.5.2r}$$

如果没有外力场 $\boldsymbol{F}$，则式(1.5.2a)可写为：

$$\begin{aligned}\frac{1}{V}\frac{\partial\psi(E,\boldsymbol{\Omega})}{\partial t}+\boldsymbol{\Omega}\cdot\boldsymbol{\nabla}\psi(E,\boldsymbol{\Omega}) = \iint [&\psi(E',\boldsymbol{\Omega}')\mathrm{d}\sigma_{\mathrm{s}}(E'\rightarrow E,\boldsymbol{\Omega}'\rightarrow\boldsymbol{\Omega}) - \\ &\psi(E,\boldsymbol{\Omega})\mathrm{d}\sigma_{\mathrm{s}}(E\rightarrow E',\boldsymbol{\Omega}\rightarrow\boldsymbol{\Omega}')]\mathrm{d}E'\mathrm{d}\boldsymbol{\Omega}' - \\ &\sigma_{\mathrm{a}}(E)\psi(E,\boldsymbol{\Omega}) + S^*(E,\boldsymbol{\Omega})\end{aligned} \tag{1.5.3}$$

式中，为了书写简便起见，略去了变量 $\boldsymbol{r}$ 和 t，例如，$\psi(\boldsymbol{r},E,\boldsymbol{\Omega},t)$ 这里便可以简写为 $\psi(E,\boldsymbol{\Omega})$；式(1.5.3)便是所有中性粒子所服从的输运方程，这是一个线性的微分积分型方程。在一般情况下稳态时它含有 $\boldsymbol{r}(x,y,z)$、E 和 $\boldsymbol{\Omega}(\theta,\varphi)$ 6 个自变量，这样方程的求解即使用计算机仍然是件复杂和困难的事[105]。中子是中性粒子的一种特例[106]，它当然也应服从式(1.5.3)。

1.5.2　光子的输运方程

目前，美、俄、日、英、法、德等国在进行激光核聚变、惯性约束聚变（Inertial Confinement Fusion，ICF）和重离子驱动核聚变的研究过程中，涉及大量的高温等离子体物理以及强激光通过物质等问题[107]，同时也涉及光子与物质相互作用的问题，因此建立与研究光子在物质内的输运方程是必要的。在高温介质或等离子体中，光子与物质的相互作用，具体讲就是光子与电子、原子和离子间的相互作用，其作用过程在经典理论的框架下可归结为四种基本过程，即吸收、辐射、感应和散射；对于这些过程，在下文推导光子的输运方程时会进行简要介绍。

习惯上常用光子频率 ν 取代能量 E 作为相空间的一个独立变量，有：

$$E = \hbar\upsilon \tag{1.5.4a}$$

式中，$\hbar$ 为 Planck（普朗克）常量。

相应地，式(1.5.2f)可以写为：

$$\mathrm{d}n = f(\boldsymbol{r},\upsilon,\boldsymbol{\Omega},t)\mathrm{d}\boldsymbol{r}\mathrm{d}\upsilon\mathrm{d}\boldsymbol{\Omega} \tag{1.5.4b}$$

式(1.5.4b)表示 t 时刻在空间点 $\boldsymbol{r}$ 附近的微元体 $\mathrm{d}\boldsymbol{r}$ 内，具有能量为 $\hbar\upsilon \sim \hbar(\upsilon+\mathrm{d}\upsilon)$，在立体角元 $\mathrm{d}\boldsymbol{\Omega}$ 内沿着 $\boldsymbol{\Omega}$ 方向运动的光子数。

在辐射理论中常引入辐射强度 $I(\boldsymbol{r},\upsilon,\boldsymbol{\Omega},t)$，它与 $f(\boldsymbol{r},\upsilon,\boldsymbol{\Omega},t)$ 间的关系式为：

$$I(\boldsymbol{r},\upsilon,\boldsymbol{\Omega},t)=c\upsilon\hbar f(\boldsymbol{r},\upsilon,\boldsymbol{\Omega},t) \tag{1.5.4c}$$

并用 $j(\boldsymbol{r},\upsilon,t)$ 表示单位时间、单位体积、单位频率间隔发射的辐射能源项，它与 $S^*(\boldsymbol{r},\upsilon,t)$ 间的关系为：

$$j(\boldsymbol{r},\upsilon,t)=\hbar\upsilon S^*(\boldsymbol{r},\upsilon,t) \tag{1.5.4d}$$

另外，采用符号：

$$K_a(\boldsymbol{r},\upsilon,t)\longrightarrow\sigma_a(\boldsymbol{r},E,t) \tag{1.5.4e}$$

$$K_s(\boldsymbol{r},\upsilon'\to\upsilon,\boldsymbol{\Omega}'\cdot\boldsymbol{\Omega},t)\longrightarrow d\sigma_s(\boldsymbol{r},E'\to E,\boldsymbol{\Omega}'\to\boldsymbol{\Omega},t) \tag{1.5.4f}$$

$$K_s(\boldsymbol{r},\upsilon\to\upsilon',\boldsymbol{\Omega}\cdot\boldsymbol{\Omega}',t)\longrightarrow d\sigma_s(\boldsymbol{r},E\to E',\boldsymbol{\Omega}\to\boldsymbol{\Omega}',t) \tag{1.5.4g}$$

式(1.5.4e)～(1.5.4g)中，K_a 与 K_s 分别称为吸收系数与散射核。

借助于式(1.5.4e)～式(1.5.4g)的约定与关系式，对于光子来讲式(1.5.3)变为：

$$\frac{1}{c}\frac{\partial I(\boldsymbol{r},\upsilon,\boldsymbol{\Omega},t)}{\partial t}+\boldsymbol{\Omega}\cdot\nabla I(\boldsymbol{r},\upsilon,\boldsymbol{\Omega},t)=\iint\Big[\frac{\upsilon}{\upsilon'}I(\boldsymbol{r},\upsilon',\boldsymbol{\Omega}',t)K_s(\boldsymbol{r},\upsilon'\to\upsilon,\boldsymbol{\Omega}'\cdot\boldsymbol{\Omega},t)-$$
$$I(\boldsymbol{r},\upsilon,\boldsymbol{\Omega},t)K_s(\boldsymbol{r},\upsilon\to\upsilon',\boldsymbol{\Omega}\cdot\boldsymbol{\Omega}',t)\Big]d\upsilon'd\boldsymbol{\Omega}'-K_a(\boldsymbol{r},\upsilon,t)I(\boldsymbol{r},\upsilon,\boldsymbol{\Omega},t)+j(\boldsymbol{r},\upsilon,t) \tag{1.5.5a}$$

式中，c 为光速。

光子是玻色子，在式(1.5.5a)中还没有考虑感应效应[108]，如果考虑感应效应，则在计算辐射项和散射项时应增加一个因子，即增加

$$1+\frac{c^2I}{2\hbar\upsilon^3} \tag{1.5.5b}$$

倍的发射和散射速率，于是光子输运方程最后变为：

$$\frac{1}{c}\frac{\partial I(\upsilon,\boldsymbol{\Omega})}{\partial t}+\boldsymbol{\Omega}\cdot\nabla I(\upsilon,\boldsymbol{\Omega})=\iint\Big\{\frac{\upsilon}{\upsilon'}I(\upsilon',\boldsymbol{\Omega}')K_s(\upsilon'\to\upsilon,\boldsymbol{\Omega}'\cdot\boldsymbol{\Omega})\Big[1+\frac{c^2I(\upsilon,\boldsymbol{\Omega})}{2\hbar\upsilon^3}\Big]-$$
$$I(\upsilon,\boldsymbol{\Omega})K_s(\upsilon\to\upsilon',\boldsymbol{\Omega}\cdot\boldsymbol{\Omega}')\Big[1+\frac{c^2I(\upsilon',\boldsymbol{\Omega}')}{2\hbar(\upsilon')^3}\Big]\Big\}d\upsilon'd\boldsymbol{\Omega}'-K_a(\upsilon)I(\upsilon,\boldsymbol{\Omega})+j(\upsilon)\Big[1+\frac{c^2I(\upsilon,\boldsymbol{\Omega})}{2\hbar\upsilon^3}\Big] \tag{1.5.6}$$

比较式(1.5.6)与式(1.5.5a)可以发现：前者是非线性的微分积分型方程，而后者是线性的。

当系统处于完全热力学平衡时，这时辐射强度 I 应是 Planck 分布，即：

$$B(\upsilon,T)=\frac{2\hbar\upsilon^3}{c^2}\big[e^{(\frac{\hbar\upsilon}{kT})}-1\big]^{-1} \tag{1.5.7a}$$

式中，k 为 Boltzmann 常数，而由

$$j(\upsilon)\Big[1+\frac{c^2B(\upsilon,T)}{2\hbar\upsilon^3}\Big]-K_a(\upsilon)B(\upsilon,T)=0 \tag{1.5.7b}$$

得

$$\frac{j(\upsilon)}{K_a(\upsilon)}=\left[\frac{B(\upsilon,T)}{1+\frac{c^2B(\upsilon,T)}{2\hbar\upsilon^3}}\right]=\frac{2\hbar\upsilon^3}{c^2}e^{-(\frac{\hbar\upsilon}{kT})} \tag{1.5.7c}$$

这就是 Kirchhoff(柯西霍夫)定律。令：

$$j(\upsilon)=K'_{\mathrm{a}}(\upsilon)B(\upsilon,T) \tag{1.5.7d}$$

则式(1.5.7b)与式(1.5.7d)中，K_{a} 为完全热平衡条件时的吸收系数；K'_{a} 为修正后的吸收系数，于是可得到两者之间的关系式：

$$K'_{\mathrm{a}}(\upsilon)=K_{\mathrm{a}}(\upsilon)\left[1-\mathrm{e}^{-\left(\frac{\hbar\upsilon}{kT}\right)}\right] \tag{1.5.7e}$$

借助 $B(\upsilon,T)$ 与 $K'_{\mathrm{a}}(\upsilon)$，式(1.5.6)最后可写为[22]：

$$\frac{1}{c}\frac{\partial I(\upsilon,\boldsymbol{\Omega})}{\partial t}+\boldsymbol{\Omega}\cdot\nabla I(\upsilon,\boldsymbol{\Omega})=\iint\left\{\frac{\upsilon}{\upsilon'}I(\upsilon',\boldsymbol{\Omega}')K_{\mathrm{s}}(\upsilon'\to\upsilon,\boldsymbol{\Omega}'\cdot\boldsymbol{\Omega})\left[1+\frac{c^2I(\upsilon,\boldsymbol{\Omega})}{2\hbar\upsilon^3}\right]-\right.$$
$$\left.I(\upsilon,\boldsymbol{\Omega})K_{\mathrm{s}}(\upsilon\to\upsilon',\boldsymbol{\Omega}\cdot\boldsymbol{\Omega}')\left[1+\frac{c^2I(\upsilon',\boldsymbol{\Omega}')}{2\hbar(\upsilon')^3}\right]\right\}\mathrm{d}\upsilon'\mathrm{d}\boldsymbol{\Omega}'+K'_{\mathrm{a}}(\upsilon)[B(\upsilon,T)-I(\upsilon,\boldsymbol{\Omega})] \tag{1.5.8}$$

式(1.5.8)便是光子辐射输运方程的普遍形式，式中 $B(\upsilon,T)$ 为 Planck 分布。

1.5.3　三维非定常辐射流体力学基本方程组

考虑辐射时的基本方程组已由文献[22]给出，以下对三维非定常辐射流体力学问题作简要介绍。

(1) 连续方程：

$$\frac{\partial\rho}{\partial t}+\nabla\cdot(\rho\boldsymbol{V})=0 \tag{1.5.9}$$

(2) 动量方程：

$$\frac{\partial}{\partial t}\left(\rho\boldsymbol{V}+\frac{\boldsymbol{F}_{\mathrm{r}}}{c^2}\right)+\nabla\cdot(\rho\boldsymbol{V}\boldsymbol{V}-\boldsymbol{\pi}_{\mathrm{f}}+\boldsymbol{\pi}_{\mathrm{r}})=\rho\boldsymbol{f} \tag{1.5.10}$$

(3) 能量方程：

$$\frac{\partial}{\partial t}\left(\rho\frac{\boldsymbol{V}\cdot\boldsymbol{V}}{2}+\widetilde{E}_{\mathrm{m}}+\widetilde{E}_{\mathrm{r}}\right)+\nabla\cdot\left[\boldsymbol{V}\left(\rho\frac{\boldsymbol{V}\cdot\boldsymbol{V}}{2}+\widetilde{E}_{\mathrm{m}}\right)-\boldsymbol{\pi}_{\mathrm{f}}\cdot\boldsymbol{V}+\boldsymbol{F}_{\mathrm{r}}+\boldsymbol{q}\right]=\rho\boldsymbol{V}\cdot\boldsymbol{f} \tag{1.5.11a}$$

或者：

$$\frac{\partial}{\partial t}\left(\rho\frac{\boldsymbol{V}\cdot\boldsymbol{V}}{2}+\widetilde{E}_{\mathrm{m}}+\widetilde{E}_{\mathrm{r}}\right)+\nabla\cdot\left[\boldsymbol{V}\left(\rho\frac{\boldsymbol{V}\cdot\boldsymbol{V}}{2}+\widetilde{E}_{\mathrm{m}}+p_{\mathrm{m}}\right)-\boldsymbol{\Pi}_{\mathrm{f}}\cdot\boldsymbol{V}+\boldsymbol{F}_{\mathrm{r}}+\boldsymbol{q}\right]=\rho\boldsymbol{V}\cdot\boldsymbol{f} \tag{1.5.11b}$$

式(1.5.9)～式(1.5.11b)中，$\boldsymbol{\pi}_{\mathrm{r}}$ 为光子场动量通量张量；$\boldsymbol{F}_{\mathrm{r}}$ 为光子场能量通量；p_{m} 为流体介质压强；$\widetilde{E}_{\mathrm{m}}$ 为流体介质内能；$\widetilde{E}_{\mathrm{r}}$ 为光子场能量密度；$\boldsymbol{\pi}_{\mathrm{f}}$ 与 $\boldsymbol{\Pi}_{\mathrm{f}}$ 分别为流体介质的应力张量与黏性应力张量；$\boldsymbol{q}$ 为热流矢量；$\boldsymbol{f}$ 为体积力。

$\boldsymbol{\pi}_{\mathrm{f}}$ 的表达式为：

$$\boldsymbol{\pi}_{\mathrm{f}}=\boldsymbol{\Pi}_{\mathrm{f}}-p_{\mathrm{m}}\boldsymbol{I} \tag{1.5.12a}$$

为了便于说明 $\boldsymbol{F}_{\mathrm{r}}$ 与 $\boldsymbol{\pi}_{\mathrm{r}}$ 的表达式，这里选用了柱坐标系 (r,θ,z)，于是有：

$$(\boldsymbol{F}_{\mathrm{r}})_i = [\boldsymbol{F}_{\mathrm{r}}(r,\theta,z,t)]_i = \iint \Omega_i I(r,\theta,z,\upsilon,\boldsymbol{\Omega},t)\ \mathrm{d}\upsilon\mathrm{d}\boldsymbol{\Omega} \tag{1.5.12b}$$

$$(\boldsymbol{\pi}_{\mathrm{r}})_{ij} = [\boldsymbol{\pi}_{\mathrm{r}}(r,\theta,z,t)]_{ij} = \frac{1}{c}\iint \Omega_i\Omega_j I(r,\theta,z,\upsilon,\boldsymbol{\Omega},t)\ \mathrm{d}\upsilon\mathrm{d}\boldsymbol{\Omega} \tag{1.5.12c}$$

式(1.5.12b)与式(1.5.12c)中，$i,j=r,\theta,z$；另外，$\boldsymbol{F}_{\mathrm{r}}$ 也可表示为：

$$\boldsymbol{F}_{\mathrm{r}} = \iint \boldsymbol{\Omega} I(r,\theta,z,\upsilon,\boldsymbol{\Omega},t)\ \mathrm{d}\upsilon\mathrm{d}\boldsymbol{\Omega} \tag{1.5.12d}$$

式(1.5.12d)中，$I(r,\theta,z,\upsilon,\boldsymbol{\Omega},t)$ 为辐射强度。

综上所述，式(1.5.9)、式(1.5.10)与式(1.5.11b)连同光子输运方程式(1.5.8)便构成了一套完整的辐射流体力学基本方程组。

1.6 气体动理学中的 Boltzmann 方程及广义 Boltzmann 方程

随着航天与星际探索工程的开展，准确回答航天器在高空的机动飞行与制动以及空中变轨飞行时处于高空低密度气流状态下飞行器的受力与受热问题，摆在了气体动力学研究人员的面前。气体动理学理论[108]已成为解决这些问题的有力工具[23,24]，Boltzmann 方程与广义 Boltzmann 方程的求解一直为人们的追求。通常，研究微观粒子的运动和碰撞要用量子力学，但对于气体动力学中的许多应用问题，用经典力学已经足够了。因此，1872 年，Boltzmann 推导出了单组分气体的 Boltzmann 方程，它是分子气体动力学中的基本方程，在整个稀薄气体动力学中占据着中心的地位。随着飞行器做高超声速飞行，在高温稀薄气体流动的状态下，存在着热力学非平衡与化学非平衡现象，气体分子内能激发和松弛以及气体分子离解、复合、置换、电离和辐射等诸多的方面如何体现在 Boltzmann 方程的相关项中便成为人们一直关注但又十分困难的问题。为此国际上出现了两大类处理办法：一类是 DSMC 方法，其典型代表是 G. A. Bird 教授；另一类是 G. E. Uhlenbeck 教授和我国女科学家王承书先生倡导的半经典方法。在后一类方法中，平动能的各自由度以及平动运动按照经典力学方法处理，而分子内部的自由度以及转动和内部的振动则按量子力学去计算。本节分五个方面讨论 Boltzmann 方程和广义 Boltzmann 方程的相关内容，讨论了小 Knudsen（克努森）数特征区的一些特点及相关的前沿课题。

1.6.1 Boltzmann 方程的守恒性质及宏观守恒方程

为便于本节讨论，将 Boltzmann 方程写为如下形式[23,24]：

$$\frac{\partial f_i}{\partial t} + \boldsymbol{v}_i \cdot \nabla f_i + \frac{\boldsymbol{F}_i}{m_i} \cdot \nabla_v f_i = c(f_i, f_j) \tag{1.6.1a}$$

式中，$c(f_i,f_j)$ 为碰撞项，其表达式为：

$$c(f_i,f_j) = \int g_{ij}\sigma(g_{ij},\boldsymbol{k}_{ij}\cdot\boldsymbol{k}'_{ij})[f_i(\boldsymbol{v}'_i,\boldsymbol{r},t)f_j(\boldsymbol{v}'_j,\boldsymbol{r},t) - f_i(\boldsymbol{v}_i,\boldsymbol{r},t)f_j(\boldsymbol{v}_j,\boldsymbol{r},t)]\mathrm{d}\boldsymbol{k}'_{ij}\,\mathrm{d}\boldsymbol{v}_j \tag{1.6.1b}$$

$$g_{ij} = |\boldsymbol{g}_{ij}|, \boldsymbol{g}_{ij} = \boldsymbol{v}_i - \boldsymbol{v}_j \tag{1.6.1c}$$

为简单起见，本节下面在不会造成误会的情况下，常省略了下脚标 i 与 j 并且还省略了 $f(\boldsymbol{v},\boldsymbol{r},t)$ 中的变量 $\boldsymbol{v}$、$\boldsymbol{r}$ 与 t，而直接用 f 表示。于是式(1.6.1a)与式(1.6.1b)可写为：

$$\frac{\partial f}{\partial t} + \boldsymbol{v} \cdot \nabla f + \frac{\boldsymbol{F}}{m} \cdot \nabla_v f = c(f, f_1) \tag{1.6.2a}$$

$$c(f, f_1) = \int g\sigma(g, \boldsymbol{k} \cdot \boldsymbol{k}') \left[f' f_1' - f f_1\right] \mathrm{d}\boldsymbol{k}' \mathrm{d}\boldsymbol{v}_1 \tag{1.6.2b}$$

式(1.6.2b)中，带撇号(′)的量表示粒子碰撞后的相应量；矢量 $\boldsymbol{k}_{ij}$ 与 $\boldsymbol{k}'_{ij}$ 分别表示沿碰撞前与碰撞后的相对速度方向的单位矢量。

式(1.6.1b)中，量 $g_{ij}\sigma(g_{ij}, \boldsymbol{k}_{ij} \cdot \boldsymbol{k}'_{ij})\mathrm{d}\boldsymbol{k}'_{ij}$ 是表示在碰撞前沿 $\boldsymbol{k}_{ij}$ 方向，而在碰撞后沿相对速度 $\boldsymbol{g}'_{ij}$ 方向且处于区间 $(\boldsymbol{k}'_{ij}, \boldsymbol{k}'_{ij} + \mathrm{d}\boldsymbol{k}'_{ij})$ 内的条件概率；另外，$\sigma(g_{ij}, \boldsymbol{k}_{ij} \cdot \boldsymbol{k}'_{ij})$ 也称为将 $\boldsymbol{g}_{ij}$ 的方向由 $\boldsymbol{k}_{ij}$ 改变到 $\boldsymbol{k}'_{ij}$ 的“截面”。量 $\boldsymbol{k}_{ij} \cdot \boldsymbol{k}'_{ij}$ 代表两方向夹角的余弦值。

为了讨论 Boltzmann 方程的守恒性质，下面首先定义碰撞守恒量：对于在 $\boldsymbol{r}$ 处发生的碰撞 $\{\boldsymbol{v}, \boldsymbol{v}_1\} \rightarrow \{\boldsymbol{v}', \boldsymbol{v}'_1\}$，如果有物理量 $\psi(\boldsymbol{v},\boldsymbol{r})$、$\psi_1(\boldsymbol{v}_1,\boldsymbol{r})$ 满足：

$$\psi + \psi_1 = \psi' + \psi'_1 \tag{1.6.3a}$$

则称 ψ 为碰撞守恒量。容易证明：对于碰撞守恒量存在着如下关系：

$$\int \psi(\boldsymbol{v},\boldsymbol{r})\, c(f, f_1) \mathrm{d}\boldsymbol{v} = 0 \tag{1.6.3b}$$

以及：

$$\int \psi(\boldsymbol{v},\boldsymbol{r}) \left(\frac{\partial f}{\partial t} + \boldsymbol{v} \cdot \nabla f + \frac{\boldsymbol{F}}{m} \cdot \nabla_v f\right) \mathrm{d}\boldsymbol{v} = 0 \tag{1.6.3c}$$

在证明式(1.6.3b)成立的过程中，曾使用了如下两个关系式：

$$\begin{aligned} &\sum_{i,j} \int \psi_i c(f_i, f_j)\, \mathrm{d}\boldsymbol{v}_i \\ &= \frac{1}{2} \sum_{i,j} \int \iiint (\psi_i - \psi'_i)(f'_i f'_j - f_i f_j) g_{ij}^3 \sigma(g_{ij}, \boldsymbol{k}_{ij} \cdot \boldsymbol{k}'_{ij}) \mathrm{d}\boldsymbol{k}'_{ij} \mathrm{d}\boldsymbol{k}_{ij} \mathrm{d}g_{ij} \mathrm{d}\boldsymbol{v}_{(ij)} \end{aligned} \tag{1.6.3d}$$

$$\begin{aligned} &\sum_{i,j} \int \psi_i c(f_i, f_j)\, \mathrm{d}\boldsymbol{v}_i \\ &= \frac{1}{4} \sum_{i,j} \left\{ \int \iiint (\psi_i + \psi_j - \psi'_i - \psi'_j)(f'_i f'_j - f_i f_j) g_{ij}^3 \sigma(g_{ij}, \boldsymbol{k}_{ij} \cdot \boldsymbol{k}'_{ij}) \mathrm{d}\boldsymbol{k}'_{ij} \mathrm{d}\boldsymbol{k}_{ij} \mathrm{d}g_{ij} \mathrm{d}\boldsymbol{v}_{(ij)} \right\} \end{aligned} \tag{1.6.3e}$$

显然，如果 ψ_i 为碰撞守恒量，则式(1.6.3e)中的 $\psi_i + \psi_j - \psi'_i - \psi'_j$ 项等于零。

式(1.6.3d)和式(1.6.3e)中 $\boldsymbol{v}_{(ij)}$ 代表两个速度为 $\boldsymbol{v}_i$ 与 $\boldsymbol{v}_j$ 的粒子的质心速度，其表达式为：

$$\boldsymbol{v}_{(ij)} = \frac{m_i \boldsymbol{v}_i + m_j \boldsymbol{v}_j}{m_i + m_j} \tag{1.6.3f}$$

式(1.6.3b)又可表示为：

$$\sum_{i,j}\int \psi_i c(f_i,f_j)\,\mathrm{d}\boldsymbol{v}_i=\sum_{i,j}\oiint \psi_i(f'_i f'_j-f_i f_j)g_{ij}\sigma(g_{ij},\boldsymbol{k}_{ij}\cdot\boldsymbol{k}'_{ij})\mathrm{d}\boldsymbol{k}'_{ij}\mathrm{d}\boldsymbol{v}_i\mathrm{d}\boldsymbol{v}_j=0 \tag{1.6.3g}$$

如果取碰撞不变量 ψ_i 等于 m_i，并乘以式(1.6.1a)的两边，然后两边积分便可得到第 i 种组元的质量守恒方程：

$$\frac{\partial\rho_i}{\partial t}=-\nabla\cdot(\rho_i\boldsymbol{V})-\nabla\cdot\boldsymbol{J}_i \tag{1.6.4a}$$

式中，$\boldsymbol{J}_i$ 为扩散通量；$\boldsymbol{V}$ 为混合气体的运动速度。它们的表达式分别为：

$$\boldsymbol{J}_i\equiv m_i\int(\boldsymbol{v}_i-\boldsymbol{V})f_i\mathrm{d}\boldsymbol{v}_i \tag{1.6.4b}$$

$$\rho\boldsymbol{V}\equiv\sum_i\left(m_i\int\boldsymbol{v}_i f_i\mathrm{d}\boldsymbol{v}_i\right) \tag{1.6.4c}$$

注意：总的质量密度 ρ 与组元 i 间 ρ_i 的关系式：

$$\rho=\sum_i\rho_i=\sum_i\left(m_i\int f_i\mathrm{d}\boldsymbol{v}_i\right) \tag{1.6.4d}$$

于是总的连续方程为：

$$\frac{\partial\rho}{\partial t}+\nabla\cdot(\rho\boldsymbol{V})=0 \tag{1.6.4e}$$

如果碰撞不变量 ψ_i 取为 $m_i\boldsymbol{v}_i$，并乘以式(1.6.1a)的两边，然后两边积分可得动量方程：

$$\frac{(\rho\boldsymbol{V})}{\partial t}=-\nabla\cdot(\rho\boldsymbol{V}\boldsymbol{V}-\boldsymbol{\pi})+\sum(\rho_i\boldsymbol{F}_i) \tag{1.6.5a}$$

式中，$\boldsymbol{\pi}$ 为应力张量，其表达式为：

$$\boldsymbol{\pi}=-\sum_i\left[m_i\int(\boldsymbol{v}_i-\boldsymbol{V})(\boldsymbol{v}_i-\boldsymbol{V})f_i\mathrm{d}\boldsymbol{v}_i\right] \tag{1.6.5b}$$

如果碰撞不变量 ψ_i 取为 $\frac{1}{2}m_i\boldsymbol{v}_i\cdot\boldsymbol{v}_i$，并乘以式(1.6.1a)的两边，然后两边积分可得出能量方程：

$$\rho\frac{\mathrm{d}e}{\mathrm{d}t}=\frac{\partial(\rho e)}{\partial t}+\nabla\cdot(\rho e\boldsymbol{V})=\boldsymbol{\pi}:\nabla\boldsymbol{V}+\sum_i(\boldsymbol{J}_i\cdot\boldsymbol{F}_i)-\nabla\cdot\boldsymbol{J}_q \tag{1.6.6a}$$

式中，ρe 为气体的内能密度；$\boldsymbol{J}_q$ 为热通量。它们的表达式分别为：

$$\rho e\equiv\frac{1}{2}\sum_i\left[m_i\int(\boldsymbol{v}_i-\boldsymbol{V})^2f_i\mathrm{d}\boldsymbol{v}_i\right] \tag{1.6.6b}$$

$$\boldsymbol{J}_q\equiv\frac{1}{2}\sum_i\left[m_i\int(\boldsymbol{v}_i-\boldsymbol{V})^2(\boldsymbol{v}_i-\boldsymbol{V})f_i\mathrm{d}\boldsymbol{v}_i\right] \tag{1.6.6c}$$

另外，由式(1.6.6b)又可定义出动理学温度 T，即：

$$\frac{3}{2}nk_{\mathrm{B}}T=\rho e=\frac{1}{2}\sum_i\left[m_i\int(\boldsymbol{v}_i-\boldsymbol{V})^2f_i\mathrm{d}\boldsymbol{v}_i\right] \tag{1.6.6d}$$

式中，$n=\sum_i n_i$ 为总的分子数密度；k_B 为 Boltzmann 常数。

在动理学理论中，气体的熵密度 ρs 定义为：

$$\rho s=-k_B\sum_i\left[\int f_i(\ln f_i-1)\mathrm{d}\boldsymbol{v}_i\right] \tag{1.6.6e}$$

将式(1.6.6e)对时间求导数，并利用式(1.6.2a)可推出：

$$\rho\frac{\mathrm{d}s}{\mathrm{d}t}=\frac{\partial(\rho s)}{\partial t}+\nabla\cdot(\rho s\boldsymbol{V})=-\nabla\cdot\boldsymbol{J}_s+\widetilde{\sigma}_s \tag{1.6.7a}$$

式中，$\boldsymbol{J}_s$ 与 $\widetilde{\sigma}_s$ 分别为熵通量（又称为熵流）与熵源强度（又称为熵产生率）。它们的表达式分别为：

$$\boldsymbol{J}_s=-k_B\sum_i\left[\int(\boldsymbol{v}_i-\boldsymbol{V})f_i(\ln f_i-1)\mathrm{d}\boldsymbol{v}_i\right] \tag{1.6.7b}$$

$$\widetilde{\sigma}_s=-k_B\sum_{i,j}\left[\int c(f_i,f_j)\ln f_i\mathrm{d}\boldsymbol{v}_i\right] \tag{1.6.7c}$$

或者：

$$\widetilde{\sigma}_s=-k_B\sum_{i,j}\left[\iiint(\ln f_i)(f_i'f_j'-f_if_j)g_{ij}\sigma(g_{ij},\boldsymbol{k}_{ij}\cdot\boldsymbol{k}_{ij}')\mathrm{d}\boldsymbol{k}_{ij}'\mathrm{d}\boldsymbol{v}_i\mathrm{d}\boldsymbol{v}_j\right] \tag{1.6.7d}$$

如果将式(1.6.7d)右端的积分对称化，则式(1.6.7d)又可变为：

$$\widetilde{\sigma}_s=\frac{1}{4}k_B\sum_{i,j}\left[\int\iiint\left(\frac{\ln f_i'f_j'}{\ln f_if_j}\right)(f_i'f_j'-f_if_j)g_{ij}^3\sigma(g_{ij},\boldsymbol{k}_{ij}\cdot\boldsymbol{k}_{ij}')\mathrm{d}\boldsymbol{k}_{ij}'\mathrm{d}\boldsymbol{k}_{ij}\mathrm{d}g_{ij}\mathrm{d}\boldsymbol{v}_{(ij)}\right] \tag{1.6.7e}$$

式中，$\boldsymbol{v}_{(ij)}$ 的定义同式(1.6.3e)。

容易证明式(1.6.7e)右边的积分总是大于或等于零，因此有：

$$\widetilde{\sigma}_s\geqslant 0 \tag{1.6.7f}$$

这个不等式表明熵源强度必须大于或等于零。对于一个封闭系统，在边界上 $\boldsymbol{V}=0$，$\boldsymbol{J}_s=0$，于是将式(1.6.7a)对整个系统占据的空间积分便有：

$$\frac{\mathrm{d}S}{\mathrm{d}t}=\int\widetilde{\sigma}_s\,\mathrm{d}\boldsymbol{r}\geqslant 0 \tag{1.6.8a}$$

式(1.6.8a)说明非平衡的封闭系统的熵总是增加的，直至系统达到平衡态使得 $\widetilde{\sigma}_s=0$ 时为止。引入 n_0 表示 t 时刻 $\boldsymbol{r}$ 附近单位体积中的粒子数，s 表示平均每个粒子的熵，N 代表系统中的总粒子数，于是式(1.6.8a)中的 S 可表示为：

$$S=\int n_0 s\mathrm{d}\boldsymbol{r} \tag{1.6.8b}$$

式(1.6.8a)实质上就是 Boltzmann 的 H 定理，H 与 S 间的关系为：

$$S=-k_B(H-N) \tag{1.6.8c}$$

当 N 固定时，借助于式(1.6.8c)，式(1.6.8a)可变为：

$$\frac{\mathrm{d}H}{\mathrm{d}t}=-\frac{1}{k_B}\frac{\mathrm{d}S}{\mathrm{d}t}\leqslant 0 \tag{1.6.8d}$$

在平衡态时，H 取极小值。另外，如果令 S 定义为：

$$S = \int_V \rho s \mathrm{d}V \tag{1.6.8e}$$

式中，V 为体积；s 为单位质量所包含的熵；ρ 为密度。

按照通常热力学原理，熵的变化 dS 可表示为两项之和：

$$\mathrm{d}S = \mathrm{d_e}S + \mathrm{d_i}S \tag{1.6.8f}$$

式中，$\mathrm{d_e}S$ 为由外界供给体系的熵；$\mathrm{d_i}S$ 为在体系内部所增长的熵，当体系发生可逆变化时，则 $\mathrm{d_i}S=0$，而当体系发生不可逆变化时，则 $\mathrm{d_i}S>0$，即：

$$\mathrm{d_i}S \geqslant 0 \tag{1.6.8g}$$

另外，外界供给体系的熵 $\mathrm{d_e}S$ 则可正、可负，也可为零，这要根据体系与其外界的相互作用而定。此外，在熵方程用式(1.6.7a)表达时，可以证明这时的熵流 $\boldsymbol{J}_s$ 与熵产生率 $\widetilde{\sigma}_s$ 为：

$$\boldsymbol{J}_s = \frac{1}{T}\left[\boldsymbol{J}_q - \sum_{k=1}^{n}(\mu_k \boldsymbol{J}_k)\right] \tag{1.6.8h}$$

$$\widetilde{\sigma}_s = -\frac{1}{T^2}\boldsymbol{J}_q \cdot \nabla T - \frac{1}{T}\sum_{k=1}^{n}\left\{\boldsymbol{J}_k \cdot \left[T\nabla\left(\frac{\mu_k}{T}\right) - \boldsymbol{F}_k\right]\right\} - \frac{1}{T}\boldsymbol{\Pi} : \nabla \boldsymbol{V} - \frac{1}{T}\sum_{j=1}^{r}(J_j A_j) \tag{1.6.8i}$$

式中，$\boldsymbol{J}_q$ 为热通量；$\boldsymbol{J}_k$ 为扩散流；J_j 为反应 j 的化学反应率；$\boldsymbol{\Pi}$ 为黏性应力张量；$\boldsymbol{F}$ 为外力；A_j 为反应 j $(j=1,2,\cdots,r)$ 的化学亲和势；μ_k 为组元 k 的化学势；A_j 与 μ_k 间的关系为：

$$A_j = \sum_{k=1}^{n}(v_{kj}\mu_k),(j=1,2,\cdots,r) \tag{1.6.8j}$$

式中，v_{kj} 为组元 k 在第 j 个反应式中的化学计量系数。

1.6.2 单原子分子、多组元气体的 Boltzmann 方程

1. 单组元、单原子分子的 Boltzmann 方程

通常，在一般书籍中稀薄气体的 Boltzmann 方程大都在单组分、单原子分子气体的经典力学框架下进行讨论，在这种情况下分布函数多用 $f=f(\boldsymbol{v},\boldsymbol{r},t)$ 来表示，相应的，这时单组元、单原子分子的 Boltzmann 方程为：

$$\frac{\partial f}{\partial t} + \boldsymbol{v}\cdot\frac{\partial f}{\partial \boldsymbol{r}} + \frac{\boldsymbol{F}}{m}\cdot\frac{\partial f}{\partial \boldsymbol{v}} = \int f(\boldsymbol{v}')f(\boldsymbol{v}_1')g\mathrm{d}\sigma(\boldsymbol{v}',\boldsymbol{v}_1'\to\boldsymbol{v},\boldsymbol{v}_1)\frac{\mathrm{d}\boldsymbol{v}'\mathrm{d}\boldsymbol{v}_1'}{\mathrm{d}\boldsymbol{v}} - \int f(\boldsymbol{v})f(\boldsymbol{v}_1)g\mathrm{d}\sigma(\boldsymbol{v},\boldsymbol{v}_1\to\boldsymbol{v}',\boldsymbol{v}_1')\mathrm{d}\boldsymbol{v}_1 \tag{1.6.9a}$$

注意：

$$\mathrm{d}\boldsymbol{v}'\mathrm{d}\boldsymbol{v}_1'\mathrm{d}\sigma(\boldsymbol{v}',\boldsymbol{v}_1'\to\boldsymbol{v},\boldsymbol{v}_1) = \mathrm{d}\boldsymbol{v}\mathrm{d}\boldsymbol{v}_1\mathrm{d}\sigma(\boldsymbol{v},\boldsymbol{v}_1\to\boldsymbol{v}',\boldsymbol{v}_1') \tag{1.6.9b}$$

于是式(1.6.9a)可变为：

$$\frac{\partial f}{\partial t}+\boldsymbol{v}\cdot\frac{\partial f}{\partial \boldsymbol{r}}+\frac{\boldsymbol{F}}{m}\cdot\frac{\partial f}{\partial \boldsymbol{v}}=\int[f(\boldsymbol{v}')f(\boldsymbol{v}_1')-f(\boldsymbol{v})f(\boldsymbol{v}_1)]g\,\mathrm{d}\sigma(\boldsymbol{v},\boldsymbol{v}_1\rightarrow\boldsymbol{v}',\boldsymbol{v}_1')\mathrm{d}\boldsymbol{v}_1 \tag{1.6.10a}$$

这里要说明的是，在式(1.6.9a)～式(1.6.10a)中，所考虑的所有分子对的碰撞问题均采用了如下约定：各分子对在碰撞前的速度分别为 $\boldsymbol{v}$ 与 $\boldsymbol{v}_1$，碰撞后的速度分别为 $\boldsymbol{v}'$ 与 $\boldsymbol{v}_1'$；上述式中符号 g 的含义同式(1.6.2b)，它代表相对速度；$\mathrm{d}\sigma(\boldsymbol{v},\boldsymbol{v}_1\rightarrow\boldsymbol{v}',\boldsymbol{v}_1')$ 称为微分散射截面，并且有：

$$\mathrm{d}\sigma(\boldsymbol{v},\boldsymbol{v}_1\rightarrow\boldsymbol{v}',\boldsymbol{v}_1')=\sigma(g,\boldsymbol{k}\cdot\boldsymbol{k}')\mathrm{d}\boldsymbol{k}' \tag{1.6.10b}$$

式中，$\boldsymbol{k}$ 与 $\boldsymbol{k}'$ 分别为分子对在碰撞前与碰撞后相对速度方向上的单位矢量；借助于式(1.6.10b)，式(1.6.10a)又可写为：

$$\frac{\partial f}{\partial t}+\boldsymbol{v}\cdot\frac{\partial f}{\partial \boldsymbol{r}}+\frac{\boldsymbol{F}}{m}\cdot\frac{\partial f}{\partial \boldsymbol{v}}=\iint(f'f_1'-ff_1)g\sigma(g,\boldsymbol{k}\cdot\boldsymbol{k}')\mathrm{d}\boldsymbol{k}'\mathrm{d}\boldsymbol{v}_1 \tag{1.6.10c}$$

在通常书籍中，常引入两个角度即 θ 与 φ 来描述 $\boldsymbol{k}'$。引入碰撞参数 b，并且注意到多重积分中换元积分公式的使用之后，式(1.6.10c)可变为：

$$\frac{\partial f}{\partial t}+\boldsymbol{v}\cdot\frac{\partial f}{\partial \boldsymbol{r}}+\frac{\boldsymbol{F}}{m}\cdot\frac{\partial f}{\partial \boldsymbol{v}}=\iint(f'f_1'-ff_1)g\sigma\,\mathrm{d}\boldsymbol{\Omega}\mathrm{d}\boldsymbol{v}_1 \tag{1.6.11a}$$

或：

$$\frac{\partial f}{\partial t}+\boldsymbol{v}\cdot\frac{\partial f}{\partial \boldsymbol{r}}+\frac{\boldsymbol{F}}{m}\cdot\frac{\partial f}{\partial \boldsymbol{v}}=\iiint(f'f_1'-ff_1)g\sigma\sin\theta\,\mathrm{d}\theta\mathrm{d}\varphi\mathrm{d}\boldsymbol{v}_1 \tag{1.6.11b}$$

或：

$$\frac{\partial f}{\partial t}+\boldsymbol{v}\cdot\frac{\partial f}{\partial \boldsymbol{r}}+\frac{\boldsymbol{F}}{m}\cdot\frac{\partial f}{\partial \boldsymbol{v}}=\iiint(f'f_1'-ff_1)gb\,\mathrm{d}b\mathrm{d}\varphi\mathrm{d}\boldsymbol{v}_1 \tag{1.6.11c}$$

式(1.6.11a)～式(1.6.11c)中使用了如下两个关系式：

$$|\sigma\mathrm{d}\boldsymbol{\Omega}|=b\,\mathrm{d}b\mathrm{d}\varphi \tag{1.6.11d}$$

$$\int_0^{4\pi}\mathrm{d}\boldsymbol{\Omega}=\int_0^{2\pi}\int_0^{\pi}\sin\theta\,\mathrm{d}\theta\mathrm{d}\varphi \tag{1.6.11e}$$

式(1.6.11a)、式(1.6.11d)与式(1.6.11e)中，$\boldsymbol{\Omega}$ 的含义与式(1.6.10c)中的 $\boldsymbol{k}'$ 相同。

2. 多组元、单原子分子气体的 Boltzmann 方程

对于多组元、单原子分子在经典力学的框架下，第 i 种组分的分布函数多用 $f_i=f(i,\boldsymbol{v}_i,\boldsymbol{r},t)$ 来表示，相应的 Boltzmann 方程为：

$$\frac{\partial f_i}{\partial t}+\boldsymbol{v}_i\cdot\boldsymbol{\nabla}f_i+\boldsymbol{g}_i\cdot\boldsymbol{\nabla}_v f_i=\sum_{j=1}\boldsymbol{J}_{ij} \tag{1.6.12a}$$

式中，$\boldsymbol{J}_{ij}$ 代表组分 i 的分子被组分 j 的分子散射的碰撞积分，其表达式为：

$$\begin{aligned}\boldsymbol{J}_{ij}=&\int[f_i(i,\boldsymbol{v}_i',\boldsymbol{r},t)f_j(j,\boldsymbol{v}_j',\boldsymbol{r},t)-\\&f_i(i,\boldsymbol{v}_i,\boldsymbol{r},t)f_j(j,\boldsymbol{v}_j,\boldsymbol{r},t)]g_{ij}\,\mathrm{d}\sigma(\boldsymbol{v}_i,\boldsymbol{v}_j\rightarrow\boldsymbol{v}_i',\boldsymbol{v}_j')\mathrm{d}\boldsymbol{v}_j\end{aligned} \tag{1.6.12b}$$

或者：

$$\boldsymbol{J}_{ij}=\iint[f_i(i,\boldsymbol{v}_i',\boldsymbol{r},t)f_j(j,\boldsymbol{v}_j',\boldsymbol{r},t)-$$

$$f_i(i,\boldsymbol{v}_i,\boldsymbol{r},t)f_j(j,\boldsymbol{v}_j,r,t)]g_{ij}\sigma(g_{ij},\boldsymbol{k}_{ij}\cdot\boldsymbol{k}_{ij}')\mathrm{d}\boldsymbol{k}_{ij}'\mathrm{d}\boldsymbol{v}_j \tag{1.6.12c}$$

1.6.3 单组元、多原子分子、考虑分子内部量子数及简并度的 Boltzmann 方程

与单原子气体相比，多原子气体由于存在内能自由度，因此气体输运系数的计算要比单原子气体复杂得多。对于多原子气体，在非弹性碰撞中会发生平动能与内能之间的交换，这就导致了在黏性系数中除了剪切黏性系数之外还会出现体膨胀黏性系数。另外，体膨胀黏性系数也与弛豫时间密切相关，而当平动能分布由于某过程的发生变化时，上述弛豫时间便与平动能以及内能的状态密切相关。对于单组元、多原子分子，在考虑分子内部量子数以及简并度的情况下，Boltzmann 方程如何表达并不是一件容易的事。王承书先生和 G. E. Uhlenbeck 教授提出了一种处理多原子气体的半经典方法。在这种方法中，平动能的各自由度以及平动运动按照经典力学方法处理，而分子内部的自由度以及转动和内部的振动则按量子力学观点计算，在用量子态描述与计算的过程中，考虑了简并度。如果用 $f_\alpha=f(\boldsymbol{v}_\alpha,\alpha,\boldsymbol{r},t)$ 代表单组元、多原子分子、量子态为 α 时的分布函数，在不考虑简并度时 Boltzmann 方程为[24,27]：

$$\frac{\partial f_\alpha}{\partial t}+\boldsymbol{v}_\alpha\cdot\frac{\partial f_\alpha}{\partial \boldsymbol{r}}+\frac{\boldsymbol{F}_\alpha}{m}\cdot\frac{\partial f_\alpha}{\partial \boldsymbol{v}_\alpha}=\sum_{\beta,\gamma,\delta}\iint[f_\gamma'f_\delta'g'\sigma_{\gamma\delta}^{\alpha\beta}(g',\theta,\varphi)-f_\alpha f_\beta g\sigma_{\alpha\beta}^{\gamma\delta}(g,\theta,\varphi)]\mathrm{d}\boldsymbol{\Omega}\mathrm{d}\boldsymbol{v}_\beta \tag{1.6.13a}$$

注意：这里不对式(1.6.13a)右边的 α 求和；式中 $\sigma_{\alpha\beta}^{\gamma\delta}(g,\theta,\varphi)$ 表示处于 α 状态与 β 状态的两个分子碰撞后分别处于 γ 与 δ 状态的微分碰撞截面，g 为处于 α 与 β 两状态的分子之间的相对速度，θ 为折射角，φ 为一个角度，其定义同式(1.6.11b)。

由量子力学中 Schrödinger(薛定谔)方程的对称性，可以得到下列碰撞截面的倒易关系为：

$$g\sigma_{\alpha\beta}^{\gamma\delta}(g,\theta,\varphi)=g'\sigma_{\gamma\delta}^{\alpha\beta}(g',\theta,\varphi) \tag{1.6.13b}$$

式(1.6.13b)给出了碰撞速率与反碰撞速率之间的关系，显然式(1.6.13b)只有当分子的内能状态为非简并时才成立(没有两个状态处于同一能级)。借助于式(1.6.13b)，式(1.6.13a)可变为：

$$\frac{\partial f_\alpha}{\partial t}+\boldsymbol{v}_\alpha\cdot\frac{\partial f_\alpha}{\partial \boldsymbol{r}}+\frac{\boldsymbol{F}_\alpha}{m}\cdot\frac{\partial f_\alpha}{\partial \boldsymbol{v}_\alpha}=\sum_{\beta,\gamma,\delta}\iint[f_\gamma'f_\delta'-f_\alpha f_\beta]g\sigma_{\alpha\beta}^{\gamma\delta}(g,\theta,\varphi)\mathrm{d}\boldsymbol{\Omega}\mathrm{d}\boldsymbol{v}_\beta \tag{1.6.13c}$$

式(1.6.13c)由王承书和 Uhlenbeck 于 1951 年给出，国际上常称为 WCU 方程或称为 Wang-Chang Uhlenbeck 方程。对 f_α 取矩，并注意到对所有状态相加便可得到密度、流体运动速度、胁强张量以及单位质量热能的物理量，例如：

$$\sum_{\alpha}\int\begin{bmatrix}1\\ m\boldsymbol{v}\\ m(\boldsymbol{v}-\boldsymbol{V})(\boldsymbol{v}-\boldsymbol{V})\end{bmatrix}f_{\alpha}\mathrm{d}\boldsymbol{v}=\begin{bmatrix}n\\ \rho\boldsymbol{V}\\ -\boldsymbol{\pi}\end{bmatrix}\tag{1.6.14}$$

式中，$\boldsymbol{V}$ 与 $\boldsymbol{\pi}$ 分别为流体速度与流体的应力张量。

类似地，对 WCU 方程左右两边分别乘以 1、$m\boldsymbol{v}$ 以及 $\left[\frac{1}{2}m(\boldsymbol{v}-\boldsymbol{V})\cdot(\boldsymbol{v}-\boldsymbol{V})+E_{\alpha}\right]$，再对 $\boldsymbol{v}$ 积分并注意到对全部状态求和，可得：

$$\frac{\partial\rho}{\partial t}+\frac{\partial}{\partial\boldsymbol{r}}\cdot(\rho\boldsymbol{V})=0\tag{1.6.15a}$$

$$\rho\left(\frac{\partial\boldsymbol{V}}{\partial t}+\boldsymbol{V}\cdot\frac{\partial\boldsymbol{V}}{\partial\boldsymbol{r}}\right)=\frac{\partial}{\partial\boldsymbol{r}}\cdot\boldsymbol{\pi}+\rho\boldsymbol{X}\tag{1.6.15b}$$

$$\rho\left(\frac{\partial e}{\partial t}+\boldsymbol{V}\cdot\frac{\partial e}{\partial\boldsymbol{r}}\right)=-\frac{\partial}{\partial\boldsymbol{r}}\cdot\boldsymbol{q}+\boldsymbol{\pi}\cdot\frac{\partial\boldsymbol{V}}{\partial\boldsymbol{r}}\tag{1.6.15c}$$

式中，e 为气体的内能；$\boldsymbol{q}$ 为热流矢量；$\boldsymbol{\pi}$ 为应力张量。

若考虑能级简并度，则单组元、多原子分子气体的 Boltzmann 方程为：

$$\frac{\partial f_{\alpha}}{\partial t}+\boldsymbol{v}_{\alpha}\cdot\frac{\partial f_{\alpha}}{\partial\boldsymbol{r}}+\frac{\boldsymbol{F}_{\alpha}}{m}\cdot\frac{\partial f_{\alpha}}{\partial\boldsymbol{v}_{\alpha}}=\sigma_0\sum_{\beta,\gamma,\delta}\iint[q_{\alpha}q_{\beta}f_{\gamma}f_{\delta}-q_{\gamma}q_{\delta}f_{\alpha}f_{\beta}]g\,p_{\alpha\beta}^{\gamma\delta}\mathrm{d}\boldsymbol{\Omega}\mathrm{d}\boldsymbol{v}_{\beta}\tag{1.6.16a}$$

式中，α,β 为分子对碰撞前的初量子态；γ,δ 为分子对碰撞后的末量子态；q_{α}、q_{β}、q_{γ} 以及 q_{δ} 均代表能级简并度。

分布函数 f_{α}，f_{β}，f_{γ}，f_{δ} 及相对速度 $g_{\alpha\beta}$ 的定义分别为：

$$f_{\alpha}\equiv f(\boldsymbol{v}_{\alpha},\alpha,\boldsymbol{r},t),\quad f_{\beta}\equiv f(\boldsymbol{v}_{\beta},\beta,\boldsymbol{r},t)\tag{1.6.16b}$$

$$f_{\gamma}\equiv f(\boldsymbol{v}_{\gamma},\gamma,\boldsymbol{r},t),\quad f_{\delta}\equiv f(\boldsymbol{v}_{\delta},\delta,\boldsymbol{r},t)\tag{1.6.16c}$$

$$g_{\alpha\beta}=|\boldsymbol{v}_{\alpha}-\boldsymbol{v}_{\beta}|\tag{1.6.16d}$$

另外，σ_0 与 $\sigma_{\alpha\beta}^{\gamma\delta}$、$p_{\alpha\beta}^{\gamma\delta}$ 间的关系为：

$$\sigma_{\alpha\beta}^{\gamma\delta}=\sigma_0 p_{\alpha\beta}^{\gamma\delta}\tag{1.6.16e}$$

或者：

$$p_{\alpha\beta}^{\gamma\delta}=\frac{\sigma_{\alpha\beta}^{\gamma\delta}}{\sigma_{\alpha\beta}},\quad\sigma_{\alpha\beta}\equiv\sum_{\gamma,\delta}\sigma_{\alpha\beta}^{\gamma\delta}\tag{1.6.16f}$$

$$\sum_{\gamma,\delta}p_{\alpha\beta}^{\gamma\delta}=1\qquad(0\leqslant p_{\alpha\beta}^{\gamma\delta}\leqslant 1)\tag{1.6.16g}$$

式(1.6.16e)中已假设 $\sigma_{\alpha\beta}$ 独立于内部的分子能态，并且等于弹性碰撞截面 σ_0；$p_{\alpha\beta}^{\gamma\delta}$ 为关于 $(\alpha,\beta)\rightarrow(\gamma,\delta)$ 的跃迁概率；另外，Felix G. Tcheremissine 和 Ramesh K. Agarwal 将式(1.6.16a)改写为如下形式：

$$\begin{aligned}&\frac{\partial f_{\alpha}}{\partial t}+\boldsymbol{v}_{\alpha}\cdot\frac{\partial f_{\alpha}}{\partial\boldsymbol{r}}+\frac{\boldsymbol{F}_{\alpha}}{m}\cdot\frac{\partial f_{\alpha}}{\partial\boldsymbol{v}_{\alpha}}\\&=\sum_{\beta,\gamma,\delta}\int_{-\infty}^{\infty}\int_0^{2\pi}\int_0^{bm}[f_{\gamma}f_{\delta}\omega_{\alpha\beta}^{\gamma\delta}-f_{\alpha}f_{\beta}]\,p_{\alpha\beta}^{\gamma\delta}g_{\alpha\beta}b\,\mathrm{d}b\mathrm{d}\varphi\mathrm{d}\boldsymbol{v}_{\beta}\end{aligned}\tag{1.6.17}$$

式中，b 为碰撞参数，其含义同式(1.6.11c)；$\omega_{\alpha\beta}^{\gamma\delta}$ 是与简并度有关的一个比例系数，其定义同文献[24]。

1.6.4 多组元、多原子分子的广义 Boltzmann 方程

这里采用组分用 i，分子内部自由度(如转动、振动和电子能级的激发)的量子数所对应的量子态记为 α，于是多组元、多原子分子气体的分布函数便可用 $f_{i,\alpha} \equiv f(i, \boldsymbol{v}_{i,\alpha}, \alpha, \boldsymbol{r}, t)$ 表示。今考察组元 i 的一个粒子与组元 j 的一个粒子相碰撞(它们构成一个碰撞对)，碰撞后生成组元 i' 与组元 j' 的粒子；如果粒子 i，j，i' 与 j' 的动量和内部量子态分别为 $(\boldsymbol{p}_i, \alpha)$，$(\boldsymbol{p}_j, \beta)$，$(\boldsymbol{p}_{i'}, \gamma)$ 与 $(\boldsymbol{p}_{j'}, \delta)$，那么对应于上述情况下的微分散射截面为：

$$\mathrm{d}\sigma((\boldsymbol{p}_i, \alpha; \boldsymbol{p}_j, \beta) \rightarrow (\boldsymbol{p}_{i'}, \gamma; \boldsymbol{p}_{j'}, \delta)) \tag{1.6.18a}$$

不考虑能级简并度的情况下，多组元、多原子分子的广义 Boltzmann 方程为[27]：

$$\begin{aligned} &\frac{\partial f_{i,\alpha}}{\partial t} + \boldsymbol{v}_{i,\alpha} \cdot \frac{\partial f_{i,\alpha}}{\partial \boldsymbol{r}} + \frac{\boldsymbol{F}_i}{m_i} \cdot \frac{\partial f_{i,\alpha}}{\partial \boldsymbol{v}_{i,\alpha}} \\ &= \sum_j \sum_{\beta,\gamma,\delta} \iint [f_{i',\gamma} f_{j',\delta} - f_{i,\alpha} f_{j,\beta}] g_{ij} \mathrm{d}\sigma((\boldsymbol{p}_i, \alpha; \boldsymbol{p}_j, \beta) \rightarrow (\boldsymbol{p}_{i'}, \gamma; \boldsymbol{p}_{j'}, \delta)) \mathrm{d}\boldsymbol{v}_{j,\beta} \end{aligned} \tag{1.6.18b}$$

或者：

$$\begin{aligned} &\frac{\partial f_{i,\alpha}}{\partial t} + \boldsymbol{v}_{i,\alpha} \cdot \frac{\partial f_{i,\alpha}}{\partial \boldsymbol{r}} + \frac{\boldsymbol{F}_i}{m_i} \cdot \frac{\partial f_{i,\alpha}}{\partial \boldsymbol{v}_{i,\alpha}} \\ &= \sum_j \sum_{\beta,\gamma,\delta} \int_{-\infty}^{\infty} \int_0^{2\pi} \int_0^{bm} [f_{i',\gamma} f_{j',\delta} - f_{i,\alpha} f_{j,\beta}] g_{ij} b \mathrm{d}b \mathrm{d}\varphi \mathrm{d}\boldsymbol{v}_{j,\beta} \end{aligned} \tag{1.6.18c}$$

式中，$f_{i,\alpha}$、$f_{j,\beta}$、$f_{i',\gamma}$ 与 $f_{j',\delta}$ 的定义分别为：

$$f_{i,\alpha} = f(i, \boldsymbol{v}_{i,\alpha}, \alpha, \boldsymbol{r}, t), f_{j,\beta} = f(j, \boldsymbol{v}_{j,\beta}, \beta, \boldsymbol{r}, t) \tag{1.6.18d}$$

$$f_{i',\gamma} = f(i', \boldsymbol{v}_{i',\gamma}, \gamma, \boldsymbol{r}, t), f_{j',\delta} = f(j', \boldsymbol{v}_{j',\delta}, \delta, \boldsymbol{r}, t) \tag{1.6.18e}$$

如果考虑能级的简并度，则多组元、多原子分子的广义 Boltzmann 方程为：

$$\begin{aligned} &\frac{\partial f_{i,\alpha}}{\partial t} + \boldsymbol{v}_{i,\alpha} \cdot \frac{\partial f_{i,\alpha}}{\partial \boldsymbol{r}} + \frac{\boldsymbol{F}_i}{m_i} \cdot \frac{\partial f_{i,\alpha}}{\partial \boldsymbol{v}_{i,\alpha}} \\ &= \sum_j \sum_{\beta,\gamma,\delta} \int_{-\infty}^{\infty} \int_0^{2\pi} \int_0^{bm} [f_{i',\gamma} f_{j',\delta} \omega_{\alpha\beta}^{\gamma\delta} - f_{i,\alpha} f_{j,\beta}] p_{i,\alpha\beta}^{j,\gamma\delta} g_{\alpha\beta} b \mathrm{d}b \mathrm{d}\varphi \mathrm{d}\boldsymbol{v}_{j,\beta} \end{aligned} \tag{1.6.19}$$

式中，符号 $\omega_{\alpha\beta}^{\gamma\delta}$ 的定义同式(1.6.17)；$p_{i,\alpha\beta}^{j,\gamma\delta}$ 代表由 $(i, \alpha, \beta) \rightarrow (j, \gamma, \delta)$ 的跃迁概率，i 与 j 为组元；α，β，γ 与 δ 为内部量子态。显然，$p_{i,\alpha\beta}^{j,\gamma\delta}$ 值可借助于量子力学的方法确定。

1.6.5 BGK 模型方程

在 Boltzmann 方程中，碰撞项是关于分布函数的非线性项，求解 Boltzmann 方程的难点最主要也是体现在对碰撞项的处理上。通常人们常用碰撞模型代替碰撞项，并将得到

的方程称作模型方程。在众多的模型方程中，以 1954 年 Bhatnagar、Gross 和 Krook 提出的 BGK 模型方程最为简单，这里主要讨论这个方程。

1. 碰撞模型应具备的主要性质

如果令 $Q(f)$ 代表一个简单的算子，欲用它代替 Boltzmann 方程的碰撞积分项 $\left(\frac{\partial f}{\partial t}\right)_{\text{coll}}$ 或者 $J(ff_1)$，令：

$$J(ff_1) \equiv \iint [f'f'_1 - ff_1] g\sigma(g,\theta) \mathrm{d}\boldsymbol{\Omega} \mathrm{d}\boldsymbol{V}_1 \tag{1.6.20a}$$

那么 $Q(f)$ 必须具备以下两个性质。

(1) 令 ψ_i 代表碰撞守恒量（碰撞前后质量守恒、动量守恒和能量守恒），$J(ff_1)$ 的含义同式(1.6.20a)，于是应有：

$$\int \psi_i J(ff_1) \mathrm{d}\boldsymbol{v} = 0, (i = 1,2,\cdots,5) \tag{1.6.20b}$$

因此 $Q(f)$ 也应满足：

$$\int \psi_i Q(f) \mathrm{d}\boldsymbol{v} = 0, (i = 1,2,\cdots,5) \tag{1.6.20c}$$

(2) 引入 Boltzmann 总的 H 函数，其定义为：

$$H \equiv \iint f \ln f \mathrm{d}\boldsymbol{v} \mathrm{d}\boldsymbol{r} \tag{1.6.21a}$$

于是：

$$\frac{\mathrm{d}H}{\mathrm{d}t} = \iint \frac{\partial f}{\partial t} \ln f \mathrm{d}\boldsymbol{v} \mathrm{d}\boldsymbol{r} + \iint \frac{\partial f}{\partial t} \mathrm{d}\boldsymbol{r} \mathrm{d}\boldsymbol{v} \tag{1.6.21b}$$

由于分子数是个常数，因此式(1.6.21b)等号右边最后一项为零。另外，式(1.6.21b)还可以变为：

$$\frac{\mathrm{d}H}{\mathrm{d}t} = -\iint \boldsymbol{v} \cdot (\nabla f) \ln f \mathrm{d}\boldsymbol{r} \mathrm{d}\boldsymbol{v} - \iint \frac{\boldsymbol{F}}{m} \cdot (\nabla_{\mathrm{v}} f) \ln f \mathrm{d}\boldsymbol{v} \mathrm{d}\boldsymbol{r} + \iint J(ff_1) \ln f \mathrm{d}\boldsymbol{v} \mathrm{d}\boldsymbol{r} \tag{1.6.21c}$$

假设系统是固定在壁面上的孤立系统，则容易证明式(1.6.21c)等号右边第一项积分为零。如果假设 $\boldsymbol{F}$ 仅仅是 $\boldsymbol{r}$ 的函数，则易证明式(1.6.21c)等号右边第二项积分也为零。因此，式(1.6.21c)这时变为：

$$\begin{aligned}\frac{\mathrm{d}H}{\mathrm{d}t} &= \iint J(ff_1) \ln f \mathrm{d}\boldsymbol{v} \mathrm{d}\boldsymbol{r} \\ &= \frac{1}{4} \iiint [\ln(ff_1) - \ln(f'f'_1)](f'f'_1 - ff_1) g \mathrm{d}\sigma(\boldsymbol{v},\boldsymbol{v}_1 \to \boldsymbol{v}',\boldsymbol{v}'_1) \mathrm{d}\boldsymbol{v}_1 \mathrm{d}\boldsymbol{v} \mathrm{d}\boldsymbol{r}\end{aligned} \tag{1.6.21d}$$

如果令：

$$a \equiv f'f'_1, b \equiv ff_1 \tag{1.6.22a}$$

则在式(1.6.21d)右边的被积函数中含有：

$$\beta = (a-b)(\ln b - \ln a) \tag{1.6.22b}$$

显然对任意两个正数 a 与 b，则总有：

$$\beta \leqslant 0 \tag{1.6.22c}$$

式中，a、b 与 β 分别是由式(1.6.22a)、式(1.6.22b)与式(1.6.22c)定义。借助于式(1.6.22c)，式(1.6.21d)可写为：

$$\frac{\mathrm{d}H}{\mathrm{d}t} \leqslant 0 \tag{1.6.23a}$$

或者：

$$\iint J(ff_1)\ln f\mathrm{d}\boldsymbol{v}\mathrm{d}\boldsymbol{r} \leqslant 0 \tag{1.6.23b}$$

因此，前面所假设的 $Q(f)$ 也应满足如下关系：

$$\iint Q(f)\ln f\mathrm{d}\boldsymbol{v}\,\mathrm{d}\boldsymbol{r} \leqslant 0 \tag{1.6.24a}$$

或者：

$$\int Q(f)\ln f\mathrm{d}\boldsymbol{v} \leqslant 0 \tag{1.6.24b}$$

2. BGK 模型方程及其基本性质

BGK 模型是这样构建碰撞积分项的，它认为碰撞的效应是使 f 趋于 Maxwell-Boltzmann 平衡态 $f^{(0)}$，并认为改变率的大小与 $f - f^{(0)}$ 成正比；如果令这个比例系数为 ν，并假设它是一个与分子速度 $\boldsymbol{v}$ 无关的常数，则有：

$$Q(f) = \nu[f^{(0)}(\boldsymbol{r},\boldsymbol{v}) - f(\boldsymbol{r},\boldsymbol{v},t)] \tag{1.6.25a}$$

因此，BGK 模型方程为：

$$\frac{\partial f}{\partial t} + \boldsymbol{v}\cdot\frac{\partial f}{\partial \boldsymbol{r}} + \boldsymbol{X}\cdot\frac{\partial f}{\partial \boldsymbol{v}} = \nu(f^{(0)} - f) \tag{1.6.25b}$$

式中，ν 为碰撞频率；矢量 $\boldsymbol{X}$ 的定义式为：

$$\boldsymbol{X} = \frac{\boldsymbol{F}}{m} \tag{1.6.25c}$$

式(1.6.25b)中，$f^{(0)}$ 可以用局部平均速度 $\mathbf{V}$ 与局部温度 T 予以表达；这里 $\mathbf{V}$ 与 T 都是用分布函数的矩来定义的，即：

$$\rho\mathbf{V} = \int m\boldsymbol{v}\, f\mathrm{d}\boldsymbol{v} \tag{1.6.26a}$$

$$\frac{3}{2}nk_{\mathrm{B}}T = \int \frac{1}{2}m(\boldsymbol{v}-\mathbf{V})\cdot(\boldsymbol{v}-\mathbf{V})\mathrm{d}\boldsymbol{v} \tag{1.6.26b}$$

$$n = \int f\mathrm{d}\boldsymbol{v} \tag{1.6.26c}$$

所以，式(1.6.25b)仍然是非线性微分一积分方程。这个方程在形式上看好像变成了线性方程，好像比 Boltzmann 方程简单得多，然而实际上并非如此，欲得到它的解析解仍然非常困难。令 $\psi_i(i=1,2,\cdots,5)$ 代表 5 个碰撞守恒量，即 m，$m\boldsymbol{v}$ 的三个分量以及

$\frac{1}{2}mU^2$，这里 U 可表示为：

$$U \equiv |\boldsymbol{U}|, \boldsymbol{U} \equiv \boldsymbol{v} - \boldsymbol{V} \tag{1.6.27a}$$

于是借助于式(1.6.26)很容易验证下式成立：

$$\int \psi_i \boldsymbol{Q}(f)\,\mathrm{d}\boldsymbol{v} = 0 \tag{1.6.27b}$$

或者：

$$\int \psi_i f^{(0)}(\boldsymbol{r},\boldsymbol{v})\,\mathrm{d}\boldsymbol{v} = \int \psi_i f(\boldsymbol{r},\boldsymbol{v},t)\,\mathrm{d}\boldsymbol{v} \tag{1.6.27c}$$

式(1.6.27b)中，$\boldsymbol{Q}(f)$ 项由式(1.6.25a)定义。

另外，式(1.6.27c)给出了 $f^{(0)}(\boldsymbol{r},\boldsymbol{v})$ 与 $f(\boldsymbol{r},\boldsymbol{v},t)$ 之间的普遍关系，这里 $f^{(0)}$ 为局域 Maxwell-Boltzmann 平衡态分布。从形式上看，好像 BGK 方程将 Boltzmann 方程变成了关于 f 的线性方程，然而实际上在 $f^{(0)}$ 中出现的宏观量 ρ，$\boldsymbol{V}$ 和 T 都是关于 f 的积分值，换句话说，$\boldsymbol{Q}(f)$ 项按式(1.6.25a)选取之后使得关于 f 的方程的非线性性质更强了。

对式(1.6.25b)进行量纲分析后可知，ν 的量纲是时间的倒数。通常还有这样一种假设：如果认为用 $-\nu f$ 代替了 Boltzmann 方程等号右边碰撞积分项中的第二项，则：

$$-\nu f = -\iint f f_1 g\sigma\,\mathrm{d}\boldsymbol{\Omega}\mathrm{d}\boldsymbol{v}_1 \tag{1.6.28a}$$

另外，还认为，若用 $\nu f^{(0)}$ 代替 Boltzmann 方程等号右边碰撞积分项中的第一项，则：

$$\nu f^{(0)} = \iint f' f'_1 g\sigma\,\mathrm{d}\boldsymbol{\Omega}\mathrm{d}\boldsymbol{v}_1 \tag{1.6.28b}$$

这样便得到了式(1.6.25b)。当然，式(1.6.28)仅是一种假设的看法或者说是某种近似，这里并不能给出理论上的严格证明，这是应该说明的。

下面分析 $\nu(f^{(0)} - f)$ 是否满足式(1.6.24a)。对 BGK 模型的 $\boldsymbol{Q}(f)$ 有：

$$\int (\ln f)\boldsymbol{Q}(f)\,\mathrm{d}\boldsymbol{v} = \int \left(\ln \frac{f}{f^{(0)}}\right)\boldsymbol{Q}(f)\,\mathrm{d}\boldsymbol{v} + \int (\ln f^{(0)})\boldsymbol{Q}(f)\,\mathrm{d}\boldsymbol{v} \tag{1.6.29a}$$

因为 $\ln f^{(0)}$ 是由守恒量组成的，因此得：

$$\int \boldsymbol{Q}(f)(\ln f^{(0)})\,\mathrm{d}\boldsymbol{v} = 0 \tag{1.6.29b}$$

于是式(1.6.29a)变为：

$$\int \boldsymbol{Q}(f)(\ln f)\,\mathrm{d}\boldsymbol{v} = \int \left(\ln \frac{f}{f^{(0)}}\right)\boldsymbol{Q}(f)\,\mathrm{d}\boldsymbol{v} = \int \left(\ln \frac{f}{f^{(0)}}\right)(\nu f^{(0)} - \nu f)\,\mathrm{d}\boldsymbol{v} \tag{1.6.29c}$$

借助于式(1.6.22a)、式(1.6.22b)与式(1.6.22c)，式(1.6.29c)可得：

$$\int (\ln f)\boldsymbol{Q}(f)\,\mathrm{d}\boldsymbol{v} \leqslant 0 \tag{1.6.29d}$$

这就是说 BGK 方程的 $\boldsymbol{Q}(f)$ 项满足碰撞项的第二个性质。如果引入碰撞时间 τ，则

$$\tau \equiv \frac{1}{\nu} \tag{1.6.29e}$$

式中，τ 为两次连续碰撞的平均时间间隔，也称弛豫时间或称松弛时间。

在通常情况下，τ 是一个非常小的量，在 10^{-10} s 的量级上。由于 τ 很小，因此 $f-f^{(0)}$ 也是很小的量。

3. BGK 方程的局限性

正如文献[24]所述，Chapman-Enskog 逐级逼近解法的最基本特点：首先，将方程写为量纲为 1 的形式，并注意量级分析，利用守恒量消去时间导数；最后，使用同幂次项相等这一原则得到一系列各级近似下的方程以便求解。可以证明，将 Chapman-Enskog 方法应用于 BGK 模型方程后可以得到形式与 Navier-Stokes 方程一致的守恒型方程组，但这时的黏性系数 μ 以及导热系数 λ 分别为：

$$\mu_{\mathrm{BGK}}=\frac{nk_{\mathrm{B}}T}{\nu} \tag{1.6.30a}$$

$$\lambda_{\mathrm{BGK}}=\frac{5}{2}\left(\frac{k_{\mathrm{B}}}{m}\right)\frac{nk_{\mathrm{B}}T}{\nu} \tag{1.6.30b}$$

式(1.6.30a)与式(1.6.30b)中，ν 为碰撞频率；k_{B} 为玻耳兹曼常数。

另外，BGK 方程的 Plandtl 数为：

$$Pr_{\mathrm{BGK}}=c_{\mathrm{p}}\frac{\mu_{\mathrm{BGK}}}{\lambda_{\mathrm{BGK}}}=1 \tag{1.6.30c}$$

而对于 Boltzmann 方程，采用 Chapman-Enskog 方法时得到的 μ、λ 与 Pr 分别为：

$$\mu=0.499\rho\overline{U}l,\overline{U}=\left(\frac{8k_{\mathrm{B}}T}{\pi m}\right)^{\frac{1}{2}} \tag{1.6.31a}$$

$$\lambda=\frac{15}{4}\frac{k_{\mathrm{B}}}{m}(0.499\rho\overline{U}l) \tag{1.6.31b}$$

$$Pr=\frac{2}{3} \tag{1.6.31c}$$

式(1.6.31a)和式(1.6.31b)中，l 为分子的自由程；m 为分子的质量；k_{B} 为 Boltzmann 常数。

显然，式(1.6.30a)～式(1.6.30c)与式(1.6.31a)～式(1.6.31c)所分别给出的输运系数并不相同，这一结果应引起高度的关注。黏性系数影响着动量交换，导热系数 λ 影响着能量交换，Prandtl(普朗特)数在高温边界层传热问题中起着重要作用，因此 BGK 方程的适用范围必须针对具体的工程问题从试验中进行严格的界定与考验。这里需补充说明的是，BGK 方程因其外形简单，对于偏离平衡态不远的小扰动问题是可以应用的，但是在远离平衡时，则很难由 BGK 模型方程去获得符合真实物理过程的气体输运系数的正确结果。

1.6.6 小 Knudsen 数特征区的一些特点及其分析

近 10 年来，我们 AMME Lab(Aerothermodynamics and Man Machine Environment

Laboratory，高速气动热与人机工程中心）成功完成了国外公开发表的 18 种国际著名航天器与探测器、进入三种大气层（火星大气层、土卫六大气层以及地球大气层）共计 242 个典型飞行工况的数值计算与流场分析[22]。在中心完成的 18 种算例中，Apollo（阿波罗）AS—202 返回舱、Orion、ARD、OREX、Stardust SRC、RAM-C11、USERS 等都是再入地球大气层的，Huygens 是进入土卫六大气层的，Mars Microprobe，Mars Pathfinder，Viking，Fire-Ⅱ，ESA-MARSENT 都是进入火星大气层的。在中心成功完成的 242 个飞行工况的气动力与气动热流场计算中，已将 231 个工况的结果公开发表。在上述典型算例的计算中，有的工况属于连续流区则采用 Navier-Stokes 方程计算流场，有的工况属于稀薄流区则采用 DSMC 计算。另外，文献[62]还采用 RANS 与 DES 组合算法计算了第一代载人飞船 Mercury、第二代载人飞船 Gemini、人类第一枚成功到达火星上空的 Fire-Ⅱ探测器、具有丰富风洞试验数据（来流 Mach（马赫）数 Ma 从 0.50 变到 2.86）的巡航导弹、高升阻比 Waverider（乘波体）以及目前国际上大力研究的具有大容积效率与高升阻比的通用大气飞行器（Common Aero Vehicle，CAV）等 6 种著名飞行器的绕流问题共有 63 个典型工况。从已完成的 242 个算例的 Mach 数范围为 0.5～32.81，Knudsen（克努森）数 K_n 为 10^{-5}～111，飞行迎角从 45° 到 −45° 的范围。许多计算结果与 NASA Langley 和 Ames 研究中心发表的相关飞行数据与地面试验数据较接近；一些稀薄流的 DSMC 结果与 J. N. Moss 等人的数值计算结果基本上相吻合。大量的数值计算积累了丰富的计算经验，因此略作总结是必要的，这里仅对小 Knudsen 数特征区的一些特点做简要的分析。大量的典型算例可以发现：采用 DSMC 源程序计算时，当来流工况的 Knudsen 数越小，则流场计算所需的时间越长，在上述几个算例中使用现在中心编制的 DSMC 源程序能够计算的来流工况最小 Knudsen 数（记为 Kn_1）为 0.001 9；采用中心编制的广义 Navier-Stokes 程序计算时，当来流工况的 Knudsen 数越大，则流场计算越不易收敛，在上述几个算例中使用现在的广义 Navier-Stokes 方程源程序能够计算的来流工况最大 Knudsen 数（这里记为 Kn_2）为 0.012 5；如果采用广义 Navier-Stokes 方程再加上物面处滑移条件，则 Kn_2 最大可取到 0.2；因此我们便可以称[Kn_1，Kn_2]为再入飞行过程中的小 Knudsen 数特征区的区间范围。正是由于再入过程中存在着小 Knudsen 数特征区，因此原则上只要两个源程序（DSMC 源程序程序与广义 Navier-Stokes 程序）便可以完成整个再入飞行过程中所有工况的流场计算。

针对在小 Knudsen 数特征区进行流场计算的特点，在来流工况的 Knudsen 接近 Kn_1（当采用 DSMC 程序）或者 Kn_2（当采用广义 Navier-Stokes 程序）时可以采取如下三种加速计算收敛的办法。

（1）发展上述两个源程序的高效算法，并且还需要进一步提高两个源程序本身的计算效率。这里需指出的是，对于广义 Navier-Stokes 方程的快速求解来讲，可供借鉴的算法很多[39,44,46,47]，但对于 DSMC 方法如何再进一步提高它的计算效率乃是一个需要进一步深入研究的新课题。这里还必须要说明的是：随着气动力辅助变轨技术的发展，特别是在星际航行中利用星球的大气层实现辅助引力转弯(Aerogravity-Assist)的变轨技术的出现[109],使人们对稀薄气体动力学的计算更加重视。钱学森先生以及美国 Rice 大学 A. Miele 教授等对气动力辅助变轨问题都有过高度评价。而近些年出现的辅助引力转弯是美国喷气推进实验室(JPL)J. M. Longuski 等人提出的一种新概念[109],利用气动力辅助制动,节约了推进剂,可以增加有效载荷,具有很好的应用前景。例如,从地球到火星的航段,飞行器到达火星时,采用部分气动力辅助变轨后进入绕火星的椭圆轨道,近地点高度为 200 km,远地点高度为 37 223 km,周期为 24.6 h。另外,返程航段结束到达地球时,飞行器采用部分气动力辅助变轨后进入绕地球的椭圆轨道,近地点高度为 463 km,远地点高度为 77 641 km,周期为 24h。值得注意的是,轨道的近地点比较高,那里的大气相对稀薄,为了有效地对飞行器进行控制、去实现气动力辅助变轨,因此人们更加重视对稀薄气体动力学的三维流场计算。此外,J. A. Sims 等人计算了星际飞行器从地球到达木星、土星、天王星、海王星以及冥王星的最短飞行时间,并且考虑了阻力损失对飞行器升阻比 L/D 的影响[110],这更使人们充分认识到在星际航行中,气动力辅助变轨技术是 21 世纪先进运载飞行器设计的关键技术,而稀薄气体动力学的三维流场计算是确保气动力辅助变轨技术实现的重要基础。在 DSMC 方法的研究方面,G. A. Bird 教授应是领军人物,他早在 20 世纪 60 年代初便致力于这一领域的研究,至今已 50 多年。他提出和发展了一系列改进算法并不断完善他的程序[111],他的敬业精神为后人树立了楷模。

(2) 在选用广义 Navier-Stokes 源程序求解再入飞行流场的情况下,当计算来流 Knudsen 数接近 Kn_2 的高 Mach 数飞行工况时,可以采用来流 Mach 数逐渐爬升的办法解决计算不易收敛的困难。大量的数值计算表明这个办法十分有效。

(3) 在进一步探讨 DSMC 高效算法的同时还应该开展对广义 Boltzmann(Wang Chang-Uhlenbeck)方程的求解。广义 Boltzmann 方程是一个微分积分型方程,对于三维流动问题来讲这个方程右端的积分项为五重积分,对于单组分、多原子分子、考虑分子内部量子数但不考虑简并度的 Boltzmann 方程的表达式为:

$$\frac{\partial f_i}{\partial t}+\boldsymbol{\xi}\cdot\frac{\partial f_i}{\partial \boldsymbol{r}}+\widetilde{\boldsymbol{g}}\cdot\frac{\partial f_i}{\partial \boldsymbol{\xi}}=\sum_{j,k,l}\int_{-\infty}^{\infty}\int_{\Omega}(f_k f_l-f_i f_j)g\sigma_{ij}^{kl}\,\mathrm{d}\Omega\mathrm{d}\boldsymbol{\xi}_j \tag{1.6.32}$$

式中,f_i 为单组元、多原子分子、量子态为 i 时的分布函数;$\boldsymbol{\xi}_j$ 为 j 的速度。

对于这个方程,可以考虑分子内部量子数但这里没有考虑简并度,可以考虑弹性与非弹性碰撞,可以考虑化学反应,也可以考虑气体的离解、电离问题。显然,对式(1.6.32)的数值求解来讲,气体动力学和计算流体力学书上许多加速收敛的办法是可以采用的,而且这个方程所包含的物理信息要比 BGK 方程丰富得多。

现在,对本小节所涉及研究的内容进行简要的归纳如下:

(1) 文献[26]中首次提出了高超声速再入飞行过程中"小 Knudsen 数特征区(Kn_1,

Kn_2)"的概念,并采用数值计算的办法确定了该区域的边界值。详细研究了在这个特征区域中采用两种模型进行同一个工况数值计算时的一些特点,并提出了加速计算收敛的措施。另外,我们针对小 Knudsen 数特征区分别用广义 Navier-Stokes 模型[58,59]与 DSMC 模型[60,61]完成了多个典型算例,而且还将两种模型的计算结果进行了比较,可以发现:采用广义 Navier-Stokes 模型得到的值与 DSMC 的有差别,但差别不大,而且两个结果的变化趋势基本一致。事实上,DSMC 方法是直接模拟流动的物理过程,在某些假设条件下,理论上能够证明它与 Boltzmann 方程是等价的;更重要的是,Boltzmann 方程与 Navier-Stokes 方程都来源于同一个力学方程(Liouville 方程),这就决定了在适当的条件下 Boltzmann 方程与 Navier-Stokes 方程是相互协调的、一致的。

(2) 笔者在 40 多年从事 CFD 计算与近 10 多年针对 18 种国际著名航天器与探测器作高超声速再入飞行的 242 个典型飞行工况完成详细流场数值计算的基础上[22,24],提出了如下初步的看法:对于每一个计算工况来讲,恰当地选取 DSMC 模型或者广义 Navier-Stokes 模型(必要时对严重的大分离区域加入局部的 DES 分析技术[62]),可以完成每一个工况的计算,因此合理地选取 DSMC 模型与广义 Navier-Stokes 模型可以完成整个再入过程中所有飞行工况(当飞行速度为 5~9 km/s 范围时)的数值计算。显然,这个结论对再入飞行过程中的数值计算是非常重要的。

(3) 开展对广义 Boltzmann 方程数值算法的研究与求解是十分必要的。这个方程可以考虑分子内部量子数以及简并度,可以考虑弹性与非弹性碰撞,可以考虑化学反应,也可以考虑气体的离解与电离方面的问题。因此广义 Boltzmann 方程与 BGK 方程相比可以更多地反映物理过程的相关信息。为此,我们 AMME Lab 团队在这一方向上抓住了两方面的研究:一方面与美国 Washington 大学 R. K. Agarwal 教授合作开展广义 Boltzmann 方程直接数值求解的探索研究与源程序的编写工作[27];另一方面,针对高超声速再入飞行过程中出现的稀薄流区、过渡流区、连续流区所表现出的在时间上与空间上均具有的多尺度特征,开展了 UFS(Unified Flow Solver)方法的研究,这是一个重要的新方法。对此,V. V. Aristov 和 V. I. Kolobov 等做了许多有益的研究工作。

(4) 飞行器以高超声速再入地球大气层,进入火星大气层、土卫六大气层的飞行过程中,根据 AMME Lab 团队近 10 年来计算国外 18 种著名航天器 242 个工况的计算经验[22,24]可以初步认为(以下以再入地球大气层问题为例):当 $Kn \geqslant 1$ 时为自由分子流区;当 $0.03 < Kn < 1.0$ 时为过渡区;当 $Kn \leqslant 0.03$ 时为连续流区;在过渡区,当 $Kn > 0.03$ 时必须考虑滑移效应,其中 $0.03 < Kn \leqslant 0.2$ 时可以用 Navier-Stokes 方程加上滑移条件求解;当 $Kn < 0.03$ 时使用广义 Navier-Stokes 方程而且不需要加滑移条件便能完成计算。根据本章提出的"小 Knudsen 数特征区"的概念,使用 DSMC 方程计算时,Kn 数的下限为 K_{n1},目前使用我们 DSMC 程序得到的 K_{n1} 值最小值为 0.001 9;使用 Navier-Stokes 方程计算时,Kn 数的上限为 K_{n2},目前使用我们自己编制的三维广义 Navier-Stokes 程序不加滑移条件 K_{n2} 最大可算到 0.012 5;加上滑移条件,K_{n2} 最大可取为 0.2。

上述所给出区域的划分，实际上可以作为再入飞行过程中所有工况点下三维流场计算时选用 DSMC 或者广义 Navier-Stokes 模型的判断准则。

另外，我们 AMME Lab 团队还编制了多组分混合气体的广义 Boltzmann 方程的源程序[27]，该程序在求解过程中同时考虑转动—平动以及振动—平动的热力学非平衡问题，并且成功地完成了一维激波管问题[27]、二维钝头体绕流与二维双锥体绕流[27]的 48 个工况的计算。在所完成的算例中，Knudsen 数的变化范围为 0.001～10.0，所计算的 Mach 数变化范围为 2～25，所得计算结果与相关实验数据以及广义 Navier-Stokes 方程或者 DSMC 方法数值结果进行了对比验证，初步显示了所编程序的可行性、有效性、通用性与鲁棒性。

最后，还需特别说明的是：这里我们提出了“小 Knudsen 数特征区”这个重要的概念，而且还提出了再入飞行过程中所有工况点下三维流场计算时选用 DSMC 或者广义 Navier-Stokes 模型的判断准则[26]。值得注意的是，这样初步选取流场计算模型的办法有时会使流场计算的效率不高；当这种情况发生时，一个更为有效的办法是以流场局部 Kn 数或者局部的 Kn_{GL} (the Gradient-length Knudsen Number)作为当地流场计算选用模型的依据。在这种情况下完成某一工况的流场计算过程时，局部区域可以采用广义 Navier-Stokes 模型、局部区域可以采用 DSMC 模型，对于这种复杂的计算情况本节不作赘述。

第 2 章　膨胀波、激波、燃烧波和爆轰波

膨胀波和激波是超声速气流特有的重要现象。超声速气流在加速时要产生膨胀波，减速时一般会出现激波。尤其是当超声速气流绕过光滑的外凸曲壁面时，壁面上每一点都发出一道膨胀波，气流经过每一道这样的膨胀波后，参数发生了一些微小变化，气流折转了一个微小角度，于是气流通过由无数多道膨胀波所组成的膨胀波区后，参数发生有限的变化，并且气流折转了一个有限的角度。显然，在不考虑气体黏性和与外界的热交换时，气流穿过膨胀波束的流动过程为绝能等熵的膨胀过程。另外，当超声速气流绕过光滑的凹曲壁面时，壁面上每一点都发出一道 Mach 波，当凹曲面的曲率半径较大时这些波为微弱压缩波。显然，当这些波处于分散而各自独立存在时，气流穿过它们时仍可按等熵流来处理，但一旦它们汇集在一起时就形成强压缩波即激波，对强压缩波而言等熵理论就不适用了。激波现象是气体高速运动过程中最重要的现象之一，它是气体经受强烈压缩后产生的非线性传播波。由于气体通过激波波阵面时状态参数在极短的瞬间发生极大的变化，因而这种变化中的每一状态是热力学非平衡状态，必然要发生不可逆的耗散过程，因此即使在流动绝热的条件下，熵增也是不容忽略的，也就是说激波损失即由于激波而导致的可用能量减小的影响应当考虑。应该特别指出的是，随着飞行器和发动机性能的提高，超声速进气道、超声速压气机、超声速涡轮、超声速喷管等已被广泛采用。

随着现代航空与航天技术的飞速发展，尤其是近些年来高超声速技术的发展极大地推动了超声速湍流和燃烧问题的研究，在飞行器表面以及发动机内流道存在着十分复杂的流动现象，例如，激波与湍流相互作用、激波与边界层相互作用、机翼机身组合体壁面的流动分离、燃烧室尤其是超燃冲压发动机燃烧室中超声速湍流燃烧火焰面的问题等。这里不妨以湍流非预混燃烧中湍流脉动与火焰面的相互作用为例，首先引入 Damkähler 数（Da）与 Karlovitz 数（Ka），前者定义为湍流中最大尺度涡的时间尺度与火焰面的时间尺度之比；后者定义为火焰面的时间尺度与湍流中 Kolmogorov 涡时间尺度之比。对于大部分超声速条件下可以满足 $Da>10$ 和 $Ka<1$，这时化学反应速率很快、反应区很薄、火焰面模型的假设严格成立；对于小部分超声速条件下满足 $Da>10$ 和 $Ka>1$，这时流场属于薄反应模式区，火焰面模型的假设也能认为近似成立；只有当飞行 Mach 数在 6～7 的极小部分情况下属于慢化学反应区，那时便不满足火焰面模型的假设。事实上，当湍流流场中的 Kolmogorov 尺度大于火焰面的厚度时，湍流脉动对整个火焰面内部结构无影响，此时火焰面内部的化学动力学过程与层流中相同条件下的化学动力学过程相似，因此火焰面模型假设的成立便给湍流燃烧的计算带来很大的简化，这时可以将火焰面内部结构与湍流对火焰面的作用分开处理，从而使湍流流动与化学反应解耦，大大减少了计算量。

在燃烧理论中[112-114]，燃烧波(其中包括爆燃波与爆轰波)的形成和传播一直是该领域关注的重要内容之一，本章对爆燃波与爆轰波的一些重要特征进行了简要的讨论。为了揭示问题的本质，本章在对膨胀波、激波、爆燃波和爆轰波的讨论中均采用了流体无黏的假设。

2.1 膨胀波、压缩波的形成及 Prandtl-Meyer 流动

2.1.1 几个重要的概念与术语

(1) 完全气体是一种理想化的气体，它不考虑分子之间的内聚力和分子本身的体积，仅考虑分子的热运动(包括分子间的碰撞)。

(2) 热完全气体仅是真实气体在一定温度和压力范围内的近似。热完全气体状态方程(Clapeyron 方程)为：

$$p = \rho RT \tag{2.1.1}$$

式中，R 为气体常数。对于热完全气体，内能和焓都是温度的函数而与其他参变量无关。

(3) 量热完全气体是比热容和比热比为常数的热完全气体。显然，凡是量热完全气体必然是热完全气体，反之则不然。这是由于当气体的温度与分子振动特征温度量级相当时，分子振动能被激发，但尚未产生电解，这时气体是热完全气体，但不是量热完全气体。在航空发动机涡轮温度场计算中，变比热问题直接影响着温度场的计算及涡轮特性线计算的准确性，因此区分量热完全气体与非量热完全气体是必要的。

(4) 理想气体是指无黏性和无导热性的气体。

(5) 绝能流动是指流体在流动过程中，与外界既无热量交换又无机械功输入/输出的流动。均能是指在整个流场上流体质点所具有的总能量处处相等。因此，均能、均熵在概念上区别于等能、等熵。前者是从当地观点出发，指流场各处的能量相等和熵值相等；后者是从随体观点出发，指流体质点的能量和熵值沿迹线(只有在定常运动时才沿流线)不变。

2.1.2 理想气体定常、等熵流动的基本方程组

假定流体是无黏、定常、绝热的热完全气体，并且无彻体力 $\boldsymbol{f}$，则流体力学基本方程为：

$$\nabla \cdot (\rho \boldsymbol{V}) = 0 \tag{2.1.2a}$$

$$(\boldsymbol{V} \cdot \nabla)\boldsymbol{V} = -\frac{1}{\rho}\nabla p \tag{2.1.2b}$$

$$h + \frac{V^2}{2} = h_\infty + \frac{V_\infty^2}{2} \tag{2.1.2c}$$

上述三个式子分别为连续方程、运动方程和定常绝热情况下沿流线的能量方程。另

外，等熵流动中的声速关系为：

$$\left(\frac{\partial p}{\partial \rho}\right)_{\mathrm{S}}=\frac{\mathrm{d}p}{\mathrm{d}\rho}=a^2 \tag{2.1.3a}$$

将式(2.1.2b)等号两边点乘 $\boldsymbol{V}$，并根据式(2.1.3a)可得：

$$\boldsymbol{V}\cdot[(\boldsymbol{V}\cdot\boldsymbol{\nabla})\boldsymbol{V}]=-\boldsymbol{V}\cdot\left[\frac{1}{\rho}\left(\frac{\mathrm{d}p}{\mathrm{d}\rho}\right)\boldsymbol{\nabla}p\right]=-\boldsymbol{V}\cdot\left[\frac{a^2}{\rho}\boldsymbol{\nabla}\rho\right]=-\frac{a^2}{\rho}(\boldsymbol{V}\cdot\boldsymbol{\nabla})\rho \tag{2.1.3b}$$

注意：

$$\boldsymbol{V}\cdot[(\boldsymbol{V}\cdot\boldsymbol{\nabla})\boldsymbol{V}]=\boldsymbol{V}\cdot\left[\boldsymbol{\nabla}\left(\frac{\boldsymbol{V}^2}{2}\right)-\boldsymbol{V}\times(\boldsymbol{\nabla}\times\boldsymbol{V})\right]=(\boldsymbol{V}\cdot\boldsymbol{\nabla})\left(\frac{V^2}{2}\right) \tag{2.1.3c}$$

于是式(2.1.3b)变为：

$$(\boldsymbol{V}\cdot\boldsymbol{\nabla})\left(\frac{V^2}{2}\right)=-\frac{a^2}{\rho}(\boldsymbol{V}\cdot\boldsymbol{\nabla})\rho \tag{2.1.3d}$$

由式(2.1.3d)与式(2.1.2a)，消去 $\frac{1}{\rho}(\boldsymbol{V}\cdot\boldsymbol{\nabla})\rho$ 项，得：

$$(\boldsymbol{V}\cdot\boldsymbol{\nabla})\left(\frac{V^2}{2}\right)=a^2(\boldsymbol{\nabla}\cdot\boldsymbol{V}) \tag{2.1.4}$$

又由式(2.1.2c)并注意 $h=c_{\mathrm{p}}T$ 后，可得：

$$a^2=a_\infty^2+\frac{\gamma-1}{2}(V_\infty^2-V^2) \tag{2.1.5}$$

因此式(2.1.4)与式(2.1.5)就组成了理想气体定常、等熵流动的基本方程组。

将式(2.1.4)用笛卡儿坐标系 (x,y,z) 表示，并注意到 $V^2=u^2+v^2+w^2$，于是可得到关于等熵流动的主方程，即：

$$\left(1-\frac{u^2}{a^2}\right)\frac{\partial u}{\partial x}+\left(1-\frac{v^2}{a^2}\right)\frac{\partial v}{\partial y}+\left(1-\frac{w^2}{a^2}\right)\frac{\partial w}{\partial z}-\frac{uv}{a^2}\left(\frac{\partial v}{\partial x}+\frac{\partial u}{\partial y}\right)-\frac{vw}{a^2}\left(\frac{\partial w}{\partial y}+\frac{\partial v}{\partial z}\right)-\frac{uw}{a^2}\left(\frac{\partial w}{\partial x}+\frac{\partial u}{\partial z}\right)=0 \tag{2.1.6}$$

特别是对于不可压缩流动，由于 $a\rightarrow\infty$，于是式(2.1.6)进一步简化为：

$$\frac{\partial u}{\partial x}+\frac{\partial v}{\partial y}+\frac{\partial w}{\partial z}=\boldsymbol{\nabla}\cdot\boldsymbol{V}=0 \tag{2.1.7}$$

如果假设理想气体的定常等熵流动还是无旋运动时，则可定义速度势函数 φ，于是式(2.1.6)被进一步整理为关于势函数的非线性二阶偏微分方程，即：

$$\left(1-\frac{u^2}{a^2}\right)\frac{\partial^2\varphi}{\partial x^2}+\left(1-\frac{v^2}{a^2}\right)\frac{\partial^2\varphi}{\partial y^2}+\left(1-\frac{w^2}{a^2}\right)\frac{\partial^2\varphi}{\partial z^2}-\frac{2uv}{a^2}\frac{\partial^2\varphi}{\partial x\partial y}-\frac{2vw}{a^2}\frac{\partial^2\varphi}{\partial y\partial z}-\frac{2uw}{a^2}\frac{\partial^2\varphi}{\partial x\partial z}=0 \tag{2.1.8a}$$

相应地，式(2.1.5)变为：

$$a^2=a_\infty^2+\frac{\gamma-1}{2}\left\{V_\infty^2-\left[\left(\frac{\partial\varphi}{\partial x}\right)^2+\left(\frac{\partial\varphi}{\partial y}\right)^2+\left(\frac{\partial\varphi}{\partial z}\right)^2\right]\right\} \tag{2.1.8b}$$

2.1.3 膨胀波与微弱压缩波的形成

气体的扰动都是以波的形式向流场各处传播的。特别是在超声速流场中，在某处使气体膨胀或者压缩的任何扰动都是通过等熵波(连续波)或者激波(间断波)传播到流场一定范围内。在扰动波中，声波或 Mach(马赫)波是一种微弱扰动波，气流参数例如压强、密度、温度、速度等穿过这种波时只发生非常微小的变化。在这种情况下，气流通过这种波的流动过程仍可按等熵流动来处理。但对于强波而言，等熵理论就不适用了。

当超声速气流流过凸曲面或凸折面时，如图 2.1 所示，由于通道面积加大，气流要进行膨胀。假设超声速直匀流沿外凸壁面流动，在点 O_1 处向外折转一个微小的角度 $d\theta_1$，这里 $d\theta_1$ 代表流线方向角度的变化(气流折转角)并规定逆时针方向折转角为正，顺时针方向折转为负。由于壁面的微小折转，因此在壁的折转处(扰动源)如在图 2.1(a)的 O_1 处就必然会产生一道 Mach 波 O_1L_1，它与来流方向夹角为 $\mu_1=\arcsin\dfrac{1}{Ma_1}$。同样的在 O_2、O_3 等一系列点处，继续外折一系列微小的角度 $d\theta_2$，$d\theta_3$，…。在壁面的每一个折转处，都产生一道膨胀波 O_1L_1，O_2L_2，O_3L_3，…，各膨胀波与该波前气流方向的夹角为 μ_1，μ_2，μ_3，…，并且有：

$$\mu_1=\arcsin\left(\frac{1}{Ma_1}\right);\ \mu_2=\arcsin\left(\frac{1}{Ma_2}\right);\ \mu_3=\arcsin\left(\frac{1}{Ma_3}\right),\ \cdots$$

因为气流每经过一道膨胀波，Mach 数都有所增加，即 $Ma_1<Ma_2<Ma_3<\cdots$，故有 $\mu_1>\mu_2>\mu_3>\cdots$。

由高等数学中极限的概念，曲线是由无数段微元折线组成的。因此，超声速气流绕外凸曲壁的流动与绕凸折面的流动在本质上是相同的，只是这时曲壁上每一点都相当于一个折点，自每一点都发出一道膨胀波，气流每经一道这样的膨胀波，参数都会发生一个微小的变化，折转一个微小的角度 $d\theta$。因此，气流通过由无数多道膨胀波所组成的膨胀波区后，参数便发生了一个有限值的变化，并且气流折转了一个有限的角度 δ，如图 2.1(b)所示。我们将平面、定常、超声速理想可压缩气流绕光滑凸壁、凹壁(在形成间断之前)及绕有限凸角的均熵流动称为 Prandtl-Meyer(普朗特—迈耶)流动(简称 P-M 流动)。超声速气流绕外钝角流动具有下列特点。

(1) 当超声速来流为平行于壁面的定常直匀流时，在壁面转折处必定产生一扇形膨胀波束，此扇形波束是由无限多的 Mach 波所组成，如图 2.2 所示。

(2) 气流每经过一道 Mach 波，参数只有微小的变化，因而经过膨胀波束时，气流的参数是连续变化的(速度连续变大，压强、温度、密度相应的连续变小)。显然，在不考虑气体黏性与外界的热交换时，气体穿过膨胀波束的流动过程为绝能等熵的膨胀过程。

(3) 沿膨胀波束中的任意一条 Mach 线，扰动参数不变，并且这些 Mach 线都是直线。

(4) 对于给定的起始条件，膨胀波束中任意一点处的速度大小仅与该点的气流方向有关。

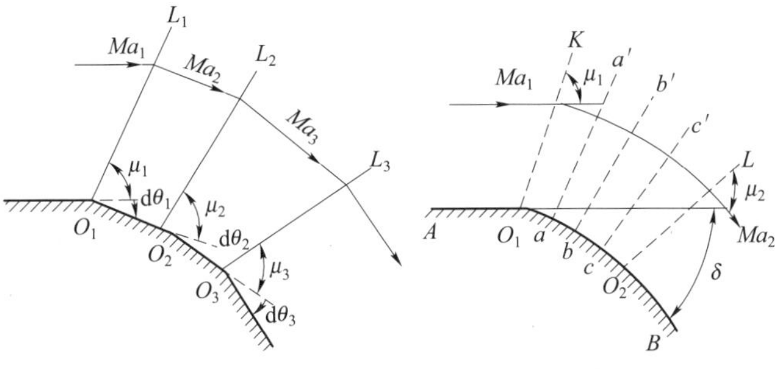

（a）　　　　（b）

图 2.1　超声速气流流经凸折面与凸曲面时形成的膨胀波

（a）凸折面；（b）凸曲面

类似地，超声速气流流经凹壁面时，由于通道面积缩小，气流要经受压缩，因此产生一系列 Mach 波，当凹曲面的曲率半径较大时，这些波为微弱压缩波，如图 2.3 所示。当它们处于分散而各自独立存在时，气流穿过它们仍可按等熵流来处理，但当它们一旦汇集在一起时就会形成强压缩波即激波。

另外，超声速气流如果流经凹折面或者楔形物时，这时气流在折点处形不成分散的微弱压缩波（Mach 波），而会直接被突跃压缩形成一道强压缩波即激波，如图 2.4（a）、（b）所示。

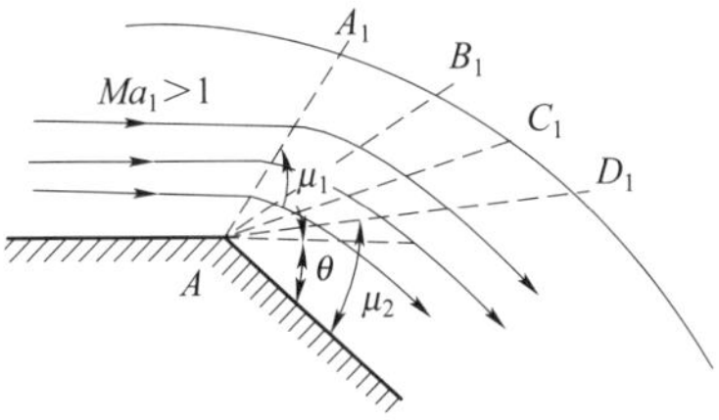

图 2.2　超声速气流流经外钝角时形成的膨胀波束

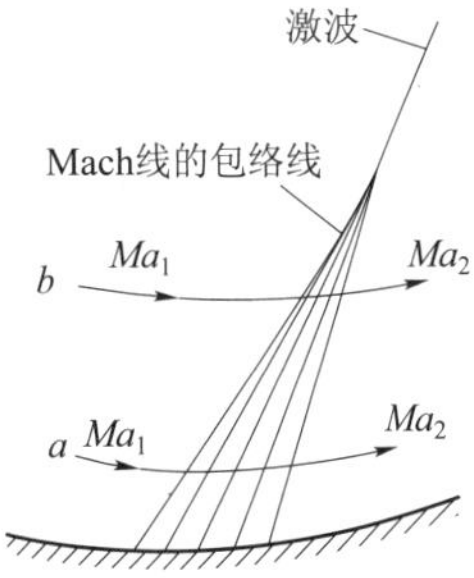

图 2.3　气流流经凹面时形成的微弱压缩波

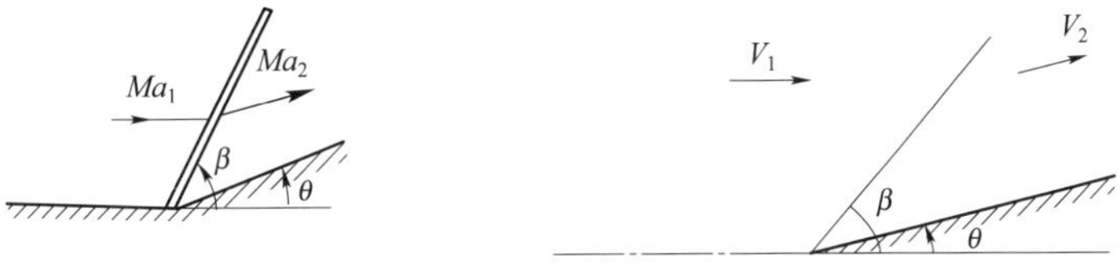

（a）　　　　（b）

图 2.4　超声速气流流经凹折面与楔形物体时形成的激波

（a）凹折面；（b）楔形物

2.1.4 Prandtl-Meyer 流动时的微分关系

现在来推导 Prandtl-Meyer 流动(简称 P-M)时,速度大小与气流折转角间的关系,如图 2.5 所示,图中 $|\Delta\theta| \ll 1$,角 θ 以逆时针方向为正;线 OA 为气流的扰动线(Mach 数),它与来流方向成 Mach 角 μ;气流流过扰动线,受膨胀(凸角)或压缩(凹壁面),速度变为 $V+\Delta V$(对膨胀过程,$\Delta V>0$;对压缩过程,$\Delta V<0$),而气流方向与偏转后的壁面平行。这里首先用几何方法建立起扰动线前后气流参数的变化与 $\Delta\theta$ 间的关系,然后再按本节所规定的角度正负去考虑 $\Delta\theta$ 的正负值。为便于叙述,以下选取膨胀加速为例。

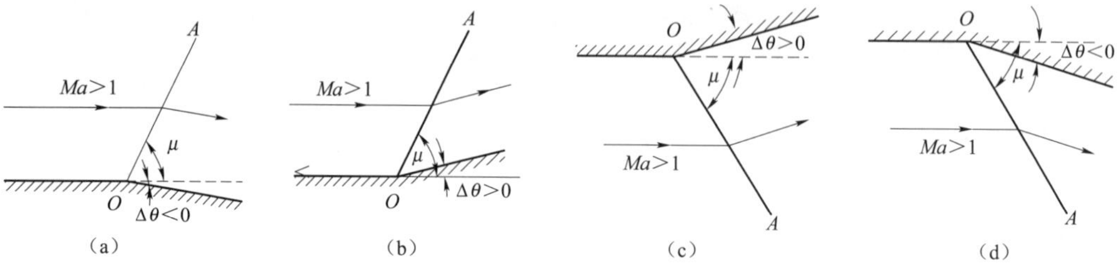

图 2.5　在不同物面边界条件下 P-M 流动的膨胀或压缩波

(a) 膨胀波;(b) 压缩波;(c) 膨胀波;(d) 压缩波

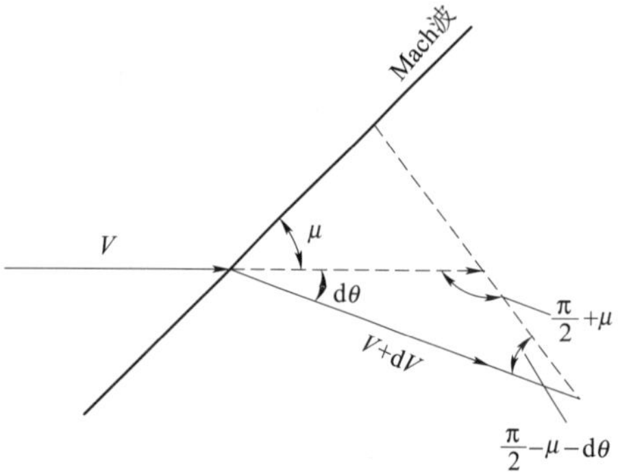

图 2.6　Mach 波前后的速度关系

现在用几何方法建立扰动线前后的气流速度变化与 $\Delta\theta$ 间的关系。如图 2.6 所示,令来流的速度为 V,穿过 Mach 波后,速度变为 $V+\mathrm{d}V$,则速度方向顺时针折转了 $\mathrm{d}\theta$ 角。考虑到超声速气流穿过膨胀波后,平行于波面的速度分量保持不变(这是由于沿波面方向作控制体时由动量守恒定律所决定)也就是说波前后气流的速度在 Mach 线上的投影必定相等(图 2.6),因此由正弦定理有:

$$\frac{V+\mathrm{d}V}{V}=\frac{\sin\left(\frac{\pi}{2}+\mu\right)}{\sin\left(\frac{\pi}{2}-\mu-\mathrm{d}\theta\right)} \tag{2.1.9a}$$

注意:$\sin(\mathrm{d}\theta)\approx\mathrm{d}\theta$, $\cos(\mathrm{d}\theta)\approx 1$,于是式(2.1.9a)变为:

$$1+\frac{\mathrm{d}V}{V}=\frac{1}{1-(\mathrm{d}\theta)\tan\mu} \tag{2.1.9b}$$

利用级数展开,当 $x<1$ 时,有:

$$\frac{1}{1-x}=1+x+x^2+x^3+\cdots \tag{2.1.10}$$

于是,式(2.1.9a)右边可用式(2.1.10)级数展开并略去二次以上小量之后得:

$$\mathrm{d}\theta = \frac{1}{\tan\mu}\frac{\mathrm{d}V}{V} \tag{2.1.11a}$$

将 $\tan\mu = 1/\sqrt{Ma^2 - 1}$ 代入式(2.1.11a)并注意到 $\mathrm{d}\theta$ 沿顺时针方向为负的约定，则式(2.1.11a)变为：

$$-\mathrm{d}\theta = \sqrt{Ma^2 - 1}\frac{\mathrm{d}V}{V} \tag{2.1.11b}$$

注意：在气体动力学中通常约定，由气流方向逆时针转过 μ 角所形成的扰动线或 Mach 线称为左伸 Mach 线，在有限强度弱波法中也称为左伸波或第一族波；显然这里式(2.1.11b)给出了超声速气流穿过左伸波(或左伸 Mach 线)时的微分关系式。当 $\mathrm{d}\theta < 0$ 时，则 $\mathrm{d}V > 0$，于是气流膨胀加速；而当 $\mathrm{d}\theta > 0$ 时，则 $\mathrm{d}V < 0$，于是气流受压缩而减速[图 2.5(a)与(b)]。

类似地，当气流绕图 2.5(c)与(d)所示的凸角或凹角流动所产生的扰动线或 Mach 波称为右伸 Mach 线，在有限强度弱波法中称为右伸波或第二族波。仿上述推导过程，很容易得到右伸波前后流动参数改变量与气流折转角之间的微分关系为：

$$\mathrm{d}\theta = \sqrt{Ma^2 - 1}\frac{\mathrm{d}V}{V} \tag{2.1.11c}$$

显然，当 $\mathrm{d}\theta > 0$ 时，则 $\mathrm{d}V > 0$ 即气体膨胀加速；当 $\mathrm{d}\theta < 0$ 时，则 $\mathrm{d}V < 0$ 即气体受压缩而减速。应该指出，式(2.1.11b)、式(2.1.11c)适用于任何气体，其中包括非完全气体。

下面推导积分关系式，为此要对式(2.1.11b)进行积分。为了使计算有通用性，假设膨胀过程的起点定在 $\theta = 0°$、$Ma = 1$ 处，因此积分式可写为：

$$-\int_0^{\theta}\mathrm{d}\theta = \int_1^{Ma}\sqrt{Ma^2 - 1}\frac{\mathrm{d}V}{V} \tag{2.1.12a}$$

式(2.1.12a)等号右边的 $\frac{\mathrm{d}V}{V}$ 可用 Ma 数表示，因：

$$V = (Ma)a$$

两边取对数再微分，得：

$$\frac{\mathrm{d}V}{V} = \frac{\mathrm{d}Ma}{Ma} + \frac{\mathrm{d}a}{a} \tag{2.1.12b}$$

对于量热完全气体，在定常绝热条件下，则有：

$$a = a_0\left(1 + \frac{\gamma - 1}{2}Ma^2\right)^{-\frac{1}{2}}$$

对上式两边取对数，再微分之后代入式(2.1.12b)，可得：

$$\frac{\mathrm{d}V}{V} = \frac{1}{\left(1 + \frac{\gamma - 1}{2}Ma^2\right)}\frac{\mathrm{d}Ma}{Ma} \tag{2.1.12c}$$

将式(2.1.12c)再代式(2.1.12a)中，得：

$$-\theta = \int_1^{Ma}\frac{\sqrt{Ma^2 - 1}}{\left(1 + \frac{\gamma - 1}{2}Ma^2\right)}\frac{\mathrm{d}Ma}{Ma} \tag{2.1.12d}$$

经过积分，即得 P-M 流动的微分关系式(对于左伸膨胀波)：

$$-\theta = v(Ma) \tag{2.1.12e}$$

而

$$v(Ma) = \sqrt{\frac{\gamma+1}{\gamma-1}}\arctan\sqrt{\frac{\gamma-1}{\gamma+1}(Ma^2-1)} - \arctan\sqrt{Ma^2-1} \tag{2.1.12f}$$

这里要指出的是，式(2.1.12f)成立的条件：① 规定膨胀或压缩过程的起点在 $\theta = 0°$，$Ma = 1$ 处，并且式中还用到了当 $Ma = 1$ 时取 $v(1) = 0$ 的约定；② 只适用于量热完全气体。$v(Ma)$ 一般称为 P-M 函数，它具有角度量纲(度或弧度)，它仅为比热比 γ 与 Ma 的函数。而 Mach 角 μ 与 Ma 的关系式为：

$$\mu = \arcsin\frac{1}{Ma} = \arctan\frac{1}{\sqrt{Ma^2-1}} \tag{2.1.13}$$

对于任意两个 Mach 数 Ma_1 和 Ma_2 的左伸膨胀波系，则 P-M 流动关系式可表达为：

$$\Delta\theta = \theta_2 - \theta_1 = v(Ma_1) - v(Ma_2) \tag{2.1.14a}$$

同样，对右伸膨胀波系则上式变为：

$$\Delta\theta = \theta_2 - \theta_1 = v(Ma_2) - v(Ma_1) \tag{2.1.14b}$$

值得注意的是，式(2.1.14a)与式(2.1.14b)也可用于左伸弱压缩波与右伸弱压缩波。两个式子的差别仅在于 $(\theta_2 - \theta_1)$ 前的正负号相反，为避免运算中混淆，通常采用流动偏转角的绝对值而不论壁面的弯折方向，因此对压缩偏转和膨胀偏转分别有：

$$v(Ma_2) = v(Ma_1) + |\theta_2 - \theta_1| \quad (\text{膨胀过程}) \tag{2.1.15a}$$

$$v(Ma_2) = v(Ma_1) - |\theta_2 - \theta_1| \quad (\text{压缩过程}) \tag{2.1.15b}$$

式(2.1.15a)与式(2.1.15b)很好地反映了在压缩偏转中 $v(Ma)$ 值逐渐减小，而在膨胀偏转中 $v(Ma)$ 值逐渐增大这一物理事实，并且在这两种情况下，$v(Ma)$ 的变化量都等于流动偏转角。在通常的计算中，一旦 $\Delta\theta, Ma_1, T_1, p_1, \rho_1$ 给定，则利用式(2.1.14a)或式(2.1.14b)便可确定出 Ma_2；再利用等熵关系式便可求出 T_2, p_2, ρ_2 值。作为特例，可以计算出如下这种特殊状况下的气流折转角，现考虑膨胀到真空状态($P=0, T=0$)，这时 $Ma \to \infty$，气流折转角达最大值，从式(2.1.12f)可求出：

$$v(Ma)_{max} = \frac{\pi}{2}\left(\sqrt{\frac{\gamma+1}{\gamma-1}} - 1\right) \tag{2.1.16}$$

当 $\gamma = 1.4$ 时，$v(Ma)_{max} = 130.45°$，应当指出，这仅是理论上的极限值，实际上是达不到的。

2.2 激波的性质及激波前后的参数关系

超声速气流被压缩时，一般不像超声速气流膨胀时那样连续地变化，而往往以突跃压缩的形式实现。我们把气流中产生的突跃式的压缩波称为激波。激波是一种强扰动波，是一种非线性传播波，它是超声速气流中一个很重要的物理现象，它对流动阻力或流动损失会产生很大的影响。气体通过激波时的压缩过程是在非常小的距离内完成的，即激波的厚度非常小，理论计算和实际测量表明，在一般情况下，激波的厚度约在 10^{-6} m 左右，这个数量已经与气体分子的自由行程达到同一个数量级了。可以想象，在这样小的距离并且在极短的瞬间内气流完成一个显著的压缩过程，因此这种变化中的每一状态不可能是热力学平衡状态，即这种过程必然是一种不可逆的耗散过程，应该说气体的黏性和热传导对激波有十分重大的影响，而且激波内部的结构非常复杂。但是，从工程应用的角度，可以把这一个压缩过程所占的空间距离处理为一个面，这个面就是激波面，对于激波前后气流参数的变化来讲它是个间断面。

关于激波的形成，可以分两方面说明：一是驻激波的形成；二是运动激波的形成。

2.2.1　驻激波的形成

(1) 当超声速气流经凹曲面时，由于通道面积缩小，气流受到压缩，产生一系列 Mach 波，在凹曲面的曲率半径较大时，这些波为微弱压缩波。当它们处于分散而各自独立存在时，气流穿过它们可按等熵流处理，但当它们一旦汇集在一起时便形成强压缩波即激波，如图 2.7(a)与图 2.7(b)所示。

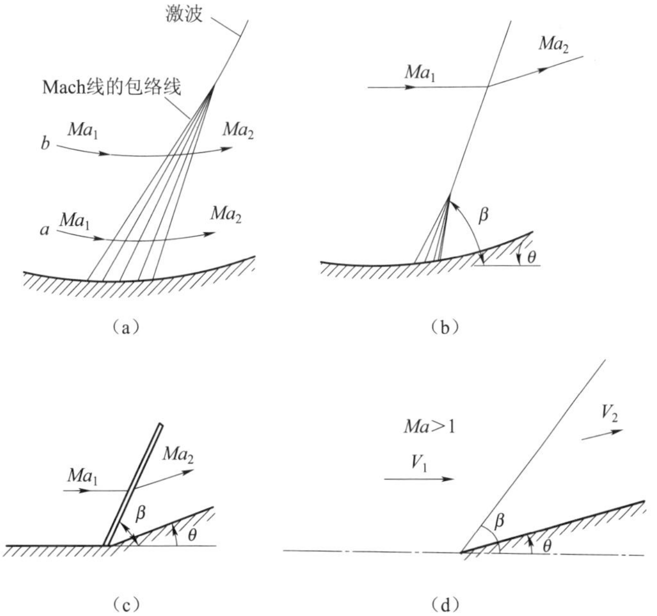

图 2.7　超声速气流中激波的形成

(2) 超声速气流如果流经凹折面或者楔形物时，如图 2.7(c)与图 2.7(d)所示，气流在折点处形不成分散而各自独立的微弱压缩波，而是直接被突跃压缩形成一道强压缩波即激波。

(3) 观察钝头体超声速飞行时的流场照片，发现在物体前面有一道弓形的脱体曲线激波，如图 2.8(a)与图 2.8(c)所示。在曲线激波的中段后面，有一亚声速区，其余则为超声速区，图 2.8(b)为附体激波。其实，曲线激波可以认为是无数微元段的平面斜激波的组合，仅在其正中间的一个微段是正激波。因此搞清楚平面斜激波的基本规律是非常重要的。

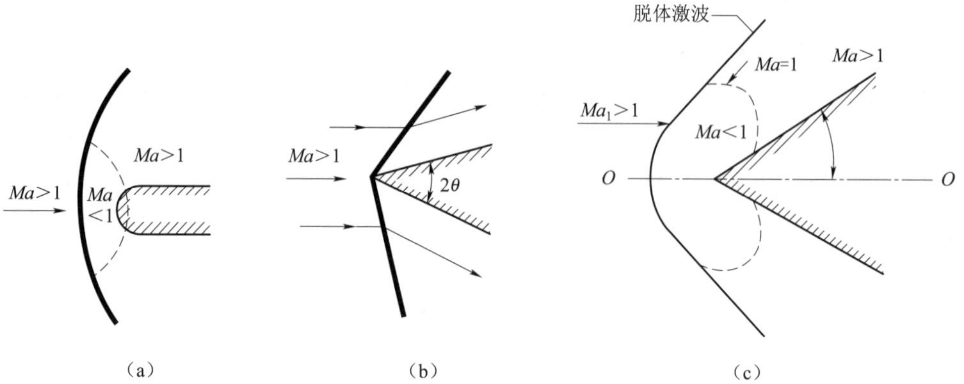

图 2.8 绕钝头体与对称楔上流动的脱体激波与附体激波

2.2.2 运动激波的形成

这里用流体力学传统教材中常采用的例子简要描述运动激波的形成。设有一根很长的等截面直管，管内的左端放置一个活塞，活塞右侧充满着静止的气体，此时气体的压强、温度等分别用 P_1、T_1 等表示。现对活塞施加外力使之向右作加速运动，在 t 时间内速度由零加速到 V。为便于说明问题，现将这个加速的全过程分成 n 个微小的阶段，每个阶段占有的时间为 $\Delta t = \frac{t}{n}$，显然当 n 选得很大时，则每个阶段内活塞的速度增量 ΔV 将很小。所以，每一个阶段的加速都可看成是一个微弱的压缩扰动，都要产生一道微弱扰动压缩波。

显然，每经过一个微小的阶段，在气体中就多一道微弱压缩波，每道压缩波总是在经过了前几次压缩后的气体中以当地声速相对于气体向右传播。气体每压缩一次，声速就增大一次，而且随着活塞速度的增大，活塞附近气体跟活塞一起向右移动的速度也增大，所以后面产生的微弱压缩波的绝对传播速度比前面的快。

经过 t 时间后，活塞的速度加速到 V，在管内形成了 n 道微弱压缩波，因为后面的波比前面的波传播得快，因此随着时间的推移，波与波之间的距离逐渐减小。最后，后面的波终于赶上了前面的波，使所有的微弱压缩波都聚集在一起，汇成了一道波，这道波就不再是弱压缩波而是强压缩波，即激波。

下面推导激波的传播速度。图 2.9(a)所示是由于活塞的加速压缩运动在管内气体中形成的激波在某一瞬时的位置。

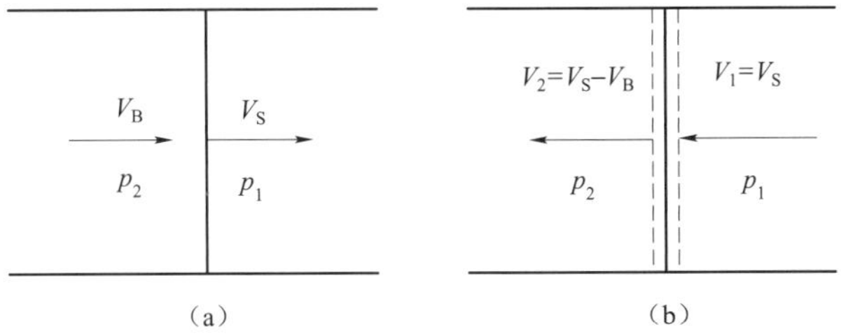

图 2.9　管内激波及沿激波选取的控制体

用 V_S 和 V_B 分别代表激波向右传播的速度和激波后气体的运动速度(活塞向右移动的速度)。为便于分析，取随激波一起运动的坐标系，在这个坐标系中激波静止不动，这时激波前的气体速度 $V_1=V_S$ 向左边流向激波，穿过激波后气体速度为 $V_2=V_S-V_B$，如图 2.9(b)所示。沿激波取控制体并应用积分型动量方程，这里为一维、定常、无黏流，于是整理后得到：

$$V_S V_B=\frac{p_2-p_1}{\rho_1} \tag{2.2.1a}$$

再对控制体应用积分型连续方程并注意一维、定常流动的条件，得：

$$V_B=\frac{\rho_2-\rho_1}{\rho_2}V_S \tag{2.2.1b}$$

联立式(2.2.1a)和式(2.2.1b)解出 V_B 与 V_S 得：

$$V_S=\sqrt{\frac{p_1}{\rho_1}\frac{\dfrac{p_2}{p_1}-1}{1-\dfrac{\rho_1}{\rho_2}}} \tag{2.2.2a}$$

$$V_B=\sqrt{\frac{p_1}{\rho_1}\left(\frac{p_2}{p_1}-1\right)\left(1-\frac{\rho_1}{\rho_2}\right)}=\sqrt{\frac{(p_2-p_1)(\rho_2-\rho_1)}{\rho_1\rho_2}} \tag{2.2.2b}$$

最后再对控制体应用积分型能量方程并注意这里为一维、定常与无黏流动的条件，得：

$$h_1+\frac{V_1^2}{2}=h_2+\frac{V_2^2}{2} \tag{2.2.3a}$$

注意：$h=c_pT, c_p=\dfrac{\gamma}{\gamma-1}R, V_1=V_S, V_2=V_S-V_B$ 及式(2.2.2a)、式(2.2.2b)，便可得到：

$$\frac{\rho_2}{\rho_1}=\frac{\dfrac{1}{B}\dfrac{p_2}{p_1}+1}{\dfrac{p_2}{p_1}+\dfrac{1}{B}} \tag{2.2.3b}$$

式中：

$$B \equiv \frac{\gamma - 1}{\gamma + 1} \tag{2.2.3c}$$

将式(2.2.3b)代入式(2.2.2a)中后，得：

$$V_S = a_1 \sqrt{1 + \frac{\gamma + 1}{2\gamma} \frac{p_2 - p_1}{p_1}} \tag{2.2.3d}$$

由于波后压强 p_2 总是大于波前压强 p_1，因此式(2.2.3d)根号内的数值总是大于1的，故有 $V_S > a_1$；另外由式(2.2.3d)也可以看到：当激波很弱即 $\frac{p_2}{p_1} \to 1$ 时，$V_S \to a_1$，即当激波是很微弱的压缩波时，其传播速度为声速。

2.2.3 激波间断面的动力学条件及激波性质

假设在流体中存在着一个曲面，流体穿过此面时气流参数发生间断。令这个曲面一般是运动着的，它的形状所满足的方程为 $f(\boldsymbol{r},t)=0$；令 Δn 为间断面在 Δt 时间内沿法线方向所走过的距离，于是 $N = \lim\limits_{\Delta t \to 0} \frac{\Delta n}{\Delta t}$ 称为间断面法向运动的速度（又称为间断面法向的移动速度）。在 $t+\Delta t$ 时刻，将 $f(\boldsymbol{r}+\Delta\boldsymbol{r},t+\Delta t)=0$ 的左边在 $(\boldsymbol{r},t)$ 处作级数展开，即：

$$f(\boldsymbol{r}+\Delta\boldsymbol{r},t+\Delta t) = f(\boldsymbol{r},t) + (\Delta\boldsymbol{r})\cdot(\nabla f) + (\Delta t)\frac{\partial f}{\partial t} + \cdots$$

注意：$f(\boldsymbol{r},t)=0$ 以及当 $\Delta t \to 0$ 时 $\Delta\boldsymbol{r} \to \mathrm{d}\boldsymbol{r}$，于是省略高阶项后，$f(\boldsymbol{r}+\Delta\boldsymbol{r},t+\Delta t)=0$ 变为：

$$(\mathrm{d}\boldsymbol{r})\cdot(\nabla f) + (\mathrm{d}t)\frac{\partial f}{\partial t} = 0 \tag{2.2.4a}$$

注意：

$$\begin{cases} \boldsymbol{B} = \dfrac{\mathrm{d}\boldsymbol{r}}{\mathrm{d}t} \\ \nabla f = |\nabla f|\,\boldsymbol{n} \end{cases} \tag{2.2.4b}$$

式中：$\boldsymbol{n}$ 为间断面的单位法矢量，而 $\boldsymbol{B}$ 沿 $\boldsymbol{n}$ 方向的分量为 $N\boldsymbol{n}$，故由式(2.2.4a)推出

$$N = \frac{\partial f/\partial t}{|\nabla f|} \tag{2.2.4c}$$

作为特例，如果间断面方程 $f(x,y,z,t)=0$ 时，则该曲面上任一点的法向运动速度 N 为：

$$N = -\frac{\dfrac{\partial f}{\partial t}}{\sqrt{\left(\dfrac{\partial f}{\partial x}\right)^2 + \left(\dfrac{\partial f}{\partial y}\right)^2 + \left(\dfrac{\partial f}{\partial z}\right)^2}} \tag{2.2.4d}$$

下面推导间断面的动力学条件。设 $\sigma(t)$ 为运动着的控制体的表面，它包围着激波波

阵面的一部分,并且跟随这局部的激波波阵面以速度 $\boldsymbol{b}$(这里取 $\boldsymbol{b}$ 就是式(2.2.4b)中的 $\boldsymbol{B}$)一起运动着;并约定:垂直于控制表面的向外的单位法矢量为 $\boldsymbol{n}$,如图 2.10 所示。根据习惯,下脚标为"1"时表示流体进入控制体的那一边(上游一侧),这里观察者是随控制体一起运动的;类似地,下脚标为"2"为流体离开控制体的那一边(下游一侧);如果令 $\boldsymbol{V}$ 表示流体的绝对速度,则 $\boldsymbol{V}-\boldsymbol{b}$ 表示相对于控制体的流体速度(由于观察者位于控制体上,因此他看到的流体速度只能是 $\boldsymbol{V}-\boldsymbol{b}$),并且有:

$$(\boldsymbol{V}-\boldsymbol{b})\cdot\boldsymbol{n}<0 \quad (\text{在流入侧或 1 边})$$

$$(\boldsymbol{V}-\boldsymbol{b})\cdot\boldsymbol{n}>0 \quad (\text{在流出侧或 2 边})$$

下面,定义出 w_1 与 w_2 作为相对速度法向分量的大小,即:

$$\begin{cases} w_1 \equiv -(\boldsymbol{V}_1-\boldsymbol{b})\cdot\boldsymbol{n}_1=(\boldsymbol{V}_1-\boldsymbol{b})\cdot\boldsymbol{n}_2 \\ w_2 \equiv (\boldsymbol{V}_2-\boldsymbol{b})\cdot\boldsymbol{n}_2 \end{cases} \tag{2.2.5a}$$

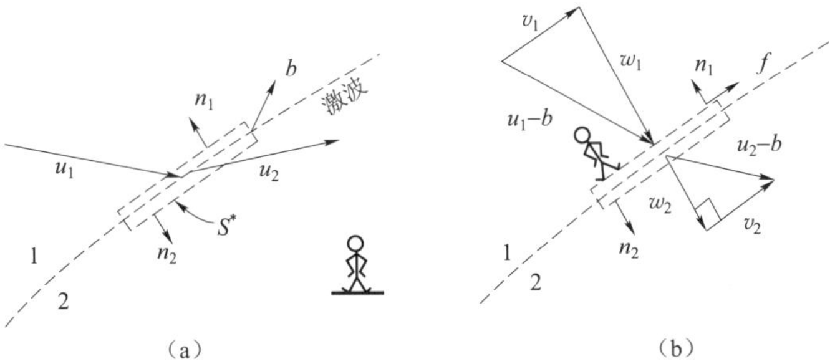

图 2.10　包含激波波阵面的控制体

(a) 静止的观察者所看到的速度;(b) 在控制体上的观察者所看到的速度

显然,将无黏流基本方程组用到这里的控制体上,并注意到这里气体为定常、无黏、无彻体力、绝能的特点,于是对每单位激波波阵面面积来讲,分别变为:

$$\rho_2 w_2-\rho_1 w_1=0 \tag{2.2.5b}$$

$$\rho_2 w_2\boldsymbol{V}_2-\rho_1 w_1\boldsymbol{V}_1=-p_2\boldsymbol{n}_2-p_1\boldsymbol{n}_1 \tag{2.2.5c}$$

$$\rho_2\left(e_2+\frac{V_2^2}{2}\right)w_2-\rho_1\left(e_1+\frac{V_1^2}{2}\right)w_1=-p_2\boldsymbol{V}_2\cdot\boldsymbol{n}_2-p_1\boldsymbol{V}_1\cdot\boldsymbol{n}_1 \tag{2.2.5d}$$

$$\rho_2 S_2 w_2-\rho_1 S_1 w_1\geqslant 0 \quad \text{或} \quad S_2\geqslant S_1 \tag{2.2.5e}$$

式(2.2.5b)~式(2.2.5e)中(不考虑下脚标时),ρ,S,p,e 分别表示密度,熵,压强,内能。

显然,式(2.2.2b)表明:在激波两边穿过激波波阵面的质量通量相同;另外,如果将 $\boldsymbol{b}(\rho_1 w_1-\rho_2 w_2)=0$ 加到式(2.2.5c)上,并注意到 $\boldsymbol{n}_2=-\boldsymbol{n}_1$,便有:

$$\rho_2 w_2(\boldsymbol{V}_2-\boldsymbol{b})-\rho_1 w_1(\boldsymbol{V}_1-\boldsymbol{b})=\boldsymbol{n}_1(p_2-p_1) \tag{2.2.6a}$$

我们取由 $\boldsymbol{n}_1$,$\boldsymbol{t}$ 与 $\boldsymbol{m}$ 构成的单位正交曲线标架(这里 $\boldsymbol{n}_1$,$\boldsymbol{t}$,$\boldsymbol{m}$ 构成右手系),并且单位切矢量 $\boldsymbol{t}$ 在 $\boldsymbol{n}_1$ 与 $\boldsymbol{V}_1-\boldsymbol{b}$ 的平面内。于是将式(2.2.6a)分别点乘单位矢量 $\boldsymbol{n}_1$,$\boldsymbol{t}$,便得到:

$$p_1+\rho_1 w_1^2=p_2+\rho_2 w_2^2 \tag{2.2.6b}$$

$$v_1 = v_2 \equiv v = (\boldsymbol{V}_1 - \boldsymbol{b}) \cdot \boldsymbol{t} = (\boldsymbol{V}_2 - \boldsymbol{b}) \cdot \boldsymbol{t} \tag{2.2.6c}$$

显然，式(2.2.6c)表明：相对速度的切向分量在通过激波时是一个不变量。另外，将式(2.2.6b)代入式(2.2.6a)中，消去 $p_2 - p_1$ 项，并应用式(2.2.5b)，于是得到：

$$\boldsymbol{V}_2 - \boldsymbol{V}_1 = \boldsymbol{n}_1(w_1 - w_2) \tag{2.2.6d}$$

这是一个非常重要的表达式，它表明：穿过激波时速度的变化总是垂直于激波波阵面。另外，如果在式(2.2.5d)的两边同加上 $p_2w_2 - p_1w_2$，并注意到式(2.2.5b)与式(2.2.6a)，则可得到：

$$\left(h_2 + \frac{V_2^2}{2}\right) - \left(h_1 + \frac{V_1^2}{2}\right) = \boldsymbol{b} \cdot (\boldsymbol{V}_2 - \boldsymbol{V}_1) \tag{2.2.6e}$$

式(2.2.6e)的一个重要推论：对于静止激波 ($\boldsymbol{b} = 0$)，总焓 $h_0 = h + \frac{V^2}{2}$ 在穿过激波时是个不变量。另外，利用 $(\boldsymbol{V} - \boldsymbol{b})^2 = w^2 + v^2$ 和 $v_1 = v_2$ 这两个重要关系式，则式(2.2.6e)又可变为：

$$h_1 + \frac{w_1^2}{2} = h_2 + \frac{w_2^2}{2} \tag{2.2.6f}$$

显然，在速度项方面，它仅含有法向的分量。今沿用惯例，把穿过激波时任意参量的突变值放在一个用黑体的方括号之中，例如，压强的突变量为 $p_2 - p_1 \equiv [p]$；因此激波基本关系式(2.2.5b)、式(2.2.6b)、式(2.2.6c)、式(2.2.6f)与式(2.2.5e)可写为：

$$\begin{cases} [\rho w] = 0 \\ [p + \rho w^2] = 0 \\ [v] = 0 \\ \left[h + \dfrac{w^2}{2}\right] = 0 \\ [S] \geqslant 0 \end{cases} \tag{2.2.7}$$

式(2.2.7)为激波条件，又称为间断面的动力学条件，它适用于任何观察者。值得注意的是，令 $\boldsymbol{b}$ 为激波波阵面的速度，于是由图 2.10(b)可知此时相对速度为：

$$\boldsymbol{V}_1 - \boldsymbol{b} = - w_1\boldsymbol{n}_1 + v\boldsymbol{t} = w_1\boldsymbol{n}_2 + v\boldsymbol{t} \equiv \boldsymbol{W}_1 + \boldsymbol{u} \tag{2.2.8a}$$

$$\boldsymbol{V}_2 - \boldsymbol{b} = - w_2\boldsymbol{n}_1 + v\boldsymbol{t} = w_2\boldsymbol{n}_2 + v\boldsymbol{t} \equiv \boldsymbol{W}_2 + \boldsymbol{u} \tag{2.2.8b}$$

式中，v 由式(2.2.6c)定义。

如果在 $\boldsymbol{b}$ 上再附加一个 $v\boldsymbol{t}$（这里 $\boldsymbol{t}$ 为激波的单位切矢量），即定义一个 $\boldsymbol{b}'$，$\boldsymbol{b}' \equiv \boldsymbol{b} + v\boldsymbol{t}$，于是此时的相对速度便成为：

$$\boldsymbol{V}_1 - (\boldsymbol{b} + \boldsymbol{u}) = \boldsymbol{V}_1 - (\boldsymbol{b} + v\boldsymbol{t}) = - w_1\boldsymbol{n}_1 = w_1\boldsymbol{n}_2 \tag{2.2.8c}$$

$$\boldsymbol{V}_2 - (\boldsymbol{b} + \boldsymbol{u}) = \boldsymbol{V}_2 - (\boldsymbol{b} + v\boldsymbol{t}) = - w_2\boldsymbol{n}_1 = w_2\boldsymbol{n}_2 \tag{2.2.8d}$$

它变成了一个等价的正激波问题。也就是说只要引进一个适当的 $\boldsymbol{b}'$，则所有的激波都可以看作是正激波。

另外，如果考虑到激波面形状所满足的方程 $f(\boldsymbol{r}, t) = 0$ 并注意到式(2.2.8a)、式(2.2.8b)以及激波面的单位法矢量 $\boldsymbol{n}$，即：

$$\boldsymbol{n} = \frac{\nabla f}{|\nabla f|} \tag{2.2.9}$$

于是，式(2.2.7)中的第一、第二及第四个式子可改写为如下形式：

$$\begin{cases} \rho_1 \boldsymbol{W}_1 \cdot (\nabla f) = \rho_2 \boldsymbol{W}_2 \cdot (\nabla f) \\ p_1 (\nabla f) \cdot (\nabla f) + \rho_1 (\boldsymbol{W}_1 \cdot \nabla f)^2 = p_2 (\nabla f) \cdot (\nabla f) + \rho_2 (\boldsymbol{W}_2 \cdot \nabla f)^2 \\ h_1 (\nabla f) \cdot (\nabla f) + \dfrac{1}{2} (\boldsymbol{W}_1 \cdot \nabla f)^2 = h_2 (\nabla f) \cdot (\nabla f) + \dfrac{1}{2} (\boldsymbol{W}_2 \cdot \nabla f)^2 \end{cases} \tag{2.2.10}$$

式中，∇f 是 f 对空间的梯度。

显然，式(2.2.10)是一个便于计算机上使用的通用形式。

另外，由式(2.2.7)中的前两个式子还可能推出：

$$w_1 w_2 = \frac{[p]}{[\rho]} \tag{2.2.11a}$$

将式(2.2.11a)两边同乘 $\rho_1\rho_2$ 便得到：

$$J^2 = -\frac{[p]}{[v']} \tag{2.2.11b}$$

式中，J 为穿过激波面的质量通量 $J = \rho_1 w_1 = \rho_2 w_2$；$v' = \dfrac{1}{\rho}$ 为比容。

现在定义激波 Mach 数 Ma_s(因 w_1 代表相对速度的法向分量，因此 Ma_s 也称激波前法向分速的 Mach 数，简称波前法向 Mach 数，并且也常用 Ma_{1n} 表示)：

$$Ma_s \equiv Ma_{1n} \equiv \frac{w_1}{a_1} \tag{2.2.11c}$$

借助于式(2.2.7)中的连续方程与动量方程，并注意 Ma_s 的定义式，于是很容易推得：

$$\frac{[p]}{\rho_1 a_1^2} = -Ma_s \frac{[w]}{a_1} = -Ma_s^2 \frac{[v']}{v'_1} \tag{2.2.11d}$$

由式(2.2.11a)可得到：

$$[w][w] = -[p][v'] \tag{2.2.11e}$$

式中，v' 为比容。另外，为了书写上的简洁，本节下文中在不造成误会的情况下，常省略了比容符号的上注脚一撇。

引进激波强度 Π 的定义，即：

$$\Pi \equiv \frac{[p]}{\rho_1 a_1^2} \tag{2.2.11f}$$

于是，激波 Mach 数又可表示为：

$$Ma_s = Ma_{1n} = -\frac{\Pi}{[w]/a_1} \tag{2.2.11g}$$

为了说明它的大小，进行如下计算：利用热力学函数及 Taylor(泰勒)级数展开并注

意到基本气动导数 Γ 的定义，于是可以推出激波 Mach 数 Ma_s 的如下表达式：

$$Ma_s = 1 + \frac{\Gamma_1}{2}\Pi + \frac{1}{4}\left[\frac{a_1^2\Gamma_1}{3v_1 T_1}\left(\frac{\partial T}{\partial P}\right)_S + \frac{3\Gamma_1^2}{2} + \frac{a_1^6}{3v_1^4}\left(\frac{\partial^3 v}{\partial P^3}\right)_S\right]\Pi^2 + \cdots \tag{2.2.12}$$

式中，Γ 为基本气动导数；Π 为激波强度；a 与 v 分别为声速与比容；下脚标"1"代表激波前的参数。

显然，对于压缩激波，由于 $\Gamma_1>0$ 且 $\Pi>0$，因此 $Ma_s\geqslant 1$；另外，由式(2.2.7)中的能量方程并利用式(2.2.11a)可得：

$$[h] = v_1[P] + \frac{1}{2}[v][P] \tag{2.2.13a}$$

这就是 Rankine-Hugoniot(朗肯—雨贡纽)方程(简称 $R-H$ 方程)，它又可写为：

$$h_2 - h_1 = \frac{1}{2}(p_2 - p_1)\left(\frac{1}{\rho_1} + \frac{1}{\rho_2}\right) \tag{2.2.13b}$$

对于完全气体，则 $h = \dfrac{\gamma}{\gamma-1}\dfrac{p}{\rho}$，于是式(2.2.13b)又可写为如下常见的形式：

$$\frac{p_2}{p_1} = \frac{\dfrac{\gamma+1}{\gamma-1} - \dfrac{v_2}{v_1}}{\dfrac{\gamma+1}{\gamma-1}\dfrac{v_2}{v_1} - 1} = \frac{\left(\dfrac{\gamma+1}{\gamma-1}\dfrac{\rho_2}{\rho_1} - 1\right)}{\left(\dfrac{\gamma+1}{\gamma-1} - \dfrac{\rho_2}{\rho_1}\right)} \tag{2.2.13c}$$

如果把 $h(S,p)$ 和 $v(S,p)$ 都看作 S 与 p 的函数，并且将 $[h]$ 和 $[v]$ 作 Talylor 级数展开，并由 $(\partial h/\partial s)_P = T$ 和 $(\partial h/\partial p)_S = v$ 的恒等关系式，则式(2.2.13a)便可变成如下形式：

$$[S] = \frac{1}{12T_1}\left(\frac{\partial^2 v}{\partial p^2}\right)_S [p]^3 + O([p]^4) \tag{2.2.13d}$$

式中，v 为比容。

注意：上式推导中只保留了关于 $[p]$ 的三次项，正由于高次项被略去，因此上式多用于弱激波的计算。引进 Γ 与 Π 后，则式(2.2.13d)又可改写为量纲为 1 的形式：

$$\frac{T_1[S]}{a_1^2} = \frac{1}{6}\Gamma_1\Pi^3 + O(\Pi^4) \tag{2.2.13e}$$

式中，Γ 为 Γ 气动函数；Π 由式(2.2.11f)定义。

式(2.2.13e)表明：通过激波的熵增与 Π 的三次方成正比。最后，总结一下强间断面上的三个条件：一个是连续条件即式(2.2.7)中的第一个式子；另一个是动量条件即式(2.2.5c)，第三个是能量条件即式(2.2.13c)，它们是气体动力学中处理激波问题时常用的三个表达式，即：

$$\begin{cases} [\rho w] = 0 \\ [\rho w \boldsymbol{V}] = \boldsymbol{n}_1[p] = -\boldsymbol{n}_2[p] \\ \dfrac{p_2}{p_1} = \dfrac{(\gamma+1)\rho_2 - (\gamma-1)\rho_1}{(\gamma+1)\rho_1 - (\gamma-1)\rho_2} \end{cases} \tag{2.2.14}$$

式中，w 由式(2.2.5a)定义，w_1 与 w_2 分别代表着相对速度即 $(\boldsymbol{V}_1 - \boldsymbol{b})$ 与 $(\boldsymbol{V}_2 - \boldsymbol{b})$ 沿法

向分量的大小。

2.2.4　激波前后的参数关系

对于完全气体，Rankine-Hugoniot 方程式(2.2.13c)可以重新整理为如下形式：

$$\frac{[v]}{v_1}=\frac{\left[\frac{1}{\rho}\right]}{\frac{1}{\rho_1}}=-\frac{2[p]/p_1}{2\gamma+(\gamma+1)[p]/P_1}\tag{2.2.15a}$$

式中，v 为比容。

如果将式(2.2.15a)代入到式(2.2.11d)便可得到如下三个关系式：

$$\frac{[p]}{p_1}=\frac{2\gamma}{\gamma+1}(Ma_{1n}^2-1)\tag{2.2.15b}$$

$$\frac{[w]}{a_1}=-\frac{2}{\gamma+1}\left(Ma_{1n}-\frac{1}{Ma_{1n}}\right)\tag{2.2.15c}$$

$$\frac{\left[\frac{1}{\rho}\right]}{1/\rho_1}=-\frac{2}{\gamma+1}\left(1-\frac{1}{Ma_{1n}^2}\right)\tag{2.2.15d}$$

引进激波后 Mach 数 Ma_{2n} 的定义即 $Ma_{2n}=w_2/a_2$，它又可改写为：

$$Ma_{2n}=\frac{w_1+[w]}{a_1}\frac{a_1}{a_2}=\left(Ma_{1n}+\frac{[w]}{a_1}\right)\frac{a_1}{a_2}$$

将上式两边平方，即：

$$Ma_{2n}^2=\left(Ma_{1n}+\frac{[w]}{a_1}\right)^2\frac{T_1}{T_2}=\left(Ma_{1n}+\frac{[w]}{a_1}\right)^2\frac{p_1/\rho_1}{p_2/\rho_2}\tag{2.2.16a}$$

将式(2.2.15b)与式(2.2.15d)代入式(2.2.16a)后得：

$$Ma_{2n}^2=\frac{Ma_{1n}^2+\frac{2}{\gamma-1}}{\frac{2\gamma}{\gamma-1}Ma_{1n}^2-1}\tag{2.2.16b}$$

另外，气体(假设为完全气体)通过激波的熵增为：

$$\Delta S\equiv S_2-S_1=c_p\ln\frac{T_2}{T_1}-R\ln\frac{p_2}{p_1}=c_p\ln\frac{v_2}{v_1}+c_V\ln\frac{p_2}{p_1}\tag{2.2.17a}$$

式中，c_V 与 c_p 分别为比定容热容与比定压热容；v 为比容。

由于 $S_{02}-S_{01}=S_2-S_1$ 并注意到通过激波时总焓不变即 $T_{02}=T_{01}$，于是在两个滞止状态之间应用上式时可得：

$$[S]=-R\ln\frac{P_{02}}{P_{01}}\tag{2.2.17b}$$

或者：

$$\frac{P_{02}}{P_{01}}=\exp\left(-\frac{[S]}{R}\right)\tag{2.2.17c}$$

由于 $[S]>0$，所以 $P_{02}<P_{01}$，即通过激波时总压总是减小的。如果将式(2.2.15b)与式(2.2.15d)代入到式(2.2.17a)后，便得到用激波 Mach 数 Ma_{1n} 表达的熵增公式，即：

$$\exp\left(\frac{[S]}{R}\right)=\left(\frac{2\gamma}{\gamma+1}Ma_{1n}^2-\frac{\gamma-1}{\gamma+1}\right)^{1/(\gamma-1)}\left[\frac{2}{(\gamma+1)Ma_{1n}^2}+\frac{\gamma-1}{\gamma+1}\right]^{\gamma/(\gamma-1)} \tag{2.2.18}$$

2.3 正激波与斜激波

正激波是指气体运动的速度方向与该激波面正交。对于正激波，我们仅研究两类：一类是定常气体运动时所产生的固定正激波，又称驻激波；另一类是运动正激波。

2.3.1 定常气体运动的固定正激波

当 $\boldsymbol{b}'=0$ 时，则式(2.2.8c)与式(2.2.8d)简化为：

$$\boldsymbol{V}_1=w_1\boldsymbol{n}_2=V_1\boldsymbol{n}_2 \tag{2.3.1a}$$

$$\boldsymbol{V}_2=w_2\boldsymbol{n}_2=V_2\boldsymbol{n}_2 \tag{2.3.1b}$$

式中，$\boldsymbol{n}_2$ 为沿流动方向的单位矢量。

因此，对于固定正激波式(2.2.7)中的部分式子便可写成如下形式：

$$\rho_1V_1=\rho_2V_2 \tag{2.3.2a}$$

$$\rho_1V_1^2+p_1=\rho_2V_2^2+p_2 \tag{2.3.2b}$$

$$h_1+\frac{V_1^2}{2}=h_2+\frac{V_2^2}{2} \tag{2.3.2c}$$

式(2.2.15b)、式(2.2.15c)、式(2.2.15d)与式(2.2.16b)可写为：

$$\frac{p_2}{p_1}=\frac{2\gamma}{\gamma+1}Ma_1^2-\frac{\gamma-1}{\gamma+1} \tag{2.3.3a}$$

$$\frac{V_2}{V_1}=\frac{2+(\gamma-1)Ma_1^2}{(\gamma+1)Ma_1^2} \tag{2.3.3b}$$

$$\frac{\rho_2}{\rho_1}=\frac{(\gamma+1)Ma_1^2}{2+(\gamma-1)Ma_1^2} \tag{2.3.3c}$$

$$Ma_2^2=\frac{Ma_1^2+\dfrac{2}{\gamma-1}}{\dfrac{2\gamma}{\gamma-1}Ma_1^2-1} \tag{2.3.3d}$$

对于正激波，则有 $Ma_{1n}=Ma_1\equiv V_1/a_1$，$Ma_{2n}=Ma_2\equiv V_2/a_2$；另外，由气体的状态方程 $p=\rho RT$，以及式(2.3.3a)、式(2.3.3c)则很容易得到温度比 T_2/T_1 的表达式，即：

$$\frac{T_2}{T_1}=\frac{p_2}{p_1}\frac{\rho_1}{\rho_2}=\frac{\left(1+\dfrac{\gamma-1}{2}Ma_1^2\right)\left(\dfrac{2\gamma}{\gamma-1}Ma_1^2-1\right)}{\dfrac{(\gamma+1)^2}{2(\gamma-1)}Ma_1^2} \tag{2.3.3e}$$

类似地，由式(2.2.18)可得到用 Ma_1 表达的熵增计算式。另外，如果引进速度系数以及 λ 数与 Ma 数间的关系，则式(2.3.3d)又可变为：

$$\lambda_1\lambda_2 = 1 \tag{2.3.4a}$$

这就是著名的 Prandtl 方程，又称 Prandtl 关系式。它又可写为：

$$V_1V_2 = a_*^2 \tag{2.3.4b}$$

式中，a_* 为临界声速。

另外，注意到 $(a_*)_1 = (a_*)_2 = a_*$，即激波前与激波后的临界声速相等。式(2.3.4b)也表明：当激波前 $V_1 > a_*$ 时，则波后必定有 $V_2 < a_*$；这也就是说，对于固定的正激波当其前方来流为超声速时，则穿过正激波后必定为亚声速流动。

例 2-1　超声速 Rayleigh(瑞利)皮托管测总压。对于定常亚声速流动，可利用皮托管测出总压 P_0 与静压 p，并由此可得到 Ma；但对于定常的超声速流动，皮托管只能测到激波后的总压 P_{02}，如果欲计算激波前的 Ma_1，问是否还需测量激波前的压强 p_1 呢？

解：如图 2.11 所示，需要测量 p_1，这是由于：

$$\frac{P_{02}}{p_1} = \frac{P_{02}}{p_2}\frac{p_2}{p_1} = \left(1+\frac{\gamma-1}{2}Ma_2^2\right)^{\frac{\gamma}{\gamma-1}}\left(\frac{2\gamma}{\gamma+1}Ma_1^2-\frac{\gamma-1}{\gamma+1}\right) = \frac{\left(\frac{\gamma+1}{2}Ma_1^2\right)^{\frac{\gamma}{\gamma-1}}}{\left(\frac{2\gamma}{\gamma+1}Ma_1^2-\frac{\gamma-1}{\gamma+1}\right)^{\frac{1}{\gamma-1}}} \tag{2.3.5}$$

于是便得到了用 Ma_1 表达 P_{02}/p_1 的计算式，因此只要测得 P_{02} 与 p_1 则便可求出 Ma_1 值。

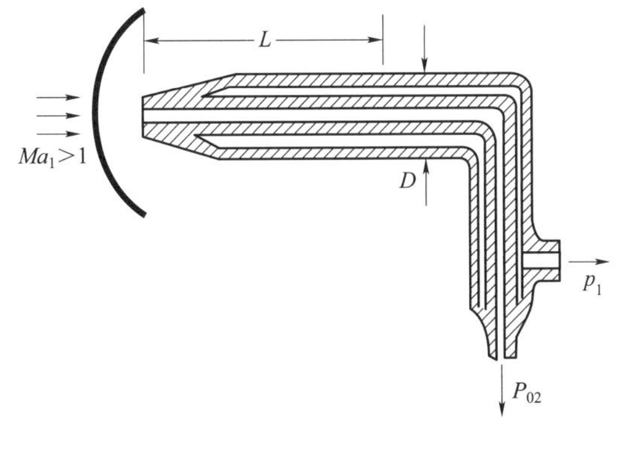

图 2.11　皮托管测超声速流动时的总压(波后总压)

2.3.2　运动正激波

1. 运动正激波

在许多实际场合下形成的激波，在空间中并不是静止的，而是以一定的速度向前推进，这里仅讨论正激波的运动。设正激波的运动速度为 $\boldsymbol{N}(t)$，于是把坐标系固连在激波上考察气体的相对运动。显然由式(2.2.8a)与式(2.2.8b)得(此时 $\boldsymbol{u}=0$)：

$$\boldsymbol{V}_1-\boldsymbol{N}=\boldsymbol{W}_1=w_1\boldsymbol{n}_2=(V_1-N)\boldsymbol{n}_2 \tag{2.3.6a}$$

$$\boldsymbol{V}_2-\boldsymbol{N}=\boldsymbol{W}_2=w_2\boldsymbol{n}_2=(V_2-N)\boldsymbol{n}_2 \tag{2.3.6b}$$

于是对运动正激波，则式(2.2.7)中的部分公式可写成如下形式：

$$\begin{cases}\rho_2(V_2-N)=\rho_1(V_1-N)\\ p_2+\rho_2(V_2-N)^2=p_1+\rho_1(V_1-N)^2\\ h_2+\dfrac{1}{2}(V_2-N)^2=h_1+\dfrac{1}{2}(V_1-N)^2\end{cases} \tag{2.3.7}$$

当然对运动正激波，也可用式(2.2.5b)、式(2.2.5c)、式(2.2.5d)写出，此时变为：

$$\begin{cases}\rho_2(V_2-N)=\rho_1(V_1-N)\\ \rho_2V_2(V_2-N)+p_2=p_1+\rho_1V_1(V_1-N)\\ \rho_2\left(e_2+\dfrac{V_2^2}{2}\right)(V_2-N)+p_2V_2=\rho_1\left(e_1+\dfrac{V_1^2}{2}\right)(V_1-N)+p_1V_1\end{cases} \tag{2.3.8}$$

可以证明方程组式(2.3.7)与式(2.3.8)等价。下面分两种情况讨论：一种是波前气体静止即 $V_1=0$ 的情况；另一种是 $V_1\neq 0$ 的情况。

1) $V_1=0$ 时

这时式(2.3.8)简化为：

$$\begin{cases}\rho_2(V_2-N)=-\rho_1N\\ p_2-p_1=-\rho_2V_2(V_2-N)=\rho_1V_2N\\ \rho_1N\left(e_2+\dfrac{V_2^2}{2}\right)-p_2V_2=\rho_1e_1N\end{cases} \tag{2.3.9a}$$

而式(2.3.7)简化为：

$$\begin{cases}\rho_1N=\rho_2(N-V_2)\\ p_1+\rho_1N^2=p_2+\rho_1N(N-V_2)\\ h_1+\dfrac{1}{2}N^2=h_2+\dfrac{1}{2}(N-V_2)^2\end{cases} \tag{2.3.9b}$$

于是仿照驻激波的推导过程可得到：

$$\frac{p_2}{p_1}=\frac{2\gamma}{\gamma+1}\left(\frac{N}{a_1}\right)^2-\frac{\gamma-1}{\gamma+1} \tag{2.3.10a}$$

$$\frac{\rho_2}{\rho_1}=\frac{(\gamma+1)(N/a_1)^2}{2+(\gamma-1)(N/a_1)^2} \tag{2.3.10b}$$

由式(2.3.9b)中第一式并注意应用式(2.3.10b)消去 ρ_2/ρ_1 项后，得：

$$V_2=\frac{2N}{\gamma+1}\left[1-\left(\frac{a_1}{N}\right)^2\right] \tag{2.3.10c}$$

或者：

$$N=\frac{\gamma+1}{4}V_2+\sqrt{\left(\frac{\gamma+1}{4}V_2\right)^2+a_1^2}=a_1\sqrt{\frac{\gamma+1}{2\gamma}\frac{p_2}{p_1}+\frac{\gamma-1}{2\gamma}} \tag{2.3.10d}$$

式中，V_2 为激波的伴随速度。

激波强度越大（N 越大），则 V_2 也越大。显然，V_2 既可以为亚声速，也可以为超声速。当波前气体静止时，波后伴随速度的方向总指向激波运动的方向。另外还需说明的是，式(2.3.10d)等号右边的两个表达式可分别由式(2.3.10a)与式(2.3.10c)推出。

2) $V_1 \neq 0$ 时

这里假设 V_1, p_1, ρ_1 及 N 为已知量，欲计算 V_2, p_2, ρ_2。为此把参考系固连在激波前的气流上，在这个新的参考系内 $\widetilde{V}_1=0, \widetilde{V}_2=V_2-V_1$，激波速度变为 $\widetilde{N}=N-V_1$。对于这个新的参考系，借助于式(2.3.10a)～式(2.3.10d)便得到如下表达式：

$$\widetilde{V}_2=V_2-V_1=\frac{2(N-V_1)}{\gamma+1}\left[1-\left(\frac{a_1}{N-V_1}\right)^2\right] \tag{2.3.11a}$$

$$\frac{p_2}{p_1}=\frac{2\gamma}{\gamma+1}\left(\frac{N-V_1}{a_1}\right)^2-\frac{\gamma-1}{\gamma+1} \tag{2.3.11b}$$

$$\frac{\rho_2}{\rho_1}=\frac{(\gamma+1)\left(\frac{N-V_1}{a_1}\right)^2}{2+(\gamma-1)\left(\frac{N-V_1}{a_1}\right)^2} \tag{2.3.11c}$$

$$\widetilde{N}=N-V_1=a_1\sqrt{\frac{\gamma+1}{2\gamma}\frac{p_2}{p_1}+\frac{\gamma-1}{2\gamma}} \tag{2.3.11d}$$

2. 运动正激波在固体壁面处的反射

如图 2.12(a)与图 2.12(d)所示，运动正激波在静止的气体中传播并假设静止气体中有一个固定的刚性平壁。当激波波阵面到达壁面的瞬间，气体受到壁面的压缩，将产生一道正激波（反射波）向左传播，因此原来初始波的波后气体现在变成为反射波的波前气体。反射波所到之处，波后气体速度 $V_3=0$，状态为 p_3, ρ_3，如图 2.12(b)与图 2.12(d)所示。显然，反射激波的波前气体速度不为零，为此我们把新参考系固连在反射波的波前气体上，如图 2.12(c)所示。在此坐标系下，波前速度 $\widetilde{V}_2=0$，激波速度为 (N_2+V_2) 其方向向左，波后速度为 $\widetilde{V}_3=V_2$；于是借助于式(2.3.10d)可得：

$$N_2+V_2=\frac{\gamma+1}{4}\widetilde{V}_3+\sqrt{\left(\frac{\gamma+1}{4}\widetilde{V}_3\right)^2+a_2^2}=\frac{\gamma+1}{4}V_2+\sqrt{\left(\frac{\gamma+1}{4}V_2\right)^2+a_2^2} \tag{2.3.12a}$$

式中，a_2 可借助于 Rankine-Hugoniot 关系式(2.2.13c)得到，即：

$$\left(\frac{a_2}{a_1}\right)^2=\frac{p_2}{p_1}\frac{\rho_1}{\rho_2}=\frac{\dfrac{\gamma+1}{\gamma-1}-\dfrac{\rho_1}{\rho_2}}{\dfrac{\gamma+1}{\gamma-1}-\dfrac{\rho_2}{\rho_1}} \tag{2.3.12b}$$

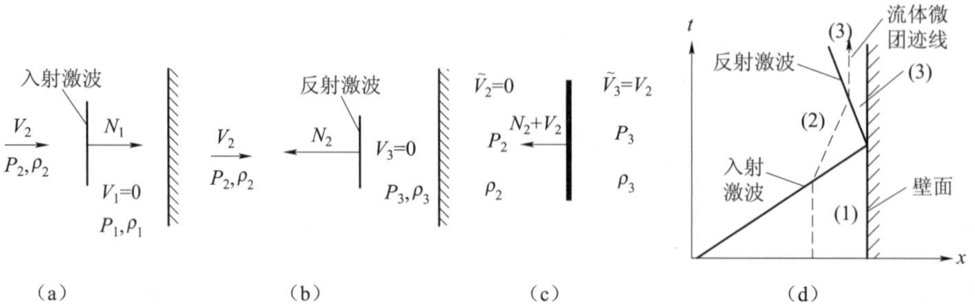

图 2.12　运动正激波遇固壁后的反射

另外，借助于式(2.3.10a)可得到 p_3/p_2 的表达式：

$$\frac{p_3}{p_2}=\frac{2\gamma}{\gamma+1}\left(\frac{N_2+V_2}{a_2}\right)^2-\frac{\gamma-1}{\gamma+1} \tag{2.3.12c}$$

利用 Rankine-Hugoniot 关系式可以证明下式成立：

$$\frac{p_3}{p_2}=\frac{(3\gamma-1)p_2-(\gamma-1)p_1}{(\gamma-1)p_2+(\gamma+1)p_1} \tag{2.3.12d}$$

3. 两道不同方向运动的正激波相遇

两道不同方向的运动正激波[图 2.13(a)]在某一时刻相遇时，由于波后气体相互压缩，将产生两道新的激波。这里分两种情况讨论：① 如果相遇前两道正激波强度相等，则相遇后产生的两道新的正激波其强度也相等；② 如果相遇前两道正激波的强度不等，则相遇瞬时两种不同状态的气流相接触除要产生两道新的激波向不同的方向传播外，同时还会形成一道切向间断面即两种不同状态气体的接触面，如图 2.13(b)与图 2.13(c)所示。接触面两侧满足 $p_4=p_5=p_C, V_4=V_5=N_C$；接触面两侧温度和密度不等。接触面把相遇后新产生的激波后的区域分成了两部分即④与⑤区。如果相遇前激波前后①，②，③区的参数以及 N_1, N_2 已知，则相遇后仅需确定下面的 6 个参数（$\widetilde{N}_1, \widetilde{N}_2, \rho_4, \rho_5, p_C, N_C$），今略加叙述：

(1) 由已知的 p_1, ρ_1, V_1 及 N_1 值，借助于式(2.3.11a)、式(2.3.11b)及式(2.3.11c)便可算出 V_2, p_2 及 ρ_2 值。再由状态方程可得到 a_2 值。

(2) 由已知的 p_1, ρ_1, V_1 及 N_2 值，借助上述三式同样可算出 V_3, p_3 及 ρ_3 值；再由状态方程可得到 a_3 值。

(3) 由前面算出的 p_3, V_3, a_3 值以及 p_2, V_2, a_2 值，借助于式(2.3.11b)以及接触面压强相等（$p_5=p_4$）的条件可得：

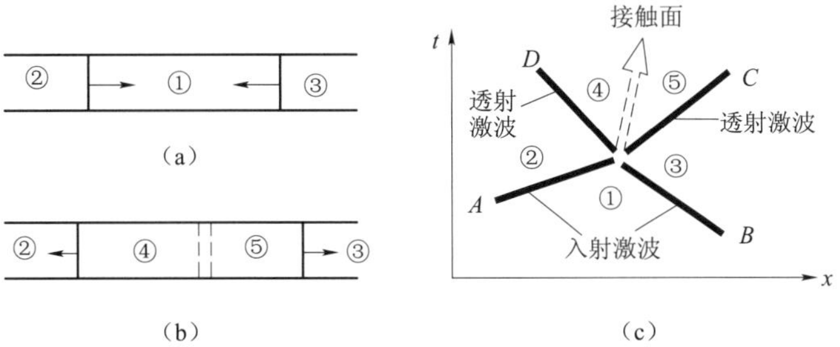

图 2.13　两道不同方向的运动正激波相遇

$$\left[\frac{2\gamma}{\gamma+1}\left(\frac{\widetilde{N}_1-V_3}{a_3}\right)-\frac{\gamma-1}{\gamma+1}\right]p_3=\left[\frac{2\gamma}{\gamma+1}\left(\frac{\widetilde{N}_2-V_2}{a_2}\right)^2-\frac{\gamma-1}{\gamma+1}\right]p_2 \quad (2.3.13a)$$

(4) 由前面算出的 V_3, a_3 及 V_2, a_2 值，借助于式(2.3.11a)以及接触面速度相等($V_5=V_4$)的条件可得到：

$$V_3+\frac{2(\widetilde{N}_1-V_3)}{\gamma+1}\left[1-\left(\frac{a_3}{\widetilde{N}_1-V_3}\right)^2\right]=V_2+\frac{2(\widetilde{N}_2-V_2)}{\gamma+1}\left[1-\left(\frac{a_2}{\widetilde{N}_2-V_2}\right)^2\right] \quad (2.3.13b)$$

于是，由式(2.3.13a)与式(2.3.13b)联立即可解出 $\widetilde{N}_1$ 与 $\widetilde{N}_2$ 值。显然，一旦求出了 $\widetilde{N}_1$ 与 $\widetilde{N}_2$ 值，借助于式(2.3.11a)、式(2.3.11b)、式(2.3.11c)便可计算出④区与⑤区的 p，ρ 以及 N_C 值。

2.3.3　斜激波

在讨论了一般激波及正激波之后，斜激波问题就变得非常简单了，本节仅对斜激波问题的重要特点与常用公式作扼要介绍。

1. 斜激波与正激波间的关系

图 2.14 给出了斜激波常用的一些符号以及与正激波间的关系。在斜激波中，角 β 定义为激波角，它是来流与激波面的夹角；角 θ 定义为气流偏转角，它是 V_1 与 V_2 间的夹角。正如以前讲过的，任何一个激波经过变换后都可以看作正激波，斜激波与正激波在本质上是一样的，只是站在不同的惯性参考系上观察流动而引起的差异。因此我们很容易从正激波的关系式导出斜激波的关系，只要注意到：

$$V_{1n}=V_1\sin\beta,\quad V_{2n}=V_2\sin(\beta-\theta) \quad (2.3.14a)$$

或：

$$Ma_{1n}=Ma_1\sin\beta,\quad Ma_{2n}=Ma_2\sin(\beta-\theta) \quad (2.3.14b)$$

同样地，在斜激波中存在着气体穿过激波时切向分速度保持不变的结论，即：

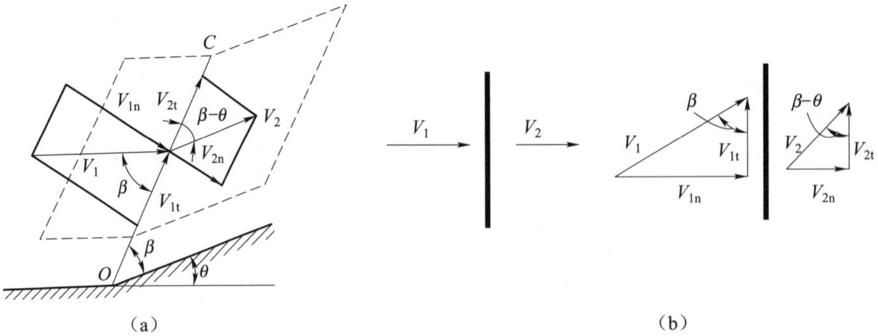

图 2.14 对斜激波所取的控制面及常用的一些符号

$$V_{1t}=V_{2t}=V_t \tag{2.3.14c}$$

由图 2.14(b)可得：

$$V_t=V_{1n}\cot\beta=V_{2n}\cot(\beta-\theta) \tag{2.3.14d}$$

注意：$V_{1n}>V_{2n}$，因此 $\beta>\beta-\theta$ 即 $\theta>0$，这表明：气流通过斜激波后，向着贴近激波面的一边偏转。下面不加推导的给出斜激波的基本关系式。

(1) Rankine-Hugoniot 关系式：

$$\frac{\rho_2}{\rho_1}=\frac{\dfrac{\gamma+1}{\gamma-1}\dfrac{p_2}{p_1}+1}{\dfrac{\gamma+1}{\gamma-1}+\dfrac{p_2}{p_1}} \tag{2.2.15a}$$

$$\frac{p_2}{p_1}=\frac{\dfrac{\gamma+1}{\gamma-1}\dfrac{\rho_2}{\rho_1}-1}{\dfrac{\gamma+1}{\gamma-1}-\dfrac{\rho_2}{\rho_1}} \tag{2.2.15b}$$

(2) Prandtl 关系式：

$$V_{1n}V_{2n}=a_*^2-\frac{\gamma-1}{\gamma+1}V_t^2=\frac{2}{\gamma+1}a_1^2+\frac{\gamma-1}{\gamma+1}V_{1n}^2 \tag{2.3.16a}$$

$$\lambda_{1n}\lambda_{2n}=1-\frac{\gamma-1}{\gamma+1}\left(\frac{V_t}{a_*}\right)^2 \tag{2.3.16b}$$

从式(2.3.16a)和(2.3.16b)可以看出，因 $\lambda_{1n}>1$ 则 λ_{2n} 必然小于 1 即 $V_{2n}<a_*$，但 V_2 并不一定小于 a_2，也就是说斜激波后的气流可以是超声速，也可以是亚声速的。

(3) 密度比，压力比，温度比，速度比，熵增值以及与 $Ma_1\sin\beta$ 间的关系：

$$\frac{\rho_2}{\rho_1}=\frac{\dfrac{\gamma+1}{2}Ma_1^2\sin^2\beta}{1+\dfrac{\gamma-1}{2}Ma_1^2\sin^2\beta}=\frac{(\gamma+1)Ma_1^2\sin^2\beta}{2+(\gamma-1)Ma_1^2\sin^2\beta} \tag{2.3.17a}$$

$$\frac{p_2}{p_1}=1+\frac{2\gamma}{\gamma+1}(Ma_1^2\sin^2\beta-1) \tag{2.3.17b}$$

压力系数为：

$$c_p = \frac{p_2 - p_1}{\frac{1}{2}\rho_1 V_1^2} = \frac{4}{\gamma+1}\left(\sin^2\beta - \frac{1}{Ma_1^2}\right) \tag{2.3.17c}$$

$$\frac{T_2}{T_1} = \frac{[2\gamma Ma_1^2\sin^2\beta - (\gamma-1)][(\gamma-1)Ma_1^2\sin^2\beta + 2]}{(\gamma+1)^2 Ma_1^2\sin^2\beta} \tag{2.3.17d}$$

$$\frac{S_2 - S_1}{R} = -\ln\frac{p_{02}}{p_{01}} = \ln\left\{\left[1 + \frac{2\gamma}{\gamma+1}(Ma_1^2\sin^2\beta - 1)\right]^{\frac{1}{\gamma-1}}\left[\frac{(\gamma+1)Ma_1^2\sin^2\beta}{(\gamma-1)Ma_1^2\sin^2\beta+2}\right]^{-\frac{\gamma}{\gamma-1}}\right\} \tag{2.3.17e}$$

(4) 激波角 β 与偏转角 θ 的关系。由图 2.14(b)可知：

$$\tan\beta = \frac{V_{1n}}{V_{1t}}, \tan(\beta-\theta) = \frac{V_{2n}}{V_{2t}}$$

但 $V_{1t} = V_{2t} = V_t$，又利用连续方程和式(2.3.17a)，则得：

$$\frac{\tan\beta}{\tan(\beta-\theta)} = \frac{V_{1n}}{V_{2n}} = \frac{\rho_2}{\rho_1} = \frac{(\gamma+1)Ma_1^2\sin^2\beta}{2+(\gamma-1)Ma_1^2\sin^2\beta} \tag{2.3.18a}$$

注意：

$$\tan(\beta-\theta) = \frac{\tan\beta - \tan\theta}{1+\tan\beta\tan\theta}$$

经过整理后得：

$$\tan\theta = 2\cot\beta\frac{Ma_1^2\sin^2\beta - 1}{Ma_1^2(\gamma+\cos2\beta)+2} \tag{2.3.18b}$$

由式(2.3.17a)～式(2.3.17e)可知，在 Ma_1 取定值的情况下，激波角 β 越大，则激波越强。当 $\beta = 90°$ 或 $\beta = \arcsin\frac{1}{Ma_1}$ 时，$\theta = 0°$，即在正激波的情况下以及当激波弱化为 Mach 波时，气流偏转角为零。当 β 从 Mach 角 μ 变到 $\frac{\pi}{2}$ 时，θ 总是正值，那么在这个范围内，θ 角必有一极大值 θ_{max}。当 $\theta > \theta_{max}$ 时，这时就不再有附体的斜激波解，而出现脱体激波。这里最大值 θ_{max} 和相应的 β_m 值可通过对式(2.3.18b)微分得出，即：

$$\sin^2\beta_m = \frac{1}{\gamma Ma_1^2}\left[\frac{\gamma+1}{4}Ma_1^2 - 1 + \sqrt{(1+\gamma)\left(1+\frac{\gamma-1}{2}Ma_1^2+\frac{\gamma+1}{16}Ma_1^4\right)}\right] \tag{2.3.18c}$$

$$\tan\theta_{max} = \frac{2[(Ma_1^2-1)\tan^2\beta_m - 1]}{\tan\beta_m[(\gamma Ma_1^2+2)(1+\tan^2\beta_m)+Ma_1(1-\tan^2\beta_m)]} \tag{2.3.18d}$$

为了直观起见，将式(2.3.18b)做成了曲线，如图 2.15 所示。

应该指出，在绘制上述曲线时将要遇到给定一个确定的 Ma_1 和 θ 值时对应的 β 有多值的现象。事实上首先将式(2.3.18b)改写为如下形式的三次方程：

$$\tan^3\beta + A\tan^2\beta + B\tan\beta + C = 0 \tag{2.3.18e}$$

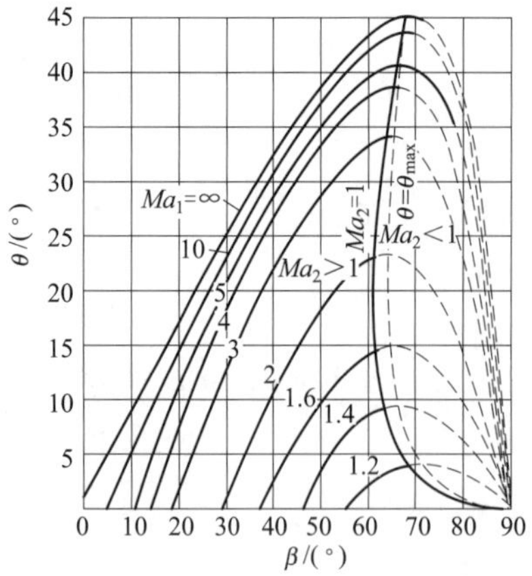

图 2.15 斜激波的 θ 与 β 关系曲线

式中：

$$\begin{cases} A = \dfrac{1 - Ma_1^2}{\tan\theta\left(1 + \dfrac{\gamma - 1}{2}Ma_1^2\right)} \\ B = \dfrac{1 + \dfrac{\gamma + 1}{2}Ma_1^2}{1 + \dfrac{\gamma - 1}{2}Ma_1^2} \\ C = \dfrac{1}{\tan\theta\left(1 + \dfrac{\gamma - 1}{2}Ma_1^2\right)} \end{cases} \tag{2.3.18f}$$

它有三个根，一个已能证实无意义，另外两个根中有一个较小的 β，它对应于 $Ma_2 > 1$，称这时的 β 所对应的激波为弱斜激波；另一个较大的 β，它所对应的 $Ma_2 < 1$，这时 β 所对应的激波为强斜激(这个解在图 2.15 中用虚线表示)。也就是说对任一给定的偏转角 θ，存在两个性质不同的解：一个为强解 s，另一个为弱解 w。在具体问题中到底是取强激波解还是取弱激波解，这取决于产生激波的具体条件，即气流的来流 Ma 数和边界条件。在超声速气流中产生激波有下列几种情况：

① 对于气流的偏转角所规定的激波。经无数的实验观察，可以得出如下结论：凡是由气流偏转角 θ 规定的激波强度，只要是附体激波，都取弱激波解。

② 对于压力条件所决定的激波。这涉及具有自由边界的一类问题，例如，超声速气流从喷管射出时，如果气流的出口压力 p_e 低于背压 p_B，那么超声速气流会产生斜激波以提高压力，这时激波的强度由压比 p_B/p_e 来决定，这就是自由边界上的压力条件。总之，求解这类问题，要根据压比 p_B/p_e 值及波前 Mach 数 Ma_1 的值来决定激波的强度。

③ 对于壅塞所决定的激波。尤其是在管道流动中可能发生某种壅塞现象的情况下，这时会迫使超声速的上游气流在某处发生激波，使气流作某种调整。这种激波的强度既不是由气流方向所规定，也不由环境压力所规定，而是由最大流量的极限条件所决定。

(5) Ma_2 与 Ma_1 的关系。借助于式(2.3.3d)，可得到斜激波下 Ma_1 与 Ma_2 间的关系：

$$Ma_2^2 = \frac{Ma_1^2 + \dfrac{2}{\gamma - 1}}{\dfrac{2\gamma}{\gamma - 1}Ma_1^2\sin^2\beta - 1} + \frac{Ma_1^2\cos^2\beta}{\dfrac{\gamma - 1}{2}Ma_1^2\sin^2\beta + 1} \tag{2.3.19}$$

从式(2.3.19)可以看出：对于一定的 Ma_1 来讲，如果 β 增大，Ma_2 就降低。β 取较小值时，$Ma_2 > 1$；β 大过一定值时，$Ma_2 > 1$。如果令 β^* 和 θ^* 分别表示 $Ma_2 = 1$ 时的 β 和 θ 值。从图 2.15 的曲线可以看出，θ^* 和 θ_{max}，β^* 和 β_m 都是很接近的，这里 β_m 表示当 θ 取最大值时所对应的 β 值。

2. 激波极线

激波极线是在速度平面上表示 V_1 和 V_2 关系的速度曲线，借助它不仅可以直观地了解斜激波前后的速度的变化关系，而且用它可以很清楚的说明激波的相交与反射等现象。现在来推导激波极线方程。为此，利用斜激波的普朗特关系：

$$V_{1n}V_{2n}=a_*^2-\frac{\gamma-1}{\gamma+1}V_t^2$$

这里，假设速度 V 在 x 和 y 轴上的分量分别用 V_x 和 V_y 来表示，并取 x 轴的方向与 V_1 相同，并注意到如下几何关系[图 2.16(a)]：

$$V_{1n}=V_1\sin\beta, V_t=V_1\cos\beta$$

$$V_{2n}=V_{1n}-\sqrt{V_{2y}^2+(V_1-V_{2x})^2}$$

$$\sin\beta=\frac{V_1-V_{2x}}{\sqrt{V_{2y}^2+(V_1-V_{2x})^2}},\cos\beta=\frac{V_{2y}}{\sqrt{V_{2y}^2+(V_1-V_{2x})^2}}$$

代入 Plandtl 关系式，经过整理后，可得到激波极线方程：

$$V_{2y}^2=(V_1-V_{2x})^2\frac{V_{2x}-\dfrac{a_*^2}{V_1}}{\dfrac{2}{\gamma+1}V_1+\dfrac{a_*^2}{V_1}-V_{2x}} \tag{2.3.20a}$$

或者

$$\lambda_{2y}^2=(\lambda_1-\lambda_{2x})^2\frac{\lambda_1\lambda_{2x}-1}{\dfrac{2}{\gamma+1}\lambda_1^2-\lambda_1\lambda_{2x}+1} \tag{2.3.20b}$$

式中：

$$\lambda_{2x}=\frac{V_{2x}}{a_*},\lambda_{2y}=\frac{V_{2y}}{a_*}$$

在给定了 λ_1 后，就可以在速度平面上画出 λ_{2x} 与 λ_{2y} 的曲线，这种曲线是由 Busemann 引进的，它是大家熟知的 Descartes 叶型线，又称激波极线，如图 2.16(b)所示。如果给定

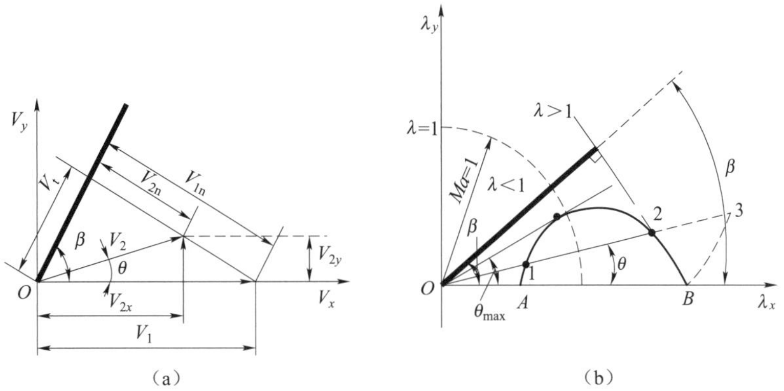

图 2.16　激波极线

激波前的来流参数以及激波后的偏转角 θ 或激波角 β，就可以从激波极线图 2.16 上求得激波后的流速 λ_2，从而可以得到激波后的其他参数。从激波极线图 2.16 上可以看出，在某一给定的 λ_1 下，对应某一偏转角 θ，这时有三个解，即图 2.16(b)中的三个交点 1,2,3。点 3 相当于膨胀的情况(因 $V_2 > V_1$)，这违反热力学第二定律，所以点 3 没有实际意义，应该去掉。点 2 相当于弱激波的情况，点 1 相当于强激波的情况。

2.4 激波、膨胀波的反射和相交

在超声速流动的实际问题中，所遇到的波系往往是非常复杂的，本节将分析一些典型波系并说明决定各区域流动参数的计算方法。着重讨论由于边界条件所引起的速度方向不匹配和压强不匹配的现象。

1. 激波在固壁上的反射

在超声速风洞中，气流遇到模型(如一个楔)会产生一道斜激波 AB 与洞壁交于 B 点，如图 2.17(a)所示。气流在激波后偏转了 θ 角，与模型表面平行，但与洞壁不平行。于是洞壁对气流的扰动作用好似一个半顶角为 θ 的楔，又在 B 点产生一道使气流偏转 $-\theta$ 角的斜激波 BC。因此，激波在固壁上的反射仍为激波，并且属于正常反射。

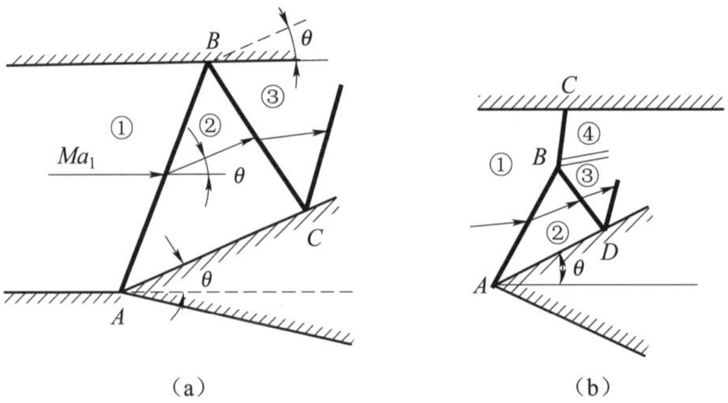

图 2.17 激波在固壁上的反射

如果图 2.17(b)中楔的半顶角 θ，大于激波 AB 后的流速 Ma_2 所允许的斜激波的 θ_{max} 值，这时反射激波成为图 2.17(b)所示的那样，这种反射称为 Mach 反射。在这种情况下，Mach 反射波在接近上边壁面处，出现一段正激波 BC。为了使 B 点后的上下方的流动能够互相匹配，即具有相同的压力和流速方向，故在 B 点处产生反射的斜激波 BD，使区域③的流动情况与区域④相匹配。但由于 B 点上下方气流的熵值增加不一样，故区域③和④内的速度大小、密度和温度分别是不同的。其匹配的办法是从 B 点往下产生一个滑流面，它是个涡面，该面两边的速度方向平行而大小不相等。这是个非常重要的特征。

2. 异侧激波的相交

超声速气流在进气道入口处或喷管出口处 A 点和 B 点发生两道斜激波，交于 M 点，如图 2.18(a),(b)所示。在 M 点必产生两道反射的激波 MC 和 MD,使 M 点后方上下两个区域④和⑤具有相同的压力和相同的速度方向。对于图 2.18(b)所示的情况,由于 $\theta_2 \neq \theta_3$,上下两部分气流各自通过两道不等强度的激波,其熵值变化不一样,故在 M 点产生滑流面 MT。

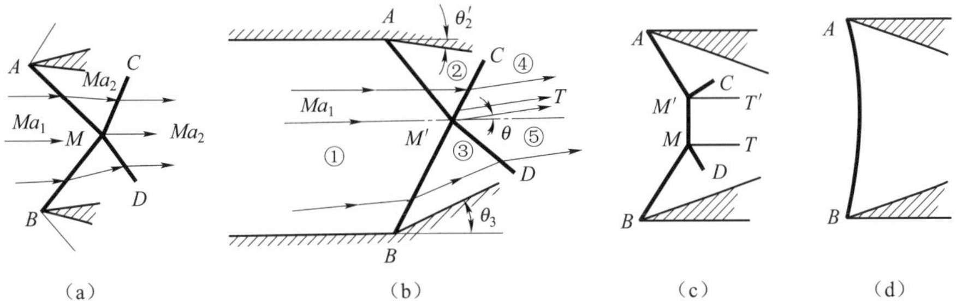

图 2.18 异侧激波的相互作用

当楔角较大,超出了激波正常反射的条件时,就出现类似于 Mach 反射的情况,即由两道斜激波 AM' 和 BM 和一道近似于正激波 MM' 组成,如图 2.18(c)所示。在交点 M 和 M' 处产生反射激波 $M'C$ 和 MD,并且产生滑流面 MT 及 $M'T'$。当楔的角度再增大,最后将出现曲线激波如图 2.18(d)所示。

3. 同侧激波的相交

如图 2.19 所示,在 Mach 数为 Ma_1 的气流中由于 θ_1 角产生的激波 AC 和在 Mach 数为 Ma_2 的气流中由于 θ_2 角产生的激波 BC 相交于 C 点。C 点是流动上下方的匹配点,因此在该点之后上下方的流场必须具有相同的压力及速度方向。在 C 点之上,两个同侧激波的相交将合成为一个较大强度的激波,其强度根据 C 点下方的流动情况来决定。在 C 点下方,气流从区域①越过两道强度已知的激波 AC 和 BC 进入区域③,因此区域③中的流动参数可以完全确定。这样就要求 C 点之上的激波具有如此的强度,使区域⑤的压力和流速方向与区域③相同。但是在一般情况下,根据 Ma_1 和 $\theta = \theta_1 + \theta_2$ 的条件得出的 p_5 不会正好等于根据 Ma_2(由 Ma_1 和 θ_1 决定)和 θ_2 的条件得出的 p_3,因此在 C 点产生反射的膨胀波(也可能是压缩波,视具体流动情况而定),使区域④在对区域③的参数作某些改变后,能够与区域⑤相匹配。当然在区域④和⑤之间存在滑流面。实际上,反射波一般很弱,在近似计算时可略去不计,通常按区域⑤的气流偏转角 $\theta_5 = \theta_1 + \theta_2$ 来确定激波 CD。值得注意的是,虽然区域④与区域⑤的压强相等,流动方向相同,但它们速度的模并不相等,因此在区域④与区域⑤之间存在着滑流线 CT,它是决定两区相匹配的关键。

4. 激波在自由面上的反射

如图 2.20 所示,自 B 点产生的斜激波遇到自由面 AC 时在 C 点要发生反射。气流在区域①中的压力 p_1 等于外界背压 p_B,通过斜激波 BC 后,气流的压力升高到 p_2,$p_2 >$

p_B，产生压力不平衡，于是气流在激波与自由面的交点处发生一个绕外钝角的膨胀流动，气流通过 ECF 膨胀区后，压力降低（$p_3 = p_B$），方向与射流的边界 CD 平等，显然这时射流的截面积有所增加。

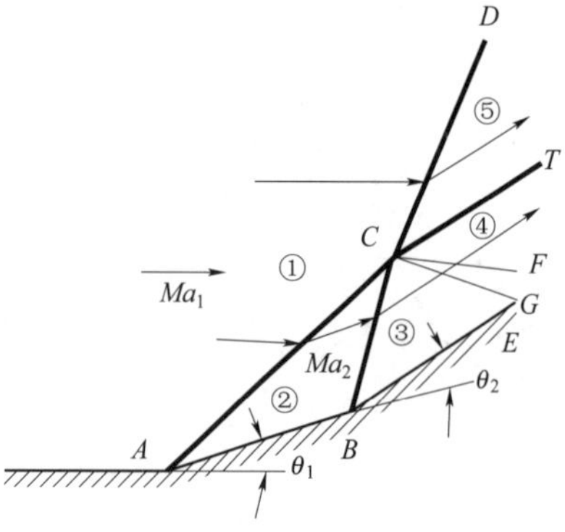

图 2.19 同侧激波的相互作用

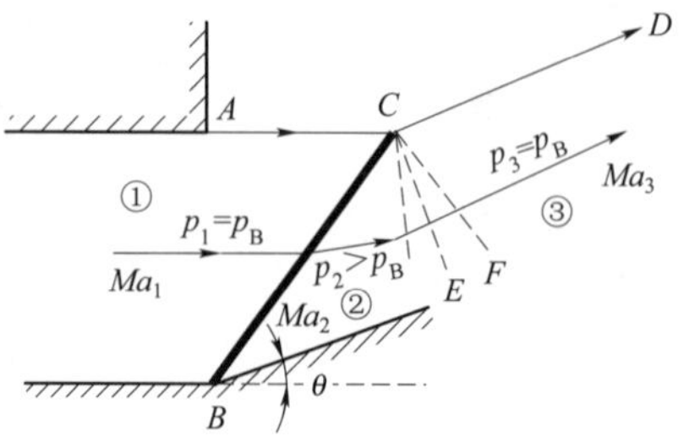

图 2.20 激波在自由面上的反射

5. 膨胀波在固壁上的反射

下面讨论膨胀波和压缩波的反射和相交问题。所谓膨胀波和压缩波均指小的有限强度的等熵波，当气流越过这类波时，波后的压力将下降或增加某个小的有限值。其实，膨胀波实际上是用一道波来代替一个小扇形膨胀区；而压缩波则是用一道等熵波来代替一道弱激波，因为弱激波的熵增值是气流折角的三次方小量，可近似略去不计。

膨胀波在固壁上的反射如图 2.21 所示。气流越过入射膨胀波 AB 后将加速，并折转 θ 角，这样便与上壁面的方向存在矛盾，因此必须产生反射波 BC，使气流方向折转回来。一般入射角 β 和反射角 β' 并不相等，按照气流折转方向来判断，BC 波是膨胀波。因此可以得到这样一个结论：膨胀波在固壁上反射仍为膨胀波。如果入射波 AB 交于壁面 B 处具有凹角 θ，则气流穿越 AB 波后能满足边界条件，因此这时便不产生反射波。

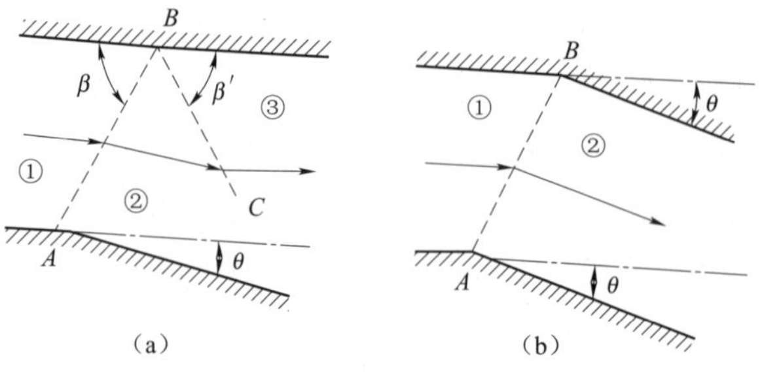

图 2.21 膨胀波在固壁上反射

关于各区参数的计算可按如下办法：按区域①给定的流动参数及折转角 θ，利用 P—

M 波关系式，算出区域②的流动参数；按区域②的流动参数及折转角 θ，又可以计算区域③的参数。

6. 异侧膨胀波的相交

如图 2.22 所示，当两道膨胀波 AC 和 BC 相交后，穿过这两道波以后的气流方向彼此不平行，因此必须产生两道反射波 CD 和 CE，使两股气流彼此匹配。由此可得出结论：异侧膨胀波相交后产生两道新的异侧膨胀波。

7. 膨胀波在自由表面(等压面)上的反射

膨胀波与自由边界相交的情况如图 2.23 所示。在膨胀波前的区域，气流压力 $p_1 = p_B$，经过膨胀波 AO 后气流压力下降为 p_2，$p_2 < p_B$。为满足自由边界上的条件，必须从 O 点发出一道斜激波 OB 以使压力回升到 $p_3 = p_B$。斜激波使气流向中心偏转，从而自由边界也要向气流的中心偏转。

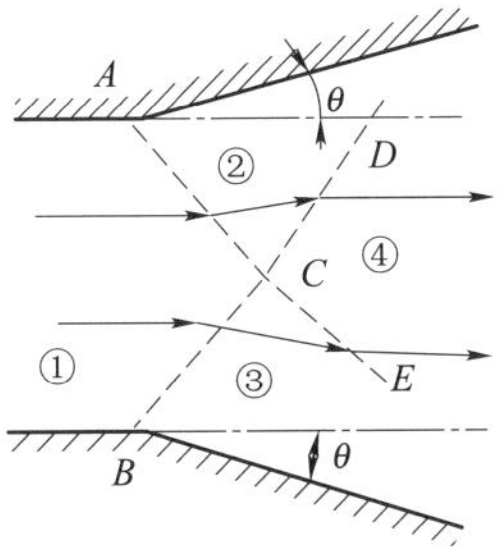

图 2.22　异侧膨胀波相交

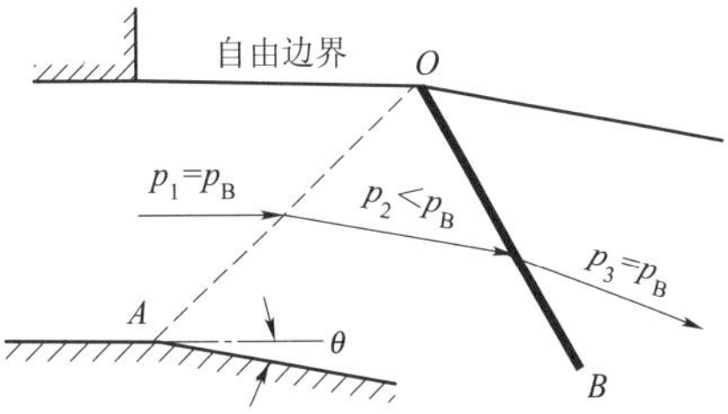

图 2.23　膨胀波在自由面上的反射

8. 激波与膨胀波的相互作用

如图 2.24 所示，激波 AM 与膨胀波 BM 相交。为了便于计算起见，这里用有限个具有一定强度的波来代替。现假定 B 点的偏转角 θ_3 很小，只有一个膨胀波 BM，气流通过 BM 时，向下折转了 θ_3 角。而上边的气流通过斜激波 AM 时，则向下折转了 θ_2 角。为了使 M 点之后上下方气流得以匹配，便产生了激波 MD 和膨胀波 MC，并产生了滑流面 MT。

如图 2.25 所示，菱形机翼的顶端 A 处产生的斜激波与 C 处产生的膨胀波组相交。斜激波后区域②的流动参数很容易从已知区域①的参数求得。C 处的膨胀波可简化为几个有限强度的波。根据区域②的流动参数可决定第一道膨胀波 CB 的方位及其后区域③中的流动参数。于是定出了斜激波与第一道膨胀波的交点 B。B 点上方的激波由于膨胀波的相交而减弱了，因此在 B 点上下方的气流穿过激波时熵值变化不同，为使 B 点之后上下方的流动得以匹配，在 B 处反射出膨胀波，出现了两区域之间的滑流面 BF。激波 BD 以及膨胀波 BE 的强度及方位可根据区域④和区域④′的流动匹配条件而定出。

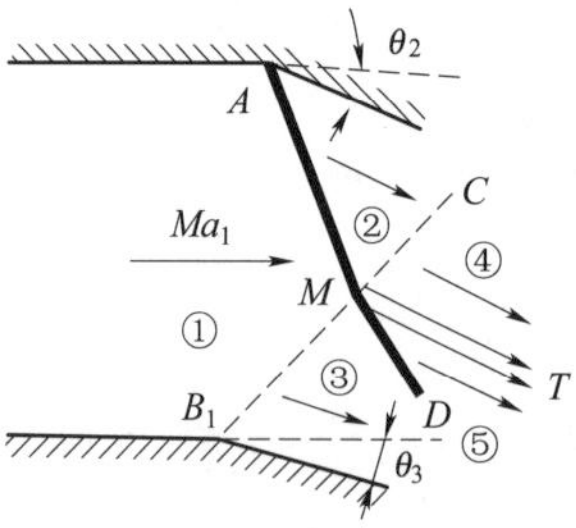

图 2.24 激波和膨胀波异侧相交

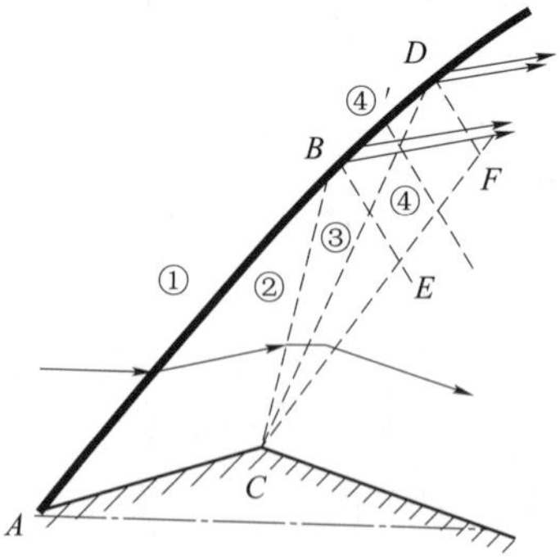

图 2.25 激波和膨胀波同侧相交

2.5 超声速圆锥绕流及轴对称锥型流的求解

这里讨论的是一类激波后流场计算的典型算例。超声速圆锥零迎角定常绕流的图像与超声速气流绕楔的平面流动的图像不同。对于绕楔的平面流动，在附体的斜激后，气流即平行于壁面，而且为均匀流如图 2.26(a)所示。对于绕圆锥的流动，假设气流经锥面激波后立刻与锥面平行且保持为均匀直线等速流动，则随流线离锥体轴线距离的增大，流通面积增大，显然这样的流动图形违背连续性方程。正是由于圆锥存在三维效应，因此气流流过激波后必须不断地向圆锥面靠近，如图 2.26(b)所示。总的说来，两种绕流的主要区别如下：

(1) 当 $Ma_\infty > 1$ 且半楔角和半锥角不太大时，在尖楔和圆锥的头部尖点都产生激波间断面。当尖楔和圆锥的 Ma_∞ 及 θ 分别都相同时，由尖楔产生的斜激波角 β 大于圆锥产生的激波角。同时尖楔的头部激波面是平面，而圆锥产生的激波是锥面。

(2) 尖楔产生的激波比圆锥激波更易脱体。

(3) 尖楔超声绕流其波后流场是平行的均匀流，而圆锥绕流通过激波后仍继续等熵减速压缩并且流线不断向锥面靠近。

2.5.1 锥型流以及超声速气流绕圆锥流动的基本方程

本节在球面坐标系 (r,σ,φ) 下讨论一般迎角的超声速定常圆锥绕流问题，这里 (r,σ,φ) 构成右手系。首先引进锥型流的概念：凡流动参数与 r 无关的流动统称为锥型流，也就是说沿着每一条自锥顶发出的直线，气体的物理参数(如密度，压强，速度，总焓等)保持不变。研究锥型流当然采用球坐标最方便，这里取 r 代表矢径，σ 代表矢径与锥的轴线在子午面上的夹角，φ 代表子午面与基准子午面之间的夹角。令速度 $\mathbf{V}$ 的分量在 (r,σ,φ) 坐标系中为 V_r、V_σ 以及 V_φ，它们分别沿着半径、在子午面内垂直于半径以及垂直于子午面的方向，其定义为：

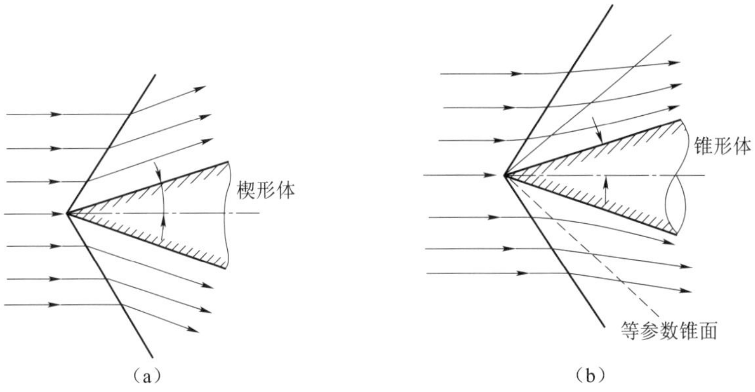

图 2.26 两种绕流的比较

$$V_r \equiv \frac{\mathrm{d}r}{\mathrm{d}t}, V_\sigma \equiv \frac{r\mathrm{d}\sigma}{\mathrm{d}t}, V_\varphi \equiv \frac{(r\sin\sigma)\mathrm{d}\varphi}{\mathrm{d}t} \tag{2.5.1}$$

下面为便于书写特约定：将 V_r、V_σ 与 V_φ 分别用符号 u、v 与 w 代替。因为气流是锥型流故对于气流的任意物理参数，有：

$$\frac{\partial}{\partial r} = 0 \tag{2.5.2}$$

注意：无黏、定常、绝热运动的基本方程组：

$$\nabla \cdot (\rho \mathbf{V}) = 0 \tag{2.5.3a}$$

$$(\mathbf{V} \cdot \nabla)\mathbf{V} + \frac{1}{\rho}\nabla p = 0 \tag{2.5.3b}$$

$$\frac{\mathrm{d}h_0}{\mathrm{d}t} = 0 \tag{2.5.3c}$$

式中，h_0 为滞止焓(总焓)。

对于球面坐标系中的锥型流，上述基本方程组可简化为：

$$2\rho u\sin\sigma + \frac{\partial}{\partial\sigma}(\rho v\sin\sigma) + \frac{\partial}{\partial\varphi}(\rho w) = 0 \tag{2.5.4a}$$

$$v\frac{\partial u}{\partial\sigma} + \frac{w}{\sin\sigma}\frac{\partial u}{\partial\varphi} - v^2 - w^2 = 0 \tag{2.5.4b}$$

$$v\frac{\partial v}{\partial\sigma} + \frac{w}{\sin\sigma}\frac{\partial v}{\partial\varphi} + uv - w^2\cot\sigma + \frac{1}{\rho}\frac{\partial p}{\partial\sigma} = 0 \tag{2.5.4c}$$

$$v\frac{\partial w}{\partial\sigma} + \frac{w}{\sin\sigma}\frac{\partial w}{\partial\varphi} + uw + vw\cot\sigma + \frac{1}{\rho\sin\sigma}\frac{\partial p}{\partial\varphi} = 0 \tag{2.5.4d}$$

因为总焓沿全场为常数，因此沿 φ 与 σ 方向分别有：

$$\frac{\gamma}{\gamma-1}\left(\frac{1}{\rho}\frac{\partial p}{\partial\varphi} - \frac{p}{\rho^2}\frac{\partial\rho}{\partial\varphi}\right) = -\left(u\frac{\partial u}{\partial\varphi} + v\frac{\partial v}{\partial\varphi} + w\frac{\partial w}{\partial\varphi}\right) \tag{2.5.5a}$$

$$\frac{\gamma}{\gamma-1}\left(\frac{1}{\rho}\frac{\partial p}{\partial\sigma} - \frac{p}{\rho^2}\frac{\partial\rho}{\partial\sigma}\right) = -\left(u\frac{\partial u}{\partial\sigma} + v\frac{\partial v}{\partial\sigma} + w\frac{\partial w}{\partial\sigma}\right) \tag{2.5.5b}$$

利用式(2.5.4b)～式(2.5.5b)整理后，代到式(2.5.4a)中以消去压强与密度项，得：

$$u\left(2-\frac{v^2+w^2}{a^2}\right)+\left(1+\frac{w^2}{a^2}\right)v\cot\sigma+\left(1-\frac{v^2}{a^2}\right)\frac{\partial v}{\partial\sigma}+$$

$$\left(1-\frac{w^2}{a^2}\right)\frac{\partial w}{(\sin\sigma)\partial\varphi}-\frac{vw}{a^2}\left[\frac{\partial v}{(\sin\sigma)\partial\varphi}+\frac{\partial w}{\partial\sigma}\right]=0 \tag{2.5.6}$$

假设流动是位流时，不妨令其速度势为：

$$\phi=rG(\sigma,\varphi) \tag{2.5.7a}$$

其中：

$$u=G(\sigma,\varphi) \tag{2.5.7b}$$

$$v=\frac{\partial G}{\partial\sigma} \tag{2.5.7c}$$

$$w=\frac{\partial G}{(\sin\sigma)\partial\varphi} \tag{2.5.7d}$$

于是，式(2.5.6)又可变为：

$$\left(2-\frac{v^2+w^2}{a^2}\right)G+\left(1+\frac{w^2}{a^2}\right)(\cot\sigma)\frac{\partial G}{\partial\sigma}+\left(1-\frac{v^2}{a^2}\right)\frac{\partial^2 G}{\partial\sigma^2}+$$

$$\left(1-\frac{w^2}{a^2}\right)\frac{\partial^2 G}{(\sin^2\sigma)\partial\varphi^2}-\frac{2vw}{a^2}\frac{1}{\sin\sigma}\frac{\partial^2 G}{\partial\sigma\partial\varphi}=0 \tag{2.5.8}$$

在超声速气流中，气流的扰动区域可由一个锥型激波面围成。对于锥型流，此边界必定是一个锥型激波，而在扰动区域内的流动由式(2.5.8)所确定。显然，此时的锥型流对于 $(v^2+w^2)>a^2$ 是双曲型的；对于 $(v^2+w^2)<a^2$ 则是椭圆型的。

2.5.2 轴对称超声速气流绕圆锥的流动及其求解

1. 轴对称超声速圆锥绕流的基本方程与边界条件

对于轴对称超声速圆锥流，由锥型流条件及轴对称性为：

$$\frac{\partial}{\partial r}=0 \tag{2.5.9a}$$

$$\frac{\partial}{\partial\varphi}=0\quad(w=0) \tag{2.5.9b}$$

于是式(2.5.6)与式(2.5.8)分别简化为：

$$u\left(2-\frac{v^2}{a^2}\right)+v\cot\sigma+\left(1-\frac{v^2}{a^2}\right)\frac{\mathrm{d}\boldsymbol{v}}{\mathrm{d}\sigma}=0 \tag{2.5.10a}$$

或者写为：

$$u+\frac{\mathrm{d}\boldsymbol{v}}{\mathrm{d}\sigma}=-\frac{u+v\cot\sigma}{1-\dfrac{v^2}{a^2}} \tag{2.5.10b}$$

另外，在锥型流与轴对称的条件下，r 方向的动量方程式(2.5.4b)简化为：

$$\frac{\mathrm{d}u}{\mathrm{d}\sigma}=v \tag{2.5.11a}$$

将式(2.5.11a)代入式(2.5.10b)，得：

$$\left[1-\frac{(u')^2}{a^2}\right]\frac{\mathrm{d}^2 u}{\mathrm{d}\sigma^2}+(\cot\sigma)\frac{\mathrm{d}u}{\mathrm{d}\sigma}+\left[2-\frac{(u')^2}{a^2}\right]u=0 \tag{2.5.11b}$$

式中，$u' \equiv \frac{\mathrm{d}u}{\mathrm{d}\sigma}$；$a$ 为声速并满足：

$$\frac{u^2+(u')^2}{2}+\frac{a^2}{\gamma-1}=h_0=\frac{U_\infty^2}{2}+\frac{a_\infty^2}{\gamma-1} \tag{2.5.11c}$$

式中，U_∞ 与 a_∞ 分别为远前方来流的速度与声速。

显然，式(2.5.11b)是关于 u 的二阶非线性常微分方程，它的边界条件如下：

(1) 锥面条件：当 $\sigma=\delta_c$ 时，有：

$$v=u'=0 \tag{2.5.11d}$$

(2) 激波边界条件：当 $\sigma=\beta$ 时，有：

$$u=U_\infty\cos\beta \tag{2.5.11e}$$

$$\frac{-u'}{U_\infty\sin\beta}=\frac{2+(\gamma-1)Ma_\infty^2\sin^2\beta}{(\gamma+1)Ma_\infty^2\sin^2\beta} \tag{2.5.11f}$$

式(2.5.11f)实质上是斜激波前后法向分速度关系式(2.3.18a)在轴对称超声速圆锥绕流问题中锥型斜激波前后法向分速度的具体表达。在激波边界上的 u 实际上是激波后沿 r 方向的分速度(激波切向分速)，而波后法向分速度等于 $-v$。

特别需要指出的是，由于轴对称流都是零迎角流动，因此远前方来流速度 $\boldsymbol{U}_\infty$ 的方向与圆锥轴线平行，这里在推导式(2.5.11f)时也注意使用了这一特征。另外，式(2.5.11f)等号左边分子上有负号是由于激波后的法向速度分量与 σ 的正方向相反。当然，激波边界条件也可以使用 Prandtl 关系式(2.3.16a)来表达，用锥型流动的符号改写式(2.3.16a)后变成了如下形式：

$$\tan\beta=-\frac{a_*^2-\frac{\gamma-1}{\gamma+1}u^2}{uu'}\quad(\text{在激波边界上}) \tag{2.5.11g}$$

式中，a_* 为临界声速；$u'=\frac{\mathrm{d}u}{\mathrm{d}\sigma}$。

在推导式(2.5.11g)时使用了激波角与激波切向分速间的关系。另外，这里 a_* 满足：

$$Ma_\infty^2=\frac{2u^2}{(\gamma+1)a_*^2\cos^2\beta-(\gamma-1)u^2}\quad(\text{在激波边界上}) \tag{2.5.11h}$$

注意：式(2.5.11g)与式(2.5.11h)中的 u 都是激波边界上的值即 $u(\sigma)\big|_{\sigma=\beta}$，这时它实际上是激波后沿 r 方向的分速度。事实上式(2.5.11h)是注意了使用激波角、激波切向分速度与波前速度间的关系之后导出的。

2. 轴对称超声速圆锥绕流的数值求解

轴对称超声速圆锥绕流的主方程为式(2.5.11b)，它是一个二阶的非线性常微分方程，式(2.5.11b)～式(2.5.11f)构成了该问题的完整方程组，其中包括锥面条件与激波边界条件。显然，要得到这个问题的解析解并不是一件容易的事，因此多采用数值解法或图解法。图解法是 Busemann(布兹曼)在 1929 年提出的，数值解法是由 Taylor(泰勒)和 Maccoll(麦可尔)1933 年首先提出的。1947 年，Kopal 给出了较详细的数值解，这里简介一下数值求解的主要过程。计算由激波面 $\sigma=\beta$ 开始，对于给定的 γ 和来流 Mach 数 Ma_∞ 计算过程如下：

(1) 任意假设一个 β 值(当然至少不应小于 Mach 角)，由式(2.5.11e)和式(2.5.11f)计算出 $u(\beta)$ 与 $u'(\beta)$ 值；再由式(2.5.11c)算出 $a(\beta)$ 值。

(2) 由方程式(2.5.11b)得：

$$u''=\frac{\left[\frac{(u')^2}{a^2}-2\right]u-(\cot\sigma)u'}{1-\frac{(u')^2}{a^2}} \tag{2.5.12}$$

在 $\sigma=\beta$ 处 u，u' 与 a 均已知，因此可用式(2.5.12)算出 $u''(\beta)$ 值。

(3) 取与 $\sigma=\beta$ 相邻的射线 $\sigma_1=\beta-\Delta\sigma$，于是在该射线上对 u 与 u' 作级数展开，保留一阶项：

$$u(\beta-\Delta\sigma)=u(\beta)-u'(\beta)\Delta\sigma$$

$$u'(\beta-\Delta\sigma)=u'(\beta)-u''(\beta)\Delta\sigma$$

$$a(\beta-\Delta\sigma)=(\gamma-1)\left(\frac{U_\infty^2}{2}+\frac{a_\infty^2}{\gamma-1}\right)-\frac{\gamma-1}{2}\left[u^2(\beta-\Delta\sigma)+u'^2(\beta-\Delta\sigma)\right]$$

由上述三个公式计算出 $u(\beta-\Delta\sigma)$、$u'(\beta-\Delta\sigma)$ 与 $a(\beta-\Delta\sigma)$ 值。

(4) 再取与 $\sigma_1=\beta-\Delta\sigma$ 相邻的射线 $\sigma_2=\sigma_1-\Delta\sigma$；同样地，先由式(2.5.12)计算出 $u''(\beta-\Delta\sigma)=u''(\sigma_1)$ 值，然后再借助于下面的三个公式，即：

$$u(\sigma_i-\Delta\sigma)=u(\sigma_i)-u'(\sigma_i)\Delta\sigma \tag{2.5.13a}$$

$$u'(\sigma_i-\Delta\sigma)=u'(\sigma_i)-u''(\sigma_i)\Delta\sigma \tag{2.5.13b}$$

$$a(\sigma_i-\Delta\sigma)=(\gamma-1)\left(\frac{U_\infty^2}{2}+\frac{a_\infty^2}{\gamma-1}\right)-\frac{\gamma-1}{2}\left[u^2(\sigma_i-\Delta\sigma)+u'^2(\sigma_i-\Delta\sigma)\right] \tag{2.5.13c}$$

作计算。例如，取 $i=1$，则可计算出 $u(\sigma_2)$，$u'(\sigma_2)$ 与 $a(\sigma_2)$ 的值。

(5) 仿照上一步的计算过程，一直计算到取 $i=n-1$，即得到 σ_n 的值，这里 $\sigma_n\equiv\sigma_{n-1}-\Delta\sigma=\beta-n\Delta\sigma$；如果算出的 $u'(\sigma_n)=0$ 即 $v(\sigma_n)=0$ 则计算停止，这时的 σ_n 就是半锥角 δ_c，并且这时的 $u(\sigma_n)$ 就是锥面速度 $u(\delta_c)$；至此，便得到一个来流 Mach 数 Ma_∞ 半锥角为 δ_c 的锥型流的流场解。

(6) 对于同一个来流 Mach 数 Ma_∞，可以假设不同的 β 值，重复前面的(1)～(5)的过程，便可得到同一个来流 Mach 数 Ma_∞ 绕不同半锥角 δ_c 圆锥的一组解。

(7) 选定另一个 Ma_∞，重复步骤(1)～(6)的过程，又可得到在这个 Mach 数来流下绕不同半锥角圆锥的流场解。

2.6　超声速进气道的激波系以及排气喷管的波系分析

2.6.1　超声速进气道的激波系分析

进气道(或称进气扩压器)的作用是把迎面来流的速度降低,压强提高,把气流均匀地、总压损失尽量小地引入发动机,来满足发动机在各种不同的条件下所需要的空气流量。进气道性能的好坏,除了用总压恢复系数来评定外,还要考虑到进气道是整个飞行器的一个组成部分,因此,还要求进气道的型面有最小的外部阻力,结构简单,质量要小等。

当进气道迎面来流为超声速时,由于超声速气流在减速增压过程中在进气道前面或进气道内要产生激波,因此将引起气流总压的显著降低。所以,在设计超声速进气道时,如何合理地组织激波系以保证进气道总压损失尽量小是非常重要的。按照气流的压缩形式超声速进气道可分为皮托式(Pitot)、外压式、内压式和混压式。图 2.27 给出了几种型式进气道的原理图及其激波系。图中所示为各进气道处于临界工作状态的流动图形。对于皮托式进气道,超声速来流在进口处经正激波突降为亚声速流,而后在内部扩张管道中继续减速增压。对于外压式进气道,超声速来流在进口前经历一系列斜激波,受到超声速压缩,最终在进口处经正激波降为亚声速流。外压式进气道的超声速压缩减速过程发生在口外。对于内压式进气道,超声速气流在口内经一系列激波(或微弱压缩波)减速,最后在喉道附近经正激波降为亚声速。对于混压式进气道则兼有外压式和内压式的特点,超声速压缩部分发生在口外,部分发生在口内。

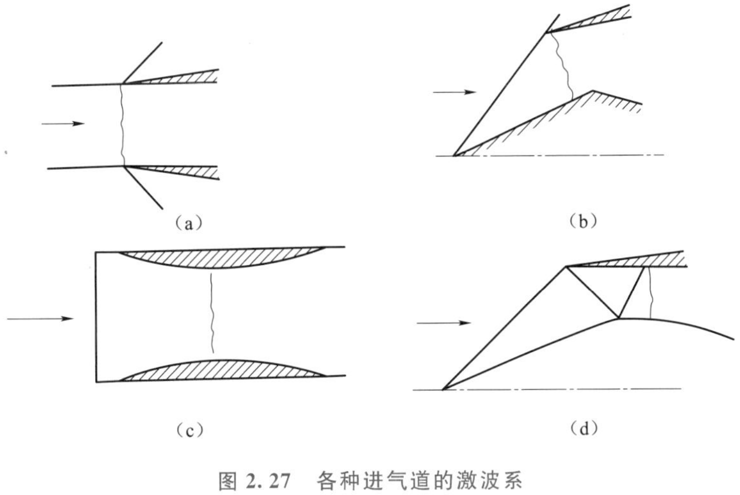

图 2.27　各种进气道的激波系

(a) 皮托式;(b) 外压式;(c) 内压式;(d) 混压式

1. 皮托式进气道

超声速皮托式进气道的形状基本上与亚声速进气道相同。其工作原理是超声速来流直接经正激波降为亚声速流。显然其总压恢复系数是随来流 Mach 数的增大而下降的。当 $Ma_\infty < 1.3$ 时，$\sigma \geqslant 0.94 \sim 0.96$，这时损失不太大；而 $Ma_\infty > 1.6$ 以后，则 σ 下降很快。因此，这种进气道通常仅用于 $Ma_\infty < 1.3$ 的飞机。由于发动机要求的流量不同，进气道存在三种不同的工作状态，如图 2.28 所示。图 2.28(a)表示临界工作状态，流量系数 $\varphi = 1.0$，正激波恰好位于进口处。图 2.28(b)为亚临界工作状态，进口前有脱体激波。与临界工作状态相比，有一部分流量在波后以亚声速溢出口外，$\varphi < 1.0$，有附加阻力或溢流阻力；总压恢复则基本上与临界工作状态相同。图 2.28(c)为超临界工作状态，正激波吸入进口下游的扩张段内，依靠增加损失的办法来满足发动机对流量的要求。这时 $\varphi = 1.0$，无附加阻力，但总压恢复低于临界值。

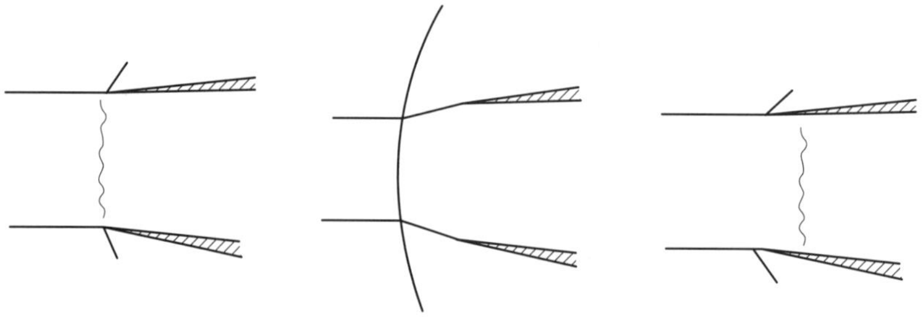

(a)　　(b)　　(c)

图 2.28　皮托式进气道的三种工作状态

(a) 临界工作状态；(b) 亚临界工作状态；(c) 超临界工作状态

2. 外压式进气道

为了克服皮托式进气道在大 Mach 数时损失过大的缺点，外压式进气道使来流先经过斜激波降为 Mach 数较低的超声速气流，然后再经正激波降为亚声速气流。在同样的来流 Mach 数下，外压式进气道的总压恢复系数高于皮托式的。当然外压式进气道的激波总压恢复系数是与斜激波的数目、激波强度的配置有关的。在激波数目一定的条件下，存在着一种最佳的配置，存在着一个最大的总压恢复系数。图 2.29 表示一个单楔二波系外压式进气道的三种工作状态。图中 θ_1 是楔尖和罩唇连线与来流方向的夹角，β 为激波倾斜角。图中所示是 $\beta > \theta_1$(斜激波在罩唇之前)的情形。图 2.29(a)表示临界工作状态，此时正激波位于进口处，$\varphi = \varphi_{max}$(对应于此进气道在给定 Mach 数下的最大流量系数)，在 $\beta > \theta_1$ 时，$\varphi_{max} < 1.0$。这时，在对应于进口捕获面积 A_c 的自由流管中，有部分流量经斜激波溢出口外，因此称为超声速溢流。这时虽有附加阻力，但阻力不大。另外，像皮托式进气道一样，当发动机要求的流量小于或大于临界工作状态的流量时，正激波会被推出口外或吸入口内[图 2.29(b)，图 2.29(c)]，这时便形成了亚临界或超临界工作状态。亚临界工作状态的 $\varphi < \varphi_{max}$，多余的流量以亚声速流的形式溢出口外，称为亚声速溢流，这时

伴随有很大的附加阻力，总压恢复系数则基本上保持与临界值相等。而超临界情况则有 $\varphi=\varphi_{max}$，并且总压恢复系数因正激波的吸入而下降。

图 2.30 给出了 $\beta=\theta_1$、$\beta>\theta_1$ 和 $\beta<\theta_1$ 三种情形，并分别被称为额定、亚额定和超额定工作状态。对于额定和超额定状态，$\varphi_{max}=1.0$；对于亚额定状态，$\varphi_{max}<1.0$。同一个进气道，随着来流 Mach 数增大，激波倾斜角 β 减小，是可以由亚额定变为额定或超额定状态的。随着飞行 Mach 数增大，获得最佳总压恢复的压缩面折角变得很大。为使在进口处产生正激波，外罩内表面必须与压缩面最后的方向平行。这样，外罩表面的倾斜角就很大，产生很大的外罩波阻。这就需要在气动设计时很好的在阻力和总压恢复系数之间进行权衡。

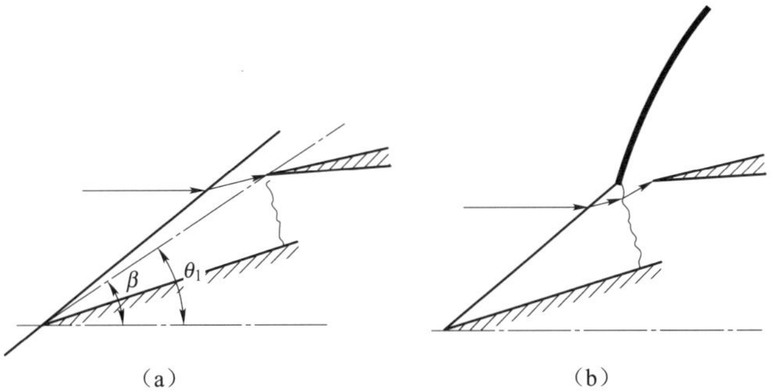

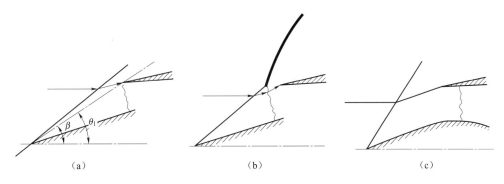

图 2.29　外压式进气道的工作状态

(a) 临界；(b) 亚临界；(c) 超临界

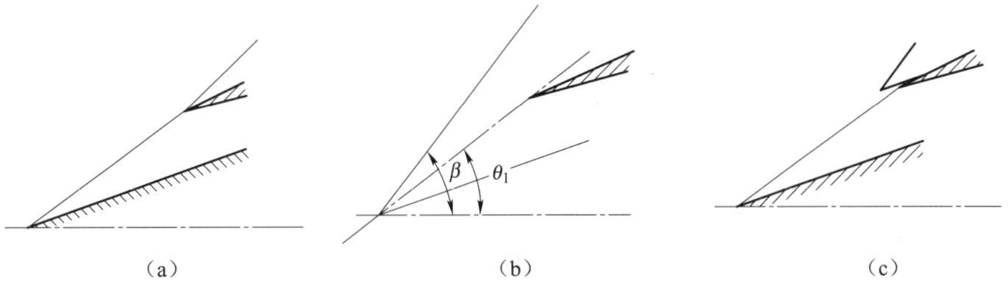

图 2.30　外压式进气道的亚额定、额定和超额定工作状态

(a) $\beta=\theta_1$；(b) $\beta>\theta_1$；(c) $\beta<\theta_1$

3. 内压式进气道

内压式进气道是一个先收缩后扩张的管道。在最理想的情况下，超声速来流直接流入进口，在收缩段内减速，至喉道达到声速，在扩张段内变为亚声速，像一个倒过来的拉瓦尔喷管如图 2.31(a)所示。在此理想情况下，喉道截面积 A_{th} 与进口捕获面积 A_c 之间存在下列关系：

$$A_{th}=q(\lambda_\infty)A_c$$

式中，$q(\lambda)$ 为气动函数；下标 ∞ 表示来流参数。

显然，这个截面积 A_{th} 也是允许自由流直接撞入进口的气流能够由喉道通过的最小面积。在超声速情况，$q(\lambda_{\infty})$ 随 λ_{∞} 减小而增大，因此，为了实现上述理想工作情形，喉道截面积应该是可变的。也就是说当 $\lambda_{\infty}=1.0$ 时，则 $A_{th}=A_{c}$；随着 λ_{∞} 的增大，应该逐渐减小 A_{th}。实际上，要完全实现这种调节是很困难的，一个重要的困难就是所谓的启动问题。内压式进气道的启动问题：如果内压式进气道的喉道面积不可调，例如，喉道面积 A_{th} 取为设计 Mach 数 $Ma_{\infty d}$（对应的速度系数 $\lambda_{\infty d}$），于是当飞行 Mach 数小于 $Ma_{\infty d}$ 时，这个喉道面积就嫌小了，全部自由撞入的流量无法通过，迫使在进口前产生脱体激波，出现亚声速溢流如图 2.31(b)所示。由于激波的存在，波后总压减小，使喉道通过流量的能力下降。这样，即使达到设计 Mach 数 $Ma_{\infty d}$，也不可能将激波吸入进气道，建立起理想的流动状态。因此，为了使内压式进气道在设计 Mach 数 $Ma_{\infty d}$ 时能建立起理想的流动状态，必须加大喉道面积，使进口前有激波的情况下，仍能保证自由撞入的全部流量均能通过喉道。另外，类似于外压式进气道的分析，内压式进气道也有三种工作状态，如图 2.32 所示，这里不作详述。

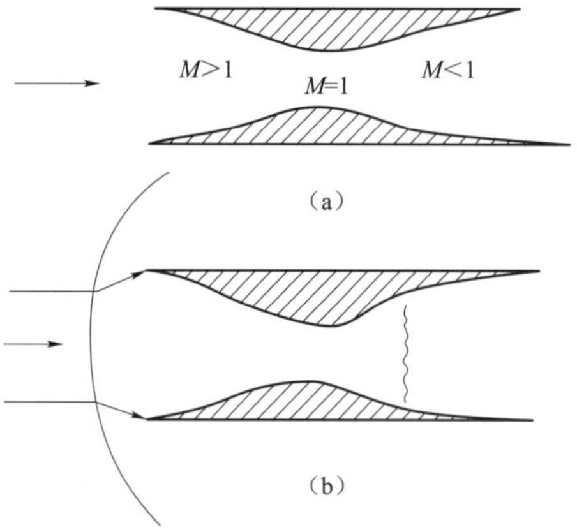

图 2.31 理想的内压式工作状态

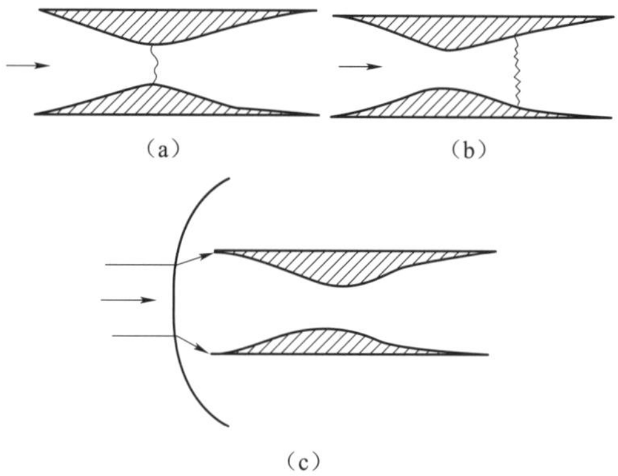

图 2.32 内压式进气道的工作状态

(a) 临界；(b) 超临界；(c) 亚临界

4. 混压式进气道

混压式进气道的含意是既有外压又有内压。采用这种形式是为了减小外压式的外阻，同时又缓和了内压式的启动问题和不利的边界层问题。

图 2.33 为按 $Ma_{\infty}=2.2$ 设计的三个进气道，三道斜激波各使气流折转 8°(接近于最佳折角)。图 2.33(a)为全外压式，全部激波汇交于唇口，罩唇内壁倾斜角为 24°；图 2.33(b)、图 2.33(c)为混压式，图 2.33(b)与图 2.33(c)的罩唇内壁倾斜角分别为 8°与 0°。由于图 2.33(c)的内收缩较图 2.33(b)厉害，启动问题严重。这三种形式的总压恢复系数相同，而混压式的外阻却比外压式小得多。另外，混压式的压缩面较长，边界层较厚，且有部分激波包在进气道内，发生激波的反射和与边界层的相互干扰，对总压恢复和畸变有不利的影响。但与内压式相比，这方面的情况有了改善。特别是混压式减小了进口 Mach 数，大

大地缓和了启动问题。

2.6.2 排气喷管的重要作用及塞式喷管的波系分析

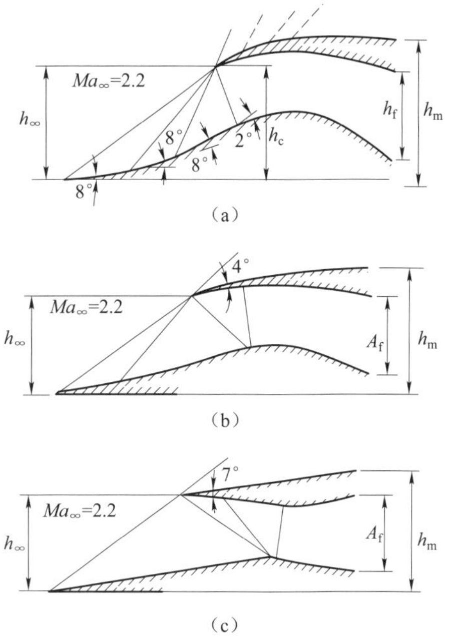

图 2.33　外压式与混压式的比较

排气喷管是推进系统的一个十分重要的部件，一方面通过它把燃气的可用热能转变为喷射动能而产生推力，同时又由于它能对发动机的反压起控制作用，从而控制发动机的工况。因此发动机推力和燃油消耗率受排气喷管性能的影响，较其他部件都大。例如，在超声速飞行和亚声速巡航情况下，喷管效率下降1%时，则发动机净推力将下降约 1.7%。

排气喷管在飞机上的布局对整个飞机外阻和发动机推力的影响都很大。不合理的布局会使喷管推力减小，或使喷管阻力和机身后体阻力增大。这是因为喷管射流与机体外流之间存在相互干扰的缘故。在现代战斗机上，后体阻力占飞机整个阻力的 50%左右，因此喷管/后体的良好一体化设计，对提高飞机性能是十分重要的。另外，垂直起落和短距起落的飞机，同时还要求具有良好的低速和机动性能，这就有必要选用能使推力换向和反向的排气喷管。对当代及下一代先进军用飞机来说，生存力已成为航空设计师必须考虑的一个十分重要的因素，也就是说对隐身技术应该非常重视。而排气喷管是飞机的主要热辐射信号源，因而研制出先进的低红外辐射信号和雷达散射截面的排气喷管，有极为重要的意义。现代飞机，对于噪声控制有着严格要求。因为噪声不仅污染环境，而且降低了飞机的隐蔽性及疲劳强度。而排气噪声是飞机噪声的主要来源，因此排气喷管应该具有抑制噪声的能力。

综上所述，排气喷管应具有满足先进飞机多种要求的能力及良好的喷管/后体一体性，以使整个飞机获得最大性能。目前，可供选用的排气喷管类型有：几何形状固定的喷管（包括简单锥型收敛喷管、大涵道分流喷管、收敛—扩张型喷管）和几何形状可调的喷管（包括收敛—扩张型喷管、非轴对称喷管、塞式喷管，及矩形喷管）等。选用何种型式排气喷管，很大程度上取决于发动机、飞机或弹道的综合考虑。作为喷管波系分析的说明，下面仅以塞式喷管为例。塞式喷管可视为常规收敛—扩张喷管的改型，一般可分为三种基本类型如图 2.34 所示。图 2.34(a)气流的超声速膨胀完全发生在喷管的环形通道内，因此可称为完全内膨胀塞式喷管；图 2.34(b)气流的超声速膨胀部分发生在喷管内部，部分发生在喷口外，因此可称为混合式塞式喷管；图 2.34(c)气流的超声速膨胀完全发生在喷管口外，因此称为完全外膨胀塞式喷管。

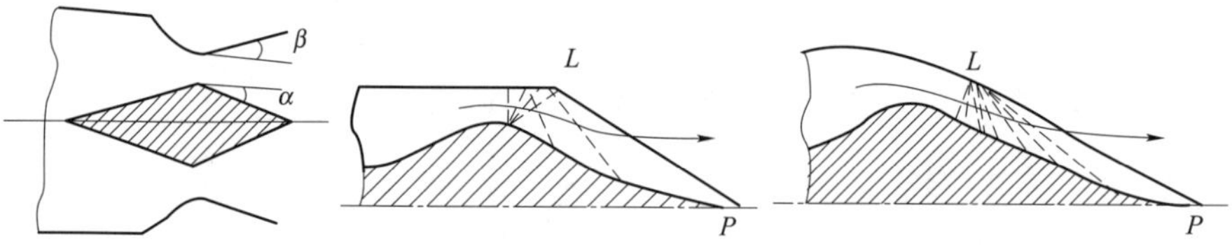

(a)　　(b)　　(c)

图 2.34　三种塞式喷管

(a) 完全内膨胀塞式喷管；(b) 混合式塞式喷管；(c) 完全外膨胀塞式喷管

1. 完全内膨胀塞式喷管

这种喷管是利用中心塞体与喷管锥型外壳间的环形扩张通道产生气流的超声速膨胀，因此在性能上与普通收敛—扩张喷管相似，但它可以把气流的扩张角增大，从而使喷管长度缩短。这种喷管内的气体流动，可以假设为点源，其源点在塞体与喷管外壳壁面延伸后的交点处。

2. 完全外膨胀塞式喷管

这种喷管的喉道呈环形，气流绕喷管外壳唇口膨胀到外界大气压强，气体流动受发自唇口的膨胀波系控制，其转角受塞体型线的约束。喷管外壳唇口与塞体顶尖的相对位置，应正好使排气流发自唇口的最后一道 Mach 线 L_p，落在塞体顶点上。正是因为气流是在塞体表面与外界大气之间进行膨胀，所以它的性能与收敛—扩张喷管的性能有所不同。

3. 混合膨胀塞式喷管

这种喷管，在设计工况下，唇口边射流的压强正好等于外界大气压。塞体顶点的位置正好使唇口边缘和塞体顶点的连线 L_p 成为射流的最后一道 Mach 线。这种喷管的工作状态，常用下面几个压比来规定。

(1) 排气压比，即进入喷管时气流的总压与外界大气压之比。

(2) 设计压比，它对应于喷管出口截面与喉道截面之比，即 A_e/A_{th} 的值。

(3) 内膨胀压比，它对应于外壳唇口处流道截面与喷管喉道截面之比，即 A_i/A_{th} 的值。

正是由于气流流经这种喷管时发生内外膨胀，所以这种喷管兼有完全内膨胀喷管长度较短和完全外膨胀喷管性能较好的优点。

2.7　压气机及涡轮中的激波与膨胀波

在航空发动机的研制中，提高推重比以及尽可能地减小部件尺寸与重量始终是设计师们努力的方向，因此超、跨声速的压气机在航空领域内获得了广泛应用。按照通常的定义，当动叶进口相对 Mach 数沿全部叶高都大于 1.0 时，这时的压气机级称为超声速级；

而只在部分叶高上 $Ma_{w1}>1.0$ 的则称为跨声速级。应该指出，目前实际应用的多为跨声速级，“纯”超声速级的应用较少。对地面燃气轮机来说，情况更是如此。因此，在跨声速级内只是叶顶部分的基元级是超声速的，其余部分还是高亚声速流动。对超声速级来说，可以有三种情况：① 激波在动叶内的超声速级；② 激波在静叶内的超声速级；③ 激波在转子及静子内的超声速级。

图 2.35～图 2.37 分别给出了它们的速度三角形。由这三张图可以看出：第一种情况中，动叶出口相对速度与绝对速度均为亚声速，激波只发生在动叶叶栅的进口部分或槽道内；第二种情况的动叶出口相对速度与绝对速度均为超声速，激波只发生在静叶中；第三种情况动叶出口相对速度是亚声速的，而出口绝对速度是超声速的。因此，静叶进口也是超声速流。这时，激波在动叶和静叶中都有发生。

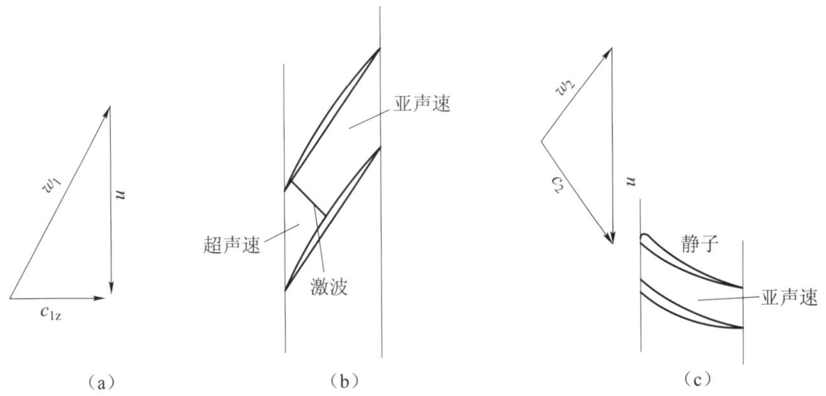

图 2.35　在动叶内含激波的压气机基元级叶栅及其速度三角形

按照超、跨声速级的早期发展经验，上述三种情况中只有第一种获得了应用，其他两种情况由于性能差，效率低而没有得到实际应用。其原因是明显的：在第一种情况下，叶尖部分的动叶叶栅转折角小，叶型薄，比较适合于超声速流动；而在静叶轮毂部分，情况正好相反。因此，本节对超声速叶栅流动的讨论只局限于第一种情况。

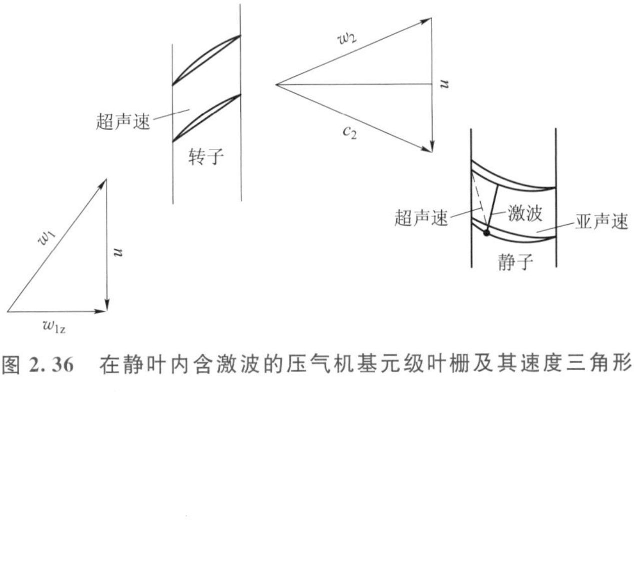

图 2.36　在静叶内含激波的压气机基元级叶栅及其速度三角形

2.7.1 超声速压气机叶栅中的流动

在跨声速压气机的基元级气动设计中，压比高、流道面积变化大，级内径向流动不可忽略，再加上激波的存在、激波与边界层的相互作用等，因此三维流动显著，超声速平面叶栅的试验数据已不再适于跨声速或超声速压气机中基元级的设计，所以弄清楚超声速叶栅的流动图像十分必要。

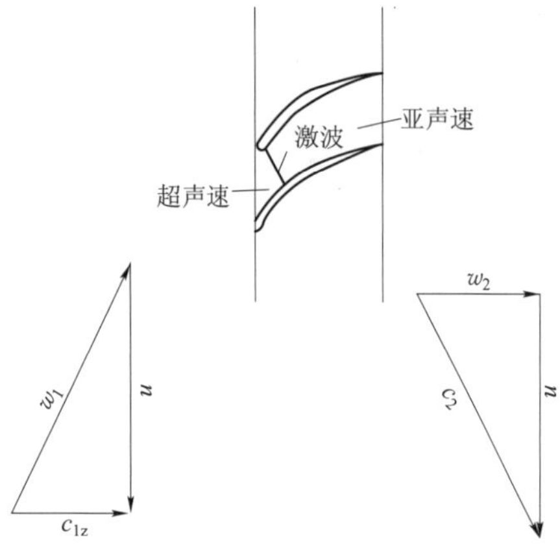

图 2.37 在动叶及静叶内含激波的压气机基元级叶栅及其速度三角形

1. 高亚声速进气时激波的形成与发展

为了便于叙述，首先研究进气为高亚声速时的激波形成过程。假设进气总压不变，仅仅改变叶栅出口的压力。由于叶背曲率的存在，沿叶背表面的气流被加速而达到声速，然后再经过一束膨胀波，变成超声速。这样，就产生了一个超声速区。由于叶背产生的扰动随着远离叶型而逐渐减弱，这个超声速区将随着离开叶型而逐步过渡到均匀的亚声速区。这个超声速区域有一条声速线作为其边界，如图 2.38 所示。在声速线的下游，在叶背上经过一系列膨胀波，气流进一步加速。然后这些膨胀波在等压线上(如在声速线上)进行反射，形成一系列压缩波(异类反射)。这些压缩波又各自在叶片壁面上进行反射(同类反射)，并收敛到一起形成一个一定强度的激波且与声速线连成一体，如图 2.38 及图 2.39 所示。

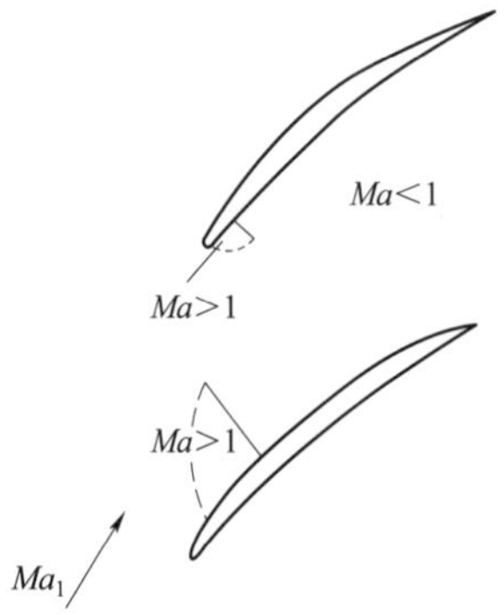

图 2.38 跨声速叶栅内的流动

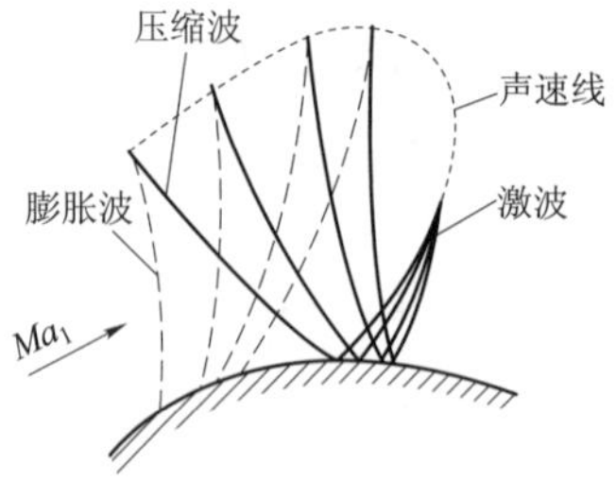

图 2.39 激波的形成

当进口 Mach 数 Ma_1 继续加大时，激波会扩展到槽道的整个截面，并移向叶片尾缘。当然，这时的激波外形是与叶栅的稠度、叶型安装角、叶片的厚度等几何参数有关。图 2.40 给出了同一个叶栅当进口 Mach 数增加时激波形成的情况。

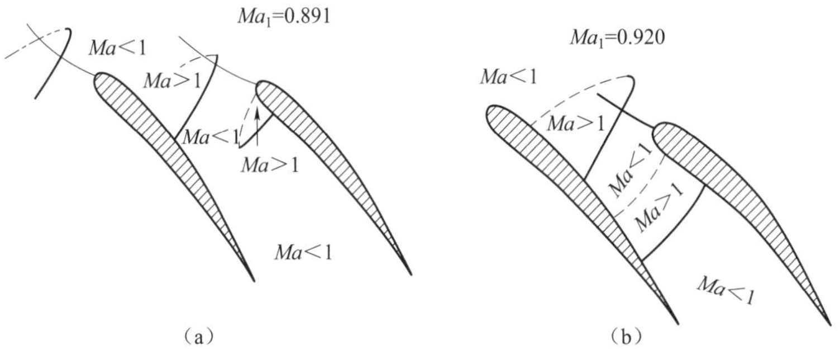

图 2.40　槽道激波的形成

2. 低超声速进气时的激波形状

低超声速的确切含义:进气速度的轴向分速小于当地声速。在这种条件下,叶栅前缘产生的波系能够传播到叶栅的上游,因而能改变进口流场的状态。当 Mach 数略大于 1 时,叶片构成的扰动在叶片的前缘附近产生一道脱体激波。如果 Ma_{w1} 继续增加,则脱体激波可以向附体激波转化,如图 2.41 所示。当 Ma_{w1} 接近 1.15～1.20 时,脱体波已大致附着于叶片前缘。在低超声速进口的条件下,叶片进口区的激波组成与叶片前缘型线有密切联系。在实际应用中有下列三种情形:①叶背前段为外凸曲线,②叶片前段为直线,③叶背前段为内凹曲线。图 2.42～图 2.44 给出了三种情况下的激波构成。

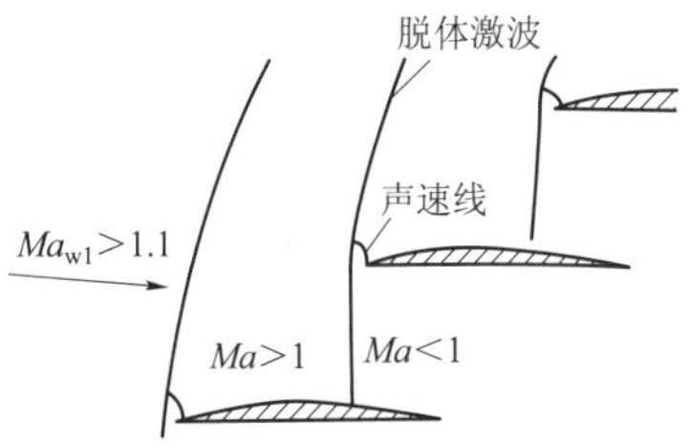

图 2.41　栅前 Ma_{w1} = 1.1 时的流场及激波

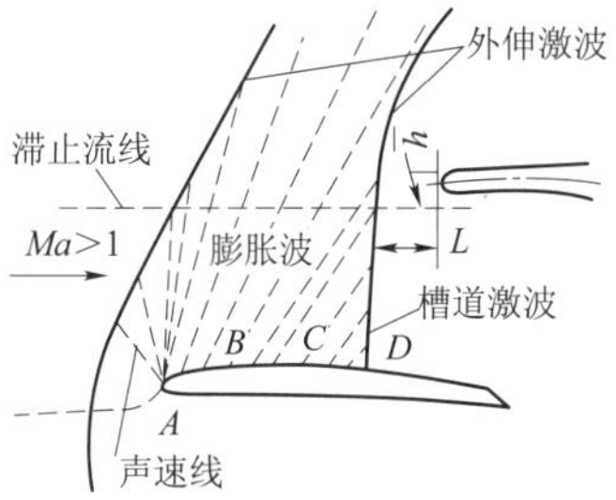

图 2.42　双圆弧叶型叶栅前的激波系

由图 2.42 可以看出,在第一种情况下,前缘激波可以分为上下两段:上段一直伸向叶栅的左上方,常称为外伸激波,它接近一道斜激波;下段伸向相邻叶片的叶背,在低超声速时,它相当接近于一道正激波,可称为槽道激波。槽道激波之后气流为亚声速,由于叶背型线是外凸的,因而发射出超声速膨胀波(Mach 波)。由型线上 AB 段(不包括 B 点)发出的膨胀波与同一叶片前缘产生的外伸激波相交,使其强度减弱并后弯。由 BC 段发射的膨胀波则与邻近一个叶片产生的激波相交,使其强度减弱。由 B 点发射的膨胀波(用虚线表示)则不与任何外伸激波相交,它称为中性 Mach 波。它表明:在叶型 B 点的切线方向是均匀进口气流在无限远处的流动方向。另外,由 C 点发射的膨胀波落在脱体激波与滞止流线(通过叶片前缘驻点的流线)的交点上。这道膨胀波称为第一道吞入的 Mach 波。由 CD 段发射的膨胀波只与邻近叶片的槽道激波相交。D 点是槽道激波前当地 Mach

数为最高之点，因此，这点的激波强度最大。如果 Ma_{w1} 继续提高，而压比 p_2/p_1 不变，则叶片前的脱体激波向附体激波转化。第二种情况下的波系与第一种情况的波系相似，但由于叶型背弧前段为直线，因而在背弧上不发射膨胀波。所以槽道激波前的 Mach 数在相同 Ma_{w1} 条件下应比第一种情况的低些，如图 2.43(a)所示。在 Ma_{w1} 进一步增加时，脱体激波将会转化为附体激波，如图 2.43(b)所示，来流方向平行于叶型背弧的直线段。由于内弧段直线与背弧段直线有一夹角，所以，在内弧前缘处一定会产生一斜激波，以便使气流方向改变成为与内弧直线段平行。另外，还有一道激波，其大小和位置与背压 p_2 直接有关。对第三种情况（叶片前缘叶背部分为内凹形曲线）来说，气流在前缘周围产生加速，接着在凹面上连续发生压缩波而使气流减速。这些压缩波则在叶背等处汇集成为激波向左上方伸展。由于这组压缩波使超声速气流扩压减速，减小了这个斜激波前的气流 Mach 数，所以损失也就降低了，如图 2.44 所示。

这里必须强调，以上各种情况下激波与膨胀波（或压缩波）的相互作用是保证叶片进口状态周期性的必要条件。

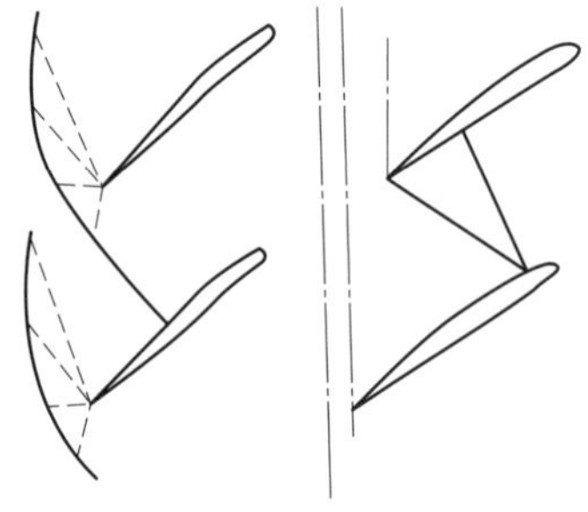
（a）　　（b）

图 2.43　直线进口段叶型的栅前激波系

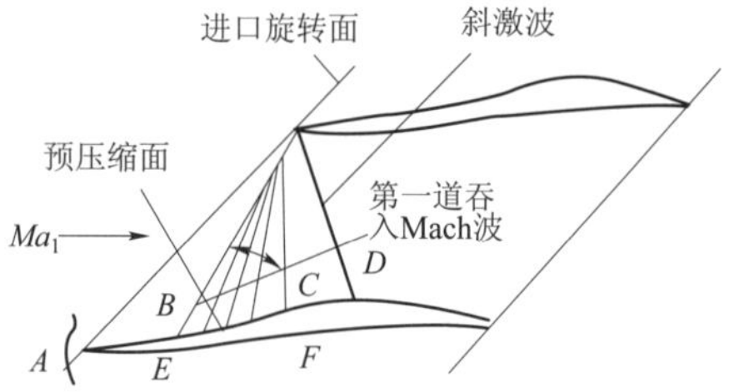

图 2.44　预压缩叶型栅前激波系

正如上面所叙述，从本叶片及相邻叶片上发出的膨胀波与外伸激波相遇，使它的强度逐渐衰减。当外伸激波延伸到无限远处时就变成一道 Mach 波。实验与理论计算都已证实：这种衰减是十分迅速的。因此，对某个流道而言，通常可以仅考虑本身叶片产生的外伸激波以及相邻的叶片所发出的槽道激波。对叶栅激波损失来说，槽道激波起主要作用。因为它本身强度大（因而阻力大），而且它直达下一叶片的叶背，从而引起激波与该叶片叶背上边界层的相互作用，使损失急剧增加。为了减小超声速叶栅的损失，就有必要降低槽道激波前的 Mach 数。由于叶型背面 D 点上 Mach 数为最高，所以，该处激波的强度最大并且与当地边界层的相互作用也最剧烈。所以，D 点上 Mach 数的控制是一个重要的设计问题。第二、三种情况中叶背前部采用直线或内凹形曲线，因此是减小 D 点 Mach 数的一种处理措施。

如果减小栅后背压 p_2 值，则激波就向叶片前缘接近。同时，根据叶型与来流迎角的不同，在叶盆前缘也有可能出现激波，如图 2.45(a)所示。如果再进一步发展，气流可以在喉部截面处达到声速，产生于叶盆的激波也会贯穿于整个槽道而向下游移动，造成很大的损失，如图 2.45(b)所示。

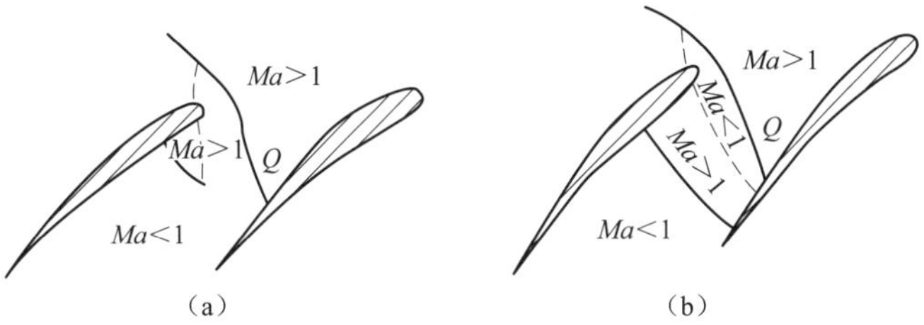

图 2.45　槽道内激波系的形成

如果不发生前面所说的阻塞现象，那么，进一步倾斜的槽道激波与叶盆产生的激波连接在一起形成了 λ 形。如果栅后背压 p_2 相当低，则槽道激波变成斜激波并且在背面上反射，如图 2.46 所示。

如果提高进口 Mach 数 Ma_{w1} 直到它的轴向分量等于或大于 1，这时激波的前伸部分就不会传播到叶栅的上游而是进入叶片槽道内部并被反射，如图 2.47 所示。

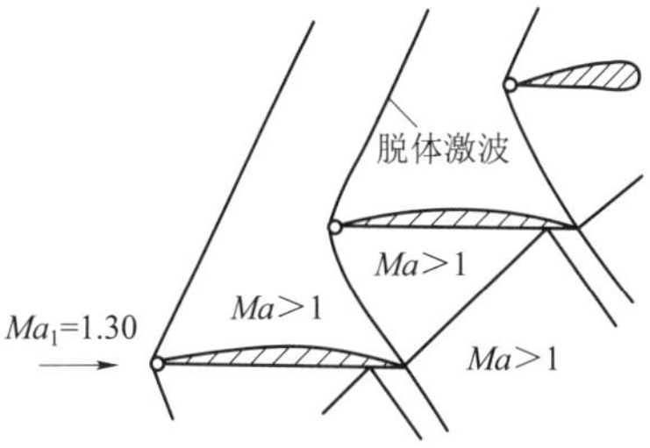

图 2.46　$Ma_{w1}=1.3$ 时双圆弧叶栅内的激波系

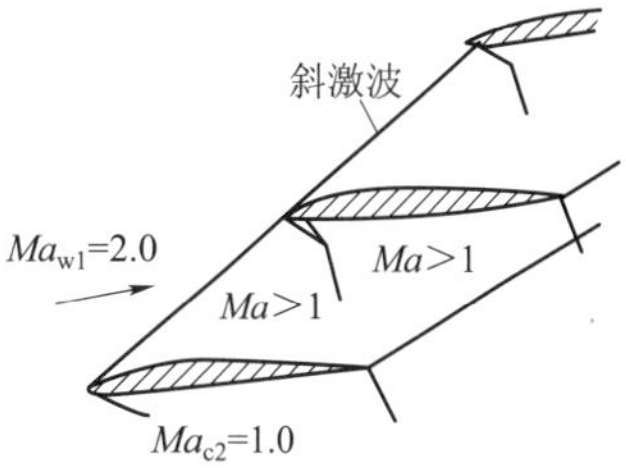

图 2.47　$Ma_{w1}=2.0$ 时的激波系

从上面的讨论可以看出：叶栅激波与膨胀波所组成的波系结构不同于孤立翼型，它比机翼绕流的确复杂得多。叶栅的激波形状不仅与叶栅本身几何参数有关，而且还与进口相对 Mach 数 Ma_{w1}、叶栅的压比等有关。正由于这些问题的复杂性，才促使了叶轮机械气动热力学研究的不断发展与完善。

2.7.2　任意回转面叶栅超声速进口流场中唯一进气角的确定

叶栅绕流存在着周期性条件；对于进气轴向 Mach 数小于 1 的超声速来流，还存在着唯一进气角的条件；这是叶栅超声速进口流场计算中最为关注的两大条件。

1. 相对坐标系下沿任意流面流动的基本方程组

今考虑以等角速度 ω 旋转的相对坐标系并在这个坐标系中选取一个流面(动坐标系固连在该流面上)。假设气体沿流面的运动是定常的，气体是无黏的、可压缩的完全气体，于是连续方程、动量方程和能量方程简化为：

$$\nabla \cdot (\rho \boldsymbol{W}) = 0 \tag{2.7.1a}$$

$$\boldsymbol{W}\times(\nabla\times\boldsymbol{V})=\boldsymbol{W}\times(\nabla\times\boldsymbol{W})-2\omega\times\boldsymbol{W}=\nabla I-T\nabla S \tag{2.7.1b}$$

$$\frac{\mathrm{d}I}{\mathrm{d}t}=\boldsymbol{W}\cdot\nabla I=0 \tag{2.7.1c}$$

式中，$\boldsymbol{W}$,$\boldsymbol{V}$,ρ,I 与 S 分别为相对速度，绝对速度，密度，转子焓与熵。

令 (x^1,x^2) 为流面上的 Gauss(高斯)坐标，令该流面的法向测地线为 x^3，取 m 为法向测地线的弧长，取 $x^3=m$，于是 (x^1,x^2,x^3) 构成了半测地坐标系(为右手系)。这个坐标系度量张量的重要特点为：

$$\begin{cases} g_{3\alpha}=g_{\alpha3}=0 \quad (\alpha=1,2) \\ g_{33}=1, g^{33}=1 \\ g^{3\alpha}=g^{\alpha3}=0 \quad (\alpha=1,2) \end{cases} \tag{2.7.2a}$$

考虑到气体沿流面的运动，于是还有：

$$w^3=0, w_3=0 \tag{2.7.2b}$$

设圆柱坐标系 (r,φ,z) 也固连于该流面上，并假设该流面可以表示为下面形式的参数方程：

$$x^{i'}=x^{i'}(x^1,x^2) \quad (\bar{c}=1,2,3)$$

式中，$x^{1'}=r, x^{2'}=\varphi, x^{3'}=z$；$(x^1,x^2)$ 为曲面的 Gauss 坐标。

于是，在该流面上采用 (x^1,x^2,x^3) 坐标系时的度量张量为：

$$\begin{aligned} g_{\alpha\beta}&=\frac{\partial x^{1'}}{\partial x^\alpha}\frac{\partial x^{1'}}{\partial x^\beta}+r^2\frac{\partial x^{2'}}{\partial x^\alpha}\frac{\partial x^{2'}}{\partial x^\beta}+\frac{\partial x^{3'}}{\partial x^\alpha}\frac{\partial x^{3'}}{\partial x^\beta} \\ &=\frac{\partial r}{\partial x^\alpha}\frac{\partial r}{\partial x^\beta}+r^2\frac{\partial \varphi}{\partial x^\alpha}\frac{\partial \varphi}{\partial x^\beta}+\frac{\partial z}{\partial x^\alpha}\frac{\partial z}{\partial x^\beta} \quad (\alpha,\beta=1,2) \end{aligned} \tag{2.7.2c}$$

在 (x^1,x^2,x^3) 坐标系下，令 $\boldsymbol{e}_1$,$\boldsymbol{e}_2$,$\boldsymbol{e}_3$ 为坐标系的基矢量，于是旋转角速度 ω［假设旋转轴为柱坐标系 (r,φ,z) 中的 z 轴］的逆变分量 ω^3 为：

$$\omega^3=\frac{\omega r}{\sqrt{g}}\frac{\partial(r,\varphi)}{\partial(x^1,x^2)} \tag{2.7.2d}$$

式中，$\dfrac{\partial(r,\varphi)}{\partial(x^1,x^2)}$ 为函数行列式；g 为在 (x^1,x^2,x^3) 坐标系中由 g_{ij} 组成行列式的值。由于 (x^1,x^2,x^3) 为半测地坐标系，所以有：

$$g=g_{11}g_{22}-g_{12}g_{12}=g_{11}g_{22}\sin^2\theta \tag{2.7.2e}$$

式中，θ 为基矢量 $\boldsymbol{e}_1$ 与 $\boldsymbol{e}_2$ 间的夹角。

相对速度 $\boldsymbol{W}$ 为：

$$\boldsymbol{W}=w_\alpha\boldsymbol{e}^\alpha=w^\alpha\boldsymbol{e}_\alpha \quad (\alpha=1,2) \tag{2.7.2f}$$

将式(2.7.2f)代入式(2.7.1a)，并由式(2.7.2a)与式(2.7.2b)，得到：

$$\frac{\partial}{\partial x^\alpha}(\rho w^\alpha\sqrt{g})+\rho\sqrt{g}\frac{\partial w^3}{\partial x^3}=0 \tag{2.7.3a}$$

引进积分因子 $\tau(x^\alpha)$，使下式成立：

$$w^{\alpha}\frac{\partial \ln \tau}{\partial x^{\alpha}}=\frac{\partial w^{3}}{\partial x^{3}}\quad(\alpha=1,2) \tag{2.7.3b}$$

将式(2.7.3b)代入式(2.7.3a)可得：

$$\frac{\partial}{\partial x^{\alpha}}(\rho\tau w^{\alpha}\sqrt{g})=0\quad(\alpha=1,2) \tag{2.7.3c}$$

由式(2.7.3c)便可定义流函数 ψ，使其满足：

$$\begin{cases}\dfrac{\partial\psi}{\partial x^{1}}=-\rho\tau w^{2}\sqrt{g}\\[2ex]\dfrac{\partial\psi}{\partial x^{2}}=\rho\tau w^{1}\sqrt{g}\end{cases} \tag{2.7.3d}$$

由此不难验证如下等式成立：

$$(\tau\rho W)^{2}=(\nabla\psi)\cdot(\nabla\psi)=g^{\alpha\beta}\frac{\partial\psi}{\partial x^{\alpha}}\frac{\partial\psi}{\partial x^{\beta}}\quad(\alpha,\beta=1,2) \tag{2.7.4}$$

式中，τ 为流面的法向厚度(又称流片的法向厚度)[64,7]。

另外，将式(2.7.2a)、式(2.7.2b)用于式(2.7.1b)后变为：

$$\begin{vmatrix}\boldsymbol{e}^{1} & \boldsymbol{e}^{2} & \boldsymbol{e}^{3}\\ w^{1} & w^{2} & 0\\ -\dfrac{\partial w_{2}}{\partial x^{3}} & \dfrac{\partial w_{1}}{\partial x^{3}} & \dfrac{\partial w_{2}}{\partial x^{1}}-\dfrac{\partial w_{1}}{\partial x^{2}}\end{vmatrix}-2\sqrt{g}\begin{vmatrix}\boldsymbol{e}^{1} & \boldsymbol{e}^{2} & \boldsymbol{e}^{3}\\ \omega^{1} & \omega^{2} & \omega^{3}\\ w^{1} & w^{2} & 0\end{vmatrix}$$

$$=\left[\frac{\partial I}{\partial x^{1}}-T\frac{\partial S}{\partial x^{1}},\frac{\partial I}{\partial x^{2}}-T\frac{\partial S}{\partial x^{2}},\frac{\partial I}{\partial x^{3}}-T\frac{\partial S}{\partial x^{3}}\right]\begin{bmatrix}\boldsymbol{e}^{1}\\ \boldsymbol{e}^{2}\\ \boldsymbol{e}^{3}\end{bmatrix} \tag{2.7.5a}$$

将式(2.7.5a)两边点乘 $\boldsymbol{e}_2$ 便得到：

$$\left(\frac{\partial w_{1}}{\partial x^{2}}-\frac{\partial w_{2}}{\partial x^{1}}\right)-2\sqrt{g}(\omega^{3})=\frac{1}{w^{1}}\left(\frac{\partial I}{\partial x^{2}}-T\frac{\partial S}{\partial x^{2}}\right) \tag{2.7.5b}$$

式中，ω^3 由式(2.7.2d)给出。

同样的将式(2.7.2a)、式(2.7.2b)用于式(2.7.1c)后变为：

$$w^{\alpha}\frac{\partial I}{\partial x^{\alpha}}=0\quad(\alpha=1,2) \tag{2.7.6a}$$

另外，对于反映熵增的关系式在气体定常、绝热、无黏的条件下也简化为：

$$\boldsymbol{W}\cdot\nabla S=0 \tag{2.7.6b}$$

或者：

$$w^{\alpha}\frac{\partial S}{\partial x^{\alpha}}=0 \tag{2.7.6c}$$

因此，式(2.7.3c)、式(2.7.5a)、式(2.7.6a)及式(2.7.6c)便构成了相对坐标系下气体沿任意流面流动的基本方程组，它常称为叶轮机械吴仲华基本方程组(简称吴氏方程组)。这组方程已被广泛地用于 S_1 与 S_2 流面的无黏计算。如果考虑黏性，则吴氏方程为[80]：

$$\frac{\partial\rho}{\partial t}+\nabla\cdot(\rho\boldsymbol{W})=0 \tag{2.7.7a}$$

$$\frac{\partial\boldsymbol{W}}{\partial t}-\boldsymbol{W}\times(\nabla\times\boldsymbol{V})=-\nabla I+T\nabla S+\frac{1}{\rho}\nabla\cdot\boldsymbol{\Pi} \tag{2.7.7b}$$

$$\frac{\mathrm{d}I}{\mathrm{d}t}=\frac{1}{\rho}\frac{\partial p}{\partial t}+\dot{q}+\frac{1}{\rho}\nabla\cdot(\Pi\cdot\boldsymbol{W}) \tag{2.7.7c}$$

$$T\frac{\mathrm{d}S}{\mathrm{d}t}=\dot{q}+\frac{\phi}{\rho} \tag{2.7.7d}$$

式中，ϕ 为耗散函数；Π 为黏性应力张量。

应当指出：上述方程组在研究三维流动时含有 6 个标量方程，但仅有五个方程独立。事实上，只要将能量方程式两边点乘 $\boldsymbol{W}$ 便可得到：

$$\boldsymbol{W}\cdot\frac{\partial\boldsymbol{W}}{\partial t}=-\boldsymbol{W}\cdot\nabla I+T\boldsymbol{W}\cdot\nabla S+\frac{1}{\rho}\boldsymbol{W}\cdot(\nabla\cdot\Pi) \tag{2.7.8a}$$

注意：热力学 Gibbs（吉布斯）关系与转子焓定义，又可得到：

$$\frac{\partial h}{\partial t}-\frac{1}{\rho}\frac{\partial p}{\partial t}=T\frac{\partial S}{\partial t} \tag{2.7.8b}$$

$$\frac{\partial I}{\partial t}+\boldsymbol{W}\cdot\nabla I=\frac{\partial h}{\partial t}+\boldsymbol{W}\cdot\frac{\partial\boldsymbol{W}}{\partial t}+\boldsymbol{W}\cdot\nabla I \tag{2.7.8c}$$

式中，h 为静焓。

将式(2.7.8a)、式(2.7.8b)与式(2.7.8c)三式相加便得到式(1.2.21c)，这表明由式(1.2.21a)、式(1.2.21c)、式(1.2.22)与式(1.2.24)所包含的 6 个方程中仅有 5 个是相互独立的。同样地对于无黏流动，如果将 $\boldsymbol{W}$ 点乘式(2.7.1b)的两边便得到：

$$\boldsymbol{W}\cdot\nabla I-T\boldsymbol{W}\cdot\nabla S=0 \tag{2.7.8d}$$

显然，式(2.7.8d)减去式(2.7.1c)就可得到式(2.7.6b)。这也就是说由式(2.7.1c)、式(2.7.1a)与式(2.7.6b)所包含的 6 个标量方程（一个连续方程、三个方向的运动方程、一个能量方程和一个熵方程）中仅有 5 个是相互独立的。在实际计算中，可以使用一个连续方程、两个方向上的运动方程、一个能量方程和一个熵方程作为 5 个独立的方程。当然也可以使用由式(1.2.21a)、式(1.2.21b)和式(1.2.21c)所组成的基本方程组。

2. 任意回转流面上的 Gauss 坐标

作为任意流面的特例，这里讨论任意回转流面。仍像上面叙述的那样，取 (x^1,x^2,x^3) 固连在以等角速度 ω 旋转的流面上。这里 x^1，x^2 张在流面上，它们是流面的 Gauss 坐标，x^3 沿半测地线方向，因此 (x^1,x^2,x^3) 仍为半测地坐标系，这时式(2.7.2a)、式(2.7.2c)、式(2.7.2d)与式(2.7.2e)仍然适用。因为任意回转面为流面，当然有式(2.7.2b)成立。如果令 l 为任意回转面的子午母线（又称子午流线），φ 沿周向为圆周角坐标；于是取 $x^1=l$，$x^2=\varphi$，则由 (l,φ,x^3) 所构成的半测地坐标系为正交曲线坐标系，在这个坐标系中度量张量为：

$$\begin{cases}\sqrt{g_{11}}=1,\sqrt{g_{22}}=r,\sqrt{g^{11}}=1,\sqrt{g^{22}}=\dfrac{1}{r}\\ g_{ij}=0 \quad (i\neq j)\\ g^{ij}=0 \quad (i\neq j)\\ g^{33}=1,g_{33}=1\end{cases} \tag{2.7.9}$$

设回转面母线的参数方程为：

$$r=r(l),z=z(l)$$

式中，l 为母线的弧长。

于是在 (l,φ,x^3) 这个坐标系中 ω^3 与 g 分别变为：

$$\omega^3=\omega\frac{\mathrm{d}r}{\mathrm{d}l}=\omega\sin\sigma \tag{2.7.10}$$

$$g=(r)^2 \tag{2.7.11}$$

式中，σ 为子午母线与轴线方向的夹角。

应当指出，张在任意回转面上 Gauss 坐标 (x^1,x^2) 的曲线有多种形状，它们可以是正交的，也可以是非正交的。文献[72]是国内在 S_1 流面上使用非正交曲线坐标的典型文献，文献[74]求解了 S_1 流面上含分流叶栅或串列叶栅的流场，并且使用了非正交贴体曲线坐标系，可供感兴趣的读者进一步阅读。

3. 旋转流面上超声速流动基本方程组的特征分析

假设在以等角速度 ω 旋转的相对坐标系中，流面上的气体作定常流动，并假设该气体是无黏、无热传导、无外加热，忽略了气体彻体力的完全气体。因此，由连续方程、运动方程和能量方程所组成的基本方程组在三维欧几里德(Euclidean)空间中为：

$$\boldsymbol{\nabla}\cdot(\rho\boldsymbol{W})=0 \tag{2.7.12a}$$

$$(\boldsymbol{\nabla}\times\boldsymbol{V})\times\boldsymbol{W}+\boldsymbol{\nabla}\frac{(W)^2}{2}-\boldsymbol{\nabla}\frac{(\omega r)^2}{2}=-\frac{1}{\rho}\boldsymbol{\nabla}p \tag{2.7.12b}$$

$$\boldsymbol{V}\cdot(\boldsymbol{\nabla}h)-\frac{\boldsymbol{V}\cdot(\boldsymbol{\nabla}p)}{\rho}=0 \tag{2.7.12c}$$

式中，h 为焓，它是压强 p 与密度 ρ 的函数。

因此，式(2.7.12c)又可写为：

$$\left(\frac{\partial h}{\partial\rho}\right)_p\boldsymbol{V}\cdot(\boldsymbol{\nabla}\rho)+\left[\left(\frac{\partial h}{\partial p}\right)_\rho-\frac{1}{\rho}\right]\boldsymbol{V}\cdot(\boldsymbol{\nabla}p)=0 \tag{2.7.13a}$$

使用热力学函数很容易得到：

$$a^2=\frac{-\left(\dfrac{\partial h}{\partial\rho}\right)_p}{\left[\left(\dfrac{\partial h}{\partial p}\right)_\rho-\dfrac{1}{\rho}\right]} \tag{2.7.13b}$$

于是式(2.7.13a)变为：

$$a^2\boldsymbol{V}\cdot\boldsymbol{\nabla}\rho-\boldsymbol{V}\cdot\boldsymbol{\nabla}p=0 \tag{2.7.13c}$$

注意：绝对运动为定常流、相对运动也为定常流动的假设，式(2.7.13c)又可变为：

$$a^2\boldsymbol{W}\cdot\nabla\rho-\boldsymbol{W}\cdot\nabla p=0 \tag{2.7.13d}$$

于是，由式(1.2.21a)、式(2.7.12b)和式(2.7.13d)所组成的关于 $\rho,\boldsymbol{W},p$ 方程组为进行相对流面上超声速流动特征分析时所使用的基本方程组，在三维欧几里德空间中为：

$$\begin{cases}\nabla\cdot(\rho\boldsymbol{W})=0\\(\nabla\times\boldsymbol{V})\times\boldsymbol{W}+\dfrac{1}{\rho}\nabla p+\nabla\dfrac{(\boldsymbol{W})^2}{2}=\nabla\dfrac{(\omega r)^2}{2}\\\boldsymbol{W}\cdot\nabla p-a^2W\cdot\nabla\rho=0\end{cases} \tag{2.7.14}$$

由于流面为任意回转面，因此取 $x^1=l,x^2=\varphi,x^3$ 沿流面的半测地线方向，x^1 与 x^2 张在流面上，并且注意到：

$$\begin{cases}w^1=W_l\\w^2=\dfrac{W_\varphi}{r}\end{cases} \tag{2.7.15a}$$

式中，W_l 与 W_φ 分别为 $\boldsymbol{W}$ 沿 l 与 φ 方向的物理分速度；w^1 与 w^2 为相应的逆变分速度。

在坐标系 (x^1,x^2,x^3) 下将式(2.7.14)在流面上作展开，并注意引进流面法向厚度 τ，于是 l 与 φ 方向的运动方程、能量方程和连续方程可表示为：

$$\begin{cases}W_l\dfrac{\partial W_l}{\partial l}+\dfrac{W_\varphi}{r}\dfrac{\partial W_l}{\partial\varphi}+\dfrac{1}{\rho}\dfrac{\partial p}{\partial l}=b_1\\W_l\dfrac{\partial W_\varphi}{\partial l}+\dfrac{W_\varphi}{r}\dfrac{\partial W_\varphi}{\partial\varphi}+\dfrac{1}{\rho}\dfrac{\partial p}{r\partial\varphi}=b_2\\W_l\dfrac{\partial\rho}{\partial l}+W_\varphi\dfrac{\partial\rho}{r\partial\varphi}-\dfrac{W_l}{a^2}\dfrac{\partial p}{\partial l}-\dfrac{W_\varphi}{a^2}\dfrac{\partial p}{r\partial\varphi}=0\\r\tau W_l\dfrac{\partial\rho}{\partial l}+\tau W_\varphi\dfrac{\partial\rho}{\partial\varphi}+r\tau\rho\dfrac{\partial W_l}{\partial l}+\rho\tau\dfrac{\partial W_\varphi}{\partial\varphi}=b_3\end{cases} \tag{2.7.15b}$$

式中，b_1,b_2,b_3 分别为相应式子展开整理后等号右边项。

设 λ 为方程组式(2.7.15b)所对应的特征方程的特征根，该特征根有四个，它们分别为[39,7]：

$$\lambda_1=\lambda_2=\frac{W_\varphi}{rW_l} \tag{2.7.16a}$$

$$\lambda_3=\frac{1}{r}\tan(\beta-\mu) \tag{2.7.16b}$$

$$\lambda_4=\frac{1}{r}\tan(\beta+\mu) \tag{2.7.16c}$$

式中，μ 与 β 分别为 Mach 角与气流角(图 2.48)；r 为回转面半径。

因此回转面上的特征线方程为：

$$r\frac{\mathrm{d}\varphi}{\mathrm{d}l}=\tan(\beta\mp\mu) \tag{2.7.17}$$

在特征线上必须满足的相容性关系为：

$$\frac{d\beta}{\sin\mu\cos\mu} \mp \frac{dp}{\gamma p} \mp \frac{\cos\beta}{\cos\mu\cos(\beta\mp\mu)} d\ln(\tau r) + \frac{\tan(\beta\mp\mu)}{\sin\mu\cos\mu} \frac{\omega^2 r}{(W)^2} dr + \frac{\left(\frac{W_\varphi}{r} + 2\omega\right)}{W\sin\mu\cos(\beta\mp\mu)} dr = 0 \qquad (2.7.18)$$

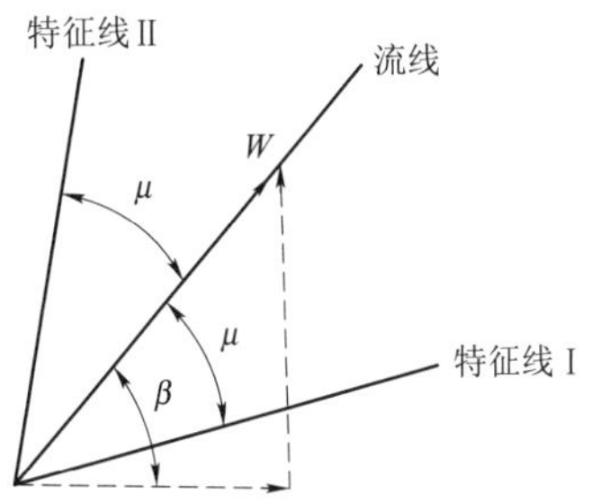

图 2.48　物理面特征线

注意：

$$\frac{dp}{\rho} + \frac{1}{2} d(W)^2 - \omega^2 r dr = dI - TdS \qquad (2.7.19)$$

将式(2.7.19)代入式(2.7.18)，消去 $\frac{dp}{p}$ 项后得到：

$$\tan\mu d\beta \pm \frac{dW}{W} \mp \frac{dI - TdS}{(W)^2} \mp \frac{\sin^2\mu\cos\beta}{\cos\mu\cos(\beta\mp\mu)} d\ln(\tau r) + \frac{\sin\mu}{W\cos(\beta\mp\mu)} \cdot \left(\frac{W_\varphi}{r} + 2\omega\right) dr \mp \frac{\omega^2 r\cos\beta}{W^2\cos\mu\cos(\beta\mp\mu)} dr = 0 \qquad (2.7.20a)$$

式中，I 与 S 分别为转子焓与熵。

式(2.7.20a)就是任意回转流面上沿特征线(其中包括第 I 族和第 II 族特征线)的相容性方程，这个方程在特征线计算中要经常使用。特别是对于平面叶栅，此时 $dr = 0$，并假设流片厚度 $\tau = 1$，假设全场均 I(转子焓不变)，于是式(2.7.20a)可简化为：

$$\frac{1}{W}\left(\frac{dW}{d\beta}\right)_{\mathrm{I,II}} = \mp \tan\mu - \frac{\sin^2\mu}{\gamma} \frac{d}{d\beta}(S/R) \qquad (2.7.20b)$$

式中，γ 为比热比；R 为气体常数。

当然，对于平面叶栅如果选取 x，y 为笛卡儿坐标系，则式(2.7.17)可简化为：

$$\left(\frac{dy}{dx}\right)_{\mathrm{I,II}} = \tan(\beta\mp\mu) \qquad (2.7.21)$$

式(2.7.21)也广泛用于一般二维、定常、绝热、无黏气体的超声速流动问题。

4. 关于栅前脱体曲线激波的自动伸展

假设特征线网格足够密集，致使曲线激波的各曲线段能够用线段 AB，BC，CD，DE，EF 来代替。下面我们以已知激波段 CB 为例，讨论生成激波段 BA 的伸展过程，如图 2.49 所示。

假设脱体曲线激波段两端点 B 和点 C 的位置，点 P 的位置和流动参数均已知(这里 BP 是第Ⅰ族特征线)，并且给定曲线激波段上游流场，则过点 P 作第Ⅱ族特征线后可将激波段由 CB 伸展到点 A，并且点 A 的位置是唯一确定的。下面给出确定点 A 坐标 (x_A，y_A) 的过程：

由第 Ⅱ 族特征线的相容性方程式(2.7.20b)并用点 A 和点 P 将其差分离散得到：

$$\frac{1}{\widetilde{W}_{PA}} \frac{W_2 - W_P}{\beta_2 - \beta_P} = \tan\widetilde{\mu}_{PA} - \frac{\sin^2\widetilde{\mu}_{PA}}{\gamma} \frac{(S/R)_2 - (S/R)_P}{\beta_2 - \beta_P} \qquad (2.7.22a)$$

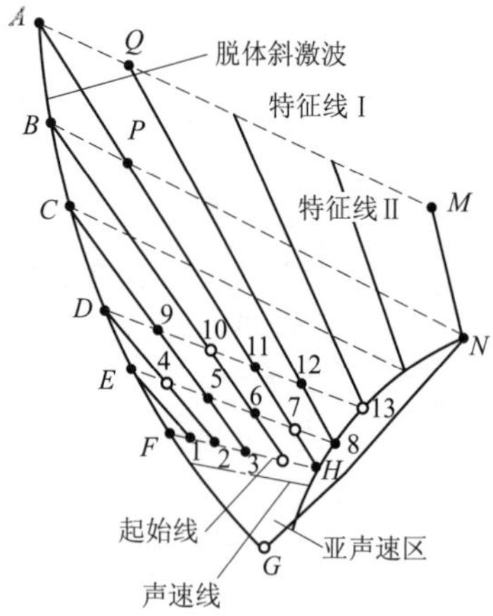

图 2.49 特征线的计算及激波的自动伸展

式中，$\widetilde{W}_{PA}$ 与 $\widetilde{\mu}_{PA}$ 为平均值，即：

$$\widetilde{W}_{PA}=\frac{W_P+W_2}{2},\widetilde{\mu}_{PA}=\frac{\mu_P+\mu_2}{2} \tag{2.7.22b}$$

式中，下脚标 2 表示点 A 在激波后的参数。

在迭代求解时，有：

$$\widetilde{W}_{PA}^{(n)}=\frac{W_P+W_2^{(n-1)}}{2},\widetilde{\mu}_{PA}^{(n)}=\frac{\mu_P+\mu_2^{(n-1)}}{2} \tag{2.7.22c}$$

式中，上脚标 (n) 和 $(n-1)$ 分别表示第 n 次迭代和第 $n-1$ 次迭代。

当 $n=1$ 时，取：

$$\widetilde{W}_{PA}^{(1)}=W_P,\widetilde{\mu}_{PA}^{(1)}=\mu_P$$

注意：在上面的式子中，W_2、μ_2 和 S_2 应由下面的斜激波关系及特征线方程式(2.7.21)确定。斜激波关系为：

$$W_2=\frac{Ma_2}{\sqrt{1+\frac{\gamma-1}{2}Ma_2^2}} \tag{2.7.23a}$$

$$Ma_2=\frac{\sqrt{\dfrac{1+\frac{\gamma-1}{2}Ma_1^2\sin^2\sigma}{\gamma Ma_1^2\sin^2\sigma-\frac{\gamma-1}{2}}}}{\sin(\sigma-\delta)} \tag{2.7.23b}$$

$$\delta=\sigma-\arctan\left(\frac{\rho_1}{\rho_2}\tan\sigma\right) \tag{2.7.23c}$$

$$\frac{\rho_2}{\rho_1}=\frac{\frac{\gamma+1}{\gamma-1}\frac{p_2}{p_1}+1}{\frac{\gamma+1}{\gamma-1}+\frac{p_2}{p_1}} \tag{2.7.23d}$$

$$\frac{p_2}{p_1}=\frac{2\gamma}{\gamma+1}Ma_1^2\sin^2\sigma-\frac{\gamma-1}{\gamma+1} \tag{2.7.23e}$$

$$\sigma=\pi-(\theta+\beta_1)=\pi-\left(\arctan\left|\frac{y_A-y_B}{x_A-x_B}\right|+\beta_1\right) \tag{2.7.23f}$$

$$\mu_2=\arctan\frac{1}{\sqrt{Ma_2^2-1}} \tag{2.7.23g}$$

$$S_2/R=\left\{\frac{\gamma}{\gamma-1}\ln\left[\frac{2}{(\gamma+1)Ma_1^2\sin^2\sigma}+\frac{\gamma-1}{\gamma+1}\right]+\frac{1}{\gamma-1}\ln\left[\frac{2\gamma}{\gamma+1}Ma_1^2\sin^2\sigma-\frac{\gamma-1}{\gamma+1}\right]\right\}+$$

$$S_1/R = \left(\frac{1}{\gamma-1}\ln\frac{p_2}{p_1} + \frac{\gamma}{\gamma-1}\ln\frac{\rho_1}{\rho_2}\right) + S_1/R \tag{2.7.23h}$$

$$\beta_2 = \beta_1 + \delta \tag{2.7.23i}$$

式中，σ 为激波角；δ 为折转角；下脚标 1 表示 A 点激波前参数；下脚标 2 仍表示点 A 激波后的参数值。

角 σ，β_1，β_2 和 σ 间的相互关系如图 2.50 所示。显然，在确定激波角 σ 的过程中必须涉及 x_A 和 y_A，因此必须补充通过点 P 与点 A 的第Ⅱ族特征线方程即式(2.7.21)，其离散化后为：

$$y_A = (x_A - x_P)\tan(\beta_P + \mu_P) + y_P \tag{2.7.23j}$$

将式(2.7.23)代入式(2.7.22a)中，便得到一个关于 x_A 的超越代数方程，现简记为：

$$f(x_A) = 0 \tag{2.7.24}$$

式(2.7.24)可用快速弦截法求解。

在迭代计算中，第一次迭代的值 $x_A^{(1)}$ 可用 CB 的延长线与过点 P 的第Ⅱ族特征线的交点坐标。实际计算表明：用该迭代法仅迭代三四次便可得到精度较高的 x_A 值。显然，重复上面单元的计算过程，便可以由点 B、点 A 和点 Q 将激波段继续往上伸展，如图 2.49 所示。

5. 内点或边界点的单元分析

与文献[36]相比，本节内点计算时考虑了熵增的影响。下面以已知点 1 和点 2 计算内点 3 为例说明这个单元的计算过程，如图 2.51 所示。

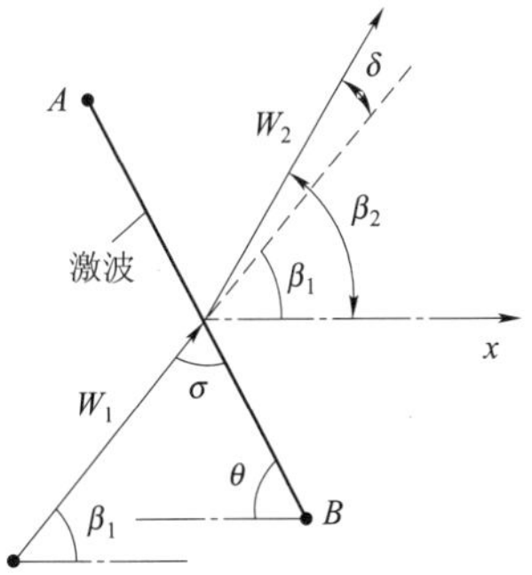

图 2.50　几个角度的定义

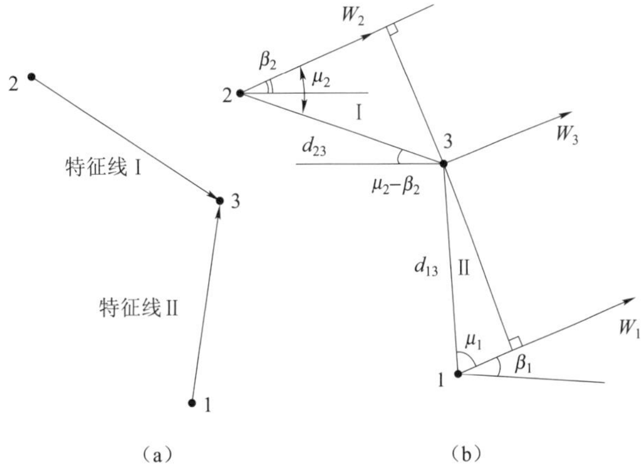

图 2.51　内点单元分析

在超声速流场的计算中，我们引进了三个量纲为 1 的参数：

$$W^* \equiv W/a_{io};\ \beta;\ S^* \equiv (S - S_{io})/R \tag{2.7.25}$$

式中，下脚标 io 表示进口滞止状态。

其余参数如 T^*、Ma、p^*、ρ^* 均可由式(2.7.25)中三个量纲为 1 的参数算出，其具体公式为：

$$T^* = 1 - \frac{\gamma - 1}{2}(W^*)^2 \tag{2.7.26a}$$

$$Ma = W^* / (\sqrt{T^*}) \tag{2.7.26b}$$

$$P^* = e^{-s^*}(T^*)^{\frac{\gamma}{\gamma-1}} \tag{2.7.26c}$$

$$\rho^* = p^* / T^* \tag{2.7.26d}$$

式中，上脚标“ * ”表示量纲为 1 的值。

因此，在点 1 和点 2 的位置及该点的 W^*、β、S^* 已知情况下，讨论如何决定点 3 的几何坐标和该点的 W^*、β、S^* 值。事实上由特征线方程得：

$$\begin{cases} \dfrac{y_3 - y_2}{x_3 - x_2} = \tan(\beta_{23} - \mu_{23}) \\ \dfrac{y_3 - y_1}{x_3 - x_1} = \tan(\beta_{13} + \mu_{13}) \end{cases} \tag{2.7.27}$$

由它确定出点 3 的坐标 (x_3, y_3)。由特征相容性方程式得：

$$\begin{cases} \dfrac{1}{W_{13}} \dfrac{W_3 - W_1}{\beta_3 - \beta_1} = \tan\mu_{13} - \dfrac{(\sin\mu_{13})^2}{\gamma R} \dfrac{S_3 - S_1}{\beta_3 - \beta_1} \\ \dfrac{1}{W_{23}} \dfrac{W_3 - W_2}{\beta_3 - \beta_2} = -\tan\mu_{23} - \dfrac{(\sin\mu_{23})^2}{\gamma R} \dfrac{S_3 - S_2}{\beta_3 - \beta_2} \end{cases} \tag{2.7.28}$$

由式(2.7.28)决定出点 3 的 W 和 β 值。注意式中熵的计算用下面的近似办法。

假设沿流线熵为常数(不考虑沿流线熵增的积累)，且设点 1 与点 2 很近，则认为两点间熵的变化为线性分布，于是有如下结果：

$$S_3 = S_1 + \frac{d_{13}(S_2 - S_1)\sin\mu_1}{d_{23}\sin\mu_2 + d_{13}\sin\mu_1} \tag{2.7.29a}$$

或者：

$$S_3 = S_2 + \frac{d_{23}(S_2 - S_1)\sin\mu_2}{d_{23}\sin\mu_2 + d_{13}\sin\mu_1} \tag{2.7.29b}$$

式中，d_{13} 表示点 1 和点 3 之间的距离；d_{23} 表示点 2 和点 3 之间的距离。

另外，在式(2.7.27)和式(2.7.28)中下脚标 13 和 23 分别表示点 1 与点 3 间及点 2 与点 3 间的平均值。

6. 栅前周期性条件的实现

栅前周期性条件的实现是特征线法计算超声速叶栅流场的难点之一，我们采用了下面的计算技巧，即采用了一个叶片一个叶片地往上计算，直到相邻两个叶片激波前对应点的参数相同即满足周期性条件为止。图 2.52 给

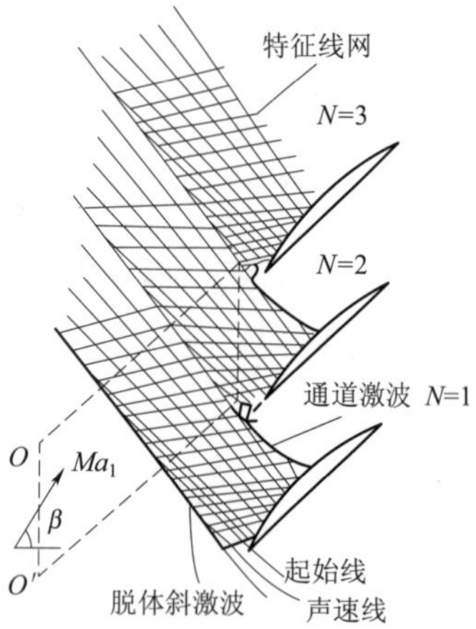

图 2.52 典型流动模型示意图

出了这个流动模型的典型示意图，图中 $N=1,2,3,\cdots$，分别代表第一个，第二个，第三个…叶片，图中 Ma_i 与 β 分别表示进口 Mach 数与气流角。图 2.53(a)、图 2.53(b)和图 2.53(c)分别给出了计算结果。很显然，除熵分布以外，其余流动参数算到第二、第三个叶片已相当接近了，而第三、第四个叶片更为接近；但对熵的分布，要多算几个叶片。由图 2.53(c)可以看出：一直计算到第六、第七个叶片才比较接近，由此可见，欲使熵的分布满足栅前周期性条件只算一两个叶片是不够的。

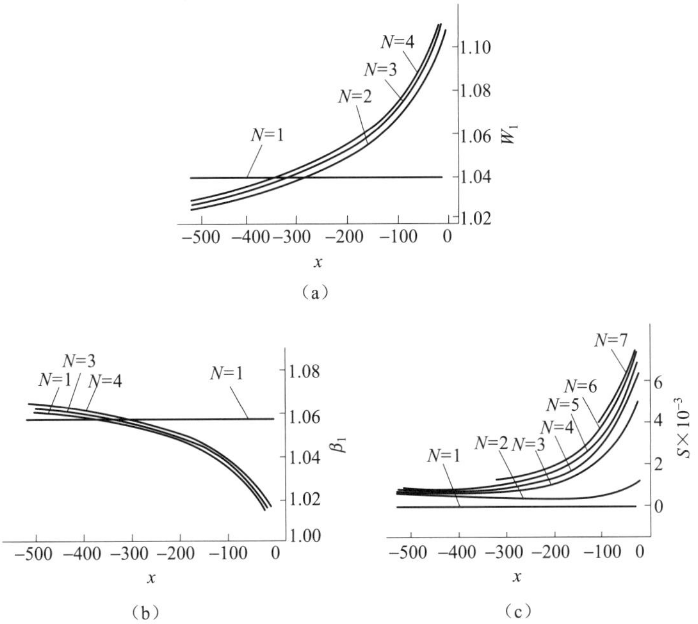

图 2.53　采用典型模型时各个叶片激波前的参数分布

(a) 激波前速度分布；(b) 激波前气流角分布；(c) 激波前熵分布

用 FORTRAN 语言将上述计算过程编制成计算机程序并在 UNIVAC－1100 计算机上一个叶片一个叶片地往上计算，计算 6 个叶片占用机时还不到 2 min，计算时占用的计算机内存也只有 30 KB 左右[39]。

7. 唯一进气角的确定

叶栅绕流存在着周期性条件。对于进气轴向 Mach 数小于 1 的超声速来流，还存在着唯一进气角的条件。取控制体 $oo'aa'$（图 2.54），aa' 之间的距离为一个栅距，oo' 认为是无限远均匀来流处。由于周期性条件，故在 oa 和 $o'a'$ 两条线上流动情况相同。令 N 为叶片数，因此连续方程为：

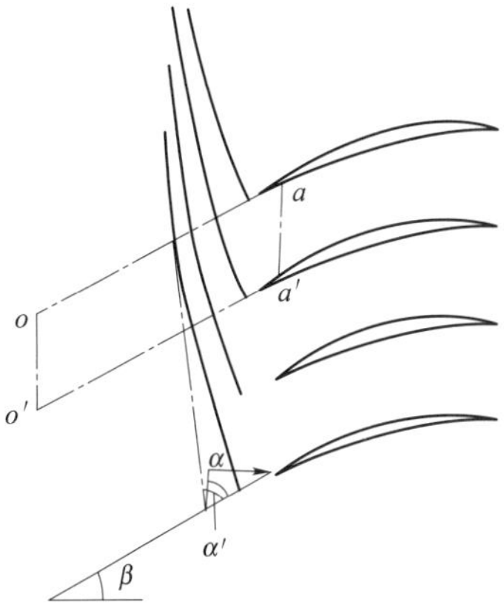

图 2.54　叶栅前缘脱体激波及周期性条件

$$\rho_\infty W_\infty \cos\beta_\infty = \frac{N}{2\pi r_\infty \tau_\infty}\int_{\varphi_a}^{\varphi_{a'}}(r\tau\rho W\cos\beta)\,\mathrm{d}\varphi \equiv b_1 \tag{2.7.30a}$$

φ 向(周向)动量方程为：

$$(\rho W^2\sin\beta\cos\beta)_\infty = \frac{N}{2\pi r_\infty^2 \tau_\infty}\int_{\varphi_a}^{\varphi_{a'}}(\tau\rho r^2 W^2\sin\beta\cos\beta)\,\mathrm{d}\varphi \equiv b_2 \tag{2.7.30b}$$

轴向动量方程为：

$$p_\infty + (\rho W^2\cos^2\beta)_\infty = \frac{N}{2\pi r_\infty \tau_\infty}\int_{\varphi_a}^{\varphi_{a'}}[r\tau(p+\rho W^2\cos^2\beta)]\mathrm{d}\varphi \equiv b_3 \tag{2.7.30c}$$

能量方程为：

$$c_p T_\infty + \frac{W_\infty^2}{2} = \frac{1}{2}(\omega^2 r_\infty^2 - \omega^2 r_a^2 + W_a^2) + c_p T_a = b_4 \tag{2.7.30d}$$

式中，下脚标 a 表示 a 点处的参数值。

状态方程为：

$$p = \rho RT \tag{2.7.31}$$

上述 5 个式中，含 ρ_∞，p_∞，T_∞，W_∞ 和 β_∞ 共 5 个未知数。由上述方程组中消去 ρ_∞，p_∞，T_∞ 和 W_∞ 后得到：

$$A_1\cot^2\beta_\infty + B_1\cot\beta_\infty + C_1 = 0 \tag{2.7.32a}$$

式中：

$$\begin{cases} A_1 = \left(\dfrac{b_2}{b_1}\right)^2\left(\dfrac{1}{2} - \dfrac{c_p}{R}\right) \\ B_1 = \dfrac{b_2}{b_1^2}\dfrac{b_3}{R}c_p \\ C_1 = \dfrac{1}{2}\left(\dfrac{b_2}{b_1}\right)^2 - b_4 \end{cases} \tag{2.7.32b}$$

于是由式(2.7.32a)直接求出角 β_∞ 值，再求出 W_∞ 等气动参数值。应当指出：这样所得到的 β_∞ 和 Ma_∞ 值是对应于初始假设的无限远均匀进口处 β_0 和 Ma_0 值得到的。如果相互间差别不能满足迭代的允差范围，则用新计算的 β_∞ 和 Ma_∞ 值作初始假设值输入用特征线法去计算超声速进口的流场，然后再用式(2.7.32a)计算出新的 β_∞，再求出相应新的 Ma_∞ 值等。如此进行，直到输入的与新算出的 β_∞ 与 Ma_∞ 值均满足所要求的误差为止。

2.7.3 涡轮叶栅中的气流流动及波系结构

在航空燃气涡轮发动机中多采用反力式涡轮，也就是说气流在动叶和静叶片通道中都加速膨胀流动。涡轮叶栅的通道形式大体上可分两类：一类是纯收缩型；另一类是收缩一扩张型，如图 2.55 所示。工程实践证明，叶栅栅距、叶型型线设计等对涡轮中气流的绕流特性影响很大。对于同一个叶型和叶栅几何参数完全确定的叶栅，当进出口气动参数改变时涡轮叶栅的流场也会发生变化。下面以一个纯收缩型通道的典型涡轮叶栅为例，讨论当进口截面气动参数(例如，相对气流的进气角 β_1 和进气总压 P_{01})不变，降低叶栅后背压 p_2 时的流动情况。

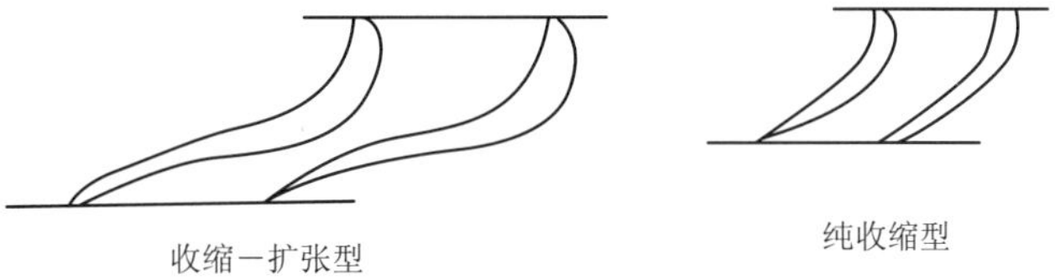

图 2.55　涡轮叶栅通道的形式

下面具体介绍一个纯收缩型通道的典型涡轮叶栅，当进口气动参数[如进气角 β_1(相对速度与周向的夹角)和进气总压 P_{01}]不改变，而降低叶栅后背压 p_2 时的流动情况。

(1) 在涡轮叶栅中气流是膨胀加速流动的。在背压 p_2 较高时，叶栅进口处流动速度很低，当燃气流经叶型表面时，在叶片前缘的某一点(前驻点)处，气流分叉流向叶背和叶盆。随着涡轮叶栅通道不断收缩，气流逐渐加速。但这时叶栅前后压差不大，叶栅中降压膨胀加速并不多，全流场都是亚声速流动，Ma_2 很小。

(2) 随着背压 p_2 的逐渐降低，涡轮叶栅中降压膨胀加速程度加大。气流沿叶背加速，就有可能在通道内叶背曲率最大的部位出现局部超声速区，该区以声速线开始，并大体上以正激波结尾。局部超声区以外都是亚声速流动，如图 2.56 所示。

我们定义叶型上某一点已达声速时的工况 Mach 数为临界 Mach 数 Ma_{2cr}，对一般叶栅来说，其值为 0.7～0.8。显然，当背压继续降低时，局部超声区逐渐扩大，其后的结尾正激波也会顺流后移。

(3) 当背压降低到使工况 Mach 数达到某一数值时，在叶片尾缘处，由于气流急剧转弯加速，压力下降，出现另一个局部超声速区。从叶背、叶盆表面流出的气流离开尾缘后出现两道分离激波，两股气流在尾缘后某一位置会合，发生折转，同时产生两组压缩波，并汇集成一对燕尾形的斜激波，其右支(顺气流动方向看)伸向通道称为内尾波，左支伸向栅后，称为外尾波，如图 2.57 所示。

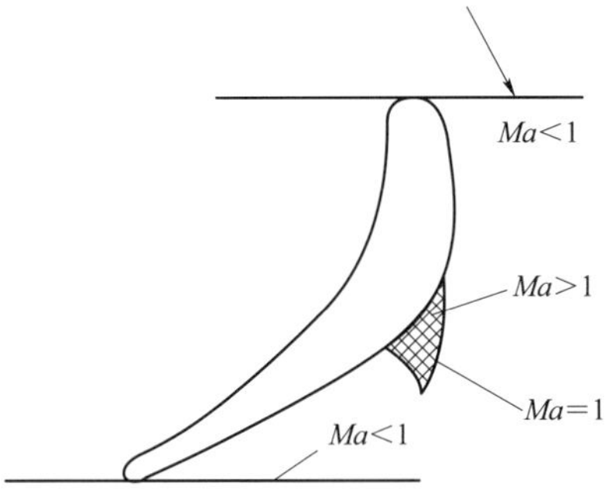

图 2.56　涡轮叶栅中的局部超声速区

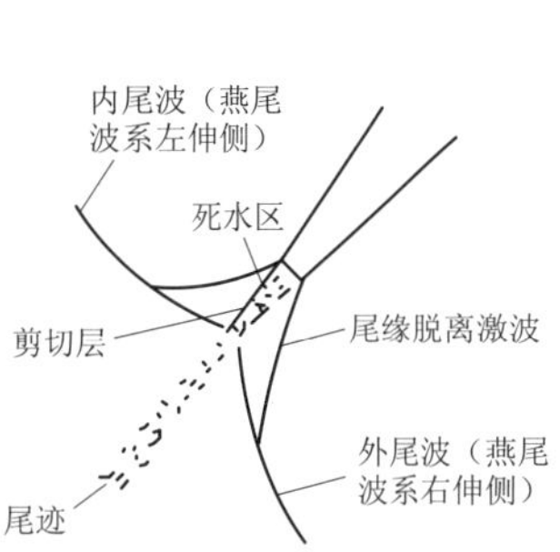

图 2.57　尾缘的激波系

(4) 背压继续降低，当内尾波与叶背局部超声速区后的正激波相遇时，即表明超声波区（声速线）贯穿整个通道，叶栅进入阻塞工况，此时的工况 Mach 数称为阻塞工况 Mach 数，一般约为 1.0（或略小于 1.0）。与此同时，栅前进口 Mach 数 Ma_1 将不随 Ma_2 的加大而增大，我们将进口 Mach 数 Ma_1 的最大值称为栅前阻塞 Mach 数，与之对应的叶栅流量也将达到最大值。这时栅后背压与栅前总压之比 p_2/p_{10}，称为临界压力比，用 $(p_2/p_{10})_{cr}$ 表示。在这种情况下，叶栅通道内的速度分布如图 2.58 所示，这时在喉部附近正激波（垂直激波）和内尾波相交贯穿。

(5) 背压继续降低，$(p_2/p_{10}) < (p_2/p_{10})_{cr}$，叶栅出口气流为超声速，这是叶栅的超声速工况段。正激波沿叶背迅速推向叶栅外空间，气流绕叶盆尾缘急剧加速，在斜切口（叶栅喉部以后的通道区域）内形成一组扇形膨胀波射向相邻叶片的叶背，并在叶背上形成反射膨胀波。气流穿过该组膨胀波及反射膨胀波在斜切口继续超声速膨胀，即所谓的"超声斜切口膨胀"。随着出口 Mach 数的增大，内尾波逐渐变斜，射向叶背，内尾波作用在叶背壁面，与叶片边界层相互干扰后产生反射激波，并且在叶背上的入射点也将随着 Ma_2 增大向尾缘移动。这里图 2.59 给出了跨声涡轮叶栅在超声速工况下通道波系的情况。

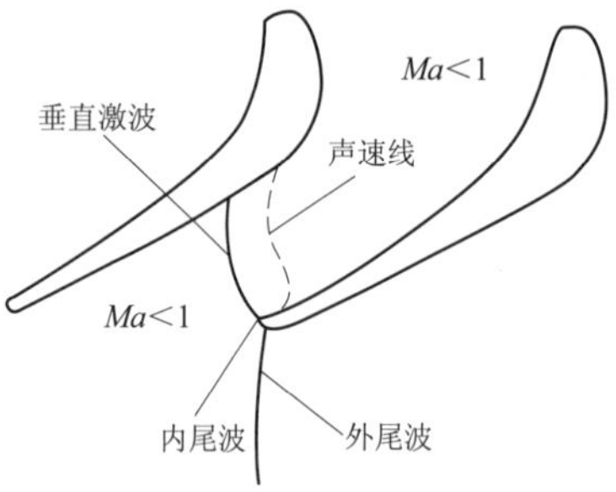

图 2.58 阻塞工况时通道内的速度分布

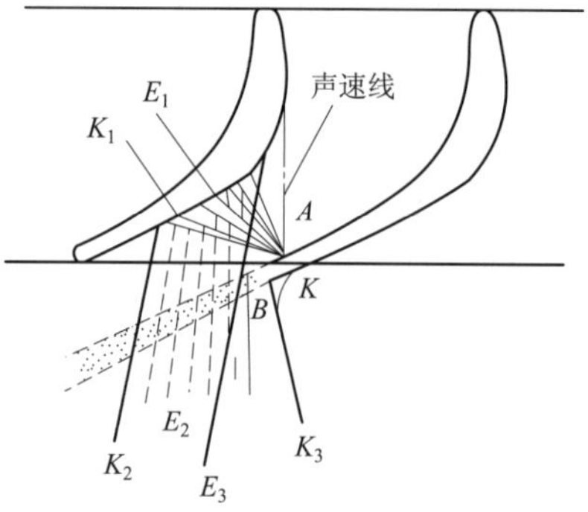

图 2.59 超声速工况下的通道波系

在这种工况下，通道波系主要由原生膨胀波 E_1、反射膨胀波 E_2、原生激波 E_3、尾缘脱离激波 K、内尾波 K_1、内尾波在叶背上的反射波 K_2、外尾波 K_3 以及叶片尾缘后的尾迹组成。

2.8 波的相互作用

简单波和激波迟早总会到达边界，并在边界上引起反射或干扰。本节讨论各种不同的这类过程。

2.8.1　特征线在刚性边界上的反射

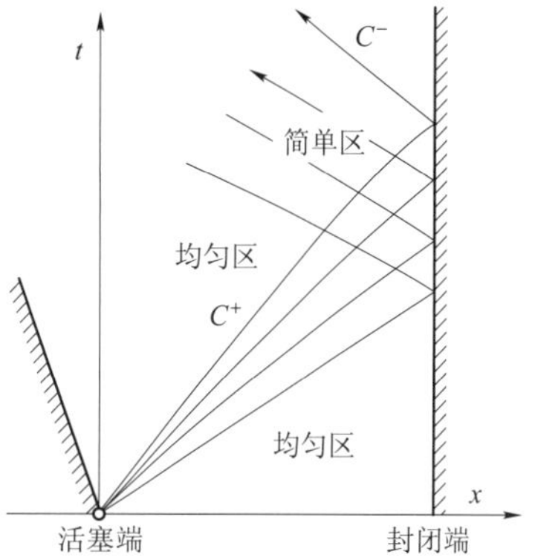

图 2.60　中心膨胀波在封闭端的反射

作为例子，图 2.60 给出了一个中心膨胀波（又称中心稀疏波）从静止壁面上反射的情况。假设入射的 C^+ 特征线所具有的 J_i^+ 值已知，希望求出反射的 C^- 特征线上的 J_r^- 值。考虑到一般性，假设反射边界具有某个速度 V_b（正好像在那儿有一个活塞），因此边界处流体的速度也必然为 V_b，故：

$$J_i^+ = V_b + F_b$$

$$J_r^- = V_b - F_b$$

式中，F_b 为壁面处热力学参数 F 的值。

消去 F_b 得到：

$$J_r^- = -J_i^+ + 2V_b \tag{2.8.1a}$$

同样的对于左边界，这时入射的为 C^- 特征线，反射的为 C^+ 特征线，相应结果为：

$$J_r^+ = -J_i^- + 2V_b \tag{2.8.1b}$$

对于固定边界，则 $V_b = 0$，因此这时特征线进行简单的反射，只是改变符号而模不变。由此可以得到以下两点推论：① 膨胀波遇到不动的固壁，将反射为膨胀波；② 压缩波从静止封闭端反射后，仍为压缩波。

下面再以一道小扰动的膨胀波为例讲一下计算过程的细节。假设膨胀波前后的压力比 p_1/p_2 已知，波前为静止区①，其参数已知，如图 2.61 所示。气体在膨胀波通过后由静止变成向左运动，当膨胀波遇到固壁时，波后的运动气体与不动的固壁接触。这时，边界条件就不满足，因为波后气体的速度为 V_2，方向向左，而固壁要求气体速度等于零。因此，固壁相当于对气体产生了一个膨胀的扰动，其结果产生一道左行膨胀波。当这一道膨胀波通过后，使波后气体速度 $V_3 = 0$，这样就满足了固壁上的边界条件。由此得出结论：膨胀波遇到不动的固壁反射为膨胀波。若封闭端不是静止固壁，而是运动的活塞，该活塞向右运动。当活塞运动速度小于 V_2 时，仍反射成膨胀波。当活塞运动速度正好等于 V_2 时，不产生反射波。膨胀波在固壁上反射可用状态平面图表示，如图 2.61(b)所示。静止气体①中声速为 a，在 $V-a$ 图上由点 1 表示。入射波沿特征线 Γ_-，按相容关系：

$$-\frac{2}{\gamma-1}a_1 = V_2 - \frac{2}{\gamma-1}a_2 \quad 或 \quad V_2 = \frac{2}{\gamma-1}(a_2 - a_1) \tag{2.8.2a}$$

把状态从点 1 改变为点 2，由此得出 V_2，a_2 与压力比 p_2/p_1 的关系为

$$V_2 = \frac{2a_1}{\gamma-1}\left(\frac{a_2}{a_1} - 1\right) = \frac{2a_1}{\gamma-1}\left[\left(\frac{p_2}{p_1}\right)^{\frac{\gamma-1}{2\gamma}} - 1\right] \tag{2.8.2b}$$

为了使壁面处流体运动速度为零，反射膨胀波必须沿特征线 Γ_+ 把状态从点 2 改变为点 3，点 3 处 $V_3=0$，即：

$$V_2+\frac{2}{\gamma-1}a_2=\frac{2}{\gamma-1}a_3 \tag{2.8.2c}$$

所以，由式(2.8.2a)与式(2.8.2b)得到：

$$a_3=\frac{\gamma-1}{2}V_2+a_2=2a_2-a_1 \tag{2.8.2d}$$

入射膨胀波的特征线斜率 $\frac{\mathrm{d}x}{\mathrm{d}t}=V+a$，其中 V 和 a 应按①区和②区的平均值来确定，即根据图 2.61(b)上线段 12 的中点来确定。关于右行压缩波在固壁上反射的情形，与上述相同。其主要结论是，压缩波在静止封闭端反射后仍为压缩波。经压缩波扰动后，速度和声速增大。其反射前后的参数变化如图 2.62 所示。

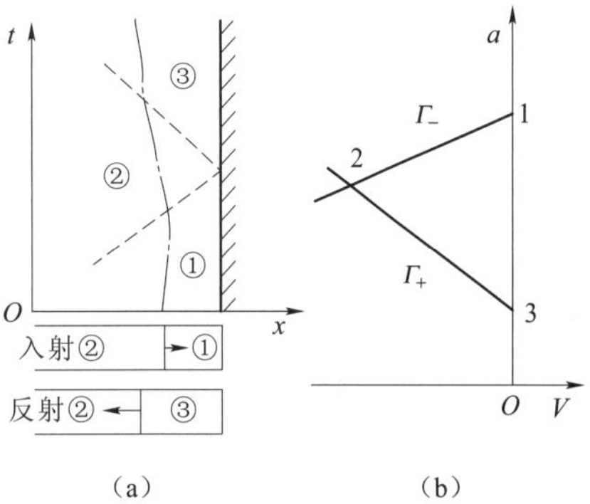

图 2.61 膨胀波在管子封闭端反射

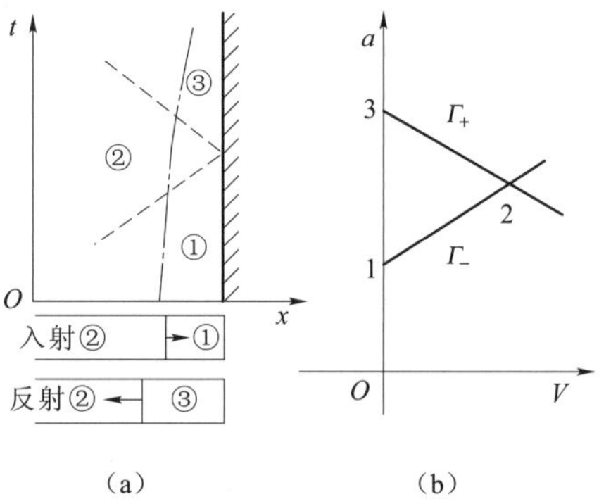

图 2.62 压缩波在管子封闭端处反射

2.8.2 膨胀波或压缩波在开口端处的反射

为了确定波在开口端处反射的一般特性，现在讨论一种最简单情形。假设有一小扰动的膨胀波，波前后气体压强比 p_2/p_1 已知。膨胀波向开口端运动如图 2.63 所示。①区与外界相通，外界保持恒定的压强 p_a，所以①区的压强 $p_1=p_a$。膨胀波到达开口端时，波后压强较低的气体与大气接触，引起压强不平衡。于是管内气体得到压强增量，其结果便反射一道压缩波，使波后气体压强 $p_3=p_1=p_a$，即反射波是压缩波。由此得出结论：膨胀波在开口端反射为压缩波。

从①区到②区的计算方法和前面所述的相同。从②区到③区是跨过第Ⅱ族特征线，应该利用沿第Ⅰ族特征线的相容关系，即：

$$V_2+\frac{2}{\gamma-1}a_2=V_3+\frac{2}{\gamma-1}a_3 \tag{2.8.3a}$$

因为 $p_3=p_1=p_a$，根据等熵关系，有 $a_3=a_1$，所以：

$$V_3=V_2+\frac{2}{\gamma-1}(a_2-a_1) \tag{2.8.3b}$$

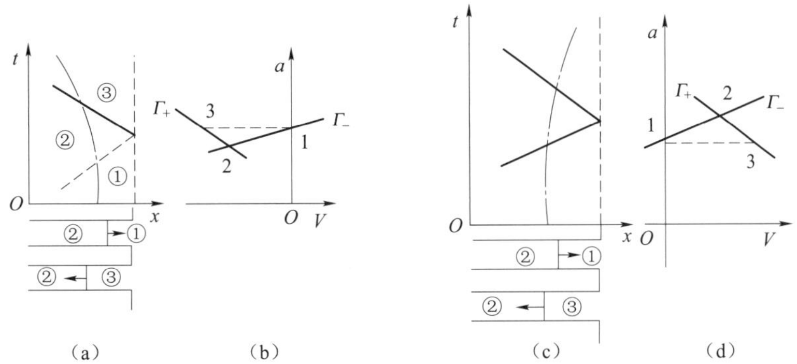

(a)　(b)　(c)　(d)

图 2.63　波在开口端处的反射

(a)与(b)为膨胀波;(c)与(d)为压缩波

对于右行压缩波在开口端静止气体上反射的情形,可做类似的讨论。其主要结论是,压缩波从开口端反射为膨胀波。其反射前后的参数变化情况如图 2.63 所示。当然,上述过程我们也可用热力学 F 与 Riemann(黎曼)不变量 J^+ 与 J^- 进行讨论。考察从一根管道排入静止大气的非定常流动。在定常流动中,只要排气是亚声速的,则排气流动恰好具有周围的外界大气压强 p_a;因此那里边界条件简单地为 $p=p_a$;这个条件对于非定常流动通常也是适用的,虽然排气流动的脉动会局部地影响着周围的压强,但这个条件应该说是一个很好的近似。对于均熵流动,假设相应于周围压强的 F 值是个恒定值即 $F_a=F(p_a)$,又由于 J_i^+ 是已知的,在出口为亚声速流动时[图 2.64(a)],于是:

$$J_i^+=V+F_a$$

$$J_r^-=V-F_a$$

消去 V 得到:

$$J_r^-=J_i^+-2F_a \tag{2.8.4a}$$

对于开口端在左边的情况,相应的结果为:

$$J_r^+=J_i^-+2F_a \tag{2.8.4b}$$

对于出口为超声速流动,这时两族特征线都从管内入射到开口端上,如图 2.64(b)所示,因此不存在反射的特征线,即在超声速流动中,声波不能逆流传播。在这种情况下,出口平面上的状态被 J^+ 与 J^- 值所预先确定,并且通常出口压强与出口大气压强不同。

2.8.3　等熵波之间的相互作用

当两道膨胀波迎面相遇时(图 2.65),②区的气体与③区的气体接触后,两道波互相透射并按原方向继续前进。由于②区和③区的速度和压力都不相等,因此引起新的扰动。波透射后,相交面附近气体变成图中④区。①区参数 V_1,a_1 已知,在状态平面上可标出点 1。由①区到②区和由①区到③区分别为右行波和左行波,容易算出点 2 和点 3。由②区到④区和由③区到④区分别利用沿第Ⅰ族和第Ⅱ族特征线上的相容关系,有:

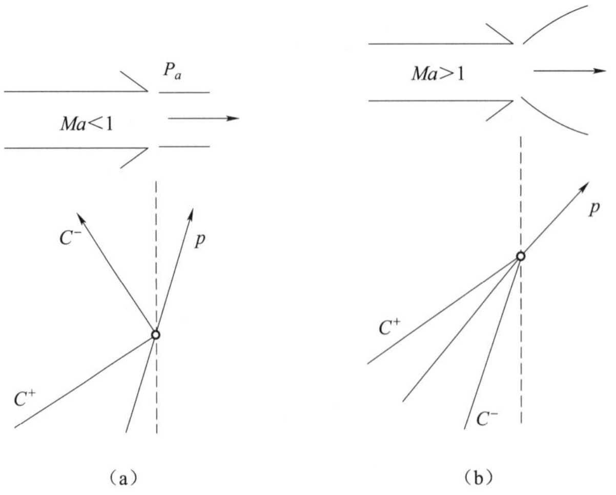

图 2.64 在开口端处不同流动下的波反射

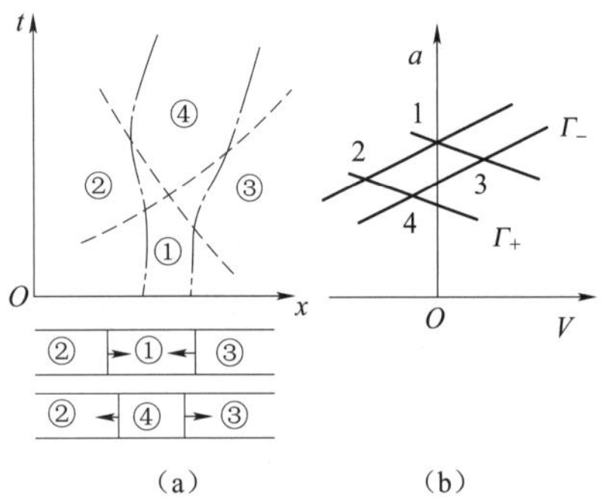

图 2.65 两道膨胀波相互作用

$$V_4+\frac{2}{\gamma-1}a_4=V_2+\frac{2}{\gamma-1}a_2$$

$$V_4-\frac{2}{\gamma-1}a_4=V_3-\frac{2}{\gamma-1}a_3$$

由上面两式容易解出：

$$a_4=\frac{1}{2}\left[a_2+a_3+\frac{\gamma-1}{2}(V_2-V_3)\right] \tag{2.8.5a}$$

根据式(2.8.2a)，$V_2=\dfrac{2}{\gamma-1}(a_2-a_1)$，同理 $V_3=\dfrac{2}{\gamma-1}(a_1-a_3)$，把它们代入式(2.8.5a)得：

$$a_4=a_2+a_3-a_1 \tag{2.8.5b}$$

因为 a_2 与 a_3 均小于 a_1，所以 a_4 小于 a_2 与 a_3。这表明由②区、③区到④区，声速下降，压力下降，即新形成的透射波是膨胀波。由此可以得出结论：膨胀波与膨胀波迎面相交后，其透射波仍为膨胀波。

做类似的分析，还可以得到如下结论：压缩波与压缩波迎面相交后，其透射波仍为压缩波。膨胀波与压缩波迎面相交后，其透射波与对应的入射波为同一类型。综上所述，简单波与简单波迎面相交后，相互作用的结果遵循这样一个规律即压缩波的透射波仍为压缩波，膨胀波的透射波仍为膨胀波。

2.9 有间断面的一维非定常流动

含间断面的数值计算与研究已成为当代气体力学与计算流体力学的热点之一。尤其是追踪运动界面，捕捉强间断面与接触间断面等问题在国内外学术界一直深受重视[39,47,48]。本节讨论在一维非定常流动下间断面的运动规律、两波的相互作用以及初始间断分解的黎曼问题。首先介绍一下间断面。间断面有两类：一类是激波间断；另一类是接触间断。所谓接触间断是指两种不同的气体或者同种气体的两个不同状态参数的分界面。当然，初始间断也可看作接触间断的一种形式。

2.9.1　运动激波与驻激波之间的共性及重大区别

一般运动激波与运动正激波问题已分别在 2.2 节与 2.3 节作过详述。这里仅结合一维非定常运动中所遇到的左行运动激波和右行运动激波的某些问题并结合第二章讲过的普遍理论作进一步的讨论。按照文献[4,34]的建议，选用了激波面相对于波前气体的相对传播速度 W（始终取为正值）和波前声速 a_1 作为研究运动激波时的重要参数。我们约定：气体进入激波面的一侧称为波前，并用下脚标“1”表示相应的气体参数；气体离开激波面的一侧称为波后，并用下脚标“2”表示相应的气体参数。选用了两种坐标系：一种是固定绝对坐标系（简称静止坐标系）；另一种是激波相对坐标系（简称相对坐标系）。在静止坐标系中，选取坐标轴向右为正，N 代表激波面的绝对速度，V_1 与 V_2 分别代表波前与波后气体本身的绝对速度，N，V_1 与 W 间的关系为：

$$\begin{cases}\text{右传波}:N = V_1 + W \\ \text{左传波}:N = V_1 - W\end{cases} \tag{2.9.1a}$$

在相对坐标系中，由于坐标系固连于激波面上（图 2.66），因此在这个坐标系下的观察者（常称相对观察者）看激波就变为驻激波了。

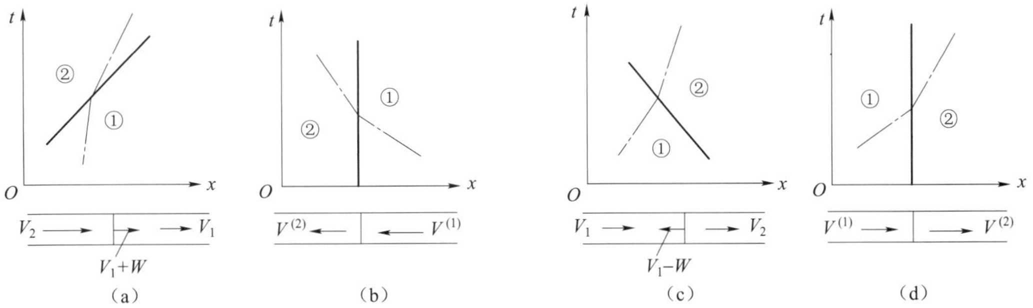

图 2.66　运动激波的两种坐标系

令：

$$\begin{cases}w_1 = V_1 - N \\ w_2 = V_2 - N\end{cases} \tag{2.9.1b}$$

于是在相对坐标系下，激波的基本方程组变为：

$$\rho_1 w_1 = \rho_2 w_2 = m_s \tag{2.9.2a}$$

$$p_1 + \rho_1 w_1^2 = p_2 + \rho_2 w_2^2 \tag{2.9.2b}$$

$$p_2 - p_1 = m_s(w_1 - w_2) = m_s^2\left(\frac{1}{\rho_1} - \frac{1}{\rho_2}\right) \tag{2.9.2c}$$

$$e_1 + \frac{p_1}{\rho_1} + \frac{1}{2}(w_1)^2 = e_2 + \frac{p_2}{\rho_2} + \frac{1}{2}(w_2)^2 \tag{2.9.2d}$$

显然式(2.9.2a)、式(2.9.2b)和式(2.9.2d)同时适用于右传激波和左传激波。在这三个方程中共含有7个未知数即 p_1，ρ_1，V_1，p_2，ρ_2，V_2 和 N，因此仅有四个独立参量。另外，由于压强、密度、温度、声速等这类热力学静状态参量是不受观察者是否运动而发生变化的，因此静止坐标系和相对坐标系中的静状态量保持不变。然而滞止参数在两个坐标系中是不同的，计算时应格外注意。很显然，原来驻激波中的许多关系在运动激波下照常有效，例如：

$$\frac{\rho_2}{\rho_1} = \frac{V_1 - N}{V_2 - N} \tag{2.9.3a}$$

$$N = \frac{\rho_2 V_2 - \rho_1 V_1}{\rho_2 - \rho_1} \tag{2.9.3b}$$

$$V_2 - V_1 = \frac{p_2 - p_1}{\rho_1(N - V_1)} = \frac{p_2 - p_1}{\rho_2(N - V_2)} \tag{2.9.3c}$$

$$\frac{p_2 - p_1}{\rho_2 - \rho_1} = \frac{\rho_1}{\rho_2}(N - V_1)^2 = \frac{\rho_2}{\rho_1}(N - V_2)^2 \tag{2.9.3d}$$

$$\frac{p_2 - p_1}{\dfrac{1}{\rho_2} - \dfrac{1}{\rho_1}} = -\rho_1^2(N - V_1)^2 = -\rho_2^2(N - V_2)^2 \tag{2.9.3e}$$

$$(N - V_1)(N - V_2) = \frac{p_2 - p_1}{\rho_2 - \rho_1} \tag{2.9.3f}$$

$$(V_2 - V_1)^2 = \frac{(p_2 - p_1)(\rho_2 - \rho_1)}{\rho_1\rho_2} = \frac{2(p_2 - p_1)^2}{\rho_1[(\gamma-1)p_1 + (\gamma+1)p_2]} \tag{2.9.3g}$$

上面这几个式子，可以由式(2.9.2a)、式(2.9.2b)及式(2.9.1b)得到，它们并没有涉及能量方程。

下面讨论能量方程，首先将式(2.9.3d)变为两个等式，然后相减，可得：

$$(N - V_1)^2 - (N - V_2)^2 = (p_2 - p_1)\left(\frac{1}{\rho_1} + \frac{1}{\rho_2}\right) \tag{2.9.4a}$$

于是，将式(2.9.4a)代入式(2.9.2d)中，可得：

$$e_2 - e_1 = \frac{1}{2}\left(\frac{1}{\rho_1} - \frac{1}{\rho_2}\right)(p_1 + p_2) \tag{2.9.4b}$$

对于完全气体：

$$e = C_V T = \frac{1}{\gamma - 1}\frac{p}{\rho} \tag{2.9.5a}$$

借助于式(2.9.4b)得到一组显式的 Rankine-Hugoniot 关系，即：

$$\frac{p_2}{p_1} = \frac{(\gamma+1)\rho_2 - (\gamma-1)\rho_1}{(\gamma+1)\rho_1 - (\gamma-1)\rho_2} \tag{2.9.5b}$$

$$\frac{\rho_2}{\rho_1} = \frac{(\gamma+1)p_2 + (\gamma-1)p_1}{(\gamma+1)p_1 + (\gamma-1)p_2} \tag{2.9.5c}$$

$$\frac{T_2}{T_1} = \left(\frac{a_2}{a_1}\right)^2 = \frac{\dfrac{p_2}{p_1} + \dfrac{\gamma+1}{\gamma-1}}{\dfrac{\gamma+1}{\gamma-1} + \dfrac{p_1}{p_2}} \tag{2.9.5d}$$

因此，Rankine-Hugoniot 关系对运动激波与驻激波都适用。另外，借助于式(2.9.5c)可将式(2.9.3d)改写为：

$$(N - V_1)^2 = \frac{1}{2\rho_1}[(\gamma-1)p_1 + (\gamma+1)p_2] \tag{2.9.6a}$$

$$(N - V_2)^2 = \frac{1}{2\rho_2}[(\gamma-1)p_2 + (\gamma+1)p_1] \tag{2.9.6b}$$

当然，式(2.9.6a)也可由式(2.9.2c)和式(2.9.5c)联立消去 ρ_2 后得到，即：

$$(\rho_1 w_1)^2 = (\rho_2 w_2)^2 = \frac{\rho_1}{2}[(\gamma-1)p_1 + (\gamma+1)p_2] \tag{2.9.7}$$

这里采用文献[7]中定义的

$$Ma_{\mathrm{s}} = \frac{N - V_1}{a_1} \tag{2.9.8a}$$

显然，对右传波与左传波分别为：

$$\begin{cases} 右传波：Ma_{\mathrm{s}} = \dfrac{W}{a_1} \\ 左传波：Ma_{\mathrm{s}} = -\dfrac{W}{a_1} \end{cases} \tag{2.9.8b}$$

于是，由式(2.9.6a)得：

$$\frac{p_2}{p_1} = \frac{2\gamma}{\gamma+1}Ma_{\mathrm{s}}^2 + \frac{1-\gamma}{\gamma+1} \tag{2.9.9a}$$

将式(2.9.9a)与式(2.9.5c)联立并消去 p_2/p_1 项后，得：

$$\frac{\rho_2}{\rho_1} = \frac{(\gamma+1)Ma_{\mathrm{s}}^2}{2 + (\gamma-1)Ma_{\mathrm{s}}^2} \tag{2.9.9b}$$

另外，注意到完全气体滞止温度 T_0 的定义，即：

$$T_0 = T + \frac{V^2}{2c_{\mathrm{P}}} = T + \frac{\gamma-1}{2\gamma R}V^2 \tag{2.9.9c}$$

式中，V 为气体的绝对速度。

于是，由式(2.9.2d)便直接推导出：

$$T_{01} - T_{02} = \frac{N}{c_{\mathrm{P}}}(V_1 - V_2) \tag{2.9.9d}$$

式中，N 为激波面的绝对速度。

显然，$T_{01} \neq T_{02}$，这一点是运动激波与静止激波的重要区别。当然，相应地有 $P_{02}/P_{01} \neq \rho_{02}/\rho_{01}$，它们的比值应该由下面两式给出：

$$\frac{P_{02}}{P_{01}}=\frac{P_{02}}{p_2}\frac{p_2}{p_1}\frac{p_1}{P_{01}}=\left(1+\frac{\gamma-1}{2}Ma_2^2\right)^{\frac{\gamma}{\gamma-1}}\left(\frac{2\gamma}{\gamma+1}Ma_s^2+\frac{1-\gamma}{\gamma+1}\right) \tag{2.9.10a}$$

$$\frac{\rho_{02}}{\rho_{01}}=\frac{\rho_{02}}{\rho_2}\frac{\rho_2}{\rho_1}\frac{\rho_1}{\rho_{01}}=\left(1+\frac{\gamma-1}{2}Ma_2^2\right)^{\frac{1}{\gamma-1}}\frac{(\gamma+1)Ma_s^2}{2+(\gamma-1)Ma_s^2} \tag{2.9.10b}$$

于是，熵增由下式定义：

$$S_2-S_1=c_V\ln\left[\frac{p_2}{p_1}\left(\frac{\rho_1}{\rho_2}\right)^{\gamma}\right] \tag{2.9.10c}$$

引进激波后 Mach 数（又称伴流 Mach 数）Ma_2，它与 Ma_s 的关系为：

$$Ma_2=\frac{V_2}{a_2}=\frac{V_2}{a_1}\cdot\frac{a_1}{a_2}=\frac{2}{\gamma-1}(Ma_s^2-1)\left[\left(\frac{2\gamma}{\gamma-1}Ma_s^2-1\right)\left(\frac{2}{\gamma-1}+Ma_s^2\right)\right]^{-\frac{1}{2}} \tag{2.9.11}$$

由式(2.9.11)可知，当 $Ma_s\to 1$ 时，$Ma_2\to 0$，这就是小扰动波的情况。当 $Ma_s\to\infty$，$Ma_2\to\sqrt{\dfrac{2}{\gamma(\gamma-1)}}\approx 1.89$，这说明伴流（或称激波后气体的跟随速度 V_2）可以达到超声速流动。另外，将式(2.9.2d)改写为：

$$\frac{w_1^2}{2}+\frac{a_1^2}{\gamma-1}=\frac{w_2^2}{2}+\frac{a_2^2}{\gamma-1}=\frac{\gamma+1}{2(\gamma-1)}\Lambda^2 \tag{2.9.12a}$$

显然，如果将式(2.9.12a)改写为两个等式，而后相减，并应用式(2.9.2b)得：

$$\frac{p_2-p_1}{\rho_2-\rho_1}=\Lambda^2 \tag{2.9.12b}$$

另外，将式(2.9.3d)改写为两个等式而后相乘可得：

$$w_1w_2=\frac{p_2-p_1}{\rho_2-\rho_1} \tag{2.9.12c}$$

于是，将上面两式相比较，便得到了运动激波的 Prandtl 关系式：

$$w_1w_2=\Lambda^2 \tag{2.9.13}$$

值得注意的是，式(2.9.13)不再保证激波前后的气流在一侧为超声速，在另一侧一定是亚声速了。而只能保证相对速度的绝对值，在激波前一定大于当地声速，而在激波后则一定小于当地声速，或者说激波相对于流体一定是以一个大于小扰动波的传播速度传播着。另外，由式(2.9.8a)、式(2.9.2a)与式(4.9.9b)，可得：

$$\frac{V_2-V_1}{a_1}=\frac{2}{\gamma+1}\left(Ma_s-\frac{1}{Ma_s}\right) \tag{2.9.14}$$

由式(2.9.9a)与式(2.9.9b)得：

$$\frac{T_2}{T_1}=\frac{p_2}{p_1}\frac{\rho_1}{\rho_2}=\left(\frac{a_2}{a_1}\right)^2=\frac{1}{(\gamma+1)^2}\left(2\gamma-\frac{\gamma-1}{Ma_s^2}\right)[2+(\gamma-1)Ma_s^2] \tag{2.9.15}$$

又由式(2.9.9a)得：

$$Ma_s=\pm\sqrt{\frac{\gamma+1}{2\gamma}\frac{p_2}{p_1}+\frac{\gamma-1}{2\gamma}} \tag{2.9.16}$$

注意：由式(2.9.8b)可知，式(2.9.16)中“+”号用于右传波，“-”号用于左传波。对于右传波，它的 Ma_s 始终是一个大于 1 的正值，并且 $V_2 - V_1 > 0$；对于左传波，Ma_s 始终是一个负值，但它的绝对值仍是大于 1 的正数，并且 $V_2 - V_1 < 0$。

通常，运动激波可能出现下面四种情况：① 波前亚声速，波后仍是亚声速；② 波前亚声速，波后变成超声速；③ 波前超声速，波后仍是超声速；④ 波前超声速，波后变成亚声速。对于这四种情况，例 2-2 给出了具体的实例。

例 2-2　试分析下面四个激波传播问题中激波两侧的流场属于哪一类流动状态：

(1) 激波强度为 1.5 的正激波在静止空气中的传播；

(2) 激波强度为 4 的正激波在静止空气中的传播；

(3) 激波强度为 1.5 的正激波向 Mach 数为 2 的超声速流中逆流传播(流速方向与激波传播方向相反)；

(4) 激波强度为 4 的正激波向 Mach 数为 2 的超声速气流中逆流传播。

解：(1) 由于通常称 $\dfrac{p_2 - p_1}{p_1}$ 为激波强度，因此这里 $p_2 = 2.5p_1$；又波前气体静止，所以 $V_1 = 0$；借助于式(2.9.4b)，$\left(\dfrac{V_2}{a_2}\right)^2 = 0.378 < 1$，因此激波两侧都属于亚声速流动状态。

(2) 因 $V_1 = 0$，且这时 $p_2 = 5p_1$，故由式(2.9.4b)得 $\left(\dfrac{V_2}{a_2}\right)^2 = 1.039 > 1$，因此此时波前是亚声速流动状态，波后为超声速流动状态。

(3) 因为流速方向与激波传播方向相反，所以 $V_1 = -2a_1$，又这里 $p_2 = 2.5p_1$；注意到 $\dfrac{V_1}{a_2} = -2\dfrac{a_1}{a_2} = -2\sqrt{\dfrac{p_1\rho_2}{p_2\rho_1}}$，因此将式(2.9.5c)代入后再代入有关数据便得 $\dfrac{V_1}{a_2} = -1.735$，又由式(2.9.4b)得：

$$\frac{V_2}{a_2} = \frac{V_1}{a_2} + \sqrt{\frac{2(p_2 - p_1)^2}{\rho_2[(\gamma+1)p_1 + (\gamma-1)p_2]}\frac{\rho_2}{\gamma p_2}} = -1.12$$

即 $Ma_2 > 1$，表明此时激波两侧都属于超声速流动状态。

(4) 因 $V_1 = -2a_1$，并且 $p_2 = 5p_1$，于是 $\dfrac{V_1}{a_2} = -1.5$，$\dfrac{V_2}{a_2} = -0.482$，即 $Ma_2 < 1$，表明此时波前为超声速气流通过激波后变为亚声速气流。

2.9.2　运动正激波在静止气体中的传播

令 V_1 与 V_2 为激波前与波后的速度，N 为激波面传播的速度，于是由式(2.2.7)得到正激波的基本方程组为：

$$\rho_1(V_1 - N) = \rho_2(V_2 - N) \tag{2.9.17a}$$

$$p_1 + \rho_1(V_1 - N)^2 = p_2 + \rho_2(V_2 - N)^2 \tag{2.9.17b}$$

$$h_1 + \frac{1}{2}(V_1 - N)^2 = h_2 + \frac{1}{2}(V_2 - N)^2 \tag{2.9.17c}$$

这个方程组共有 7 个参量：$p_1, \rho_1, p_2, \rho_2, u_1, u_2, N$。现在已知 $V_1 = 0$，所以剩下的 6 个参量中只要再给出其中的三个参量问题便可求解了。原来静止区域中的 p_1, ρ_1 一般已知的，因此另一个条件可以给激波强度 $\Delta p / p_1$，也可以给激波传播的速度 N，当然也可以给伴流速度（又称跟随速度）V_2；至于求解过程，这里从略。

例 2-3 空气在管道中以 150 m/s 的速度流动，其压力是 1.5×10^5 Pa，温度为 300 K。在某一瞬时，管道末端的阀门突然关闭，于是就有一道正激波逆流向管道内传播如图 2.67 所示，试求该激波相对于管壁的传播速度。

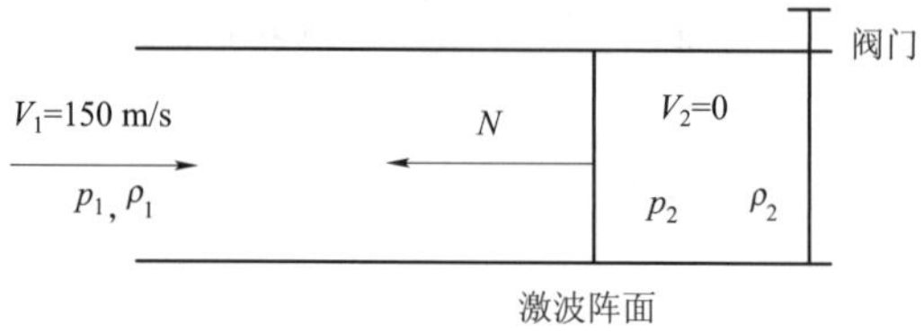

图 2.67 阀门突然关闭产生的激波传播问题

解：这个问题与上面所讲的情况恰好相反，即波前气体速度不为零，通过激波后其波后速度等于零。根据本情况，基本方程组可改写为：

$$\begin{cases} \rho_1 (N - V_1) = \rho_2 N \\ p_1 + \rho_1 (N - V_1)^2 = p_2 + \rho_2 N^2 \\ \dfrac{\gamma}{\gamma - 1} \dfrac{p_1}{\rho_1} + \dfrac{1}{2}[N - V_1]^2 = \dfrac{1}{2} N^2 + \dfrac{\gamma}{\gamma - 1} \dfrac{p_2}{\rho_2} \end{cases} \tag{2.9.18}$$

式中，V_1, p_1, ρ_1 是已知的（因 $\rho_1 = p_1/(RT_1)$ 故可算出 $\rho_1 = 1.742\ \mathrm{kg/m^3}$）。

由式(2.9.13)可得：

$$p_2 - p_1 = -\rho_1 (N - V_1) V_1 \tag{2.9.19}$$

注意：$V_2 = 0$ 及式(2.9.19)，于是由式(2.9.4b)可得：

$$\rho_1 (N - V_1) \sqrt{\frac{2}{\rho_1 [(\gamma + 1) p_2 + (\gamma - 1) p_1]}} = 1$$

于是有：

$$N - V_1 = \sqrt{\frac{(\gamma + 1) p_2 + (\gamma - 1) p_1}{2\rho_1}} = a_1 \sqrt{\frac{\gamma + 1}{2\gamma} \frac{p_2}{p_1} + \frac{\gamma - 1}{2\gamma}}$$

$$= a_1 \sqrt{1 - \frac{\gamma + 1}{2} \frac{N - V_1}{a_1} \frac{V_1}{a_1}}$$

上式可整理为：

$$(N - V_1)^2 + \frac{\gamma + 1}{2} V_1 (N - V_1) - a_1^2 = 0$$

解得：
$$N = \frac{3-\gamma}{4}V_1 + \sqrt{\left(\frac{\gamma+1}{4}V_1\right)^2 + a_1^2} \qquad (2.9.20)$$

将 $V_1 = -150$ m/s 和 $T_1 = 300$ K 代入式(2.9.20)，得 $N = 298.7$ m/s。

2.9.3　激波的相互作用及接触间断面的计算

1. 6 种情况的综合分析与计算

考察一道激波与另外一个间断面相交。这个间断面可能是一道异族激波、一道同族激波、一个接触面、一个开口端或者一个封闭端。这些相互作用都属于初值问题，图 2.68 给出了常见的 6 种相互作用的情况，即图 2.68(a)的 1—2 区，图 2.68(b)的 1—2 区，图 2.68(c)的 1—2—3 区，图 2.68(d)的 1—2—3 区，图 2.68(e)的 1—2—3 区和图 2.68(f)的 1—2—3 区中的状态都分别是已知的。未知区域的计算取决于压强和速度的匹配，下面针对完全气体对上述各种情况作综合性的分析与研究。

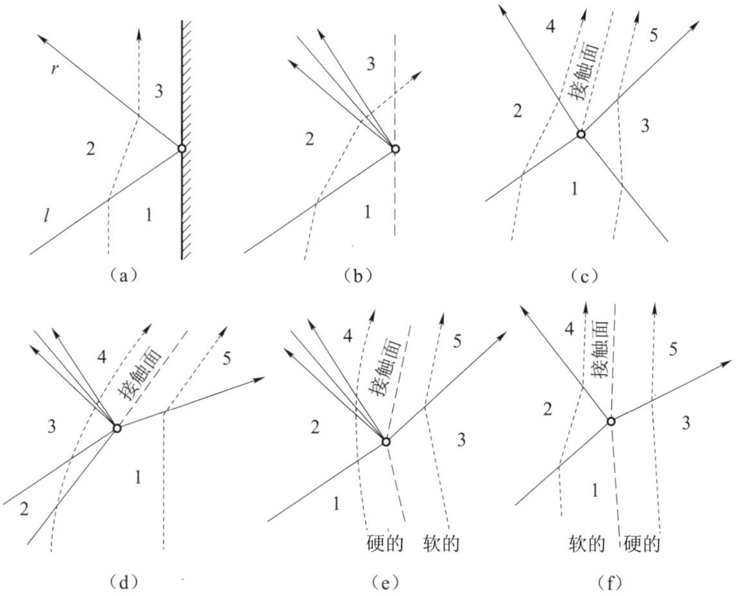

图 2.68　激波相互作用的 6 种情况

(a) 激波在刚性壁或封闭端反射；(b) 激波入射于恒压开口端；(c) 异族激波相交；
(d) 同族激波相交；(e) 激波入射于接触面；(f) 激波入射于接触面

1) 激波在固壁上反射

设有一道右行入射激波，以某一速度在静止区域①中传播，波后②区中气体速度为 V_2；当激波遇到固壁时，②区中运动着的气体与固壁相撞，产生较高压力，必然反射一道左传反射激波，如图 2.68(a)所示。反射激波后③区气体又恢复静止。因此，入射激波和反射激波两者存在一定关系，显然波两侧气体相对速度的差值应该相等，即：

$$V_2 - V_1 = V_2 - V_3 \qquad (2.9.21a)$$

或在激波坐标系中写出：

$$w_1 - w_2 = w_3 - w_2 \tag{2.9.21b}$$

利用式(2.9.2b)容易求得：

$$m_s = \frac{p_2 - p_1}{w_1 - w_2} = \sqrt{\frac{p_2 - p_1}{\frac{1}{\rho_1} - \frac{1}{\rho_2}}} \tag{2.9.22}$$

所以：

$$w_1 - w_2 = \sqrt{(p_2 - p_1)\left(\frac{1}{\rho_1} - \frac{1}{\rho_2}\right)} \tag{2.9.23a}$$

同理：

$$w_3 - w_2 = \sqrt{(p_2 - p_3)\left(\frac{1}{\rho_3} - \frac{1}{\rho_2}\right)} \tag{2.9.23b}$$

借助于式(2.9.21b)及式(2.9.23a)和式(2.9.23b)，可得：

$$(p_2 - p_1)\left(\frac{1}{\rho_1} - \frac{1}{\rho_2}\right) = (p_3 - p_2)\left(\frac{1}{\rho_2} - \frac{1}{\rho_3}\right) \tag{2.9.23c}$$

对于反射激波，利用关系式(2.9.5c)，得：

$$\frac{\rho_3}{\rho_2} = \frac{(\gamma+1)p_3 + (\gamma-1)p_2}{(\gamma+1)p_2 + (\gamma-1)p_3} \tag{2.9.23d}$$

由式(2.9.5c)、式(2.9.23c)与式(2.9.23d)，消去密度后可得：

$$(p_3 - p_2)^2[(\gamma+1)p_1 + (\gamma-1)p_2] = (p_2 - p_1)^2[(\gamma+1)p_3 + (\gamma-1)p_2]$$

它是关于 p_3 的二次代数方程，该方程有一个无实际意义的根 $p_3 = p_1$。消去 $p_3 - p_1$ 后即得到用 p_1 和 p_2 表达的关于 p_3 的公式：

$$\frac{p_3}{p_2} = \frac{(3\gamma-1)p_2 - (\gamma-1)p_1}{(\gamma-1)p_2 + (\gamma+1)p_1} = \frac{\frac{3\gamma-1}{\gamma-1}\frac{p_2}{p_1} - 1}{\frac{\gamma+1}{\gamma-1} + \frac{p_2}{p_1}} \tag{2.9.23e}$$

2）激波在管道开口端反射

激波与管道开口端相互作用可能产生几种不同的结果，这主要取决于管内气体的速度和压力。下面仅讨论一种简单情况，即管口内外气体压力、速度相等的情形。设有一右行激波向开口端运动，如图 2.69 所示。当激波通过后，波后压力增高。激波到达开口端时，波后②区的气体直接与外界接触。口内气体压力高于口外压力，这时开口端给予气体一个膨胀扰动，因而在开口端反射出一系列膨胀波。又因为压力是突然下降的，所以膨胀波是中心膨胀波。在膨胀波后的③区内，这时 $p_3 = p_1$；由①区到②区的计算前面已讲过。现在讨论当②区的参数获得后如何计算③区的参数。利用沿第Ⅰ族特征线的相容关系：

$$V_3 + \frac{2}{\gamma-1}a_3 = V_2 + \frac{2}{\gamma-1}a_2$$

再由等熵关系，并考虑到 $p_3 = p_1$，得：

$$\frac{a_3}{a_2} = \left(\frac{p_3}{p_2}\right)^{\frac{\gamma-1}{2\gamma}} = \left(\frac{p_1}{p_2}\right)^{\frac{\gamma-1}{2\gamma}}$$

这样就可求出 a_3；然后再由上面两式消去 a_3，便得到关于 V_3 的关系式：

$$\frac{V_3 - V_2}{a_2} = \frac{2}{\gamma-1}\left[1-\left(\frac{p_1}{p_2}\right)^{\frac{\gamma-1}{2\gamma}}\right] \quad (2.9.24)$$

以上仅对 $V_2 < a_2$ 和 $V_3 < a_3$ 的情形作了讨论，更复杂的情况可参阅文献[28]，本书不作介绍。

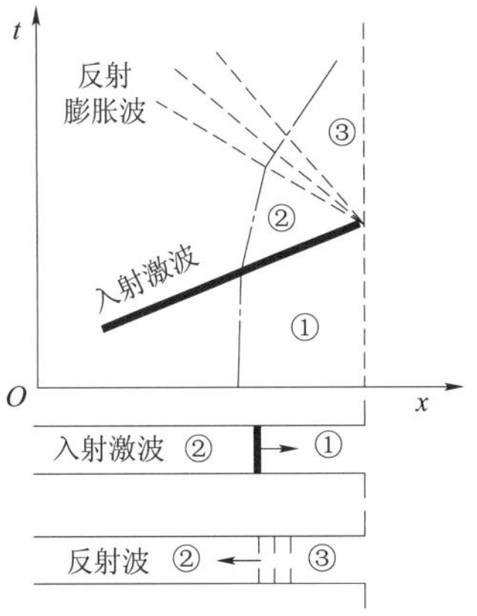

图 2.69 激波在开口端的反射

3）两激波相交将产生接触面

接触面是气体某些热力学参数的间断面，它的两侧可以是两种不同的气体，也可以是同一种气体。接触面与激波的一个重要区别是激波面有气体通过；而接触面没有气体通过，即接触面与两侧气体一起运动。所以，接触面两侧气体速度相等，压力也相等。如果不考虑掺混、黏性扩散和热传导等输运过程，那么接触面一旦形成，在整个运动过程中应该保持不变。

接触面可以有多种方式形成，而两个激波相交时通常会产生接触面。下面讨论两个激波的相交。关于异族激波相交和同族激波相交问题 2.4 节已讲过，这里仅给出有关的主要结论：两个异向运动激波相交后相互穿过，反射波也是激波。此外，还将产生接触面[图 2.68(c)]，在该面上压强与速度要相匹配。另外，对于两个同族激波相交后合成一个较大强度激波的情况，同样也应注意在接触面处[图 2.68(d)所示的④区与⑤区的接触面上]压强与速度应该相匹配。总之，两道异族激波相交或碰撞以及两道同族激波相交或追赶都会产生接触面。对于前者，因为当两道强度不等的激波相撞时，波后气体直接接触，使相邻区域的气体压力和速度相等，并且互相透射以后出现两道激波，各自按原来方向前进。但由于两道激波强度不等，引起熵增不同。因此，两道透射激波后面气体直接接触处两侧的熵值不等，于是形成一个接触面。其运动情况取决于原来两道激波的强度，如图 2.70(a)所示。对于同族激波，由于激波的传播速度总小于波后的声速，因此，以声速传播的小扰动波一定能赶上同族激波。小扰动波以声速传播，而激波相对于波前气体以超声速传播，所以激波必定能赶上它前面的同族激波。赶上以后，前一道激波波前的气体与后一道激波波后的气体直接接触，两个气体区域的熵值是不同的，形成接触面，如图 2.70(b)所示。两个入射激波相互作用的结果形成了一道激波继续向前，同时在反方向产生反射波。而反射波可以是膨胀波，也可以是激波，这与接触面两侧的热力学参数有关，这里图 2.70(b)仅给出了反射波为膨胀波的情形。应该特别指出的是，柯朗在其论著[28]中指出了区分上述两类反射的判据，周毓麟[29]在数学上进行了严格证明，感兴趣的读者可读他们的原著。另外，在他们的著作中，给出了大量的理论分析，有几点结论是需要结合本节内容去进一步深刻体会的：① 在压缩波区内，随着时间的增长，特征线会变得越来越密集。而在膨胀波区，随着时间的增长，特征线会越变越稀疏；② 压缩波提供给气体的加速方向与波的传播方向一致，而膨胀波提供给气体的加速方向则与波的传播方向相反；③ 如果在一维管道中有两道同方向传播的波(激波或单波)，若前面一道波是压缩波，则后面一道波终将赶上它；若后面一道波是正激波，则它终将赶上前面的那道波；④ 中心单波区一定是膨胀波区。

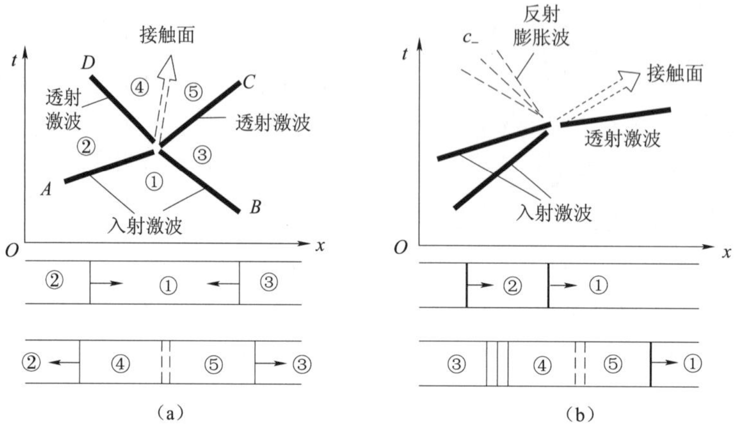

图 2.70　两激波相交产生的接触面

4) 激波与接触面的相互作用

当激波与接触面相互作用时，总会有一个透射激波穿过接触面，如图 2.68(e)与图 2.6.8(f)所示。另外，在交点上将会产生一个反射波，其反射波的种类可能是激波，也可能是膨胀波，这要依赖于接触面两侧气体的热力学参数和气体的流动参数。另外，理论计算与分析还表明：对于图 2.68(e)或图 2.68(b)的反射波，其透射波的强度要小于入射激波的强度，而对于图 2.68(f)或图 2.71(a)的反射波，其透射激波强度要大于入射激波的强度。

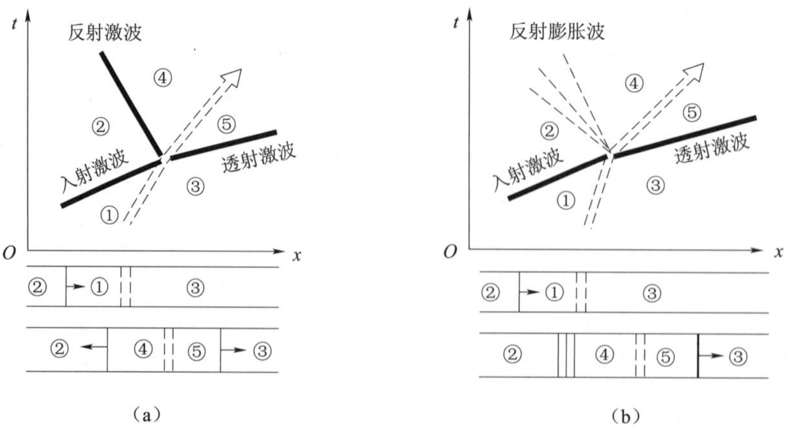

图 2.71　激波与接触面的相交

例 2-4　设有一个右行激波和一个左行激波，其强度分别为 $p_2/p_1=2.0$ 和 $p_3/p_1=4.0$，已知 $T_1=294\ \text{K}$，$p_1=0.68\ \text{atm}$(1 atm＝0.1 MPa)。试求两激波相遇后如图 2.70(a)所示的各个区压强、声速和流速值。

解：①区：$p_1=0.68\ \text{MPa}$，$a_1=20.1\sqrt{T_1}=313\ \text{m/s}$，$V_1=0$。

②区：$p_2=2.0p_1=1.36\ \text{MPa}$。由式(4.8.11c)得：

$$a_2=377\ \text{m/s}$$

再由式(2.9.3g)可得：

$$V_2=V_1+\frac{a_1}{\gamma}\left(\frac{p_2}{p_1}-1\right)\left(\frac{\gamma+1}{2\gamma}\frac{p_2}{p_1}+\frac{\gamma-1}{2\gamma}\right)^{-1/2}=180\ \text{m/s}$$

③区：按左行激波的关系式进行计算。容易求得 $p_3=4.0p_1=2.72\ \text{MPa}$，$a_3=434\ \text{m/s}$，$V_3=-938\ \text{m/s}$。

现在求透射激波与接触面之间④区与⑤区的参数，这里采用试凑法以满足下列两个条件，即：

$$V_4=V_5,\ p_4=p_5$$

因为激波 S_1 是左行的，所以有关系式：

$$\frac{V_4-V_2}{a_2}=-\frac{1}{\gamma}\left(\frac{p_4}{p_2}-1\right)\left[\frac{(\gamma+1)}{2\gamma}\frac{p_4}{p_2}+\frac{\gamma-1}{2\gamma}\right]^{-1/2}$$

或写成：

$$\frac{p_4}{p_2}=\frac{\gamma(\gamma+1)}{4}\left(\frac{V_4-V_2}{a_2}\right)-1+\gamma\sqrt{\left[\left(\frac{\gamma+1}{4}\right)^2\left(\frac{V_4-V_2}{a_2}\right)^2-1\right]\frac{(V_4-V_2)}{a_2}}\tag{2.9.25}$$

若激波 S_2 是右行的，所以有关系式：

$$\frac{V_5-V_3}{a_3}=\frac{1}{\gamma}\left(\frac{p_5}{p_3}-1\right)\left[\frac{(\gamma+1)}{2\gamma}\frac{p_5}{p_3}+\frac{\gamma-1}{2\gamma}\right]^{-1/2}$$

或写成：

$$\frac{p_5}{p_3}=\frac{\gamma(\gamma+1)}{4}\left(\frac{V_5-V_3}{a_3}\right)+1+\gamma\sqrt{\left[\left(\frac{\gamma+1}{4}\right)^2\left(\frac{V_5-V_3}{a_3}\right)^2+1\right]\frac{(V_5-V_3)}{a_3}}\tag{2.9.26}$$

于是，可以假设一系列 $V_4(V_4=V_5)$ 值，利用式(2.9.25)和式(2.9.26)，计算出相应的 p_4 和 p_5，通过试算去找到 $p_4=p_5$ 成立时所对应的 $V_4(V_4=V_5)$ 值。试算结果是 $V_4=V_5=-205\ \text{m/s}$，对应的 $p_4=p_5=4.81\ \text{atm}$。再进一步算出 $a_4=471\ \text{m/s}$，$a_5=464\ \text{m/s}$。

2. 两波作用时接触间断产生的几种情况

综上分析，关于两波相互作用能否产生接触间断面问题可以归纳出五点：① 激波与激波作用要产生接触间断面；② 激波与接触间断面作用后要产生新的接触间断面；③ 激波与膨胀波作用后要产生接触间断面；④ 膨胀波与膨胀波相互作用后不产生接触间断面；⑤ 膨胀波与接触面作用后要产生新的接触间断面。

下面引进两波作用问题中的常用符号：用 $\overrightarrow{S}$ 与 $\overleftarrow{S}$ 分别代表向右与向左传播的激波；用 $\overrightarrow{R}$ 与 $\overleftarrow{R}$ 分别代表向右与向左传播的膨胀波，用 J 代表接触间断面。显然，用符号方程 $\overrightarrow{S}_2\overrightarrow{S}_1 \rightarrow \overleftarrow{S}J\overrightarrow{S}$ 或 $\overleftarrow{R}J\overrightarrow{S}$ 可以清楚地表明了两个同向激波相交或碰撞后其反射波将有两种可能：一种是反射波都是激波；另一种是一个激波一个膨胀波，而且这两种情况都有接触间断面产生。例如，用符号方程 $\overrightarrow{S}_0\overleftarrow{R}_0 \rightarrow \overleftarrow{R}J\overrightarrow{S}$ 或 $\overrightarrow{R}_0\overleftarrow{S} \rightarrow \overleftarrow{S}J\overrightarrow{R}$，则表明了激波与膨胀波迎面相撞相互作用时的情况。

2.9.4 初始间断的分解及 Riemann 问题的精确解法

1. 初始间断的分解

前面所讲的间断问题，如激波间断，这类间断面两侧的气体参数是通过连续方程、动量方程和能量方程来互相制约的；对于接触间断，它两侧的压强和速度分别相等而只是密度、温度和熵是任意的。正是由于这种间断面两侧的压强和速度分别相等，所以，它不会由于其他参数的任意性而发生任何扰动。然而本节讨论的间断问题与上述不同，它是一种任意间断。任意间断是指在初始时刻，在气体中可能存在着一个间断面，它两侧的气体性质是不同的，气体参数不受任何条件限制，它们之间可以是毫无联系的。理论分析表明：任意间断所引起的扰动运动可由下面的三个元素构成即中心膨胀波、定常区和激波。但这些不同运动的组合要受到以下条件的限制即在一个方向上只能有一个波在传播（当然这个波可以是激波也可是中心膨胀波），所以从同一个任意间断点处只能发出两个朝着不同方向传播的波。这两个波可能的组合：① 两个激波；② 两个中心膨胀波；③ 一个激波、一个中心膨胀波。在这样的两个波之间存在着一个定常区。由于两边熵值不等，所以在定常区中存在着一个接触间断面 J。在接触面两侧的压强和速度分别相等。图 2.72 给出了从同一个初始间断点处发出波的五种可能情况。对于一个具体的工程问题到底应属于哪一种情况，这取决于初始间断面两侧的初始状态。

现在介绍图 2.72 给出的五种类型：① 在接触间断（以虚线表示）的左右两边各有一个激波（以粗线表示），其中一个为左行激波，一个为右行激波。这些波都是从初始间断点处出发的，各自以常速度运动。在接触间断面与激波之间的区域都是常数状态区。② 在接触间断面的左边有一个左行中心膨胀波（以一束直线表示），在接触面右边有一个右行激波。中心膨胀区的物理量是 x/t 的函数，并从其波头（又称第一道膨胀波）连续地过渡到波尾。③ 接触间断面的左边有一个左行激波，右边有一个右行中心膨胀波。④ 接触面的左边有一个左行中心膨胀波，右边有一个右行中心膨胀波。⑤ 在初始间断点处的左边发出一个左行中心膨胀波，右边发出一个右行中心膨胀波，在两个中心膨胀波之间出现真空区域。

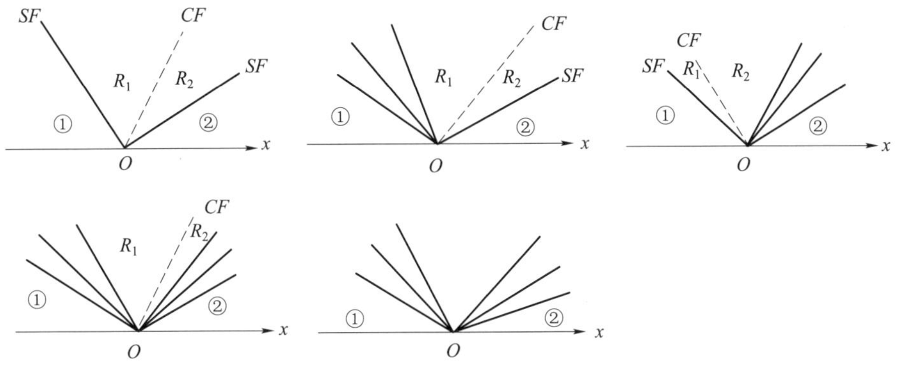

图 2.72　任意间断分解的五种可能情况

2. Riemann(黎曼)问题的数学提法

Riemann 问题就是求一维非定常无黏气体动力学如下初值问题的解，该初值为 $t=0$ 时，物理量初值分别为 $V(x,0)$，$\rho(x,0)$，$p(x,0)$；在 $x=0$ 处有间断，并且在 $x=0$ 的两边分别是常数分布，即：

$$\begin{bmatrix} V(x,0) \\ \rho(x,0) \\ p(x,0) \end{bmatrix} = \begin{bmatrix} V_1(x<0) \text{ 或 } V_2(x>0) \\ \rho_1(x<0) \text{ 或 } \rho_2(x>0) \\ p_1(x<0) \text{ 或 } p_2(x>0) \end{bmatrix} \tag{2.9.27}$$

式中，V_1，ρ_1，p_1，V_2，ρ_2 与 p_2 分别为常数。

我们欲求满足上述初始条件式(2.9.27)的解 (V,ρ,p)，使它在光滑区满足一维非定常无黏 Euler(欧拉)方程式(2.9.28)，在间断处满足间断条件(又称间断关系式)式(2.9.29)，即：

$$\begin{cases} \dfrac{\partial \rho}{\partial t} + \dfrac{\partial(\rho V)}{\partial x} = 0 \\ \dfrac{\partial(\rho V)}{\partial t} + \dfrac{\partial(\rho V^2 + p)}{\partial x} = 0 \\ \dfrac{\partial \varepsilon}{\partial t} + \dfrac{\partial[(\varepsilon + p)V]}{\partial x} = 0 \end{cases} \tag{2.9.28}$$

$$\begin{cases} [\rho]N - [\rho V] = 0 \\ [\rho V]N - [\rho V^2 + p] = 0 \\ [\varepsilon]N - [\varepsilon V + pV] = 0 \end{cases} \tag{2.9.29}$$

式中，$[f]$ 代表物理量 f 在间断处右侧(又称右边)的值减去 f 在间断处左侧(又称左边)的值，即 $[f] \equiv f_2 - f_1$；N 为间断面 $x = x(t)$ 的运动速度，即 $N = \dfrac{\mathrm{d}x}{\mathrm{d}t}$。

通常，这种初始时刻的间断并不一定满足间断关系，所以是不稳定的。因此在 $t>0$ 后这种初始间断便立即分解为若干满足间断关系的间断，所以 Riemann 问题又常被称为初始间断的分解问题。需要特别指出的是，在近代计算流体力学和气体动力学的数值方法研究中，Riemann 问题的精确解显得格外重要，常常用它去校验一些数值新方法（尤其是高分辨率数值格式）的精确程度。

3. Riemann 问题的精确解

1）预备知识

首先将间断关系式(2.9.29)改写为：

$$\rho_1(N-V_1)=\rho_2(N-V_2)=m \text{ 或 } m\left[\frac{1}{\rho}\right]=-[V] \tag{2.9.30a}$$

$$m[V]=[p] \tag{2.9.30b}$$

$$m\left[\frac{\varepsilon}{\rho}\right]=[pV] \tag{2.9.30c}$$

式中，m 表示在单位面积上单位时间内通过间断面的流量。

由式(2.9.30a)与式(2.9.30b)得：

$$m=-\frac{[V]}{\left[\frac{1}{\rho}\right]}=\frac{[p]}{[V]} \tag{2.9.30d}$$

$$m^2=-\frac{[p]}{\left[\frac{1}{\rho}\right]}=-\frac{p_2-p_1}{\frac{1}{\rho_2}-\frac{1}{\rho_1}} \tag{2.9.30e}$$

$$[V]^2\equiv[V][V]=-[p]\left[\frac{1}{\rho}\right] \tag{2.9.30f}$$

$$[N-V_1](N-V_2)=\frac{p_2-p_1}{\rho_2-\rho_1} \tag{2.9.30g}$$

对于右行激波，因 $m>0$，有：

$$[V]-\frac{[p]}{|m|}=0 \tag{2.9.31a}$$

对于左行激波，因 $m<0$，有：

$$[V]+\frac{[p]}{|m|}=0 \tag{2.9.31b}$$

将式(2.9.30b)乘 $\frac{1}{2}(V_1+V_2)$ 并整理后，可得：

$$m\left[\frac{V^2}{2}\right]=\frac{1}{2}(V_1+V_2)[p]=[pV]-\frac{1}{2}(p_1+p_2)[V] \tag{2.9.31c}$$

再利用式(2.9.30a)则式(2.9.31c)变为：

$$m\left[\frac{V^2}{2}\right]-[pV]=\frac{1}{2}(p_1+p_2)m\left[\frac{1}{\rho}\right] \tag{2.9.31d}$$

由式(2.9.30c)与式(2.9.31d)合并消去速度 V 后，可得：

$$m[e]+\frac{1}{2}m(p_1+p_2)\left[\frac{1}{\rho}\right]=0 \tag{2.9.31e}$$

式中，e 为内能。

对于激波，$m \neq 0$，故式(2.9.31e)变为：

$$[e]+\frac{1}{2}(p_1+p_2)\left[\frac{1}{\rho}\right]=0 \tag{2.9.31f}$$

对于完全气体 $e=\frac{p}{\rho}/(\gamma-1)$，于是式(2.9.31f)变为：

$$\frac{\dfrac{1}{\rho_2}-\dfrac{1}{\rho_1}}{\dfrac{1}{\rho_1}}=-\frac{2(p_2-p_1)}{(\gamma-1)p_1+(\gamma+1)p_2}$$

将上式代入式(2.9.30e)中有：

$$m^2=\frac{1}{2}\rho_1[(\gamma-1)p_1+(\gamma+1)p_2]=\frac{1}{2}\rho_2[(\gamma-1)p_2+(\gamma+1)p_1] \tag{2.9.32a}$$

因此

$$|m|=\rho_1 a_1\sqrt{\frac{\gamma-1}{2\gamma}+\frac{\gamma+1}{2\gamma}\left(\frac{p_2}{p_1}\right)}=\rho_2 a_2\sqrt{\frac{\gamma-1}{2}+\frac{\gamma+1}{2\gamma}\left(\frac{p_1}{p_2}\right)} \tag{2.9.32b}$$

式中，a_1 与 a_2 分别为激波左侧状态与右侧状态的声速。

激波间断除了应该满足连续方程、动量方程和能量方程之外，还应该服从热力学第二定律也就是熵增条件，即：

$$S_{波后}-S_{波前}\geqslant 0 \tag{2.9.33}$$

这一条与要求激波后的压力、密度大于波前的压力、密度是一致的，即：

$$P_{波后}-P_{波前}\geqslant 0,\rho_{波后}-\rho_{波前}\geqslant 0 \tag{2.9.34}$$

值得特别注意的是，我们在刚开始讨论 Riemann 问题时已作过约定：下脚标 1 为间断面左侧的状态，下脚标 2 为间断面右侧的状态(这与 2.9.1 节讲述运动激波时在相对坐标系中所定义的下标是有区别的)。对于右行激波来讲，它的右侧为波前、左侧为波后，于是 $p_2-p_1<0$，$\rho_2-\rho_1<0$，由式(2.9.31a)可知 $V_2-V_1<0$；对于左行激波来讲，它的右侧为波后、左侧为波前，于是 $p_2-p_1>0$，$\rho_2-\rho_1>0$，由式(2.9.31b)可知，这时 $V_2-V_1<0$。因此，无论是右行激波还是左行激波总有 $V_2-V_1<0$，这与压缩波总有 $\frac{\partial V}{\partial x}<0$ 的结论是一致的。正由于这个原因，所以由式(2.9.30f)开平方时只取：

$$V_2-V_1=-\sqrt{(p_2-p_1)\left(\frac{1}{\rho_1}-\frac{1}{\rho_2}\right)} \tag{2.9.35}$$

式中，下脚标 1 与 2 分别表示左与右侧状态。

另外，对于左行简单波，它有一个 Riemann 不变量 J^+ 为普适常数，并且还有如下关系成立，即：

$$
\text{沿第 II 族 } C^-: \begin{cases} \dfrac{\mathrm{d}x}{\mathrm{d}t} = V - a \\ V - \dfrac{2}{\gamma - 1}a \equiv J^- = C_2(\text{常数,沿特征线}) \\ V + \dfrac{2}{\gamma-1}a = J_0^+(\text{跨过特征线}) \end{cases} \tag{2.9.36}
$$

考察 C^- 特征线的斜率 $V-a$ 与流线的斜率 V，总有 $V-a<V$，因此，流体的质点总是由左侧进行每一条 C^- 特征线。简单波可分为压缩波与膨胀波，对于压缩波 $\dfrac{\partial V}{\partial x}<0$，而对于膨胀波 $\dfrac{\partial V}{\partial x}>0$；对于左行中心膨胀波，取中心为原点(0,0)，则 C^- 特征线为：

$$
\frac{x}{t} = V - a \tag{2.9.37}
$$

设左行中心膨胀波的左边界即波头[图 2.73(b)]为 $\dfrac{x}{t}=k_1$；右边界即波尾为 $\dfrac{x}{t}=k_2(k_2>k_1)$。在左边界处状态为 V_1,a_1；右边界状态为 V_2,a_2，于是 $k_1=V_1-a_1$，$k_2=V_2-a_2$。在左行中心波区中有：

$$
J_0^+ \equiv V + \frac{2}{\gamma-1}a = V_1 + \frac{2}{\gamma-1}a_1 = V_2 + \frac{2}{\gamma-1}a_2 \tag{2.9.38}
$$

将式(2.9.37)与式(2.9.38)联立解得左行中心波区中的状态分布为：

$$
\begin{cases} V = \dfrac{\gamma-1}{\gamma+1}\left[J_0^+ + \dfrac{2}{\gamma-1}\dfrac{x}{t}\right] \\ a = \dfrac{\gamma-1}{\gamma+1}\left[J_0^+ - \dfrac{x}{t}\right] \quad \left(k_1 \leqslant \dfrac{x}{t} \leqslant k_2\right) \end{cases} \tag{2.9.39}
$$

它们是 $\dfrac{x}{t}$ 的函数。该区中的压强与密度分布为：

$$
\begin{cases} \rho = \rho_1\left(\dfrac{a}{a_1}\right)^{\frac{2}{\gamma-1}} \\ p = p_1\left(\dfrac{a}{a_1}\right)^{\frac{2\gamma}{\gamma-1}} \end{cases} \tag{2.9.40}
$$

式中，ρ_1,p_1,a_1 分别为波头处的密度、压强和声速。

对于右行简单波，它有一个 Riemann 不变量 J^- 为普适常数，并且有如下关系成立，即：

$$
\text{沿第 I 族 } C^+: \begin{cases} \dfrac{\mathrm{d}x}{\mathrm{d}t} = V + a \\ V + \dfrac{2}{\gamma - 1}a \equiv J^+ = C_1(\text{常数,沿特征线}) \\ V - \dfrac{2}{\gamma-1}a = J_0^-(\text{跨过特征线}) \end{cases} \tag{2.9.41}
$$

考察 C^+ 特征线，流体的质点总是不断地从右侧进入每一条 C^+ 特征线。同样地，对于右行中心膨胀波，取中心为原点时，C^+ 特征线为：

$$\frac{x}{t} = V + a \tag{2.9.42}$$

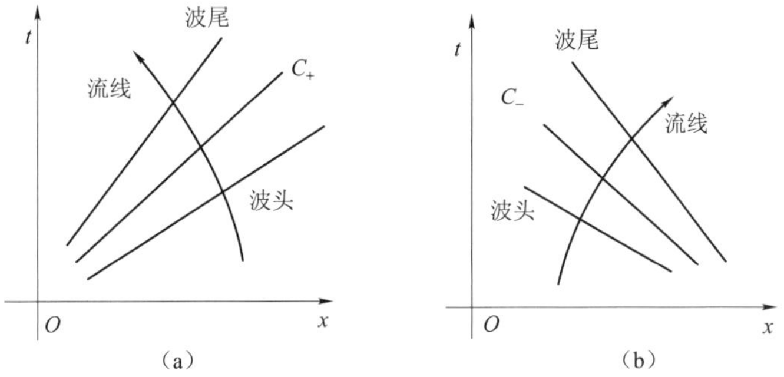

图 2.73　右行与左行膨胀波

设右行中心膨胀波的左边界即波尾[图 2.73(a)]为 $\frac{x}{t} = k_1$，右边界即波头为 $\frac{x}{t} = k_2$，在波头处的状态为 V_1, a_1；在波尾处的状态为 V_2, a_2；于是在右行中心膨胀波区中有：

$$J_0^- \equiv V - \frac{2}{\gamma - 1}a = V_1 - \frac{2}{\gamma - 1}a_1 = V_2 - \frac{2}{\gamma - 1}a_2 \tag{2.9.43}$$

将式(2.9.42)与式(2.9.41)联立解得右行中心膨胀波区状态的分布为：

$$\begin{cases} V = \dfrac{\gamma - 1}{\gamma + 1}\left[J_0^- + \dfrac{2}{\gamma - 1}\dfrac{x}{t}\right] \\ a = \dfrac{\gamma - 1}{\gamma + 1}\left[\dfrac{x}{t} - J_0^-\right] \quad \left(k_1 \leqslant \dfrac{x}{t} \leqslant k_2\right) \end{cases} \tag{2.9.44}$$

2) 接触间断面两侧速度 $\widetilde{V}$ 与压强 $\widetilde{p}$ 的计算

对于接触间断面，考虑到该面两侧速度和压强都分别相等这个条件，这里仍用下脚标 1 代表间断面的左侧(或左边状态 l)，下脚标 2 代表间断面的右侧(或右边状态 r)；因此在接触间断两侧的常数状态区域中用 $\widetilde{V}$ 与 $\widetilde{p}$ 分别代表这时速度与压强，即：

$$\widetilde{V} = V_1 = V_2 \text{ (在接触面两侧)} \tag{2.9.45a}$$

$$\widetilde{p} = p_1 = p_2 \text{ (在接触面两侧)} \tag{2.9.45b}$$

对于左行激波[图 2.72(a)]，左侧是波前，右侧是波后，于是由式(2.9.31b)与式(2.9.32b)可得：

$$\widetilde{V} - V_1 + \frac{\widetilde{p} - p_1}{\widetilde{m}_1} = 0 \tag{2.9.46a}$$

式中：

$$\widetilde{m}_1=\rho_1 a_1\sqrt{\frac{\gamma+1}{2\gamma}\left(\frac{\widetilde{p}}{p_1}\right)+\frac{\gamma-1}{2\gamma}}\qquad(\widetilde{p}>p_1)\tag{2.9.46b}$$

对于右行激波，左侧是激波的波后，右侧是波前，由式(2.9.31a)与式(2.9.32b)可得：

$$\widetilde{V}-V_2-\frac{\widetilde{p}-p_2}{\widetilde{m}_2}=0\tag{2.9.47a}$$

式中：

$$\widetilde{m}_2=\rho_2 a_2\sqrt{\frac{\gamma+1}{2\gamma}\left(\frac{\widetilde{p}}{p_2}\right)+\frac{\gamma-1}{2\gamma}}\qquad(\widetilde{p}>p_2)\tag{2.9.47b}$$

对于左行中心膨胀波[图 2.72(b)]，由式(2.9.36)与式(2.9.38)可得：

$$V+\frac{2}{\gamma-1}a=V_1+\frac{2}{\gamma-1}a_1\tag{2.9.48a}$$

并注意利用等熵区中的关系式式(2.9.40)，得：

$$a=a_1\left(\frac{p}{p_1}\right)^{\frac{\gamma-1}{2\gamma}}\tag{2.9.48b}$$

于是式(2.9.48a)可写成如下形式：

$$\widetilde{V}+\frac{2}{\gamma-1}a_1\left(\frac{\widetilde{p}}{p_1}\right)^{\frac{\gamma-1}{2\gamma}}=V_1+\frac{2}{\gamma-1}a_1\tag{2.9.48c}$$

将式(2.9.48c)进一步整理为与式(2.9.46a)相类似的形式，即：

$$\widetilde{V}-V_1+\frac{\widetilde{p}-p_1}{\widetilde{m}_1}=0\tag{2.9.48d}$$

式中：

$$\widetilde{m}_1=\rho_1 a_1\frac{1-\left(\dfrac{\widetilde{p}}{p_1}\right)}{\dfrac{2\gamma}{\gamma-1}\left[1-\left(\dfrac{\widetilde{p}}{p_1}\right)^{\frac{\gamma-1}{2\gamma}}\right]}\qquad(\widetilde{p}<p_1)\tag{2.9.48e}$$

对于右行中心膨胀波，类似地可以推出：

$$V-\frac{2}{\gamma-1}a=V_2-\frac{2}{\gamma-1}a_2=\widetilde{V}-\frac{2}{\gamma-1}a_2\left(\frac{\widetilde{p}}{p_2}\right)^{\frac{\gamma-1}{2\gamma}}\tag{2.9.49a}$$

并可改写为：

$$\widetilde{V}-V_2-\frac{\widetilde{p}-p_2}{\widetilde{m}_2}=0\tag{2.9.49b}$$

式中：

$$\widetilde{m}_2=\rho_2 a_2\frac{1-\left(\frac{\widetilde{p}}{p_2}\right)}{\frac{2\gamma}{\gamma-1}\left[1-\left(\frac{\widetilde{p}}{p_2}\right)^{\frac{\gamma-1}{2\gamma}}\right]}\quad(\widetilde{p}<p_2)\tag{2.9.49c}$$

因而对于左行波(包含左行激波与左行中心膨胀波)可以统一写为：

$$\widetilde{V}-V_1+\frac{\widetilde{p}-p_1}{\widetilde{m}_1}=0\tag{2.9.50a}$$

对于右行波(包含右行激波与右行中心膨胀波)也可以统一写为：

$$\widetilde{V}-V_2-\frac{\widetilde{p}-p_2}{\widetilde{m}_2}=0\tag{2.9.50b}$$

式中，$\widetilde{m}_1$ 与 $\widetilde{m}_2$ 又可以统一表达为：

$$\widetilde{m}_\beta=\begin{cases}\rho_\beta a_\beta\dfrac{1-\frac{\widetilde{p}}{p_\beta}}{\frac{2\gamma}{\gamma-1}\left[1-\left(\frac{\widetilde{p}}{p_\beta}\right)^{\frac{\gamma-1}{2\gamma}}\right]} & (\widetilde{p}<p_\beta)\\ \rho_\beta a_\beta\sqrt{\dfrac{\gamma+1}{2\gamma}\left(\dfrac{\widetilde{p}}{p_\beta}-1\right)+1} & (\widetilde{p}>p_\beta)\end{cases}\tag{2.9.50c}$$

式中，$\beta=1,2$。

对于给定的初始值式(2.9.27)，将式(2.9.50a)与式(2.9.50b)联立便可解出 $\widetilde{V}$ 与 $\widetilde{p}$ 值。

3）间断分解类型的判断

令：

$$\varphi(\widetilde{p};p_\beta,\rho_\beta)\equiv\frac{\widetilde{p}-p_\beta}{\widetilde{m}_\beta}\tag{2.9.51a}$$

于是式(2.9.50a)与式(2.9.50b)可改写为：

$$\widetilde{V}-V_1=-\varphi(\widetilde{p};p_1,\rho_1)\tag{2.9.51b}$$

$$\widetilde{V}-V_2=\varphi(\widetilde{p};p_2,\rho_2)\tag{2.9.51c}$$

将两式相减消去 $\widetilde{V}$ 便得到关于 $\widetilde{p}$ 的方程：

$$V_1-V_2=\varphi(\widetilde{p};p_1,\rho_1)+\varphi(\widetilde{p};p_2,\rho_2)\equiv\phi(\widetilde{p})\tag{2.9.51d}$$

可以证明：$\varphi(\widetilde{p})$ 关于 $\widetilde{p}$ 为单调增加而且是导数连续的凸函数。下面进行间断分解类型的判断，首先讨论 $p_1 > p_2$ 的情况：由 $\varphi(\widetilde{p})$ 的单调性，所以 $\varphi(p_1) > \varphi(p_2)$；下面分四种情况叙述。

(1) 当 $V_1 - V_2 > \phi(p_1)$ 时，借助于式(2.9.51d)，则有 $\widetilde{p} > p_1 > p_2$，即左行波与右行波都是激波，如图 2.72(a)所示。

(2) 当 $\phi(p_1) > V_1 - V_2 > \phi(p_2)$ 时，有 $p_1 > \widetilde{p} > p_2$，即这时接触间断左边为中心膨胀波，右边为激波，如图 2.72(b)所示。

(3) 当 $\phi(p_2) > V_1 - V_2 > \phi(0)$ 时，有 $p_1 > p_2 > \widetilde{p} > 0$，这时接触间断两边都是中心膨胀波，如图 2.72(d)所示。

(4) 当 $\phi(0) > V_1 - V_2$ 时，在左右中心膨胀波之间的区域中出现真空，如图 2.72(e)所示。

下面再介绍一种分类的方法，使用起来也很方便。它也是从分析每种情况出现时接触间断面的条件，来获得分类判断准则的。

(1) 第一种类型：中间为接触面，两边都是激波如图 2.74(a)所示。由式(2.9.3g)得：

$$V_3' - V_2 = \sqrt{\frac{2(p_3' - p_2)^2}{\rho_2[(\gamma_2+1)p_3' + (\gamma_2-1)p_2]}}$$

$$V_1 - V_3 = \sqrt{\frac{2(p_3 - p_1)^2}{\rho_1[(\gamma_1+1)p_3 + (\gamma_1-1)p_1]}}$$

式中，γ_1 和 γ_2 分别表示初始间断面两侧气体的比热比。

由接触间断面条件为：$V_3 = V_3'$，$p_3 = p_3'$，于是有：

$$V_1 - V_2 = \sqrt{\frac{2(p_3 - p_1)^2}{\rho_1[(\gamma_1+1)p_3 + (\gamma_1-1)p_1]}} + \sqrt{\frac{2(p_3 - p_2)}{\rho_2[(\gamma_2+1)p_3 + (\gamma_2-1)p_1]}}$$

因为 $\partial(V_1 - V_2)/\partial p_3 > 0$，且 $p_3 \geqslant p_2$，所以该情况出现的条件为：

$$V_1 - V_2 \geqslant \sqrt{\frac{2(p_2 - p_1)^2}{\rho_1[(\gamma_1+1)p_2 + (\gamma_1-1)p_1]}} \tag{2.9.52}$$

(2) 第二种类型：接触面两侧分别为激波和中心膨胀波，如图 2.74(b)所示。左侧激波条件仍为：

$$V_1 - V_3 = \sqrt{\frac{2(p_3 - p_1)^2}{\rho_1[(\gamma_1+1)p_3 + (\gamma_1-1)p_1]}}$$

右侧中心膨胀波的条件为：

$$\begin{cases} V_2 - \dfrac{2}{\gamma_2 - 1}\sqrt{\dfrac{\gamma_2 p_2}{\rho_2}} = V_3' - \dfrac{2}{\gamma_2 - 1}\sqrt{\dfrac{\gamma_2 p_3'}{\rho_3'}} \\ \dfrac{p_3'}{p_2} = \left(\dfrac{\rho_3'}{\rho_2}\right)^{\gamma_2} \end{cases}$$

注意：接触间断条件 $V_3 = V_3'$，$p_3 = p_3'$，于是有：

$$V_1 - V_2 = \sqrt{\frac{2(p_3 - p_1)^2}{\rho_1[(\gamma_1+1)p_3 + (\gamma_1-1)p_1]}} - \frac{2}{\gamma_2 - 1}\left[1 - \left(\frac{p_3}{p_2}\right)^{\frac{\gamma_2-1}{2\gamma_2}}\right]\sqrt{\frac{\gamma_2 p_2}{\rho_2}}$$

同样由于 $\partial(V_1 - V_2)/\partial p_3 > 0$ 且 $p_2 > p_3 \geqslant p_1$，故该情况出现的判别条件为：

$$\sqrt{\frac{2(p_2 - p_1)^2}{\rho_1[(\gamma_1+1)p_2 + (\gamma_1-1)p_1]}} > V_1 - V_2 \geqslant -\frac{2}{\gamma_2 - 1}\left[1 - \left(\frac{p_3}{p_2}\right)^{\frac{\gamma_2-1}{2\gamma_2}}\right]\sqrt{\frac{\gamma_2 p_2}{\rho_2}} \tag{2.9.53}$$

(3) 第三种与第四种类型：接触间断面两侧都是中心膨胀波为第三种类型，如图 2.74(c)所示；两侧都是中心膨胀波并且中间出现真空为第四种类型，如图 2.74(d)所示。用同样的方法可以证明这两种情况的判别条件分别为：

$$-\frac{2}{\gamma_2 - 1}\left[1 - \left(\frac{p_1}{p_2}\right)^{\frac{\gamma_2-1}{2\gamma_2}}\right]\sqrt{\frac{\gamma_2 p_2}{\rho_2}} > V_1 - V_2 \geqslant -\frac{2}{\gamma_1 - 1}\sqrt{\frac{\gamma_1 p_1}{\rho_1}} - \frac{2}{\gamma_2 - 1}\sqrt{\frac{\gamma_2 p_2}{\rho_2}} \tag{2.9.54}$$

$$V_1 - V_2 < -\frac{2}{\gamma_1 - 1}\sqrt{\frac{\gamma_1 p_1}{\rho_1}} - \frac{2}{\gamma_2 - 1}\sqrt{\frac{\gamma_2 p_2}{\rho_2}} \tag{2.9.55}$$

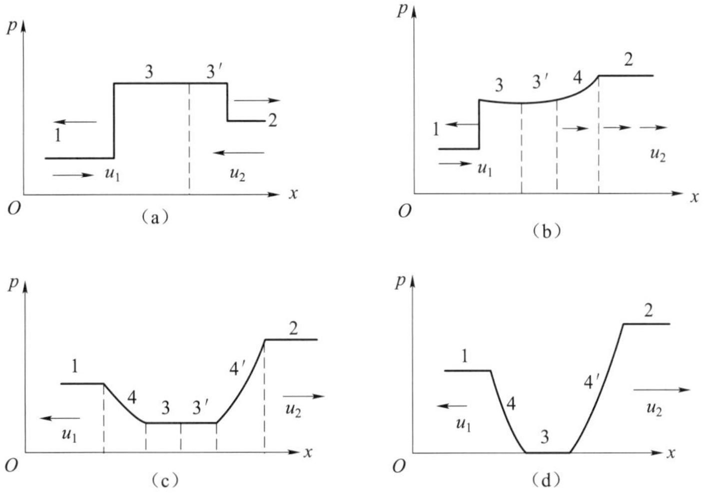

图 2.74　任意间断面的几种分解类型

2.10　激波管问题的流动分析

2.10.1　激波管各区流动的计算与分析

激波管是短时间作用的空气动力学试验装置。它具有结构简单，试验周期短等优点，因此多年来一直在航空、航天、爆炸工程、化学及物理学等方面有广泛的应用。最简单的

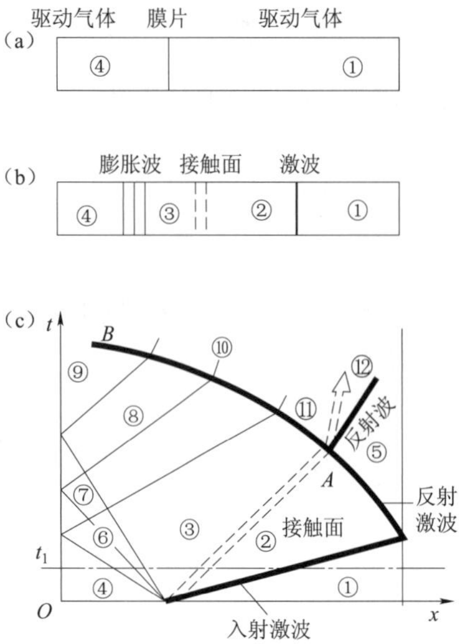

图 2.75 激波管示意图

激波管是一根两端封闭的等截面直管，由膜片把管子分成两部分，膜片左边是高压段，充有高压气体，称为驱动气体；膜片右边是低压段，充有低压的被驱动气体。膜片两边可以是同种气体，也可以是不同的气体，如图 2.75(a)所示。为了获得强激波，可使 p_4/p_1 高达 10^6 的比值。当膜片在瞬间破裂(理想情况是膜片完全消失)后，由 2.9 节 Riemann 问题的理论分析可知：将有两个波产生，一个是左行膨胀波进入高压气体，另一个是右行激波进入低压气体，两部分气体的接触面也随着时间的推进而往右移，图 2.75(b)给出了 t_1 时刻各种波的位置。显然，经过一定的时间以后，膨胀波和激波将分别在左、右封闭端固壁上被反射，这时激波管内波系状况表示在图 2.75(c)中。下面分析 $x-t$ 平面中各区的流动情况。

(1) ①区、④区：①区和④区是静止区域：

$$V_1 = 0, V_4 = 0 \tag{2.10.1}$$

热力学参数为常数，且都是已知的。

(2) ②区、③区：由于接触面两侧气体速度和压力应分别相等，因此有：

$$V_2 = V_3, p_2 = p_3 \tag{2.10.2}$$

另外，由简单波区的特征可以得到中心简单波区两侧③区与④区的压力比为：

$$\frac{p_3}{p_4} = \left(1 - \frac{\gamma_4 - 1}{2}\frac{V_3}{a_4}\right)^{\frac{2\gamma_4}{\gamma_4 - 1}} \tag{2.10.3}$$

对于右行激波，利用式(2.9.14)建立起①区与②区间的关系，即：

$$\frac{V_2}{a_1} = \frac{2}{\gamma_1 + 1}\left(Ma_s - \frac{1}{Ma_s}\right) \tag{2.10.4}$$

式中，Ma_s 为激波 Mach 数。

注意：式(2.10.2)与式(2.10.4)代入式(2.10.3)，得：

$$\frac{p_3}{p_4} = \left[1 - \frac{\gamma_4 - 1}{\gamma_1 + 1}\frac{a_1}{a_4}\left(Ma_s - \frac{1}{Ma_s}\right)\right]^{\frac{2\gamma_4}{\gamma_4 - 1}} \tag{2.10.5}$$

因 $p_3 = p_2$，因此可以用下列的方式将①区与④区联系起来，即：

$$\frac{p_4}{p_1} = \frac{p_4}{p_3} \cdot \frac{p_3}{p_1} = \frac{p_4}{p_3} \cdot \frac{p_2}{p_1}$$

将式(2.9.9a)和式(2.10.5)代入上式，便得到了用 Ma_s 表示 $\frac{p_4}{p_1}$ 的关系式，即：

$$\frac{p_4}{p_1}=\left(\frac{2\gamma_1}{\gamma_1+1}Ma_s^2-\frac{\gamma_1-1}{\gamma_1+1}\right)\left[1-\frac{\gamma_4-1}{\gamma_1+1}\frac{a_1}{a_4}\left(Ma_s-\frac{1}{Ma_s}\right)\right]^{-\frac{2\gamma_4}{\gamma_4-1}} \tag{2.10.6}$$

这就是简单激波管的最基本关系式。

根据已知的 p_4/p_1，a_4，a_1 以及比热比 γ_1，γ_4 的值，便可算出激波 Mach 数 Ma_s；波后 Mach 数 Ma_2 可由下式得到，即：

$$Ma_2=\frac{V_2}{a_2}=\frac{V_2}{a_1}\frac{a_1}{a_2}$$

于是，利用式(2.10.4)与式(2.9.15)，得到：

$$Ma_2=(Ma_s^2-1)\left\{\left(1+\frac{\gamma_1-1}{2}Ma_s^2\right)\left(\gamma_1 Ma_s^2-\frac{\gamma_1-1}{2}\right)\right\}^{-\frac{1}{2}} \tag{2.10.7a}$$

接触面后的 Mach 数 Ma_3 为：

$$Ma_3=\frac{V_3}{a_3}=\frac{V_2}{a_1}\frac{a_1}{a_4}\frac{a_4}{a_3} \tag{2.10.7b}$$

而 a_4/a_3 可由跨过左行膨胀波的关系得：

$$a_3=a_4-\frac{\gamma_4-1}{2}V_3 \tag{2.10.7c}$$

将式(2.10.4)与式(2.10.7c)代入式(2.10.7b)后，得：

$$Ma_3=\left[\frac{a_4}{a_1}\frac{\gamma_1+1}{2}\frac{Ma_s}{Ma_s^2-1}-\frac{\gamma_4-1}{2}\right]^{-1} \tag{2.10.7d}$$

在 Ma_s 已知后，式(2.10.4)可得 V_2 与 V_3，由式(2.9.9a)得 P_2 与 P_3 值。

(3) ⑥—⑨区：在确定了③区的流动参数后，就可用 2.8 节所述的有关简单波的计算方法确定⑥—⑨区的流动。另外，利用右行激波在右壁面上的反射关系式(2.9.23e)得到反射后静止区域的压强 p_5 值。再由 p_5/p_2 这个比值，根据激波关系式(2.9.9a)得到反射激波的传播 Mach 数。

(4) ⑩—⑫区：很显然当⑧区中的简单膨胀波与激波 AB 相互作用时，使得反射激波变得弯曲了，因此⑩区不再是简单波区，而且该区的熵分布是不均匀的。

2.10.2　获得较高试验温度与速度的途径

为了深入研究激波管的调整机理以获得较高的试验温度和速度，今考察 $p_4/p_1\rightarrow\infty$ 的情况。由式(2.10.6)可知，如果 Ma_s 保持有限值，则 $p_4/p_1\rightarrow\infty$ 意味着式(2.10.6)方括号中的量趋于零，也就是说：

$$Ma_s-\frac{1}{Ma_s}\rightarrow\frac{\gamma_1+1}{\gamma_4-1}\frac{a_4}{a_1} \tag{2.10.8a}$$

或者：

$$Ma_s\approx\frac{\gamma_1+1}{\gamma_4-1}\frac{a_4}{a_1} \tag{2.10.8b}$$

换句话说，当：

$$\frac{a_1}{a_4}\frac{\gamma_4-1}{\gamma_1+1}\left(Ma_{\mathrm{s}}-\frac{1}{Ma_{\mathrm{s}}}\right)=1 \tag{2.10.8c}$$

时，则 $p_4/p_1\rightarrow\infty$，因此由式(2.10.8c)可得到激波 Mach 数 Ma_{s} 可能达到的最大值。例如，$a_1=a_4$，$\gamma_1=\gamma_4=1.4$ 时，$(Ma_{\mathrm{s}})_{\max}\approx 6.15$；将此值代入到式(2.10.7a)得 $(Ma_2)_{\max}\approx 1.73$；由此可知，若高低压室都充以空气，即使 $p_4/p_1\rightarrow\infty$，但波后气流 Mach 数最大也只有 1.73，这对高速气体动力学试验是一个限制。另外，若取 $\gamma_4\neq\gamma_1$，$a_4\neq a_1$ 但取 $T_4=T_1$ 时，则由式(2.10.8a)得到：

$$\frac{a_1}{a_4}=\sqrt{\frac{\gamma_1 R_1}{\gamma_4 R_4}} \tag{2.10.9a}$$

式中，R_1 与 R_4 为相应的气体常数。

令 R_0 是普适气体常数，n_i 为 i 种气体的分子量，并注意 i 种气体的分子量、气体常数以及与普适气体常数 R_0 间的关系，于是式(2.10.9a)又可变为：

$$\frac{a_1}{a_4}=\sqrt{\frac{\gamma_1 n_4}{\gamma_4 n_1}} \tag{2.10.9b}$$

将式(2.10.9b)代入式(2.10.8c)，得：

$$Ma_{\mathrm{s}}-\frac{1}{Ma_{\mathrm{s}}}=\frac{\gamma_1+1}{\gamma_4-1}\sqrt{\frac{\gamma_4 n_1}{\gamma_1 n_4}} \tag{2.10.9c}$$

例如，高压室采用氦，低压室用空气，取压比为 132 时，Ma_{s} 可达 10.64；如果高压室采用氢气，低压室仍用空气，并且取压比为 574 时，Ma_{s} 可达 22.2；因此高压室应尽量采用分子量小并且具有高声速和低比热比的气体，这是获取较大 Ma_{s} 值的途径之一。另外，虽然接触面后气体的速度与右行激波后气体速度相同，但因接触面后的温度要比激波后的温度低很多，因此 Ma_3 可以远远大于 Ma_2；很容易证明：当 $Ma_{\mathrm{s}}\rightarrow(Ma_{\mathrm{s}})_{\max}$ 时，则 $Ma_3\rightarrow\infty$，因此利用接触面后的气流可以做 Mach 数很高的气体动力学试验。由上面的分析可以看到，虽然 Ma_2 即右行激波后的 Mach 数不高，然而波后可以达到非常高的温度。例如，高低压室分别采用氦气与空气，即使试验前取 $T_4=T_1=288$ K，则激波后温度竟升至 6 000 K 的高温。因此，利用右行激波后产生的高温可以研究各种气体的高温性质。最后，讨论一下试验时间。当激波或膨胀波在端部反射之后，激波(或接触面)后的等速气体将受到干扰，因此利用激波或接触面后气流进行试验时试验时间应取为 τ，如图 2.76 所示。

为了确定试验时间，需要在 $x-t$ 平面上确定中心膨胀波的前、后缘(又称波头 LE 与波尾 TE)以及接触间断面和入射激波的迹线。波头迹线为：

$$\left(\frac{x}{a_4 t}\right)_{\mathrm{LE}}=-1 \tag{2.10.10}$$

对于激波线其方程为：

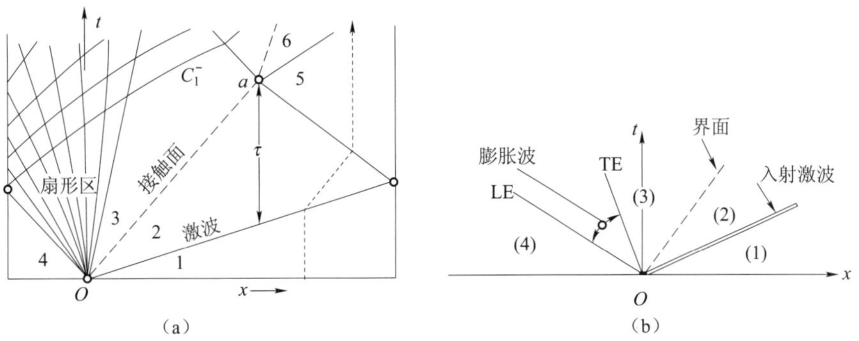

图 2.76　激波管的波系结构

$$\left(\frac{x}{t}\right)_s = V_s = a_1 Ma_s \tag{2.10.11a}$$

以及

$$\frac{p_2}{p_1} = \frac{2}{\gamma_1+1}\left(\gamma_1 Ma_s^2 - \frac{\gamma_1-1}{2}\right) \tag{2.10.11b}$$

借助于式(2.10.11b)，则式(2.10.11a)变为：

$$\left(\frac{x}{a_4 t}\right)_s = \frac{a_1}{a_4}\left(\frac{\gamma_1+1}{2\gamma_1}\frac{p_2}{p_1} + \frac{\gamma_1-1}{2\gamma_1}\right)^{\frac{1}{2}} \tag{2.10.12}$$

对于接触间断面(用下标 j 表示)，因为：

$$\frac{V_2}{a_1} = \frac{2}{\gamma_1+1}\frac{Ma_s^2-1}{Ma_s} \tag{2.10.13a}$$

由式(2.10.11b)求出 Ma_s 后代入式(2.10.13a)，得：

$$V_2 = a_1\left(\frac{p_2}{p_1}-1\right)\left[\frac{2/\gamma_1}{(\gamma_1+1)\frac{p_2}{p_1}+(\gamma_1-1)}\right]^{\frac{1}{2}} \tag{2.10.13b}$$

因此，接触面的迹线可由式(2.10.13b)，得：

$$\left(\frac{x}{t}\right)_j = V_j = a_1\left(\frac{p_2}{p_1}-1\right)\left[\frac{2/\gamma_1}{(\gamma_1+1)\frac{p_2}{p_1}+(\gamma_1-1)}\right]^{\frac{1}{2}} \tag{2.10.13c}$$

在波尾：因膨胀区的后缘也是一条过原点的特征线 C^-，其方程为：

$$\left(\frac{x}{t}\right)_{TE} = V_3 - a_3 \tag{2.10.14}$$

因此跨过特征线 C^- 有：

$$\frac{2}{\gamma_4-1}a_4 = V_3 + \frac{2}{\gamma_4-1}a_3 \tag{2.10.15}$$

由式(2.10.14)和式(2.10.15)消去 a_3 后，可得：

$$\left(\frac{x}{a_4 t}\right)_{TE} = \frac{\gamma_4+1}{2}\frac{V_3}{a_4} - 1 \tag{2.10.16}$$

注意：$V_j = V_3$，将式(2.10.13c)代入式(2.10.16)后，得：

$$\left(\frac{x}{a_4 t}\right)_{TE} = \frac{\gamma_4 + 1}{2}\frac{a_1}{a_4}\left(\frac{p_2}{p_1} - 1\right)\left[\frac{2/\gamma_1}{(\gamma_1 + 1)\frac{p_2}{p_1} + (\gamma - 1)}\right]^{\frac{1}{2}} - 1 \qquad (2.10.17)$$

显然，有了这些表达式后再去确定实验时间就很容易了。

2.11 气体动力突跃面的分类以及一维燃烧波的分析

2.11.1 气体动力突跃面存在的条件与突跃面分类

在气体动力学或者高速气动热力学中，都有流体动力突跃面的出现。突跃面存在的条件至少可以归纳出以下四条：

(1) 突跃面应满足质量守恒、动量守恒和能量守恒定律。

(2) 突跃面上单位质量介质的熵值应满足热力学第二定律。

(3) 突跃面在其结构上必须要与物理上可实现的过程相适应；这里“物理上”一词应该包括任何反应中的化学方面的以及化学动力学方面的考虑。

(4) 突跃面的内在结构必须是稳定的，换句话说，一个平衡解如受到了当地流体动力所允许的扰动时，它应具有能回到平衡解的能力。

气体动力突跃面常按照介质越过突跃面时所遵循的状态方程有无变化加以划分：如果突跃面两侧介质的状态方程相同时，这种突跃面称为激波；如果部分凝结了的气体经过突跃面后变成了没有凝结的状态，这种突跃面称为蒸发突跃；在空气动力问题或风洞问题中还可能会出现凝结突跃，这也是一类很重要的突跃面；燃烧是一种强烈放热和发光的快速化学反应过程，燃烧常伴有火焰，而且燃烧有许多种形式，例如，按照化学反应传播的特性和方式来分，可以分成强烈热分解、缓燃(Deflagration)和爆震(Detonation)等形式[112,115]。强烈热分解的特点是化学反应在整个物质内部展开，反应速度与环境温度有关，温度升高，反应速度加快。当温度很高时，就会导致爆炸现象；缓燃就是通常所说的燃烧，其产生的能量是通过热传导、热扩散以及热辐射的方式传入未燃混合物，逐层加热、逐层燃烧，从而实现缓燃波的传播。缓燃波通常称为火焰面，它的传播速度较低，一般为0.1～1.0 m/s(层流)或者每秒几米到几十米(湍流)。目前，大部分燃烧系统均采用缓燃波，它相对于未燃烧的反应物以亚声速传播。而爆震波的传播不是通过传热传质发生的，它是依靠激波的压缩作用使未燃混合气的温度不断跳跃升高，而引起化学反应，使燃烧波不断向未燃混合气推进。这种形式的传播速度很高，它是一种超声速燃烧波，速度可高达3 000 m/s左右，它相对于未燃烧的反应物以超声速传播。

2.11.2 一维燃烧波分析以及C—J理论模型

Chapman于1899年和Jouguet于1905年分别提出了将燃烧波处理成包含化学反应

的强间断面的假设，认为反应发生在厚度为零的火焰烽面上。令一维燃烧波以速度 U_w 向未燃的静止气体中推进，于是一维流动时连续方程、动量方程和能量方程分别为

$$\rho_2(U_w - V_b) = \rho_1 U_w \tag{2.11.1a}$$

$$p_2 + \rho_2(U_w - V_b)^2 = p_1 + \rho_1 U_w^2 \tag{2.11.1b}$$

$$\frac{p_2}{\rho_2} + \frac{1}{2}(U_w - V_b)^2 + e_2 = \frac{p_1}{\rho_1} + \frac{1}{2}U_w^2 + e_1 \tag{2.11.1c}$$

式中，p_1、ρ_1 和 e_1 分别为未燃气体的压强、密度和单位质量未燃气体所具有的内能；p_2、ρ_2 和 e_2 分别为已燃气体的压强、密度和单位质量已燃气体所具有的内能；V_b 为已燃气体的速度。

由式(2.11.1a)和式(2.11.1b)中消去 V_b，得：

$$\frac{p_2 - p_1}{\dfrac{1}{\rho_1} - \dfrac{1}{\rho_2}} = \rho_1^2 U_w^2 \tag{2.11.2}$$

另外，由式(2.11.1a)、式(2.11.1b)和式(2.11.1c)中消去 U_w 和 V_b，得：

$$\frac{1}{2}(p_2 + p_1)\left(\frac{1}{\rho_1} - \frac{1}{\rho_2}\right) = e_2 - e_1 \tag{2.11.3a}$$

或者：

$$\frac{1}{2}(p_2 - p_1)\left(\frac{1}{\rho_1} + \frac{1}{\rho_2}\right) = h_2 - h_1 \tag{2.11.3b}$$

式中，h_2 与 h_1 分别为单位质量已燃气体所具有的焓值与单位质量未燃气体所具有的焓值，其表达式分别为：

$$h_1 = e_1 + \frac{p_1}{\rho_1} \tag{2.11.4a}$$

$$h_2 = e_2 + \frac{p_2}{\rho_2} \tag{2.11.4b}$$

通常，将式(2.11.3a)与式(2.11.3b)称为 Rankine-Hugoniot 方程，有时也简称为 Hugoniot 方程。令 u_1 与 u_2 分别为：

$$U_w - V_b = u_2 \tag{2.11.5a}$$

$$U_w = u_1 \tag{2.11.5b}$$

于是式(2.11.1a)、式(2.11.1b)和式(2.11.1c)，可变为：

$$\rho_1 u_1 = \rho_2 u_2 = m \tag{2.11.6a}$$

$$p_1 + m u_1 = p_2 + m u_2 \tag{2.11.6b}$$

$$h_1 + \frac{u_1^2}{2} = h_2 + \frac{u_2^2}{2} \tag{2.11.6c}$$

为简便起见，设比热容不变，并且 h_1 与 h_2 可表示为：

$$h_1 = c_{p_1} T_1 + Q \tag{2.11.7a}$$

$$h_2 = c_{p_2} T_2 \tag{2.11.7b}$$

式(2.11.7a)中，Q 为反应释放的热量。

将式(2.11.7a)与式(2.11.7b)代入式(2.11.3b)中，并注意使用多方气体或者理想气体的状态方程，得：

$$\frac{\gamma}{\gamma-1}\left(\frac{p_2}{\rho_2}-\frac{p_1}{\rho_1}\right)-\frac{1}{2}(p_2-p_1)\left(\frac{1}{\rho_1}+\frac{1}{\rho_2}\right)=Q \tag{2.11.8}$$

式中，γ 为气体的比热比。

式(2.11.8)为 Rankine-Hugoniot 方程的一种常用形式，在 p 与 $\frac{1}{\rho}$ 平面上是一条双曲线。

另外，由连续方程式(2.11.6a)与动量方程式(2.11.6b)可推出 Rayleigh(瑞利)关系式，即：

$$\frac{p_2-p_1}{\frac{1}{\rho_1}-\frac{1}{\rho_2}}=m^2 \tag{2.11.9}$$

2.11.3 Rankine-Hugoniot 曲线的分析

图 2.77 给出了燃烧的状态图，它可以通过 Rankine-Hugoniot 曲线加以说明，这条曲线表示了由初始状态 $\left(\frac{1}{\rho_1},\ p_1\right)$ 和给定的 Q 时，所有可能到达终态 $\left(\frac{1}{\rho_2},\ p_2\right)$ 的状态图，下面作扼要说明。

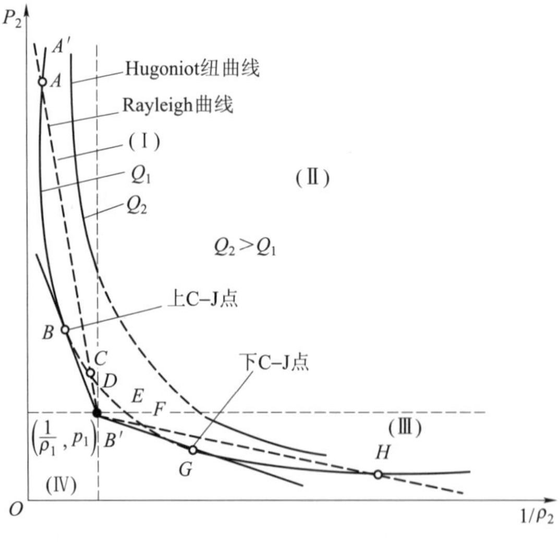

图 2.77 燃烧的状态图

(1) 图 2.77 中的 $B'\left(\frac{1}{\rho_1},p_1\right)$ 为初始状态，通过点 B' 分别作平行于 p_2 轴和 $\frac{1}{\rho_2}$ 轴的

平行线将平面分成四个区域(Ⅰ、Ⅱ、Ⅲ、Ⅳ)。过程的终态只能发生在Ⅰ区与Ⅲ区,不可能发生在Ⅱ区与Ⅳ区,因此 Hugoniot 曲线中的 DE 段是没有物理意义的[28,29,116]。

(2) 图 2.77 中交点 A,B,C,D,E,F,G,H 等是可能的终态。区域Ⅰ是爆震区,这里燃烧波后气体被压缩,速度减慢,而燃烧波以超声速在混合气中传播;区域Ⅲ是缓燃区,这里燃烧波后气体膨胀,速度增加,而燃烧波以亚声速在混合气中传播。

(3) Rayleigh 线与 Hugoniot 曲线分别相切于点 B 与点 G 两点,B 点称为上 C—J 点,具有终点 B 的波称为 C—J 爆震法。AB 段为强爆震段,BD 段为弱爆震段。EG 段为弱缓燃波段,GH 段为强缓燃波段。

(4) 当 $Q=0$ 时,则 Hugoniot 曲线通过初态 $\left(\frac{1}{\rho_1}, p_1\right)$ 点,这时就是通常气体动力学中的激波。当 $Q_2 > Q_1$ 时,对应于 Q_2 的 Hugoniot 曲线位于对应于 Q_1 的 Hugoniot 曲线的右上方。

2.12　爆轰波的 ZND 模型

C—J 理论模型把化学反应区假设为一个强间断面,认为反应区为零厚度,这与实际情况有一定差别。20 世纪 40 年代,Y. Zeldovich(1940 年)、J. von Neumann(1942 年)和 W. Döring(1943 年)等人进一步完善了 C—J 模型,建立了爆轰波的 ZND 的模型。他们认为爆轰波是由激波以及一个紧随其后的化学反应区构成,激波本身没有化学反应,激波把反应物预热到很高的温度,因而反应区中化学反应速率很高。反应物一边反应一边以一定的速度跟随激波运动,当它的反应全部完成时,它已落后于激波一段距离,这段距离就是化学反应区,如图 2.78 所示。

在反应区内,反应物经历了化学反应从开始到完成的全过程,最后转变成反应产物(爆轰产物)。在反应区后,C—J 理论仍旧有效,在图 2.78 中,位置 1 是前导激波。如果反应速率满足 Arrhenius 定律,则在紧靠激波后缘的一个区域内由于温度不高,反应速率仍然缓慢地增加,因此压强、温度和密度的变化相对比较平坦,这个区域为诱导区。诱导区结束后,反应速率变大,气体参数发生剧烈的变化,当化学反应接近完成时,则热力学参数趋于他们的平衡值,图中位置 2 为 C—J 平面,激波前锋到充分反应位置的距离约为 1 cm。上面讨论的是化学反应释能机制造成的爆轰波。这里顺便说明的是,迄今为止完全弄清楚反应机理的燃烧反应为数并不多,这是由于我们所研究的分子或原子的尺度约 10^{-8} cm。分子间反应实际所需的时间约 10^{-13} s,要直接观察一个分子与另一个分子发生反应的过程,就需要有能力去分辨 10^{-9} cm 尺度而且时间分辨率能力要达 10^{-14} s 的实验手段。在激光出现之前,时间分辨率只能达到毫秒数量级,激光问世后可达飞秒数量级(10^{-15} s),这就使得化学反应中最基本的动态过程有了直接观察的可能,这为燃烧反应动力学的研究与发展奠定了基础。

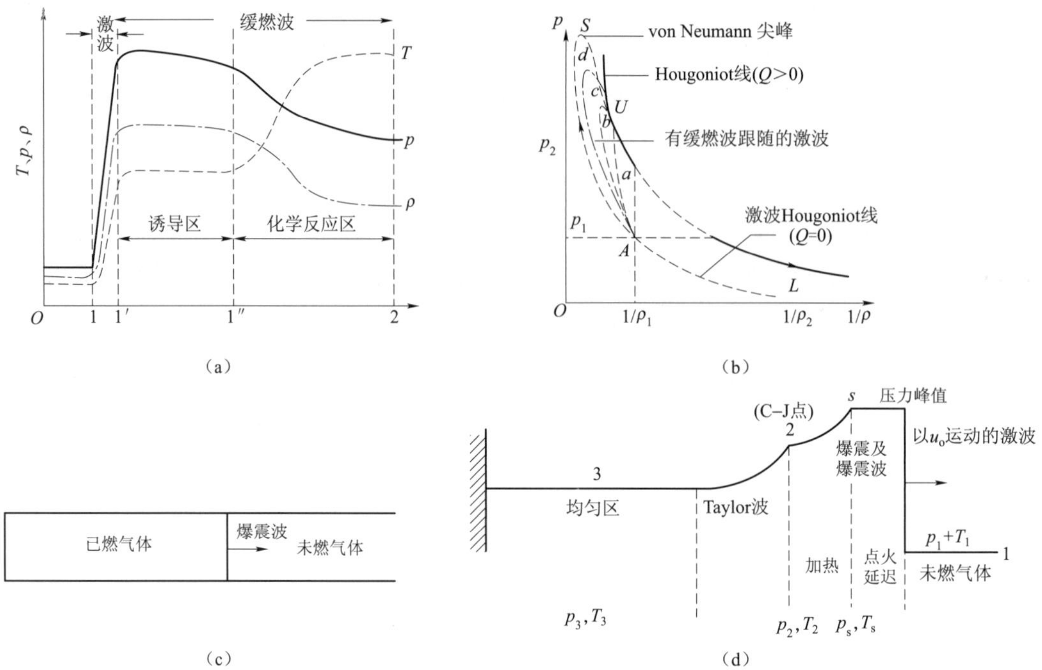

图 2.78　一维 ZND 爆轰波内热力学参数的变化

(a) 主要参数变化;(b) p 与 ρ 变化曲线;(c) 爆震管内的爆震波;(d) 爆震波传播的压强分布

爆轰波内的化学反应可以有很多个反应道,引入矢量 $\widetilde{\boldsymbol{\lambda}}$,它的每个分量代表一个反应道的反应进程变量 $\widetilde{\lambda_i}$。为简单起见,将爆轰波看成强间断面,这里不准备详细讨论化学反应过程,为了方便叙述,这里省略了$\widetilde{\lambda_i}$的下注脚,直接用变量 $\widetilde{\lambda}$ 描述化学反应进展的程度,例如,未燃物质(化学反应的反应物)有 $\widetilde{\lambda}=0$,对已完全燃烧的物质(化学反应的生成产物)有 $\widetilde{\lambda}=1$。引入比热力学能(单位质量的热力学能)函数 $e\left(p,\dfrac{1}{\rho},\widetilde{\lambda}\right)$,它含有 p,ρ 与 $\widetilde{\lambda}$ 和三个参数。理想气体的比热力学能函数为:

$$e\left(p,\frac{1}{\rho},\widetilde{\lambda}\right)=\frac{p}{(\gamma-1)\rho}-\widetilde{\lambda}Q \tag{2.12.1}$$

如果假设爆轰波已达到稳定,其反应区内是定常的一维层流流动,为此将坐标系(相对坐标系)固连在爆轰波上,在相对坐标系中,气体的相对速度为 u,令爆轰波运动的速度为 U_w,气体相对于静止参考系的速度为 V 时,则有:

$$V=U_w-u \tag{2.12.2}$$

在相对坐标系中,考虑黏性项与传热项时,一维非定常化学反应流体力学方程组为:

$$\frac{\partial\rho}{\partial t}+\frac{\partial}{\partial x}(\rho u)=0 \tag{2.12.3a}$$

$$\frac{\partial}{\partial t}(\rho u)+\frac{\partial}{\partial x}\left(\rho u^2+p-\frac{4}{3}\mu\frac{\partial u}{\partial x}\right)=0 \tag{2.12.3b}$$

$$\frac{\partial}{\partial t}\left[\rho\left(e+\frac{u^2}{2}\right)\right]+\frac{\partial}{\partial x}\left[\rho u\left(e+\frac{u^2}{2}\right)+pu-\frac{4}{3}\mu u\frac{\partial u}{\partial x}-\widetilde{k}\frac{\partial T}{\partial x}\right]=0 \tag{2.12.3c}$$

式中，u 为气体沿 x 方向的速度；μ 与 $\widetilde{k}$ 分别为气体的黏性系数与导热系数；e 与 T 都是关于 p、$\frac{1}{\rho}$ 与 $\widetilde{\boldsymbol{\lambda}}$ 的函数，其表达式分别：

$$e\equiv e\left(p,\frac{1}{\rho},\widetilde{\boldsymbol{\lambda}}\right) \tag{2.12.4a}$$

$$T\equiv T\left(p,\frac{1}{\rho},\widetilde{\boldsymbol{\lambda}}\right) \tag{2.12.4b}$$

$$\widetilde{\boldsymbol{\lambda}}=[\widetilde{\lambda}_1\ \widetilde{\lambda}_2\ \cdots\ \widetilde{\lambda}_K]^{\mathrm{T}} \tag{2.12.4c}$$

引入反应率 $\boldsymbol{r}$，则 $\widetilde{\boldsymbol{\lambda}}$ 与 $\boldsymbol{r}$ 间关系为：

$$\frac{\mathrm{d}\widetilde{\boldsymbol{\lambda}}}{\mathrm{d}t}=\boldsymbol{r}\left(p,\frac{1}{\rho},\widetilde{\boldsymbol{\lambda}}\right) \tag{2.12.3d}$$

只要反应率 $\boldsymbol{r}$ 已知，则式(2.12.3a)～式(2.12.3d)包含了 $K+3$ 个方程，因此便可以用来求解 ρ, u, p, $\widetilde{\boldsymbol{\lambda}}$ 这 $K+3$ 个未知量。

对于定常反应流来讲，将式(2.12.3a)～式(2.12.3c)积分，得：

$$\rho u=\rho_0u_0=\mathrm{const} \tag{2.12.5a}$$

$$p+\rho u^2-\frac{4}{3}\mu\frac{\mathrm{d}u}{\mathrm{d}x}=p_0+\rho_0u_0^2 \tag{2.12.5b}$$

$$e+\frac{p}{\rho}+\frac{u^2}{2}-\frac{4}{3}\mu\frac{\mathrm{d}u}{\mathrm{d}x}-\frac{\widetilde{k}}{\rho u}\frac{\mathrm{d}T}{\mathrm{d}x}=e_0+\frac{p_0}{\rho_0}+\frac{u_0^2}{2} \tag{2.12.5c}$$

式中，p_0，u_0，ρ_0，e_0 为各量的初始值，它可以取为爆轰波前的初始状态，也可以取为其他已知状态。

当初始值取爆轰波波前状态，而 p，u，ρ，e 取为爆轰波终态时，如果认为反应流为定常且终态的黏性和热传导项可以忽略时，则式(2.12.5a)～式(2.12.5c)可变为：

$$\rho u=\rho_0u_0 \tag{2.12.6a}$$

$$p+\rho u^2=p_0+\rho_0u_0^2 \tag{2.12.6b}$$

$$e+\frac{p}{\rho}+\frac{u^2}{2}=e_0+\frac{p_0}{\rho_0}+\frac{u_0^2}{2} \tag{2.12.6c}$$

另外，只要已知状态方程：

$$e=e\left(p,\frac{1}{\rho},\widetilde{\boldsymbol{\lambda}}\right) \tag{2.12.6d}$$

和反应率：

$$\boldsymbol{r}=\boldsymbol{r}\left(p,\frac{1}{\rho},\widetilde{\boldsymbol{\lambda}}\right) \tag{2.12.6e}$$

再加上反应方程：

$$\frac{\mathrm{d}\widetilde{\boldsymbol{\lambda}}}{\mathrm{d}x}=\frac{\mathrm{d}t}{\mathrm{d}x}\frac{\mathrm{d}\widetilde{\boldsymbol{\lambda}}}{\mathrm{d}t}=\frac{1}{u}\boldsymbol{r} \tag{2.12.6f}$$

于是式(2.12.6a)～式(2.12.6f)便可求解。

借助于ZND爆轰模型，图2.79给出了在爆轰波波阵面内所发生的变化。在先导激波的强烈冲击下由初始状态点B突跃到N_1点状态，在N_1温度和压强突然升高，爆轰化学反应发生，因此便不断地放出能量，使介质的状态随之不断发生变化，而且状态的变化过程始终沿着Rayleigh(瑞利)线进行，即反应进程变量$\widetilde{\lambda}$由0(点N_1)变到1(终点M)。对于稳定传播的爆轰波，该状态点即为C—J点。对于强爆轰，该终态点为K点，因此在该模型中，只可能出现强爆轰解和C—J爆轰解，不可能出现弱解。另外，在ZND模型中，激波后的最高压强值称之为von Newmann尖峰，如图2.80中点s所示。C—J面后为爆轰产物的等熵膨胀区，又称Taylor膨胀波，在该区压强平缓下降。

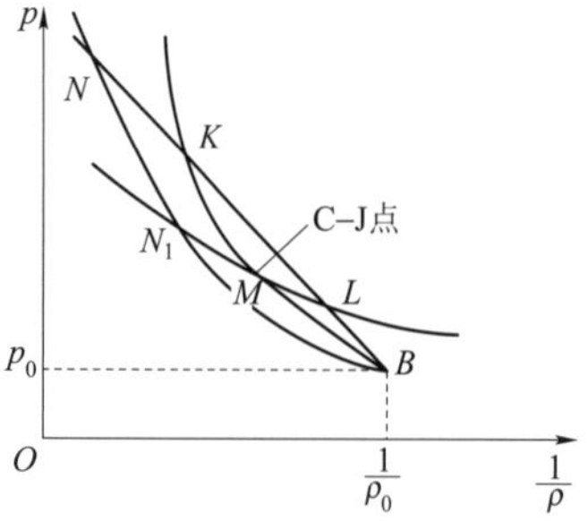

图2.79 爆轰波波阵面内压强的变化

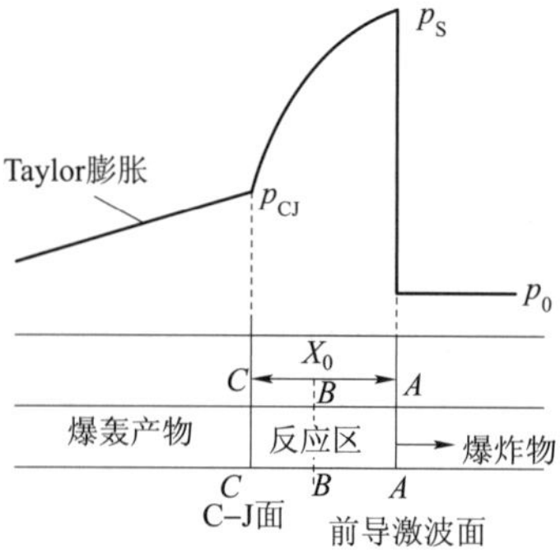

图2.80 爆轰波的ZND模型

第 3 章 非定常无黏流的数学结构以及一维广义 Euler 流

一维非定常气体动力学是气体力学的重要组成部分，也是理论研究与工程应用领域最为关注的内容之一。在现代计算流体力学的数值分析中，一维非定常流动的分析方法更为重要。

3.1 可压缩、无黏、非定常 Euler 方程组的数学结构

3.1.1 可压缩、无黏、完全气体非定常流动基本方程组的数学结构

首先将可压缩无黏气体基本方程组写成一阶拟线性对称双曲型方程组的形式。之所以写成这种形式，是因为对称双曲组在数学上具有非常好的性质，而且这类方程组可供借用的数学成果较多。为此，先讨论无黏流体的动量方程：

$$\frac{\partial}{\partial t}(\rho \boldsymbol{V})+\nabla\cdot(\rho\boldsymbol{V}\boldsymbol{V}+p\boldsymbol{I})=\rho\boldsymbol{f} \tag{3.1.1a}$$

式中，$\boldsymbol{V}\boldsymbol{V}$ 是并矢张量（又称速度矢量的张量积）；$\rho\boldsymbol{f}$ 为单位体积上的质量力（又称彻体力）；$\boldsymbol{I}$ 为度量张量。在笛卡儿坐标系 (x_1,x_2,x_3) 中式(3.1.1a)可写为：

$$\frac{\partial}{\partial t}(\rho v_i)+\frac{\partial}{\partial x_k}(\rho v_k v_i+p\delta_{ki})=\rho f_i \quad (i,k=1,2,3) \tag{3.1.1b}$$

式中，δ_{ki} 为 Kronecker（克罗内克）记号。这里采用了 Einstein（爱因斯坦）求和规约。由连续方程：

$$\frac{\partial\rho}{\partial t}+\nabla\cdot(\rho\boldsymbol{V})=0 \tag{3.1.2}$$

则式(3.1.1b)可变为：

$$\frac{\mathrm{d}\boldsymbol{V}}{\mathrm{d}t}+\frac{1}{\rho}\nabla p=\boldsymbol{f} \tag{3.1.3a}$$

或者写为：

$$\rho\frac{\partial v_i}{\partial t}+\rho v_k\frac{\partial v_i}{\partial x_k}+\frac{\partial p}{\partial x_i}=\rho f_i \quad (i=1,2,3) \tag{3.1.3b}$$

式(3.1.3a)或式(3.1.3b)又常称为 Euler 方程。能量方程为：

$$\frac{\partial}{\partial t}\left(\rho e+\frac{1}{2}\rho V^2\right)+\nabla\cdot\left[\left(\rho e+\frac{1}{2}\rho V^2+p\right)\boldsymbol{V}\right]=\rho\boldsymbol{f}\cdot\boldsymbol{V} \tag{3.1.4a}$$

式中，e 为单位质量的流体所具有的热力学狭义内能；$\left(\rho e+\frac{1}{2}\rho V^2\right)$表示单位体积中流体所具有的广义内能。

借助于连续方程则式(3.1.4a)可变为：

$$\rho\frac{\partial}{\partial t}\left(e+\frac{V^2}{2}\right)+\rho\boldsymbol{V}\cdot\boldsymbol{\nabla}\left(e+\frac{V^2}{2}\right)+\boldsymbol{\nabla}\cdot(p\boldsymbol{V})=\rho\boldsymbol{f}\cdot\boldsymbol{V} \tag{3.1.4b}$$

或者：

$$\rho\frac{\mathrm{d}}{\mathrm{d}t}\left(e+\frac{V^2}{2}\right)+\boldsymbol{\nabla}\cdot(p\boldsymbol{V})=\rho\boldsymbol{f}\cdot\boldsymbol{V} \tag{3.1.4c}$$

注意：$\frac{\mathrm{d}}{\mathrm{d}t}\left(\frac{V^2}{2}\right)=\boldsymbol{V}\cdot\frac{\mathrm{d}\boldsymbol{V}}{\mathrm{d}t}$，并使用式(3.1.3a)，则式(3.1.4c)可改写为：

$$\rho\frac{\mathrm{d}e}{\mathrm{d}t}+p\,\boldsymbol{\nabla}\cdot\boldsymbol{V}=0 \tag{3.1.4d}$$

利用连续方程消去式(3.1.4a)中的$\boldsymbol{\nabla}\cdot\boldsymbol{V}$ 项，可得到：

$$\frac{\mathrm{d}e}{\mathrm{d}t}-\frac{p}{\rho^2}\frac{\mathrm{d}\rho}{\mathrm{d}t}=0 \tag{3.1.4e}$$

或者：

$$\frac{\mathrm{d}e}{\mathrm{d}t}+p\frac{\mathrm{d}\frac{1}{\rho}}{\mathrm{d}t}=0 \tag{3.1.4f}$$

再利用 Gibbs 方程即：

$$\mathrm{d}S=\frac{1}{T}\left(\mathrm{d}e+p\mathrm{d}\frac{1}{\rho}\right) \tag{3.1.5a}$$

则式(3.1.4f)变为：

$$\frac{\mathrm{d}S}{\mathrm{d}t}=0 \tag{3.1.5b}$$

式中，S 为单位质量流体所具有的熵。

式(3.1.5b)又可写为：

$$\frac{\partial S}{\partial t}+\boldsymbol{V}\cdot\boldsymbol{\nabla}S=0 \tag{3.1.5c}$$

或者：

$$\frac{\partial S}{\partial t}+v_k\frac{\partial S}{\partial x_k}=0\quad(k=1,2,3) \tag{3.1.5d}$$

特别是对于多方气体(Polytropic Gas)其状态方程具有如下形式：

$$p=f(\rho,S)=B(S)\rho^\gamma \tag{3.1.6a}$$

式中：

$$B(S)=(\gamma-1)\exp\left(\frac{S-S_0}{C_V}\right) \tag{3.1.6b}$$

式中，S_0 是一个适当的常数；γ 为比热比(又称绝热指数)；$B(S)$只是熵 S 的函数。

另外，对于多方气体，还有下列简单关系式成立：

$$\begin{cases}a^2=B\gamma\rho^{\gamma-1}=\gamma p/\rho=\gamma RT\\ e=\dfrac{B}{\gamma-1}\rho^{\gamma-1}=c_V T\\ RT=B\rho^{\gamma-1}\end{cases}\tag{3.1.7}$$

对于多方气体，式(3.1.5c)可写为：

$$\frac{\partial}{\partial t}\left(\frac{p}{\rho^{\gamma}}\right)+\mathbf{V}\cdot\nabla\left(\frac{p}{\rho^{\gamma}}\right)=0\tag{3.1.8}$$

对于正压气体，这时密度仅仅是压强的函数而与其他的热力学变数无关，这时的状态方程可以变得十分简单。在通常情况下，压强是密度与熵的函数即 $p=p(\rho,S)$，于是借助于它及式(3.1.5b)与式(3.1.5d)，可得：

$$\left(\frac{\partial p}{\partial\rho}\right)_S\left(\frac{\partial\rho}{\partial t}+v_k\frac{\partial\rho}{\partial x_k}+\rho\frac{\partial v_k}{\partial x_k}\right)+\left(\frac{\partial p}{\partial S}\right)_\rho\left(\frac{\partial S}{\partial t}+v_k\frac{\partial S}{\partial x_k}\right)=0$$

即：

$$\frac{\partial p}{\partial t}+v_k\frac{\partial p}{\partial x_k}+\rho a^2\frac{\partial v_k}{\partial x_k}=0$$

或者：

$$\frac{1}{\rho a^2}\frac{\partial p}{\partial t}+\frac{\partial v_k}{\partial x_k}+\frac{v_k}{\rho a^2}\frac{\partial p}{\partial x_k}=0\tag{3.1.9}$$

于是，将上述方程按照运动方程式(3.1.3b)、连续方程式(3.1.9)及能量方程式(3.1.5d)的次序排列，便得到如下矩阵形式：

$$A_0\frac{\partial U}{\partial t}+A_i\frac{\partial U}{\partial x_i}=C\quad(i=1,2,3)\tag{3.1.10a}$$

式中：

$$\boldsymbol{U}=[v_1\ v_2\ v_3\ p\ S]^{\mathrm{T}}\tag{3.1.10b}$$

$$\boldsymbol{C}=[\rho f_1\ \rho f_2\ \rho f_3\ 0\ 0]^{\mathrm{T}}\tag{3.1.10c}$$

$$\mathbf{A}_0=\begin{bmatrix}\rho&0&0&0&0\\0&\rho&0&0&0\\0&0&\rho&0&0\\0&0&0&1/(\rho a^2)&0\\0&0&0&0&1\end{bmatrix}\tag{3.1.10d}$$

因篇幅所限，这里矩阵 $\boldsymbol{A}_1,\boldsymbol{A}_2,\boldsymbol{A}_3$ 的具体表达式不再给出。显然 $\mathbf{A}_0$ 为对称正定矩阵，而且 $\boldsymbol{A}_1,\boldsymbol{A}_2,\boldsymbol{A}_3$ 均为对称矩阵，因此，式(3.1.10a)是一个一阶拟线性对称双曲型偏微分方程组。对于一维可压缩无黏流动，则连续方程、动量方程和能量方程被简化为守恒形式：

$$\begin{cases}\dfrac{\partial\rho}{\partial t}+\dfrac{\partial}{\partial x}(\rho u)=0\\ \dfrac{\partial}{\partial t}(\rho u)+\dfrac{\partial}{\partial x}(\rho u^2+p)=\rho f\\ \dfrac{\partial}{\partial t}\left(\rho e+\dfrac{1}{2}\rho u^2\right)+\dfrac{\partial}{\partial x}\left[\left(\rho e+\dfrac{1}{2}\rho u^2+p\right)u\right]=u\rho f\end{cases}\tag{3.1.11a}$$

或者化成非守恒形式为：

$$\begin{cases}\dfrac{\partial\rho}{\partial t}+\dfrac{\partial}{\partial x}(\rho u)=0\\ \dfrac{\partial u}{\partial t}+u\dfrac{\partial u}{\partial x}+\dfrac{1}{\rho}\dfrac{\partial p}{\partial x}=f\\ \dfrac{\partial S}{\partial t}+u\dfrac{\partial S}{\partial x}=0\end{cases}\tag{3.1.11b}$$

由于式(3.1.11a)与式(3.1.11b)都不是一阶对称双曲型方程组，因此为了说明它们的双曲性，在这里有必要讨论一下一个空间变量的一阶拟线性双曲型方程组的定义。

3.1.2 一维非定常无黏流基本方程组特征值与特征方程

1. 一个空间变量的一阶拟线性双曲型方程组

考察如下的一阶拟线性偏微分方程组：

$$\boldsymbol{A}(t,x,\boldsymbol{U})\cdot\frac{\partial\boldsymbol{U}}{\partial t}+\boldsymbol{B}(t,x,\boldsymbol{U})\cdot\frac{\partial\boldsymbol{U}}{\partial x}=\boldsymbol{\varphi}(t,x,\boldsymbol{U})\tag{3.1.12}$$

式中，$\boldsymbol{A}$，$\boldsymbol{B}$ 均为 $n\times n$ 的矩阵；$\boldsymbol{U}=[u_1\quad u_2\quad\cdots\quad u_n]^{\mathrm{T}}$ 为未知函数组成的列矢量；$\boldsymbol{\varphi}=[\varphi_1\quad\varphi_2\quad\cdots\quad\varphi_n]^{\mathrm{T}}$ 也为列矢量。

如果在所考察的区域内，有：

$$\det\boldsymbol{A}\neq 0\tag{3.1.13a}$$

并且特征方程

$$\det(\boldsymbol{B}-\lambda\boldsymbol{A})=0\tag{3.1.13b}$$

有 n 个实根即 $\lambda_1,\lambda_2,\cdots,\lambda_n$；设 $\boldsymbol{l}_i$ 为对应于 λ_i 的左特征行矢量：

$$\boldsymbol{l}_i\cdot\boldsymbol{B}=\lambda_i\boldsymbol{l}_i\cdot\boldsymbol{A}\quad(\text{这里不对 } i \text{ 求和})\tag{3.1.14a}$$

如果 $\boldsymbol{l}_i(i=1,2,\cdots,n)$ 构成完全组即这些特征矢量是完备的线性无关的，并且：

$$\det([\boldsymbol{l}_1\quad\boldsymbol{l}_2\quad\cdots\quad\boldsymbol{l}_n]^{\mathrm{T}})\neq 0\tag{3.1.14b}$$

此时称方程式(3.1.12)为双曲型方程组。若特征方程式(3.1.13b)具有 n 个相异的实根，不妨令：

$$\lambda_1<\lambda_2<\cdots<\lambda_n\tag{3.1.14c}$$

则称方程式(3.1.12)为严格双曲型方程组。

2. 方程式(3.1.11b)的特征

这时 $\boldsymbol{U}=[\rho\quad u\quad S]^{\mathrm{T}}$ 为未知函数的列矢量，此时 $p=p(\rho,S)$；如果将式(3.1.11b)整理为式(3.1.12)的形式，则此时：

$$\boldsymbol{A}=\boldsymbol{I}\tag{3.1.15a}$$

$$\boldsymbol{B}=\begin{bmatrix}u & \rho & 0\\ a^2/\rho & u & \dfrac{1}{\rho}(\partial p/\partial S)_\rho\\ 0 & 0 & u\end{bmatrix}\tag{3.1.15b}$$

式中，$\boldsymbol{I}$ 为单位阵；$a^2=\left(\frac{\partial p}{\partial \rho}\right)_s$。

于是，令：

$$\det(\boldsymbol{B}-\lambda\boldsymbol{A})=(u-\lambda)[(u-\lambda)^2-a^2]$$

所以方程式(3.1.11b)的特征方程为：

$$(u-\lambda)[(u-\lambda)^2-a^2]=0 \tag{3.1.15c}$$

其根为：

$$\lambda_1=u-a,\ \lambda_2=u,\ \lambda_3=u+a \tag{3.1.15d}$$

因此一维方程式(3.1.11b)是严格双曲型的，它的三族特征曲线分别为：

$$\frac{\mathrm{d}x}{\mathrm{d}t}=u-a,\frac{\mathrm{d}x}{\mathrm{d}t}=u,\frac{\mathrm{d}x}{\mathrm{d}t}=u+a \tag{3.1.15e}$$

3.2　守恒变量与原始变量基本方程组间的相互转换及特征分析

3.2.1　双曲型方程组的左右特征矢量矩阵及特征标准型方程

考察守恒律组：

$$\frac{\partial \boldsymbol{U}}{\partial t}+\frac{\partial \boldsymbol{f}(\boldsymbol{U})}{\partial x}=0 \tag{3.2.1a}$$

式中，$\boldsymbol{U}=[u_1\ u_2 \cdots\ u_n]^{\mathrm{T}}$，$\boldsymbol{f}(\boldsymbol{U})=[f_1(\boldsymbol{U})\ f_2(\boldsymbol{U})\ \cdots\ f_n(\boldsymbol{U})]^{\mathrm{T}}$；通量 $\boldsymbol{f}(\boldsymbol{U})$的 Jacobi(雅可比)矩阵为：

$$\boldsymbol{A}(\boldsymbol{U})\equiv\frac{\partial \boldsymbol{f}}{\partial \boldsymbol{U}}\equiv \boldsymbol{f}_U=\begin{bmatrix} \frac{\partial f_1}{\partial u_1} & \frac{\partial f_1}{\partial u_2} & \cdots & \frac{\partial f_1}{\partial u_n} \\ \frac{\partial f_2}{\partial u_1} & \frac{\partial f_2}{\partial u_2} & \cdots & \frac{\partial f_2}{\partial u_n} \\ \vdots & \vdots & & \vdots \\ \frac{\partial f_n}{\partial u_1} & \frac{\partial f_n}{\partial u_2} & \cdots & \frac{\partial f_n}{\partial u_n} \end{bmatrix} \tag{3.2.1b}$$

于是，守恒形式的方程式(3.2.1a)变为非守恒形式，即：

$$\frac{\partial \boldsymbol{U}}{\partial t}+\boldsymbol{A}(\boldsymbol{U})\cdot\frac{\partial \boldsymbol{U}}{\partial x}=0 \tag{3.2.1c}$$

则特征方程

$$\det(\boldsymbol{A}-\lambda \boldsymbol{I})=0 \tag{3.2.2}$$

的根为矩阵 $\boldsymbol{A}(\boldsymbol{U})$的特征值，因为式(3.2.2)是 λ 的 n 次多项式故有 n 个根，并记为：

$$\lambda_1(\boldsymbol{U}),\lambda_2(\boldsymbol{U}),\cdots,\lambda_n(\boldsymbol{U})$$

令 $\boldsymbol{r}_k(\boldsymbol{U})$为矩阵 $\boldsymbol{A}$ 的与特征值 λ_k 相对应的右特征列矢量，即：

$$\boldsymbol{r}_k(\boldsymbol{U})=[r_{k1}(\boldsymbol{U})\ r_{k2}(\boldsymbol{U})\ \cdots,r_{kn}(\boldsymbol{U})]^{\mathrm{T}} \tag{3.2.3a}$$

并且满足：

$$\boldsymbol{A}(\boldsymbol{U})\cdot\boldsymbol{r}_k(\boldsymbol{U})=\lambda_k\boldsymbol{r}_k(\boldsymbol{U})\ (k=1,2,\cdots,n;\text{这里不对 }k\text{ 求和}) \tag{3.2.3b}$$

于是，这些右特征矢量依次排列组成右特征矢量矩阵 $\boldsymbol{R}(\boldsymbol{U})$为：

$$\boldsymbol{R}(\boldsymbol{U})=[\boldsymbol{r}_1(\boldsymbol{U})\ \boldsymbol{r}_2(\boldsymbol{U})\ \cdots\ \boldsymbol{r}_n(\boldsymbol{U})] \tag{3.2.3c}$$

因此，可将方程式(3.2.3b)($k=1\sim n$)写成等价的矩阵等式形式，即：

$$\boldsymbol{A}(\boldsymbol{U})\cdot\boldsymbol{R}(\boldsymbol{U})=\boldsymbol{R}(\boldsymbol{U})\cdot\boldsymbol{\Lambda}(\boldsymbol{U}) \tag{3.2.3d}$$

式中，$\boldsymbol{\Lambda}(\boldsymbol{U})$为对角矩阵，其对角线上的元素为特征值 λ_k($k=1,2,\cdots,n$)；$\boldsymbol{\Lambda}(\boldsymbol{U})$的表达式为：

$$\boldsymbol{\Lambda}(\boldsymbol{U})\equiv\mathrm{diag}(\lambda_1,\lambda_2,\cdots,\lambda_n) \tag{3.2.4}$$

同样地，$\boldsymbol{l}_j(\boldsymbol{U})$为矩阵 $\boldsymbol{A}(\boldsymbol{U})$的与特征值 $\lambda_j(\boldsymbol{U})$相对应的左特征行矢量，即：

$$\boldsymbol{l}_j(\boldsymbol{U})=[l_{j1}(\boldsymbol{U})\quad l_{j2}(\boldsymbol{U})\quad\cdots\quad l_{jn}(\boldsymbol{U})] \tag{3.2.5a}$$

并且满足：

$$\boldsymbol{l}_j(\boldsymbol{U})\cdot A(\boldsymbol{U})=\lambda_j(\boldsymbol{U})\boldsymbol{l}_j(\boldsymbol{U})\quad(j=1,2,\cdots,n;\text{这里不对 }j\text{ 求和}) \tag{3.2.5b}$$

于是，这些左特征行矢量组成了左特征矢量矩阵 $\boldsymbol{L}(\boldsymbol{U})$，即：

$$\boldsymbol{L}(\boldsymbol{U})=[\boldsymbol{l}_1(\boldsymbol{U})\ \boldsymbol{l}_2(\boldsymbol{U})\ \cdots\ \boldsymbol{l}_n(\boldsymbol{U})]^{\mathrm{T}} \tag{3.2.5c}$$

同样地，可以将方程式(3.2.5b)($j=1\sim n$)写成等价的矩阵等式：

$$\boldsymbol{L}(\boldsymbol{U})\cdot\boldsymbol{A}(\boldsymbol{U})=\boldsymbol{\Lambda}(\boldsymbol{U})\cdot\boldsymbol{L}(\boldsymbol{U}) \tag{3.2.5d}$$

很容易证明，不同下脚标的左特征行矢量与右特征列矢量总是正交的，用矩阵形式可将式(3.2.5c)写为：

$$\boldsymbol{l}_j(\boldsymbol{U})\cdot\boldsymbol{r}_k(\boldsymbol{U})=0\quad(j\neq k) \tag{3.2.6a}$$

而且可以选择使：

$$\boldsymbol{l}_k(\boldsymbol{U})\cdot\boldsymbol{r}_k\equiv 1 \tag{3.2.6b}$$

因此便有：

$$\boldsymbol{L}(\boldsymbol{U})\cdot\boldsymbol{R}(\boldsymbol{U})=\boldsymbol{I} \tag{3.2.6c}$$

也就是说，$\boldsymbol{L}$ 与 $\boldsymbol{R}$ 互为逆矩阵：

$$\begin{cases}\boldsymbol{L}(\boldsymbol{U})=\boldsymbol{R}^{-1}(\boldsymbol{U})\\ \boldsymbol{R}(\boldsymbol{U})=\boldsymbol{L}^{-1}(\boldsymbol{U})\end{cases} \tag{3.2.6d}$$

并且有：

$$\boldsymbol{A}(\boldsymbol{U})=\boldsymbol{R}(\boldsymbol{U})\cdot\boldsymbol{\Lambda}(\boldsymbol{U})\cdot\boldsymbol{L}(\boldsymbol{U}) \tag{3.2.6e}$$

用矩阵 $\boldsymbol{L}$ 左乘式(3.2.1c)可得：

$$\boldsymbol{L}\frac{\partial\boldsymbol{U}}{\partial t}+\boldsymbol{\Lambda}\cdot\boldsymbol{L}\cdot\frac{\partial\boldsymbol{U}}{\partial x}=0 \tag{3.2.7}$$

则式(3.2.7)称为双曲型方程组(3.2.1c)的特征方程组。

设 $\beta_i(\boldsymbol{U})$是某个正(或者负)定函数，如果 $J_i(\boldsymbol{U})$满足：

$$\mathrm{d}J_i(\boldsymbol{U})=\beta_i(\boldsymbol{U})\boldsymbol{l}_i(\boldsymbol{U})\cdot \mathrm{d}\boldsymbol{U}\quad（这里不对\ i\ 求和）\tag{3.2.8a}$$

则称 $J_i(\boldsymbol{U})$为第 i 个 Riemann 不变量。

在数学上，β_1，β_2，…称为积分因子。应该指出：在通常情况下，积分因子并不是容易找到的。

令：

$$\boldsymbol{J}(\boldsymbol{U})=[J_1(\boldsymbol{U}),J_2(\boldsymbol{U}),\cdots,J_n(\boldsymbol{U})]^{\mathrm{T}}\tag{3.2.8b}$$

表示由 n 个 Riemann 不变量组成的列矢量。

如果用 $\beta_1(\boldsymbol{U})$，$\beta_2(\boldsymbol{U})$，…，$\beta_n(\boldsymbol{U})$分别乘以式(3.2.7)的第 1 个，第 2 个，…，第 n 个，并注意到式(3.2.8a)，于是得到：

$$\frac{\partial \boldsymbol{J}}{\partial t}+\boldsymbol{\Lambda}\cdot\frac{\partial \boldsymbol{J}}{\partial x}=0\tag{3.2.8c}$$

式(3.2.8c)称为特征标准型方程，它是由 n 个如下所示的标量方程组成，即：

$$\frac{\partial J_i}{\partial t}+\lambda_i\frac{\partial J_i}{\partial x}=0\quad(i=1,2,\cdots,n;这里不对\ i\ 求和)\tag{3.2.8d}$$

如果曲线 C_i 上的任意一点$(x_i(t),t)$满足：

$$\frac{\mathrm{d}x_i(t)}{\mathrm{d}t}=\lambda_i\quad(i=1,2,\cdots,n)\tag{3.2.9a}$$

则曲线 C_i 称为第 i 族特征线。由式(3.2.8d)得出，沿第 i 族特征线有：

$$\mathrm{d}J_i=0\tag{3.2.9b}$$

因此沿特征线有下面两个性质：

(1)沿第 i 族特征线，则第 i 个 Riemann 不变量 J_i 是常数。

(2)沿第 i 族特征线，J_i 的总变差 TV(Total Variation)具有不变性。这一不变性是双曲型方程组的一个非常重要的特性。

例 3.1　考虑常系数线性双曲型方程组

$$\frac{\partial \boldsymbol{U}}{\partial t}+\boldsymbol{A}\cdot\frac{\partial \boldsymbol{U}}{\partial x}=0\tag{3.2.10a}$$

的初值问题：

$$\boldsymbol{U}(x,0)=\boldsymbol{U}_0(x)\tag{3.2.10b}$$

其中，矩阵 $\boldsymbol{A}$ 是常数矩阵，相当于通量 $\boldsymbol{f}(\boldsymbol{U})=\boldsymbol{A}\cdot\boldsymbol{U}$ 为线性函数。试将式(3.2.10a)化成特征标准型方程，并求出该原始方程组初值问题的解。

解：这时 $\boldsymbol{A}$ 的特征值及左、右特征矢量矩阵都与 $\boldsymbol{U}$ 无关，于是：

$$\boldsymbol{A}=\boldsymbol{R}\cdot\boldsymbol{\Lambda}\cdot\boldsymbol{L}\tag{3.2.10c}$$

用左特征矢量矩阵 $\boldsymbol{L}$ 左乘式(3.2.10a)的两边，并引进新的未知函数 $\boldsymbol{W}$，即：

$$\boldsymbol{W}=\boldsymbol{L}\cdot\boldsymbol{U}=[\boldsymbol{l}_1\cdot\boldsymbol{U}\ \boldsymbol{l}_2\cdot\boldsymbol{U}\ \cdots\ \boldsymbol{l}_n\cdot\boldsymbol{U}]^{\mathrm{T}}\equiv[w_1\ w_2\cdots\ w_n]^{\mathrm{T}}\tag{3.2.10d}$$

得到新的方程组：

$$\frac{\partial \boldsymbol{W}}{\partial t}+\boldsymbol{\Lambda}\cdot\frac{\partial \boldsymbol{W}}{\partial x}=0\tag{3.2.10e}$$

写成分量形式为：

$$\frac{\partial w_i}{\partial t}+\lambda_i\frac{\partial w_i}{\partial x}=0\quad(i=1,2,\cdots,n;\text{这里不对 } i \text{ 求和})\tag{3.2.10f}$$

相应的初值问题变为：

$$w_i(x,0)=\boldsymbol{l}_i\cdot\boldsymbol{U}(x,0)=\boldsymbol{l}_i\cdot\boldsymbol{U}_0(x)\equiv w_{i0}(x)\quad(i=1,2,\cdots,n)\tag{3.2.10g}$$

因此，由式(3.2.10f)与式(3.2.10g)便可对每一个固定的 i 解得：

$$w_i(x,t)=\boldsymbol{l}_i\cdot\boldsymbol{U}(x,t)=w_{i0}(x-\lambda_i t)=\boldsymbol{l}_i\cdot\boldsymbol{U}_0(x-\lambda_i t)\tag{3.2.10h}$$

于是，可得到原始方程组初值问题的解，用矩阵表示为：

$$\boldsymbol{U}(x,t)=\boldsymbol{R}\cdot\boldsymbol{W}(x,t)=\sum_{i=1}^{n}[w_i(x,t)\boldsymbol{r}_i]=\sum_{i=1}^{n}[\boldsymbol{l}_i\cdot\boldsymbol{U}_0(x-\lambda_i t)\cdot\boldsymbol{r}_i]\tag{3.2.10i}$$

例 3.2 考虑一维 Euler 方程的守恒形式：

$$\begin{cases}\dfrac{\partial\boldsymbol{U}}{\partial t}+\dfrac{\partial\boldsymbol{f}(\boldsymbol{U})}{\partial x}=0\\ \boldsymbol{U}=[\rho\ \rho u\ \varepsilon]^{\mathrm{T}},\varepsilon=\dfrac{p}{\gamma-1}+\dfrac{1}{2}\rho u^2\\ \boldsymbol{f}(\boldsymbol{U})=[\rho u\ \rho u^2+p\ u(\varepsilon+p)]^{\mathrm{T}}\end{cases}\tag{3.2.11a}$$

试推导出它的 Riemann 不变量以及特征标准型方程的具体形式。

解：首先求出系数矩阵：

$$\boldsymbol{A}(\boldsymbol{U})=\frac{\partial\boldsymbol{f}(\boldsymbol{U})}{\partial\boldsymbol{U}}=\begin{bmatrix}0&1&0\\ \dfrac{\gamma-3}{2}u^2&(3-\gamma)u&\gamma-1\\ \dfrac{\gamma-2}{2}u^3-\dfrac{ua^2}{\gamma-1}&\dfrac{a^2}{\gamma-1}+\dfrac{3-2\gamma}{2}u^2&\gamma u\end{bmatrix}\tag{3.2.11b}$$

再求 $\boldsymbol{A}(\boldsymbol{U})$ 的特征方程为：

$$|\lambda\boldsymbol{I}-\boldsymbol{A}(\boldsymbol{U})|=(\lambda-u)[(\lambda-u)^2-a^2]=0$$

因此它的三个特征值为：

$$\lambda_1=u-a,\lambda_2=u,\lambda_3=u+a\tag{3.2.11c}$$

计算三个右特征列矢量，分别为：

$$\begin{cases}\boldsymbol{r}_1(\boldsymbol{U})=[1\ u-a\ H-ua]^{\mathrm{T}}\\ \boldsymbol{r}_2(\boldsymbol{U})=\left[1\ u\ \dfrac{u^2}{2}\right]^{\mathrm{T}}\\ \boldsymbol{r}_3(\boldsymbol{U})=[1\ u+a\ H+ua]^{\mathrm{T}}\end{cases}\tag{3.2.11d}$$

式中，H 为总焓，$H=\dfrac{u^2}{2}+\dfrac{\gamma p}{(\gamma-1)\rho}=\dfrac{u^2}{2}+\dfrac{a^2}{\gamma-1}$。

因 $\boldsymbol{L}\cdot\boldsymbol{R}=\boldsymbol{I}$，所以可求得与 $\boldsymbol{r}_1,\boldsymbol{r}_2,\boldsymbol{r}_3$ 相对应的三个左特征行矢量分别为：

$$\begin{cases} \boldsymbol{l}_1(\boldsymbol{U})=\dfrac{\gamma-1}{2a^2}\left[\dfrac{1}{2}u^2+\dfrac{ua}{\gamma-1}\quad -u-\dfrac{a}{\gamma-1}\quad 1\right]^{\mathrm{T}} \\ \boldsymbol{l}_2(\boldsymbol{U})=\dfrac{\gamma-1}{2a^2}\left[\dfrac{2a^2}{\gamma-1}-u^2\quad 2u\quad -2\right] \\ \boldsymbol{l}_3(\boldsymbol{U})=\dfrac{\gamma-1}{2a^2}\left[\dfrac{u^2}{2}-\dfrac{ua}{\gamma-1}\quad \dfrac{a}{\gamma-1}-u\quad 1\right]^{\mathrm{T}} \end{cases} \tag{3.2.11e}$$

然后由 $\mathrm{d}J_i=\beta_i(\boldsymbol{U})\boldsymbol{l}_i\cdot\mathrm{d}\boldsymbol{U}$，得：

$$\begin{cases} \mathrm{d}J_1=\beta_1(\boldsymbol{U})\left(\dfrac{\mathrm{d}p}{2a^2}-\dfrac{\rho}{2a}\mathrm{d}u\right) \\ \mathrm{d}J_2=\beta_2(\boldsymbol{U})\left(\mathrm{d}\rho-\dfrac{\mathrm{d}p}{a^2}\right) \\ \mathrm{d}J_3=\beta_3(\boldsymbol{U})\left(\dfrac{\mathrm{d}p}{2a^2}+\dfrac{\rho}{2a}\mathrm{d}u\right) \end{cases} \tag{3.2.11f}$$

显然，如果取：

$$\beta_1(\boldsymbol{U})=\frac{a}{\rho},\ \beta_2(\boldsymbol{U})=-\rho^{-\gamma}a^2,\ \beta_3(\boldsymbol{U})=\frac{a}{\rho} \tag{3.2.11g}$$

时，可得到一组 Riemann 不变量，即：

$$J_1=\frac{a}{\gamma-1}-\frac{u}{2},\ J_2=\frac{p}{\rho^{\gamma}},\ J_3=\frac{a}{\gamma-1}+\frac{u}{2} \tag{3.2.11h}$$

于是，$J_i(\boldsymbol{U})$满足如下的特征方程式：

$$\frac{\partial J_i}{\partial t}+[u+(i-2)a]\frac{\partial J_i}{\partial x}=0\quad (i=1,2,3) \tag{3.2.11i}$$

3.2.2　两类基本方程组间的相互转换及特征分析

这里所谓两类方程组是指用守恒变量与原始变量写成的 Euler（欧拉）方程组。这两类方程组同等重要，而且经常需要相互转换。首先由能量方程出发，对于无黏、无热传导的非定常完全气体，则能量方程可简化为：

$$\frac{\mathrm{d}e}{\mathrm{d}t}-\frac{p}{\rho^2}\frac{\mathrm{d}\rho}{\mathrm{d}t}=0 \tag{3.2.12a}$$

注意：$\mathrm{d}e=c_V\mathrm{d}T$ 及 $p=\rho RT$，则式(3.2.12a)可变为：

$$\frac{\mathrm{d}p}{\mathrm{d}t}-a^2\frac{\mathrm{d}\rho}{\mathrm{d}t}=0$$

应用连续方程后，则上式变为：

$$\frac{\mathrm{d}p}{\mathrm{d}t}+a^2\rho\,\boldsymbol{\nabla}\cdot\boldsymbol{V}=0 \tag{3.2.12b}$$

式中，a 为声速。

无黏、无热传导的非定常可压缩完全气体的基本方程组可表示为：

$$\begin{cases}\dfrac{\partial\rho}{\partial t}+\nabla\cdot(\rho\boldsymbol{V})=0\\[2mm]\dfrac{\mathrm{d}\boldsymbol{V}}{\mathrm{d}t}+\dfrac{1}{\rho}\nabla p=0\\[2mm]\dfrac{\mathrm{d}p}{\mathrm{d}t}+\rho a^2\ \nabla\cdot\boldsymbol{V}=0\end{cases}\tag{3.2.13}$$

令：

$$\widetilde{\boldsymbol{U}}=[\rho\ u\ v\ w\ p]^{\mathrm{T}}\equiv[\rho\ u_1\ u_2\ u_3\ p]^{\mathrm{T}}\tag{3.2.14a}$$

用(y^1,y^2,y^3)代替笛卡儿坐标系(x,y,z)，于是，式(3.2.13)在笛卡儿坐标系中写成矩阵形式为：

$$\frac{\partial\widetilde{\boldsymbol{U}}}{\partial t}+\sum_{j=1}^{3}\left(\widetilde{\boldsymbol{A}}_j\cdot\frac{\partial\widetilde{\boldsymbol{U}}}{\partial y^j}\right)=0\tag{3.2.14b}$$

式中，$\widetilde{\boldsymbol{A}}_j(j=1,2,3)$为$5\times5$的矩阵，因篇幅所限，这里不再给出$\widetilde{\boldsymbol{A}}_1,\widetilde{\boldsymbol{A}}_2,\widetilde{\boldsymbol{A}}_3$的具体表达式。

引进一个辅助矩阵：

$$\boldsymbol{M}=\sum_{j=1}^{3}(k_j\widetilde{\boldsymbol{A}}_j)\tag{3.2.15a}$$

式中，k_j为常数。

由线性代数可知，容易验证存在着一个满秩矩阵$\boldsymbol{T}$(以及它的逆矩阵$\boldsymbol{T}^{-1}$)使下式成立：

$$\boldsymbol{T}^{-1}\cdot\boldsymbol{M}\cdot\boldsymbol{T}=\mathrm{diag}(\lambda_1,\lambda_2,\lambda_3,\lambda_4,\lambda_5)\tag{3.2.15b}$$

式中：

$$\begin{cases}\lambda_1=\lambda_2=\lambda_3=\boldsymbol{V}\cdot\boldsymbol{K}\\\lambda_4=\boldsymbol{V}\cdot\boldsymbol{K}+a\ \sqrt{\boldsymbol{K}\cdot\boldsymbol{K}}\\\lambda_5=\boldsymbol{V}\cdot\boldsymbol{K}-a\ \sqrt{\boldsymbol{K}\cdot\boldsymbol{K}}\end{cases}\tag{3.2.15c}$$

$$\begin{cases}\boldsymbol{K}=[k_1\ k_2\ k_3]^{\mathrm{T}}\\\boldsymbol{V}=[u_1\ u_2\ u_3]\\\boldsymbol{K}\cdot\boldsymbol{K}=\displaystyle\sum_{j=1}^{3}(k_j)^2\\\boldsymbol{V}\cdot\boldsymbol{K}\equiv\displaystyle\sum_{j=1}^{3}(u_jk_j)\end{cases}\tag{3.2.15d}$$

式(3.2.15b)中的矩阵$\boldsymbol{T}$与$\boldsymbol{T}^{-1}$分别为：

$$\boldsymbol{T}=\begin{bmatrix}\overline{K}_1 & \overline{K}_2 & \overline{K}_3 & \rho/(a\sqrt{2}) & \rho/(a\sqrt{2})\\0 & -\overline{K}_3 & \overline{K}_2 & \overline{K}_1/\sqrt{2} & -\overline{K}_1/\sqrt{2}\\\overline{K}_3 & 0 & -\overline{K}_1 & \overline{K}_2/\sqrt{2} & -\overline{K}_2/\sqrt{2}\\-\overline{K}_2 & \overline{K}_1 & 0 & \overline{K}_3/\sqrt{2} & -\overline{K}_3/\sqrt{2}\\0 & 0 & 0 & \rho a/\sqrt{2} & \rho a/\sqrt{2}\end{bmatrix}\tag{3.2.16a}$$

$$\boldsymbol{T}^{-1}=\begin{bmatrix}\overline{K}_1 & 0 & \overline{K}_3 & -\overline{K}_2 & -\overline{K}_1/a^2\\ \overline{K}_2 & -\overline{K}_3 & 0 & \overline{K}_1 & -\overline{K}_2/a^2\\ \overline{K}_3 & \overline{K}_2 & -\overline{K}_1 & 0 & -\overline{K}_3/a^2\\ 0 & \overline{K}_1/\sqrt{2} & \overline{K}_2/\sqrt{2} & \overline{K}_3/\sqrt{2} & 1/(\rho a\sqrt{2})\\ 0 & -\overline{K}_1/\sqrt{2} & -\overline{K}_2/\sqrt{2} & -\overline{K}_3/\sqrt{2} & 1/(\rho a\sqrt{2})\end{bmatrix} \tag{3.2.16b}$$

式中，$\overline{K}_j \equiv k_j/\sqrt{\mathbf{K}\cdot\mathbf{K}}$。

显然，矩阵 $\boldsymbol{T}$ 与 $\boldsymbol{T}^{-1}$ 所对应的行列式的值为：

$$\det\boldsymbol{T}=(\det\boldsymbol{T}^{-1})^{-1}=\rho a \tag{3.2.16c}$$

将式(3.2.13)在笛卡儿坐标系(y^1,y^2,y^3)中写成守恒形式，即：

$$\frac{\partial \boldsymbol{U}}{\partial t}+\sum_{j=1}^{3}\left(\frac{\partial \boldsymbol{F}_j}{\partial y^j}\right)=0 \tag{3.2.17a}$$

式中：

$$\boldsymbol{U}=\begin{bmatrix}\rho\\ \rho u\\ \rho v\\ \rho w\\ \varepsilon\end{bmatrix}\equiv\begin{bmatrix}\rho\\ \rho u_1\\ \rho u_2\\ \rho u_3\\ \varepsilon\end{bmatrix},\ \boldsymbol{F}_j=\begin{bmatrix}\rho u_j\\ \rho u_1 u_j+p\delta_{1j}\\ \rho u_2 u_j+p\delta_{2j}\\ \rho u_3 u_j+p_{3j}\\ (\varepsilon+p)u_j\end{bmatrix} \tag{3.2.17b}$$

$$\varepsilon=\frac{p}{\gamma-1}+\frac{\rho}{2}\mathbf{V}\cdot\mathbf{V}$$

令 $\mathbf{A}_j=\partial\boldsymbol{F}_j/\partial\boldsymbol{U}$，于是式(3.2.17a)又可写为：

$$\frac{\partial \boldsymbol{U}}{\partial t}+\sum_{j=1}^{3}\left(\mathbf{A}_j\cdot\frac{\partial \boldsymbol{U}}{\partial y^j}\right)=0 \tag{3.2.18a}$$

令 $\mathbf{N}=\partial\boldsymbol{U}/\partial\widetilde{\boldsymbol{U}}$，则有：

$$\widetilde{\mathbf{A}}_j=\mathbf{N}^{-1}\cdot\mathbf{A}_j\cdot\mathbf{N} \tag{3.2.18b}$$

也就是说 $\widetilde{\mathbf{A}}_j$ 与 $\mathbf{A}_j$ 为相似矩阵，由线性代数知道它们有相同的特征值。矩阵 $\mathbf{N}$ 与 $\mathbf{N}^{-1}$ 的具体表达式分别为：

$$\mathbf{N}=\frac{\partial\boldsymbol{U}}{\partial\widetilde{\boldsymbol{U}}}=\begin{bmatrix}1 & 0 & 0 & 0 & 0\\ u_1 & \rho & 0 & 0 & 0\\ u_2 & 0 & \rho & 0 & 0\\ u_3 & 0 & 0 & \rho & 0\\ V^2/2 & \rho u_1 & \rho u_2 & \rho u_3 & 1/(\gamma-1)\end{bmatrix} \tag{3.2.18c}$$

$$N^{-1}=\frac{\partial\widetilde{U}}{\partial U}=\begin{bmatrix}1&0&0&0&0\\-u_1/\rho&1/\rho&0&0&0\\-u_2/\rho&0&1/\rho&0&0\\-u_3/\rho&0&0&1/\rho&0\\\frac{\gamma-1}{2}V^2&-(\gamma-1)u_1&-(\gamma-1)u_2&-(\gamma-1)u_3&(\gamma-1)\end{bmatrix}\tag{3.2.18d}$$

于是，对于矩阵 $\boldsymbol{A}_j$，根据式(3.2.15b)，则有：

$$(\boldsymbol{T}_{(j)}^{-1}\cdot\boldsymbol{N}^{-1})\cdot\boldsymbol{A}_j\cdot(\boldsymbol{N}\cdot\boldsymbol{T}_{(j)})=\boldsymbol{\Lambda}_{(j)}\tag{3.2.18e}$$

式中，$\boldsymbol{\Lambda}_{(j)}$ 为对角矩阵。

因此，便可很方便地得到了矩阵 $\boldsymbol{A}_j$ 的左特征矩阵 $\boldsymbol{L}_{(j)}$ 与右特征矢量矩阵 $\boldsymbol{R}_{(j)}$，即：

$$\boldsymbol{L}_{(j)}=\boldsymbol{T}_{(j)}^{-1}\cdot\boldsymbol{N}^{-1},\ \boldsymbol{R}_{(j)}=\boldsymbol{N}\cdot\boldsymbol{T}_{(j)}\tag{3.2.18f}$$

用类似的方法，也可以得到任意曲线坐标系下通量 Jacobi(雅可比)矩阵所对应的特征值、特征矢量矩阵及其逆矩阵。

3.3 双曲型守恒律方程的弱解及熵函数、熵通量、熵条件

既然一维非定常气体力学方程组属于双曲组，那么双曲型方程的求解就必然要涉及弱解和熵条件的概念，而且必然会涉及经典解、间断解以及模型方程的讨论。

3.3.1 熵函数与熵通量

偏微分方程的研究表明：对双曲守恒律方程：

$$\frac{\partial\boldsymbol{u}}{\partial t}+\frac{\partial\boldsymbol{f}(\boldsymbol{u})}{\partial x}=0\quad(-\infty<x<\infty,t>0)\tag{3.3.1a}$$

式中，$\boldsymbol{u}=[u_1\quad u_2\quad\cdots\quad u_n]^{\mathrm{T}}$；通量 $\boldsymbol{f}(\boldsymbol{u})=[f_1(\boldsymbol{u})\ f_2(\boldsymbol{u})\ \cdots\ f_n(\boldsymbol{u})]^{\mathrm{T}}$
即使初值：

$$\boldsymbol{u}(x,0)=\boldsymbol{u}_0(x)\tag{3.3.1b}$$

是充分光滑的，随着时间增长，同族特征线也可能会相交，即解可能有间断，因此有必要推广经典解(又称古典解)引进弱解的概念。粗糙地说，弱解就是经典解加上间断解。大量的理论研究表明：解的间断性深刻地反映着非线性方程(或拟线性方程)的本质特点，同时在自然界中各种物理量的间断面的传播是一个普遍现象。理论研究还表明[7]：初值问题式(3.3.1a)、式(3.3.1b)的弱解是不唯一的。对于一维非定常气体动力学方程，在获得间断解时可以根据熵增条件去选出唯一的真实解即物理解。对一般双曲型守恒律式(3.3.1a)，我们当然也希望能选出它的唯一真实解。因此，便提出了所谓熵函数 $U^*(\boldsymbol{u})$ 和

熵通量函数 $F^*(\boldsymbol{u})$的概念，同时也就提出了研究凸函数的要求。与此同时，便推出了用熵条件（又称熵不等式）去判断物理解的思想。熵函数 $U^*(\boldsymbol{u})$与熵通量函数 $F^*(\boldsymbol{u})$都是标量函数，尤其是熵函数它满足下列两点性质。

（1）U^* 是 $\boldsymbol{u}$ 的凸函数，即 U^* 的 Hessian（汉森）矩阵：

$$\frac{\partial^2 U^*}{\partial \boldsymbol{u}\partial \boldsymbol{u}}=\left(\frac{\partial^2 U^*}{\partial u_i \partial u_j}\right)\equiv\begin{bmatrix}\frac{\partial^2 U^*}{\partial u_1\partial u_1} & \frac{\partial^2 U^*}{\partial u_1\partial u_2} & \cdots & \frac{\partial^2 U^*}{\partial u_1\partial u_n}\\ \frac{\partial^2 U^*}{\partial u_2\partial u_1} & \frac{\partial^2 U^*}{\partial u_2\partial u_2} & \cdots & \frac{\partial^2 U^*}{\partial u_2\partial u_n}\\ \vdots & \vdots & & \vdots\\ \frac{\partial^2 U^*}{\partial u_n\partial u_1} & \frac{\partial^2 U^*}{\partial u_n\partial u_2} & \cdots & \frac{\partial^2 U^*}{\partial u_n\partial u_n}\end{bmatrix} \tag{3.3.2}$$

为正定。

（2）U^* 满足相容性条件，即：

$$\frac{\partial U^*}{\partial \boldsymbol{u}}\frac{\partial \boldsymbol{f}}{\partial \boldsymbol{u}}=\frac{\partial F^*}{\partial \boldsymbol{u}} \tag{3.3.3}$$

式中，$F^*=F^*(\boldsymbol{u})$为熵通量，它也是个标量函数。

另外，必须指出的是，这里定义数学上的熵函数与物理上的熵是有显著区别的，并且在许多情况下两者并不一致。U^* 与 F^* 满足下列熵条件，即：

$$\frac{\partial U^*}{\partial t}+\frac{\partial F^*}{\partial x}\leqslant 0 \tag{3.3.4}$$

可以证明：满足熵条件的弱解是唯一的，并且是物理解。

例 3.3　已知一维 Euler 方程组：

$$\frac{\partial \boldsymbol{W}}{\partial t}+\frac{\partial \boldsymbol{f}(\boldsymbol{W})}{\partial x}=0$$

式中，$\boldsymbol{W}=[\rho\quad \rho u\quad \varepsilon]^{\mathrm{T}}$，$\boldsymbol{f}(\boldsymbol{W})=[\rho u\quad \rho u^2+p\quad (\varepsilon+p)u]^{\mathrm{T}}$；对应于这个方程组的熵函数 U^* 与熵通量为 F^* 分别为 $U^*=-\rho S$，$F^*=-\rho S u$，其中 S 为热力学的熵。试计算这时 U^* 的 Hessian 矩阵并给出这时的熵条件。

解：由热力学熵 $S=c_V\ln\frac{p}{\rho^{\gamma}}+S_0$ 于是有：

$$\frac{\partial^2 U^*}{\partial \boldsymbol{W}\partial \boldsymbol{W}}=\frac{c_V}{(\rho e)^2}\begin{bmatrix}\frac{1}{4}\rho u^4+\frac{\gamma p^2}{(\gamma-1)^2\rho} & -\frac{1}{2}\rho u^3 & \frac{1}{2}\rho u^2-\rho e\\ -\frac{1}{2}\rho u^3 & \rho u^2+\rho e & -\rho u\\ \frac{1}{2}\rho u^2-\rho e & -\rho u & \rho\end{bmatrix}$$

用式(3.3.4)及这时的 U^* 与 F^* 可得：

$$\frac{\partial(\rho S)}{\partial t}+\frac{\partial(\rho u S)}{\partial x}\geqslant 0$$

考虑到连续方程后，式又可变为：

$$\frac{\partial S}{\partial t}+u\frac{\partial S}{\partial x}\geqslant 0$$

3.3.2 强间断以及接触间断面两侧参数间的关系

正如前面所讲的，双曲型方程的一个重要特点是无论初始值是否光滑，其解都可能产生间断。在物理上，特别是在气流流动中，这种间断是客观存在的。间断面可以分为两种，一种是弱间断即参数连续，而参数的导数不连续；另一种是强间断即参数产生间断，例如，激波和接触间断。下面仅就强间断作些讨论。

设 $\boldsymbol{n}$ 为间断面的单位外法矢量，D 为间断面运动的法向速度，于是气体通过间断面的质量、动量和能量守恒关系为：

$$\begin{cases}\rho_1(\boldsymbol{V}_1\cdot\boldsymbol{n}-D)=\rho_2(\boldsymbol{V}_2\cdot\boldsymbol{n}-D)\\ \rho_1\boldsymbol{V}_1(\boldsymbol{V}_1\cdot\boldsymbol{n}-D)+p_1\boldsymbol{n}=\rho_2\boldsymbol{V}_2(\boldsymbol{V}_2\cdot\boldsymbol{n}-D)+p_2\boldsymbol{n}\\ \varepsilon_1(\boldsymbol{V}_1\cdot\boldsymbol{n}-D)+p_1\boldsymbol{V}_1\cdot\boldsymbol{n}=\varepsilon_2(\boldsymbol{V}_2\cdot\boldsymbol{n}-D)+p_2\boldsymbol{V}_2\cdot\boldsymbol{n}\end{cases}\tag{3.3.5a}$$

式中，ρ、p 与 ε 分别为密度、压力与广义内能。

另外，上式中的下脚标 1 与 2 分别对应于间断面前后（或两侧）的参数，令 m 表示通过间断面的质量流，则：

$$m=\rho_1(\boldsymbol{V}_1\cdot\boldsymbol{n}-D)=\rho_2(\boldsymbol{V}_2\cdot\boldsymbol{n}-D)\tag{3.3.5b}$$

由式(3.3.5a)中的第二个公式得到：

$$m(\boldsymbol{V}_1-\boldsymbol{V}_2)=(p_2-p_1)\boldsymbol{n}\tag{3.3.5c}$$

将式(3.3.5c)两边点乘 $\boldsymbol{n}$ 得：

$$m(\boldsymbol{V}_1\cdot\boldsymbol{n}-\boldsymbol{V}_2\cdot\boldsymbol{n})=(p_2-p_1)\tag{3.3.5d}$$

将式(3.3.5c)两边叉乘 $\boldsymbol{n}$ 得：

$$m(\boldsymbol{V}_1\times\boldsymbol{n}-\boldsymbol{V}_2\times\boldsymbol{n})=0\tag{3.3.5e}$$

因此可得到两点结论：

(1) 对于接触间断面，由定义它是没有流体穿过的间断面即 $m=0$，因此这时由式(3.3.5b)可得 $\boldsymbol{V}_1\cdot\boldsymbol{n}=\boldsymbol{V}_2\cdot\boldsymbol{n}=D$。另外，由式(3.3.5c)可得 $p_1=p_2$，这表明接触间断面两侧压强相等，速度相等。而气体的密度和温度等可以有任意间断。

(2) 对于激波，由式(3.3.5e)可知，因为 $m\neq 0$ 所以 $\boldsymbol{V}_1\times\boldsymbol{n}=\boldsymbol{V}_2\times\boldsymbol{n}$ 即表示切向速度连续，而气流穿过激波时密度、法向、速度、压强和能量都要产生间断。

3.3.3 典型模型方程的经典解

先讨论方程：

$$\frac{\partial u}{\partial t}+a(u,x,t)\frac{\partial u}{\partial x}=g(u,x,t)\tag{3.3.6a}$$

及初始条件：
$$u(x,t)\Big|_{t=0}=u_0(x) \tag{3.3.6b}$$
的经典解(又称古典解)。显然，如果 u 是式(3.3.6a)的解，那么在特征线上，u 应满足如下特征关系式：
$$\frac{\mathrm{d}u}{\mathrm{d}t}=g(u,x,t) \tag{3.3.7a}$$
而特征线为：
$$\frac{\mathrm{d}x}{\mathrm{d}t}=a(u,x,t) \tag{3.3.7b}$$
这时相应的初值条件为：
$$x\Big|_{t=0}=x_0,u\Big|_{t=0}=u_0 \tag{3.3.7c}$$

也就是说，借助于特征线方法，方程式(3.3.6a)与初值条件式(3.3.6b)的求解问题可以转化为由式(3.3.7a)～式(3.3.7c)组成的常微分方程组的初值问题，即：
$$\begin{cases}\dfrac{\mathrm{d}x}{\mathrm{d}t}=a(u,x,t),\dfrac{\mathrm{d}u}{\mathrm{d}t}=g(u,x,t)\\ x\Big|_{t=0}=x_0,u\Big|_{t=0}=u_0\end{cases} \tag{3.3.8a}$$

由常微分方程理论知道，如果 a 与 g 可微分，则式(3.3.8a)便有唯一解，不妨将这个解记为：
$$u=f_1(u_0,x_0,t),x=f_2(u_0,x_0,t) \tag{3.3.8b}$$
并且 f_1 与 f_2 满足：
$$f_1(u_0,x_0,0)=u_0,f_2(u_0,x_0,0)=x_0 \tag{3.3.8c}$$

另外，当 $t=0$ 时，还要求 u_0 与 x_0 由式(3.3.6b)给出，于是得到下面形式的方程：
$$u=f_1(u_0(x_0),x_0,t) \tag{3.3.8d}$$
$$x=f_2(u_0(x_0),x_0,t) \tag{3.3.8e}$$

在这两个式子中 x_0 为参量，也就是说式(3.3.8d)与式(3.3.8e)是关于 x_0 的参量方程。于是，可以首先由式(3.3.8e)得到反函数 $x_0=x_0(x,t)$，并将其代入式(3.3.8d)中可得 u 的表达式，即：
$$u=f_1[u_0(x_0(x,t)),x_0(x,t),t]\equiv u(x,t) \tag{3.3.8f}$$

为了进一步理解上述过程，这里以气体力学数值分析中最常用的几个模型方程为例，寻求它们的经典解。

例 3.4　考虑一维一阶波动方程(又称一维对流方程)：
$$\begin{cases}\dfrac{\partial u}{\partial t}+a\dfrac{\partial u}{\partial x}=0\\ u\Big|_{t=0}=u_0(x)\end{cases}\quad(a=\mathrm{const})$$
求它的特征线及方程的通解(又称普遍解)。

解：它的特征方程及特征关系为

$$\frac{\mathrm{d}x}{\mathrm{d}t}=a, \quad \frac{\mathrm{d}u}{\mathrm{d}t}=0$$

由式(3.3.8f),故解为 $u=u_0(x-at)$,特征线是直线族 $x=at+c$。

例 3.5 考虑方程:

$$\begin{cases}\dfrac{\partial u}{\partial t}+\dfrac{\partial u}{\partial x}+u=0\\ u\Big|_{t=0}=u_0(x)\end{cases}$$

求它的特征线及方程的通解。

解:它的特征方程及特征关系是

$$\frac{\mathrm{d}x}{\mathrm{d}t}=1, \quad \frac{\mathrm{d}u}{\mathrm{d}t}+u=0$$

由式(3.3.8f),故解为:

$$u=u_0(x-t)\mathrm{e}^{-t}$$

特征线是直线族 $x=t+c$。

例 3.6 考虑无黏 Burgers(伯格斯),方程:

$$\begin{cases}\dfrac{\partial u}{\partial t}+u\dfrac{\partial u}{\partial x}=0\\ u\Big|_{t=0}=u_0(x)\end{cases}$$

求它的特征线及方程的通解。

解:它的特征线方程及特征关系为:

$$\frac{\mathrm{d}x}{\mathrm{d}t}=u, \frac{\mathrm{d}u}{\mathrm{d}t}=0$$

由式(3.3.8d)与式(3.3.8e)可得到它们的解为:

$$u=u_0(x_0), \quad x=u_0(x_0)t+x_0$$

于是得:

$$x_0=x-u_0(x_0)t=x-ut$$

又可得到这时的解满足 $u=u_0(x-ut)$。显然,这个问题没有解的显式解析表达式。而 u 的特征线为 $x=u_0(x_0)t+x_0$。

例 3.7 考虑单个守恒律方程:

$$\begin{cases}\dfrac{\partial u}{\partial t}+\dfrac{\partial f(u)}{\partial x}=0\\ u(x,t)\Big|_{t=0}=u_0(x)\end{cases} \tag{3.3.9a}$$

式中,u 及 $f(u)$都是标量。

它的非守恒形式为

$$\begin{cases}\dfrac{\partial u}{\partial t}+a(u)\dfrac{\partial u}{\partial x}=0\\ u(x,t)\Big|_{t=0}=u_0(x)\end{cases} \tag{3.3.9b}$$

求它的特征线及方程的通解。

解:显然这时等价的常微分方程组为

$$\begin{cases}\dfrac{\mathrm{d}x}{\mathrm{d}t}=a(u),\ \dfrac{\mathrm{d}u}{\mathrm{d}t}=0\\ x\Big|_{t=0}=x_0\ u\Big|_{t=0}=u_0\end{cases}\tag{3.3.9c}$$

由式(3.3.9c)知道,在相应的特征线上,u 保持常数,特征线斜率 $a(u)$ 保持为常数,因而特征线是直线。由于特征线经过初始点$(x_0,0)$,因此特征线为:

$$x=x_0+a(u)t\tag{3.3.9d}$$

因此方程式(3.3.8c)的解 u 为:

$$u=u_0(x-a(u)t)\tag{3.3.9e}$$

例 3.8 考虑二阶波动方程:

$$\frac{\partial^2 u}{\partial t^2}-a^2\frac{\partial^2 u}{\partial x^2}=0\quad(a=\text{const})\tag{3.3.10a}$$

初始条件为:

$$u(x,0)=f(x),\ \frac{\partial u(x,0)}{\partial t}=g(x)\quad(-\infty<x<+\infty,\ t\geqslant 0)\tag{3.3.10b}$$

这是个双曲型方程,其特征线为:

$$x\pm at=\text{const}$$

引进特征坐标:$\xi=x+at$,$\zeta=x-at$,于是式(3.3.10a)可变为:

$$\frac{\partial^2 u}{\partial\xi\partial\zeta}=0\tag{3.3.10c}$$

试从式(3.3.10c)出发,求式(3.3.10a)与式(3.3.10b)所构成的初值问题的解。

解:由式(3.3.10c)可知,其解有如下形式:

$$u=\varphi_1(\xi)+\varphi_2(\zeta)$$

或者写为:

$$u(x,t)=\varphi_1(x+at)+\varphi_2(x-at)$$

这就是波动方程的达朗贝尔(D'Alembert)解,这里 φ_1 与 φ_2 的函数形式可由给定的初始条件来确定。于是可得:

$$u(x,t)=\frac{f(x+at)+f(x-at)}{2}+\frac{1}{2a}\int_{x-at}^{x+at}g(\zeta)\mathrm{d}\zeta\tag{3.3.10d}$$

例 3.9 考虑非线性 Burgers 方程:

$$\begin{cases}\dfrac{\partial u}{\partial t}+u\dfrac{\partial u}{\partial x}=\mu\dfrac{\partial^2 u}{\partial x^2}\quad(\mu=\text{const})\\ u(x,0)\Big|_{t=0}=u_0(x)\end{cases}\tag{3.3.11a}$$

引入 Cole 和 Hopf 提出的非线性变换:

$$u=-\frac{2\mu}{\varphi}\frac{\mathrm{d}\varphi}{\mathrm{d}x}\tag{3.3.11b}$$

于是，非线性 Burgers 方程可化为线性扩散方程。试求式(3.3.11a)的经典解。

解：令 $u=\xi_x\equiv\dfrac{\partial\xi}{\partial x}$，代入式(3.3.11a)得：

$$(\xi_t)_x+\frac{1}{2}[(\xi_x)^2]_x=\mu(\xi_{xx})_x$$

将上式对 x 积分可得：

$$\xi_t+\frac{1}{2}(\xi_x)^2=\mu\xi_{xx} \tag{3.3.11c}$$

令 $\xi=-2\mu\ln\varphi$ 并代入式(3.3.11c)，得到线性的扩散方程：

$$\frac{\partial\varphi}{\partial t}=\mu\frac{\partial^2\varphi}{\partial x^2} \tag{3.3.11d}$$

于是对于初值问题

$$\begin{cases}\dfrac{\partial u}{\partial t}+u\dfrac{\partial u}{\partial x}=\mu\dfrac{\partial^2 u}{\partial x^2}\\ u(x,0)=u_0(x)\end{cases}$$

的经典解为：

$$u(x,t)=\frac{\displaystyle\int_{-\infty}^{\infty}\frac{x-\zeta}{t}\mathrm{e}^{-f/2\mu}\mathrm{d}\zeta}{\displaystyle\int_{-\infty}^{\infty}\mathrm{e}^{-f/2\mu}\mathrm{d}\zeta} \tag{3.3.11e}$$

式中：

$$f(\zeta,x,t)=\int_0^{\zeta}u_0(y)\mathrm{d}y+\frac{(x-\zeta)^2}{2t}$$

例 3.10 考虑线性 Burgers 方程：

$$\begin{cases}\dfrac{\partial u}{\partial t}+a\dfrac{\partial u}{\partial x}=\mu\dfrac{\partial^2 u}{\partial x^2}\quad(a,\mu=\text{const})\\ u(x,0)=u_0(x)\end{cases} \tag{3.3.12}$$

(1) 当 $\mu=0$ 时得到一维对流方程(又称一维波动方程)；对于这个问题在例 3.4 中已用特征线法获得了经典解；

(2) 当 $a=0$ 时得到一维扩散方程，即：

$$\begin{cases}\dfrac{\partial u}{\partial t}=\mu\dfrac{\partial^2 u}{\partial x^2}\quad(\mu=\text{const},\mu>0)\\ u(x,0)=u_0(x)\end{cases} \tag{3.3.13a}$$

于是采用分离变量法可得到式(3.3.13a)的经典解，即：

$$u(x,t)=\frac{1}{\sqrt{4\pi\mu t}}\int_{-\infty}^{\infty}u_0(\zeta)\mathrm{e}^{-\frac{(x-\zeta)^2}{4\mu t}}\mathrm{d}\zeta \tag{3.3.13b}$$

(3) 对于一般线性 Burgers 方程式(3.3.12)，其经典解为：

$$u(x,t)=\frac{1}{\sqrt{4\pi\mu t}}\int_{-\infty}^{\infty}u_0(\zeta)\mathrm{e}^{-\frac{(x-\zeta-at)^2}{4\mu t}}\mathrm{d}\zeta \tag{3.3.13c}$$

试分析上述三种情况下解的耗散过程。

解:图 3.1(a)给出了扰动波传播的过程。若给定的初始条件 $u_0(x)$是一个三角形,则在$t=t_0$ 时刻仍为三角形。也就是说,沿着特征线是以波形不变的方式沿 x 的正方向($a>0$ 时)或负方向($a<0$ 时)传播着。扰动波以有限速度传播是双曲型方程解的一个重要特性。对于更为一般的双曲型方程,波形与波幅均有可能变化,但是扰动恒以有限速度传播,并能够保持波阵面。图 3.1(b)给出了初始三角形波随时间演化的过程。可以看到,初始扰动波的棱角逐渐变平滑。这种耗散过程使得不管初始分布如何集中,扰动总是在瞬刻之间传播到很远,虽然它的强度是随距离按指数衰减,但是传播的速度是无穷的,这是抛物型方程解的特征。如果 $u_0(x)$是三角波,则初始扰动波尖角将随着传播而逐渐抹平。图 3.1(c)给出了耗散与对流耦合的物理过程,扰动波仿佛以群速度 a 传播,但波形不能保持,这是双曲—抛物混合型方程的特征。

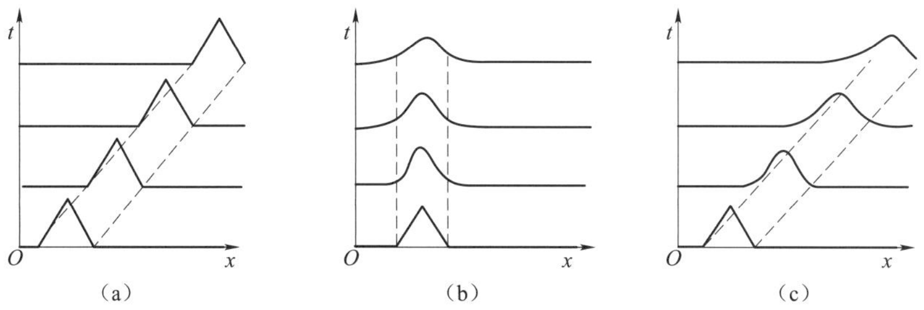

图 3.1　扰动波的传播

(a) 波动方程;(b) 热传导方程;(c) 线性 Burgers 方程

3.3.4　单个守恒律方程及 Олейник 熵条件

非线性双曲型方程即使初始条件是连续的,也有可能在有限时间内出现间断解。在气体动力学中激波与滑移面的出现,是人们熟悉的例子。事实上,当解出现间断时,在间断点处原来的偏微分方程不再成立,前面研究的经典解理论也不再适用。为了得到间断解,弱解的概念必须引入。双曲型偏微分方程的研究表明:分片光滑的矢量函数 $\boldsymbol{u}(x,t)$是柯西问题式(3.3.1a)弱解的充分必要条件有三点:① 光滑部分,在古典意义下满足方程式(3.3.1a);② 所有的连续点满足初始条件式(3.3.1b);③ 在间断线上,设间断线的斜率为$\frac{\mathrm{d}x}{\mathrm{d}t}=D$,则有:

$$[\boldsymbol{u}]D=[\boldsymbol{f}] \tag{3.3.14a}$$

式中,[·]表示一个函数的“跃度”(有的称为“跳跃”),也可以说它表示间断左、右两侧的状态差,例如:

$$[\boldsymbol{u}]=\boldsymbol{u}(x+0,t)-\boldsymbol{u}(x-0,t)=\boldsymbol{u}_R-\boldsymbol{u}_L \tag{3.3.14b}$$

式(3.3.14a)常称为 Rankine-Hugoniot 条件。

前面所说的间断线，要么是激波，要么是接触间断。而式(3.3.14a)中的 D 叫间断速度；对于单个守恒律的情况，可以直接由间断关系式(3.3.14a)计算间断速度 D

$$D=\frac{[f(u)]}{[u]}=\frac{f(u_R)-f(u_L)}{u_R-u_L} \tag{3.3.14c}$$

应该指出，满足上述三条的弱解并不唯一。Олейник (奥利尼科)在研究单个守恒律方程式(3.3.9a)弱解唯一性时，提出了一个熵条件，即：

$$\begin{cases}\dfrac{f(u_R)-f(u)}{u_R-u}\leqslant\dfrac{f(u_R)-f(u_L)}{u_R-u_L}\leqslant\dfrac{f(u)-f(u_L)}{u-u_L}\\ \forall\, u\in I\end{cases} \tag{3.3.14d}$$

式中

$$I=\{\min[u_L,u_R],\max[u_L,u_R]\} \tag{3.3.14e}$$

式(3.3.14d)称为 Олейник 熵条件。

数学上可以证明：满足 Олейник 熵条件的弱解是唯一的，并且是物理解。文献[29,46]还进一步解释了 Олейник 熵条件所对应的物理问题是穿过激波的熵增条件。这里应该指出，尽管对于单个一维守恒型方程，数学上已经证明了满足熵条件的弱解是唯一的物理解，但是对于一维守恒方程组在一般情况下，解的唯一性并没有得到严格的数学证明；至于多维方程组，熵条件仅仅是确定唯一物理解的必要条件。另外，数学上定义的熵函数、熵通量以及由此引进的熵条件和满足熵条件而获得的熵解等一系列问题在多维问题中如何去实现，仍然是气体动力学数值计算与理论分析中的热点，至今这类问题还没有得到圆满的解决。为了进一步说明熵条件的重要性，下面举一个具有多个弱解的例子。

例 3.11 从无黏 Burgers 方程

$$\begin{cases}\dfrac{\partial u}{\partial t}+\dfrac{\partial}{\partial x}\left(\dfrac{u^2}{2}\right)=0\\ u(x,0)=u_0(x)\end{cases} \tag{3.3.15a}$$

出发，初始条件按下面两种情况选取：

(1)如果初始条件为

$$u_0(x)=\begin{cases}+1 & (x<0)\\ -1 & (x\geqslant 0)\end{cases} \tag{3.3.15b}$$

这时式(3.3.15a)的唯一物理解为：

$$u(x,t)=\begin{cases}+1 & (x<0)\\ -1 & (x\geqslant 0)\end{cases}$$

很显然，该物理解不但满足方程和初始条件而且在间断线上满足间断条件和熵条件。

(2) 如果初始条件取为

$$u_0(x)=\begin{cases}-1 & (x<0)\\ +1 & (x\geqslant 0)\end{cases} \tag{3.3.15c}$$

容易验证，这时式(3.3.15a)的唯一物理解为：

$$u(x,t)=\begin{cases}-1 & (x\leqslant -t)\\ \dfrac{x}{t} & (-t<x<t)\\ +1 & (x\geqslant t)\end{cases} \tag{3.3.15d}$$

问：能否给出第二种情况时的几个弱解？

解：在这种情况下，存在着许多组弱解，这里给出关于这个问题的三组弱解：

第一组：

$$u(x,t)=\begin{cases}-1 & (x<0)\\ +1 & (x\geqslant 0)\end{cases} \tag{3.3.15e}$$

第二组：假设 $\alpha\geqslant -1$ 时，有：

$$u(x,t)=\begin{cases}-1 & \left(x<-\dfrac{1}{2}(1+\alpha)t/2\right)\\ -\alpha & \left(-\dfrac{1}{2}(1+\alpha)t/2<x<0\right)\\ \alpha & \left(0<x<\dfrac{1}{2}(1+\alpha)t/2\right)\\ 1 & \left(\dfrac{1}{2}(1+\alpha)t/2<x\right)\end{cases} \tag{3.3.15f}$$

第三组：如果 β 满足 $0<\beta<1$ 时，有：

$$u(x,t)=\begin{cases}-1 & (x\leqslant -t)\\ \dfrac{x}{t} & (-t<x<-\beta t)\\ -\beta & (-\beta t<x<0)\\ \beta & (0<x<\beta t)\\ \dfrac{x}{t} & (\beta t<x<t)\\ 1 & (t\leqslant x)\end{cases} \tag{3.3.15g}$$

显然，这些弱解在定解域内满足方程和初始条件，并且在间断线上它们满足间断条件，但是在间断线上它们不满足熵条件，因此它们是非物理解。

3.4　双曲型偏微分方程组初、边值问题的提法

解气体力学方程需要边界条件。一个正确的定解条件应该能够保证所研究的偏微分方程组是适定的，在数学上说是存在、唯一并且连续依赖于定解条件。但是应该看到：对于普遍性的一阶拟线性偏微分方程组而言，定解条件的正确提法仍然是一个没有完全解决的问题。因此，对一维非定常气体力学方程组边界条件提法的讨论是必要的，不可缺

少的。

3.4.1 双曲型方程边界条件提法的一般性原则

考虑在 $x\geqslant 0, t\geqslant 0$ 的区域内求解式(3.4.1a)与初始条件式(3.4.1b)，即：

$$\frac{\partial \boldsymbol{U}}{\partial t}+\boldsymbol{A}\cdot\frac{\partial \boldsymbol{U}}{\partial x}=0 \tag{3.4.1a}$$

$$\boldsymbol{U}(x,0)=\boldsymbol{U}_0(x) \tag{3.4.1b}$$

式中，$\boldsymbol{U}$ 向矢量，$\boldsymbol{U}=[u_1\ u_2\cdots\ u_m]^{\mathrm{T}}$；$\boldsymbol{A}$ 为矩阵。

设方程组为严格双曲型方程组，即矩阵 $\boldsymbol{A}$ 的特征值为互异的实数，并且存在着矩阵 $\boldsymbol{L}$ 与 $\boldsymbol{R}$ 使得：

$$\begin{cases}\boldsymbol{L}\cdot\boldsymbol{A}\cdot\boldsymbol{R}=\boldsymbol{\Lambda}\\ \boldsymbol{L}^{-1}=\boldsymbol{R},\boldsymbol{R}^{-1}=\boldsymbol{L}\end{cases} \tag{3.4.2}$$

式中，$\boldsymbol{\Lambda}$ 是以矩阵 $\boldsymbol{A}$ 的特征值为元素的对角矩阵。

为便于下面的讨论，假设 $\boldsymbol{A}$ 为常数矩阵，以矩阵 $\boldsymbol{L}$ 左乘式(3.4.1a)，这时方程组可化为特征型：

$$\begin{cases}\dfrac{\partial \boldsymbol{W}}{\partial t}+\boldsymbol{\Lambda}\cdot\dfrac{\partial \boldsymbol{W}}{\partial x}=0\\ \boldsymbol{W}=[w_1\ w_2\cdots\ w_m]^{\mathrm{T}}\end{cases} \tag{3.4.3}$$

式中，特征变量 $\boldsymbol{W}=\boldsymbol{L}\cdot\boldsymbol{U}$，于是方程组(3.4.1a)便可分裂为 m 个单个方程，并且可以独立积分。

因此式(3.4.3)中每一个方程初边值问题的提法便与单波方程

$$\frac{\partial u}{\partial t}+\lambda\frac{\partial u}{\partial x}=0\quad(\lambda=\mathrm{const}) \tag{3.4.4a}$$

$$u(x,0)=u_0(x) \tag{3.4.4b}$$

相同。$u_0(x)$ 为给定的初始值。

另外，对于式(3.4.1a)，在一般情况下在 $x=0$ 处还需要定义边界条件。因式(3.4.1a)仅含一次偏微分，所以相应的边界条件为 Dirichlet(狄利克莱)型，不妨暂时把边界条件用矩阵写成一般形式，即：

$$\boldsymbol{P}\cdot\boldsymbol{U}(0,t)=\boldsymbol{g}(t) \tag{3.4.5a}$$

式中，$\boldsymbol{P}$ 为 $r\times m$ 阶矩阵；$\boldsymbol{g}(t)$ 为 r 维列矩阵；r 为边界条件的个数。

在下面将会知道，r 必须等于矩阵 $\boldsymbol{A}$ 的正特征值的个数。当然初始条件式(3.4.1b)与边界条件式(3.4.5a)必须满足相容性条件，即：

$$\boldsymbol{P}\cdot\boldsymbol{U}_0(0)=\boldsymbol{g}(0) \tag{3.4.5b}$$

因此，由式(3.4.1a)、式(3.4.1b)与(3.4.5a)所定义的问题称为初边值问题(又称混合初边值问题)。

现将对应于 $\boldsymbol{A}$ 的对角矩阵 $\boldsymbol{\Lambda}$ 写为

$$\boldsymbol{\Lambda}=\mathrm{diag}(\boldsymbol{\Lambda}_1,\boldsymbol{\Lambda}_2)\quad(\boldsymbol{\Lambda}_1\geqslant 0,\boldsymbol{\Lambda}_2<0)\tag{3.4.6a}$$

$$\boldsymbol{\Lambda}_1=\mathrm{diag}(\lambda_1,\lambda_2,\cdots,\lambda_r),\boldsymbol{\Lambda}_2=\mathrm{diag}(\lambda_{r+1},\lambda_{r+2},\cdots,\lambda_m)\tag{3.4.6b}$$

式中，$\boldsymbol{\Lambda}_1$ 为对角元素为 $\lambda_i>0$ 的对角矩阵；$\boldsymbol{\Lambda}_2$ 为对角元素为 $\lambda_i<0$ 的对角矩阵。

相应地式(3.4.3)也就被分解为：

$$\begin{cases}\dfrac{\partial \boldsymbol{W}^{(1)}}{\partial t}+\boldsymbol{\Lambda}_1\cdot\dfrac{\partial \boldsymbol{W}^{(1)}}{\partial x}=0\\ \boldsymbol{W}^{(1)}=[w_1\quad w_2\quad\cdots\quad w_r]^{\mathrm{T}}\end{cases}\tag{3.4.7a}$$

$$\begin{cases}\dfrac{\partial \boldsymbol{W}^{(2)}}{\partial t}+\boldsymbol{\Lambda}_2\cdot\dfrac{\partial \boldsymbol{W}^{(2)}}{\partial x}=0\\ \boldsymbol{W}^{(2)}=[w_{r+1}\quad w_{r+2}\quad\cdots\quad w_m]^{\mathrm{T}}\end{cases}\tag{3.4.7b}$$

式中，$\boldsymbol{W}^{(1)}$ 对应于正特征值，称为流入分量；$\boldsymbol{W}^{(2)}$ 对应于负特征值，称为流出分量。

用矩阵表达的边界条件式(3.4.5a)，此时就变为：

$$\boldsymbol{P}\cdot\boldsymbol{R}\cdot\boldsymbol{W}=\boldsymbol{P}\cdot[\boldsymbol{R}_1\ \boldsymbol{R}_2]\cdot[\boldsymbol{W}^{(1)}\ \boldsymbol{W}^{(2)}]^{\mathrm{T}}=\boldsymbol{P}\cdot\boldsymbol{R}_1\cdot\boldsymbol{W}^{(1)}+\boldsymbol{P}\cdot\boldsymbol{R}_2\cdot\boldsymbol{W}^{(2)}=\boldsymbol{g}(t)\tag{3.4.8a}$$

式中，$\boldsymbol{R}_1$ 为 $m\times r$ 阶矩阵；$\boldsymbol{R}_2$ 是 $m\times(m-r)$ 阶矩阵；$\boldsymbol{W}^{(1)}$ 与 $\boldsymbol{W}^{(2)}$ 分别为 r 维与 $m-r$ 维列矢量。

当

$$\det(\boldsymbol{P}\cdot\boldsymbol{R}_1)\neq 0\tag{3.4.8b}$$

时，则式(3.4.8a)变成用矩阵表达的如下形式的边界条件：

$$\boldsymbol{W}^{(1)}(0,t)=\boldsymbol{M}\cdot\boldsymbol{W}^{(2)}(0,t)+\tilde{\boldsymbol{g}}(t)\tag{3.4.8c}$$

式中，$\boldsymbol{M}$ 为 $r\times(m-r)$ 阶矩阵；$\tilde{\boldsymbol{g}}$ 与 $\boldsymbol{W}^{(2)}$ 分别为 r 维与 $m-r$ 维列矢量。

$\boldsymbol{M}$ 与 $\tilde{\boldsymbol{g}}$ 的表达式为：

$$\boldsymbol{M}=-(\boldsymbol{P}\cdot\boldsymbol{R}_1)^{-1}\cdot(\boldsymbol{P}\cdot\boldsymbol{R}_2)\tag{3.4.8d}$$

$$\tilde{\boldsymbol{g}}(t)=(\boldsymbol{P}\cdot\boldsymbol{R}_1)^{-1}\cdot\boldsymbol{g}(t)\tag{3.4.8e}$$

矩阵 $\boldsymbol{M}$ 表示了反射规律，即当考虑波的传播时，式(3.4.8c)等号右边的第一项表示了边界上波的反射规律，也可以理解为流出分量 $\boldsymbol{W}^{(2)}$ 在边界上被部分的反射而转化成的流入分量。式(3.4.8c)还表明：对每个流入特征变量应该给出边界条件。在实际计算问题中，边界值往往需由设计条件或者试验测量数据提供，因此可以将这时的边界条件写为如下矩阵形式：

$$\boldsymbol{\xi}^{(1)}(0,t)=\boldsymbol{N}\cdot\boldsymbol{\xi}^{(2)}+\boldsymbol{g}_1(t)\tag{3.4.8f}$$

式中，$\boldsymbol{\xi}^{(1)}$ 为 r 维列矢量；$\boldsymbol{\xi}^{(2)}$ 为$(m-r)$维列矢量；$\boldsymbol{N}$ 为 $r\times(m-r)$ 阶矩阵；$\boldsymbol{g}_1(t)$ 为 r 维列矢量。

令：

$$\boldsymbol{\xi}=\begin{bmatrix}\boldsymbol{\xi}^{(1)}\\ \boldsymbol{\xi}^{(2)}\end{bmatrix}\tag{3.4.8g}$$

式中，$\boldsymbol{\xi}$ 可以是与 $\boldsymbol{W}$ 不相同的变量；

为了使式(3.4.8f)满足适定性要求，当然应当使它与式(3.4.8c)等价。

令：

$$\begin{bmatrix} \boldsymbol{W}^{(1)} \\ \boldsymbol{W}^{(2)} \end{bmatrix} = \begin{bmatrix} \boldsymbol{S}_1 & \boldsymbol{S}_2 \\ \boldsymbol{S}_3 & \boldsymbol{S}_4 \end{bmatrix} \cdot \begin{bmatrix} \boldsymbol{\xi}^{(1)} \\ \boldsymbol{\xi}^{(2)} \end{bmatrix} \tag{3.4.9a}$$

式中，$\boldsymbol{S}_1$ 与 $\boldsymbol{S}_4$ 分别为 $r\times r$ 阶与 $(m-r)\times(m-r)$ 阶矩阵；$\boldsymbol{S}_2$ 为 $r\times(m-r)$ 阶矩阵；$\boldsymbol{S}_3$ 为 $(m-r)\times r$ 阶矩阵。

借助于式(3.4.9a)，下面分两种情况讨论式(3.4.8c)与式(3.4.8f)等价时应满足的关系式。

(1) 当矩阵 $(\boldsymbol{S}_4+\boldsymbol{S}_3\cdot\boldsymbol{N})$ 为空矩阵时（这时 $r=m$），则式(3.4.8c)与式(3.4.8f)等价便有下式成立，即：

$$\boldsymbol{W}^{(1)}=\boldsymbol{S}_1\cdot\boldsymbol{g}_1(t) \tag{3.4.9b}$$

(2) 当矩阵 $(\boldsymbol{S}_4+\boldsymbol{S}_3\cdot\boldsymbol{N})$ 存在逆矩阵时，则式(3.4.8c)与式(3.4.8f)等价便有下列两式成立，即：

$$\boldsymbol{M}=(\boldsymbol{S}_1\cdot\boldsymbol{N}+\boldsymbol{S}_2)\cdot(\boldsymbol{S}_3\cdot\boldsymbol{N}+\boldsymbol{S}_4)^{-1} \tag{3.4.9c}$$

$$\tilde{\boldsymbol{g}}=[\boldsymbol{S}_1-(\boldsymbol{S}_1\cdot\boldsymbol{N}+\boldsymbol{S}_2)\cdot(\boldsymbol{S}_3\cdot\boldsymbol{N}+\boldsymbol{S}_4)^{-1}\cdot\boldsymbol{S}_3]\cdot\boldsymbol{g}_1(t) \tag{3.4.9d}$$

例 3.12 以原始变量的一维可压缩非定常 Euler 方程组为例，说明边界条件的提法。

解：首先写出一维可压缩非定常 Euler 方程：

$$\frac{\partial \boldsymbol{V}}{\partial t}+\boldsymbol{C}\cdot\frac{\partial \boldsymbol{V}}{\partial x}=0 \tag{3.4.10a}$$

式中：

$$\boldsymbol{V}=\begin{bmatrix} \rho \\ u \\ P \end{bmatrix},\quad \boldsymbol{C}=\begin{bmatrix} u & \rho & 0 \\ 0 & u & 1/\rho \\ 0 & \rho a^2 & u \end{bmatrix} \tag{3.4.10b}$$

这里，矩阵 $\boldsymbol{C}$ 有三个特征值 $u, u+a, u-a$，以及左右特征矢量矩阵 $\boldsymbol{L}$ 与 $\boldsymbol{R}$，其矩阵表达式为：

$$\boldsymbol{L}\cdot\boldsymbol{C}\cdot\boldsymbol{R}=\boldsymbol{\Lambda} \tag{3.4.10c}$$

$$\boldsymbol{R}=\begin{bmatrix} 1 & \frac{\rho}{2a} & -\frac{\rho}{2a} \\ 0 & \frac{1}{2} & \frac{1}{2} \\ 0 & \frac{\rho a}{2} & -\frac{\rho a}{2} \end{bmatrix}=\frac{1}{2}\begin{bmatrix} 2 & \frac{\rho}{a} & -\frac{\rho}{a} \\ 0 & 1 & 1 \\ 0 & \rho a & -\rho a \end{bmatrix} \tag{3.4.10d}$$

$$\boldsymbol{L}=\begin{bmatrix}1 & 0 & -\dfrac{1}{a^2}\\ 0 & 1 & \dfrac{1}{\rho a}\\ 0 & 1 & -\dfrac{1}{\rho a}\end{bmatrix} \tag{3.4.10e}$$

$$\boldsymbol{\Lambda}=\begin{bmatrix}u & 0 & 0\\ 0 & u+a & 0\\ 0 & 0 & u-a\end{bmatrix} \tag{3.4.10f}$$

特征变量 $\boldsymbol{W}$ 以及对角阵 $\boldsymbol{\Lambda}_1$，$\boldsymbol{\Lambda}_2$ 分别为：

$$\boldsymbol{W}=\begin{bmatrix}w_1\\ w_2\\ w_3\end{bmatrix}=\begin{bmatrix}\rho-\dfrac{p}{a^2}\\ u+\dfrac{p}{\rho a}\\ u-\dfrac{p}{\rho a}\end{bmatrix},\boldsymbol{\Lambda}_1=\begin{bmatrix}u & 0 & 0\\ 0 & u+a & 0\\ 0 & 0 & 0\end{bmatrix},\boldsymbol{\Lambda}_2=\begin{bmatrix}0 & 0 & 0\\ 0 & 0 & 0\\ 0 & 0 & u-a\end{bmatrix} \tag{3.4.11a}$$

以下分四种情况讨论：

(1) 亚声速入流（$0<u<a$）：这时 $\boldsymbol{C}$ 的前两个特征值为正，第三个特征值为负，所以在入流边界上应取：

$$\boldsymbol{W}^{(1)}=[w_1\ w_2]^{\mathrm{T}},\boldsymbol{W}^{(2)}=[w_3] \tag{3.4.11b}$$

另外还有 ：

$$\begin{bmatrix}w_1\\ w_2\\ w_3\end{bmatrix}=\begin{bmatrix}1 & 0 & -\dfrac{1}{a^2}\\ 0 & 1 & \dfrac{1}{\rho a}\\ 0 & 1 & -\dfrac{1}{\rho a}\end{bmatrix}\begin{bmatrix}\rho\\ u\\ p\end{bmatrix} \tag{3.4.11c}$$

① 如果取 $\boldsymbol{\xi}^{(1)}=[u\quad p]^{\mathrm{T}}$，$\boldsymbol{\xi}^{(2)}=[\rho]$，也就是说对 u 与 p 提边界条件，显然这时 $\boldsymbol{S}_4=0$，$\boldsymbol{S}_4$ 不可逆，因而问题不适定。

② 如果取 $\boldsymbol{\xi}^{(1)}=[\rho\quad u]^{\mathrm{T}}$，$\boldsymbol{\xi}^{(2)}=[p]$，即对 ρ 和 u 提边界条件，则 $\boldsymbol{S}_4=\dfrac{1}{\rho u}$，$\boldsymbol{S}_4$ 可逆，因而问题适定。

③ 如果取 $\boldsymbol{\xi}^{(1)}=[\rho\quad p]^{\mathrm{T}}$，$\boldsymbol{\xi}^{(2)}=[u]$，即对 ρ 和 p 提边界条件，则 $\boldsymbol{S}_4=-1$，$\boldsymbol{S}_4$ 可逆，因而问题适定。

(2) 超声速入流（$u>a>0$）：这时矩阵 $\boldsymbol{C}$ 的所有特征值为正，因此对 ρ，u 与 p 都提边界条件，这时 $\boldsymbol{S}_4$ 为空矩阵，因而问题适定。

(3) 亚声速出流（$0>u>-a$）：这时只有第二个特征值为正，因此应该取 $\boldsymbol{W}^{(1)}=[w_2]$，$\boldsymbol{W}^{(2)}=[w_1\ w_3]^{\mathrm{T}}$，于是有：

$$\begin{bmatrix} w_2 \\ w_1 \\ w_3 \end{bmatrix} = \begin{bmatrix} 0 & 1 & \dfrac{1}{\rho a} \\ 1 & 0 & -\dfrac{1}{a^2} \\ 0 & 1 & -\dfrac{1}{\rho a} \end{bmatrix} \begin{bmatrix} \rho \\ u \\ p \end{bmatrix} \tag{3.4.11d}$$

① 如果取 $\boldsymbol{\xi}^{(1)}=\rho$,则 $\boldsymbol{S}_4$ 为:

$$\boldsymbol{S}_4 = \begin{bmatrix} 0 & -\dfrac{1}{a^2} \\ \dfrac{1}{\sqrt{2}} & \dfrac{-1}{\sqrt{2}\rho a} \end{bmatrix} \tag{3.4.11e}$$

于是 $\boldsymbol{S}_4$ 可逆,对 ρ 提边界条件,因而问题适定。

② 如果取 $\boldsymbol{\xi}^{(1)}=u$,则 $\boldsymbol{S}_4$ 为:

$$\boldsymbol{S}_4 = \begin{bmatrix} 1 & \dfrac{-1}{a^2} \\ 0 & \dfrac{-1}{\rho a} \end{bmatrix} \tag{3.4.11f}$$

$\boldsymbol{S}_4$ 可逆,对 u 提边界条件,因而问题适定。

③ 如果取 $\boldsymbol{\xi}^{(1)}=p$,则 $\boldsymbol{S}_4$ 为:

$$\boldsymbol{S}_4 = \begin{bmatrix} 1 & 0 \\ 0 & -1 \end{bmatrix} \tag{3.4.11g}$$

$\boldsymbol{S}_4$ 可逆,对 p 提边界条件,因而问题适定。

(4) 超声速出流($u<-a$):这时矩阵 $\boldsymbol{C}$ 的所有特征值均为负,当然这时就不需要提任何边界条件。

3.4.2 单向波动方程的初、边值问题的提法

单向波动方程,常作为双曲型偏微分方程的模型方程:

$$\frac{\partial u}{\partial t}+a\frac{\partial u}{\partial x}=0 \tag{3.4.12a}$$

式中,a 为常数。

显然,该方程的通解(又称普遍解)为:

$$u(x,t)=\varphi(x-at) \tag{3.4.12b}$$

显然特征线是直线,沿着每一条特征线 u 保持着常值。换句话说,沿着每一条特征线传播的扰动不随时间而变化。

(1) 关于纯初值问题。今给定如下的初值条件:

$$u(x,0)=f(x) \quad (-\infty<x<+\infty) \tag{3.4.13a}$$

于是由式(3.4.12a)与式(3.4.13a)所构成初值问题的解为:

$$u(x,t)=f(x-at) \tag{3.4.13b}$$

另外，还可以用图 3.2 表示。显然，当 $a>0$ 时，式(3.4.13b)可以看作是一个向右传播的波。

(2) 关于初边值问题的提法。当 $a>0$ 时，特征线向右倾斜如图 3.3(a)所示。因此，除了初始条件 $u(x,0)=f(x)$ 之外，还要在左边界上规定边界条件即 $u(x_1,t)=\psi(t)$；而右边界上的 u 值将由初值和左边界值完全决定。因此在右边界上就不能规定边界条件。当 $a<0$ 时，特征线向左倾斜如图 3.3(b)所示，此时除了初始条件之外，还要在右边界上规定边界条件；而左边界上的 u 值将由初值和右边值完全确定，因此在左边界上也就不能规定边界条件。

综上所述，如果特征线自边界走向求解域内部，则在该边界上应该规定边界条件；反之，若特征线自求解域内部走向边界，则在该边界上不能规定边界条件。

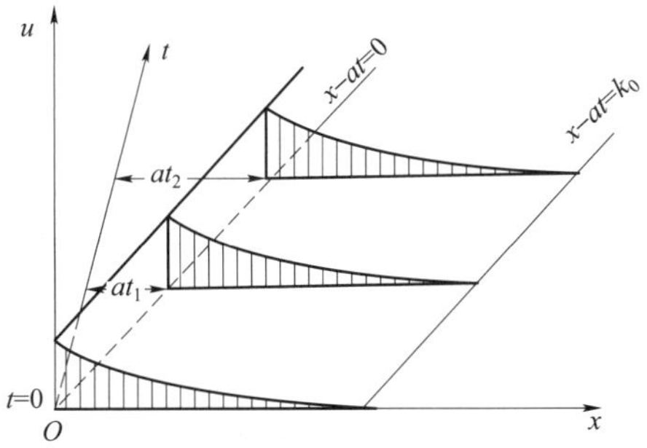

图 3.2　波动方程初值问题

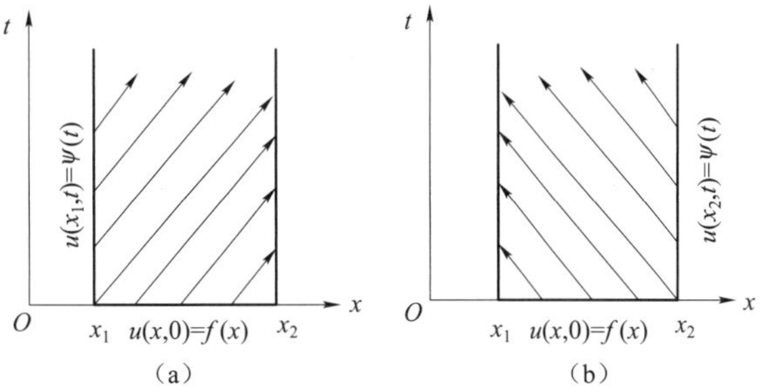

图 3.3　特征线走向与初边值提法

(a) $a>0$；(b) $a<0$

3.4.3　一维非定常 Euler 方程组初、边值问题的提法

可压缩、无黏、完全气体、一维非定常流动的 Euler 方程组：

$$\begin{cases}\dfrac{\partial\rho}{\partial t}+\dfrac{\partial(\rho u)}{\partial x}=0\\[2ex]\dfrac{\partial u}{\partial t}+u\dfrac{\partial u}{\partial x}+\dfrac{1}{\rho}\dfrac{\partial p}{\partial x}=0\\[2ex]\dfrac{\partial p}{\partial t}+u\dfrac{\partial p}{\partial x}+\rho a^2\dfrac{\partial u}{\partial x}=0\end{cases} \tag{3.4.14}$$

该方程组有三条特征线，它们分别是：

$$\begin{cases}\mathrm{C}^{\pm}:\dfrac{\mathrm{d}x}{\mathrm{d}t}=u\pm a\\[2ex]\mathrm{C}^{0}:\dfrac{\mathrm{d}x}{\mathrm{d}t}=u\end{cases} \tag{3.4.15}$$

现在讨论方程组(3.4.14)在 (x,t) 平面上区域 R 的定解条件。这里 R 为 $0\leqslant x\leqslant l$，

$0 \leqslant t \leqslant t_0$ 的矩形区域，如图 3.4 所示。为了便于讨论，先假设 $u>0$。

(1) 在 $x=0$ 边界上某点 A 处，若流动是超声速的，即 $u_A>a$，则其上的三条特征线 C^+，C^-，C^0 都指向求解域的内部，于是在 A 点要规定三个边界条件。如果在 $x=0$ 边界上某点 A' 处流动是亚声速的，则这时有两条特征线 C^0 与 C^+ 是指向求解域内部的；而另一条特征线 C^- 指向求解域的外部，因此在 A' 点处只能规定两个边界条件。

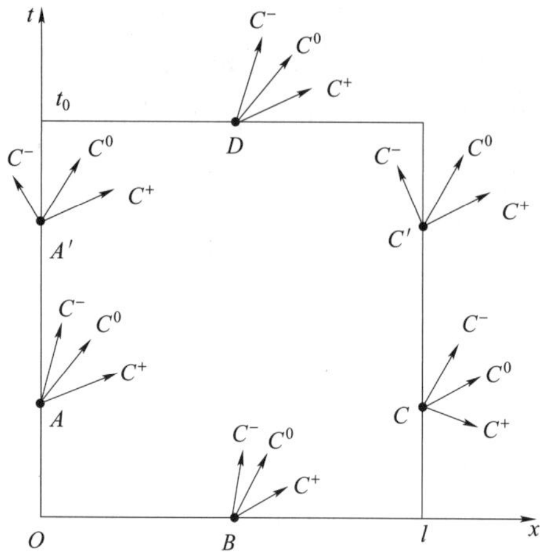

图 3.4　一维 Euler 流初边值问题的提法

(2) 在 $t=0$ 的任一点 B 处，无论流动是超声速还是亚声速，其上的三条特征线都指向求解域内部，所以在 B 点要规定三个初始条件。

(3) 在 $x=l$ 的某点 C 处，若该点流动是超声速，其上三条特征线都指向求解域的外部，因此在 C 点处不能规定任何边界条件。如果在 $x=l$ 上的某点 C' 处流动是亚声速，这时两条特征线 C^0 与 C^+ 指向求解域外部；而有一条特征线 C^- 指向求解域内部，因此在 C' 点要规定一个边界条件。

(4) 在 $t=t_0$ 的任一点 D 处，无论流动是亚声速还是超声速，在其上的三条特征线都指向区域的外部，因此在 D 点处不能规定任何定解条件。

总之，对于双曲型方程组而言，可以根据特征线的走向决定求解域边界上任一点处定解条件的数目。

3.5　非定常一维均熵流动及分析

一维非定常均熵流动模型是气体力学中使用最广泛、理论分析较完美的内容之一。下面首先陈述一下容易混淆的但本节及以后会常用到的几个概念。

(1) 均熵流与等熵流——是两个完全不同的概念。均熵流是指流场处处熵值相等的流动，也就是说对于均熵流动时存在着 $\nabla S=0$ 的关系。等熵流是指沿流线熵值保持不变的流动，但不同的流线可以有不同的熵值，因此等熵流动时随体导数 $\frac{\mathrm{D}s}{\mathrm{D}t}=0$。例如，对于无黏、完全气体的流动，采用 Crocco 形式表达时，则运动方程式简化为：

$$\frac{\partial \boldsymbol{V}}{\partial t}+(\nabla\times\boldsymbol{V})\times\boldsymbol{V}=T\,\nabla S-\nabla H \tag{3.5.1a}$$

对于均熵流，则式(3.5.1a)可进一步简化为：

$$\frac{\partial \boldsymbol{V}}{\partial t}+(\nabla\times\boldsymbol{V})\times\boldsymbol{V}=-\nabla H \tag{3.5.1b}$$

（2）均能流与绝能流——是两个完全不同的概念。定常均能流是指整个流场滞止焓均匀分布，并且不随时间变化的流动。也就是说，流场中的每一个质点都具有相同的滞止焓值，因有$\nabla H=0$；绝能流是指沿流线流体质点所具有的总能量保持不变的流动。当然，沿不同的流线流体所具有的总能量可以是不同的，因此绝能流只存在着随体导数$\frac{DH}{Dt}=0$的关系。对于定常流动，这时迹线与流线重合，因此定常绝能流动中流体沿迹线也保持总能量不变。还应该指出，气体做绝能流动时，不论过程是否可逆，总焓和总温都保持不变。另外，绝能并不一定等熵；具有摩擦等损失的不可逆绝能流动，熵是增加的；只有可逆绝能流动才是绝能等熵流；在绝能等熵流动中，气流的所有总参数都保持不变。

3.5.1　均熵流动下的 Riemann 不变量

为了充分利用均熵的假设条件，这里想扼要推导均熵流的特征方程及 Riemann 不变量。在笛卡儿坐标系下讨论等截面、无添质流的一维非定常均熵流动，这时连续方程变为：

$$\frac{\partial \rho}{\partial t}+V\frac{\partial \rho}{\partial x}+\rho\frac{\partial V}{\partial x}=0 \tag{3.5.2a}$$

在均熵的假设下，这时只有一个独立的热力学变量，取 p 为独立变量，则 $\rho=\rho(p)$，

$$\mathrm{d}\rho=\left(\frac{\partial \rho}{\partial p}\right)_s\mathrm{d}p=\frac{1}{a^2}\mathrm{d}p$$

于是式(3.5.2a)变为：

$$\frac{1}{\rho a}\frac{\mathrm{d}p}{\mathrm{d}t}+a\frac{\partial V}{\partial x}=0 \tag{3.5.2b}$$

另外，将动量方程变为：

$$\frac{\mathrm{d}V}{\mathrm{d}t}+\frac{1}{\rho}\frac{\partial p}{\partial x}=0 \tag{3.5.3}$$

引进两个导数算子$\frac{D^+}{Dt}$与$\frac{D^-}{Dt}$，其定义为：

$$\frac{D^+}{Dt}\equiv\frac{\partial}{\partial t}+(V+a)\frac{\partial}{\partial x} \tag{3.5.4a}$$

$$\frac{D^-}{Dt}\equiv\frac{\partial}{\partial t}+(V-a)\frac{\partial}{\partial x} \tag{3.5.4b}$$

式中，$\frac{D^+}{dt}$表示相对于以速度 $V+a$（随着特征线 C^+）移动的观察者而言的时间变化率；$\frac{D^-}{Dt}$表示相对于以速度 $V-a$（随着特征线 C^-）移动的观察者而言的时间变化率。

引进一个新的热力学函数，$F=F(p,S)$，在等熵的条件下有：

$$F\equiv\int_{p_0}^{p}\frac{\mathrm{d}p}{\rho a} \tag{3.5.5a}$$

显然：

$$\begin{cases}\dfrac{\partial F}{\partial t}=\dfrac{1}{\rho a}\dfrac{\partial p}{\partial t}\\ \dfrac{\partial F}{\partial x}=\dfrac{1}{\rho a}\dfrac{\partial p}{\partial x}\end{cases} \tag{3.5.5b}$$

于是，将式(3.5.3)与式(3.5.2b)相加，得：

$$\frac{D^+}{Dt}(V+F)=0 \tag{3.5.6a}$$

将式(3.5.3)减去式(3.5.2b)得：

$$\frac{D^-}{Dt}(V-F)=0 \tag{3.5.6b}$$

由上面两式可知：$V+F$ 和 $V-F$ 沿着它们各自的特征线不变，这里将这些不变量记为 J^+ 与 J^-，即：

$$\begin{cases}J^+\equiv V+F\\ J^-\equiv V-F\end{cases} \tag{3.5.7}$$

式中，J^+ 与 J^- 为 Riemann 不变量。

将 J^+ 和 J^- 与式(3.2.9b)中的 J_i 相比，这里的 J^+ 与 J^- 仅仅是在均熵流动这个特定条件下的不变量，而 J_i 适用于一般的一维 Euler 流动。另外，将式(3.5.5a)微分，得：

$$\mathrm{d}F=\frac{\mathrm{d}p}{\rho a} \tag{3.5.8}$$

在熵不变的情况下，有 $\mathrm{d}p=a^2\mathrm{d}\rho$ 这一关系式，并且 $\mathrm{d}p$ 又可表示为：

$$\mathrm{d}p=\frac{\rho a}{\Gamma-1}\mathrm{d}a \tag{3.5.9}$$

式中，Γ 为基本气动导数，于是 $\mathrm{d}F$ 可以表示为：

$$\mathrm{d}F=\frac{\mathrm{d}p}{\rho a}=a\frac{\mathrm{d}\rho}{\rho}=\frac{\mathrm{d}a}{\Gamma-1} \tag{3.5.10a}$$

因此与之对应的积分形式为：

$$F=\int_{p_0}^{p}\frac{\mathrm{d}p}{\rho a}=\int_{\rho_0}^{\rho}a\frac{\mathrm{d}\rho}{\rho}=\int_{a_0}^{a}\frac{\mathrm{d}a}{\Gamma-1} \tag{3.5.10b}$$

式中，p_0，ρ_0，a_0 指的是同一个参考状态下的参数。

对于完全气体，则 $\Gamma=(\gamma+1)/2$，由式(3.5.10b)可得：

$$F=\frac{2}{\gamma-1}(a-a_0)$$

为方便起见，许多书中将参考状态的 a_0 取为零，于是这时的 F 可写为：

$$F=\frac{2a}{\gamma-1} \tag{3.5.11a}$$

因此对于完全气体，Riemann 不变量为：

$$\begin{cases} J^{+}=V+\dfrac{2}{\gamma-1}a \\ J^{-}=V-\dfrac{2}{\gamma-1}a \end{cases} \tag{3.5.11b}$$

在 $x-t$ 物理平面上，我们定义：J^{+} 所对应的特征线为第Ⅰ族特征线，记为 C^{+}；J^{-} 所对应的为第Ⅱ族特征线，记为 C^{-}；于是：

沿第Ⅰ族 C^{+}：

$$\frac{\mathrm{d}t}{\mathrm{d}x}=\frac{1}{V+a} \tag{3.5.12a}$$

$$V+\frac{2}{\gamma-1}a=C_1=J^{+} \tag{3.5.12b}$$

沿第Ⅱ族 C^{-}：

$$\frac{\mathrm{d}t}{\mathrm{d}x}=\frac{1}{V-a} \tag{3.5.12c}$$

$$V-\frac{2}{\gamma-1}a=C_2=J^{-} \tag{3.5.12d}$$

式中，常数 C_1 和 C_2 就是对应的 Riemann 不变量 J^{+} 与 J^{-} 的取值。

显然，它们沿着一条特征线是常数，而沿不同的特征线其常数值一般是不同的。另外，式(3.5.12b) 与式(3.5.12d)为沿着 C^{+} 与 C^{-} 特征线的相容性关系。本节内容之所以如此处理，其目的在于将新的热力学函数 F 以及两个导数算子$\frac{\mathrm{D}^{+}}{\mathrm{D}t}$与$\frac{\mathrm{D}^{-}}{\mathrm{D}t}$介绍给读者。在均熵流动下，式(3.5.7)定义的 J^{+} 与 J^{-} 较式(3.5.11b)相比有更大的通用性。显然，在 $V-a$ 状态平面上，特征线是直线。

3.5.2　初值问题的依赖域与影响区

首先考虑式(3.5.6a)与式(3.5.6b)所表示的平面波。对于均熵流动，假设在 $t=0$ 时 ab 线上速度 $V(x)$与压强 $p(x)$的分布已给出，如图 3.5(a)所示。于是，点 d 上的 V 与 p 值便可完全决定了。从式(3.5.6a)与式(3.5.6b)可知，$J_d^{+}=J_a^{+}$，$J_d^{-}=J_b^{-}$，即：

$$V_d+F_d=J_a^{+},\ V_d-F_d=J_b^{-}$$

式中，J_a^{+} 与 J_b^{-} 为已知的初值；V_d 与 F_d 可由下式得到：

$$V_d=\frac{1}{2}(J_a^{+}+J_b^{-}),\ F_d=\frac{1}{2}(J_a^{+}-J_b^{-}) \tag{3.5.13}$$

因为，图 3.5(a)所示的$\triangle abd$ 内任意一点的状态都可以由 ab 线上的原始状态来决定，因此 ab 线段称为 d 点的依赖域。如图 3.5(b)所示，自 Q 点沿气流方向引出两条 Mach 线表示了该点的微弱扰动传播区域的边界，也就是说该点的信息只能影响如图 3.5(b)所示的下游阴影区域，因此该区域称为点 Q 的影响区。

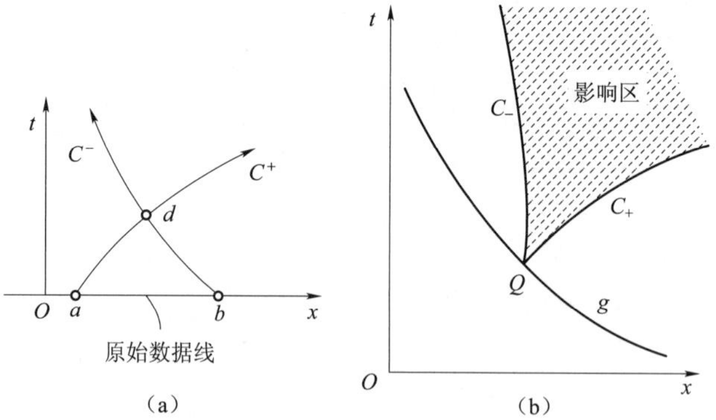

图 3.5 初值问题的依赖域与影响区

(a) 依赖域;(b) 影响区

3.5.3 简单波区的性质及流动参数计算

1. 简单波的性质

从物理上讲,当扰动仅从一个方向向着均匀流动区域传播时,就产生了简单波。例如,假设管道中有不变的定常流动,在某一瞬时在某一点 A 上,例如,采用关闭一个阀门的办法引进一个扰动(不一定是小扰动)如图 3.6 所示。简单波区的特征线具有一些特殊的性质:

(1) 考察 C^- 特征线,它们全部穿过均匀区,(如图 3.7 所示)。沿着这些特征线的每一条,它的 Riemann 量 J^- 应等于 $V_0-F_0=\text{const}$(这里 V_0,F_0 属于均匀区的值,是已知量)。于是这些特征线 C^- 上的 Riemann 量处处相等,即:

$$V-F=J_0^-=\text{const} \tag{3.5.14}$$

(2) 考察简单区的一条典型的特征线 C_k^+(图 3.7),沿着这条特征线有:

$$V+F=J_k^+$$

显然,C_k^+ 线上每点 V 与 F 的值可借助于式(3.5.13)决定(这相当于图 3.5(a)中的 ad 线为 C_k^+,db 线为 C^- 特征线,点 d 为 C_k^+ 上所考察的任一点),可写为:

$$\begin{cases} V_k=\dfrac{1}{2}(J_k^++J_0^-) \\ F_k=\dfrac{1}{2}(J_k^+-J_0^-) \end{cases} \tag{3.5.15}$$

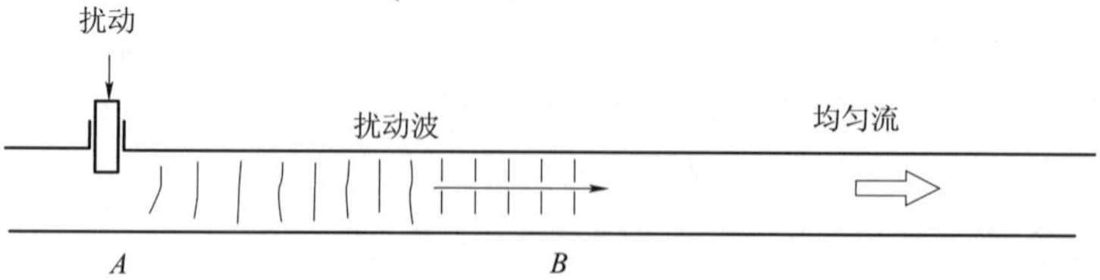

图 3.6 简单波的物理说明

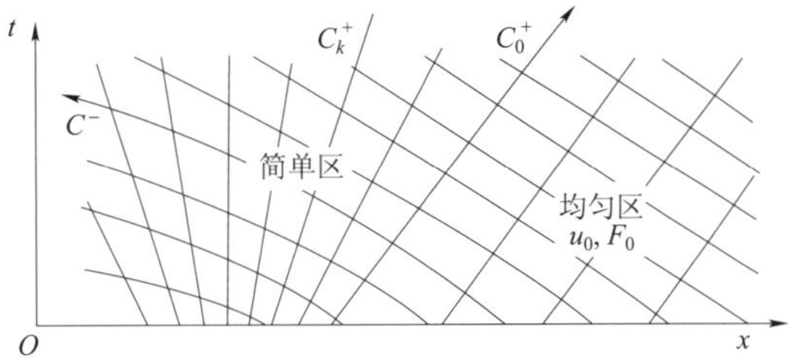

图 3.7　$x-t$ 平面上的简单波区

由式(3.5.15)可知，在同一条 C_k^+ 线上的各个点有相同的 V_k 与相同的 F_k 值。由于同一条线上各点的 F 值相同，所以各点的全部热力学参数（p，ρ，T 等）也分别相同，特别是同一条线上各点处声速 a 值都相同。因此，沿着每一条 C_k^+ 特征线，$V+a$ 的值在各点（指这条 C^+ 线上的点）都相同，故 C^+ 特征线都是直线。

(3) 在简单波区域内，V 与 a 互为单值函数。

2. 简单波的类型与流动参数计算

简单波大体上可分为四类，即右行膨胀波、右行压缩波、左行膨胀波和左行压缩波，如图 3.8 所示。左行波（左行膨胀波与左行压缩波的统称）与右行波（右行膨胀波与右行压缩波的统称）在原理上是一样的，只不过扰动传播的方向相反。显然，图 3.6 给出的是右行波的示意图，在右行简单波区中有一族形状为直线的特征线 C^+，其特征线方程为：

$$\frac{\mathrm{d}x}{\mathrm{d}t}=V+a \tag{3.5.16a}$$

考虑到简单波的性质，于是积分后得到：

$$x=(V+a)t+f_1(V) \tag{3.5.16b}$$

式中，$f_1(V)$是关于 V 的积分常数。

在这个简单波区内，有一个 Riemann 不变量（这里为 J_0^-）为普适常数。对于完全气体有：

$$V-\frac{2}{\gamma-1}a=C_0 \tag{3.5.17a}$$

或者：

$$V_1-\frac{2}{\gamma-1}a_1=V_2-\frac{2}{\gamma-1}a_2=C_0 \tag{3.5.17b}$$

式中，C_0 为常数；下脚标 1 和 2 分别为波前和波后的参数。

同样地，对于左行波，在左行简单波区域中，它有一族特征线 C^- 为直线，其特征线方程为：

$$\frac{\mathrm{d}x}{\mathrm{d}t}=V-a \tag{3.5.17c}$$

于是积分式(3.5.17c)可得：

$$x=(V-a)t+f_2(V) \tag{3.5.17d}$$

式中，$f_2(V)$是关于 V 的积分常数。

在这个简单波区内，也有一个 Riemann 不变量（这里为 J_0^+）为普适常数。对于完全气体有：

$$V+\frac{2}{\gamma-1}a=C_0 \tag{3.5.17e}$$

或者：

$$V_1+\frac{2}{\gamma-1}a_1=V_2+\frac{2}{\gamma-1}a_2=C_0 \tag{3.5.17f}$$

式中，C_0 为常数；下脚标 1 和 2 分别为波前和波后的参数。

如果简单波是由 $x-t$ 平面上一点发出的，则称为中心简单波。在这种情况下式(3.5.16b) 与式(3.5.17d)中的 f_1 与 f_2 都等于零。显然，对于中心简单波来讲，中心点为奇点，该点的流动参数具有多值性。

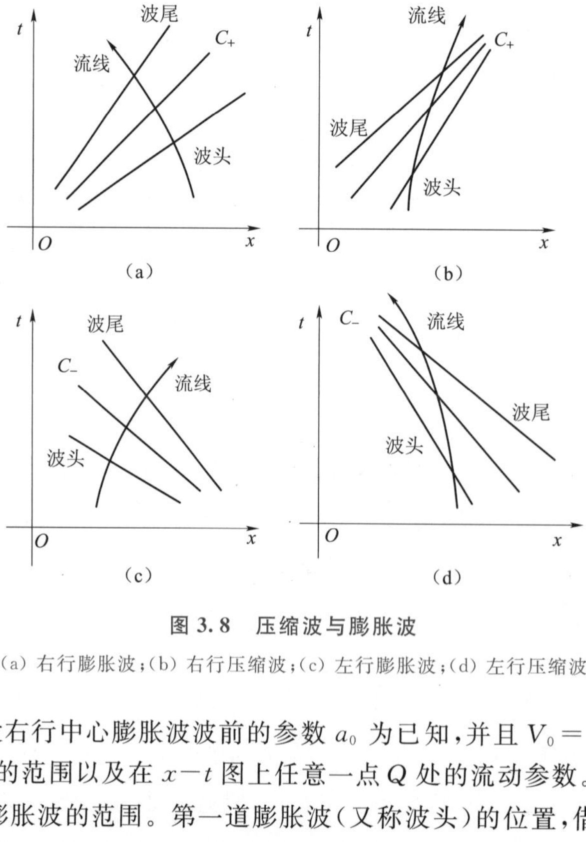

图 3.8　压缩波与膨胀波

(a) 右行膨胀波；(b) 右行压缩波；(c) 左行膨胀波；(d) 左行压缩波

例 3.13　假设右行中心膨胀波波前的参数 a_0 为已知，并且 $V_0=0$，又知道波后温度为 T_2，试求膨胀波的范围以及在 $x-t$ 图上任意一点 Q 处的流动参数。

解：首先确定膨胀波的范围。第一道膨胀波（又称波头）的位置，借助于式(3.5.16b)为$(x/t)_1=a_0$；最后一道膨胀波（又称波尾）的位置$(x/t)_2$，应该由 T_2 决定。因 $a_2=\sqrt{\gamma RT_2}$，于是由式(3.5.17a)并注意此时 $V_0=0$，得到：

$$V_2=\frac{2}{\gamma-1}(\sqrt{\gamma RT_2}-a_0)$$

将上式代入式(3.5.16b)并注意到 $f_1(V)=0$，得到：

$$\left(\frac{x}{t}\right)_2=\frac{\gamma+1}{\gamma-1}\sqrt{\gamma RT_2}-\frac{2}{\gamma-1}a_0$$

于是，任意一点 $Q(x^*,t^*)$ 处的参数可由式(3.5.16b)与式(3.5.17a)，得到：

$$\begin{cases}V=\dfrac{2}{\gamma+1}\left(\dfrac{x^*}{t^*}-a_0\right)\\ a=\dfrac{2}{\gamma+1}a_0+\dfrac{\gamma-1}{\gamma+1}\dfrac{x^*}{t^*}\end{cases}\tag{3.5.18}$$

例 3.14　考察一个半无限长的圆管，其左端有一个可移动的活塞，右端伸至无穷远，管内充满着静止的气体。若活塞由静止开始以速度 $V_p=-bt$ 作等加速运动，如图 3.9 所示。试求管内任意时刻的速度分布。

解：因活塞往左移动，这时扰动产生一个右行膨胀波。设 $t=0$ 时，活塞位于 $x=0$ 处；于是在 t 时刻，活塞移动到

$$x=\int_0^t V_p\mathrm{d}t=-\frac{b}{2}t^2\tag{3.5.19a}$$

显然，它就是 t 时刻最后一道膨胀波的位置。当然，紧靠活塞的气体速度（波后速度）应等于活塞的速度，即：

$$V=V_p=-bt\tag{3.5.19b}$$

式(3.5.19b)表示 t 时刻最后一道膨胀波波后气体的速度。假设管内未受扰动区域的声速为 a_0，由式(2.8.2c)可求出时刻 t 最后一道膨胀波波后的声速为：

$$a=a_0-\frac{\gamma-1}{2}bt\tag{3.5.19c}$$

将式(3.5.19a)、式(3.5.19b)、式(3.5.19c)代入式(3.5.16b)中，便能够确定出积分常数 $f_1(V)$ 为：

$$f_1(V)=\frac{a_0}{b}V+\frac{\gamma}{2b}V^2\tag{3.5.19d}$$

于是，将式(3.5.19c)与式(3.5.19d)代入式(3.5.16b)中，便可以得到关于 V 的方程，即：

$$\frac{\gamma}{2b}V^2+\left(\frac{\gamma+1}{2}t+\frac{a_0}{b}\right)V+(a_0t-x)=0$$

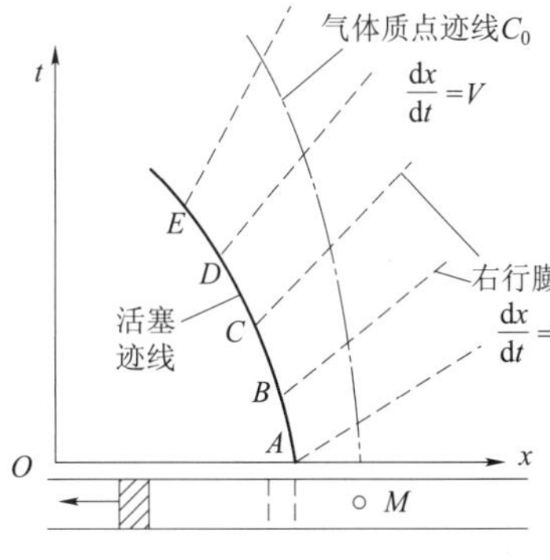

图 3.9　活塞加速往左运动而产生的右行膨胀波

由此解出 V 便得到了管内任意时刻 t 的速度分布为：

$$V=-\frac{1}{\gamma}\left(a_0+\frac{\gamma+1}{2}bt\right)+\frac{1}{\gamma}\sqrt{\left(a_0+\frac{\gamma+1}{2}bt\right)^2-2\gamma b(a_0t-x)}\tag{3.5.19e}$$

式中，根号前只能取正号。

可以验证：取负号时，不满足 $x=0,t=0$ 时 $v=0$ 的初始条件。

3.6 非定常非均熵一维流动及分析

在变强度的运动激波后，经常是非定常、非均熵的流场。由完全气体的热力学第一定律，有：

$$T\mathrm{d}S = C_V \mathrm{d}T + p\mathrm{d}\left(\frac{1}{\rho}\right) \tag{3.6.1a}$$

或者：

$$\mathrm{d}\left(\frac{S}{R}\right) = \frac{\gamma}{\gamma-1}\frac{\mathrm{d}T}{T} - \frac{\mathrm{d}p}{\rho} = \frac{2\gamma}{\gamma-1}\frac{\mathrm{d}a}{a} - \frac{\mathrm{d}p}{p} = \frac{2}{\gamma-1}\frac{\mathrm{d}a}{a} - \frac{\mathrm{d}\rho}{\rho} \tag{3.6.1b}$$

另外，由一维非定常流动的连续方程：

$$\frac{\partial\rho}{\partial t} + u\frac{\partial\rho}{\partial x} + \rho\frac{\partial u}{\partial x} + \sigma\frac{\rho u}{x} = 0 \tag{3.6.2a}$$

式中，σ 针对不同情况，可以选取不同值：

$$\begin{cases} \text{柱对称流动}: \sigma = 1 \\ \text{球对称流动}: \sigma = 2 \\ \text{等截面管流}: \sigma = 0 \end{cases} \tag{3.6.2b}$$

在绝热、无黏条件下，微团在运动过程中保持熵值 S 不变，即：

$$\frac{\mathrm{d}S}{\mathrm{d}t} = \frac{\partial S}{\partial t} + u\frac{\partial S}{\partial x} = 0 \tag{3.6.3}$$

借助于式(3.6.1b)，有：

$$\frac{\mathrm{d}}{\mathrm{d}t}\left(\frac{S}{R}\right) = \frac{2}{(\gamma-1)a}\left(\frac{\partial a}{\partial t} + u\frac{\partial a}{\partial x}\right) - \frac{1}{\rho}\left(\frac{\partial\rho}{\partial t} + u\frac{\partial\rho}{\partial x}\right) \tag{3.6.4}$$

由式(3.6.2a)与式(3.6.4)消去含 ρ 项后，得：

$$a\frac{\partial u}{\partial x} + \frac{2}{(\gamma-1)}\frac{\partial a}{\partial t} + \frac{2}{(\gamma-1)}u\frac{\partial a}{\partial x} - a\frac{\partial}{\partial t}\left(\frac{S}{R}\right) - au\frac{\partial}{\partial x}\left(\frac{S}{R}\right) = -\sigma\frac{ua}{x} \tag{3.6.5}$$

由式(3.6.1b)与一维动量方程：

$$\rho\frac{\partial u}{\partial t} + \rho u\frac{\partial u}{\partial x} = -\frac{\partial p}{\partial x} \tag{3.6.6}$$

消去含 p 项后，得：

$$\frac{\partial u}{\partial t} + u\frac{\partial u}{\partial x} + \frac{2a}{(\gamma-1)}\frac{\partial a}{\partial x} - \frac{a^2}{\gamma}\frac{\partial}{\partial x}\left(\frac{S}{R}\right) = 0 \tag{3.6.7}$$

于是，式(3.6.5)、式(3.6.7)和式(3.6.3)便构成了关于 u，a 和 S 为因变量的控制方程组。这个方程组有三条特征线，即：

$$\frac{\mathrm{d}x}{\mathrm{d}t} = u \pm a \tag{3.6.8a}$$

$$\frac{\mathrm{d}x}{\mathrm{d}t} = u \tag{3.6.8b}$$

沿式(3.6.8a)所对应特征线的相容性方程为：

$$\mathrm{d}u \pm \frac{2}{\gamma-1}\mathrm{d}a = \pm \frac{a}{\gamma}\mathrm{d}\left(\frac{S}{R}\right) \mp \frac{ua}{u \pm a}\sigma \frac{\mathrm{d}x}{x} \tag{3.6.9a}$$

沿(3.6.8b)所对应特征线的相容性方程为：

$$\mathrm{d}\left(\frac{S}{R}\right)=0 \tag{3.6.9b}$$

3.7　一维磁流体力学方程组及其特征值

在宇航工程中，磁流体力学发电，再入飞行器的磁流体力学边界层控制，电离气体中电波的传播以及原子能发电中磁流体力学箍束等方面都体现了磁流体力学的重要应用。一般情况下，磁流体力学方程组可写为：

$$\frac{\partial \boldsymbol{H}}{\partial t} - \nabla \times (\boldsymbol{V} \times \boldsymbol{H}) = \frac{1}{\sigma_e \mu_0} \nabla \cdot \nabla \boldsymbol{H} \tag{3.7.1a}$$

$$\nabla \cdot \boldsymbol{H} = 0 \tag{3.7.1b}$$

$$\frac{\partial \rho}{\partial t} + \nabla \cdot (\rho \boldsymbol{V}) = 0 \tag{3.7.1c}$$

$$\frac{\partial}{\partial t}(\rho \boldsymbol{V}) + \nabla \cdot (\rho \boldsymbol{V}\boldsymbol{V} - \boldsymbol{\pi}) = \rho \boldsymbol{F} + \mu_0 (\nabla \times \boldsymbol{H}) \times \boldsymbol{H} \tag{3.7.1d}$$

$$\rho T \frac{\mathrm{d}S}{\mathrm{d}t} - 2\mu \boldsymbol{\varepsilon} : \nabla \boldsymbol{V} - \left(\mu_b - \frac{2}{3}\mu\right)(\nabla \cdot \boldsymbol{V})^2 - \frac{1}{\sigma_e}|\nabla \times \boldsymbol{H}|^2 = \nabla \cdot (\lambda_k \nabla T) \tag{3.7.1e}$$

式中，$\boldsymbol{H}$ 为磁场强度；$\boldsymbol{\varepsilon}$ 为应变率张量；μ_0 为真空中的磁导率；$\boldsymbol{\pi}$ 为应力张量，其表达式为：

$$\boldsymbol{\pi} = -p\boldsymbol{I} + \mu[\nabla \boldsymbol{V} + (\nabla \boldsymbol{V})_c] + \left[\left(\mu_b - \frac{2}{3}\mu\right)\nabla \cdot \boldsymbol{V}\right]\boldsymbol{I} \tag{3.7.1f}$$

当磁流体力学方程组中出现的量(如 $\boldsymbol{H}$,$\boldsymbol{V}$,ρ 和 S)只依赖于时间与空间变量 x 时，称该方程组为一维的。此时式(3.7.1a)中的第一个方程与式(3.7.1b)分别变为：

$$\frac{\partial H_1}{\partial t} = 0 \tag{3.7.2a}$$

$$\frac{\partial H_1}{\partial x} = 0 \tag{3.7.2b}$$

因此 H_1 恒为常数。

另外，式(3.7.1a)中其余两个方程变为：

$$\frac{\partial H_2}{\partial t} + u_1 \frac{\partial H_2}{\partial x} + H_2 \frac{\partial u_1}{\partial x} - H_1 \frac{\partial u_2}{\partial x} = \frac{1}{\sigma_e \mu_0} \frac{\partial^2 H_2}{\partial x^2} \tag{3.7.2c}$$

$$\frac{\partial H_3}{\partial t} + u_1 \frac{\partial H_3}{\partial x} + H_3 \frac{\partial u_1}{\partial x} - H_1 \frac{\partial u_3}{\partial x} = \frac{1}{\sigma_e \mu_0} \frac{\partial^2 H_3}{\partial x^2} \tag{3.7.2d}$$

在一维情况下描述流体运动的方程组如下：

$$\frac{\partial \rho}{\partial t} + \frac{\partial (\rho u_1)}{\partial x} = 0 \tag{3.7.2e}$$

$$\frac{\partial u_1}{\partial t}+u_1\frac{\partial u_1}{\partial x}+\frac{1}{\rho}\frac{\partial p}{\partial x}-\frac{1}{\rho}\frac{\partial}{\partial x}\left[\left(\frac{4}{3}\mu+\mu_b\right)\frac{\partial u_1}{\partial x}\right]+\frac{\mu_0}{\rho}\left(H_2\frac{\partial H_2}{\partial x}+H_3\frac{\partial H_3}{\partial x}\right)=F_1 \tag{3.7.2f}$$

$$\frac{\partial u_2}{\partial t}+u_1\frac{\partial u_2}{\partial x}-\frac{1}{\rho}\frac{\partial}{\partial x}\left(\mu\frac{\partial u_2}{\partial x}\right)-\frac{\mu_0}{\rho}H_1\frac{\partial H_2}{\partial x}=F_2 \tag{3.7.2g}$$

$$\frac{\partial u_3}{\partial t}+u_1\frac{\partial u_3}{\partial x}-\frac{1}{\rho}\frac{\partial}{\partial x}\left(\mu\frac{\partial u_3}{\partial x}\right)-\frac{\mu_0}{\rho}H_1\frac{\partial H_3}{\partial x}=F_3 \tag{3.7.2h}$$

$$\rho T\frac{\partial S}{\partial t}+\rho Tu_1\frac{\partial S}{\partial x}-\left(\frac{4}{3}\mu+\mu_b\right)\left(\frac{\partial u_1}{\partial x}\right)^2-\mu\left(\frac{\partial u_2}{\partial x}\right)^2-\mu\left(\frac{\partial u_3}{\partial x}\right)^2=\frac{\partial}{\partial x}\left(\lambda_k\frac{\partial T}{\partial x}\right) \tag{3.7.2i}$$

对于理想磁流体来说，有 $\mu=0$，$\mu_b=0$，$\lambda_k=0$，而且假设 $\sigma_e=+\infty$ 的情况时，式(3.7.2a)～式(3.7.2i)变为：

$$\frac{\partial H_2}{\partial t}+u_1\frac{\partial H_2}{\partial x}+H_2\frac{\partial u_1}{\partial x}-H_1\frac{\partial u_2}{\partial x}=0 \tag{3.7.3a}$$

$$\frac{\partial H_3}{\partial t}+u_1\frac{\partial H_3}{\partial x}+H_3\frac{\partial u_1}{\partial x}-H_1\frac{\partial u_3}{\partial x}=0 \tag{3.7.3b}$$

$$\frac{\partial \rho}{\partial t}+u_1\frac{\partial \rho}{\partial x}+\rho\frac{\partial u_1}{\partial x}=0 \tag{3.7.3c}$$

$$\frac{\partial u_1}{\partial t}+u_1\frac{\partial u_1}{\partial x}+b_1\frac{\partial \rho}{\partial x}+\frac{1}{\rho}\frac{\partial p}{\partial S}\frac{\partial S}{\partial x}+\frac{\mu_0}{\rho}\left(H_2\frac{\partial H_2}{\partial x}+H_3\frac{\partial H_3}{\partial x}\right)=F_1 \tag{3.7.3d}$$

$$\frac{\partial u_2}{\partial t}+u_1\frac{\partial u_2}{\partial x}-\frac{\mu_0}{\rho}H_1\frac{\partial H_2}{\partial x}=F_2 \tag{3.7.3e}$$

$$\frac{\partial u_3}{\partial t}+u_1\frac{\partial u_3}{\partial x}-\frac{\mu_0}{\rho}H_1\frac{\partial H_3}{\partial x}=F_3 \tag{3.7.3f}$$

$$\frac{\partial S}{\partial t}+u_1\frac{\partial S}{\partial x}=0 \tag{3.7.3g}$$

式中，符号 b_1 定义为：

$$b_1=\frac{1}{\rho}\frac{\partial p}{\partial \rho} \tag{3.7.4}$$

将式(3.7.3a)～式(3.7.3g)改写为：

$$\frac{\partial \boldsymbol{U}}{\partial t}+\boldsymbol{A}(\boldsymbol{U})\cdot\frac{\partial \boldsymbol{U}}{\partial x}=\boldsymbol{C} \tag{3.7.5a}$$

式中，$\boldsymbol{U}$ 与 $\boldsymbol{C}$ 均为列矢量，其表达式分别为：

$$\boldsymbol{U}=[H_2\ H_3\ \rho\ u_1\ u_2\ u_3\ S]^{\mathrm{T}} \tag{3.7.5b}$$

$$\boldsymbol{C}=[0\ 0\ 0\ F_1\ F_2\ F_3\ 0]^{\mathrm{T}} \tag{3.7.5c}$$

在式(3.7.5a)中 $\boldsymbol{A}(\boldsymbol{U})$ 为 7×7 的矩阵，这里因篇幅所限具体表达式不再给出。

令：

$$\det[\boldsymbol{A}(\boldsymbol{U})-\lambda\boldsymbol{I}]=0 \tag{3.7.6a}$$

经计算可得到：

$$(u_1-\lambda)\left[(u_1-\lambda)^2-\frac{\mu_0}{\rho}H_1^2\right]\cdot$$

$$\left\{[(u_1-\lambda)^2-(\tilde{a})^2]\left[(u_1-\lambda)^2-\frac{\mu_0}{\rho}H_1^2\right]-\frac{\mu_0}{\rho}(u_1-\lambda)^2(H_2^2+H_3^2)\right\}=0 \quad (3.7.6\text{b})$$

故有如下关系：

$$u_1-\lambda=0 \quad (3.7.7\text{a})$$

或者：

$$(u_1-\lambda)^2-\frac{\mu_0}{\rho}H_1^2=0 \quad (3.7.7\text{b})$$

或者：

$$[(u_1-\lambda)^2-(\tilde{a})^2]\left[(u_1-\lambda)^2-\frac{\mu_0}{\rho}H_1^2\right]-\frac{\mu_0}{\rho}(u_1-\lambda)^2(H_2^2+H_3^2)=0 \quad (3.7.7\text{c})$$

由式(3.7.7a)～式(3.7.7c)便可求得矩阵 $\boldsymbol{A}(\boldsymbol{U})$ 的 7 个特征值：

$$\lambda_1=u_1-C_\mathrm{f},\lambda_2=u_1-C_\mathrm{a},\lambda_3=u_1-C_\mathrm{s} \quad (3.7.7\text{d})$$

$$\lambda_4=u_1,\lambda_5=u_1+C_\mathrm{s},\lambda_6=u_1+C_\mathrm{a} \quad (3.7.7\text{e})$$

$$\lambda_7=u_1+C_\mathrm{f} \quad (3.7.7\text{f})$$

式中，常数 C_a^2、C_f^2 和 C_s^2 分别为：

$$C_\mathrm{a}^2=\frac{\mu_0}{\rho}H_1^2 \quad (3.7.7\text{g})$$

$$C_\mathrm{f}^2=\frac{1}{2}\left\{(\tilde{a})^2+\frac{\mu_0}{\rho}H^2+\sqrt{\left[(\tilde{a})^2+\frac{\mu_0}{\rho}H^2\right]^2-\frac{4\mu_0(\tilde{a})^2}{\rho}H_1^2}\right\} \quad (3.7.7\text{h})$$

$$C_\mathrm{s}^2=\frac{1}{2}\left\{(\tilde{a})^2+\frac{\mu_0}{\rho}H^2-\sqrt{\left[(\tilde{a})^2+\frac{\mu_0}{\rho}H^2\right]^2-\frac{4\mu_0(\tilde{a})^2}{\rho}H_1^2}\right\} \quad (3.7.7\text{i})$$

上述式中 H^2 为：

$$H^2=H_1^2+H_2^2+H_3^2 \quad (3.7.7\text{j})$$

并且不难验证有：

$$C_\mathrm{s}^2\leqslant C_\mathrm{a}^2\leqslant C_\mathrm{f}^2 \quad (3.7.7\text{k})$$

式中，C_f、C_s 和 C_a 分别为快磁声波、慢磁声波和 Alfven(阿尔劳)波。

若 $H_1\neq 0$ 且 $H_2^2+H_3^2\neq 0$，可以验证在式(3.7.7k)中成立着严格的不等号，即有：

$$0<C_\mathrm{s}^2<C_\mathrm{a}^2<C_\mathrm{f}^2 \quad (3.7.8)$$

因此，上面给出的 7 个特征值互不相等，于是一阶拟线性方程组(3.7.5a)为严格双曲的。

若 $H_1=0$ 或者 $H_2^2=H_3^2=0$，因此矩阵 $\boldsymbol{A}(\boldsymbol{U})$ 有重特征值，但这时的方程组(3.7.5a)也是双曲的。

3.8　一维球面爆轰波问题的自模拟解

对于强度很大的球面激波或者柱面激波，在某些条件下可以将其流动问题由两个自

变数 r 和 t 化成一个自变数，也就是说，使流动问题由偏微分方程组化成非线性的常微分方程组。点爆炸问题就是一个典型的例子[117]，G. I. Taylor（泰勒）和 L. I. Sedov（谢道夫）等人都详细地研究过这个问题，其中 Sedov 还巧妙地利用能量积分得到了这个问题的解析解。

在 $r=0$ 的空间处，$t=0$ 时刻，装药半径为 r_0 的炸药在空气中爆炸，释放出能量 E_0；爆炸在周围气体中产生一个球面激波，该激波迅速向外传播。设波前气体的初始状态为 ρ_0、p_0 和 u_0，波后气体的运动可以认为是绝热的。对于理想气体的一维非定常绝热流，其基本方程组，在球坐标系中为：

$$\begin{cases}\dfrac{\partial\rho}{\partial t}+\dfrac{\partial}{\partial r}(\rho u)+\dfrac{\sigma\rho u}{r}=0\\[2mm]\dfrac{\partial u}{\partial t}+u\dfrac{\partial u}{\partial r}+\dfrac{1}{\rho}\dfrac{\partial p}{\partial r}=0\\[2mm]\dfrac{\partial}{\partial t}\left(\dfrac{p}{\rho^\gamma}\right)+u\dfrac{\partial}{\partial r}\left(\dfrac{p}{\rho^\gamma}\right)=0\end{cases}\tag{3.8.1}$$

引入长度的尺度 $R(t)$ 与密度的尺度 $\tilde{\rho}(t)$，并且令波后流场内的参数 u、ρ 和 p 可以表示为：

$$\begin{cases}u=\dot{R}(t)f(\xi)\\\rho=\tilde{\rho}(t)g(\xi)\\p=\tilde{\rho}(t)[\dot{R}(t)]^2h(\xi)\end{cases}\tag{3.8.2a}$$

式中 ξ 定义为：

$$\xi=\frac{r}{R(t)},\quad R(t)=\left(\frac{t^2E_0}{\rho_0}\right)^{1/5}\tag{3.8.2b}$$

将激波波面的半径记为 $r_1(t)$，它对应的 ξ 为 ξ_1，于是：

$$\frac{r_1(t)}{R(t)}=\xi_1\tag{3.8.3}$$

另外，在波阵面上各量满足强激波关系式：

$$\begin{cases}p_1=\dfrac{2}{\gamma+1}\rho_0U_{\mathrm{w}}^2\\[2mm]u_1=\dfrac{2}{\gamma+1}U_{\mathrm{w}}\\[2mm]\rho_1=\rho_0\dfrac{\gamma+1}{\gamma-1}\end{cases}\tag{3.8.4}$$

为了使量纲为 1 的函数在激波波面上满足的条件表现得尽可能简单，因此取 $\dot{R}(t)$ 正比于 $\dfrac{2r}{5t}$，取 $\tilde{\rho}(t)$ 正比于 ρ_0，因此将式(3.8.2a)取为：

$$\begin{cases} u=\dfrac{4}{5(\gamma+1)}\dfrac{r}{t}f(\xi) \\ \rho=\dfrac{\gamma+1}{\gamma-1}\rho_0 g(\xi) \\ p=\dfrac{2}{\gamma+1}\rho_0\left(\dfrac{2r}{5t}\right)^2 h(\xi) \end{cases} \tag{3.8.5}$$

注意:激波速度 U_w 为:

$$U_w=\frac{\mathrm{d}r_1}{\mathrm{d}t}=\frac{2r_1}{5t} \tag{3.8.6}$$

于是,由式(3.8.6)、式(3.8.4)及式(3.8.5),便可得:

$$\begin{cases} f(\xi_1)=1 \\ g(\xi_1)=1 \\ h(\xi_1)=1 \end{cases} \tag{3.8.7}$$

此外,球对称流动时,式(3.8.1)中 $\sigma=2$,并有:

$$\begin{cases} \dfrac{\partial}{\partial t}=\dfrac{\partial\xi}{\partial t}\dfrac{\mathrm{d}}{\mathrm{d}\xi} \\ \dfrac{\partial}{\partial r}=\dfrac{\partial\xi}{\partial r}\dfrac{\mathrm{d}}{\mathrm{d}\xi} \end{cases} \tag{3.8.8}$$

于是式(3.8.1)变为:

$$\left(f-\frac{\gamma+1}{2}\right)\frac{\mathrm{d}f}{\mathrm{d}y}+\frac{\gamma-1}{2g}\frac{\mathrm{d}h}{\mathrm{d}y}=f\,\frac{5(\gamma+1)-4f}{4}-(\gamma-1)\frac{h}{g} \tag{3.8.9a}$$

$$\left(f-\frac{\gamma+1}{2}\right)\frac{\mathrm{d}g}{\mathrm{d}y}+\frac{\mathrm{d}f}{\mathrm{d}y}=-3f \tag{3.8.9b}$$

$$\frac{\mathrm{d}}{\mathrm{d}y}\left[\ln\left(\frac{h}{g^{\gamma}}\right)\right]=\frac{5(\gamma+1)-4f}{2f-(\gamma+1)} \tag{3.8.9c}$$

在式(3.8.9a)～式(3.8.9c)中,y 定义为:

$$y\equiv\ln\xi \tag{3.8.10}$$

显然,式(3.8.9a)～式(3.8.9c)是关于 f,g,h 的非线性常微分方程组,L. I. Sedov 得到了式(3.8.9a)～式(3.8.9c)的一个积分,即:

$$\frac{h}{g}=\frac{(\gamma+1-2f)f^2}{2\gamma f-(\gamma+1)} \tag{3.8.11}$$

于是,这个方程组的另外两个解析关系式也就很容易得到了,这里因篇幅所限不再给出它们的表达式。

第4章　非定常黏性流的数学结构以及一维广义 Navier-Stokes 方程组

4.1　Navier-Stokes 方程组的几种通用形式

本节讨论目前气体动力学数值计算中最常用的基本方程组微分与积分型的通用形式，其中包括笛卡儿坐标系与贴体曲线坐标系下微分形式守恒型基本方程组，以及有限体积法中常采用的积分形式。另外，还特别给出了守恒型方程组坐标变换的一些重要特点以及有限体积法中黏性项计算的技巧。

4.1.1　笛卡儿坐标系下守恒型基本方程组的微分形式

守恒型气体动力学基本方程组的微分形式已由连续方程、动量方程和能量方程给出，这个方程组为：

$$\frac{\partial \rho}{\partial t}+\nabla\cdot(\rho V)=0 \tag{4.1.1a}$$

$$\frac{\partial(\rho \boldsymbol{V})}{\partial t}+\nabla\cdot(\rho \boldsymbol{V}\boldsymbol{V}+\boldsymbol{I}p-\boldsymbol{\Pi})=\rho \boldsymbol{f} \tag{4.1.1b}$$

$$\frac{\partial \varepsilon}{\partial t}+\nabla\cdot[(\varepsilon+p)\boldsymbol{V}-\boldsymbol{\Pi}\cdot\boldsymbol{V}-(k\,\nabla T)]=\rho \boldsymbol{f}\cdot\boldsymbol{V} \tag{4.1.1c}$$

式中，ε 为单位体积气体的广义内能（又称总能）；$\boldsymbol{I}$ 为单位张量；$\boldsymbol{\Pi}$ 为黏性应力张量；ρ，$\boldsymbol{V}$，p 与 T 分别代表密度，速度，压强与温度；k 为传热系数。

另外，与熵 S 相关的方程为

$$T\frac{\mathrm{d}S}{\mathrm{d}t}=\frac{\Phi}{\rho}-\frac{\nabla\cdot\boldsymbol{q}}{\rho} \tag{4.1.1d}$$

式中，Φ 与 $\boldsymbol{q}$ 分别为耗散函数与热流密度矢量，其表达式为：

$$\Phi=\boldsymbol{\Pi}:\nabla\boldsymbol{V} \tag{4.1.1e}$$

$$\boldsymbol{q}=-k\,\nabla T \tag{4.1.1f}$$

令 $\boldsymbol{V}=u\boldsymbol{i}+v\boldsymbol{j}+w\boldsymbol{k}$，这里 $\boldsymbol{i},\boldsymbol{j},\boldsymbol{k}$ 为笛卡儿坐标系(x,y,z)沿坐标轴的单位矢量，u,v,w 为相应的分速度，于是在笛卡儿坐标系下式(4.1.1a)～式(4.1.1c)可写为：

$$\frac{\partial \boldsymbol{U}}{\partial t}+\frac{\partial(\boldsymbol{E}-\boldsymbol{E}_{\mathrm{v}})}{\partial x}+\frac{\partial(\boldsymbol{F}-\boldsymbol{F}_{\mathrm{v}})}{\partial y}+\frac{\partial(\boldsymbol{G}-\boldsymbol{G}_{\mathrm{v}})}{\partial z}=0 \tag{4.1.2}$$

式中,$\boldsymbol{U}$ 为笛卡儿坐标系的守恒量,其表达式由式(4.1.3a)给出;$\boldsymbol{E}$,$\boldsymbol{F}$ 与 $\boldsymbol{G}$ 分别代表沿 x,y 与 z 方向的无黏矢通量;$\boldsymbol{E}_v$,$\boldsymbol{F}_v$ 与 $\boldsymbol{G}_v$ 分别代表在 x,y 与 z 方向上由于黏性及热传导所引起的作用项;$\boldsymbol{f}$ 为体积力。

在本节下面讨论中为方便起见省略了含 $\boldsymbol{f}$ 的项。令 τ_{xx},τ_{xy},…,τ_{zz} 为黏性应力张量 $\boldsymbol{\Pi}$ 的分量,于是 $\boldsymbol{E}$,$\boldsymbol{F}$,$\boldsymbol{G}$,$\boldsymbol{E}_v$,$\boldsymbol{F}_v$ 等的表达式为

$$\boldsymbol{U}=[\rho\ \rho u\ \rho v\ \rho w\ \varepsilon]^{\mathrm{T}} \tag{4.1.3a}$$

$$[\boldsymbol{E}\ \boldsymbol{F}\ \boldsymbol{G}]=\begin{bmatrix}\rho u & \rho v & \rho w\\ \rho uu+p & \rho vu & \rho wu\\ \rho uv & \rho vv+p & \rho wv\\ \rho uw & \rho vw & \rho ww+p\\ (\varepsilon+p)u & (\varepsilon+p)v & (\varepsilon+p)w\end{bmatrix} \tag{4.1.3b}$$

$$[\boldsymbol{E}_v\ \boldsymbol{F}_v\ \boldsymbol{G}_v]=\begin{bmatrix}0 & 0 & 0\\ \tau_{xx} & \tau_{xy} & \tau_{xz}\\ \tau_{yx} & \tau_{yy} & \tau_{yz}\\ \tau_{zx} & \tau_{zy} & \tau_{zz}\\ a_1 & a_2 & a_3\end{bmatrix} \tag{4.1.3c}$$

式中,符号 a_1,a_2 与 a_3 的定义同文献[7]的式(1.4.49)。

应该特别需要指出的是,式(4.1.2)的运动方程是采用沿 $\boldsymbol{i}$,$\boldsymbol{j}$,$\boldsymbol{k}$,三个方向分别列出的。另外,为便于以后的讨论特引进三个通用符号 φ,Γ,S,于是式(4.1.2)又可改写为(这里用了 Einstein 求和规约):

$$\frac{\partial(\rho\varphi)}{\partial t}+\frac{\partial}{\partial y^i}(\rho u_i\varphi)=\frac{\partial}{\partial y^i}\left(\Gamma\frac{\partial\varphi}{\partial y^i}\right)+S\qquad(i=1,2,3) \tag{4.1.4a}$$

式中,(y^1,y^2,y^3)代表笛卡儿坐标系(x,y,z);u_i 代表速度 $\mathbf{V}$ 在笛卡儿坐标系(y^1,y^2,y^3)下沿坐标线的速度分量。

显然,当选取 $\varphi=1$,$S=0$ 时,则得到连续方程;当 $\varphi=u_k$,$S=S_k(k=1,2,3)$并且 $\Gamma=\mu$ 时可以得到沿 y^k 坐标方向的运动方程,这里 S_k 的表达式为:

$$S_k=\frac{\partial}{\partial y^i}\left(\mu\frac{\partial u_i}{\partial y^k}\right)-\frac{2}{3}\frac{\partial}{\partial y^k}(\mu\,\nabla\cdot\mathbf{V})-\frac{\partial p}{\partial y^k} \tag{4.1.4b}$$

式中,$i=1,2,3$。

另外,如果令(y^1,y^2,y^3)代表笛卡儿坐标系(x,y,z)并且令:

$$q^0=U,q^1=E-E_{\mathrm{v}},q^2=F-F_{\mathrm{v}},q^3=G-G_{\mathrm{v}},y^0=t \tag{4.1.5a}$$

则式(4.1.2)便可以改写为(这里采用 Einstein 求和规约):

$$\frac{\partial q^i}{\partial y^i}=0\quad(i=0,1,2,3) \tag{4.1.5b}$$

4.1.2 曲线坐标系下守恒型方程组的微分形式

令(y^1,y^2,y^3)与(ξ^1,ξ^2,ξ^3)分别代表笛卡儿坐标系与任意曲线坐标系；令 $\boldsymbol{i}_1,\boldsymbol{i}_2,\boldsymbol{i}_3$ 分别表示沿 y^1,y^2,y^3 的单位矢量；令 $\boldsymbol{e}_1,\boldsymbol{e}_2,\boldsymbol{e}_3$ 为坐标系(ξ^1,ξ^2,ξ^3)的基矢量，于是连续方程为：

$$\frac{\partial\rho}{\partial t}+\boldsymbol{\nabla}_i(\rho v^i)=0 \tag{4.1.6a}$$

或者：

$$\frac{\partial(\rho\sqrt{g})}{\partial\tau}+\frac{\partial}{\partial\xi^i}(\rho v^i\sqrt{g})=0 \qquad (i=1,2,3) \tag{4.1.6b}$$

式中：

$$\sqrt{g}=\frac{\partial(y^1,y^2,y^3)}{\partial(\xi^1,\xi^2,\xi^3)} \tag{4.1.6c}$$

运动方程为：

$$\boldsymbol{e}_i\frac{\partial(\rho v^i)}{\partial\tau}+\boldsymbol{e}_i\boldsymbol{\nabla}_k(\rho v^i v^k-\tau^{ik}+pg^{ki})=0 \tag{4.1.7a}$$

或者：

$$\frac{\partial(\rho\mathbf{V}\sqrt{g})}{\partial\tau}+\frac{\partial}{\partial\xi^k}[\sqrt{g}(\rho v^k\mathbf{V})+\sqrt{g}(pg^{ki}-\tau^{ik})\boldsymbol{e}_i]=0 \tag{4.1.7b}$$

式(4.1.7a)中，τ^{ik}为黏性应力张量的逆变分量。

引进应力张量 $\boldsymbol{\pi}$，并定义一个新的张量 $\boldsymbol{\lambda}$，其分量 λ^{ik} 为：

$$\lambda^{ik}=\rho v^i v^k-\tau^{ik}+g^{ik}p \tag{4.1.7c}$$

式中，v^1,v^2,v^3 代表速度 $\mathbf{V}$ 在坐标系(ξ^1,ξ^2,ξ^3)中的逆变分速度；于是运动方程可写为：

$$\frac{\partial(\rho\mathbf{V}\sqrt{g})}{\partial\tau}+\frac{\partial}{\partial\xi^k}(\lambda^{ik}\boldsymbol{e}_i\sqrt{g})=0 \tag{4.1.7d}$$

令 $\boldsymbol{i}_1,\boldsymbol{i}_2,\boldsymbol{i}_3$ 为笛卡儿坐标系(y^1,y^2,y^3)的单位矢量，并且有 $\mathbf{V}=u^\beta\boldsymbol{i}_\beta$，这里 u^1,u^2,u^3 代表速度 $\mathbf{V}$ 在笛卡儿坐标系(y^1,y^2,y^3)中的分速度；于是在 $\boldsymbol{i}_\beta$ 方向上的运动方程为：

$$\frac{\partial(\rho u^\beta\sqrt{g})}{\partial\tau}+\frac{\partial}{\partial\xi^k}\left(\lambda^{ik}\sqrt{g}\frac{\partial y^\beta}{\partial\xi^i}\right)=0 \quad (\beta=1,2,3) \tag{4.1.7e}$$

对于能量方程，可写为：

$$\frac{\partial(\varepsilon\sqrt{g})}{\partial\tau}+\frac{\partial(b^i\sqrt{g})}{\partial\xi^i}=0 \tag{4.1.8a}$$

式中：

$$b^i\equiv(\varepsilon+p)v^i-\tau^{\beta i}v_\beta-kg^{i\beta}\frac{\partial T}{\partial\xi^\beta} \tag{4.1.8b}$$

式中，T 为温度。

将式(4.1.6b)、式(4.1.7e)与式(4.1.8a)展开，便有：

$$\frac{\partial \widetilde{\boldsymbol{U}}}{\partial \tau}+\frac{\partial \widetilde{\boldsymbol{E}}}{\partial \xi^1}+\frac{\partial \widetilde{\boldsymbol{F}}}{\partial \xi^2}+\frac{\partial \widetilde{\boldsymbol{G}}}{\partial \xi^3}=0 \tag{4.1.9a}$$

$$[\widetilde{\boldsymbol{U}}\ \widetilde{\boldsymbol{E}}\ \widetilde{\boldsymbol{F}}\ \widetilde{\boldsymbol{G}}]=\sqrt{g}\begin{bmatrix} \rho & \rho v^1 & \rho v^2 & \rho v^3 \\ \rho u^1 & \lambda^{i1}\dfrac{\partial y^1}{\partial \xi^i} & \lambda^{i2}\dfrac{\partial y^1}{\partial \xi^i} & \lambda^{i3}\dfrac{\partial y^1}{\partial \xi^i} \\ \rho u^2 & \lambda^{i1}\dfrac{\partial y^2}{\partial \xi^i} & \lambda^{i2}\dfrac{\partial y^2}{\partial \xi^i} & \lambda^{i3}\dfrac{\partial y^2}{\partial \xi^i} \\ \rho u^3 & \lambda^{i1}\dfrac{\partial y^3}{\partial \xi^i} & \lambda^{i2}\dfrac{\partial y^3}{\partial \xi^i} & \lambda^{i3}\dfrac{\partial y^3}{\partial \xi^i} \\ \varepsilon & b^1 & b^2 & b^3 \end{bmatrix} \tag{4.1.9b}$$

这里需要特别强调的是，式(4.1.9b)中的运动方程是分别沿 $\boldsymbol{i}_1,\boldsymbol{i}_2,\boldsymbol{i}_3$ 方向列出的，这使得方程组具有强守恒形式，并且方程组不出现 Christoffel(克里斯托夫)符号。采用类似的方法，文献[39]给出了旋转相对坐标系中 Navier-Stokes 方程组的通用形式，可供感兴趣的读者参考。如果将运动方向沿 $\boldsymbol{e}_1,\boldsymbol{e}_2,\boldsymbol{e}_3$ 方向列出(用式(4.1.7a))，则 Navier-Stokes 方程组可以写为：

$$\frac{\partial}{\partial t}\begin{bmatrix} \rho \\ \rho v^1 \\ \rho v^2 \\ \rho v^3 \\ \varepsilon \end{bmatrix}+\boldsymbol{\nabla}_\beta\begin{bmatrix} \rho v^\beta \\ \rho v^\beta v^1-\sigma^{\beta 1} \\ \rho v^\beta v^2-\sigma^{\beta 2} \\ \rho v^\beta v^3-\sigma^{\beta 3} \\ \varepsilon v^\beta-\sigma^{\beta j}v_j-kg^{\beta j}\dfrac{\partial T}{\partial \xi^j} \end{bmatrix}=0 \quad (\beta,j=1,2,3) \tag{4.1.10a}$$

式中，$\boldsymbol{\nabla}_\beta$ 为协变导数；k 与 T 分别为热传系数与温度；$\sigma^{\beta j}$ 为应力张量的逆变分量，它与黏性应力张量 $\tau^{\beta j}$ 间满足下列关系：

$$\sigma^{\beta j}=\tau^{\beta j}-pg^{\beta j} \tag{4.1.10b}$$

式(4.1.10a)又可改写为：

$$\frac{\partial \overline{\boldsymbol{U}}}{\partial \tau}+\frac{\partial \overline{\boldsymbol{E}}^i}{\partial \xi^i}-\frac{\partial \overline{\boldsymbol{F}}^i}{\partial \xi^i}=\overline{\boldsymbol{N}} \tag{4.1.11a}$$

式中：

$$\overline{\boldsymbol{U}}=\sqrt{g}[\rho\ \rho v^1\ \rho v^2\ \rho v^3\ \varepsilon]^{\mathrm{T}} \tag{4.1.11b}$$

$$\overline{\boldsymbol{E}}^i=\sqrt{g}\begin{bmatrix} \rho v^i \\ \rho v^i v^1+g^{1i}p \\ \rho v^i v^2+g^{2i}p \\ \rho v^i v^3+g^{3i}p \\ (\varepsilon+p)v^i \end{bmatrix} \tag{4.1.11c}$$

$$\overline{\boldsymbol{F}}^i=\sqrt{g}\begin{bmatrix}0\\ \mu\left(\boldsymbol{\nabla}^i v^1+\dfrac{1}{3}g^{i1}\boldsymbol{\nabla}\cdot\boldsymbol{V}\right)\\ \mu\left(\boldsymbol{\nabla}^i v^2+\dfrac{1}{3}g^{i2}\boldsymbol{\nabla}\cdot\boldsymbol{V}\right)\\ \mu\left(\boldsymbol{\nabla}^i v^3+\dfrac{1}{3}g^{i3}\boldsymbol{\nabla}\cdot\boldsymbol{V}\right)\\ \mu\widetilde{M}^i+kg^{i\beta}\dfrac{\partial T}{\partial\xi^\beta}\end{bmatrix} \tag{4.1.11d}$$

$$\overline{\boldsymbol{N}}=[0\ \ \widetilde{N}_1\ \ \widetilde{N}_2\ \ \widetilde{N}_3\ \ 0]^{\mathrm{T}} \tag{4.1.11e}$$

式(4.1.11c)与式(4.1.11d)中，v^i 为速度 $\boldsymbol{V}$ 的逆变分速度；$\boldsymbol{\nabla}^i$ 为逆变导数；k 为传热系数，μ 为黏性系数。

显然，式(4.1.11a)是一种弱守恒形式，由于运动方程是沿 $\boldsymbol{e}_1,\boldsymbol{e}_2,\boldsymbol{e}_3$ 方向列出的，因此不可避免地在右端项 $\overline{\boldsymbol{N}}$ 中要含有 Christoffel 符号。文献[41,143]中较详细地给出了上述两组 Navier-Stokes 方程在曲线坐标系下不同形式的表达，可供参考。

4.1.3 守恒方程组坐标变换的重要特点

在笛卡儿坐标系(y^1,y^2,y^3)下，基本方程组式(4.1.1)可以写成守恒方程组(这里采用爱因斯坦求和规约)，即：

$$\frac{\partial q^i}{\partial y^i}=0\quad (i=0,1,2,3) \tag{4.1.12a}$$

式中：

$$\begin{cases}q_0^0=\boldsymbol{U}=[\rho\ \rho u\ \rho v\ \rho w\ \varepsilon]^{\mathrm{T}}\\ q^1=\boldsymbol{E}-\boldsymbol{E}_{\mathrm{v}},q^2=\boldsymbol{F}-\boldsymbol{F}_{\mathrm{v}},q^3=\boldsymbol{G}-\boldsymbol{G}_{\mathrm{v}}\\ y^0=t\end{cases} \tag{4.1.12b}$$

这里 $\boldsymbol{E},\boldsymbol{E}_v,\cdots,\boldsymbol{G},\boldsymbol{G}_v$ 的定义同式(4.1.2)。为了说明一般的守恒方程组(以式(4.1.5b)为例)进行坐标变换时所具有的一些重要特点，因此首先讨论一下与函数行列式相关的数学工具。

1. 函数行列式的重要性质

设(t,y^1,y^2,y^3)为物理空间的坐标系统(下面称为旧坐标系统)，(τ,ξ^1,ξ^2,ξ^3)为计算空间的坐标系统(下面称为新坐标系统)，并假设新旧坐标系统间的变换关系为：

$$\begin{cases}y^1=y^1(\xi^1,\xi^2,\xi^3,\tau)\\ y^2=y^2(\xi^1,\xi^2,\xi^3,\tau)\\ y^3=y^3(\xi^1,\xi^2,\xi^3,\tau)\\ t=t(\xi^1,\xi^2,\xi^3,\tau)=t(\tau)=\tau\end{cases} \tag{4.1.13}$$

为便于讨论，本节约定：

$$\begin{cases} y^0 = t, y^j = y^j (j=1,2,3) \\ \xi^0 = \tau, \xi^j = \xi^j (j=1,2,3) \end{cases} \tag{4.1.14}$$

引进函数行列式 $\partial(y^0, y^1, y^2, y^3)/\partial(\xi^0, \xi^1, \xi^2, \xi^3)$，显然在式(4.1.14)的条件下，有：

$$J(y^0, y^1, y^2, y^3) \equiv \frac{\partial(y^0, y^1, y^2, y^3)}{\partial(\xi^0, \xi^1, \xi^2, \xi^3)} = \frac{\partial(y^1, y^2, y^3)}{\partial(\xi^1, \xi^2, \xi^3)} \equiv \sqrt{g} \tag{4.1.15a}$$

式中，$\sqrt{g}$ 的定义同式(1.2.15b)，其表达式为：

$$\frac{\partial(y^1, y^2, y^3)}{\partial(\xi^1, \xi^2, \xi^3)} = \begin{vmatrix} \frac{\partial y^1}{\partial \xi^1} & \frac{\partial y^1}{\partial \xi^2} & \frac{\partial y^1}{\partial \xi^3} \\ \frac{\partial y^2}{\partial \xi^1} & \frac{\partial y^2}{\partial \xi^2} & \frac{\partial y^2}{\partial \xi^3} \\ \frac{\partial y^3}{\partial \xi^1} & \frac{\partial y^3}{\partial \xi^2} & \frac{\partial y^3}{\partial \xi^3} \end{vmatrix} \equiv \sqrt{g} \tag{4.1.15b}$$

借助于函数行列式的基本知识给出如下几个性质(对一般的 n 阶函数行列式而言)：

(1)任意交换一对(ξ^i, ξ^{i+1})或者(y^i, y^{i+1})而保持其他项不变时，则 J 的符号改变，

$$\begin{cases} \frac{\partial(y^1, y^2, \cdots, y^i, y^{i+1}, \cdots, y^n)}{\partial(\xi^1, \xi^2, \cdots, \xi^n)} = -\frac{\partial(y^1, y^2, \cdots, y^{i+1}, y^i, \cdots, y^n)}{\partial(\xi^1, \xi^2, \cdots, \xi^n)} \\ \frac{\partial(y^1, y^2, \cdots, y^n)}{\partial(\xi^1, \xi^2, \cdots, \xi^i, \xi^{i+1}, \cdots, \xi^n)} = -\frac{\partial(y^1, y^2, \cdots, y^n)}{\partial(\xi^1, \xi^2, \cdots, \xi^{i+1}, \xi^i, \cdots, \xi^n)} \end{cases} \tag{4.1.16}$$

(2) 当 y^i 与 ξ^i 之间有公共变量时，则发生行列式的降阶，例如：

$$\frac{\partial(\xi^1, y^2, \cdots, y^n)}{\partial(\xi^1, \xi^2, \cdots, \xi^n)} = \left.\frac{\partial(y^2, \cdots, y^n)}{\partial(\xi^2, \cdots, \xi^n)}\right|_{\xi^1} \tag{4.1.17}$$

此时，下脚标 ξ^1 也可省略不写，作为特例，还有：

$$\frac{\partial(\xi^1, \xi^2, \cdots, \xi^{n-1}, y^n)}{\partial(\xi^1, \xi^2, \cdots, \xi^{n-1}, \xi^n)} = \frac{\partial y^n}{\partial \xi^n} \tag{4.1.18}$$

式(4.1.18)为一阶的雅科比行列式，也就是说，它仅仅是一个普通的一阶导数。显然，任一个偏导数都可以写成一个具有 $n-1$ 个公共变量的 n 阶雅科比函数行列式。

(3) 设

$$\begin{cases} y^1 = y^1(\xi^1, \xi^2, \cdots, \xi^n) \\ y^2 = y^2(\xi^1, \xi^2, \cdots, \xi^n) \\ \vdots \\ y^n = y^n(\xi^1, \xi^2, \cdots, \xi^n) \end{cases} \tag{4.1.19}$$

并令 $J = \frac{\partial(y^1, y^2, \cdots, y^n)}{\partial(\xi^1, \xi^2, \cdots, \xi^n)}$时，则式(4.1.19)逆变换存在的充要条件是 $J \neq 0$；

(4) 函数行列式具有替换特性即

$$\frac{\partial(y^1, \cdots, y^n)}{\partial(\xi^1, \cdots, \xi^n)} = \frac{\partial(y^1, \cdots, y^n)/\partial(\zeta^1, \cdots, \zeta^n)}{\partial(\xi^1, \cdots, \xi^n)/\partial(\zeta^1, \cdots, \zeta^n)} = \frac{J(y^1, \cdots, y^n)}{J(\xi^1, \cdots, \xi^n)} \tag{4.1.20}$$

式中，$\zeta^1, \zeta^2, \cdots, \zeta^n$ 为中间变量。

(5) 对于 n 阶函数行列式，当 i 与 k 均大于 1 并且小于 n 时恒有：

$$\frac{\partial y^i}{\partial \xi^k}=(-1)^{i+k}J(y^1,y^2,\cdots,y^n)\frac{\partial(\xi^1,\xi^2,\cdots,\xi^{k-1},\xi^{k+1},\cdots,\xi^n)}{\partial(y^1,y^2,\cdots,y^{i-1},y^{i+1},\cdots,y^n)} \tag{4.1.21}$$

$$\frac{\partial \xi^k}{\partial y^i}J(y^1,y^2,\cdots,y^n)=(-1)^{i+k}\frac{\partial(y^1,y^2,\cdots,y^{i-1},y^{i+1},\cdots,y^n)}{\partial(\xi^1,\xi^2,\cdots,\xi^{k-1},\xi^{k+1},\cdots,\xi^n)} \tag{4.1.22}$$

显然，这条性质可以使用性质(4)、性质(2)与性质(1)后直接得到。在下面将 $\partial(\xi^1,\xi^2,\cdots,\xi^{k-1},\xi^{k+1},\cdots,\xi^n)$ 简记为 ∂(不含 ξ^k)；将 $\partial(y^1,y^2,\cdots,y^{i-1},y^{i+1},\cdots,y^n)$ 简记为 ∂(不含 y^i)；将 $J(y^1,y^2,\cdots,y^n)$ 简记为 $J(y^n)$。于是式(4.1.21)与式(4.1.22)可写为：

$$\frac{\partial y^i}{\partial \xi^k}=(-1)^{i+k}J(y^n)\frac{\partial(\text{不含 }\xi^k)}{\partial(\text{不含 }y^i)} \tag{4.1.23}$$

$$\frac{\partial \xi^k}{\partial y^i}J(y^n)=(-1)^{i+k}\frac{\partial(\text{不含 }y^i)}{\partial(\text{不含 }\xi^k)} \tag{4.1.24}$$

(6) 对任意的整数 n(当然 $n\geqslant 1$)及整数 i(要求 $i\leqslant n$)，用数学归纳法很容易证明恒有下式成立，即

$$\sum_{k=1}^{n}\left\{(-1)^k\frac{\partial}{\partial \xi^k}\left[\frac{\partial(\text{不含 }y^i)}{\partial(\text{不含 }\xi^k)}\right]\right\}\equiv 0 \tag{4.1.25a}$$

或者：

$$\frac{\partial}{\partial \xi^k}\left[J(y^n)\frac{\partial \xi^k}{\partial y^i}\right]\equiv 0 \quad (\text{注意对 }k\text{ 求和}) \tag{4.1.25b}$$

这里：

$$J(y^n)=\frac{\partial(y^1,y^2,\cdots,y^n)}{\partial(\xi^1,\xi^2,\cdots,\xi^n)}$$

(7) 对任意大于1的整数及整数 i 与 k(当然要求 $i\leqslant n,k\leqslant n$)，则恒有：

$$\frac{\partial(\text{不含 }y^i)}{\partial(\text{不含 }y^k)}=\delta_{\mathrm{k}}^i \tag{4.1.26}$$

式中，δ_k^i 为 Kronecker 符号，即当 $i\neq k$ 时 $\delta_k^i=0$；当 $i=k$ 时 $\delta_k^i=1$。

2. 守恒方程组的坐标变换

在旧坐标系(y^0,y^1,y^2,y^3)中，存在着守恒方程式(4.1.5b)，现在讨论在新坐标系$(\xi^0,\xi^1,\xi^2,\xi^3)$中式(4.1.5b)的变换问题，这里新旧坐标系间满足式(4.1.13)的变换关系。

今定义一个新变量 $Q^k(k=0,1,2,3)$，其表达式为(以下均采用爱因斯坦求和规约)：

$$Q^k\equiv J(y^n)q^i\frac{\partial \xi^k}{\partial y^i} \tag{4.1.27}$$

将式(4.1.27)对 ξ^k 求偏导，并对 k 求和，并且使用式(4.1.24)得：

$$\frac{\partial Q^k}{\partial \xi^k}=(-1)^{i+k}q^i\frac{\partial}{\partial \xi^k}\left[\frac{\partial(\text{不含 }y^i)}{\partial(\text{不含 }\xi^k)}\right]+(-1)^{i+k}\left[\frac{\partial(\text{不含 }y^i)}{\partial(\text{不含 }\xi^k)}\right]\frac{\partial q^i}{\partial \xi^k} \tag{4.1.28}$$

首先，计算式(4.1.28)等号右边第二项(简记为 R_2)，为清晰地说明求和的过程这里带上求和符号，这时 R_2 为：

$$R_2=\sum_{k=0}^{3}\sum_{i=0}^{3}\left\{(-1)^{i+k}\left[\frac{\partial(\text{不含 }y^i)}{\partial(\text{不含 }\xi^k)}\right]\frac{\partial q^i}{\partial y^m}\frac{\partial y^m}{\partial \xi^k}\right\}$$

将式(4.1.23)代入上式并使用式(4.1.26)，可得：

$$R_2 = \sum_{k=0}^{3}\left[J(y^n)\sum_{i=0}^{3}\left(\frac{\partial q^i}{\partial y^i}\right)\right] \tag{4.1.29a}$$

注意：将式(4.1.5b)代入式(4.1.29a)，于是式(4.1.29b)变为：

$$R_2 = 0 \tag{4.1.29b}$$

现在计算式(4.1.28)等号右边第一项(简记为 R_1)，同样的为清晰说明求和过程这里也带上求和符号，这时 R_1 为：

$$\begin{aligned} R_1 &= \sum_{k=0}^{3}\sum_{i=0}^{3}\left\{(-1)^{i+k}q^i\frac{\partial}{\partial \xi^k}\left[\frac{\partial(\text{不含 } y^i)}{\partial(\text{不含 } \xi^k)}\right]\right\} \\ &= \sum_{k=0}^{3}\left\{(-1)^k\sum_{i=0}^{3}(-1)^i q^i\frac{\partial}{\partial \xi^k}\left[\frac{\partial(\text{不含 } y^i)}{\partial(\text{不含 } \xi^k)}\right]\right\} \\ &= \sum_{i=0}^{3}\left\{(-1)^i q^i\sum_{k=0}^{3}\left[(-1)^k\frac{\partial}{\partial \xi^k}\left(\frac{\partial(\text{不含 } y^i)}{\partial(\text{不含 } \xi^k)}\right)\right]\right\} \end{aligned} \tag{4.1.30}$$

将式(4.1.25a)代入式(4.1.30)中可得：

$$R_1 = 0 \tag{4.1.31}$$

于是将式(4.1.29b)与式(4.1.31)代入式(4.1.28)中可得(这里采用 Einstein 求和规约)：

$$\frac{\partial Q^k}{\partial \xi^k} = 0 \quad (k=0,1,2,3) \tag{4.1.32}$$

式(4.1.32)表明：如果按照式(4.1.27)定义的新变量 Q^k，那么任意一种变换关系(式(4.1.13))，只要逆变换存在($J \neq 0$)，则其结果总是守恒的，这是一个非常重要的特点。另外有如下公式：

$$\frac{\partial q^i}{\partial y^i} = 0 \quad (i=1,2,\cdots,n) \tag{4.1.33}$$

$$Q^k = J(y^1, y^2, \cdots, y^n)q^i\frac{\partial \xi^k}{\partial y^i} \quad (i=1,2,\cdots,n;k=1,2,\cdots,n) \tag{4.1.34}$$

式中：

$$y^i = y^i(\xi^1, \xi^2, \cdots, \xi^n) \quad (i=1,2,\cdots,n) \tag{4.1.35}$$

$$\frac{\partial Q^k}{\partial \xi^k} = 0 \quad (k=1,2,\cdots,n) \tag{4.1.36}$$

其中，$J(y^1, y^2, \cdots, y^n)$为 Jacobi 函数行列式，其定义为：

$$J(y^1, y^2, \cdots, y^n) = \frac{\partial(y^1, y^2, \cdots, y^n)}{\partial(\xi^1, \xi^2, \cdots, \xi^n)} \tag{4.1.37}$$

还需要指出的是，在上面的推导中并没有用到 q^i 中的元素，因此所得结果具有极大的通用性。它可以适用于满足式(4.1.33)的任何方程，只要使用式(4.1.34)所定义的变量 Q^k。那么对于任何一种逆变换存在的变换关系式(4.1.35)，则其结果总是守恒的，即满足式(4.1.36)。式(4.1.33)～式(4.1.36)的具体表达式可由以下例题给出。

例 4.1　已知 Navier-Stokes 方程在笛卡儿坐标系(t, x, y, z)中具有如下的守恒形式，即：

$$\frac{\partial q^0}{\partial t}+\frac{\partial q^1}{\partial x}+\frac{\partial q^2}{\partial y}+\frac{\partial q^3}{\partial z}=0 \tag{4.1.38a}$$

式中，q^0，q^1，q^2 与 q^3 的表达式为：

$$[q^0\ q^1\ q^2\ q^3]=\begin{bmatrix}\rho & \rho u & \rho v & \rho w \\ \rho u & (\rho uu+p)-\tau_{xx} & \rho vu-\tau_{xy} & \rho wu-\tau_{xz} \\ \rho v & \rho uv-\tau_{yx} & (\rho vv+p)-\tau_{yy} & \rho wv-\tau_{yz} \\ \rho w & \rho uw-\tau_{zx} & \rho vw-\tau_{zy} & (\rho ww+p)-\tau_{zz} \\ \varepsilon & (\varepsilon+p)u-a_1 & (\varepsilon+p)v-a_2 & (\varepsilon+p)w-a_3\end{bmatrix} \tag{4.1.38b}$$

今有一个新的曲线坐标系(τ,ξ,η,ζ)，它与笛卡儿坐标系(t,x,y,z)间存在着如下变换关系：

$$\begin{cases}t=\tau \\ x=x(\tau,\xi,\eta,\zeta) \\ y=y(\tau,\xi,\eta,\zeta) \\ z=z(\tau,\xi,\eta,\zeta)\end{cases} \tag{4.1.39}$$

试求：式(4.1.38a)在(τ,ξ,η,ζ)坐标系统下的具体形式。

解：借助于式(4.1.27)，引进新变量 $Q^k(k=0,1,2,3)$，经整理后为：

$$Q^0=Jq^0 \tag{4.1.40a}$$

$$Q^1=J\begin{bmatrix}\rho\widetilde{U} \\ (\rho u\widetilde{U}+\xi_x p)-(\xi_x\tau_{xx}+\xi_y\tau_{xy}+\xi_z\tau_{xz}) \\ (\rho v\widetilde{U}+\xi_y p)-(\xi_x\tau_{yx}+\xi_y\tau_{yy}+\xi_z\tau_{yz}) \\ (\rho w\widetilde{U}+\xi_z p)-(\xi_x\tau_{zx}+\xi_y\tau_{zy}+\xi_z\tau_{zz}) \\ [(\varepsilon+p)\widetilde{U}-\xi_t p]-(a_1\xi_x+a_2\xi_y+a_3\xi_z)\end{bmatrix} \tag{4.1.40b}$$

$$Q^2=J\begin{bmatrix}\rho\widetilde{V} \\ (\rho u\widetilde{V}+\eta_x p)-(\eta_x\tau_{xx}+\eta_y\tau_{xy}+\eta_z\tau_{xz}) \\ (\rho v\widetilde{V}+\eta_y p)-(\eta_x\tau_{yx}+\eta_y\tau_{yy}+\eta_z\tau_{yz}) \\ (\rho w\widetilde{V}+\eta_z p)-(\eta_x\tau_{zx}+\eta_y\tau_{zy}+\eta_z\tau_{zz}) \\ [(\varepsilon+p)\widetilde{V}-\eta_t p]-(a_1\eta_x+a_2\eta_y+a_3\eta_z)\end{bmatrix} \tag{4.1.40c}$$

$$Q^3=J\begin{bmatrix}\rho\widetilde{W} \\ (\rho u\widetilde{W}+\zeta_x p)-(\zeta_x\tau_{xx}+\zeta_y\tau_{xy}+\zeta_z\tau_{xz}) \\ (\rho v\widetilde{W}+\zeta_y p)-(\zeta_x\tau_{yx}+\zeta_y\tau_{yy}+\zeta_z\tau_{yz}) \\ (\rho w\widetilde{W}+\zeta_z p)-(\zeta_x\tau_{zx}+\zeta_y\tau_{zy}+\zeta_z\tau_{zz}) \\ [(\varepsilon+p)\widetilde{W}-\zeta_t p]-(a_1\zeta_x+a_2\zeta_y+a_3\zeta_z)\end{bmatrix} \tag{4.1.40d}$$

式中，J 为坐标变换的 Jacobi（雅可比）函数行列式；$\widetilde{U}$，$\widetilde{V}$，$\widetilde{W}$ 为广义逆变分速度，其表达

式为：

$$[\widetilde{U}\ \widetilde{V}\ \widetilde{W}]^{\mathrm{T}}=\begin{bmatrix}\xi_t & \xi_x & \xi_y & \xi_z\\ \eta_t & \eta_x & \eta_y & \eta_z\\ \zeta_t & \zeta_x & \zeta_y & \zeta_z\end{bmatrix}\begin{bmatrix}1\\ u\\ v\\ w\end{bmatrix} \tag{4.1.40e}$$

式中，ξ_t，ξ_x，ξ_y 分别表示$\frac{\partial\xi}{\partial t}$，$\frac{\partial\xi}{\partial x}$，$\frac{\partial\xi}{\partial y}$等。

在坐标系(τ,ξ,η,ζ)下，Navier-Stokes 方程变为：

$$\frac{\partial \boldsymbol{Q}^0}{\partial\tau}+\frac{\partial \boldsymbol{Q}^1}{\partial\xi}+\frac{\partial \boldsymbol{Q}^2}{\partial\eta}+\frac{\partial \boldsymbol{Q}^3}{\partial\zeta}=0 \tag{4.1.41}$$

4.2　黏性项计算的一种简便方法

有限体积法是以积分型守恒方程为出发点，将求解域离散为有限个小的控制体单元，这些小单元体可以是通过结构网格生成的六面体，也可以是非结构网格生成的四面体、五面体等。每一个网格单元就是有限体积法中的一个小单元体，因此积分型的守恒方程直接在这个单元体上作积分。下面以一般六面体单元为例，讨论气动计算时将要用到的最基础的知识。令 $\boldsymbol{i}$，$\boldsymbol{j}$，$\boldsymbol{k}$ 为笛卡儿坐标系(x,y,z)的单位基矢量，令

$$\boldsymbol{W}\equiv\begin{bmatrix}\rho\\ \rho\boldsymbol{V}\\ \varepsilon\end{bmatrix},\ \boldsymbol{F}_{\mathrm{inv}}\equiv\begin{bmatrix}\rho\boldsymbol{V}\\ \rho\boldsymbol{V}\boldsymbol{V}+p(\boldsymbol{ii}+\boldsymbol{jj}+\boldsymbol{kk})\\ (\varepsilon+p)\boldsymbol{V}\end{bmatrix},\ \boldsymbol{F}_{\mathrm{vis}}\equiv\begin{bmatrix}0\\ \boldsymbol{\Pi}\\ \boldsymbol{\Pi}\cdot\boldsymbol{V}+k\,\nabla T\end{bmatrix} \tag{4.2.1a}$$

$$\boldsymbol{E}=\boldsymbol{F}_{\mathrm{inv}}-\boldsymbol{F}_{\mathrm{vis}} \tag{4.2.1b}$$

$$\boldsymbol{n}=n_x\boldsymbol{i}+n_y\boldsymbol{j}+n_z\boldsymbol{k}\equiv n_1\boldsymbol{i}_1+n_2\boldsymbol{i}_2+n_3\boldsymbol{i}_3 \tag{4.2.1c}$$

$$[\boldsymbol{F},\boldsymbol{G},\boldsymbol{H}]=\begin{bmatrix}\rho u & \rho v & \rho w\\ \rho uu+p & \rho vu & \rho wu\\ \rho uv & \rho vv+p & \rho wv\\ \rho uw & \rho vw & \rho ww+p\\ (\varepsilon+p)u & (\varepsilon+p)v & (\varepsilon+p)w\end{bmatrix} \tag{4.2.1d}$$

$$\boldsymbol{V}=u\boldsymbol{i}+v\boldsymbol{j}+w\boldsymbol{k}=u_1\boldsymbol{i}+u_2\boldsymbol{j}+u_3\boldsymbol{k} \tag{4.2.1e}$$

$$\boldsymbol{S}=S_x\boldsymbol{i}+S_y\boldsymbol{j}+S_z\boldsymbol{k}=S_1\boldsymbol{i}+S_2\boldsymbol{j}+S_3\boldsymbol{k} \tag{4.2.1f}$$

式中，$\boldsymbol{S}$ 为单元体表面的外法矢量，它是该面面积 S 与该面单位外法矢量 $\boldsymbol{n}$ 的乘积，即 $\boldsymbol{S}=S\boldsymbol{n}$；$k$ 为传热系数。

这里约定：单元体以该单元体心的网格编号命名，例如，体心为(i,j,k)时，则包含该体心的单元体也称为(i,j,k)，相应的这个单元体的体积记为 Ω_{ijk}；单元体(i,j,k)与单元体$(i+1,j,k)$所夹的那个面命名为$(i+1/2,j,k)$，并且对单元体(i,j,k)而言，这个面的外法矢为$(\boldsymbol{S})_{i+1/2,j,k}$可简记为$(\boldsymbol{S})_{i+1/2}$；相应的该面上的 $\boldsymbol{F}$，$\boldsymbol{G}$，$\boldsymbol{H}$ 等也分别简记为 $\boldsymbol{F}_{i+1/2}$，

$\boldsymbol{G}_{i+1/2}$，$\boldsymbol{H}_{i+1/2}$ 等。

由三维非定常 Navier-Stokes 方程组的守恒积分形式：

$$\frac{\partial}{\partial t}\iiint_{\Omega}\boldsymbol{W}\mathrm{d}\Omega+\oiint_{\partial\Omega}\boldsymbol{n}\cdot\boldsymbol{F}_{\mathrm{inv}}\mathrm{d}S=\oiint_{\partial\Omega}\boldsymbol{n}\cdot\boldsymbol{F}_{\mathrm{vis}}\mathrm{d}S \tag{4.2.2}$$

将它用于单元体(i,j,k)，便有：

$$\frac{\partial}{\partial t}\iiint_{\Omega}\begin{bmatrix}\rho\\ \rho\boldsymbol{V}\\ \varepsilon\end{bmatrix}\mathrm{d}\Omega+\sum_{\beta=1}^{6}\begin{pmatrix}\rho\boldsymbol{S}\cdot\boldsymbol{V}\\ \rho\boldsymbol{S}\cdot\boldsymbol{V}\boldsymbol{V}+p\boldsymbol{S}\\ (\varepsilon+p)\boldsymbol{S}\cdot\boldsymbol{V}\end{pmatrix}_{\beta}-\sum_{\beta=1}^{6}\begin{pmatrix}0\\ \boldsymbol{S}\cdot\boldsymbol{\Pi}\\ \boldsymbol{S}\cdot\boldsymbol{\Pi}\cdot\boldsymbol{V}+\lambda\boldsymbol{S}\cdot\nabla T\end{pmatrix}_{\beta}=0 \tag{4.2.3}$$

下面分三个方面说明式(4.2.3)的计算过程。

(1) $\sum\limits_{\beta=1}^{6}(\boldsymbol{S}\cdot\boldsymbol{\Pi})_{\beta}$ 项的计算：

$$\sum_{\beta=1}^{6}(\boldsymbol{S}\cdot\boldsymbol{\Pi})_{\beta}=\sum_{\beta=1}^{6}\left[\mu\boldsymbol{S}\cdot(\nabla\boldsymbol{V}+(\nabla\boldsymbol{V})_{c})-\frac{2}{3}\mu\boldsymbol{S}(\nabla\cdot\boldsymbol{V})\right]_{\beta} \tag{4.2.4a}$$

注意：

$$\begin{cases}\nabla\boldsymbol{V}=(\nabla u)\boldsymbol{i}+(\nabla v)\boldsymbol{j}+(\nabla w)\boldsymbol{k}\\ (\nabla\boldsymbol{V})_{c}=\boldsymbol{i}(\nabla u)+\boldsymbol{j}(\nabla v)+\boldsymbol{k}(\nabla w)\end{cases} \tag{4.2.4b}$$

另外，为计算 β 面上的$\nabla\boldsymbol{V}$ 值，可采用相邻单元体体心上的$\nabla\boldsymbol{V}$ 值作算术平均；同样地，为计算 β 面上的$(\nabla\boldsymbol{V})_{c}$ 与$(\nabla\cdot\boldsymbol{V})$值，也可采用相邻单元体体心上的相应值作算术平均。因此，得到各个体心点处∇u，$(\nabla u)_{c}$ 与$(\nabla\cdot\boldsymbol{V})$的值是完成式(4.2.4a)计算的重要步骤。

由高等数学关于梯度的基本定义得到：

$$\begin{aligned}(\nabla u)\Big|_{体心}&=\lim_{\Omega\to 0}\frac{\oiint_{\partial\Omega}u\boldsymbol{n}\,\mathrm{d}s}{\Omega}=\left[\frac{1}{\Omega}\sum_{\beta=1}^{6}(uS_{1})_{\beta}\right]\boldsymbol{i}+\left[\frac{1}{\Omega}\sum_{\beta=1}^{6}(uS_{2})_{\beta}\right]\boldsymbol{j}+\left[\frac{1}{\Omega}\sum_{\beta=1}^{6}(uS_{3})_{\beta}\right]\boldsymbol{k}\\&=(\alpha_{1}\boldsymbol{i}+\alpha_{2}\boldsymbol{j}+\alpha_{3}\boldsymbol{k})_{体心}\end{aligned} \tag{4.2.4c}$$

同样地有：

$$\begin{cases}(\nabla v)\Big|_{体心}=(\beta_{1}\boldsymbol{i}+\beta_{2}\boldsymbol{j}+\beta_{3}\boldsymbol{k})_{体心}\\ (\nabla w)\Big|_{体心}=(\gamma_{1}\boldsymbol{i}+\gamma_{2}\boldsymbol{j}+\gamma_{3}\boldsymbol{k})_{体心}\end{cases} \tag{4.2.4d}$$

引进定义在体心上的符号 b_{ij}，其表达式为

$$b_{ij}\Big|_{体心}=\frac{1}{\Omega}\sum_{\beta=1}^{6}(u_{i}S_{j}+u_{j}S_{i})_{\beta} \tag{4.2.4e}$$

式中，u_{i} 与 S_{i} 分别由式(4.2.1e)与式(4.2.1f)定义。

类似地，面上的 b_{ij} 值也可由相邻单元体体心上 b_{ij} 值的算术平均得到。于是可引进定义在面上的矩阵 $\boldsymbol{B}$，其表达式为：

$$\boldsymbol{B}=\begin{bmatrix}b_{11}&b_{12}&b_{13}\\ b_{21}&b_{22}&b_{23}\\ b_{31}&b_{32}&b_{33}\end{bmatrix} \tag{4.2.4f}$$

显然，$\boldsymbol{B}$ 是个对称矩阵。

这里 $\boldsymbol{B}$ 的任一元素 b_{ij} 是定义在面上；另外，体心上的$(\nabla\cdot\boldsymbol{V})$为：

$$(\nabla\cdot\boldsymbol{V})\Big|_{体心}=\frac{1}{\Omega}\sum_{\beta=1}^{6}(uS_1+vS_2+wS_3)_\beta=\frac{1}{2}(b_{11}+b_{22}+b_{33})_{体心} \tag{4.2.4g}$$

基于上面的推导，于是式(4.2.4a)可以写为：

$$\sum_{\beta=1}^{6}(\boldsymbol{S}\cdot\boldsymbol{\Pi})_\beta=\sum_{\beta=1}^{6}\left\{\mu[S_1\ S_2\ S_3]B[\boldsymbol{i}\ \boldsymbol{j}\ \boldsymbol{k}]^{\mathrm{T}}-\frac{2}{3}\mu(\nabla\cdot\boldsymbol{V})\boldsymbol{S}\right\}_\beta \tag{4.2.4h}$$

(2) $\sum_{\beta=1}^{6}(\boldsymbol{S}\cdot\boldsymbol{\Pi}\cdot\boldsymbol{V})_\beta$ 项的计算：

$$\sum_{\beta=1}^{6}(\boldsymbol{S}\cdot\boldsymbol{\Pi}\cdot\boldsymbol{V})_\beta=\sum_{\beta=1}^{6}\left\{(\mu[S_1\ S_2\ S_3]B[\boldsymbol{i}\ \boldsymbol{j}\ \boldsymbol{k}]^{\mathrm{T}})\cdot\boldsymbol{V}-\frac{2}{3}\mu(\nabla\cdot\boldsymbol{V})\boldsymbol{S}\cdot\boldsymbol{V}\right\}_\beta \tag{4.2.5a}$$

注意：β 面上定义 a_{ij}，其表达式为：

$$a_{ij}=(u_iS_j+u_jS_i) \tag{4.2.5b}$$

显然由 a_{ij} 所构成的辅助矩阵也是对称的。于是式(4.2.5a)可写为：

$$\sum_{\beta=1}^{6}(\boldsymbol{S}\cdot\boldsymbol{\Pi}\cdot\boldsymbol{V})_\beta=\sum_{\beta=1}^{6}\left\{\frac{\mu}{6}[a_{11}\ a_{22}\ a_{33}]\begin{bmatrix}2&-1&-1\\-1&2&-1\\-1&-1&2\end{bmatrix}\begin{bmatrix}b_{11}\\b_{22}\\b_{33}\end{bmatrix}+\mu(a_{12}b_{12}+a_{13}b_{13}+b_{23}b_{23})\right\}_\beta \tag{4.2.5c}$$

(3) $\sum_{\beta=1}^{6}(\lambda\boldsymbol{S}\cdot\nabla T)_\beta$ 项的计算。因为

$$p=(\gamma-1)\left(\varepsilon-\frac{1}{2}\rho V^2\right) \tag{4.2.6a}$$

所以在迭代计算中，一旦得到了 ρ 与 ε 值便直接获得了 p 值；有了 ρ 与 p，则由 $T=p/(\rho R)$式便得到了温度 T 值。另外，在体心上定义 C_i，其表达式为：

$$C_i\Big|_{体心}=\frac{1}{\Omega}\sum_{\beta=1}^{6}\left(\frac{p}{\rho}S_i\right)_\beta \tag{4.2.6b}$$

于是体心上$\nabla\left(\frac{p}{\rho}\right)$为：

$$\nabla\left(\frac{p}{\rho}\right)\Big|_{体心}=(C_1\boldsymbol{i}+C_2\boldsymbol{j}+C_3\boldsymbol{k})_{体心} \tag{4.2.6c}$$

另外，β 面上的 C_i 值可由相邻单元体体心上值的算术平均得到。基于上面的推导，则有：

$$\sum_{\beta=1}^{6}(\lambda\boldsymbol{S}\cdot\nabla T)_\beta=\sum_{\beta=1}^{6}\left\{\frac{\lambda}{R}(S_1C_1+S_2C_2+S_3C_3)\right\}_\beta \tag{4.2.6d}$$

式中，R 为气体常数。

显然，使用式(4.2.4h)、式(4.2.5c)和式(4.2.6d)去计算式(4.2.3)中的黏性项与热传导项，还是十分方便的，它大大地减少了计算工作量，而且便于编程和完成三维流场的数值计算[40]。

4.3 黏性流体力学方程组的数学性质及定解条件

4.3.1 一阶拟线性方程组分类的一般方法

对于一阶拟线性偏微分方程组这里仍采用分析特征方程根的办法进行方程的分类。考虑如下一阶拟线性方程组：

$$\frac{\partial \boldsymbol{U}}{\partial t}+\boldsymbol{A}_\beta\cdot\frac{\partial \boldsymbol{U}}{\partial x_\beta}=\boldsymbol{f}\quad\text{（采用了 Einstein 求和规约）}\tag{4.3.1}$$

式中，$\boldsymbol{U}=[U_1\quad U_2\quad\cdots\quad U_n]^{\mathrm{T}}$；$\boldsymbol{A}_\beta$ 为 $n\times n$ 的方阵，$(\beta=1,2,\cdots,n)$，其元素是关于 $t,x_i,U_i(i=1,2,\cdots,n)$ 的函数；列矢量 $\boldsymbol{f}=[f_1\quad f_2\quad\cdots\quad f_n]^{\mathrm{T}}$ 也都是关于 $t,x_i,U_i(i=1,2,\cdots,n)$ 的函数。

令 $\lambda_j^{(A_\beta)}$ 为矩阵 $\boldsymbol{A}_\beta$ 的特征值$(j=1,2,\cdots,n)$，即特征方程 $|\boldsymbol{A}_\beta-\lambda^{(A_\beta)}\boldsymbol{I}|=0$ 的根（$\lambda^{(A_\beta)}$ 为标量；$\boldsymbol{I}$ 为 $n\times n$ 的单位矩阵），则有以下特性：① 若这 n 个特征值全为复数，则方程式(4.3.1) 在 $t-x_i$ 平面上为纯椭圆型。② 若这 n 个特征值为互不相等且不等于零的实数，则方程式(4.3.1)在 $t-x_i$ 平面上为纯双曲型。③ 若这 n 个特征值全为零，则方程式(4.3.1) 在 $t-x_i$ 平面上为纯抛物型。④ 若这 n 个特征值部分为实数，部分为复数，则方程式(4.3.1)在 $t-x_i$ 平面上为双曲—椭圆型。⑤ 若这 n 个特征值全为实数，且其中部分为零，则方程式(4.3.1)在 $t-x_i$ 平面上为双曲抛物型或抛物双曲型。

4.3.2 方程分类的实例(用一阶的方法)

今考虑二维流动。二维非定常 Navier-Stokes 方程的守恒形式可由方程式(4.1.2)简化为二维时得到，其表达式为：

$$\frac{\partial \boldsymbol{U}}{\partial t}+\frac{\partial(\boldsymbol{E}-\boldsymbol{E}_v)}{\partial x}+\frac{\partial(\boldsymbol{F}-\boldsymbol{F}_v)}{\partial y}=0\tag{4.3.2a}$$

式中：

$$\boldsymbol{U}=[\rho\ \rho u\ \rho v\ \varepsilon]^{\mathrm{T}}\tag{4.3.2b}$$

$$[\boldsymbol{E}\ \boldsymbol{F}]=\begin{bmatrix}\rho u & \rho v\\ \rho uu+p & \rho vu\\ \rho uv & \rho vv+p\\ (\varepsilon+p)u & (\varepsilon+p)v\end{bmatrix}\tag{4.3.2c}$$

$$\boldsymbol{E}_{\mathrm{v}}=[0\ \tau_{xx}\ \tau_{yx}\ a_1]^{\mathrm{T}}\tag{4.3.2d}$$

$$\boldsymbol{F}_{\mathrm{v}}=[0\ \tau_{xy}\ \tau_{yy}\ a_2]^{\mathrm{T}}\tag{4.3.2e}$$

这时 a_1 与 a_2 分别为：

$$a_1 = u\tau_{xx} + v\tau_{xy} + k\frac{\partial T}{\partial x} \tag{4.3.2f}$$

$$a_2 = u\tau_{yx} + v\tau_{yy} + k\frac{\partial T}{\partial y} \tag{4.3.2g}$$

而 $\tau_{xx}, \tau_{yx}, \tau_{yy}$ 为：

$$\begin{bmatrix} \tau_{xx} \\ \tau_{yy} \\ \tau_{xy} \end{bmatrix} = \begin{bmatrix} 2\mu\dfrac{\partial u}{\partial x} + \lambda\left(\dfrac{\partial u}{\partial x} + \dfrac{\partial v}{\partial y}\right) \\ 2\mu\dfrac{\partial v}{\partial y} + \lambda\left(\dfrac{\partial u}{\partial x} + \dfrac{\partial v}{\partial y}\right) \\ \mu\left(\dfrac{\partial u}{\partial y} + \dfrac{\partial v}{\partial x}\right) \end{bmatrix} \tag{4.3.2h}$$

式中，μ 为动力黏性系数；λ 为第二黏性系数；μ 与 λ 之间的关系为：

$$\mu' = \lambda + \frac{2}{3}\mu \tag{4.3.2i}$$

式中，μ' 为膨胀黏性系数。

1845 年，Stokes（斯托克斯）提出假设，取：

$$\lambda = -\frac{2}{3}\mu \tag{4.3.2j}$$

这就是著名的 Stokes 假设，本书在大多数情况下也采纳这一假设。对于原始变量表达的黏性力学方程组，由连续方程、动量方程和能量方程出发，并注意省略体积力后得到如下表达式（当 μ，λ 与 k 为常数时）：

$$\begin{cases} \dfrac{\partial \rho}{\partial t} + \mathbf{V}\cdot(\nabla\rho) + \rho(\nabla\cdot\mathbf{V}) = 0 & (4.3.3\text{a}) \\ \dfrac{\partial \mathbf{V}}{\partial t} + (\mathbf{V}\cdot\nabla)\mathbf{V} = \dfrac{\partial \mathbf{V}}{\partial t} + \mathbf{V}\cdot(\nabla\mathbf{V}) = \dfrac{1}{\rho}(\nabla\cdot\boldsymbol{\Pi} - \nabla p) & (4.3.3\text{b}) \\ \dfrac{\mathrm{d}p}{\mathrm{d}t} + \gamma p\theta = (\gamma - 1)\left\{\phi + k\left[\dfrac{1}{R\rho}\nabla^2 p - \dfrac{p}{R\rho^2}\nabla^2\rho + b_1\right]\right\} & (4.3.3\text{c}) \end{cases}$$

式中，ϕ 为耗散函数；$\boldsymbol{\Pi}$ 为黏性应力张量；θ 为胀量；∇^2 为 Laplace（拉普拉斯）算子；符号 b_1 的定义为：

$$b_1 \equiv \frac{2p}{R\rho^3}(\nabla\rho)\cdot(\nabla\rho) - \frac{2}{R\rho^2}(\nabla p)\cdot(\nabla\rho) \tag{4.3.4a}$$

在笛卡儿坐标系中，如果令 $\mathbf{V} = u_\beta \boldsymbol{i}_\beta$（$u_\beta$ 为分速度，$\boldsymbol{i}_\beta$ 为笛卡儿坐标系的单位矢量）时，则 $\nabla\cdot\boldsymbol{\Pi}$ 可表达为：

$$\nabla\cdot\boldsymbol{\Pi} = \boldsymbol{i}_\beta\left\{\mu\left(\frac{\partial^2 u_k}{\partial x_k \partial x_\beta} + \frac{\partial^2 u_\beta}{\partial x_k \partial x_k}\right) + \lambda\frac{\partial(\theta\delta_{k\beta})}{\partial x_k}\right\} \quad (k = 1, 2, 3) \tag{4.3.4b}$$

式中，μ、λ 与 θ 分别为动力黏性系数、第二黏性系数与胀量；(x_1, x_2, x_3) 为笛卡儿坐标系；$\delta_{k\beta}$ 为 Kronecker 记号。

另外，耗散函数 ϕ 可由黏性应力张量 $\boldsymbol{\Pi}$ 与变形速度张量 $\boldsymbol{D}$ 的双点积得到，即：

$$\phi=\boldsymbol{\Pi}:\boldsymbol{D} \tag{4.3.4c}$$

因此，使用原始变量 ρ,$\boldsymbol{V}$ 与 P 便可以通过式(4.3.3a)～式(4.3.3c)很方便地得到了黏性流体力学基本方程组。

下面仅对二维、不可压缩、定常、黏性流动的一阶拟线性方程组进行类型判别。在二维、定常、不可压缩条件下，式(4.3.3a)与式(4.3.3b)在笛卡儿坐标系中被简化为：

$$\frac{\partial u_i}{\partial x_i}=0 \quad (i=1,2) \tag{4.3.5a}$$

$$u_i\frac{\partial u_k}{\partial x_i}+\frac{1}{\rho}\frac{\partial p}{\partial x_k}-\frac{\mu}{\rho}\left(\frac{\partial^2 u_k}{\partial x^2}+\frac{\partial^2 u_k}{\partial y^2}\right)=0 \quad (i,k=1,2) \tag{4.3.5b}$$

这里采用了 Einstein 求和规约。另外，式中 $x_1=x$，$x_2=y$；令 $u=u_1$，$v=u_2$ 并引进辅助参量 g_1，g_2 与 h，即：

$$\begin{cases} g_i\equiv\dfrac{\partial u}{\partial x_i}(i=1,2) \\ h\equiv\dfrac{\partial v}{\partial x} \end{cases} \tag{4.3.6a}$$

如果将式(4.3.5b)中的$\dfrac{\partial^2 u}{\partial x^2}$，$\dfrac{\partial^2 v}{\partial y^2}$与$\dfrac{\partial v}{\partial y}$项分别用连续方程取代，则又可得如下相应的一组方程：

$$\begin{cases} \dfrac{\partial g_1}{\partial x_1}+\dfrac{\partial h}{\partial x_2}=0 \\ \dfrac{\partial g_2}{\partial x_1}-\dfrac{\partial g_1}{\partial x_2}=0 \\ \dfrac{\partial h}{\partial x_1}-\dfrac{\partial g_1}{\partial x_2}-\dfrac{1}{\mu}\dfrac{\partial p}{\partial x_2}=\dfrac{\rho}{\mu}(uh-vg_1) \\ \dfrac{\partial p}{\partial x_1}-\mu\dfrac{\partial g_2}{\partial x_2}+\mu\dfrac{\partial h}{\partial x_2}=-\rho(ug_1+vg_2) \\ \dfrac{\partial u}{\partial x_1}=g_1 \\ \dfrac{\partial v}{\partial x_1}=h \end{cases} \tag{4.3.6b}$$

将式(4.3.6b)写成如下矩阵方程：

$$\frac{\partial \boldsymbol{U}}{\partial x}+\boldsymbol{A}\cdot\frac{\partial \boldsymbol{U}}{\partial y}=\boldsymbol{C} \tag{4.3.6c}$$

式中：

$$\boldsymbol{U}=[g_1\ g_2\ h\ p\ u\ v]^{\mathrm{T}} \tag{4.3.6d}$$

$$\boldsymbol{A}=\begin{bmatrix} 0 & 0 & 1 & 0 & 0 & 0 \\ -1 & 0 & 0 & 0 & 0 & 0 \\ -1 & 0 & 0 & -\dfrac{1}{\mu} & 0 & 0 \\ 0 & -\mu & \mu & 0 & 0 & 0 \\ 0 & 0 & 0 & 0 & 0 & 0 \\ 0 & 0 & 0 & 0 & 0 & 0 \end{bmatrix},\ \boldsymbol{C}=\begin{bmatrix} 0 \\ 0 \\ \dfrac{\rho}{\mu}(uh-vg_1) \\ -\rho(ug_1+vg_2) \\ g_1 \\ h \end{bmatrix} \tag{4.3.6e}$$

式中，$\boldsymbol{A}$ 为 6×6 阶的方阵，并且 $\boldsymbol{A}$ 的特征方程为：

$$|\boldsymbol{A}-\lambda\boldsymbol{I}|=\lambda^2(\lambda^2+1)^2=0 \tag{4.3.6f}$$

故有 6 个根：$\lambda_1^{(A)}=0,\lambda_2^{(A)}=0,\lambda_3^{(A)}=i,\lambda_4^{(A)}=i,\lambda_5^{(A)}=-i,\lambda_6^{(A)}=-i$。显然，$\lambda_1^{(A)},\lambda_2^{(A)}$ 是由于引进两个新变量 g_1 与 h 而增加出来的，而其余四个虚特征值则是对应于不可压缩定常 Navier-Stokes 方程的。可见，定常不可压缩 Navier-Stokes 方程组（由式(4.3.5a)与式(4.3.5b)组成）是纯椭圆型方程。

4.3.3　二阶拟线性方程组分类的一般方法及方程定解条件

1. 单个二阶拟线性偏微分方程的类型判别

对于只有一个因变量的二阶拟线性偏微分方程，例如：

$$A\frac{\partial^2\phi}{\partial x^2}+B\frac{\partial^2\phi}{\partial x\partial y}+C\frac{\partial^2\phi}{\partial y^2}=D \tag{4.3.7a}$$

式中，系数 A,B,C 和 D 可以是 $x,y,\phi,\partial\phi/\partial x$ 和 $\partial\phi/\partial y$ 的非线性函数，但不包含有 ϕ 的二阶偏导数。

这时方程在某一点及其领域的性质便完全可由判别式 B^2-4AC 在该点的符号决定：

$$B^2-4AC\begin{cases} <0\text{（方程为椭圆型）} \\ =0\text{（方程为抛物型）} \\ >0\text{（方程为双曲型）} \end{cases} \tag{4.3.7b}$$

作为实例，考虑具有单变量系数的 Tricomi 方程：

$$\frac{\partial^2 u}{\partial x^2}+x\frac{\partial^2 u}{\partial y^2}=0 \tag{4.3.7c}$$

由判别式(4.3.7b)可知，在 $x>0$ 的区域里，式(4.3.7c)属于椭圆型；而在 $x<0$ 的区域，式(4.3.7c)变为双曲型。对椭圆型方程，则求解域的边界必须封闭；在边界上应给定因变量的值(Dirichlet 问题)或者它的法向导数(Neuman n(诺依曼)问题)。但对于双曲型问题，要涉及初边值问题。

对于二阶拟线性偏微分方程组怎么办？下面介绍一种分类的常用方法。

2. 二阶拟线性偏微分方程组分类的一般方法及方程定解条件

现考虑具有一般形式的黏性气体动力学基本方程组。连续方程为：

$$\frac{\partial\rho}{\partial t}+\nabla\cdot(\rho\boldsymbol{V})=0 \tag{4.3.8a}$$

动量方程为：

$$\frac{\partial(\rho\boldsymbol{V})}{\partial t}+\nabla\cdot(\rho\boldsymbol{V}\boldsymbol{V}-\boldsymbol{\pi})=0 \tag{4.3.8b}$$

式中，$\boldsymbol{\pi}$ 为应力张量。

在笛卡儿坐标系中应力张量的分量表达式为：

$$\pi_{ik}=-p\delta_{ik}+\mu\left(\frac{\partial u_i}{\partial x_k}+\frac{\partial u_k}{\partial x_i}-\frac{2}{3}\theta\delta_{ik}\right)+\mu'\theta\delta_{ik} \tag{4.3.9a}$$

式中，θ 为胀量；δ_{ik} 为 Kronecker 记号；μ' 由式(4.3.2i)定义。

利用连续方程，动量方程式(4.3.8b)可改写为：

$$\rho\frac{\mathrm{d}\boldsymbol{V}}{\mathrm{d}t}+\nabla p-\nabla\left[\theta\left(\mu'-\frac{2}{3}\mu\right)\right]-2\,\nabla\cdot(\mu D)=0 \tag{4.3.9b}$$

式中，D 为应变速率张量；在笛卡儿坐标系中，将式(4.3.9b)展开便为：

$$\rho\frac{\mathrm{d}u_i}{\mathrm{d}t}+\frac{\partial p}{\partial x_i}-\frac{\partial}{\partial x_i}\left[\theta\left(\mu'-\frac{2}{3}\mu\right)\right]-\frac{\partial}{\partial x_k}\left[\mu\left(\frac{\partial u_i}{\partial x_k}+\frac{\partial u_k}{\partial x_i}\right)\right]=0\quad(i=1,2,3) \tag{4.3.9c}$$

能量方程为：

$$\rho\frac{\mathrm{d}e}{\mathrm{d}t}+p\,\nabla\cdot\boldsymbol{V}-\mu\left(\frac{\partial u_i}{\partial x_k}+\frac{\partial u_k}{\partial x_i}\right)\frac{\partial u_k}{\partial x_i}-\left(\mu'-\frac{2}{3}\mu\right)\theta^2=\nabla\cdot(k\,\nabla T) \tag{4.3.8c}$$

为便于下面的讨论，将连续方程式(4.3.8a)改写为：

$$\frac{\partial\rho}{\partial t}+u_i\frac{\partial\rho}{\partial x_i}=f_0 \tag{4.3.10a}$$

式中：

$$f_0\equiv-\rho\,\nabla\cdot\boldsymbol{V} \tag{4.3.10b}$$

动量方程式(4.3.9c)改写为：

$$\rho\frac{\partial u_i}{\partial t}-\mu\,\nabla^2u_i-\left(\mu'+\frac{1}{3}\mu\right)\frac{\partial\theta}{\partial x_i}=\tilde{f}_i\quad(i=1,2,3) \tag{4.3.10c}$$

式中，∇^2 为拉普拉斯算子；而符号 $\tilde{f}_i$ 的定义为：

$$\tilde{f}_i\equiv-a^2\frac{\partial\rho}{\partial x_i}-\frac{\partial p}{\partial T}\frac{\partial T}{\partial x_i}-\rho u_k\frac{\partial u_i}{\partial x_k}+\frac{\mathrm{d}\mu}{\mathrm{d}T}\frac{\partial T}{\partial x_k}\left(\frac{\partial u_i}{\partial x_k}+\frac{\partial u_k}{\partial x_i}\right)+\frac{\mathrm{d}\left(\mu'-\frac{2}{3}\mu\right)}{\mathrm{d}T}\frac{\partial T}{\partial x_i}\theta\quad(i=1,2,3) \tag{4.3.10d}$$

这里已用上了适当的状态方程，例如，$p=p(\rho,T)$，$e=e(\rho,T)$并且假设 μ 与 μ'都是温度 T 的函数。显然，当状态方程 $p=\rho RT$ 和 $\mu=\mathrm{const}$，$\mu'=\mathrm{const}$ 时仅是特例。

将式(4.3.10c)在三个方向展开为：

$$\frac{\partial u_1}{\partial t}-\frac{1}{\rho}\left[\left(\mu'+\frac{4}{3}\mu\right)\frac{\partial^2 u_1}{\partial x_1^2}+\mu\frac{\partial^2 u_1}{\partial x_2^2}+\mu\frac{\partial^2 u_1}{\partial x_3^2}\right]-\frac{1}{\rho}\left(\mu'+\frac{1}{3}\mu\right)\frac{\partial^2 u_2}{\partial x_1\partial x_2}-\frac{1}{\rho}\left(\mu'+\frac{1}{3}\mu\right)\frac{\partial^2 u_3}{\partial x_1\partial x_3}=f_1 \tag{4.3.10e}$$

$$\frac{\partial u_2}{\partial t}-\frac{1}{\rho}\left(\mu'+\frac{1}{3}\mu\right)\frac{\partial^2 u_1}{\partial x_1\partial x_2}-\frac{1}{\rho}\left[\mu\frac{\partial^2 u_2}{\partial x_1^2}+\left(\mu'+\frac{4}{3}\mu\right)\frac{\partial^2 u_2}{\partial x_2^2}+\mu\frac{\partial^2 u_2}{\partial x_3^2}\right]-\frac{1}{\rho}\left(\mu'+\frac{1}{3}\mu\right)\frac{\partial^2 u_3}{\partial x_2\partial x_3}=f_2 \tag{4.3.10f}$$

$$\frac{\partial u_3}{\partial t}-\frac{1}{\rho}\left(\mu'+\frac{1}{3}\mu\right)\frac{\partial^2 u_1}{\partial x_1\partial x_3}-\frac{1}{\rho}\left(\mu'+\frac{1}{3}\mu\right)\frac{\partial^2 u_2}{\partial x_2\partial x_3}-\frac{1}{\rho}\left[\mu\frac{\partial^2 u_3}{\partial x_1^2}+\mu\frac{\partial^2 u_3}{\partial x_2^2}+\left(\mu'+\frac{4}{3}\mu\right)\frac{\partial^2 u_3}{\partial x_3^2}\right]=f_3 \tag{4.3.10g}$$

式中，$f_i=\tilde{f}_i/\rho$。

现在讨论能量方程，由状态方程 $e=e(\rho,T)$，并利用连续方程式(4.3.8a)，便有：

$$\frac{\mathrm{d}e}{\mathrm{d}t}=\frac{\partial e}{\partial\rho}\frac{\mathrm{d}\rho}{\mathrm{d}t}+\frac{\partial e}{\partial T}\frac{\mathrm{d}T}{\mathrm{d}t}=-\frac{\partial e}{\partial\rho}\rho\,\boldsymbol{\nabla}\cdot\boldsymbol{V}+\frac{\partial e}{\partial T}\frac{\mathrm{d}T}{\mathrm{d}t} \tag{4.3.11a}$$

将式(4.3.11b)代入式(4.3.8c)中，可得：

$$\frac{\partial T}{\partial t}+u_j\frac{\partial T}{\partial x_j}-\left(\rho\frac{\partial e}{\partial T}\right)^{-1}\boldsymbol{\nabla}\cdot(k\,\boldsymbol{\nabla}T)=\tilde{f}_5 \tag{4.3.11b}$$

式中：

$$\tilde{f}_5=\left\{\left(\rho\frac{\partial e}{\partial\rho}-\frac{p}{\rho}\right)\theta+\frac{\mu}{\rho}\left(\frac{\partial u_i}{\partial x_j}+\frac{\partial u_j}{\partial x_i}\right)\frac{\partial u_j}{\partial x_i}+\frac{1}{\rho}\left(\mu'-\frac{2}{3}\mu\right)\theta^2\right\}\Big/\frac{\partial e}{\partial T} \tag{4.3.11c}$$

式(4.3.11b)又可写为：

$$\frac{\partial T}{\partial t}-k\left(\rho\frac{\partial e}{\partial T}\right)^{-1}\boldsymbol{\nabla}^2 T=f_4 \tag{4.3.11d}$$

式中 k 为传热系数。

f_4 的定义为：

$$f_4\equiv\tilde{f}_5-u_j\frac{\partial T}{\partial x_j}+\left(\rho\frac{\partial e}{\partial T}\right)^{-1}(\boldsymbol{\nabla}k)\cdot(\boldsymbol{\nabla}T) \tag{4.3.11e}$$

显然，式(4.3.11d)给出的能量方程考虑了传热系数 k 在全流场的变化，因此 $k=\text{const}$ 仅为特例。至此，连续方程式(4.3.10a)、动量方程式(4.3.10e)～式(4.3.10g)以及能量方程式(4.3.11d)这 5 个方程便构成了针对三维、黏性、非定常、可压缩、变 μ、变 μ'、变 k 时的气体动力学方程组。该方程组允许状态方程具有 $e=e(\rho,T)$，$p=p(\rho,T)$ 的形式，因此完全气体仅是特例。它适用于较高温度下(例如，涡轮喷气发动机考虑燃气热力性质变化时)的气体动力学问题。

下面首先讨论除连续方程式之外其余四个方程式的分类问题。令 $\boldsymbol{U}=[u_1\ u_2\ u_3\ T]^{\mathrm{T}}$，则式(4.3.10e)～式(4.3.10g)与式(4.3.11d)的左端只包含 $\boldsymbol{U}$ 对 t 的一阶偏导数以及对

x_i 的二阶偏导数，因此可将它们写为如下矩阵形式：

$$\frac{\partial \boldsymbol{U}}{\partial t}-\boldsymbol{A}_{ij}\cdot\frac{\partial^2 \boldsymbol{U}}{\partial x_i \partial x_j}=\boldsymbol{C} \tag{4.3.12a}$$

式中：

$$\boldsymbol{A}_{11}=\mathrm{diag}\left[\frac{\mu'+\frac{4}{3}\mu}{\rho},\frac{\mu}{\rho},\frac{\mu}{\rho},k\left(\rho\frac{\partial e}{\partial T}\right)^{-1}\right] \tag{4.3.12b}$$

$$\boldsymbol{A}_{22}=\mathrm{diag}\left[\frac{\mu}{\rho},\frac{\mu'+\frac{4}{3}\mu}{\rho},\frac{\mu}{\rho},k\left(\rho\frac{\partial e}{\partial T}\right)^{-1}\right] \tag{4.3.12c}$$

$$\boldsymbol{A}_{33}=\mathrm{diag}\left[\frac{\mu}{\rho},\frac{\mu}{\rho},\frac{\mu'+\frac{4}{3}\mu}{\rho},k\left(\rho\frac{\partial e}{\partial T}\right)^{-1}\right] \tag{4.3.12d}$$

$$\boldsymbol{A}_{12}=\boldsymbol{A}_{21}=\frac{1}{2}\begin{bmatrix}0 & b & 0 & 0\\ b & 0 & 0 & 0\\ 0 & 0 & 0 & 0\\ 0 & 0 & 0 & 0\end{bmatrix} \tag{4.3.12e}$$

$$\boldsymbol{A}_{23}=\boldsymbol{A}_{32}=\frac{1}{2}\begin{bmatrix}0 & 0 & 0 & 0\\ 0 & 0 & b & 0\\ 0 & b & 0 & 0\\ 0 & 0 & 0 & 0\end{bmatrix} \tag{4.3.12f}$$

$$\boldsymbol{A}_{13}=\boldsymbol{A}_{31}=\frac{1}{2}\begin{bmatrix}0 & 0 & b & 0\\ 0 & 0 & 0 & 0\\ b & 0 & 0 & 0\\ 0 & 0 & 0 & 0\end{bmatrix} \tag{4.3.12g}$$

$$b\equiv\frac{\mu'+\frac{1}{3}\mu}{\rho} \tag{4.3.12h}$$

显然，$\boldsymbol{A}_{11}$，$\boldsymbol{A}_{22}$，$\boldsymbol{A}_{33}$，$\boldsymbol{A}_{12}$，$\boldsymbol{A}_{23}$，$\boldsymbol{A}_{13}$ 都是 4×4 阶的对称矩阵。此外，对任何给定的 $\boldsymbol{\eta}=(\eta_1,\eta_2,\eta_3)$ 以及 $|\boldsymbol{\eta}|=1$，则 $\boldsymbol{A}_{ij}\eta_i\eta_j$（注意对 i，j 求和）均为对称正定矩阵。事实上：

$$\boldsymbol{A}_{ij}\eta_i\eta_j=\begin{bmatrix}a\eta_1^2+a_1 & a\eta_1\eta_2 & a\eta_1\eta_3 & 0\\ a\eta_1\eta_2 & a\eta_2^2+a_1 & a\eta_2\eta_3 & 0\\ a\eta_1\eta_3 & a\eta_2\eta_3 & a\eta_3^2+a_1 & 0\\ 0 & 0 & 0 & a_2\end{bmatrix} \tag{4.3.13a}$$

$$a=\frac{\mu'+\frac{1}{3}\mu}{\rho},a_1=\frac{\mu}{\rho},a_2=k\left(\rho\frac{\partial e}{\partial T}\right)^{-1} \tag{4.3.13b}$$

这里，注意对 i,j 求和；由于 $\mu>0,\mu'\geqslant 0$，在 $\rho>0$(不出现真空)时，a 及 a_1 均为正数。因而矩阵式(4.3.13a)的主子式：

$$a\eta_1^2+a_1>0 \tag{4.3.14a}$$

$$\begin{vmatrix} a\eta_1^2+a_1, & a\eta_1\eta_2 \\ a\eta_1\eta_2, & a\eta_2^2+a_1 \end{vmatrix}=aa_1(\eta_1^2+\eta_2^2)+a_1^2>0 \tag{4.3.14b}$$

$$\begin{vmatrix} a\eta_1^2+a_1 & a\eta_1\eta_2 & a\eta_1\eta_3 \\ a\eta_1\eta_2 & a\eta_2^2+a_1 & a\eta_2\eta_3 \\ a\eta_1\eta_3 & a\eta_2\eta_3 & a\eta_3^2+a_1 \end{vmatrix}=aa_1^2>0 \tag{4.3.14c}$$

因此，矩阵 $\boldsymbol{A}_{ij}\eta_i\eta_j$ 为正定矩阵。所以式(4.3.12a)为对称抛物型的。一般地说，一个方程组：

$$\frac{\partial \boldsymbol{U}}{\partial t}-\boldsymbol{A}_{ij}\cdot\frac{\partial^2\boldsymbol{U}}{\partial x_i\partial x_j}=\boldsymbol{C}\quad(\text{对 } i\text{、}j \text{ 求和}; i,j=1,2,\cdots,m) \tag{4.3.15}$$

式中，$\boldsymbol{U}\equiv[u_1,u_2,\cdots,u_n]^{\mathrm{T}}$；$\boldsymbol{A}_{ij}$ 为 $n\times n$ 阵。

若满足：

$$\begin{cases} \text{① } \boldsymbol{A}_{ij}(i,j=1,2,\cdots,m)\text{ 为对称阵；} \\ \text{② 对任意给定的 } \boldsymbol{\eta}=(\eta_1,\eta_2,\cdots,\eta_m)\text{，且 } |\boldsymbol{\eta}|=1\text{，矩阵 } \boldsymbol{A}_{ij}\eta_i\eta_j(\text{对 } i,j \text{ 求和})\text{均为对称正定阵。} \end{cases} \tag{4.3.16}$$

则称该方程组属于彼得罗夫斯基(I. G. Petrovsky)意义下的对称抛物型方程。显然，上面讨论的黏性气体动力学方程组中的式(4.3.12a)属于 $n=4,m=3$ 时的特殊情形。

综上所述，黏性流体力学方程组的后四个方程组成了一个新的方程组，它以(u_1,u_2,u_3,T)为未知函数，该方程组属于二阶对称抛物型方程组；连续方程(式(4.3.10a))可以看作以 ρ 为未知函数的一阶对称双曲型方程，因此将这个方程与前面所述的二阶对称抛物型方程组相互耦合，便构成了一个拟线性对称双曲—抛物耦合方程组，这就是黏性流体力学方程组的数学结构。通常对这类问题可以提 Cauchy 问题即给定初始状态。除了初始条件外，有时还可能有边界条件，例如，物面边界条件：

$$\boldsymbol{V}\big|_{\Gamma}=0 \tag{4.3.17}$$

式中，Γ 为绕流的物体表面；对温度的边界条件，则可以采用通常的三类边界条件之一。这三类边界条件如下：

$$\begin{cases} \text{① 在边界 } \Gamma \text{ 上给定温度 } T \text{ 的分布(第一类边界条件)；} \\ \text{② 在边界 } \Gamma \text{ 上给定} \dfrac{\partial T}{\partial n}\text{的分布(第二类边界条件)；} \\ \text{③ 在边界 } \Gamma \text{ 上给定 } \alpha T+\dfrac{\partial T}{\partial n}(\alpha>0)\text{(第三类边界条件)。} \end{cases} \tag{4.3.18}$$

关于定解条件和定解问题适定性的详细讨论，这里不作展开，文献[38,118]中已给出了较细致的论述。

4.4 广义一维非定常流动的特征线方程和相容关系

针对工程中涌现的大量可以用广义一维流解决的问题，这里给出一个较实际而且相对严谨的数学与气体力学处理方法。

4.4.1 考虑摩擦、加热、添质效应的广义一维非定常流动

1. 连续方程的分析

一维流动的连续方程在不同的坐标系下其表达形式略有不同，现引进参数 δ，因此在笛卡儿坐标系、柱坐标系和球坐标系下的一维连续方程可统一写为[7,114]：

$$\frac{\partial\rho}{\partial t}+V\frac{\partial\rho}{\partial x}+\rho\frac{\partial V}{\partial x}+\delta\frac{\rho V}{x}=0 \tag{4.4.1}$$

当 δ 分别取 0，1 和 2 时，则式(4.4.1)分别代表着笛卡儿坐标系、柱坐标系和球面坐标系下的连续方程。对于既有摩擦和加热，又有添质流量的广义一维非定常流动，这时连续方程如何，现讨论如下：

连续方程所反映的是质量守恒定律，摩擦和加热对它没有影响，因此只需要在方程式(4.4.1)中加上添质项即可。设通过 $\mathrm{d}x$ 段控制体侧面加入到主质量流量 $\dot{m}=\rho VA$ 中去的添质流量为 $\mathrm{d}\dot{m}_i$，于是加入添质项以后，连续方程变成：

$$\frac{\partial\rho}{\partial t}+V\frac{\partial\rho}{\partial x}+\rho\frac{\partial V}{\partial x}+\delta\frac{\rho V}{x}=b_1 \tag{4.4.2}$$

式中：

$$b_1=\frac{1}{A}\frac{\mathrm{d}\dot{m}_i}{\mathrm{d}x} \tag{4.4.3}$$

2. 动量方程的分析

显然这时摩擦和添质效应都直接影响到动量方程。对于摩擦项，设壁面切应力为 τ_{w}，摩擦系数 $f=\dfrac{\tau_{\mathrm{w}}}{\left(\dfrac{1}{2}\rho V^2\right)}$，气流横截面接触壁面周长（润湿周长）的平均值为 $C_{\mathrm{w}}=4A/D$，于是 $\mathrm{d}x$ 控制体上所受的摩擦力在轴上的投影为：

$$\begin{aligned}\delta R_{fx}&=-\frac{1}{2}\rho V^2 fC_{\mathrm{w}}\mathrm{d}x=-\frac{1}{2}\rho V^2 f\frac{4A}{D}\mathrm{d}x\\&=-\frac{\rho V^2 bfA}{2r_{\mathrm{w}}}\mathrm{d}x\end{aligned} \tag{4.4.4}$$

式中，b 为截面形状因子。

例如，当截面为圆截面时，r_{w} 为半径，则 $b=2$；对于添质项，这里讨论任意方向的添质流动。设添质流速为 V_{i}，它在 x 方向的分量为 $V_{\mathrm{i}x}$，则由添质引起的动量变化率为 $\mathrm{d}\dot{m}_{\mathrm{i}}V_{\mathrm{i}x}$，如图 4.1 所示。

令 $\bar{V}_{ix}=V_{ix}/V$（如果添质流速方向垂直于主流方向，则 $\bar{V}_{ix}=0$；如果二者的速度矢量相同，则 $\bar{V}_{ix}=1$），于是添质对动量方程的附加项为：

$$\mathrm{d}\dot{m}_i V_{ix}=\rho V^2\left(\frac{V_{ix}}{\rho V^2}\frac{\mathrm{d}\dot{m}_i}{\mathrm{d}x}\right)\mathrm{d}x=\rho V^2\left(\bar{V}_{ix}\frac{\mathrm{d}\dot{m}_i}{\dot{m}\mathrm{d}x}\right)A\,\mathrm{d}x \tag{4.4.5}$$

而没有添质流时，一维动量方程为：

$$\rho\frac{\partial V}{\partial t}+\rho V\frac{\partial V}{\partial x}+\frac{\partial p}{\partial x}=0 \tag{4.4.6}$$

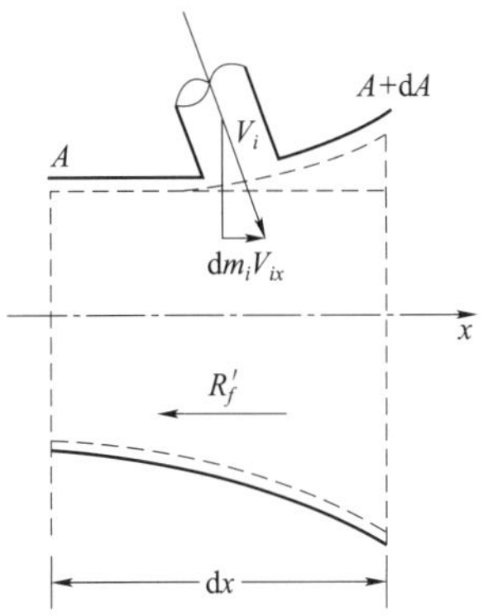

图 4.1　广义一维流动的控制体

有添质流时，将式(4.4.5)除以 $A\mathrm{d}x$ 后加到式(4.4.6)中去，可得：

$$\rho\frac{\partial V}{\partial t}+\rho V\frac{\partial V}{\partial x}+\frac{\partial p}{\partial x}=b_2 \tag{4.4.7}$$

式中：

$$b_2=\rho V^2\left[\bar{V}_{ix}\frac{\mathrm{d}\dot{m}_i}{\dot{m}\mathrm{d}x}-\frac{2f}{D}\right] \tag{4.4.8}$$

3. 能量方程的分析

加热和添质对能量方程都会产生影响，并且这时的流动并不是等熵流。由积分形式的能量方程，忽略质量力，有：

$$\iiint_{\tau}\frac{\partial}{\partial t}\left[\rho\left(e+\frac{V^2}{2}\right)\delta\tau+\oiint_{\sigma}\rho\left(e+\frac{V^2}{2}\right)V_n\mathrm{d}\sigma+\oiint_{\sigma}pV_n\mathrm{d}\sigma\right]=\delta\dot{Q} \tag{4.4.9}$$

式中，$\delta\dot{Q}$为对控制体 τ 的加热率。

令 e_i，$\dfrac{V_i^2}{2}$和$\dfrac{p_i}{\rho_i}$分别表示单位质量添质流体的内能、动能和压力功。将式(4.4.9)用于图 4.2 所示的控制体，便有：

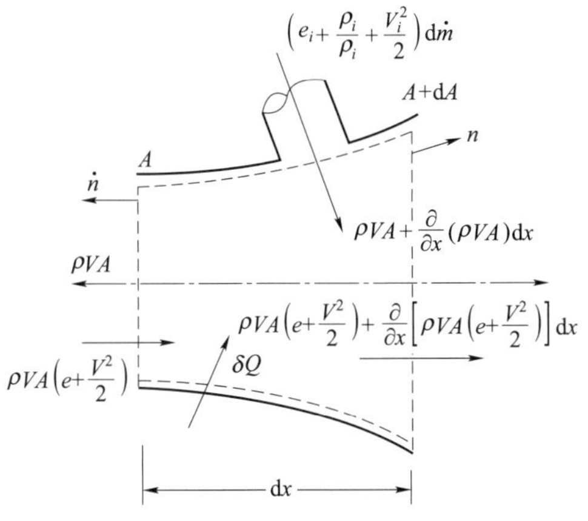

图 4.2　用于能量方程的广义一维流动的控制体

$$\frac{\partial}{\partial t}\left[\rho\left(e+\frac{V^2}{2}\right)\right]A\mathrm{d}x+\frac{\partial}{\partial x}\left[\rho VA\left(e+\frac{V^2}{2}\right)\right]\mathrm{d}x+\frac{\partial}{\partial x}(pVA)\mathrm{d}x-\left(e_i+\frac{p_i}{\rho_i}+\frac{V_i^2}{2}\right)\mathrm{d}\dot{m}_i=\delta\dot{Q} \tag{4.4.10}$$

式中，等号左边第一项表示控制体内的内能和动能随时间的变化率，它是由流动的非定常引起的；第二项表示由截面 A 处流入控制体 τ 的内能和动能与由截面 $A+\mathrm{d}A$ 处流出控制体 τ 的内能和动能之差引起的变化率；第三项表示压力功的变化率；第四项表示由添质引起的内能、动能和压力做功的增加率。而等号右端为加热率。气体的焓 h 是压强和密度的函数，因而内能 $e=h(p,\rho)-\frac{p}{\rho}=e(p,\rho)$。

令：

$$E=e+\frac{p}{\rho}+\frac{V^2}{2},E_{\mathrm{i}}=e_{\mathrm{i}}+\frac{p_{\mathrm{i}}}{\rho_{\mathrm{i}}}+\frac{V_i^2}{2} \tag{4.4.11}$$

这里假设截面积 A 只与 x 有关，并且不随时间变化，则方程式(4.4.10)等号右边第一项可改写为：

$$\frac{\partial}{\partial t}\left[\rho\left(e+\frac{V^2}{2}\right)\right]A\mathrm{d}x=E\frac{\partial\rho}{\partial t}A\,\mathrm{d}x+\rho\frac{\partial E}{\partial t}A\,\mathrm{d}x-\frac{\partial p}{\partial t}A\,\mathrm{d}x$$

而第二、三项合并可改写成：

$$E\rho\frac{\partial V}{\partial x}A\,\mathrm{d}x+EV\frac{\partial\rho}{\partial x}A\,\mathrm{d}x+\rho V\frac{\partial E}{\partial x}A\,\mathrm{d}x+\rho VE\frac{\mathrm{d}A}{\mathrm{d}x}\mathrm{d}x$$

因而方程式(4.4.10)可写成：

$$\rho\frac{\mathrm{d}E}{\mathrm{d}t}A\,\mathrm{d}x+E\left[\frac{\partial\rho}{\partial t}+V\frac{\partial\rho}{\partial x}+\rho\frac{\partial V}{\partial x}\right]A\,\mathrm{d}x-\frac{\partial p}{\partial t}A\,\mathrm{d}x+$$

$$\rho VE\frac{\mathrm{d}(\ln A)}{\mathrm{d}x}A\,\mathrm{d}x-E_i\mathrm{d}\dot{m}_i=\delta\dot{Q} \tag{4.4.12}$$

由连续方程，式(4.4.12)等号左边第二项可用：

$$E\left(\mathrm{d}\dot{m}_i-\delta\frac{\rho V}{x}A\,\mathrm{d}x\right)$$

代替。因此能量方程有如下形式，即：

$$\rho\frac{\mathrm{d}E}{\mathrm{d}t}-\frac{\partial p}{\partial t}=-\frac{E-E_{\mathrm{i}}}{A\mathrm{d}x}\mathrm{d}\dot{m}_{\mathrm{i}}+\delta\frac{\rho VE}{x}-\rho VE\frac{\mathrm{d}(\ln A)}{\mathrm{d}x}+\frac{1}{A}\frac{\delta\dot{Q}}{\mathrm{d}x}\quad(\delta=0,1,2) \tag{4.4.13}$$

另外，动量方程式(4.4.7)可改写成：

$$\rho\frac{\mathrm{d}}{\mathrm{d}t}\left(\frac{V^2}{2}\right)+V\frac{\partial p}{\partial x}=Vb_2 \tag{4.4.14}$$

由方程式(4.4.13)，减去式(4.4.14)后，可得：

$$\rho\frac{\mathrm{d}h}{\mathrm{d}t}-\frac{\mathrm{d}p}{\mathrm{d}t}=b_3 \tag{4.4.15}$$

式中：

$$b_3=-\frac{(E-E_{\mathrm{i}})}{A}\frac{\mathrm{d}\dot{m}_i}{\mathrm{d}x}+\delta\frac{\rho VE}{x}-\rho VE\frac{\mathrm{d}(\ln A)}{\mathrm{d}x}+\rho V\frac{\delta\dot{Q}}{\mathrm{d}x}-Vb_2 \tag{4.4.16}$$

对于完全气体，有：

$$\mathrm{d}h=c_p\mathrm{d}T=c_pT\left(\frac{\mathrm{d}p}{p}-\frac{\mathrm{d}\rho}{\rho}\right)=\frac{a^2}{\gamma-1}\left(\frac{\mathrm{d}p}{p}-\frac{\mathrm{d}\rho}{\rho}\right)$$

于是，这时方程式(4.4.15)可改写为：

$$\frac{\mathrm{d}p}{\mathrm{d}t}-a^2\frac{\mathrm{d}\rho}{\mathrm{d}t}=(\gamma-1)b_3 \tag{4.4.17}$$

因此，方程式(4.4.2)，式(4.4.7)和式(4.4.17)就是广义一维非定常流动的基本方程组，它含 V，p 和 ρ 这三个因变量，可联立求解。

4.4.2　广义一维非定常流动沿特征线的相容关系

现讨论既有摩擦、加热，又有添质效应的广义一维非定常流动的特征线和相容性方程。为更深刻的认识与掌握特征线方法，本节从特征线基本定义出发，采取了另外一种较直观的办法。为此将式(4.4.2)，式(4.4.7)和式(4.4.17)分别乘以 k_1，k_2 和 k_3 并且将所得三式相加，然后按照和 ρ 的导数分项整理，得到：

$$(k_1\rho+k_2\rho V)\left[\frac{\partial V}{\partial x}+\frac{k_2}{(k_1+k_2V)}\frac{\partial V}{\partial t}\right]+(k_2+k_3V)\left[\frac{\partial p}{\partial x}+\frac{k_3}{(k_2+k_3V)}\frac{\partial p}{\partial t}\right]+$$
$$(k_1V-k_3a^2V)\left[\frac{\partial \rho}{\partial x}+\frac{(k_1-k_3a^2)}{(k_1V-k_3a^2V)}\frac{\partial \rho}{\partial t}\right]+\left(k_1\ \frac{\delta\rho V}{x}-k_1b_1-k_2b_2-k_3b_3\right)=0 \tag{4.4.18}$$

设 q 代表流动参数 V，p 和 ρ 中的任意一个，有：

$$\frac{\mathrm{d}q}{\mathrm{d}x}=\frac{\partial q}{\partial x}+\lambda\ \frac{\partial q}{\partial t} \tag{4.4.19}$$

式中，$\lambda=\mathrm{d}t/\mathrm{d}x$ 是 xt 平面上特征线的斜率。

为了使方程式(4.4.18)成为全微分的形式，因此要求下式成立，即：

$$\lambda=\frac{k_2}{(k_1+k_2V)}=\frac{k_3}{(k_2+k_3V)}=\frac{(k_1-k_3a^2)}{(k_1V-k_3a^2V)} \tag{4.4.20}$$

在式(4.4.20)成立的情况下，于是式(4.4.16)便可改写成全微分形式，即：

$$\rho(k_1+k_2V)\mathrm{d}V+(k_2+k_3V)\mathrm{d}p+V(k_1-k_3a^2)\mathrm{d}\rho+$$
$$\left(k_1\ \frac{\delta\rho V}{x}-k_1b_1-k_2b_2-k_3b_3\right)\mathrm{d}x=0 \tag{4.4.21}$$

式(4.4.21)是沿着 $\lambda=\mathrm{d}t/\mathrm{d}x$ 特征线成立的关系式，在确定了 λ 并将式中 k_i 消去以后，便得到了所要求的相容关系。

下面先求出特征线方程。首先将式(4.4.20)写成关于 k_i 的代数方程组，即：

$$\begin{cases}\lambda k_1+(\lambda V-1)k_2=0\\ \lambda k_2+(\lambda V-1)k_3=0\\ (\lambda V-1)k_1-a^2(\lambda V-1)k_3=0\end{cases} \tag{4.4.22}$$

欲使方程式(4.4.22)有非平凡解，则必须要使它的系数行列式为零，即有：

$$(\lambda V-1)[(\lambda V-1)^2-a^2\lambda^2]=0 \tag{4.4.23}$$

方程式(4.4.23)有三个根，令第一个因子为零，给出一个特征线方程：

$$\left(\frac{\mathrm{d}t}{\mathrm{d}x}\right)_0=\lambda_0=\frac{1}{V}\text{或}\left(\frac{\mathrm{d}x}{\mathrm{d}t}\right)_0=\frac{1}{\lambda_0}=V(\text{特征线 }c_0) \tag{4.4.24}$$

显然，这是迹线方程。也就是说在一维非定常流动中，迹线是特征线。若令方程式(4.4.23)中第二个因子为零，有 $\lambda V-1=\pm a\lambda$，给出两个特征线方程：

$$\left(\frac{\mathrm{d}t}{\mathrm{d}x}\right)_{\pm}=\lambda_{\pm}=\frac{1}{V\pm a}\text{或}\left(\frac{\mathrm{d}x}{\mathrm{d}t}\right)_{\pm}=\frac{1}{\lambda_{\pm}}=V\pm a\text{(特征线 }C_{\pm}\text{)} \tag{4.4.25}$$

图 4.3 给出了一维非定常流动的特征线。在 $x-t$ 平面上，特征线共有三族，即迹线 $\mathrm{d}t/\mathrm{d}x=1/V$，用 C_0 表示；非定常流动的右行波和左行波 $(\mathrm{d}t/\mathrm{d}x)_{\pm}=1/(V\pm a)$，用 $C_{\pm}$ 表示，其中 C_+ 为第Ⅰ族特征线（右行波），C_- 为第Ⅱ族特征线（左行波）。

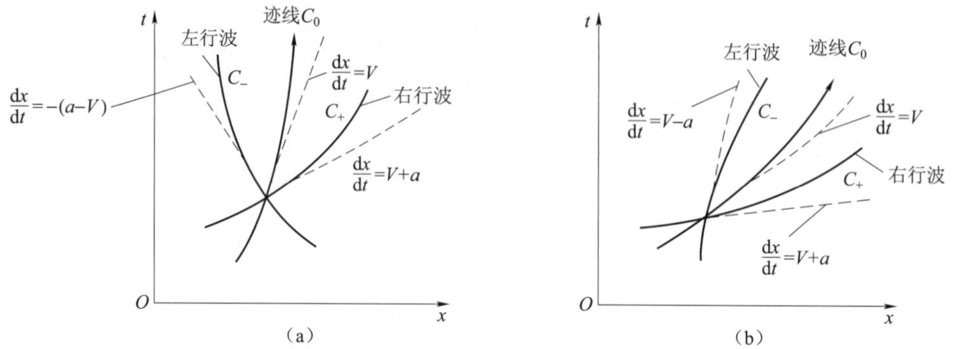

图 4.3 一维非定常流动的特征线

(a) 亚声速 $V<a$；(b) 超声速 $V>a$

现在来推导沿三条特征线所满足的相容关系。我们只要从式(4.4.22)中解出 k_i，再将它代入式(4.4.21)中即可。下面分别进行计算：

(1) 对于迹线 C_0：因为 $\lambda V-1=0$，因此由式(4.4.22)便得到 $k_1=0$，$k_2=0$，而 k_3 为任意值。将这组的值代入式(4.4.21)中便得到了沿迹线的相容性关系，即：

$$\mathrm{d}p-a^2\mathrm{d}\rho=(b_3/V)\mathrm{d}x\quad\text{(沿迹线 }C_0\text{)} \tag{4.4.26}$$

(2) 对于特征线 $C_{\pm}$：因为 $(\lambda V-1)^2=a^2\lambda^2$，故由方程组式(4.4.22)得到

$$k_1=-k_2\frac{\lambda V-1}{\lambda},k_2=-k_3\frac{\lambda V-1}{\lambda},k_1=a^2k_3 \tag{4.4.27}$$

显然，这三个方程不完全独立，在 k_1,k_2,k_3 中有一个是任意的。现在令 k_3 取任意值，并将式(4.4.27)代入式(4.4.21)中，约去公因子 k_3，即得到沿特征线 $C_{\pm}$ 的相容关系为：

$$\rho\left(a^2-V\frac{\lambda V-1}{\lambda}\right)\mathrm{d}V+\left(-\frac{\lambda V-1}{\lambda}+V\right)\mathrm{d}p+V(a^2-a^2)\mathrm{d}\rho+\left(\delta\frac{\rho Va^2}{x}-a^2b_1+\frac{\lambda V-1}{\lambda}b_2-b_3\right)\mathrm{d}x=0 \tag{4.4.28}$$

因为沿特征线 $C_{\pm}$ 有 $(\lambda V-1)^2=a^2\lambda$ 以及 $\lambda_{\pm}=1/(V\pm a)$，所以式(4.4.28)可简化为

$$\pm\rho a\mathrm{d}V+\mathrm{d}p=\left(a^2b_1-a^2\frac{\delta\rho V}{x}\pm ab_2+b_3\right)\mathrm{d}t\quad\text{(沿特征线 }C_{\pm}\text{)} \tag{4.4.29}$$

因此式(4.4.26)与式(4.4.29)就是所要求的三个相容关系。

对于流场内部任意一点，有三条特征线通过，每条特征线上有一个相容关系，利用这三个相容关系即可以去确定该点的有关流动参数。显然，如果在不考虑摩擦、也不考虑加热和没有添质效应时，则 $b_1=b_2=b_3=0$，于是相容关系式(4.4.26)简化为 $\mathrm{d}p-a^2\mathrm{d}\rho=0$，

而相容关系式(4.4.29)简化为：

$$\pm\rho a\mathrm{d}V+\mathrm{d}p=-a^2\frac{\delta\rho V}{x}\mathrm{d}t \tag{4.4.30}$$

4.5　一维黏性热传导流体力学方程组

现在考虑 Navier-Stokes 方程的一种特殊情况——一维黏性热传导流动问题。此时假设流动在一个圆柱形管道内进行，该管道的轴为 x(取 x 为 x_1 轴)，运动速度只有 x 方向的分量，且在垂直于 x 轴的任一截面上状态量都相同，即状态量只与时间 t 以及 x 有关。因此在三维 Navier-Stokes 方程组中，应该略去一切对 x_2 与 x_3 的偏导数，并且令 $u_2=0$，$u_3=0$，外力也只有 x_1 方向的分量，于是一维流动情况下，方程组为：

$$\frac{\partial\rho}{\partial t}+\frac{\partial}{\partial x}(\rho u)=0 \tag{4.5.1a}$$

$$\frac{\partial(\rho u)}{\partial t}+\frac{\partial}{\partial x}\left[\rho u^2+p-\left(\frac{4}{3}\mu+\mu_{\mathrm{b}}\right)\frac{\partial u}{\partial x}\right]=\rho f \tag{4.5.1b}$$

$$\frac{\partial}{\partial t}\left(\rho e+\frac{1}{2}\rho u^2\right)+\frac{\partial}{\partial x}\left[\left(\rho e+\frac{1}{2}\rho u^2+p\right)u-\left(\frac{4}{3}\mu+\mu_{\mathrm{b}}\right)u\frac{\partial u}{\partial x}\right]=\frac{\partial}{\partial x}\left(\lambda\frac{\partial T}{\partial x}\right)+\rho uf \tag{4.5.1c}$$

或写为：

$$\frac{\partial\rho}{\partial t}+\frac{\partial}{\partial x}(\rho u)=0 \tag{4.5.2a}$$

$$\frac{\partial u}{\partial t}+u\frac{\partial u}{\partial x}+\frac{1}{\rho}\frac{\partial p}{\partial x}-\frac{1}{\rho}\frac{\partial}{\partial x}\left[\left(\frac{4}{3}\mu+\mu_b\right)\frac{\partial u}{\partial x}\right]=f \tag{4.5.2b}$$

$$\rho\frac{\partial e}{\partial t}+\rho u\frac{\partial e}{\partial x}+p\frac{\partial u}{\partial x}-\left(\frac{4}{3}\mu+\mu_{\mathrm{b}}\right)\left(\frac{\partial u}{\partial x}\right)^2=\frac{\partial}{\partial x}\left(\lambda\frac{\partial T}{\partial x}\right) \tag{4.5.2c}$$

另外，式(4.5.2c)又可写为：

$$\rho\frac{\partial e}{\partial T}\left(\frac{\partial T}{\partial t}+u\frac{\partial T}{\partial x}\right)-\rho^2\frac{\partial e}{\partial\rho}\frac{\partial u}{\partial x}+p\frac{\partial u}{\partial x}-\left(\frac{4}{3}\mu+\mu_{\mathrm{b}}\right)\left(\frac{\partial u}{\partial x}\right)^2=\frac{\partial}{\partial x}\left(\lambda\frac{\partial T}{\partial x}\right) \tag{4.5.2d}$$

这里，式(4.5.2a)对未知函数 ρ 仍为一阶双曲型方程，而式(4.5.2b)与式(4.5.2d)对未知函数 u 与 T 为二阶抛物型方程组。因此一维黏性热传导流体力学方程组为拟线性双曲—抛物耦合方程组。对此方程可提 Cauchy 问题，即给定初始状态：

$$t=0\text{ 时}:(\rho,u,T)=(\rho^0(x),u^0(x),T^0(x)) \tag{4.5.2e}$$

或者再加上下述边界条件的初、边值问题：

$x=0$ 时：$u=0$，T 满足通常的三类边界条件(Dirichet 问题、Neumann 问题、Robin 问题)之一；

$x=1$ 时：类似的边界条件。

这里假设所讨论的流体界于 $x=0$ 与 $x=1$ 之间。对于上述问题，ρ 不需要给定边界条件。

4.6 考虑离子黏性的一维非定常辐射磁流体力学方程组

有些特殊情况下，在所考虑的物理参量范围内，要考虑电子热传导、Joule 加热、Nernst 效应、Ettinghausen 效应、辐射损耗和离子黏性等重要的耗散过程，要考虑磁场与等离子体的相互作用(Pinch，箍缩效应)。另外，如果被箍缩的等离子体是光学厚的，并且温度很高，这时还需要考虑辐射过程的影响，在非平衡情况下可以去解辐射输运方程。在上述情况下，当采用柱坐标系(r,θ,z)，并认为任一物理量在柱坐标系中投影与θ,z无关时，因此一维非定常辐射磁流体力学方程如下：

连续方程：

$$\frac{\partial\rho}{\partial t}+\frac{1}{r}\frac{\partial}{\partial r}(r\rho u)=0 \tag{4.6.1a}$$

动量方程：

$$\rho\frac{\partial u}{\partial t}+\rho u\frac{\partial u}{\partial r}=-\frac{\partial p}{\partial r}-j\hat{B}+\frac{\partial\Pi_{rr}}{\partial r}+\frac{\Pi_{rr}-\Pi_{\theta\theta}}{r} \tag{4.6.1b}$$

考虑 Nernst 效应的电磁场方程：

$$\frac{\partial}{\partial t}\left(\frac{\hat{B}}{r\rho}\right)+u\frac{\partial}{\partial r}\left(\frac{\hat{B}}{r\rho}\right)=\frac{1}{r\rho}\frac{\partial}{\partial r}E_z^* \tag{4.6.1c}$$

电子能量方程：

$$\begin{aligned}\rho\frac{\mathrm{d}\varepsilon_e}{\mathrm{d}t}+\frac{p_e}{r}\frac{\partial}{\partial r}(ru)=&jE_z^*-\frac{1}{r}\frac{\partial}{\partial r}(rq_e)-Q_r+\lambda_{ei}(T_i-T_e)+\\&\Pi_{rr}^e\frac{1}{r}\frac{\partial}{\partial r}(ru)+\frac{u}{r}(\Pi_{\theta\theta}^e-\Pi_{rr}^e)\end{aligned} \tag{4.6.1d}$$

离子能量方程：

$$\begin{aligned}\rho\frac{\mathrm{d}\varepsilon_i}{\mathrm{d}t}+\frac{p_i}{r}\frac{\partial}{\partial r}(ru)=&-\frac{1}{r}\frac{\partial}{\partial r}(rq_i)+\lambda_{ei}(T_e-T_i)+\\&\Pi_{rr}^i\frac{1}{r}\frac{\partial}{\partial r}(ru)+\frac{u}{r}(\Pi_{\theta\theta}^i-\Pi_{rr}^i)\end{aligned} \tag{4.6.1e}$$

式(4.6.1a)～式(4.6.1e)中，j与$\hat{B}$分别为电流密度与磁场的角矢量；Π_{rr}与$\Pi_{\theta\theta}$分别为离子黏性应力张量的rr分量与$\theta\theta$分量；E_z^*为电场E_z的耗散部分；q_e与q_i分别为考虑 Ettinghausen 效应的电子热流与离子热流；Q_r为单位体积径向辐射能耗；λ_{ei}为电子离子导热系数；Π_{rr}、$\Pi_{\theta\theta}$、Π_{rr}^e、Π_{rr}^i、$\Pi_{\theta\theta}^e$和$\Pi_{\theta\theta}^i$之间的关系为：

$$\Pi_{jk}=\Pi_{jk}^e+\Pi_{jk}^i \tag{4.6.1f}$$

式(4.6.1d)与式(4.6.1e)中，ε_e与ε_i分别为单位质量电子比内能与单位质量离子比内能；p_e与p_i分别为电子压强与离子压强。

在式(4.6.1b)中，压强p与前面介绍的p_e和p_i间的关系为：

$$p=p_e+p_i+p_r \tag{4.6.1g}$$

式中，p_r 为辐射压强。

4.7　非定常 Navier-Stokes 方程的一个精确解

在流体力学及气体动力学中，所谓精确解具有两类含义：一类是解析解，即未知函数完全由自变量解析地描述，且描述关系中不再包含导数或积分号；另一类是相似解，即对于未知函数的多维问题可以化成某个变量的一维问题，然后再通过求解常微分方程或常微分方程组的解去完成。在所得出的常微分方程或常微方程组中，有些问题至今也未得到解析解，而只有数值解。正如文献[38]所指出的，对于黏性流动其精确解几乎都是对不可压缩、层流、低雷诺数时做出的。文献[144]给出了几十种精确解，文献[15,38]也给出了许多有意义的、有助于加深认识黏性运动重要现象的特解，这对学习黏性气体力学是很重要的。下面仅讨论几个精确解。

4.7.1　有运动边界的非定常流动——Stokes 第一问题

设有一无限长、无限宽的平板，其上部半无限空间中充满不可压缩的黏性静止气体。如果平板在某一瞬时(取 $t=0$)以等速度 U_e 沿本身平面向右突然启动，之后便保持 U_0 沿 x 方向作等速运动。由于黏性作用，平板上侧流体将随之产生运动，若不考虑重力作用，试分析 $t>0$ 时的流动。现在分析该流场的基本特征：

(1) 由于平板在 x 方向无限长，因此在任意一个平行于 yOz 平面上的流动情况是一样的，故可认为 $\dfrac{\partial}{\partial x}=0$。

(2) 由于平板在 z 方向无限宽，又平板沿 x 方向移动，因此流场可以看成是 xOy 平面上的流场(图 4.4)，故可认为 $w=0$，$\dfrac{\partial}{\partial z}=0$。

(3) 由于不考虑重力，故质量力为零。

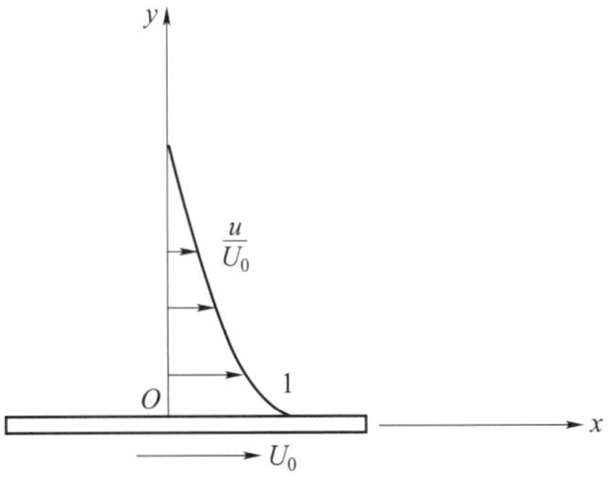

图 4.4　突然加速平板时其附近气体的流动

由不可压缩非定常黏性气体动力学方程组：

$$\frac{\partial u_i}{\partial x_i}=0 \quad (i=1,2,3) \tag{4.7.1a}$$

$$\frac{\partial u_k}{\partial t}+u_i\frac{\partial u_k}{\partial x_i}+\frac{1}{\rho}\frac{\partial p}{\partial x_k}-\frac{\mu}{\rho}\left(\frac{\partial^2 u_k}{\partial x_1^2}+\frac{\partial^2 u_k}{\partial x_2^2}+\frac{\partial^2 u_k}{\partial x_3^2}\right) \quad (k=1,2,3) \tag{4.7.1b}$$

这里采用了 Einstein 求和规约。于是，将本问题的上述条件代入到基本方程组后，可得：

$$\frac{\partial v}{\partial y}=0 \tag{4.7.2a}$$

$$\frac{\partial u}{\partial t}+v\frac{\partial u}{\partial y}=\frac{\mu}{\rho}\frac{\partial^2 u}{\partial y^2} \tag{4.7.2b}$$

$$\frac{1}{\rho}\frac{\partial p}{\partial y}=\frac{\mu}{\rho}\frac{\partial^2 v}{\partial y^2}-\frac{\partial v}{\partial t}-v\frac{\partial v}{\partial y} \tag{4.7.2c}$$

相应的边界条件如下：

$$\begin{cases} ①\ 初始条件\ t=0: u=0, v=0, p=p_\infty \quad (y\geqslant 0) \\ ②\ 边界条件\ y=0: u=U_0, v=0, \quad (t>0) \\ ③\ 边界条件\ y\to\infty: u=0, v=0, p\big|_{y\to\infty}=p_\infty \quad (t\geqslant 0) \end{cases} \tag{4.7.2d}$$

显然，将式(4.7.2a)对 y 积分并注意定解条件，则有 $v=0$；也就是说，在任意时刻，流场沿 y 向没有分速度。相应的式(4.7.2c)变为$\frac{\partial p}{\partial y}=0$，将该式对 y 积分，便有 $p=p_\infty$，它表示在任意时刻流场中任意点处的压强均为 p_∞。又由 $v=0$，则式(4.7.2b)变为：

$$\frac{\partial u}{\partial t}=\frac{\mu}{\rho}\frac{\partial^2 u}{\partial y^2} \tag{4.7.3a}$$

这是个典型的扩散方程，对于它可以提初、边值定解条件，其具体形式为：

$$\begin{cases} t=0, y\geqslant 0: u=0 \\ y=0, t>0: u=U_0 \\ y\to\infty, t>0: u=0 \end{cases} \tag{4.7.3b}$$

4.7.2 Stokes 第一问题的解法

引进变换，由坐标系(t,y)变到坐标系(ξ,η)，其变换关系为：

$$\begin{cases} \xi=t \\ \eta=\dfrac{y}{2(t\mu\rho^{-1})^{1/2}}=\dfrac{y}{2\sqrt{\tilde{v}t}} \end{cases} \tag{4.7.4}$$

式中，$\tilde{v}=\mu/\rho$。

于是，有下述方程组：

$$\begin{cases} \dfrac{\partial u}{\partial t}=\dfrac{\partial u}{\partial \xi}\dfrac{\partial \xi}{\partial t}+\dfrac{\partial u}{\partial \eta}\dfrac{\partial \eta}{\partial t}=\dfrac{\partial u}{\partial \xi}-\dfrac{\eta}{2\xi}\dfrac{\partial u}{\partial \eta} \\ \dfrac{\partial u}{\partial y}=\dfrac{\partial u}{\partial \xi}\dfrac{\partial \xi}{\partial y}+\dfrac{\partial u}{\partial \eta}\dfrac{\partial \eta}{\partial y}=\dfrac{1}{2\sqrt{\tilde{v}\xi}}\dfrac{\partial u}{\partial \eta} \\ \dfrac{\partial^2 u}{\partial y^2}=\dfrac{\partial}{\partial y}\left(\dfrac{\partial u}{\partial y}\right)=\dfrac{\partial}{\partial \xi}\left(\dfrac{\partial u}{\partial y}\right)\dfrac{\partial \xi}{\partial y}+\dfrac{\partial}{\partial \eta}\left(\dfrac{\partial u}{\partial y}\right)\dfrac{\partial \eta}{\partial y}=\dfrac{1}{4\tilde{v}\xi}\dfrac{\partial^2 u}{\partial \eta^2} \end{cases} \tag{4.7.5}$$

将式(4.7.5)代入式(4.7.3a)中，可得：

$$\frac{\partial^2 u}{\partial \eta^2}+2\eta\frac{\partial u}{\partial \eta}=4\xi\frac{\partial u}{\partial \xi} \tag{4.7.6a}$$

利用变换关系，则边界条件式(4.7.3b)变为：

$$\begin{cases} \eta=0, \xi>0: u=U_0 \\ \eta \to \infty, \xi>0: u=0 \end{cases} \tag{4.7.6b}$$

由此定解条件可见，它与 ξ 无关，于是可以假设式(4.7.6a)的解与 ξ 无关，即可假设 u 仅是 η 的函数，因此式(4.7.6a)可以变成：

$$\frac{d^2 u}{d\eta^2}+2\eta\frac{du}{d\eta}=0 \tag{4.7.6c}$$

令：

$$u=U_0 f(\eta) \tag{4.7.6d}$$

则式(4.7.6c)以及边界条件式(4.7.6b)分别变为：

$$f''+2\eta f'=0 \tag{4.7.6e}$$

$$f(0)=1, f(\infty)=0 \tag{4.7.6f}$$

式(4.7.6e)中，f' 表示 f 对 η 求导数。

这样，便将一个偏微分方程的求解问题变一个常微分方程的边界问题了，因此这时的解称为相似解。积分式(4.7.6e)可得：

$$f = C_1\int_0^{\eta} e^{-\eta^2} d\eta + C_2 \tag{4.7.6g}$$

由边界条件式(4.7.6f)可确定 C_1 与 C_2，即：

$$C_1=-\frac{2}{\sqrt{\pi}}, C_2=1 \tag{4.7.6h}$$

于是，可得到 f 的具体表达式，而后再利用式(4.7.6d)便得到 u，即：

$$u^* \equiv \frac{u}{U_0}=1-\mathrm{erf}(\eta)=\mathrm{erfc}(\eta) \tag{4.7.6i}$$

式中，$\mathrm{erf}(\eta)$ 为关于 η 的 Gauss 误差函数；$\mathrm{erfc}(\eta)$ 为关于 η 的补偿误差函数，它们的定义分别为：

$$\mathrm{erf}(\eta) \equiv \frac{2}{\sqrt{\pi}}\int_0^{\eta} e^{-\eta^2} d\eta \tag{4.7.6j}$$

$$\mathrm{erfc}(\eta) \equiv \frac{2}{\sqrt{\pi}}\int_{\eta}^{0} e^{-\eta^2} d\eta \tag{4.7.6k}$$

这两个函数在王竹溪与郭敦仁先生合写的专著[145]中有介绍。式(4.7.6i)可画成曲线，图 4.5(a)给出了量纲为 1 的速度 u^* 随相似变量 η 的变化曲线。可见，利用变换式(4.7.4)(这里应称相似变换式)，可以将 $u-y$ 平面内各个不同时刻的一族速度分布曲线(图 4.5(b))变成了在 $u^*-\eta$ 平面内的同一条曲线，如图 4.5(a)所示。从图 4.5(a)上可以看出，η 越大，则 u^* 值越小；当 $\eta\approx2$ 时，则 $u^*\approx0$ 即 $u\approx0$，这就是说黏性作用局限在 $\eta=2$ 以内。当 $\eta=1.82$ 时，则 $u^*=0.01$，故可以把 $\eta=1.82$ 作为边界层的名义厚度 δ，即：

$$\delta=3.64\sqrt{\tilde{\upsilon}t} \tag{4.7.7}$$

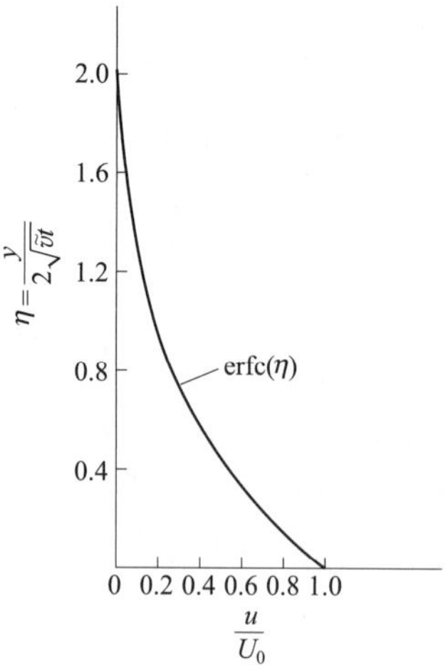

(a)

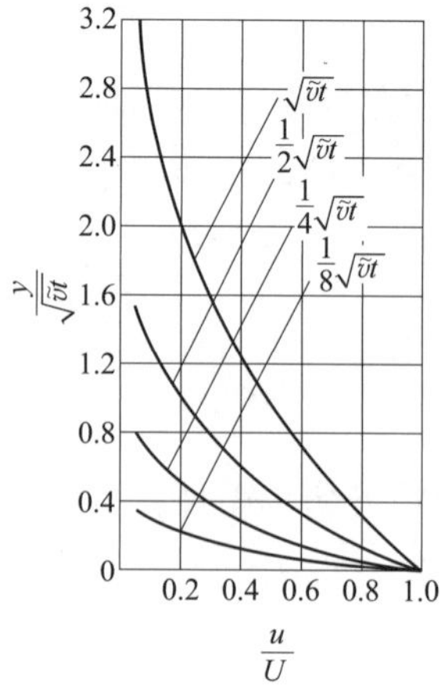

(b)

图 4.5 速度分布曲线

对于空气来说，在 15℃时 $\tilde{v}=14.6\times10^{-6}$ m/s，平板移动 1min 之时，剪切层的厚度为 $\delta\approx108$mm；可见，黏性扩散范围与 $\sqrt{\tilde{v}t}$ 成正比。另外，在同一时刻 t，如果 y 值越大(即离开平板愈远)，η 值也越大，即 u^* 值越小，也就是说气体由于黏性被带动的速度越小。

4.7.3 流场涡量分析

下面简单地分析一下涡量的扩散。显然，这里仅有唯一的涡量分量 ω_z，由式(4.7.6i)可以获得它的值，即：

$$\omega_z=-\frac{\partial u}{\partial y}=\frac{U_0}{\sqrt{\pi\tilde{v}t}}\mathrm{e}^{-\frac{y^2}{4\tilde{v}t}} \tag{4.7.8}$$

在平板表面的涡量为：

$$\omega|_{\mathrm{w}}=-\left(\frac{\partial u}{\partial y}\right)_{y=0}=\frac{\tau_{\mathrm{w}}}{\mu}\approx0.564\ 2\ \frac{U_0}{\sqrt{\tilde{v}t}} \tag{4.7.9}$$

式中，τ_{w} 为平板表面的摩擦应力。

从式(4.7.8)与式(4.7.9)可以看出，在板启动的瞬时($t=0$)，板面处涡量 ω_z 为无穷大；而当 t 趋于无穷大时，整个流场的内涡量 ω_z 为零值。从物理上可以这样来解释：初时刻 $t=0$ 时，板突然以速度 U_0 启动，但流体尚处于静止状态，所以板面上速度梯度无穷大即涡量也就无穷大，这恰说明了涡量在固壁产生的情况。随着时间的推延，由于黏性的作用气体逐层被带动，涡量向外扩散。如果在流场内画这样的一条线，在这条线上 $u^*=0.01$。从上面的分析可以知道，在这条线的一侧($u^*<0.01$)可以认为气体几乎尚未受到影响而处于静止状态；在这条线的另一侧($u^*>0.01$)可认为气体已受到影响而运动。

显然，画的这条线所对应的 $\eta=1.82$，而对应的 δ 由式(4.7.7)给出。该式说明：所画的线不是固定不变的，而是随时间的增加向外推进的，也就是说涡量扩散距离按 $3.64\sqrt{\tilde{v}t}$ 增长，其增长率为：

$$\frac{\mathrm{d}\delta}{\mathrm{d}t}=1.82\sqrt{\frac{\tilde{v}}{t}} \tag{4.7.10}$$

设想速度为 U_0 的均匀来流流过固定的无穷大平板的上方。当将坐标系建立在均匀的来流上时，这时相对坐标系下的观察者所看到的规律就是上面所述的情况。

如果采用静止坐标系去分析上面设想的问题，这时涡量扩散规律仍应该不变。令均匀来流流过 l 距离所需时间为 $t_1=\frac{l}{U_0}$，同时涡扩散距离为：

$$\delta=3.64\sqrt{\tilde{v}t_1}=3.64\sqrt{\tilde{v}\frac{l}{U_0}} \tag{4.7.11}$$

将涡扩散距离 δ 与质点流过的距离 l 相比较，即：

$$\frac{\delta}{l}=3.64\sqrt{\frac{\tilde{v}}{U_0 l}}=\frac{3.64}{\sqrt{R_{\mathrm{el}}}} \tag{4.7.12}$$

式中：

$$R_{\mathrm{el}}=\frac{U_0 l}{\tilde{v}} \tag{4.7.13}$$

式(4.7.12)表明涡扩散距离与质点流过的距离之比具有 $\frac{1}{\sqrt{R_{el}}}$ 的量级。因此，如果来流速度很大以至于 $R_{\mathrm{el}}\gg 1$ 时，则 $\delta\ll l$，这说明涡量集中在离板面很近的距离之内。显然，这样一个结论对讨论边界层流动时很有意义。

现在来考察涡通量，计算单位长度(沿 x 方向)平板上从 $y=0$ 到 $y=\infty$ 区间内涡通量的值。

由涡通量 J 定义：

$$J\equiv\oiint_{\sigma}\boldsymbol{\omega}\cdot\boldsymbol{n}\mathrm{d}\sigma \tag{4.7.14}$$

在本问题中，J 变为：

$$J=\int_0^{\infty}\omega_z\mathrm{d}y=-\int_0^{\infty}\frac{\partial u}{\partial y}\mathrm{d}y=U_0 \tag{4.7.15}$$

这表明当 $\eta\to\infty$ 时上述单位长度平板上的半无限区域内的涡通量为常数。这个结果还说明，如果区域内无新的涡源，单纯的涡量扩散不会改变无限大区域内总的涡通量。另外，有了速度分布式(4.7.6i)，便可计算板面上的局部摩擦阻力系数 C_{f} 即：

$$C_{\mathrm{f}}=\frac{\tau_{\mathrm{w}}}{\rho U_0^2}=\frac{-\mu\left.\frac{\partial u}{\partial y}\right|_{y=0}}{\rho U_0^2}=\frac{1}{U_0}\sqrt{\frac{\tilde{v}}{\pi t}} \tag{4.7.16}$$

以上讨论了 Stokes 第一问题，它是 1851 年首先由 Stokes 提出并加以讨论的；1911

年，Rayleigh 瑞利作了进一步探讨，1930 年 E. Becket 又把这个问题加以进一步的推广，使它包括一般的加速度变化率以及考虑可压缩性之类的情况，因此，可见这个问题值得深入探讨。

4.8 非线性 Burgers 方程的求解与分析

首先，给出非定常一维黏性流的连续方程与动量方程，其表达式分别是为：

$$\frac{\partial\rho}{\partial t}+u\frac{\partial\rho}{\partial x}+\rho\frac{\partial u}{\partial x}=0 \tag{4.8.1a}$$

$$\frac{\partial u}{\partial t}+u\frac{\partial u}{\partial x}+\frac{1}{\rho}\frac{\partial p}{\partial x}=\frac{\mu}{\rho}\frac{\partial^2 u}{\partial x^2} \tag{4.8.1b}$$

在激波附近尽管$\frac{\mu}{\rho}$很小，但由于压强与流速变化很大，因此在激波附近$\frac{\partial^2 u}{\partial x^2}$这一项非常大，因此式(4.8.1b)右端项这时是不可忽略的。有了这一项后，激波就不再是不连续的波面，而成为一个虽然很薄但仍有厚度的激波层。严格地讲，一旦有了黏性，简单波的假设 $u=u(\rho)$便无法成立，但在非线性情况下，可以由渐进分析法导出 Burgers 方程。

4.8.1 Burgers 方程的推导

令 $\upsilon\equiv\frac{\mu}{\rho}$，并认为 $\upsilon=O(\varepsilon)$，于是将 ρ 与 u 作如下展开：

$$\rho=\rho_0+\varepsilon\rho_1+\varepsilon^2\rho_2+\cdots \tag{4.8.2a}$$

$$u=\varepsilon u_1+\varepsilon^2 u_2+\cdots \tag{4.8.2b}$$

于是有：

$$\frac{a^2}{\rho}=\frac{a^2}{\rho_0}+\varepsilon b\rho_1+\cdots \tag{4.8.2c}$$

式中，a 为声速；符号 b 定义为：

$$b=-\left(\frac{a_0}{\rho_0}\right)^2+\frac{1}{\rho_0}\left(\frac{\mathrm{d}a^2}{\mathrm{d}\rho}\right)_0 \tag{4.8.2d}$$

在上述展开过程中，ρ_0 与 a_0 是平衡状态的值，ρ_1 和 u_1 为一阶扰动量。引进新的变量 ξ 与 η，即由(x,t)变到(ξ,η)，简记为：

$$(x,t)\rightarrow(\xi,\eta) \tag{4.8.3a}$$

其变换关系式为：

$$\begin{cases}\xi=x-a_0 t\\ \eta=\varepsilon t\end{cases} \tag{4.8.3b}$$

于是，有：

$$\begin{cases}\dfrac{\partial}{\partial t}=-a_0\dfrac{\partial}{\partial \xi}+\varepsilon\dfrac{\partial}{\partial \eta}\\ \dfrac{\partial}{\partial x}=\dfrac{\partial}{\partial \xi}\end{cases} \tag{4.8.3c}$$

另外，式(4.8.1b)变为：

$$\frac{\partial u}{\partial t}+u\frac{\partial u}{\partial x}+\frac{a^2}{\rho}\frac{\partial \rho}{\partial x}=\frac{\mu}{\rho}\frac{\partial^2 u}{\partial x^2} \tag{4.8.1c}$$

借助于式(4.8.3c)则式(4.8.1a)与式(4.8.1c)变为：

$$-a_0\frac{\partial \rho}{\partial \xi}+\rho\frac{\partial u}{\partial \xi}=-\varepsilon\frac{\partial \rho}{\partial \eta}-u\frac{\partial \rho}{\partial \xi} \tag{4.8.4a}$$

$$-a_0\frac{\partial u}{\partial \xi}+\frac{a^2}{\rho}\frac{\partial \rho}{\partial \xi}=-u\frac{\partial u}{\partial \xi}+\frac{\mu}{\rho}\frac{\partial^2 u}{\partial \xi^2}-\varepsilon\frac{\partial u}{\partial \eta} \tag{4.8.4b}$$

将式(4.8.4a)和式(4.8.4b)按照式(4.8.2a)～式(4.8.2c)展开，得如下公式：

$O(\varepsilon)$：

$$-a_0\frac{\partial \rho_1}{\partial \xi}+\rho_0\frac{\partial u_1}{\partial \xi}=0 \tag{4.8.5a}$$

$$-a_0\frac{\partial u_1}{\partial \xi}+\frac{a_0^2}{\rho_0}\frac{\partial \rho_1}{\partial \xi}=0 \tag{4.8.5b}$$

$O(\varepsilon^2)$：

$$-a_0\frac{\partial \rho_2}{\partial \xi}+\rho_0\frac{\partial u_2}{\partial \xi}=-\left(\frac{\partial \rho_1}{\partial \eta}+u_1\frac{\partial \rho_1}{\partial \xi}+\rho_1\frac{\partial u_1}{\partial \xi}\right) \tag{4.8.5c}$$

$$-a_0\frac{\partial u_2}{\partial \xi}+\frac{a_0^2}{\rho_0}\frac{\partial \rho_2}{\partial \xi}=-\left(\frac{\partial u_1}{\partial \eta}+u_1\frac{\partial u_1}{\partial \xi}+b\rho_1\frac{\partial \rho_1}{\partial \xi}+\frac{\mu}{\rho}\frac{\partial^2 u_1}{\partial \xi^2}\right) \tag{4.8.5d}$$

在所讨论的问题中，通常当 $\xi\to\infty$ 时，$\rho_1=0$，$u_1=0$，于是由式(4.8.5a)与式(4.8.5b)可得：

$$\rho_1=\frac{\rho_0}{a_0}u_1 \tag{4.8.6}$$

如果展开式(4.8.2a)与式(4.8.2b)是合理的，则 ρ_2 与 u_2 便不可能比 ρ_1 和 u_1 大得多，因此必须要求 ρ_2 和 u_2 是有界的。由式(4.8.5c)和式(4.8.5d)可知，ρ_2 和 u_2 有界的必要条件为：

$$a_0\left(\frac{\partial \rho_1}{\partial \eta}+u_1\frac{\partial \rho_1}{\partial \xi}+\rho_1\frac{\partial u_1}{\partial \xi}\right)+\rho_0\left[\left(\frac{\partial u_1}{\partial \eta}+u_1\frac{\partial u_1}{\partial \xi}+b\rho_1\frac{\partial \rho_1}{\partial \xi}\right)-\frac{\mu}{\rho}\frac{\partial^2 u_1}{\partial \xi^2}\right]=0 \tag{4.8.7}$$

于是，将式(4.8.6)代入式(4.8.7)，得：

$$\frac{\partial w}{\partial \eta}+w\frac{\partial w}{\partial \xi}=\frac{\upsilon}{2}\frac{\partial^2 w}{\partial \xi^2} \tag{4.8.8a}$$

式中，w 为关于 η 与为 ξ 的函数，其表达式为：

$$w=\beta u_1 \tag{4.8.8b}$$

$$\beta=1+\frac{1}{2}\frac{\rho_0}{a_0^2}\left(\frac{\mathrm{d}a^2}{\mathrm{d}\rho}\right)_0 \tag{4.8.8c}$$

则式(4.8.8a)便是著名的 Burgers 方程。

4.8.2 Burgers 方程的求解

Burgers 方程是一个非线性方程，它无法采用求解线性方程的方法（如积分变换法、分离变量法）进行求解。另外，因它有右端扩散项，也无法采用特征线方法。为便于下面书写与表达，这里仅讨论形状如式(4.8.9a)的方程：

$$\frac{\partial \tilde{u}}{\partial t}+\tilde{u}\frac{\partial \tilde{u}}{\partial x}=\frac{\upsilon}{2}\frac{\partial^2\tilde{u}}{\partial x^2} \tag{4.8.9a}$$

式中，$\tilde{u}$ 为关于 t，x 的函数。

引入变量 φ，并令：

$$\tilde{u}=\frac{\partial\varphi}{\partial x} \tag{4.8.9b}$$

于是式(4.8.9a)变为：

$$\frac{\partial^2\varphi}{\partial t\partial x}+\frac{\partial\varphi}{\partial x}\frac{\partial^2\varphi}{\partial x^2}=\frac{\upsilon}{2}\frac{\partial^3\varphi}{\partial x^3} \tag{4.8.9c}$$

将式(4.8.9c)对 x 积分一次，得：

$$\frac{\partial\varphi}{\partial t}+\frac{1}{2}\left(\frac{\partial\varphi}{\partial x}\right)^2=\frac{\upsilon}{2}\frac{\partial^2\varphi}{\partial x^2} \tag{4.8.9d}$$

在不失一般性的情况下，可以假设：

$$\varphi=-\upsilon\ln\psi \tag{4.8.9e}$$

因此式(4.8.9d)变为：

$$\frac{\partial\psi}{\partial t}=\frac{\upsilon}{2}\frac{\partial^2\psi}{\partial x^2} \tag{4.8.9f}$$

它是人们所熟知的线性扩散方程。如果取初值为：

$$\psi(x,0)=\psi_0(x) \tag{4.8.9g}$$

式(4.8.9f)的解为：

$$\psi(x,t)=(2\pi\upsilon t)^{-\frac{1}{2}}\int_{-\infty}^{\infty}\psi_0(\eta)\exp\left(\frac{-(x-\eta)^2}{2\upsilon t}\right)\mathrm{d}\eta \tag{4.8.9h}$$

在式(4.8.9h)中 $\exp(\zeta)\equiv e^{\zeta}$；由式(4.8.9b)与式(4.8.9e)，得：

$$\tilde{u}(x,t)=-\frac{\upsilon}{\psi}\frac{\partial\psi}{\partial x} \tag{4.8.10a}$$

于是有：

$$\psi(x,t)=\exp\left(\frac{1}{\upsilon}\int_{x}^{\infty}\tilde{u}(\eta,t)\mathrm{d}\eta\right) \tag{4.8.10b}$$

在式(4.8.10b)中，已采用了边界条件 $\tilde{u}(\infty,t)=0$ 的假设。令：

$$\tilde{u}(x,0)=\tilde{u}_0(x) \tag{4.8.10c}$$

于是有：

$$\psi_0(x) = \exp\left(\frac{1}{\upsilon}\int_x^{\infty} \tilde{u}_0(\eta)\mathrm{d}\eta\right) \tag{4.8.10d}$$

进而由式(4.8.10a)和式(4.8.9h)，得：

$$\tilde{u}(x,t) = \frac{\displaystyle\int_{-\infty}^{\infty} \frac{x-\eta}{t}\psi_0(\eta)\ \exp\left(\frac{-(x-\eta)^2}{2\upsilon t}\right)\mathrm{d}\eta}{\displaystyle\int_{-\infty}^{\infty} \psi_0(\eta)\ \exp\left(\frac{-(x-\eta)^2}{2\upsilon t}\right)\mathrm{d}\eta} \tag{4.8.10e}$$

这就是 Burgers 方程式(4.8.9a)的解析解。

4.8.3　Burgers 方程解的讨论与分析

令：

$$\tilde{u}_0(x) = \upsilon Re\delta(x) \tag{4.8.11a}$$

式中，Re 为 Reynolds(雷诺)数。

按照式(4.8.10d)，有：

$$\psi_0(x) = \begin{cases} 1 & (x>0) \\ \exp(Re) & (x<0) \end{cases} \tag{4.8.11b}$$

并且令：

$$y = \frac{x-\eta}{(\upsilon t)^{1/2}} \tag{4.8.11c}$$

于是由式(4.8.10e)，得：

$$\tilde{u}(x,t) = \frac{N_1}{N_2} \tag{4.8.11d}$$

在式(4.8.11d)中，N_1 与 N_2 分别定义为：

$$N_1 = \left(\frac{\upsilon}{t}\right)^{1/2}(b_1-1)\exp(b_2) \tag{4.8.11e}$$

$$N_2 = (b_1-1)\int_{b_3}^{\infty} \exp\left(\frac{-y^2}{2}\right)\mathrm{d}y + (2\pi)^{1/2} \tag{4.8.11f}$$

$$b_1 \equiv \exp(Re) \tag{4.8.11g}$$

$$b_2 \equiv \frac{-(b_3)^2}{2} \tag{4.8.11h}$$

$$b_3 \equiv \frac{x}{(\upsilon t)^{1/2}} \tag{4.8.11i}$$

Burgers 方程属于双曲—抛物型方程，它的解单值连续、并永远存在；它具有波动特性，也具有黏性流动特性，具有耗散效应但没有色散效应。以下仅讨论 Burgers 方程当 Re 很小或者很大两种特殊情况：

(1) 当 $Re \ll 1$ 时，$\exp(Re)-1 \approx Re$，这时由式(4.8.11e)与式(4.8.11f)，得：

$$N_1 \approx \left(\frac{\upsilon}{t}\right)^{1/2} Re\exp\left(\frac{-(b_3)^2}{2}\right) \tag{4.8.12a}$$

$$N_2 \approx (2\pi)^{\frac{1}{2}} \tag{4.8.12b}$$

于是有：

$$\tilde{u}(x,t) \approx \upsilon Re(2\pi\upsilon t)^{-\frac{1}{2}} \exp\left(\frac{-x^2}{2\upsilon t}\right) \tag{4.8.12c}$$

这是扩散方程的基本解，这时由于流体黏性效应很大，它完全不具备波动的性质。

（2）当 $Re \gg 1$ 时，令

$$z \equiv \frac{x}{(2\upsilon tRe)^{1/2}} = \frac{b_3}{(2Re)^{1/2}} \tag{4.8.12d}$$

由于黏性效应很小，这时 Burgers 方程的解接近于无黏的 Euler 方程的解。

4.9 KdV 方程以及 KdV-Burgers 方程

4.9.1 KdV 方程及典型算例

以荷兰人 D. J. Korteweg 和 G. de Vries 命名的 KdV 方程在物理学、数学和工程诸领域中有着重要的影响，尤其表现在流体以及等离子体中的波动问题、表面张力波、重力波、波动非线性等问题方面。KdV 方程的孤立波（Solitary Wave，又称孤立子（Soliton））具有显著的“粒子性”。另外，在对 KdV 方程的初值问题进行数值求解时，由平滑的初始波便能产生许多孤立波，在周期边界条件时，这些孤立波反复冲击后，再回归初始波形。此外，KdV 方程可作为弥散现象的典型模式方程，“弥散”具备波粒二重性，允许能量可聚可散[114,119]

通常 KdV 方程可写为如下形式：

$$u_t + uu_x + \beta u_{xxx} = 0 \tag{4.9.1}$$

式中，常数 β 的取值可正可负，其正负号决定着波的方向和波的凸凹形状。

不失一般性，这里可假设 $\beta > 0$（事实上，如 $\beta < 0$ 时，可做变换：$u \to -u, x \to -x, t \to t$ 即可）。

假设当 $|x| \to \infty$ 时，$u \to 0$，若 $\beta = 1$，则有孤立子解

$$u(x,t) = \varphi(x - Dt) = 3D\operatorname{sech}^2\left[\sqrt{\frac{D}{2}}(x - Dt)\right] \tag{4.9.2}$$

1976 年，Greig 和 Morris 用跳点法（Hopscotch 格式）作出了双孤立子碰撞的数值试验。对一般的 KdV 方程：

$$u_t + \gamma uu_x + \beta u_{xxx} = 0 \tag{4.9.3a}$$

取初始条件：

$$u(x,0) = 3C_1 \operatorname{sech}^2(k_1 x + d_1) + 3C_2 \operatorname{sech}^2(k_2 x + d_2) \tag{4.9.3b}$$

其中：

$$C_1=0.3, C_2=0.1, k_1=\frac{1}{2}\left(\frac{\gamma C_1}{\beta}\right)^{1/2} \tag{4.9.3c}$$

$$k_2=\frac{1}{2}\left(\frac{\gamma C_2}{\beta}\right)^{1/2}, d_1=-6, d_2=-6 \tag{4.9.3d}$$

在这种初始条件下，随着时间的推移，大孤立波必将赶上小孤立波而发生碰撞。数值试验结果表明：当 $t=0.75$ 时，小波完全被大波吞没；当 $t=3.0$ 以后，大小孤立波以原来形状交换前后位置而传播，如图 4.6 所示。

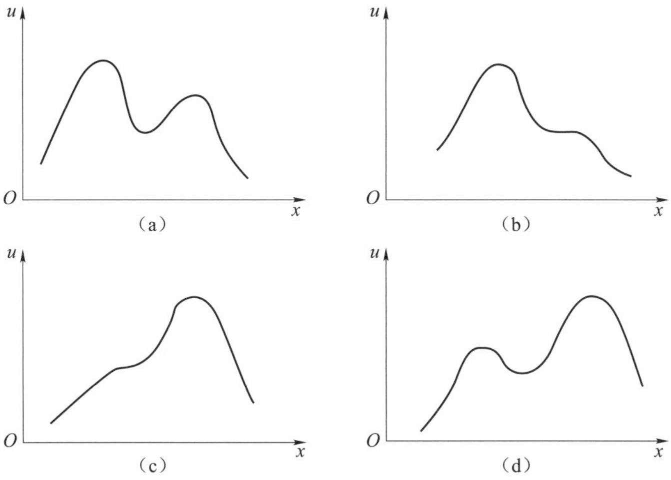

图 4.6　不同时刻下大小孤立波的运动

(a) $t=0$ s；(b) $t=0.75$ s；(c) $t=1.5$ s；(d) $t=3.0$ s

值得注意的是，式(4.9.3a)是非线性方程，上述计算所反映的现象使人们极为关注。在计算流体力学和计算气动声学(Computational Aeroacoutics，CAA)的研究中，非常强调差分格式要能准确地反映物理过程中的波模式(涡、声、热等)和波传播特征(色散性、耗散性、方向性、相速度、群速度等)，因此数值格式的研究一直是计算流体力学(CFD)的主要内容之一。另外，如何准确地建立描述物理过程的控制方程便更为重要。

下面以动量方程为例，给出如下方程式：

$$\rho\left[\frac{\partial \mathbf{V}}{\partial t}+(\mathbf{V}\cdot\nabla)\mathbf{V}\right]=-\nabla p+\left(\mu_b+\frac{4}{3}\mu\right)\nabla(\nabla\cdot\mathbf{V})-\mu\,\nabla\times(\nabla\times\mathbf{V}) \tag{4.9.4a}$$

$$\rho\left[\frac{\partial \mathbf{V}}{\partial t}+(\mathbf{V}\cdot\nabla)\mathbf{V}\right]=-\nabla p+\left(\mu_b+\frac{4}{3}\mu\right)\nabla\cdot(\nabla\mathbf{V})+\left(\mu_b+\frac{1}{3}\mu\right)\nabla\times(\nabla\times\mathbf{V}) \tag{4.9.4b}$$

$$\rho\left[\frac{\partial \mathbf{V}}{\partial t}+(\mathbf{V}\cdot\nabla)\mathbf{V}\right]=-\nabla p+\left(\mu_b+\frac{1}{3}\mu\right)\nabla(\nabla\cdot\mathbf{V})+\mu\,\nabla\cdot(\nabla\mathbf{V}) \tag{4.9.4c}$$

$$\rho\left[\frac{\partial \mathbf{V}}{\partial t}+(\mathbf{V}\cdot\nabla)\mathbf{V}\right]=\nabla\cdot\boldsymbol{\pi}^{\mathrm{NS}} \tag{4.9.4d}$$

显然，式(4.9.4)中仅含有速度分量对坐标的二阶和一阶偏导数以及压强对坐标的一阶偏导数。通常，耗散(Dissipation)特性与偶次导数项相关，色散(Dispersion)特性与三阶以及三阶以上奇次导数项相关。显然要研究激波的厚度以及声音的色散等问题就需要采用比 Navier-Stokes 方程更高阶的 Burnett 方程，即：

$$\rho\left[\frac{\partial \boldsymbol{V}}{\partial t}+(\boldsymbol{V}\cdot\nabla)\boldsymbol{V}\right]=\nabla\cdot\boldsymbol{\pi}^{\mathrm{B}} \tag{4.9.5a}$$

式中，$\boldsymbol{\pi}^{\mathrm{B}}$ 为 Burnett 方程下的应力张量，其表达式为：

$$\boldsymbol{\pi}_{ij}^{B}=-p\delta_{ij}+2\mu\left(D_{ij}-\frac{1}{3}D_{\alpha\alpha}\delta_{ij}\right)-\omega_1\frac{\partial u_\alpha}{\partial x_\alpha}\left(D_{ij}-\frac{1}{3}D_{\alpha\alpha}\delta_{ij}\right)+\cdots \tag{4.9.5b}$$

我国著名物理学家王承书先生 20 世纪 40 年代在美国留学时就使用 Burnett 方程研究过“氦气中声音的色散”(1948 年)、“弱激波厚度的理论”(1948 年)、“在单原子气体中声音的传播”(1952 年)等问题并取得了一系列重要成果。显然，式(4.9.5a)含有速度对坐标的三阶偏导项，它可以反映物理问题中的色散特性。

4.9.2 KdV-Burgers 方程

湍流是多尺度非定常复杂流动，以可压缩湍流物理特性的复杂性为例，描述可压缩湍流特征的重要参数除了 Reynolds 数外还有 Mach 数，它描述了压缩性效应对湍流特性的影响。在来流 Mach 数不太大时，可压缩效应主要反映在对平均流动的影响上；在来流 Mach 数较大时，声效应和激波的影响便显得很重要。另外，在超声速和高超声速边界层流动的不稳定扰动波的发展过程中，除存在着不稳定第一模态 T－S 波(Tollmien-Schlichting 波)和可能出现不稳定的高阶声模态波(Mack 模态波)外，还存在一族稳定模态，它在 Mack 模态的激发过程中起到重要作用。在湍流场中的涡运动总是与声波的传播相互联系和相互干扰的，在超声速、高超声速湍流场中，大的动能变化可能产生相当大的温度变化，从而会导致较大脉动速度散度的出现。特别是当湍流场中存在激波时，将产生局部强耗散区。强压力梯度可导致壁面摩擦阻力和热流的增加，导致壁面压力脉动和热传导的脉动的增强，甚至会导致物面热结构的破坏，这是航空航天热防护与热安全领域中极为关注的问题。正是由于“耗散”与“弥散”相互作用的物理过程以及湍流能量通过连续波谱向小尺度湍流涡团逐级传递、最终耗散为热能的演化特性，需要描述它的偏微分方程也应具有这方面的本领。因此文献[114]建议：一要发展湍流流动的基本方程；二要研究离散这类方程的数值计算格式。在研究可压缩湍流的数值格式时，采用 KdV-Burgers 方程作为模型方程是合适的。

KdV-Burgers 方程的一般表达形式为：

$$\frac{\partial u}{\partial t}+\tilde{\beta}_1 u\frac{\partial u}{\partial x}+\tilde{\beta}_2\frac{\partial^3 u}{\partial x^3}=\tilde{\beta}_3\frac{\partial^2 u}{\partial x^2} \tag{4.9.6a}$$

或简记为：

$$u_t+\tilde{\beta}_1 u u_x+\tilde{\beta}_2 u_{xxx}=\tilde{\beta}_3 u_{xx} \tag{4.9.6b}$$

从数学上讲，式(4.9.6b)具有三种模型方程的耦合特征，当 $\tilde{\beta}_2=0$ 且 $\tilde{\beta}_3=0$ 时为非线

性一阶双曲方程（又称激波方程）；当 $\tilde{\beta}_2=0$ 为 Burgers 方程；当 $\tilde{\beta}_3=0$ 时为 KdV 方程。因此，当 $\tilde{\beta}_2$ 与 $\tilde{\beta}_3$ 在不同的范围变化时，耗散、色散耦合会产生不同的效果。从差分方程的定性分析上看，因为差分方法都有截断的余项，因此可以进行差分格式的余项效应分析。

不失一般性，这里仅考虑含一阶项的源方程：

$$u_t=Lu \tag{4.9.7a}$$

设其相容的差分格式为：

$$\sum_k \alpha_k u_{j+k}^{n+1}=\sum_m \beta_m u_{j+m}^n \tag{4.9.7b}$$

其等价的 Modified PDE 为：

$$u_t=Lu+\sum_{l=1}^{\infty}(\upsilon_{2l}u_{2l})+\sum_{m=1}^{\infty}(\mu_{2m+1}u_{2m+1}) \tag{4.9.7c}$$

式中，u_{2l}表示对 u 的 $2l$ 阶空间导数；u_{2m+1}表示 $2m+1$ 阶导数。

在 CFD 中，偶阶项系数 υ_{2l} 称为耗散项系数；奇阶项系数 μ_{2m+1} 称为色散项系数。为了确定起见，以下考察如下形式的 KdV-Burgers 方程：

$$u_t+2uu_x-\beta_2 u_{xx}+\beta_3 u_{xxx}=0 \quad (\beta_2>0,\beta_3>0) \tag{4.9.8a}$$

上下游条件为：

$$u_{-\infty}=1,u_{\infty}=0 \quad (t\geqslant 0) \tag{4.9.8b}$$

且当 $x\to\pm\infty$时，对 x 的所有导数趋于 0，假设式(4.9.8a)的行波解为：

$$u(x,t)=u(x-ct-x_0)=u(s) \tag{4.9.8c}$$

式中，c 为波速；x_0 为任意常数。

将式(4.9.8c)代入式(4.9.8a)，得定常态的非线性常微分方程：

$$-c\frac{\mathrm{d}u}{\mathrm{d}s}+2u\frac{\mathrm{d}u}{\mathrm{d}s}-\beta_2\frac{\mathrm{d}^2u}{\mathrm{d}s^2}+\beta_3\frac{\mathrm{d}^3u}{\mathrm{d}s^3}=0 \tag{4.9.8d}$$

对 s 积分一次，得：

$$-cu+u^2-\beta_2\frac{\mathrm{d}u}{\mathrm{d}s}+\beta_3\frac{\mathrm{d}^2u}{\mathrm{d}s^2}=B \tag{4.9.8e}$$

利用边界条件式(4.9.8b)得：

$$B=0,c=1,u_{-\infty}=1 \tag{4.9.8f}$$

于是，得到满足边界条件式(4.9.8b)的定常态方程为：

$$\begin{cases}\beta_3\dfrac{\mathrm{d}^2u}{\mathrm{d}s^2}-\beta_2\dfrac{\mathrm{d}u}{\mathrm{d}s}-u+u^2=0\\ u_{-\infty}=1,u_{+\infty}=0\end{cases} \tag{4.9.8g}$$

理论上可以证明：当 $\beta_2^2\geqslant 4\beta_3$ 时，耗散效应超过色散效应，式(4.9.8g)的解是从上游到下游的单调平滑的衰减激波；反之，当 $\beta_2^2<4\beta_3$ 时色散效应超过耗散效应，在激波的上游有振荡。1973 年，J. Ganosa 得到了这个问题的渐进解，即：

$$u(s,\varepsilon)=\frac{1}{1+\eta}+\varepsilon\frac{\eta}{(1+\eta)^2}\left[1-\ln\frac{4\eta}{(1+\eta)^2}\right]+O(\varepsilon^2) \tag{4.9.9a}$$

式中：

$$\eta=\exp(S/\beta_2),S=x-t+x_0,\varepsilon=\frac{\beta_3}{\beta_2^2} \tag{4.9.9b}$$

当 $\varepsilon\ll\frac{1}{4}$时，激波很快趋于光滑的稳定态、上游平滑、呈耗散趋势；反之，当 $\varepsilon\gg\frac{1}{4}$时，色散效应起主要作用，初始激波趋于 $\beta_2=0$、$u(\pm\infty)=0$ 的 KdV 方程的孤立波解。

结束本节讨论时有一点应强调：尽管为了正确模拟复杂的黏性流动需要求解 Navier-Stokes 方程，因为这个方程由两部分组成：一是有反映对流特性的无黏部分；二是有反映扩散和耗散特性的二阶导数项，但湍流是多尺度的、非定常的、复杂的涡波相互作用的流动，其流动特征是以不同尺度的湍涡与扰动波及其相互干扰所表征的。事实上，当流动从层流失稳、转捩发展到湍流，从低速流动到高速以至于超声速、高超声速流动时，流动特性是十分复杂的。以湍流为例，在湍流中，大尺度涡会把能量逐级传递给小尺度涡，最后在某一最小尺度（耗散尺度或 Kolmogorov 尺度）上被耗散掉。流体中的大尺度涡结构是气动噪声的主要声源。对于充分发展的湍流流场来说，微细拟序涡（Coherent Fine Scale Eddies，CFSE）是一类普遍存在的基本结构。以吸气式高超声速飞行器的冲压发动机而言，其燃烧效率取决于燃气与空气的混合特征，因此涉及不同速度的两股流体以特定角度相遇所形成的混合流动问题，对于这类可压缩混合流来讲，拟序结构是以波—涡相互干扰所控制的。在可压缩流动中，流场内部存在着纵波和横波，前者是由流体的压缩和膨胀而产生的（如 Mach 波和激波）；后者是剪切力而引发的涡波（如混合层中的 Kelvin-Helmholtz 波）。纵波、横波与涡运动的干扰便确定了可压缩混合流中的拟序结构。近年来飞行器的声控问题已被更多人所关注，因此为了有效地控制超声速飞行器绕流中所产生的噪声，就必须弄清楚超声速边界层流动从层流转捩到湍流发展过程中产生声源的机理。在边界层流动的转捩过程中，高梯度剪切层的形成及其不稳定性的发展，导致了四极子声源和偶极子声源扰动幅值的急骤增大，而且声源突然增加的时间与高剪切层破碎（Breakdown）的时间有重要关联。另外，随着航天工程的发展，高超声速飞行器在高空再入段飞行时，来流的小扰动（尽管这个量非常小，约 10^{-4} 量级）与飞行器钝头体前脱体激波间的干扰以及钝体边界层感受性特征的问题也深为人们所关注。来流扰动波与弓形脱体激波相干扰在激波后通常会形成声波、熵波和涡波三种模态，但在钝体边界层内感受到的主要是压力扰动波（声波扰动）。边界层内感受到的涡波扰动比声波扰动小一个量级，感受到的熵波扰动更小（它要比声波扰动小四五个量级），但在边界层中感受到的声波、熵波和涡波的幅值都很接近。总之湍流是多尺度的、非线性的、复杂的涡波相互作用的、耗散与弥散相互作用的流动，因此仅用二阶偏微分方程去描述 Navier-Stokes 方程组中的动量方程便显得有些不足。正因如此，在计算流体力学中才发展了差分方程的余项效应分析理论，通过适当的截断误差使 Modified PDE（又称修正方程）具有物理上所需要的耗散项与弥散项。此外，也可以探讨在 Navier-Stokes 方程组的动量方程中添加合适的三阶项或者如文献[120-123]的办法引入统计侧偏平均的概念，采用了与雷诺平均不同的平均方法，保留了湍流脉动的一阶统计平均扰动信息；引入漂移流速度以及动量传输链的概念，推出了漂移流的连续方程和漂移流的动量方程；另外，通过引入漂移流位移矢量和涡团黏性系数张量的概念，得到平均流的湍流黏性应力张量和漂移流的湍流黏性应力张量；注意由平均流与漂移流之间的物理作用机制出发，建立了级数形式的漂移流机械能方程，该方程可以提供多重离散尺度解，进而深刻描述了湍流多尺度、非线性的特征。多尺度层次结构特征是非线性现象的共性，无限多层次结构意味着单纯数学平均推导不可避免地会引出不封闭的高阶关联项。从物理唯象论的观点来看，无限多层次结构现象只是流体动能因有效黏性作用从平均流传输到扰动漂移流再经由涡团级联散裂过程（Cascade Down）以及分子黏性作用最终变为分子热的确定论过程的表象。在湍流的分维、混沌特性的不确定性、不封闭性背后，隐藏着湍流能量传递过程的确定论实质。这正是赖以封闭湍流方程的动量传输链的唯象物理学实质。基于上述认识所得到的级数形式的漂移流机械能方程是联系统计平均流与漂移流功能关系的桥梁，该方程可以提供多尺度时空离散解，恰与湍流多尺度离散现象相对应。数值计算表明[124-142]：对于弱湍流流场中的漂移流位移矢量通常可取到一阶级数；对于中、强湍流流场则取到二阶，对于超强湍流流场则有必要采用三阶级数项。因此，文献[120-123]中得到的一组完整的可压缩湍流封闭方程组主要有 7 个方程组成，其中包括平均流的连续方程、动量方程和能量方程，还包括漂移流的连续方程、动量方程和级数形式的机械能方程以及气体的状态方程，这组方程通常称为 GAO－YONG 湍流方程组。这里应指出的是，文献[120－123]提出的这套处理湍流方程的方法具有很大的发展空间，值得人们进一步去探讨、发展与完善。

第 5 章　二维与三维流场的分析与数值计算方法

本章着重对势流与有旋流的二维与三维流动问题进行了计算与分析，对现代气体动力学中所关注的跨声速流场计算的人工可压缩方法、超声速流场的空间推进快速算法以及高超声速无黏与黏性流场的分析与计算等问题进行了较细致的讨论。另外，还对航天器在进行高超声速飞行时所遇到的非平衡气动热力学等问题进行了扼要的分析与讨论。显然，本章涵盖了通常现代气体动力学书籍中二维与三维流动问题的核心内容。

5.1　三维定常与非定常速度势函数的主方程

5.1.1　等熵、定常、无黏流动的两个基本方程

下面首先推导等熵、定常、无黏流动的两个基本方程。

在定常、无黏情况下，运动方程为：

$$(\mathbf{V}\cdot\nabla)\mathbf{V}=-\frac{1}{\rho}\nabla p \tag{5.1.1}$$

在定常、绝热情况下(沿流线)能量方程为：

$$h+\frac{V^2}{2}=h_\infty+\frac{V_\infty^2}{2} \tag{5.1.2}$$

另外，在等熵流动中，声速的关系式为：

$$\left(\frac{\partial p}{\partial \rho}\right)_s=\frac{\mathrm{d}p}{\mathrm{d}\rho}=a^2 \quad (\text{沿流线}) \tag{5.1.3}$$

从式(5.1.1)和式(5.1.3)得：

$$(\mathbf{V}\cdot\nabla)\mathbf{V}=-\frac{1}{\rho}\left(\frac{\mathrm{d}p}{\mathrm{d}\rho}\right)\nabla\rho=-\frac{a^2}{\rho}\nabla\rho$$

将上式两边点乘 $\mathbf{V}$，得：

$$\mathbf{V}\cdot(\mathbf{V}\cdot\nabla)\mathbf{V}=-\frac{a^2}{\rho}(\mathbf{V}\cdot\nabla)\rho \tag{5.1.4}$$

注意：

$$\mathbf{V}\cdot(\mathbf{V}\cdot\nabla)\mathbf{V}=\mathbf{V}\cdot\left[\nabla\left(\frac{V^2}{2}\right)-\mathbf{V}\times(\nabla\times\mathbf{V})\right]=(\mathbf{V}\cdot\nabla)\left(\frac{V^2}{2}\right) \tag{5.1.5}$$

于是式(5.1.4)变为：

$$(\mathbf{V}\cdot\nabla)\left(\frac{V^2}{2}\right)=-\frac{a^2}{\rho}(\mathbf{V}\cdot\nabla)\rho \tag{5.1.6}$$

由连续方程可变为：

$$\nabla\cdot\mathbf{V}=-\frac{1}{\rho}(\mathbf{V}\cdot\nabla)\rho \tag{5.1.7}$$

于是，从式(5.1.6)和式(5.1.7)中消去 $\frac{1}{\rho}(\mathbf{V}\cdot\nabla)\rho$，即得到定常、无黏、等熵流动下第一个重要的基本方程(也可认为是连续方程的另一种表达形式)：

$$(\mathbf{V}\cdot\nabla)\left(\frac{V^2}{2}\right)=a^2\,\nabla\cdot\mathbf{V} \tag{5.1.8}$$

式中，a 为当地声速。

式(5.1.8)适用于任何气体，包括非完全气体。第二个重要的基本方程可由能量方程式(5.1.2)在完全气体的条件下得到，即：

$$a^2=a_\infty^2+\frac{\gamma-1}{2}(V_\infty^2-V^2) \tag{5.1.9}$$

式(5.1.9)也可以认为是能量方程的另一种表达形式。在笛卡儿坐标系下，令 $V^2=u^2+v^2+w^2$，则式(5.1.8)可写为：

$$\begin{aligned}&\left(1-\frac{u^2}{a^2}\right)\frac{\partial u}{\partial x}+\left(1-\frac{v^2}{a^2}\right)\frac{\partial v}{\partial y}+\left(1-\frac{w^2}{a^2}\right)\frac{\partial w}{\partial z}-\frac{uv}{a^2}\left(\frac{\partial v}{\partial x}+\frac{\partial u}{\partial y}\right)-\\&\frac{vw}{a^2}\left(\frac{\partial w}{\partial y}+\frac{\partial v}{\partial z}\right)-\frac{wu}{a^2}\left(\frac{\partial w}{\partial x}+\frac{\partial u}{\partial z}\right)=0\end{aligned} \tag{5.1.10}$$

5.1.2　定常流动的速度势主方程

如果气体作无旋运动，则引进势函数 φ，使其满足：

$$\mathbf{V}=\nabla\varphi \tag{5.1.11}$$

于是式(5.1.10)与式(5.1.9)可改写为：

$$\left(1-\frac{\varphi_x^2}{a^2}\right)\varphi_{xx}+\left(1-\frac{\varphi_y^2}{a^2}\right)\varphi_{yy}+\left(1-\frac{\varphi_z^2}{a^2}\right)\varphi_{zz}-2\left(\frac{\varphi_x\varphi_y}{a^2}\varphi_{xy}+\frac{\varphi_y\varphi_z}{a^2}\varphi_{yz}+\frac{\varphi_z\varphi_x}{a^2}\varphi_{zx}\right)=0 \tag{5.1.12}$$

$$a^2=a_\infty^2+\frac{\gamma-1}{2}[V_\infty^2-(\varphi_x^2+\varphi_y^2+\varphi_z^2)] \tag{5.1.13}$$

显然，式(5.1.12)是关于全速度势 φ 的二阶非线性偏微分方程。在亚声速流动时，利用中心差分格式可以较方便的得到该方程的三维数值解，这里不再介绍。

5.1.3　非定常流动的速度势主方程

对于无黏、绝热的等熵势流，由流体力学基础知识知道，存在着 Bernoulli(伯努利)积分(略去重力时)，即：

$$\frac{\partial\varphi}{\partial t}+\frac{1}{2}(\mathbf{V}\cdot\mathbf{V})+\frac{\gamma}{\gamma-1}\frac{p}{\rho}=f(t) \tag{5.1.14}$$

在等熵、定比热容情况下，引进压强与密度间的关系（又称绝热关系）：

$$p=c\rho^{\gamma} \tag{5.1.15}$$

则：

$$\widetilde{p}\equiv\int\frac{\mathrm{d}p}{\rho}=\frac{\gamma}{\gamma-1}\frac{p}{\rho}=\frac{a^2}{\gamma-1} \tag{5.1.16}$$

将连续方程中的 $\nabla\cdot\mathbf{V}$ 项用速度势表示后得：

$$\frac{\mathrm{d}\rho}{\mathrm{d}t}+\rho\nabla^2\varphi=0 \tag{5.1.17}$$

引进 $\widetilde{p}$ 消去式(5.1.17)中的密度项，得：

$$\frac{\mathrm{d}\widetilde{p}}{\mathrm{d}t}+(\gamma-1)\widetilde{p}\,\nabla^2\varphi=0 \tag{5.1.18}$$

式中，$\nabla^2\equiv\nabla\cdot\nabla$ 为拉普拉斯算子。

在 $f(t)=\mathrm{const}$ 的假设下，由式(5.1.14)与式(5.1.18)中消去 $\widetilde{p}$ 并将得到的方程整理为波动方程的形式，即：

$$\nabla^2\varphi-\frac{1}{a^2}\frac{\partial^2\varphi}{\partial t^2}=\frac{1}{a^2}\left\{\frac{\partial}{\partial t}[(\nabla\varphi)\cdot(\nabla\varphi)]+\frac{1}{2}(\nabla\varphi)\cdot\nabla[(\nabla\varphi)\cdot(\nabla\varphi)]\right\} \tag{5.1.19}$$

借助于式(5.1.16)，则式(5.1.14)可改写为：

$$\frac{\partial\varphi}{\partial t}+\frac{1}{2}(\nabla\varphi)\cdot(\nabla\varphi)+\frac{a^2}{\gamma-1}=f(t) \tag{5.1.20}$$

于是，由式(5.1.19)和式(5.1.20)消去声速 a 便可以得到仅含有速度势 φ 的偏微分方程。另外，考虑到远前方均匀来流条件，则式(5.1.14)可改写为：

$$\frac{\partial\varphi}{\partial t}+\frac{1}{2}(\nabla\varphi)\cdot(\nabla\varphi)+\frac{\gamma}{\gamma-1}\frac{p}{\rho}=\frac{\gamma}{\gamma-1}\frac{p_\infty}{\rho_\infty}+\frac{1}{2}V_\infty^2 \tag{5.1.21}$$

借助于式(5.1.15)，式(5.1.12)又可整理为：

$$1-\frac{V^2}{V_\infty^2}-\frac{2}{V_\infty^2}\frac{\partial\varphi}{\partial t}=\frac{2}{\gamma-1}\frac{1}{Ma_\infty}\left[\left(\frac{p}{p_\infty}\right)^{\frac{\gamma-1}{\gamma}}-1\right] \tag{5.1.22}$$

由压强系数（又称压力系数）C_p 的定义：

$$C_p\equiv\frac{p-p_\infty}{\frac{1}{2}\rho_\infty V_\infty^2}=\frac{2(p-p_\infty)}{\gamma p_\infty Ma_\infty} \tag{5.1.23}$$

将式(5.1.22)代入式(5.1.23)中消去 p 项，得：

$$C_p=\frac{2}{\gamma Ma_\infty^2}\left\{\left[1+\frac{\gamma-1}{2}Ma_\infty^2\left(1-\left(\frac{V}{V_\infty}\right)^2-\frac{2}{V_\infty^2}\frac{\partial\varphi}{\partial t}\right)\right]^{\frac{\gamma}{\gamma-1}}-1\right\} \tag{5.1.24}$$

由式(5.1.22)还可以得到压强 p 的表达式，即：

$$p = p_{\infty}\left[1+\frac{\gamma-1}{2}Ma_{\infty}^{2}\left(1-\left(\frac{V}{V_{\infty}}\right)^{2}-\frac{2}{V_{\infty}^{2}}\frac{\partial\varphi}{\partial t}\right)\right]^{\frac{\gamma}{\gamma-1}} \tag{5.1.25}$$

显然，对于定常流动，则式(5.1.19)便简化为式(5.1.8)。相应地，将式(5.1.19)在定常二维流动下展开便得到式(5.1.10)。与此同时，在定常流动式(5.1.24)与式(5.1.25)分别简化为：

$$C_p = \frac{2}{\gamma Ma_{\infty}^{2}}\left\{\left[1+\frac{\gamma-1}{2}Ma_{\infty}^{2}\left(1-\left(\frac{V}{V_{\infty}}\right)^{2}\right)\right]^{\frac{\gamma}{\gamma-1}}-1\right\} \tag{5.1.26}$$

$$p = p_{\infty}\left[1+\frac{\gamma-1}{2}Ma_{\infty}^{2}\left(1-\left(\frac{V}{V_{\infty}}\right)^{2}\right)\right]^{\frac{\gamma}{\gamma-1}} \tag{5.1.27}$$

以上推导出在势流条件下的精确关系式。

5.2　定常/非定常流动时机翼与叶栅绕流的尾缘条件

这里首先对边界条件数学处理的一般情况作一个概述，然后再讨论一下叶栅与机翼绕流问题的尾缘条件。边界条件的提法及其数学处理在气体动力学和计算流体力学中的确是一个十分重要而且需要进一步完善的课题，它对工程应用和理论研究都具有极为重要的意义。同样，机翼与叶栅绕流时的尾缘条件也是一个既现实但又十分难处理的问题，在航空、航天和工程热物理领域中，进行叶栅与机翼的数值计算与理论分析时必然会遇到它。

5.2.1　无黏流与黏性流动边界条件的数学处理概述

适当的边界条件的提法及其数学处理是保证流场数值计算过程稳定的必要条件。边界处理的具体方法可能会影响到流场参数的计算精度(特别是热流，摩擦阻力等参数值)，甚至还会影响流场的内部结构。因此，边界条件的提法及其数学处理是气体动力学及计算流体力学中不可忽视的十分重要的问题。这里所谓边界处理包括边界条件的提法和边界条件的履行办法。而边界条件的提法又可分为：第一，各类边界上所需规定的边界条件的数目；第二，各类边界上具体的边界条件的提法。它们是不能随意规定的，在数学上应满足适定性的要求，在物理上应具有较明显的意义。在气体动力学问题的数值计算中，可能遇到两类不同的边界；一类称为实际边界，例如，外流问题中的固壁表面，内流问题中的进、出口边界及物面边界等。显然，它们是由物理问题的性质所决定的，因而也是确定的；另一类是人工边界(又称开边界)，例如，在外流计算中，尽管理论上边界在无限远处，但实际计算时只能取有限远的地方，因此人工边界的选取带有任意性和经验性。另外，为了保证无黏流的 Euler 基本方程组和有黏流 Navier-Stokes 基本方程组的初边值问题适定，因此，需要规定边界条件，这些条件常称作物理边界条件，这些条件的数目往往是确定的。例如，对于三维流动问题，对于 Euler 方程组：超声速入流、亚声速入流、超声速出流和亚声速出流分别要求 5、4、0 与 1 个物理边界条件；对于 Navier-Stokes 方程组也对应于上述同样的流动时，则分别要求 5、5、4 与 4 个物理边界条件。显然，当物理边界条件的数目少于支配方程中独立变量的数目时，在数值计算过程中就有必要补充“数值边界条件”。

1. Euler 基本方程组的边界条件

文献[146]对双曲型偏微分方程提出了“时间相关边界条件”的处理办法，其基本思想是：它以双曲型偏微分方程所描述的波传播现象为出发点，在边界处有一些波是从边界外传向求解域内的，而另一些波则是从求解域内传向边界的。前者称为进入波，由于它们的行为完全由边界外的状况所决定，因此就需要适当规定边界条件来确定它们的行为；后者称为流出波，由于它们完全由求解域内的解所决定，所以对这些波就不应提任何边界条件。按照上述思想，对应于这些特征波的相应特征变量可决定如下：当特征波指向求解域外部时，相应特征变量中的导数用单侧差分逼近；当特征波指向求解域内部时，则应由边界条件来确定出相应的特征变量[146,147]。下面以三维 Euler 流动为背景，分别对各类边界结合特征分析方法简述一下数学处理的要点。

1）入流边界条件

（1）对超声速入流边界。由特征分析这时五个特征波都是进入波，于是进口边界处要给五个物理边界条件，例如，可给 p,ρ,u,v 和 w。

（2）对亚声速入流边界。这时有四个特征波是进入计算域的，有一个是离开计算域，因此进口边界处要给四个物理边界条件，例如，可给出 ρ,u,v 和 w，或者给出 u,v,w 和 T。

2）出流边界条件

（1）对超声速出流边界。此时五个特征波是流出波，因此，在出口边界处不需要规定任何边界条件。

（2）对亚声速出流边界。此时四个特征波离开计算域，一个特征波是进入计算域的，因此在出口边界处应规定一个物理边界条件，如可给定静压 p 的分布。

3）物面边界条件

由流体力学可知，对于无黏流，流体沿着物面可以滑动。在进行特征分析时，只有一个特征波是离开计算域的，因此与这个特征波相对应的特征变量的导数要用单侧差分逼近。而其他的四个特征变量可这样确定：令其中的三个为零；另一个由局部一维无黏关系式及壁面滑移边界条件来确定。在物面上应给的那个物理边界条件是规定沿物面法向速度为零。

4）远场边界条件

这时所规定物理边界条件的数目应该由当地局部特征值正与负的个数自动决定，也就是说，对应于每一个进入特征波，都应该规定一个物理边界条件。

2. Navier-Stokes 基本方程组的边界条件

Navier-Stokes 基本方程组并不是双曲型的，所以这里所谓对 Navier-Stokes 方程作特征边界条件分析是指忽略了扩散过程之后进行的，因此在 Navier-Stokes 方程的分析中，其特征波仅与 Navier-Stokes 方程中的双典型部分有关联。当然，对于 Navier-Stokes

方程所规定的边界条件的数目应该等于 Navier-Stokes 方程初边值的适定性分析所得到的边界条件的数目,这是讨论本问题最基本的出发点。因此,对 Navier-Stokes 方程所提的具体边界条件应包括无黏边界条件,再加上与黏性有关的边界条件。从 Navier-Stokes 方程边界条件所采用的数学处理方法上也与 Euler 方程相类似。首先,将 Navier-Stokes 方程中的双曲型部分(无黏部分)进行特征分析,确定特征波所对应的特征变量。这里所遵循的总原则是:对应于流出波的特征变量的导数用单侧差分逼近;而对应于进入波的特征变量则由无黏边界条件及局部一维无黏关系式来确定。下面以三维黏性流为例,分别对各类边界进行介绍。

1) 入流边界条件

(1) 对超声速入流边界。由特征分析这时五个特征波都是进入波,于是进口边界处要给五个物理边界条件。

(2) 对亚声速入流边界。这时有四个特征波是进入波,一个是流出波,于是在该入流边界处应规定四个无黏物理边界条件(规定 u,v,w 和 T 这四个量)。而根据 Navier-Stokes 方程初边值问题的适定性,该处要求规定五个边界条件,于是要补充一个与黏性有关的条件。

2) 出流边界条件

(1) 对超声速出流边界。这时五个特征波均是流出波,因此在出口边界处不需要规定任何无黏边界条件;而根据 Navier-Stokes 方程初边值问题的适定性,该处要求规定四个边界条件,因此,需要规定四个与黏性有关的边界条件。

(2) 对亚声速出流边界。这时四个特征波是流出波,只有一个特征波是进入波,因此在出口边界处应规定一个无黏边界条件。而按照 Navier-Stokes 方程初边值问题的适定性,要求规定四个边界条件,因此需要补充三个与黏性有关的边界条件。

3) 物面边界条件

(1) 等温无滑移壁面。在进行特征分析时,只有一个特征波是流出波,因此与这个波相对应的特征变量的导数用单侧差分逼近;而其他的四个特征变量应由边界条件及局部一维无黏关系式来确定。通常规定四个条件,例如,规定 $u=0$,$v=0$,$w=0$ 并且给定壁温 T_w 值。这恰好与 Navier-Stokes 方程初边值问题适定性所要求的数目一致。

(2) 无滑移绝热壁。在进行特征分析时,只有一个特征波是流出波。此时要规定四个条件例如,规定 $u=0$,$v=0$,$w=0$ 并规定温度沿壁面法向变化率 $\partial T/\partial n=0$;它正好与 Navier-Stokes 方程初边值问题适定性所要求的数目相符。

4) 远场边界条件

这时应规定的物理边界条件的数目也应该取决于该处局部特征值正与负的个数。

5.2.2　不可压缩理想流体的保角映射方法

1. 无分离流动时保角映射方法的基本思想

对于无黏、不可压缩、平面、无旋流动,首先定义复位势 $W(Z)$ 与复速度 V,其定义分别为:

$$W(Z) \equiv \varphi(x,y) + \mathrm{i}\psi(x,y) \tag{5.2.1}$$

$$V \equiv u + \mathrm{i}v = |V| \mathrm{e}^{\mathrm{i}\alpha} \tag{5.2.2}$$

在式(5.2.1)中$W(Z)$的实数部分是速度势函数φ，虚数部分是流函数ψ。由于φ和ψ满足柯西—黎曼(Cauchy-Riemann)条件，因此$W(Z)$是解析函数，并称$W(Z)$为复位势。另外，$Z = x + \mathrm{i}y$。

在式(5.2.2)中，V为复速度，α为复速度的幅角，$\alpha = \arctan \dfrac{v}{u}$；$|V|$为复速度的模，$|V| = \sqrt{u + v^2}$；复位势$W$对$Z$求导，得到：

$$\frac{\mathrm{d}W}{\mathrm{d}Z} = \frac{\partial\varphi}{\partial x} + \mathrm{i}\frac{\partial\psi}{\partial x} = u - \mathrm{i}v = |V| \mathrm{e}^{-\mathrm{i}\alpha} \equiv \overline{V} \tag{5.2.3}$$

显然，$\mathrm{d}W/\mathrm{d}Z$是复速度V的共轭，称为共轭复速度并以$\overline{V}$表示；将共轭复速度沿封闭曲线C积分，得到：

$$\oint_C \frac{\mathrm{d}W}{\mathrm{d}Z}\mathrm{d}Z = \oint_c \mathrm{d}W = \oint_c \mathrm{d}\varphi + \mathrm{i}\mathrm{d}\psi = \Gamma + \mathrm{i}Q \tag{5.2.4}$$

式中，实数部分Γ为沿封闭曲线C的速度环量，并且约定：流动沿逆时针方向，$\Gamma > 0$；流动沿顺时针方向，$\Gamma < 0$；而虚数部分为通过该封闭曲线的流量。

由流体力学基础知识知道，求解无黏、不可压缩、平面、无旋流动问题，可归结为寻求满足来流条件、物面条件和环量条件的复位势$W(Z)$。一旦流场的复位势$W(Z)$被确定，则相应的速度场、压力场等也就容易确定了。应该明白，要确定满足较复杂物面条件的复位势并不是一件容易的事，尤其是三维流动问题。然而在复变函数中，保角映射方法可以对复杂边界问题进行处理，因此该方法值得借鉴。用保角映射方法求解上述平面无旋流动问题的基本思想可简述如下。

(1) 寻求一个解析变换$Z=f(\zeta)$，通过它把物理平面(复平面)Ⓩ上形状比较复杂的求解域边界映射为映射平面Ⓢ上简单形状的边界。这里对变换$Z = f(\zeta)$的要求是，开域内保角；边界点一一对应(边界走向按边界对应原理，例如，求解域都在边界左侧)。

(2) 通过解析变换$Z = f(\zeta)$，建立物理平面Ⓩ和映射平面Ⓢ上对应流动之间的关系，从而得到与物理平面Ⓩ上流动相对应的映射平面Ⓢ上的流动。

(3) 求出映射平面Ⓢ上相应流动问题的复位势。通常，这是很容易找到的。

(4) 再通过解析变换$Z = f(\zeta)$的反函数即$\zeta = F(Z)$，求出物理平面Ⓩ上原来流动问题的复位势。显然，该方法的关键是第(1)步，它是整个方法中最困难的一步。

2. 物理平面Ⓩ和映射平面Ⓢ上对应的流动关系

关于两个平面上流动的对应关系，下面作五点说明：

(1) 已知平面Ⓩ上某个流动的复位势为$W(Z)$，则$W(f(\zeta)) \equiv W^*(\zeta)$(或者按照通常习惯仍可写为$W(\zeta)$表示)必然是平面Ⓢ上某个流动的复位势(证明从略)。

(2) 若在平面Ⓩ上$W(Z)$在$Z = Z_0$点处有奇点，则在平面Ⓢ的对应点$\zeta = \zeta_0$处，

$W(\zeta)$ 也具有同样性质的奇点，并且有以下特性：

① 如果是点源或点涡时则强度不变：

$$\lim_{Z\to Z_0} W(Z) = \frac{Q - \mathrm{i}\Gamma}{2\pi}\ln(Z - Z_0) \tag{5.2.5}$$

$$\lim_{\zeta\to\zeta_0} W(\zeta) = \frac{Q - \mathrm{i}\Gamma}{2\pi}\ln\left[(\zeta - \zeta_0)\frac{\mathrm{d}Z}{\mathrm{d}\zeta}\bigg|_{\zeta=\zeta_0}\right] = \frac{Q - \mathrm{i}\Gamma}{2\pi}\ln(\zeta - \zeta_0) + \mathrm{const} \tag{5.2.6}$$

② 如果是偶极子时，则偶极子矩的大小及偶极子轴线的方向均要发生变化，即：

$$\lim_{Z\to Z_0} W(Z) = -\frac{m\mathrm{e}^{\mathrm{i}\beta}}{2\pi}\frac{1}{Z - Z_0} \tag{5.2.7}$$

$$\lim_{\zeta\to\zeta_0} W(\zeta) = -\frac{m\mathrm{e}^{\mathrm{i}\beta}}{2\pi}\frac{\left.\dfrac{\mathrm{d}\zeta}{\mathrm{d}Z}\right|_{Z=Z_0}}{(\zeta - \zeta_0)} = -\frac{mK\mathrm{e}^{\mathrm{i}(\beta+\mu)}}{2\pi}\frac{1}{\zeta - \zeta_0} \tag{5.2.8}$$

式中，$\mathrm{d}\zeta/\mathrm{d}Z|_{Z=Z_0} = K\mathrm{e}^{\mathrm{i}\mu}$；$m$ 为偶极子强度（又称偶极子的矩）；β 为偶极子的轴线与 x 轴的夹角。

（3）将平面Ⓩ上的等势线和流线映射到平面ⓩ上后，对应的线也仍然分别是等势线和流线，即：

$$W(Z) = \varphi(x,y) + \mathrm{i}\psi(x,y) = W(\zeta) = \Phi(\xi,\eta) + \mathrm{i}\Psi(\xi,\eta) \tag{5.2.9}$$

也就是说在对应点上有：

$$\varphi(x,y) = \Phi(\xi,\eta),\qquad \psi(x,y) = \Psi(\xi,\eta) \tag{5.2.10}$$

（4）平面Ⓩ与平面ⓩ对应点处的共轭复速度之间存在如下关系：

$$\frac{\mathrm{d}W}{\mathrm{d}\zeta} = \frac{\mathrm{d}W}{\mathrm{d}Z}\frac{\mathrm{d}Z}{\mathrm{d}\zeta} \tag{5.2.11}$$

（5）在平面ⓩ上沿任一封闭曲线 L 的速度环量及通过它的流量分别等于平面Ⓩ上沿相应封闭曲线 L' 上的速度环量及通过它的流量，即：

$$\Gamma_\zeta + \mathrm{i}Q_\zeta = \oint_L \frac{\mathrm{d}W}{\mathrm{d}\zeta}\mathrm{d}\zeta = \oint_{L'}\frac{\mathrm{d}W}{\mathrm{d}Z}\frac{\mathrm{d}Z}{\mathrm{d}\zeta}\mathrm{d}\zeta = \oint_{L'}\frac{\mathrm{d}W}{\mathrm{d}Z}\mathrm{d}Z = \Gamma_Z + \mathrm{i}Q_Z \tag{5.2.12}$$

3. 映射平面与物理平面上的复位势

用保角映射的方法求解无分离绕流流动问题，其主要步骤可用如下定理具体而又确切地表达出来：设 $Z = f(\zeta)$（它的反函数为 $\zeta = F(Z)$）是一个单值的解析函数，它将平面ⓩ上以原点为中心，半径为 a 的圆 C^* 外的区域互为单值且保角地映射到平面Ⓩ上任意剖面 C 外的区域上（图 5.1），并且满足：$\zeta = \infty$ 的点对应于 $Z = \infty$ 的点；$\left(\dfrac{\mathrm{d}Z}{\mathrm{d}\zeta}\right)_{\zeta=\infty} = K$，其中 K 是一个正的实数。

在复变函数理论中已经证明上面所述的这种变换是存在的并且是唯一的。由流体力学基础知识知道[18]，对于无穷远处速度为 KV_∞ 的圆柱绕流其复位势应该为：

$$W(\zeta) = K\overline{V}_\infty\zeta + \frac{KV_\infty a^2}{\zeta} + \frac{\Gamma}{2\pi\mathrm{i}}\ln\zeta \tag{5.2.13}$$

于是：

$$W(Z)=K\overline{V}_{\infty}F(Z)+\frac{KV_{\infty}a^2}{F(Z)}+\frac{\Gamma}{2\pi\mathrm{i}}\ln F(Z) \tag{5.2.14}$$

是平面Ⓩ上当无穷远处来流的复速度为 V_{∞} 时绕过任意剖面 C 的复位势。

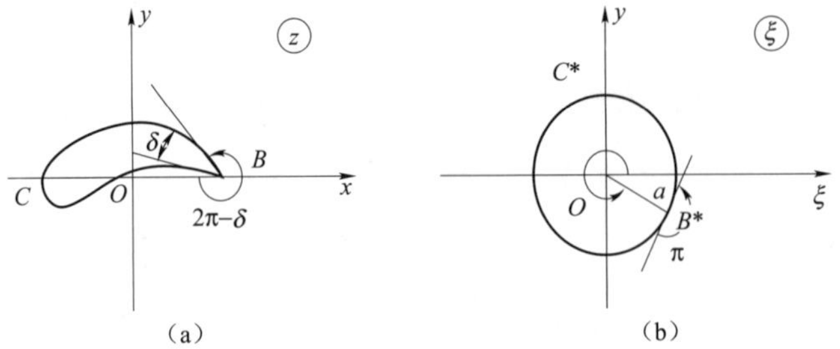

图 5.1 具有尖后缘点的机翼映射为圆

4. 任意翼型绕流变换为圆柱绕流的一般形式

令 D^* 为平面ⓒ上以坐标原点为圆心，以 a 为半径的圆柱周线 C^* 的外部区域，而 D 为平面Ⓩ上所要研究的任意翼型周线 C 外部的区域，并且包括无穷远处在内。由于 $Z=f(\zeta)$ 在 D^* 域内是解析函数，因此用 Laurent（罗朗）级数在 $\zeta=0$ 点展开，即：

$$Z=f(\zeta)=\cdots+\frac{b_n}{\zeta^n}+\cdots+\frac{b_1}{\zeta}+b_0+C_1\zeta+C_2\zeta^2+\cdots+C_n\zeta^n+\cdots \tag{5.2.15}$$

根据解析变换的唯一性定理，只有当域中某一对应点（如 Z_0 与 ζ_0）的值以及 $\left(\frac{\mathrm{d}Z}{\mathrm{d}\zeta}\right)_{\zeta=\zeta_0}$ 的值规定之后，这个变换才可唯一地确定下来。如果规定：$\zeta_0=\infty$ 对应于 $Z_0=\infty$ 以及：

$$\left(\frac{\mathrm{d}Z}{\mathrm{d}\zeta}\right)_{\zeta=\infty}=K \tag{5.2.16}$$

式中，K 为给定的非零实数。

将上述条件用于式(5.2.15)后，可得：

$$C_1=K,\qquad C_2=C_3=\cdots=C_n=\cdots=0$$

因此变换的一般形式可写为：

$$Z=f(\zeta)=K\zeta+\sum_{n=0}^{\infty}\frac{b_n}{\zeta^n} \tag{5.2.17}$$

式中，K 与 b_n 值可以由任意翼型周线 C 的形状和圆柱半径 a 的值来确定。

5.2.3 Kutta-Жуковский 假设及环量的确定

通过上面的讨论，似乎任意翼型的绕流问题原则上说已经解决了。其实不然，因为在式(5.2.14)中包含有环量 Γ，它是平面ⓒ上圆柱绕流问题中的速度环量，也是平面Ⓩ上翼型绕流问题中的速度环量，这是一个还没有确定的量。我们无法在理想流体（即无黏流)理论的范畴内将它确定出来。解决这个困难有两种不同的途径:一种是抛弃理想流体这个近似,采用黏性流体模型,这就要求解 Navier-Stokes 方程;另一种是在理想流体近似的范围内,补充一个合理的经验假设。根据这个假设——即附加的补充条件,将速度环量唯一地确定出来。下面仅以后一种处理途径为例,说明如下。

1. 具有尖后缘的翼型无黏绕流问题

对于给定的圆柱与来流条件,理论上可以存在各种不同的速度环量值,而且不同的速度环量所对应的翼型后驻点的位置是不同的。图 5.2 给出了在平面Ⓩ上三种不同速度环量下的绕流图。图 5.2 中的(a)、(b)、(c)分别表示后驻点在上翼面、在尖后缘与在下翼面时的流动。对于图 5.2(a)和(c)两种情况,这时后缘附近的流体将从翼型表面的一边绕过尖后缘流到另一边,出现了大于 π 角的绕流。于是在尖后缘 B 点处将形成无穷大的速度与无穷大的负压,显然这在物理上不可能。只有在图(b)情形中,流体将从上下两边的翼型表面平滑地流过,此时尖后缘 B 点处的速度是有限的。我们在进行翼型的升力计算时,就是根据这一后缘条件去决定环量的。因此德国的 Kutta(库塔)和俄国的 H. E. Жуковский(儒柯夫斯基)分别独立地提出了确定速度环量的补充条件,即后缘 B 尖点处速度应为有限的假设,这就是 Kutta-Жуковский(库塔—儒柯夫斯基)假设。此假设在数学上可表示为:

$$\left.\frac{\mathrm{d}W}{\mathrm{d}z}\right|_{Z=Z_B} = \text{有限值} \tag{5.2.18}$$

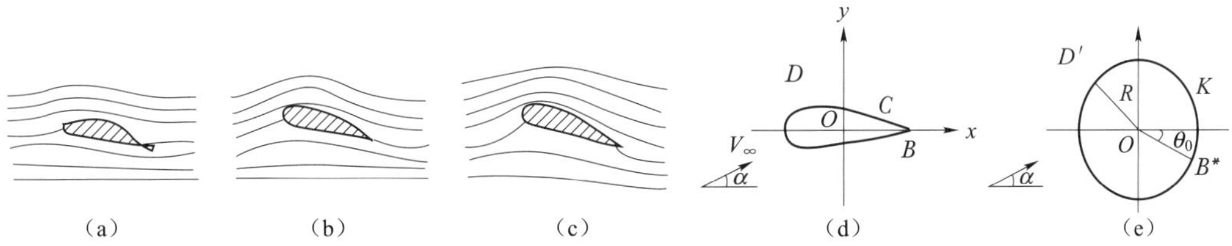

图 5.2　不同速度环量下的翼型绕流以及平面Ⓩ与平面ⓒ上的后缘尖点

设平面Ⓩ上后缘点 B 对应于平面ⓒ上的 B^* 点,此时辐角为 θ_0,如图(5.2e)所示。如果 $Z=f(\zeta)$ 已知,则 θ_0 便为一个已知的量。显然,解析函数 $Z=f(\zeta)$ 在 B^* 点的保角性被破坏了,因为 B^* 点处的夹角为 π,而 B 点处的夹角为 $2\pi-\delta$,这里 δ 为翼型在尖后缘的夹角,如图 5.1 所示。于是,在 B^* 点上必须满足:

$$\left.\frac{\mathrm{d}Z}{\mathrm{d}\zeta}\right|_{\zeta=\zeta_{B^*}} = 0 \tag{5.2.19}$$

而 B^* 点共轭复速度与 B 点处的共轭复速度之间存在如下关系:

$$\left(\frac{\mathrm{d}W}{\mathrm{d}\zeta}\right)_{\zeta=\zeta_{B^*}} = \left(\frac{\mathrm{d}W}{\mathrm{d}Z}\right)_{Z=Z_B}\left(\frac{\mathrm{d}Z}{\mathrm{d}\zeta}\right)_{\zeta=\zeta_{B^*}} = 0 \tag{5.2.20}$$

这就是说,在平面ⓒ上,B^* 点应该是一个驻点。而此时平面ⓒ上相应圆柱绕流的复位势为:

$$W(\zeta)=K\overline{V}_\infty\zeta+K\frac{V_\infty a^2}{\zeta}+\frac{\Gamma}{2\pi\mathrm{i}}\ln\zeta=K|V_\infty|\left(\mathrm{e}^{-\mathrm{i}\alpha}+\frac{\mathrm{e}^{\mathrm{i}\alpha}a^2}{\zeta}\right)+\frac{\Gamma}{2\pi\mathrm{i}}\ln\zeta \tag{5.2.21}$$

$$\frac{\mathrm{d}W}{\mathrm{d}\zeta}=K|V_\infty|\left(\mathrm{e}^{-\mathrm{i}\alpha}-\frac{\mathrm{e}^{\mathrm{i}\alpha}a^2}{\zeta^2}\right)-\frac{\mathrm{i}\Gamma}{2\pi}\frac{1}{\zeta} \tag{5.2.22}$$

式中，V_∞ 与 $\overline{V}_\infty$ 分别为无穷远来流的复速度与共轭复速度。

将 $\zeta=\zeta_{B^*}=a\mathrm{e}^{\mathrm{i}\theta}$ 代入式(5.2.22)，并使其等于零，可得：

$$\Gamma=-4\pi aK|V_\infty|\sin(\alpha-\theta_0) \tag{5.2.23}$$

式中，α 为来流与 x 轴的夹角；θ_0 为尖后缘点 B 所对应的极角，如图 5.2(e)所示。

因此，Γ 的数值可由式(5.2.23)确定。另外，布拉修斯—恰普雷金（Blasius-Чаплыгин)公式(在定常绕流时力的复数表示式)为：

$$\overline{F}=F_x-\mathrm{i}F_y=\frac{1}{2}\mathrm{i}\rho_\infty\oint_C\left(\frac{\mathrm{d}W}{\mathrm{d}Z}\right)^2\mathrm{d}Z \tag{5.2.24}$$

式中，$F=F_x+\mathrm{i}F_y$ 为复合力；$\overline{F}=F_x-\mathrm{i}F_y$ 为共轭复合力。

显然式(5.2.24)的优点在于，Blasius 与 Чаплыгин 将求合力的问题转化为复变函数中求留数的问题从而使计算大大简化。此外，将 $\mathrm{d}W/\mathrm{d}Z$ 作罗朗级数展开并注意留数计算便得到了著名的 Kutta-Жуковский 升力公式：

$$\boldsymbol{F}=F_x\boldsymbol{i}+F_y\boldsymbol{j}=\rho_\infty\boldsymbol{V}_\infty\times\boldsymbol{\Gamma} \tag{5.2.25}$$

式中，$\boldsymbol{F}$,$\boldsymbol{V}_\infty$ 与 $\boldsymbol{\Gamma}$ 均为矢量，显然这时合力 $\boldsymbol{F}$ 的方向与来流方向垂直，且由来流方向逆着 Γ 的方向旋转 90°即得到合力的方向。

这里还约定：当环量为顺时针方向时，则 $\Gamma<0$；环量逆时针方向时，则 $\Gamma>0$；正如文献[148]所指出的，升力定理是 Kutta 在 1902 年，Жуковский 在 1906 年独立发现的。当然，原来这个定理是针对无黏、不可压缩流体的平面、定常、无旋流动给出的，但 Batchelor（巴切勒，1945 年）已证明：在可压缩流中，只要流场无旋，则 Kutta-Жуковский 所给出的升力关系式仍是正确的[149]。

2. 对于具有小圆弧的翼型尾缘条件

真实的机翼后缘并非尖角，而往往是由小圆弧构成，如图 5.3 所示。这时上述具有尖锐后缘的 Kutta-Жуковский 条件不再适用。虽然如此，由于圆弧很小，机翼下股气流还是不能绕过后缘流到上侧；同样地，机翼上股气流也不能绕过后缘流到下侧。真实的流动往往是在尾部某两个点 B_S 与 B_P 上气流与机翼分离。由于 B_S 与 B_P 两点相当接近，上下两股气流脱体后在尾部形成的尾流层很薄。试验测量表明，在接近尾缘的尾流中压力为常数，即：

$$p|_{B_P}=p|_{B_S} \tag{5.2.26}$$

由沿流线的 Bernoulli(伯努利)积分(对于完全气体的绝热可逆定常无黏流动)为：

$$\frac{V^2}{2}+\frac{\gamma}{\gamma-1}\frac{p}{\rho}=\mathrm{const} \tag{5.2.27}$$

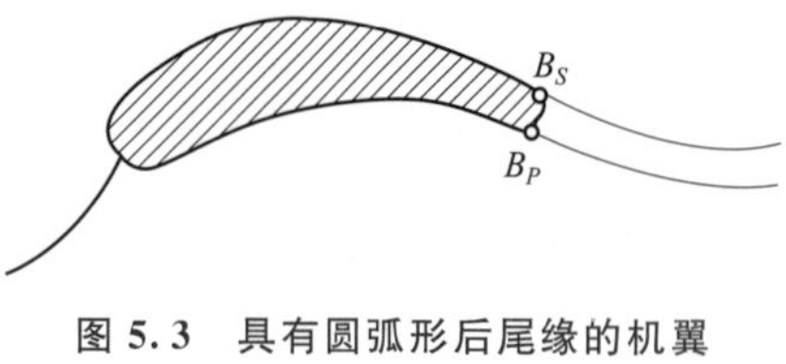

图 5.3 具有圆弧形后尾缘的机翼

如果略去点 B_P 与点 B_S 处密度差异并注意式(5.2.26)，于是由式(5.2.27)便可推出两侧速度相等，即：

$$V|_{B_P} = V|_{B_S} \tag{5.2.28}$$

式(5.2.28)称为广义的 Kutta-Жуковский 条件，并可作为可压缩无黏流场绕流计算时的尾缘条件。大量数值计算的实践证实：在无黏模型下，采用这一条件后计算出的可压缩流场其速度分布能较好地符合试验值。另外，1935 年，Howarth 将 Kutta-Жуковский 的思想推广到钝后缘物体的绕流，给出了相应的准则，并指出在定常边界层的分离中，翼型的上表面和下表面分别各有一个分离点，它们是翼型尾迹的发源点。

5.2.4　非定常 Kutta-Жуковский 条件

正如 Sears 所指出的那样，20 世纪初期，流体力学最重大、最有趣的发现之一是认识到边界层和环量之间的联系[150]。现在对于每一个学习空气动力学与气体动力学的学生来讲应该熟悉与掌握著名的 Kutta-Жуковский 条件(简称 K-Ж 条件或 K-J 条件)，应该知道如何根据边界层的分离、旋涡脱落以及总环量守恒等概念与理论去解释尾缘所发生的物理现象。另外，Sears 还重新研究了 Howarth 推广的广义 K-Ж 条件(用于钝后缘物体的绕流)，并将它推广于非定常流动。在非定常流动中，剪切层分离起着重要的作用。然而，这一黏性现象所导致的后果是使涡量离开物面区域流向下游，也就是说要产生一定的涡通量，同时也使环绕物体的环量发生了变化。借助于非定常的 K-Ж 条件，可以决定这个涡通量的值，并且利用这个尾缘条件使绕流问题的解唯一，使求解过程大大简化。另外，非定常 K-Ж 条件采用后，能够在无黏流动的模型下求解线性非定常流动方程，得到附着涡及尾涡的变化规律，进而求得相应的气体动力参数随时间的变化。还可以用简化模型来预测非线性动力学的失速现象。这也就是说，可以认为黏性效应被局限于薄的物面边界层和尾迹区域内，而且分离尾迹也被局限于很薄的剪切层内，因此可以用涡片来描述有关的流动。这些涡片可以变形、卷起，形成一些离散的涡核。在涡片之间的流动假设为低能量的位势流场。应该指出，用简化模型分析非线性非定常问题，必须在每个时刻计算出分离点的位置，也就是说在每一个时间步都要求解边界层方程。但总的来讲，采用无黏流动模型加非定常尾缘条件的方法，其计算量还是相对较小的，因而使它具有较大的应用潜力。另外还需指出的是，非定常 K-Ж 条件是一个有待进一步去完善的研究课题之一，因篇幅所限本书不准备展开讨论，这里只介绍几位重要作者，他们的相关文章已在本书参考文献[7]中给出。例如，(1985 年)Crighton 曾详细评述了非定常流动时的尾缘条件；(1989 年)Goldstein 等详细分析了涡的感受性以及波涡共振问题中 K-Ж 条件的作用。再如，(1969 年)Giesing 详细分析了非定常 K-Ж 条件的使用以及更进一步的改进。另外，(1986 年)Poling 等详细的测量了 NACA0012 翼型作非定常振荡运动时所产生的流场，非常细致的给出了尾缘附近的流场细节，这就为更好的认识与改进非定常 K-Ж 条件提供了试验依据。

5.3 跨声速流函数方法以及人工可压缩性

5.3.1 三维空间中的两族等值面

对于无黏流，由 Crocco 方程，即：

$$\boldsymbol{V}\times(\nabla\times\boldsymbol{V})=\nabla H-T\nabla S+\frac{\partial\boldsymbol{V}}{\partial t} \tag{5.3.1}$$

式中，$H=h+\dfrac{V^2}{2}$ 为总焓；T 和 S 分别为温度和熵，$\boldsymbol{V}=u\boldsymbol{i}+v\boldsymbol{j}+w\boldsymbol{k}$ 为速度。

于是式(5.3.1)可表示为：

$$\begin{vmatrix}\boldsymbol{i} & \boldsymbol{j} & \boldsymbol{k}\\ u & v & w\\ \dfrac{\partial w}{\partial y}-\dfrac{\partial v}{\partial z} & \dfrac{\partial u}{\partial z}-\dfrac{\partial w}{\partial x} & \dfrac{\partial v}{\partial x}-\dfrac{\partial u}{\partial y}\end{vmatrix}=\nabla H-T\nabla S+\frac{\partial\boldsymbol{V}}{\partial t} \tag{5.3.2}$$

在三维流动中需要有两个流函数，即 ψ_1 与 ψ_2，它们均为 x,y,z 的函数，并且有下式成立：

$$\rho\boldsymbol{V}=(\nabla\psi_1)\times(\nabla\psi_2) \tag{5.3.3}$$

容易推出：

$$\begin{cases}\rho u=\dfrac{\partial(\psi_1,\psi_2)}{\partial(y,z)}\\[2ex] \rho v=\dfrac{\partial(\psi_1,\psi_2)}{\partial(z,x)}\\[2ex] \rho w=\dfrac{\partial(\psi_1,\psi_2)}{\partial(x,y)}\end{cases} \tag{5.3.4}$$

式中，$\partial(\psi_1,\psi_2)/\partial(y,z)$ 等为函数行列式。$\psi_1=\text{const}$ 和 $\psi_2=\text{const}$ 的两族流面便构成了三维空间中的两类流面族，显然两个不同族流面的交线就是流线。

作为特例，我们仅考虑 $\psi_1=\psi_1(x,y,z)$，$\psi_2=\psi_2(z)$，$\dfrac{\partial\psi_2}{\partial z}=1$ 且 $w=0$ 的情形，于是式(5.3.3)可简化为：

$$\rho(u\boldsymbol{i}+v\boldsymbol{j})=\left(\frac{\partial\psi_1}{\partial y}\boldsymbol{i}-\frac{\partial\psi_1}{\partial x}\boldsymbol{j}\right) \tag{5.3.5}$$

注意：省略式(5.3.5)中 ψ_1 的下脚标 1 后，便有：

$$\rho u=\frac{\partial\psi}{\partial y},\qquad \rho v=-\frac{\partial\psi}{\partial x} \tag{5.3.6}$$

显然，这时的 ψ 就是以前所讨论的二维流动中的流函数。

5.3.2 二维空间中的弱守恒型流函数方程及人工密度

对于定常二维有旋流动，运动方程式(5.3.2)在 $\boldsymbol{j}$ 方向上的表达式可简化为：

$$\frac{\partial v}{\partial x}-\frac{\partial u}{\partial y}=\left(T\frac{\partial S}{\partial y}-\frac{\partial H}{\partial y}\right)\Big/u \tag{5.3.7}$$

将式(5.3.6)代入式(5.3.7),便有:

$$\frac{\partial}{\partial x}\left(\frac{1}{\rho}\frac{\partial\psi}{\partial x}\right)+\frac{\partial}{\partial y}\left(\frac{1}{\rho}\frac{\partial\psi}{\partial y}\right)=\left(\frac{\partial H}{\partial y}-T\frac{\partial S}{\partial y}\right)\Big/u \tag{5.3.8}$$

这就是要讨论的弱守恒型流函数主方程。

如果引进 Hafez 的人工密度 $\widetilde{\rho}$ 去代替式(5.3.8)中的 ρ 值[151],则式(5.3.8)此时便成为典型的弱守恒型跨声速流函数主方程,即:

$$\frac{\partial}{\partial x}\left(\frac{1}{\widetilde{\rho}}\frac{\partial\psi}{\partial x}\right)+\frac{\partial}{\partial y}\left(\frac{1}{\widetilde{\rho}}\frac{\partial\psi}{\partial y}\right)=\left(\frac{\partial H}{\partial y}-T\frac{\partial S}{\partial y}\right)\Big/u \tag{5.3.9}$$

式中:

$$\widetilde{\rho}=\rho-\beta\left[\frac{u}{V}\Delta x\delta_x^-\rho+\frac{v}{V}\Delta y\widetilde{\delta}_y\rho\right] \tag{5.3.10a}$$

$$\beta=\max\left[0,C_0\left(1-\frac{1}{(V/a)^2}\right)\right] \tag{5.3.10b}$$

$$\Delta x\delta_x^-\rho=\rho_{i,j}-\rho_{i-1,j} \tag{5.3.10c}$$

$$\Delta y\widetilde{\delta}_y\rho=\begin{cases}\rho_{i,j}-\rho_{i,j-1} & (v_{i,j}>0)\\ \rho_{i,j}-\rho_{i,j-1} & (v_{i,j}>0)\end{cases} \tag{5.3.10d}$$

式(5.3.10b)中,常数 C_0 通常在 0～2 的范围内取值。

在跨声速流函数场与密度场的迭代中,如何确定密度场是该计算的关键之一。这里建议密度场按如下的办法决定[75]。

(1) 在计算出 $\{\psi\}$ 场后,应计算全场 u/v 的分布,即:

$$u/v=-\frac{\partial\psi}{\partial y}\Big/\frac{\partial\psi}{\partial x} \tag{5.3.11}$$

(2) 利用式(5.3.6)消去式(5.3.7)中的 v,从而得到了关于 u 的方程:

$$\frac{\partial u}{\partial y}=-\frac{\partial}{\partial x}\left(\frac{1}{\rho}\frac{\partial\psi}{\partial x}\right)-\left(T\frac{\partial S}{\partial y}-\frac{\partial H}{\partial y}\right)\Big/u \tag{5.3.12}$$

并由此得到全场 u 的分布。

(3) 最后由能量方程 $H=h+\dfrac{V^2}{2}=\text{const}$ 和下式解出密度值,即:

$$\frac{C_1}{\rho}+\frac{1}{2}(u^2+v^2)=\text{const} \tag{5.3.13}$$

式中 $C_1=\dfrac{p}{\gamma-1}$, p 为流体的压强。

大量的数值计算表明:对于小迎角薄翼的跨声速流场,采用上述方法确定密度场是行之有效的。而对于大迎角厚翼型的跨声速流场,则需要采用贴体曲线坐标系,因此这时确定密度场的方法要在贴体曲线坐标系下作适当的修正,对这方面感兴趣的读者可参阅有关文献。

5.4 二维与三维跨声速势函数方法

5.4.1 两种形式的全位势主方程及 AF2 格式

1. 全位势主方程

在无黏、定常、均熵假设下，基本方程组在笛卡儿坐标系 (x,y,z) 中可简写如下：

连续方程：

$$\nabla \cdot (\rho \boldsymbol{V}) = 0 \tag{5.4.1a}$$

运动方程：

$$(\boldsymbol{V} \cdot \nabla)\boldsymbol{V} = -\frac{1}{\rho}\nabla p \tag{5.4.1b}$$

等熵关系：

$$\frac{p}{\rho^{\gamma}} = \frac{p_0}{\rho_0^{\gamma}} \tag{5.4.1c}$$

声速关系：

$$a^2 = \frac{\mathrm{d}p}{\mathrm{d}\rho} \tag{5.4.1d}$$

将式(5.4.1c)、式(5.4.1d)用于式(5.4.1a)和式(5.4.1b)，消除 p 和 ρ 后，可得：

$$\boldsymbol{V} \cdot \nabla\left(\frac{\boldsymbol{V} \cdot \boldsymbol{V}}{2}\right) - a^2 \nabla \cdot \boldsymbol{V} = 0 \tag{5.4.2}$$

式(5.4.2)可认为是定常运动时连续方程的另一种表达式，如果将式(5.4.2)用速度分量的形式写出，经整理后便得：

$$(a^2-u^2)\frac{\partial u}{\partial x} + (a^2-v^2)\frac{\partial v}{\partial y} + (a^2-w^2)\frac{\partial w}{\partial z} - uv\left(\frac{\partial u}{\partial y}+\frac{\partial v}{\partial x}\right) - vw\left(\frac{\partial v}{\partial z}+\frac{\partial w}{\partial y}\right) - wu\left(\frac{\partial w}{\partial x}+\frac{\partial u}{\partial z}\right) = 0 \tag{5.4.3}$$

由于流动是无旋的，因此一定存在着势函数 Φ，使得：

$$\frac{\partial \Phi}{\partial x} = u, \frac{\partial \Phi}{\partial y} = v, \frac{\partial \Phi}{\partial z} = w \tag{5.4.4}$$

式中，u,v,w 为速度 V 沿 x,y,z 方向上的分速度。

将式(5.4.4)代入式(5.4.3)后，便得到第一种形式的全位势主方程，即：

$$(a^2-u^2)\Phi_{xx} + (a^2-v^2)\Phi_{yy} + (a^2-w^2)\Phi_{zz} - 2uv\Phi_{xy} - 2vw\Phi_{yz} - 2wu\Phi_{zx} = 0 \tag{5.4.5}$$

另外，能量方程 $h + \frac{V^2}{2} = \text{const}$ 又可改写为：

$$\frac{V^2}{2} + \frac{a^2}{\gamma-1} = \text{const} = \frac{\gamma+1}{\gamma-1}\frac{a_*^2}{2} = \frac{V_\infty^2}{2} + \frac{a_\infty^2}{\gamma-1} \tag{5.4.6}$$

式中，a_* 为临界声速；V_∞ 与 a_∞ 为来流速度与来流声速。

显然，式(5.4.5)中的 u,v,w 可由式(5.4.4)决定，而式(5.4.5)中的声速 a 由式(5.4.6)给出，因此式(5.4.5)为典型的非线性二阶偏微分方程。另一种形式的全位势方程可以直接由连续方程式(5.4.1a)出发，并由式(5.4.4)，则得：

$$\frac{\partial}{\partial x}\left(\rho\frac{\partial\Phi}{\partial x}\right)+\frac{\partial}{\partial y}\left(\rho\frac{\partial\Phi}{\partial y}\right)+\frac{\partial}{\partial z}\left(\frac{\partial\Phi}{\partial z}\right)=0 \tag{5.4.7}$$

$$\frac{\rho}{\rho_\infty}=\left[1+\frac{\gamma+1}{2}Ma_\infty^2\left(1-\frac{u^2+v^2+w^2}{u_\infty^2+v_\infty^2+w_\infty^2}\right)\right]^{\frac{1}{\gamma-1}} \tag{5.4.8}$$

由一般形式下坐标系 (t,x,y,z) 与 (τ,ξ,η,ζ) 之间的变换关系式：

$$\begin{bmatrix}U\\V\\W\end{bmatrix}=\begin{bmatrix}\xi_t & \xi_x & \xi_y & \xi_z\\ \eta_t & \eta_x & \eta_y & \eta_z\\ \zeta_t & \zeta_x & \zeta_y & \zeta_z\end{bmatrix}\begin{bmatrix}1\\u\\v\\w\end{bmatrix} \tag{5.4.9a}$$

式中：

$$\begin{cases}\tau=t\\ \xi=\xi(t,x,y,z)\\ \eta=\eta(t,x,y,z)\\ \xi=\xi(t,x,y,z)\end{cases} \tag{5.4.9b}$$

对于定常无旋流，则式(5.4.9a)简化为：

$$\begin{bmatrix}U\\V\\W\end{bmatrix}=\begin{bmatrix}\xi_x & \xi_y & \xi_z\\ \eta_x & \eta_y & \eta_z\\ \zeta_x & \zeta_y & \zeta_z\end{bmatrix}\begin{bmatrix}\xi_x & \eta_x & \xi_x\\ \xi_y & \eta_y & \zeta_y\\ \xi_z & \eta_z & \zeta_z\end{bmatrix}\begin{bmatrix}\Phi_\xi\\ \Phi_\eta\\ \Phi_\zeta\end{bmatrix} \tag{5.4.9c}$$

于是式(5.4.7)变为：

$$\frac{\partial}{\partial\xi}\left[\frac{\rho}{J}U\right]+\frac{\partial}{\partial\eta}\left[\frac{\rho}{J}V\right]+\frac{\partial}{\partial\zeta}\left[\frac{\rho}{J}W\right]=0 \tag{5.4.10}$$

式(5.4.10)中密度 ρ 可表示为：

$$\frac{\rho}{\rho_\infty}=\left[1+\frac{\gamma-1}{2}Ma_\infty^2\left(1-\frac{\Phi_x^2+\Phi_y^2+\Phi_z^2}{q_\infty^2}\right)\right]^{\frac{1}{\gamma-1}},q_\infty^2=u_\infty^2+v_\infty^2+w_\infty^2 \tag{5.4.11a}$$

$$\begin{bmatrix}\Phi_x\\ \Phi_y\\ \Phi_z\end{bmatrix}=\begin{bmatrix}\xi_x & \eta_x & \zeta_x\\ \xi_y & \eta_y & \zeta_y\\ \xi_z & \eta_z & \zeta_z\end{bmatrix}\begin{bmatrix}\Phi_\xi\\ \Phi_\eta\\ \Phi_\zeta\end{bmatrix} \tag{5.4.11b}$$

在式(5.4.10)中 J 的定义为：

$$J=\frac{\partial(\xi,\eta,\zeta)}{\partial(x,y,z)} \tag{5.4.12}$$

因此，式(5.4.10)便是第二种形式的全位势主方程，在跨声速计算中经常使用它。

2. 人工密度及因式分解法

下面以二维为例，十分扼要的介绍在采用人工密度的情况下，求解跨声速全位势主方程的一种快速、高效算法——AF2 因式分解法。对于二维、无黏、定常、无旋流场，则全位势方程组为：

$$\frac{\partial}{\partial \xi}\left(\frac{\rho}{J}U\right)+\frac{\partial}{\partial \eta}\left(\frac{\rho}{J}V\right)=0 \tag{5.4.13a}$$

$$\frac{\rho}{\rho_\infty}=\left[1+\frac{\gamma-1}{2}Ma_\infty^2\left(1-\frac{\Phi_x^2+\Phi_y^2}{q_\infty^2}\right)\right]^{\frac{1}{\gamma-1}},q_\infty^2=u_\infty^2+v_\infty^2 \tag{5.4.13b}$$

如果令：

$$A_1=\frac{1}{J}(\xi_x^2+\xi_y^2),A_2=\frac{1}{J}(\xi_x\eta_x+\xi_y\eta_y),A_3=\frac{1}{J}(\eta_x^2+\eta_y^2) \tag{5.4.14a}$$

$$J=\xi_x\eta_y-\xi_y\eta_x \tag{5.4.14b}$$

则式(5.4.13a)可改写为：

$$\frac{\partial}{\partial \xi}\left(\rho A_1\frac{\partial \Phi}{\partial \xi}+\rho A_2\frac{\partial \Phi}{\partial \eta}\right)+\frac{\partial}{\partial \eta}\left(\rho A_2\frac{\partial \Phi}{\partial \xi}+\rho A_3\frac{\partial \Phi}{\partial \eta}\right)=0 \tag{5.4.15}$$

这是个强守恒型方程。

对式(5.4.13a)引进人工密度，则得：

$$\frac{\partial}{\partial \xi}\left(\frac{\tilde{\rho}U}{J}\right)+\frac{\partial}{\partial \eta}\left(\frac{\tilde{\rho}V}{J}\right)=0 \tag{5.4.16}$$

将式(5.4.16)建立差分方程，即：

$$\delta_\xi^-\left(\frac{\tilde{\rho}U}{J}\right)_{i+\frac{1}{2},j}+\delta_\eta^-\left(\frac{\tilde{\rho}V}{J}\right)_{i,j+\frac{1}{2}}=0 \tag{5.4.17}$$

式(5.4.17)的 AF2 格式[152]为：

$$[\alpha-\delta_\eta^-(\tilde{\rho}A_3)_{i,j+\frac{1}{2}}][\alpha\delta_\eta^+-\delta_\xi^-(\tilde{\rho}A_1)_{i+\frac{1}{2},j}\delta_\xi^+]C_{i,j}^n=\alpha\omega L\Phi_{i,j}^n \tag{5.4.18}$$

式中，δ^- 与 δ^+ 分别为单侧后差与单侧前差算子。

例如：

$$\begin{cases}\delta_\xi^-\Diamond_{i,j}=\Diamond_{i,j}-\Diamond_{i-1,j},\delta_\xi^+\Diamond_{i,j}=\Diamond_{i+1,j}-\Diamond_{i,j}\\ \delta_\eta^-\Diamond_{i,j}=\Diamond_{i,j}-\Diamond_{i,j-1},\delta_\eta^+\Diamond_{i,j}=\Diamond_{i,j+1}-\Diamond_{i,j}\end{cases} \tag{5.4.19}$$

式中，◇代表任意物理量；α 为迭代加速参数；ω 为松弛因子；$L\Phi_{i,j}^n$ 代表第 n 次迭代时差分方程(5.4.17)的残差。

另外，式(5.4.16)中人工密度 $\tilde{\rho}$ 的定义为：

$$\begin{cases}\tilde{\rho}_{i+\frac{1}{2},j}=\rho_{i+\frac{1}{2},j}-\mu_{i+\frac{1}{2},j}(\rho_{i+\frac{1}{2},j}-\rho_{i+r+\frac{1}{2},j})\\ \tilde{\rho}_{i,j+\frac{1}{2}}=\rho_{i,j+\frac{1}{2}}-\mu_{i,j+\frac{1}{2}}(\rho_{i,j+\frac{1}{2}}-\rho_{i,j+s+\frac{1}{2}})\end{cases} \tag{5.4.20a}$$

式中，$\mu_{i,j}$，r，s 的定义为：

$$r=\begin{cases}-1 & (u_{i+\frac{1}{2},j}>0)\\ +1 & (u_{i+\frac{1}{2},j}<0)\end{cases},\ s=\begin{cases}-1 & (v_{i,j+\frac{1}{2}}>0)\\ +1 & (v_{i,j+\frac{1}{2}}<0)\end{cases} \tag{5.4.20b}$$

$$\mu_{i,j}=\max\left[0,\left(1-\frac{1}{M_{i,j}^2}\right)\right] \tag{5.4.20c}$$

式(5.4.16)的计算可分两步进行：

第一步求解：

$$[\alpha-\delta_\eta^-(\widetilde{\rho}A_3)_{i,j+\frac{1}{2}}]f_{i,j}^n=\alpha\omega L\Phi_{i,j}^n \tag{5.4.21a}$$

也就是说，沿着 η 方向解二对角矩阵，求出中间变量 $f_{i,j}^n$ 值。

第二步求解：

$$[\alpha\delta_\eta^+-\delta_\xi^-(\widetilde{\rho}A_1)_{i+\frac{1}{2},j}\delta_\xi^+]C_{i,j}^n=f_{i,j}^n \tag{5.4.21b}$$

也就是说，沿着 ξ 方向解三对角矩阵方程，求出 $C_{i,j}^n$。

注意：

$$\Phi_{i,j}^{n+1}=\Phi_{i,j}^n+C_{i,j}^n \tag{5.4.21c}$$

于是 $\Phi_{i,j}^{n+1}$ 值便得到了。如此进行迭代，直到前后两轮迭代 $\Phi_{i,j}^{n+1}$ 值之差满足一定允差为止。大量的数值试验表明：采用人工密度的修正及 AF2 因式分解法能够快速高效率的获得跨声速流场的数值解。

5.4.2　二维小扰动势函数方程的 Murman-Cole 格式及线松弛解法

20 世纪 70 年代初，Murman 和 Cole 提出了求解平面定常位势方程的混合有限差分线松弛方法[153]，该方法为跨声速流场的数值计算起了开创性的重要推动作用，为此本节仅以跨声速二维小扰动位势方程为例，扼要地介绍这个方法的主要思想和主要实施步骤。跨声速二维定常小扰动位势方程为：

$$A\varphi_{xx}+\varphi_{yy}=0 \tag{5.4.22a}$$

式中：

$$A=(1-Ma_\infty^2)-\frac{\gamma+1}{V_\infty}Ma_\infty^2\varphi_x \tag{5.4.22b}$$

假设在笛卡儿坐标系中采用等间距网格将上式(5.4.22a)离散。Murman-Cole 差分格式的基本思想是在局部亚声速区域采用中心差分公式，在局部超声速区采用迎风差分公式。由于这里假定流动的方向很接近 x 方向，因此迎风差分公式仅出现在 x 方向上。中心差分公式为：

$$\begin{cases}(\varphi_x)_{i,j}=\dfrac{\varphi_{i+1,j}-\varphi_{i-1,j}}{2\Delta x}=\delta_x\varphi_{i,j}\\[2ex](\varphi_{xx})_{i,j}=\dfrac{\varphi_{i+1,j}-2\varphi_{i,j}+\varphi_{i-1,j}}{(\Delta x)^2}=\delta_{xx}\varphi_{i,j}\\[2ex](\varphi_{yy})_{i,j}=\dfrac{\varphi_{i,j+1}-2\varphi_{i,j}+\varphi_{i,j-1}}{(\Delta y)^2}=\delta_{yy}\varphi_{i,j}\end{cases} \tag{5.4.23}$$

迎风差分公式为：

$$(\varphi_x)_{i,j}=\frac{\varphi_{i,j}-\varphi_{i-2j}}{2\Delta x}=\delta_x^-\varphi_{i,j} \tag{5.4.24a}$$

$$(\varphi_{xx})_{i,j}=\frac{\varphi_{i,j}-2\varphi_{i-1,j}+\varphi_{i-2,j}}{(\Delta x)^2}=\delta_{xx}^{-}\varphi_{i,j} \tag{5.4.24b}$$

式中，$\delta_x,\delta_y,\delta_{xx},\delta_{yy}$ 表示中心差分算子，$\delta_x^{-},\delta_{xx}^{-}$ 表示一侧后差算子。

如果令：

$$\begin{cases}A_{i,j}=(1-Ma_\infty^2)-\dfrac{(\gamma+1)}{V_\infty}Ma_\infty^2\dfrac{\varphi_{i+1,j}-\varphi_{i-1,j}}{2\Delta x}\\ b_{i,j}=A_{i,j}\dfrac{\varphi_{i+1,j}-2\varphi_{i,j}+\varphi_{i-1,j}}{(\Delta x)^2}=A_{i,j}\delta_{xx}\varphi_{i,j}\\ c_{i,j}=\dfrac{\varphi_{i,j+1}-2\varphi_{i,j}+\varphi_{i,j-1}}{(\Delta y)^2}=\delta_{yy}\varphi_{i,j}\end{cases} \tag{5.4.25}$$

点 (i,j) 处的流场性质是按下述办法进行判断的：

$$\begin{cases}\text{(1) 若 } A_{i-1,j}>0 \text{ 且 } A_{i,j}\geqslant 0 \text{ 时，则点}(i,j)\text{ 为亚声速点；}\\ \text{(2) 若 } A_{i-1,j}<0 \text{ 且 } A_{i,j}<0 \text{ 时，则点}(i,j)\text{ 为超声速点；}\\ \text{(3) 若 } A_{i-1,j}\geqslant 0 \text{ 且 } A_{i,j}<0 \text{ 时，则点}(i,j)\text{ 为声速点；}\\ \text{(4) 若 } A_{i-1,j}<0 \text{ 且 } A_{i,j}\geqslant 0 \text{ 时，则点}(i,j)\text{ 为激波点。}\end{cases} \tag{5.4.26}$$

于是，式(5.4.22a)在亚声速点、超声速点、声速点和激波点处的差分方程分别为：

$$\begin{cases}\text{对亚声速点：}b_{i,j}+c_{i,j}=0\\ \text{对超声速点：}b_{i-1,j}+c_{i,j}=0\\ \text{对声速点：}c_{i,j}=0\\ \text{对激波点：}b_{i,j}+c_{i,j}=0\end{cases} \tag{5.4.27}$$

这就是 Murman-Cole 格式对非守恒方程式(5.4.22a)所形成的差分方程。

显然，在超声速区的差分方程所对应的修正方程为：

$$A\varphi_{xx}+\varphi_{yy}=\Delta x\frac{\partial}{\partial x}(A\varphi_{xx}) \tag{5.4.28}$$

这个方程的右端项是黏性项，因此差分方程式(5.4.27)包含了人工黏性项，这使得差分格式具有了自动捕获激波的能力。

另外，非守恒方程式(5.4.22a)也可写为守恒形式：

$$\frac{\partial B}{\partial x}+\varphi_{yy}=0 \tag{5.4.29a}$$

式中：

$$B=(1-Ma_\infty^2)\varphi_x-\frac{1}{2}\frac{(\gamma+1)}{V_\infty}Ma_\infty^2\varphi_x^2 \tag{5.4.29b}$$

守恒型方程所对应的差分方程可统一写为：

$$b_{i,j}+c_{i,j}-\varepsilon_{i,j}b_{i,j}+\varepsilon_{i-1,j}b_{i-1,j}=0 \tag{5.4.30a}$$

式中：ε 为开关函数，其定义为

$$\varepsilon_{i,j}=\begin{cases}0(A_{i,j}>0)\\ 1(A_{i,j}<0)\end{cases} \tag{5.4.30b}$$

显然，差分方程式(5.4.30a)所对应的修正方程为：

$$\frac{\partial}{\partial x}(B)+\varphi_{yy}=\Delta x\frac{\partial}{\partial x}(\varepsilon A\varphi_{xx}) \tag{5.4.31}$$

式中，等号右边项是黏性项，因此差分方程式(5.4.30a)包含了人工黏性项，它也具有自动捕获激波的能力。

跨声速小扰动势函数方程的差分方程所形成的代数方程组到底用什么方法去求解，是关系到流场数值解收敛快慢的重要问题。前面介绍了因式分解法，这里介绍线松弛方法，这种方法的基本思想是：考虑到跨声速流场既存在着亚声速区域，又存在着超声速区域，还有声速线与激波线，因此线松弛扫描的方向以沿气流方向为宜，这样做符合超声速流动时信息传播的特点，而松弛的线选成垂直于气流方向的 y 线。其具体实施过程如下：

(1) 对式(5.4.25)里 $A_{i,j}$ 中的 φ_x 采取：

$$\varphi_x=\frac{\varphi_{i+1,j}^{n}-\varphi_{i-1,j}^{n}}{2\Delta x} \tag{5.4.32a}$$

对 $A_{i-1,j}$ 中的 φ_x 采用：

$$\varphi_x=\frac{\varphi_{i,j}^{n}-\varphi_{i-2,j}^{n}}{2\Delta x} \tag{5.4.32b}$$

(2) 对式(5.4.25)里 $b_{i-1,j}$ 中的 φ_{xx} 采取：

$$\varphi_{xx}=\frac{\widetilde{\varphi}_{i,j}-2\varphi_{i-1,j}^{n+1}+\varphi_{i-2,j}^{n+1}}{(\Delta x)^2} \tag{5.4.32c}$$

对 $b_{i,j}$ 中的 φ_{xx} 采用：

$$\varphi_{xx}=\frac{\varphi_{i+1,j}^{n}-2\widetilde{\varphi}_{i,j}+\varphi_{i-1,j}^{n+1}}{(\Delta x)^2} \tag{5.4.32d}$$

(3) 对式(5.4.25)里 $c_{i,j}$ 中的 φ_{yy} 采取：

$$\varphi_{yy}=\frac{\widetilde{\varphi}_{i,j+1}-2\widetilde{\varphi}_{i,j}+\widetilde{\varphi}_{i,j-1}}{(\Delta y)^2} \tag{5.4.32e}$$

式(5.4.32d)中，上脚标 $n+1$ 表示新值；在线松弛过程中，$i-1$ 与 $i-2$ 点的新值是已知的，而 i 点的新值是未知的；上脚标 n 表示老值；$\widetilde{\varphi}_{i,j}$ 表示要松弛的 $\varphi_{i,j}$，它与旧值及新值间的关系为：

$$\widetilde{\varphi}_{i,j}=\varphi_{i,j}^{n}+\frac{1}{\omega}(\varphi_{i,j}^{n+1}-\varphi_{i,j}^{n}) \tag{5.4.33}$$

式中，ω 为松弛因子。

令 $\Delta\varphi_{i,j}^{n}=\varphi_{i,j}^{n+1}-\varphi_{i,j}^{n}$，令 $R_{i,j}^{n}$ 为将 $\varphi_{i,j}^{n}$ 代入式(5.4.27)后得到的残差。将式(5.4.32)与式(5.4.33)代入式(5.4.27)后，便得如下方程：

(1) 亚声速点有：

$$A_{i,j}\left(-\frac{2}{\omega}\Delta\varphi_{i,j}^{n}+\Delta\varphi_{i-1,j}^{n}\right)\frac{1}{(\Delta x)^2}+\frac{1}{\omega}(\Delta\varphi_{i,j+1}^{n}-2\Delta\varphi_{i,j}^{n}+\Delta\varphi_{i,j-1}^{n})\frac{1}{(\Delta y)^2}+R_{i,j}^{n}=0 \tag{5.4.34a}$$

（2）对超声速点有：

$$A_{i-1,j}\left(\frac{1}{\omega}\Delta\varphi_{i,j}^{n}-2\Delta\varphi_{i-1,j}^{n}+\Delta\varphi_{i-2,j}^{n}\right)\frac{1}{(\Delta x)^{2}}+\frac{1}{\omega}(\Delta\varphi_{i,j+1}^{n}-2\Delta\varphi_{i,j}^{n}+\Delta\varphi_{i,j-1}^{n})\frac{1}{(\Delta y)^{2}}+R_{i,j}^{n}=0 \tag{5.4.34b}$$

（3）声速点有：

$$\frac{1}{\omega}(\Delta\varphi_{i,j+1}^{n}-2\Delta\varphi_{i,j}^{n}+\Delta\varphi_{i,j-1}^{n})\frac{1}{(\Delta y)^{2}}+R_{i,j}^{n}=0 \tag{5.4.34c}$$

（4）对激波点有：

$$A_{i,j}\left(-\frac{2}{\omega}\Delta\varphi_{i,j}^{n}+\Delta\varphi_{i-1,j}^{n}\right)\frac{1}{(\Delta x)^{2}}+\frac{1}{w}(\Delta\varphi_{i,j-1}^{n}-2\Delta\varphi_{i,j}^{n}+\Delta\varphi_{i,j+1}^{n})\frac{1}{(\Delta y)^{2}}+R_{i,j}^{n}=0 \tag{5.4.34d}$$

式中，松弛因子 ω 的取值可以各不相同：对亚声速点可取 $0<\omega<2$；对超声速点可取 $0<\omega\leqslant 1$；对声速点和激波点可取 $\omega=1$。

显然，式(5.4.34)是关于 $\Delta\varphi_{i,j+1}^{n}$，$\Delta\varphi_{i,j}^{n}$ 与 $\Delta\varphi_{i,j-1}^{n}$ 的三对角型线性方程组，因此可用追赶法快速求解。

5.5 跨声速流场计算中的高效率、高分辨率算法

跨声速计算是20世纪70年代以来气体动力学和计算流体力学领域中发展最快的热点问题之一。本节不想去评价这样一个激动人心领域的巨大变化，仅想对其中的几个方面略作概述。对于工程计算，人们对跨声速计算的新算法最关心的是：效率、捕捉激波的分辨率、格式的精度与稳定性。这里仅想对其中的前两点略作介绍。

5.5.1 高效率算法

ADI方法（The Alternating Direction Implicit Technique，交替方向隐格式）是最早用于跨声速位势函数和跨声速流函数方法中将离散方程组进行求解的主要方法之一。之后隐式因式分解法（Implicit Approximate Factorization Scheme）获得了发展并成功的用于求解原始参数 Euler 方程的求解，例如，R. M. Beam，R. F. Warming，T. H. Pulliam，J. L. Steger 等人在这方面都做了大量工作。与此同时，LU 格式（LU Decompositions）与 SIP 强隐式格式（Strongly Implicit Procedure）也飞速发展，例如，A. Jameson，E. Turkel，H. L. Stone，N. L. Sankel 等人在这两面获得了大量成果。另外，多层网格技术（Multiple-Grid Technique，MG 方法）也在 Euler 方程与 Navier-Stokes 方程求解过程中被广泛采用，而且在理论上与数值实践上都证实 MG 方法的加速效果非常显著，在这方面，A. Brandt，A. Jameson，Ron-Ho Ni 等人的工作都十分突出。应该指出，上面所介绍的算法是在结构网格的框架下完成的，20世纪90年代以来，非结构网格的出现，又从另外一个侧面去探讨实现高效率求解复杂流场的可能性。这里所谓网格是结构的，就是指

网格数据的生成能够用数学表达式进行表达，它具有序列性和数据结构上的有序性。这里所谓网格是非结构的，是指它既没有严格意义上的数学递推关系式，而且数据结构上具有一定的随机性和自适应性的特征。正因如此，非结构网格具有非常灵活与合理的布点功能，使它具有比结构网格更强的生命力，并成为现代计算流体力学网格生成领域的主攻方向之一。因此，在非结构网格下，发展各种有效的算法这本身就是一项富有挑战性的创新工作，也是一项有待完善的工作。作为非结构生成这方面的一个例子，文献[154,155]改进和发展了 Bowyer-Watson 算法并针对叶轮机械中叶栅通道的特点，提出了一种快速生成三维非结构网格的方法，并且在非结构网格下完成了涡轮静子与涡轮转子三维流场的计算，获得了满意的三维 Navier-Stokes 方程的数值解。

5.5.2　高分辨率算法以及 Harten 的 TVD 格式

1. 高分辨率算法概述

在跨声速流场的计算中，提高捕捉激波的分辨率始终是一个重要的奋斗目标，然而不同时期所捕捉的激波质量是逐步提高的。1950 年，von Neumann 和 Richtmyer 提出了显式的加入“黏性系数”的人工耗散格式。能否不显式的加入黏性，而直接用有限差分所隐含的耗散去抹平激波呢？正是出于这个想法，1954 年著名的 Lax 格式问世了。在 Lax 的那篇文章中，Lax 提出了守恒型微分方程的重要概念。在 Lax 思想的影响下，1959 年 Godunov 格式、1960 年 Lax-Wendroff 格式、1961 年 Rusanov 格式等相继提出，并且成为 20 世纪 60 年代的一批优秀格式。20 世纪 80 年代，又有一批格式产生，特别是 Steger-Warming 的矢通量分裂格式、Van Leer 的分裂格式、Roe 格式等，它们都在捕捉激波方面做出了贡献，而且都是经历了大量算例考验的好格式。特别要指出的是，1983 年 Harten 首次提出了高分辨率(High Resolution)和总变差不增(Total Variation Diminishing)[156] 的概念，这在数值方法的发展历程中具有十分重要的意义。Harten 的思想影响了一批高分辨格式的产生，例如，Osher，Chakravarthy，Yee 等人的高分辨率格式及 ENO (Essentially Non Oscillatory)格式[157]、NND(Non-oscillatory，Non-free-parameter，Dissipative)格式、UENO 格式和 WENO(Weighted ENO)格式[158] 的相继出现，这些格式都有力地提高了捕捉激波间断面和接触间断面的质量。另外，运动界面的追踪方法[45] 以及小波多分辨率奇异分析法[47] 也在不断地发展与完善。

2. 三维空间中 Jacobi 矩阵及其特征值的统一表达

设 (ξ,η,ζ) 为一般曲线坐标系，它与笛卡儿坐标系 (x,y,z) 间的关系为：

$$\begin{cases}\xi=\xi(x,y,z,t)\\ \eta=\eta(x,y,z,t)\\ \zeta=\zeta(x,y,z,t)\\ \tau=t\end{cases}\tag{5.5.1}$$

于是方程组：

$$\frac{\partial \boldsymbol{Q}}{\partial t}+\frac{\partial \boldsymbol{E}}{\partial x}+\frac{\partial \boldsymbol{F}}{\partial y}+\frac{\partial \boldsymbol{G}}{\partial z}=\frac{\partial \boldsymbol{E}_V}{\partial x}+\frac{\partial \boldsymbol{F}_V}{\partial y}+\frac{\partial \boldsymbol{G}_V}{\partial z} \tag{5.5.2}$$

被变换为：

$$\frac{\partial \widetilde{\boldsymbol{Q}}}{\partial \tau}+\frac{\partial \widetilde{\boldsymbol{E}}}{\partial \xi}+\frac{\partial \widetilde{\boldsymbol{F}}}{\partial \eta}+\frac{\partial \widetilde{\boldsymbol{G}}}{\partial \zeta}=\frac{\partial \widetilde{\boldsymbol{E}}_V}{\partial \xi}+\frac{\partial \widetilde{\boldsymbol{F}}_V}{\partial \eta}+\frac{\partial \widetilde{\boldsymbol{G}}_V}{\partial \zeta} \tag{5.5.3a}$$

式中，$\boldsymbol{E},\boldsymbol{F},\boldsymbol{G}$ 分别为沿 x,y,z 方向上无黏部分的通量；$\boldsymbol{E}_V,\boldsymbol{F}_V,\boldsymbol{G}_V$ 分别为沿 x,y,z 方向上黏性部分的通量；$\widetilde{\boldsymbol{E}},\widetilde{\boldsymbol{F}},\widetilde{\boldsymbol{G}}$ 分别为沿 ξ,η,ζ 方向上的黏性部分的通量；$\widetilde{\boldsymbol{E}}_V,\widetilde{\boldsymbol{F}}_V,\widetilde{\boldsymbol{G}}_V$ 分别为沿 ξ,η,ζ 方向上的黏性部分的通量，$\boldsymbol{Q}$ 与 $\widetilde{\boldsymbol{Q}}$ 分别为坐标系 (x,y,z) 与坐标系 (ξ,η,ζ) 的守恒变量。

显然，上述通量可用矩阵表示为：

$$\begin{bmatrix}\widetilde{\boldsymbol{Q}}\\ \widetilde{\boldsymbol{E}}\\ \widetilde{\boldsymbol{F}}\\ \widetilde{\boldsymbol{G}}\end{bmatrix}=\frac{1}{J}\begin{bmatrix}1 & 0 & 0 & 0\\ \xi_t & \xi_x & \xi_y & \xi_z\\ \eta_t & \eta_x & \eta_y & \eta_z\\ \zeta_t & \zeta_x & \zeta_y & \zeta_z\end{bmatrix}\begin{bmatrix}\boldsymbol{Q}\\ \boldsymbol{E}\\ \boldsymbol{F}\\ \boldsymbol{G}\end{bmatrix} \tag{5.5.3b}$$

式中，J 由式(5.4.12)定义。

令 $\widetilde{\boldsymbol{E}},\widetilde{\boldsymbol{F}},\widetilde{\boldsymbol{G}}$ 统一表示为如下形式：

$$\widetilde{\boldsymbol{E}} \text{ 或 } \widetilde{\boldsymbol{F}} \text{ 或 } \widetilde{\boldsymbol{G}}=\frac{1}{J}(K_t\boldsymbol{Q}+K_x\boldsymbol{E}+K_y\boldsymbol{F}+K_z\boldsymbol{G}) \tag{5.5.4a}$$

并令 $\boldsymbol{A},\boldsymbol{B},\boldsymbol{C},\widetilde{\boldsymbol{A}},\widetilde{\boldsymbol{B}},\widetilde{\boldsymbol{C}}$ 分别表示 $\partial\boldsymbol{E}/\partial\boldsymbol{Q},\partial\boldsymbol{F}/\partial\boldsymbol{Q},\partial\boldsymbol{G}/\partial\boldsymbol{Q},\partial\widetilde{\boldsymbol{E}}/\partial\widetilde{\boldsymbol{Q}},\partial\widetilde{\boldsymbol{F}}/\partial\widetilde{\boldsymbol{Q}},\partial\widetilde{\boldsymbol{G}}/\partial\widetilde{\boldsymbol{Q}}$，则它们之间有如下关系：

$$\begin{bmatrix}\widetilde{\boldsymbol{A}}\\ \widetilde{\boldsymbol{B}}\\ \widetilde{\boldsymbol{C}}\end{bmatrix}=\begin{bmatrix}\xi_t & \xi_x & \xi_y & \xi_z\\ \eta_t & \eta_x & \eta_y & \eta_z\\ \zeta_t & \zeta_x & \zeta_y & \zeta_z\end{bmatrix}\begin{bmatrix}\boldsymbol{I}\\ \boldsymbol{A}\\ \boldsymbol{B}\\ \boldsymbol{C}\end{bmatrix} \tag{5.5.4b}$$

式中，$\boldsymbol{I}$ 为单位矩阵。

于是 $\widetilde{\boldsymbol{A}},\widetilde{\boldsymbol{B}},\widetilde{\boldsymbol{C}}$ 又可统一表示为：

$$\widetilde{\boldsymbol{A}} \text{ 或 } \widetilde{\boldsymbol{B}} \text{ 或 } \widetilde{\boldsymbol{C}}=K_t\boldsymbol{I}+K_x\boldsymbol{A}+K_y\boldsymbol{B}+K_z\boldsymbol{C} \tag{5.5.5}$$

显然，当 K 分别取 ξ,η,ζ 时，则式(5.5.5)分别对应于矩阵 $\widetilde{\boldsymbol{A}},\widetilde{\boldsymbol{B}},\widetilde{\boldsymbol{C}}$。设 $\widetilde{\boldsymbol{A}},\widetilde{\boldsymbol{B}},\widetilde{\boldsymbol{C}}$ 具有完备的右特征矢量矩阵，因此有：

$$\begin{cases}\widetilde{\boldsymbol{A}}=(\boldsymbol{R}\cdot\boldsymbol{\Lambda}\cdot\boldsymbol{R}^{-1})_{\widetilde{A}}\equiv(\boldsymbol{R}\cdot\boldsymbol{\Lambda}\cdot\boldsymbol{L})_{\widetilde{A}}\\ \widetilde{\boldsymbol{B}}=(\boldsymbol{R}\cdot\boldsymbol{\Lambda}\cdot\boldsymbol{R}^{-1})_{\widetilde{B}}\equiv(\boldsymbol{R}\cdot\boldsymbol{\Lambda}\cdot\boldsymbol{L})_{\widetilde{B}}\\ \widetilde{\boldsymbol{C}}=(\boldsymbol{R}\cdot\boldsymbol{\Lambda}\cdot\boldsymbol{R}^{-1})_{\widetilde{C}}\equiv(\boldsymbol{R}\cdot\boldsymbol{\Lambda}\cdot\boldsymbol{L})_{\widetilde{C}}\end{cases} \tag{5.5.6a}$$

令 $\boldsymbol{R}$ 与 $\boldsymbol{L}$ 分别表示 $\widetilde{\boldsymbol{A}}, \widetilde{\boldsymbol{B}}, \widetilde{\boldsymbol{C}}$ 中的任一个矩阵的右特征矢量矩阵与左特征矢量矩阵，显然它们可用右特征矢量 $\boldsymbol{r}^{(j)}$（它为列矢量）与左特征矢量 $\boldsymbol{l}^{j}$（它为行矢量）来表示，即：

$$\boldsymbol{R} = [\boldsymbol{r}^{(1)} \quad \boldsymbol{r}^{(2)} \quad \boldsymbol{r}^{(3)} \quad \boldsymbol{r}^{(4)} \quad \boldsymbol{r}^{(5)}] \tag{5.5.6b}$$

$$\boldsymbol{L} = \begin{bmatrix} \boldsymbol{l}^{(1)} \\ \boldsymbol{l}^{(2)} \\ \boldsymbol{l}^{(3)} \\ \boldsymbol{l}^{(4)} \\ \boldsymbol{l}^{(5)} \end{bmatrix} \tag{5.5.6c}$$

式中，左特征矢量与右特征矢量相互正交，即：

$$\boldsymbol{l}^{(i)} \cdot \boldsymbol{r}^{(j)} = \delta_{ij} \tag{5.5.6d}$$

如果用符号 $\sigma(\widetilde{\boldsymbol{A}})$ 表示矩阵 $\widetilde{\boldsymbol{A}}$ 的特征值，则 $\widetilde{\boldsymbol{A}}, \widetilde{\boldsymbol{B}}, \widetilde{\boldsymbol{C}}$ 的特征值便可用下式统一表示，即：

$$\sigma(\widetilde{\boldsymbol{A}} \text{ 或 } \widetilde{\boldsymbol{B}} \text{ 或 } \widetilde{\boldsymbol{C}}) = K_t \boldsymbol{I} + \sigma(K_x \boldsymbol{A} + K_y \boldsymbol{B} + K_z \boldsymbol{C}) \tag{5.5.7}$$

即：

$$\begin{cases} \lambda_1 = \lambda_2 = \lambda_3 = K_t + K_x u + K_y v + K_z w \\ \lambda_4 = \lambda_1 + \alpha[(K_x)^2 + (K_y)^2 + (K_z)^2]^{1/2} + K_t \\ \lambda_5 = \lambda_1 - a[(K_x)^2 + (K_y)^2 + (K_z)^2]^{1/2} + K_t \end{cases} \tag{5.5.8}$$

式中，a 为声速；u, v, w 为速度 $\mathbf{V}$ 在 (x, y, z) 坐标系的速度分量。

现以 $\widetilde{\boldsymbol{A}}$ 为例，则有：

$$\boldsymbol{L} \cdot \widetilde{\boldsymbol{A}} \cdot \boldsymbol{R} = \boldsymbol{\Lambda} \equiv \mathrm{diag}\{\lambda_1, \lambda_2, \lambda_3, \lambda_4, \lambda_5\} \tag{5.5.9}$$

式中，$\boldsymbol{L}, \boldsymbol{R}, \boldsymbol{\Lambda}$ 与 $\lambda_1, \lambda_2, \lambda_3, \lambda_4, \lambda_5$ 均应理解矩阵 $\widetilde{\boldsymbol{A}}$ 所对的相应矩阵与特征值。

3. 非线性模型方程的一阶与二阶 TVD 格式

讨论非线性模型方程：

$$\frac{\partial u}{\partial t} + \frac{\partial f}{\partial x} = 0 \tag{5.5.10}$$

设式(5.5.10)的守恒型一阶精度三点差分格式为：

$$u_i^{n+1} = u_i^n - \lambda(h_{i+\frac{1}{2}}^n - h_{i-\frac{1}{2}}^n) \tag{5.5.11a}$$

式中，$\lambda = \Delta t / \Delta x$；$h_{i+\frac{1}{2}}$ 为数值通量，其表达式为：

$$h_{i+\frac{1}{2}} = h(u_i, u_{i+1}) \tag{5.5.11b}$$

式中，h 应满足相容性条件，即 $h(u_i, u_i) = f(u_i)$；数值通量 $h_{i+\frac{1}{2}}$ 的具体表达式为：

$$h_{i+\frac{1}{2}} = \frac{1}{2}[f_i + f_{i+1} - \psi(a_{i+\frac{1}{2}})\Delta_{i+\frac{1}{2}} u] \tag{5.5.11c}$$

其中：

$$f_i = f(u_i), \qquad \Delta_{i+\frac{1}{2}} u \equiv u_{i+1} - u_i \tag{5.5.11d}$$

$$a_{i+\frac{1}{2}} = \begin{cases} (f_{i+1} - f_i)/\Delta_{i+\frac{1}{2}} u & (\Delta_{i+\frac{1}{2}} u \neq 0) \\ a(u_i) & (\Delta_{i+\frac{1}{2}} u = 0) \end{cases} \tag{5.5.11e}$$

而 ψ 是 λ 和 $a_{i+\frac{1}{2}}$ 的函数。

对于二阶精度，Harten 是通过对通量进行修正的办法来提高差分格式的精度。二阶 TVD 的显格式为：

$$u_i^{n+1} = u_i^n - \lambda[h^m(u_i^n, u_{i+1}^n) - h^m(u_{i-1}^n, u_i^n)] \tag{5.5.12a}$$

式中：

$$h_{i+\frac{1}{2}}^m = \frac{1}{2}[f_i + f_{i+1} + g_i + g_{i+1} - Q(a_{i+\frac{1}{2}} + \gamma_{i+\frac{1}{2}})\Delta_{i+\frac{1}{2}} u] \tag{5.5.12b}$$

$$a_{i+\frac{1}{2}} = \begin{cases} (f_{i+1} - f_i)/\Delta_{i+\frac{1}{2}} u & (\Delta_{i+\frac{1}{2}} u \neq 0) \\ a(u_i) & (\Delta_{i+\frac{1}{2}} u = 0) \end{cases} \tag{5.5.12c}$$

$$\gamma_{i+\frac{1}{2}} = \begin{cases} (g_{i+1} - g_i)/\Delta_{i+\frac{1}{2}} u & (\Delta_{i+\frac{1}{2}} u \neq 0) \\ 0 & (\Delta_{i+\frac{1}{2}} u = 0) \end{cases} \tag{5.5.12d}$$

$$g_i = \frac{1}{2}\sigma \max\{0, \min[Q(a_{i+\frac{1}{2}}) \mid \Delta_{i+\frac{1}{2}} u \mid, \sigma Q(a_{i+\frac{1}{2}})\Delta_{i-\frac{1}{2}} u]\} \tag{5.5.12e}$$

$$\sigma \equiv \mathrm{sgn}(\Delta_{i+\frac{1}{2}} u), \qquad \Delta_{i+\frac{1}{2}} u \equiv u_{i+1} - u_i \tag{5.5.12f}$$

$$Q(x) = \begin{cases} |x| & (|x| > \varepsilon) \\ \dfrac{1}{2}\left(\dfrac{x^2}{\varepsilon} + \varepsilon\right) & (|x| \leqslant \varepsilon) \end{cases} \tag{5.5.12g}$$

式中，ε 为常数，通常 $\varepsilon = 0.1$ 左右。

隐式 TVD 格式为：

$$u_i^{n+1} + \lambda\theta(\widetilde{h}_{i+\frac{1}{2}}^{n+1} - \widetilde{h}_{i-\frac{1}{2}}^{n+1}) = u_i^n - \lambda(1-\theta)(\widetilde{h}_{i+\frac{1}{2}}^n - \widetilde{h}_{i-\frac{1}{2}}^n) \tag{5.5.13a}$$

式中，θ 为格式参数，即当 θ 取为 0 时为显格式；当 θ 取为 1 时为隐式差分格式；数值通量 $\widetilde{h}_{i+\frac{1}{2}}^n$ 为五点格式，即：

$$\widetilde{h}_{i+\frac{1}{2}}^k = \widetilde{h}_{i+\frac{1}{2}}(u_{i-1}^k, u_i^k, u_{i+1}^k, u_{i+2}^k) \tag{5.5.13b}$$

式中，k 取为 n 或者 $n+1$；$\widetilde{h}_{i+\frac{1}{2}}$ 的具体表达式为：

$$\widetilde{h}_{i+\frac{1}{2}} = \frac{1}{2}[\widetilde{f}_i + \widetilde{f}_{i+1} - \psi(\widetilde{a}_{i+\frac{1}{2}})\Delta_{i+\frac{1}{2}} u] \tag{5.5.13c}$$

$$\widetilde{f}_i \equiv (f + g)_i \tag{5.5.13d}$$

$$g_i \equiv \min\ \mathrm{mod}(\sigma_{i+\frac{1}{2}}\Delta_{i+\frac{1}{2}} u, \sigma_{i-\frac{1}{2}}\Delta_{i-\frac{1}{2}} u) \tag{5.5.13e}$$

$$\widetilde{a}_{i+\frac{1}{2}} = a_{i+\frac{1}{2}} + \gamma_{i+\frac{1}{2}} \tag{5.5.13f}$$

$$\gamma_{i+\frac{1}{2}} \equiv \begin{cases} \dfrac{g_{i+1} - g_i}{\Delta_{i+\frac{1}{2}} u} & (\Delta_{i+\frac{1}{2}} u \neq 0) \\ 0 & (\Delta_{i+\frac{1}{2}} u = 0) \end{cases} \tag{5.5.13g}$$

$$\sigma(x)=\frac{1}{2}\psi(x)+\lambda\left(\theta-\frac{1}{2}\right)x^2 \tag{5.5.13h}$$

$$\min\bmod(x,y)\equiv \mathrm{sgn}(x)\cdot\max\{0,\min[|x|,y\,\mathrm{sgn}(x)]\} \tag{5.5.13i}$$

式中，min mod 函数的含义：如果 x,y 是同号，则取绝对值最小的值；如果它们是异号，则取其为零。

显然，如果用符号 M 与 N 分别代表如下差分算子：

$$(Mu)_i=u_i+\lambda\theta(\widetilde{h}_{i+\frac{1}{2}}-\widetilde{h}_{i-\frac{1}{2}}) \tag{5.5.14a}$$

$$(Nu)_i=u_i-\lambda(1-\theta)(\widetilde{h}_{i+\frac{1}{2}}-\widetilde{h}_{i-\frac{1}{2}}) \tag{5.5.14b}$$

因此，欲使式(5.5.13a)是 TVD 的，只要使下式成立，即：

$$\begin{cases}TV(Mu^{n+1})\geqslant TV(u^{n+1})\\ TV(Nu^n)\leqslant TV(u^n)\end{cases} \tag{5.5.14c}$$

设数值通量 $\widetilde{h}_{i+\frac{1}{2}}$ 满足 Lipschitz 连续，并将式(5.5.13a)改写为：

$$u_i^{n+1}-\lambda\theta(C_{i+\frac{1}{2}}\Delta_{i+\frac{1}{2}}u-D_{i-\frac{1}{2}}\Delta_{i-\frac{1}{2}}u)^{n+1}=u^n+\lambda(1-\theta)(C_{i+\frac{1}{2}}\Delta_{i+\frac{1}{2}}u-D_{i-\frac{1}{2}}\Delta_{i-\frac{1}{2}}u)^n \tag{5.5.15a}$$

式中：

$$\begin{cases}C_{i\pm\frac{1}{2}}\equiv C(u_{i\mp1},u_i,u_{i\pm1},u_{i\pm2})\\ D_{i\pm\frac{1}{2}}\equiv D(u_{i\mp1},u_i,u_{i\pm1},u_{i\pm2})\end{cases} \tag{5.5.15b}$$

是有界函数。Harten 指出：满足式(5.5.14c)的充分条件有以下两条：

(1) 所有的 j 均有：

$$\widetilde{C}_{j+\frac{1}{2}}=\lambda(1-\theta)C_{j+\frac{1}{2}}\geqslant 0,\widetilde{D}_{j+\frac{1}{2}}\equiv\lambda(1-\theta)D_{j+\frac{1}{2}}\geqslant 0 \tag{5.5.16a}$$

$$\widetilde{C}_{j+\frac{1}{2}}+\widetilde{D}_{j+\frac{1}{2}}=\lambda(1-\theta)(C_{j+\frac{1}{2}}+D_{j+\frac{1}{2}})\leqslant 1 \tag{5.5.16b}$$

(2) 对所有的 j 均有：

$$\begin{cases}-\infty\leqslant-\lambda\theta C_{j+\frac{1}{2}}\leqslant 0\\ -\infty\leqslant-\lambda\theta D_{j+\frac{1}{2}}\leqslant 0\end{cases} \tag{5.5.16c}$$

作为特例，当 $\theta=0$ 时，式(5.5.13a)变为显式，于是这时格式具有 TVD 性质的充分条件式(5.5.16)被简化为：

$$C_{j+\frac{1}{2}}^n\geqslant 0,\qquad D_{j+\frac{1}{2}}^n\geqslant 0,\qquad 0\leqslant C_{j+\frac{1}{2}}^n+D_{j+\frac{1}{2}}^n\leqslant 1 \tag{5.5.17}$$

4. 常系数一维双曲型方程组的 TVD 格式

设常系数双曲型方程组为：

$$\frac{\partial \boldsymbol{U}}{\partial t}+\boldsymbol{A}\cdot\frac{\partial \boldsymbol{U}}{\partial x}=0 \tag{5.5.18a}$$

其中：

$$\boldsymbol{A}=\boldsymbol{R}\cdot\boldsymbol{\Lambda}\cdot\boldsymbol{L} \tag{5.5.18b}$$

式中，$\boldsymbol{R}$ 与 $\boldsymbol{L}$ 分别为 $\boldsymbol{A}$ 的右特征矢量矩阵与左特征矢量矩阵。

引进特征变量 $\boldsymbol{W}$ 为：

$$\boldsymbol{W}=\boldsymbol{L}\cdot\boldsymbol{U} \tag{5.5.18c}$$

于是方程组(5.5.18a)被变为特征形式的方程组：

$$\frac{\partial \boldsymbol{W}}{\partial t}+\boldsymbol{\Lambda}\cdot\frac{\partial \boldsymbol{W}}{\partial x}=0 \tag{5.5.19a}$$

其中：

$$\boldsymbol{\Lambda}=\operatorname{diag}\{\lambda_1,\lambda_2,\lambda_3,\lambda_4,\lambda_5\} \tag{5.5.19b}$$

于是式(5.5.19a)的分量形式为：

$$\frac{\partial w_k}{\partial t}+\lambda_k\frac{\partial w_k}{\partial x}=0\qquad(k=1,2,\cdots,5) \tag{5.5.20a}$$

考虑到这时的 5 个单个方程(式(5.5.20a))是互不相联系的，所以可以对每一个单个方程构造相应的 TVD 格式。令 $f_k=\lambda_k w_k$，并注意到 $\lambda_k=$ 常数，则式(5.5.20a)可写为：

$$\frac{\partial w_k}{\partial t}+\frac{\partial f_k}{\partial x}=0 \tag{5.5.20b}$$

于是，便可完全仿照式(5.5.10)构造 TVD 格式的过程将式(5.5.20b)也构造 TVD 格式，即：

$$w_{k,j}^{n+1}=w_{k,j}^{n}-\beta(h_{k,j+\frac{1}{2}}^{n}-h_{k,j-\frac{1}{2}}^{n}),\beta\equiv\frac{\Delta t}{\Delta x} \tag{5.5.20c}$$

式中：

$$h_{k,j+\frac{1}{2}}^{n}\equiv\frac{1}{2}[(\lambda_k w_k)_j+(\lambda_k w_k)_{j+1}+\varphi_{k,j+\frac{1}{2}}] \tag{5.5.20d}$$

将式(5.5.20a)的 5 个分方程都构造成 TVD 格式后，再借助于式(5.5.21)变回到原始变量中去，即：

$$\boldsymbol{U}=\boldsymbol{R}\cdot\boldsymbol{L}\cdot\boldsymbol{U}=\boldsymbol{R}\cdot\boldsymbol{W}=\sum_{k=1}^{5}(w_k\boldsymbol{r}^{(k)}),\boldsymbol{A}\cdot\boldsymbol{U}=\boldsymbol{R}\cdot\boldsymbol{\Lambda}\cdot\boldsymbol{W}=\sum_{k=1}^{5}(\lambda_k w_k\boldsymbol{r}^{(k)}) \tag{5.5.21}$$

式中，$\boldsymbol{W}=[w_1\quad w_2\quad w_3\quad w_4\quad w_5]^{\mathrm{T}}$；$\boldsymbol{r}^{(k)}$ 同式(5.5.6b)定义。

用右特征向量 $\boldsymbol{r}^{(k)}$ 乘以式(5.5.20c)，并对 k 求和，则得到：

$$\boldsymbol{U}_j^{n+1}=\boldsymbol{U}_j^{n}-\beta(\widetilde{\boldsymbol{F}}_{j+\frac{1}{2}}-\widetilde{\boldsymbol{F}}_{j-\frac{1}{2}}),\beta\equiv\frac{\Delta t}{\Delta x} \tag{5.5.22a}$$

$$\widetilde{\boldsymbol{F}}_{j+\frac{1}{2}}\equiv\sum_{k=1}^{5}(h_{k,j+\frac{1}{2}}\boldsymbol{r}^{(k)})=\frac{1}{2}\Big[\boldsymbol{A}\cdot\boldsymbol{U}_j^{n}+\boldsymbol{A}\cdot\boldsymbol{U}_{j+1}^{n}+\sum_{k=1}^{5}(\varphi_{k,j+\frac{1}{2}}\boldsymbol{r}^{(k)})\Big] \tag{5.5.22b}$$

式(5.5.22a)与式(5.5.22b)就是针对常系数方程组(5.5.18a)而言的 TVD 格式。

5. 非线性双曲守恒方程组的 TVD 格式

目前，非线性方程组 TVD 格式的构造方法仅仅是在线性方程组 TVD 格式构造方法的基础上作一些形式上的推广，严格的理论证明仍需进一步去完善。

设双曲方程组：

$$\frac{\partial \boldsymbol{U}}{\partial t}+\frac{\partial \boldsymbol{F}}{\partial x}=0 \tag{5.5.23}$$

$$\boldsymbol{A}(\boldsymbol{U})=\frac{\partial \boldsymbol{F}}{\partial \boldsymbol{U}}=\boldsymbol{R}(\boldsymbol{U})\cdot\boldsymbol{\Lambda}(\boldsymbol{U})\cdot\boldsymbol{L}(\boldsymbol{U}) \tag{5.5.24}$$

于是，对式(5.5.23)构造 TVD 格式便为：

$$\boldsymbol{U}_j^{n+1}=\boldsymbol{U}_j^n-\beta(\widetilde{\boldsymbol{F}}_{j+\frac{1}{2}}-\widetilde{\boldsymbol{F}}_{j-\frac{1}{2}}),\beta\equiv\frac{\Delta t}{\Delta x} \tag{5.5.25a}$$

其中：

$$\widetilde{\boldsymbol{F}}_{j+\frac{1}{2}}=\frac{1}{2}[\widetilde{\boldsymbol{F}}(\boldsymbol{U}_j^n)+\widetilde{\boldsymbol{F}}(\boldsymbol{U}_{j+1}^n)+(\boldsymbol{R}\cdot\boldsymbol{\Phi})_{j+\frac{1}{2}}] \tag{5.5.25b}$$

$$\boldsymbol{\Phi}=[\varphi_1\quad\varphi_2\quad\varphi_3\quad\varphi_4\quad\varphi_5]^{\mathrm{T}} \tag{5.5.25c}$$

式中，$\boldsymbol{R}$ 为矩阵 $\boldsymbol{A}$ 的右特征矢量矩阵。

5.5.3　具有 TVD 保持性质的 Runge-Kutta 方法

假设方程组(5.5.2)被离散，其半离散化形式为：

$$\frac{\mathrm{d}Q}{\mathrm{d}t}=R(Q) \tag{5.5.26}$$

注意：$R(Q)$ 是式(5.5.2)的空间微分算子所对应的离散部分，它是 Q 的函数。现考虑式(5.5.26)一阶时间离散格式：

$$Q^{n+1}=Q^n+(\Delta t)R(Q^n) \tag{5.5.27}$$

整理为算子形式便为：

$$Q^{n+1}=(I+(\Delta t)R)Q^n\equiv M(Q^n) \tag{5.5.28}$$

假设式(5.5.28)具有 TVD 性质，换句话说就是使：

$$TV(Q^{n+1})\leqslant TV(Q^n)\qquad(\lambda\leqslant\lambda_0) \tag{5.5.29a}$$

或者写成：

$$TV(M(Q^n))\leqslant TV(Q^n)\ 或\ TV(M(Q))\leqslant TV(Q) \tag{5.5.29b}$$

式中，$\lambda\equiv\Delta t/\Delta x$。

现在要求在这个基础上构造半离散格式(5.5.26)的 r 阶时间离散格式：

$$Q^{n+1}=N(Q^n) \tag{5.5.30}$$

使它也具有 TVD 的性质，也就是说：

$$TV(N(Q))\leqslant TV(Q) \tag{5.5.31}$$

成立。文献[159]将标准的 Runge-Kutta(龙格-库塔)时间离散格式进行了改造，使其具有上述所要求的 TVD 保持性。下面仅给出这种方法的两点主要结论。

(1) 具有 TVD 保持性质的二阶显式 Runge-Kutta 时间离散格式为：

$$\begin{cases} Q^{(0)} = Q^n \\ Q^{(1)} = Q^{(0)} + (\Delta t)R^{(0)} \\ Q^{(2)} = Q^{(0)} + \dfrac{1}{2}(\Delta t)R^{(0)} + \dfrac{1}{2}(\Delta t)R^{(1)} \\ Q^{n+1} = Q^{(2)} \end{cases} \tag{5.5.32}$$

当 $\lambda \leqslant \lambda_0$ ($\lambda \equiv \Delta t/\Delta x$)时，式(5.5.32)具有 TVD 的保持性。

(2) 具有 TVD 保持性的三阶显式 Runge-Kutta 时间离散格式为：

$$\begin{cases} Q^{(0)} = Q^n \\ Q^{(1)} = Q^{(0)} + (\Delta t)R^{(0)} \\ Q^{(2)} = Q^{(0)} + \dfrac{1}{4}(\Delta t)R^{(0)} + \dfrac{1}{4}(\Delta t)R^{(1)} \\ Q^{(3)} = Q^{(0)} + \dfrac{1}{6}(\Delta t)R^{(0)} + \dfrac{1}{6}(\Delta t)R^{(1)} + \dfrac{1}{6}(\Delta t)R^{(2)} \\ Q^{n+1} = Q^{(3)} \end{cases} \tag{5.5.33}$$

5.6 超声速流动的空间推进高效算法

5.6.1 可压缩无黏与黏性气体基本方程组的数学性质及 PNS 方程

可压缩牛顿流体非定常流动的 Navier-Stokes 方程组已由式(4.1.2)给出，在二维情况下该式可退化为：

$$\frac{\partial \boldsymbol{W}}{\partial t} + \frac{\partial(\boldsymbol{E} - \boldsymbol{E}_{\mathrm{v}})}{\partial x} + \frac{\partial(\boldsymbol{F} - \boldsymbol{F}_{\mathrm{v}})}{\partial y} = 0 \tag{5.6.1a}$$

式中，$\boldsymbol{E}$，$\boldsymbol{F}$，$\boldsymbol{E}_{\mathrm{v}}$ 与 $\boldsymbol{F}_{\mathrm{v}}$ 分别为含四个元素的列矢量；矢量 $\boldsymbol{W}$ 的表达式为：

$$\boldsymbol{W} = [\rho \quad \rho u \quad \rho v \quad \varepsilon]^{\mathrm{T}} \tag{5.6.1b}$$

可以证明：在 (x,t) 平面与 (y,t) 平面上，可压缩、黏性、常比热容、牛顿流体二维非定常流动的 Navier-Stokes 方程为双曲抛物型方程组，而在 (x,y) 平面上为双曲椭圆型方程组。对于定常流动，则式(5.6.1a)退化为：

$$\frac{\partial(\boldsymbol{E} - \boldsymbol{E}_{\mathrm{v}})}{\partial x} + \frac{\partial(\boldsymbol{F} - \boldsymbol{F}_{\mathrm{v}})}{\partial y} = 0 \tag{5.6.2}$$

可以证明：对于可压缩、黏性、常比热容、牛顿流体二维定常流动的 Navier-Stokes 方程是双曲椭圆型方程组。如果省略式(5.6.1a)中的黏性项，则这时式(5.6.1a)简化为：

$$\frac{\partial \boldsymbol{W}}{\partial t} + \frac{\partial \boldsymbol{E}}{\partial x} + \frac{\partial \boldsymbol{F}}{\partial y} = 0 \tag{5.6.3}$$

显然式(5.6.3)为 Euler 方程。

可以证明，在 (x,t) 与 (y,t) 平面上，可压缩无黏二维非定常流动的 Euler 方程均为纯双曲型方程组；而在 (x,y) 平面上，当 $Ma>1$ 时为双曲型，当 $Ma<1$ 时为双曲椭圆型。另外，如果流动为定常，则式(5.6.3)便退化为：

$$\frac{\partial \boldsymbol{E}}{\partial x}+\frac{\partial \boldsymbol{F}}{\partial y}=0 \tag{5.6.4a}$$

式中，E,F 定义为：

$$[\boldsymbol{E}\quad \boldsymbol{F}]\equiv\begin{bmatrix}\rho u & \rho v\\ \rho uu+p & \rho vu\\ \rho uv & \rho vv+p\\ (\varepsilon+p)u & (\varepsilon+p)v\end{bmatrix} \tag{5.6.4b}$$

可以证明，可压缩无黏二维定常流动的 Euler 方程组，当 $Ma>1$ 时该方程组为双曲型，而当 $Ma<1$ 时为双曲椭圆型。另外，在高 Reynolds 数的流动中，考虑到流动方向的黏性导数项要比法向和周向的黏性导数项小得多，因此时常可以略去黏性项沿流动方向的导数项，这时 Navier-Stokes 方程便被简化为 PNS(Parabolized Navier-Stokes)方程，又称为抛物化的 Navier-Stokes 方程。

假设 x 方向为主流方向，于是式(5.6.1a)变为 PNS 方程后为：

$$\frac{\partial \boldsymbol{W}}{\partial t}+\frac{\partial \boldsymbol{E}}{\partial x}+\frac{\partial(\boldsymbol{F}-\boldsymbol{F}_{\mathrm{v}}^{*})}{\partial y}=0 \tag{5.6.5a}$$

式中：

$$\boldsymbol{F}_{\mathrm{v}}^{*}\equiv[0,\tau_{xy}^{*},\tau_{yy}^{*},u\tau_{xy}^{*}+v\tau_{yy}^{*}-q_{y}^{*}]^{\mathrm{T}} \tag{5.6.5b}$$

$$\tau_{xy}^{*}=\mu\frac{\partial u}{\partial y},\tau_{yy}^{*}=\frac{4}{3}\mu\frac{\partial v}{\partial y},q_{y}^{*}=-K\frac{\partial T}{\partial y} \tag{5.6.5c}$$

可以证明，可压缩二维非定常 PNS 方程在 (x,t) 与 (y,t) 平面上都是双曲抛物型方程组，在 (x,y) 平面上也是双曲抛物型方程组。如果是定常流，则式(5.6.5a)被退化为：

$$\frac{\partial \boldsymbol{E}}{\partial x}+\frac{\partial(\boldsymbol{F}-\boldsymbol{F}_{v}^{*})}{\partial y}=0 \tag{5.6.6}$$

同样还可以证明：可压缩定常 PNS 方程是双曲抛物方程组。

5.6.2 隐式 LU 分解格式

在笛卡儿坐标系中，二维可压缩 Navier-Stokes 方程组已由式(5.6.1a)给出。该方程组的显、隐组合格式为：

$$\frac{(\boldsymbol{W}_{i,j}^{n+1}-\boldsymbol{W}_{i,j}^{n})}{\Delta t}+\theta[\delta_x\boldsymbol{E}(\boldsymbol{W}_{i,j}^{n+1})+\delta_y\boldsymbol{F}(\boldsymbol{W}_{i,j}^{n+1})]+(1-\theta)[\delta_x\boldsymbol{E}(\boldsymbol{W}_{i,j}^{n})+\delta_y\boldsymbol{F}(\boldsymbol{W}_{i,j}^{n})]=\delta_x\boldsymbol{E}_v(\boldsymbol{W}_{i,j}^{n})+\delta_y\boldsymbol{F}_{\mathrm{v}}(\boldsymbol{W}_{i,j}^{n}) \tag{5.6.7a}$$

或简记为：

$$\frac{\boldsymbol{W}_{i,j}^{n+1}-\boldsymbol{W}_{i,j}^{n}}{\Delta t}+\theta[\delta_x\boldsymbol{E}+\delta_y\boldsymbol{F}]_{i,j}^{n+1}+(1-\theta)[\delta_x\boldsymbol{E}+\delta_y\boldsymbol{F}]_{i,j}^{n}=(\delta_x\boldsymbol{E}_{\mathrm{v}}+\delta_y\boldsymbol{F}_{\mathrm{v}})_{i,j}^{n} \tag{5.6.7b}$$

式中，δ_x 与 δ_y 分别为关于 x 与 y 的标准中心差分算子；上脚标 n 与 $n+1$ 分别为第 n 时间层与第 $n+1$ 时间层；θ 为加权因子，当 $\theta=0$ 时为显格式，当 $\theta=1$ 时为隐格式。

该格式的基本思想是对无黏通量项采用显、隐组合格式，而对黏性项采用显式格式。

显然，式(5.6.7)是一个高度非线性的代数方程组，因此常需要将无黏通量 $\boldsymbol{E}$ 与 $\boldsymbol{F}$ 作线化处理，这里为简洁起见，以下暂将下脚标 i,j 省略。于是将 $\boldsymbol{E}^{n+1}$ 与 $\boldsymbol{F}^{n+1}$ 在 n 时间层作 Taylor 级数展开，得到：

$$\begin{cases}\boldsymbol{E}^{n+1}=\boldsymbol{E}^{n}+\boldsymbol{A}^{n}\cdot\Delta\boldsymbol{W}^{n}+O(\|\Delta\boldsymbol{W}\|^{2})\\ \boldsymbol{F}^{n+1}=\boldsymbol{F}^{n}+\boldsymbol{B}^{n}\cdot\Delta\boldsymbol{W}^{n}+O(\|\Delta\boldsymbol{W}\|^{2})\end{cases} \tag{5.6.8a}$$

式中：

$$\boldsymbol{A}\equiv\frac{\partial\boldsymbol{E}}{\partial\boldsymbol{W}},\quad \boldsymbol{B}\equiv\frac{\partial\boldsymbol{F}}{\partial\boldsymbol{W}},\quad \Delta\boldsymbol{W}^{n}\equiv\boldsymbol{W}^{n+1}-\boldsymbol{W}^{n} \tag{5.6.8b}$$

将式(5.6.8a)、式(5.6.8b)代入式(5.6.7b)，并略去二阶和高阶小量项后，可得：

$$[\boldsymbol{I}+\theta\Delta t(\delta_x\boldsymbol{A}^{n}+\delta_y\boldsymbol{B}^{n})]\Delta\boldsymbol{W}^{n}=-(\Delta t)\widetilde{\boldsymbol{R}} \tag{5.6.9a}$$

式中：

$$\begin{aligned}\widetilde{\boldsymbol{R}}&=\delta_x\boldsymbol{E}(\boldsymbol{W}^{n})+\delta_y\boldsymbol{F}(\boldsymbol{W}^{n})-\delta_x\boldsymbol{E}_{\mathrm{v}}(\boldsymbol{W}^{n})-\delta_x\boldsymbol{F}_{\mathrm{v}}(\boldsymbol{W}^{n})\\&\equiv[\delta_x(\boldsymbol{E}-\boldsymbol{E}_{\mathrm{v}})+\delta_y(\boldsymbol{F}-\boldsymbol{F}_{\mathrm{v}})]^{n}\end{aligned} \tag{5.6.9b}$$

显然，式(5.6.9a)的 Beam-Warming(比姆-沃明)格式为：

$$\begin{cases}\boldsymbol{L}_x\cdot\boldsymbol{L}_y\cdot\Delta\boldsymbol{W}_{i,j}^{n}=-(\Delta t)\widetilde{\boldsymbol{R}}\\ \boldsymbol{L}_x\equiv\boldsymbol{I}+\theta\Delta t\delta_x\boldsymbol{A}_{i,j}^{n},\boldsymbol{L}_y\equiv\boldsymbol{I}+\theta\Delta t\delta_y\boldsymbol{B}_{i,j}^{n}\end{cases} \tag{5.6.10}$$

而隐式的 LU 格式为：

$$\begin{cases}\boldsymbol{L}\cdot\boldsymbol{U}\cdot\Delta\boldsymbol{W}_{i,j}^{n}=-(\Delta t)\widetilde{\boldsymbol{R}}\\ \boldsymbol{L}\equiv\boldsymbol{I}+\theta\Delta t(\delta_x^{-}\boldsymbol{A}_1+\delta_y^{-}\boldsymbol{B}_1)_{i,j}^{n}\\ \boldsymbol{U}\equiv\boldsymbol{I}+\theta\Delta t(\boldsymbol{\delta}_x^{+}\boldsymbol{A}_2+\delta_y^{+}\boldsymbol{B}_2)_{i,j}^{n}\end{cases} \tag{5.6.11}$$

式中，δ_x^{-} 与 δ_x^{+} 分别为关于 x 的单侧向后差分算子与关于 y 的单侧向前差分算子，其定义同式(5.4.19)。

矩阵 $\boldsymbol{A}_1,\boldsymbol{A}_2,\boldsymbol{B}_1$ 与 $\boldsymbol{B}_2$ 的定义为：

$$\begin{cases}\boldsymbol{A}_1\equiv(\boldsymbol{A}+\rho_1\boldsymbol{I})/2,\boldsymbol{A}_2\equiv(\boldsymbol{A}-\rho_1\boldsymbol{I})/2\\ \boldsymbol{B}_1\equiv(\boldsymbol{B}+\rho_2\boldsymbol{I})/2,\boldsymbol{B}_2\equiv(\boldsymbol{B}-\rho_2\boldsymbol{I})/2\end{cases} \tag{5.6.12}$$

式中，ρ_1 与 ρ_2 分别为矩阵 $\boldsymbol{A}$ 和 $\boldsymbol{B}$ 的谱半径。

值得注意的是，当 $\theta=\dfrac{1}{2}$ 时，该格式在时间方向上为二阶精度，否则在时间方向上是一阶精度。另外，对于差分方程式(5.6.9a)还有两点需要加以说明。

(1) 该式虽然是一个线性代数方程组，但是它所导致的带状块矩阵具有较大的带宽，因此该矩阵的求逆要花费较多的运算时间并且需要较多的计算机内存，所以这个方程组的快速求解值得研究。这里给出的隐式 LU 格式，便是一种高效率的快速算法。它将计算分为两步进行。

第一步：

$$\boldsymbol{L} \cdot \Delta \widetilde{\boldsymbol{W}}_{i,j}^{n} = -(\Delta t)\widetilde{\boldsymbol{R}} \tag{5.6.13a}$$

显然，式(5.6.13a)对内点来讲，等号左端系数矩阵构成一个典型的块三对角的下三角阵，而这个矩阵的每个元素对二维问题是 4×4 的小矩阵(对三维问题来讲是 5×5 的)，而且式(5.6.13a)的求解可逐点推进，十分简单。

第二步：

$$\boldsymbol{U} \cdot \Delta \boldsymbol{W}_{i,j}^{n} = \Delta \widetilde{\boldsymbol{W}}_{i,j}^{n} \tag{5.6.13b}$$

显然，式(5.6.13b)等号左边系数矩阵构成一个典型的块三对角的上三角阵，这个方程组的求解也与第一步相类似，可逐点推进。最后由：

$$\boldsymbol{W}_{i,j}^{n+1} = \boldsymbol{W}_{i,j}^{n} + \Delta \boldsymbol{W}_{i,j}^{n} \tag{5.6.13c}$$

计算出 $\boldsymbol{W}_{i,j}^{n+1}$ 的值，然后进行下个时间步的计算。时间步长由下式估算：

$$\Delta t = \frac{\mathrm{CFL}}{|u| + |v| + a} \tag{5.6.13d}$$

式中，CFL(Courant-Friedrichs-Levy)数(又称 Courant 数)的取值范围远大于 1。

(2) 对于定常流动问题，借助于前面所述的时间推进法去求解定常流动，其差分方程中隐式部分的离散只会影响收敛过程，也就是说隐式部分的离散对定常解的性态(如数值精度、激波分辨率等)没有影响。而显式部分(残差 $\Delta t\widetilde{R}$ 值)的离散方法将会影响到定常解的性态。因此对显式部分应当考虑采用高精度和高分辨率格式，而对隐式部分离散则应着重考虑如何加速收敛过程和节省求解代数方程组的时间。正是出于这一思想，文献[49]率先提出了 LU-TVD 杂交格式，即隐式部分离散用 Jameson 的 LU 分解，而右端残差项(显式部分)用 Harten 的 TVD 格式；文献[39]将这种杂交格式用于各种流动问题；文献[160]则提出了将矢通量分裂与 Harten 的 TVD 相结合，用于提高捕捉激波的分辨率及加快求解复杂流场的效率；文献[50]将这种杂交格式的思想用于有限体积法，提出了有限体积 LU-TVD 杂交格式并用于叶轮机械三维复杂流场的求解及高速进气道流场的计算。另外，国内外大量的数值实践还表明：隐式 LU 分解方法，对任何维数空间问题都是稳定的，并且理论上已经证明这种隐式 LU 分解方法对于跨声速流动以及从低跨声速直至 Ma=20 的高速流动都是适用的、有效的[39,22]。

5.6.3　PNS 方程的空间推进求解方法

采用空间推进方法求解定常抛物化 Navier-Stokes 方程(PNS 方程)来数值模拟定常

黏性问题与采用时间相关方法求解非定常 Navier-Stokes 方程或非定常 PNS 方程来数值模拟同一个问题，将两者相比较可以发现确实前者具有明显的优越性：一是大大节省计算时间和计算机内存；二是 PNS 方程不同于边界层方程，它在方程中不但包含了主要黏性项，而且保留了无黏 Euler 方程中的所有项，因此它能自动模拟边界层内的黏性流动与外流无黏流之间的相互干扰。对于流向不产生分离的黏性流动，它是一个效率较高的计算方法，因此国外已广泛用于超声速黏性复杂流动的数值计算。为了便于描述，下面仍从笛卡儿坐标系下定常 PNS 方程出发讨论空间推进的求解方法，在三维情况下定常 PNS 方程为：

$$\frac{\partial \boldsymbol{E}}{\partial x}+\frac{\partial(\boldsymbol{F}-\boldsymbol{F}'_{\mathrm{v}})}{\partial y}+\frac{\partial(\boldsymbol{G}-\boldsymbol{G}'_{\mathrm{v}})}{\partial z}=0 \tag{5.6.14a}$$

式中，$\boldsymbol{F}'_{\mathrm{v}}$ 与 $\boldsymbol{G}'_{\mathrm{v}}$ 分别代表黏性项 $\boldsymbol{F}_{\mathrm{v}}$ 与 $\boldsymbol{G}_{\mathrm{v}}$ 略去沿着流动方向（这里假设 x 为主要流动方向）的导数之后所剩余的项，其表达式为：

$$\begin{cases}F'_{\mathrm{v}}=[0,\tau'_{xy},\tau'_{yy},\tau'_{yz},u\tau'_{xy}+v\tau'_{yy}+w\tau'_{yz}-q'_y]^{\mathrm{T}}\\ G'_{\mathrm{v}}=[0,\tau'_{xz},\tau'_{yz},\tau'_{zz},u\tau'_{xz}+v\tau'_{yz}+w\tau'_{zz}-q'_z]^{\mathrm{T}}\\ \tau'_{yy}=\dfrac{2}{3}\mu\left(2\dfrac{\partial v}{\partial y}-\dfrac{\partial w}{\partial z}\right),\tau'_{zz}=\dfrac{2}{3}\mu\left(2\dfrac{\partial w}{\partial z}-\dfrac{\partial v}{\partial y}\right)\\ \tau'_{xy}=\mu\dfrac{\partial u}{\partial y},\tau'_{yz}=\mu\left(\dfrac{\partial v}{\partial z}+\dfrac{\partial w}{\partial y}\right),\tau'_{xz}=\mu\dfrac{\partial u}{\partial z},q'_y=-K\dfrac{\partial T}{\partial y},q'_z=-K\dfrac{\partial T}{\partial z}\end{cases} \tag{5.6.14b}$$

当流动满足：① 流场边界层外的主流区是超声速流动；② 流场中流动方向的速度分量处处都大于零；③ 在 PNS 方程式（5.6.14a）的流向动量方程中，流向压力梯度的存在可能会使相关信息通过边界层内的亚声速区向上游传播，所以为了采用空间推进方法，对流向压力梯度项要么是省略，要么是采用下面介绍的 Vigneron 处理方法去阻止数值解的指数增长（Departure Solutions）。在满足上述三个条件的情况下，PNS 方程式（5.6.14b）可以采用类似于抛物型边界层方程的求解方法进行求解，即可以从给定的初始剖面出发（该面上的流场参数为已知量），沿流动方向逐个剖面向下游推进求解，一直推进到最后一个剖面为止。

1. 流向压力梯度对 PNS 方程数学性质的影响分析

为了更好地了解数值解产生指数增长的原因，现在分析流向压力对 PNS 方程数学性质的影响。为了简便起见，这里考虑二维 PNS 方程，并假设式（5.6.14a）这时被简化为下面的形式（取 x 为主要流动方向）：

$$\frac{\partial \widetilde{\boldsymbol{E}}}{\partial x}+\frac{\partial \widetilde{\boldsymbol{F}}}{\partial y}=\frac{\partial \widetilde{\boldsymbol{F}}_{\mathrm{v}}}{\partial y} \tag{5.6.15a}$$

式中，$\widetilde{\boldsymbol{E}}$，$\widetilde{\boldsymbol{F}}$ 与 $\widetilde{\boldsymbol{F}}_{\mathrm{v}}$ 的定义为：

$$[\widetilde{\boldsymbol{E}},\widetilde{\boldsymbol{F}}]=\begin{bmatrix}\rho u & \rho v\\ \rho u^2+\omega p & \rho vu\\ \rho uv & \rho v^2+p\\ \left(\dfrac{\gamma p}{\gamma-1}+\dfrac{\rho(u^2+v^2)}{2}\right)u & \left(\dfrac{\gamma p}{\gamma-1}+\dfrac{\rho(u^2+v^2)}{2}\right)v\end{bmatrix} \tag{5.6.15b}$$

$$\widetilde{\boldsymbol{F}}_{\mathrm{v}}=\mu\begin{bmatrix}0\\ \partial u/\partial y\\ \dfrac{4}{3}\dfrac{\partial v}{\partial y}\\ u\dfrac{\partial u}{\partial y}+\dfrac{4}{3}v\dfrac{\partial v}{\partial y}+\dfrac{k}{\mu}\dfrac{\partial T}{\partial y}\end{bmatrix} \tag{5.6.15c}$$

式(5.6.15b)中，ω 为 x 方向动量方程中流向压力梯度项的系数；当 $\omega=0$ 时，则该项被省略，当 $\omega=1$ 时，则该项全部保留。

首先考虑 $\mu\to 0$ 时，则式(5.6.15a)变为如下形式，即：

$$\frac{\partial\widetilde{\boldsymbol{E}}}{\partial x}+\frac{\partial\widetilde{\boldsymbol{F}}}{\partial y}=0 \tag{5.6.16a}$$

将式(5.6.16a)变为非守恒形式便为：

$$\boldsymbol{A}_1\cdot\frac{\partial\boldsymbol{Q}}{\partial x}+\boldsymbol{B}_1\cdot\frac{\partial\boldsymbol{Q}}{\partial y}=0 \tag{5.6.16b}$$

式中：

$$\boldsymbol{Q}=[\rho\quad u\quad v\quad p]^{\mathrm{T}} \tag{5.6.16c}$$

$$\boldsymbol{A}_1=\begin{bmatrix}u&\rho&0&0\\0&\rho u&0&\omega\\0&0&\rho u&0\\0&C_1&\rho uv&\dfrac{\gamma u}{\gamma-1}\end{bmatrix},\quad \boldsymbol{B}_1=\begin{bmatrix}v&0&\rho&0\\0&\rho v&0&0\\0&0&\rho v&1\\0&\rho uv&C_2&\dfrac{\gamma v}{\gamma-1}\end{bmatrix} \tag{5.6.16d}$$

$$C_1\equiv\rho u^2+\frac{\gamma p}{\gamma-1},C_2\equiv\rho v^2+\frac{\gamma p}{\gamma-1} \tag{5.6.16e}$$

将 $\boldsymbol{A}_1^{-1}$ 左乘式(5.6.16b)得，

$$\frac{\partial\boldsymbol{Q}}{\partial x}+\boldsymbol{A}_1^{-1}\cdot\boldsymbol{B}_1\cdot\frac{\partial\boldsymbol{Q}}{\partial y}=0 \tag{5.6.17}$$

显然，如果矩阵 $(\boldsymbol{A}_1^{-1}\cdot\boldsymbol{B}_1)$ 具有实特征值，则式(5.6.16a)为双曲型方程组。容易求得其特征值为：

$$\lambda_{1,2}=\frac{v}{u},\quad \lambda_{3,4}=\frac{-b\pm\sqrt{b^2-4b_1c_3}}{2b_1} \tag{5.6.18a}$$

$$\begin{cases}b_1\equiv[\gamma-\omega(\gamma-1)]u^2-\omega a^2\\ b\equiv-uv[1+\gamma-\omega(\gamma-1)]\\ c_3\equiv v^2-a^2\end{cases} \tag{5.6.18b}$$

式中，a 为声速。

如果在 x 方向的动量方程中，流向的压力梯度完全保留（$\omega=1$）时，则不难看出只有当：

$$u^2+v^2\geqslant a^2\ 或\ Ma\geqslant 1 \tag{5.6.19}$$

时，所有的特征值才为实数；如果流向压力梯度只保留一部分（$0 \leqslant \omega \leqslant 1$），则仅在如下条件成立时亚声速区域内的特征值才可以保持为实数，这个条件为：

$$\omega \leqslant \frac{\gamma Ma_x^2}{1+(\gamma-1)Ma_x^2} \tag{5.6.20}$$

式中，$Ma_x \equiv u/a$。

注意：不等式（5.6.20）是假设法向速度分量 v 比流向速度分量 u 小得多的情况下推出的。现在考虑黏性方程，这里先去掉式（5.6.15a）中的 $\partial \widetilde{F}/\partial y$ 项，则这时方程的非守恒形式为：

$$\boldsymbol{A}_2 \cdot \frac{\partial \boldsymbol{Q}}{\partial x} = \boldsymbol{B}_2 \cdot \frac{\partial^2 \boldsymbol{Q}}{\partial y^2} \tag{5.6.21a}$$

式中，$\boldsymbol{A}_2$ 与 $\boldsymbol{B}_2$ 的表达式为：

$$\boldsymbol{A}_2 = \begin{bmatrix} u & \rho & 0 & 0 \\ u^2 & 2\rho u & 0 & \omega \\ uv & \rho v & \rho u & 0 \\ b_2 & b_3 & \rho uv & \dfrac{\gamma u}{\gamma-1} \end{bmatrix}, \quad \boldsymbol{B}_2 = \mu \begin{bmatrix} 0 & 0 & 0 & 0 \\ 0 & 1 & 0 & 0 \\ 0 & 0 & 4/3 & 0 \\ b_4 & u & \dfrac{4}{3}v & b_5 \end{bmatrix} \tag{5.6.21b}$$

$$\begin{cases} b_2 \equiv \dfrac{u(u^2+v^2)}{2}, \quad b_3 \equiv \dfrac{\gamma p}{\gamma-1} + \dfrac{\rho(3u^2+v^2)}{2} \\ b_4 \equiv \dfrac{-\gamma p}{(\gamma-1)\rho^2 Pr}, \quad b_5 \equiv \dfrac{\gamma}{(\gamma-1)\rho Pr} \end{cases} \tag{5.6.21c}$$

式中，Pr 为 Prandtl 数。

如果矩阵（$\boldsymbol{A}_2^{-1} \cdot \boldsymbol{B}_2$）的特征值是正的实数，则方程组（5.6.21a）对 x 的正向而言为抛物型方程组。可以证明：当 $u > 0$ 且，

$$\omega < \frac{\gamma Ma_x^2}{1+(\gamma-1)Ma_x^2} \equiv f(Ma_x) \tag{5.6.22}$$

时，则矩阵（$\boldsymbol{A}_2^{-1} \cdot \boldsymbol{B}_2$）的特征值为正实数。显然，当 $Ma_x = 1$ 时，则 $f(Ma_x) = 1$；当 $Ma_x > 1$ 时，则 $f(Ma_x) > 1$，这时可以取 $\omega = 1$ 即流向压力梯度完全被包含在方程中；当 $Ma_x < 1$ 时，如果要求特征值为正实数，则只能部分流向压力梯度被保留（$\omega \partial p/\partial x$ 部分）。值得注意的是，因为在壁面上 $Ma_x = 0$，故靠近壁面 $\omega \to 0$，所以在边界层内亚声速部分中，如果保留了整个流向压力梯度项的话，则 PNS 方程的空间推进解将是不稳定的（包含了椭圆型特性）。为了保证空间推进方法的稳定性，通常的处理措施有两个：一个是在亚声速区完全丢掉流向压力梯度项（但这样做对于大流向压力梯度问题的流场将导致误差）；第二是采用下面的具体办法：在亚声速区域内，对 $\partial p/\partial x$ 项采用单侧向后差分，即：

$$\frac{\partial p}{\partial x} = \frac{p_i - p_{i-1}}{\Delta x} \tag{5.6.23}$$

正如文献[161]作 Fourier 稳定性分析时所指出的，如果 Δx 小于某个值（令它为

$(\Delta x)_{\min}$)时，则将存在不稳定现象。所以 $(\Delta x)_{\min}$ 对于 x 方向步长的限制，表明了上游椭圆干扰区的存在。换句话说，应该对 x 方向的步长提出限制条件。对二维 PNS 方程则显式格式的 $(\Delta x)_{\min}$ 为：

$$(\Delta x)_{\min} = \frac{\frac{1}{4}\frac{\rho u}{\mu}\left[\frac{1}{Ma_x^2}-1\right](\Delta y)^2}{\gamma \sin^2(\beta/2)}, \qquad \beta \equiv K_m \Delta y \tag{5.6.24}$$

式中，K_m 为正整数。

另外，对于隐式格式，一些文献建议 $(\Delta x)_{\min}$ 取为两倍显式格式时的最小步长。

2. PNS 方程的空间推进

为了求解式(5.6.14a)，在流动的主方向(取为 x 方向)上可以采用 Beam & Warming 的二阶精度格式，即[162]：

$$(\delta_x^+ \boldsymbol{E})_i = \frac{\theta_1 \Delta x}{1+\theta_2}\frac{\partial}{\partial x}[(\delta_x^+ \boldsymbol{E})_i] + \frac{\Delta x}{1+\theta_2}\frac{\partial}{\partial x}\boldsymbol{E}_i + \frac{\theta_2}{1+\theta_2}(\delta_x^+ \boldsymbol{E})_{i-1} + O\left[\left(\theta_1 - \frac{1}{2} - \theta_2\right)(\Delta x)^2 + (\Delta x)^3\right] \tag{5.6.25}$$

式中，δ_x^+ 为关于 x 的单侧前差算子，即 $(\delta_x^+ \boldsymbol{E})_i = \boldsymbol{E}_{i+1} - \boldsymbol{E}_i$；$\theta_1$ 与 θ_2 为格式参数：当 $\theta_1 = 1$，$\theta_2 = 0$ 时为一阶隐格式；当 $\theta_1 = 1$，$\theta_2 = \frac{1}{2}$ 时，为二阶隐格式。

将式(5.6.14a)代入式(5.6.25)，得：

$$(\delta_x^+ \boldsymbol{E})_i = -\frac{\theta_1 \Delta x}{1+\theta_2}\left\{\frac{\partial}{\partial y}[\delta_x^+(\boldsymbol{F}-\boldsymbol{F}'_{\mathrm{v}})_i] + \frac{\partial}{\partial z}[\delta_x^+(\boldsymbol{G}-\boldsymbol{G}'_{\mathrm{v}})_i]\right\} - \frac{\Delta x}{1+\theta_2}\cdot \left[\frac{\partial}{\partial y}(\boldsymbol{F}-\boldsymbol{F}'_{\mathrm{v}})_i + \frac{\partial}{\partial z}(\boldsymbol{G}-\boldsymbol{G}'_{\mathrm{v}})_i\right] + \frac{\theta_2}{1+\theta_2}(\delta_x^+ \boldsymbol{E})_{i-1} + O\left[\left(\theta_1 - \frac{1}{2} - \theta_2\right)(\Delta x)^2 + (\Delta x)^3\right] \tag{5.6.26}$$

令 $\boldsymbol{W} = [\rho, \rho u, \rho v, \rho w, \varepsilon]^{\mathrm{T}} \equiv [w_1, w_2, w_3, w_4, w_5]^{\mathrm{T}}$，并令 $\partial \boldsymbol{F}/\partial \boldsymbol{w} = \boldsymbol{B}$ 与 $\partial \boldsymbol{G}/\partial \boldsymbol{w} = \boldsymbol{C}$，其中 $\boldsymbol{B}$ 与 $\boldsymbol{C}$ 均为 5×5 的矩阵。

值得注意的是，关于黏性项 $\boldsymbol{F}'_{\mathrm{v}}$ 与 $\boldsymbol{G}'_{\mathrm{v}}$ 的 Jacobi 矩阵的计算，这里我们不妨假设黏性系数 μ 与传热系数 k 都不依赖于 $\boldsymbol{W}$，并以 f_k 与 g_k 分别表示列矢量 $\boldsymbol{F}'_{\mathrm{v}}$ 与 $\boldsymbol{G}'_{v}$ 的元素，于是 f_k 与 g_k 表达式为：

$$f_k = \alpha_k \frac{\partial(\beta_k)}{\partial y}, \quad g_k = \alpha_k^* \frac{\partial(\beta_k^*)}{\partial z} \tag{5.6.27a}$$

注意式(5.6.27a)中省略了交叉导数项，并假设 α_k 与 α_k^* 不依赖于 $\boldsymbol{W}$，而 β_k 与 β_k^* 是 $\boldsymbol{W}$ 的函数，于是将 f_{i+1} 与 g_{i+1} 分别在点 i 作 Taylor 级数展开，便有：

$$f_{i+1} = f_i + (\alpha_k)_i \frac{\partial}{\partial y}\left\{\sum_{l=1}^{5}\left[\left(\frac{\partial \beta_k}{\partial w_l}\right)(\delta_x^+ w_l)\right]_i\right\} + O[(\Delta x)^2] \tag{5.6.27b}$$

$$g_{i+1} = g_i + (\alpha_k^*)_i \frac{\partial}{\partial z}\left\{\sum_{l=1}^{5}\left[\left(\frac{\partial \beta_k^*}{\partial w_l}\right)(\delta_x^+ w_l)\right]_i\right\} + O[(\Delta x)^2] \tag{5.6.27c}$$

由此可得：

$$(\delta_x^+ \boldsymbol{F}'_{\mathrm{v}})_i = (\boldsymbol{B}_1)_i \cdot (\delta_x^+ \boldsymbol{W})_i + O(\Delta x)^2, \quad \boldsymbol{B}_1 = \partial \boldsymbol{F}'_{\mathrm{v}} / \partial \boldsymbol{W} \tag{5.6.28a}$$

$$(\delta_x^+ \boldsymbol{G}'_{\mathrm{v}})_i = (\boldsymbol{C}_1)_i \cdot (\delta_x^+ \boldsymbol{W})_i + O(\Delta x)^2, \quad \boldsymbol{C}_1 = \partial \boldsymbol{G}'_{\mathrm{v}} / \partial \boldsymbol{W} \tag{5.6.28b}$$

对于 $\boldsymbol{E}$ 可作如下分解，即：

$$\boldsymbol{E} = \boldsymbol{E}' + \boldsymbol{P}^* \tag{5.6.29a}$$

式中：

$$\boldsymbol{E}' = \begin{bmatrix} \rho u \\ \rho u^2 + \omega p \\ \rho u v \\ \rho u w \\ (\varepsilon + p) u \end{bmatrix}, \quad \boldsymbol{P}^* = \begin{bmatrix} 0 \\ (1-\omega) p \\ 0 \\ 0 \\ 0 \end{bmatrix} \tag{5.6.29b}$$

于是，类似地有：

$$(\delta_x^+ \boldsymbol{E})_i = (\delta_x^+ \boldsymbol{E}')_i + (\delta_x^+ \boldsymbol{P}^*)_i \tag{5.6.30a}$$

$$(\delta_x^+ \boldsymbol{E}')_i = (\boldsymbol{A}_1)_i \cdot (\delta_x^+ \boldsymbol{W})_i + O(\Delta x^2), \quad \boldsymbol{A}_1 = \partial \boldsymbol{E}' / \partial \boldsymbol{W} \tag{5.6.30b}$$

将式(5.6.28a)、式(5.6.28b)、式(5.6.30a)、式(5.6.30b)代入式(5.6.26)后，得：

$$\begin{aligned} &(\boldsymbol{A}_1)_i \cdot (\delta_x^+ \boldsymbol{W})_i + \frac{\theta_1 \Delta x}{1+\theta_2} \left\{ \frac{\partial}{\partial y} [(\boldsymbol{B} - \boldsymbol{B}_1)_i \cdot (\delta_x^+ \boldsymbol{W})_i] + \frac{\partial}{\partial z} [(\boldsymbol{C} - \boldsymbol{C}_1)_i \cdot (\delta_x^+ \boldsymbol{W})_i] \right\} \\ &= -\frac{\Delta x}{1+\theta_2} \left[\frac{\partial}{\partial y} (\boldsymbol{F} - \boldsymbol{F}'_{\mathrm{v}})_i + \frac{\partial}{\partial z} (\boldsymbol{G} - \boldsymbol{G}'_{\mathrm{v}})_i \right] + \frac{\theta_2}{1+\theta_2} (\delta_x^+ \boldsymbol{E})_{i-1} - (\delta_x^+ \boldsymbol{P}^*)_i \end{aligned} \tag{5.6.31}$$

将式(5.6.31)的左端隐式部分近似因式分解为：

$$\left\{ \left[(\boldsymbol{A}_1)_i + \frac{\theta_1 \Delta x}{1+\theta_2} \frac{\partial}{\partial z} (\boldsymbol{C} - \boldsymbol{C}_1)_i \cdot \right] (\boldsymbol{A}_1)_i^{-1} \left[(\boldsymbol{A}_1)_i + \frac{\theta_1 \Delta x}{1+\theta_2} \frac{\partial}{\partial y} (\boldsymbol{B} - \boldsymbol{B}_1)_i \cdot \right] \right\} \cdot (\delta_x^+ \boldsymbol{W})_i = \mathrm{RHS} \tag{5.6.32}$$

式中，RHS 表示式(5.6.31)等号右边项。

另外，在式(5.6.32)中采用了计算流体力学中因式分解算法里常用的书写约定，即用：

$$\left[\frac{\partial}{\partial z} (\boldsymbol{C} - \boldsymbol{C}_1)_i \cdot \right] (\delta_x^+ \boldsymbol{W})_i \text{ 代表 } \frac{\partial}{\partial z} [(\boldsymbol{C} - \boldsymbol{C}_1)_i \cdot (\delta_x^+ \boldsymbol{W})_i] \tag{5.6.33}$$

显然，式(5.6.32)的求解可分如下三步进行：

第一步：求解

$$\left[(\boldsymbol{A}_1)_i + \frac{\theta_1 \Delta x}{1+\theta_2} \frac{\partial}{\partial z} (\boldsymbol{C} - \boldsymbol{C}_1)_i \right] \cdot (\delta_x^+ \widetilde{\boldsymbol{W}})_i = \mathrm{RHS} \tag{5.6.34a}$$

用中心差分算子 δ_z^0 取代 $\dfrac{\partial}{\partial z}$，便得：

$$(\boldsymbol{A}_1)_{i,j,k} \cdot (\delta_x^+ \widetilde{\boldsymbol{W}})_{i,j,k} + \frac{\theta_1 \Delta x}{1+\theta_2} \delta_z^0 [(\boldsymbol{C} - \boldsymbol{C}_1)_{i,j,k} \cdot (\delta_x^+ \widetilde{\boldsymbol{W}})_{i,j,k}] = \mathrm{RHS} \tag{5.6.34b}$$

显然，式(5.6.34b)涉及 $(i,j,k-1)$、(i,j,k) 与 $(i,j,k+1)$ 这三个点，也就是说式

(5.6.34b)等号左边系数构成了块三对角矩阵。因此对于固定的 i 截面，沿 z 向扫描的过程就是求解式(5.6.34b)的过程，其中 $\widetilde{\boldsymbol{W}}$ 为中间求解变量。

第二步：求解

$$\left[(\boldsymbol{A}_1)_i+\frac{\theta_1\Delta x}{1+\theta_2}\frac{\partial}{\partial y}(\boldsymbol{B}-\boldsymbol{B}_1)_i\right]\cdot(\delta_x^+\boldsymbol{W})_i=(\boldsymbol{A}_1)_i\cdot(\delta_x^+\widetilde{\boldsymbol{W}})_i \tag{5.6.34c}$$

用中心差分算子 δ_y^0 取代 $\dfrac{\partial}{\partial y}=0$，便得：

$$(\boldsymbol{A}_1)_{i,j,k}\cdot(\delta_x^+\boldsymbol{W})_{i,j,k}+\frac{\theta_1\Delta x}{1+\theta_2}\delta_y^0\left[(\boldsymbol{B}-\boldsymbol{B}_1)_{i,j,k}\cdot(\delta_x^+\boldsymbol{W})_{i,j,k}\right]=(\boldsymbol{A}_1)_{i,j,k}\cdot(\delta_x^+\widetilde{\boldsymbol{W}})_{i,j,k} \tag{5.6.34d}$$

显然，式(5.6.34d)涉及 $j,j-1,k$ 、(i,j,k) 与 $(i,j+1,k)$ 这三个点，也就是说式(5.6.34d)等号左边系数构成了块三对角矩阵。同样地，对于固定的 i 截面，沿 y 向扫描的过程就是求解式(5.6.34d)的过程。

第三步：计算 $(i+1)$ 截面上的 $\boldsymbol{W}$ 值：

$$\boldsymbol{W}_{i+1,j,k}=\boldsymbol{W}_{i,j,k}+(\delta_x^+\boldsymbol{W})_{i,j,k}\ 或\ \boldsymbol{W}_{i+1}=\boldsymbol{W}_i+(\delta_x^+\boldsymbol{W})_i \tag{5.6.34e}$$

至此通过这三步的计算，完成了由 i 截面向 $(i+1)$ 截面的推进。

最后还应该指出的是，空间推进算法在航空、航天工程中已经获得了巨大成功[39,40]。对于无有大分离的超声速黏性流动，它是一个较为经济、实用的格式。应该看到，我国在采用空间推进求解超声速无黏流动方面开展工作还是较早的，例如，文献[163－166]的作者们就在这一方面取得了较好的成果。

5.7　高超声速无黏流动分析

5.7.1　高超声速小扰动方程及边界条件

1. 高超声速小扰动方程

现以小扰动高超声速平面流动为例，推导高超声速小扰动方程及边界条件。取 x 轴正方向与来流速度矢量 $\boldsymbol{V}_\infty$ 的方向一致，取 y 轴在流动平面内与 x 轴正交。设 u 和 v 分别表示速度 $\boldsymbol{V}$ 沿 x 和 y 方向的分速度，u' 与 v' 分别表示扰动速度沿 x 与 y 的分量。当细长体或薄体在静止空气中作匀速直线高超声速运动或者是均匀的高超声速气流小迎角时流经细长体或薄体，因此流场受到扰动。受到扰动的区域为物体附近的激波层内部，在这个区域内产生扰动速度，气体的其他参数也发生变化。为便于分析该问题，引进量纲为 1 的变量：

$$\begin{cases}\bar{x}\equiv\dfrac{x}{l},\bar{y}\equiv\dfrac{y}{\tau l},\bar{u}'\equiv\dfrac{u'}{\tau^2V_\infty},\bar{v}'\equiv\dfrac{v'}{\tau V_\infty}\\[2ex]\bar{p}\equiv\dfrac{p}{\gamma\tau^2p_\infty Ma_\infty^2},\bar{\rho}\equiv\dfrac{\rho}{\rho_\infty}\end{cases} \tag{5.7.1}$$

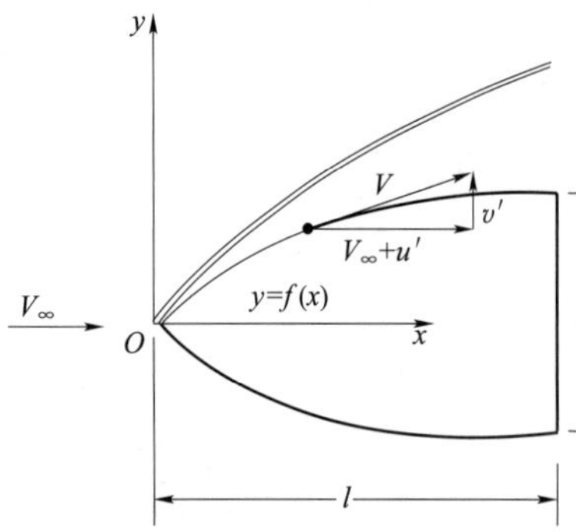

图 5.4 扰动速度示意图

式中，l 为参考长度；$\tau \equiv d/l$ 为细长比，d 为细长体厚度，l 为长度(图 5.4)。

对于尖头细长体而言，τ 是一个小量，我们把它作为量级分析的基本参数；在小扰动情况下，有：

$$\theta = O(\tau), \alpha = O(\tau) \tag{5.7.2}$$

式中，θ 为物面与来流方向之间的夹角；α 为迎角；符号 $O(\cdot)$表示量级分析中的量级。

另外可以证明：对于细长体高超声速无黏绕流，在激波层气体物理量的量级与激波处物理量的量级相同。于是有如下关系：

$$\begin{cases} \dfrac{u'}{V_\infty} = O(\tau^2), \dfrac{v'}{V_\infty} = O(\tau) \\ \dfrac{p}{\rho_\infty V_\infty^2} = O(\tau^2), \dfrac{\rho}{\rho_\infty} = O(1) \end{cases} \tag{5.7.3}$$

注意：

$$\begin{cases} u = V_\infty + u' \\ v = v' \end{cases} \tag{5.7.4}$$

于是，用 u' 与 v' 表达的基本方程组为：

$$\frac{\partial[\rho(V_\infty + u')]}{\partial x} + \frac{\partial(\rho v')}{\partial y} = 0 \tag{5.7.5a}$$

$$\rho(V_\infty + u')\frac{\partial(V_\infty + u')}{\partial x} + \rho v'\frac{\partial(V_\infty + u')}{\partial y} = -\frac{\partial p}{\partial x} \tag{5.7.5b}$$

$$\rho(V_\infty + u')\frac{\partial v'}{\partial x} + \rho v'\frac{\partial v'}{\partial y} = -\frac{\partial p}{\partial y} \tag{5.7.5c}$$

$$(V_\infty + u')\frac{\partial}{\partial x}\left(\frac{p}{\rho^\gamma}\right) + v'\frac{\partial}{\partial y}\left(\frac{p}{\rho^\gamma}\right) = 0 \tag{5.7.5d}$$

考虑到式(5.7.1)，则式(5.7.5a)～式(5.7.5d)变为：

$$\frac{\partial}{\partial \bar{x}}[\bar{\rho}(1 + \tau^2\bar{u}')] + \frac{\partial(\bar{\rho}\,\bar{v}')}{\partial \bar{y}} = 0 \tag{5.7.6a}$$

$$\bar{\rho}(1 + \tau^2\bar{u}')\frac{\partial \bar{u}'}{\partial \bar{x}} + \bar{\rho}\,\bar{v}'\frac{\partial \bar{u}'}{\partial \bar{y}} = -\frac{\partial \bar{p}}{\partial \bar{x}} \tag{5.7.6b}$$

$$\bar{\rho}(1 + \tau^2\bar{u}')\frac{\partial \bar{v}'}{\partial \bar{x}} + \bar{\rho}\,\bar{v}'\frac{\partial \bar{v}'}{\partial \bar{y}} = -\frac{\partial \bar{p}}{\partial \bar{y}} \tag{5.7.6c}$$

$$(1 + \tau^2\bar{u}')\frac{\partial}{\partial \bar{x}}\left(\frac{\bar{p}}{\bar{\rho}^\gamma}\right) + \bar{v}'\frac{\partial}{\partial \bar{y}}\left(\frac{\bar{p}}{\bar{\rho}^\gamma}\right) = 0 \tag{5.7.6d}$$

略去 τ^2 项，则上式(5.7.6a)～式(5.7.6d)变为：

$$\frac{\partial \bar{\rho}}{\partial \bar{x}} + \frac{\partial(\bar{\rho}\,\bar{v}')}{\partial \bar{y}} = 0 \tag{5.7.7a}$$

$$\bar{\rho}\frac{\partial \bar{u}'}{\partial \bar{x}}+\bar{\rho}\,\bar{v}'\frac{\partial \bar{u}'}{\partial \bar{y}}=-\frac{\partial \bar{p}}{\partial \bar{x}} \tag{5.7.7b}$$

$$\bar{\rho}\frac{\partial \bar{v}'}{\partial \bar{x}}+\bar{\rho}\,\bar{v}'\frac{\partial \bar{v}'}{\partial \bar{y}}=-\frac{\partial \bar{p}}{\partial \bar{y}} \tag{5.7.7c}$$

$$\frac{\partial}{\partial \bar{x}}\left(\frac{\bar{p}}{\bar{\rho}^{\gamma}}\right)+\bar{v}'\frac{\partial}{\partial \bar{y}}\left(\frac{\bar{p}}{\bar{\rho}^{\gamma}}\right)=0 \tag{5.7.7d}$$

显然，上述高超声速小扰动方程组仍然是非线性的，它与超声速小扰动理论的重要区别就在于不能线化。事实上，在高超声速流动中，扰动速度相对于来流而言，它可以当作小量处理，但扰动速度与来流声速相比，并非小量。

2. 物面条件与激波条件

考虑无黏流动时物面边界条件，即：

$$\boldsymbol{V}\cdot\boldsymbol{n}=0 \text{ 或 } un_x+vn_y=0 \tag{5.7.8a}$$

将式(5.7.8a)用 u' 与 v' 表示便为：

$$(V_{\infty}+u')n_x+v'n_y=0 \tag{5.7.8b}$$

式中，n_x 与 n_y 表示在 (x,y) 空间中物面法向矢量 $\boldsymbol{n}$ 的方向余弦。

由式(5.7.1)，则式(5.7.8b)变为：

$$(1+\tau^2\bar{u}')n_x+\bar{v}'\tau n_y=0 \tag{5.7.9}$$

令物面法向矢量在 $(\bar{x},\bar{y})$ 空间中的方向余弦为 $\bar{n}_x$ 与 $\bar{n}_y$，容易证明：

$$n_x=\tau\bar{n}_x,\ n_y=\bar{n}_y \tag{5.7.10}$$

借助于式(5.7.10)，则式(5.7.8b)变为：

$$(1+\tau^2\bar{u}')\bar{n}_x+\bar{v}'\bar{n}_y=0 \tag{5.7.11}$$

略去 τ^2 项后式(5.7.11)变为：

$$\bar{n}_x+\bar{v}'\bar{n}_y=0 \tag{5.7.12}$$

考虑斜激波条件，可得

$$\frac{\rho_2}{\rho_{\infty}}=\bar{\rho}_2=\left(\frac{\gamma+1}{\gamma-1}\right)\left[\frac{Ma_{\infty}^2\sin^2\beta}{Ma_{\infty}^2\sin^2\beta+2/(\gamma-1)}\right] \tag{5.7.13}$$

这里将激波前参数取为来流参数值。

对于细长体高超声速绕流，β 是小量，因此有：

$$\sin\beta\approx\beta\approx\left(\frac{\mathrm{d}y}{\mathrm{d}x}\right)_S=\tau\left(\frac{\mathrm{d}\bar{y}}{\mathrm{d}\bar{x}}\right)_S \tag{5.7.14}$$

式中，下脚标 S 表示激波处的量。

借助于式(5.7.14)，则式(5.7.13)可变为：

$$\bar{\rho}_2=\left(\frac{\gamma+1}{\gamma-1}\right)\frac{(\mathrm{d}\bar{y}/\mathrm{d}\bar{x})_S^2}{(\mathrm{d}\bar{y}/\mathrm{d}\bar{x})_S^2+\dfrac{2}{(\gamma-1)\tau^2 Ma_{\infty}^2}} \tag{5.7.15}$$

由斜激波关系式可得：

$$\frac{p_2}{p_\infty}=1+\frac{2\gamma}{\gamma+1}(Ma_\infty^2\sin^2\beta-1) \tag{5.7.16}$$

这里取激波前参数为来流参数值。

仿照式(5.7.15)的推导过程，则式(5.7.16)可变为：

$$\overline{p}_2=\frac{2}{\gamma+1}\left[\left(\frac{\mathrm{d}\overline{y}}{\mathrm{d}\overline{x}}\right)_S^2+\frac{1-\gamma}{2\gamma\tau^2 Ma_\infty^2}\right] \tag{5.7.17}$$

类似地，由斜激波关系式，可得：

$$\overline{u}_2'=-\frac{2}{\gamma+1}\left[\left(\frac{\mathrm{d}\overline{y}}{\mathrm{d}\overline{x}}\right)_S^2-\frac{1}{\tau^2 Ma_\infty^2}\right] \tag{5.7.18a}$$

$$\overline{v}_2'=\frac{2}{\gamma+1}\left[\left(\frac{\mathrm{d}\overline{y}}{\mathrm{d}\overline{x}}\right)_S^2-\frac{1}{\tau^2 Ma_\infty^2}\right]\frac{1}{\left(\frac{\mathrm{d}\overline{y}}{\mathrm{d}\overline{x}}\right)_S} \tag{5.7.18b}$$

考虑来流条件：

$$\overline{u}'=0,\ \overline{v}'=0,\overline{P}=\frac{1}{\gamma\tau^2 Ma_\infty^2},\overline{\rho}=1 \tag{5.7.19}$$

3. 高超声速相似律

设来流速度矢量 $\mathbf{V}_\infty$ 与 Ox 轴平行，Oxy 为笛卡儿坐标系；设 Ox_1 轴为尖头细长体对称轴线，Ox_1y_1 为笛卡儿坐标系，角 α 为迎角，如图 5.5 所示。于是 (x,y) 与 (x_1,y_1) 间的变换关系为：

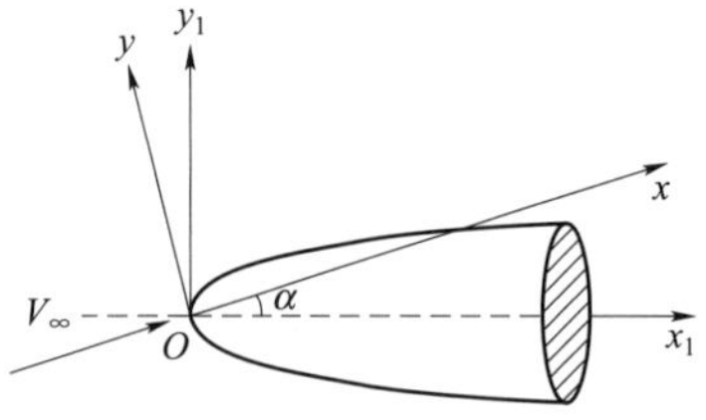

图 5.5 尖头细长体的小迎角绕流

$$\begin{bmatrix}x\\y\end{bmatrix}=\begin{bmatrix}\cos\alpha & \sin\alpha\\-\sin\alpha & \cos\alpha\end{bmatrix}\begin{bmatrix}x_1\\y_1\end{bmatrix} \tag{5.7.20}$$

考虑到角 α 为小量，故式(5.7.20)又可近似为：

$$\begin{cases}x\approx x_1+\alpha y_1\approx x_1\\ y\approx -\alpha x_1+y_1\end{cases} \tag{5.7.21}$$

引进量纲为 1 的量 $\overline{\alpha}$，其定义为：

$$\overline{\alpha}\equiv\frac{\alpha}{\tau} \tag{5.7.22}$$

令细长体物面在 $(\overline{x}_1,\overline{y}_1)$ 坐标系的方程为

$$\overline{y}_1=f_1(\overline{x}_1),\quad \overline{x}_1\equiv\frac{x_1}{l},\quad \overline{y}_1=\frac{y_1}{\tau l}, \tag{5.7.23}$$

于是，在 (x,y) 坐标系中，物面方程为：

$$y=y_1-\alpha x_1=\tau l f_1(\overline{x}_1)-\alpha x_1\ \text{或}\ \overline{y}=f_1(\overline{x}_1)-\frac{\alpha}{\tau}\overline{x}_1 \tag{5.7.24}$$

因为物面上 $x\approx x_1$，于是式(5.7.24)可变为：

$$\overline{y}=f_1(\overline{x})-\frac{\alpha}{\tau}\overline{x}\ \text{或}\ \overline{y}=f_b\left(\overline{x},\frac{\alpha}{\tau}\right)\equiv f_b(\overline{x},\overline{\alpha}) \tag{5.7.25}$$

式(5.7.25)表明：细长比为 τ，迎角为 α 的物体，其物面方程除了含有 $\bar{x}$ 之外，还与 $\frac{\alpha}{\tau}$ 有关。引进高超声速参数 K，其定义为：

$$K \equiv \tau Ma_{\infty} \tag{5.7.26}$$

现在，分析细长体高超声速绕流的式(5.7.7a)～式(5.7.7d)和边界条件式(5.7.8a)、式(5.7.15)、式(5.7.17)～式(5.7.19)以及物面方程式(5.7.25)。显然，对于两个几何仿射相似的尖头细长体，只要 γ，K 与 $\bar{\alpha}$ 相同，则这两个仿射相似尖头细长体的绕流情况就相同。这就是高超声速相似律，并且将 γ，K 与 $\bar{\alpha}$ 称作高超声速相似参数。

5.7.2　Mach 数无关原理

高超声速流动有一个重要的性质，即当来流 Mach 数高过某个范围以后，物体绕流的解便趋于极限解，也就是说这时的流场与来流 Mach 数的变化无关。这一原理称为 Mach 数无关原理，它对于任意物体的高超声速绕流都成立，它既适用于无黏的完全气体，也适用于计入高温效应(又称真实气体效应)和黏性效应的气体。这个定理首先由 1951 年奥斯瓦梯许(Oswatitsch)提出，1959 年海斯(Hayes)等人把它推广到包含真实气体效应和边界层流动的情况。事实上，高超声速气流流过厚物体或钝头体时，常在头部形成脱体激波；Mach 数增加到一定程度后，脱体激波的形状变化不大；当来流 Mach 数很大时，高超声速流场的某些特性趋向于与 Mach 数的变化无关。现在，仅以无黏、定常、平面流动为例来证明这一原理。首先定义量纲为 1 的量：

$$\begin{cases} x_* = \dfrac{x}{l}, y_* = \dfrac{y}{l}, u_* = \dfrac{u}{V_\infty} \\ v_* = \dfrac{v}{V_\infty}, p_* = \dfrac{p}{\rho_\infty V_\infty^2}, \rho_* = \dfrac{\rho}{\rho_\infty} \end{cases} \tag{5.7.27}$$

式中，l 为物体特征长度；ρ_∞ 与 V_∞ 分别为来流的密度与速度。

借助于式(5.7.27)则式(5.7.5a)～式(5.7.5d)变成量纲为 1 的后为：

$$\begin{cases} \dfrac{\partial(\rho_* u_*)}{\partial x_*} + \dfrac{\partial(\rho_* v_*)}{\partial y_*} = 0 \\ \rho_* u_* \dfrac{\partial u_*}{\partial x_*} + \rho_* v_* \dfrac{\partial u_*}{\partial y_*} = -\dfrac{\partial p_*}{\partial x_*} \\ \rho_* u_* \dfrac{\partial v_*}{\partial x_*} + \rho_* v_* \dfrac{\partial v_*}{\partial y_*} = -\dfrac{\partial p_*}{\partial y_*} \\ u_* \dfrac{\partial}{\partial x_*}\left(\dfrac{p_*}{\rho_*^\gamma}\right) + v_* \dfrac{\partial}{\partial y_*}\left(\dfrac{p_*}{\rho_*^\gamma}\right) = 0 \end{cases} \tag{5.7.28}$$

物面条件式(5.7.8a)变为：

$$u_* n_x + v_* n_y = 0 \tag{5.7.29}$$

由斜激波关系式，可得

$$(p_*)_2 = \frac{1}{\gamma Ma_\infty^2} + \frac{2}{\gamma+1}\left(\frac{Ma_\infty^2 \sin^2\beta - 1}{Ma_\infty^2}\right) \tag{5.7.30a}$$

$$(\rho_*)_2 = \frac{(\gamma+1)Ma_\infty^2 \sin^2\beta}{(\gamma-1)Ma_\infty^2 \sin^2\beta + 2} \tag{5.7.30b}$$

$$(u_*)_2 = 1 - \frac{2(Ma_\infty^2 \sin^2\beta - 1)}{(\gamma+1)Ma_\infty^2} \tag{5.7.30c}$$

$$(v_*)_2 = \frac{2(Ma_\infty^2 \sin^2\beta - 1)\cot\beta}{(\gamma+1)Ma_\infty^2} \tag{5.7.30d}$$

式(5.7.30a)～式(5.7.30d)为量纲为 1 的激波边界条件。显然，当 $Ma_\infty^2 \sin^2\beta \to \infty$ 时，则激波边界条件变为：

$$\begin{cases} (p_*)_2 \to \dfrac{2\sin^2\beta}{\gamma+1}, (u_*)_2 \to 1 - \dfrac{2\sin^2\beta}{\gamma+1} \\ (\rho_*)_2 \to \dfrac{\gamma+1}{\gamma-1}, (v_*)_2 \to \dfrac{\sin^2\beta}{\gamma+1} \end{cases} \tag{5.7.31}$$

分析量纲为 1 的式(5.7.28)、物面边界条件式(5.7.29)以及激波边界条件式(5.7.30a)～式(5.7.30d)，在这些方程中 Ma_∞ 仅出现在激波边界条件中。而在 $Ma_\infty \to \infty$ 时，式(5.7.31)并不出现 Ma_∞。于是可得出结论：在 Ma_∞ 较高时，量纲为 1 的方程的解与来流 Mach 数无关。

还需强调的是，这里所讲的与来流 Mach 数无关是针对一些量纲为 1 的量而言，对于有量纲量并不一定如此。图 5.6(a)给出了 Mach 数无关原理的例证。由图中可以看出，当 M_∞ 超过 5 时阻力系数对 Mach 数的变化不再敏感。图 5.6(b)给出了 Mach 数无关原理在黏性流动与大迎角细长体绕流方面应用的例证。很显然，利用 Mach 数无关原理，人们可以把较低 Mach 数的试验结果推广到较高 Mach 数的情况使用。

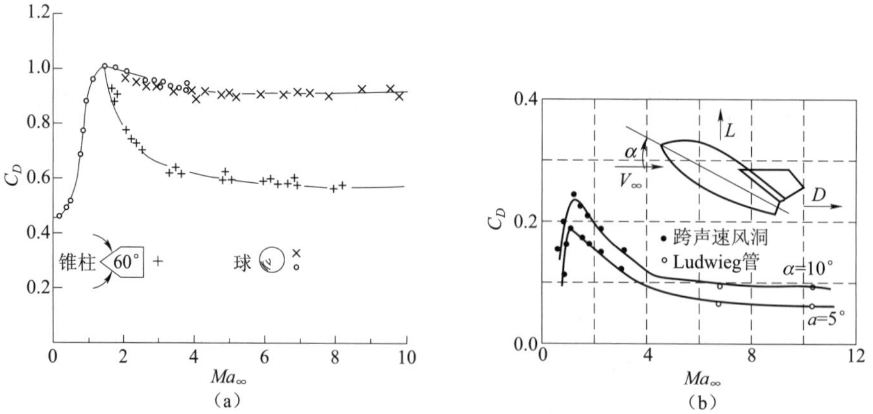

图 5.6　高超声速 Mach 数无关原理的例证与应用

5.7.3　高超声速流的等价原理

取 x 轴的正方向与来流速度矢量 $\mathbf{V}_\infty$ 的方向一致，引进式(5.7.1)所定义的量纲为 1 的量并补充定义：

$$\bar{z} \equiv \frac{z}{\tau l}, \qquad \bar{w}' \equiv \frac{w'}{\tau V_\infty}, \tag{5.7.32}$$

式中，τ 为细长比；l 为参考长度。

仿照式(5.7.7a)～式(5.7.7d)的推导过程，可以十分方便的得出三维定常高超声速小扰动基本方程组如下：

$$\frac{\partial \bar{\rho}}{\partial \bar{x}} + \frac{\partial(\bar{\rho}\,\bar{v}')}{\partial \bar{y}} + \frac{\partial(\bar{\rho}\,\bar{w}')}{\partial \bar{z}} = 0 \tag{5.7.33a}$$

$$\left[\bar{\rho}\frac{\partial}{\partial \bar{x}}, \bar{\rho}\,\bar{v}'\frac{\partial}{\partial \bar{y}}, \bar{\rho}\,\bar{w}'\frac{\partial}{\partial \bar{z}}\right]\begin{bmatrix} \bar{v}' & \bar{w}' \\ \bar{v}' & \bar{w}' \\ \bar{v}' & \bar{w}' \end{bmatrix} = -\left[\frac{\partial \bar{p}}{\partial \bar{y}}, \frac{\partial \bar{p}}{\partial \bar{z}}\right] \tag{5.7.33b}$$

$$\frac{\partial}{\partial \bar{x}}\left(\frac{\bar{p}}{\bar{\rho}^\gamma}\right) + \bar{v}'\frac{\partial}{\partial \bar{y}}\left(\frac{\bar{p}}{\bar{\rho}^\gamma}\right) + \bar{w}'\frac{\partial}{\partial \bar{z}}\left(\frac{\bar{p}}{\bar{\rho}^\gamma}\right) = 0 \tag{5.7.33c}$$

$$\bar{\rho}\frac{\partial \bar{u}'}{\partial \bar{x}} + \bar{\rho}\,\bar{v}'\frac{\partial \bar{u}'}{\partial \bar{y}} + \bar{\rho}\,\bar{w}'\frac{\partial \bar{u}'}{\partial \bar{z}} = -\frac{\partial \bar{p}}{\partial \bar{x}} \tag{5.7.33d}$$

式(5.7.33b)中，分别含有沿 y 方向与 z 方向的动量方程。

值得注意的是，$\bar{u}'$ 只在 x 方向的动量方程式(5.7.33d)中出现，因此可以由式(5.7.33a)、式(5.7.33b)以及式(5.7.33c)这四个方程联立求解得到 $\bar{p}$，$\bar{\rho}$，$\bar{v}'$ 与 $\bar{w}'$ 值，然后再由下式求出 $\bar{u}'$ 值，即：

$$\bar{u}' = \frac{1}{(\gamma-1)\tau^2 Ma_\infty^2} - \frac{\gamma}{\gamma-1}\frac{\bar{p}}{\bar{\rho}} - \frac{1}{2}\left[(\bar{v}')^2 + (\bar{w}')^2\right] \tag{5.7.34}$$

这里，式(5.7.34)是省略了总焓守恒方程中的 $\tau^2(\bar{u}')^2$ 项后得出的。

现考察横向平面上的非定常二维 Euler 方程，即：

$$\begin{cases} \dfrac{\partial \rho}{\partial t} + \dfrac{\partial(\rho v)}{\partial y} + \dfrac{\partial(\rho w)}{\partial z} = 0 \\ \rho\dfrac{\partial v}{\partial t} + \rho v\dfrac{\partial v}{\partial y} + \rho w\dfrac{\partial v}{\partial z} = -\dfrac{\partial p}{\partial y} \\ \rho\dfrac{\partial w}{\partial t} + \rho v\dfrac{\partial w}{\partial y} + \rho w\dfrac{\partial w}{\partial z} = -\dfrac{\partial p}{\partial z} \\ \dfrac{\partial}{\partial t}\left(\dfrac{p}{\rho^\gamma}\right) + v\dfrac{\partial}{\partial y}\left(\dfrac{p}{\rho^\gamma}\right) + w\dfrac{\partial}{\partial z}\left(\dfrac{p}{\rho^\gamma}\right) = 0 \end{cases} \tag{5.7.35}$$

引进如下量纲为 1 的量：

$$\begin{cases} \tilde{\rho} \equiv \dfrac{\rho}{\rho_\infty}, \tilde{v} \equiv \dfrac{v}{V_\infty}, \tilde{w} \equiv \dfrac{w}{V_\infty}, \tilde{p} \equiv \dfrac{p}{\rho_\infty V_\infty^2} \\ \tilde{t} \equiv \dfrac{t}{(l/V_\infty)}, \tilde{y} \equiv \dfrac{y}{l}, \tilde{z} \equiv \dfrac{z}{l} \end{cases} \tag{5.7.36}$$

借助于式(5.7.36),则式(5.7.35)中的第一个方程可变为:

$$\frac{\partial \widetilde{\rho}}{\partial \widetilde{t}}+\frac{\partial(\widetilde{\rho}\,\widetilde{v})}{\partial \widetilde{y}}+\frac{\partial(\widetilde{\rho}\,\widetilde{w})}{\partial \widetilde{z}}=0 \tag{5.7.37}$$

将它与三维高超声速小扰动方程组的式(5.7.33a)对照,很显然,如果假设:

$$\widetilde{x}=\frac{x}{l}=\widetilde{t}=\frac{tV_{\infty}}{l} \tag{5.7.38a}$$

也就是说令:

$$x=V_{\infty}t \tag{5.7.38b}$$

则式(5.7.37)与式(5.7.33a)具有相同的表达形式。因此,如果令式(5.7.38b)成立,则式(5.7.33a)~式(5.7.33c)与式(5.7.35)等价。

至此,高超声速流的等价原理可叙述如下:绕细长体的定常三维高超声速流等价于二维固定平面上的非定常运动。

现在对等价原理作如下物理说明:如图5.7所示,我们将固定平面取在 $x=0$ 处并且垂直于 x 轴。现有一高超声速物体以速度 V_{∞} 穿过该平面。图中分别给出了三个时刻下高超声速物体以及它所产生的激波在平面 $y-z$ 上的截线,这就是高超声速等价原理的简要物理说明。显然,等价原理的重要作用是借助于这个原理由已知的非定常二维流场的解去获取未知的三维定常高超声速绕流的流场特性。

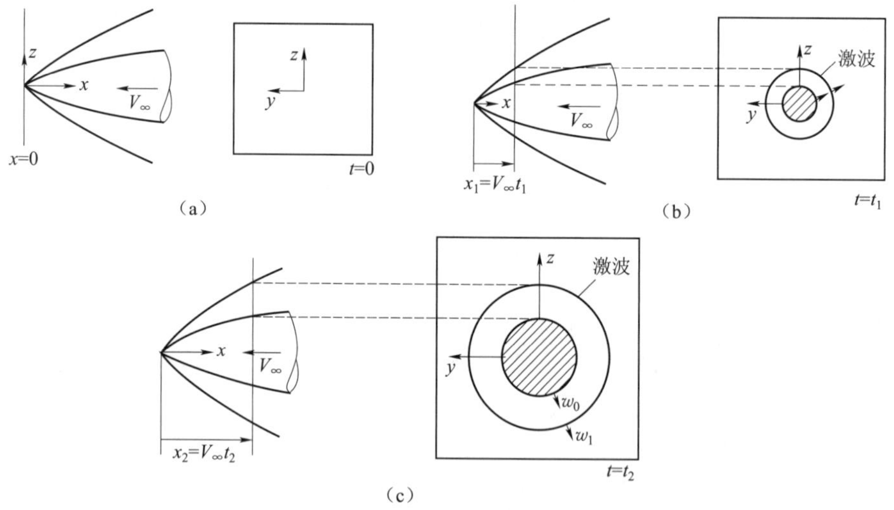

图5.7 高超声速流的等价原理

5.8 高超声速无黏流数值计算概述

对于高超声速无黏绝热流动,可由基本方程组连续方程、动量方程和能量方程简化得到,即:

$$\begin{cases}\dfrac{\partial\rho}{\partial t}+\nabla\cdot(\rho\boldsymbol{V})=0\\ \dfrac{\partial(\rho\boldsymbol{V})}{\partial t}+\nabla\cdot(\rho\boldsymbol{VV}+p\boldsymbol{I})=\rho\boldsymbol{f}\\ \dfrac{\partial(\rho e_{\mathrm{t}})}{\partial t}+\nabla\cdot[(\rho e_{\mathrm{t}}+p)\boldsymbol{V}]=\rho\boldsymbol{f}\cdot\boldsymbol{V}\end{cases}\tag{5.8.1}$$

式中，$\boldsymbol{VV}$ 为并矢张量；$\boldsymbol{I}$ 为单位张量；e_{t} 为单位质量气体具有的广义内能（又称总能），即：

$$e_{\mathrm{t}}=e+\frac{V^2}{2}\tag{5.8.2}$$

为了减少头部产生的热流，高超声速飞行器一般采用钝的形状，如图 5.8 所示。图 5.8(a)给出了钝体激波层，图 5.8(b)给出了零迎角气流时的滞止点（又称驻点），图 5.8(c)、(d)是有迎角时的流动，显然这时驻点的位置是未知的，是要通过流场求解而决定的。求解高超声速钝体绕流曾经是高超声速空气动力学发展过程中的一个难题，尤其是 20 世纪 60 年代，人们一直探讨用定常的 Euler 方程去求解钝体绕流，结果遇到了困难。1966 年，Moretti 和 Abbett（莫利蒂和阿比特）提出了用时间相关法求解钝体绕流而使问题得以成功的解决。目前，已有许多求解钝体无黏绕流的优秀数值格式，本节因篇幅所限故不作详述，这里仅介绍一下发展趋势，总的趋势有三点：① 提高捕捉激波的分辨率，发展高分辨率格式；② 发展快速高效求解方法，发展高效率差分格式；③ 发展非结构网格，使网格点布局更合理。图 5.9(a)、(b)给出了结构网格下钝体绕流的网格布局，显然，采用非结构网格后布点将会变得更合理些，如图 5.9(c)所示。

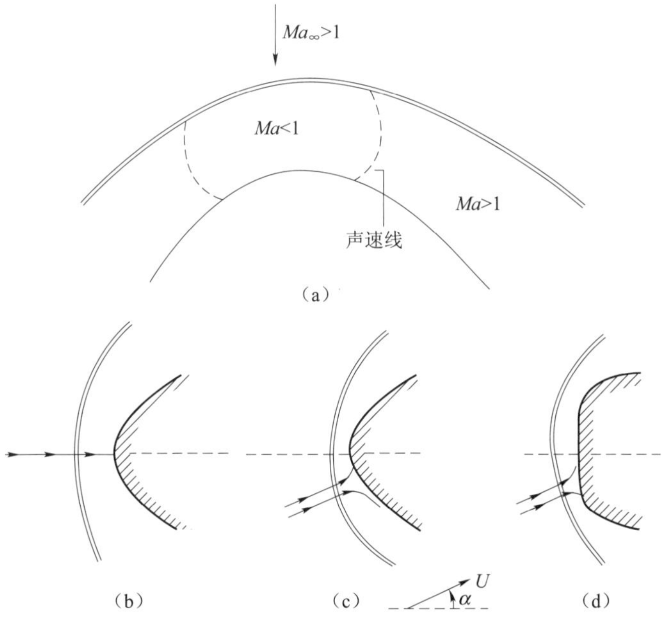

图 5.8　钝体绕流

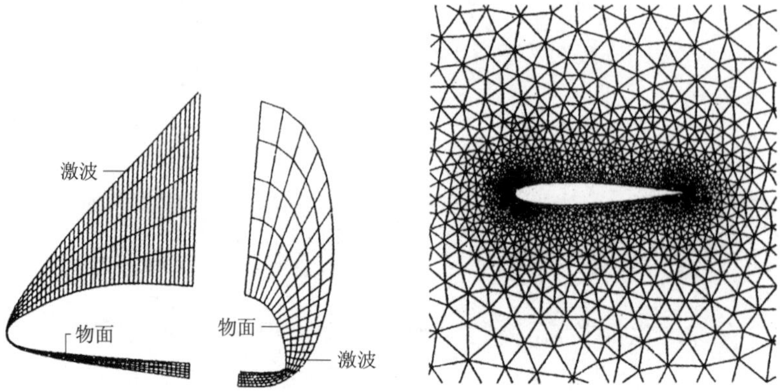

(a) (b) (c)

图 5.9 结构网格与非结构网格

5.9 高超声速黏性流动分析

5.9.1 驻点的层流边界层方程及热流计算

完全气体黏性流动的 Navier-Stokes 方程组已由式(1.1.30)给出，即：

$$\frac{\partial \boldsymbol{U}}{\partial t}+\frac{\partial(\boldsymbol{E}-\boldsymbol{E}_{\mathrm{v}})}{\partial x}+\frac{\partial(\boldsymbol{F}-\boldsymbol{F}_{\mathrm{v}})}{\partial y}+\frac{\partial(\boldsymbol{G}-\boldsymbol{G}_{\mathrm{v}})}{\partial z}=0 \tag{5.9.1a}$$

式中：

$$\boldsymbol{U}\equiv[\rho \quad \rho V_1 \quad \rho V_2 \quad \rho V_3 \quad \varepsilon]^{\mathrm{T}} \tag{5.9.1b}$$

$\boldsymbol{V}\equiv \boldsymbol{i}V_1+\boldsymbol{j}V_2+\boldsymbol{k}V_3$ 为速度矢量；$\boldsymbol{E},\boldsymbol{F},\boldsymbol{G}$ 分别为沿 x,y,z 方向的无黏矢通量；$\boldsymbol{E}_{\mathrm{v}},\boldsymbol{F}_{\mathrm{v}}$ 与 $\boldsymbol{G}_{\mathrm{v}}$ 分别代表 x,y 与 z 方向由于黏性及热传导所引起的矢通量项，其表达式为：

$$[\boldsymbol{E}_{\mathrm{v}},\boldsymbol{F}_{\mathrm{v}},\boldsymbol{G}_{\mathrm{v}}]=\begin{bmatrix}0 & 0 & 0\\ \tau_{xx} & \tau_{xy} & \tau_{xz}\\ \tau_{yx} & \tau_{yy} & \tau_{yz}\\ \tau_{zx} & \tau_{zy} & \tau_{zz}\\ a_1 & a_2 & a_3\end{bmatrix} \tag{5.9.1c}$$

$$\begin{bmatrix}a_1\\ a_2\\ a_3\end{bmatrix}\equiv\begin{bmatrix}\tau_{xx} & \tau_{xy} & \tau_{xz} & k\,\partial T/\partial x\\ \tau_{yx} & \tau_{yy} & \tau_{yz} & k\,\partial T/\partial y\\ \tau_{zx} & \tau_{zy} & \tau_{zz} & k\,\partial T/\partial z\end{bmatrix}\begin{bmatrix}V_1\\ V_2\\ V_3\\ 1\end{bmatrix} \tag{5.9.1d}$$

$$\begin{cases}\tau_{xy}=\tau_{yx}=\mu\left(\dfrac{\partial V_2}{\partial x}+\dfrac{\partial V_1}{\partial y}\right),\tau_{yz}=\tau_{zy}=\mu\left(\dfrac{\partial V_3}{\partial y}+\dfrac{\partial V_2}{\partial z}\right)\\ \tau_{xz}=\tau_{zx}=\mu\left(\dfrac{\partial V_1}{\partial z}+\dfrac{\partial V_3}{\partial x}\right),\tau_{xx}=\lambda(\nabla\cdot\mathbf{V})+2\mu\dfrac{\partial V_1}{\partial x}\\ \tau_{yy}=\lambda(\nabla\cdot\mathbf{V})+2\mu\dfrac{\partial V_2}{\partial y},\tau_{zz}=\lambda(\nabla\cdot\mathbf{V})+2\mu\dfrac{\partial V_3}{\partial z}\end{cases}\tag{5.9.1e}$$

如果引进边界层理论的两个基本假设：

(1) 边界层厚度 δ 与物体的特征尺度 l 相比为很小量，即：

$$\delta\ll l\tag{5.9.2a}$$

(2) 假设雷诺数很大，大到足以使 $\dfrac{1}{Re_\infty}$ 与 $\left(\dfrac{\delta}{l}\right)^2$ 同一量级，也就说有：

$$\frac{1}{Re_\infty}=O\left[\left(\frac{\delta}{l}\right)^2\right]\tag{5.9.2b}$$

在上述两个假设下，对 Navier-Stokes 方程式(5.9.1a)进行量级分析后可以得到边界层方程。为便于叙述下面以二维平面流动为例，并且选取边界层坐标系，取 x 轴沿物面，y 轴与物面垂直，其边界层方程组的表达式为：

$$\frac{\partial(\rho u)}{\partial x}+\frac{\partial(\rho v)}{\partial y}=0\tag{5.9.3a}$$

$$\rho u\frac{\partial u}{\partial x}+\rho v\frac{\partial u}{\partial y}=-\frac{\mathrm{d}p_e}{\mathrm{d}x}+\frac{\partial}{\partial y}\left(\mu\frac{\partial u}{\partial y}\right)\tag{5.9.3b}$$

$$\frac{\partial p}{\partial y}=0\tag{5.9.3c}$$

$$\rho u\frac{\partial h}{\partial x}+\rho v\frac{\partial h}{\partial y}=\frac{\partial}{\partial y}\left(K\frac{\partial T}{\partial y}\right)+u\frac{\mathrm{d}p_e}{\mathrm{d}x}+\mu\left(\frac{\partial u}{\partial y}\right)^2\tag{5.9.3d}$$

式中，h 为静焓；u 与 v 分别为沿 x 与 y 方向的分速度；下脚标 e 表示边界层外缘处的参数。

正如通常在讨论边界层问题时所指出的，不同的 x 处边界层的速度剖面通常是不同的，例如，$u(x_1,y)\neq u(x_2,y)$，但在某些情况下通过适当的变换，如由 (x,y) 坐标系变到 (ξ,η) 坐标系后能够使得不同的 ξ 处具有相同的速度剖面，即 $u(\xi_1,\eta)=u(\xi_2,\eta)$，如图 5.10 所示。那么具有这种性质的边界层便称为自相似边界层，该问题的解称为相似解。其具体做法如下：先引进 Lees-Дородицын(李斯-德罗尼津)变换：

$$\xi=\int_0^x\rho_e u_e\mu_e\mathrm{d}x,\qquad \eta=\frac{u_e}{\sqrt{2\xi}}\int_0^y\rho\mathrm{d}y\tag{5.9.4a}$$

式中 ρ_e，u_e 与 μ_e 分别为边界层外缘的密度，速度与黏性系数，它们仅是 x 的函数，所以有 $\xi=\xi(x)$；而 $\eta=\eta(x,y)$，于是微分算子的变换为：

$$\begin{cases}\dfrac{\partial}{\partial x}=\left(\dfrac{\mathrm{d}\xi}{\mathrm{d}x}\right)\dfrac{\partial}{\partial\xi}+\left(\dfrac{\partial\eta}{\partial x}\right)\dfrac{\partial}{\partial\eta}=\rho_e u_e\mu_e\dfrac{\partial}{\partial\xi}+\left(\dfrac{\partial\eta}{\partial x}\right)\dfrac{\partial}{\partial\eta}\\ \dfrac{\partial}{\partial y}=\dfrac{\rho u_e}{\sqrt{2\xi}}\dfrac{\partial}{\partial\eta}\end{cases}\tag{5.9.4b}$$

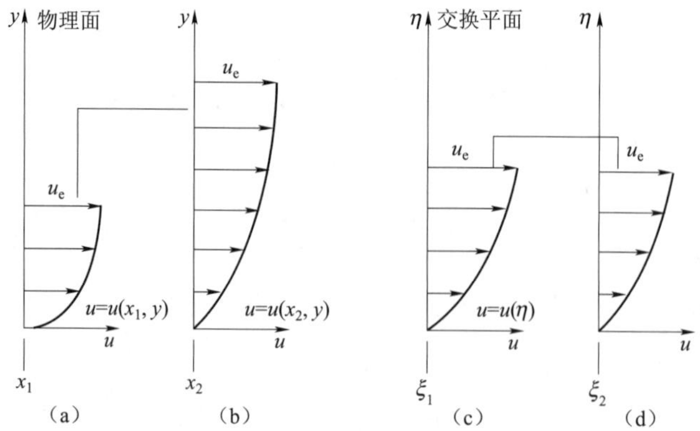

图 5.10 边界层自相似解

引进流函数 ψ，其满足：

$$\frac{\partial\psi}{\partial y}=\rho u,\qquad \frac{\partial\psi}{\partial x}=-\rho v \tag{5.9.5a}$$

引进函数 $f(\xi,\eta)$ 与 $g(\xi,\eta)$，有：

$$\frac{u}{u_e}=\frac{\partial f}{\partial\eta}\equiv f' \tag{5.9.5b}$$

$$g(\xi,\eta)=g=\frac{h}{h_e} \tag{5.9.5c}$$

式中，上脚标“′”表示对 η 求偏导；h 为静焓；h_e 为边界层外缘处的静焓值。

因此，很容易建立起 ψ 与 f 间的联系，其关系式为：

$$\frac{\partial\psi}{\partial\eta}=f'\sqrt{2\xi} \tag{5.9.5d}$$

将式(5.9.5d)对 η 积分，得：

$$\psi(\xi,\eta)=f\sqrt{2\xi}+f_1(\xi) \tag{5.9.5e}$$

式中，$f_1(\xi)$ 是 ξ 的任意函数。

对于没有质量交换的物面，当然应有 $\psi(\xi,0)=0$；为了满足这个条件，则式(5.9.5e)中的 f 和 f_1 必须分别为零，即：

$$\psi(\xi,\eta)=f(\xi,\eta)\sqrt{2\xi} \tag{5.9.5f}$$

由此得到：

$$\frac{\partial\psi}{\partial\xi}=\sqrt{2\xi}\frac{\partial f}{\partial\xi}+\frac{1}{\sqrt{2\xi}}f \tag{5.9.5g}$$

将式(5.9.5b)、式(5.9.5d)与式(5.9.5g)代入式(5.9.3b)，并注意边界层外缘的如下关系式：

$$\mathrm{d}p_e=-\rho_e u_e\mathrm{d}u_e \tag{5.9.6}$$

于是，x 方向的动量方程变为：

$$(Cf'')' + ff'' = \frac{2\xi}{u_e}\left(\frac{du_e}{d\xi}\right)\left[(f')^2 - \frac{\rho_e}{\rho}\right] + 2\xi\left(f'\frac{\partial f'}{\partial \xi} - \frac{\partial f}{\partial \xi}f''\right) \tag{5.9.7a}$$

式中：

$$C \equiv \rho\mu/(\rho_e\mu_e) \tag{5.9.7b}$$

y 方向的动量方程变为：

$$\frac{\partial p}{\partial \eta} = 0 \tag{5.9.8}$$

能量方程式(5.9.3d)变为：

$$\left(\frac{C}{Pr}g'\right)' + fg' = 2\xi\left[f'\frac{\partial g}{\partial \xi} - g'\frac{\partial f}{\partial \xi} + \frac{\rho_e u_e}{\rho h_e}f'\frac{du_e}{d\xi}\right] - C\frac{u_e^2}{h_e}(f'')^2 \tag{5.9.9}$$

式中，$Pr \equiv \mu C_p/K$；C 的定义同式(5.9.7a)。

变换后的边界条件如下：

在壁面（$\eta = 0$）处：

$$f = 0, f' = 0, g = g_w\text{（给定壁温）或 } g' = 0\text{（绝热壁）} \tag{5.9.10a}$$

在边界层外缘（$\eta \to \infty$）处：

$$f' = 1,\ g = 1 \tag{5.9.10b}$$

高超声速飞行器的表面摩擦系数和气动热的计算具有非常重要的意义，下面就讨论这方面的计算问题。由表面摩擦系数 C_f 的定义：

$$C_f \equiv \frac{\tau_w}{\frac{1}{2}\rho_e u_e^2} \tag{5.9.11a}$$

$$\tau_w = \left(\mu\frac{\partial u}{\partial y}\right)_w \tag{5.9.11b}$$

式中，下脚标 w 表示壁面；下脚标 e 表示边界层外缘。

借助于式(5.9.4b)与式(5.9.5b)，则式(5.9.11a)变为：

$$C_f = \frac{2\rho_w\mu_w}{\rho_e\sqrt{2\xi}}f''(\xi,0) \tag{5.9.11c}$$

引进 Nusselt(努塞尔)数 Nu 与 Stanton(斯坦顿)数 St，其定义为：

$$Nu = \frac{q_w x}{k_e(T_{aw} - T_w)} \tag{5.9.12}$$

$$St = \frac{q_w}{\rho_e u_e(h_{aw} - h_w)} \tag{5.9.13}$$

式中，k_e 为边界层外缘处的传热系数；q_w 是壁面上的当地热流，h_{aw} 为绝热壁的焓值；h_w 为壁面静焓。

显然，有如下公式：

$$Nu \equiv \frac{q_w x}{k_e(T_{aw} - T_w)} = \left[\frac{q_w}{\rho_e u_e c_p(T_{aw} - T_w)}\right]\left[\frac{\rho_e u_e x}{\mu_e}\right]\left[\frac{\mu_e c_p}{k_e}\right] = St \cdot Re \cdot Pr \tag{5.9.14a}$$

式中：

$$q_w = \left[k_e \frac{\partial T}{\partial y}\right]_w \tag{5.9.14b}$$

借助于式(5.9.4b)、式(5.9.14b)和式(5.9.5c)，则式(5.9.13)变为：

$$St = \frac{1}{\sqrt{2\xi}} \frac{k_e}{c_{pw}} \frac{\rho_w}{\rho_e} \frac{h_e}{(h_{aw} - h_w)} g'(\xi, 0) \tag{5.9.15}$$

现在来考虑图5.11所示的柱体，在驻点的曲率半径为R，边界层厚度为δ，并假设f与g只是η的函数，因此这时：

$$\frac{\partial f'}{\partial \xi} = 0, \frac{\partial f}{\partial \xi} = 0, \frac{\partial g}{\partial \xi} = 0 \tag{5.9.16}$$

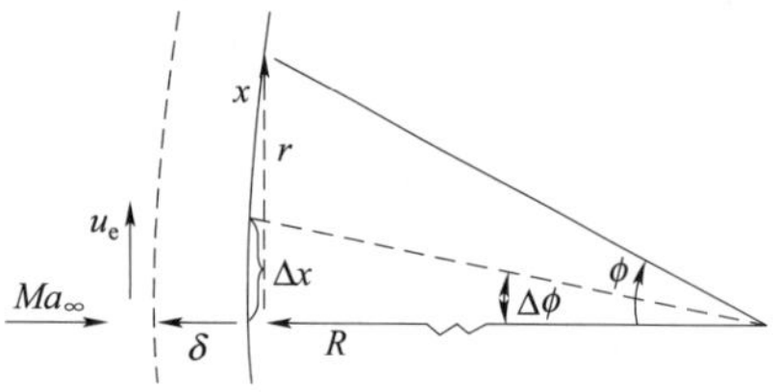

图 5.11　驻点区域的几何参数

所以式(5.9.7a)与式(5.9.9)被分别退化为：

$$(Cf'')' + ff'' = \frac{2\xi}{u_e}\left[(f')^2 - \frac{\rho_e}{\rho}\right]\frac{du_e}{d\xi} \tag{5.9.17}$$

$$\left(\frac{C}{Pr}g'\right)' + fg' = 2\xi\left(\frac{\rho_e u_e}{\rho h_e} f' \frac{du_e}{d\xi}\right) - C\frac{u_e^2}{h_e}(f'')^2 \tag{5.9.18}$$

注意：式(5.9.17)与式(5.9.18)仍然与ξ有关。但对于驻点，还可以有下列关系：

(1) 驻点附近u_e很小，而$h_e = H$是很大的焓值(这里H为总焓)，因此，有：

$$\frac{u_e^2}{h_e} \approx 0 \tag{5.9.19a}$$

(2) 驻点区域内气流速度很低，在驻点区域可以证明下面三个式子成立：

$$\begin{cases} \dfrac{2\xi}{u_e}\dfrac{du_e}{d\xi} = 1 \\ 2\xi\dfrac{\rho_e u_e}{\rho h_e}\dfrac{du_e}{d\xi} = 0 \\ \dfrac{\rho_e}{\rho} = \dfrac{p_e}{p}\dfrac{h}{h_e} = g \end{cases} \tag{5.9.19b}$$

借助于式(5.9.19a)与式(5.9.19b)，则式(5.9.17)与式(5.9.18)退化为：

$$(Cf'')' + ff'' = (f')^2 - g \tag{5.9.20}$$

$$\left(\frac{C}{Pr}g'\right)' + fg' = 0 \tag{5.9.21}$$

式(5.9.20)与式(5.9.21)就是驻点的边界层方程，显然它们与ξ无关。换言之，驻点的边界层问题具有相似性解。类似地，还可以推出轴对称驻点的边界层方程，其表达式为：

$$(Cf'')' + ff'' = \frac{1}{2}[(f')^2 - g] \tag{5.9.22}$$

$$\left(\frac{C}{Pr}g'\right)' + fg' = 0 \tag{5.9.23}$$

式中：

$$\begin{cases} f \equiv f(\eta), g \equiv g(\eta) \text{（对于驻点区域）} \\ \xi \equiv \int_0^x \rho_e u_e r^2 \mu_e \mathrm{d}x, \ \eta \equiv \dfrac{r u_e}{\sqrt{2\xi}} \int_0^y \rho \mathrm{d}y \\ \dfrac{\partial(\rho u r)}{\partial x} + \dfrac{\partial(\rho v r)}{\partial y} = 0 \text{（连续方程）} \end{cases} \tag{5.9.24}$$

式中，r 为由中心线量起的垂直坐标。

值得注意的是，在驻点区域内，f 与 g 只是 η 的函数，而一般情况下 f 与 g 都应是 (ξ, η) 的函数。显然，式(5.9.22)与式(5.9.23)具有相似性解。

另外，文献[167]还分别给出了圆柱与球的驻点热流 q_w 表达式：

$$q_w = 0.57 Pr^{-0.6} (\rho_e \mu_e)^{1/2} (h_{aw} - h_w) \left(\frac{\mathrm{d}u_e}{\mathrm{d}x} \right)^{1/2} \text{（柱的驻点）} \tag{5.9.25a}$$

$$q_w = 0.763 Pr^{-0.6} (\rho_e \mu_e)^{1/2} (h_{aw} - h_w) \left(\frac{\mathrm{d}u_e}{\mathrm{d}x} \right)^{1/2} \text{（球的驻点）} \tag{5.9.25b}$$

可以证明，在驻点边界层的区域内，边界层外缘速度 u_e 沿 x 的变化率 $\mathrm{d}u_e/\mathrm{d}x$ 可以用式(5.9.26)表示，即：

$$\frac{\mathrm{d}u_e}{\mathrm{d}x} \approx \frac{1}{R_0} \sqrt{\frac{2p_0}{\rho_0}} \tag{5.9.26}$$

式中，下脚标 0 表示驻点处的值；R_0 为驻点处的曲率半径。

显然，将式(5.9.26)分别代入式(5.9.25a)与式(5.9.25b)后，便可推出：

$$q_w \propto \frac{1}{\sqrt{R_0}} \tag{5.9.27}$$

也就是说，驻点热流与头部半径的平方根成反比。所以，为了减小飞行器头部的热流就必须增加头部的半径。

5.9.2　激波与边界层相互干扰的数值计算

1. 流动图案分析及计算域网格生成

在高超声速流动中，由于激波与边界层的相互作用而使得干扰区产生局部的峰值热流，甚至发生局部结构被烧坏的现象。例如，1967 年 10 月美国 X－15 研究机第二次试飞时，虽然对飞机构件进行了烧蚀防护，但相互干扰产生的局部高热流仍使试飞的发动机模型和模型吊架产生了严重的损伤。为了分析激波与边界层干扰的流动，我们先考察图 5.12 所示的入射激波引起平板上边界层分离的算例。由该图可以看出，由于激波后出现很大的压力增高而使得边界层产生局部的分离。激波后的高压通过边界层内的亚声速区传到上游，从而使得分离发生在入射激波与边界层撞击点的上游。另外，分离的边界层诱导出一个分离激波，而当边界层在平板下游的某处再附点时，又形成一个再附激波。在分离激波和再附激波之间，产生一系列的膨胀波。在再附点附近，边界层变得比较薄而且压力较高，因此这是一个局部高热流区域。而干扰加热的严重程度以及这个局部区域的范围都依赖于边界层是层流还是湍流状态。层流边界层比湍流边界层更容易分离，因此层流边界层更易产生干扰，并形成较严重的局部加热。图 5.13 给出了绝热平板 *St* 数随 Ma_∞ 与 *Rex* 的变化曲线。从图中可以清楚地看出，湍流的 *St* 数明显的大于层流值。它从另一个侧面也表明了区分边界层气流的流动状态（到底是层流还是湍流）还是非常重要的。

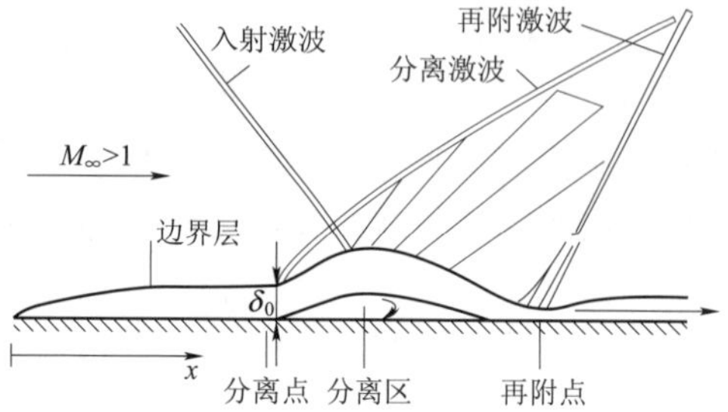

图 5.12 激波与边界层相互干扰的流动图形

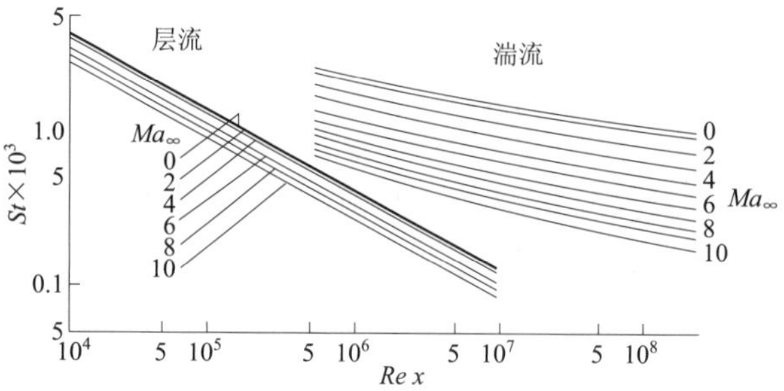

图 5.13 绝热平板 *St* 数随 Ma_∞ 与 *Rex* 的变化曲线

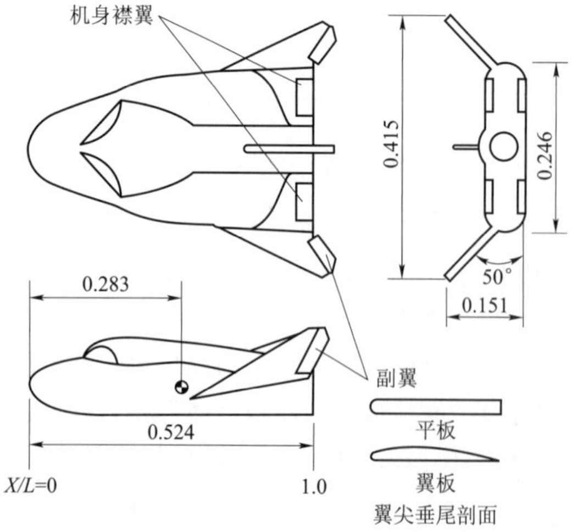

图 5.14 HL-20 升力体的风洞试验模型

另一个激波与边界层干扰的例子是绕压缩拐角的流动。高超声速飞行器襟翼附近的流动就属于这类流动。图 5.14 给出了美国 NASA 兰利（Langley）研究中心研究的 HL-20 升力体风洞的试验模型以及襟翼的位置。对于这个构型，NASA 完成了 Mach 数从 0.1～20 的广泛试验，并认为 HL-20 升力体构形是一种很有前途的高超声速飞行器构型。

分析高超声速飞行器襟翼附近的气体绕过压缩拐角的流动，可以发现：由于压缩拐角引起了逆压梯度，导致了边界层的流动分离。由于分离便引起了分离激波和再附激波的产生。显然，边界层外的无黏流动与边界层内的黏性分离流动是通过压力干扰发生相互作用的，图 5.15 给出了绕压缩拐角引起分离流动的图案。图中压缩拐角的偏转角为 θ，当 θ 大到某个值时，便产生了分离流动。图上给出了分离区。另外，在分离区外面的黏流层，通常可以认为是一个剪切层。图 5.16 给出了层流与湍流两种状态下的压力分布，由该图可以清楚地看出，压力扰动可以传递到分离点的上游，并且在再附点出现最高压力，相应的最大热流值也在再附点处出现。

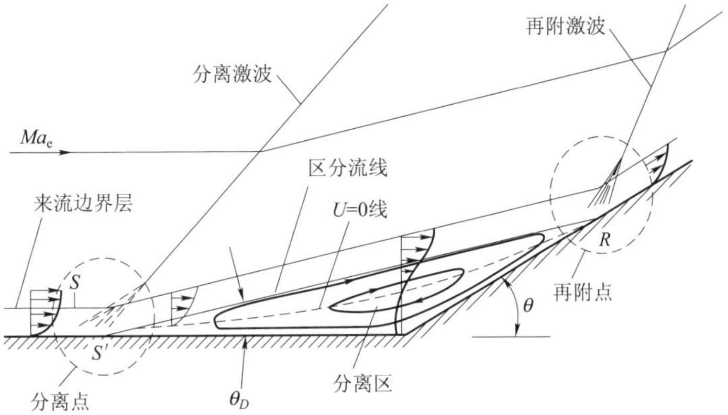

图 5.15　绕压缩拐角的流动图案

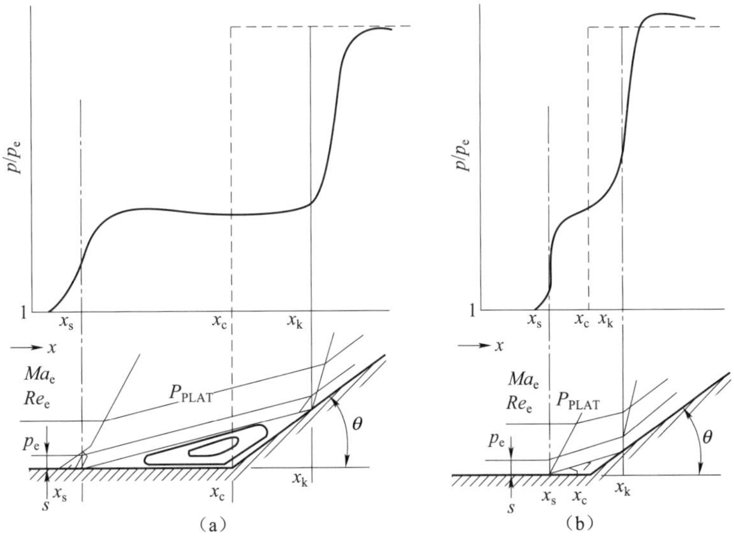

图 5.16　两种流动状态下沿压缩拐角的压力分布

(a) 层流；(b) 湍流

值得一提的是：对于层流流动，在分离点后常出现一段压力为常值（又称为平台压力）的现象；而对于湍流情况，分离区明显缩小，而且平台压力也不明显。综上所述，由于激波和边界层的相互干扰，使流动出现了分离区，所以如果采用边界层方程和无黏外流迭代的方式去计算这类流动则往往会遇到困难，因此人们多采用求解 Navier-Stokes 方程组去获得这类流场的数值解。下面就简述一下这类解法的主要过程。

首先，为了获得激波与边界层相互作用的数值解，除了数值格式要精心选取之外，网格设计也至关重要。根据边界层理论，物面处的层流边界层厚度 $\delta(x)$ 可用下式估计：

$$\delta(x) \approx \frac{7x}{\sqrt{Re_x}} \tag{5.9.28}$$

例如，欲在边界层内垂直于物面的方向上设置 10 个网格点的话，则物面网格尺寸 $\Delta y \approx \frac{\delta}{10}$；显然，若来流 Mach 数 Ma_∞ 很大时则 Δy 将很小，如 $Ma_\infty = 2.0$，$L = 30$ cm，对空气选取 $Re_L = 10^6$ 时，则这时物面网格尺寸 Δy 应为：

$$\Delta y \approx \frac{7}{10} \frac{L}{\sqrt{Re_L}} \approx 0.02\ \text{mm}$$

通常引进网格 Reynolds 数 $Re_{\Delta x}$ 与 $Re_{\Delta y}$，其定义为：

$$Re_{\Delta x} \equiv \frac{\rho_{ij} u_{ij} \Delta x}{\mu_{ij}}, \qquad Re_{\Delta y} \equiv \frac{\rho_{ij} u_{ij} \Delta y}{\mu_{ij}} \tag{5.9.29}$$

文献[168]建议取：

$$Re_{\Delta x} \leqslant 30 \sim 40, \qquad Re_{\Delta y} \leqslant 3 \sim 4 \tag{5.9.30}$$

这里给出一种便于求解激波与边界层干扰问题的简便代数网格生成方法：在物理平面（(x,y) 平面）上，令 x 沿着物面方向，y 沿物面的法线方向，并且沿 y 方向取高度为 b_0 的计算域。令 δ 与 δ_0 分别代表预估的边界层厚度与预估的近物面黏性底层区的高度，于是便可将计算域 $[0,b_0]$ 分成三个区域：① $[0,\delta_0]$ 为近物面黏性底层区。在此区域内，采取沿 y 方向取等间距的细网格；② $[\delta,\delta_0]$ 为无黏区。在此区域取等间距的粗网格；③ 在两个区域之间的 $[\delta_0,\delta]$ 区域则采取变间距网格。令计算平面为 (ξ,η)，并假设两个坐标系间的变换关系为：

$$\begin{cases} t = \tau \\ x = \xi \\ y = y(\eta) \end{cases} \quad \text{或} \quad \begin{cases} \tau = t \\ \xi = x \\ \eta = \eta(y) \end{cases} \tag{5.9.31}$$

我们希望在计算平面内，整个计算区域都是等间距网格。此外，为了避免坐标变换影响数值解，因此还必须要求不同网格之间的接点处，如 $y=\delta_0$ 与 $y=\delta$ 处，坐标函数值分别相等并且导数值也分别相等。于是，利用这两个条件便可以确定坐标变换函数中的系数。在计算中如果选用了式(5.9.31)的坐标变换，则此时具体表达式为：

$$\eta = \begin{cases} a_1(y-b_0)+1 & (\delta \leqslant y \leqslant b_0) \\ b_1\ln(1+by)+a_2 & (\delta_0 \leqslant y \leqslant \delta) \\ a_3 y & (0 \leqslant y \leqslant \delta_0) \end{cases} \tag{5.9.32a}$$

或者：

$$y=\begin{cases}\dfrac{1}{a_1}(\eta-1)+b_0 & (\widetilde{\delta}\leqslant\eta\leqslant 1)\\[\mathrm{e}^{\frac{1}{b_1}(\eta-a_2)}-1]\dfrac{1}{b} & (\widetilde{\delta}_0\leqslant\eta\leqslant\widetilde{\delta})\\\eta/a_3 & (0\leqslant\eta\leqslant\widetilde{\delta}_0)\end{cases}\tag{5.9.32b}$$

式中：

$$\begin{cases}a_1=\dfrac{b_1 b}{1+b\delta},\ a_3=\dfrac{b_1 b}{1+b\delta_0}\\a_2=a_3\delta_0-b_1\ln(1+b\delta_0)\\b_1=\dfrac{1}{\ln\left(\dfrac{1+b\delta}{1+b\delta_0}\right)+\dfrac{(b_0-\delta)b}{1+b\delta}+\dfrac{\delta_0 b}{1+b\delta_0}}\end{cases}\tag{5.9.32c}$$

这里，计算平面上的 $(0,\widetilde{\delta}_0,\widetilde{\delta},1)$ 对应于物理平面上的 $(0,\delta_0,\delta,b_0)$，b 为加密参数，用它控制细网格的尺度。图 5.17 给出了物理平面 (x,y) 与计算平面 (ξ,η) 上的网格。

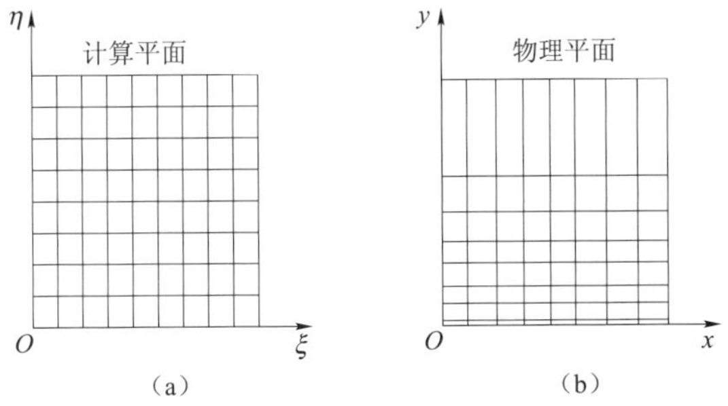

图 5.17　物理平面与计算平面的网格

2. 基本方程组及隐式 LU-SGS 格式

在笛卡儿坐标系中，二维 Navier-Stokes 方程可由式(5.9.1a)退化得出，即：

$$\frac{\partial \boldsymbol{U}}{\partial t}+\frac{\partial(\boldsymbol{E}-\boldsymbol{E}_{\mathrm{v}})}{\partial x}+\frac{\partial(\boldsymbol{F}-\boldsymbol{F}_{\mathrm{v}})}{\partial y}=0\tag{5.9.33}$$

借助式(5.9.31)及式(5.9.32a)定义的坐标变换有：

$$\frac{\partial}{\partial t}=\frac{\partial}{\partial \tau},\ \frac{\partial}{\partial x}=\frac{\partial}{\partial \xi},\ \frac{\partial}{\partial y}=N\frac{\partial}{\partial \eta}\tag{5.9.34a}$$

式中：

$$N\equiv\frac{\partial\eta}{\partial y}=\begin{cases}a_1 & (\delta\leqslant y\leqslant b_0)\\\dfrac{b_1 b}{1+by} & (\delta_0\leqslant y\leqslant\delta)\\a_3 & (0\leqslant y\leqslant\delta_0)\end{cases}\tag{5.9.34b}$$

在 (ξ,η) 坐标系中，经过无量纲化之后式(5.9.33)变为：

$$\frac{\partial \boldsymbol{U}}{\partial \tau}+\frac{\partial \boldsymbol{E}}{\partial \xi}+N\frac{\partial \boldsymbol{F}}{\partial \eta}=\boldsymbol{H} \tag{5.9.35a}$$

式中：

$$\boldsymbol{U}=\begin{bmatrix}\rho\\ \rho u\\ \rho v\\ \varepsilon\end{bmatrix},\ [\boldsymbol{E}\quad \boldsymbol{F}]=\begin{bmatrix}\rho u & \rho v\\ \rho u^2+p & \rho uv\\ \rho uv & \rho v^2+p\\ u(\varepsilon+p) & v(\varepsilon+p)\end{bmatrix} \tag{5.9.35b}$$

$$\boldsymbol{H}\equiv\begin{bmatrix}H_1\\ H_2\\ H_3\\ H_4\end{bmatrix},[H_2\quad H_3]=\left[\frac{\partial}{\partial \xi}\quad N\frac{\partial}{\partial \eta}\right]\begin{bmatrix}\sigma_{11} & \sigma_{21}\\ \sigma_{12} & \sigma_{22}\end{bmatrix} \tag{5.9.35c}$$

$$H_1=0 \tag{5.9.35d}$$

$$H_4=\frac{\partial}{\partial \xi}\left[(u\sigma_{11}+v\sigma_{12})+\frac{c_p}{Re\cdot Pr}K\frac{\partial T}{\partial \xi}\right]+N\frac{\partial}{\partial \eta}\left[(u\sigma_{12}+v\sigma_{22})+N\frac{c_p}{Re\cdot Pr}K\frac{\partial T}{\partial \eta}\right] \tag{5.9.35e}$$

$$\sigma_{11}=\frac{\mu}{Re}\left(\frac{4}{3}\frac{\partial u}{\partial \xi}-\frac{2}{3}N\frac{\partial v}{\partial \eta}\right) \tag{5.9.35f}$$

$$\sigma_{12}=\frac{\mu}{Re}\left(\frac{\partial v}{\partial \xi}+N\frac{\partial u}{\partial \eta}\right),\ \sigma_{22}=\frac{\mu}{Re}\left(\frac{4}{3}N\frac{\partial v}{\partial \eta}-\frac{2}{3}\frac{\partial u}{\partial \xi}\right), \tag{5.9.35g}$$

逼近方程式(5.9.35a)的一个典型显、隐式组合格式为：

$$\begin{aligned}\boldsymbol{U}_{i,j}^{n+1}=\boldsymbol{U}_{i,j}^{n}-\theta\Delta t[\delta_\xi^0\boldsymbol{E}(\boldsymbol{U}_{i,j}^{n+1})+N_{i,j}\delta_\eta^0\boldsymbol{F}(\boldsymbol{U}_{i,j}^{n+1})]-(1-\theta)\Delta t\\ [\delta_\xi^0\boldsymbol{E}(\boldsymbol{U}_{i,j}^{n})+N_{i,j}\delta_\eta^0\boldsymbol{F}(\boldsymbol{U}_{i,j}^{n})]+(\Delta t)\boldsymbol{H}_{i,j}^{n}\end{aligned} \tag{5.9.36}$$

式中，δ_ξ^0 与 δ_η^0 分别为逼近 $\partial/\partial\xi$ 与 $\partial/\partial\eta$ 的中心差分算子；θ 为格式加权因子，显然，当 $\theta=0$ 时为显格式；当 $\theta=1$ 时为隐格式；当 $\theta=1/2$ 时，该格式在时间方向为二阶精度，否则在时间方向是一阶精度。

应该指出：这个格式的基本思想是对无黏项采用显、隐式组合格式，而对黏性项则采用显格式。为了简洁起见，以下暂将下脚标 (i,j) 省略。将 $\boldsymbol{E}$ 与 $\boldsymbol{F}$ 作如下线化处理，即：

$$\begin{cases}\boldsymbol{E}^{n+1}=\boldsymbol{E}^n+\boldsymbol{A}^n\cdot\Delta\boldsymbol{U}^n+O(\|\Delta\boldsymbol{U}\|^2)\\ \boldsymbol{F}^{n+1}=\boldsymbol{F}^n+\boldsymbol{B}^n\cdot\Delta\boldsymbol{U}^n+O(\|\Delta\boldsymbol{U}\|^2)\end{cases} \tag{5.9.37}$$

式中，$\boldsymbol{A}\equiv\partial\boldsymbol{E}/\partial\boldsymbol{U}$；$\boldsymbol{B}\equiv\partial\boldsymbol{F}/\partial\boldsymbol{U}$。

将式(5.9.37)代入到式(5.9.36)并忽略二阶和高阶小量后，可得到：

$$[\boldsymbol{I}+\theta\Delta t(\delta_\xi^0\boldsymbol{A}^n+N\delta_\eta^0\boldsymbol{B}^n)\cdot]\Delta\boldsymbol{U}^n+(\Delta t)\boldsymbol{Q}=0 \tag{5.9.38a}$$

式中：

$$\boldsymbol{Q}\equiv\delta_\xi^0\boldsymbol{E}(\boldsymbol{U}^n)+N\delta_\eta^0\boldsymbol{F}(\boldsymbol{U}^n)-\boldsymbol{H}^n \tag{5.9.38b}$$

式中，$\boldsymbol{Q}$ 为残差（又称余项），它是由第 n 时间层的解 $\boldsymbol{U}^n$ 所决定；对于 $\theta=1$ 且 $\Delta t\to\infty$ 的极限情况，式(5.9.38a)退化为 Newton 迭代，即：

$$(\delta_{\xi}^{0}\boldsymbol{A} + N\delta_{\eta}^{0}\boldsymbol{B})\Delta\boldsymbol{U}^{n} + \boldsymbol{Q} = 0 \tag{5.9.39}$$

如果将式(5.9.39)中的矩阵 **A** 和 **B** 按其正、负特征值进行分裂并且注意采用迎风格式，于是有：

$$(\delta_{\xi}^{-}\boldsymbol{A}^{+} + \delta_{\xi}^{+}\boldsymbol{A}^{-} + N\delta_{\eta}^{-}\boldsymbol{B}^{+} + N\delta_{\eta}^{+}\boldsymbol{B}^{-})\Delta\boldsymbol{U} + \boldsymbol{Q} = 0 \tag{5.9.40}$$

式中，δ^{-} 与 δ^{+} 分别代表向后差分算子与向前差分算子。

对于定常流计算，为了使得离散化后的代数方程组系数矩阵对角占优，可采用两点差分算子。另外，$\boldsymbol{A}^{\pm}$ 与 $\boldsymbol{B}^{\pm}$ 可作如下分解，即：

$$\boldsymbol{A}^{\pm} = \boldsymbol{R}_{A}\cdot\boldsymbol{\Lambda}_{A}^{\pm}\cdot\boldsymbol{L}_{A},\ \boldsymbol{B}^{\pm} = \boldsymbol{R}_{B}\cdot\boldsymbol{\Lambda}_{B}^{\pm}\cdot\boldsymbol{L}_{B} \tag{5.9.41a}$$

式中，$\boldsymbol{L}_{A}$ 与 $\boldsymbol{L}_{B}$ 分别为 $\boldsymbol{A}$ 与 $\boldsymbol{B}$ 的左特征矢量矩阵；$\boldsymbol{R}_{A}$ 与 $\boldsymbol{R}_{B}$ 为 $\boldsymbol{A}$ 与 $\boldsymbol{B}$ 的右特征矢量矩阵；$\boldsymbol{\Lambda}_{A}^{+}$ 与 $\boldsymbol{\Lambda}_{B}^{+}$ 是元素为非负的对角矩阵；$\boldsymbol{\Lambda}_{A}^{-}$ 与 $\boldsymbol{\Lambda}_{B}^{-}$ 为元素为非正的对角矩阵，其表达式为：

$$\boldsymbol{\Lambda}_{A} = \boldsymbol{\Lambda}_{A}^{+} + \boldsymbol{\Lambda}_{A}^{-},\qquad \boldsymbol{\Lambda}_{B} = \boldsymbol{\Lambda}_{B}^{+} + \boldsymbol{\Lambda}_{B}^{-} \tag{5.9.41b}$$

显然，满足上述要求的矩阵分裂并不唯一，这里仅给出如下的分裂形式，即：

$$\boldsymbol{\Lambda}_{A}^{\pm} = \frac{1}{2}(\boldsymbol{\Lambda}_{A} \pm r_{A}\boldsymbol{I}),\qquad \boldsymbol{\Lambda}_{B}^{\pm} = \frac{1}{2}\boldsymbol{\Lambda}_{B} \pm r_{B}\boldsymbol{I}) \tag{5.9.41c}$$

式中：

$$\begin{cases} r_{A} = K_{A}\max(|\lambda_{1}|,|\lambda_{2}|,|\lambda_{3}|,|\lambda_{4}|)_{A} \\ r_{B} = K_{B}\max(|\lambda_{1}|,|\lambda_{2}|,|\lambda_{3}|,|\lambda_{4}|)_{B} \end{cases} \tag{5.9.41d}$$

式中，$\boldsymbol{I}$ 为单位矩阵；K_{A} 与 K_{B} 均为大于 1 的常数。

另外，在任一网格点 (i,j) 处，差分方程式(5.9.40)可表示为：

$$(\boldsymbol{A}_{i,j}^{+}\cdot\Delta\boldsymbol{U}_{i,j} - \boldsymbol{A}_{i-1,j}^{+}\cdot\Delta\boldsymbol{U}_{i-1,j}) + (\boldsymbol{A}_{i+1,j}^{-}\cdot\Delta\boldsymbol{U}_{i+1,j} - \boldsymbol{A}_{i,j}^{-}\cdot\Delta\boldsymbol{U}_{i,j}) + N_{i,j}$$
$$[(\boldsymbol{B}_{i,j}^{+}\cdot\Delta\boldsymbol{U}_{i,j} - \boldsymbol{B}_{i,j-1}^{+}\cdot\Delta\boldsymbol{U}_{i,j}) + (\boldsymbol{B}_{i,j+1}^{-}\cdot\Delta\boldsymbol{U}_{i,j+1} - \boldsymbol{B}_{i,j}^{-}\cdot\Delta\boldsymbol{U}_{i,j})] + \boldsymbol{Q}_{i,j} = 0 \tag{5.9.42}$$

很容易证明式(5.9.42)可以近似分解为(略去下标 i,j)：

$$(\delta_{\xi}^{-}\boldsymbol{A}^{+} + N\delta_{\eta}^{-}\boldsymbol{B}^{+} - \boldsymbol{A}^{-} - N\boldsymbol{B}^{-})(\delta_{\xi}^{+}\boldsymbol{A}^{-} + N\delta_{\eta}^{+}\boldsymbol{B}^{-} + \boldsymbol{A}^{+} + N\boldsymbol{B}^{+})\Delta\boldsymbol{U}^{n}$$
$$= -(r_{A} + Nr_{B})(\delta_{\xi}^{0}\boldsymbol{E} + N\delta_{\eta}^{0}\boldsymbol{F} - \boldsymbol{H})^{n} \tag{5.9.43}$$

式中，r_{A} 与 r_{B} 由式(5.9.41d)定义。式(5.9.43)便为针对式(5.9.35a)作近似 Newton 迭代的 LU-SGS 格式。它可以用于高超声速流动中激波与边界层相互干扰问题的求解，也可用于一般跨声速或超声速流场的 Navier-Stokes 方程计算。式(5.9.43)的求解过程可归结为如下两步：

第一步求解：

$$(\delta_{\xi}^{-}A^{+} + N\delta_{\eta}^{-}\boldsymbol{B}^{+} - \boldsymbol{A}^{-} - N\boldsymbol{B}^{-})_{i,j}\Delta\boldsymbol{U}_{i,j}^{*} = -(r_{A} + Nr_{B})(\delta_{\xi}^{0}\boldsymbol{E} + N\delta_{\eta}^{0}\boldsymbol{F} - \boldsymbol{H})_{i,j} \tag{5.9.44a}$$

即：

$$(r_{A} + Nr_{B})\Delta\boldsymbol{U}_{i,j}^{*} = \boldsymbol{A}_{i-1,j}^{+}\cdot\Delta\boldsymbol{U}_{i-1,j}^{*} + N\boldsymbol{B}_{i,j-1}^{+}\cdot\Delta\boldsymbol{U}_{i,j-1}^{*} - (r_{A} + Nr_{B})\boldsymbol{Q}_{i,j} \tag{5.9.44b}$$

显然，式(5.9.44b)的求解是一个向前扫描的过程，并且不需要进行矩阵求逆运算。

第二步求解：

$$(\delta_\xi^+ \boldsymbol{A}^- + N\delta_\eta^+ \boldsymbol{B}^- + \boldsymbol{A}^+ + N\boldsymbol{B}^+)_{i,j} \Delta \boldsymbol{U}_{i,j}^n = \Delta \boldsymbol{U}_{i,j}^* \tag{5.9.44c}$$

即：

$$(r_A + Nr_B)\Delta \boldsymbol{U}_{i,j}^n = \Delta \boldsymbol{U}_{i,j}^* - \boldsymbol{A}_{i+1,j}^- \cdot \Delta \boldsymbol{U}_{i+1,j}^n - N\boldsymbol{B}_{i,j+1}^- \cdot \Delta \boldsymbol{U}_{i,j+1}^n \tag{5.9.44d}$$

显然，式(5.9.44d)的求解是一个向后扫描的过程，而且也不需要进行矩阵求逆运算。

应该指出的是：为了更好地捕捉激波，抑制激波附近的非物理振荡，可以在式(5.9.44b)的残差项 $\boldsymbol{Q}_{i,j}$ 中显式加入适当的人工黏性项。对此感兴趣的读者可参阅计算流体力学方面的文献，这里因篇幅所限不予讨论。

5.10 高温效应以及高温无黏气体的平衡流与非平衡流动

5.10.1 高温气体的性质及真实气体的概念

空气在高温下发生物理与化学变化，使它的状态方程偏离量热完全气体。图 5.18 给出了三个不同温度区域内空气的物理性质，下面扼要地说明一下。

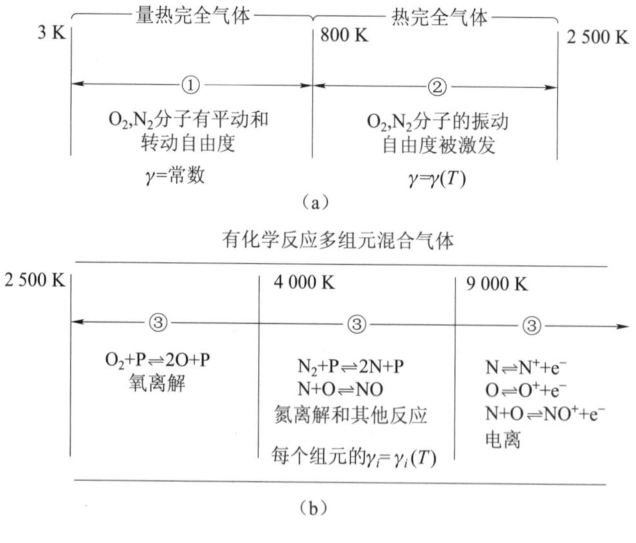

图 5.18 空气在不同温度范围内的物理与化学变化(在 1 atm 下)

1. 区域①内的空气物性参数

温度在 800 K 以下，空气中的主要成分 N_2 和 O_2 分子的运动只有平动和转动。从统计热力学知道，这时单位质量空气的内能 e 为：

$$e = \frac{3}{2}RT + RT \tag{5.10.1}$$

式中，R 为空气的气体常数；T 为温度。

式(5.10.1)等号右边两项分别为分子平动和转动的能量。由此可得比定压热容 c_p 与比定容热容 c_V 分别为：

$$c_p = c_V + R = \frac{5}{2}R + R = \frac{7}{2}R,\quad c_V = \frac{5}{2}R \tag{5.10.2}$$

因而比热比 γ 为：

$$\gamma = c_p / c_v = 7/5 = 1.4 \tag{5.10.3}$$

2. 区域②内的空气物性参数

当温度在 800 K $\leqslant T \leqslant$ 2 500 K 范围时，N_2 和 O_2 的振动自由能被激发，这时的比内能 e 为：

$$e = \frac{3}{2}RT + RT + \frac{R\dfrac{\hbar\nu}{k_B}}{\exp\left(\dfrac{\hbar\nu}{k_B T}\right) - 1}\text{（对双原子的分子气体）} \tag{5.10.4}$$

式中，$\hbar$ 为 Planck 常量（$\hbar = 6.626\ 196 \times 10^{-34}$ J・S）；ν 为分子振动的基频；k_B 为 Boltzmann 常数。

式(5.10.4)等号右边的三项分别为分子平动、转动和振动的能量。引进振动特征温度 T_{Ve}，其定义为：

$$T_{Ve} \equiv \frac{\hbar v}{k_B} \tag{5.10.5}$$

由比定容热容 c_V 的定义：

$$c_V \equiv \left(\frac{\partial e}{\partial T}\right)_V \tag{5.10.6}$$

借助于式(5.10.4)，对于双原子的分子气体可得到 c_V 为：

$$c_V = \frac{3}{2}R + R + R\frac{e^{\frac{T_{Ve}}{T}}}{(e^{\frac{T_{Ve}}{T}} - 1)^2}\left(\frac{T_{Ve}}{T}\right)^2 \tag{5.10.7}$$

借助于比定压热容 c_p 与比定容热容 c_V 间的一般关系，得：

$$c_p \equiv \left(\frac{\partial h}{\partial T}\right)_P \tag{5.10.8}$$

$$c_p - c_V = \left[\left(\frac{\partial e}{\partial v}\right)_T + p\right]\left(\frac{\partial v}{\partial T}\right)_P \tag{5.10.9}$$

在现在的温度区间里，内能 e 仅为温度 T 的函数，并注意到无论是量热完全气体还是热完全气体，其状态方程为：

$$p = \rho RT \tag{5.10.10}$$

式中，R 为常数。

于是，式(5.10.9)此时可以退化为：

$$c_p - c_V = R \tag{5.10.11}$$

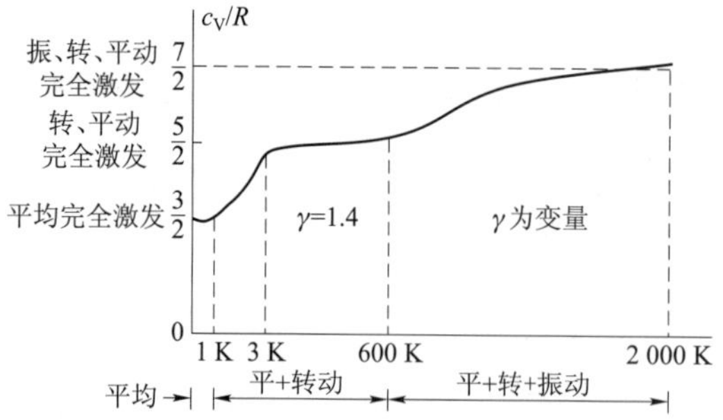

图 5.19　双原子气体的比热容随温度的变化曲线

图 5.19 给出了用统计热力学理论计算出的双原子气体的比热容随温度的变化曲线。由此可知 $c_V = c_V(T)$，$c_p = c_p(T)$，它们仅仅是温度的函数，也就是说在② 区内，热完全气体还是适用的。

3. 域内③的空气物性参数

当温度在 $2\,500\ \text{K} < T < 9\,000\ \text{K}$ 时，O_2 分子与 N_2 分子先后产生离解，即：

$$\begin{cases} O_2 + M \leftrightarrows 2O + M \\ N_2 + M \leftrightarrows 2N + M \end{cases} \tag{5.10.12}$$

这里 M 为任意粒子。另外，还要发生化学反应，例如：

$$\begin{cases} O_2 + N \leftrightarrows NO + O \\ N_2 + O \leftrightarrows NO + N \\ N_2 + O_2 \leftrightarrows 2NO \end{cases} \tag{5.10.13}$$

如果温度继续升高，当 $T > 9\,000\ \text{K}$ 时，还会发生电离，即：

$$\begin{cases} N \leftrightarrows N^+ + e^- \\ O \leftrightarrows O^+ + e^- \\ NO \leftrightarrows NO^+ + e^- \end{cases} \tag{5.10.14}$$

式中，e^- 为自由电子。

总之，在③区内，空气是一种多组元变成分带有化学反应的混合气体。处在高温下的离解电离空气通常存在有 11 个气体组元，即 O，O_2，N_2，NO，NO^+，O_2^+，N_2^+，O^+，N^+，N，e^-；其中每一个组元都可看成热完全气体。至于各个组元在混合气体中所含份量的大小，不仅取决于该系统的压强 p、温度 T，而且还和各个化学反应的速率有关。文献[92]给出了当温度在 $2\,500\ \text{K} < T < 9\,000\ \text{K}$ 时所发生的 16 种反应，例如，N_2 与 O_2 所发生的碰撞离解反应以及置换反应、缔合电离反应、碰撞电离反应与附着反应等。图 5.20 给出了在各个温度区间，空气分子振动激发、离解和电离的示意图。

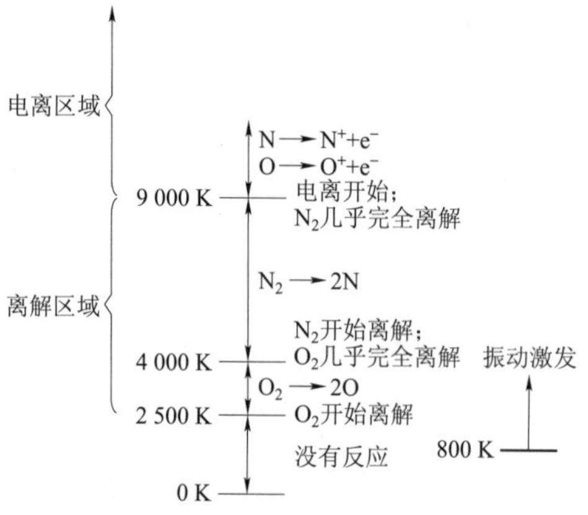

图 5.20　各温度区间空气分子振动激发、离解和电离示意图

另外，该文献[21]还从经典物理化学中的基本概念出发，并以是否计及分子间的作用力为界线将气体介质在不同条件下所呈现的热力学属性划分为量热完全气体（Calorically Perfect

Gas)、热完全气体(Thermally Perfect gas)、化学反应完全气体混合物(Chemically Reacting Mixture of Perfect Gases)和真实气体(Real Gas)这四种气体。文献[21]还特别重申了真实气体与“真实气体效应”之间在概念上的重大区别,指出在过去一些高超声速气动力学书上所讲的“真实气体效应”实际上是以气体是否视作量热完全气体为界线的。也就是说,凡是量热完全气体模型失效的情形在那些书上均称为“真实气体效应”。而通常经典物理化学上所定义的真实气体是必须计及分子之间相互作用力的气体,而完全气体是可以忽略分子之间作用力的气体。事实上对于大多数气体动力学问题,采用完全气体的假设是合理的。这是由于在标准大气条件($p=1$ atm, $T=273.16$ K)下,空气分子的平均自由程 $\bar{l}=6.13\times10^{-8}$ m,而空气分子的平均直径 $d=3.7\times10^{-10}$ m,显然 $\bar{l}\gg d$,也就是说一个分子在遇到另一个分子之前要运动相当长的距离,因此在一般情况下可以将空气视为完全气体。只有在某些情况下气体才呈现为真实气体,在这种情况下分子之间的相互作用力才对气体宏观特性产生较大的影响。真实气体的状态方程有多种形式,最著名的是 Van der Waals(范德华)方程,即:

$$\left(p+\frac{a}{v^2}\right)(v-b)=RT \tag{5.10.15}$$

式中,a 和 b 为依赖于气体种类的常数;a/v^2 考虑了分子间力的影响,而 b 是考虑到气体粒子自身体积对系统体积的影响;v 为比容。

显然,如果 $a=0$,$b=0$ 时,则式(5.10.15)便退化为完全气体的状态方程。

5.10.2　非平衡态气体的振动激发与化学反应过程

所有的振动激发和化学反应过程均是由粒子碰撞或辐射引起的,这里我们暂时略去辐射的影响,即先不考虑光化学和光电离的影响作用。所谓平衡态是指粒子经过足够多次碰撞之后才达到的一种状态,例如,逼近振动平衡要有 2 万次以上的碰撞;逼近化学反应平衡要有 20 多万次的碰撞才能达到平衡态。这种从系统环境的变化到该系统达到平衡态的过程叫作非平衡系统的分子弛豫过程;所需要的时间称为弛豫时间;过渡过程中的气体特性称为非平衡特性,偏离平衡态的气体称为非平衡态气体。对于振动松弛过程,可以证明它服从如下方程[21,22]

$$\frac{\mathrm{d}e_{\mathrm{vib}}}{\mathrm{d}t}=\frac{1}{\tau}(e_{\mathrm{vib}}^{*}-e_{\mathrm{vib}}) \tag{5.10.16}$$

式中,e_{vib}^{*} 为平衡时的振动能;e_{vib} 为振动能的瞬时非平衡值;τ 为振动松弛时间(又称振动弛豫时间);de_{vib}/dt 代表非平衡振动能的时间变化率,因此式(5.10.16)又称为振动速率方程。

另外,弛豫时间 τ 通常是压强 p 和温度的函数。它可以通过实验测出并拟合为曲线,其拟合曲线的方程为

$$\ln\tau=(K_2/T)^{1/3}-\ln p+\ln C \tag{5.10.17}$$

式中,系数 K_2 与 C 对于不同的气体可取不同的值。

同样地，对于给定的化学反应，例如：

$$N_2 + O \underset{K_b}{\overset{K_f}{\rightleftharpoons}} NO + N \tag{5.10.18a}$$

可以证明其化学反应的速率方程为

$$\frac{d[NO]}{dt} = K_f[N_2][O] - K_b[NO][N] \tag{5.10.18b}$$

式中，$[N_2]$代表N_2的摩尔浓度；对其他组元也采用相应的符号，即用[*]表示组元 * 的摩尔浓度；K_f 和 K_b 分别表示该反应的正向与逆向反应速率常数，显然它们均是温度 T 的函数。

如果式(5.10.18b)处于平衡态，则：

$$K_f[N_2]^*[O]^* - K_b[NO]^*[N]^* = 0 \tag{5.10.19}$$

式中，上脚标"*"表示平衡态时的值。

于是，有下式成立：

$$\frac{K_f}{K_b} \equiv K_c \tag{5.10.20}$$

式中，K_c 为平衡常数。

显然，对于 n 个组元的化学反应体系，即：

$$\sum_{i=1}^{n}(a_i x_i) \underset{K_b}{\overset{K_f}{\rightleftharpoons}} \sum_{i=1}^{n}(b_i x_i) \tag{5.10.21}$$

式中，x_i 为系统中的任一组元；a_i 与 b_i 分别为反应物与生成物的化学计量系数。

反应式(5.10.21)的正向与逆向反应速率方程分别为：

$$\begin{cases} \left(\dfrac{d[x_i]}{dt}\right)_f = (b_i - a_i)K_f \prod\limits_i ([x_i]^{a_i}) & (\text{正向反应}) \\ \left(\dfrac{d[x_i]}{dt}\right)_b = -(b_i - a_i)K_b \prod\limits_i ([x_i]^{b_i}) & (\text{逆向反应}) \end{cases} \tag{5.10.22}$$

因此，任一组元 x_i 的净生成率为：

$$\frac{d[x_i]}{dt} = (b_i - a_i)\left\{K_f \prod_i ([x_i]^{a_i}) - K_b \prod_i ([x_i]^{b_i})\right\} \tag{5.10.23}$$

从本质上讲，式(5.10.23)是质量作用定理的一般形式。虽然根据分子运动论可以计算出化学反应速率常数 K_f 与 K_b，但经验表明：计算出的值与试验值有时会相差几个量级，因此化学反应速率常数通常还是采用试验总结出的经验公式进行计算，例如，选用改进的 Arrhenius(阿伦纽斯)方程为：

$$K = C_1 T^{\alpha} e^{-\frac{E_0}{RT}} \tag{5.10.24}$$

式中，E_0 为反应活化能；$C_1 T^{\alpha}$ 为频率因子，C_1，α 与 E_0 的值可以从实验资料中找到。文献[169]给出了 30 000 K 以下高温空气的化学反应速率常数 K_f 与 K_b 值，可供计算时查用。

在未结束本节讨论之前，我们首先重新定性地回顾一下高超声速气流绕钝体流动的整体图像，如图 5.21 所示。当高超声速气流绕过外钝体时，一道较强的弓形脱体激波在钝体前方形成，如图 5.21(a)所示，激波后形成的激波边界层与高温边界层区域可由该图看出。对于钝头飞行器头部的弓形激波(图 5.21(b))是正激波或接近正激波。在高超声速飞行下，这种强激波波后的温度极高，例如，“阿波罗(Apollo)”飞船再入大气层若 $Ma=36$，则头部温度高达 11 000 K，因此整个激波层都被化学反应流动所控制。这种带有化学反应的高温流动，使得激波前后密度比 ρ_2/ρ_1 显著提高，有的高达 22。图 5.21(c)给出了采用量热完全气体模型与采用化学气体模型时所计算出的钝体弓形激波相对位置的比较，显然，考虑化学反应的激波更靠近壁面。图 5.21(d)给出了定性地分析钝体非平衡绕流的流动图像，考虑该图所示的流经驻点的流线 abc；在 a 和 b 之间，气体受到压缩并减速，到驻点 b 处速度为零。在 b 点处达到当地平衡条件并且伴随有很高的离解度和电离度。然后，气体由驻点向下游迅速膨胀，而且速度(在驻点)由零沿物面迅速增大，在 c 点处流速达到了声速。显然，在 c 点附近区域中有很强的压力梯度和温度梯度(这里 $\mathrm{d}p/\mathrm{d}l$ 与 $\mathrm{d}T/\mathrm{d}l$ 为负值)，在 c 点附近有突然的冻结流。因此物面声速点的下游将被很薄的并且具有很高离解和电离度的冻结流所覆盖。这里我们不妨分析一下离物面很近的 A 点上的这条流线，由于它通过强度很高的弓形激波的头部，因此，该流线的特性与 abc 流线的特性类似，即沿该流线的流体元在激波后是具有高度离解和电离的、具有平衡特性的混合气体；在声速

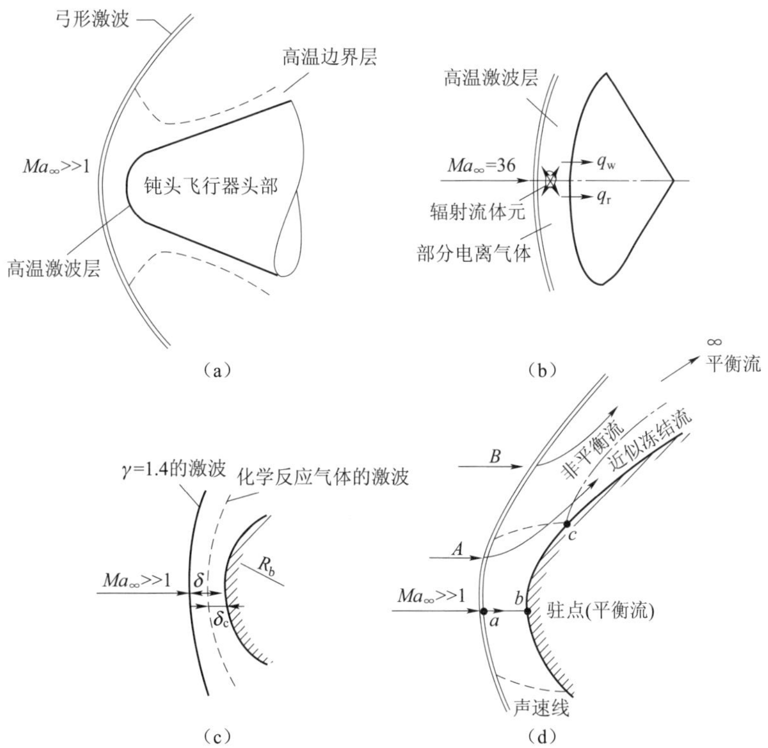

图 5.21　高超声速气流绕钝体流动的整体图像

点附近及其下游该流体元变成冻结流体元。这里所谓冻结流动，是指它的化学反应速率和振动速率都趋于零；也可认为是混合气体各组元的浓度和振动能的变化极其迟缓；或者说这类气体的流动不随环境温度 T 和压强 p 变化。最后，再分析一下离物面较远的 B 点处流线。它通过弓形激波上强度较弱的斜激波，因此流体元的离解度和电离度较小，并且斜激波后的非平衡区较长，经过 B 点的流体元在斜激波后有很长的非平衡流动区，然后在充分远的下游处趋于当地平衡。

5.10.3 无黏高温平衡流

高温无黏平衡流动的控制方程组如下：

总的质量守恒方程：

$$\frac{\partial \rho}{\partial t}+\nabla \cdot (\rho \mathbf{V})=0 \tag{5.10.25a}$$

动量方程：

$$\rho \frac{\mathrm{D}V}{\mathrm{D}t}=-\nabla p \tag{5.10.25b}$$

能量方程：

$$\rho \frac{\mathrm{D}H}{\mathrm{D}t}=\frac{\partial p}{\partial t} \tag{5.10.25c}$$

式中：

$$H \equiv h+\frac{1}{2}\mathbf{V} \cdot \mathbf{V} \tag{5.10.25d}$$

应当注意的是，虽然形式上高温效应并没有去改变控制方程组的基本形式，但仔细分析一下方程中的各项含义便会感到其中的差异。这里连续方程给的是总体的质量守恒方程，所以与流动是否具有化学反应无关；动量方程基本上是牛顿第二定律，与流动是否具有化学反应无关；在能量方程中，表面上好像没有考虑化学反应引起的能量附加项（如吸热或者放热），其实在焓 h 的计算时已作了考虑。由文献[21]知道，混合气体的 h 可由下式给出：

$$h=(\text{混合气的可感焓})+(\text{混合气的有效零点能}) \tag{5.10.26}$$

式(5.10.26)等号右边第一项对于每一个化学组元的可感焓都可以根据统计热力学求得；第二项有效零点能，又称化学焓，可以通过查表获得。

在式(5.10.25a)～式(5.10.25c)中有四个未知数 $p,\rho,\mathbf{V}$ 与 h，因此方程组不封闭。必须补充平衡热力学关系式：

$$T=T(\rho,h) \tag{5.10.27}$$

$$p=p(\rho,h) \tag{5.10.28}$$

这样有五个未知数 $p,\rho,\mathbf{V},h,T$，五个方程即式(5.10.25a)～式(5.10.25c)以及式(5.10.27)与式(5.10.28)，方程组封闭。值得注意的是，温度 T 不仅在这里必须，而且在计算平衡常数、内能以及焓时也都需要它。

例 5.1　高超声速气流跨过一维定常正激波之后形成了无黏高温平衡流动，试给出这时激波前后物理量的计算步骤，这里假定高超声速气流为空气。

解：正激波前后条件为：

$$\begin{cases} \rho_1 V_1 = \rho_2 V_2 \\ p_1 + \rho_1 V_1^2 = p_2 + \rho_2 V_2^2 \\ h_1 + \dfrac{1}{2} V_1^2 = h_2 + \dfrac{1}{2} V_2^2 \end{cases} \tag{5.10.29}$$

式中，p,ρ,V,h 分别为压强，密度，速度，焓；下脚标 1 表示波前，下脚标 2 表示波后。

这里给出两种气体模型下的计算步骤：一种是量热完全气体；另一种是高温平衡空气。

对于量热完全气体，激波前后物理量的变化可由本书第 2 章给出，即：

$$\begin{cases} \dfrac{p_2}{p_1} = \dfrac{2\gamma Ma_1^2 - (\gamma - 1)}{\gamma + 1} \\ \dfrac{\rho_2}{\rho_1} = \dfrac{V_1}{V_2} = \dfrac{(\gamma + 1) Ma_1^2}{(\gamma - 1) Ma_1^2 + 2} \\ \dfrac{T_2}{T_1} = \dfrac{[2\gamma Ma_1^2 - (\gamma - 1)][(\gamma - 1) Ma_1^2 + 2]}{(\gamma + 1)^2 Ma_1^2} \end{cases} \tag{5.10.30}$$

对于高温平衡空气，则只能采用数值方法进行迭代求解，为此将式(5.10.29)改写如下：

$$V_2 = \rho_1 V_1 / \rho_2 \tag{5.10.31a}$$

$$p_2 = p_1 + \rho_1 V_1^2 \left(1 - \frac{\rho_1}{\rho_2}\right) \tag{5.10.31b}$$

$$h_2 = h_1 + \frac{1}{2} V_1^2 \left[1 - \left(\frac{\rho_1}{\rho_2}\right)^2\right] \tag{5.10.31c}$$

以及两个补充关系：

$$p_2 = p(\rho_2, h_2) \tag{5.10.32a}$$

$$T_2 = T(\rho_2, h_2) \tag{5.10.32b}$$

式中，p_2 与 h_2 均变成了未知量 ρ_1/ρ_2 的函数，其求解步骤如下：

(1) 设一个 ρ_1/ρ_2 的值，通常可取 $\rho_1/\rho_2 = 0.1$。

(2) 由式(5.10.31b)与式(5.10.31c)算出 p_2 与 h_2。

(3) 由 p_2 与 h_2 值，借助于式(5.10.32a)算出 ρ_2 值；也可由 p_2 与 h_2 值查高温平衡空气特性图表得到温度 T_2 和压缩因子 Z_2，然后由公式：

$$\rho_2 = \frac{p_2}{R T_2 Z_2} \tag{5.10.33}$$

得出 ρ_2 值。

(4) 上面得到的 ρ_2 值便可得到一个新的 ρ_1/ρ_2 值。

(5) 用新的 ρ_1/ρ_2 值重复步骤(2)～步骤(4)，直到 ρ_2 的迭代达到收敛。通常 ρ_2 的收

敛很快。

(6) 借助于上面得到的 h_2 和 ρ_2 值先由式(5.10.32b)算出 T_2，再由式(5.10.31a)算出 V_2 值。

表 5.1 给出了再入飞行器在飞行高度为 51 816 m，飞行速度为 10 972 m/s 时两种模型下正激波气体特性的比较。

表 5.1　正激波气体特性的比较

特性参数	量热完全气体模型 ($\gamma = 1.4$)	化学平衡气体模型
p_2/p_1	1 233	1 387
ρ_2/ρ_1	5.972	15.19
h_2/h_1	206.35	212.8
T_2/T_1	206.35	41.64

从表 5.1 中的数据可以看出：波后压力与气体模型的选择关系不大，而波后温度与气体模型的选择关系密切。事实上，量热完全气体与化学反应气体的正激波关系之间存在着实质性的区别。

对于量热完全气体，正激波的函数关系为：

$$\rho_2/\rho_1 = f_1(Ma_1),\ p_2/p_1 = f_2(Ma_1),\ h_2/h_1 = f_3(Ma_1) \tag{5.10.34}$$

这就是说，激波前后的特性比值完全取决于来流 Mach 数 Ma 值。

对于平衡化学反应气体，其正激波的函数关系可表为：

$$\rho_2/\rho_1 = f_4(V_1, p_1, T_1),\ p_2/p_1 = f_5(V_1, p_1, T_1),\ h_2/h_1 = f_6(V_1, p_1, T_1) \tag{5.10.35}$$

也就是说，激波前后的特性值要依赖于 V_1，p_1 与 T_1 这三个参数，对于正激波波后的高温气体而言，来流 Mach 数 Ma_1 不起重要作用。另外，对于高速流动，正激波前后有 $V_2 \ll V_1$，并且 $p_2 \gg p_1$。因此可以认为：在高超声速流动中，$p_2 \approx \rho_1 V_1^2$ 是一个较好的近似。

5.10.4　无黏高温非平衡流

对于无黏高温非平衡流，表示混合气体全部组元的总体连续方程形式上与式(5.10.25a)相同，即：

$$\frac{\partial \rho}{\partial t} + \nabla \cdot (\rho \boldsymbol{V}) = 0 \tag{5.10.36}$$

式中，$\boldsymbol{V}$ 为混合气体的速度矢量；ρ 为混合气体的密度。

现考察一个固定的有限控制体，如图 5.22 所示。令 ρ_i 是混合气体单位体积中 i 组元的质量，令 $\dot{\omega}_i$ 为由于化学反应而引起 ρ_i 的当地变化率；所以固定控制体内 i 组元质量对时间的变化率应该是 i 组元通过控制体表面的质量通量与由于化学反应而引起的控制体内 i 组元的净生成这两项之和，即：

$$\frac{\partial}{\partial t}\iiint_{\Omega}\rho_i \mathrm{d}\Omega = -\oint_{\sigma}\rho_i \mathbf{V}\cdot \mathrm{d}\boldsymbol{\sigma} + \iiint_{\Omega}\dot{\omega}_i \mathrm{d}\Omega \tag{5.10.37a}$$

或者：

$$\frac{\partial \rho_i}{\partial t} + \nabla\cdot(\rho_i \mathbf{V}) = \dot{\omega}_i \tag{5.10.37b}$$

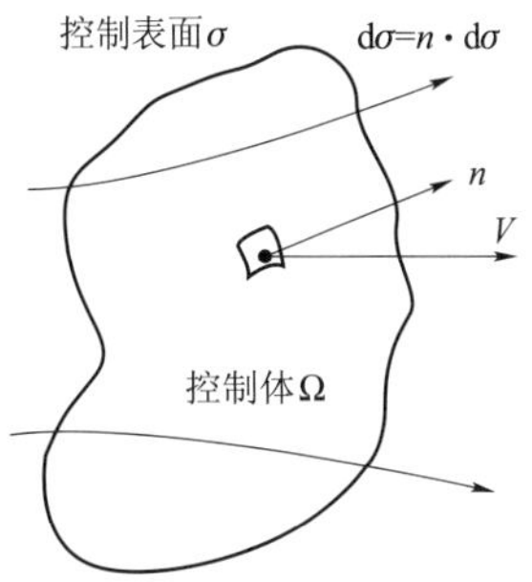

图 5.22　位置固定的有限控制体

注意：式(5.10.37b)仅对无黏流成立。如果流动是有黏的，则组元 i 的质量连续方程还应该加上质量扩散引起的 i 组元的输运项。引进质量比数 Y_i，即：

$$Y_i \equiv \frac{\rho_i}{\rho} \tag{5.10.37c}$$

将式(5.10.37c)代入式(5.10.37b)中，并根据式(5.10.36)，可得：

$$\frac{\mathrm{D}Y_i}{\mathrm{D}t} \equiv \frac{\partial Y_i}{\partial t} + \mathbf{V}\cdot\nabla Y_i = \frac{\dot{\omega}_i}{\rho} \tag{5.10.37d}$$

则：

$$\sum_i Y_i = 1,\quad \sum_i \rho_i = \rho \tag{5.10.37e}$$

于是，高温、无黏、非平衡流动的基本方程组如下：

（1）总的连续方程：

$$\frac{\partial \rho}{\partial t} + \nabla\cdot(\rho \mathbf{V}) = 0 \tag{5.10.38a}$$

（2）组元 i 的连续方程：

$$\frac{\partial \rho_i}{\partial t} + \nabla\cdot(\rho_i \mathbf{V}) = \dot{\omega}_i \tag{5.10.38b}$$

或者：

$$\frac{\mathrm{D}Y_i}{\mathrm{D}t} \equiv \frac{\partial Y_i}{\partial t} + \mathbf{V}\cdot\nabla Y_i = \frac{\dot{\omega}_i}{\rho} \tag{5.10.38c}$$

（3）动量方程：

$$\rho\frac{\mathrm{D}\mathbf{V}}{\mathrm{D}t} = -\nabla p \tag{5.10.38d}$$

（4）能量方程：

$$\rho\frac{\mathrm{D}H}{\mathrm{D}t} = \frac{\partial p}{\partial t} + \dot{q} \tag{5.10.38e}$$

$$\text{式中：} H \equiv h + \frac{1}{2}\mathbf{V}\cdot\mathbf{V} \tag{5.10.38f}$$

（5）状态方程：

$$p = \rho R T, R \equiv \frac{\widetilde{R}}{m}, m = \left(\sum_i \frac{Y_i}{m_i}\right)^{-1} \tag{5.10.38g}$$

式中，m 与 m_i 分别表示混合气体的相对分子质量与 i 组元的相对分子质量；$\widetilde{R}$ 为通用气体常数；

（6）焓：

$$h = \sum_i (Y_i h_i) \tag{5.10.38h}$$

式中，h_i 为 i 组元的单位质量焓。

现在以正激波波后的一维定常流动为例，讨论化学非平衡流。这时控制方程组变为：

$$\begin{cases} \dfrac{\mathrm{d}}{\mathrm{d}x}(\rho V) = 0 \\ \dfrac{\mathrm{d}p}{\mathrm{d}x} = -\rho V \dfrac{\mathrm{d}V}{\mathrm{d}x} \\ V\dfrac{\mathrm{d}Y_i}{\mathrm{d}x} = \dfrac{\dot{\omega}_i}{\rho} \\ \dfrac{\mathrm{d}}{\mathrm{d}x}\left(h + \dfrac{1}{2}V^2\right) = 0 \end{cases} \tag{5.10.39}$$

上述方程组可以用常微分方程的积分方法进行数值计算（采用 Runge-Kutta 法），从激波出发向下游推进求解。在非平衡流动计算中，常常还会遇到这样的一个困难：当一个或多个化学反应极快（$\dot{\omega}_i$ 的计算式中有些项极大）时，Δx 必须取得极小，即使这样做在数值计算时还很容易导致数值解的发散；也就是说，组元的连续方程在化学反应极快时其微分方程出现刚性（Stiff）方程的性态，它容易使数值解产生不稳定[170]。另外，图 5.23 给出了正激波与斜激波波后非平衡流的松弛距离。在图 5.23 所给的计算条件下，正激波波后的松弛距离在 1 cm 量级，而图 5.23(b)所示的 30°斜激波波后的松弛距离高达 700 cm 量级。可见，斜激波波后的松弛距离要比正激波时大很多。

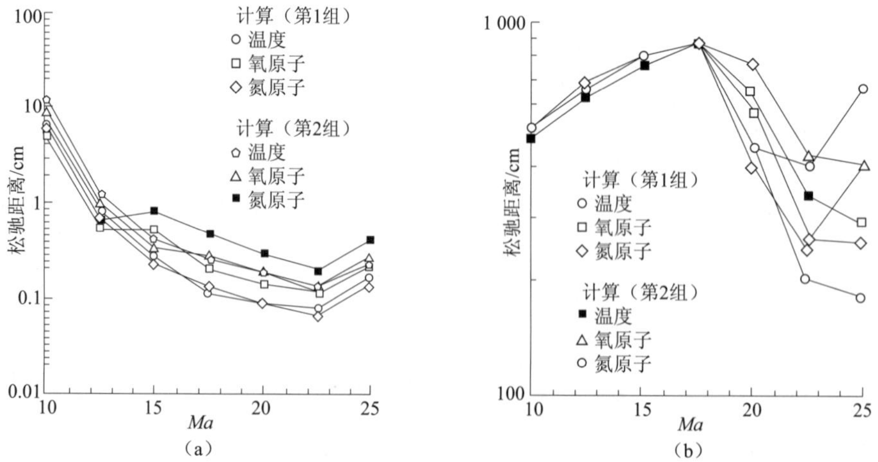

图 5.23 激波波后的松弛距离

5.11　高温黏性气体动力学的基本方程组以及求解过程

5.11.1　高温黏性气体的基本方程

1. 扩散速度与扩散质量流

对于化学非平衡黏性流，组元 i 的连续方程应该考虑该组元的质量扩散项。如图 5.24 所示，令 $\boldsymbol{V}_i$ 是组元 i 的运动速度，$\boldsymbol{V}$ 是气体混合物的运动速度，$\boldsymbol{U}_i$ 为组元 i 的扩散速度，它们间的关系为：

$$\boldsymbol{V}_i = \boldsymbol{V} + \boldsymbol{U}_i \tag{5.11.1}$$

类似于式(5.10.37a)的推导，对于所考察的固定控制体，则有：

$$\frac{\partial}{\partial t}\iiint_{\Omega}\rho_i \mathrm{d}\Omega = -\oiint_{\sigma}\rho_i \boldsymbol{V}_i \cdot \mathrm{d}\boldsymbol{\sigma} + \iiint_{\Omega}\dot{\omega}_i \mathrm{d}\Omega \tag{5.11.2a}$$

或者：

$$\frac{\partial \rho_i}{\partial t} + \nabla \cdot (\rho_i \boldsymbol{V}_i) = \dot{\omega}_i \tag{5.11.2b}$$

显然，将式(5.11.1)代入式(5.11.2b)中，并注意到总的连续方程：

$$\frac{\partial \rho}{\partial t} + \nabla \cdot (\rho \boldsymbol{V}) = 0, \quad \sum_i \rho_i \equiv \rho, \quad \sum_i (\rho_i \boldsymbol{V}_i) \equiv \rho \boldsymbol{V} \tag{5.11.2c}$$

另外，借助于式(5.10.37e)，则式(5.11.2b)还可以改写为：

$$\rho \frac{\mathrm{D}Y_i}{\mathrm{D}t} + \nabla \cdot (\rho_i \boldsymbol{U}_i) = \dot{\omega}_i \tag{5.11.2d}$$

式中：

$$\frac{\mathrm{D}}{\mathrm{D}t} \equiv \frac{\partial}{\partial t} + \boldsymbol{V} \cdot \nabla \tag{5.11.2e}$$

引进组元 i 的扩散质量流 $\boldsymbol{J}_i \equiv \rho_i \boldsymbol{U}_i$，利用 Fick 定律：

$$\boldsymbol{J}_i = -\rho \wp_{im} \nabla Y_i \tag{5.11.3a}$$

式中，$\wp_{im}$ 为多组元扩散系数，它与二组元扩散系数 $\wp_{ij}$ 有如下近似表达式：

$$\wp_{im} = \frac{1 + X_i}{\sum_{j=1}^{n} \frac{X_j}{\wp_{ij}}} \tag{5.11.3b}$$

式中，X_i 为组元 i 的摩尔比数。

在文献[7]的附录中给出了空气成分的二组元扩散系数，可供计算时查用。应该指出，对于无黏流，由于不存在组元之间的相互扩散效应，因此每个组元 i 的速度 $\boldsymbol{V}_i$ 与混合气体运动速度 $\boldsymbol{V}$ 相同，于是这时式(5.11.2d)便退化为式(5.10.37d)，并且式(5.11.2b)退化为式(5.10.37b)。

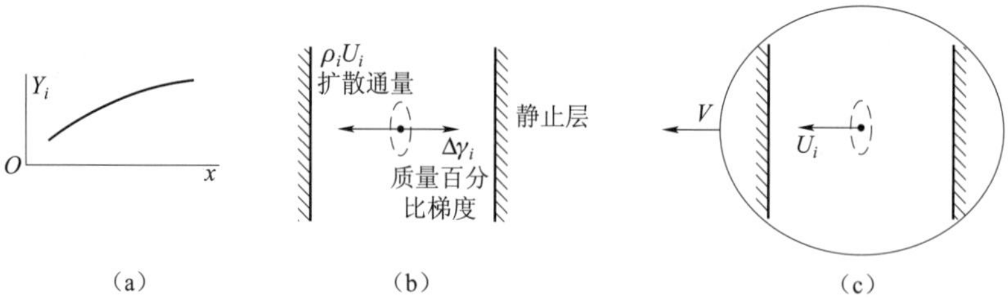

图 5.24　扩散速度的说明

2. 能量方程

(1) 传热的形式通常有四种：热传导、对流传热、扩散传热和辐射传热，下面分别略作介绍：热传导是最常见的热能传递现象。固体的传热是通过原子的振动和电子移动；液体和气体的热传导是分子运动的能量转移。热传导的能量通量由 Fourier 公式给出：

$$\boldsymbol{q}_{\mathrm{c}} = -k\,\nabla T \tag{5.11.4}$$

(2) 对流传热是运动流体中因质点移动所引起的能量交换。在这种情况下，质点的移动方向不一定是沿着温度下降的方向。边界层传热是对流传热的重要实例。在工程应用中，经常用经验公式来描述对流传热，即所谓的 Newton 冷却公式：

$$q_{\mathrm{w}} = \alpha \Delta T = \alpha_{\mathrm{h}} \Delta h \tag{5.11.5}$$

式中，α，α_{h} 分别为温度差或者焓差的换热系数；ΔT 与 Δh 仅仅是表示温度差与焓差的值。

注意：式(5.11.5)仅是给出对流换热系数的一种定义，它并不反映任何传热的基本规律。

(3) 扩散传热是反映多组元气体的扩散现象。例如，对于多组元化学反应气体，当组元 i 从一个位置扩散到另一个位置时，不仅携带着自身的能量，还参与了当地的化学反应，于是形成了能量输运的又一种形式即扩散传热并用 $\boldsymbol{q}_{\mathrm{D}}$ 表示。

(4) 辐射传热。它与前面三种传热方式即热传导、对流传热和扩散传热在机理上有显著的区别。热传导、对流和扩散传热都是以分子为载体，是通过介质实现能量转移，而热辐射是以电磁波或者光子为载体，光子的运动或者电磁波的传播并不依赖于介质的存在与否；辐射传热常用 $\boldsymbol{q}_{\mathrm{R}}$ 表示。因此对于有温度梯度和浓度梯度存在的高温化学反应气体系统，其总的热通量 $\boldsymbol{q}$ 为：

$$\boldsymbol{q} = \boldsymbol{q}_{\mathrm{c}} + \boldsymbol{q}_{\mathrm{D}} + \boldsymbol{q}_{\mathrm{R}} + (\text{对流传热项}) \tag{5.11.6}$$

另外，单位质量混合气的内能(比内能) e 为：

$$e = \sum_i (e_i Y_i) \tag{5.11.7a}$$

$$e_i \equiv (\text{分子移动能}) + (\text{转动能}) + (\text{振动能}) + (\text{轨道电子能}) + (\text{零点能}) \tag{5.11.7b}$$

式(5.11.7a)中，Y_i 由式(5.10.37c)定义。引进静焓 h 与总焓 H，即：

$$h = e + \frac{p}{\rho} \tag{5.11.8a}$$

$$H = h + \frac{V^2}{2} \tag{5.11.8b}$$

于是,用 H 表达的能量方程在高温气体的情况下仍可表为:

$$\rho\frac{\mathrm{D}H}{\mathrm{D}t} = \frac{\partial p}{\partial t} - \nabla\cdot\boldsymbol{q} + \nabla\cdot(\Pi\cdot\boldsymbol{V}) \tag{5.11.9}$$

式中,Π 为黏性应力张量。

在笛卡儿坐标系下,$\nabla\cdot(\Pi\cdot\boldsymbol{V})$ 可表为:

$$\nabla\cdot(\Pi\cdot\boldsymbol{V}) = \frac{\partial(u\tau_{xx}+v\tau_{xy}+w\tau_{xz})}{\partial x} + \frac{\partial(u\tau_{yx}+v\tau_{yy}+w\tau_{yz})}{\partial y} + \frac{\partial(u\tau_{zx}+v\tau_{zy}+w\tau_{zz})}{\partial z} \tag{5.11.10}$$

类似地,用静焓 h 表达高温下的能量方程为

$$\rho\frac{\mathrm{D}h}{\mathrm{D}t} = \frac{\mathrm{D}p}{\mathrm{D}t} - \nabla\cdot\boldsymbol{q} + \phi \tag{5.11.11a}$$

式中,ϕ 为耗散函数。

引进广义总内能 $\varepsilon \equiv \rho e_t$,这里 e_t 由式(1.1.4c)定义,则用 ε 表达高温下的能量方程为:

$$\frac{\partial\varepsilon}{\partial t} + \nabla\cdot[(\varepsilon+p)\boldsymbol{V}] = \nabla\cdot(\Pi\cdot\boldsymbol{V}) - \nabla\cdot\boldsymbol{q} \tag{5.11.11b}$$

式中,混合气体的压强 p 为:

$$p = \sum_i p_i \tag{5.11.12}$$

式中,p_i 为组元 i 的分压强(又称分压力)。

3. 动量方程

动量方程在高温下为:

$$\frac{\partial(\rho\boldsymbol{V})}{\partial t} + \nabla\cdot(\rho\boldsymbol{V}\boldsymbol{V}) = \nabla\cdot\Pi - \nabla p + \rho\boldsymbol{f} \tag{5.11.13}$$

式中,$\boldsymbol{f}$ 为体积力(又称彻体力)。这里我们暂不考虑体积力,即令 $\boldsymbol{f}=0$。

5.11.2　高温非平衡黏性气体基本方程组的守恒形式

借助于式(5.11.1)与式(5.11.3a),则式(5.11.2b)变为:

$$\frac{\partial\rho_i}{\partial t} + \nabla\cdot(\rho_i\boldsymbol{V}) - \nabla\cdot(\rho\mathscr{D}_{im}\nabla Y_i) = \dot{\omega}_i \tag{5.11.14}$$

式中,$\mathscr{D}_{im}$ 为多组元扩散系数(与组元 i 相关的);Y_i 已由式(5.10.37c)定义。

将连续方程式(5.11.14)、动量方程式(5.11.13)与能量方程式(5.11.11b)写为如下守恒形式:

$$\frac{\partial \boldsymbol{U}}{\partial t}+\frac{\partial(\boldsymbol{E}-\boldsymbol{E}_{\mathrm{v}})}{\partial x}+\frac{\partial(\boldsymbol{F}-\boldsymbol{F}_{\mathrm{v}})}{\partial y}+\frac{\partial(\boldsymbol{G}-\boldsymbol{G}_{\mathrm{v}})}{\partial z}=\boldsymbol{S} \tag{5.11.15}$$

式中：

$$\boldsymbol{U}\equiv[\rho_1 \quad \rho_2 \quad \cdots \quad \rho_n \quad \rho u \quad \rho v \quad \rho w \quad \varepsilon]^{\mathrm{T}} \tag{5.11.16a}$$

$$\boldsymbol{E}\equiv[\rho_1 u \quad \rho_2 u \quad \cdots \quad \rho_n u \quad \rho u^2+p \quad \rho uv \quad \rho uw \quad (\varepsilon+p)u]^{\mathrm{T}} \tag{5.11.16b}$$

$$\boldsymbol{F}\equiv[\rho_1 v \quad \rho_2 v \quad \cdots \quad \rho_n v \quad \rho uv \quad \rho v^2+p \quad \rho vw \quad (\varepsilon+p)v]^{\mathrm{T}} \tag{5.11.16c}$$

$$\boldsymbol{G}\equiv[\rho_1 w \quad \rho_2 w \quad \cdots \quad \rho_n w \quad \rho uw \quad \rho vw \quad \rho w^2+p \quad (\varepsilon+p)w]^{\mathrm{T}} \tag{5.11.16d}$$

$$\boldsymbol{E}_{\mathrm{v}}\equiv\left[\rho\wp_{1m}\frac{\partial Y_1}{\partial x} \quad \rho\wp_{2m}\frac{\partial Y_2}{\partial x} \quad \cdots \quad \rho\wp_{nm}\frac{\partial Y_n}{\partial x} \quad \tau_{xx} \quad \tau_{xy} \quad \tau_{xz} \quad a_1\right]^{\mathrm{T}} \tag{5.11.16e}$$

$$\boldsymbol{F}_{\mathrm{v}}\equiv\left[\rho\wp_{1m}\frac{\partial Y_1}{\partial y} \quad \rho\wp_{2m}\frac{\partial Y_2}{\partial y} \quad \cdots \quad \rho\wp_{nm}\frac{\partial Y_n}{\partial y} \quad \tau_{yx} \quad \tau_{yy} \quad \tau_{yz} \quad a_2\right]^{\mathrm{T}} \tag{5.11.16f}$$

$$\boldsymbol{G}_{\mathrm{v}}\equiv\left[\rho\wp_{1m}\frac{\partial Y_1}{\partial z} \quad \rho\wp_{2m}\frac{\partial Y_2}{\partial z} \quad \cdots \quad \rho\wp_{nm}\frac{\partial Y_n}{\partial z} \quad \tau_{zx} \quad \tau_{zy} \quad \tau_{zz} \quad a_3\right]^{\mathrm{T}} \tag{5.11.16g}$$

$$\boldsymbol{S}\equiv[\dot{\omega}_1 \quad \dot{\omega}_2 \quad \cdots \quad \dot{\omega}_n \quad 0 \quad 0 \quad 0 \quad 0]^{\mathrm{T}} \tag{5.11.16h}$$

$$\begin{bmatrix}a_1\\a_2\\a_3\end{bmatrix}=\begin{bmatrix}\tau_{xx} & \tau_{xy} & \tau_{xz} & k\partial T/\partial x\\ \tau_{yx} & \tau_{yy} & \tau_{yz} & k\partial T/\partial y\\ \tau_{zx} & \tau_{zy} & \tau_{zz} & k\partial T/\partial z\end{bmatrix}\begin{bmatrix}u\\v\\w\\1\end{bmatrix} \tag{5.11.16i}$$

式中，n 表示混合气体的组分有 n 个。

式(5.11.15)就是考虑化学非平衡态时高超声速气体动力学常用的守恒型基本方程组，它被广泛地用于数值计算。最后还应指出的是，在推导上述方程组时，忽略了辐射传热以及体积力(又称彻体力)的影响，关于辐射传热方面的考虑可参阅文献[22]。

5.11.3 高温非平衡黏性气体基本方程组求解过程的概述

高超声速、高温、黏性、非平衡气体守恒型基本方程组的求解过程已在文献[22]中进行了详细的研究，因篇幅所限本节不再赘述，这里仅概述一下数值计算中会遇到的一些难点。高超声速化学反应绕流计算中，难点有许多，以下着重介绍三点：一是刚性问题的处理；二是高 Mach 数的收敛问题；三是可压缩湍流问题。

对于非平衡流计算时刚性问题的处理，目前常有三种方法：① 非耦合方法，即把化学反应方程与流动方程分开处理，采用显式方法或者隐式方法以各自的时间步长求解；② 全耦合点隐式方法，即对化学反应源项做隐式处理，而对流项用显式方法。这种处理可以保证化学反应方程与流动方程在推进计算的过程中步长一致，但缺点是计算时受到 CFL 数小于 1 的限制；③ 全隐式耦合方法，即用同一个时间步长同时求解化学反应方程与流动方程，采用隐式方式处理化学非平衡源项与对流项，能较好地克服刚性问题和收敛问题，但由于这类解法会需要块矩阵求逆，当然会占用较多的计算机内存和计算机机时。对于高超声速、高 Mach 数再入飞行流场的计算(如，Ma>25 时)，计算收敛难的问题会摆在面前。根据我们 AMME Lab(Aerothermodynamics and Man Machine Environment Laboratory,高速气动热与人机工程中心)团队近 10 余年从事高超声速再入飞行流场数值计算的经验,在源程序所选取的数值方法和计算精度都合适的情况下,采用逐渐 Mach 数爬升是解决高 Mach 数收敛难的一个有效办法。对此,文献[22]中已进行过系统的总结与归纳。最后谈一下可压缩湍流问题,这是一个十分困难但又无法回避的问题。在超声速和高超声速先进飞行器、发动机以及现代兵器火力系统的气动设计中,可压缩湍流问题是关键问题之一,例如,转捩位置的确定、流动分离导致的激波与边界层的干扰等都会直接影响到飞行器、发动机以及现代兵器装置的整体气动性能,在航空航天工程中会关系到飞行的热安全与热防护问题。

目前,直接数值模拟(DNS)和大涡模拟(LES)对于高 Reynolds 数工程问题还很难实现,因此文献[47,62]提出了一种适用于高 Reynolds 数问题的可压缩湍流 RANS 计算与 DES(Detached Eddy Simulation,分离涡模型)分析相结合的工程方法。大量数值计算的实践表明:这个方法对湍流模型的要求不是太高(仅使用 Spalart-Allmaras 模型)、对计算机内存的要求不是太大、完成流场计算所花费的机时不是太长,因此我们 AMME Lab 团队推荐这个方法。另外,北京航空航天大学高歌教授提出了基于侧偏统计平均和动量传输链概念的 Gao-Yong(高—熊)湍流方程组,十分新颖、富有创造性。文献[120,122,123,129]给出了这个方程组的整体框架,供读者参阅。

第6章　涡动力学中的主要方程以及非定常流的广义 Kutta-Жуковский 定理

非定常流与旋涡运动是自然界最普遍存在的流体运动形式。旋涡是流场中涡量相对集中的有限区域,它的产生、运动、演化、失稳和衰减过程,以及旋涡与外部流动和物体之间的相互作用,支配和决定着整个流场特性和物体的受力状态。认识旋涡运动的规律,了解旋涡演化和相互作用的机理,始终为非定常气动力学的主要内容之一。因此,本章 6.1 节～6.9 节对涡动力学的基本方程、演化机理等进行了较系统的研究。在世界航空航天发展史上,空气动力学家所取得的最卓著的进展往往体现在对气动力和气动力矩方法的计算与改进上。例如,20 世纪 60 年代前,环量理论的发展已基本完善,用它可以准确地计算出具有尖锐后缘的翼面在小迎角来流条件下的升力。20 世纪 70 年代,Hess-Smith 发展与完善的面元法(Panel Method)[171]可以成功计算复杂飞机布局的亚声速气动特性,而后 Boeing 公司发展的 Panair 程序已进一步将上述计算推广到了超声速区。此外,Belotserkovskiy 院士早在 1977 年就将面元法推广到求解三维物体做任意时间相关运动所诱导的空气动力学问题[172,173],成功地解决了飞行器机翼升力面进入突风时所导致的非定常扰动问题,为翼型或机翼在过失迎角范围内进行非定常运行时常诱发的动力学失速现象的研究奠定了基础。对于一般的非定常黏性绕流问题,本章在 6.10 节～6.12 节给出了非定常不可压缩和可压缩黏性流对壁面作用力与力矩的公式,给出了非定常流动时的广义 Kutta-Жуковский 定理,从而使非定常气动力的计算公式更加通用与简洁、方便,并为非定常旋涡控制增升减阻的研究奠定了理论基础。另外,在本章中还扼要介绍了吴镇远(Wu J. C.)先生[174]、童秉纲先生[175]和吴介之先生等[176]在涡动力学方面所做的工作。

6.1　有旋流场及其一般性质

6.1.1　流场一点邻域中流体运动的分析

在时刻 t 的流场中取一点 $M_0(\boldsymbol{r})$,考虑它无穷小邻域中的任一点 $M(\boldsymbol{r}+\delta\boldsymbol{r})$,如图 6.1 所示。

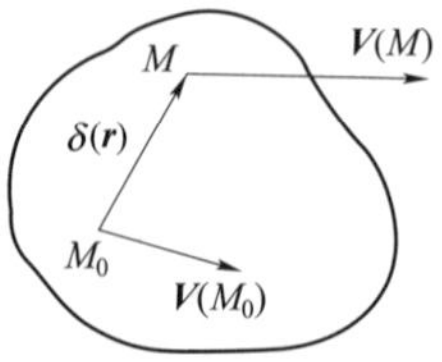

图 6.1　一点邻域内的速度

设 M_0 点的速度为 $\boldsymbol{V}(\boldsymbol{r})$,$M$ 点的速度为 $\boldsymbol{V}(\boldsymbol{r}+\delta\boldsymbol{r})$;将 M 点的速度在 M_0 点作 Taylor 展开并略去了高阶小量的影响后,得:

$$\boldsymbol{V}(\boldsymbol{r}+\delta\boldsymbol{r})=\boldsymbol{V}(\boldsymbol{r})+\delta\boldsymbol{r}\cdot\nabla\boldsymbol{V} \tag{6.1.1}$$

式中，$\nabla\boldsymbol{V}$ 为速度梯度张量，它是二阶张量。将 $\nabla\boldsymbol{V}$ 分解为对称张量 $\boldsymbol{D}$ 与反对称张量 $\boldsymbol{\Omega}$，即：

$$\nabla\boldsymbol{V}=\boldsymbol{D}+\boldsymbol{\Omega} \tag{6.1.2}$$

式中，$\boldsymbol{D}$ 与 $\boldsymbol{\Omega}$ 分别为

$$\boldsymbol{D}=\frac{1}{2}(\nabla\boldsymbol{V}+(\nabla\boldsymbol{V})^{\mathrm{T}}) \tag{6.1.3}$$

$$\boldsymbol{\Omega}=\frac{1}{2}(\nabla\boldsymbol{V}-(\nabla\boldsymbol{V})^{\mathrm{T}}) \tag{6.1.4}$$

将式(6.1.3)与式(6.1.4)代入式(6.1.1)，得：

$$\boldsymbol{V}(\boldsymbol{r}+\delta\boldsymbol{r})=\boldsymbol{V}(\boldsymbol{r})+\boldsymbol{D}\cdot\delta\boldsymbol{r}+\boldsymbol{\Omega}\cdot\delta\boldsymbol{r}=\boldsymbol{V}(\boldsymbol{r})+\boldsymbol{D}\cdot\delta\boldsymbol{r}+\boldsymbol{\omega}'\times\delta\boldsymbol{r} \tag{6.1.5}$$

式中，$\boldsymbol{D}$ 为应变率张量；$\boldsymbol{\Omega}$ 为旋转张量；$\boldsymbol{\omega}'$ 定义为 $\boldsymbol{\omega}'=\frac{1}{2}\nabla\times\boldsymbol{V}$；因此式(6.1.5)表示点 M_0 邻域的任一点 M 可以分解成三个部分，即式(6.1.5)等号右端的三项它们的含义为：① 与 M_0 点相同的平移速度 $\boldsymbol{V}(\boldsymbol{r})$；② 变形在 M 点引起的速度 $\boldsymbol{D}\cdot\delta\boldsymbol{r}$；③ 绕 M_0 点转动在 M 点引起的速度 $\boldsymbol{\omega}'\times\delta\boldsymbol{r}$；因此式(6.1.5)就是 Cauchy-Helmholtz 流体微团速度分解定理的数学表达式。

应当指出的是，在式(6.1.5)的推导中使用了反对称二阶张量 $\boldsymbol{\Omega}$ 与 $\boldsymbol{\Omega}$ 的对耦矢量 $\boldsymbol{\omega}'$ 间的关系。在笛卡儿坐标系中，这种关系式是很容易验证的。

6.1.2　涡线、涡面与涡管

有旋流动又称旋涡运动，它是流体运动的一种重要类型。在流体力学中，流体速度 $\boldsymbol{V}$ 的旋度 $\nabla\times\boldsymbol{V}$ 定义为流场的涡量，并记为 $\boldsymbol{\omega}$：

$$\boldsymbol{\omega}=\nabla\times\boldsymbol{V}=\boldsymbol{\varepsilon}:\nabla\boldsymbol{V} \tag{6.1.6}$$

式中，$\boldsymbol{\varepsilon}$ 为 Eddington 张量，它是三阶的置换张量。

涡线是这样的一条曲线，曲线上任意一点的切线方向与在该点的流体涡量方向一致。涡线方程为：

$$\boldsymbol{\omega}\times\mathrm{d}\boldsymbol{l}=0 \tag{6.1.7}$$

式中，$d\boldsymbol{l}$ 为涡线切线方向的微弧线切矢量元素，在笛卡儿坐标系中它可以写为：

$$\mathrm{d}\boldsymbol{l}=\boldsymbol{i}\mathrm{d}x+\boldsymbol{j}\mathrm{d}y+\boldsymbol{k}\mathrm{d}z \tag{6.1.8}$$

于是式(6.1.7)变为：

$$\frac{\mathrm{d}x}{\omega_x}=\frac{\mathrm{d}y}{\omega_y}=\frac{\mathrm{d}z}{\omega_z} \tag{6.1.9}$$

式中，$\omega_x,\omega_y,\omega_z$ 为 $\boldsymbol{\omega}$ 在笛卡儿坐标系 (x,y,z) 中的分量。

显然，过流场中一点，只能作一条涡线。

涡面是指在涡量场中任取一条非涡线的曲线，在同一时刻过该曲线的每一点作涡

线所构成的曲面。在上述定义中,如果所任取的非涡线的曲线为封闭曲线,则这时涡面就变成涡管。显然,涡面与涡管上任一点的曲面单位法矢量 $\boldsymbol{n}$ 与该点的涡量 $\boldsymbol{\omega}$ 是垂直的,即:

$$\boldsymbol{n}\cdot\boldsymbol{\omega}=0 \text{ 或 } \boldsymbol{n}\perp\boldsymbol{\omega} \tag{6.1.10}$$

引入涡通量与速度环量的概念,便很容易得出两个重要关系:涡管强度守恒定理以及封闭流体线速度环量的变化与加速度环量间的关系。下面将对这两个关系给出扼要证明。

6.1.3 涡管强度守恒定理

首先定义涡通量,所谓涡通量是指在流场中通过某一开口曲面 A 的涡量总和,即:

$$J=\iint_A \boldsymbol{n}\cdot\boldsymbol{\omega}\,\mathrm{d}A \tag{6.1.11}$$

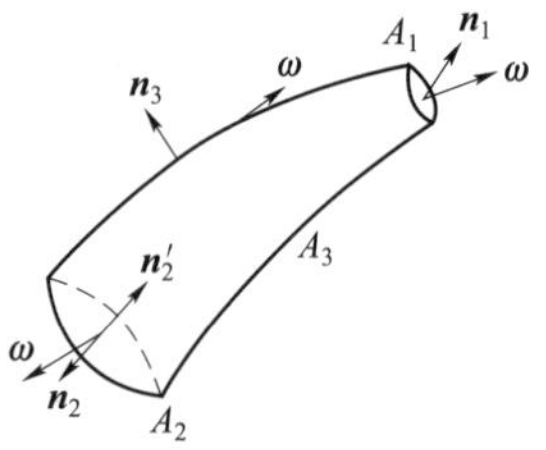

图 6.2 涡管段

式中,$\boldsymbol{n}$ 为微元面积 $\mathrm{d}A$ 的外法线单位矢量;J 为通过曲面 A 的涡通量;然后再定义涡管强度,它表示在涡管截面上涡通量的绝对值 $|J|$。

在某一时刻,任取一段涡管如图 6.2 所示,其两端面为 A_1 与 A_2,涡管的侧面记为 A_3,这三个面的外法矢量分别为 $\boldsymbol{n}_1$,$\boldsymbol{n}_2$ 与 $\boldsymbol{n}_3$;因此通过这段涡管的封闭表面($A=A_1+A_2+A_3$)的涡通量为:

$$J=\oiint_A \boldsymbol{\omega}\cdot\boldsymbol{n}\,\mathrm{d}A=\iint_{A_1}\boldsymbol{\omega}\cdot\boldsymbol{n}_1\,\mathrm{d}A+\iint_{A_3}\boldsymbol{\omega}\cdot\boldsymbol{n}_3\,\mathrm{d}A-\iint_{A_2}\boldsymbol{\omega}\cdot\boldsymbol{n}_2'\,\mathrm{d}A \tag{6.1.12}$$

注意:沿面 A_3 时 $\boldsymbol{n}_3\cdot\boldsymbol{\omega}=0$,于是式(6.1.12)变为:

$$\oiint_A \boldsymbol{\omega}\cdot\boldsymbol{n}\,\mathrm{d}A=\iint_{A_1}\boldsymbol{\omega}\cdot\boldsymbol{n}_1\,\mathrm{d}A-\iint_{A_2}\boldsymbol{\omega}\cdot\boldsymbol{n}_2'\,\mathrm{d}A \tag{6.1.13}$$

注意到:

$$\oiint_A \boldsymbol{\omega}\cdot\boldsymbol{n}\,\mathrm{d}A=\iiint_\tau \nabla\cdot\boldsymbol{\omega}\,\mathrm{d}\tau \tag{6.1.14}$$

以及:

$$\nabla\cdot(\nabla\times\boldsymbol{V})=\nabla\cdot\boldsymbol{\omega}=0 \tag{6.1.15}$$

于是式(6.1.13)变为:

$$\iint_{A_1}\boldsymbol{\omega}\cdot\boldsymbol{n}_1\,\mathrm{d}A=\iint_{A_2}\boldsymbol{\omega}\cdot\boldsymbol{n}_2'\,\mathrm{d}A \tag{6.1.16}$$

式(6.1.16)就是涡管强度守恒定理,它表明在同一时刻同一涡管的各个截面上的涡通量相同。根据涡管强度守恒定理,可以得出如下两点结论:

(1) 对于同一个微元涡管,截面积越小的地方涡量越大,流体旋转的角速度越大。

(2) 涡管的截面不可能收缩到零。因此,涡管不能在流体中产生或终止;涡管只能在流体中形成环形涡环，或始于边界、或终于边界或伸展到无穷远处，如图 6.3 所示。

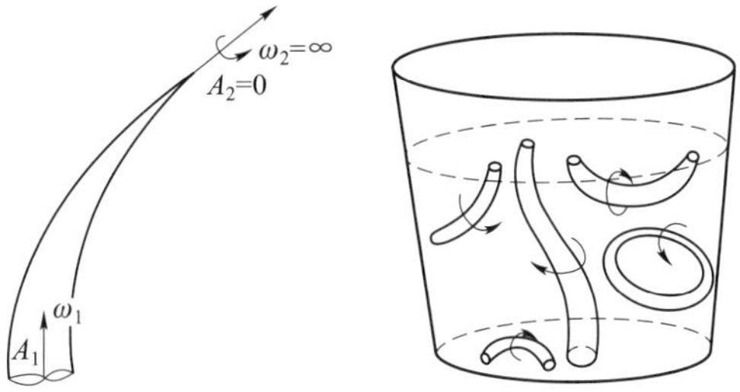

(a)　　　　(b)

图 6.3　涡管存在的几种可能形式

6.1.4　速度环量的变化与加速度环量间的关系

在 t 时刻，在流场中取微元流体线 $\mathrm{d}\boldsymbol{r}$；在 $t+\delta t$ 时刻，这段微元流体线变成 $\mathrm{d}\boldsymbol{r}+\frac{\mathrm{Dd}\boldsymbol{r}}{\mathrm{D}t}\delta t$（$\frac{\mathrm{D}}{\mathrm{D}t}$ 表示随体导数），于是有：

$$\mathrm{d}\boldsymbol{r}+(\boldsymbol{V}+\nabla\boldsymbol{V}\cdot\mathrm{d}\boldsymbol{r})\delta t-\boldsymbol{V}\delta t=\mathrm{d}\boldsymbol{r}+\frac{\mathrm{Dd}\boldsymbol{r}}{\mathrm{D}t}\delta t \tag{6.1.17}$$

整理后为：

$$\nabla\boldsymbol{V}\cdot\mathrm{d}\boldsymbol{r}=\frac{\mathrm{Dd}\boldsymbol{r}}{\mathrm{D}t} \tag{6.1.18}$$

即：

$$\mathrm{d}\boldsymbol{V}=\frac{\mathrm{Dd}\boldsymbol{r}}{\mathrm{D}t} \tag{6.1.19}$$

计算微元流体线 $\mathrm{d}\boldsymbol{r}$ 上 $\boldsymbol{V}\cdot\mathrm{d}\boldsymbol{r}$ 值并求对时间的变化率（求随体导数），使用式(6.1.19)后，得：

$$\frac{\mathrm{D}}{\mathrm{D}t}(\boldsymbol{V}\cdot\mathrm{d}\boldsymbol{r})=\frac{\mathrm{D}\boldsymbol{V}}{\mathrm{D}t}\cdot\mathrm{d}\boldsymbol{r}+\boldsymbol{V}\cdot\mathrm{d}\boldsymbol{V}=\frac{\mathrm{D}\boldsymbol{V}}{\mathrm{D}t}\cdot\mathrm{d}\boldsymbol{r}+\mathrm{d}\left(\frac{V^2}{2}\right) \tag{6.1.20}$$

将式(6.1.20)对封闭流线 L 进行积分，得：

$$\oint_L\frac{\mathrm{D}}{\mathrm{D}t}(\boldsymbol{V}\cdot\mathrm{d}\boldsymbol{r})=\oint_L\frac{\mathrm{D}}{\mathrm{D}t}\cdot\mathrm{d}\boldsymbol{r}+\oint_L\mathrm{d}\left(\frac{V^2}{2}\right)=\oint_L\frac{\mathrm{D}\boldsymbol{V}}{\mathrm{D}t}\cdot\mathrm{d}\boldsymbol{r} \tag{6.1.21}$$

交换式(6.1.21)左端项中求导与积分的顺序后，式(6.1.21)变为：

$$\frac{\mathrm{D}}{\mathrm{D}t}\left(\oint_L\boldsymbol{V}\cdot\mathrm{d}\boldsymbol{r}\right)=\frac{\mathrm{D}\Gamma}{\mathrm{D}t}=\oint_L\frac{\mathrm{D}\boldsymbol{V}}{\mathrm{D}t}\cdot\mathrm{d}\boldsymbol{r} \tag{6.1.22}$$

式中，Γ 为沿封闭流体线 L 的速度环量。

式(6.1.22)表明：沿封闭流体线的速度环量对于时间的变化率等于沿此封闭流体线的加速度的环量。

6.1.5 涡通量与速度环量间的关系

如图 6.4 所示,设 L 为一条封闭流体线,并令以该曲线为周界的任意曲面为 A,由 Stokes 公式便可以建立起速度环量 Γ 与曲面 A 上的涡量 $\boldsymbol{\omega}$ 间的关系,即有:

$$\Gamma=\oint_L \boldsymbol{V}\cdot \mathrm{d}\boldsymbol{r}=\iint_A(\nabla\times\boldsymbol{V})\cdot\boldsymbol{n}\mathrm{d}A=\iint_A\boldsymbol{\omega}\cdot\boldsymbol{n}\mathrm{d}A=J \tag{6.1.23}$$

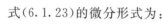

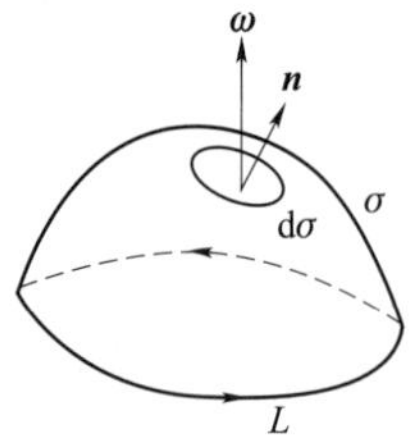

图 6.4 涡通量与速度环量

式(6.1.23)说明沿封闭流体线 L 的速度环量等于穿过以该曲线为周界的任意曲面的涡通量。

式(6.1.23)的微分形式为:

$$\omega_n\equiv\boldsymbol{\omega}\cdot\boldsymbol{n}=\frac{\mathrm{d}\Gamma}{\mathrm{d}A} \tag{6.1.24}$$

显然,式(6.1.23)与式(6.1.24)建立了涡通量与速度环量之间的联系,它们都深刻的刻画了流体在运动过程中的涡旋特性。

6.1.6 流场的总涡量及其计算

设在任意给定的时刻 t,流场中的涡量分布为 $\omega(\boldsymbol{r})$;在 $\boldsymbol{r}$ 处取微体积元 $\mathrm{d}\Omega$ 并假设它与描述该体积元流体整体旋转状态矢量 $\boldsymbol{\omega}$ 的乘积为可加量,于是积分 $\iiint_\Omega\boldsymbol{\omega}\mathrm{d}\Omega$ 称为流体在几何域 Ω 中的总涡量。注意到旋度恒无散,于是容易推出如下关系:

$$\nabla\cdot\boldsymbol{\omega}=\nabla\cdot(\nabla\times\boldsymbol{V})=0 \tag{6.1.25}$$

$$\nabla\cdot(\boldsymbol{\omega r})=(\nabla\cdot\boldsymbol{\omega})\boldsymbol{r}+\boldsymbol{\omega}\cdot\nabla\boldsymbol{r}=\boldsymbol{\omega}\cdot\boldsymbol{I}=\boldsymbol{\omega} \tag{6.1.26}$$

式中,$\boldsymbol{\omega r}$ 为并矢张量;$\boldsymbol{I}$ 为单位张量;$\boldsymbol{r}$ 为流场中任意一点相对于坐标系原点的矢径。

借助于(6.1.26)式,则总涡量为:

$$\iiint_\Omega\boldsymbol{\omega}\mathrm{d}\Omega=\iiint_\Omega\nabla\cdot(\boldsymbol{\omega r})\mathrm{d}\Omega=\oiint_A\boldsymbol{n}\cdot\boldsymbol{\omega r}\mathrm{d}A \tag{6.1.27}$$

另外,通常流场还满足无穷远处可积性条件,即:

$$\oiint_{A(r\to\infty)}\boldsymbol{n}\cdot\boldsymbol{\omega r}\mathrm{d}A=0 \tag{6.1.28}$$

还有一点要指出的是,在一个流场中尽管涡量的分布是十分复杂的,但从整个流场考虑,总涡量却完全取决于流场的边界涡。

6.2 无旋流场及其一般性质

任意时刻流场中速度旋度处处为零时的流场称为无旋流场,也就是说全流场满足:

$$\nabla\times\boldsymbol{V}=0 \tag{6.2.1}$$

无旋流动的重要特性是存在一个势函数 φ 使得:

$$\nabla \varphi = \boldsymbol{V} \tag{6.2.2}$$

无旋场又称为有势流场或位势场，无旋必然有势，有势必须无旋，无旋条件是速度有势的充要条件。速度势 φ 的性质与所讨论区域是单连通域还是多连通域有很大关系，因此下面先引入连通域、单连通域以及多连通域的概念。所谓连通域是指在某个空间区域中，任意两点能以连续线连接起来而在任何地方都不越过这个区域的边界，这样的空间区域称作连通域。如果在连通域中，任意封闭曲线能连续地收缩成一点而不越过连通域的边界，则这种连通域称为单连通域。凡是不具有单连通域性质的连通域称为多连通域。以连通域边界上的封闭线为边，将完全处于域中又不影响连通的面称为隔面。显然，在单连通域中不可能作任一隔面而不破坏空间区域的单连通性质。但在多连通域里，可以加以适当数目的隔面便能使其变成单连通域。

下面扼要给出速度势在单连通域与多连通域中的性质

6.2.1　单连通域中的速度势

在单连通域中，速度势 φ 是单值函数，积分 $\int \boldsymbol{V}\cdot\mathrm{d}\boldsymbol{r}$ 与积分路径无关，沿任意封闭曲线的环量为零。在单连通域中，从流场某给定 M_0 点到 M 点的积分 $\int_{M_0}^{M}\boldsymbol{V}\cdot\mathrm{d}\boldsymbol{r}$ 为：

$$\varphi_M - \varphi_{M_0} = \int_{M_0}^{M}\boldsymbol{V}\cdot\mathrm{d}\boldsymbol{r} \tag{6.2.3}$$

6.2.2　双连通域中的速度势

如图 6.5 所示，在两个无限长的柱面之间的双连通域中，任取一条包围内边界 L_0 的封闭曲线 L_1，沿 L_1 计算速度环量为：

$$\Gamma_1 = \oint_{L_1}\boldsymbol{V}\cdot\mathrm{d}\boldsymbol{r} \tag{6.2.4}$$

注意：由高等数学基础知识可知，这里 L_1 不是可缩曲线，因此，式(6.2.4)不能直接应用 Stokes 定理。为了能够有效地应用 Stokes 定理，在流场中，再作一条封闭曲线 L_2 并在曲线 L_2 与 L_1 之间引进两条无限接近的线段 AB 与 DE，这便形成了一个隔面。于是构成了新的封闭曲线 $L = AH_1DEH_2BA$，这里 L 是一条可缩曲线。因此对这条可缩闭曲线积分并应用 Stokes 定理，有：

$$\oint_{L}\boldsymbol{V}\cdot\mathrm{d}\boldsymbol{r} = \iint_{A}(\nabla\times\boldsymbol{V})\cdot\boldsymbol{n}\mathrm{d}A \tag{6.2.5}$$

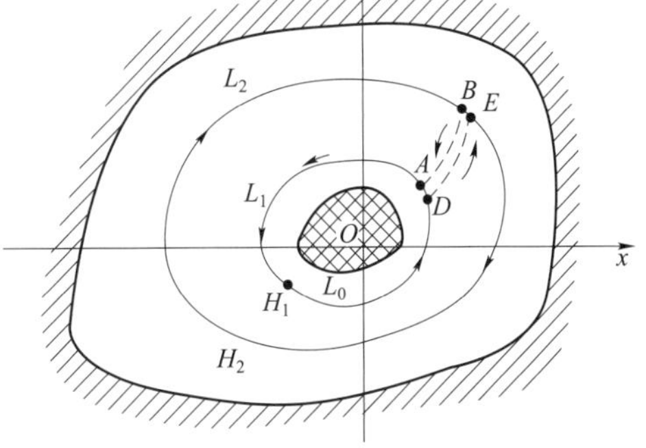

图 6.5　双连通区域中的速度势示意图

式中，A 代表曲线 L 所包围的面积。

注意：在 L 域中流场是无旋的，所以有：

$$\iint_A (\nabla \times \boldsymbol{V}) \cdot \boldsymbol{n} \mathrm{d}A = 0 \tag{6.2.6}$$

另外，有：

$$\oint_L \boldsymbol{V} \cdot \mathrm{d}\boldsymbol{r} = \oint_{L_1} \boldsymbol{V} \cdot \mathrm{d}\boldsymbol{r} + \int_D^E \boldsymbol{V} \cdot \mathrm{d}\boldsymbol{r} + \oint_{L_2} \boldsymbol{V} \cdot \mathrm{d}\boldsymbol{r} + \int_B^A \boldsymbol{V} \cdot \mathrm{d}\boldsymbol{r} = \oint_{L_1} \boldsymbol{V} \cdot \mathrm{d}\boldsymbol{r} + \oint_{L_2} \boldsymbol{V} \cdot \mathrm{d}\boldsymbol{r} \tag{6.2.7}$$

即：

$$\oint_L \boldsymbol{V} \cdot \mathrm{d}\boldsymbol{r} = \oint_{L_1} \boldsymbol{V} \cdot \mathrm{d}\boldsymbol{r} + \oint_{L_2} \boldsymbol{V} \cdot \mathrm{d}\boldsymbol{r} \tag{6.2.8}$$

注意：式(6.2.5)与式(6.2.6)，则式(6.2.8)变为：

$$\oint_{L_1} \boldsymbol{V} \cdot \mathrm{d}\boldsymbol{r} = -\oint_{L_2} \boldsymbol{V} \cdot \mathrm{d}\boldsymbol{r} = \oint_{L_2'} \boldsymbol{V} \cdot \mathrm{d}\boldsymbol{r} \tag{6.2.9}$$

式中，L_1 为沿逆时针积分线路；L_2 为沿顺时针积分线路；L_2' 为沿逆时针积分线路。

由于闭曲线 L_1 与 L_2 是任意选取的，由此便能得到结论：在双连通域的无旋流场中，包围内边界的任何封闭曲线上的环量为常数，它等于沿内边界周线上的速度环量 Γ_0 其表达式为：

$$\Gamma_0 = \oint_{L_0} \boldsymbol{V} \cdot \mathrm{d}\boldsymbol{r} \tag{6.2.10}$$

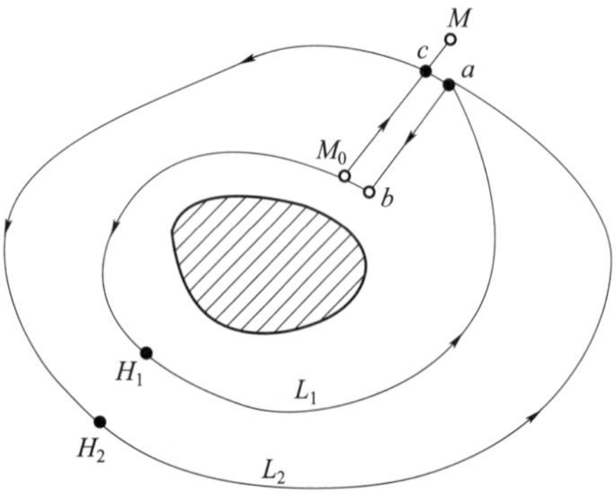

图 6.6 速度势多值示意图

由上述推导容易推知，在双连通域中，每绕包围内边界的任意闭曲线一次，则环量将增加 Γ_0；如果绕 n 次则环量将增加 n 倍的 Γ_0，因此在双连通域中，虽然流场是无旋的，但同一点的速度势可能是多值的。图 6.6 给出的 M_0 点与 M 点，这时两点的速度势之差就发生了上述情况。

如果沿曲线 $L = M_0 H_1 abM_0 cH_2 acM$ 对下式积分：

$$\begin{aligned}
\varphi_M - \varphi_{M_0} &= \oint_L \boldsymbol{V} \cdot \mathrm{d}\boldsymbol{r} \\
&= \oint_{M_0 H_1 abM_0} \boldsymbol{V} \cdot \mathrm{d}\boldsymbol{r} + \int_{M_0 c} \boldsymbol{V} \cdot \mathrm{d}\boldsymbol{r} + \oint_{cH_2 ac} \boldsymbol{V} \cdot \mathrm{d}\boldsymbol{r} + \int_{cM} \boldsymbol{V} \cdot \mathrm{d}\boldsymbol{r} \\
&= \Gamma_0 + \int_{M_0 c} \boldsymbol{V} \cdot \mathrm{d}\boldsymbol{r} + \Gamma_0 + \int_{cM} \boldsymbol{V} \cdot \mathrm{d}\boldsymbol{r} \\
&= 2\Gamma_0 + \int_{M_0 cM} \boldsymbol{V} \cdot \mathrm{d}\boldsymbol{r}
\end{aligned} \tag{6.2.11}$$

式中，Γ_0 为沿双连通域内边界的速度环量。

由于式(6.2.11)中 M_0cM 的路径可以任取，因此式(6.2.11)可以写为如下形式：

$$\varphi_M - \varphi_{M_0} = 2\Gamma_0 + \int_{M_0}^{M} \boldsymbol{V} \cdot \mathrm{d}\boldsymbol{r} \tag{6.2.12}$$

显然单连通域中的式(6.2.3)与双连通域中的式(6.2.12)相比，两个表达式明显不同。

6.3　给定流场的散度与涡量求速度场

如何用散度与涡量表述速度场在流体力学中是一个相当重要的问题，它几乎在理论流体力学创建的同时，人们就已开始注意对这一问题的研究。本节不准备详细讨论求解该问题的细节，只准备扼要的介绍这方面研究的几种方程组的提法以及部分方程组的解法。

6.3.1　速度场的总体分解以及标量势、矢量势

由高等数学中的矢量分析基础可知，任何一个三维空间中的矢量场 $\boldsymbol{V}(\boldsymbol{r},t)$ 都可以分解为三部分之和：

$$\boldsymbol{V} = \boldsymbol{V}_{\mathrm{e}} + \boldsymbol{V}_{\mathrm{v}} + \boldsymbol{V}_{\mathrm{a}} \tag{6.3.1}$$

式中，$\boldsymbol{V}_{\mathrm{e}}$，$\boldsymbol{V}_{\mathrm{v}}$ 与 $\boldsymbol{V}_{\mathrm{a}}$ 分别满足下列条件：

$$\nabla \times \boldsymbol{V}_{\mathrm{e}} = 0, \nabla \cdot \boldsymbol{V}_{\mathrm{e}} = \nabla \cdot \boldsymbol{V} = \theta \tag{6.3.2a}$$

$$\nabla \times \boldsymbol{V}_{\mathrm{v}} = \nabla \times \boldsymbol{V} = \boldsymbol{\omega}, \nabla \cdot \boldsymbol{V}_{\mathrm{v}} = 0 \tag{6.3.2b}$$

$$\nabla \times \boldsymbol{V}_{\mathrm{a}} = 0, \nabla \cdot \boldsymbol{V}_{\mathrm{a}} = 0 \tag{6.3.2c}$$

换句话说，$\boldsymbol{V}_{\mathrm{e}}$ 可以看作无旋有散度速度场的一个特解，即它满足：

$$\nabla \cdot \boldsymbol{V}_{\mathrm{e}} = \theta, \nabla \times \boldsymbol{V}_{\mathrm{e}} = 0 \tag{6.3.3}$$

$\boldsymbol{V}_{\mathrm{v}}$ 可以看作有旋无散度速度场的一个特解，即它满足：

$$\nabla \cdot \boldsymbol{V}_{\mathrm{v}} = 0, \nabla \times \boldsymbol{V}_{\mathrm{v}} = \boldsymbol{\omega} \tag{6.3.4}$$

$\boldsymbol{V}_{\mathrm{a}}$ 可以看作无旋无散度流场并满足物面不可穿透边界条件的解，即：

$$\nabla \cdot \boldsymbol{V}_{\mathrm{a}} = 0, \nabla \times \boldsymbol{V}_{\mathrm{a}} = 0 \tag{6.6.5}$$

$$(\boldsymbol{V}_{\mathrm{a}} \cdot \boldsymbol{n})\Big|_{\partial\Omega} = \boldsymbol{V}_{\mathrm{bn}} - (\boldsymbol{V}_{\mathrm{e}} \cdot \boldsymbol{n})\Big|_{\partial\Omega} - (\boldsymbol{V}_{\mathrm{v}} \cdot \boldsymbol{n})\Big|_{\partial\Omega} \tag{6.3.6}$$

式中 V_{bn} 为：

$$V_{\mathrm{bn}} = \boldsymbol{n}_{\mathrm{b}} \cdot \boldsymbol{V}_{\mathrm{b}} \tag{6.3.7}$$

式中，$\boldsymbol{V}_{\mathrm{b}}$ 为物面上流体的运动速度。

对于式(6.3.2a)，由条件 $\nabla \times \boldsymbol{V}_{\mathrm{e}} = 0$，引入对应于 $\boldsymbol{V}_{\mathrm{e}}$ 的标量函数 $\varphi_{\mathrm{e}}(\boldsymbol{r},t)$，使得：

$$\boldsymbol{V}_{\mathrm{e}} = \nabla \varphi_{\mathrm{e}} \tag{6.3.8}$$

将式(6.3.8)代入式(6.3.3)中的第一个方程，得到关于 φ_{e} 的 Poisson(泊松)方

程，即：

$$\nabla^2 \varphi_e = \theta \tag{6.3.9}$$

对于无界域，讨论在无穷远处速度趋于零的情形，即这时：

$$\lim_{|r|\to\infty} |\nabla \varphi_e| = 0 \tag{6.3.10}$$

因此，无界域中 Poisson 方程满足远场齐次边界条件式(6.3.10)的解为：

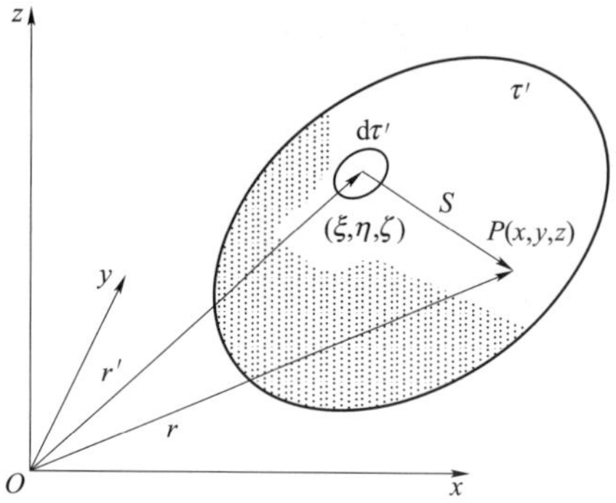

图 6.7　关于 r, r' 与 S 的示意图

$$\varphi_e(\boldsymbol{r},t) = -\frac{1}{4\pi}\iiint_{\tau} \frac{\theta(\boldsymbol{r}',t)}{S(\boldsymbol{r},\boldsymbol{r}')} d\tau' \tag{6.3.11}$$

式中，$\boldsymbol{r}$ 与 $\boldsymbol{r}'$ 为矢径，如图 6.7 所示。

$$S(\boldsymbol{r},\boldsymbol{r}') = [(\boldsymbol{r}-\boldsymbol{r}')\cdot(\boldsymbol{r}-\boldsymbol{r}')]^{1/2} \tag{6.3.12}$$

将式(6.3.11)代入式(6.3.8)，便得：

$$\boldsymbol{V}_e(\boldsymbol{r},t) = \nabla \varphi_e = \frac{1}{4\pi}\iiint_{\tau} \frac{\theta(\boldsymbol{r}',t)}{S^3}(\boldsymbol{r}-\boldsymbol{r}') d\tau' \tag{6.3.13}$$

对于式(6.3.2b)，由条件 $\nabla\cdot\boldsymbol{V}_v = 0$，引入对应于 $\boldsymbol{V}_v$ 的矢量势函数 $\boldsymbol{A}(\boldsymbol{r},t)$，使得：

$$\boldsymbol{V}_v = \nabla\times\boldsymbol{A} \tag{6.3.14}$$

将式(6.3.14)两边取旋度，并注意式(6.3.4)中的第二个方程，得：

$$\nabla\times\boldsymbol{V}_v = \nabla\times(\nabla\times\boldsymbol{A}) = \nabla(\nabla\cdot\boldsymbol{A}) - \nabla^2\boldsymbol{A} = \boldsymbol{\omega} \tag{6.3.15}$$

即：

$$\nabla(\nabla\cdot\boldsymbol{A}) - \nabla^2\boldsymbol{A} = \boldsymbol{\omega} \tag{6.3.16}$$

如果选取这样的特解，在无界域使得 $\nabla\cdot\boldsymbol{A} = 0$，于是 $\boldsymbol{V}_v$ 的特解方程为：

$$\nabla^2\boldsymbol{A} = -\boldsymbol{\omega},\ \boldsymbol{V}_v = \nabla\times\boldsymbol{A} \tag{6.3.17}$$

并且要求在无穷远处满足边界条件：

$$\nabla\times\boldsymbol{A} = 0\ (|\boldsymbol{r}|\to\infty) \tag{6.3.18}$$

式(6.3.17)中的第一个方程称为关于 $\boldsymbol{A}$ 的矢量型的 Poisson 方程，类似于式(6.3.9)它有如下形式的特解，即：

$$\boldsymbol{A}(\boldsymbol{r},t) = \frac{1}{4\pi}\iiint_{\tau} \frac{\boldsymbol{\omega}(\boldsymbol{r}',t)}{S(\boldsymbol{r},\boldsymbol{r}')} d\tau' \tag{6.3.19}$$

式中，$S(\boldsymbol{r},\boldsymbol{r}')$ 的定义同式(6.3.12)。

这里应指出的是，需要检验由式(6.3.19)所构造的特解是否满足条件 $\nabla\cdot\boldsymbol{A} = 0$；为此计算 $\nabla\cdot\boldsymbol{A}$ 项如下：

$$\nabla\cdot\boldsymbol{A} = \frac{1}{4\pi}\iiint_{\tau}\left[\nabla_r\left(\frac{1}{S}\right)\right]\cdot\boldsymbol{\omega}(\boldsymbol{r}',t) d\tau' \tag{6.3.20}$$

由于：

$$\nabla_r\left(\frac{1}{S}\right)=-\frac{1}{S^2}\nabla_r S \tag{6.3.21a}$$

$$\nabla_{r'}\left(\frac{1}{S}\right)=-\frac{1}{S^2}\nabla_{r'} S \tag{6.3.21b}$$

式中，∇_r 表示对 x,y,z 取偏导数时的算子；$\nabla_{r'}$ 表示对 ξ,η,ζ 取偏导数时的算子(图 6.7)。

另外，注意到旋度的散度恒等于零，也就是说下式成立时，即：

$$\nabla_{r'}\cdot\boldsymbol{\omega}(\boldsymbol{r}',t)=0 \tag{6.3.22}$$

于是，借助于式(6.3.21a)、式(6.3.21b)、式(6.3.22)以及 Green 公式，则式(6.3.20)变为：

$$\nabla\cdot\boldsymbol{A}=-\frac{1}{4\pi}\iiint_{\tau}\nabla_{r'}\cdot\left(\frac{\boldsymbol{\omega}}{S}\right)\mathrm{d}\tau'=-\frac{1}{4\pi}\oiint_{A'}\frac{\boldsymbol{n}\cdot\boldsymbol{\omega}}{S}\mathrm{d}A' \tag{6.3.23}$$

式中，$\boldsymbol{\omega}=\boldsymbol{\omega}(\boldsymbol{r}',t)$；$\boldsymbol{n}$ 为边界面的外法向单位矢量。

由式(6.3.23)可以看出，要使 $\nabla\cdot\boldsymbol{A}=0$ 其充分条件是在边界面 A' 满足 $\boldsymbol{\omega}=0$ 或者 $\boldsymbol{\omega}\perp\boldsymbol{n}$；在检验了式(6.3.19)是特解后便可由式(6.3.14)求出 $\boldsymbol{V}_v$ 值。在计算 $\boldsymbol{V}_v$ 时要注意到：

$$\nabla_r\times\left(\frac{\boldsymbol{\omega}}{S}\right)=-\left(\frac{\nabla_r S}{S^2}\right)\times\boldsymbol{\omega}(\boldsymbol{r}',t)=-\left(\frac{\boldsymbol{r}-\boldsymbol{r}'}{S^3}\right)\times\boldsymbol{\omega}(\boldsymbol{r}',t)$$

$$=\boldsymbol{\omega}(\boldsymbol{r}',t)\times\left(\frac{\boldsymbol{r}-\boldsymbol{r}'}{S^3}\right) \tag{6.3.24}$$

于是，最后可得到 $\boldsymbol{V}_v$ 的表达式为：

$$\boldsymbol{V}_v=\frac{1}{4\pi}\iiint_{\tau}\frac{\boldsymbol{\omega}(\boldsymbol{r}',t)\times(\boldsymbol{r}-\boldsymbol{r}')}{S^3}\mathrm{d}\tau' \tag{6.3.25}$$

式(6.3.25)便是熟知的 Biot-Savart 公式。

对于式(6.3.2c)，由条件 $\nabla\times\boldsymbol{V}_a=0$，于是引进对应于 $\boldsymbol{V}_a$ 的标量函数 $\varphi_a(\boldsymbol{r},t)$，即：

$$\boldsymbol{V}_a=\nabla\varphi_a \tag{6.3.26}$$

将式(6.3.26)代入式(6.3.2c)中的第二式后，得：

$$\nabla^2\varphi_a=\nabla\cdot\nabla\varphi_a=0 \tag{6.3.27}$$

这就是关于 φ_a 的 Laplace(拉普拉斯)方程。

求解该方程所需的边界条件由式(6.3.6)给出，显然它属于广义 Robin 类型的边界条件，这是由于：

$$\boldsymbol{V}_a\cdot\boldsymbol{n}=\frac{\partial\varphi_a}{\partial n}=V_{bn}-(\boldsymbol{V}_e+\boldsymbol{V}_v)\cdot\boldsymbol{n} \tag{6.3.28}$$

式中，V_{bn} 的定义同式(6.3.7)。

如果求解域为无界域，则还需要增加无穷远处的边界条件，即：

$$\lim_{|\boldsymbol{r}|\to\infty}|\nabla\varphi_a|=0 \tag{6.3.29}$$

综上所述，借助于式(6.3.8)、式(6.3.14)和式(6.3.26)，则式(6.3.1)最后可以表为如下形式，即：

$$\begin{aligned}\boldsymbol{V} &= \nabla \varphi_e + \nabla \times \boldsymbol{A} + \nabla \varphi_a \\ &= \nabla (\varphi_e + \varphi_a) + \nabla \times \boldsymbol{A}\end{aligned} \tag{6.3.30}$$

式(6.3.30)表明，对于速度场 $\boldsymbol{V}(\boldsymbol{r},t)$，总可以分解为一个标量势与一个矢量势。这里式(6.3.30)所示的分解，常称为矢量的 Helmholtz 分解。

6.3.2 用标量势与矢量势耦合求解速度场

上面给出的 φ_e 与 $\boldsymbol{A}$ 表达式(6.3.11)与式(6.3.19)主要方便于无界域的问题，而且 φ_e、φ_a 与 $\boldsymbol{A}$ 之间的耦合仅仅反映在边界条件式(6.3.28)上。然而大多数流体力学问题的求解域是有限的，而且标量势与矢量势之间总是耦合在一起的，并且边界条件法向与切向都要满足。散度与涡量是流体力学中定义的一对力学量，在一个流场中它们是真实的物理存在量。因此，对于任何一对给定的散度与涡量分布，流场中必然最少存在一个产生它们的真实速度场。令 $\boldsymbol{V}_b$ 为边界面上流体的速度，于是它的切向与法向分速度可分别表示如下：

$\boldsymbol{n}$ 向(法向)：

$$\boldsymbol{n} \cdot \boldsymbol{V} = \boldsymbol{n} \cdot \boldsymbol{V}_b \tag{6.3.31}$$

$\boldsymbol{t}$ 向(切向)：

$$\boldsymbol{n} \times \boldsymbol{V} = \boldsymbol{n} \times \boldsymbol{V}_b \tag{6.3.32}$$

令 Φ 代表矢量 Helmholtz 分解过程中的标量势，$\boldsymbol{A}$ 代表矢量势，则速度 $\boldsymbol{V}$ 分解为：

$$\boldsymbol{V} = \nabla \Phi + \nabla \times \boldsymbol{A} \tag{6.3.33}$$

如果采用 Φ 与 $\boldsymbol{A}$ 作为求解变量，于是在求解域内给定 θ 与 $\boldsymbol{\omega}$ 的分布并且在边界面上给定 $\boldsymbol{V}_b$ 值时，表述速度场的方程组便可以写为如下形式：

$$\begin{cases}\nabla^2 \Phi = \theta \\ \nabla \times (\nabla \times \boldsymbol{A}) = \boldsymbol{\omega}\end{cases} \tag{6.3.34}$$

其边界条件为：

$$\nabla \Phi + \nabla \times \boldsymbol{A} = \boldsymbol{V}_b \tag{6.3.35}$$

显然，一旦由主方程式(6.3.34)与边界条件式(6.3.35)组成的方程组中解出 Φ 与 $\boldsymbol{A}$ 值，则由式(6.3.33)便可以得到相应的速度场。

6.4 Kelvin 定理、Lagrange 定理以及 Helmholtz 定理

6.4.1 Kelvin 定理及其所适用的三个条件

关于速度环量的概念，可用下式表达，即：

$$\frac{\mathrm{d}}{\mathrm{d}t}\left(\oint_{L(t)} \boldsymbol{V} \cdot \mathrm{d}\boldsymbol{r}\right) = \oint_{L(t)} \frac{\mathrm{d}\boldsymbol{V}}{\mathrm{d}t} \cdot \mathrm{d}\boldsymbol{r} \tag{6.4.1}$$

或者：

$$\frac{\mathrm{d}\Gamma}{\mathrm{d}t} = \oint_{L(t)} \frac{\mathrm{d}\boldsymbol{V}}{\mathrm{d}t} \cdot \mathrm{d}\boldsymbol{r} \tag{6.4.2}$$

式中，Γ 为速度环量。

另外积分曲线 $L(t)$ 为在流场中任意选取的一条封闭流体线。值得注意的是，这里 $L(t)$ 是 t 时刻的封闭流体线。式(6.4.1)表明沿任意封闭流体线速度环量的随体导数等于该周线上的加速度环量，这一结论是纯运动学的，因此对任何流体(其中包括无黏流体与黏性流体)都成立。如果将动量方程代入到式(6.4.2)后，则得：

$$\frac{\mathrm{d}\Gamma}{\mathrm{d}t} = \oint_{L(t)} \left(\boldsymbol{f} + \frac{\nabla \cdot \boldsymbol{\Pi}}{\rho} - \frac{\nabla p}{\rho}\right) \cdot \mathrm{d}\boldsymbol{r} \tag{6.4.3}$$

如果体积力有势，并令其势函数为 G，于是有：

$$\boldsymbol{f} = -\nabla G \tag{6.4.4}$$

令 B 为任意标量，于是还有：

$$\mathrm{d}\boldsymbol{r} \cdot \nabla B = \mathrm{d}B \tag{6.4.5}$$

对于正压流体(密度只是压强的函数，$\rho = \rho(p)$)来讲，有：

$$\mathrm{d}\int \frac{\mathrm{d}p}{\rho} = \frac{\mathrm{d}p}{\rho} \tag{6.4.6}$$

因此，对于体积力有势，并且流体为正压时，借助于式(6.4.4)～式(6.4.6)，则式(6.4.3)变为：

$$\frac{\mathrm{d}\Gamma}{\mathrm{d}t} = \oint_{L(t)} \frac{\nabla \cdot \boldsymbol{\Pi}}{\rho} \cdot \mathrm{d}\boldsymbol{r} \tag{6.4.7}$$

式中，$\boldsymbol{\Pi}$ 为流体的黏性应力张量。如果流体是无黏的，则式(6.4.7)变为：

$$\frac{\mathrm{d}\Gamma}{\mathrm{d}t} = 0 \tag{6.4.8}$$

另外由广义 Stokes 定理，有：

$$\oint_L \boldsymbol{a} \cdot \mathrm{d}\boldsymbol{r} = \iint_\sigma \boldsymbol{n} \cdot (\nabla \times \boldsymbol{a})\mathrm{d}\sigma \tag{6.4.9}$$

$$\oint_L \boldsymbol{ab} \cdot \mathrm{d}\boldsymbol{r} = \iint_\sigma \boldsymbol{n} \cdot (\nabla \times \boldsymbol{ab})\mathrm{d}\sigma \tag{6.4.10}$$

式中，$\boldsymbol{a}$ 与 $\boldsymbol{b}$ 为任意矢量；$\boldsymbol{ab}$ 为并矢张量；$\boldsymbol{n}$ 为曲面 σ 的单位法矢量；这里 L 是一条封闭曲线，σ 是以该曲线 L 为周界的任意曲面，如图 6.4 所示。

如果 L 取封闭流体线 $L(t)$ 时，则借助于式(6.4.9)，于是沿 $L(t)$ 的速度环量 Γ 应等于穿过以该曲线为周界的任意曲面的涡通量，即：

$$\Gamma = \oint_{L(t)} \boldsymbol{V} \cdot \mathrm{d}\boldsymbol{r} = \iint_{\sigma(t)} \boldsymbol{n} \cdot (\nabla \times \boldsymbol{V})\mathrm{d}\sigma = \iint_{\sigma(t)} \boldsymbol{n} \cdot \boldsymbol{\omega}\mathrm{d}\sigma = J \tag{6.4.11}$$

式中，Γ 为沿封闭曲线 $L(t)$ 的速度环量；J 为穿过曲面 $\sigma(t)$ 的涡通量。

另外，还有 $\boldsymbol{\omega} = \nabla \times \boldsymbol{V}$ 因此对于无黏、正压、体积力有势的流体流动问题。由

式(6.4.8)与式(6.4.11)则得：

$$\frac{\mathrm{d}}{\mathrm{d}t}\left[\iint_{\sigma(t)}\boldsymbol{n}\cdot\boldsymbol{\omega}\mathrm{d}\sigma\right]=0 \tag{6.4.12}$$

另外，有：

$$\frac{\mathrm{d}}{\mathrm{d}t}\left[\iint_{\sigma(t)}\boldsymbol{n}\cdot\boldsymbol{\omega}\mathrm{d}\sigma\right]=\iint_{\sigma(t)}\left[\frac{\mathrm{d}\boldsymbol{\omega}}{\mathrm{d}t}-(\boldsymbol{\omega}\cdot\boldsymbol{\nabla})\boldsymbol{V}+\boldsymbol{\omega}(\boldsymbol{\nabla}\cdot\boldsymbol{V})\right]\cdot\boldsymbol{n}\mathrm{d}\sigma \tag{6.4.13}$$

于是，对于无黏、正压、体积力有势的流体流动问题，借助于式(6.4.13)，则式(6.4.12)又可以写为：

$$\iint_{\sigma(t)}\left[\frac{\mathrm{d}\boldsymbol{\omega}}{\mathrm{d}t}-(\boldsymbol{\omega}\cdot\boldsymbol{\nabla})\boldsymbol{V}+\boldsymbol{\omega}(\boldsymbol{\nabla}\cdot\boldsymbol{V})\right]\cdot\boldsymbol{n}\mathrm{d}\sigma=0 \tag{6.4.14}$$

式(6.4.8)与式(6.4.12)(或者式(6.4.14))表明：对于正压、体积力有势的无黏流体流动来讲，沿任意封闭流体线上的速度环量以及穿过以该封闭线为周界的任意曲面的涡通量在运动过程中守恒，这就是沿封闭流体线的速度环量不变定理，即 Kelvin 速度环量守恒定理，简称 Kelvin 定理。

注意：在上述推导中所假设的三个条件即正压、无黏以及体积力有势，放弃其中任一条件，则 Kelvin 定理便不能成立。对于一般黏性流体来讲，借助于式(6.4.9)与式(6.4.10)，则式(6.4.3)变为：

$$\begin{aligned}\frac{\mathrm{d}\Gamma}{\mathrm{d}t}&=\iint_{\sigma(t)}\boldsymbol{n}\cdot\left[\boldsymbol{\nabla}\times\boldsymbol{f}+\boldsymbol{\nabla}\times\left(\frac{\boldsymbol{\nabla}\cdot\boldsymbol{\Pi}}{\rho}\right)-\boldsymbol{\nabla}\times\left(\frac{\boldsymbol{\nabla}p}{\rho}\right)\right]\mathrm{d}\sigma\\&=\iint_{\sigma(t)}(\boldsymbol{\nabla}\times\boldsymbol{f})\cdot\boldsymbol{n}\mathrm{d}\sigma+\iint_{\sigma(t)}\left[\boldsymbol{\nabla}\times\left(\frac{\boldsymbol{\nabla}\cdot\boldsymbol{\Pi}}{\rho}\right)\right]\cdot\boldsymbol{n}\mathrm{d}\sigma-\iint_{\sigma(t)}\left[\boldsymbol{\nabla}\times\left(\frac{\boldsymbol{\nabla}p}{\rho}\right)\right]\cdot\boldsymbol{n}\mathrm{d}\sigma\end{aligned} \tag{6.4.15}$$

式(6.4.3)与式(6.4.15)表明：非保守力、非正压流体以及流体黏性是引起速度环量 Γ 与涡通量 J 随时间发生变化的三大因素。

6.4.2 Helmholtz 涡量守恒定理

下面直接给出由 Kelvin 定理所派生的一系列推论。

(1) 正压、无黏流体在势力场中运动时，如果某时刻构成涡管(或涡面、涡线)的流体质点，在运动的全部时间过程中(以前与以后的任一时刻)仍将构成涡管(或涡面、涡线)。换句话说，涡管(或涡面、涡线)由确定的流体质点组成并随流体一起运动，这就是 Helmholtz 关于涡量守恒的第一定理，简称 Helmholtz 第一定理。该定理又称为涡管(或涡面、涡线)保持定理。显然该定理成立的前提条件是理想流体(无黏)、正压、且外力有势。事实上只要分析一下无黏流体以及黏性流涡量输运方程的表达式便可以体会到上述定理成立的前提条件。

由无黏流的运动方程：

$$\frac{\mathrm{d}\boldsymbol{V}}{\mathrm{d}t}=\frac{\partial\boldsymbol{V}}{\partial t}+(\boldsymbol{V}\cdot\boldsymbol{\nabla})\boldsymbol{V}=-\frac{1}{\rho}\boldsymbol{\nabla}p \tag{6.4.16}$$

以及由热力学第一、第二定律得到的焓、熵关系：

$$TdS = dh - \frac{1}{\rho}dp \tag{6.4.17}$$

并注意到：

$$(\mathbf{V}\cdot\nabla)\mathbf{V} = \nabla\left(\frac{V^2}{2}\right) - \mathbf{V}\times(\nabla\times\mathbf{V}) \tag{6.4.18}$$

于是得到 Crocco（克罗柯）形式的方程为：

$$\frac{\partial\mathbf{V}}{\partial t} - \mathbf{V}\times(\nabla\times\mathbf{V}) = T\nabla S - \nabla h_0 \tag{6.4.19}$$

或者 Lamb（兰姆）方程：

$$\frac{\partial\mathbf{V}}{\partial t} - \mathbf{V}\times(\nabla\times\mathbf{V}) + \nabla\left(\frac{V^2}{2}\right) = -\frac{1}{\rho}\nabla p \tag{6.4.20}$$

上式几个式中，S,h,T,p 与 h_0 分别代表熵，静焓，温度，压强与总焓，其中 h_0 可表示为：

$$h_0 = h + \frac{1}{2}V^2 \tag{6.4.21}$$

对于黏性流体，当黏性系数 $\mu = \text{const}$ 时，相应的 Lamb（兰姆）型的运动方程为：

$$\frac{d\mathbf{V}}{dt} = \frac{\partial\mathbf{V}}{\partial t} + \nabla\frac{V^2}{2} + \boldsymbol{\omega}\times\mathbf{V} = \boldsymbol{f} - \frac{1}{\rho}\nabla p + \frac{\mu}{\rho}\nabla\cdot\nabla\mathbf{V} + \frac{1}{3}\frac{\mu}{\rho}\nabla(\nabla\cdot\mathbf{V}) \tag{6.4.22}$$

式中，$\boldsymbol{f}$ 为作用在单位质量流体上的体积力。

将式(6.4.22)两边取旋度，则可以得到涡量 $\boldsymbol{\omega}$ 所满足的输运方程为：

$$\frac{d\boldsymbol{\omega}}{dt} - (\boldsymbol{\omega}\cdot\nabla)\mathbf{V} + \boldsymbol{\omega}(\nabla\cdot\mathbf{V}) = \nabla\times\boldsymbol{f} - \nabla\times\left(\frac{\nabla p}{\rho}\right) + \nabla\times\left(\frac{\mu}{\rho}\triangle\mathbf{V}\right) + \frac{1}{3}\nabla\times\left[\frac{\mu}{\rho}\nabla(\nabla\cdot\mathbf{V})\right] \tag{6.4.23}$$

式中，$\triangle$ 的定义为：

$$\triangle \equiv \nabla\cdot\nabla \tag{6.4.24}$$

如果认为运动黏性系数 $\frac{\mu}{\rho}$ 均布，并注意到：

$$\nabla\times\left(\frac{1}{\rho}\nabla p\right) = -(\nabla T)\times(\nabla S) \tag{6.4.25}$$

则式(6.4.23)又可简化为：

$$\begin{aligned}\frac{d\boldsymbol{\omega}}{dt} - (\boldsymbol{\omega}\cdot\nabla)\mathbf{V} + \boldsymbol{\omega}(\nabla\cdot\mathbf{V}) &= \nabla\times\boldsymbol{f} - \nabla\times\left(\frac{\nabla p}{\rho}\right) + \frac{\mu}{\rho}\nabla^2\boldsymbol{\omega} \\ &= \nabla\times\boldsymbol{f} + \frac{1}{\rho^2}(\nabla\rho)\times(\nabla p) + \frac{\mu}{\rho}\nabla^2\boldsymbol{\omega}\end{aligned} \tag{6.4.26}$$

或者：

$$\frac{d\boldsymbol{\omega}}{dt} - (\boldsymbol{\omega}\cdot\nabla)\mathbf{V} + \boldsymbol{\omega}(\nabla\cdot\mathbf{V}) = \nabla\times\boldsymbol{f} + (\nabla T)\times(\nabla S) + \frac{\mu}{\rho}\nabla^2\boldsymbol{\omega} \tag{6.4.27}$$

式(6.4.26)和式(6.4.27)中，∇^2 的定义为：

$$\nabla^2 = \triangle = \nabla \cdot \nabla \tag{6.4.28}$$

式(6.4.26)与式(6.4.27)便是黏性流体涡量输运方程的两种常用形式。式(6.4.26)又常称为 Friedman(弗里德曼)涡量输运方程。显然这个方程对可压缩与不可压缩黏性流体均适用。如果引进正压、体积力有势以及无黏流动的假设下，式(6.4.26)便可简化为：

$$\frac{d\boldsymbol{\omega}}{dt} = (\boldsymbol{\omega} \cdot \nabla)\boldsymbol{V} - \boldsymbol{\omega}(\nabla \cdot \boldsymbol{V}) \tag{6.4.29}$$

对于不可压缩黏性流体在体积力有势时，式(6.4.26)简化为：

$$\frac{d\boldsymbol{\omega}}{dt} - (\boldsymbol{\omega} \cdot \nabla)\boldsymbol{V} = \frac{\mu}{\rho}\nabla^2\boldsymbol{\omega} \tag{6.4.30}$$

在得到了上述几种情况下的涡量输运方程后便可很方便的证明涡线保持定理。

设初始时刻 $t = t_0$，流体中有一条由流体质点所组成的涡线 l，满足：

$$(\delta\boldsymbol{r}) \times \frac{\boldsymbol{\omega}}{\rho} = 0$$

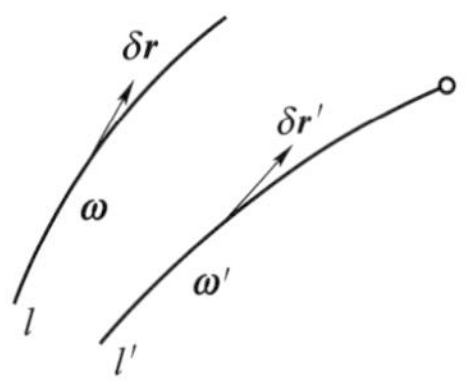

图 6.8 涡线保持性

现假设以前与以后的任一时刻，这些流体质点组成曲线 l' 如图 6.8 所示，现欲证 $(\delta\boldsymbol{r}') \times \frac{\boldsymbol{\omega}'}{\rho} = 0$，即证明 l' 也是涡线。

对于无黏、正压流体且体积力有势时，则这时涡量 $\boldsymbol{\omega}$ 满足式(6.4.29)。考虑到连续方程：

$$\nabla \cdot \boldsymbol{V} = -\frac{1}{\rho}\frac{d\rho}{dt} \tag{6.4.31}$$

后，则这时式(6.4.29)可变为：

$$\frac{d}{dt}\left(\frac{\boldsymbol{\omega}}{\rho}\right) - \left(\frac{\boldsymbol{\omega}}{\rho} \cdot \nabla\right)\boldsymbol{V} = 0 \tag{6.4.32}$$

计算 $\frac{d}{dt}\left[(\delta\boldsymbol{r}) \times \frac{\boldsymbol{\omega}}{\rho}\right]$，并展开后得：

$$\frac{d}{dt}\left[(\delta\boldsymbol{r}) \times \frac{\boldsymbol{\omega}}{\rho}\right] = (\delta\boldsymbol{r}) \times \frac{d}{dt}\left(\frac{\boldsymbol{\omega}}{\rho}\right) + \frac{\boldsymbol{\omega}}{\rho} \times \frac{d(\delta\boldsymbol{r})}{dt} \tag{6.4.33}$$

注意：

$$\frac{d(\delta\boldsymbol{r})}{dt} = \delta\boldsymbol{V} = (\delta\boldsymbol{r} \cdot \nabla)\boldsymbol{V} \tag{6.4.34}$$

及式(6.4.32)，则式(6.4.33)可写为：

$$\begin{aligned}\frac{d}{dt}\left[(\delta\boldsymbol{r}) \times \frac{\boldsymbol{\omega}}{\rho}\right] &= (\delta\boldsymbol{r}) \times \left[\left(\frac{\boldsymbol{\omega}}{\rho} \cdot \nabla\right)\boldsymbol{V}\right] + \left[\frac{\boldsymbol{\omega}}{\rho} \times (\delta\boldsymbol{r} \cdot \nabla)\boldsymbol{V}\right] \\ &= (\delta\boldsymbol{r}) \times \left[\frac{\boldsymbol{\omega}}{\rho} \cdot (\nabla\boldsymbol{V})\right] + \frac{\boldsymbol{\omega}}{\rho} \times [(\delta\boldsymbol{r}) \cdot \nabla\boldsymbol{V}] = 0\end{aligned}$$

即：

$$\frac{\mathrm{d}}{\mathrm{d}t}\left[(\delta\boldsymbol{r})\times\frac{\boldsymbol{\omega}}{\rho}\right]=0 \tag{6.4.35}$$

式(6.4.35)表明：对于无黏、正压，且体积力有势的流体，涡线具有保持性，即在某时刻组成涡线的流体质点在前一时刻或后一时刻也永远组成这条涡线。另外，不难证明涡面、涡管也分别具有保持性，这里因篇幅所限对此不再作详细说明。

(2) 无黏、正压流体在势力场中运动时，组成涡管的流体质点始终组成涡管，并且它的强度不随时间改变，这就是 Helmholtz 第二定理。应该指出，涡管与涡管强度保持性说明，无黏、正压流体在势力场中运动时，涡管、涡线在运动过程中可以变形，但是组成涡管、涡线的流体质点不变。对涡管来讲，它的强度也不变。另外，对于涡管而言，在同一时刻同一涡管的各个截面上，涡通量都是相同的。这里考虑图 6.2 所示的涡管段，令 σ_1 与 σ_2 表示涡管的两个端面，令 σ_3 为侧面，并且用 $\boldsymbol{n}_1,\boldsymbol{n}_2,\boldsymbol{n}_3$ 分别表示这三个面的外法向单位矢量。由于 $\nabla\cdot\boldsymbol{\omega}=\nabla\cdot(\nabla\times\boldsymbol{V})=0$，即涡量场是无源场，因此对于过这个涡管段表面的涡通量 J 为：

$$J=\oiint_{\sigma_1+\sigma_2+\sigma_3}\boldsymbol{\omega}\cdot\mathrm{d}\boldsymbol{\sigma}=\oiint_{\sigma_1+\sigma_2+\sigma_3}\boldsymbol{\omega}\cdot\boldsymbol{n}\mathrm{d}\sigma=\iiint_{\tau}\nabla\cdot\boldsymbol{\omega}\mathrm{d}\tau=0 \tag{6.4.36}$$

注意：在外侧面 σ_3 上，有 $\boldsymbol{\omega}\cdot\boldsymbol{n}_3=0$，因此式(6.4.36)可以写为：

$$J=\iint_{\sigma_1}\boldsymbol{\omega}\cdot\boldsymbol{n}_1\mathrm{d}\sigma+\iint_{\sigma_2}\boldsymbol{\omega}\cdot\boldsymbol{n}_2\mathrm{d}\sigma=\iint_{\sigma_1}\boldsymbol{\omega}\cdot\boldsymbol{n}_1\mathrm{d}\sigma-\iint_{\sigma_2}\boldsymbol{\omega}\cdot\boldsymbol{n}'_2\mathrm{d}\sigma=0$$

式中，$\boldsymbol{n}'_2=-\boldsymbol{n}_2$。于是有：

$$\iint_{\sigma_1}\boldsymbol{\omega}\cdot\boldsymbol{n}_1\mathrm{d}\sigma=\iint_{\sigma_2}\boldsymbol{\omega}\cdot\boldsymbol{n}'_2\mathrm{d}\sigma \tag{6.4.37}$$

由于 σ_1 与 σ_2 是沿涡管任意选取的，所以在同一时刻，同一涡管各个截面上的涡通量都相同，因此便得到以下两点结论：① 对于同一个涡管，截面积越小则涡量越大，流体旋转的角速度越大；② 涡管截面不可能收缩到零，因为收缩到零时会使涡量 $\boldsymbol{\omega}$ 变为无穷大。因此，涡管不能在流体中产生或终止，它只能在流体中形成环形涡环，或者始于边界、终于边界，或涡管伸展至无穷远处，可参考图 6.3。

6.4.3 Lagrange 定理

考虑流体为无黏、正压、并且体积力有势时，如果初始时刻在某部分流体内无旋，则在以前或之后的任一时刻这部分流体皆无旋。反之，如果在初始时刻该部分流体有旋，则在这之前或之后的任一时刻，这部分流体皆有旋。这就是 Lagrange(拉格朗日)涡量不生不灭定理的主要内容，这个定理又称 Lagrange 涡量保持性定理，简称 Lagrange 定理，它是判断流场是否有旋的重要定理。这里还要指出的是，Lagrange 关于涡量的保持性是相对于流体质点而言的，如果流体中部分流体质点无旋，则在这之后的时间这部分流体质点将永远保持无旋。对此文献[9]指出：这时涡量就好像“冻结”在流体质点上。借助于 Lagrange 定理，因此流场中涡产生的原因：① 流体的黏性，使得物面有一层很薄的旋涡层，也就是说流体内部的涡量是从流固交界面上产生并扩散到流体内部去的；② 非正压流场，又称斜压流(Baroclinic Flow)，这时 $\nabla T\times\nabla S$ 一般不为零，从而造成环量变化的一个重要来源；③ 非有势力场的存在，例如地球上的气流由于受 Coriolis 力的作用而生成的旋涡；④ 流场的间断，例如高速飞行器头部脱体激波后的流场也可以产生有旋流动。

6.5 Bernoulli 积分及其各种广义形式

6.5.1 沿流线(或者涡线)的 Bernoulli 积分

无黏流体 Lamb-Громеko(兰姆—科罗米柯)型的运动方程已由式(6.4.20)给出，令 $\boldsymbol{f}$ 代表作用在单位质量流体上的体积力，于是考虑体积力后无黏流体的 Lamb-Громеko 形式运动方程为：

$$\frac{\partial \mathbf{V}}{\partial t}-\mathbf{V}\times(\nabla\times\mathbf{V})+\nabla\left(\frac{V^2}{2}\right)=\boldsymbol{f}-\frac{\nabla p}{\rho} \tag{6.5.1}$$

假设体积力有势(这里将势函数记为 G)，则有：

$$\boldsymbol{f}=-\nabla G \tag{6.5.2}$$

如果再假设流体为正压流(Barotropic Flow)，则一定存在一个正压函数 $\wp$ 使得下式成立，即：

$$\wp=\int\frac{\mathrm{d}p}{\rho(p)} \tag{6.5.3a}$$

也就是说有：

$$\mathrm{d}\wp=\frac{\mathrm{d}p}{\rho} \tag{6.5.3b}$$

或者：

$$\nabla\wp=\frac{1}{\rho}\nabla p \tag{6.5.3c}$$

借助于式(6.5.2)与式(6.5.3c)，则式(6.5.1)变为：

$$\frac{\partial \mathbf{V}}{\partial t}-\mathbf{V}\times(\nabla\times\mathbf{V})+\nabla\left(\frac{\mathbf{V}\cdot\mathbf{V}}{2}\right)=-\nabla G-\nabla\wp \tag{6.5.4a}$$

或者：

$$\frac{\partial \mathbf{V}}{\partial t}+\nabla\left(\frac{\mathbf{V}\cdot\mathbf{V}}{2}+G+\wp\right)+(\nabla\times\mathbf{V})\times\mathbf{V}=0 \tag{6.5.4b}$$

$$\frac{\partial \mathbf{V}}{\partial t}+\nabla\left(\frac{\mathbf{V}\cdot\mathbf{V}}{2}+G+\int\frac{\mathrm{d}p}{\rho}\right)+(\nabla\times\mathbf{V})\times\mathbf{V}=0 \tag{6.5.4c}$$

式(6.5.4b)、式(6.5.4c)便是无黏、正压、体积力有势条件下非定常流体的运动方程。对于定常流体，在无黏、正压、体积力有势的条件下，式(6.5.4b)则简化为：

$$\nabla\left(\frac{\mathbf{V}\cdot\mathbf{V}}{2}+G+\wp\right)=\mathbf{V}\times(\nabla\times\mathbf{V}) \tag{6.5.5}$$

沿流线取一线元 d$\boldsymbol{r}$ 点乘式(6.5.5)两边，得：

$$(\mathrm{d}\boldsymbol{r})\cdot\nabla\left(\frac{\boldsymbol{V}\cdot\boldsymbol{V}}{2}+G+\mathcal{P}\right)=(\mathrm{d}\boldsymbol{r})\cdot[\boldsymbol{V}\times(\nabla\times\boldsymbol{V})] \tag{6.5.6}$$

注意：$\boldsymbol{V}\times(\nabla\times\boldsymbol{V})$ 垂直于 $\boldsymbol{V}$ 以及 d$\boldsymbol{r}$ 平行于 $\boldsymbol{V}$，于是式(6.5.6)的右侧为零。另外，注意到空间全微分算符“d”与 ∇ 算子之间的关系，即：

$$(\mathrm{d}\boldsymbol{r})\cdot\nabla=\mathrm{d} \tag{6.5.7a}$$

$$\mathrm{d}\left(\frac{\boldsymbol{V}\cdot\boldsymbol{V}}{2}+G+\mathcal{P}\right)=0 \tag{6.5.7b}$$

沿流线积分式(6.5.7b)，得：

$$\int\frac{\mathrm{d}p}{\rho}+\frac{\boldsymbol{V}\cdot\boldsymbol{V}}{2}+G=C(\psi) \tag{6.5.8a}$$

或者：

$$\mathcal{P}+\frac{\boldsymbol{V}\cdot\boldsymbol{V}}{2}+G=C(\psi) \tag{6.5.8b}$$

式(6.5.8a)便称为 Bernoulli(伯努利)方程或 Bernoulli 积分，式中 $C(\psi)$ 称为 Bernoulli 常数。这里 $C(\psi)$ 是随流线 ψ 的不同而取不同的常数，但沿着同一条流线则 $C(\psi)$ 为同一个常数值。应指出，式(6.5.8a)仅适用于无黏、体积力有势流体的定常流动，而且该方程沿同一条流线成立。其实，式(6.5.8a)并不需要流体具有正压这个条件；而式(6.5.8b)不同，由于式中有正压函数 $\mathcal{P}$ 的存在因此这时正压条件是必不可少的。

类似于式(6.5.8a)的推导过程，对于无黏、体积力有势流体的定常流动，沿涡线有如下形式的 Bernoalli 积分成立，即：

$$\int\frac{\mathrm{d}p}{\rho}+\frac{\boldsymbol{V}\cdot\boldsymbol{V}}{2}+G=C(m) \tag{6.5.9a}$$

式中，$C(m)$ 是随涡线 m 的不同而取不同的常数，但在同一条涡线 m 上，则 $C(m)$ 是同一个常数值。

对正压流体，则沿涡线式(6.5.9a)可写为：

$$\mathcal{P}+\frac{\boldsymbol{V}\cdot\boldsymbol{V}}{2}+G=C(m) \tag{6.5.9b}$$

6.5.2　Cauchy—Lagrange 积分

如果流动无旋，$\boldsymbol{\omega}=0$，存在速度势函数 ϕ，使得：

$$\nabla\phi=\boldsymbol{V} \tag{6.5.10}$$

将式(6.5.10)代入式(6.5.4c)后，得：

$$\nabla\left(\frac{\partial\phi}{\partial t}+\int\frac{\mathrm{d}p}{\rho}+\frac{(\nabla\phi)\cdot(\nabla\phi)}{2}+G\right)=0 \tag{6.5.11a}$$

以任一微元长度矢量 d$\boldsymbol{S}$ 与式(6.5.11a)作点积，然后积分之，可得：

$$\frac{\partial \phi}{\partial t}+\int \frac{\mathrm{d}p}{\rho}+\frac{(\nabla \phi)\cdot \nabla \phi}{2}+G=C(t) \tag{6.5.11b}$$

由于所取的 d$\boldsymbol{S}$ 完全是任意的，所以式(6.5.11b)中 $C(t)$ 在全流场保持同一个函数。容易证明，这里 $C(t)$ 仅是时间的任意函数，也就是说，对于同一瞬时，在全流场 $C(t)$ 是同一常数，换句话说，同一时刻在所有流线上的积分常数都相同，即积分常数 $C(t)$ 仅与时间有关而与空间坐标无关系。式(6.5.11b)常称为 Cauchy—Lagrange 积分。

6.5.3 非惯性系中的 Bernoulli 积分

本节讨论两类坐标系：一类是绝对坐标系 (x^1,x^2,x^3)；另一类是相对坐标系(这里仅讨论一种非惯性坐标系 (ξ^1,ξ^2,ξ^3))。在绝对坐标系中任一质点的矢径、速度和加速度分别用 $\boldsymbol{r}_a$,$\boldsymbol{V}$ 和 $\boldsymbol{a}$ 表示；在相对坐标系(非惯性坐标系)中，令质点的相对矢径与相对速度分别为 $\boldsymbol{r}_R$ 与 $\boldsymbol{W}$，于是有(图 6.9)：

$$\boldsymbol{r}_a=\boldsymbol{r}_0+\boldsymbol{r}_R \tag{6.5.12}$$

注意：

$$\frac{\mathrm{d}_a q}{\mathrm{d}t}=\frac{\mathrm{d}_R q}{\mathrm{d}t} \tag{6.5.13}$$

$$\frac{\mathrm{d}_a \boldsymbol{B}}{\mathrm{d}t}=\frac{\mathrm{d}_R \boldsymbol{B}}{\mathrm{d}t}+\boldsymbol{\Omega}\times\boldsymbol{B} \tag{6.5.14}$$

式中，$\frac{\mathrm{d}_a}{\mathrm{d}t}$ 表示对绝对观察者而言所观察到的全导数(又称随体导数)；用 $\frac{\mathrm{d}_R}{\mathrm{d}t}$ 表示对相对观察者而言所观察到的全导数(又称随体导数)；q 与 $\boldsymbol{B}$ 分别表示任意标量与任意矢量；$\boldsymbol{\Omega}$ 为相对坐标系绕一固定轴旋转的角速度(如图 6.9 所示)。绝对速度 $\boldsymbol{V}$ 、绝对加速度 $\boldsymbol{a}$ 、相对速度 $\boldsymbol{W}$ 间的关系为：

$$\boldsymbol{V}=\frac{\mathrm{d}_a \boldsymbol{r}_a}{\mathrm{d}t}=\frac{\mathrm{d}_a \boldsymbol{r}_0}{\mathrm{d}t}+\frac{\mathrm{d}_R \boldsymbol{r}_R}{\mathrm{d}t}+\boldsymbol{\Omega}\times\boldsymbol{r}_R=\boldsymbol{W}+\left(\frac{\mathrm{d}_a \boldsymbol{r}_0}{\mathrm{d}t}+\boldsymbol{\Omega}\times\boldsymbol{r}_R\right)=\boldsymbol{W}+\boldsymbol{V}_e \tag{6.5.15}$$

$$\boldsymbol{a}=\frac{\mathrm{d}_a \boldsymbol{V}}{\mathrm{d}t}=\frac{\mathrm{d}_R \boldsymbol{W}}{\mathrm{d}t}+\frac{\mathrm{d}_a \boldsymbol{V}_0}{\mathrm{d}t}+2\boldsymbol{\Omega}\times\boldsymbol{W}+\boldsymbol{\Omega}\times(\boldsymbol{\Omega}\times\boldsymbol{r}_R)+\left(\frac{\mathrm{d}_a \boldsymbol{\Omega}}{\mathrm{d}t}\right)\times\boldsymbol{r}_R=\boldsymbol{a}_r+\boldsymbol{a}_e+\boldsymbol{a}_c \tag{6.5.16}$$

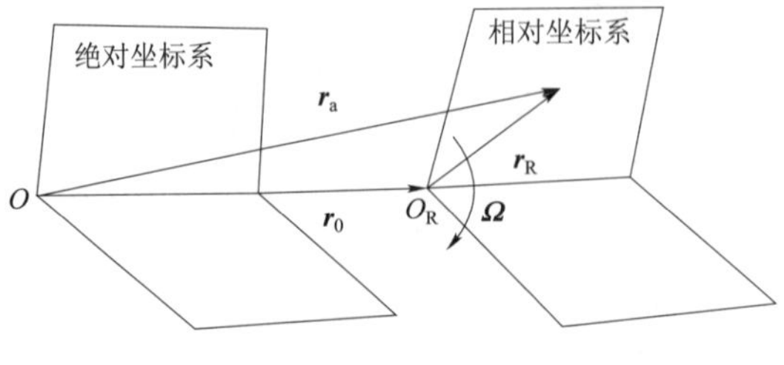

图 6.9 相对坐标系与绝对坐标系

式中：

$$\begin{cases} \boldsymbol{a}_{\mathrm{r}} = \dfrac{\mathrm{d}_{\mathrm{R}}\boldsymbol{W}}{\mathrm{d}t} = \dfrac{\partial_{\mathrm{R}}\boldsymbol{W}}{\partial t} + \boldsymbol{W}\cdot\nabla_{\mathrm{R}}\boldsymbol{W} \\ \boldsymbol{a} = \dfrac{\mathrm{d}_{\mathrm{a}}\boldsymbol{V}}{\mathrm{d}t} = \dfrac{\partial_{\mathrm{a}}\boldsymbol{V}}{\partial t} + \boldsymbol{V}\cdot\nabla_{\mathrm{a}}\boldsymbol{V} \\ \boldsymbol{a}_{\mathrm{e}} = \dfrac{\mathrm{d}_{\mathrm{a}}\boldsymbol{V}_0}{\mathrm{d}t} + \left(\dfrac{\mathrm{d}_{\mathrm{a}}\boldsymbol{\Omega}}{\mathrm{d}t}\right)\times\boldsymbol{r}_{\mathrm{R}} + \boldsymbol{\Omega}\times(\boldsymbol{\Omega}\times\boldsymbol{r}_{\mathrm{R}}) \\ \boldsymbol{a}_{\mathrm{c}} = 2\boldsymbol{\Omega}\times\boldsymbol{W} \\ \boldsymbol{V}_0 = \dfrac{\mathrm{d}_{\mathrm{a}}\boldsymbol{r}_0}{\mathrm{d}t} \\ \boldsymbol{V}_{\mathrm{e}} = \boldsymbol{V}_0 + \boldsymbol{\Omega}\times\boldsymbol{r}_{\mathrm{R}} \\ \boldsymbol{W} = \dfrac{\mathrm{d}_{\mathrm{R}}\boldsymbol{r}_{\mathrm{R}}}{\mathrm{d}t} \end{cases} \tag{6.5.17}$$

式中，$\boldsymbol{a}$，$\boldsymbol{a}_{\mathrm{r}}$，$\boldsymbol{a}_{\mathrm{e}}$ 与 $\boldsymbol{a}_{\mathrm{c}}$ 分别为绝对加速度，相对加速度，牵连加速度与 Coriolis 加速度；$\boldsymbol{V}_0$ 与 $\boldsymbol{\Omega}\times\boldsymbol{r}_{\mathrm{R}}$ 分别为相对坐标系平移牵连速度与旋转牵连速度；$\boldsymbol{\Omega}\times(\boldsymbol{\Omega}\times\boldsymbol{r}_{\mathrm{R}})$ 为向心加速度；$\boldsymbol{W}$ 为流体质点的相对速度；$\dfrac{\partial_{\mathrm{a}}}{\partial t}$ 表示对绝对观察者而言所观察到的关于时间的偏导数；$\dfrac{\partial_{\mathrm{R}}}{\partial t}$ 表示对相对观察者而言所观察到的关于时间的偏导数；算子 ∇_{R} 与 ∇_{a} 分别表示在相对坐标系 (ξ^1,ξ^2,ξ^3) 中与在绝对坐标系 (x^1,x^2,x^3) 中进行 Hamilton（哈密顿）算子的计算。

在两类坐标系的相互转换中，下面两个关系式也非常重要，它们是：

$$\frac{\partial_{\mathrm{a}}q}{\partial t} = \frac{\partial_{\mathrm{R}}q}{\partial t} - (\boldsymbol{\Omega}\times\boldsymbol{r}_{\mathrm{R}})\cdot\nabla_{\mathrm{R}}q \tag{6.5.18}$$

$$\frac{\partial_{\mathrm{a}}\boldsymbol{B}}{\partial t} = \frac{\partial_{\mathrm{R}}\boldsymbol{B}}{\partial t} + \boldsymbol{\Omega}\times\boldsymbol{B} - (\boldsymbol{\Omega}\times\boldsymbol{r}_{\mathrm{R}})\cdot\nabla_{\mathrm{R}}\boldsymbol{B} \tag{6.5.19}$$

式中，q 与 $\boldsymbol{B}$ 的定义同式(6.5.13)与式(6.5.14)。

在叶轮机械气动热力学中，常采用 $\boldsymbol{r}_0 = 0$ 的特殊相对坐标系，在这种特殊相对坐标系下式(6.5.15)与式(6.5.16)简化为：

$$\boldsymbol{V} = \boldsymbol{W} + \boldsymbol{\Omega}\times\boldsymbol{r}_{\mathrm{R}} \tag{6.5.20}$$

$$\boldsymbol{a} = \frac{\mathrm{d}_{\mathrm{a}}\boldsymbol{V}}{\mathrm{d}t} = \frac{\mathrm{d}_{\mathrm{R}}\boldsymbol{W}}{\mathrm{d}t} + 2\boldsymbol{\Omega}\times\boldsymbol{W} + \boldsymbol{\Omega}\times(\boldsymbol{\Omega}\times\boldsymbol{r}_{\mathrm{R}}) + \left(\frac{\mathrm{d}_{\mathrm{a}}\boldsymbol{\Omega}}{\mathrm{d}t}\right)\times\boldsymbol{r}_{\mathrm{R}} = \frac{\partial_{\mathrm{a}}\boldsymbol{V}}{\partial t} + \boldsymbol{V}\cdot\nabla_{\mathrm{a}}\boldsymbol{V} \tag{6.5.21}$$

注意：

$$\boldsymbol{\Omega}\times(\boldsymbol{\Omega}\times\boldsymbol{r}_{\mathrm{R}}) = -\Omega^2\,\nabla_{\mathrm{R}}\left(\frac{r^2}{2}\right) \tag{6.5.22}$$

式中，r 为流体质点离旋转轴的距离即柱坐标系中的 r 坐标。

当 $\boldsymbol{\Omega} = \mathrm{const}$ 时，则式(6.5.21)被简化为：

$$\frac{\mathrm{d_a}\boldsymbol{V}}{\mathrm{d}t}=\frac{\mathrm{d_R}\boldsymbol{W}}{\mathrm{d}t}+2\boldsymbol{\Omega}\times\boldsymbol{W}-\nabla_{\mathrm{R}}\left(\frac{\Omega^2 r^2}{2}\right)=\frac{\partial_{\mathrm{R}}\boldsymbol{W}}{\partial t}+\nabla_{\mathrm{R}}\left(\frac{W^2}{2}\right)-\boldsymbol{W}\times(\nabla_{\mathrm{a}}\times\boldsymbol{V})-\nabla_{\mathrm{R}}\left(\frac{\Omega^2 r^2}{2}\right) \tag{6.5.23}$$

另外,下列几个关系式也是常用的,即:

$$\begin{cases}\nabla_{\mathrm{a}}q=\nabla_{\mathrm{R}}q\\ \nabla_{\mathrm{a}}\cdot\boldsymbol{B}=\nabla_{\mathrm{R}}\cdot\boldsymbol{B}\\ \nabla_{\mathrm{a}}\boldsymbol{B}=\nabla_{\mathrm{R}}\boldsymbol{B}\\ \nabla_{\mathrm{a}}\times\boldsymbol{B}=\nabla_{\mathrm{R}}\times\boldsymbol{B}\\ \nabla_{\mathrm{a}}\cdot\boldsymbol{V}=\nabla_{\mathrm{R}}\cdot\boldsymbol{W}\\ \nabla_{\mathrm{a}}\times\boldsymbol{V}=\nabla_{\mathrm{R}}\times\boldsymbol{W}+2\boldsymbol{\Omega}\end{cases} \tag{6.5.24}$$

式中,q 为任意标量;$\boldsymbol{B}$ 为任意矢量。

在叶轮机械气体动力学中,常引进滞止转子焓(Total Rothalpy 或 Stagnation Rothalpy) I 的概念,它首次由吴仲华教授引入并定义为:

$$I=h+\frac{\boldsymbol{W}\cdot\boldsymbol{W}}{2}-\frac{(\Omega r)^2}{2} \tag{6.5.25}$$

式中,h 为静焓;r 为柱坐标系下的 r 值。

于是 $\Omega=\mathrm{const}$ 时的非惯性坐标系(相对坐标系)下,叶轮机械三维流动的基本方程组为:

$$\frac{\partial_{\mathrm{R}}\rho}{\partial t}+\nabla\cdot(\rho\boldsymbol{W})=0 \tag{6.5.26a}$$

$$\frac{\mathrm{d_R}\boldsymbol{W}}{\mathrm{d}t}+2\boldsymbol{\Omega}\times\boldsymbol{W}+\boldsymbol{\Omega}\times(\boldsymbol{\Omega}\times\boldsymbol{r})=-\frac{1}{\rho}\nabla p+\frac{1}{\rho}\nabla\cdot\boldsymbol{\Pi} \tag{6.5.26b}$$

$$\frac{\mathrm{d_R}I}{\mathrm{d}t}=\frac{1}{\rho}\frac{\partial_{\mathrm{R}}p}{\partial t}+\dot{q}+\frac{1}{\rho}\nabla\cdot(\boldsymbol{\Pi}\cdot\boldsymbol{W}) \tag{6.5.26c}$$

式中,$\boldsymbol{\Pi}$, p, ρ 分别为黏性应力张量,压强,密度;$\dot{q}$ 为外界对每单位质量气体的传热率,它与熵 S,温度 T,耗散函数 Φ 之间的关系为:

$$T\frac{\mathrm{d}S}{\mathrm{d}t}=\dot{q}+\frac{\Phi}{\rho} \tag{6.5.27}$$

借助于式(6.5.27),则 Crocco 形式的绝对运动方程与相对运动方程分别为:

$$\frac{\partial_{\mathrm{a}}\boldsymbol{V}}{\partial t}+(\nabla\times\boldsymbol{V})\times\boldsymbol{V}=T\nabla S-\nabla H+\frac{1}{\rho}\nabla\cdot\boldsymbol{\Pi} \tag{6.5.28}$$

$$\frac{\partial_{\mathrm{R}}\boldsymbol{W}}{\partial t}+(\nabla\times\boldsymbol{V})\times\boldsymbol{W}=T\nabla S-\nabla I+\frac{1}{\rho}\nabla\cdot\boldsymbol{\Pi} \tag{6.5.29}$$

式中,H 为总焓,其表达式为:

$$H=h+\frac{1}{2}(\boldsymbol{V}\cdot\boldsymbol{V}) \tag{6.5.30a}$$

相应地,能量方程可以写为:

$$\frac{\mathrm{d_a}H}{\mathrm{d}t}=\frac{1}{\rho}\frac{\partial_{\mathrm{a}}p}{\partial t}+\dot{q}+\frac{1}{\rho}\nabla\cdot(\boldsymbol{\Pi}\cdot\boldsymbol{V}) \tag{6.5.30b}$$

借助于式(6.5.23)，则在流体为正压条件下式(6.5.26b)又可表达为：

$$\frac{\partial_R \boldsymbol{W}}{\partial t}+\boldsymbol{\nabla}_R\left(\frac{W^2}{2}-\frac{\Omega^2 r^2}{2}+\int\frac{\mathrm{d}p}{\rho}\right)=\frac{1}{\rho}\boldsymbol{\nabla}_R\cdot\boldsymbol{\Pi}+\boldsymbol{W}\times(\boldsymbol{\nabla}_R\times\boldsymbol{W})-2\boldsymbol{\Omega}\times\boldsymbol{W} \tag{6.5.31}$$

对于定常、无黏、正压流体，则式(6.5.31)可变为：

$$\boldsymbol{\nabla}_R\left(\frac{W^2}{2}-\frac{(\Omega r)^2}{2}+\int\frac{\mathrm{d}p}{\rho}\right)=\boldsymbol{W}\times(\boldsymbol{\nabla}\times\boldsymbol{V}) \tag{6.5.32}$$

如果用任一微元长度矢量 d$\boldsymbol{S}$ 与式(6.5.32)作数性积，便有：

$$\mathrm{d}\left(\frac{W^2}{2}-\frac{(\Omega r)^2}{2}+\int\frac{\mathrm{d}p}{\rho}\right)=[\boldsymbol{W}\times(\boldsymbol{\nabla}\times\boldsymbol{V})]\cdot\mathrm{d}\boldsymbol{S} \tag{6.5.33}$$

显然，欲使式(6.5.33)可积，则必须使式(6.5.33)等号右端的三个矢量 $\boldsymbol{W}$，$\boldsymbol{\nabla}\times\boldsymbol{V}$ 与 d$\boldsymbol{S}$ 共面，或其中某一个矢量为零，或其中任两个矢量平行。这里仅讨论如下三种情况：

(1) 当 $\boldsymbol{W}$ 与 $\boldsymbol{\nabla}\times\boldsymbol{V}$ 平行，即相对运动的流线与绝对运动的涡线相重合时，则借助于式(6.5.33)此时在全流场有：

$$\frac{W^2}{2}-\frac{(\Omega r)^2}{2}+\int\frac{\mathrm{d}p}{\rho}=\text{const}\quad(\text{沿全流场}) \tag{6.5.34}$$

此积分称为 Lamb 积分。显然，这个积分沿全流场成立。

(2) 当 d$\boldsymbol{S}$ 与 $\boldsymbol{W}$ 平行，即这时积分路线是沿流线进行，借助于式(6.5.33)于是沿着每一条流线有：

$$\frac{W^2}{2}-\frac{(\Omega r)^2}{2}+\int\frac{\mathrm{d}p}{\rho}=\text{const}\quad(\text{沿流线}) \tag{6.5.35}$$

而沿着不同的流线，其积分常数可以不同。这里，式(6.5.35)便称为非惯性相对坐标系中的 Bernoulli 积分。显然，这个积分只在每一条流线上成立，

(3) 当 d$\boldsymbol{S}$ 与 $\boldsymbol{\nabla}\times\boldsymbol{V}$ 平行时，借助于式(6.5.33)于是沿着每一条涡线有下式成立：

$$\frac{W^2}{2}-\frac{(\Omega r)^2}{2}+\int\frac{\mathrm{d}p}{\rho}=\text{const}\quad(\text{沿涡线}) \tag{6.5.36}$$

显然，沿不同的涡线，其积分常数可以不同。

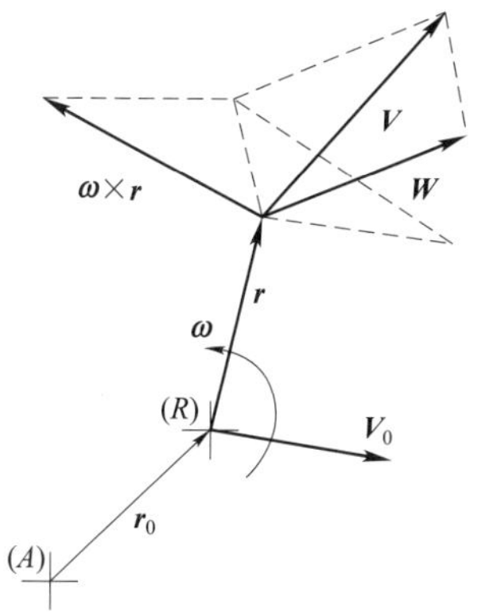

图 6.10　惯性系与非惯性系

设非惯性坐标系 R 相对于惯性坐标系 A 同时作平动与旋转运动，并且令这时平动速度为 $\boldsymbol{V}_0$，转动角速度为 $\boldsymbol{\omega}$，如图 6.10 所示。如果令 $\boldsymbol{V}$ 为绝对速度，$\boldsymbol{W}$ 为相对速度，显然此时有：

$$\boldsymbol{V}=\boldsymbol{W}+\boldsymbol{\omega}\times\boldsymbol{r}+\boldsymbol{V}_0 \tag{6.5.37}$$

很容易证明有下式成立，即：

$$\frac{\mathrm{d_a}\boldsymbol{V}}{\mathrm{d}t}=\frac{\mathrm{d_a}\boldsymbol{V}_0}{\mathrm{d}t}+\frac{\mathrm{d_r}\boldsymbol{W}}{\mathrm{d}t}+2\boldsymbol{\omega}\times\boldsymbol{W}+\boldsymbol{\omega}\times(\boldsymbol{\omega}\times\boldsymbol{r})+\frac{\mathrm{d_a}\boldsymbol{\omega}}{\mathrm{d}t}\times\boldsymbol{r} \tag{6.5.38}$$

考虑到绝对坐标系中的动量方程后，式(6.5.38)又

可变为：

$$\rho\frac{\mathrm{d_r}\boldsymbol{W}}{\mathrm{d}t}=\rho\boldsymbol{f}+\boldsymbol{\nabla}\cdot\boldsymbol{\pi}-\left[\rho\frac{\mathrm{d_a}\boldsymbol{V}_0}{\mathrm{d}t}+2\rho\boldsymbol{\omega}\times\boldsymbol{W}+\rho\boldsymbol{\omega}\times(\boldsymbol{\omega}\times\boldsymbol{r})+\rho\frac{\mathrm{d_a}\boldsymbol{\omega}}{\mathrm{d}t}\times\boldsymbol{r}\right] \tag{6.5.39}$$

这就是非惯性坐标系中的动量方程。

在式(6.5.38)与式(6.5.39)中，$\frac{\mathrm{d_a}}{\mathrm{d}t}$ 表示绝对坐标系中进行求导运算，$\frac{\mathrm{d_r}}{\mathrm{d}t}$ 表示在运动坐标系（又称相对坐标系）中进行求导运算。另外，在式(6.5.39)中，$\boldsymbol{f}$ 与 $\boldsymbol{\pi}$ 分别代表体积力与应力张量。

从方程式(6.5.39)出发，在 $\boldsymbol{\omega}$ 为常矢量，$\boldsymbol{V}_0$ 为常矢量的假设下容易证明有下列三个式子成立：

(1) 对于理想流体则式(6.5.39)可以退化为如下形式，即：

$$\frac{\partial_r\boldsymbol{W}}{\partial t}+\boldsymbol{\nabla}\left(\frac{\boldsymbol{W}\cdot\boldsymbol{W}}{2}\right)-\boldsymbol{W}\times(\boldsymbol{\nabla}\times\boldsymbol{W})=\boldsymbol{f}-\frac{\boldsymbol{\nabla}p}{\rho}-2\boldsymbol{\omega}\times\boldsymbol{W}+\boldsymbol{\nabla}\left[\frac{(\boldsymbol{\omega}\times\boldsymbol{r})^2}{2}\right] \tag{6.5.40a}$$

(2) 如果引入正压流体、体积力（又称质量力）有势的假设时，则式(6.5.39)又可变为如下形式：

$$\frac{\partial_r\boldsymbol{W}}{\partial t}+\boldsymbol{\nabla}\left[\frac{\boldsymbol{W}\cdot\boldsymbol{W}}{2}-\frac{(\boldsymbol{\omega}\times\boldsymbol{r})^2}{2}+G+\int\frac{\mathrm{d}p}{\rho}\right]=\boldsymbol{W}\times(\boldsymbol{\nabla}\times\boldsymbol{W})-2\boldsymbol{\omega}\times\boldsymbol{W} \tag{6.5.40b}$$

式中，G 为 $\boldsymbol{f}$ 的势函数。

(3) 对于正压流体、体积力有势的流场，如果在相对坐标系中沿流线取线元 $d\boldsymbol{r}$ 去点乘式(6.5.40b)等号两边各项，可以证明沿流线积分时有：

$$\int\frac{\partial_r W}{\partial t}\mathrm{d}l+\frac{\boldsymbol{W}\cdot\boldsymbol{W}}{2}+G+\int\frac{\mathrm{d}p}{\rho}-\frac{(\boldsymbol{\omega}\times\boldsymbol{r})^2}{2}=C_0 \tag{6.5.40c}$$

式中，C_0 为积分常数。

注意：式(6.5.40c)等号左边第一项中 W 为矢量 $\boldsymbol{W}$ 的模，而且 $\mathrm{d}l=|\mathrm{d}\boldsymbol{r}|$。

6.6 涡量、胀量与螺旋量的概念以及涡量场的空间特性

6.6.1 涡动力学中的几个基本概念以及有关符号的定义

如果涡量与胀量分别用符号 $\boldsymbol{\omega}$ 与 θ 表示，即：

$$\boldsymbol{\omega}\equiv\boldsymbol{\nabla}\times\boldsymbol{V} \tag{6.6.1}$$

$$\theta\equiv\boldsymbol{\nabla}\cdot\boldsymbol{V} \tag{6.6.2}$$

并令应力张量、黏性应力张量、变形率张量以及面应变率张量分别用符号 $\boldsymbol{\pi}$、$\boldsymbol{\Pi}$、$\boldsymbol{D}$ 及

$\boldsymbol{B}$，即：

$$\boldsymbol{\pi} = (-p+\lambda\theta)\boldsymbol{I}+2\mu\boldsymbol{D} = \left[-p+\left(\mu_{\mathrm{b}}-\frac{2}{3}\mu\right)\theta\right]\boldsymbol{I}+2\mu\boldsymbol{D} \tag{6.6.3a}$$

$$\boldsymbol{\pi} = -p\boldsymbol{I}+\boldsymbol{\Pi} = (-p+\mu'\theta)\boldsymbol{I}+2\mu\boldsymbol{\Omega}+2\mu\boldsymbol{B}^{\mathrm{T}}) \tag{6.6.3b}$$

$$\boldsymbol{\Pi} = 2\mu\boldsymbol{D}+\lambda\theta\boldsymbol{I} \tag{6.6.4a}$$

$$\boldsymbol{\Pi} = \mu[\nabla\boldsymbol{V}+(\nabla\boldsymbol{V})^{\mathrm{T}}]+\left(\mu_{\mathrm{b}}-\frac{2}{3}\mu\right)\theta\boldsymbol{I} \tag{6.6.4b}$$

$$\boldsymbol{D} = \frac{1}{2}[\nabla\boldsymbol{V}+(\nabla\boldsymbol{V})^{\mathrm{T}}] \tag{6.6.5}$$

$$\boldsymbol{B} = \nabla\boldsymbol{V}-\theta\boldsymbol{I} \tag{6.6.6}$$

式中，$\boldsymbol{B}^{\mathrm{T}}$ 表示 $\boldsymbol{B}$ 的转置；μ_{b} 为体积膨胀系数。

μ，λ 与 μ_b 间的关系为：

$$\lambda = \mu_{\mathrm{b}}-\frac{2}{3}\mu \tag{6.6.7a}$$

在式(6.6.3b)中，μ' 与 $\boldsymbol{\Omega}$ 的定义分别为：

$$\mu' = \lambda+2\mu \tag{6.6.7b}$$

$$\boldsymbol{\Omega} = \frac{1}{2}[\nabla\boldsymbol{V}-(\nabla\boldsymbol{V})^{\mathrm{T}}] \tag{6.6.8}$$

式中，μ' 为胀压黏性系数。

显然，有：

$$\nabla\boldsymbol{V} = \boldsymbol{D}+\boldsymbol{\Omega} \tag{6.6.9}$$

如果令 $\boldsymbol{\pi}^*$ 的表达式为：

$$\boldsymbol{\pi}^* = (-p+\mu'\theta)\boldsymbol{I}+2\mu\boldsymbol{\Omega} \tag{6.6.10a}$$

于是，应力张量 $\boldsymbol{\pi}$ 便可以表示为：

$$\boldsymbol{\pi} = \boldsymbol{\pi}^*+2\mu\boldsymbol{B}^{\mathrm{T}} \tag{6.6.10b}$$

现考虑任一空间曲面，令 $\boldsymbol{n}$ 为该曲面的单位法矢量，引进面应力 $\boldsymbol{t}$ 与面变形应力 $\boldsymbol{t}_{\mathrm{s}}$ 的概念，于是 $\boldsymbol{t}$ 与 $\boldsymbol{t}_{\mathrm{s}}$ 的表达式分别为：

$$\boldsymbol{t} = \boldsymbol{n}\cdot\boldsymbol{\pi} = \boldsymbol{t}_{\mathrm{s}}+\boldsymbol{t}^* \tag{6.6.11a}$$

$$\boldsymbol{t}_{\mathrm{s}} = 2\mu\boldsymbol{B}\cdot\boldsymbol{n} = 2\mu\boldsymbol{n}\cdot\boldsymbol{B}^{\mathrm{T}} \tag{6.6.11b}$$

而式(6.6.11a)中 $\boldsymbol{t}^*$ 的定义为：

$$\boldsymbol{t}^* \equiv \boldsymbol{n}\cdot\boldsymbol{\pi}^* = \mu\boldsymbol{\omega}\times\boldsymbol{n}+\widetilde{b}\,\boldsymbol{n} \tag{6.6.11c}$$

式中，标量 $\widetilde{b}$ 的定义为

$$\widetilde{b} \equiv -p+\mu'\theta = -p+(\lambda+2\mu)\theta \tag{6.6.11d}$$

在涡动力学中，涡是流体运动的肌腱，涡是流体运动中必然要遇到的最基本概念，而在涡的分析中，螺旋量($\boldsymbol{\omega}\cdot\boldsymbol{V}$)与 Lamb 矢量($\boldsymbol{\omega}\times\boldsymbol{V}$)又是经常会遇到的两个基本概念，显然涡线沿流线的正交分解为：

$$\boldsymbol{\omega} = \frac{\boldsymbol{\omega} \cdot \mathbf{V}}{|\mathbf{V} \cdot \mathbf{V}|}\mathbf{V} + \mathbf{V} \times \frac{\boldsymbol{\omega} \times \mathbf{V}}{|\mathbf{V} \cdot \mathbf{V}|} \tag{6.6.12}$$

将式(6.6.12)两边点积 $\boldsymbol{\omega}$ 后便得如下恒等式：

$$\boldsymbol{\omega} \cdot \boldsymbol{\omega} = \frac{|\boldsymbol{\omega} \cdot \mathbf{V}|^2}{|\mathbf{V} \cdot \mathbf{V}|} + \frac{|\boldsymbol{\omega} \times \mathbf{V}|^2}{|\mathbf{V} \cdot \mathbf{V}|} \tag{6.6.13}$$

6.6.2 涡量场的空间特性

在进行涡量场与流场的分析中，常引入沿流线正交的自然坐标系：令沿流线方向上的弧线为 s，单位切矢量为 $\boldsymbol{\tau}$，指向流线曲率中心的单位法矢量（主法矢量）为 $\boldsymbol{n}$，而单位副法矢量为 $\boldsymbol{b}$，于是（$\boldsymbol{\tau}, \boldsymbol{n}, \boldsymbol{b}$）构成一组右手正交曲线标架。在这组标架中，速度 $\mathbf{V}$ 与涡量 $\boldsymbol{\omega}$ 可分别表示为：

$$\mathbf{V} = V\boldsymbol{\tau} = \{V, 0, 0\} \tag{6.6.14}$$

$$\begin{aligned}\boldsymbol{\omega} &= \boldsymbol{\tau}\omega_{\mathrm{s}} + \boldsymbol{n}\omega_{\mathrm{n}} + \boldsymbol{b}\omega_{\mathrm{b}} \\ &= \nabla \times (V\boldsymbol{\tau}) = (\nabla V) \times \boldsymbol{\tau} + V(\nabla \times \boldsymbol{\tau}) \\ &= \left(\boldsymbol{n}\frac{\partial V}{\partial b} - \boldsymbol{b}\frac{\partial V}{\partial n}\right) + (K_3 V\boldsymbol{\tau} + K_1 V\boldsymbol{b}) \\ &= K_3 V\boldsymbol{\tau} + \boldsymbol{n}\frac{\partial V}{\partial b} + \left(K_1 V - \frac{\partial V}{\partial n}\right)\boldsymbol{b} = \{\omega_{\mathrm{s}}, \omega_{\mathrm{n}}, \omega_{\mathrm{b}}\}\end{aligned} \tag{6.6.15}$$

式中，（$\boldsymbol{\tau}, \boldsymbol{n}, \boldsymbol{b}$）间的关系为：

$$\boldsymbol{b} = \boldsymbol{\tau} \times \boldsymbol{n} \tag{6.6.16}$$

在式(6.6.15)中 K_1 为空间流线的曲率，K_3 定义为：

$$K_3 \equiv \boldsymbol{\tau} \cdot (\nabla \times \boldsymbol{\tau}) = \boldsymbol{b} \cdot \frac{\partial \boldsymbol{\tau}}{\partial n} - \boldsymbol{n} \cdot \frac{\partial \boldsymbol{\tau}}{\partial b} \tag{6.6.17}$$

如果令 K_2 为流线的挠率，则 K_1，K_2 满足 Frenet-Serrent 公式，即：

$$\begin{cases}\dfrac{\partial \boldsymbol{\tau}}{\partial s} = K_1 \boldsymbol{n} \\[2ex] \dfrac{\partial \boldsymbol{n}}{\partial s} = -K_1 \boldsymbol{\tau} + K_2 \boldsymbol{b} \\[2ex] \dfrac{\partial \boldsymbol{b}}{\partial s} = -K_2 \boldsymbol{n}\end{cases} \tag{6.6.18}$$

应当指出的是，上面给出的仅是分析涡量场常选用的正交曲线坐标系。其实，涡量场本身最基本的空间特性应是 Helmholtz 第一涡定理和总涡量定理，它们分别体现了面积分特性与体积分特性。另外，重要的是：Helmholtz 第一涡定理连同壁面处的黏附条件(Adherence Condition)，排除了涡管中止于非旋转壁面的可能性；此外，涡量定理及其高阶矩推广对涡量的可能分布给出了运动学约束。对于这些重要内容，在本书有关章节已有讲述，这里就不再展开论述。

6.7　涡动力学中的几个基本方程

6.7.1　涡量输运方程

如果引入涡量 $\boldsymbol{\omega}$ 与胀量 θ 的概念，并假设运动黏性系数 $\dfrac{\mu}{\rho}$ 均布时，则式(6.4.26)或者式(6.4.27)可变为如下形式：

$$\frac{\mathrm{d}\boldsymbol{\omega}}{\mathrm{d}t}-(\boldsymbol{\omega}\cdot\nabla)\boldsymbol{V}+\boldsymbol{\omega}\theta=\nabla\times\boldsymbol{f}+\frac{1}{\rho^2}(\nabla\rho)\times(\nabla p)+\frac{\mu}{\rho}\nabla^2\boldsymbol{\omega}\tag{6.7.1a}$$

$$\frac{\mathrm{d}\boldsymbol{\omega}}{\mathrm{d}t}-(\boldsymbol{\omega}\cdot\nabla)\boldsymbol{V}+\boldsymbol{\omega}\theta=\nabla\times\boldsymbol{f}+(\nabla T)\times(\nabla S)+\frac{\mu}{\rho}\nabla^2\boldsymbol{\omega}\tag{6.7.1b}$$

式(6.7.1a)、式(6.7.1b)便是涡量输运方程(又称涡量动力学方程)的两种常用形式。为了展示涡动力学中的更多结果，这里直接从如下形式的动力学方程，即：

$$\rho\frac{\mathrm{d}\boldsymbol{V}}{\mathrm{d}t}=\rho\boldsymbol{f}+\nabla(-p+\lambda\theta)+\nabla\cdot(2\mu\boldsymbol{D})\tag{6.7.2}$$

出发去推导涡量输运方程。在 μ 与 λ 均布的假设下，并注意到：

$$\nabla\cdot(2\boldsymbol{D})=\nabla^2\boldsymbol{V}+\nabla\theta\tag{6.7.3a}$$

$$\nabla^2\boldsymbol{V}=\nabla\theta-\nabla\times\boldsymbol{\omega}\tag{6.7.3b}$$

于是，式(6.7.2)又可简化为如下形式：

$$\rho\frac{\mathrm{d}\boldsymbol{V}}{\mathrm{d}t}=\rho\boldsymbol{f}-\nabla p+\mu'\nabla\theta-\mu\nabla\times\boldsymbol{\omega}=\rho\boldsymbol{f}+\nabla(\mu'\theta-p)-\nabla\times(\mu\boldsymbol{\omega})\tag{6.7.4a}$$

注意：式(6.6.11d)，则式(6.7.4a)又可写为：

$$\rho\frac{\mathrm{d}\boldsymbol{V}}{\mathrm{d}t}=\rho\boldsymbol{f}+\nabla\widetilde{b}-\nabla\times(\mu\boldsymbol{\omega})=\rho\boldsymbol{a}\tag{6.7.4b}$$

或者：

$$\frac{\mathrm{d}\boldsymbol{V}}{\mathrm{d}t}=\boldsymbol{a}=\boldsymbol{f}+\frac{\nabla\widetilde{b}}{\rho}-\frac{\nabla\times(\mu\boldsymbol{\omega})}{\rho}\tag{6.7.4c}$$

由 μ 与 ρ 均布的假设及式(6.4.17)，则式(6.7.4c)又可变为：

$$\frac{\mathrm{d}\boldsymbol{V}}{\mathrm{d}t}=\boldsymbol{a}=\boldsymbol{f}+(T\nabla S-\nabla h)+\nabla\left(\frac{\mu'}{\rho}\theta\right)-\nabla\times\left(\frac{\mu}{\rho}\boldsymbol{\omega}\right)\tag{6.7.4d}$$

将式(6.7.4d)左边取旋度并注意到：

$$\nabla\cdot(\boldsymbol{V}\boldsymbol{\omega})=\theta\boldsymbol{\omega}+(\boldsymbol{V}\cdot\nabla)\boldsymbol{\omega}\tag{6.7.5a}$$

$$\nabla\cdot(\boldsymbol{\omega}\boldsymbol{V})=\boldsymbol{\omega}\cdot\nabla\boldsymbol{V}=\boldsymbol{\omega}\cdot\boldsymbol{D}=\boldsymbol{D}\cdot\boldsymbol{\omega}\tag{6.7.5b}$$

于是，便可以得到如下表达式，即：

$$\frac{\partial\boldsymbol{\omega}}{\partial t}+\nabla\cdot(\boldsymbol{V}\boldsymbol{\omega}-\boldsymbol{\omega}\boldsymbol{V})=\nabla\times\boldsymbol{a}\tag{6.7.6a}$$

或者：

$$\frac{\partial \boldsymbol{\omega}}{\partial t}+\theta\boldsymbol{\omega}-\nabla\cdot(\boldsymbol{\omega}\boldsymbol{V})=\nabla\times\boldsymbol{a} \tag{6.7.6b}$$

将式(6.7.4d)的右边取旋度可得到：

$$\nabla\times\boldsymbol{a}=\nabla\times\boldsymbol{f}+(\nabla T)\times(\nabla S)+\frac{\mu}{\rho}\nabla^2\boldsymbol{\omega} \tag{6.7.7}$$

显然，将式(6.7.6b)与式(6.7.7)相结合便可立刻推出式(6.7.1b)成立。

6.7.2 胀量输运方程

引入总焓 H 的概念，其数学表达式为：

$$H=h+\frac{\boldsymbol{V}\cdot\boldsymbol{V}}{2} \tag{6.7.8}$$

并在式(6.7.4d)的基础上将其改造为 Crocco(克罗柯)类型，于是可得：

$$\frac{\partial \boldsymbol{V}}{\partial t}+\boldsymbol{\omega}\times\boldsymbol{V}=T\nabla S-\nabla H+\frac{1}{\rho}\nabla\cdot\boldsymbol{\Pi}+\boldsymbol{f} \tag{6.7.9a}$$

或者：

$$\frac{\partial \boldsymbol{V}}{\partial t}+\boldsymbol{\omega}\times\boldsymbol{V}-T\nabla S-\boldsymbol{f}=\nabla\left(\frac{\lambda+2\mu}{\rho}\theta-H\right)-\frac{\mu}{\rho}\nabla\times\boldsymbol{\omega}=\nabla\left(\frac{\mu'}{\rho}\theta-H\right)-\frac{\mu}{\rho}\nabla\times\boldsymbol{\omega} \tag{6.7.9b}$$

对式(6.7.9b)求散度，便得到胀量动力学方程，即：

$$\frac{\partial\theta}{\partial t}+\nabla\cdot(\boldsymbol{\omega}\times\boldsymbol{V}-T\nabla S)=\nabla\cdot\boldsymbol{f}+\nabla^2\left(\frac{\mu'}{\rho}\theta-H\right) \tag{6.7.10}$$

另外，由于：

$$\begin{aligned}\nabla\cdot\boldsymbol{a}&=\nabla\cdot\left(\frac{\partial\boldsymbol{V}}{\partial t}+\boldsymbol{V}\cdot\nabla\boldsymbol{V}\right)=\frac{\partial\theta}{\partial t}+\boldsymbol{V}\cdot\nabla\theta+(\nabla\boldsymbol{V})^{\mathrm{T}}:(\nabla\boldsymbol{V})=\frac{\mathrm{d}\theta}{\mathrm{d}t}+\boldsymbol{D}:\boldsymbol{D}-\boldsymbol{\Omega}:\boldsymbol{\Omega}\\&=\frac{\mathrm{d}\theta}{\mathrm{d}t}+\boldsymbol{D}:\boldsymbol{D}+\frac{1}{2}(\boldsymbol{\omega}\cdot\boldsymbol{\omega})\end{aligned} \tag{6.7.11}$$

于是，又可得到另一种形式的胀量输运方程，即：

$$\frac{\mathrm{d}\theta}{\mathrm{d}t}+\boldsymbol{D}:\boldsymbol{D}+\frac{1}{2}(\boldsymbol{\omega}\cdot\boldsymbol{\omega})=\nabla\cdot(\boldsymbol{f}+T\nabla S)+\nabla^2\left(\frac{\mu'}{\rho}\theta-h\right) \tag{6.7.12}$$

应该指出是，由式(6.7.1b)与式(6.7.12)可以清楚地看出：在胀量输运方程中含有涡量，而在涡量输运方程中又含有胀量，两者相互耦合着。

6.7.3 流体在边界上的变形与涡量分析

现考虑固壁面 ∂B 静止时的情况，由黏附条件，因此流体在 ∂B 上一点 $\boldsymbol{x}$ 处的速度 $\boldsymbol{V}(\boldsymbol{x},t)\equiv 0$；为了得到边界上流体元的应变率，在边界 ∂B 上取任意面积 A，则有：

$$(\boldsymbol{n}\times\nabla)\circ\boldsymbol{V}=\boldsymbol{0}\ (\text{在 }\partial B\text{ 上}) \tag{6.7.13a}$$

式中，乘积符号“$\circ$”可以任取，若取“$\circ$”为点积时，有：

$$(\boldsymbol{n}\times\nabla)\circ\boldsymbol{V}=\boldsymbol{n}\cdot\boldsymbol{\omega}=0\ (\text{在}\ \partial B\ \text{上}) \tag{6.7.13b}$$

式(6.7.13b)表明,边界涡量必沿着固壁切向,若"∘"为叉积时,有:

$$(\boldsymbol{n}\times\nabla)\times\boldsymbol{V}=\boldsymbol{n}\cdot\nabla\boldsymbol{V}+\boldsymbol{n}\times\boldsymbol{\omega}-\boldsymbol{n}\theta=0\ (\text{在}\ \partial B\ \text{上}) \tag{6.7.13c}$$

注意到:

$$\boldsymbol{n}\cdot\nabla\boldsymbol{V}+\boldsymbol{n}\times\boldsymbol{\omega}-\boldsymbol{n}\theta=\boldsymbol{n}\cdot(\boldsymbol{D}+\boldsymbol{\Omega})+\boldsymbol{n}\times\boldsymbol{\omega}-\boldsymbol{n}\theta=\boldsymbol{n}\cdot\boldsymbol{D}+\frac{1}{2}(\boldsymbol{n}\times\boldsymbol{\omega})-\theta\boldsymbol{n} \tag{6.7.14}$$

于是在边界 ∂B 上有:

$$2\boldsymbol{n}\cdot\boldsymbol{D}=2\theta\boldsymbol{n}+\boldsymbol{\omega}\times\boldsymbol{n}\ (\text{在}\ \partial B\ \text{上}) \tag{6.7.15}$$

成立。

若"∘"取为张量积时,有:

$$\boldsymbol{n}\times\nabla\boldsymbol{V}=0\ (\text{在}\ \partial B\ \text{上}) \tag{6.7.16}$$

注意到:

$$2\boldsymbol{n}\times\nabla\boldsymbol{V}=2\boldsymbol{n}\times\boldsymbol{D}+(\boldsymbol{n}\cdot\boldsymbol{\omega})\boldsymbol{I}-\boldsymbol{\omega}\boldsymbol{n} \tag{6.7.17}$$

以及式(6.7.13b),于是在边界 ∂B 上,式(6.7.16)可进一步被简化为:

$$2\boldsymbol{n}\times\boldsymbol{D}=\boldsymbol{\omega}\boldsymbol{n}\ (\text{在}\ \partial B\ \text{上}) \tag{6.7.18}$$

现考虑任意一个张量 $\boldsymbol{T}$ 和一个矢量 $\boldsymbol{t}$,于是 $\boldsymbol{T}$ 对 $\boldsymbol{t}$ 的一个正交分解便为:

$$\boldsymbol{T}=\boldsymbol{t}(\boldsymbol{t}\cdot\boldsymbol{T})-\boldsymbol{t}\times(\boldsymbol{t}\times\boldsymbol{T}) \tag{6.7.19}$$

所以这里变形率张量 $\boldsymbol{D}$ 对矢量 $\boldsymbol{n}$ 的正交分解便应该为:

$$\boldsymbol{D}=\boldsymbol{n}(\boldsymbol{n}\cdot\boldsymbol{D})-\boldsymbol{n}\times(\boldsymbol{n}\times\boldsymbol{D}) \tag{6.7.20}$$

注意:

$$\boldsymbol{n}\times(\boldsymbol{\omega}\boldsymbol{n})=-(\boldsymbol{\omega}\times\boldsymbol{n})\boldsymbol{n} \tag{6.7.21}$$

以及式(6.7.15)与式(6.7.18),于是在边界 ∂B 上式(6.7.20)可进一步被简化为:

$$2\boldsymbol{D}=2\theta\boldsymbol{n}\boldsymbol{n}+\boldsymbol{n}(\boldsymbol{\omega}\times\boldsymbol{n})+(\boldsymbol{\omega}\times\boldsymbol{n})\boldsymbol{n}\ (\text{在}\ \partial B\ \text{上}) \tag{6.7.22}$$

6.7.4　总螺旋量方程与总涡量演化方程

涡量方程可以有许多种等价形式,例如:

$$\frac{\mathrm{d}\boldsymbol{\omega}}{\mathrm{d}t}=\boldsymbol{\omega}\cdot\nabla\boldsymbol{V}-\theta\boldsymbol{\omega}+\nabla\times\boldsymbol{a} \tag{6.7.23a}$$

$$\frac{\partial\boldsymbol{\omega}}{\partial t}+\nabla\cdot(\boldsymbol{V}\boldsymbol{\omega}-\boldsymbol{\omega}\boldsymbol{V})=\nabla\times\boldsymbol{a} \tag{6.7.23b}$$

$$\frac{\partial\boldsymbol{\omega}}{\partial t}+\nabla\times(\boldsymbol{\omega}\times\boldsymbol{V})=\nabla\times\boldsymbol{a} \tag{6.7.23c}$$

如果利用连续性方程,则由式(6.7.23a)还容易推出:

$$\frac{\mathrm{d}}{\mathrm{d}t}\left(\frac{\boldsymbol{\omega}}{\rho}\right)=\frac{\boldsymbol{\omega}}{\rho}\cdot\nabla\boldsymbol{V}+\frac{1}{\rho}\nabla\times\boldsymbol{a} \tag{6.7.23d}$$

引进螺旋量 $\boldsymbol{\omega}\cdot\boldsymbol{V}$ 的概念，显然容易推出如下形式的总螺旋量方程，即：

$$\frac{\mathrm{d}}{\mathrm{d}t}\iiint_{\tau(t)}\boldsymbol{\omega}\cdot\boldsymbol{V}\mathrm{d}\tau=2\iiint_{\tau(t)}(\nabla\times\boldsymbol{a})\cdot\boldsymbol{V}\mathrm{d}\tau+\oiint_{\sigma(t)}\left(\frac{\boldsymbol{V}\cdot\boldsymbol{V}}{2}\boldsymbol{\omega}+\boldsymbol{V}\times\boldsymbol{a}\right)\cdot\boldsymbol{n}\mathrm{d}\sigma \tag{6.7.24}$$

式中，$\tau(t)$ 与 $\sigma(t)$ 分别为随着流体一起运动的控制体（$\tau(t)$）与控制面（$\sigma(t)$），而且这里 $\sigma(t)$ 为控制体 $\tau(t)$ 的边界面。

如果选取固定的控制体 V 以及它的边界面 ∂V 于是对式(6.7.23b)积分，并注意到如下恒等式：

$$\boldsymbol{n}\cdot(\boldsymbol{V}\boldsymbol{\omega}-\boldsymbol{\omega}\boldsymbol{V})=(\boldsymbol{\omega}\boldsymbol{V}-\boldsymbol{V}\boldsymbol{\omega})\cdot\boldsymbol{n} \tag{6.7.25}$$

于是可得：

$$\frac{\mathrm{d}}{\mathrm{d}t}\iiint_{V}\boldsymbol{\omega}\mathrm{d}\tau+\oiint_{\partial V}(\boldsymbol{\omega}\boldsymbol{V}-\boldsymbol{V}\boldsymbol{\omega})\cdot\boldsymbol{n}\mathrm{d}\sigma=\iiint_{V}\nabla\times\boldsymbol{a}\mathrm{d}\tau \tag{6.7.26}$$

显然，如果选取随着流体一起运动的 $\tau(t)$ 与 $\sigma(t)$ 时，借助于 Reynolds 输运定理，由式(6.7.26)出发便很容易得到如下表达形式：

$$\frac{\mathrm{d}}{\mathrm{d}t}\iiint_{\tau(t)}\boldsymbol{\omega}\mathrm{d}\tau=\oiint_{\sigma(t)}(\boldsymbol{V}\boldsymbol{\omega})\cdot\boldsymbol{n}\mathrm{d}\sigma+\iiint_{\tau(t)}\nabla\times\boldsymbol{a}\mathrm{d}\tau \tag{6.7.27}$$

上述公式中，$\boldsymbol{a}$ 表示流体的加速度，即：

$$\boldsymbol{a}=\frac{\mathrm{d}\boldsymbol{V}}{\mathrm{d}t} \tag{6.7.28}$$

6.7.5 边界涡量生成率以及相关分析

1963 年，M. J. Lighthill 在文献[177]中给出了如下表达式：

$$\boldsymbol{\sigma}\equiv\frac{\mu}{\rho}\frac{\partial\boldsymbol{\omega}}{\partial n} \tag{6.7.29}$$

将其定义为涡量源强度（Vorticity Source Strength），之后又称其为物面涡量流（Wall Vorticity Flux，WVF），有些文献还称为边界涡量生成率（Boundary Vorticity Flux，BVF），它是边界上单位时间内通过单位面积进入流体旋涡多少的度量，显然它是边界涡量动力学中的最核心概念之一。

首先，将运动方程式(6.7.4c)写为如下形式：

$$\rho\frac{\mathrm{d}\boldsymbol{V}}{\mathrm{d}t}=\rho\boldsymbol{f}+\nabla\widetilde{b}-\nabla\times(\mu\boldsymbol{\omega}) \tag{6.7.30a}$$

在假设 μ 均布时，式(6.7.30a)又可写为：

$$\frac{\mathrm{d}\boldsymbol{V}}{\mathrm{d}t}=\boldsymbol{f}+\frac{\nabla\widetilde{b}}{\rho}-\frac{\mu}{\rho}\nabla\times\boldsymbol{\omega} \tag{6.7.30b}$$

为了便于分析流体在壁面 ∂B 上的切向分量，因此用法向矢量 $\boldsymbol{n}$ 去叉乘式(6.7.30b)，得：

$$\boldsymbol{n}\times\left(\frac{\mathrm{d}\boldsymbol{V}}{\mathrm{d}t}-\boldsymbol{f}-\frac{\nabla\widetilde{b}}{\rho}\right)=-\frac{\mu}{\rho}\boldsymbol{n}\times(\nabla\times\boldsymbol{\omega}) \tag{6.7.31}$$

注意到如下恒等式：

$$\boldsymbol{n}\times(\boldsymbol{\nabla}\times\boldsymbol{\omega})=(\boldsymbol{n}\times\boldsymbol{\nabla})\times\boldsymbol{\omega}-\frac{\partial\boldsymbol{\omega}}{\partial n} \tag{6.7.32}$$

式中 $\frac{\partial\boldsymbol{\omega}}{\partial n}$ 又可表示为：

$$\frac{\partial\boldsymbol{\omega}}{\partial n}=(\boldsymbol{n}\cdot\boldsymbol{\nabla})\boldsymbol{\omega} \tag{6.7.33}$$

借助于式(6.7.32)，则式(6.7.31)可改写为：

$$\boldsymbol{n}\times\left(\frac{\mathrm{d}\boldsymbol{V}}{\mathrm{d}t}-\boldsymbol{f}-\frac{\boldsymbol{\nabla}\,\widetilde{b}}{\rho}\right)=\frac{\mu}{\rho}\frac{\partial\boldsymbol{\omega}}{\partial n}-\frac{\mu}{\rho}(\boldsymbol{n}\times\boldsymbol{\nabla})\times\boldsymbol{\omega} \tag{6.7.34}$$

或者：

$$\boldsymbol{\sigma}=\boldsymbol{\sigma}_{\mathrm{a}}+\boldsymbol{\sigma}_{\mathrm{f}}+\boldsymbol{\sigma}_{\widetilde{\mathrm{b}}}+\boldsymbol{\sigma}_{\tau} \tag{6.7.35a}$$

式中，$\boldsymbol{\sigma}$ 由式(6.7.29)定义，而 $\boldsymbol{\sigma}_{\mathrm{a}}$，$\boldsymbol{\sigma}_{\mathrm{f}}$，$\boldsymbol{\sigma}_{\widetilde{\mathrm{b}}}$ 以及 $\boldsymbol{\sigma}_{\tau}$ 分别是定义在边界 $\partial\boldsymbol{B}$ 上并且分别是由于加速度 $\boldsymbol{a}$ 引起的切向分量、体积力 $\boldsymbol{f}$ 的切向分量、法向应力 $\boldsymbol{b}$ 的切向梯度以及表面摩擦力所引起的 BVF，其具体表达式为：

$$\boldsymbol{\sigma}_{\mathrm{a}}\equiv\boldsymbol{n}\times\frac{\mathrm{d}\boldsymbol{V}}{\mathrm{d}t}=\boldsymbol{n}\times\boldsymbol{a} \tag{6.7.35b}$$

$$\boldsymbol{\sigma}_{\mathrm{f}}\equiv-\boldsymbol{n}\times\boldsymbol{f} \tag{6.7.35c}$$

$$\boldsymbol{\sigma}_{\widetilde{\mathrm{b}}}\equiv-\frac{1}{\rho}\boldsymbol{n}\times(\boldsymbol{\nabla}\,\widetilde{b}) \tag{6.7.35d}$$

$$\boldsymbol{\sigma}_{\tau}\equiv\frac{\mu}{\rho}(\boldsymbol{n}\times\boldsymbol{\nabla})\times\boldsymbol{\omega} \tag{6.7.35e}$$

因篇幅所限，这里不再给出其他方面有关边界涡量流理论以及通过导数矩变换去构建物体表面边界涡量流方面的一些内容，感兴趣者可参阅相关的文献，下面仅扼要给出有关导数矩变换的数学基础。

6.7.6 导数矩变换中的几个基础数学公式

近年来，涡量矩理论和边界涡量流理论已有了一些进展，涡动力学的设计思想已体现在现代飞行器气动布局的设计(例如，飞机中的边条机翼设计以及航空发动机压气机与涡轮叶片的气动设计)之中，一种适用于任意域的导数矩理论也正在完善。导数矩变换所用的基础数学工具主要是高等数学中的分部积分[178,179]. 在最简单的一维情况下，它的表达式为：

$$\int_a^b xf'(x)\mathrm{d}x=[xf(x)]_a^b-\int_a^b f(x)\mathrm{d}x \tag{6.7.36}$$

式中，$f'(x)$ 的表达式为：

$$f'(x)=\frac{\mathrm{d}f}{\mathrm{d}x} \tag{6.7.37}$$

另外，对于任意的标量 ϕ 和任意的矢量 $\boldsymbol{g}$，容易得到在三维空间曲面积分的分部积分式：

$$2\iint_{\sigma}\phi\boldsymbol{n}\,\mathrm{d}\sigma=\oint_{\partial\sigma}\phi\boldsymbol{x}\times\boldsymbol{\tau}\mathrm{d}s-\iint_{\sigma}\boldsymbol{x}\times(\boldsymbol{n}\times\nabla\phi)\mathrm{d}\sigma \tag{6.7.38}$$

$$\iint_{\sigma}\boldsymbol{n}\times\boldsymbol{g}\mathrm{d}\sigma=\oint_{\partial\sigma}\boldsymbol{x}\times(\boldsymbol{\tau}\mathrm{d}s\times\boldsymbol{g})-\iint_{\sigma}\boldsymbol{x}\times[(\boldsymbol{n}\times\nabla)\times\boldsymbol{g}]\mathrm{d}\sigma=-\oint_{\partial\sigma}(\boldsymbol{\tau}\mathrm{d}s\cdot\boldsymbol{g})\boldsymbol{x}+\iint_{\sigma}\boldsymbol{x}(\boldsymbol{n}\times\nabla)\cdot\boldsymbol{g}\mathrm{d}\sigma \tag{6.7.39}$$

式中，σ 为具有边界曲线 $\partial\sigma$ 的曲面；$\boldsymbol{\tau}\mathrm{d}s=\mathrm{d}\boldsymbol{x}$ 代表沿曲线边界的矢量微元，$\boldsymbol{\tau}$ 为单位切向矢量，$\mathrm{d}s$ 为曲线微元弧。本节最后给出动量矩守恒的常用形式。

令 $\boldsymbol{\tau}$ 为控制体的体积，A 为控制面的面积，$\boldsymbol{n}$ 为控制面的外法向单位矢量。令 O 为某参考点，$\boldsymbol{R}$ 为由 O 点到控制面 $\mathrm{d}A$ 或控制体的 $\mathrm{d}\tau$ 矢径，于是由动力学方程：

$$\rho\frac{\mathrm{d}\boldsymbol{V}}{\mathrm{d}t}=\rho\boldsymbol{f}+\nabla\cdot\boldsymbol{\pi} \tag{6.7.40}$$

出发，容易推出动量矩守恒定律，即：

$$\iiint_{\tau}\left[\boldsymbol{R}\times\frac{\partial(\rho\boldsymbol{V})}{\partial t}\right]\mathrm{d}\tau+\oiint_{A}(\boldsymbol{V}\cdot\boldsymbol{n})(\boldsymbol{R}\times\rho\boldsymbol{V})\mathrm{d}A=\iiint\boldsymbol{R}\times\rho\boldsymbol{f}\,\mathrm{d}\tau+\oiint\boldsymbol{R}\times(\boldsymbol{n}\cdot\boldsymbol{\pi})\mathrm{d}A \tag{6.7.41}$$

成立。

6.8 Navier-Stokes 方程的 Stokes-Helmholtz 分解

1. 张量的定向正交分解

令 $\boldsymbol{t}$ 为单位矢量，$\boldsymbol{a}$ 与 $\boldsymbol{T}$ 为任意一个矢量与任意一个张量，于是恒有：

$$\boldsymbol{a}\equiv\boldsymbol{t}(\boldsymbol{t}\cdot\boldsymbol{a})-\boldsymbol{t}\times(\boldsymbol{t}\times\boldsymbol{a}) \tag{6.8.1a}$$

$$\boldsymbol{T}\equiv\boldsymbol{t}(\boldsymbol{t}\cdot\boldsymbol{T})-\boldsymbol{t}\times(\boldsymbol{t}\times\boldsymbol{T}) \tag{6.8.1b}$$

以式(6.8.1a)为例，将 $\boldsymbol{t}(\boldsymbol{t}\cdot\boldsymbol{a})$ 项记为 $\boldsymbol{a}_{\parallel}$，显然 $\boldsymbol{a}_{\parallel}$ 平行 $\boldsymbol{a}$，其中 $\boldsymbol{a}_{\parallel}$ 的表达式为：

$$\boldsymbol{a}_{\parallel}\equiv\boldsymbol{t}(\boldsymbol{t}\cdot\boldsymbol{a}) \tag{6.8.2a}$$

将 $\boldsymbol{a}$ 垂直于 $\boldsymbol{t}$ 的分量记为 $\boldsymbol{a}_{\perp}$，其表达式为：

$$\boldsymbol{a}_{\perp}=\boldsymbol{a}-\boldsymbol{t}(\boldsymbol{t}\cdot\boldsymbol{a})=\boldsymbol{a}-\boldsymbol{a}_{\parallel} \tag{6.8.2b}$$

用 $\boldsymbol{t}$ 叉乘式(6.8.2b)两边，得：

$$\boldsymbol{t}\times\boldsymbol{a}_{\perp}=\boldsymbol{t}\times\boldsymbol{a} \tag{6.8.2c}$$

式(6.8.1a)称为矢量 $\boldsymbol{a}$ 对于给定方向 $\boldsymbol{t}$ 的正交分解。同理，式(6.8.1b)称为张量 $\boldsymbol{T}$ 对给定方向 $\boldsymbol{t}$ 的正交分解。

2. 矢量的 Stokes-Helmholtz 分解以及 Monge 分解

对于任意一个可微的矢量 $\boldsymbol{f}$ 总可以分解为无旋部分与无散部分，即：

$$\boldsymbol{f}\equiv-\nabla\phi+\nabla\times\boldsymbol{A} \tag{6.8.3}$$

也就是说，任意一个可微矢量 $\boldsymbol{f}$ 总可以分解成一个标量 ϕ 的梯度和一个矢量 $\boldsymbol{A}$ 的旋度，因此式(6.8.3)便称为对矢量 $\boldsymbol{f}$ 进行 Stokes-Helmholtz 分解，这里 ϕ 与 $\boldsymbol{A}$ 分别称为矢量 $\boldsymbol{f}$ 的标量势与矢量势。

作为一个特例，在涡动力学中，有：

$$\nabla^2 V = \nabla\theta - \nabla\times\boldsymbol{\omega} \tag{6.8.4}$$

式中，θ 与 $\boldsymbol{\omega}$ 是关于速度场 $\boldsymbol{V}$ 的胀量与涡量。因此，θ 与 $\boldsymbol{\omega}$ 恰是 $\nabla^2\boldsymbol{V}$ 的标量势与矢量势。

在 Stokes-Helmholtz 分解中，如果取 $\nabla\cdot\boldsymbol{A}=0$，于是这时 θ 与 $\boldsymbol{A}$ 便仅有三个独立分量，换句话说可以把一个矢量 $\boldsymbol{f}$ 明显地分解成仅含三个分量的形式，这恰是 Monge 分解的基本思想。

令 ϕ，g 与 h 均为标量函数，则矢量 $\boldsymbol{f}$ 的 Monge 分解为：

$$\boldsymbol{f} = -\nabla\phi + g\nabla h \tag{6.8.5}$$

式中，标量函数 ϕ, g, h 称为矢量 $\boldsymbol{f}$ 的 Monge 势。

如果 ϕ 与 $\boldsymbol{A}$ 分别为对矢量 $\boldsymbol{f}$ 进行 Stokes-Helmholtz 分解时的标量势与矢量势，并且 $\boldsymbol{A}$ 还满足：

$$\nabla\cdot\boldsymbol{A} = 0 \tag{6.8.6a}$$

引入这时 $\boldsymbol{A}$ 对偶的反对称张量 $\boldsymbol{\Omega}$，将 ϕ 与 $\boldsymbol{\Omega}$ 合成一个张量 $\boldsymbol{T}^*$，它们间的表达式为：

$$\boldsymbol{T}^* = \phi\boldsymbol{I} + 2\boldsymbol{\Omega} \tag{6.8.6b}$$

使得：

$$\boldsymbol{f} = -\nabla\cdot\boldsymbol{T}^* \tag{6.8.6c}$$

则称张量 $\boldsymbol{T}^*$ 为矢量 $\boldsymbol{f}$ 的 Stokes-Helmholtz 张量势。

3. Navier-Stokes 方程的 Stokes-Helmholtz 分解

Cauchy-Poisson(柯西-泊松)本构方程由式(6.6.3a)给出。令固壁本身旋转的角速度为 $\boldsymbol{\omega}_{\mathrm{b}}$，于是流体相对于旋转固体的涡量 $\boldsymbol{\omega}'$ 为：

$$\boldsymbol{\omega}' = \boldsymbol{\omega} - 2\boldsymbol{\omega}_{\mathrm{b}} \tag{6.8.7}$$

应力张量在旋转的固体壁面 $\partial\boldsymbol{B}$ 上化为：

$$\boldsymbol{\pi} = -p\boldsymbol{I} + (\lambda\boldsymbol{I} + 2\mu\boldsymbol{nn})\theta + \boldsymbol{n}(\mu\boldsymbol{\omega}'\times\boldsymbol{n}) + (\mu\boldsymbol{\omega}'\times\boldsymbol{n})\boldsymbol{n} \tag{6.8.8}$$

类似于式(6.6.11a)，固壁受到的应力 $\boldsymbol{t}_{\mathrm{B}}$ 为：

$$\boldsymbol{t}_{\mathrm{B}} = \hat{\boldsymbol{n}}\cdot\boldsymbol{\pi} = \widetilde{b}\,\hat{\boldsymbol{n}} + \mu\boldsymbol{\omega}'\times\hat{\boldsymbol{n}} \tag{6.8.9a}$$

式中，$\widetilde{b}\,\hat{\boldsymbol{n}}$ 为法向应力；$\mu\boldsymbol{\omega}'\times\hat{\boldsymbol{n}}$ 为表面摩擦力；

式中 $\widetilde{b}$ 的表达式为：

$$\widetilde{b} \equiv -p + (\lambda + 2\mu)\theta = -p + \mu'\theta \tag{6.8.9b}$$

式中，$\widetilde{b}$ 为胀压变量；μ' 的定义同式(6.6.7b)。

另外，在式(6.8.9a)由 Navier-Stokes 方程的通用形式：

$$\rho \boldsymbol{a} = \rho \frac{\mathrm{d}\mathbf{V}}{\mathrm{d}t} = \rho \boldsymbol{f} + \nabla(-p + \lambda\theta) + \nabla\cdot(2\mu\boldsymbol{D}) \\ = \rho \boldsymbol{f} - \nabla p + (\lambda+\mu)\nabla\theta + \mu\nabla^2\mathbf{V} \tag{6.8.10}$$

对 $\nabla^2\mathbf{V}$ 做 Stokes-Helmholtz 分解，于是式(6.8.10)变为：

$$\rho \boldsymbol{a} = \rho \frac{\mathrm{d}\mathbf{V}}{\mathrm{d}t} = \rho \boldsymbol{f} + \nabla \widetilde{b} - \nabla\times(\mu\boldsymbol{\omega}) \tag{6.8.11a}$$

或者：

$$\rho(\boldsymbol{f} - \boldsymbol{a}) = -\nabla \widetilde{b} + \nabla\times(\mu\boldsymbol{\omega}) \tag{6.8.11b}$$

借助于式(6.8.6)，如果认为力 $\rho(\boldsymbol{f}-\boldsymbol{a})$ 的 Stokes-Helmholtz 张量势为 $\boldsymbol{T}^*$，这里则有：

$$\nabla\cdot\boldsymbol{T}^* = \nabla \widetilde{b} - \nabla\times(\mu\boldsymbol{\omega}) \tag{6.8.12}$$

式中，$\boldsymbol{T}^*$ 不是对称张量，并且它只有三个分量。

由涡量动力学可知，胀压过程的基本波动现象是声波，它是一种纵波，它的膨胀和压缩过程通过法应力进行能量传播；剪切过程的基本波动现象是涡量波，它是一种横波，它是以剪切应力进行能量传播。对于不可压缩流动来讲，则式(6.8.11b)变为：

$$\boldsymbol{f} - \boldsymbol{a} = -\frac{1}{\rho}\nabla \widetilde{b} + \frac{1}{\rho}\nabla\times(\mu\boldsymbol{\omega}) \tag{6.8.13}$$

对于不可压流来说，式(6.8.13)仍是一个 Stokes-Helmholtz 分解，于是这时标量势反映了胀压过程，矢量势反映了剪切过程。对于可压缩流动来讲，因为这时 ρ 为变量，所以需要将式(6.8.13)重新加以整理。由热力学关系：

$$\nabla H - T\nabla S = \frac{1}{\rho}\nabla p + \nabla\left(\frac{1}{2}\mathbf{V}\cdot\mathbf{V}\right) \tag{6.8.14}$$

式中，H 与 S 分别表示总焓与熵。

借助于式(6.8.14)，将 Navier-Stokes 方程改写为 Crocco 型的方程形式，即：

$$\frac{\partial\mathbf{V}}{\partial t} + \boldsymbol{\omega}\times\mathbf{V} - T\nabla S - \boldsymbol{f} = \nabla(-H + \upsilon'_0\theta) - \upsilon_0\nabla\times\boldsymbol{\omega} + \boldsymbol{M}_\rho \tag{6.8.15a}$$

$$\boldsymbol{M}_\rho = (\upsilon'\theta\boldsymbol{I} + 2\upsilon\boldsymbol{\Omega})\cdot\nabla\ln\rho + \nabla(\theta\delta\upsilon') - \nabla\times(\boldsymbol{\omega}\delta\upsilon) \tag{6.8.15b}$$

$$\upsilon = \upsilon_0 + \delta\upsilon, \upsilon' = \upsilon'_0 + \delta\upsilon' \tag{6.8.15c}$$

式(6.8.15b)中，$\boldsymbol{I}$ 为单位张量；$\boldsymbol{\Omega}$ 的定义同式(6.6.8)，它是由 $\nabla\mathbf{V}$ 分解出的反对称旋张量(Spin Tensor)；υ 与 υ' 分别定义为：

$$\upsilon = \frac{\mu}{\rho}, \upsilon' = \frac{\mu'}{\rho} \tag{6.8.15d}$$

式(6.8.15b)中，μ' 的定义同式(6.6.7b)；式(6.8.15c)中，υ_0 与 υ'_0 分别为对相应运动黏性系数的恒定参考值(如可以取为均匀来流的相应值)，符号 $\delta\upsilon$ 与 $\delta\upsilon'$ 为相应增值。

对于流场中密度变化不是太剧烈的可压缩流问题，可以忽略由于密度变化而引起的非线性扩散效应的合并项 $\boldsymbol{M}_\rho$，于是这时式(6.8.15a)可近似为：

$$\frac{\partial \boldsymbol{V}}{\partial t}+\boldsymbol{\omega}\times\boldsymbol{V}-T\,\boldsymbol{\nabla} S-\boldsymbol{f}=\boldsymbol{\nabla}(-H+\upsilon'_0\theta)-\upsilon_0\,\boldsymbol{\nabla}\times\boldsymbol{\omega} \tag{6.8.16}$$

这时，式(6.8.16)等号右边仍是 Stokes-Helmholtz 分解。式(6.8.16)常称为黏性流的 Crocco 方程。这里式(6.8.16)中 $\boldsymbol{f}$ 为单位质量流体所具有的彻体力。

6.9　总拟涡能的演化方程

1. 总涡量的演化过程

对于在物理空间中选取与流体一起运动的控制体 $\tau(t)$ 以及相对应控制面 $\sigma(t)$，借助于 Reynolds 输运定理，可得到关于总涡量演化的式(6.7.27)。

如果流体包围固体，可以证明这时式(6.7.27)等号右端第一项即面积分项为零，于是式(6.7.27)被简化为：

$$\frac{\mathrm{d}}{\mathrm{d}t}\iiint_{\tau(t)}\boldsymbol{\omega}\mathrm{d}\tau=\oiint_{\sigma(t)}\boldsymbol{n}\times\boldsymbol{a}\mathrm{d}\sigma \tag{6.9.1}$$

如果流体内部有以角速度 $\boldsymbol{\omega}_{\mathrm{b}}$ 旋转的固体边界 σ_{b}（它对应的固体体积为 τ_{b}），则有：

$$\oiint_{\sigma(t)}\boldsymbol{n}\times\boldsymbol{a}\mathrm{d}\sigma=-2\tau_{\mathrm{b}}\frac{\mathrm{d}\boldsymbol{\omega}_{\mathrm{b}}}{\mathrm{d}t} \tag{6.9.2}$$

如果固体旋转的角速度 $\boldsymbol{\omega}_{\mathrm{b}}$ 值恒定，则由式(6.9.1)可知总涡量随时间的变化率自然为零。

2. 总拟涡能的演化方程

总拟涡能(Enstrophy，有的译为拟熵)常定义为 $\frac{1}{2}(\boldsymbol{\omega}\cdot\boldsymbol{\omega})$ 的体积分，即：

$$\widetilde{\Omega}(t)\equiv\frac{1}{2}\iiint_{\tau}\rho\boldsymbol{\omega}\cdot\boldsymbol{\omega}\mathrm{d}\tau=\frac{1}{2}\iiint_{\tau}\rho\boldsymbol{\omega}^2\mathrm{d}\tau \tag{6.9.3}$$

注意有下式成立：

$$\frac{\mathrm{d}}{\mathrm{d}t}\left(\frac{1}{2}\boldsymbol{\omega}^2\right)=\boldsymbol{\omega}\cdot\boldsymbol{D}\cdot\boldsymbol{\omega}-\boldsymbol{\omega}^2\theta+\boldsymbol{\omega}\cdot(\boldsymbol{\nabla}\times\boldsymbol{a}) \tag{6.9.4}$$

式中，$\boldsymbol{D}$ 与 $\boldsymbol{a}$ 分别为变形率张量与流体的加速度。

于是由式(6.9.3)可得：

$$\frac{\mathrm{d}}{\mathrm{d}t}\widetilde{\Omega}(t)=\iiint_{\tau}\rho[\boldsymbol{\omega}\cdot\boldsymbol{D}\cdot\boldsymbol{\omega}-\boldsymbol{\omega}^2\theta+\boldsymbol{\omega}\cdot(\boldsymbol{\nabla}\times\boldsymbol{a})]\mathrm{d}\tau \tag{6.9.5}$$

令 $\widetilde{\boldsymbol{\tau}}$ 为沿涡线的单位切向矢量，于是 $(\widetilde{\boldsymbol{\tau}}\cdot\boldsymbol{D}\cdot\widetilde{\boldsymbol{\tau}})$ 表示沿涡线的拉伸率，有：

$$\boldsymbol{\omega}\cdot\boldsymbol{D}\cdot\boldsymbol{\omega}-\boldsymbol{\omega}^2\theta=\boldsymbol{\omega}^2(\widetilde{\boldsymbol{\tau}}\cdot\boldsymbol{D}\cdot\widetilde{\boldsymbol{\tau}}-\theta) \tag{6.9.6}$$

这时式(6.9.5)变为：

$$\frac{\mathrm{d}}{\mathrm{d}t}\widetilde{\Omega}(t)=2\widetilde{\Omega}(t)\overline{M}(t)+\iiint_{\tau}\rho\boldsymbol{\omega}\cdot(\boldsymbol{\nabla}\times\boldsymbol{a})\mathrm{d}\tau \tag{6.9.7}$$

式中，$\overline{M}(t)$ 代表式(6.9.6)等号右边括号中的量作体积分后的中值，$\overline{M}(t)$ 所满足的具体表达式为：

$$2\widetilde{\Omega}(t)\overline{M}(t) \equiv \iiint_{\tau}\rho(\boldsymbol{\omega}\cdot\boldsymbol{D}\cdot\boldsymbol{\omega}-\boldsymbol{\omega}^2\theta)\mathrm{d}\tau = \iiint_{\tau}\boldsymbol{\omega}^2(\rho\widetilde{\boldsymbol{\tau}}\cdot\boldsymbol{D}\cdot\widetilde{\boldsymbol{\tau}}-\rho\theta)\mathrm{d}\tau \quad (6.9.8)$$

因此，式(6.9.7)便为总拟涡能的演化方程。对于不可压缩流动时，文献[175]给出了这个方程各项的物理解释，可供感兴趣者参考。

6.10 非定常可压缩黏流对壁面产生的作用力与力矩

1. 作用在物体上的流体动力主矢量

在空间中任取一点 $P(\boldsymbol{r})$ 做半径为 R 的球，令 R 足够大(图 6.11)，球形区域中既有流体，也有固体。把该区域中的流体与固体看成一个系统，该系统所受到的总力 $\boldsymbol{F}_{\mathrm{T}}$ 包括两部分：作用在固体(系)上的外力 $\boldsymbol{F}_{\mathrm{e}}$(如体积力、电磁力等)以及系统外面的流体作用在系统上的力 $\boldsymbol{F}_{\mathrm{L}}$，它们之间有：

$$\boldsymbol{F}_{\mathrm{T}} = \boldsymbol{F}_{\mathrm{e}} + \boldsymbol{F}_{\mathrm{L}} \quad (6.10.1a)$$

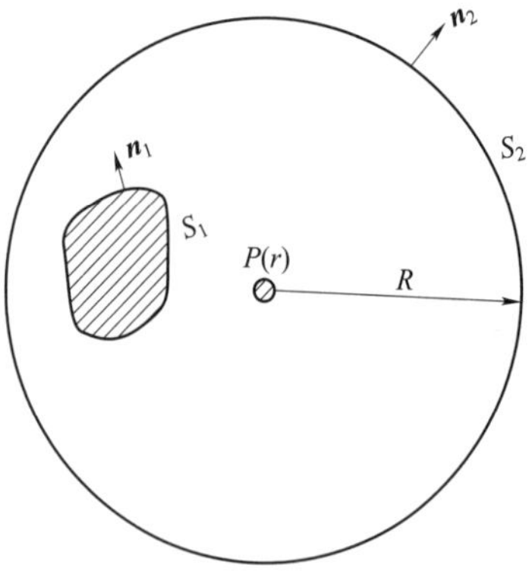

图 6.11 充分大的流体域示图

其中：

$$\boldsymbol{F}_{\mathrm{T}} = \text{系统动量的净变化率} \quad (6.10.1b)$$

写的详细点，便为：

$$\boldsymbol{F}_{\mathrm{T}} = \frac{\mathrm{d}}{\mathrm{d}t}\iiint_{\tau}\widetilde{\rho}\boldsymbol{V}\mathrm{d}\tau + \oiint_{s_2}\rho\boldsymbol{V}(\boldsymbol{n}\cdot\boldsymbol{V})\mathrm{d}\sigma \quad (6.10.2)$$

式中，等号右边第一个体积力为系统内部动量的变化率，$\widetilde{\rho}$ 为密度：在流体域内它等于流体的密度，在固体域内则为固体密度 ρ_j($j=1,2,\cdots,N$；这里 N 为大球域内所包含的物体个数)；第二个积分即面积分是通过 S_2 表面的动量流率。

在大球域内，流体的动力学速度 $\widetilde{\boldsymbol{V}}$ 是以 r^{-n} 的规律迅速趋于零的，因此当 $\boldsymbol{R}$ 足够大时，通过 S_2 面的动量流率可以忽略不计，这里 $\widetilde{\boldsymbol{V}}$ 定义为：

$$\widetilde{\boldsymbol{V}} \equiv \rho\boldsymbol{V} \quad (6.10.3)$$

现在考察图 6.11 所包含的固体系本身。作用在固体系上的力有流体动力 $\boldsymbol{F}$ 和外力 $\boldsymbol{F}_{\mathrm{e}}$，由 Newton 第二定律，得：

$$\boldsymbol{F} = \boldsymbol{F}_{\mathrm{L}} - \frac{\mathrm{d}}{\mathrm{d}t}\iiint_{\tau}\widetilde{\boldsymbol{V}}\mathrm{d}\tau \quad (6.10.4)$$

注意到如下恒等关系式：

$$\widetilde{\boldsymbol{V}} = \frac{1}{c_1}[\boldsymbol{r}\times\widetilde{\boldsymbol{\omega}} + \nabla\cdot(\boldsymbol{r}\widetilde{\boldsymbol{V}}) - \nabla(\boldsymbol{r}\cdot\widetilde{\boldsymbol{V}})] \quad (6.10.5a)$$

对于三维问题，则 $c_1=2$；对于二维问题，则 $c_1=1$。在式(6.10.5a)中，$\widetilde{\boldsymbol{\omega}}$ 为动力学涡量，其表达式为：

$$\widetilde{\boldsymbol{\omega}} \equiv \nabla \times \widetilde{\boldsymbol{V}} \tag{6.10.5b}$$

将式(6.10.5a)代入式(6.10.4)中，并适当整理后，可得：

$$\boldsymbol{F} = -\frac{1}{c_1}\frac{\mathrm{d}\boldsymbol{\alpha}}{\mathrm{d}t} - \frac{1}{c_1}\sum_{j=0}^{N}\left[\frac{\mathrm{d}}{\mathrm{d}t}\oiint_{\sigma_j}\boldsymbol{r}\times(\boldsymbol{n}\times\widetilde{\boldsymbol{V}})\mathrm{d}\sigma\right] \tag{6.10.6a}$$

式中，$\boldsymbol{n}$ 为流体域边界的单位内法向矢量；$\boldsymbol{\alpha}$ 为动力学涡量 $\widetilde{\boldsymbol{\omega}}$ 的一阶矩，其表达式为：

$$\boldsymbol{\alpha} = \iiint_{\tau}\boldsymbol{r}\times\widetilde{\boldsymbol{\omega}}\,\mathrm{d}\tau \tag{6.10.6b}$$

2. 作用在物体上的流体动力主矩

令作用在大球形区域内(图 6.11)系统上的流体动力主矩为 $\boldsymbol{M}_{\mathrm{L}} + \boldsymbol{M}_{\mathrm{e}}$，其中 $\boldsymbol{M}_{\mathrm{L}}$ 是系统外面的流体作用于系统的力矩，$\boldsymbol{M}_{\mathrm{e}}$ 是作用在 S_2 面所包围固体上的外力矩。同理，对固体系应用动量矩定理，得：

$$\boldsymbol{M} = -\frac{\mathrm{d}}{\mathrm{d}t}\iiint_{\tau}\boldsymbol{r}\times\widetilde{\boldsymbol{V}}\,\mathrm{d}\tau \tag{6.10.7}$$

式中，$\boldsymbol{M}$ 为作用在固体系上的流体动力主矩。

另外，注意到如下恒等关系式：

$$\boldsymbol{r}\times\widetilde{\boldsymbol{V}} = -\frac{1}{2}\boldsymbol{r}^2\widetilde{\boldsymbol{\omega}} + \frac{1}{2}\nabla\times(\boldsymbol{r}^2\widetilde{\boldsymbol{V}}) \tag{6.10.8}$$

将式(6.10.8)代入式(6.10.7)中，并适当整理后，可得：

$$\boldsymbol{M} = \frac{1}{2}\frac{\mathrm{d}\boldsymbol{\beta}}{\mathrm{d}t} + \frac{1}{2}\sum_{j=0}^{N}\left[\frac{\mathrm{d}}{\mathrm{d}t}\oiint_{\sigma_j}\boldsymbol{r}^2(\boldsymbol{n}\times\widetilde{\boldsymbol{V}})\mathrm{d}\sigma\right] \tag{6.10.9a}$$

式中，$\boldsymbol{\beta}$ 为动力学涡量 $\widetilde{\boldsymbol{\omega}}$ 的二阶矩(在流体域中定义)，其表达式为：

$$\boldsymbol{\beta} = \iiint_{\tau}\boldsymbol{r}^2\widetilde{\boldsymbol{\omega}}\,\mathrm{d}\tau \tag{6.10.9b}$$

吴镇远先生在文献[174]中给出了推导式(6.10.9a)的细节，可供感兴趣者参考。综上所述，流体作用力主矢主要决定于流场中动力学涡量一阶矩的变化率，而主力矩则主要决定于流场中动力学涡量的二阶矩变化率。在这个变化率中，不仅包含了沿物面的压力作用，也包含有黏性剪切应力的作用。从上面可压缩黏流中力和力矩一般公式推导中可知，式(6.10.6a)与式(6.10.9a)既适用于定常流，也适用于非定常流。

6.11　非定常黏流对壁面产生流体作用力的机理

1. 力的作用机理

由动力学涡量 $\widetilde{\boldsymbol{\omega}}$ 的一阶矩，即 $\boldsymbol{\alpha}$，得：

$$\frac{\mathrm{d}\boldsymbol{\alpha}}{\mathrm{d}t}=\iiint\limits_{\tau_f}\boldsymbol{V}\times\widetilde{\boldsymbol{\omega}}\,\mathrm{d}\tau+\iiint\limits_{\tau_f}\boldsymbol{r}\times(\widetilde{\boldsymbol{\omega}}\cdot\boldsymbol{\nabla})\boldsymbol{V}\mathrm{d}\tau-\iiint\limits_{\tau_f}(\boldsymbol{\nabla}\cdot\boldsymbol{V})\boldsymbol{r}\times\widetilde{\boldsymbol{\omega}}\,\mathrm{d}\tau-\iiint\limits_{\tau_f}\boldsymbol{r}\times\{\boldsymbol{\nabla}\times[\widetilde{\boldsymbol{V}}(\boldsymbol{\nabla}\cdot\boldsymbol{V})+\frac{1}{2}\boldsymbol{V}^2\,\boldsymbol{\nabla}\rho]\}\mathrm{d}\tau-\iiint\limits_{\tau_f}\boldsymbol{r}\times\{\boldsymbol{\nabla}\times[\boldsymbol{V}(\boldsymbol{\nabla}\cdot\widetilde{\boldsymbol{V}})-\widetilde{\boldsymbol{V}}(\boldsymbol{\nabla}\cdot\boldsymbol{V})-(\boldsymbol{V}\cdot\boldsymbol{\nabla}\rho)\boldsymbol{V}]\}\mathrm{d}\tau-\iiint\limits_{\tau_f}\boldsymbol{r}\times\{\boldsymbol{\nabla}\times[\boldsymbol{\nabla}\times(\mu\boldsymbol{\omega})]\}\mathrm{d}\tau \tag{6.11.1}$$

令 $\boldsymbol{A}_1,\boldsymbol{A}_2,\boldsymbol{A}_3,\boldsymbol{A}_4,\boldsymbol{A}_5$ 分别为：

$$\boldsymbol{A}_1\equiv\iiint\limits_{\tau_f}\boldsymbol{V}\times\widetilde{\boldsymbol{\omega}}\,\mathrm{d}\tau \tag{6.11.2a}$$

$$\boldsymbol{A}_2\equiv\iiint\limits_{\tau_f}\boldsymbol{r}\times(\widetilde{\boldsymbol{\omega}}\cdot\boldsymbol{\nabla})\boldsymbol{V}\mathrm{d}\tau=\boldsymbol{A}_1+\sum_{j=0}^{N}\left[\oiint\limits_{\sigma_j}(\boldsymbol{n}\cdot\widetilde{\boldsymbol{\omega}})\boldsymbol{V}\times\boldsymbol{r}\mathrm{d}\sigma\right] \tag{6.11.2b}$$

$$\boldsymbol{A}_3\equiv-\iiint\limits_{\tau_f}(\boldsymbol{\nabla}\cdot\boldsymbol{V})\boldsymbol{r}\times\widetilde{\boldsymbol{\omega}}\,\mathrm{d}\tau \tag{6.11.2c}$$

$$\begin{aligned}\boldsymbol{A}_4&\equiv-\iiint\limits_{\tau_f}\boldsymbol{r}\times\{\boldsymbol{\nabla}\times[\widetilde{\boldsymbol{V}}(\boldsymbol{\nabla}\cdot\boldsymbol{V})+\frac{1}{2}\boldsymbol{V}^2\,\boldsymbol{\nabla}\rho]\}\mathrm{d}\tau-\\&\quad\iiint\limits_{\tau_f}\boldsymbol{r}\times\{\boldsymbol{\nabla}\times[\boldsymbol{V}(\boldsymbol{\nabla}\cdot\widetilde{\boldsymbol{V}})-\widetilde{\boldsymbol{V}}(\boldsymbol{\nabla}\cdot\boldsymbol{V})-(\boldsymbol{V}\cdot\boldsymbol{\nabla}\rho)\boldsymbol{V}]\}\mathrm{d}\tau\\&=\sum_{j=0}^{N}\left\{\oiint\limits_{\sigma_j}\boldsymbol{r}\times[\boldsymbol{n}\times(\widetilde{\boldsymbol{V}}(\boldsymbol{\nabla}\cdot\boldsymbol{V})+\frac{1}{2}\boldsymbol{V}^2\,\boldsymbol{\nabla}\rho)]\mathrm{d}\sigma\right\}-\\&\quad c_1\iiint\limits_{\tau_f}[\widetilde{\boldsymbol{V}}(\boldsymbol{\nabla}\cdot\boldsymbol{V})+\frac{1}{2}\boldsymbol{V}^2\,\boldsymbol{\nabla}\rho]\mathrm{d}\tau\end{aligned} \tag{6.11.2d}$$

$$\begin{aligned}\boldsymbol{A}_5&\equiv-\iiint\limits_{\tau_f}\boldsymbol{r}\times\{\boldsymbol{\nabla}\times[\boldsymbol{\nabla}\times(\mu\boldsymbol{\omega})]\}\\&=-c_1\sum_{j=1}^{N}\left[\oiint\limits_{\sigma_j}\mu(\boldsymbol{\omega}\times\boldsymbol{n})\mathrm{d}\sigma\right]+\sum_{j=0}^{N}\left\{\oiint\limits_{\sigma_j}\boldsymbol{r}\times\{\boldsymbol{n}\times[\boldsymbol{\nabla}\times(\mu\boldsymbol{\omega})]\}\mathrm{d}\sigma\right\}\end{aligned} \tag{6.11.2e}$$

式(6.11.2d)与式(6.11.2e)中，符号 c_1 的含义同式(6.10.6a)。

将式(6.11.2)代入到式(6.11.1)，得：

$$\frac{\mathrm{d}\boldsymbol{\alpha}}{\mathrm{d}t}=\boldsymbol{A}_1+\boldsymbol{A}_2+\boldsymbol{A}_3+\boldsymbol{A}_4+\boldsymbol{A}_5 \tag{6.11.3}$$

将式(6.11.3)代入式(6.10.6a)中，得：

$$
\begin{aligned}
\boldsymbol{F} = & \sum_{j=1}^{N}\left[\oint\!\!\!\oint_{\sigma_j}\mu(\boldsymbol{\omega}\times\boldsymbol{n})\mathrm{d}\sigma\right]-\frac{1}{c_1}\sum_{j=0}^{N}\left\{\oint\!\!\!\oint_{\sigma_j}\boldsymbol{r}\times\{\boldsymbol{n}\times[\nabla\times(\mu\boldsymbol{\omega})]\}\mathrm{d}\sigma\right\}- \\
& \frac{1}{c_1}\sum_{j=0}^{N}\left\{\oint\!\!\!\oint_{\sigma_j}\boldsymbol{r}\times[\boldsymbol{n}\times(\widetilde{\boldsymbol{V}}(\nabla\cdot\boldsymbol{V})+\frac{1}{2}\boldsymbol{V}^2\,\nabla\rho)-(\boldsymbol{n}\cdot\widetilde{\boldsymbol{\omega}})\boldsymbol{V}]\mathrm{d}\sigma\right\}+ \\
& \iiint_{\tau_{\mathrm{f}}}\widetilde{\boldsymbol{\omega}}\times\boldsymbol{V}\mathrm{d}\tau+\iiint_{\tau_{\mathrm{f}}}\left\{\frac{1}{2}\boldsymbol{V}^2\,\nabla\rho+(\nabla\cdot\boldsymbol{V})\left[\frac{1}{c_1}\boldsymbol{r}\times\widetilde{\boldsymbol{\omega}}+\widetilde{\boldsymbol{V}}\right]\right\}\mathrm{d}\tau- \\
& \frac{1}{c_1}\sum_{j=0}^{N}\left\{\frac{\mathrm{d}}{\mathrm{d}t}\oint\!\!\!\oint_{\sigma_j}\boldsymbol{r}\times(\boldsymbol{n}\times\boldsymbol{V})\mathrm{d}\sigma\right\}
\end{aligned}
\tag{6.11.4}
$$

式(6.11.4)是可压缩黏流中流体作用力的又一种表达形式，现对该式等号右边各项说明物理含义：

(1) 式(6.11.4)等号右边第 1 项给出了黏性剪切应力沿物体表面的积分，从而给出它对力主矢的贡献。

(2) 式(6.11.4)等号右边第 2 项反映了涡量从物面向流体进行黏性扩散，进而引起流场中涡量矩的变化，引起相应的作用在固体上的流体动力。

(3) 式(6.11.4)等号右边第 3 项、第 4 项和第 5 项反映了流体可压缩性的影响。这里需要特别说明一下第 4 项，即 $\iiint_{\tau_{\mathrm{f}}}\widetilde{\boldsymbol{\omega}}\times\boldsymbol{V}\mathrm{d}\tau$ 它反映了动力学涡量对流体作用力的贡献等于流体微元的动力学环量与速度的矢量积。

(4) 式(6.11.4)右端第 6 项(最后一项)反映了惯性的影响。

2. 力矩的作用机理

由动力学涡量 $\widetilde{\boldsymbol{\omega}}$ 的二阶矩，即 $\boldsymbol{\beta}$，得：

$$
\begin{aligned}
\frac{\mathrm{d}\boldsymbol{\beta}}{\mathrm{d}t} = & \iiint_{\tau}2(\boldsymbol{V}\cdot\boldsymbol{r})\widetilde{\boldsymbol{\omega}}\,\mathrm{d}\tau+\iiint_{\tau_{\mathrm{f}}}\boldsymbol{r}^2(\widetilde{\boldsymbol{\omega}}\cdot\nabla)\boldsymbol{V}\mathrm{d}\tau-\iiint_{\tau_{\mathrm{f}}}\boldsymbol{r}^2(\nabla\cdot\boldsymbol{V})\widetilde{\boldsymbol{\omega}}\,\mathrm{d}\tau+ \\
& \iiint_{\tau_{\mathrm{f}}}\boldsymbol{r}^2\,\nabla\times[(\boldsymbol{V}\cdot\nabla\rho)\boldsymbol{V}+\widetilde{\boldsymbol{V}}(\nabla\cdot\boldsymbol{V})-\boldsymbol{V}(\nabla\cdot\widetilde{\boldsymbol{V}})]\mathrm{d}\tau- \\
& \iiint_{\tau_{\mathrm{f}}}\boldsymbol{r}^2\,\nabla\times\left[\frac{1}{2}\boldsymbol{V}^2\,\nabla\rho+\widetilde{\boldsymbol{V}}(\nabla\cdot\boldsymbol{V})\right]\mathrm{d}\tau-\iiint_{\tau_{\mathrm{f}}}\boldsymbol{r}^2\,\nabla\times[\nabla\times(\mu\boldsymbol{\omega})]\mathrm{d}\tau
\end{aligned}
\tag{6.11.5}
$$

令 $\boldsymbol{B}_1,\boldsymbol{B}_2,\boldsymbol{B}_3$ 和 $\boldsymbol{B}_4$ 分别为：

$$
\begin{aligned}
\boldsymbol{B}_1 \equiv & \iiint_{\tau_{\mathrm{f}}}2(\boldsymbol{V}\cdot\boldsymbol{r})\widetilde{\boldsymbol{\omega}}\,\mathrm{d}\tau+\iiint_{\tau_{\mathrm{f}}}\boldsymbol{r}^2(\widetilde{\boldsymbol{\omega}}\cdot\nabla)\boldsymbol{V}\mathrm{d}\tau \\
= & 2\iiint_{\tau_{\mathrm{f}}}\boldsymbol{r}\times(\widetilde{\boldsymbol{\omega}}\times\boldsymbol{V})\mathrm{d}\tau-\sum_{j=0}^{N}\left[\oint\!\!\!\oint_{\sigma_j}\boldsymbol{r}^2(\boldsymbol{n}\cdot\widetilde{\boldsymbol{\omega}})\boldsymbol{V}\mathrm{d}\sigma\right]
\end{aligned}
\tag{6.11.6a}
$$

$$
\boldsymbol{B}_2 \equiv -\iiint_{\tau_{\mathrm{f}}}\boldsymbol{r}^2(\nabla\cdot\boldsymbol{V})\widetilde{\boldsymbol{\omega}}\,\mathrm{d}\tau \tag{6.11.6b}
$$

$$\boldsymbol{B}_3 \equiv \iiint_{\tau_f} \boldsymbol{r}^2\ \nabla \times [(\boldsymbol{V}\cdot\nabla\rho)\boldsymbol{V} + \widetilde{\boldsymbol{V}}(\nabla\cdot\boldsymbol{V}) - \boldsymbol{V}(\nabla\cdot\widetilde{\boldsymbol{V}})]\mathrm{d}\tau -$$

$$\iiint_{\tau_f} \boldsymbol{r}^2\ \nabla \times \left[\frac{1}{2}\boldsymbol{V}^2\ \nabla\rho + \widetilde{\boldsymbol{V}}(\nabla\cdot\boldsymbol{V})\right]\mathrm{d}\tau$$

$$= 2\iiint_{\tau_f} \boldsymbol{r} \times [(\nabla\cdot\boldsymbol{V})\widetilde{\boldsymbol{V}} + \frac{1}{2}\boldsymbol{V}^2\ \nabla\rho]\mathrm{d}\tau + \qquad (6.11.6c)$$

$$\sum_{j=0}^{N}\left\{\oiint_{\sigma_j} \boldsymbol{n} \times [(\nabla\cdot\boldsymbol{V})\widetilde{\boldsymbol{V}} + \frac{1}{2}\boldsymbol{V}^2\ \nabla\rho]\boldsymbol{r}^2\,\mathrm{d}\sigma\right\}$$

$$\boldsymbol{B}_4 \equiv -\iiint_{\tau_f} \boldsymbol{r}^2\ \nabla \times [\nabla \times (\mu\boldsymbol{\omega})]\mathrm{d}\tau$$

$$= \sum_{j=1}^{N}\left[2\oiint_{\sigma_j} \mu\boldsymbol{r} \times (\boldsymbol{\omega} \times \boldsymbol{n})\mathrm{d}\sigma\right] + \sum_{j=0}^{N}\left\{\oiint_{\sigma_j} \boldsymbol{n} \times [\nabla \times (\mu\boldsymbol{\omega})]\boldsymbol{r}^2\,\mathrm{d}\sigma\right\} +$$

$$2c_1\iiint_{\tau_f} \mu\boldsymbol{\omega}\,\mathrm{d}\tau \qquad (6.11.6d)$$

将式(6.11.6)代入式(6.11.5)中,可得:

$$\frac{\mathrm{d}\boldsymbol{\beta}}{\mathrm{d}t} = \boldsymbol{B}_1 + \boldsymbol{B}_2 + \boldsymbol{B}_3 + \boldsymbol{B}_4 \qquad (6.11.7)$$

将式(6.11.7)代入式(6.10.9a)中,可得:

$$\boldsymbol{M} = \sum_{j=1}^{N}\left[\oiint_{\sigma_j} \mu\boldsymbol{r} \times (\boldsymbol{\omega} \times \boldsymbol{n})\mathrm{d}\sigma\right] + \frac{1}{2}\sum_{j=1}^{N}\left\{\oiint_{\sigma_j} r^2\boldsymbol{n} \times [\nabla \times (\mu\boldsymbol{\omega})]\mathrm{d}\sigma\right\} +$$

$$\frac{1}{2}\sum_{j=1}^{N}\left\{\oiint_{\sigma_j} r^2\{\boldsymbol{n} \times [(\nabla\cdot\boldsymbol{V})\widetilde{\boldsymbol{V}} + \frac{1}{2}\boldsymbol{V}^2\ \nabla\rho] - (n\cdot\widetilde{\boldsymbol{\omega}})\boldsymbol{V}\}\mathrm{d}\sigma\right\} +$$

$$\iiint_{\tau_f} \boldsymbol{r} \times (\widetilde{\boldsymbol{\omega}} \times \widetilde{\boldsymbol{V}})\mathrm{d}\tau + \iiint_{\tau_f} \boldsymbol{r} \times [(\nabla\cdot\boldsymbol{V})\widetilde{\boldsymbol{V}} + \frac{1}{2}\boldsymbol{V}^2\ \nabla\rho]\mathrm{d}\tau - \qquad (6.11.8)$$

$$\frac{1}{2}\iiint_{\tau_f} (\nabla\cdot\boldsymbol{V})r^2\widetilde{\boldsymbol{\omega}}\,\mathrm{d}\tau + \frac{1}{2}\sum_{j=1}^{N}\left\{\frac{\mathrm{d}}{\mathrm{d}t}\left[\oiint_{\sigma_j} r^2(\boldsymbol{n} \times \widetilde{\boldsymbol{V}})\mathrm{d}\sigma\right]\right\} +$$

$$c_1\iiint_{\tau_f} \mu\boldsymbol{\omega}\,\mathrm{d}\tau$$

式(6.11.8)是可压缩黏性流中流体作用力主矩表达式的又一种重要形式,现对该式等号右边各项说明物理含义:

(1) 式(6.11.8)等号右边第 1 项代表着黏性剪切应力对应的力矩;

(2) 式(6.11.8)等号右边第 2 项代表着物面压力的积分所产生的力矩;

(3) 式(6.11.8)等号右边第 3 项、第 4 项、第 5 项和第 6 项代表着流体可压缩性带来的影响；

(4) 式(6.11.8)等号右边第 7 项代表惯性的影响；

(5) 式(6.11.8)等号右边第 8 项(最后一项)代表着作用于旋转物体的黏性力偶。

6.12　非定常可压缩黏流的广义 Kutta-Жуковский 定理

1. 不可压非定常黏流的广义 Kutta-Жуковский 定理

现考虑无界的不可压流体和固体同处于静止状态，假设从某一时刻开始，固体以线速度 $\boldsymbol{U}(t)$ 和角速度 $\boldsymbol{\Omega}(t)$ 作时间相关运动。由于固体的运动所诱导的流体运动可用：

$$\nabla \cdot \mathbf{V} = 0 \tag{6.12.1a}$$

$$\nabla \times \mathbf{V} = \boldsymbol{\omega} \tag{6.12.1b}$$

在流体域的内边界满足无穿透条件。令 σ_b 为物面边界层之外边界，引进薄边界层假设，可得到在 σ_b 面上满足：

$$\boldsymbol{n} \cdot \mathbf{V} = \boldsymbol{n} \cdot [\boldsymbol{U} + \boldsymbol{\Omega} \times (\boldsymbol{r} - \boldsymbol{r}_0)] \tag{6.12.1c}$$

式中，$\boldsymbol{n}$ 为固体表面的单位法向矢量；$\boldsymbol{r}_0$ 为固体某质点的瞬时位置；$\boldsymbol{r}$ 为空间位置矢量。

引进两个矢量函数 $\boldsymbol{\Phi}(\boldsymbol{r},t)$ 和 $\boldsymbol{\Psi}(\boldsymbol{r},t)$，于是涡区外的位势函数 $\varphi(\boldsymbol{r},t)$ 可写为：

$$\varphi(\boldsymbol{r},t) = \boldsymbol{U}(t) \cdot \boldsymbol{\Phi}(\boldsymbol{r},t) + \boldsymbol{\Omega}(t) \cdot \boldsymbol{\Psi}(\boldsymbol{r},t) \tag{6.12.2}$$

在相对惯性坐标系里，考察流场中某一点的速度势的变化率：

$$\frac{\partial \varphi}{\partial t} = \dot{\boldsymbol{U}} \cdot \boldsymbol{\Phi} + \dot{\boldsymbol{\Omega}} \cdot \boldsymbol{\Psi} + \boldsymbol{U} \cdot \frac{\partial \boldsymbol{\Phi}}{\partial t} + \boldsymbol{\Omega} \cdot \frac{\partial \boldsymbol{\Psi}}{\partial t} - [\boldsymbol{U} + \boldsymbol{\Omega} \times (\boldsymbol{r} - \boldsymbol{r}_0)] \cdot \mathbf{V} \tag{6.12.3a}$$

这里使用了 $\mathbf{V} = \nabla\varphi$ 这个重要关系式，并且有：

$$\dot{\boldsymbol{U}} = \frac{\mathrm{d}\boldsymbol{U}}{\mathrm{d}t}, \quad \dot{\boldsymbol{\Omega}} = \frac{\mathrm{d}\boldsymbol{\Omega}}{\mathrm{d}t} \tag{6.12.3b}$$

在位势流区域，涡量 $\boldsymbol{\omega}$ 为零，流体的黏性也可以忽略不计，动量方程为：

$$\frac{\partial \mathbf{V}}{\partial t} + \frac{\nabla p}{\rho} + \frac{1}{2} \nabla \mathbf{V}^2 = 0 \tag{6.12.4}$$

对于不可压流，相应的积分表达式为：

$$\frac{\partial \varphi}{\partial t} + \frac{p}{\rho} + \frac{\mathbf{V}^2}{2} = C(t) \tag{6.12.5}$$

注意到矢量恒等关系式：

$$\boldsymbol{\omega} \times \mathbf{V} = \nabla \cdot (\mathbf{V}\mathbf{V}) - \frac{1}{2} \nabla \mathbf{V}^2 \tag{6.12.6}$$

令 $\sigma_\Sigma = \sigma_b + \sigma_L$（$\sigma_L$ 为流体域足够远处的边界），令积分域为 τ_f，并假设在不可压黏性流体概念的范畴内流场各点速度及其导数存在且连续，于是对式(6.12.6)等号两边积分并使用 Gauss 定理，得：

$$\rho\iiint_{\tau_f}\boldsymbol{\omega}\times\boldsymbol{V}\mathrm{d}\tau=\rho\oiint_{\sigma_\Sigma}\left[\frac{1}{2}\boldsymbol{V}^2\boldsymbol{n}-\boldsymbol{n}\cdot(\boldsymbol{VV})\right]\mathrm{d}\sigma \tag{6.12.7}$$

式中，$\boldsymbol{n}$ 为 σ_Σ 面的单位内法向矢量。

注意：在 σ_L 上积分为零，于是式(6.12.7)变为：

$$\rho\iiint_{\tau_f}\boldsymbol{\omega}\times\boldsymbol{V}\mathrm{d}\tau=\rho\oiint_{\sigma_b}\left[\frac{1}{2}\boldsymbol{V}^2\boldsymbol{n}-(\boldsymbol{n}\cdot\boldsymbol{V})\boldsymbol{V}\right]\mathrm{d}\sigma \tag{6.12.8}$$

于是，在注意使用式(6.12.5)的情况下，容易得到在不可压情况下，流体作用力的主矢 $\boldsymbol{F}$ 为：

$$\boldsymbol{F}=\rho\iiint_{\tau_f}\boldsymbol{\omega}\times\boldsymbol{V}\mathrm{d}\tau+\rho\oiint_{\sigma_b}\left[(\boldsymbol{n}\cdot\boldsymbol{V})\boldsymbol{V}+\frac{\partial\varphi}{\partial t}\boldsymbol{n}\right]\mathrm{d}\sigma \tag{6.12.9}$$

为方便起见，记：

$$\widetilde{\boldsymbol{U}}\equiv\boldsymbol{U}+\boldsymbol{\Omega}\times(\boldsymbol{r}-\boldsymbol{r}_0) \tag{6.12.10}$$

在 σ_b 面上，存在着等式：

$$(\boldsymbol{n}\cdot\boldsymbol{V})_{\sigma_b}=(\boldsymbol{n}\cdot\widetilde{\boldsymbol{U}})_{\sigma_b} \tag{6.12.11}$$

将式(6.12.3a)中的 $\dfrac{\partial\varphi}{\partial t}$ 代入式(6.12.9)中，得：

$$\begin{aligned}\boldsymbol{F}=&\rho\iiint_{\tau_f}\boldsymbol{\omega}\times\boldsymbol{V}\mathrm{d}\tau+\rho\oiint_{\sigma_b}[-(\widetilde{\boldsymbol{U}}\cdot\boldsymbol{V})\boldsymbol{n}+(\boldsymbol{n}\cdot\widetilde{\boldsymbol{U}})\boldsymbol{V}]\mathrm{d}\sigma+\\&\rho\oiint_{\sigma_b}\left(\dot{\boldsymbol{U}}\cdot\boldsymbol{\Phi}+\dot{\boldsymbol{\Omega}}\cdot\boldsymbol{\Psi}+\boldsymbol{U}\cdot\frac{\partial\boldsymbol{\Phi}}{\partial t}+\boldsymbol{\Omega}\cdot\frac{\partial\boldsymbol{\Psi}}{\partial t}\right)\boldsymbol{n}\,\mathrm{d}\sigma\end{aligned} \tag{6.12.12}$$

式中：

$$\begin{aligned}&\rho\oiint_{\sigma_b}[-(\widetilde{\boldsymbol{U}}\cdot\boldsymbol{V})\boldsymbol{n}+(\boldsymbol{n}\cdot\widetilde{\boldsymbol{U}})\boldsymbol{V}]\mathrm{d}\sigma\equiv-\rho\oiint_{\sigma_b}\widetilde{\boldsymbol{U}}\times(\boldsymbol{n}\times\boldsymbol{V})\mathrm{d}\sigma\\&=-\rho\boldsymbol{U}\times\oiint_{\sigma_b}(\boldsymbol{n}\times\boldsymbol{V})\mathrm{d}\sigma-\oiint_{\sigma_b}(\boldsymbol{\Omega}\times\boldsymbol{R})\times(\boldsymbol{n}\times\boldsymbol{V})\mathrm{d}\sigma\end{aligned} \tag{6.12.13a}$$

式中，$\boldsymbol{R}$ 的表达式为：

$$\boldsymbol{R}\equiv\boldsymbol{r}-\boldsymbol{r}_0 \tag{6.12.13b}$$

如果令式(6.12.12)等号右边第二项记为 $\boldsymbol{A}_6$，注意到式(6.12.13a)，有：

$$\boldsymbol{A}_6=-\rho\boldsymbol{U}\times\oiint_{\sigma_b}(\boldsymbol{n}\times\boldsymbol{V})\mathrm{d}\sigma-\oiint_{\sigma_b}(\boldsymbol{\Omega}\times\boldsymbol{R})\times(\boldsymbol{n}\times\boldsymbol{V})\mathrm{d}\sigma \tag{6.12.13c}$$

令：

$$\boldsymbol{A}_{61}\equiv\oiint_{\sigma_b}\boldsymbol{n}\times\boldsymbol{V}\mathrm{d}\sigma \tag{6.12.13d}$$

$$\boldsymbol{A}_{62}\equiv\oiint_{\sigma_b}(\boldsymbol{\Omega}\times\boldsymbol{R})\times(\boldsymbol{n}\times\boldsymbol{V})\mathrm{d}\sigma \tag{6.12.13e}$$

令 σ_b^0 为固体表面，因为 σ_b 为物面边界层的外边界，可以证明 $\boldsymbol{A}_{62}$ 变为：

$$\boldsymbol{A}_{62} \equiv \oiint_{\sigma_b} (\boldsymbol{\Omega} \times \boldsymbol{R}) \times \mathrm{d}\boldsymbol{\Gamma} + \oiint_{\sigma_b^0} (\boldsymbol{\Omega} \times \boldsymbol{R}) \times (\boldsymbol{n} \times \boldsymbol{V}) \mathrm{d}\sigma \tag{6.12.13f}$$

注意：在物面上有 $\boldsymbol{V} = \widetilde{\boldsymbol{U}}$，于是式(6.12.13f)又可变为：

$$\boldsymbol{A}_{62} \equiv \oiint_{\sigma_b} (\boldsymbol{\Omega} \times \boldsymbol{R}) \times \mathrm{d}\boldsymbol{\Gamma} + \iiint_{\tau_b} \boldsymbol{U} \times \boldsymbol{\Omega} \mathrm{d}\tau \tag{6.12.13g}$$

另外，还容易证明 A_{61} 为：

$$\boldsymbol{A}_{61} = \iiint_{\tau_0} \boldsymbol{\omega} \mathrm{d}\tau + \iiint_{\tau_b} \nabla \times (\boldsymbol{\Omega} \times \boldsymbol{R}) \mathrm{d}\tau \tag{6.12.13h}$$

注意：τ_0 为边界层外缘面 σ_b 与固体表面 σ_b^0 所包围的黏性流体域；τ_b 为固体域，而且：

$$\nabla \times (\boldsymbol{\Omega} \times \boldsymbol{R}) = 2\boldsymbol{\Omega} \tag{6.12.13i}$$

在边界层黏性域内的涡量积分给出了环绕物体的环量 $\boldsymbol{\Gamma}$，即：

$$\boldsymbol{\Gamma} = \iiint_{\tau_0} \boldsymbol{\omega} \mathrm{d}\tau \tag{6.12.13j}$$

因此，借助于式(6.12.13)则式(6.12.12)最后变为：

$$\begin{aligned} \boldsymbol{F} = {} & \rho \boldsymbol{\Gamma} \times \boldsymbol{U} - \rho \oiint_{\sigma_b} (\boldsymbol{\Omega} \times \boldsymbol{R}) \times \mathrm{d}\boldsymbol{\Gamma} + \rho \iiint_{\tau_f} \boldsymbol{\omega} \times \boldsymbol{V} \mathrm{d}\tau + 3\rho\tau_b \boldsymbol{\Omega} \times \boldsymbol{U} + \\ & \oiint_{\sigma_b} \rho \left(\dot{\boldsymbol{U}} \cdot \boldsymbol{\Phi} + \dot{\boldsymbol{\Omega}} \cdot \boldsymbol{\Psi} + \boldsymbol{U} \cdot \frac{\partial \boldsymbol{\Phi}}{\partial t} + \boldsymbol{\Omega} \cdot \frac{\partial \boldsymbol{\Psi}}{\partial t} \right) \boldsymbol{n} \mathrm{d}\sigma \end{aligned} \tag{6.12.14}$$

式(6.12.14)就是计算非定常不可压缩黏性流气动力的表达式，这里称它为不可压非定常黏流的广义 Kutta-Жуковский 定理。

2. 非定常可压缩黏流的广义 Kutta-Жуковский 定理

令 $\widetilde{\boldsymbol{\omega}}$ 与 $\widetilde{\boldsymbol{V}}$ 分别表示动力学涡量与运动学速度，借助于矢量恒等式(6.12.6)，可得：

$$\widetilde{\boldsymbol{\omega}} \times \boldsymbol{V} = \nabla \cdot (\boldsymbol{V}\widetilde{\boldsymbol{V}}) - \widetilde{\boldsymbol{V}}(\nabla \cdot \boldsymbol{V}) - \frac{1}{\rho} \frac{1}{2} \nabla (\widetilde{\boldsymbol{V}} \cdot \widetilde{\boldsymbol{V}}) \tag{6.12.15}$$

令：

$$V \equiv |\boldsymbol{V}|, \quad \widetilde{V} \equiv |\widetilde{\boldsymbol{V}}| \tag{6.12.16}$$

并注意到连续方程：

$$\nabla \cdot \widetilde{\boldsymbol{V}} = -\frac{\partial \rho}{\partial t} \tag{6.12.17}$$

于是，由式(6.12.15)还可以变为：

$$\widetilde{\boldsymbol{\omega}} \times \boldsymbol{V} = \nabla \cdot (\boldsymbol{V}\widetilde{\boldsymbol{V}}) + \boldsymbol{V} \times [\boldsymbol{V} \times (\nabla \rho) - \frac{1}{2} \nabla (\rho \boldsymbol{V}^2) + \frac{1}{2} \boldsymbol{V}^2 \nabla \rho + \boldsymbol{V} \frac{\partial \rho}{\partial t} \tag{6.12.18}$$

在边界层(域 τ_0)之外的流体域 τ_f 中积分式(6.12.18)，得：

$$\iiint_{\tau_f} \widetilde{\boldsymbol{\omega}} \times \boldsymbol{V} \mathrm{d}\tau = \iiint_{\tau_f} [\nabla \cdot (\boldsymbol{V}\widetilde{\boldsymbol{V}}) - \frac{1}{2} \nabla (\widetilde{\boldsymbol{V}} \cdot \boldsymbol{V})] \mathrm{d}\tau + \iiint_{\tau_f} \{\boldsymbol{V} \times [\boldsymbol{V} \times (\nabla \rho)] + \boldsymbol{V} \frac{\partial \rho}{\partial t} + \frac{1}{2} \boldsymbol{V}^2 \nabla \rho\} \mathrm{d}\tau \tag{6.12.19a}$$

令 $\sigma_\Sigma = \sigma_b + \sigma_L$，$\sigma_L$ 为流场中划出的足够远处的大边界面；这里将式(6.12.19a)等式右边第一项积分变为：

$$\iiint_{\tau_f} [\nabla \cdot (\boldsymbol{V}\widetilde{\boldsymbol{V}}) - \frac{1}{2} \nabla (\widetilde{\boldsymbol{V}} \cdot \boldsymbol{V})] \mathrm{d}\tau = \oiint_{\sigma_\Sigma} [-(\boldsymbol{n} \cdot \boldsymbol{V}) \widetilde{\boldsymbol{V}} + \frac{1}{2} \rho \boldsymbol{V}^2 \boldsymbol{n}] \mathrm{d}\sigma \tag{6.12.19b}$$

另外，定义一个函数 G，使它满足：

$$\nabla G = -\left(\frac{\partial \varphi}{\partial t} + \frac{1}{2} \boldsymbol{V}^2\right) \nabla \rho \tag{6.12.19c}$$

并利用可压缩流的动量方程，得到动量方程的首次积分，即：

$$p + \frac{1}{2} \rho \boldsymbol{V}^2 + \rho \frac{\partial \varphi}{\partial t} + G = C(t) \tag{6.12.19d}$$

式中，常数 $C(t)$ 与空间坐标无关。

将式(6.12.19d)乘以 $\boldsymbol{n}$ 后在流体域 τ_f 的包面 σ_Σ 上积分，得：

$$\oiint_{\sigma_\Sigma} \frac{1}{2} \rho \boldsymbol{V}^2 \boldsymbol{n} \mathrm{d}\sigma = -\oiint_{\sigma_\Sigma} \left(p + \rho \frac{\partial \varphi}{\partial t} + G\right) \boldsymbol{n} \mathrm{d}\sigma \tag{6.12.19e}$$

式中：

$$-\oiint_{\sigma_\Sigma} G \boldsymbol{n} \mathrm{d}\sigma = \iiint_{\tau_f} \nabla G \mathrm{d}\tau = -\iiint_{\tau_f} \left[\left(\frac{\partial \varphi}{\partial t} + \frac{1}{2} \boldsymbol{V}^2\right) \nabla \rho\right] \mathrm{d}\tau \tag{6.12.19f}$$

与不可压流动的推导类似，根据薄边界层假设得到除黏性剪切应力外的气动力 $\boldsymbol{F}$ 为：

$$\boldsymbol{F} = -\oiint_{\sigma_b} \boldsymbol{n} p \mathrm{d}\sigma \tag{6.12.19g}$$

式中，$\boldsymbol{n}$ 为 σ_b 面上垂直于该面的单位法向矢量，它指向流体域 τ_f；综合式(6.12.19a)、式(6.12.19b)、式(6.12.19e)、式(6.12.19f)、式(6.12.19g)，最后可将气动力 $\boldsymbol{F}$ 表示为：

$$\boldsymbol{F} = \iiint_{\tau_f} \widetilde{\boldsymbol{\omega}} \times \boldsymbol{V} \mathrm{d}\tau - \iiint_{\tau_f} \boldsymbol{V} \times [\boldsymbol{V} \times (\nabla \rho)] \mathrm{d}\tau + \iiint_{\tau_f} \boldsymbol{V} (\nabla \cdot \widetilde{\boldsymbol{V}}) \mathrm{d}\tau + \oiint_{\sigma_b} (\boldsymbol{n} \cdot \boldsymbol{V}) \widetilde{\boldsymbol{V}} \mathrm{d}\sigma + \oiint_{\sigma_b} \rho \boldsymbol{n} \frac{\partial \varphi}{\partial t} + \iiint_{\tau_f} (\nabla \rho) \frac{\partial \varphi}{\partial t} \mathrm{d}\tau \tag{6.12.20}$$

与不可压流动的做法类似，引进两个未知的矢量函数 $\boldsymbol{\Phi}(\boldsymbol{r}, t)$ 与 $\boldsymbol{\Psi}(\boldsymbol{r}, t)$ 来表示位势函数 $\varphi(\boldsymbol{r}, t)$，即令：

$$\varphi(\boldsymbol{r}, t) = \boldsymbol{U}(t) \cdot \boldsymbol{\Phi}(\boldsymbol{r}, t) + \boldsymbol{\Omega}(t) \cdot \boldsymbol{\Psi}(\boldsymbol{r}, t) \tag{6.12.21}$$

借助于式(6.12.21)，则式(6.12.20)变为：

$$\boldsymbol{F} = \iiint_{\tau_f} \widetilde{\boldsymbol{\omega}} \times \boldsymbol{V} \mathrm{d}\tau + \oiint_{\sigma_b} [(\boldsymbol{n} \cdot \widetilde{\boldsymbol{U}})\widetilde{\boldsymbol{V}} - (\widetilde{\boldsymbol{U}} \cdot \widetilde{\boldsymbol{V}})\boldsymbol{n}] \mathrm{d}\sigma + \iiint_{\tau_f} \{\boldsymbol{V}(\nabla \cdot \widetilde{\boldsymbol{V}}) - \boldsymbol{V} \times [\boldsymbol{V} \times (\nabla \rho)] - (\widetilde{\boldsymbol{U}} \cdot \boldsymbol{V})(\nabla \rho)\} \mathrm{d}\tau + \boldsymbol{N} \tag{6.12.22a}$$

式中，$\boldsymbol{N}$ 的表达式为：

$$\boldsymbol{N} \equiv \oiint_{\sigma_b} \rho \left(\dot{\boldsymbol{U}} \cdot \boldsymbol{\Phi} + \dot{\boldsymbol{\Omega}} \cdot \boldsymbol{\Psi} + \boldsymbol{U} \cdot \frac{\partial \boldsymbol{\Phi}}{\partial t} + \boldsymbol{\Omega} \cdot \frac{\partial \boldsymbol{\Psi}}{\partial t} \right) \boldsymbol{n} \mathrm{d}\sigma + \iiint_{\tau_f} (\nabla \rho) \left(\dot{\boldsymbol{U}} \cdot \boldsymbol{\Phi} + \dot{\boldsymbol{\Omega}} \cdot \boldsymbol{\Psi} + \boldsymbol{U} \cdot \frac{\partial \boldsymbol{\Phi}}{\partial t} + \boldsymbol{\Omega} \cdot \frac{\partial \boldsymbol{\Psi}}{\partial t} \right) \mathrm{d}\tau \tag{6.12.22b}$$

对于式(6.12.22a)等号右边第二个积分式又可化简为：

$$\oiint_{\sigma_b} [(\boldsymbol{n} \cdot \widetilde{\boldsymbol{U}})\widetilde{\boldsymbol{V}} - (\widetilde{\boldsymbol{U}} \cdot \widetilde{\boldsymbol{V}})\boldsymbol{n}] \mathrm{d}\sigma = \oiint_{\sigma_b} \widetilde{\boldsymbol{U}} \times (\widetilde{\boldsymbol{V}} \times \boldsymbol{n}) \mathrm{d}\sigma \tag{6.12.22c}$$

式中，$\boldsymbol{n}$ 为面 σ_b 的单位法向矢量，并且指向 τ_f 域。

另外，式(6.12.22c)等号左边还可变为：

$$\oiint_{\sigma_b} [(\boldsymbol{n} \cdot \widetilde{\boldsymbol{U}})\widetilde{\boldsymbol{V}} - (\widetilde{\boldsymbol{U}} \cdot \widetilde{\boldsymbol{V}})\boldsymbol{n}] \mathrm{d}\sigma = \widetilde{\boldsymbol{\Gamma}} \times \boldsymbol{U} - \oiint_{\sigma_b} (\boldsymbol{\Omega} \times \boldsymbol{R}) \mathrm{d}\widetilde{\boldsymbol{\Gamma}} + \oiint_{\sigma_b^0} \rho \widetilde{\boldsymbol{U}} \times (\widetilde{\boldsymbol{U}} \times \boldsymbol{n}) \mathrm{d}\sigma \tag{6.12.22d}$$

式中，$\boldsymbol{R}$ 的定义同式(6.12.13b)；$\widetilde{\boldsymbol{\Gamma}}$ 的表达式为：

$$\widetilde{\boldsymbol{\Gamma}} = \iiint_{\tau_0} \widetilde{\boldsymbol{\omega}} \mathrm{d}\tau = \oiint_{\sigma_{\Sigma 0}} \boldsymbol{n} \times \widetilde{\boldsymbol{V}} \mathrm{d}\sigma \tag{6.12.22e}$$

式中：

$$\sigma_{\Sigma 0} = \sigma_b + \sigma_b^0 \tag{6.12.22f}$$

将式(6.12.22d)代入式(6.12.22a)后，可得：

$$\boldsymbol{F} = \widetilde{\boldsymbol{\Gamma}} \times \boldsymbol{U} - \oiint_{\sigma_b} (\boldsymbol{\Omega} \times \boldsymbol{R}) \mathrm{d}\widetilde{\boldsymbol{\Gamma}} + \iiint_{\tau_f} \widetilde{\boldsymbol{\omega}} \times \boldsymbol{V} \mathrm{d}\tau + \oiint_{\sigma_b^0} \rho \widetilde{\boldsymbol{U}} \times (\widetilde{\boldsymbol{U}} \times \boldsymbol{n}) \mathrm{d}\sigma + \iiint_{\tau_f} [\widetilde{\boldsymbol{V}}(\nabla \cdot \boldsymbol{V}) + (\boldsymbol{V} - \widetilde{\boldsymbol{U}}) \cdot \boldsymbol{V}(\nabla \rho)] \mathrm{d}\tau - \iiint_{\tau_f} \boldsymbol{V} \times [\boldsymbol{V} \times (\nabla \rho)] \mathrm{d}\tau + \boldsymbol{N} \tag{6.12.23}$$

式中，$\boldsymbol{n}$ 为表面 σ_b 的单位外法向矢量，指向流体域 τ_f。

式(6.12.23)就是计算非定常可压缩黏流气动力的表达式，这里称它为非定常可压缩黏流的广义 Kutta-Жуковский 定理。对于这种流动下力矩的相应计算公式，因篇幅所限这里不再给出，可参考文献[175,176,180]等相关章节。

第7章　激光维持燃烧波和爆轰波的气动力学分析以及推力形成机理

激光烧蚀压力和激光与靶的冲量耦合研究有着非常重要的应用，例如，激光惯性约束聚变(ICF)、激光清除太空垃圾、激光驱动飞行器、光子火箭等，因此世界各国科学家对激光辐照效应的研究十分重视。自 1965 年 Y. P. Raizer 提出激光维持爆轰波的重要概念以来，对激光维持的燃烧波(Laser Supported Combustion，LSC)和爆轰波(Laser Supported Detonation，LSD)的基本理论从宏观与微观层次上都进行了深入研究，本章仅从激光维持的吸收波演化、激光击穿和能量沉积引起的力学效应、含激光能量沉积流场的基本方程以及激光推进的机理与推进性能等偏重于物理力学与气体动力学的侧面进行些分析，这对人们认识未来激光推进技术、认识激光器在空间防御武器系统，尤其是强激光拦截导弹系统中所起的重要作用十分有益。

应该特别强调的是，在激光推进技术中，推力的形成机理是非常重要的。通常，激光推进技术主要包括能量沉积与推力形成两大核心部分。从本质上讲，本章 7.1 节～7.5 节主要讲述在激光脉冲持续时间段内，与能量沉积相关的内容；只有本章的 7.6 节才讲述激光脉冲结束后，即激光维持的吸收波(Laser Supported Absorption，LSA)转化为激波后激波在流场中的进一步传播，以及激波流场和推力器固壁相遇后发生流固耦合作用，形成推力的机理过程。显然，这是激光推进技术中的重要内容。

7.1　激光与靶材相互作用的物理力学基础

本节从物理力学的角度，分析与给出了在不同强度的激光照射下，激光与靶材相互作用的 6 个主要物理过程，给出了描述这 6 个过程的主要方程。本节力图以极小的篇幅去概括激波与材料相互作用十分复杂的物理过程。

1. 激光的特性以及激光器的组成

自 1960 年 T. H. Maiman 发明红宝石激光器以及 1961 年 A. Javan 等人发明 He-Ne 气体激光器以来，激光辐照效应的研究有了飞速的发展[181-183]。激光是基于受激发射放大原理而产生的一种相干光辐射，它具有亮度高、方向性强、单色性纯、相干性好的特性。通常，在光和原子系统相互作用时，总是同时存在受激吸收、自发辐射和受激辐射三种过程。要产生光放大，则受激辐射必须要胜过自激吸收而占优势。为了实现光放大，就必须使处于高能态的原子数大于低能态的原子数，也就是说需要具备适当能级结构(如三能级系统或四能级系统等)的激活介质。此外，还要求有能量输入系统(激励能源)，使激活介质有尽可能多的原子吸收能量后跃迁到高能态。另外，光学谐振腔也是产生激光所必须的。光学谐振腔乃是在激活介质两端放置的一对互相平行的反射镜，其中一个是全反射镜；另一个是部分反射镜。它的作用是使偏离谐振腔轴线方向运动的光子逸出腔外，只有沿轴线方向的光子，在腔内来回反射，产生连锁式的光放大作用(或称增益)。这里必须说明的是，由于介质对光的吸收、散射以及反射镜对光的吸收、透射等所造成损耗的存在，因此只有当光在谐振腔中来回一次所得增益大于损耗时才能实现光放大，换句话说要产生激光应满足阈值条件。为了实现阈值条件要求选用增益系数大而损耗小的激活介质，要有合适的长度，并选用反射系数较高的反射镜。任何激光器都由激励能源、工作介质和光学谐振腔这三部分组成。现在，激光器的最大连续输出功率达 10^5 W，最大脉冲输出功率 10^{14} W。本章主要研究与单脉冲激光相关的 LSA 波问题。在 NASA 和 AFRL 资助下，美国 Marybo 激光推进小组的电子激励 CO_2 激光器，波长 10.6 μm，平均功率 10 kW，脉冲宽度 18～30 μs，重复频率 1～10 Hz，单脉冲能量高达 1 kJ。

这里应强调的是，使激光器成为真正有意义的仪器其主要原因是在于辐射能量的相干性。由物理光学可知，产生光学干涉的必要条件是两束光波同方向、同频率和相位差恒定。因此相干光源必定是由同一光源所产生的，而且光的单色性越好，其谱线宽度越窄，相干时间越长。激光器这种相干光源，其光子能量要比微波振荡器增加了 10^3～10^4 倍，激光器达到的光子能量能够激发原子和分子的振动运动及电子运动，所以它可用于改变受辐照材料的化学性能、结构、甚至状态方程，所以激光器所产生的高能量密度很容易使材料熔化或蒸发。

2. 激光辐照靶材时的温度场

激光光束作用于靶材时，当激光能量在靶材中的沉积足够强时，靶材表面局部区域会发生熔融、气化、喷溅、焦化等现象，即发生激光烧蚀现象。所发生具体过程依赖于激光参数(即能量、波长、脉宽等)、材料特性以及环境条件，表 7.1 给出了通常情况下在不同量级激光功率密度作用下靶材表面所发生的物理现象。

表 7.1　不同激光功率密度下靶材表面发生的现象

激光功率密度/(W·cm^{-2})	10^3～10^4	10^4～10^6	10^6～10^8	10^8～10^{10}
靶表面发生的现象	加热	熔融	气化	等离子体

激光入射到靶材表面时，一部分被材料表面反射，一部分被材料吸收，另一部分通过材料透射，其能量方程为[19,20]：

$$\frac{E_R}{E_0}+\frac{E_A}{E_0}+\frac{E_T}{E_0}=\rho_R+\alpha_A+\tau_T=1 \tag{7.1.1}$$

式中，E_0，E_R，E_A 和 E_T 分别代表入射到材料表面的激光能量、被材料表面反射的激光能量、被材料表面吸收的激光能量和透过材料的激光能量；ρ_R，α_A 和 τ_T 分别代表靶材的反射率、吸收率和透射率。

激光辐照靶材时，激光能量被材料的表层吸收并转变为热量。该热量通过热传导在靶材内扩散，形成温度场。假设激光束垂直入射于靶体表面（这里取该面为 $x=0$），被加热靶体位于右半空间（$x\geqslant 0$），假设靶体表面对激光的反射率为 $\rho_R(y,z,T)$、吸收系数为 $\alpha_A(x,y,z;T)$；在 $x=0$ 处入射激光束的功率密度为 $I_0(y,z;T)$，靶体内部的温度场 T 便可以由热传导方程给出：

$$\rho_t c_t \frac{\partial T}{\partial t} = \nabla \cdot (\lambda_t \nabla T) + Q(r,t) + (1-\rho_R)\alpha_A I_0 e^{-x\alpha_A} \tag{7.1.2a}$$

式中，ρ_t 为靶材的密度；c_t，T，λ_t 和 t 分别代表靶材的比热容、温度、材料热导率和时间；Q 是其他体热源项。

式(7.1.2a)等号右边第三项是代表激光束深层吸收的体热源项；如果 $\alpha_A x \ll 1$ 或者 $\rho_R \approx 1$ 时，可用表面吸收率 α_A 代替 $(1-\rho_R)$，此体热源项可以改用边界条件中的面热源表示：

$$x=0: \quad -\lambda_t \frac{\partial T}{\partial n} = \alpha_A I_0 \tag{7.1.2b}$$

或者：

$$-\lambda_t \frac{\partial T}{\partial x} = \alpha_A I_0 \quad ((y,z) \in \text{光斑区域}, t>0) \tag{7.1.2c}$$

引进材料的热扩散率 α_t，其表达式为

$$\alpha_t = \frac{\lambda_t}{\rho_t c_t} \tag{7.1.3a}$$

于是，在略去了式(7.1.2a)等号右边最后两项后，可变为：

$$\frac{1}{\alpha_t}\frac{\partial T}{\partial t} = \nabla^2 T \tag{7.1.3b}$$

如果假设 λ_t 为常数且认为温度场为稳定的，于是式(7.1.3b)变为：

$$\nabla^2 T(r) = 0 \tag{7.1.3c}$$

作为特例，今考虑有限厚度为 b 的广延靶材板块激光照射的温度问题，认为在无穷远处温升趋于零。将坐标系取在靶材板块面上，并假设板块的两个表面（$x=0$ 与 $x=b$）都是绝热的；入射激光照射面为 $x=0$，垂直入射、激光强度空间分布为均匀的平面一维情形，文献[184]给出了该情形下由式(7.1.2a)出发得到的解析解 $T(x,t)$，这里因篇幅所限就不再给出。在通常情况下，式(7.1.2a)的求解需要采用 CFD 方法，而且靶材两侧面的边界条件的给法要结合激光照射的实际环境条件给出。另外，这里还应指出的是，经典的 Fourier 热传导理论认为热流与温度梯度成正比，温度场可以由抛物型的线性热传导方程来描述。然而使用这一概念去研究自由电子热传导和声子气体问题便会遇到困难。如果采用动力论方法研究电子与声子的碰撞和能量输运，当光强为 $10^6 \sim 10^8$ W/cm^2、材料尚未发生熔化时，比较温升计算结果发现经典 Fourier 定律高估了热扩散的热流，从而低估了激光加热下金属表面温度（图 7.1），为此非 Fourier 热传导问题的研究在传热学领域中

便有涌现。但对于大多数工程问题来讲，经典的 Fourier 定律仍是足够精确的、适用的。

3. 激光加热靶材的熔融与气化现象

当一定强度的激光照射到靶材表面时，材料表面的温度按式(7.1.2a)给出的规律升高，一旦温度达到熔点 T_m 时，等温面($T=T_m$)将以一定速度向靶材内部传播，如图 7.2 所示。激光作用下靶材的熔化问题主要涉及固态热传导与液态热传导方程以及带有待定边界位置的非线性边界条件(固—液态界面条件)。为使问题简化，假设在激光加热和熔化期间靶材的热物性参数不变，并假设激光强度恒定、均匀作用在材料表面，液相熔化区(用下标 q 或者下脚标 1 表示)也均匀地出现在某一个平面上(这里用 X_m 表示界面位置)，于是借助于式(7.1.3b)，激光作用下靶材熔化问题的基本方程与边界条件如下：

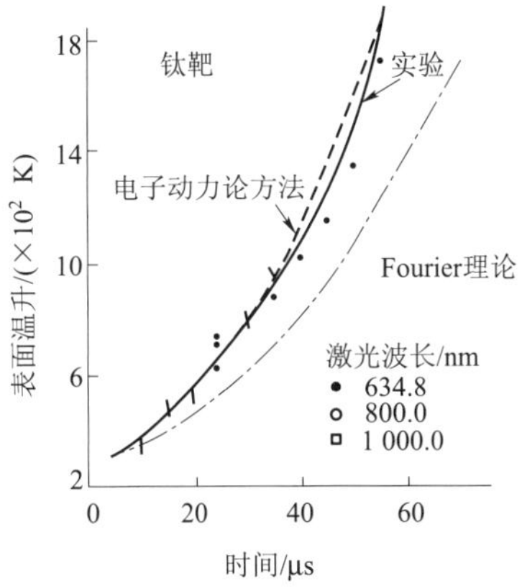

图 7.1　激光加热钛靶表面温升的理论与实验值的比较

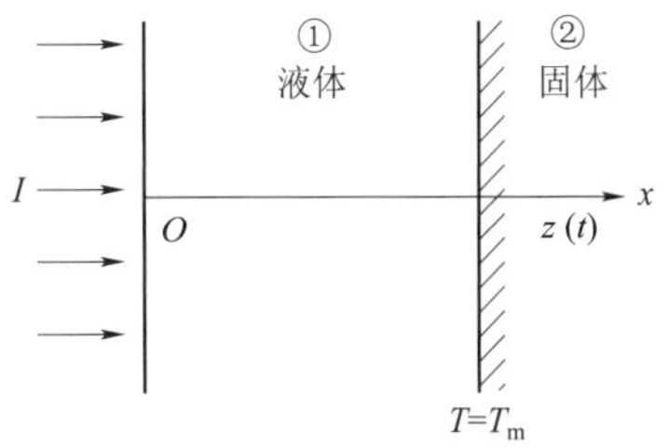

图 7.2　靶材熔融模型

基本方程：

$$\frac{\partial T_i}{\partial x}=(\alpha_t)_i\frac{\partial^2 T_i}{\partial x^2}(i=q,s) \tag{7.1.4a}$$

边界条件($t>t_m, x=X_m(t)$)：

$$-\lambda_q\frac{\partial T_q}{\partial x}+\lambda_s\frac{\partial T_s}{\partial x}=\rho L_t\frac{\mathrm{d}X_m}{\mathrm{d}t} \tag{7.1.4b}$$

$$T_s=T_q=T_m \tag{7.1.4c}$$

边界条件($x=0, t>0$)：

$$-\lambda_q\frac{\partial T_q}{\partial x}=\alpha_A I_0 \tag{7.1.4d}$$

初始条件($t=t_m$)：

$$X_m=0 \tag{7.1.4e}$$

式(7.1.4a)～式(7.1.4e)中，T_m 为熔化温度；L_t 为材料的熔化潜热；X_m 为界面位置；I_0 为 $x=0$ 处入射激光束的功率密度；t_m 为激光照射材料由辐照开始到开始熔化所需的时间，熔融时间 t_m 可由下面的热平衡方程近似给出：

$$(1-\rho_R)tI_0 \geqslant \rho x[c_t(T_m-T_0)+L_t] \tag{7.1.5}$$

式中，t 为熔融时间；x 为熔融深度；ρ_R 为靶材表面的反射率；ρ 为密度，其他符号含义同式(7.1.4)。

铝材为例，如取 $x=0.5$ cm，$\rho_R=0.8$，若 $I_0=10$ kW/cm^2 时熔融时间为 0.65 s；若 $I_0=100$ kW/cm^2 时则熔融时间 $t=0.065$ s；

激光加热金属靶，当靶表面达到熔点温度时，便形成一个熔融层，然后温度继续上升直到蒸发开始。靶表面蒸发的速度 v 为：

$$v=\frac{\mathrm{d}x(t)}{\mathrm{d}t}=\frac{\alpha_A I_0}{\rho L_T} \tag{7.1.6}$$

式中，α_A 为靶材的吸收率；L_T 代表总的潜热，它包括熔化潜热 L_t，蒸发潜热 L_v，以及温度从熔点 T_m 上升至沸点时靶表面所吸收的热量 $c(T_c-T_m)$，于是 L_T 的表达式为：

$$L_T=\rho[L_t+L_v+c(T_c-T_m)] \tag{7.1.7}$$

对于气化时间的估计，也是由能量守恒定律得到它的近似估计值：

$$(1-\rho_R)tI_0=\rho d_0[c_v(T_v-T_0)+(L_t+L_v)] \tag{7.1.8}$$

式中，L_v 为气化热；T_v 与 T_0 分别为蒸气温度与初温；c_v 为比热容；d_0 为气化厚度。

仍然以铝为例，在气压为 0.1 MPa 时 $T_v=2\,767$ K，$L_v=10\,770$ J/g，若取 $d_0=5$ mm，$\rho_R=0.8$，取 $I_0=10^4$ W/cm^2，气化时间约为 8 s。比较气化时间与熔融时间可以发现：前者比后者高出一个数量级，其主要原因在于铝的沸点比熔点高得多，而且气化潜热也比熔融潜热大一个数量级。

4. 激光气化下靶蒸气的平面一维定常流动

靶材气化时，在靶表面前方几个平均自由程(几微米量级)内存在一个 Knudsen(克努森)层区域，如图 7.3 所示。

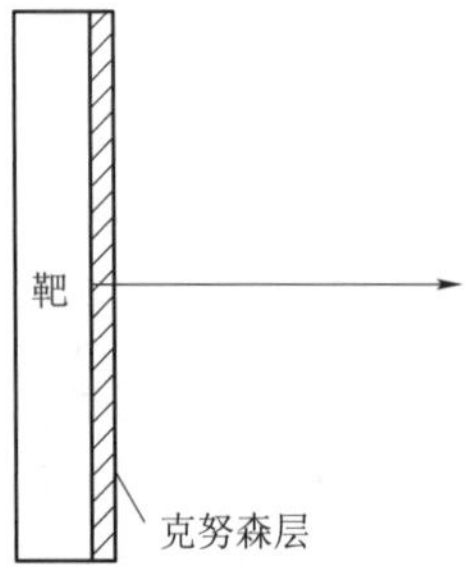

图 7.3 激光照射下靶前存在的 Knudsen 层

在适当强度激光的作用下，靶表面的气化可以用一维定常流动模型过程来描述，这时靶蒸气对激光的吸收可以忽略，在离开处于热力学平衡态的靶表面气体分子中，有一定比例的粒子由于反向散射而返回靶表面。当饱和气化时，蒸气压力与环境气体压力平衡，离开靶面的粒子数与返回靶面的相等，呈现出一种动态平衡；当蒸气压力大于环境压力，出现非饱和气化时，相界面附近蒸气粒子处于动态非平衡，出现离开的粒子数多于返回的，粒子之间要经过几个平均自由程的相互碰撞之后才逐渐达到平衡，形成宏观状态下一致的蒸气流。因此，在相界面附近有一层很薄的介质密度间断区即 Knudsen 层，在这层中蒸气粒子处于由平动不平衡变为平衡的过渡状态。Knudsen 层可以用 Boltzmann 方程进行计算[23,24]，令 f 表示气态粒子的分布函数，用 ξ,η,ζ 表示蒸气粒子速度的三个分量，于是有：

$$\rho V=\int \xi f\,\mathrm{d}\boldsymbol{v}=\text{质量流} \tag{7.1.9a}$$

$$\rho(V^2+RT)=\int\xi^2 f\mathrm{d}\boldsymbol{v}=\text{动量流} \tag{7.1.9b}$$

$$\rho V\left(\frac{5}{2}RT+\frac{1}{2}V^2\right)=\int\frac{1}{2}(\xi^2+\eta^2+\zeta^2)\xi f\mathrm{d}\boldsymbol{v}=\text{能量流} \tag{7.1.9c}$$

式中：

$$\mathrm{d}\boldsymbol{v}\equiv\mathrm{d}\xi\mathrm{d}\eta\mathrm{d}\zeta \tag{7.1.9d}$$

令 f_2 代表 Maxwell(麦克斯韦)分布函数，即：

$$f_2=\rho(2\pi RT)^{-\frac{3}{2}}\exp\left[-\frac{(\xi-V)^2+\eta^2+\zeta^2}{2RT}\right] \tag{7.1.10a}$$

式中，V 为蒸气的平均宏观速度；ρ 与 T 分别代表蒸气的局部气体密度与蒸气温度；R 定义为：

$$R\equiv\frac{k_{\mathrm{B}}}{m} \tag{7.1.10b}$$

式中，k_{B} 为 Boltzmann 常数；m 为分子质量。

在相分界面处的分布函数为 f_1，其表达式为：

$$f_1=\begin{cases}\rho_s(2\pi RT)^{-\frac{3}{2}}\exp\left[-\dfrac{\xi^2+\eta^2+\zeta^2}{2RT_{\mathrm{s}}}\right] & (\xi<0)\\ \beta f_2 & (\xi>0)\end{cases} \tag{7.1.11a}$$

式中，$\xi>0$ 时为发射粒子，$\xi<0$ 时为返回粒子；ρ_{s} 与 T_{s} 分别代表饱和蒸气的密度与温度；β 代表相界面处返回凝聚态的蒸气粒子的比例数，其表达式为：

$$\beta=\left[(2m^2+1)-m\sqrt{\frac{\pi T_{\mathrm{s}}}{T_{\mathrm{b}}}}\right]\mathrm{e}^{m^2}\frac{\rho_{\mathrm{s}}}{\rho_{\mathrm{b}}}\sqrt{\frac{T_{\mathrm{s}}}{T_{\mathrm{b}}}} \tag{7.1.11b}$$

式中，下脚标 s 与 b 分别代表相界面处与 Knudsen 层外表面处，如图 7.4 所示；m 为分子质量。

正如文献[184-187]所分析的，激光辐照下 Knudsen 层外的流动结构如图 7.4 所示，靶蒸气向外膨胀，驱动一个激波(有时又称冲击波)在环境气体①区中传播。定常流动时激波速度以及波后近②区为均匀流动区，②区后即③区为蒸气区，它的另一端邻 Knudsen 层。②区与③区的交界处速度、压强分别相等，但密度和温度可以不等即形成间断。

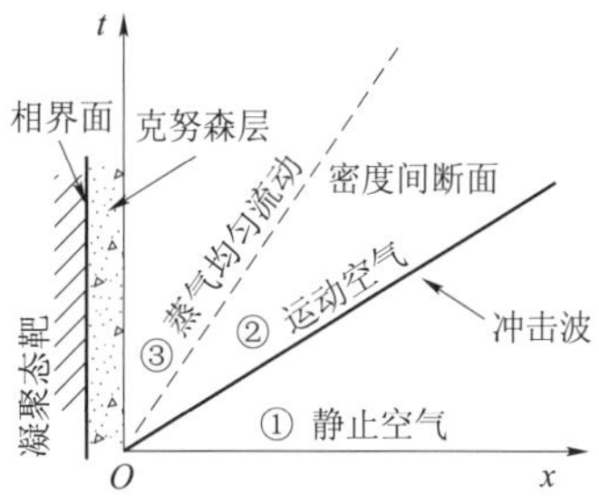

图 7.4　Knudsen 层外的流动结构(亚声速流动时)

由 Rankine-Hugoniot 关系可求得激波后的速度 V_2 为：

$$V_2=\frac{a_1\left(\dfrac{p_2}{p_1}-1\right)}{\gamma_1\sqrt{1+\dfrac{\gamma_1+1}{2\gamma_1}\left(\dfrac{p_2}{p_1}-1\right)}} \tag{7.1.12}$$

在蒸气接触间断面处，有：

$$\begin{cases}V_3=V_2\\ p_3=p_2\end{cases}\tag{7.1.13}$$

而这时 T_3 与 ρ_3 分别为：

$$\frac{T_3}{T_s}=\left[\sqrt{1+\pi\left(\frac{\gamma_3-1}{\gamma_3+1}\frac{\widetilde{m}}{2}\right)^2}-\sqrt{\pi}\ \frac{\gamma_3-1}{\gamma_3+1}\frac{\widetilde{m}}{2}\right]^2\tag{7.1.14a}$$

$$\frac{\rho_3}{\rho_s}=\sqrt{\frac{T_s}{T_3}}\left[\left(\widetilde{m}^2+\frac{1}{2}\right)e^{\widetilde{m}^2}\mathrm{erfc}(\widetilde{m})-\frac{\widetilde{m}}{\sqrt{\pi}}\right]+\frac{T_s}{2T_3}\left[1-\sqrt{\pi}\,\widetilde{m}\,e^{\widetilde{m}^2}\mathrm{erfc}(\widetilde{m})\right]\tag{7.1.14b}$$

式(7.1.14b)中 $\widetilde{m}$ 为：

$$\widetilde{m}=\frac{V_3}{\sqrt{\gamma R_g T_3}}\tag{7.1.14c}$$

式中，R_g 为气体常数。

若以 Ma_3 表示接触间断面蒸气中的 Mach 数，于是有：

$$Ma_3=\frac{V_3}{\sqrt{\gamma_3 R_g T_3}}=\frac{V_2}{\sqrt{\gamma_3 R_g T_3}}\tag{7.1.15}$$

由式(7.1.12)与式(7.1.15)可求得：

$$\frac{p_2}{p_1}=1+\gamma_1 Ma_3\frac{a_3}{a_1}\left[\frac{\gamma_1+1}{4}Ma_3\frac{a_3}{a_1}+\sqrt{1+\left(\frac{\gamma_1+1}{4}Ma_3\frac{a_3}{a_1}\right)^2}\right]\tag{7.1.16}$$

由式(7.1.14a)、式(7.1.14b)与式(7.1.16)便可推出：

$$\frac{p_s}{p_1}=f\left(Ma_3,\frac{T_s}{T_3}\right)\tag{7.1.17}$$

式中，p_s 为饱和蒸气的压强。

式(7.1.17)表明：$\frac{p_s}{p_1}$是关于 Ma_3 与$\frac{T_s}{T_3}$的函数。

如果饱和蒸气的压强足够高，流场中可能会形成一个稀疏区域，这时 Knudsen 层外的蒸气流动会变成超声速流动，这时的流动结构如图 7.5 所示。在超声速情况下，③区分为两个区，即图 7.5(a)与图 7.5(b)中的③区和④区。

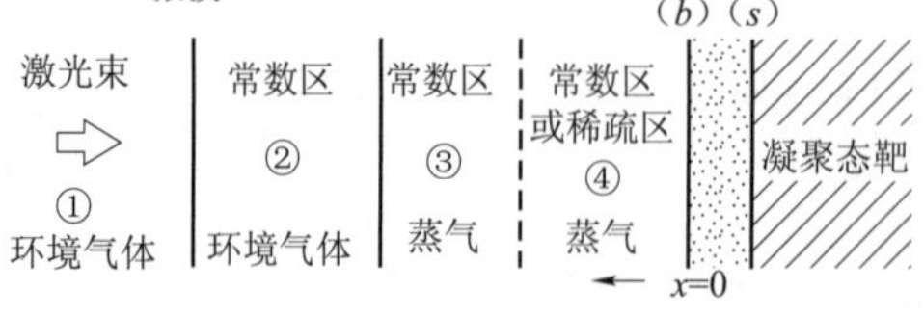

(a)

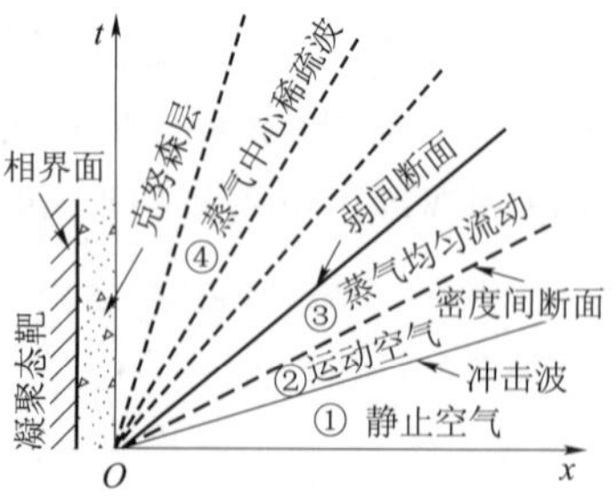

(b)

图 7.5 激光辐照下靶蒸气的定常流动结构(超声速流动时)

值得注意的是，④区是中心稀疏波区，右行波的 Riemann 不变量为常数，即：

$$u+\frac{2a}{\gamma-1}=\text{const} \tag{7.1.18}$$

由于 Knudsen 区内的流动必须保持定常，其外表面处蒸气粒子的流动不能是超声速的，而④区又不能是亚声速的，因此在外表面处必须满足 Jouguet 条件，即 $V_b=a_b$；另外，④区两端的右行 Riemann 不变量条件可写为：

$$V_3+\frac{2a_3}{\gamma_s-1}=\frac{\gamma_s+1}{\gamma_s-1}V_b \tag{7.1.19a}$$

注意：这里各区中蒸气的等熵指数不变，即 $\gamma_3=\gamma_4=\gamma_s$。此外，由于是完全气体，还有：

$$\frac{a_b}{a_3}=\left(\frac{p_b}{p_3}\right)^{\frac{\gamma_s-1}{2\gamma_s}}=\frac{2}{\gamma_s+1}+\frac{\gamma_s-1}{\gamma_s+1}Ma_3 \tag{7.1.19b}$$

对于图 7.5 所示的超声速情况来说，较亚声速流动问题多了一个④区，但增加了式(7.1.19a) 与式(7.1.19b)这两个补充关系，因此完全确定了这时四个区域的气动问题。

5. 靶表面激光等离子体的产生与发展

产生等离子体的技术途径通常有[188-190]核聚变、高功率激光、强冲击波、高频电场、强燃烧、电弧放电等方式。文献[191]曾对俄罗斯等离子体点火与辅助燃烧问题进行过研究，文献[192,193]曾利用等离子体旋流器调控火焰燃烧，文献[194 - 197]则利用放电技术、激光诱导技术等对航空发动机压气机叶栅流场进行控制。高功率激光辐照各种气体、液体或者固体靶，使部分靶介质转变为等离子体状态，其产生的主要机制：① 光电离。即原子中的电子受激光辐照，产生光电效应或多光子效应吸收足够的光子能量而发生电离。这里应指出：光电离主要适用于较冷的介质中初始载流子的萌生过程，而激光等离子体处于完全电离状态，因此光电离不是其形成的主要机制。② 热电离。即在高温下热运动速度很大的原子相互碰撞，使其电子处于激发态，其中一部分电子的能量超过电离势而使原子发生电离。在激光作用下，当靶蒸汽的温度足够高时则发生热电离。处于热力学平衡状态下的蒸气的电离度 α 可由 Saha 方程描述。在部分电离的气体中，入射的激光能量被热激发原子和离子通过逆韧致机制所吸收。气体吸收激光能量升温，并导致电离度和吸收系数进一步增大，这种正反馈有助于在蒸气中形成等离子体。③ 碰撞电离。即气体中的带电粒子在电场作用下加速并且与中性原子碰撞，发生能量交换，使原子中的电子获得足够能量而发生电离。在极高的光强辐照下，很高温度的等离子体又变得透明，入射激光又可直接作用到稠密靶介质表面上，凝聚态和等离子体态之间的严格界限消失。此时激光束只能在晕区中传播，激光在晕区中传播时各种等离子体不稳定性(例如，离子声波衰变不稳定性、受激 Raman 散射、受激 Brillouin 散射、双等离子体衰变等)通过波—波或者波—粒子相互作用使电子获得能量。

激光在等离子体中的传播，其频率 ω 和波数 K 必须满足色散关系，即：

$$\omega^2=(\omega_{pe})^2+c^2K^2 \tag{7.1.20a}$$

式中，c 为真空中光速；ω_{pe} 为电子等离子体频率。

另外，激光在等离子体中的群速度 v_g 和相速度 v_p 分别为：

$$v_g\equiv\frac{\partial\omega}{\partial K}=c\left(1-\frac{\omega_{pe}^2}{\omega^2}\right)^{\frac{1}{2}} \tag{7.1.20b}$$

$$v_p\equiv\frac{\omega}{K}=\frac{c}{\left(1-\frac{\omega_{pe}^2}{\omega^2}\right)^{\frac{1}{2}}} \tag{7.1.20c}$$

并且有：

$$v_g v_p=c^2 \tag{7.1.20d}$$

激光束的传播规律应遵循着 Maxwell 方程组：

$$\begin{cases}\nabla\times\boldsymbol{B}=\dfrac{1}{\varepsilon_0 c^2}\boldsymbol{j}+\dfrac{1}{c^2}\dfrac{\partial\boldsymbol{E}}{\partial t}\\ \nabla\times\boldsymbol{E}=-\dfrac{\partial\boldsymbol{B}}{\partial t}\end{cases} \tag{7.1.21a}$$

式中，$\boldsymbol{B}$ 为磁场强度；$\boldsymbol{j}$ 为电流密度，它取决于等离子体中电子、离子的运动。

为简化起见，用流体力学的方法去近似描述等离子体中电子与离子的运动。引入等离子体的平均电流密度 $\boldsymbol{j}$ 其表达式为：

$$\boldsymbol{j}=-e(N_e\boldsymbol{V}_e-N_i\boldsymbol{V}_i) \tag{7.1.21b}$$

式中，$\boldsymbol{V}_e$ 与 $\boldsymbol{V}_i$ 分别为电子与离子的速度。

令 N_e 与 N_i 分别代表电子与离子的粒子数密度，于是 N_e 与 N_i 以及 $\boldsymbol{V}_e$ 与 $\boldsymbol{V}_i$ 满足下面的流体力学方程组：

$$\frac{\partial}{\partial t}N_e+\nabla\cdot(N_e\boldsymbol{V}_e)=0 \tag{7.1.22a}$$

$$\frac{\partial}{\partial t}N_i+\nabla\cdot(N_i\boldsymbol{V}_i)=0 \tag{7.1.22b}$$

$$\frac{\mathrm{d}}{\mathrm{d}t}\boldsymbol{V}_e=-\frac{1}{N_e m_e}\nabla p_e-\frac{e}{m_e}(\boldsymbol{E}+\boldsymbol{V}_e\times\boldsymbol{B})-\upsilon_{ei}(\boldsymbol{V}_e-\boldsymbol{V}_i) \tag{7.1.22c}$$

$$\frac{\mathrm{d}}{\mathrm{d}t}\boldsymbol{V}_i=-\frac{1}{N_i m_i}\nabla p_i-\frac{2e}{m_i}(\boldsymbol{E}+\boldsymbol{V}_i\times\boldsymbol{B})-\frac{N_e m_e}{N_i m_i}\upsilon_{ei}(\boldsymbol{V}_e-\boldsymbol{V}_i) \tag{7.1.22d}$$

式中，p_e 和 p_i 分别为电子流和离子流的分压强；υ_{ei} 为电子—离子的碰撞频率。

激光是高频电场，它所激起的电流也是对此电场产生影响的高频电流，因此只需考虑 Maxwell 方程组的高频部分。此外，激光在等离子体中传播速度接近光速，所以在激光传播时等离子体可认为不动。另外，对纳米级脉宽的激光脉冲来讲，电场强度振幅 $|\boldsymbol{E}|$ 随时间的相对变化可忽略不计。这样，激光传播的方程便简化为：

$$\nabla^2\boldsymbol{E}+\frac{\omega^2}{c^2}\varepsilon(x)\boldsymbol{E}=0 \tag{7.1.23a}$$

式中，$\varepsilon(x)$ 为等离子体的介电常数，它是 x 的函数，其表达式为

$$\varepsilon(x)=1-\frac{\omega_{pe}(x)}{\omega^2\left(1+i\frac{\upsilon_{ei}}{\omega}\right)} \tag{7.1.23b}$$

等离子体对激光的吸收主要有两大类：一类是正常吸收即逆韧致吸收；另一类是反常吸收（如共振吸收以及多种非线性参量不稳定性产生的吸收）。逆韧致吸收是由电子—离子碰撞引起的，令 I 代表激光强度，因此激光传播单位长度后的强度损失为：

$$\frac{dI}{dx}=-\alpha I \tag{7.1.24}$$

式中，α 为吸收系数。另外，对于共振吸收问题，限于篇幅这里不再赘述。

6. 激光作用靶材时等离子体的屏蔽效应

等离子体屏蔽效应是高功率激光与材料相互作用过程中的重要现象。激光作用于靶表面，引发蒸气，蒸气继续吸收激光能量，使其温度升高，最后在靶表面产生高温高密度的等离子体。这种等离子体向外迅速膨胀，在膨胀的过程中等离子体继续吸收入射激光的能量，因此这种阻止了激光到达靶表面，切断了激光与靶材间的能量耦合，这种效应便称为等离子体屏蔽效应，图 7.6 给出了激光与靶相互作用的示意图。

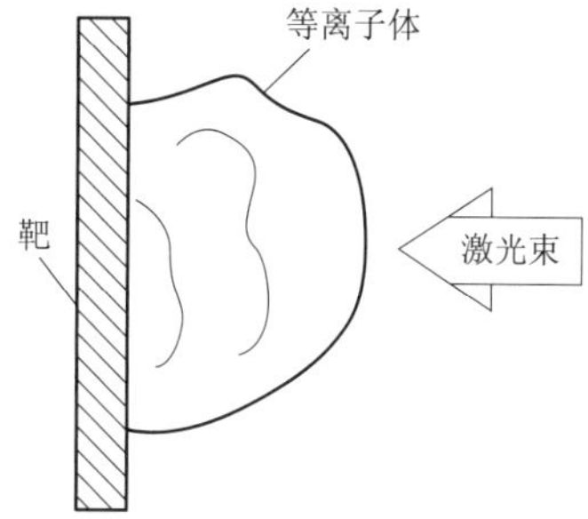

图 7.6　激光与靶材间的相互作用

蒸气等离子体吸收入射激光能量的机制，是逆韧致辐射。以铝靶材为例，铝蒸气的逆韧致吸收系数 K_s 为：

$$K_s=\frac{2.432\times10^{-37}}{(h\upsilon)^3}\left[1-\exp\left(\frac{-h\upsilon}{k_B T}\right)\right]\frac{Z^2 N_e N_+}{T^{\frac{1}{2}}} \tag{7.1.25}$$

式中，υ 为激光频率；T 为等离子体温度；N_e 与 N_+ 分别为电子数密度与铝离子密度；Z 为原子序数；k_B 为 Boltzmann 常数。

等离子体屏蔽能量的程度可以用等离子体屏蔽系数 η^*（等离子体吸收的能量与入射激光能量之比）来描述，其表达式为：

$$\eta^*=1-\exp\left[-\int_0^l K_s(x)dx\right] \tag{7.1.26}$$

式中，l 为等离子体区域的长度。

最后，应该指出的是，高功率激光产生的等离子体隔断了激光束与靶材间的能量耦合，这种屏蔽作用有积极的作用，但也有其消极的方面。例如，在激光加工的应用中，等离子体的屏蔽作用使得激光束不能达到材料的表面，因而激光能量的利用率降低，达不到最佳的效果。然而，激光在眼科手术的应用中，等离子体屏蔽现象对保护眼睛视网膜免受激光辐射起到了积极作用。

7.2 激光维持的燃烧波

1. 激光维持的吸收波

实验观察到在激光辐照靶面时，形成了一个激光吸收区。被吸收的激光能量转化为该区气体(或等离子体)的内能，与流动发生耦合，按气体动力学的规律运动。Yu. P. Raizer 早在 1965 年就开始研究这种激光吸收和气体运动相耦合的问题。图 7.7 和图 7.8 分别给出了激光维持的燃烧(LSC)波和激光维持的爆轰(LSD)波结构示意图。

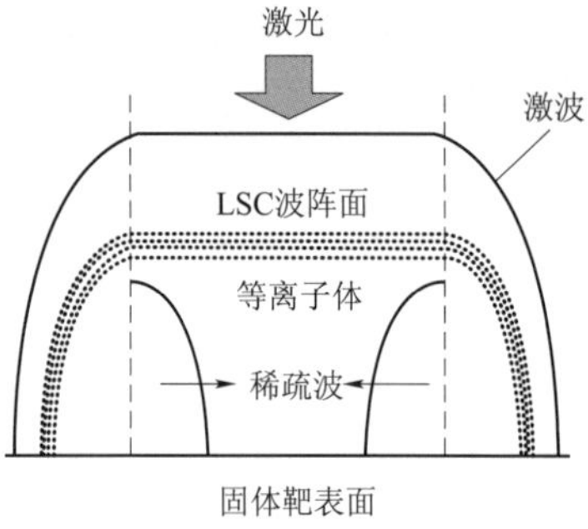

图 7.7 LSC 波

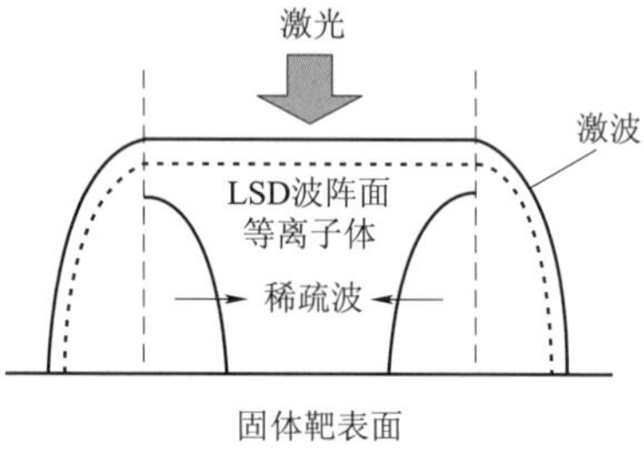

图 7.8 LSD 波

对于 LSC 波的流动结构来讲，前面运动的激波对激光透明，后面的等离子区是激光吸收区，以亚声速向前推进，典型的推进速度是每秒几十米；这类流动结构依靠热传导、热辐射和扩散输运机制使其前方冷气体加热和电离，从而维持 LSC 波及其前方激波的传播。另外，等离子区位于激波后。对于 LSD 波的流动结构来讲，激波面就是激光吸收区，被吸收的激光能量维持着激波前进，LSD 波相对于波前介质为超声速运动，其速度可达到每秒几千米甚至上百千米。LSC 波与 LSD 波统称为激光维持的吸收(LSA)波。LSA 波的形状和特征主要依赖于实验条件和参数，例如，激光功率、波长、焦斑大小、靶材和靶前气体的性质。通常，产生 LSD 波的激光阈值比 LSC 波大，例如对于 10.6 μm 波长的脉冲或连续 CO_2 激光束而言，产生 LSC 波的激光功率密度在 $2\times10^4\sim10^6$ W/cm^2，而产生 LSD 波要大于 10^7 W/cm^2。另外，比较 LSC 波与 LSD 波的传播方向两者也有很大差别：LSD 波始终是逆着入射激光方向传播的，这是由于在 LSD 波形成过程中，靶表面蒸气等离子体吸收了大量的激光能量，而沿着逆激光方向吸收激光能量最强，因而 LSD 波面向着逆激光方向发展。而 LSC 波的传播方向则无论入射激光的方向如何，LSC 波总是在靶表面法线方向上发展，这是由靶表面等离子体本身性质决定的。综上所述，LSC 波与 LSD 波是两类不同形成机制的吸收波，从传播速度的大小上来看，前者为亚声速传播，后者为超声速；从传播方向上看，前者为沿靶表面的法线方向，而后者总是逆着入射激光的方向；从产生 LSC 波与 LSD 波所需的激光功率密度值来讲，后者要比前者大得多。

2. LSC 模型的气动力学分析

20 世纪 70 年代间，文献[198]提出了一个简单、实用的 LSC 模型（图 7.9），用它可以解释与说明 LSC 波的演化过程。如图 7.9 所示，假设②区为等离子区，入射激光在②区被完全吸收；假定①区和②区都是均匀流动区，由于靶表面条件，因此②区中流动速度为零。令①区的物理量的下脚标为 s，并且令②区的物理量不带下标；另外，令⓪区为激波前静止气体区，①区为激波后受压缩的气体区，假设⓪区与①区对激光均透明，令 U 为 LSC 波运动的定常速度，此波阵面为流体力学的间断面，运动激波前后满足如下气体动力学守恒关系式：

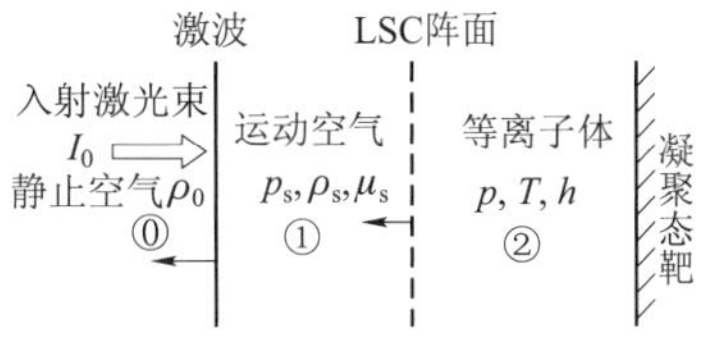

图 7.9　一维 LSC 模型

$$\rho U=\rho_s(U-V_s) \tag{7.2.1a}$$

$$p+\rho U^2=p_s+\rho_s(U-V_s)^2 \tag{7.2.1b}$$

$$\rho U\left(h+\frac{1}{2}U^2\right)=\rho_s(U-V_s)\left[h_s+\frac{1}{2}(U-V_s)^2\right]+I_0-q_r-q_w \tag{7.2.1c}$$

式中，h 为比焓；q_r 和 q_w 分别为等离子体朝靶方向和激波方向的辐射损失，因此$(I_0-q_r-q_w)$表示等离子体净吸收的激光通量。令 γ_s 和 γ 分别代表①区和②区介质的等熵指数，

令 D 为激波运动的速度，对激波前后建立气体动力学守恒关系式：

$$\rho_0 D=\rho_s(D-V_s) \tag{7.2.2a}$$

$$\rho_0 D^2+p_0=p_s+\rho_s(D-V_s)^2 \tag{7.2.2b}$$

$$h_0+\frac{1}{2}D^2=h_s+\frac{1}{2}(D-V_s)^2 \tag{7.2.2c}$$

并且还有：

$$h_s=\frac{\gamma_s}{\gamma_s-1}\frac{p_s}{\rho_s} \tag{7.2.2d}$$

由式(7.2.2a)～式(7.2.2d)，得：

$$D=\frac{\gamma_s+1}{2}V_s \tag{7.2.3a}$$

$$p_s=\frac{\gamma_s+1}{2}\rho_0 V_s^2 \tag{7.2.3b}$$

$$\rho_s=\frac{\gamma_s+1}{\gamma_s-1}\rho_0 \tag{7.2.3c}$$

令 W 代表 LSC 波相对于前方流动的量纲为 1 的速度，即有：

$$W=\frac{U-V_s}{V_s} \tag{7.2.4}$$

联立式(7.2.1)和式(7.2.3)，得：

$$U=(1+W)V_s \tag{7.2.5}$$

$$\rho=\frac{W}{1+W}\rho_s \tag{7.2.6}$$

$$p=p_s\left(1-\frac{2W}{\gamma_s-1}\right) \tag{7.2.7}$$

$$V_s=\left[\frac{2(\gamma-1)(\gamma_s-1)I_p}{(\gamma_s+1)(\gamma+W)(\gamma_s-1-2W)\rho_0}\right]^{\frac{1}{3}} \tag{7.2.8}$$

式中：

$$I_p\equiv I_0-q_r-q_w \tag{7.2.9}$$

7.3 激光维持的爆轰波

LSD 波与 2.12 节讲的爆轰波的 ZND 模型，是本书最精彩的两大亮点。为了深刻认识 LSD 波理论，这里必须重新回顾高功率激光与固体靶间相互作用的物理过程与所发生的一系列重要的物理现象。高功率激光入射到固体靶表面，靶材烧蚀形成的等离子体向外喷射，烧蚀面（气化面）向靶内移动。由于流体动压强与电子热传导的作用，烧蚀面前方靶介质的压强或温度跃升，并驱动一个强激波向未受扰的靶介质中传播。这种物理现象由四个相连的区域组成，如图 7.10 所示。

未受扰靶介质区、激波后的压缩区、电子热传导引起的烧蚀区（热波区）和等离子体膨胀区（晕区）。激光与靶相互作用过程的进展依赖于膨胀区内等离子体吸收激光的性质，如图 7.11 所示。随着光强增大、气化率增加、蒸气电离并开始吸收激光；随着温度升高，逆韧致吸收系数下降；当等离子体温度不算高、对激光尚未完全透明；当等离子体温度进一步升高，这使逆韧致吸收系数变小、对激光甚至变为透明，这时的等离子体密度不算高；一旦等离子体的密度逐渐增大，达到某个临界值（此时密度下所在的地方称为临界面），这时临界面对入射激光形成全反射，截止了激光的连续传播。研究激光等离子体相互作用的力学问题，有两个极端的范围：①当激光脉宽不短于数十皮秒、光强不高于 10^{14} W/cm^2 量级时，等离子体膨胀并引起靶中激波的传播，在这种情况下，流体动力学机制占主导地位，

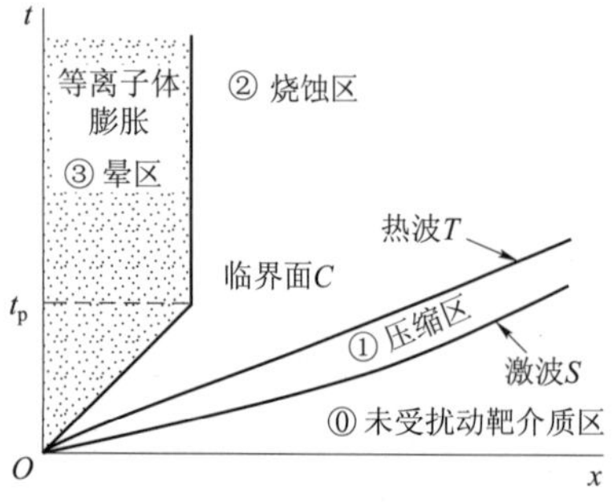

图 7.10 高功率激光与固体靶相互作用的四区域模型

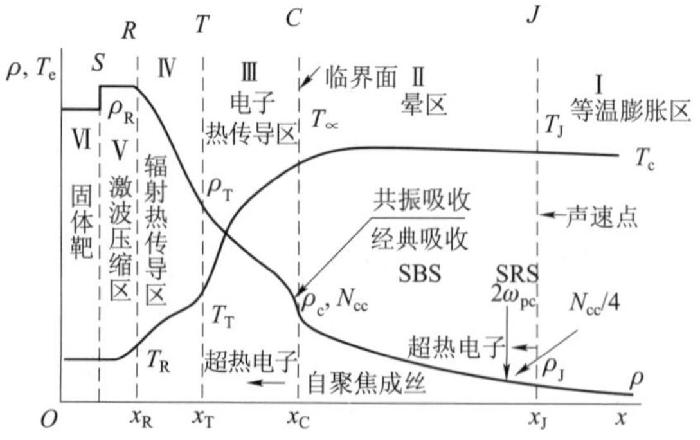

图 7.11 激光辐照靶材所形成的等离子体分区详图

热波区退化为临界面；②当激光为超短脉冲波、脉宽不大于皮秒级、光强在 10^{16} W/cm^2 量级时，在激光作用期间等离子体的流动可忽略不计，热波区主要依靠电子热传导机制，形成很薄的一层具有靶初始密度的高温、高热压的等离子体，成为激光结束后驱动强激波的“热库”。对于上述第①种情况，由于在很高光强辐照下，等离子体变为透明，吸收集中于临界面、成为晕区和烧蚀区的界面。临界面处吸收激光能量、形成流体动力学的间断面、形成激光驱动的爆燃波。对于上述第②种情况，由于激光脉冲不大于皮秒量级，激光吸收发生在临界面，被激励的电子突然加速，来不及与离子交换能量。所谓热波就是电子热传导形成的温度分布，也就是电子运动向 Maxwell 分布转变的热化过程。热波的前沿十分陡峭，以声速运动，后面是一个温度平台。通过热波，在很短的时间内燃蚀面前方形成一个薄层高温区，这时宏观的介质运动还来不及开始。随着离子获得能量，这个热区剧烈膨胀，就好像一个高温高压源被突然释放，推动着强激波向靶内传播，同时等离子体从临界面处以声速向外膨胀。当烧蚀面处稀疏波赶上激波波阵面时，热波状态将被完全转变为流体动力学状态。

对于 LSC 波向 LSD 波的转化过程，也可以由式(7.2.4)中相对量纲为 1 的速度 W 随入射激光强度增大而变大的过程来说明。随着激光强度的增大，W 也不断增大，直到 LSC 波的运动速度 U 等于声速，这时对应的 W 为 W_{CJ}，即：

$$W_{\mathrm{CJ}}=-\frac{\gamma+1}{2}+\frac{\gamma_s-1}{4}\left\{\left[\frac{2(\gamma+1)}{\gamma_s-1}\right]^2+\frac{8\gamma}{\gamma_s-1}\right\}^{\frac{1}{2}} \tag{7.3.1}$$

式中，γ 与 γ_s 的定义同式(7.2.8)。

另外，W_{CJ} 中的下脚标 CJ 代表 Chapman-Jouguet 点处的参数。例如，$\gamma_s=1.4$，$\gamma=1.2$，则由式(7.3.1)可得 $W_{\mathrm{CJ}}\approx 0.1$；当入射激光强度继续增大，LSC 波前沿向激波波阵面靠近，其后方介质中出现明显的速度与压强梯度，即稀疏波区；当吸收区集中于波的前沿并且赶上激波波阵面时，便完成了从 LSC 波到 LSD 波的转化。

1965 年，Yu. P. Raizer 首先提出了 LSD 波的气体动力学模型[199]，他把 LSD 波看作以超声速传播的没有厚度的强间断面(激波面)，并认为入射激光在这里被完全吸收，成为推动激波前进的原因。另外，该激波压缩前方的气体，使之升温电离、吸收激光，成为新的波阵面。

假设靶蒸气或环境气体都是理想气体，并假定激波前后的跳跃关系适用于 LSD 波，但这时能量守恒方程应加入单位质量介质吸收的激光能量 $I_0/\rho_0 D$，其中 I_0 为入射激光强度，D 为 LSD 波的运动速度。如图 7.12 所示，令 D 为 LSD 波的速度；V_1 为 LSD 波后粒子的速度；p_0，ρ_0，e_0 和 T_0 分别表示 LSD 波前气体的压强、密度、比内能和温度；p_1，ρ_1，e_1 和 T_1 分别为 LSD 后等离子体的压强、密度、比内能和温度。

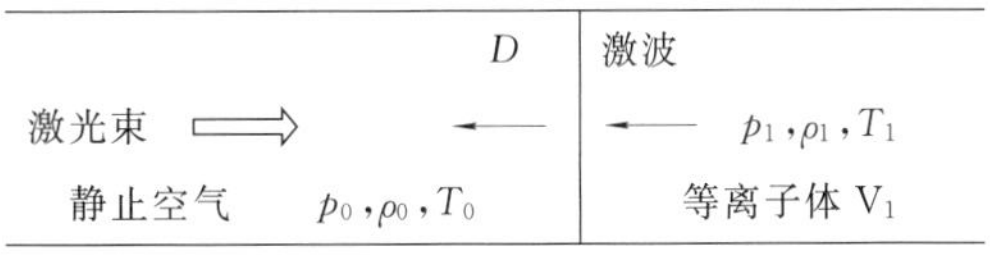

图 7.12　LSD 模型示意图

假设一束激光功率密度为 I_0 的激光作用于靶面上，用 q_p，q_L 分别表示等离子体区域的辐射损耗与激光通过 LSD 波的辐射损耗，并设：

$$I_r = I_0 - q_p - q_L \tag{7.3.2}$$

由气体动力学知，间断面两边物理量应满足：

$$\rho_0 D = \rho_1 (D - V_1) \tag{7.3.3a}$$

$$\rho_0 D^2 + p_0 = \rho_1 (D - V_1)^2 + p_1 \tag{7.3.3b}$$

$$e_0 + \frac{p_0}{\rho_0} + \frac{1}{2} D^2 + \frac{I_r}{\rho_0 D} = e_1 + \frac{1}{2}(D - V_1)^2 + \frac{p_1}{\rho_1} \tag{7.3.3c}$$

另外，令等离子体的比热比为 γ，并且认为等离子体满足理想气体的状态方程，即：

$$e_1 = \frac{1}{\gamma - 1} \frac{p_1}{\rho_1} \tag{7.3.4}$$

由 Chapman-Jouguet 条件可知，有：

$$D - V_1 = a_1 = \sqrt{\gamma \frac{p_1}{\rho_1}} \tag{7.3.5}$$

对于空气中的 LSD 波，因 $p_0 \ll p_1$，$e_0 \ll e_1$，于是 p_0 与 e_0 可以不考虑，这时将式(7.3.3)与式(7.3.5)联立可得到它的解为：

$$p_1 = \frac{\rho_0}{\gamma + 1} D^2 \tag{7.3.6}$$

$$\rho_1 = \frac{\gamma + 1}{\gamma} \rho_0 \tag{7.3.7}$$

$$D = \left[2(\gamma^2 - 1) \frac{I_r}{\rho_0} \right]^{\frac{1}{3}} \tag{7.3.8}$$

式(7.3.8)称为 Raizer 公式。在工程计算中，常将式(7.3.2)中右边后两项省略，近似认为：

$$I_r \approx I_0 \tag{7.3.9}$$

于是式(7.3.8)可以近似为：

$$D = \left[2(\gamma^2 - 1) \frac{I_0}{\rho_0} \right]^{\frac{1}{3}} \tag{7.3.10}$$

在标准状态下，ρ_0 取 1.29 kg/m^3，温度在 $10^4 \sim 10^5$ K 范围时高温等离子体的比热比 γ 为 1.2，当入射激光功率密度从 1×10^9 W/m^2 增加到 3×10^{13} W/m^2 时，LSD 波的速度从 4 km/s 增加到 27 km/s，波后气体压强从 9×10^6 Pa 增加到 4.4×10^8 Pa，波后气体温度从 1.4×10^4 K 增加到 6.5×10^5 K。另外，当入射激光功率密度为 3×10^9 W/cm^2 时，由式(7.2.10)计算出的 LSD 波速度为 27 km/s，而试验值为 22 km/s，误差为 4.4%，因此在工程技术中用 Raizer 公式预测的 LSD 波的速度值是相当可靠的。

7.4　爆轰波的性质以及激光维持爆轰波的稳定传播条件

1. 气体动力学突跃面存在的条件

W. D. Hayes 给出了突跃面存在的几个条件[115]，其中主要包括：① 突跃面的内在结构必须是稳定的，就是说，一个平衡解如果受到当地流体动力学所允许的扰动，它必须能回复到平衡解；② 单位质量介质的熵值必须增大，即满足热力学第二定律；③ 突跃面满足各种守恒定律。在气体动力学中，激波是气体动力突跃面，越过激波面时，气体的压强、密度、温度和熵值都发生突跃。本书第 2 章讲的燃烧波也是突跃面，化学反应就发生在突跃面本身中，所以突跃面的两边介质所遵循的是很不同的状态方程。在风洞和空气动力学中，凝结突跃是又一种重要的突跃面；在凝结突跃面之前的气体含有过饱和的水蒸气，这些水蒸气在凝结突跃波中有一部分凝结成细水珠了，本节讨论的激光维持的爆轰波，它也是一个突跃面，下面便分析 LSD 波稳定传播所需的条件。

2. 爆轰波的重要性质

为简便书写起见，这里省略了式(7.3.3)的下脚标“1”，将 $\dfrac{I_r}{\rho_0 D}$ 简记为 I^*，于是式(7.3.3)可以写为：

$$\rho(D-V)=\rho_0 D \tag{7.4.1a}$$

$$\rho(D-V)^2+p=\rho_0 D^2+p_0 \tag{7.4.1b}$$

$$e+\frac{p}{\rho}+\frac{1}{2}(D-V)^2=e_0+\frac{p_0}{\rho_0}+\frac{1}{2}D^2+I^* \tag{7.4.1c}$$

由连续方程式(7.4.1a)与动量方程式(7.4.1b)可推出爆轰波的 Rayleigh 线方程：

$$p-p_0=\rho_0^2 D^2(\tau_0-\tau) \tag{7.4.2}$$

由连续方程，动量方程以及能量方程可推出爆轰波的 Hugoniot 关系式：

$$e-e_0=\frac{1}{2}(p+p_0)(\tau_0-\tau)+I^* \tag{7.4.3}$$

在式(7.4.2)与式(7.4.3)中，τ_0，τ 分别定义为：

$$\tau_0\equiv\frac{1}{\rho_0},\tau\equiv\frac{1}{\rho} \tag{7.4.4}$$

为了便于对比，这里给出燃烧与炸药爆炸问题的控制方程组

$$\rho(D-V)=\rho_0 D \tag{7.4.5a}$$

$$\rho(D-V)^2+p=\rho_0 D^2+p_0 \tag{7.4.5b}$$

$$e+\frac{p}{\rho}+\frac{1}{2}(D-V)^2=e_0+\frac{p_0}{\rho_0}+\frac{1}{2}D^2+Q \tag{7.4.5c}$$

式中，D 为爆轰波速度；Q 为炸药单位质量释放的能量。

显然式(7.4.5)与式(7.4.1)极为相似。图 7.13 给出了针对式(7.3.5)得到的爆轰和爆燃的 Hugoniot(雨贡纽)曲线。燃烧或炸药爆炸问题产生的爆轰波，其基本性质如下：[115]：

(1) 沿 Rayleigh 直线，熵 S 最多只有一个极大值。

(2) Rayleigh 直线与产物的 Hugoniot 曲线的交点最多只有两个。沿 Rayleigh 直线，在熵 S 取极大值的点上，Q 也取极大值；反之，在 Q 取极大值的点上，熵 S 也取极大值。

(3) 相对于波后产物而言，强爆轰波速度是亚声速，弱爆轰波速度为超声速，Chapman-Jouguet 爆轰波（简称 C-J 爆轰波）的速度正好等于声速。

对于 C-J 爆轰波来讲，它的基本性质如下[28]：

(1) 在 C-J 点，Q 取极大值。

(2) 沿产物的 Hugoniot 曲线，熵 S 在 C-J 点取极小值。

(3) C-J 爆轰波的速度取极小值，即 C-J 爆轰波速度是所有爆轰中最慢的。

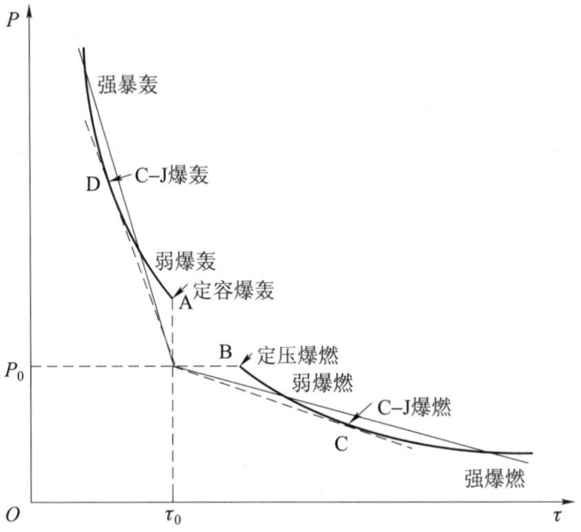

图 7.13　爆轰和爆燃的 Hugoniot 曲线

另外，对于燃烧和爆炸问题来讲，给出 Jouguet 的法则：气体相对反应阵面的流动 ① 在爆轰波阵面前是超声速的；② 在弱爆轰波阵面后是超声速的；③ 在强爆轰波阵面后是亚声速的；④ 在爆燃锋面前是亚声速的；⑤ 在弱爆燃锋面后是亚声速的；⑥ 在强爆燃锋面前是超声速的。

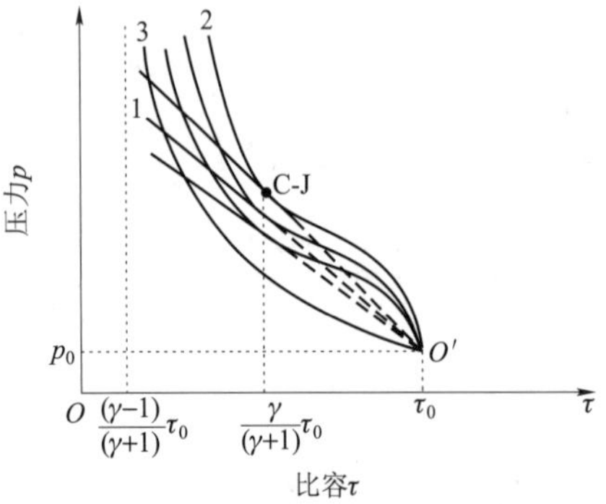

图 7.14　不同激光强度时爆轰波的 Hugoniot 曲线

1—瑞利线；2—放热雨贡纽曲线；3—冷空气冲击雨贡纽曲线

3. LSD 波的稳定传播条件

对于激光维持的爆轰波，其稳定传播的条件应该是 C-J 条件，即 LSD 波的速度相对波后气体为声速，这同炸药爆炸引起的爆轰波稳定传播的 C-J 条件是一样的。对于这点的数学证明，因篇幅所限不再给出。

图 7.14 给出了不同激光强度时 LSD 波的 Hugoniot 曲线，图中曲线 2 对应的入射激

光强度 I_0 要大于曲线 3 所对应的，曲线 1 为 Rayleigh 直线。在同一条 Hugoniot 曲线上，入射激光的功率密度是一定的，在 C-J 点处由于激光能量被完全吸收，C-J 点处熵值最小，因此激光能量转变为气体动能的部分也就最大，换句话说，当 LSD 波处于 C-J 点状态时，单位质量气体吸收的激光能量最多，而且这些能量将最大限度地转变为气体的动能，对外做功。

7.5　激光维持爆轰波问题的一维和多维解法以及典型流场分析

1. 激光聚焦诱发的空气击穿现象

激光聚焦介质时，只有当激光功率密度达到一定值时，才能发生光学击穿，形成高温等离子体。与此同时，聚焦区内出现明亮的发光现象，并伴随有爆炸声，这是空气击穿时的特征。1966 年，M. Young 等人用相机拍摄到激光击穿空气时等离子体发光的照片[200]。1968 年，A. J. Alcock 等人以激光作为纹影光源，首次测量到激光支持爆轰波/冲击波的结构[201]。1972 年，A. N. Pirri 等人采用高速摄影法研究了长脉冲激光作用于碳和钨靶表面产生的激光支持爆轰波。文献[202]发现：激光支持爆轰波在几十纳秒内形成，等离子前沿吸收大部分激光的能量并且以超声速背离固体表面。

气体光学击穿的机理通常有两种：一种是多光子吸收过程，使原子电离；另一种是串级电离[184]，即从电场中获得足够能量的自由电子，通过与原子发生碰撞使原子分离。当聚焦区内空气分子经过多光子吸收过程产生初始的自由电子，继而通过逆韧致吸收引发串级电离，使电子密度成指数增加，达到临界值 $10^{18}\sim10^{20}\ \mathrm{cm}^3$，实现空气击穿。通常在激光脉冲结束之后，气体中要留下一个高度受热的光路（当波速为 100 km/s，脉冲持续时间为 3×10^{-8} s 时，这种光路的长度为 3 mm）。气体要膨胀，其后发生的过程与强爆炸现象相类似。

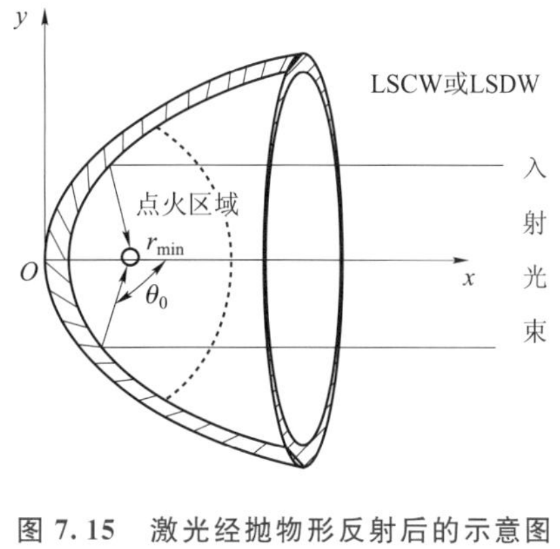

图 7.15　激光经抛物形反射后的示意图

2. 激光维持爆轰波问题的一维解析方法

如 7.15 所示，激光经旋转抛物面聚焦在焦点，击穿空气、产生高温高压等离子体，继而形成 LSA 波并向外扩散。如图 7.15 所示，设入射激光的功率密度为 I_0，令球冠半张角为 θ_0，令：

$$I^* = \frac{I_0}{4\pi R_D^2 \sin(\theta_0/2)} \tag{7.5.1}$$

式中，R_D 为 LSD 波阵面的半径。

假设聚焦后在焦点击穿空气并形成 LSD 波，在图 7.15 所示的情况下 LSD 波的运动速度要对式(7.3.8)作修改，只要用式(7.5.1)中的 I^* 代替式(7.3.8)中的 I_r，因此这时波阵面的运动速度 U_D 为：

$$U_D=\left[2(\gamma^2-1)\frac{I^*}{\rho_0}\right]^{\frac{1}{3}} \tag{7.5.2}$$

令 R_D 为 LSD 波阵面半径，于是有：

$$\frac{dR_D}{dt}=U_D \tag{7.5.3}$$

积分式(7.5.3)，得：

$$R_D=\left\{\frac{125}{27}t^2\left[\frac{(\gamma^2-1)tI_0}{2\pi\rho_0\sin^2(\theta_0/2)}\right]\right\}^{\frac{1}{5}} \tag{7.5.4}$$

令 LSD 波阵面的压强为 p_D，由式(7.3.6)，得：

$$p_D=\frac{\rho_0}{\gamma+1}U_D^2 \tag{7.5.5}$$

由式(7.5.2)式(7.5.4)式(7.5.5)可知，U_D、R_D 和 p_D 都是时间 t 的函数，并且有：

$$\begin{cases} R_D\propto t^{3/5} \\ U_D\propto t^{-2/5} \\ p_D\propto t^{-4/5} \end{cases} \tag{7.5.6}$$

式(7.5.6)表明：球面 LSD 波的传播随着时间的推移，波阵面不断向外膨胀，波后气体压强与速度呈现迅速衰减的现象。

假设聚焦后在焦点击穿空气并形成 LSC 波，与上面 LSD 波的处理过程相类似，利用式(7.2.5)得到 LSC 波的波速 U_C，即：

$$U_C=(1+W)\left[\frac{2(\gamma-1)(\gamma_s-1)\widetilde{I}}{(\gamma_s+1)(\gamma+W)(\gamma_s-1-2W)\rho_0}\right]^{\frac{1}{3}} \tag{7.5.7}$$

式中，W 的定义同式(7.2.4)。

$\widetilde{I}$ 的定义为：

$$\widetilde{I}=\frac{I_0}{4\pi R_C^2\sin^2(\theta_0/2)} \tag{7.5.8}$$

式中，R_C 为 LSC 波阵面半径。

由关系式：

$$\frac{dR_C}{dt}=U_C \tag{7.5.9}$$

式中，R_C 为 LSC 波阵面半径。积分式(7.5.8)，得：

$$R_C=\frac{125}{27}t^2(1+W)^3\left[\frac{(\gamma_s-1)(\gamma-1)tI_0}{(\gamma_s+1)(\gamma+W)(\gamma_s-1-2W)2\pi\rho_0\sin^2(\theta_0/2)}\right]^{\frac{1}{5}} \tag{7.5.10}$$

由式(7.5.7)和式(7.5.10)可知，U_C 与 R_C 都是时间 t 的函数。另外，借助于式(7.2.7)可以得到 LSC 波的波后压强 p_C 为：

$$p_C=\left(1-\frac{2W}{\gamma_s-1}\right)\left(\frac{\gamma_s+1}{2}\rho_0\right)^{\frac{1}{3}}\left[\frac{(\gamma_s-1)(\gamma-1)I_0}{(\gamma+W)(\gamma_s-1-2W)4\pi R_C^2\sin^2\left(\frac{\theta_0}{2}\right)}\right]^{\frac{2}{3}} \tag{7.5.11}$$

分析式(7.5.5)与式(7.5.11)以及式(7.5.4)与式(7.5.10)，可以用如式(7.5.12a)和式(7.5.12b)予以概括：

$$p_i=\alpha_i\rho_0^{\frac{3}{5}}t^{-\frac{4}{5}}I_0^{\frac{2}{5}}\quad (t\leqslant t_p) \tag{7.5.12a}$$

$$R_i=\beta_i\rho_0^{-\frac{1}{5}}t^{\frac{3}{5}}I_0^{\frac{1}{5}}\quad (t\leqslant t_p) \tag{7.5.12b}$$

式中，$i=\mathrm{D}$ 或者 C；t_p 代表激光脉宽；α_i 和 β_i 为相应的系数。

3. 激光维持爆轰波问题的多维数值解法及典型算例分析

激光束经透镜聚焦(图 7.16)，在焦点处形成半径为 r_f 的 Airy(艾瑞)斑，此斑所在的平面称为焦平面，如图 7.17 所示。

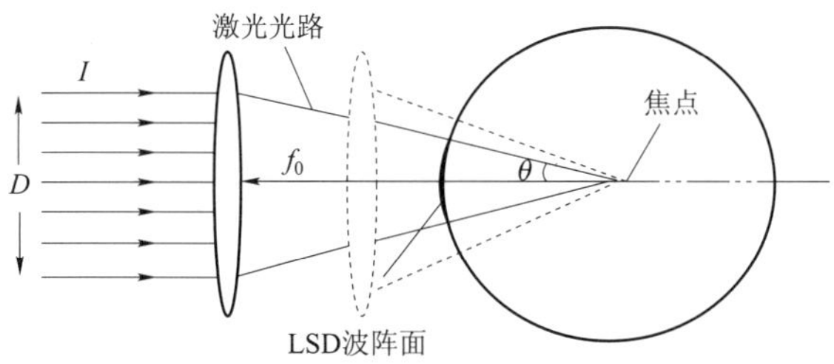

图 7.16　激光聚焦光路图

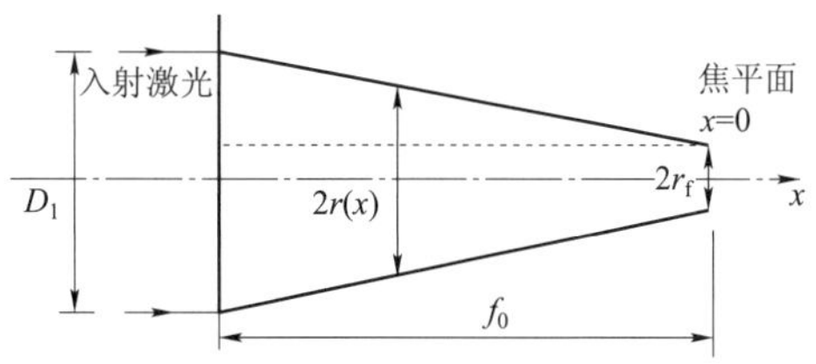

图 7.17　焦平面和 Airy 斑

设透镜焦距为 f_0，激光束截面直径为 D_1，激光波长为 λ，于是 r_f 可由下式确定：

$$r_f=\frac{1.22\lambda f_0}{D_1} \tag{7.5.13}$$

如果选取焦平面处作为轴向 x 坐标的原点，r 为焦平面上所选点的径向坐标，并假设激光能量为 Gauss 分布，于是该点的激光强度 $I(0,r,t)$ 为：

$$I(0,r,t)=\frac{2I_t}{\pi r_f^2}\exp\left(-\frac{2r^2}{r_f^2}\right) \tag{7.5.14a}$$

式中，I_t 为 t 时刻的入射激光功率密度。

在任意非焦平面上一点(坐标为 x,r)处，假设激光能量也是 Gauss 分布，于是该点的激光强度 $I(x,r,t)$ 的表达式为：

$$I(x,r,t)=\frac{2I_t}{[\pi r(x)]^2}\exp\left(-\frac{2r^2}{[r(x)]^2}\right) \tag{7.5.14b}$$

式中，$r(x)$ 的表达式为：

$$r(x)\equiv\frac{f_0+x}{f_0}\left(\frac{D_1}{2}-r_f\right)+r_f \tag{7.5.14c}$$

这里应指出的是，式(7.5.14a)与式(7.5.14b)是激光器光路传输的近似表达式。在激光传输的过程中，由于等离子体吸收激光能量，因此激光强度随着传播距离的增加而逐渐衰减,激光强度的传播应循着式(1.5.5a)或者式(1.5.8),它是激光辐射输运方程的普遍形式。如果忽略了式(1.5.8)右边的第一大项(体积分项)则此时式(1.5.8)退化为:

$$\frac{1}{c}\frac{\partial I(\boldsymbol{r},\upsilon,\boldsymbol{\Omega},t)}{\partial t}+\boldsymbol{\Omega}\cdot\nabla I(\boldsymbol{r},\upsilon,\boldsymbol{\Omega},t)=K'_a(\upsilon)[B(\upsilon,T)-I(\boldsymbol{r},\upsilon,\boldsymbol{\Omega},t)] \tag{7.5.15}$$

式中,$K'_a(\upsilon)$为修正后的吸收系数;$B(\upsilon,T)$为 Planck 分布,其表达式为:

$$B(\upsilon,T)\equiv\frac{2\hbar\upsilon^3}{c^2}\frac{1}{\exp\left(\frac{\hbar\upsilon}{k_B T}\right)-1} \tag{7.5.16}$$

式中,k_B 为 Boltzmann 常数;$\hbar$ 为 Planck 常量;$B(\upsilon,T)$为平衡辐射的谱强度。

引入平衡辐射密度的谱函数 U_p,则有:

$$B(\upsilon,T)=\frac{cU_p}{4\pi} \tag{7.5.17}$$

如果引进辐射能量密度 U、辐射能流矢量 $\boldsymbol{S}$ 和辐射的冲量函数 $\boldsymbol{G}$ 的概念,其定义分别为:

$$U\equiv\frac{1}{c}\iint I_\upsilon \mathrm{d}\upsilon\mathrm{d}\boldsymbol{\Omega} \tag{7.5.18a}$$

$$\boldsymbol{S}\equiv\iint\boldsymbol{\Omega}I_\upsilon \mathrm{d}\upsilon\mathrm{d}\boldsymbol{\Omega} \tag{7.5.18b}$$

$$\boldsymbol{G}=\frac{\boldsymbol{S}}{c^2} \tag{7.5.18c}$$

并且还有:

$$\frac{\partial U}{\partial t}+\nabla\cdot\boldsymbol{S}=cK'_a(\upsilon)(U_p-U) \tag{7.5.18d}$$

显然,式(7.5.18d)反映了辐射能量的守恒。

在激光聚焦导致的辐射流体动力学中,低密度区和高温区的辐射能流损失不能再忽略不计。正如 1.5.3 节所给出的,考虑辐射能量和辐射压强(其中包含电子、离子和光子压强即 p_e,p_i,p_r)时,辐射流体力学方程组可写为:

$$\frac{\partial\boldsymbol{E}}{\partial t}+\frac{\partial\boldsymbol{F}_1}{\partial x}+\frac{\partial\boldsymbol{F}_2}{\partial y}+\frac{\partial\boldsymbol{F}_3}{\partial z}=0 \tag{7.5.19a}$$

其中:

$$\boldsymbol{E}\equiv\begin{bmatrix}\rho\\ \rho u+g_x\\ \rho v+g_y\\ \rho w+g_z\\ \rho\widetilde{E}+U\end{bmatrix},\quad \boldsymbol{F}_1\equiv\begin{bmatrix}\rho u\\ \rho u^2+p+T_{xx}-\tau_{xx}\\ \rho uv+T_{xy}-\tau_{xy}\\ \rho uw+T_{xz}-\tau_{xz}\\ \rho u\left(e_t+\frac{p}{\rho}\right)+a_1+S_x\end{bmatrix} \tag{7.5.19b}$$

$$\boldsymbol{F}_2 \equiv \begin{bmatrix} \rho v \\ \rho uv + T_{yx} - \tau_{yx} \\ \rho v^2 + p + T_{yy} - \tau_{yy} \\ \rho vw + T_{yz} - \tau_{yz} \\ \rho v\left(e_t + \dfrac{p}{\rho}\right) + a_2 + S_y \end{bmatrix}, \quad \boldsymbol{F}_3 \equiv \begin{bmatrix} \rho w \\ \rho uw + T_{zx} - \tau_{zx} \\ \rho vw + T_{zy} - \tau_{zy} \\ \rho w^2 + p + T_{zz} - \tau_{zz} \\ \rho w\left(e_t + \dfrac{p}{\rho}\right) + a_3 + S_z \end{bmatrix} \tag{7.5.19c}$$

式中，τ_{xx}，$\tau_{yx}\cdots$，τ_{zz} 为黏性应力张量的分量；T_{xx}，$T_{yx}\cdots$，T_{zz} 为辐射的冲量流密度张量 $\boldsymbol{T}$ 的分量；其中 $\boldsymbol{T}$ 表达式为：

$$\boldsymbol{T} \equiv \frac{1}{c}\iint \boldsymbol{\Omega\Omega} I_\upsilon \mathrm{d}\upsilon \mathrm{d}\boldsymbol{\Omega} \tag{7.5.19d}$$

另外，S_x，S_y 和 S_z 分别为辐射能流矢量 $\boldsymbol{S}$ 的分量；g_x，g_y 和 g_z 分别为辐射的冲量密度矢量 $\boldsymbol{G}$ 的分量；U 为辐射的能量密度；a_1，a_2 和 a_3 是与速度、黏性应力与热传导相关的项，这里因篇幅有限不再给出。

求解方程组式(7.5.19a)的数值方法有很多，而且计算流体力学方面的书(文献[44，43，48，46，47，39])较多，可供感兴趣的读者参考。

计算域如图 7.18 所示，激光从左侧入射，入射激光中心轴为轴向 x 表示，垂直于激光入射方向为径向以 r 表示；d_1 为平行激光束截面直径，f_0 为透镜焦距，r_f 为 Airy 斑的半径，激光束以一定的角度 θ 聚焦在焦平面上，击穿空气形成激光维持的爆轰波。

图 7.19 代表入射激光的脉冲波形。计算时可以采用三维或者二维轴对称流体动力学模型，计算中可以先求解激光辐射运输方程(式(7.5.15))，获得激光光路上诸单元内吸收的激光能量，吸收的激光能量作为能量源项耦合到流体力学方程组中。

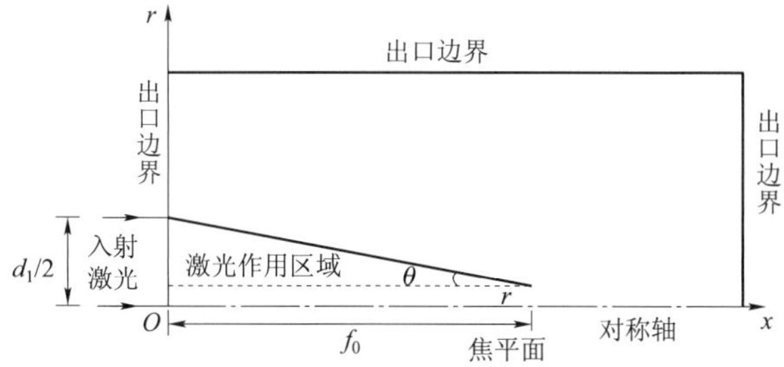

图 7.18 计算域示意图

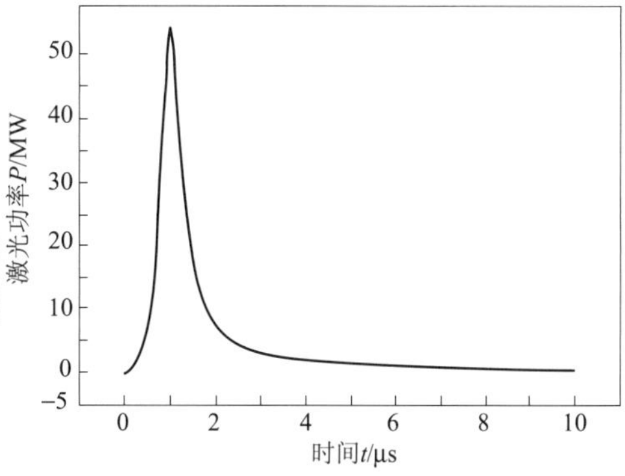

图 7.19 入射激光的脉冲波形

这里状态方程采用平衡状态时高温气体压强 p，其表达式为：

$$p = \left[n_{O_2} + n_{N_2} + n_{NO} + n_e + \sum_{i=1}^{N_1} n_{Oi} + \sum_{i=1}^{N_2} n_{Ni}\right] k_B T + p_{es} = \alpha n_O k_B T \tag{7.5.20}$$

式中，n_{O_2}，n_{N_2}，n_{NO}，n_e 分别为 O_2，N_2，NO 和电子数密度；n_{Oi} 和 n_{Ni} 分别为 i 级电离时氧原

子和氮原子的数密度；N_1 和 N_2 通常取为 $N_1=8$ 和 $N_2=7$；p_{es}为压强增值修正量；k_B 为 Boltzmann 常数；T 为温度，另外，空气的内能 e 为：

$$e=e_t+e_r+e_v+e_D+e_{es} \tag{7.5.21}$$

式中，下脚标 t，r，v 和 D 分别对应平动能量、转动能量、振动能量和电离所需的能量；e_{es} 为带电离子系统的静电相互作用能。

图 7.20 给出了 6 个计算时刻下单位体积内沉积的能量等值线图。在图 7.20 中两条实线为激光束的外轮廓线，它是最外侧的两条光线。由图 7.20 可以看到单位体积内沉积的激光能量随着时间的推移，不断向着激光入射的方向传播，而且能量均在激光束的外轮廓线内被空气吸收。图 7.21 给出了四个计算时刻下流场压力分布的外轮廓线。

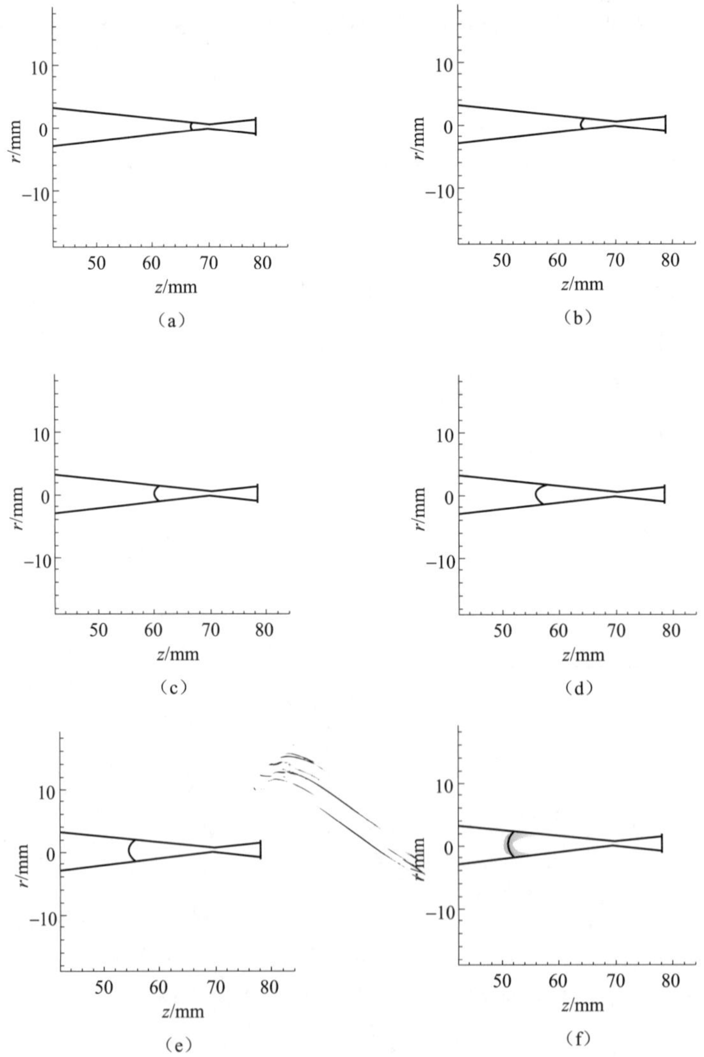

图 7.20 单位体积内沉积能量的等值线分布图

(a) $t=0.1$ μs；(b) $t=0.2$ μs；(c) $t=0.4$ μs；(d) $t=0.8$ μs；(e) $t=1$ μs；(f) $t=2$ μs

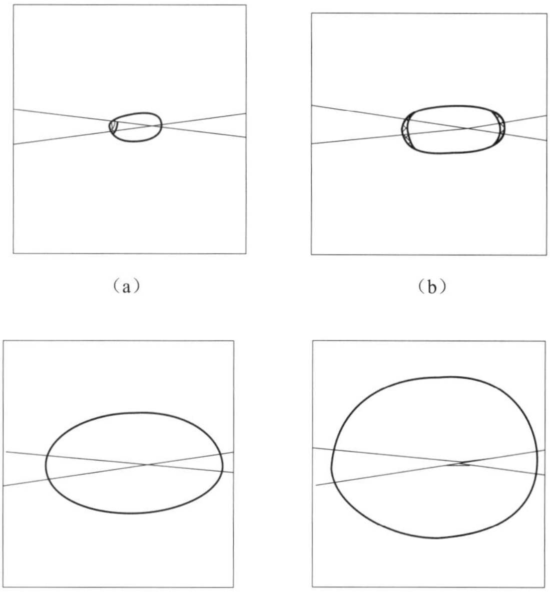

（a）　　（b）　　（c）　　（d）

图 7.21　四个计算时刻下流场等压强线分布的外轮廓图

(a) $t=3$ μs;(b) $t=10$ μs;(c) $t=31$ μs;(d) $t=51$ μs

为了从数量上给读者一个直观的认识，这里以入射激光能量为 50 J，脉冲波形如图 7.19 所示，透镜焦距为 24.5 cm，激光束截面直径为 44 mm 的情况为例[203]，去说明图 7.21 的外轮廓线内压强变化、密度变化和温度变化的重要特征：

(1) 3 μs 时的流场压强最大为 13.1 MPa，并且主要分布在爆轰阵面上；这时波阵面上密度为 3～3.5 g/m^3，并且朝着激光入射方向这一侧，低密度区与高密度区连接在一起，这说明此时等离子体前沿紧跟在爆轰波阵后面，等离子体前沿不断吸收能量用于维持爆轰波的传播。另外，在温度分布表面，3 μs 时高温区域为椭圆形，高温主要集中在激光聚焦点附近和爆轰波阵面上，温度高达 40 000 K。

(2) 10 μs 时流场最大压强降低到 0.69 MPa。由于 10 μs 后入射激光作用结束，流场压强迅速降低；10 μs 时波阵面上密度降到 3.42 g/m^3，但降得很小，说明在爆轰波传播过程中，不同时刻下波阵面被压缩的程度变化不大。另外，分析 10 μs 时密度分布的等值线图可以发现：这时等离子体的前沿与波阵面分离。这表明此时爆轰波已转化为激波，此后激波继续向外膨胀，但由于没有激光能量的支持，波阵面上密度开始下降，此外，10 μs 时流场最高温度下降到 29 000 K，最高温度仍然分布在爆轰波阵面上，但在焦点后方出现环装结构的高温区域。10 μs 后，高温区域沿 x 方向扩展较慢，沿 r 方向扩展较快。

(3) 31 μs 时流场压强最大值为 0.25 MPa，且分布在椭圆形波阵面的上下两侧；31 μs 时波阵面上密度最大值下降到 2.18 g/m^3，等离子体区密度下降到 0.16 g/m^3，因此波阵面与等离子体区距离进一步加大，并且朝着激光光源的一侧，低密度等离子体区与高密度的波阵面区域出现了一个新的密度间断面。31 μs 时流场最高温度降低到 13 200 K，最高温度主要分布在爆轰波阵面和聚焦点附近，尾部环状结构更加复杂。

(4) 51 μs 时，波阵面上压强最大值低于 0.2 MPa，内部流场压强低于静止空气压强；此时流场最高温度降到 10 900 K，在焦点处开始出现旋涡涡环。另外，从 3 μs 到 51 μs，椭圆形波阵面的长轴和短轴之差在逐渐减小，这说明径向激波波阵面的传播速度在逐渐增大。

爆轰波自聚焦点处形成，并向四周传播；朝着激光光源方向形成的爆轰波压强高，同时在其他方向上以激波传播。由于入射激光作用，各个方向上膨胀的速度并不一致，如图 7.22 所示。激光从左边入射，以激光聚焦点为起始点，沿轴向向左传的波阵面到焦点的距离为 R_1；沿轴向向右传的波阵面到焦点的距离为 R_2；沿径向膨胀的波阵面到焦点距离为 R_3；经过 CFD 计算，而后进行数据整理与拟合后可以发现：R_1，R_2 和 R_3 随时间 t 的变化符合如下规律：

$$R_i = a_i + b_i t^{c_i} \quad (i=1,2,3) \tag{7.5.22}$$

例如，$a_1=24.1$，$b_1=2.38$，$c_1=0.65$；$a_2=0.3$，$b_2=2.88$，$c_2=0.65$；$a_3=0.15$，$b_3=2.81$，$c_3=0.65$；这个经验规律很重要，它为快速构建波阵面整体结构给出了一个近似公式。从 1.06 μs 到 2.7 μs 时，左传爆轰波的速度从 19 km/s 下降到 4.2 km/s；相应地径向激波的速度从 1.6 km/s 下降到 1.3 km/s。2.7 μs 后，左传爆轰波波速继续衰减，但衰减的幅度降低，并且与径向激波和右传激波波速的差值减小。激光作用结束时，左传爆轰波转变为激波，10 μs 之后各个方向上波阵面的传播速度随时间缓慢降低，左传激波由于侧向稀疏波的作用，使得其速度低于其他方向的传播速度。在激光维持爆轰波流场演化的后期，朝向各个方向传播的激波波速接近声速。

波阵面压强变化的特点：激波作用 7 μs 时在图 7.23 上给出了沿对称轴线上分布的两个压强峰值，他们分别来自向左传播的爆轰波与向右传播的激波。9 μs 之前，左传波压强明显高于右传波，9 μs 后左传波压强略低于右传波，并且随着时间的增加，左传波与右传波的压强分布趋于一致。

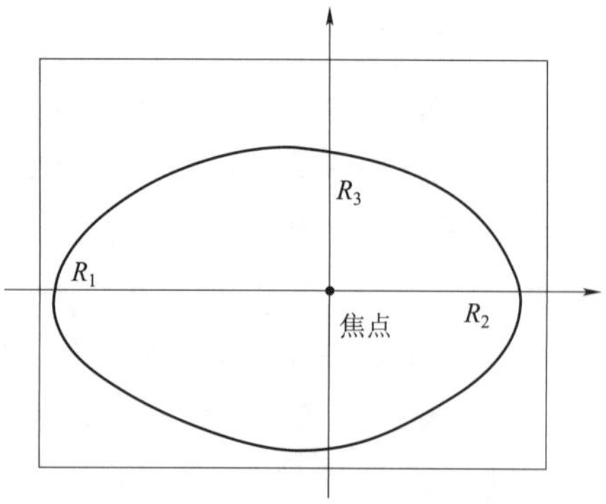

图 7.22 波阵面的整体结构图

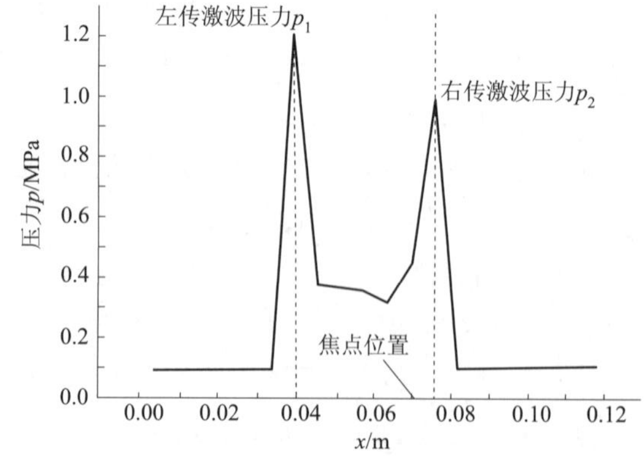

图 7.23 7 μs 时沿对称轴线上压强的分布图

与式(7.5.22)相类似，经过 CFD 计算，而后进行数据整理与拟合之后也可以得到左传波（下脚标用 1）与右传波（下脚标用 2）波阵面上压强随时间 t 的变化规律为：

$$\frac{p_i}{p_0}=a_i+b_i t^{c_i} \tag{7.5.23}$$

例如，$a_1=1.11$，$b_1=2\ 024$，$c_1=-2.67$；$a_2=0.2$，$b_2=98$，$c_2=-1.25$；$p_0=101.325\ \text{kPa}$，t 为时间（单位为 μs），这里 t 的范围为 0～50μs，激光作用结束后，左传爆轰波衰减为激波。图 7.24和图 7.25 分别给出了 24 μs 时，左传波和右传波波后相对压强、相对密度与相对温度的变化曲线，这里下脚标 1 代表左传波波阵面上值，下脚标 2 为右传波波阵面上的取值。应该指出的是，对于左传激波来讲，在波阵面 5 mm 范围内，气体压强下降到波阵面上的 0.3 倍左右，密度下降到 0.005 倍，而温度急剧升为波阵面温度的 30 倍左右；对于右

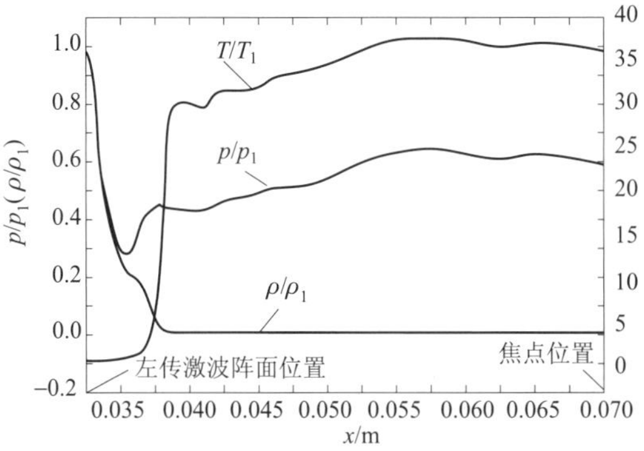

图 7.24　左传波波后相对参数沿坐标线的分布

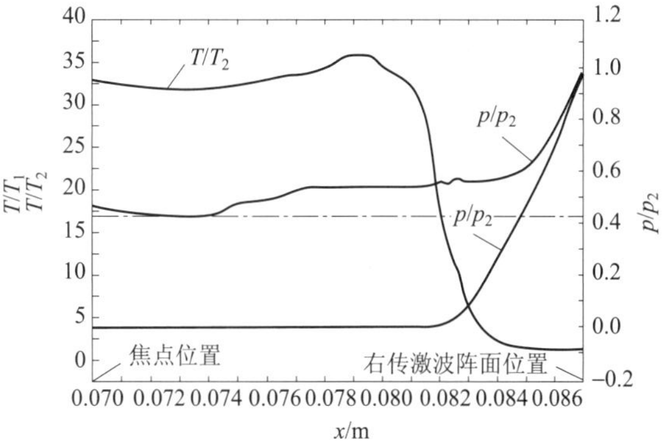

图 7.25　右传波波后相对参数沿坐标线的分布

传激波来讲，在波阵面 5 mm 范围内，气体压强降低到波阵面上 0.55 倍，密度降到 0.009 倍，而温度升到波阵面的 26 倍左右。5 mm 后气体的压强、密度和温度变化较小。图 7.26 给出了距离激光焦点四个不同位置（0 mm、5 mm、10 mm 和 15 mm）处压强随时间的变化曲线。值得注意的是，无论是左传波还是右传波，波阵面后的气体压强、密度和温度在经历了急剧变化后都趋于平滑变化状态。另外，激光维持爆轰波传播的速度，波阵面上随时间的增加成指数规律降低，数值计算结果显示：爆轰波转化为激波后，其传播规律与点爆炸模型相吻合。

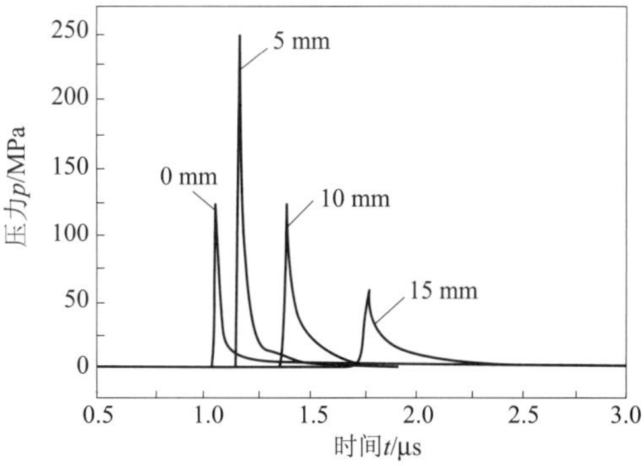

图 7.26　距激光焦点不同距离处压强随时间的变化曲线

7.6 爆轰波流场对平板的冲量耦合作用以及典型算例

激光推进技术，通常主要包含两大核心部分：一是能量沉积；二是推力形成。能量沉积在不同的背景下涵盖着不同的内容，以吸气式脉冲激光推进为例，能量沉积阶段是指在激光脉冲持续的时间段内，激光能量被焦点处的空气吸收，空气发生光学击穿后形成等离子体，等离子体继续吸收激光能量，进而产生激光维持的吸收波，这个阶段人们常称为能量沉积过程。也就是说，激光能量以等离子体的内能和流场动能的方式沉积下来，本章7.5节就反映了这部分的内容。推力形成过程是指激光脉冲结束后，由激光维持的吸收波转化成的激波在流场中的传播，以及激波与推力装置的固壁相遇后，发生流固耦合作用，获得推力的过程。图7.27给出了一个以吸气式脉冲激光推进为例，将激光的能量转化推力器动能的主要过程示意图[204]，由它可进一步使读者认识到本节所讲内容在能量转化全过程中所处的位置。

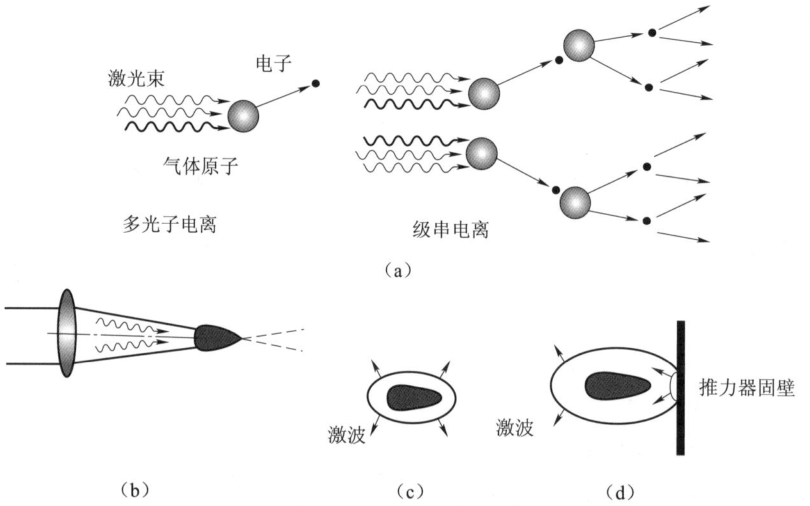

图7.27 脉冲激光推进中能量转化过程的典型算例

(a) 空气的光学击穿；(b) 激光维持的吸收波的形成和演化；(c) 含激波流场演化；(d) 形成推力

1. 点爆炸模型以及Taylor经验公式

在7.5节推导式(7.5.4)时，认为I_0与时间t无关。如果I_0与t有关即为$I_0(t)$时，则式(7.5.4)应修改为：

$$R_{\mathrm{D}}=\left\{\frac{125}{27}\frac{\gamma^2-1}{\pi\rho_0(1-\cos\theta_0)}\left[\int_{t_0}^{t}[I_0(t)]^{\frac{1}{3}}\,\mathrm{d}t\right]^3\right\}^{\frac{1}{5}}\tag{7.6.1}$$

LSD波的数值计算表明：在激光作用的最初2 μs内，数值计算结果与式(7.6.1)的结果比较接近，但是2 μs以后两者便有一定差别。激光脉冲结束后，LSA波转化为激波，在流场中继续传播。如果激光脉冲很短，在激光作用的时间内 LSC 波或者 LSD 波传播的距离很小时，仍可将其视为强爆炸的过程。仍以图 7.15 所示的旋转抛物面为例，激光束从右侧入射到壁面上时，经反射聚焦击穿空气，释放出大量能量形式如图 7.28 所示的球面激波，因激光聚焦在一点，因此可视为爆炸。

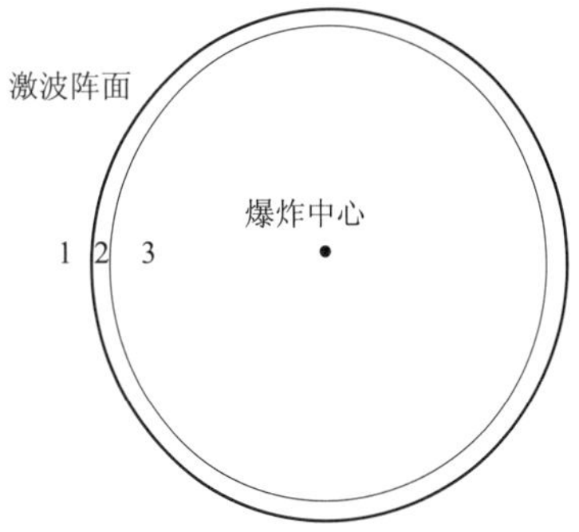

图 7.28　强爆炸球面激波示意图

图 7.28 中 1 区为未受扰动的静止气体区域，2 区为激波强间断面，3 区为激波扰动后的流场区域。令初始压强 p_0，初始密度 ρ_0，爆炸所释放的能量(为球面上单位面积上的能量)为 E，球面坐标为 R，t 为激波传播的时间。由量纲分析[205]，引入流场的自模拟量纲为 1 的变量 ξ，即：

$$\xi \equiv R\left(\frac{\rho_0}{t^2 E}\right)^{\frac{1}{5}} \tag{7.6.2a}$$

令任一瞬时激波所在位置为 R_s，相应的 ξ 为 ξ_0 时，则有：

$$R_s = \xi_0\left(\frac{t^2 E_s}{\rho_0}\right)^{\frac{1}{5}} \tag{7.6.3}$$

于是式(7.6.2a)变为：

$$\frac{\xi}{\xi_0} = \frac{R}{R_s}\left(\frac{E_s}{E}\right)^{\frac{1}{5}} \tag{7.6.2b}$$

而 E_s 可由入射能量 E_{in} 与激光能量沉积率 η_{de} 来决定。因此激波的运动速度 D 为：

$$D = \frac{dR_s}{dt} = \frac{2}{5}\frac{R_s}{t} \tag{7.6.4}$$

在波阵面上有：

$$\rho_s = \rho_0\,\frac{\gamma+1}{\gamma-1} \tag{7.6.5a}$$

$$p_s = \frac{2}{\gamma+1}\rho_0 D^2 \tag{7.6.5b}$$

$$V_s = \frac{2}{\gamma+1}D \tag{7.6.5c}$$

并且有：

$$p_s \propto \frac{E}{R_s^3} \tag{7.6.5d}$$

为确定图 7.28 中 3 区(即 $R<R_s$ 的区域)的流场参数 V，p 和 ρ，这里引入三个量纲为 1 的变量 f，g，h，它们都是 ξ 的函数，其定义为：

$$f \equiv \frac{V}{V_s},\ g \equiv \frac{\rho}{\rho_s},\ h \equiv \frac{p}{p_s} \tag{7.6.6}$$

在一维球面坐标系下,气体的运动方程组为:

$$\frac{\partial \rho}{\partial t}+\frac{\partial (\rho V)}{\partial R}+\frac{2\rho V}{R}=0 \tag{7.6.7a}$$

$$\frac{\partial V}{\partial t}+V\frac{\partial V}{\partial R}=-\frac{1}{\rho}\frac{\partial p}{\partial R} \tag{7.6.7b}$$

而理想气体的等熵方程为:

$$\left(\frac{\partial}{\partial t}+V\frac{\partial}{\partial R}\right)\ln\frac{p}{\rho^{\gamma}}=\text{const} \tag{7.6.7c}$$

令:

$$f'\equiv\frac{\mathrm{d}f}{\mathrm{d}\xi},g'\equiv\frac{\mathrm{d}g}{\mathrm{d}\xi},h'\equiv\frac{\mathrm{d}h}{\mathrm{d}\xi} \tag{7.6.8}$$

以 ξ 为自变量,则式(7.6.7a)～式(7.6.7c)化为如下常微分方程组:

$$\left(f-\frac{\gamma+1}{2}\xi\right)g'+\left(f'+\frac{2}{\xi}f\right)g=0 \tag{7.6.9a}$$

$$\left(f-\frac{\gamma+1}{2}\xi\right)gf'+\frac{\gamma-1}{2}h'-\frac{3}{4}(\gamma+1)fg=0 \tag{7.6.9b}$$

$$\left(f-\frac{\gamma+1}{2}\xi\right)h'+\gamma\quad\left(f'+\frac{2}{\xi}f\right)h-3\,\frac{\gamma+1}{2}h=0 \tag{7.6.9c}$$

在激波面上取 $\xi=1$,并且有:

$$f(1)=1,g(1)=1,h(1)=1 \tag{7.6.9d}$$

在爆炸中心处,取 $\xi=0$,并且有:

$$f(0)=0 \tag{7.6.9e}$$

因此常微分方程组(式(7.6.9a)～式(7.6.9c))与边界条件(式(7.6.9d)和式(7.6.9e))便构成了描述在空气中强爆炸问题的封闭方程组。

本书3.8节中的式(3.8.11)给出了该方程组的首次积分,即:

$$\frac{h}{g}=\frac{(\gamma+1-2f)f^2}{2\gamma f-(\gamma+1)} \tag{7.6.10a}$$

利用式(7.6.10a)并注意边界条件式(7.6.9d)和式(7.6.9e),于是积分式(7.6.9)得到:

$$\left(\frac{\xi_0}{\xi}\right)^5=f^2\left(\frac{5a_6-2a_7f}{a_8}\right)^{a_1}\left(\frac{2\gamma f-a_6}{a_9}\right)^{a_2} \tag{7.6.10b}$$

$$g=\left(\frac{2\gamma f-a_6}{a_9}\right)^{a_3}\left(\frac{5a_6-2a_7f}{a_8}\right)^{a_4}\left(\frac{a_6-2f}{a_9}\right)^{a_5} \tag{7.6.10c}$$

式中:

$$a_1\equiv\frac{13\gamma^2-7\gamma+12}{(3\gamma-1)(2\gamma+1)},a_2\equiv-\frac{5(\gamma-1)}{2\gamma+1},a_3\equiv\frac{3}{2\gamma+1} \tag{7.6.10d}$$

$$a_4\equiv\frac{13\gamma^2-7\gamma+12}{(2-\gamma)(3\gamma-1)(2\gamma+1)},a_5\equiv\frac{1}{\gamma-2} \tag{7.6.10e}$$

$$a_6\equiv\gamma+1,a_7\equiv3\gamma-1,a_8\equiv7-\gamma,a_9\equiv\gamma-1 \tag{7.6.10f}$$

如果将式(7.6.10b)简记为:

$$f=f\left(\frac{\xi}{\xi_0}\right) \tag{7.6.11a}$$

将式(7.6.10c)与式(7.6.10a)分别整理为：

$$g=g\left(\frac{\xi}{\xi_0}\right) \tag{7.6.11b}$$

$$h=h\left(\frac{\xi}{\xi_0}\right) \tag{7.6.11c}$$

式中：

$$\xi_0\equiv\frac{R_s(t)}{(t^2E_s/\rho_0)^{\frac{1}{5}}} \tag{7.6.11d}$$

因此，式(7.6.11a)～式(7.6.11c)或者式(7.6.10a)～式(7.6.10c)便给出了强爆炸问题的完全解析解，这是 L. I. Sedov 和 G. I. Taylor 早在 20 世纪 40 年代初期完成的工作，他们的相关论文分别于 1946 年和 1950 年公开发表。1945 年，美国在其本土爆炸了第一颗原子弹，高速摄影机记录了 $0.1\times10^{-3}\sim62\times10^{-3}$ s($R_s=1$ m 到 $R_s=185$ m)时的爆炸波运动情况，G. I. Taylor 根据实测数据得到了关于 R_s 的经验公式：

$$\frac{5}{2}\lg R_s-\lg t=6.915 \tag{7.6.11e}$$

式中，R_s 和 t 分别以 m 和 s 为单位。

R_s 和 $t^{\frac{2}{5}}$ 间的变化规律得到了实验的验证，从实测数据上看，直到爆炸后的 0.1 s，强爆炸的上述理论结果与实测值都符合的很好。时间再长，因爆炸波衰减甚大，所以上述强爆炸的假定不再成立。

其实，对于原子弹强爆炸早期火球参数分布的精确计算，使用式(7.6.9)这个常微分方程组是不精确的。H. L. Brode 曾分别于 1964 年和 1967 年以长达 46 页和 81 页的篇幅发表了他对原子弹爆炸早期火球物理计算的数值结果(见 1967 年美国 AD-672837 报告)。这是两篇十分宝贵的资料，尤其是国内公布发表文献很少的情况下，更凸显了它的学术价值。对于原子弹在空中(40～60 km 高空)的强爆炸早期火球参量分布的研究，国内公开发表的文章更少。核爆炸的重要特征之一是早期产生数百万度以上的高温、高压等离子体火球，而化学炸药爆炸最高只能产生 2 000～3 000 K 的高温。火球乃是不断向外发出热辐射的源，同时在辐射过程中膨胀、冷却，最后熄火。在火球发展的早期阶段，时间在 1～2 μs 前，称为 X 射线火球阶段，对于这个阶段火球的发展还很难用辐射热传导理论来描述。在约几个微秒之后，由于 X 射线火球的扩大，火球温度降到$(2\sim3)\times10^6$ K，这个阶段称为辐射扩张阶段。对于研究这阶段火球变化规律的基本理论是热辐射迁移理论及其与流体力学过程相耦合的辐射流体力学。在本书的第 1.5 节，曾给出过辐射流体力学的基本方程组。为了不使这里的篇幅过长，这里作如下简化：方程为物质局部热力学平衡、灰体近似，采用 Euler 型的二维柱对称辐射流体力学方程组。于是描述原子弹爆炸早期火球的物理方程如下：

$$\frac{\partial\rho}{\partial t}+\frac{\rho u}{r}+\frac{\partial(\rho u)}{\partial r}+\frac{\partial(\rho v)}{\partial z}=0 \tag{7.6.12a}$$

$$\frac{\partial(\rho u)}{\partial t}+\frac{\partial p}{\partial r}+\frac{\rho u^2}{r}+\frac{\partial(\rho u^2)}{\partial r}+\frac{\partial(\rho u v)}{\partial z}=-N_{1r} \tag{7.6.12b}$$

$$\frac{\partial(\rho v)}{\partial t}+\frac{\partial p}{\partial z}+\frac{\rho u v}{r}+\frac{\partial(\rho u v)}{\partial r}+\frac{\partial(\rho v^2)}{\partial z}=-N_{1z} \tag{7.6.12c}$$

$$\frac{\partial e}{\partial t}+\frac{(e+p)u}{r}+\frac{\partial[(e+p)u]}{\partial r}+\frac{\partial[(e+p)v]}{\partial z}=-N_{o} \tag{7.6.12d}$$

$$\frac{\partial E_r}{\partial t}+\frac{F_r}{r}+\frac{\partial F_r}{\partial r}+\frac{\partial F_z}{\partial z}=N_o=c\,\widetilde{k}_o(\Omega-E_r)+\frac{\widetilde{k}_o}{c}(uF_r+vF_z) \tag{7.6.12e}$$

$$\frac{1}{c^2}\frac{\partial F_r}{\partial t}+\frac{\partial P_{rr}}{\partial r}+\frac{\partial P_{rz}}{\partial z}+\frac{1}{r}(P_{rr}-P_{\theta\theta})=N_{1r}=\frac{\widetilde{k}_o}{c}[-F_r+(uP_{rr}+vP_{rz})+u\Omega] \tag{7.6.12f}$$

$$\frac{1}{c^2}\frac{\partial F_z}{\partial t}+\frac{P_{rz}}{r}+\frac{\partial P_{rz}}{\partial r}+\frac{\partial P_z}{\partial z}=N_{1z}=\frac{\widetilde{k}_o}{c}[-F_z+(uP_{rz}+vP_{zz})+v\Omega] \tag{7.6.12g}$$

并且还有：

$$\Omega\equiv aT^4,\quad a=7.56\times10^{-16} \tag{7.6.12h}$$

$$\widetilde{k}_o=\widetilde{k}_o(\rho,T) \tag{7.6.12i}$$

$$e=\widetilde{e}+\frac{1}{2}\rho(u^2+v^2) \tag{7.6.12j}$$

$$p=p(\rho,\widetilde{e}),\quad T=T(\rho,\widetilde{e}) \tag{7.6.12k}$$

式(7.6.12a)～式(7.6.12g)中，r 与 z 为柱坐标中的径向 r 坐标与轴向 z 坐标；t 为时间；ρ,u,v,p,T,e 和 $\widetilde{e}$ 分别代表密度、径向分速、轴向分速、压强、温度、单位体积的总能量和狭义内能；E_r，F_r 和 F_z 分别为辐射能密度、径向辐射能流和轴向辐射能流；P_{rr}，P_{rz}，P_{zz}，$P_{\theta\theta}$ 为辐射压强张量的分量；c 为光速；Ω 为平衡辐射能密度；$\widetilde{k}_o$ 为空气的平均吸收系数。

使用组式(7.6.12a)～式(7.6.12g)，可以有效地计算出原子弹强爆炸早期火球在辐射扩张阶段和过渡阶段火球参量的变化规律。由于这两个阶段辐射输运起着重要作用，它使能量传输的非常迅速，因此对于这两个阶段来讲，爆炸相似律不成立。

2. 流场对平板的作用以及典型算例

这里主要讨论在单脉冲激光维持爆轰波的流场中，流场与平板的冲量耦合作用，图 7.29 给出了这一过程的示意图。假定激光能量瞬间沉积在靶表面上方一点 p 处，波阵面对平板的冲量作用包括两个时间段：第一个时间段是从激波刚接触到平板上的时刻 t_i 开始到激波传播距离完全覆盖平板面积的时刻 t_T；第二个时间段是从 t_T 到激波波阵面压强衰减到大气压强 101.325 kPa 的时刻 t_f；由于激波传播的距离 R_s 与激波波阵面压强 p_s 的表达式为：

$$R_s=\left[\frac{75}{16\pi}\frac{(\gamma-1)(\gamma+1)^2}{(3\gamma-1)}\right]^{\frac{1}{5}}\left(\frac{t^2E_s}{\rho_0}\right)^{\frac{1}{5}} \tag{7.6.13}$$

$$p_s=\frac{8}{25(\gamma+1)}\rho_0\left[\frac{75}{16\pi}\frac{(\gamma-1)(\gamma+1)^2}{(3\gamma-1)}\right]^{\frac{2}{5}}\left(\frac{E_s}{\rho_0}\right)^{\frac{2}{5}}t^{-\frac{6}{5}} \tag{7.6.14}$$

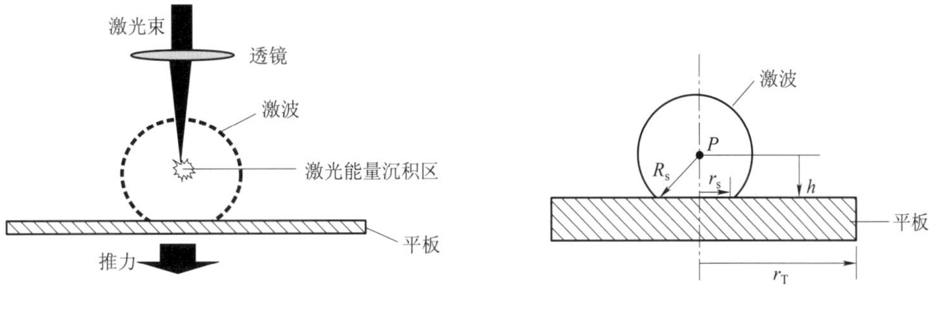

（a）　　（b）

图 7.29　波阵面作用于平板的示意图

利用图 7.29(b)所给出的几何位置并利用式(7.6.13)与式(7.6.14)便很容易求出 t_i、t_T 和 t_f 值。又由于半径为 r_s 的圆形区域的平板所受到的推力 F 为：

$$F = \int_0^{r_s} (p - p_0) 2\pi r \mathrm{d}r \approx \int_0^{r_s} 2\pi r p \, \mathrm{d}r \tag{7.6.15}$$

这里环境气体压强 p_0 已忽略；波后压强 p 是 r 与 t 的函数，即 $p=p(r,t)$；r_s 为

$$r_s = \sqrt{R_s^2 - h^2} \tag{7.6.16}$$

为简化计算，取 $p(r,t)=0.5p_s$，于是式(7.6.15)可以整理为

$$F=\frac{4\pi E_s}{25(\gamma+1)} b_1 \left[b_1 \left(\frac{t^2 E_s}{\rho_0} \right)^{-\frac{1}{5}} - h^2 \left(\frac{t^2 E_s}{\rho_0} \right)^{-\frac{3}{5}} \right] \tag{7.6.17a}$$

式中，E_s 为激光沉积的能量；h 为点 p 到平板的垂直距离；b_1 的定义式为：

$$b_1 \equiv \left[\frac{75}{16\pi} \frac{(\gamma-1)(\gamma+1)^2}{(3\gamma-1)} \right]^{\frac{2}{5}} \tag{7.6.17b}$$

从平板推力的计算式(7.6.17a)可以看出，推力大小主要依赖于激光沉积能量 E_s、点爆炸源与靶面的距离 h 和环境气体密度 ρ_0，F 还是时间 t 的函数。

另外，平板受到的冲量 $\widetilde{I}$ 应等于各个时间段冲量作用之和，即：

$$\widetilde{I} = \int_0^t F \mathrm{d}t \tag{7.6.18a}$$

或者：

$$\widetilde{I} = \widetilde{I}_1 + \widetilde{I}_2 = \int_{t_i}^{t_T} A(r)\ p(r,t) \mathrm{d}t + \int_{t_T}^{t_f} A_T\ p(r,t) \mathrm{d}t \tag{7.6.18b}$$

式中，$A(r)$为任意时刻激波作用于平板的面积，它是 r 的函数；A_T 为平板面积。

在 $t_T < t_f$ 的情况下，可以得到平板冲量的计算式，式(7.6.18b)可变为：

$$\widetilde{I} = \frac{4\pi\xi_0^{\frac{5}{2}}}{5(\gamma+1)} (\rho_0 E_s)^{\frac{1}{2}} \left[\frac{1}{3}(h^2 + r_T^2)^{\frac{3}{4}} - \frac{4}{3} h^{\frac{3}{2}} + (h^2 + r_T^2)^{\frac{3}{4}} - r_T^2 \left(\frac{\rho_0}{\xi_0^5 E_s} \right)^{\frac{1}{6}} \right] \tag{7.6.19}$$

式中，ξ_0 为自相似变量，其含义同式(7.6.3)。

引入冲量耦合系数 C_m 的概念，其定义式为：

$$C_m=\frac{\widetilde{I}}{E_i} \tag{7.6.20}$$

式中，$\widetilde{I}$ 为平板在激光作用下所获得的冲量；E_i 为单脉冲入射激光能量。

可以采用流固耦合算法对单脉冲下激光维持爆轰波流场作用平板的冲量耦合过程进行数值计算，假设入射激光脉冲为方波，持续时间为 1 μs，入射激光能量为 50 J，能量沉积率为 0.5；平板为圆形，半径 2 cm，厚度为 1 mm；爆轰产物气体为球形，半径为 4 mm，球心与平板的垂直距离为 4.9 mm。

图 7.30 给出了文献[203]采用 ALE(Arbitrary Lagrangian Eulerian)算法所得到的 6

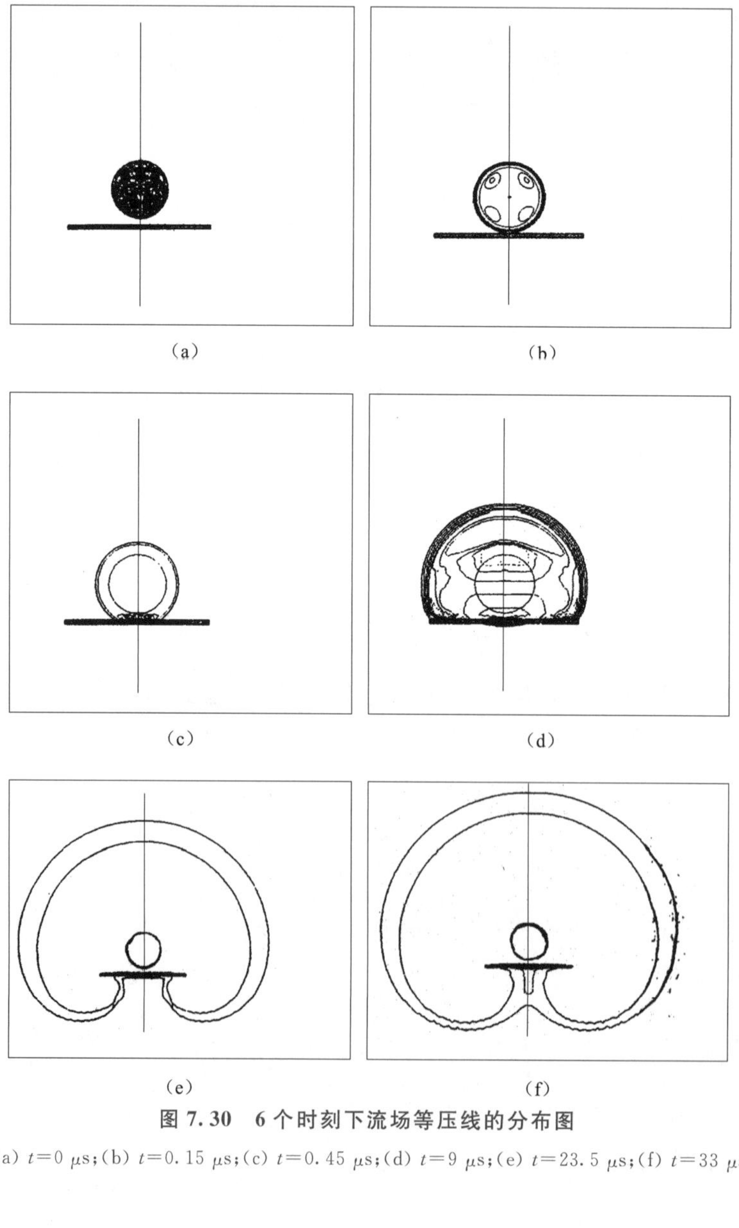

(a)　(b)　(c)　(d)　(e)　(f)

图 7.30　6 个时刻下流场等压线的分布图

(a) $t=0$ μs;(b) $t=0.15$ μs;(c) $t=0.45$ μs;(d) $t=9$ μs;(e) $t=23.5$ μs;(f) $t=33$ μs

个时刻下的激光维持爆轰波作用平板流场等压线的分布图。$t=0$ 时，爆轰产物压强达到 373 MPa，高压气体向外膨胀形成球面激波；$t=0.15$ μs 时，激波到达平板中心，对平板作用；$t=0.45$ μs 时，平板受到的最大压强为 37 MPa，激波继续向外传播，与平板接触的范围不断扩大；$t=9$ μs 时，激波几乎完全覆盖了靶表面，空气中激波衰减到 0.7 MPa；9 μs 后空气中激波向平板外传播。由 $t=23.5$ μs 和 33 μs 可以看出：激波波阵面逐渐趋向球形。

图 7.31 给出了平板受力后速度随时间的变化曲线。在最初的 25 μs 内平板的速度快速上升、达到最大值，25 μs 后由于受到反向力的作用，速度相应下降。

图 7.32 给出了流场作用在平板上的推力随时间的变化曲线。由该图可以看出，在最初的 5 μs 内推力变化十分剧烈，$t=0.3$ μs 时激波流体作用到平板上的推力为 680 N，到 0.35 μs 时推力达到最大值 1 456 N，之后推力迅速下降，约在 2.6 μs 时推力降到 600 N 以下，之后便下降缓慢。10 μs 时推力下降到 400 N，之后推力下降速度便加快，到 24 μs 时推力下降到零。之后在 100 μs 内推力为负值，再往后推力又逐渐增加转变为正值，200 μs 后推力不再变化，接近于零。

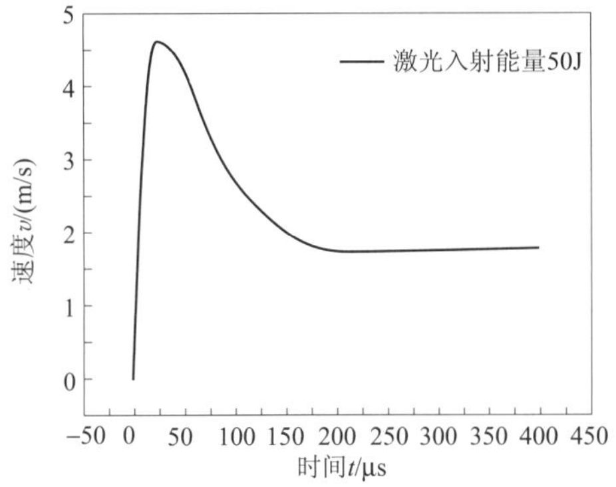

图 7.31　平板的速度随时间的变化曲线

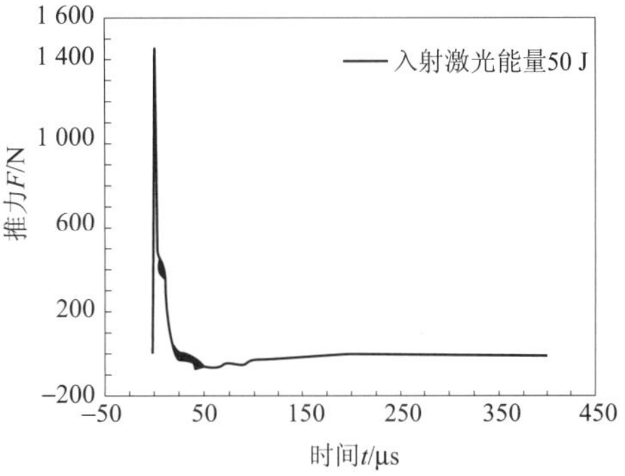

图 7.32　平板的推力随时间的变化曲线

第 8 章　可压缩湍流模型以及非定常流场的高分辨率高效率算法

本章扼要讨论一下可压缩湍流的数值模拟问题，尤其是非定常可压缩湍流问题的高精度、高分辨率、高效率算法。目前，湍流数值模拟主要有三种方法，即直接数值模拟(Direct Numerical Simulation，DNS)、大涡数值模拟(Large Eddy Simulation，LES)和 Reynolds 平均 Navier-Stokes 方程组数值模拟(Reynolds averaged Navier-Stokes Simulation，RANS)。DNS 不需要对湍流建立模型，而是采用数值计算的方法直接去求解流动问题所服从的 Navier-Stokes 控制方程组。由于湍流属于多尺度的不规则流动，要获得所有尺度的流动信息便需要很高的空间与时间的分辨率，换句话说便是需要巨大的计算机内存和耗时很大的计算量。目前，这种方法只能用于计算槽道或圆管之类的低 Reynolds 数简单湍流流动，它还不能作为预测复杂湍流流动的普遍方法。在工程计算中广泛采用的是 Reynolds 平均 Navier-Stokes 数值模拟方法，这种方法是将流动的质量、动量和能量方程进行统计平均后建立模型，因此这种方法是从 Reynolds 平均方程或密度加权平均 Navier-Stokes 方程出发，结合具体湍流问题的边界条件进行求解。对于 RANS 中的不封闭项，可通过给定合适的湍流模型使之封闭。这种方法通常不需要计算各种尺度的湍流脉动，它只计算平均运动，对空间分辨率的要求较低，计算工作量也比较小。LES 是 20 世纪 70 年代提出的一种湍流数值模拟的新方法，其基本思想是采用滤波方法将湍流流场中的脉动运动分解为大尺度(低波数区)脉动和小尺度(高波数区)脉动的运动；大尺度涡的行为强烈地依赖于边界条件，而且大涡是各向异性的。小尺度涡的结构具有共同的特征，它们受边界条件的影响较小，在统计上小涡是各向同性的。不同尺度的旋涡之间还存在着能量级串(Energy Cascade)现象。在湍流中，大尺度涡会把能量逐级传递给小尺度涡，最后在某一最小尺度(Kolmogorov 尺度)上被耗散掉。大尺度湍流脉动直接由 Navier-Stokes 控制方程使用数值求解，仅对小尺度湍流脉动建立模型。显然，该方法对空间分辨率的要求远小于直接 DNS 方法。比较 LES 与 RANS 两种方法可以发现：Reynolds 平均的湍流涡黏模型主要适用于平衡湍流(湍动能生成项等于湍动能耗散项)或者接近平衡湍流的流动，这时它可以预测出湍流边界层和它的分离，但这种方法在预测大规模分离流动方面仍存在着困难；LES 则适用于非平衡的复杂湍流流动。LES 可以成功的预测分离流动，并且具有很好的精确度，但对于高 Reynolds 数的流动，使用这种方法计算量过大(例如，以飞机机翼为例，令 Reynolds 数为 7×10^{7}，则 LES 所需要的计算量要在超过 10^{11} 的网格点与接近 10^{7} 的推进步上完成计算，显然这样大的计算量目前计算机的发展水平还很难实现)。

认真分析一下 LES 在高 Reynolds 数下的计算量问题会发现，这里计算量主要用在了边界层的模拟，而边界层外区域的计算量相对有限并且不是太大。另外，从工程应用的角度上讲，LES 方法往往并不需要应用于流场的所有区域，例如，翼型绕流问题，一个翼型的前缘或压力面的这些区域用 RANS 方法就足够了。在复杂流动中，并非处处是非平衡的复杂湍流，在接近平衡的湍流区域(如不分离的顺压梯度边界层)便可采用 RANS 模型；而在非平衡的湍流区(如分离再附区和钝体尾迹的涡脱落区)就可采用 LES 模型。显然，将流场分成相应的 RANS 模拟区域与 LES 模拟区域的思想，既保证了计算的准确性，又可以大幅度的节省计算资源，这种做法在工程应用上极具优势，文献[62]正是具体体现了这一思想。

8.1　数值解的精度与耗散、色散行为间的关系

随着 Reynolds 数的增加，湍流尺度的范围增加得很快，在高 Reynolds 数的可压缩湍流场中，最大尺度的物理量与最小尺度的物理量之比经常大于 10^6，因此要模拟多尺度复杂的湍流流动，一方面要求网格要足够的密集，另一方面还要求数值方法要有较高的逼近精度，尤其是对控制方程中对流项的逼近精度。S. B. Pope 曾分别给出了采用 DNS 计算时网格数量 N_1 与 Reynolds 数以及数值模拟在时间上的推进步数 N_2 与 Reynolds 数之间的关系为：

$$N_1^3 \sim 4.4 Re_L^{\frac{9}{4}} \sim 0.06 Re_\lambda^{\frac{9}{2}} \tag{8.1.1}$$

$$N_2 \approx 9.2 Re_\lambda^{\frac{3}{2}} \tag{8.1.2}$$

式中，Re_L 与 Re_λ 分别代表基于湍流场积分尺度 L 的 Reynolds 数与基于 Taylor 微尺度 λ 的 Reynolds 数。显然，由上述两式可知，对于高 Reynolds 数流动问题采用 DNS 计算所需要的计算资源是非常巨大的。另外，当离散方程的数值格式和迭代推进的步长选定后，所能够正确模拟的波数范围也就确定了，超过这个范围的更高波数的数值模拟结果，往往是非物理的。差分格式的精度分析多是讨论数值方法对所感兴趣小尺度物理量的刻画能力，而高波效应的分析则是讨论在数值解中那些不能正确模拟物理量的高波分量对于数值结果可能带来的影响。这种影响主要反映在对数值解的耗散特性与色散特性的影响。通常，高精度差分格式所带来的耗散特性与色散特性在数值解中表现为小尺度量的各向异性效应，而这种各向异性效应既反映在波的传播特性方面，也表现在波的幅值变化上，因此差分格式所带来的这些效应便可能成为对所感兴趣小尺度物理量的污染源。在数值解中的耗散特性可能去影响小尺度量(高波数分量)在流动过程中的幅值变化，而色散特性又可能影响小尺度量的流动结构。因此，为保证在数值结果中对所感兴趣的物理量能得到正确的刻画，就必须对高波数效应加以控制。

对于多维问题，这种高波数效应还表现为色散与耗散效应在空间的各向异性特性，尤其在捕捉激波时，这时高波数效应表现得更为明显。在数值计算中，低阶精度的耗散型数

值格式使激波厚度抹得更宽，高阶精度格式由于色散效应使得数值解中高波分量错位而导致激波附近的非物理的数值振荡，因此如何选取格式精度，并对非物理的行为加以控制，是项有待深入开展的课题之一。

8.2 物理尺度、激波厚度、湍流结构与网格尺度间的关系

对 Navier-Stokes 方程进行离散时，黏性项和对流项的离散都会产生误差。为了使物理黏性不被数值黏性所污染，对网格 Reynolds 数加以限制是需要的。这里对网格 Reynolds 数的限制应当理解为对于局部网格 Reynolds 数的限制，而局部网格 Reynolds 数是基于局部速度与局部黏性来定义的，显然在黏性流的边界层内，特别是在物面附近，局部 Reynolds 数要比来流处的小得多。特别应指出的是，通常一些文献中常要求满足：

$$\mu \frac{\Delta t}{(\Delta x)^2} \leqslant \frac{1}{2}, \qquad Re_{\Delta x} \leqslant 2 \tag{8.2.1}$$

作为黏性流计算的两个条件，这里 $Re_{\Delta x}$ 为网格 Reynolds 数。其实，式(8.2.1)这个限制是针对线性 Burgers 方程构造时间向前差分、空间中心差分离散时使格式的解保持单调性的充要条件，它并不能代表普遍情况下的一般关系式。把 $Re_{\Delta x} \leqslant 2$ 作为黏性计算的一个条件，这是一个非常苛刻的条件(因为通常高速黏性流 Reynolds 数都非常大)。对模型方程进行数值分析可以发现：随着格式精度的提高，可以大大放宽对网格 Reynolds 数的限制。另外，对于同阶的格式精度而言，采用紧致型格式或强紧致型格式时对网格 Reynolds 数的限制也会更加宽松些。

在数值模拟一个具体的物理问题时，需要对感兴趣的物理尺度有所了解，这样才能正确地选择数值方法和划分计算网格。例如，对于多尺度复杂流动的可压缩流场中的激波，就不能都看成无厚度的间断面。在可压缩流的湍流中，那里的激波厚度与湍流流场中的最小流动结构的尺度是同量级的。由于可压缩湍流场中的激波往往是非定常的，甚至是随机的，因此便要求选用较高精度的数值格式，并能够很好地捕捉到所感兴趣的各种不同尺度的物理量。也就是说，要求所选用的数值方法对激波有着高的分辨能力，在激波附近能抑制非物理的高频振荡，而且所感兴趣的不同尺度的物理量穿过激波时又不能被污染。所以，网格尺度的确定是件非常困难的事，对此还没有成熟的理论处理办法。目前，仅能通过一些对黏性项与对流项进行一些简单的 Fourier 分析给以启示。另外，在取定计算误差的情况下，采用较高的格式精度可以使捕捉到的波数范围变得更宽，并且还可以放大空间步长，显然这对提高计算效率非常有益。

对于超声速和高超声速湍流流场，流场中的涡运动总是与声波的传播相互联系、相互干扰。当湍流场中有激波存在时，将产生局部强耗散区，并将改变湍流场内部的间歇特征；湍流中的激波经常是具有大纵横比的结构：它们的厚度很薄，具有小尺度特征，但在展向存在着随机的长波纹，即展向具有大尺度特征，因此激波与湍流的干扰将产生很强的内

在压缩性效应，其表现为湍流中的强脉动压力梯度以及湍流与激波的相互干扰。强压力梯度可以导致壁面摩擦阻力与热流的增加，导致壁面压力脉动与热传导的脉动明显增强。另外，在壁湍流中，很可能会导致物面热结构的破坏。现讨论来流 Mach 数为 10，取边界层动量厚度为特征长度对应的 $Re=14\ 608$，介质为氢气时的一个可压缩边界层流动问题的实验结果表明：这时壁面温度与边界层外缘温度之比约为 30∶1。因此，在高超声速再入飞行中湍流场的内在压缩效应绝对不容忽视；为了正确的计算出高超声速下的可压缩湍流流场，故要求数值方法既能分辨湍流场中的最小尺度，又能正确分辨非定常激波束、间断面以及流场中存在的滑移面，因此发展高精度、高分辨率的 WENO 格式和高效率的多步 Runge-Kutta 方法以及双时间步（Dual-time-step）的隐式时间离散方法是非常必要的。

8.3 基于 Favre 平均的可压缩湍流方程组

为简单起见，在笛卡儿坐标系中给出如下形式以瞬态量表达的 Navier-Stokes 方程组：

$$\frac{\partial\rho}{\partial t}+\frac{\partial(\rho u_j)}{\partial x_j}=0 \tag{8.3.1a}$$

$$\frac{\partial(\rho u_i)}{\partial t}+\frac{\partial(\rho u_i u_j)}{\partial x_j}=-\frac{\partial p}{\partial x_i}+\frac{\partial\tau_{ij}}{\partial x_j} \tag{8.3.1b}$$

$$\frac{\partial(\rho e)}{\partial t}+\frac{\partial(e\rho u_j)}{\partial x_j}=\frac{\partial}{\partial x_j}\left(\lambda\frac{\partial T}{\partial x_j}\right)-p\frac{\partial u_j}{\partial x_j}+\Phi \tag{8.3.1c}$$

式中，ρ 与 u_i 分别为气体的密度与分速度；e, T, λ 分别为气体内能、温度、气体的导热系数；τ_{ij} 为黏性应力张量的分量，Φ 为黏性耗散函数，p 为压强；e, p, τ_{ij} 与 Φ 分别有如下表达式：

$$e=c_v T \tag{8.3.2}$$

$$p=\rho RT \tag{8.3.3}$$

$$\tau_{ij}=\mu\left(\frac{\partial u_i}{\partial x_j}+\frac{\partial u_j}{\partial x_i}\right)-\frac{2}{3}\mu\frac{\partial u_k}{\partial x_k}\delta_{ij} \tag{8.3.4}$$

$$\Phi=\tau_{ij}\frac{\partial u_i}{\partial x_j} \tag{8.3.5}$$

这里，采用了 Einstein 求和约定。在式(8.3.4)中，速度梯度张量可分解为应变率张量 $\boldsymbol{S}$ 与旋转率张量 $\boldsymbol{R}$ 之和，其分量表达式为：

$$\frac{\partial u_i}{\partial x_j}=S_{ij}+R_{ij} \tag{8.3.6}$$

$$S_{ij}=\frac{1}{2}\left(\frac{\partial u_i}{\partial x_j}+\frac{\partial u_j}{\partial x_i}\right) \tag{8.3.7a}$$

$$R_{ij}=\frac{1}{2}\left(\frac{\partial u_i}{\partial x_j}-\frac{\partial u_j}{\partial x_i}\right) \tag{8.3.7b}$$

将式(8.3.1)中各个变量采用系综平均法分解，并定义如下一个列矢量：

$$\boldsymbol{f}=\overline{\boldsymbol{f}}+\boldsymbol{f}' \tag{8.3.8}$$

式中：

$$\boldsymbol{f}=[\rho \quad u_i \quad p \quad e \quad T \quad \tau_{ij} \quad \Phi]^{\mathrm{T}} \tag{8.3.9a}$$

$$\overline{\boldsymbol{f}}=[\overline{\rho} \quad \overline{u_i} \quad \overline{p} \quad \overline{e} \quad \overline{T} \quad \overline{\tau_{ij}} \quad \overline{\Phi}]^{\mathrm{T}} \tag{8.3.9b}$$

$$\boldsymbol{f}'=[\rho' \quad u'_i \quad p' \quad e' \quad T' \quad \tau'_{ij} \quad \Phi']^{\mathrm{T}} \tag{8.3.9c}$$

将式(8.3.1)做密度加权平均，并注意到各态遍历定理(时间平稳态过程中随机量的系综平均等于随机过程的时间平均，也就是说这时的系综平均与 Reynolds 时间平均相等)，于是得到密度加权平均方程[4,206]：

$$\frac{\partial\overline{\rho}}{\partial t}+\frac{\partial}{\partial x_j}(\widetilde{\rho}\ \widetilde{u}_j)=0 \tag{8.3.10a}$$

$$\frac{\partial}{\partial t}(\overline{\rho}\widetilde{u}_i)+\frac{\partial}{\partial x_j}(\widetilde{\rho}\ \widetilde{u}_i\widetilde{u}_j)=-\frac{\partial\overline{p}}{\partial x_i}+\frac{\partial}{\partial x_j}(\overline{\tau_{ij}}-\overline{\rho u''_i u''_j}) \tag{8.3.10b}$$

$$\frac{\partial}{\partial t}(\overline{\rho}e^{*})+\frac{\partial}{\partial x_j}(\overline{\rho}\widetilde{u}_j H)=\frac{\partial}{\partial x_j}\left[-(q_{\mathrm{L}j}+q_{\mathrm{T}j})+\overline{\tau_{ij}u''_i}-\frac{1}{2}\overline{\rho u''_j u''_i u''_i}\right]+\frac{\partial}{\partial x_j}[\widetilde{u}_i(\overline{\tau_{ij}}-\overline{\rho u''_i u''_j})] \tag{8.3.10c}$$

另外，式(8.3.10c)又可写为：

$$\begin{aligned}\frac{\partial}{\partial t}(\overline{\rho}\widetilde{h}_0)+\frac{\partial}{\partial x_j}(\overline{\rho}\widetilde{u}_j\widetilde{h}_0)=&\frac{\partial\overline{p}}{\partial t}-\frac{\partial}{\partial x_j}(\overline{q}_j+\overline{\rho u''_j h''})+\\&\frac{\partial}{\partial x_j}\Big(\widetilde{u}_i\overline{\tau}_{ij}+\overline{u''_i\tau_{ij}}-\frac{1}{2}\overline{\rho u''_j}\frac{\overline{\rho u''_i u''_i}}{\overline{\rho}}-\\&\widetilde{u}_i\overline{\rho u''_i u''_j}-\frac{1}{2}\overline{\rho u''_i u''_i u''_j}\Big)\end{aligned} \tag{8.3.10d}$$

在式(8.3.10)中，变量 e^{*}，$\widetilde{h}_0$，k 以及层流热流 $q_{\mathrm{L}j}$ 与湍流热流 $q_{\mathrm{T}j}$ 的定义式分别为：

$$e^{*}\equiv\widetilde{e}+\frac{1}{2}\widetilde{u}_i\widetilde{u}_i+k \tag{8.3.11a}$$

$$\widetilde{h}_0\equiv\widetilde{h}+\frac{1}{2}\widetilde{u}_i\widetilde{u}_i+\frac{1}{2}\frac{\overline{\rho u''_i u''_i}}{\overline{\rho}} \tag{8.3.11b}$$

$$k\equiv\frac{1}{2}\frac{\overline{\rho u''_i u''_i}}{\overline{\rho}} \tag{8.3.11c}$$

$$q_{\mathrm{L}j}=\lambda\frac{\partial\widetilde{T}}{\partial x_j},\quad q_{\mathrm{T}j}=\overline{\rho u''_j h''} \tag{8.3.11d}$$

另外，总焓 h_0 与静焓 h 以及热流矢量 $\boldsymbol{q}$ 分别为：

$$h_0\equiv h+\frac{1}{2}u_i u_i \tag{8.3.11e}$$

$$\boldsymbol{q}=-\lambda\,\nabla T,\quad h\equiv e+\frac{p}{\rho} \tag{8.3.11f}$$

在本小节中若没有特殊说明，则上脚标"—"表示 Reynolds 平均，上脚标"～"表示密度加权平均(Favre 平均)。这里要特别指出的是，在高超声速流动中，压强脉动以及密度脉动都很大，可压缩效应直接影响着湍流的衰减时间，而且当脉动速度的散度足够大时，则湍流的耗散不再与湍流的生成平衡，在这种情况下在边界层流动中，至少在近壁区，流动特征被某种局部 Mach 数(如摩擦 Mach 数)所控制，因此在 Morkovin 假设下湍流场的特征尺度分析对于高超声速边界层的流动就不再适用。毫无疑问，在高 Mach 数下湍流边界层流动中所出现湍流脉动量所表征的内在压缩性效应及其对转捩以及湍流特征的影响，应该是人们必须要弄清楚的主要问题之一。另外，对于高超声速钝体绕流问题，来流的小扰动与弓形激波的干扰对边界层流动的感受性以及转捩特征都有很强的影响。对于可压缩流动，如果将扰动波分为声波、熵波和涡波时，DNS 的数值计算表明：来流扰动波与弓形激波干扰在激波后仍然会形成声波、熵波和涡波这三种模态。另外，在边界层中，感受到的主要是压力扰动波(声波扰动)，更为重要的是这时边界层内感受到的涡波扰动要比声波扰动小一个量级，所感受到的熵波扰动更小，它要比声波扰动小四五个量级，显然这一结果对深刻理解高超声速边界层的流动问题是有益的。此外，在高超声速绕流中，壁面温度条件对边界层流动的稳定性也有重大的影响。DNS 的数值计算表明：在冷壁和绝热壁条件下，边界层有不同的稳定性机制，它将直接影响着边界层转捩位置的正确确定。因此，如何快速有效的预测高超声速边界层的转捩问题仍是一个有待深入研究的课题之一，它直接会影响到飞行器气动力与气动热的正确预测，会影响到航天器的热防护设计问题[22]，所以对于这个问题的研究便格外重要。

8.4　可压缩湍流的大涡数值模拟及其控制方程组

可压缩湍流的大涡数值模拟控制方程可以将式(8.3.1)做密度加权过滤(Favre 过滤)得到，其表达式为：

$$\frac{\partial \hat{\rho}}{\partial t}+\frac{\partial}{\partial x_j}(\hat{\rho}\widehat{u}_j)=0 \tag{8.4.1a}$$

$$\frac{\partial}{\partial t}(\hat{\rho}\widehat{u}_i)+\frac{\partial}{\partial x_j}(\hat{\rho}\widehat{u}_i\widehat{u}_j)=-\frac{\partial}{\partial x_i}\hat{p}+\frac{\partial}{\partial x_j}(\tau_{ij}^*+\tau_{ij}^s)+\frac{\partial}{\partial x_j}(\hat{\tau}_{ij}-\tau_{ij}^*) \tag{8.4.1b}$$

$$\frac{\partial\left(\hat{\rho}\widehat{e}+\frac{1}{2}\hat{\rho}\widehat{u}_i\widehat{u}_i\right)}{\partial t}+\frac{\partial\left[\left(\hat{\rho}\widehat{e}+\frac{1}{2}\hat{\rho}\widehat{u}_i\widehat{u}_i+\hat{p}\right)\widehat{u}_j\right]}{\partial x_j}=\frac{\partial(\tau_{ij}^*\widehat{u})}{\partial x_j}+\frac{\partial q_j^*}{\partial x_j}+B^* \tag{8.4.1c}$$

式(8.4.1a)～式(8.4.1c)中，上脚标"ˆ"表示大涡模拟方法中的过滤运算；上脚标"⌢"表示密度加权过滤运算(Favre 过滤运算)；τ_{ij}^s 为亚格子应力张量分量；τ_{ij}^* 为以密度加权过滤后的速度、温度为参数的分子黏性所对应的黏性应力张量分量；$\hat{\tau}_{ij}$ 代表过滤后的分子黏性所对应的黏性应力张量分量，它们的具体表达式为：

$$\tau_{ij}^{s}=\hat{\rho}(\widehat{u}_{i}\widehat{u}_{j}-\widehat{u_{i}u_{j}}) \tag{8.4.2a}$$

$$\tau_{ij}^{*}=\mu(\widehat{T})\left(\frac{\partial\widehat{u}_{i}}{\partial x_{j}}+\frac{\partial\widehat{u}_{j}}{\partial x_{i}}\right) \tag{8.4.2b}$$

$$\hat{\tau}_{ij}=\mu(\hat{T})\left(\frac{\partial\hat{u}_{i}}{\partial x_{j}}+\frac{\partial\hat{u}_{j}}{\partial x_{i}}\right) \tag{8.4.2c}$$

式(8.4.1c)中，q_j^* 与 B^* 的表达式分别为：

$$q_{j}^{*}=-\lambda(\widehat{T})\frac{\partial\widehat{T}}{\partial x_{j}} \tag{8.4.2d}$$

$$B^{*}=-b_{1}-b_{2}-b_{3}+b_{4}+b_{5}+b_{6} \tag{8.4.2e}$$

式中：

$$b_{1}=-\widehat{u}_{i}\frac{\partial\tau_{ij}^{s}}{\partial x_{j}} \tag{8.4.3a}$$

$$b_{2}=\frac{\partial}{\partial x_{j}}(\hat{c}_{j}-\hat{e}\widehat{u}_{j}),\quad c_{j}\equiv eu_{j} \tag{8.4.3b}$$

$$b_{3}=\hat{a}_{j}-\hat{p}\frac{\partial\widehat{u}_{j}}{\partial x_{j}},\qquad a_{j}\equiv p\frac{\partial u_{j}}{\partial x_{j}} \tag{8.4.3c}$$

$$b_{4}=\hat{m}-\hat{\tau}_{ij}\frac{\partial\widehat{u}_{i}}{\partial x_{j}},\qquad m\equiv\tau_{ij}\frac{\partial u_{i}}{\partial x_{j}} \tag{8.4.3d}$$

$$b_{5}=\frac{\partial}{\partial x_{j}}(\hat{\tau}_{ij}\widehat{u}_{i}-\tau_{ij}\widehat{u}_{i}) \tag{8.4.3e}$$

$$b_{6}=\frac{\partial}{\partial x_{j}}(\hat{q}_{j}-q_{j}^{*}) \tag{8.4.3f}$$

由式(8.4.3a)～式(8.4.3f)可知，除了式(8.4.3a)中的 b_1 不需要附加模式外，其余五个式中的 $b_2\sim b_6$ 则都需要附加亚格子模式。另外，LES 的方程组还可以整理为下面的式(8.4.4)的形式。在笛卡儿坐标系下，针对可压缩湍流给出 Favre 过滤后的连续方程，动量方程以及几种形式的能量方程：

$$\frac{\partial\hat{\rho}}{\partial t}+\frac{\partial}{\partial x_{j}}(\hat{\rho}\widehat{u}_{j})=0 \tag{8.4.4a}$$

$$\frac{\partial}{\partial t}(\hat{\rho}\widehat{u}_{i})+\frac{\partial}{\partial x_{j}}(\hat{\rho}\widehat{u}_{i}\widehat{u}_{j}+\hat{p}\delta_{ij}-\widehat{\tau}_{ij})=\frac{\partial}{\partial x_{j}}\tau_{ij}^{s} \tag{8.4.4b}$$

$$\frac{\partial(\hat{\rho}\widehat{e})}{\partial t}+\frac{\partial(\hat{\rho}\widehat{u}_{j}\widehat{e})}{\partial x_{j}}+\frac{\partial}{\partial x_{j}}\widehat{q}_{j}+\hat{p}\widehat{s}_{kk}-\widehat{\tau}_{ij}\widehat{s}_{ij}=-c_{v}\frac{\partial Q_{j}}{\partial x_{j}}-\Pi_{d}+\varepsilon_{v} \tag{8.4.4c}$$

$$\frac{\partial(\hat{\rho}\widehat{h})}{\partial t}+\frac{\partial(\hat{\rho}\widehat{u}_{j}\widehat{h})}{\partial x_{j}}+\frac{\partial}{\partial x_{j}}\widehat{q}_{j}-\frac{\partial\hat{p}}{\partial t}-\widehat{u}_{j}\frac{\partial\hat{p}}{\partial x_{j}}-\widehat{\tau}_{ij}\widehat{s}_{ij}=-c_{v}\frac{\partial Q_{j}}{\partial x_{j}}-\Pi_{d}+\varepsilon_{v} \tag{8.4.4d}$$

$$\frac{\partial(\hat{\rho}\widehat{E})}{\partial t}+\frac{\partial[(\hat{\rho}\widehat{E}+\hat{p})\widehat{u}_{j}+\widehat{q}_{j}-\widehat{\tau}_{ij}\widehat{u}_{i}]}{\partial x_{j}}=-\frac{\partial}{\partial x_{j}}\left(\gamma c_{v}Q_{j}+\frac{1}{2}J_{j}-D_{j}\right) \tag{8.4.4e}$$

式中：

$$\widehat{\tau}_{ij}=2\widehat{\mu}\,\widehat{s}_{ij}-\frac{2}{3}\widehat{\mu}\delta_{ij}\widehat{s}_{kk},\quad \widehat{q}_j=-\widehat{\lambda}\frac{\partial}{\partial x_j}\widehat{T} \tag{8.4.5a}$$

$$\tau_{ij}^s=\hat{\rho}(\widehat{u}_i\widehat{u}_j-\widehat{u_iu_j}) \tag{8.4.5b}$$

$$Q_j=\hat{\rho}(\widehat{m}_j-\widehat{u}_j\widehat{T}),\quad m_j=u_jT \tag{8.4.5c}$$

$$\Pi_{\rm d}=\hat{n}_{kk}-\hat{p}\widehat{s}_{kk},\quad n_{kk}=ps_{kk} \tag{8.4.5d}$$

$$\varepsilon_v=\hat{b}-\widehat{\tau}_{ij}\widehat{s}_{ij},\quad b=\tau_{ij}s_{ij} \tag{8.4.5e}$$

$$J_j=\hat{\rho}(\widehat{a}_j-\widehat{u}_j\widehat{u_ku_k}),\quad a_j=u_ju_ku_k \tag{8.4.5f}$$

$$D_j=\widehat{c}_j-\widehat{\tau}_{ij}\widehat{u}_i,\quad c_j=\tau_{ij}u_i \tag{8.4.5g}$$

$$h=e+\frac{p}{\rho},\quad E=e+\frac{1}{2}u_iu_i,\quad e=c_{\rm v}T \tag{8.4.5h}$$

$$s_{ij}=\frac{1}{2}\left(\frac{\partial u_i}{\partial x_j}+\frac{\partial u_j}{\partial x_i}\right) \tag{8.4.5i}$$

以上是可压缩湍流 LES 方法的主要方程。对于上述动量方程以及能量方程的右端项都需要引进湍流模型。显然，可压缩湍流的 LES 要比不可压缩湍流的大涡模拟困难得多。另外，还应该指出的是，如果令 $u(\boldsymbol{x},t)$ 代表湍流运动的瞬时速度，则 $\hat{u}(\boldsymbol{x},t)$ 表示过滤后的大尺度速度；$\overline{u}(\boldsymbol{x},t)$ 是系综平均速度，而 $u'(\boldsymbol{x},t)=u(\boldsymbol{x},t)-\overline{u}(\boldsymbol{x},t)$ 表示包含所有尺度的脉动速度的量，其中 $u(\boldsymbol{x},t)-\hat{u}(\boldsymbol{x},t)$ 代表着 $u'(\boldsymbol{x},t)$ 中的大尺度脉动的量。另外，将 Reynolds 应力张量（用 $\boldsymbol{\tau}_{\rm RANS}$ 表示）与亚格子应力张量（用 $\boldsymbol{\tau}_{\rm SGS}$ 表示，在密度加权过滤运算下它的分量表达式为式(8.4.2a)中的 $\boldsymbol{\tau}_{ij}^s$），其并矢张量的表达式分别为：

$$\boldsymbol{\tau}_{\rm RANS}=-\overline{\rho\,\boldsymbol{u}''\boldsymbol{u}''} \tag{8.4.6}$$

$$\boldsymbol{\tau}_{\rm SGS}=\hat{\rho}(\widehat{\boldsymbol{u}}\,\widehat{\boldsymbol{u}}-\widehat{\boldsymbol{u}\boldsymbol{u}}) \tag{8.4.7}$$

显然，上面两个应力张量的物理含义大不相同。因此，弄清 RANS 中 Reynolds 平均与 LES 中的过滤运算（又称滤波操作）以及 $\boldsymbol{\tau}_{\rm RANS}$ 与 $\boldsymbol{\tau}_{\rm SGS}$ 这几个重要概念是十分必要的。

8.5　RANS 与 LES 组合的杂交方法

湍流脉动具有多尺度的性质，高 Reynolds 数湍流包含很宽的尺度范围，LES 方法就是借助于过滤技术在物理空间中将大尺度脉动与其余的小尺度脉动分离，即通过对湍流运动的过滤将湍流分解为可解尺度湍流（包含大尺度脉动）与不可解尺度湍流运动（也就是说包含所有小尺度脉动）；对于可解尺度湍流的运动则使用 LES 的控制方程组直接求解，而小尺度湍流脉动的质量、动量和能量的输运及其对大尺度运动的作用则采用亚格子模型的方法，从而使可解尺度的运动方程封闭。一般来讲，LES 方法能获得比 RANS 方法更为精确的结果，但 LES 的计算量要比 RANS 大得多。LES 特别适用于有分离的非平衡复杂湍流，而 RANS 多用于平衡湍流（湍动能生成等于湍动能的耗散）或者接近平衡的湍流区域。在高速飞行器的绕流流场中，并非处处是非平衡的复杂湍流流动，因此发展将 RANS 与 LES 相互组合杂交的方法是非常需要的。

通常 RANS 与 LES 组合杂交方法可分为两大类：一类为全局组合杂交方法（Global Hybrid RANS/LES），它要对 RANS/LES 的界面进行连续处理，即不需要专门在界面处进行湍流脉动的重构，因此也称为弱耦合方法（Weak RANS/LES Coupling）；另一类是分区组合方法（Zonal Hybrid RANS/LES），它要在界面上重构湍流脉动，因此称为强耦合方法（Strong RANS/LES Coupling）。在目前工程计算中，第一类方法应用较广，以下讨论的分离涡模型（Detached Eddy Simulation ，DES）便属于全局组合杂交方法的一种。分离涡模型方法的基本思想是用统一的涡黏输运方程（例如，选取 1992 年 P. R. Spalart 和 S. R. Allmaras 提出的 Spalart-Allmaras（简称 S-A 涡黏模型）），以网格分辨尺度去区分 RANS 和 LES 的计算模式。这里，为突出 DES 方法的基本要点，又不使叙述过于烦长，于是便给出了如下形式的流动控制方程组：

$$\frac{\partial \bar{u}_i}{\partial t}+\frac{\partial \bar{u}_i \bar{u}_j}{\partial x_j}=-\frac{\partial \bar{p}}{\partial x_i}+\frac{1}{\mathrm{Re}}\frac{\partial^2 \bar{u}_i}{\partial x_j \partial x_j}+\frac{\partial \bar{\tau}_{ij}}{\partial x_j} \tag{8.5.1a}$$

$$\frac{\partial \bar{u}_i}{\partial x_i}=0 \tag{8.5.1b}$$

$$\bar{\tau}_{ij}-\frac{2}{3}\bar{\tau}_{kk}\delta_{ij}=2\nu_{\mathrm{t}}\bar{s}_{ij} \tag{8.5.1c}$$

$$\bar{s}_{ij}=\frac{1}{2}\left(\frac{\partial \bar{u}_i}{\partial x_j}+\frac{\partial \bar{u}_j}{\partial x_i}\right) \tag{8.5.2}$$

涡黏系数方程采用 Spalart-Allmaras 模型（也可以参阅文献[62]中的式(3)）：

$$\begin{aligned}\frac{\partial \nu^*}{\partial t}+u_j\frac{\partial \nu^*}{\partial x_j}=&c_{\mathrm{b1}}s_1\nu^*-c_{\mathrm{w1}}f_{\mathrm{w}}\left(\frac{\nu^*}{d^*}\right)^2+\\&\frac{1}{\sigma}\left\{\frac{\partial}{\partial x_j}\left[(\nu_{\mathrm{t}}+\nu^*)\frac{\partial \nu^*}{\partial x_j}\right]+c_{\mathrm{b2}}\left(\frac{\partial \nu^*}{\partial x_j}\frac{\partial \nu^*}{\partial x_j}\right)\right\}\end{aligned} \tag{8.5.3a}$$

显然，上述流动控制方程组与 Spalart-Allmaras 模型是针对不可压缩湍流流动而言的，对于可压缩湍流流动，则式(8.5.3a)可改写为：

$$\begin{aligned}\frac{\mathrm{d}(\rho\nu^*)}{\mathrm{d}t}=&c_{\mathrm{b1}}\rho s_1\nu^*-c_{\mathrm{w1}}\rho f_{\mathrm{w}}\left(\frac{\nu^*}{d^*}\right)^2+\\&\frac{1}{\sigma}\left\{\frac{\partial}{\partial x_j}\left[(\mu+\rho\nu^*)\frac{\partial \nu^*}{\partial x_j}\right]+c_{\mathrm{b2}}\rho\left(\frac{\partial \nu^*}{\partial x_j}\frac{\partial \nu^*}{\partial x_j}\right)\right\}\end{aligned} \tag{8.5.3b}$$

式中，μ 为分子黏性系数。

式(8.5.3a)和式(8.5.3b)中，符号 f_{w}，s_1 等的表达式为：

$$\nu_{\mathrm{t}}=\nu^* f_{\mathrm{v1}},\ f_{\mathrm{v1}}=\frac{\vartheta^3}{\vartheta^3+c_{\mathrm{v1}}^3},\ \vartheta=\frac{\nu^*}{\nu},\ f_{\mathrm{v3}}=1 \tag{8.5.4a}$$

$$f_{\mathrm{w}}=g\left(\frac{1+c_{\mathrm{w3}}^6}{g^6+c_{\mathrm{w3}}^6}\right)^{\frac{1}{6}},\quad g=r+c_{\mathrm{w2}}(r^6-r),\quad r=\frac{\nu^*}{s_1 k_1^2(d^*)^2} \tag{8.5.4b}$$

$$s_1 = f_{v3}\sqrt{2\Omega_{ij}\Omega_{ij}} + \frac{\nu^*}{k_1^2(d^*)^2} f_{v2} \tag{8.5.4c}$$

$$f_{v2} = 1 - \frac{\vartheta}{1+\vartheta f_{v1}}, \Omega_{ij} = \frac{1}{2}\left(\frac{\partial \overline{u}_i}{\partial x_j} + \frac{\partial \overline{u}_j}{\partial x_i}\right) \tag{8.5.4d}$$

对于式(8.5.4c)中的 s_1 量,也可以引入其他进一步的修正表达式,于是便可得到相应修正的 Spalart-Allmaras 模型。

式(8.5.3a)~式(8.5.3b)与式(8.5.4a)~式(8.5.4d)中,系数 c_{b1},σ,c_{b2},k_1,c_{w1},c_{w2},c_{w3},c_{v1} 分别为:

$$c_{b1} = 0.1355, \quad \sigma = \frac{2}{3}, \quad c_{b2} = 0.622, \quad k_1 = 0.41 \tag{8.5.4e}$$

$$c_{w1} = \frac{c_{b1}}{k_1^2} + \frac{(1+c_{b2})}{\sigma}, \quad c_{w2} = 0.3, \quad c_{w3} = 2.0, \quad c_{v1} = 7.1 \tag{8.5.4f}$$

式(8.5.3a)与式(8.5.4c)中,d^* 是 RANS 与 LES 的分辨尺度,其值可由下式定义:

$$d^* = \min(d_{\mathrm{RANS}}, d_{\mathrm{LES}}) \tag{8.5.5a}$$

$$d_{\mathrm{RANS}} = Y, d_{\mathrm{LES}} = c_{\mathrm{DES}}\Delta \tag{8.5.5b}$$

式(8.5.5b)中:Y 为网格点与壁面间的垂直距离;系数 $c_{\mathrm{DES}} = 0.65$;Δ 为网格尺度,对于非均匀网格则有:

$$\Delta = \max(\Delta x, \Delta y, \Delta z) \tag{8.5.5c}$$

值得注意的是,RANS 与 LES 的分辨尺度 d^* 是一个非常重要的参数,如何合理的定义它,一直是近些年来 RANS 与 LES 组合杂交方法研究的核心问题之一,其中美国的 P. R. Spalart 团队、法国的 P. Sagaut 团队等在这方面都做了大量的非常细致的研究工作。文献[62]采纳了 Spalart 团队在 2008 年提出的 Improved DDES 方法中的分辨尺度,并成功地提出了将全场 RANS 与局部 DES 分析相结合,产生了一个高效率的工程新算法,计算了第一代载人飞船 Mercury、第二代载人飞船 Gemimi、人类第一枚成功到达火星上空的 Fire-II 探测器、具有丰富风洞实验数据(来流 Mach 数从 0.5 变到 2.86)的 NASA 巡航导弹、具有高升阻比的 Waverider(乘波体)以及具有大容积效率与高升阻比的 CAV (Common Aero Vehicle)等 6 种国际上著名飞行器的流场,完成上述 6 个典型飞行器的 63 个工况的数值计算。计算结果表明:这样获得的数值结果(其中包括气动力和气动热)与相关风洞实验数据或飞行测量数据较贴近并且流场的计算效率较高,因此全场 RANS 计算与局部 DES 分析相结合的算法是流场计算与工程设计分析中值得推荐的快速方法。对于这方面更多的内容,在 8.8 中会有详细的介绍。对于分辨尺度的选取,这里式(8.5.5a)仅仅给出了一种选择方式,它可以有多种方式,关于这个问题目前仍然处于探索中。

8.6　关于 RANS,DES 以及 LES 方法中 ν_T 的计算

为了说明 RANS 与 LES 方程在表达结构形式上的相似特点,这里给出量纲为 1 的不

可压缩湍流动量方程的 RANS 与 LES 的表达式，它们分别为：

$$\frac{\partial \overline{u}_i}{\partial t}+\frac{\partial}{\partial x_j}(\overline{u}_i\overline{u}_j)+\frac{\partial \overline{p}}{\partial x_i}=\frac{1}{Re}\frac{\partial}{\partial x_j}\left(\nu\frac{\partial}{\partial x_j}\overline{u}_i\right)+\frac{\partial}{\partial x_j}\tau_{ij}^{\mathrm{RANS}} \tag{8.6.1}$$

$$\frac{\partial \hat{u}_i}{\partial t}+\frac{\partial}{\partial x_j}(\hat{u}_i\hat{u}_j)+\frac{\partial \hat{p}}{\partial x_i}=\frac{1}{Re}\frac{\partial}{\partial x_j}\left(\nu\frac{\partial}{\partial x_j}\hat{u}_i\right)+\frac{\partial}{\partial x_j}\tau_{ij}^{\mathrm{LES}} \tag{8.6.2}$$

式(8.6.1)与式(8.6.2)中，上脚标“—”代表 Reynolds 平均；上脚标“^”代表过滤运算（或称滤波操作）。下面将上述两式统一写为如下形式：

$$\frac{\partial \overline{u}_i}{\partial t}+\frac{\partial}{\partial x_j}(\overline{u}_i\overline{u}_j)=-\frac{\partial}{\partial x_i}\overline{p}+\frac{1}{Re}\frac{\partial}{\partial x_j}\tau_{ij}^{\mathrm{mol}}+\frac{\partial}{\partial x_j}\tau_{ij}^{\mathrm{turb}} \tag{8.6.3}$$

式中：

$$\tau_{ij}^{\mathrm{mol}}=2\nu\overline{s}_{ij},\ \overline{s}_{ij}=\frac{1}{2}\left(\frac{\partial \overline{u}_i}{\partial x_j}+\frac{\partial \overline{u}_j}{\partial x_i}\right) \tag{8.6.4}$$

这里必须说明的是，在式(8.6.3)中，对于 LES 来讲则这时，上脚标“—”代表滤波操作；对于 RANS 来讲则这时，上脚标“—”代表 Reynolds 平均。另外，对于 DES 和 RANS 来讲，可以用 Spalart-Allmaras 湍流模型使控制方程组封闭。引入涡黏系数 ν_{T}，有：

$$\tau_{ij}^{\mathrm{turb}}+\frac{1}{3}\delta_{ij}\tau_{kk}^{\mathrm{turb}}=2\nu_{\mathrm{T}}\overline{s}_{\mathrm{ij}} \tag{8.6.5}$$

式中　ν_T 可以借助于式(8.5.3)得到 ν_{T}^*，然后再由式(8.5.4a)得到 ν_{T}；对于 LES，可引入 Smagorinsky 模型，有：

$$\nu_{\mathrm{T}}=l^2|\overline{s}_{ij}| \tag{8.6.6a}$$

$$l=c_{\mathrm{s}}\Delta\left[1-\exp\left(\frac{-y^+}{A^+}\right)^3\right]^{0.5} \tag{8.6.6b}$$

$$\Delta\equiv(\Delta x\Delta y\Delta z)^{\frac{1}{3}},\ y^+=\frac{yu_\tau}{\nu} \tag{8.6.6c}$$

$$u_\tau=\sqrt{\frac{\tau_{\mathrm{w}}}{\rho}},\ A^+=25 \tag{8.6.6d}$$

式中，c_{s} 为 Smagorinsky 常数，因此，对于 LES 来讲，由式(8.6.6a)得到 ν_{T}，便可得到式(8.6.5)所需要的 $\tau_{ij}^{\mathrm{turb}}$ 值。

8.7　可压缩湍流中的 $k-\omega$ 模型

由流体力学基本方程组可以获得基于 Reynolds 平均和 Favre 平均的湍动能 k 方程以及比耗散率 ω（令耗散率为 ε，则 $\omega=\frac{\varepsilon}{k}$，称为比耗散率）的方程，即：

$$\frac{\partial}{\partial t}(\overline{\rho}k)+\frac{\partial}{\partial x_j}(\overline{\rho}\,\widetilde{u}_jk)=-\overline{\rho u_i''u_j''}\frac{\partial \widetilde{u}_i}{\partial x_j}+$$

$$\frac{\partial}{\partial x_j}\left[\overline{\tau_{ij}u_i''}-\frac{1}{2}\overline{\rho u_j''u_i''u_i''}-\overline{p'u_j''}\right]-\overline{\rho}\,\varepsilon-\overline{u_i''}\frac{\partial\overline{p}}{\partial x_i}+\overline{p'\frac{\partial u_i''}{\partial x_i}} \tag{8.7.1}$$

$$\frac{\partial}{\partial t}(\bar{\rho}\omega)+\frac{\partial}{\partial x_j}(\bar{\rho}\tilde{u}_j\omega)=\frac{\partial}{\partial x_j}\left[(\mu_l+\sigma\mu_t)\frac{\partial\omega}{\partial x_j}\right]+\alpha\frac{\omega}{k}P_k-\bar{\rho}\beta_\omega^*\omega^2 \tag{8.7.2}$$

对式(8.7.1)和式(8.7.2)进行模化后，最后得到引入湍流 Mach 数 Ma_t 并考虑了可压缩性修正的 k—ω 两方程湍流模式，其形式为：

$$\frac{\partial}{\partial t}(\bar{\rho}k)+\frac{\partial}{\partial x_j}(\bar{\rho}\tilde{u}_jk)=-\overline{\rho u_i''u_j''}\frac{\partial\tilde{u}_i}{\partial x_j}(1+\alpha_2 Ma_t)+$$

$$\frac{\partial}{\partial x_j}\left[(\mu_l+\mu_t\sigma^*)\frac{\partial k}{\partial x_j}\right]-\bar{\rho}k\omega\beta_k^*-\frac{1}{\sigma_\rho}\frac{\mu_t}{(\bar{\rho})^2}\frac{\partial\bar{\rho}}{\partial x_i}\frac{\partial\bar{p}}{\partial x_i} \tag{8.7.3}$$

$$\frac{\partial}{\partial t}(\bar{\rho}\omega)+\frac{\partial}{\partial x_j}(\bar{\rho}\tilde{u}_j\omega)=\frac{\partial}{\partial x_j}\left[(\mu_l+\sigma\mu_t)\frac{\partial\omega}{\partial x_j}\right]-\bar{\rho}\omega^2\beta_\omega^*+\alpha\frac{\omega}{k}P_k \tag{8.7.4}$$

式(8.7.1)～式(8.7.4)中，上脚标“—”表示 Reynolds 平均；上脚标“～”表示 Favre 平均；P_k 代表湍动能的生成项；符号 α_2、σ^*、σ、σ_ρ、β_k、β_ω 以及 α 均为相关系数；湍流 Mach 数 Ma_t 以及 β_ω^*、β_k^* 和 τ_{ij} 等的定义分别为：

$$Ma_t\equiv\frac{[\overline{(\mathbf{V}')^2}]^{1/2}}{\bar{a}} \tag{8.7.5a}$$

$$\mathbf{V}'\equiv u'\boldsymbol{i}+v'\boldsymbol{j}+w'\boldsymbol{k} \tag{8.7.5b}$$

$$\beta_\omega^*\equiv\beta_\omega-1.5\beta_kF(Ma_t) \tag{8.7.5c}$$

$$\beta_k^*\equiv\beta_k[1+1.5F(Ma_t)-\alpha_3Ma_t^2] \tag{8.7.5d}$$

$$\tau_{ij}\equiv(\tau_l)_{ij}+(\tau_t)_{ij} \tag{8.7.6a}$$

$$(\tau_l)_{ij}\equiv\mu_l\left(\frac{\partial u_i}{\partial x_j}+\frac{\partial u_j}{\partial x_i}-\frac{2}{3}\frac{\partial u_k}{\partial x_k}\delta_{ij}\right) \tag{8.7.6b}$$

$$(\tau_t)_{ij}\equiv-\frac{2}{3}\rho k\delta_{ij}+\mu_t\left(\frac{\partial u_i}{\partial x_j}+\frac{\partial u_j}{\partial x_i}-\frac{2}{3}\frac{\partial u_k}{\partial x_k}\delta_{ij}\right) \tag{8.7.6c}$$

$$\overline{\tau_{ij}u_i''}-\frac{1}{2}\overline{\rho u_j''u_i''u_i''}=\left(\mu_l+\frac{\mu_t}{\sigma_k}\right)\frac{\partial k}{\partial x_j} \tag{8.7.6d}$$

$$P_k=-\overline{\rho u_i''u_j''}\frac{\partial\tilde{u}_i}{\partial x_j} \tag{8.7.6e}$$

式中，$F(Ma_t)$ 代表关于 Ma_t 的函数。

另外，又可将式(8.7.3)等号右边最后两项记为 Q_k^*，即：

$$Q_k^*\equiv-\bar{\rho}k\omega\beta_k^*-\frac{1}{\sigma_\rho}\frac{\mu_t}{(\bar{\rho})^2}\frac{\partial\bar{\rho}}{\partial x_i}\frac{\partial\bar{p}}{\partial x_i} \tag{8.7.7}$$

借助于式(8.7.7)，则式(8.7.3)可改写为：

$$\frac{\partial}{\partial t}(\bar{\rho}k)+\frac{\partial}{\partial x_j}(\bar{\rho}\tilde{u}_jk)=-\overline{\rho u_i''u_j''}\frac{\partial\tilde{u}_i}{\partial x_j}(1+\alpha_2Ma_t)+\frac{\partial}{\partial x_j}\left[(\mu_l+\sigma^*\mu_t)\frac{\partial k}{\partial x_j}\right]+Q_k^* \tag{8.7.8}$$

因此，式(8.7.8)与式(8.7.4)便构成了通常考虑湍流 Mach 数修正的 k—ω 两方程湍流模式。最后需要指出的是，k—ω 模型也可用于 DES 方法中，便得到了 k—ω 模型的

DES方法。这种方法与基于Spalart-Allmaras模型的DES方法一样，在复杂湍流流场的计算中都有广泛的应用。另外，在湍流计算中，多尺度、多分辨率计算是湍流计算的重要特征，因此小波分析与小波奇异分析技术[47]等在湍流计算中是绝对不可忽视的；发展高阶精度、低耗散、低色散、提高有效带宽（Effective Bandwidth）、注意格式的保单调（Montonicity-Preserving，MP）、发展优化的WENO格式以及紧致与强紧致格式[5]等已成为目前人们选用数值格式的主要方向。对于湍流模型，我们AMME Lab团队常使用Baldwin-Lomax零方程模型、Spalart-Allmaras一方程模型和$k-\omega$两方程模型；对于转捩模型，我们多使用Abu-Ghannam & Shaw（AGS）模型和Menter & Langtry（M-L）模型；目前已有一些用于高超声速流动的新转捩模型（如文献[62]中的参考文献[34]等）。但应当指出的是，可压缩流的转捩模型，目前仍是一个急需进一步研究与完善的课题；转捩位置对非定常分离流的特性有着很大的影响，因此对非定常流计算时转捩问题更应该认真考虑。

在高超声速流场计算中，激波与湍流边界层之间的干涉是一个普遍存在的重要物理现象。激波对边界层的干涉导致了边界层内湍流的动量输运与热量输运呈现出强烈的非平衡特征，并且使得边界层的湍流脉动能量显著增大，使得边界层外层大尺度湍流结构与边界层内层小尺度脉动结构之间相互作用以及非线性调制（Modulation）作用进一步增强，这种非线性的调制作用对壁湍流的恢复有着促进作用，使得激波与湍流边界层干涉的恢复区往往出现较高的壁面剪切力，因此在对高超声速流场分析时也应格外注意。此外，当湍流场中出现非定常激波束时，高波数谱范围增加，湍流场中的物理量的尺度范围也就明显增大，这时对数值方法的空间分辨率提出了更高的要求，也就是说这里必须要考虑对非定常、非稳定激波以及激波—湍涡干扰能力的分辨，显然，这是个有待进一步研究与完善的课题。随着航天事业的发展，对高超声速再入飞行过程中广义Navier-Stokes方程的湍流数值求解将会促进这项课题的发展。

8.8 RANS计算与DES区域分析相结合的高效算法及其应用

1. RANS与LES间的分辨尺度

在现代航空航天高新技术领域中，无论是绕飞行器的外部流动问题，或者是航空发动机内部的流动，流场的涡系结构越来越复杂，对计算这类流场所采用的数值方法的要求也越来越高。从20世纪60年代开始，计算流体力学进入了第一阶段，即线性计算流体力学阶段，其表现形式是面元法的应用。面元法计算量小、使用方便，成为20世纪60年代中期到80年代初期，现代飞机设计中不可缺少的一种有效设计工具。20世纪70年代初期，以Murman & Cole提出的小扰动速度势方程的混合差分法、求解全位势方程的Jameson旋转差分格式以及求解原始变量Euler方程组的时间推进法（如MacCormack格式、Denton格式等）为代表，它们标志着计算流体力学进入到非线性无黏流的阶段，并且开辟了计算跨声速流场的新领域。20 世纪 70 至 80 年代，全位势方法(Euler 方程组)加上边界层的耦合方法已成为飞机设计中计算设计状态时的一种经济、准确、有效的方法，是计算流场中只有微弱激波时的很好的模型。以美国 Boeing 公司为例，每年几乎 2000 次地使用全位势加边界层的耦合方法去解决飞机设计中出现的大量问题。20 世纪 80 年代以后，在黏性项的处理和 Navier-Stokes 方程组的求解方面，出现了以 Jameson 为代表的有限体积法和以 MacCormack 为代表的多步显隐格式，这标志着计算流体力学进入了求解 Navier-Stokes 方程的的初级阶段。文献[207—209]用 FORTRAN 语言编制了高速进气道三维源程序并成功地在小型计算机(“286 计算机”加“加速板”)上完成了大题目，有效地完成了三维流场的计算。当时求解的是 Euler 方程与 Navier-Stokes 方程两种情况。在这个阶段中，计算流体力学的各类方法都发展得很快，例如以 Harten 为代表的 TVD 格式、WENO 格式以及基于小波奇异分析的流场计算方法[56]等。以 MacCormack 的格式为例，仅在 1969—1984 这短短的 15 年间，MacCormack 本人就曾先后四次(1969 年、1972 年、1980 年和 1984 年)对他的显、隐格式进行了改进。20 世纪 80 年代，虽然计算流体力学在定常流动方面涌现出许多成功的算法，但在非定常流动领域却仍处于探索性的过程中。1991 年，Jameson 提出了双时间步(Dual-time-step)方法，这标志着计算流体进入了求解非定常 Navier-Stokes 方程组的初期探索阶段。另外，我们 AMME Lab 团队也成功地将这一方法推广于非结构网格下非定常流场的数值计算[57]。

尽管计算流体力学在 20 世纪 80 年代以来已获得了飞速的发展，但随着航空航天技术的高度发展，计算流体力学在某些领域中仍然显得十分薄弱，尤其是在高超声速飞行器气动力与气动热的计算上。在一些高超声速流场的计算中，常会出现在同一个计算工况下仅仅由于网格密度以及差分格式所取精度的不同，就造成算出的热流分布有量级的差别。正是由于计算出的热流精度不高才使得飞行器的热防护设计带来了很大的困难。另外，随着航天技术的发展，空中变轨技术也提到了日程，变轨控制技术迫切需要流体力学工作者准确地给出飞行器气动力与气动热的分布。高超声速再入飞行器，常采用大钝头体的气动结构与布局。因此这里的流场常常处于高温、高速、热力学非平衡与化学反应非平衡的状态，那里的空气已成了分子、原子、离子和电子 组成的多组元化学气体的混合物；再加上再入飞行器的壁面条件(即催化壁条件与非催化壁条件，不同的壁面条件对壁面附近气体组分的分布影响也很大)十分复杂，它们要比叶轮机械叶片表面的壁面条件复杂的多，因此导致了流场的计算十分困难[22]。此外，在高超声速流动下，这时流场的特性可能包含流动的转捩(尤其是转捩位置的确定)、湍流、激波与激波间的干扰、激波与湍流的相互作用(尤其是流动分离导致的激波与边界层间的干扰)、流动的分离与再附等复杂现象，显然这些内容涉及了流体力学的许多前沿领域。这里必须指出的是：目前国际上对于可压缩湍流的研究还处在起步阶段，虽然湍流的 DNS 和 LES 方法已用于可压缩湍流的研究之中，但当前所研究的对象一是形状十分简单，二是来流 Mach 数较低，与高超声速飞行器的飞行 Mach 数(如 $Ma_\infty=29$)相比还相差甚远，三是来流 Reynolds 数也较低。

另外，如要进行 LES 计算，在时间与空间离散上还需要使用高阶精度的数值格式，以确保格式的数值耗散不会淹没物理亚格子黏性。因此将 DNS 或 LES 真正的用于工程计算、去计算一个绕高超声速飞行器的复杂流动，不是近 10 年能够实现的事[210]。

此外，这里还要说明的是，RANS 方法可以很好地给出边界层内的流动结构，但难以准确地预测出大尺度分离流动；DES 方法可以较好地模拟大尺度分离的湍流大涡结构，而且 DES 方法对附着的边界层可通过湍流模型的长度尺度自动切换为 RANS 模拟，从而有效地解决了采用 LES 方法时所出现的高 Reynolds 数壁面湍流（即为保证能够正确地分辨近壁区的湍流拟序结构及其演化过程，所需要的巨大计算量）问题所带来的困惑。换句话说，DES 方法在网格密度足够时进行着 LES 计算（即在这个区域，亚格子应力模型发挥作用），在网格相对不够细密时进行着 RANS 模拟（在这个区域，Reynolds 应力模型发挥作用）。面对上述这些客观现实与 DES 的特点，王保国教授率领的 AMME Lab 提出了一种将 RANS 与 DES 相结合去计算高超声速流场数值方法的框架（首先对飞行器进行全流场的 RANS 数值计算，获得初步的流场结构；然后对大分离区域（如有必要的话）采用 DES 分析技术，以便捕捉到较准确的湍流大涡结构及其涡系演化过程），并用于 Mercury、Gemini、Fire-II、Waverider 以及 CAV 等国际上著名 6 种飞行器的流场分析，完成了 63 工况的数值计算，所得流场的数值结果（其中包括气动力与气动热）与相应实验数据较为贴近，因此这是一种在流场工程计算与流场分析中值得推荐的快速方法。

为简便起见，这里给出笛卡儿坐标系下没有考虑体积力时的 Navier-Stokes 方程组，即：

$$\frac{\partial}{\partial t}\rho+\frac{\partial}{\partial x_j}(\rho u_j)=0 \tag{8.8.1a}$$

$$\frac{\partial}{\partial t}(\rho u_i)+\frac{\partial}{\partial x_j}(\rho u_i u_j)=-\frac{\partial}{\partial x_i}p+\frac{\partial}{\partial x_j}\tau_{ij} \tag{8.8.1b}$$

$$\frac{\partial}{\partial t}e^*+\frac{\partial}{\partial x_j}(u_j e^*)=-\frac{\partial}{\partial x_j}(p u_j)+\frac{\partial}{\partial x_j}(u_i\tau_{ij})-\frac{\partial}{\partial x_j}q_j \tag{8.8.1c}$$

式中，τ_{ij} 为黏性应力张量的分量；e^* 为广义内能；q_j 为热流分量；ρ 与 u_j 分别为密度与速度分量。

对式(8.8.1)做时间统计平均并注意引入密度加权的 Favre 平均，于是可得到 RANS 方程组，并且方程组出现了 Reynolds 应力张量项；对式(8.8.1)进行空间滤波，将大尺度的涡直接数值求解而小尺度的湍流脉动则通过亚格模型进行模化处理，于是得到 LES 下 Navier-Stokes 方程组（LES 方程组），并且方程组出现了亚格子应力张量项。因此，Reynolds 应力张量项和亚格子应力张量项的封闭问题便成了求解 RANS 方程组和求解 LES 方程组时的关键技术。

1997 年，美国 Boeing 公司的 P. R. Spalart 团队提出了 DES 的思想框架，这种 DES 方法是一种使用单一湍流模型的三维非定常数值方法，其湍流模型在网格密度足够的区域时，发挥亚格子应力模型的作用，进行 LES 计算（相当于求解 LES 方程组）；而在网格不够细密的区域时，发挥 Reynolds 应力模型的作用，进行 RANS 计算（相当于求解 RANS 方程组）。DES 方法的核心思想就是用统一的涡黏输运方程（仍采用 Spalart-Allmaras 的涡黏模型）获得 ν^* 值进而得到 ν_t，而 RANS 与 LES 之间的分辨尺度定义为 l_{DES}，表达式为：

$$l_{\text{DES}}=\overline{f_{\text{d}}}(1+f_{\text{e}})l_{\text{RANS}}+(1-\overline{f_{\text{d}}})l_{\text{LES}} \tag{8.8.2}$$

式中，l_{RANS} 与 l_{LES} 分别代表 RANS 的尺度与 LES 的尺度；符号 $\overline{f_{\text{d}}}$ 与 f_{e} 的定义同文献[62]。

显然，按式(8.8.2)定义出的分辨尺度对解决边界层内对数律的不匹配问题是十分有益的。在 DES 方法的框架下，ν^* 满足 Spalart-Allmaras 模式，其输运方程为：

$$\frac{\mathrm{d}(\rho\nu^*)}{\mathrm{d}t}=c_{\text{b1}}\rho s_1\nu^*-c_{\text{w1}}f_{\text{w}}\rho\left(\frac{\nu^*}{l_{\text{DES}}}\right)^2+\frac{\rho}{\sigma}\{\nabla\cdot[(\nu+\nu^*)\nabla\nu^*]+c_{\text{b2}}(\nabla\nu^*)^2\} \tag{8.8.3}$$

式中：

$$s_1=f_{\text{v3}}\sqrt{2\Omega_{ij}\Omega_{ij}}+\frac{\nu^*}{k_1^2(l_{\text{DES}})^2}f_{\text{v2}} \tag{8.8.4a}$$

$$\gamma=\frac{\nu^*}{s_1k_1^2(l_{\text{DES}})^2} \tag{8.8.4b}$$

$$g=\gamma+c_{\text{w2}}(\gamma^6-\gamma),\quad f_{\text{w}}=g\left(\frac{1+c_{\text{w3}}^6}{g^6+c_{\text{w3}}^6}\right)^{1/6} \tag{8.8.4c}$$

$$\Omega_{ij}=\frac{1}{2}\left(\frac{\partial u_i}{\partial x_j}-\frac{\partial u_j}{\partial x_i}\right) \tag{8.8.4d}$$

式中，其他符号同文献[22]。

另外，要注意到 ν_{t} 与 ν^* 的关系为：

$$\nu_{\text{t}}=f_{\text{v1}}\nu^* \tag{8.8.5}$$

$$f_{\text{v1}}=\frac{\chi^3}{\chi^3+c_{\text{v1}}^3},\quad \chi^3\equiv\frac{\nu^*}{\nu} \tag{8.8.6}$$

式中，ν 为流体的分子运动黏性系数。

2. DES 方法的程序实现

在已有的 RANS 源程序的基础上完成 DES 程序的编制并不困难，这里仅给出程序实现中的一些要点。采用 DES 方法时，使用的方程应从 LES 方程组出发，时间离散采用双时间步(Dual Time Step)的隐式时间离散法[57]、空间离散大体上与文献[57]相同，也是采用有限体积法，但这里采用的是结构网格。黏性项的计算仍然沿用原来的方法处理[40]，而无黏对流项的计算与文献[57]略有不同。令 F_{DES} 代表方程离散后单元体表面的无黏对流通量，其表达式为：

$$F_{\text{DES}}=f_{\text{DES}}F_{\text{RANS}}+(1-f_{\text{DES}})F_{\text{LES}} \tag{8.8.7}$$

$$f_{\mathrm{DES}}=\frac{\overline{f_{\mathrm{d}}}(1+f_{\mathrm{e}})}{1+f_{\mathrm{e}}\,\overline{f_{\mathrm{d}}}} \tag{8.8.8}$$

在式(8.8.7)与式(8.8.8)中,F_{RANS}与F_{LES}分别代表RANS的通量与LES的通量;符号$\overline{f_{\mathrm{d}}}$与$f_{\mathrm{e}}$的含义与式(8.8.2)相同。另外,在文献[62]程序的修订中,采用了在LES的计算中选取高阶中心型格式的做法。

3. RANS与DES相结合的工程算法

这里提出了一种将RANS与DES相结合的工程算法,该算法的基本思想是:首先对飞行器流场进行RANS方法的数值计算,以得到初步的流场结构;然后再对那些大分离或者凭实践经验认为可能出现严重分离的区域采用DES方法计算,以便捕捉到较为准确细致的涡系结构,得到较为准确的飞行器壁面气动力与气动热分布。显然,这种算法应当属于分区算法的一种,采用这种方法后可以使分区更加合理一些,计算量更小一些,更利于工程上的快速计算。

图8.1 巡航导弹外形及表面网格分布

4. NASA Langley巡航导弹多工况流场的计算

NASA Langley(兰利)巡航导弹外形如图8.1所示,它由弹体、弹翼和尾翼组成。弹长109.86 cm,弹径12.70 cm,弹翼、水平尾翼以及垂直尾翼都采用NACA 65A006翼型,弹翼后掠角为58°;本节计算了来流Mach数分别为0.8、1.2、2.0、2.5,迎角α分别为0°、4°、6°、8°与10°,共计20个工况的RANS计算。图8.2与图8.3分别给出了不同迎角下升力系数C_l阻力系数C_d随Mach数的变化曲线。

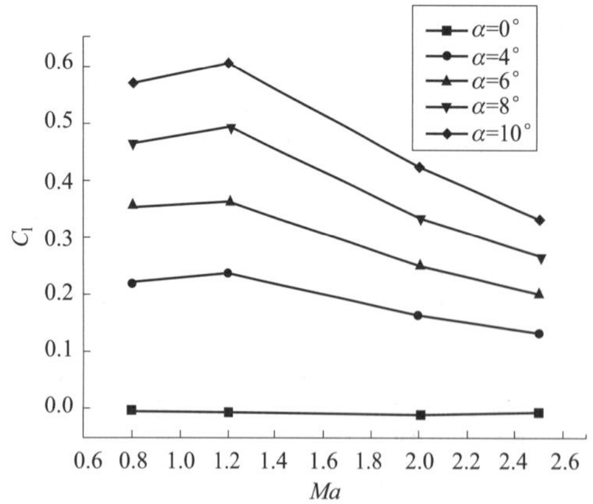

图8.2 不同迎角下升力系数随Mach数的变化图

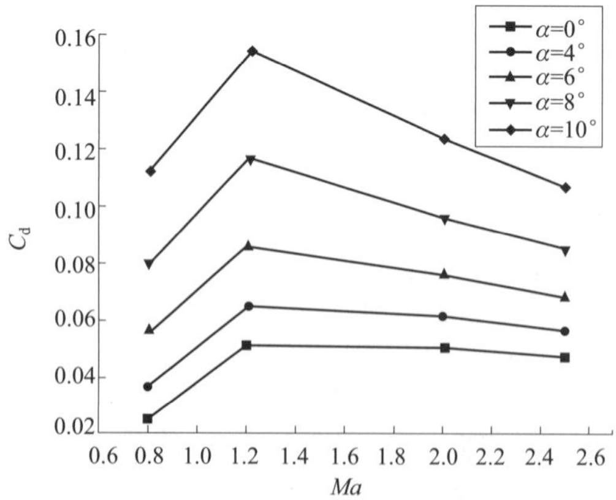

图8.3 不同迎角下阻力系数随Mach数的变化图

由图 8.2 可以看出，当 Mach 数为超声速流动时，升力系数随着 Mach 数的增大而变小。由图 8.3 可以看出，对于超声速流动，随着 Mach 数增加，阻力系数在渐渐变小。文献[62]中详细地给出了多种工况下巡航导弹表面的压强等值线的分布图。由这些图可以看出，当迎角为 0°时压强最大点为导弹头部的驻点处；当来流迎角逐渐大于 0°时，驻点渐渐下移，而且高压区在上表面的分布区域逐渐减小，而在下表面的高压区渐渐变大。表 8.1 给出了四种 Mach 数(0.8,1.2,2.0 和 2.5)和五个迎角(0°,4°,6°,8°和 10°)时采用我们 AMME Lab 自己编制的 RANS 源程序算出的结果与文献[211]的风洞实验值相比较，可以看到在上述 20 个工况下两者符合的相当好，从而显示了所编 RANS 源程序的可靠性。

表 8.1　风洞实验值与计算值的比较

Ma	系数	方法	0°	4°	6°	8°	10°
0.8	C_l	实验	0	0.220	0.370	0.520	0.610
		计算	−0.004	0.222	0.357	0.464	0.570
	C_d	实验	0.020	0.030	0.050	0.079	0.110
		计算	0.024	0.036	0.056	0.080	0.13
1.2	C_l	实验	0	0.240	0.360	0.500	0.610
		计算	−0.009	0.236	0.363	0.492	0.604
	C_d	实验	0.047	0.061	0.081	0.112	0.151
		计算	0.051	0.065	0.086	0.117	0.156
2.0	C_l	实验	−0.020	0.170	0.260	0.340	0.430
		计算	−0.013	0.164	0.250	0.333	0.424
	C_d	实验	0.051	0.063	0.076	0.098	0.125
		计算	0.051	0.062	0.077	0.097	0.125
2.5	C_l	实验	−0.010	0.140	0.210	0.280	0.350
		计算	−0.009	0.132	0.201	0.269	0.336
	C_d	实验	0.047	0.057	0.068	0.087	0.107
		计算	0.048	0.057	0.069	0.086	0.108

5. Mercury 与 Gemini 两代载人飞船流场的计算与分析

Mercury 飞船是美国第一代载人飞船，Mercury 飞船计划始于 1958 年 10 月、结束于 1963 年 5 月，历时 4 年 8 个月，总共进行了 25 次飞行试验，其中 6 次为载人飞行试验，图 8.4 给出了 Mercury 飞船的外形示意图[212]。在文献[62]的流场计算中，共进行了三种工况(即① $Ma_\infty=6.9$,

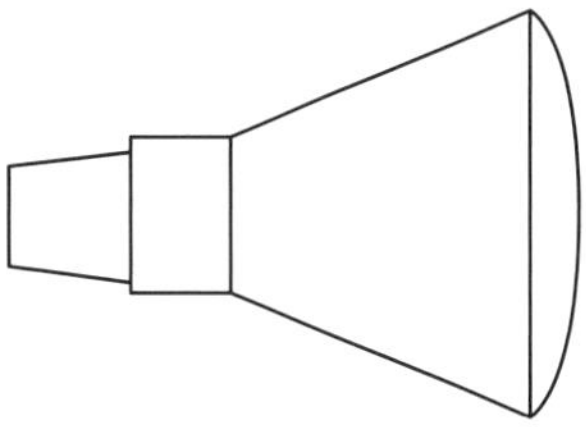

图 8.4　Mercury 飞船的外形示意

$\alpha=5°$；② $Ma_\infty=5.34$，$\alpha=5°$；③ $Ma_\infty=3.28$，$\alpha=2°$）的流场计算，三种工况的飞行高度都为 20 km。

文献[62]的图 6 与图 7 分别给出了来流 Mach 数 $Ma_\infty=5.34$，迎角 $\alpha=5°$时绕飞船周围与沿飞船表面的压强等值线的分布；图 8.5 给出了 $Ma_\infty=6.9$，$\alpha=5°$时绕飞船周围的温度等值线的分布；图 8.6 给出了 $Ma_\infty=3.28$ 时全场等 Mach 数线的分布；从上述这些图中可以看出在飞行器头部和尾部温度较高，而且头部的脱体激波很强、那里的等 Mach 数线与压强等值线都比较密集。

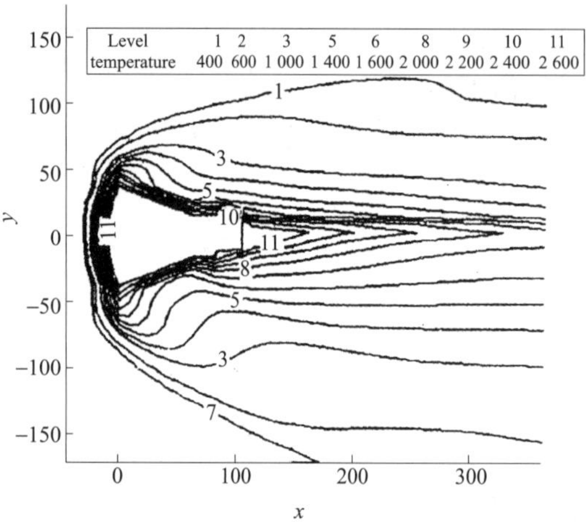

图 8.5　绕飞船周围的温度等值线图

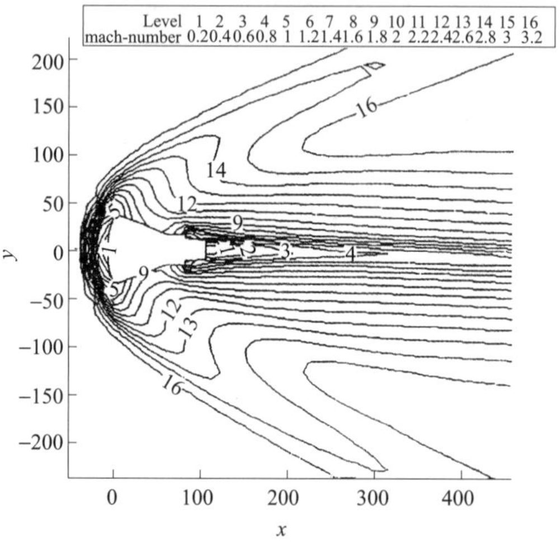

图 8.6　$Ma=8.28$，$\alpha=2°$时全场等 Mach 数线的分布

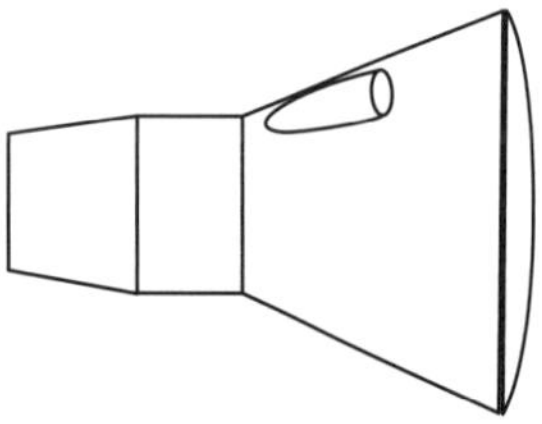

图 8.7　Gemini 飞船的外形示意图

Gemini 飞船是美国第二代载人飞船，Gemini 飞船始于 1961 年 11 月，结束于 1966 年 11 月，历时 5 年，总共进行了 12 次飞行试验，其中两次无人飞行、10 次载人飞行，图 8.7 给出了 Gemini 飞船的外形示意图[213]。在文献[62]的流场计算中，共进行了三种来流 Mach 数（3.15，4.44 和 7.0）以及两个迎角（0°与－10°）总共 6 种工况的计算，文献[62]分别给出了上述工况下温度、压强和 Mach 数等值线分布图以及全场流线的分布的相关结果，这里因篇幅所限仅给出了两张图，即图 8.8 与图 8.9 分别给出了 Gemini 飞船绕流的全场压强、温度与 Mach 数的等值线分布图。这些结果为飞行器的气动力与气动热计算准备了基础数据、为飞船的气动设计奠定了基础。

6. 两种高升阻比的 Waverider 与 CAV 流场计算

1959 年，Nonweiler 首次提出从已知流场构造三维高超声速飞行器外形的方法，提出了 Waverider（乘波体）的概念。1981 年，Rasmussen 提出了由锥形流动生成乘波体（简称锥导乘波体）；1987 年，Anderson 将黏性效应引入乘波体的优化过程中；1990 年，Sobieczky

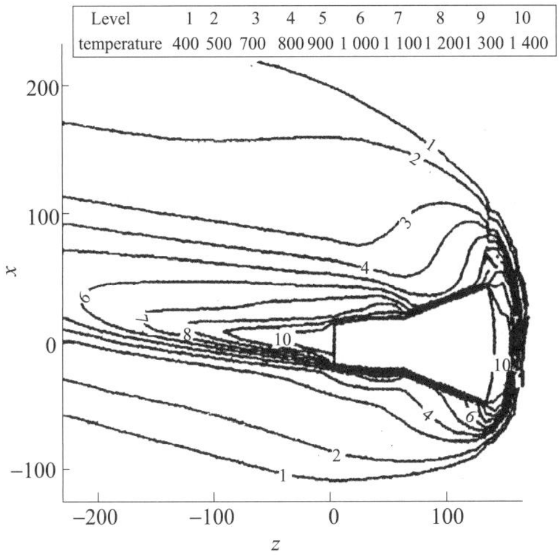

图 8.8　绕飞船周围的温度等值线图

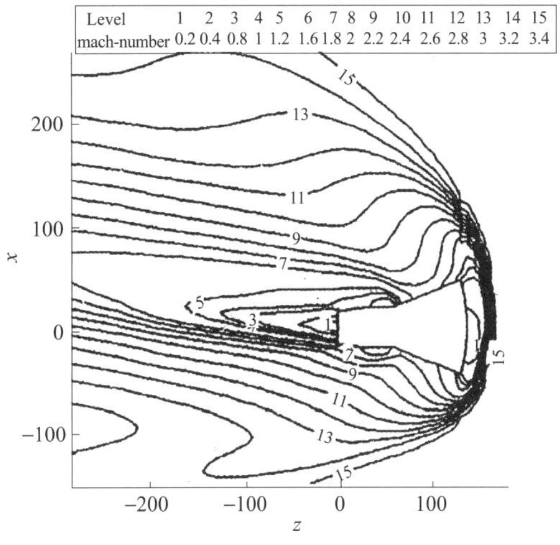

图 8.9　Gemini 飞船绕流的等 Mach 线分布图

提出了 OC(Osculating Cone,吻切锥)理论;从 1993 年开始乘波体的气动布局设计进入了工程应用阶段;1997 年,Gillum 和 Lewis 进行了 Mach 数分别为 10,14 和 16.5 的乘波体风洞试验;1998 年前后,Cockrell 和 Strohmeyer 等人进行了乘波体在设计条件下的稳定性问题研究;2001 年,Lobia 将乘波体的黏性效应、容积效率以及载荷效率引入到乘波体的优化设计过程中,因此乘波体已成为近年来国际上航天飞行器以及高速远程巡航导弹的候选外形。2010 年 4 月 22 日,由 Boeing 公司建造的高超声速新型 CAV/SMV(Space Maneuver Vehicle)类的飞行器 X-37B 成功发射,这标志着这种高超声速飞行器可以具备“机动变轨与躲避”的功能,可以作为一种非常安全的通用空天平台,固守住太空战略制高点。X-37B 飞行器在气动布局、自动化、新材料以及隐身设计等方面十分成功、集成了当代最优秀的技术成果。2010 年 5 月 26 日,高超声速 X-51A 验证机首飞成功,该试验飞行的原计划是由 B-52H 轰炸机携带 X-51A 升空后,在约 15 km 高空,飞行 Mach 数为 4.6～4.8,然后助推器分离,X-51A 借惯性滑行数秒后,超燃冲压发动机依次点燃乙烯和燃油,达到热平衡后便仅用 JP-7 碳氢燃料作动力实现不断加速,历经 300 s 左右使 X-51A 的最终飞行速度达到 Mach 数 6.5;在燃料耗尽后,X-51A 验证机将无动力滑行 500 s,随后坠入太平洋。整个 X-51A 的实际试验过程进展得也相当顺利,虽然超燃冲压发动机 SJX61-2(由 PWR 公司专门研制)由于发动机舱后部温度高于设计值而仅工作了 140 s(原计划为 300 s),飞行速度仅达 Mach 数为 5.0(原计划为 6.5)左右。但这次试验成功地完成了超燃冲压发动机研制中的一些关键技术:先点燃乙烯,过渡到乙烯与 JP-7 燃料的混合燃烧,达到 JP-7 的燃烧条件后,仅使用 JP-7 碳氢燃料燃烧,并持续了 140 s 等。因此试验方认为:这次 X-51A 的试验仍然是很成功的。X-51 验证机的机身长 4.26 m,采用镍合金制造,空载约 635 kg,在总体布局上采用了楔形头部、乘波体机身、腹部进气道与控制面,头部采用钨合金材料(外部覆盖了二氧化硅隔热层)。X-51 飞行时产生激波，看似飞行在激波顶上，而且压缩的空气被引入到矩形发动机进气道中，因此属于楔形乘波体结构。X-51 看上去是介于航天飞机和未来巡航导弹的构型之间，它是发展临近空间吸气式高超声速飞行器的首选外形之一。另外，波音(Boeing)公司还在着手考虑X-51B～X-51H 等一系列发展型号的研究工作，而且还考虑持久冲压发动机(Robust Scramjet)计划，并打算在 X-51B 上使用热喉道冲压发动机、继续使用碳氢燃料，但结构会更简单而且能够使验证机持续保持 Mach 数在 5.0 的水平上高超声速飞行。文献[62]生成了一种锥形乘波体，并进行了 Mach 数为 4，6 和 7 时总共 7 个工况的流场计算，这里仅讨论来流 Mach 数为 7 时的情况。图 8.10 为本节计算时所选用的 Waverider 外形，计算工况为 20 km 高空飞行、来流 Mach 数为 7，来流迎角为 0°。

图 8.10 Waverider 外形图

图 8.11～图 8.13 分别给出了乘波体相应截面处周围流场的流线、等 Mach 线和压强等值线的分布。从这些图中可以看出，高压气流都集中在下表面，这说明这里乘波体的设计是成功的。

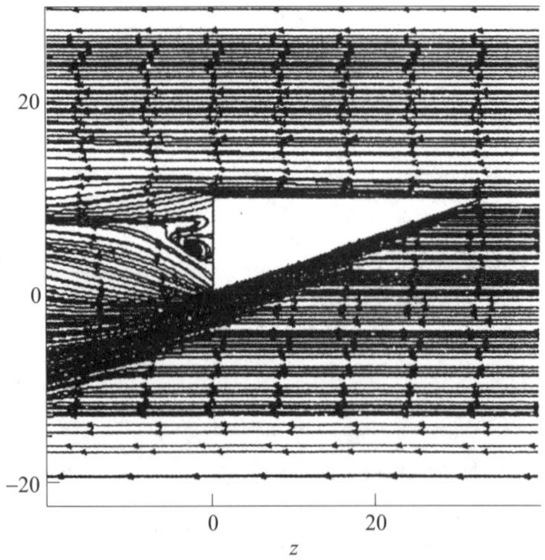

图 8.11 乘波体对称面上的流线图

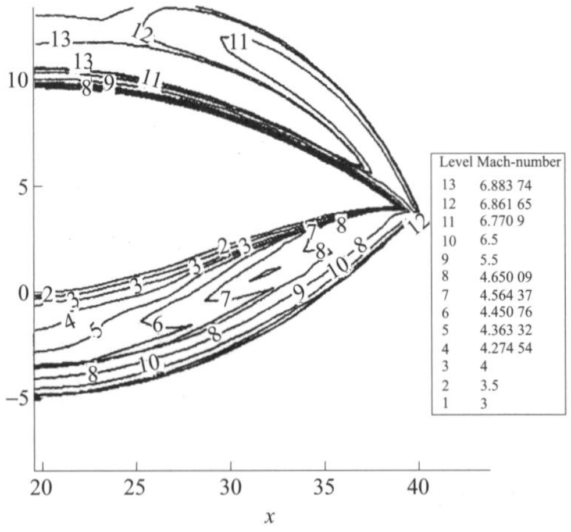

图 8.12 乘波体尾部截面周围流场的等 Mach 线分布

CAV(Common Aero Vehicle)又称通用航空航天飞行器，是一种高超声速再入机动滑翔的飞行器，其中美国 Falcon 计划中提出的 CAV 以及 HyTech 计划的巡航 Mach 数为 7～8，射程为 1 390 km 的弹用飞行器中的典型代表，它们是目前国际上高度重视的一类飞行器。本节选用了文献[62]构造的一种 CAV 外形，图 8.14 给出了文献[62]计算所选取的 CAV 外形以及计算时所划分的网格图(其中图 8.14(a)为轴测图、图 8.14(b)为正视图)。

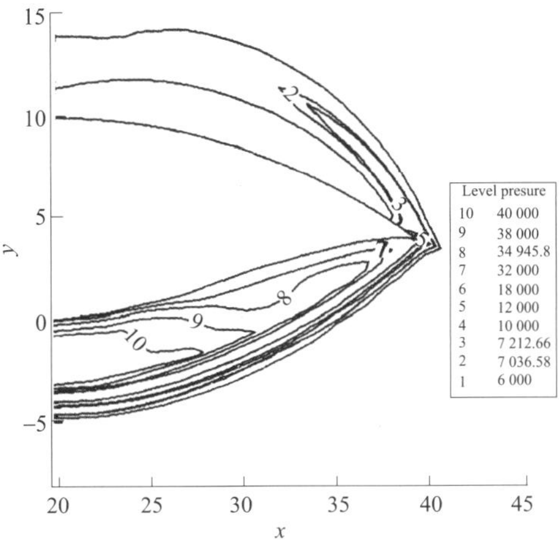

图 8.13　乘波体尾部截面周围流场的压强等值线分布

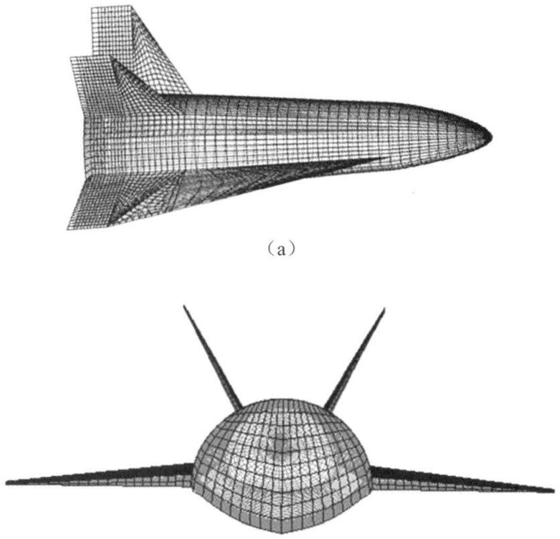

(a)

(b)

图 8.14　CAV 的外形及计算时的网格的划分

(a) 轴测图;(b) 正视图

图 8.15～图 8.17 分别给出 CAV 相应的截面上周围流场压强等值线的分布图，这里计算的工况是：来流 Mach 数为 6，飞行高度为 20 km，图 8.17 的来流迎角 α 都为 -10°，图 8.15 与图 8.16 的来流迎角分别为 0° 与 10°，更多数值结果可参阅文献[62]。

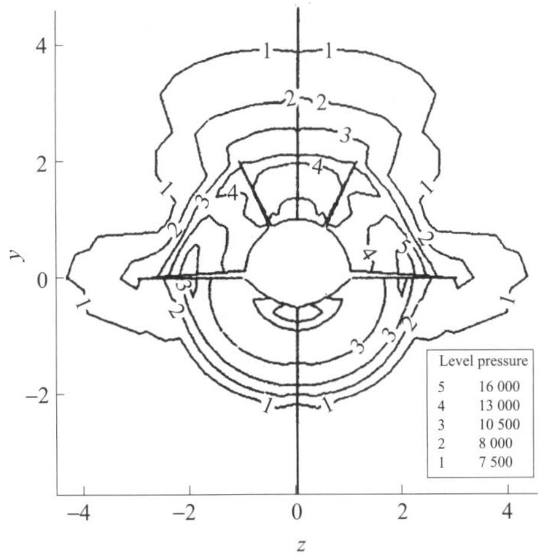

图 8.15　CAV 尾部截面处流场压强等值线的分布($\alpha=0^{\circ}$)

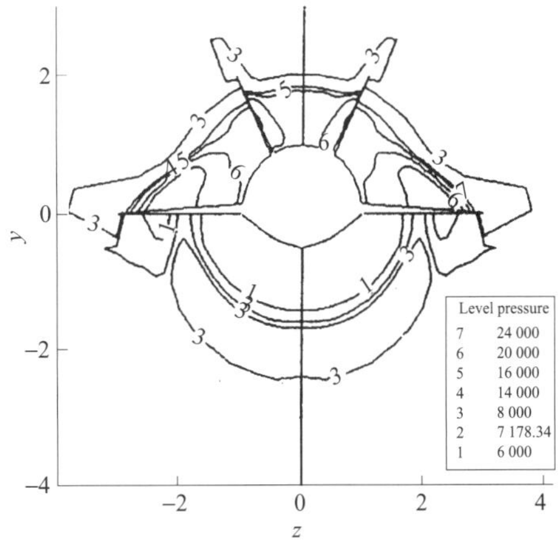

图 8.16　CAV 尾部截面处流场压强等值线的分布($\alpha=10^{\circ}$)

7. Fire-Ⅱ 火星探测器流场的计算以及局部区域的 DES 分析

Fire-Ⅱ 探测器于 1964 年 12 月 28 日发射，1965 年 7 月 14 日到达火星上空

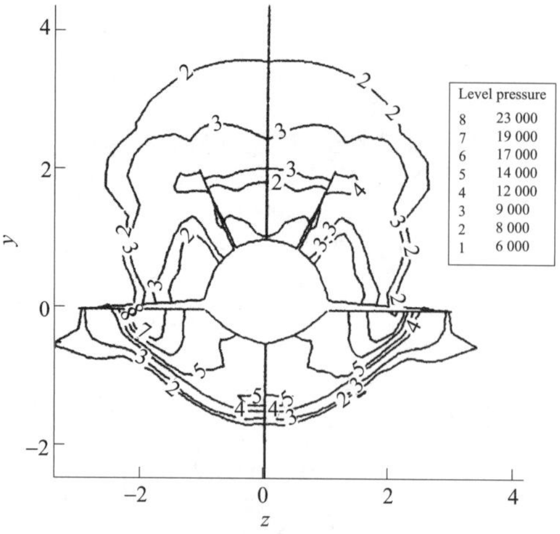

图 8.17 CAV 尾部截面处流场压强等值线的分布($\alpha=-10^\circ$)

9 800 km 处成为第一枚成功访问火星的航天器。而 Viking 是世界上第一个在火星着陆的飞行器。1975 年 8 月 20 日与 9 月 9 日，Viking 1 号与 Viking 2 号探测器发射，两个探测器分别于 1976 年 7 月 20 日和 1976 年 9 月 3 日在火星表面成功着陆并进行了大量的探测工作。更有趣的是，Near 探测器与爱神星(Eros)在 2000 年 2 月 14 日情人节之际的幽会。1996 年 2 月 17 日 Near 探测器由 Delta Ⅱ 号火箭发射升空，1999 年 1 月 10 日进入绕爱神星运行的轨道，2000 年 2 月 14 日 Near 探测器以相对爱神星速度约为 1 m/s 的相对速度飞行，从而使爱神星得以利用其微弱的引力将 Near 探测器拉进了围绕它运行的轨道，形成了情人节之时探测器与爱神星幽会的壮观景象。2001 年 2 月 12 日，Near 探测器以 1.6 m/s 的速度成功地降落在爱神星表面上。对于金星(Venus)的探测，1962 年 8 月 27 日发射了 Mariner 2 号探测器，于同年 12 月 14 日到达金星上空 3 500 km 处，首次测得了金星的大气温度；Magellan 金星探测器 1989 年 5 月 4 日由 Atlantis 号航天飞机送入地球低轨道，然后再由一枚固体火箭推入飞向金星的轨道，1990 年 8 月 10 日进入距金星最近点 310 km 的椭圆轨道，1990 年 9 月 15 日 Magellan 探测器首次获得了第一张完整的金星地图，一直到 1994 年 10 月 12 日该探测器在金星轨道工作了 4 年 2 个月零 2 天，绕金星 15 018 圈，对 99%的金星地貌全景进行了测绘。对于木星(Jupiter)的探测，Galileo 木星探测器是世界上第一个木星专用的探测器，它于 1989 年 10 月 18 日发射，1995 年 12 月 7 日到达木星轨道并绕木星飞行。另外，2011 年 8 月 5 日 Juno(朱诺)号木星探测器发射。该探测器经 5 年长达 32 亿 km 的飞行，将于 2016 年 7 月抵达木星轨道并在木星上空 5 000 km 的高度飞行。AMME Lab 研究团队对 Viking、Mars Microprobe 与 Galileo 等国际著名探测器的绕流进行了大量的数值计算，并发表了多篇学术论文与著作[61,214,22]。因此，人类对火星、木星等星球的探索是非常执着的。图 8.18 给出了 Fire-Ⅱ 的外形及主要尺寸[215]，文献[62]计算了来流 Mach 数分别为 5、6、7，来流迎角为 0°、−10°与 10°，总共 9 种工况下的流场。AMME Lab 团队计算了 35 km 高空处、来流速度为 4 950 m/s，来流 Mach 数为 16 并且迎角为 0°时的流场。本节则进一步完善来流 Mach 数为 16 时流场的计算，并给出较为贴近飞行数据的壁面热流分布。在来流 Mach 数为 16

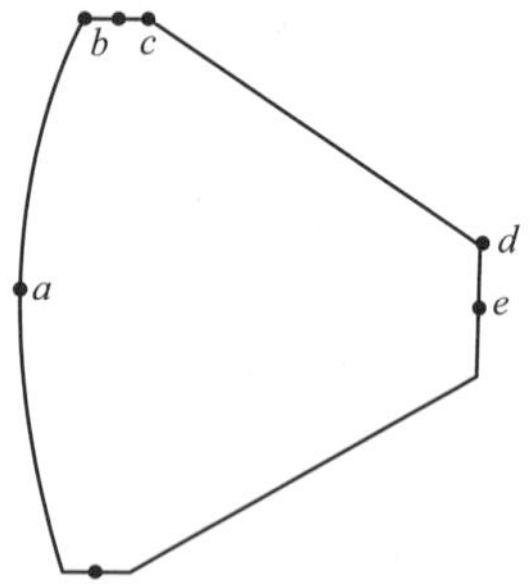

图 8.18 Fire - Ⅱ 探测器的外形

的计算工况下，这里主要考虑 5 组元(N_2，O_2，N，O 和 NO)17 种化学基元反应，即：

$$\begin{cases} N_2+M \rightleftharpoons 2N+M \\ O_2+M \rightleftharpoons 2O+M \\ NO+M \rightleftharpoons N+O+M \\ N_2+O \rightleftharpoons NO+N \\ NO+O \rightleftharpoons O_2+N \end{cases} \tag{8.8.9}$$

式中，M 为反应碰撞单元；化学反应速率遵循 Arrhenius 模型。

对于考虑热力学非平衡与化学非平衡的 Navier-Stokes 方程组，文献[58]做过详细讨论并完成了大量算例。这里主要对文献[58]的源程序进行修改、引进 S-A 湍流模型(式(8.8.3))并引入式(8.8.2)所定义的分辨尺度 l_{DES}，使原来的 RANS 源程序变为 DES 源程序。换句话说，是使编制的 DES 在程序上实现 RANS 与 LES 之间的组合(在执行 RANS 时湍流模式采用了 Spalart-Allmaras 湍流模型；在执行 LES 时采用了 Smagorinski 亚格子应力模型；这里还特别注意了 LES 需要采用高阶精度的时间与空间离散格式，以确保格式的数值耗散不会淹没物理的亚格子黏性；而 RANS 和 LES 之间的切换是借助于分辨尺度 l_{DES} 来实现的)。还必须要特别指出的是：这里发展 DES 程序的目的并不是用于全场的数值计算，而仅仅是用于局部区域(严重大分离区域)的进一步计算与分析。为此，在对 Fire-Ⅱ 探测器进行了 RANS 计算后，再对图 8.19 所示的 $AB_1B_2B_3B_4D$ 区域进行 DES 的计算与分析，这个区域涡系十分复杂，而且有较大的回流现象。因篇幅所限，这里不准备给出在上述区域中进行 DES 计算的详细过程，仅给出计算出的沿壁面 $Acde$ 热流分布以及计算出的 μ_t/μ_∞ 的曲线如图 8.20 与图 8.21 所示。

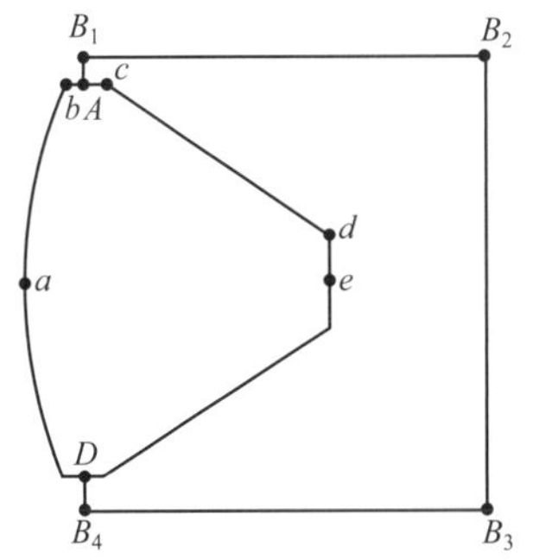

图 8.19　用于 DES 分析的区域示意图

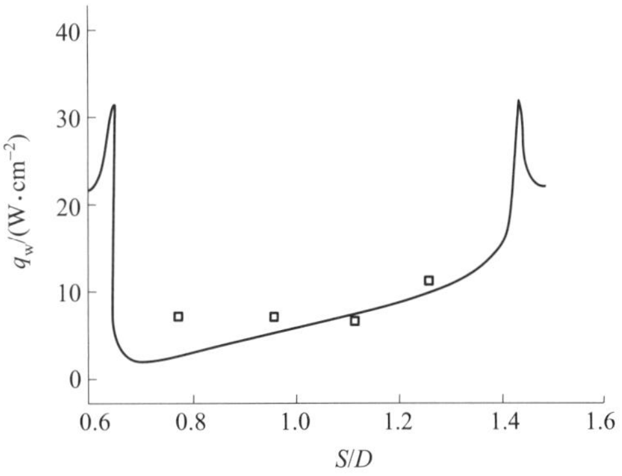

图 8.20　沿壁面 Acde 的热流分布

在 Fire-Ⅱ 的后体区域(含物面 cde 以及 de 面以后的尾流区)中，计算出的 μ_t/μ_l 值在 25～370 的范围内变化，这里 μ_t 为计算出的当地湍流黏性系数，μ_l 为当地的分子黏性系数。显然，在这个区域中如果只考虑层流的黏性系数而不考虑湍流的黏性系数时，会使流场计算(尤其是壁面区域的换热计算)产生较大的误差。图 8.22 给出了采用 RANS 计算

时沿壁面 abA 的热流分布曲线。另外，与飞行数据[215]比较后可以发现：对局部区域采用 DES 计算与分析后所得到的壁面热流分布（图 8.20）与飞行数据（即图 8.20 中方块所示）较为贴近，它比 RANS 的计算结果要好一些。

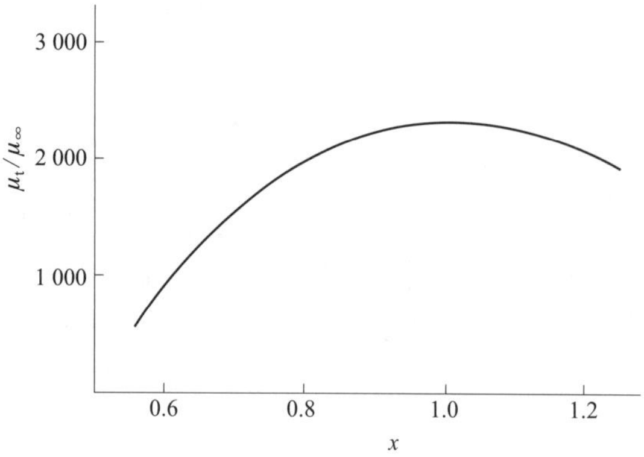

图 8.21 沿尾部对称轴方向上的 μ_t/μ_∞ 分布

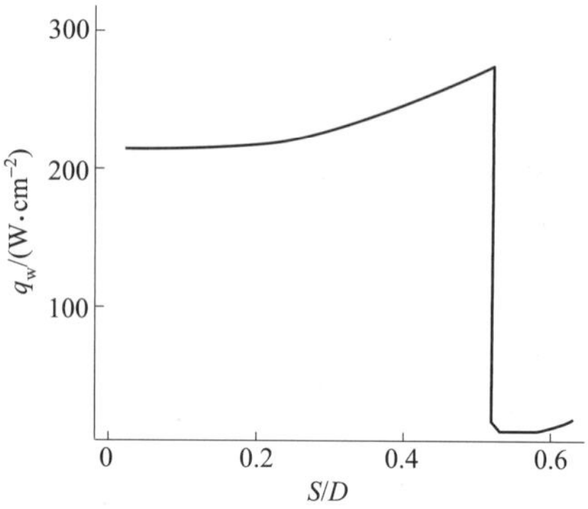

图 8.22 沿壁面 abA 的热流

8. 结论

（1）文献[62]提出了一种将 RANS 与 DES 相结合的流场计算工程算法。该算法的核心思想是：首先进行全场的 RANS 计算，而后对严重大分离的局部区域采用 DES 分析技术。这样的处理虽然并非真正意义上的 DES，但这样近似后所得到的数值结果贴近了实验值；另外在计算的时间上它要比全场的 LES 以及全场的 DES 大大节省了时间，符合工程快速计算的特点。

（2）完成了 6 个国际上著名的飞行器 63 个工况的流场计算，大量的计算结果表明：飞行器的许多工况采用 RANS 计算可以得到工程上的满意结果；另外，文献[58]中的大量算例也都显示：使用 RANS 程序可以得到工程上满意的气动力分布；计算出的气动热与实验数据或飞行数据相比虽有误差，但仍然能有效地指导飞行器的热防护设计。鉴于上述情况，我们认为：在通常高超声速来流的情况下，考虑热化学非平衡的 RANS 计算是可以给出工程上所需要的气动力与气动热的结果。仅在飞行 Mach 数很高，流场中大分离严重时，需要细致地考虑热力学与化学非平衡的影响[62]，并且还要求准确地计算飞行器壁面热流分布的情况下，才在局部大分离的那些区域中采用 DES 分析技术。

（3）文献[22]认为在求解 Navier-Stokes 方程的研究中，开展多组分、考虑非平衡态气体的振动以及热化学非平衡态效应的守恒性 Navier-Stokes 方程组的高分辨率、高效率、高精度算法是必要的；对于某些再入飞行工况，考虑辐射以及弱电离气体的影响也是需要的；对于流场中存在严重大分离的区域，我们认为采用全场 RANS 计算与局部区域 DES 分析相结合的技术是非常必要的；对于湍流模型，AMME Lab 团队常使用 Baldwin-Lomax 零方程模型和 Spalart-Allmaras 一方程模型；对于转捩模型，我们多使用 Abu-Ghannam&Shaw（AGS 模型）和 Menter&Langtry（M-L）模型。目前，已有一些用于高超声速流动的新模型[216]，但应指出的是：可压缩湍流的转捩模型，目前仍是一个需要进一步研究与完善的问题。转捩位置对于非定常分离流的特征有着很大的影响，因此对于非定常流计算时的转捩问题更应慎重考虑。

(4) AMME Lab 团队在王保国、黄伟光和刘淑艳等教授的率领下，实行高校与中国科学院强强联合、密切合作，近 10 年来成功完成了国外 18 种著名航天器与探测器 242 个飞行工况的气动力与气动热计算，在高超声速再入飞行方面积累了十分丰富的经验[22,24] AMME Lab 团队所完成的 18 种航天器：① Apollo Mission AS-202 返回舱；② Orion Crew Module；③ ARD (ESA'S Atmospheric Reentry Demonstrator)；④ OREX(日本的 Orbital Reentry Experiments)；⑤ Stardust SRC(Stardust Sample Return Capsule)；⑥ CAV (Common Aero Vehicle)/Hypersonic Waveriders；⑦ RAM-CII (Radio Attenuation Measurement CII)；⑧ USERS(日本的 USERS Vehicle)飞行器的 READ (Reentry Environment Advanced Diagnostics)飞行试验；⑨ Mars Microprobe；⑩ Mars Pathfinder；⑪ Mars Viking Lander；⑫ 人类第一枚成功到达火星上空的 Fire-Ⅱ航天器；⑬ ESA-MARSENT 探测器；⑭ Titan Huygens 探测器；⑮ Galileo 探测器；⑯ 美国第一代载人飞船 Mercury；⑰ 美国第二代载人飞船 Gemini；⑱ Ballute(balloon ＋parachute) 星际飞行变轨用减速气球装置。另外，AMME Lab 团队还与美国 Washington 大学 R. K. Agarwal 教授合作开展广义 Boltzmann 方程直接数值求解的探索研究与源程序的编写工作，使用我们自己编制的源程序成功完成了用广义 Boltzmann 方程求解的 48 个典型算例，其中包括：① 一维激波管问题；② 二维钝头体绕流问题；③ 二维双锥体绕流问题。在用广义 Boltzmann 方程完成的 48 个算例中，Knudsen 数的变化范围从 0.001 变化到 10.0，所计算的 Mach 数从 2 变化到 25，其中文献[27]便反映了 AMME Lab 团队与 R. K. Agarwal 教授在求解广义 Boltzmann 方程方面所取得重要成果。应当指出：直接求解广义 Boltzmann 方程属于高超声速稀薄气体动力学中的前沿领域，它能够为航天器在高空实施空中变轨控制提供准确的气动力数据，其中 Ballute 气球装置的气动计算就是典型例证。

(5) 对于优化问题，我们认为：钱学森先生在《系统学》[217]中提出的综合集成法，从哲学的角度体现了整体论与还原论的有机结合、体现了形象思维与抽象思维方式之间的优势互补、辩证统一[218]。另外，吴仲华先生在《能的梯级利用与燃气轮机总能系统》[219]中所体现的 IES(Integrated Energy Systems)思想，体现了系统集成、优化整合的基本原则。因此，钱学森先生的综合集成法和吴先生的 IES 思想是我们进行大型航天器系统优化设计以及大型能源动力系统集成时的指导思想与总策略。在过去的 10 多年里，AMME Lab 团队始终以陈懋章院士的团队、童秉纲院士的团队、王仲奇院士的团队、陶文铨院士的团队、陈乃兴先生团队为榜样，加强外部合作、内练团队基本功。多年来的科研与教学的经验表明：强强联合、优势互补、共同发展是多、快、好、省地进行科研与产品设计的绿色通道，它利国利民、既节约了资源、又培养了高端人才，同时也为学科建设奠定了基础。这部以王保国教授为代表的 AMME Lab 团队、以高歌教授为代表的北京航空航天大学动力与工程热物理团队、以黄伟光教授为代表的中国科学院上海高等研究院团队以及中国航空研究院新技术研究所团队联合出版的“十二五”国家重点图书《非定常气体动力学》便是一个很好的例证。这部专著荣获国家出版基金项目,它填补了这一领域出版的空白。

在工程计算和科学分析问题中,有些变量容易量化、可以用常规数学手段来描述,因此对于这类变量的多目标、多设计变量的优化问题,采用 Nash-Pareto 优化策略是合适的[220];对于另一些无法用常规数学手段来量化的变量,这时需要引入模糊数学、灰色数学、可拓学等新型数学分析工具[206];对于复杂的人—机—环境系统,文献[221]提出了“安全、环保、高效、经济”的评价指标。这种指标评价体系,即体现了对人类自身的关爱,也体现了人与自然的和谐,它充分体现了钱学森先生倡导的人—机—环境系统工程的思想[222],是评价一个系统优劣的重要指标。

8.9 非定常流的高分辨率高效率算法以及处理策略

本节主要讨论 5 个问题,它们涉及非定常流数值计算中的一些关键问题,其中包括动网格下的 ALE 格式、带可调参数的低耗散保单调优化迎风格式、高精度 RKDG 有限元方法、隐式双时间步长迭代格式、浸入边界法以及自适应笛卡儿网格生成技术等。给出了处理这些问题的框架与策略,这为进一步开展这些方面的研究奠定了基础。

1. 动网格下的 Navier-Stokes 方程以及 ALE 格式的发展

当略去体积力和外加热源时,笛卡儿坐标系下的三维可压缩非定常 Navier-Stokes 方程组已由式(1.1.32a)给出。如果令 $\boldsymbol{V}$ 和 $\boldsymbol{U}_r$ 分别表示流体的绝对速度和网格运动速度,$\boldsymbol{F}_{inv}$ 与 $\boldsymbol{F}_{vis}$ 分别为对流无黏部分的矢通量与黏性部分的矢通量。$\boldsymbol{V}$ 和($\boldsymbol{n}\cdot\boldsymbol{F}_{inv}$)的表达式分别为:

$$\boldsymbol{V}\equiv u\boldsymbol{i}+v\boldsymbol{j}+w\boldsymbol{k} \tag{8.9.1a}$$

$$\boldsymbol{n}\cdot\boldsymbol{F}_{inv}\equiv\boldsymbol{F}_{inv}^{M}=\begin{bmatrix}\rho V_r\\ \rho u V_r+n_x p\\ \rho v V_r+n_y p\\ \rho w V_r+n_z p\\ \rho H V_r+V_t p\end{bmatrix} \tag{8.9.1b}$$

式中 H 为总焓;V_t 和 V_r 的定义为:

$$V_t=\boldsymbol{n}\cdot\boldsymbol{U}_r=n_x\frac{\partial x}{\partial t}+n_y\frac{\partial y}{\partial t}+n_z\frac{\partial z}{\partial t} \tag{8.9.1c}$$

$$V_r=\boldsymbol{n}\cdot(\boldsymbol{V}-\boldsymbol{U}_r) \tag{8.9.1d}$$

于是动网格下积分形式的 Navier-Stokes 方程组为:

$$\frac{\partial}{\partial t}\iiint_{\tau}\boldsymbol{W}\mathrm{d}\tau+\oiint_{\sigma}\boldsymbol{n}\cdot\boldsymbol{F}_{inv}\mathrm{d}\sigma=\oiint_{\sigma}\boldsymbol{n}\cdot\boldsymbol{F}_{vis}\mathrm{d}\sigma \tag{8.9.1e}$$

式中 e_t 的定义同式(1.1.23)；$\boldsymbol{n}$ 为边界的单位外法矢量，$\boldsymbol{W}$ 的定义为：

$$\boldsymbol{W} \equiv \begin{bmatrix} \rho \\ \rho u \\ \rho v \\ \rho w \\ \rho e_t \end{bmatrix} \tag{8.9.1f}$$

对于动网格问题(例如，导弹发射时将坐标系建在地面上研究运动导弹的绕流问题；再如，航空发动机压气机长叶片进行气动弹性计算，需要考虑叶片的变形时；再如微型扑翼飞行器的绕流问题)，在非定常流动中经常会遇到。求解这类问题最常用的是 ALE (Arbitrary-Lagrangian-Eulerian)格式[223]，该格式共分三步进行：① 显式 Lagrange 计算，即只考虑压强梯度分布对速度和能量改变的影响。在动量方程中，压强取前一时刻的量，因而是显式格式；② 用隐式格式解动量方程，把第一步求得的速度分量作为迭代求解的初始值；③ 重新划分网格，完成网格之间输运量的计算。文献[224]中给出了更详细的过程，供感兴趣者参考。应特别指出的是，自 1964 年间 W. F. Noh 首先提出 ALE 格式以来，A. A. Amsden 和 C. W. Hirt 率先于 1973 年根据 ALE 方法编制了名为 YAQUI 的源程序，在其基础上 C. W. Hirt 于 1974 年发表了关于 ALE 格式方面的重要文章[223]。事实上，40 多年来 ALE 格式一直在不断完善、不断改进并广泛地用于航空、航天和爆炸力学、工程热物理等众多工程技术领域中，从文献[225]中也可以从侧面反映了 ALE 格式在改进与完善过程中的一些进展。

2. 用于非定常多尺度流动的一类优化 WENO 格式

近年来，高精度算法[39,45,46,47,226]一直为计算流体力学界所关注，其重要原因是由于求解可压缩复杂湍流问题、计算声学问题、电磁流体力学问题、叶轮机械气动设计问题以及高超声速飞行器热防护问题时需要去发展这些方法。因此，绝对不是格式的精度越高就越好，而应该以能否分辨与捕捉到所关注的物理尺度下的物理现象以及能否具有高的计算效率作为选取格式的标准。高精度算法是工具，它不是目的，从这个意义上讲“发展高分辨率、高效率、高精度算法”的提法更为合理些。

非定常的流动问题往往是多尺度复杂涡系下的流动问题，尤其是高超声速先进飞行器的气动设计和现代高性能涡轮喷气发动机的气动优化设计问题中总会遇到转捩位置的确定、流动分离导致的激波与边界层干扰、不同焓值热流之间的掺混、高温涡轮中热斑点的位置以及高超声速再入飞行时飞行器壁面热流分布等一些关键问题。正是为了使这些问题得到有效解决，这里才再次讨论高精度格式的问题。这里必须指出的是，面对上述十分复杂、非常广泛的物理现象，目前还不可能得到一个通用的格式，用它解决上述所有物理问题。事实上，任何一种数值离散格式都有它的限制条件，有它所面对的对象和适用的范围，有它自身所刻画的耗散效应与色散效应。因此，所选用的数值格式必须与所关注的物理问题相适应，这是选取数值格式的最基本原则。

下面扼要讨论一下可压缩湍流的直接数值模拟与大涡模拟计算时对数值格式的要求。一方面为了捕捉小尺度流动结构以及复杂的湍流结构需要高阶的或者低耗散的数值格式，过大的数值耗散会抹平湍流的小尺度结构，会使脉动能量过度衰减，导致计算结果的失真。大量的数值计算表明：高精度的保单调(Monotonicity Preserving，MP)格式对于小尺度流动结构的模拟性能明显优于高阶精度的 WENO 格式。正是基于 MP 格式的基本思想，舒其望教授于 2000 年提出了 MPWENO 格式，计算表明[47]：这种格式的稳定性与计算效率都要比原始的 WENO 格式高。另一方面，通常高阶激波捕捉格式的有效带宽(Effective Bandwidth)仍然较低，它无法高效率地对湍流问题进行 DNS 或者 LES 计算。令 k 与 $\widetilde{k}$ 分别代表波数与数值解波数(Modified Wavenumber)，首先对线性格式的带宽特性进行简单分析。令谐波函数 $f(x)=e^{ikx}$ 作为测试函数，因 $f'(x)$ 为：

$$f'(x)=ike^{ikx}=ikf(x) \tag{8.9.2a}$$

令 Δ 为离散的网格间距，$x_n=x+n\Delta$ 则有：

$$f(x_n)=e^{ik(x+n\Delta)}=e^{ikn\Delta}f(x) \tag{8.9.2b}$$

对于一般的线性差分格式，一阶导数的近似值可以表示为：

$$\widetilde{f}'(x)=\frac{1}{\Delta}\sum_n[a_nf(x_n)]=\frac{1}{\Delta}\sum_n[a_ne^{ikn\Delta}f(x)] \tag{8.9.2c}$$

引入 $\widetilde{k}$，则式(8.9.2c)变为：

$$\widetilde{f}'(x)=i\widetilde{k}f(x) \tag{8.9.2d}$$

在不失一般性的情况下，令 $\Delta=1$，则由式(8.9.2c)与式(8.9.2d)，得：

$$\widetilde{k}=-i\sum_n(a_ne^{ikn}) \tag{8.9.2e}$$

式(8.9.2e)给出了个各种线性格式下 $\widetilde{k}$ 与 k 之间的关系，即格式的带宽特性，其中式(8.9.2e) 的实部代表格式的带宽分辨率，其虚部代表格式的带宽耗散。图 8.23 给出了线性格式的带宽特性，其中图 8.23(a)为实部，图 8.23(b)为虚部。由图 8.23(a)可以看出，$\widetilde{k}$ 与 k 之间的误差随着 k 的增加而增大，这意味着对小尺度脉动计算时，数值格式会产生较大的误差。另外，比较同阶的显式格式与紧致格式，紧致格式有更好的带宽分辨率特性。此外，还有一点要指出：$2n$ 阶的中心格式(图 8.23(a)上用黑方块表示)与显式的 $2n-1$ 阶迎风格式具有相同的带宽分辨率。由图 8.23(b)可以看出，迎风格式的带宽耗散集中于高波数端，这意味着格式对小尺度流动结构有较强的抑制作用。从图 8.23(b)还可以看出，迎风格式的阶数越高则其在整个带宽上的耗散越低，换句话说，高阶迎风格式更有利于小尺度湍流结构的捕捉和脉动能量的保持。

通常，5 阶和 7 阶精度的线性迎风格式分别为：

$$\widetilde{f}^L_{i+\frac{1}{2}}=\frac{1}{60}(2f_{i-2}-13f_{i-1}+47f_i+27f_{i+1}-3f_{i+2}) \tag{8.9.3a}$$

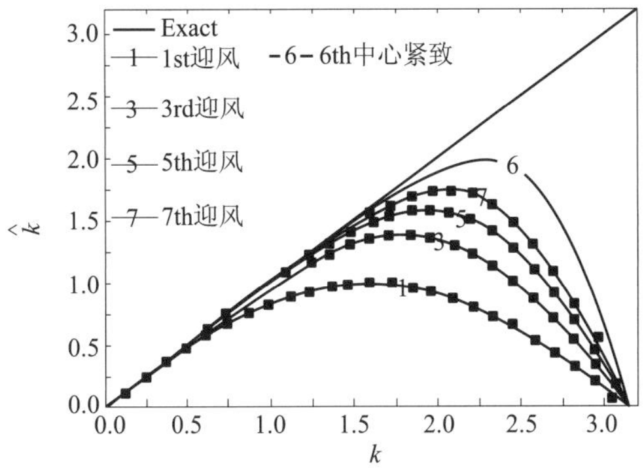

（a）

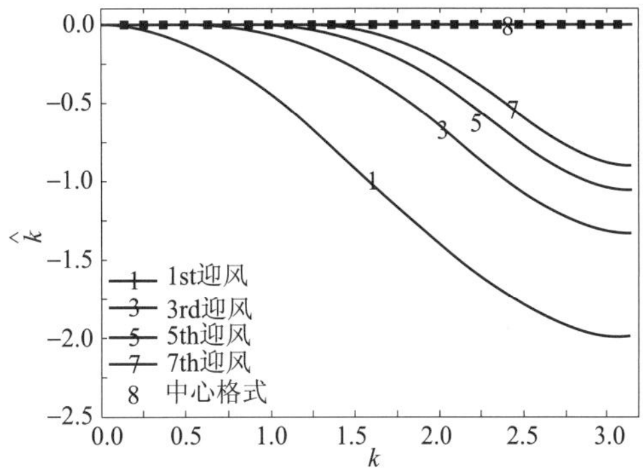

（b）

图 8.23　线性格式的带宽特性

（a）实部；（b）虚部

$$\widetilde{f}^{L}_{i+\frac{1}{2}}=\frac{1}{420}(-3f_{i-3}+25f_{i-2}-101f_{i-1}+319f_i+214f_{i+1}-38f_{i+2}+4f_{i+3})\quad(8.9.4a)$$

对于 5 阶迎风格式，如果引入一个 $i+3$ 点使其在形式上构成以点 $i+\frac{1}{2}$ 对称的 5 阶迎风格式。在 $i+3$ 点处配一权重系数 c_1，则带参数的 5 阶线性迎风格式便为：

$$\widetilde{f}^{L(5)}_{i+\frac{1}{2}}=\frac{1}{60}(a_{-2}f_{i-2}+a_{-1}f_{i-1}+a_0f_i+a_1f_{i+1}+a_2f_{i+2}+c_1f_{i+3})\quad(8.9.3b)$$

借助 Taylor 展开，在满足截断误差为 5 阶精度的条件下，可得如下系数间的关系：

$$\begin{bmatrix}a_{-2}\\a_{-1}\\a_0\\a_1\\a_2\end{bmatrix}=\begin{bmatrix}-c_1+2\\5c_1-13\\-10c_1+47\\10c_1+27\\-5c_1-3\end{bmatrix}\quad(8.9.3c)$$

当 $c_1=0$ 与 $c_1=1$ 时，式(8.9.3b)分别等同于 5 阶迎风格式与 6 阶显式中心格式；值得注意的是 $c_1=1$ 时为零耗散。为了保证格式(8.9.3b)的迎风特性，参数 c_1 的取值范围为[0,1]，图 8.24(b)给出了 c_1 变化时相应格式的耗散特性。由图 8.24(b)可以看出，通过调节参数 c_1 可以任意控制 5 阶迎风格式的数值耗散的水平。由该图可以看出，当 c_1 为 0.3 时 5 阶带参数 c_1 的迎风格式的带宽耗散可以降到与通常 7 阶迎风格式相接近的水平。

对于 7 阶迎风格式，同样地如果引入一个 $i+4$ 点使其在形式上构成以点 $i+\frac{1}{2}$ 对称的 7 阶迎风格式。在 $i+4$ 点处配一权重系数 c_2，则相应地带参数的 7 阶线性迎风格式有：

$$\widetilde{f}^{L(7)}_{i+\frac{1}{2}}=\frac{1}{280}(a_{-3}f_{i-3}+a_{-2}f_{i-2}+a_{-1}f_{i-1}+a_0f_i+a_1f_{i+1}+a_2f_{i+2}+a_3f_{i+3}+c_2f_{i+4})$$

(8.9.4b)

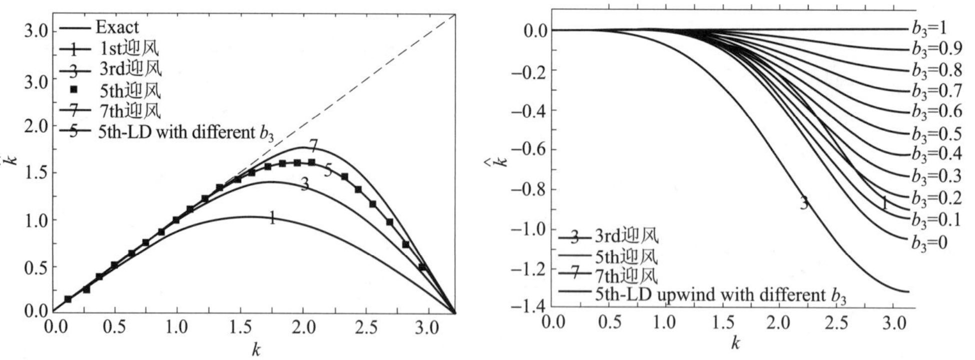

(a)　　(b)

图 8.24　含 c_1 的迎风格式及其带宽特性

(a) 带宽分辨率;(b) 耗散特性

借助 Taylor 展开,在满足截断误差为 7 阶精度的条件下,可得到如下系数间的关系:

$$\begin{bmatrix} a_{-3} \\ a_{-2} \\ a_{-1} \\ a_0 \\ a_1 \\ a_2 \\ a_3 \end{bmatrix} = \begin{bmatrix} c_2 - 2 \\ -7c_2 + \dfrac{50}{3} \\ 21c_2 - \dfrac{202}{3} \\ -35c_2 + \dfrac{638}{3} \\ 35c_2 + \dfrac{428}{3} \\ -21c_2 - \dfrac{76}{3} \\ 7c_2 + \dfrac{8}{3} \end{bmatrix} \tag{8.9.4c}$$

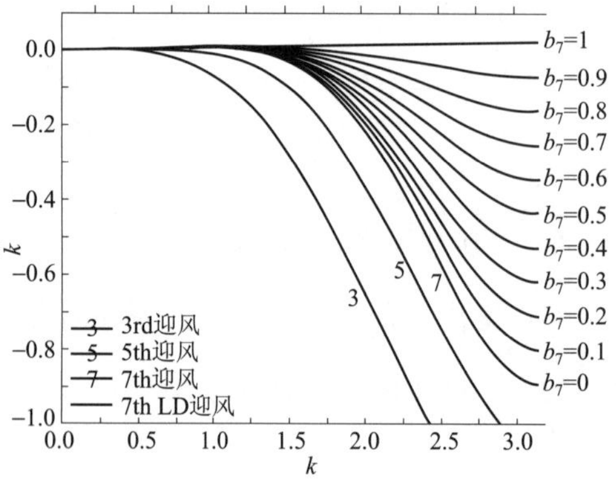

图 8.25　含 c_2 的迎风格式及其带宽特性

当 $c_2=0$ 与 $c_2=1$ 时,式(8.9.4b)分别等同于 7 阶迎风格式与 8 阶显式中心格式;值得注意的是 $c_2=1$ 时为零耗散。当 c_2 从 0 变到 1 时(图 8.25(b)),式(8.9.4b)的带宽频率等同于常规 7 阶迎风格式的带宽分辨率(图 8.25(a)),而带宽耗散则由通常 7 阶迎风格式的耗散值降到零,因此调节参数 c_2 可以使式(8.9.4b)的带宽耗散发生变化。

综上所述,式(8.9.3b)是带可调参数 c_1 的 5 阶迎风格式,它具有可变格式耗散的特征；式(8.9.4b)是带可调参数 c_2 的 7 阶迎风格式，它也具有可变格式耗散的特征，关于这点非常重要。事实上，迎风型低耗散格式是进行复杂湍流计算时所关注的格式之一[227-235]。

应该指出：仅对线性部分进行优化是不足以提高激波捕捉格式对湍流的模拟能力，文献[229]已注意了使用限制器来进一步降低 WENO 格式的非线性误差。这里使用文献[236]建议的激波探测器函数：

$$\Phi_i=\left|\frac{p_{i+1}-2p_i+p_{i-1}}{p_{i+1}+2p_i+p_{i-1}}\right|\frac{(\partial u_k/\partial x_k)^2}{(\partial u_k/\partial x_k)^2+\omega_k\omega_k+\alpha} \tag{8.9.5a}$$

式中，Φ_i 为网格点 i 处的激波探测函数的值；ω_k 为涡量值；α 是个防止分母为零的小量。

由式(8.9.5a)可以看出，Φ_i 由两部分组成，一部分为压强梯度项；另一部分为速度散度项。对于 7 阶精度的格式来讲，点 $\left(i+\frac{1}{2}\right)$ 处的激波探测函数值为：

$$\Phi_{i+\frac{1}{2}}=\max(\Phi_{i-3},\Phi_{i-2},\Phi_{i-1},\Phi_i,\Phi_{i+1},\Phi_{i+2},\Phi_{i+3},\Phi_{i+4}) \tag{8.9.5b}$$

当 $\Phi_{i+1/2}$ 满足阈值条件：

$$\Phi_{i+1/2}>\varphi \tag{8.9.5c}$$

时，则使用 MP(Monotonicity Preserving)限制器由下式最终确定出界面上的值，即：

$$\widetilde{f}_{i+\frac{1}{2}}=\text{median}(\widetilde{f}^{L}_{i+\frac{1}{2}},f^{\min},f^{\max}) \tag{8.9.5d}$$

式中，$f^{\min}$ 与 $f^{\max}$ 按文献[237]的 MP 限制器决定；$\widetilde{f}^{L}_{i+\frac{1}{2}}$ 由式(8.9.3b)或式(8.9.4b)定义。

另外，median()为中值函数，定义为：

$$\text{median}(f_1,f_2,f_3)\equiv f_1+\text{minmod}(f_2-f_1,f_3-f_1) \tag{8.9.5e}$$

如果 $\Phi_{i+\frac{1}{2}}$ 不满足式(8.9.5c)时，则认为该界面处于光滑流场区域，于是最终界面上的 $\widetilde{f}_{i+\frac{1}{2}}$ 为：

$$\widetilde{f}_{i+\frac{1}{2}}=\widetilde{f}^{L}_{i+\frac{1}{2}} \tag{8.9.5f}$$

这里还应该说明的是，式(8.9.5c)中 φ 的取值在 0.001～0.1 的范围。φ 值应当取的足够小，以保证所有的激波都识别出来。另外，为了有效地加快高精度格式的收敛速度，引入多重网格法[39]、引入 V 循环或者 W 循环，在保证收敛结果为高精度的同时，注意利用低阶精度格式耗散大的特点，去改善高精度格式在迭代计算中收敛速度慢的弱点。多重网格法从实质上讲是为了快速获得细网格上的计算结果。在迭代中，引入了与细网格存在特定关系的粗网格上的计算过程，注意将低阶精度算法用到 V 循环或者 W 循环的初场计算中。

3. 高精度高分辨率 RKDG 有限元方法

20 世纪 90 年代以来，以 B. Cockburn 和 Chi-Wang Shu(舒其望)教授为代表的 RKDG 有限元方法引人注目，RKDG 在许多方面显示出很好的效能。RKDG(Runge-Kutta discontinuous Galerkin)方法是指在空间采用 DG(Discontinuous Galerkin)离散，

结合显式 Runge-Kutta（龙格-库塔）时间积分进行求解的一类方法，它完全继承了间断 Galerkin 有限元方法的诸多优点。既保持了有限元法（FEM）与有限体积法（FVM）的优点，又克服了 FEM 与 FVM 它们各自的不足。DG 方法与连续的 Galerkin 有限元方法（又称传统 Galerkin 有限元）相比，它不要求全局定义的基函数（试探函数），也不要求残差与全局定义的近似空间垂直，而是利用完全间断的局部分片多项式空间作为近似解和试探函数空间，具有显式离散特性。与一般有限体积法相比，它也允许单元体边界处的解存在间断，但在 实现高阶精度离散时并不需要通过扩大网格点模板上的数据重构来实现，具有更强的局部性与灵活性。正由于该方法是通过提高单元插值多项式的次数来构造高阶格式，因此理论上可以构造任意高阶精度的计算格式而不需要增加节点模板，这就克服了有限体积法构造高阶格式时需要扩大节点模板（Stencil）的缺点，DG 方法所具有的这一特点非常重要。另外，DG 方法对网格的正交性和光滑性的要求不高，既可用于结构网格也可用于非结构网格，而且不需要像一般有限元方法那样去考虑连续性的限制，因此可以对网格进行灵活的加密或者减疏处理，有利于自适应网格的形成。此外，该方法建立在单元体内方程余量加权积分式为零的基础上，这就避免了求解大型稀疏矩阵的问题，有利于提高计算效率；再者，DG 方法数学形式简洁、与显式 Runge-Kutta 方法相结合时程序执行简单、稳定性好，而且有利于并行算法的实现，因此该方法近年来深受重视、发展很快。

三维 Navier-Stokes 方程用下式表达，即：

$$\frac{\partial U}{\partial t}+\nabla\cdot\boldsymbol{F}^{I}(U)=\nabla\cdot\boldsymbol{F}^{V}(U,\nabla U) \tag{8.9.6}$$

式中，$\boldsymbol{F}^{I}(U)$ 与 $\boldsymbol{F}^{V}(U,\nabla U)$ 分别简记为 $\boldsymbol{F}^{I}$ 与 $\boldsymbol{F}^{V}$，$\boldsymbol{F}^{I}$ 与 $\boldsymbol{F}^{V}$ 的定义为：

$$\boldsymbol{F}^{I}=\boldsymbol{F}^{I}(U)\equiv\boldsymbol{i}F_{1}^{I}+\boldsymbol{j}F_{2}^{I}+\boldsymbol{k}F_{3}^{I} \tag{8.9.7a}$$

$$\boldsymbol{F}^{V}=\boldsymbol{F}^{V}(U,\nabla U)\equiv\boldsymbol{i}F_{1}^{V}+\boldsymbol{j}F_{2}^{V}+\boldsymbol{k}F_{3}^{V} \tag{8.9.7b}$$

式（8.9.7a）与式（8.9.7b）中，U、F_1^I、F_2^I、F_3^I、F_1^V、F_2^V 与 F_3^V 均为 5×1 的列矩阵，因下面不想引入复杂的广义并矢张量的概念，为了避免概念上的混淆，对上述 7 个列矩阵采用了不用黑体的做法。显然 $\boldsymbol{F}^{I}$ 的分量与无黏通量相关，$\boldsymbol{F}^{V}$ 的分量还与黏性项以及热传导项相关。引进张量 $\boldsymbol{D}$，其表达式为：

$$\boldsymbol{D}=\boldsymbol{e}^{\alpha}\boldsymbol{e}^{\beta}D_{\alpha\beta} \tag{8.9.8}$$

式中，$D_{\alpha\beta}$ 为 5×5 的矩阵。

同样地，为避免概念的混淆，$D_{\alpha\beta}$ 也不用黑体。这里 $\boldsymbol{D}$ 与 $\boldsymbol{F}^{v}$ 有如下关系，即：

$$\boldsymbol{F}^{v}=\boldsymbol{D}\cdot\nabla U=\boldsymbol{e}^{i}D_{ij}\frac{\partial U}{\partial x^{j}} \tag{8.9.9}$$

式中，$\boldsymbol{e}^{i}$ 为曲线坐标系（x^1，x^2，x^3）中的逆变基矢量。

下面分 5 个小问题扼要讨论 RKDG 方法中的几项关键技术。

1）间断 Galerkin 有限元空间离散

为便于表述、突出算法的本身特点，故以三维 Euler 方程为出发点，其表达式为：

$$\frac{\partial U}{\partial t}+\nabla \cdot \boldsymbol{F}=0 \tag{8.9.10}$$

这里为书写简洁，式(8.9.6)中的 $\boldsymbol{F}^I$ 省略了上脚标 I 后直接记为 $\boldsymbol{F}$，并且有：

$$\frac{\partial \boldsymbol{F}}{\partial U}=\boldsymbol{i}\frac{\partial F_1}{\partial U}+\boldsymbol{j}\frac{\partial F_2}{\partial U}+\boldsymbol{k}\frac{\partial F_3}{\partial U}=\boldsymbol{i}A+\boldsymbol{j}B+\boldsymbol{k}C \tag{8.9.11}$$

同样地，这里矩阵 A、B 与 C 也采用了不用黑体的做法。在式(8.9.10)中 U 是随时间以及空间位置变化的未知量，即 $U=U(\boldsymbol{x},t)$；DG 离散首先将原来连续的计算域 Ω 剖分成许多小的、互不重叠的单元体 Ω_k，即 $\Omega=\bigcup_{k=1}^{N_e}\Omega_k$；在单元体 Ω_k 上选取合适的基函数序列 $\{\varphi_k^l\}_{l=1,\cdots,N}$；在 DG 空间离散中这些基函数仅仅与空间坐标有关，而与时间无关。令 N 为 Ω_k 上近似解的自由度，它与方程的空间维度 d 以及空间离散的精度有关。在单元 Ω_k 上的近似解函数 U_{h} 可以表示成基函数序列的展开，即：

$$U_{\mathrm{h}}(\boldsymbol{x},t)\big|_{\Omega_k}=\sum_{l=1}^{N}C_k^{(l)}(t)\varphi_l^{(k)}(\boldsymbol{x}) \tag{8.9.12}$$

式中，$C_k^{(l)}(t)=\{C_1^{(l)},C_2^{(l)},\cdots,C_m^{(l)}\}_k^{\mathrm{T}}$ 为展开系数，它只与时间有关；m 代表式(8.9.10)的分量个数。通常人们将采用 p 阶多项式基函数的 DG 离散被称为具有 $p+1$ 阶精度的 DG 方法，在下面的讨论中也沿用了这种说法。将 U_{h} 代到式(8.9.10)便得到在单元体 Ω_k 上的残差 $R_{\mathrm{h}}(\boldsymbol{x},t)$，即：

$$R_{\mathrm{h}}(\boldsymbol{x},t)=\frac{\partial U_{\mathrm{h}}^k}{\partial t}+\nabla \cdot \boldsymbol{F}(U_{\mathrm{h}}^k) \tag{8.9.13}$$

在 Galerkin 加权余量法中，方程残差(又称余量)要求分别与权函数正交，换句话说它们的内积为 0；在 Galerkin 方法中权函数取作基函数，于是要求内积为零就意味着有

$$\int_{\Omega_k}R_{\mathrm{h}}(\boldsymbol{x},t)\varphi_{l'}^{(k)}\mathrm{d}\boldsymbol{x}=0 \qquad (1\leqslant l'\leqslant N) \tag{8.9.14}$$

即得到单元体 Ω_k 上的积分方程

$$\int_{\Omega_k}\varphi_{l'}^{(k)}\left[\frac{\partial U_{\mathrm{h}}^k}{\partial t}+\nabla\cdot\boldsymbol{F}(U_{\mathrm{h}}^k)\right]\mathrm{d}\boldsymbol{x}=0 \qquad (1\leqslant l'\leqslant N) \tag{8.9.15}$$

将式(8.9.15)进行分部积分变换和注意使用 Green 公式，可得到如下形式：

$$\int_{\Omega_k}\varphi_{l'}^{(k)}\frac{\partial U_{\mathrm{h}}^k}{\partial t}\mathrm{d}\boldsymbol{x}+\oint_{\partial\Omega_k}\varphi_{l'}^{(k)}\boldsymbol{F}^R\cdot\boldsymbol{n}\mathrm{d}s-\int_{\Omega_k}\boldsymbol{F}\cdot\nabla\varphi_{l'}^{(k)}\mathrm{d}\boldsymbol{x}=0 \qquad (1\leqslant l'\leqslant N) \tag{8.9.16}$$

式中，$\partial\Omega_k$ 表示单元体 Ω_k 的边界；$\boldsymbol{F}^R$ 表示 $\boldsymbol{F}$ 的某种近似。

因为在 DG 方法中单元交界处允许间断的存在，因此在计算域内部单元交界处往往会存在两个近似解：一个是本单元的近似函数在边界处的值，这里用 U_L 表示，另一个是相邻单元上的近似函数在该边界处的值，用 U_R 表示，这样便构成了典型的 Riemann 问题。为了正确描述该边界处相邻两单元的数值行为，式(8.9.16)中的 $\boldsymbol{F}^R\cdot\boldsymbol{n}$ 需要采用某

种近似计算得到，这些近似方法可用下式概括：

$$\boldsymbol{F}^R \cdot \boldsymbol{n} = H(U_L, U_R, \boldsymbol{n}) \tag{8.9.17}$$

式中，$\boldsymbol{n}$ 表示本单元体边界的外法向单位矢量。

如果将式(8.9.12)代到式(8.9.16)并注意到展开系数 $C_k^{(l)}$ 与空间位置无关，因此可以移到积分号之外，得：

$$\sum_{l=1}^{N}\left[\left(\frac{\partial C_k^{(l)}}{\partial t}\right)\int_{\Omega_k}\varphi_{l'}^{(k)}\varphi_l^{(k)}\,\mathrm{d}\boldsymbol{x}\right]+\oint_{\partial\Omega_k}\varphi_{l'}^{(k)}\boldsymbol{F}^R\cdot\boldsymbol{n}\,\mathrm{d}s-\int_{\Omega_k}\boldsymbol{F}\cdot\nabla\varphi_{l'}^{(k)}\,\mathrm{d}\boldsymbol{x}=0 \quad (1\leqslant l'\leqslant N) \tag{8.9.18}$$

引进质量矩阵 $\boldsymbol{M}_k$ 以及与展开系数相关的列阵 $\boldsymbol{C}_k$，其表达式为：

$$\boldsymbol{M}_k \equiv \begin{pmatrix} m_{11} & m_{12} & \cdots & m_{1N} \\ m_{21} & m_{22} & \cdots & m_{2N} \\ \vdots & \vdots & & \vdots \\ m_{N1} & m_{N2} & \cdots & m_{NN} \end{pmatrix},\quad \boldsymbol{C}_k \equiv \begin{bmatrix} C_k^{(1)} \\ C_k^{(2)} \\ \vdots \\ C_k^{(N)} \end{bmatrix},\quad \boldsymbol{m}_{l'}^{(k)} \equiv \begin{bmatrix} m_{l'1}^{(k)} \\ m_{l'2}^{(k)} \\ \vdots \\ m_{l'N}^{(k)} \end{bmatrix}^{\mathrm{T}} \tag{8.9.19a}$$

其中：

$$m_{l'l}^{(k)} = \int_{\Omega_k}\varphi_{l'}^{(k)}\varphi_l^{(k)}\,\mathrm{d}\boldsymbol{x} \tag{8.9.19b}$$

借助于式(8.9.19)，则式(8.9.18)又可写为如下形式的半离散格式：

$$\boldsymbol{m}_{l'}^{(k)}\cdot\frac{\mathrm{d}\boldsymbol{C}_k}{\mathrm{d}t}+\oint_{\partial\Omega_k}\varphi_{l'}^{(k)}\boldsymbol{F}^R\cdot\boldsymbol{n}\,\mathrm{d}s-\int_{\Omega_k}\boldsymbol{F}\cdot\nabla\varphi_{l'}^{(k)}\,\mathrm{d}\boldsymbol{x}=0 \quad (1\leqslant l'\leqslant N) \tag{8.9.20}$$

显然一旦求出全场各单元体的 $C_k^{(l)}$，则由式(8.9.12)便可得到全场各单元的 U 值。

2）基函数的选取以及局部空间坐标系

基函数的选取与单元体的形状有一定的关系，例如，对四面体单元，其基函数可以由体积坐标来构造，因此也就不需要进行坐标变换（也就是说没有必要由整体坐标系 (x, y, z)（又称全局坐标系）转变为局部坐标系 (ξ, η, ζ)）。对于三棱柱单元或者任意形状的六面体单元，则必须要进行由 (x, y, z) 变为 (ξ, η, ζ) 的变换，以便得到基函数序列。对于单元 Ω_k，引进局部坐标与全局坐标间的变换矩阵：

$$\boldsymbol{J}_k \equiv \left[\frac{\partial(x,y,z)}{\partial(\xi,\eta,\zeta)}\right] \quad (J_k = |\boldsymbol{J}_k|) \tag{8.9.21}$$

于是式(8.9.16)可变为：

$$J_k\int_{\Omega_k}\varphi_{l'}^{(k)}\frac{\partial U_h^k}{\partial t}\mathrm{d}\boldsymbol{\xi}+\oint_{\partial\Omega_k}\varphi_{l'}^{(k)}H(U_h^k, U_h^{k'}, \boldsymbol{n})\,\mathrm{d}s-J_k\int_{\Omega_k}\boldsymbol{F}^{\mathrm{T}}\cdot[\boldsymbol{J}_k^{-1}\cdot(\nabla_\xi\varphi_{l'}^{(k)})]\,\mathrm{d}\boldsymbol{\xi}=0 \tag{8.9.22}$$

式中：

$$\mathrm{d}\boldsymbol{\xi} \equiv \mathrm{d}\xi\mathrm{d}\eta\mathrm{d}\zeta,\quad \mathrm{d}\boldsymbol{x} \equiv \mathrm{d}x\mathrm{d}y\mathrm{d}z \tag{8.9.23a}$$

$$\mathrm{d}x\mathrm{d}y\mathrm{d}z = \left|\frac{\partial(x,y,z)}{\partial(\xi,\eta,\zeta)}\right|\mathrm{d}\xi\mathrm{d}\eta\mathrm{d}\zeta \tag{8.9.23b}$$

关于坐标变换后面元的相应表达式，这里不再给出，感兴趣者可以参阅华罗庚先生的著作[238]。在有限元方法中，通常选取离散单元上的局部坐标系(ξ,η,ζ)，并构造多项式序列作为基函数。多项式序列所包含的元素个数 N 与解的近似精度($p+1$)以及所研究问题的空间维度 d 有关，即 $N=N(p,d)$，例如，对于三维问题有：

$$N=\frac{(p+1)(p+2)(p+3)}{3!} \tag{8.9.24}$$

式中，p 为多项式的精度；$p+1$ 为计算求解的精度；N 也代表三维空间中 p 次多项式函数空间中的基函数个数。

DG 离散中常用的基函数形式有，指数幂单项式(Monomial Polynomials)、Lagrange 插值多项式、Legendre 正交多项式、Chebychev 正交多项式等，具体基函数的表达形式因篇幅所限不再给出。

在式(8.9.22)中第一项与第三项体积分的计算采用了 Gauss 积分，根据不同的精度，借助于各类单元体相应的 Gauss 积分点位置与权函数去完成体积分的计算，有关计算细节可参阅华罗庚和王元先生的著作[239]，这里不再赘述。

3) 数值通量的近似计算

在式(8.9.17)中，$\boldsymbol{F}^R\cdot\boldsymbol{n}$ 的计算非常重要。另外，在 DG 方法中常使用的计算数值通量近似方法有很多，例如，Roe 的近似 Riemann 数值通量、Godunov 数值通量近似、Harten-Lax-van Leer 的数值通量近似(简称 HLL Flux)、基于特征值的通量近似、Engquist-Osher 数值通量近似、保熵的 Roe 数值通量近似、Lax-Friedrichs 数值通量近似等，这里仅讨论 Lax-Friedrichs 近似，它计算量较小、构造也最简单，但精度不是太高。为了便于叙述与简洁起见，今考虑一维 Euler 方程：

$$\frac{\partial \boldsymbol{U}}{\partial t}+\frac{\partial \boldsymbol{F}(\boldsymbol{U})}{\partial x}=0 \tag{8.9.25}$$

注意：

$$\boldsymbol{F}=\boldsymbol{A}(x)\cdot\boldsymbol{U},\quad \boldsymbol{A}=\frac{\partial \boldsymbol{F}}{\partial \boldsymbol{U}} \tag{8.9.26a}$$

$$\boldsymbol{F}^{\mathrm{R}}=\boldsymbol{A}_{\mathrm{L}}\cdot\boldsymbol{U}_{\mathrm{L}}+\boldsymbol{A}_{\mathrm{R}}\cdot\boldsymbol{U}_{\mathrm{R}} \tag{8.9.26b}$$

基于特征值的数值通量近似为：

$$\boldsymbol{A}_{\mathrm{L}}=\frac{\boldsymbol{A}+\theta|\boldsymbol{A}|}{2},\quad \boldsymbol{A}_{R}=\frac{\boldsymbol{A}-\theta|\boldsymbol{A}|}{2} \tag{8.9.26c}$$

而 $|\boldsymbol{A}|$ 可通过下列关系确定：

$$|\boldsymbol{A}|=\boldsymbol{R}_{\mathrm{A}}\cdot|\boldsymbol{\Lambda}_{\mathrm{A}}|\cdot\boldsymbol{R}_{A}^{-1} \tag{8.9.26d}$$

式中，$|\boldsymbol{\Lambda}|$ 为：

$$|\boldsymbol{\Lambda}|=\begin{pmatrix}|\lambda_1| & 0 & 0\\ 0 & |\lambda_2| & 0\\ 0 & 0 & |\lambda_3|\end{pmatrix} \tag{8.9.26e}$$

如果取：

$$\boldsymbol{A}^{+}=\mathrm{diag}(\lambda_i^{+}),\quad \lambda_i^{+}=\frac{1}{2}(\lambda_i+\theta|\lambda_i|) \tag{8.9.26f}$$

$$\boldsymbol{A}^{-}=\mathrm{diag}(\lambda_i^{-}),\quad \lambda_i^{-}=\frac{1}{2}(\lambda_i-\theta|\lambda_i|) \tag{8.9.26g}$$

式中，θ 为迎风参数；Lax-Friedrichs 数值通量近似为：

$$\boldsymbol{A}_{\mathrm{L}}=\frac{\boldsymbol{A}+\theta\lambda_{\max}\boldsymbol{I}}{2},\quad \boldsymbol{A}_{\mathrm{R}}=\frac{\boldsymbol{A}-\theta\lambda_{\max}\boldsymbol{I}}{2} \tag{8.9.26h}$$

式中，$\boldsymbol{I}$ 为单位矩阵；λ_i 为 $\boldsymbol{A}$ 的特征值；$\lambda_{\max}$ 为 $\boldsymbol{A}$ 的特征值中绝对值最大的。

4）间断探测器与限制器

DG 方法通过提高单元体内的插值精度很容易实现高阶精度的数值格式而且不需要扩展节点模板，但在间断附近会产生非物理的虚假振荡，导致数值解的不稳定（尤其是采用高阶精度时），因此采用限制器去抑制振荡是非常必要的。然而，目前很多方法采用限制器后就要降低求解精度，这就失去了采用高阶格式的意义，如何构建一个高效的、高精度的限制器现在仍是一项有待解决的课题。目前，常使用的限制器有许多种，例如，minmod 斜率限制器、van Leer 限制器、Superbee 限制器、van Albada 限制器、Barth-Jesperson 限制器、Moment 限制器以及 Hermite WENO 限制器等。采用 Hermite 插值代替 Lagrange 插值，这就使得每个重构多项式所需要的单元个数大大减少，而且这种插值是基于单元的平均值和单元的导数值。在我们课题组的 DG 方法计算中，多采用 Barth-Jesperson 限制器与 Hermite WENO 限制器。

如何构建间断探测器，是完成程序编制和实现高精度计算的关键环节之一，在这方面文献[56]做了非常细致的工作，大量的数值实践表明[240]：基于小波奇异分析的探测技术是非常有效的，文献[56]中提出的 Hölder 指数 α 深刻的度量了奇异点区的特征，这里因篇幅所限相关内容不再展开讨论。

5）Runge-Kutta 时间积分问题

式(8.9.20)是给出了单元体为 Ω_k、指标为 l'、关于展开系数为 $\boldsymbol{C}_k$ 时的半离散方程，对于这个半离散方程的求解有两类方法：一类是仅在单元体 Ω_k 中对(8.9.20)式进行时间积分；另一类是汇集所有单元体（即 $\bigcup_{k=1}^{Ne}\Omega_k=\Omega$）对式(8.9.27)进行时间积分，这里仅讨论第二类方法。集合所有的单元体，便可构成一个关于时间微分的常微分方程组，它可概括地写为如下形式：

$$\boldsymbol{M}\cdot\frac{\mathrm{d}}{\mathrm{d}t}\begin{bmatrix}\boldsymbol{C}_1\\ \boldsymbol{C}_2\\ \vdots\\ \boldsymbol{C}_{Ne}\end{bmatrix}=\boldsymbol{R}^{*}(\boldsymbol{U})=\widetilde{\boldsymbol{R}}(\boldsymbol{C}) \tag{8.9.27}$$

或者：

$$\frac{\mathrm{d}\boldsymbol{C}}{\mathrm{d}t}=\boldsymbol{G}(\boldsymbol{C}) \tag{8.9.28}$$

式中，$\boldsymbol{M}$ 为计算域所有单元体所组成的质量矩阵；$\boldsymbol{C}$ 为列矢量，它的元素由 $\boldsymbol{C}_k$ 组成，这里 $k=1\sim Ne$，符号 Ne 代表计算域单元体的总数；$\widetilde{\boldsymbol{R}}(\boldsymbol{C})$ 为右端项，而 $\boldsymbol{G}(\boldsymbol{C})$ 的表达式为：

$$\boldsymbol{G}(\boldsymbol{C})\equiv\boldsymbol{M}^{-1}\cdot\widetilde{\boldsymbol{R}}(\boldsymbol{C}) \tag{8.9.29}$$

对于方程式(8.9.28)而言，显式 p 阶 Runge-Kutta 时间积分格式可表示为：

$$\begin{cases}\widetilde{\boldsymbol{G}}_1=\boldsymbol{G}(\boldsymbol{C}^{(n)})\\ \widetilde{G}_2=\boldsymbol{G}(\boldsymbol{C}^{(n)}+(\Delta t)a_{21}\widetilde{\boldsymbol{G}}_1)\\ \vdots\\ \widetilde{\boldsymbol{G}}_p=\boldsymbol{G}(\boldsymbol{C}^{(n)}+(\Delta t)[a_{p1}\widetilde{\boldsymbol{G}}_1+a_{p2}\widetilde{\boldsymbol{G}}_2+\cdots+a_{pp-1}\widetilde{\boldsymbol{G}}_{p-1}])\\ \boldsymbol{C}^{(n+1)}=\boldsymbol{C}^{(n)}+(\Delta t)\sum\limits_{i=1}^{p}(b_i\widetilde{\boldsymbol{G}}_i)\end{cases} \tag{8.9.30}$$

式中，$\boldsymbol{C}^{(n)}$ 与 $\boldsymbol{C}^{(n+1)}$ 分别表示时间层 $t_n=n\Delta t$ 与 $t_{n+1}=(n+1)\Delta t$ 上的 $\boldsymbol{C}$ 值；$\widetilde{\boldsymbol{G}}_i$ 则表示第 i 阶 Runge-Kutta 格式计算所需要的中间变量；Δt 代表时间步长。

文献[5,7]分别给了 3 阶与 4 阶时间精度下 Runge-Kutta 格式的具体表达式。显然，为了保证显式积分的稳定性，Δt 必须满足相应积分格式的 CFL 条件。通常，为了保证整流场的时间同步性，整场网格的各步积分经常是采用一致的时间步长，因此按稳定性条件，则时间步长必须由整场的最小网格尺寸决定。如果时间步长这样选取的话，有时还可能会导致计算时间过长的现象，如何进一步提高显式 Runge-Kutta 方法中时间积分的计算效率，这是一个有待进一步深入研究的课题。

4. 非结构网格下有限体积法的双时间步长迭代格式

对于非定常流动问题，常采用 A. Jameson 提出的双时间步(dual-time-step)的求解方法，当时 Jameson 是用于结构网格的流体力学问题，这里将它用到非结构网格下并且采用有限体积法求解流场。首先考虑非结构网格下半离散形式的 Navier-Stokes 方程：

$$\frac{\partial\boldsymbol{U}_i}{\partial t}+\frac{\boldsymbol{R}_i}{\Omega_i}=0 \tag{8.9.31}$$

引进伪时间项，则式(8.9.31)变为：

$$\frac{\partial\boldsymbol{U}_i}{\partial\tau}+\frac{\partial\boldsymbol{U}_i}{\partial t}+\frac{\boldsymbol{R}_i}{\Omega_i}=0 \tag{8.9.32}$$

式中，τ 代表伪时间；t 为物理时间。

对物理时间项采用 2 阶逼近，而伪时间项用 1 阶逼近时，则式(8.9.32)变为：

$$\begin{aligned}&\frac{\boldsymbol{U}_i^{(n),(k+1)}-\boldsymbol{U}_i^{(n),(k)}}{\Delta\tau}+\left\{\frac{3\boldsymbol{U}_i^{(n),(k+1)}-4\boldsymbol{U}_i^{(n)}+\boldsymbol{U}_i^{(n-1)}}{2\Delta t}+\frac{\boldsymbol{R}_i^{(n),(k)}}{\Omega_i}+\right.\\ &\frac{1}{\Omega_i}\sum_{j=nb(i)}[(\boldsymbol{A}_{i,ij}^I+\boldsymbol{A}_{i,ij}^V)^{(n),(k)}\cdot S_{ij}\delta\boldsymbol{U}_i^{(n),(k)}]+\\ &\left.\frac{1}{\Omega_i}\sum_{j=nb(i)}[(\boldsymbol{A}_{j,ij}^I+\boldsymbol{A}_{j,ij}^V)^{(n),(k)}\cdot S_{ij}\delta\boldsymbol{U}_j^{(n),(k)}]\right\}=0\end{aligned} \tag{8.9.33}$$

式中，S_{ij}代表单元体 i 与单元体 j 的交界面的面积；从计算物理力学的角度来讲，上脚标(n)代表物理时间层，上脚标(k)代表伪时间层；从迭代计算的角度来讲，这里上脚标(k)表示内迭代，上脚标(n)表示外迭代。

而符号 $\delta \boldsymbol{U}_i^{(n),(k)}$ 的定义为：

$$\delta \boldsymbol{U}_i^{(n),(k)} \equiv \boldsymbol{U}_i^{(n),(k+1)} - \boldsymbol{U}_i^{(n),(k)} \tag{8.9.34}$$

对上脚标(k)进行迭代，当迭代收敛时，$\boldsymbol{U}^{(n),(k)} \to \boldsymbol{U}^{(n),(k+1)}$，于是这时有：

$$\boldsymbol{U}^{(n+1)} := \boldsymbol{U}^{(n),(k+1)} \tag{8.9.35}$$

这就是说通过内迭代获得了$(n+1)$物理时间层上的 $\boldsymbol{U}$ 值。这里内迭代的收敛标准可取为

$$\frac{\| \boldsymbol{U}^{(n),(k+1)} - \boldsymbol{U}^{(n),(k)} \|_2}{\| \boldsymbol{U}^{(n),(k+1)} - \boldsymbol{U}^{(n)} \|_2} \leqslant \varepsilon_1 \tag{8.9.36}$$

式中，ε_1 可在 $10^{-3} \sim 10^{-2}$的范围内取值。

将式(8.9.33)整理后，可得：

$$\begin{aligned} &\left\{ \Omega_i \left(\frac{1}{\Delta \tau} + \frac{3}{2\Delta t} \right) \boldsymbol{I} + \sum_{j=nb(i)} \left[(\boldsymbol{A}_{i,ij}^I + \boldsymbol{A}_{i,ij}^V)^{(n),(k)} S_{ij} \right] \right\} \cdot \delta \boldsymbol{U}_i^{(n),(k)} \\ &= -\boldsymbol{R}_i^{(n),(k)} + \frac{\boldsymbol{U}_i^{(n)} - \boldsymbol{U}_i^{(n-1)}}{2\Delta t} \Omega_i - \sum_{j=nb(i)} \left[(\boldsymbol{A}_{j,ij}^I + \boldsymbol{A}_{j,ij}^V)^{(n),(k)} S_{ij} \cdot \delta \boldsymbol{U}_j^{(n),(k)} \right] \end{aligned} \tag{8.9.37}$$

由式(8.9.37)，借助于 Gauss-Seidel 点迭代便可解出 $\delta \boldsymbol{U}_i^{(n),(k)}$ 值。

5. 浸入边界法以及自适应 Descartes 网格生成技术

浸入边界法又称 IB(Immersed Boundary)方法是 20 世纪 70 年代间才提出的在正交矩形网格上求解运动边界问题的一种新型数值模拟方法。与通常计算流体力学书籍[39,43,45,46,47,69]中给出的方法的最大不同处是在于 IB 方法不需要依据物体表面去构建贴体曲线坐标系，无论固体形状多么复杂它总是在简单的长方体网格上进行求解，即使物体在计算域中不断的运动，网格也不需要做任何相应的改变。事实上在高超声速飞行器的热防护问题(尤其是表面烧蚀问题)、强爆炸问题、燃烧问题、叶片气动弹性问题、转子/静子干涉问题、凝固和融化问题、仿生微型飞行器的扑翼等问题中存在着大量的运动边界问题，它们都属于非定常气体动力学的研究范畴。运动界面的追踪问题一直为人们所关注，如融冰问题，这是典型的单相 Stefan 问题。例如，描述溃坝和涌浪自由面发展过程的 VOF(Volume of Fluids)方法[241]；再如，激波通过气泡问题[242]的 Level Set 方法[243,244]等。VOF 方法和 Level Set 方法是数值求解运动边界、进行界面捕捉的有效方法。浸入边界最早是由 C. S. Peskin 在 1972 年提出的[245,246]。该方法的基本思想：用长方体描述计算域，计算域内部的固体边界条件通过引入力源项来满足。这些源项反映了流动边界与流体的相互作用，也反映了运动边界的性质，它由 Level Set 函数来描述，通过求解带源项的流动方程组和 Level Set 函数使流动满足运动边界条件。因此，IB 方法中最核心的两个步骤是如何获得准确的力源和如何将力源作用于流场。通常，在流动方程中添加源

项有两种方式：一种只是在动量方程中加入力源项；另一种是在连续方程中加入质量源项。因此，按照源项处理方法的不同便产生了两大类算法：一类为连续力算法，多应用于生物流和多相流问题，在那里假定源项在离散前就有了解析表达式；另一类为离散力算法，通常在离散前无法得到解析表达式，必须要通过求解离散方程才可以获得源项，这类方法更适用于处理刚性壁面问题。也可以将上述两种源项的处理办法结合起来计算，便产生了众多研究者的不同特色。作为例子，这里给出将两种源项结合的一种具体做法：在动量方程中添加体积力，同时在连续方程中添加质量源（汇），这时流动方程组为：

$$\frac{\partial u}{\partial x}+\frac{\partial v}{\partial y}-\tilde{q}=0 \tag{8.9.38a}$$

$$\frac{\partial u}{\partial t}+\frac{\partial}{\partial x}u^2+\frac{\partial}{\partial y}(uv)=\frac{1}{\mathrm{Re}}\left(\frac{\partial^2 u}{\partial x^2}+\frac{\partial^2 u}{\partial y^2}\right)-\frac{\partial p}{\partial x}+\tilde{f}_x \tag{8.9.38b}$$

$$\frac{\partial v}{\partial t}+\frac{\partial}{\partial x}(uv)+\frac{\partial}{\partial y}v^2=\frac{1}{\mathrm{Re}}\left(\frac{\partial^2 v}{\partial x^2}+\frac{\partial^2 v}{\partial y^2}\right)-\frac{\partial p}{\partial y}+\tilde{f}_y \tag{8.9.38c}$$

式中，$\tilde{q}$ 和 $\tilde{f}_x$、$\tilde{f}_y$ 分别为质量源项和体积力源项。

浸入边界由 Level Set 函数来描述，它的距离函数为：

$$\varphi(x,y)=\begin{cases} d & （流体）\\ 0 & （边界）\\ -d & （固体）\end{cases} \tag{8.9.38d}$$

式中，d 为点(x,y)到边界的距离。

加入到动量方程中的体积力 $\tilde{f}_x$ 和 $\tilde{f}_y$ 可通过虚拟网格法（Ghost Cell Method）求解（图 8.26），利用无滑移边界条件、由一阶差分，得：

$$\tilde{f}_x=\frac{u_{\mathrm{g}}-u}{\Delta t},\quad \tilde{f}_y=\frac{v_{\mathrm{g}}-v}{\Delta t} \tag{8.9.38e}$$

式中，u_{g} 与 v_{g} 分别为点 $P_{i,j}$ 的速度，u_{f} 与 v_{f} 分别为点 P_{f} 的速度。

图 8.26 中，控制体 $V_{i,j}$ 称为虚拟网格，该网格的中心点为 $P_{i,j}$ 在浸入边界内部（图 8.26），点 P_{f} 在浸入边界外部。

对图 8.27 所示的控制体写出质量守恒方程后便可以得到有关 $\tilde{q}$ 的表达式。详细的

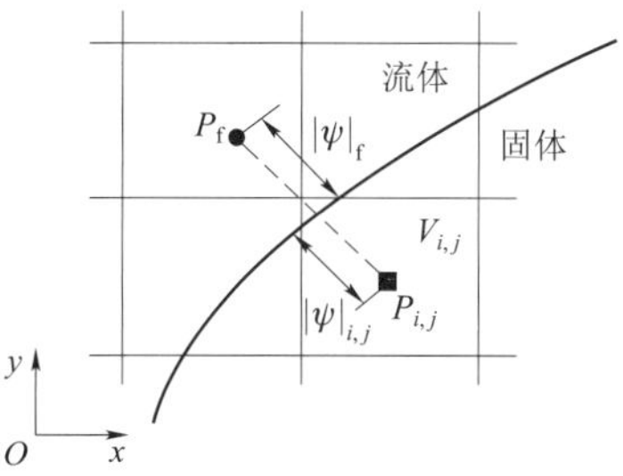

图 8.26　关于体积力的求解

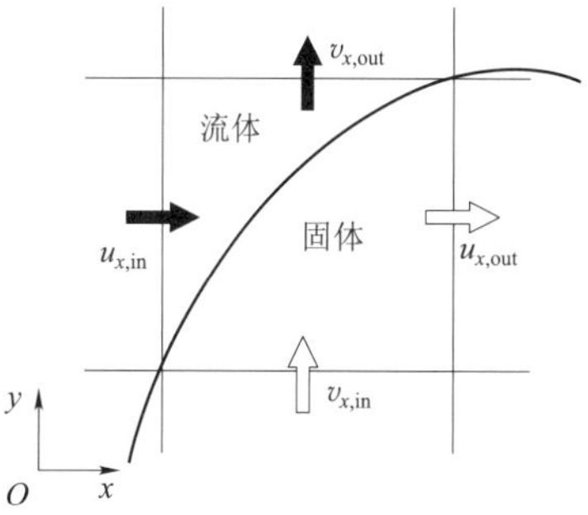

图 8.27　关于质量源的求解

计算过程因篇幅所限,不再赘述。为便于读者了解 IB 方法的处理细节,这里给出相关的代表性文章如文献[247-257],其中文献[254]反映了孙晓峰教授所率领的研究团队在使用 IB 方法进行叶轮机械叶栅流场计算方面所做的工作。

自适应笛卡儿结构网格生成技术是 20 世纪 90 年代初才出现的一类新方法,这类方法的核心思想是在均匀分布的笛卡儿结构网格上进行有选择的精细调整、加密细化。文献[258]给出一种能够高效率地定位激波和剪切层流动特征的自适应细化加密的一个准则:如果满足 $\tau_{ci}^* > \sigma_c^*$ 或者 $\tau_{di}^* > \sigma_d^*$ 时,则该网格单元加密;如果满足 $\tau_{ci}^* < \frac{1}{10}\sigma_c^*$ 并且 $\tau_{di}^* < \frac{1}{10}\sigma_d^*$ 时,则该网格单元粗化。这里 τ_{ci}^* 与 τ_{di}^* 分别定义为:

$$\tau_{ci}^* = |\nabla \times \boldsymbol{V}| (l_i)^{\frac{r+1}{r}} \tag{8.9.39a}$$

$$\tau_{di}^* = |\nabla \cdot \boldsymbol{V}| (l_i)^{\frac{r+1}{r}} \tag{8.9.39b}$$

式中,r 为经验参数(通常取为 2.0);l_i 为网格单元 i 的几何尺寸;$\boldsymbol{V}$ 为网格单元 i 在单元体心处的速度;σ_c^* 与 σ_d^* 分别定义为:

$$\sigma_c^* \equiv \sqrt{\frac{\sum_{i=1}^{n} (\tau_{ci}^*)^2}{n}} \tag{8.9.39c}$$

$$\sigma_d^* \equiv \sqrt{\frac{\sum_{i=1}^{n} (\tau_{di}^*)^2}{n}} \tag{8.9.39d}$$

式中,n 为网格数;

如何将自适应笛卡儿网格生成方法与流场的计算求解相耦合一直是许多研究人员从事的课题,这里限于篇幅不再展开讨论。为了使读者了解这一过程的总体发展概况与相关的技术细节,这里给出不同发展时期里代表性的文章如文献[259-267],其中文献[265-267]反映了高歌教授所率领的研究团队在自适应笛卡儿网格生成以及在这套网格下完成 Euler 方程或者 Navier-Stokes 方程数值求解方面所做的工作。这里给出几张由自适应笛卡儿网格技术所生成的图,这些图是高歌教授团队完成的。

图 8.28 给出了用于超声速圆柱绕流的自适应笛卡儿网格,由网格图已很清楚出圆柱前脱体激波的形状。

图 8.29 给出了 RAE2822 翼型在来流 Mach 数为 0.75,迎角为 3°工况下计算时的自适应笛卡儿网格图,这属于跨声速流动,从图中也可以看到翼型上表面靠近尾部型面的激波。以上这两张图是用于 Euler 流计算的,数值计算已经表明:自适应笛卡儿网格方法可以能够有效地识别流场中的稀疏膨胀波和激波的流动特性,并在需要加密的激波区域对网格进行了加密。

图 8.30 给出双 NACA0012 翼型在来流 Reynolds 数 $Re_\infty = 500$,来流 Mach 数 $Ma_\infty = 0.8$,迎角为 10°工况下的自适应 Reynolds 网格。由于流场求解的是 Navier-Stokes 方程,

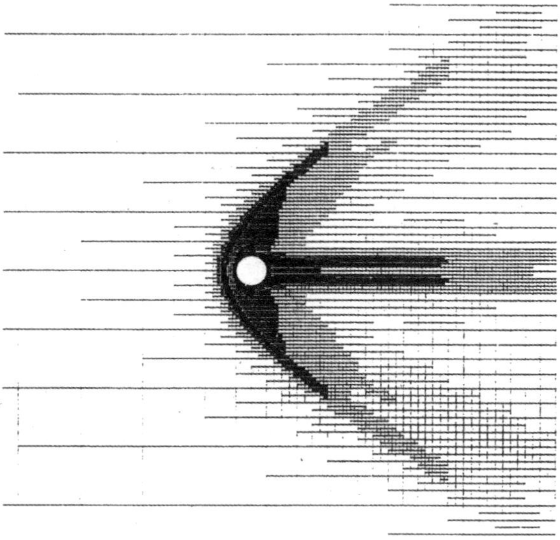

图 8.28　用于超声速圆柱绕流的自适应笛卡儿网格

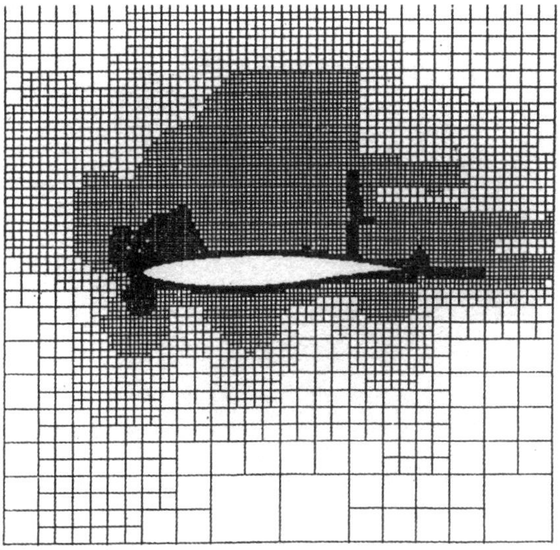

图 8.29　用于含激波跨声速绕流计算的自适应笛卡儿网格

因此由自适应笛卡儿网格技术所生成的壁面网格也非常密集，这里图 8.30 给出的是经过 4 次自适应之后生成的网格图。与黏性流场数值计算相耦合的实践表明：自适应加密技术能够准确地捕捉到流场的黏性特征，并在需要细化的地方进行了网格加密，所得到流场的计算结果与文献[268]采用非结构网格时所得流场的结果符合良好。最后必须要说明的是，这里自适应笛卡儿网格生成方法是与流场的 Euler 方程组或者 Navier-Stokes 方程组的求解过程相耦合的，这也是所有自适应网格方法都应该具备的特征，也正是由于两者间的密切耦合才使得生成的网格能够捕捉到流场的许多重要特征，使得需要细化的位置进行了合理的网格加密，使网格的布局简单、合理。

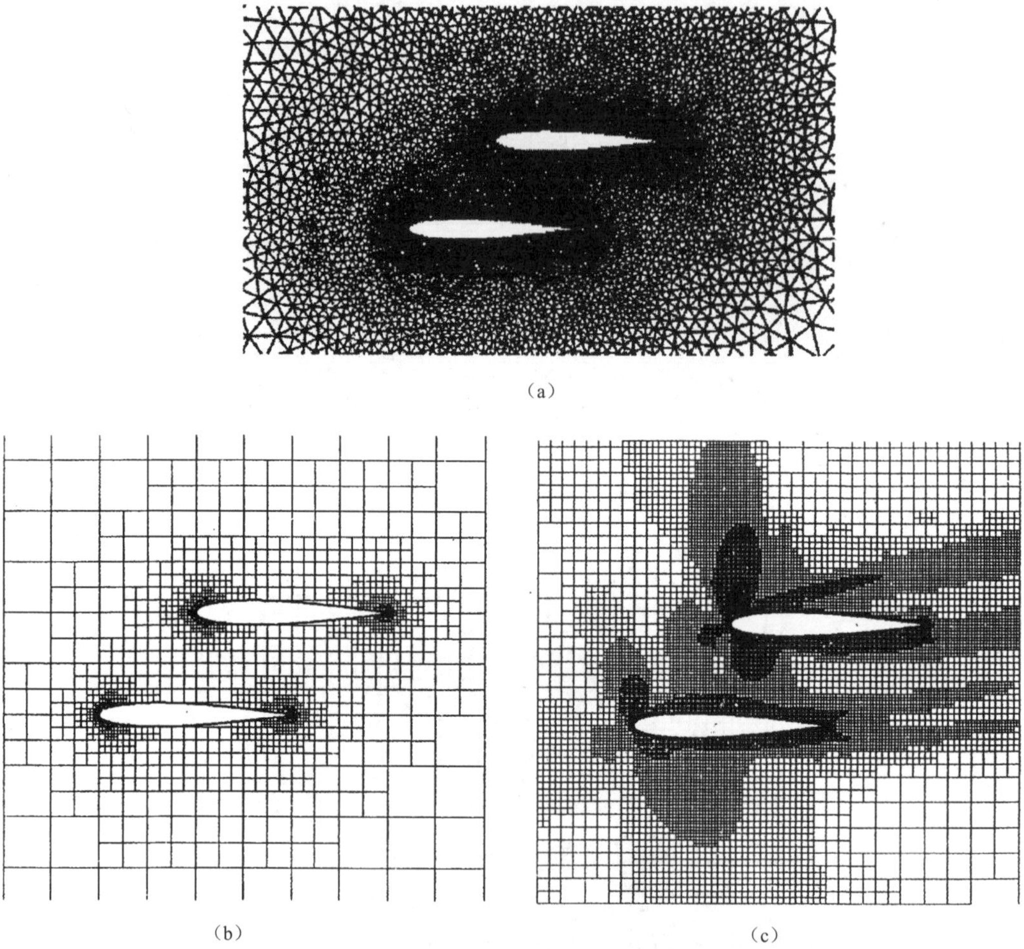

图 8.30 用于双 NACA0012 翼型黏性绕流计算的自适应笛卡儿网格

(a) 非结构网格；(b)初始计算的自适应笛卡儿网格；(c)最终计算的自适应笛卡儿网格

第二篇

工程应用与研究进展

第9章 考虑非定常影响时叶轮机械气动设计以及流动失稳问题

9.1 航空发动机发展的现状以及2030年航空发动机发展的预测

1. 涡轮喷气发动机的两位发明人

作为飞机的“心脏”——航空发动机，在航空技术的发展过程中起着关键性作用[269-277]。1913年，法国工程师雷恩·罗兰获得了第一个喷气发动机的专利，当时这种发动机是无压气机的。有压气机的空气喷气发动机是1937年4月由英国的Frank Whittle和1938年10月由德国的Hans von Ohain分别发明的，其中，Whittle研制出世界上第一台离心式涡轮喷气式发动机，von Ohain研制出世界上第一台轴流—离心组合式的HeS3涡轮喷气发动机。F. Whittle1934年就读于英国剑桥大学机械工程系，1941年5月15日傍晚他研制的发动机试飞成功，致使经历了11年艰苦奋斗之后，Whittle取得了成功。然而Whittle的坎坷之路并未走到尽头，他的喷气动力公司战后被归为国家所有，他的专利权也随之丧失。就在Whittle的发动机试飞成功之后，美国专门派出了一个以陆军航空兵总参谋长为首的规格很高的访英参观团。美国代表团不仅与英国签订了仿制Whittle离心式发动机的合同，而且得到了图纸与实物。美国的仿制工作交给GE公司负责，美方仅用了28周的时间便仿制成功。1944年，在Whittle发动机的基础上，得到了改型的发动机，该发动机命名为J33并装在F-80飞机上，成为美国第一架用于实战的涡轮喷气战斗机。第二次世界大战结束后，1946年，在J35轴流式压气机的基础上同时又吸收了德国von Ohain发动机的设计经验研制出J47并装在F-86D飞机上，该机曾于1953年创造了1 145 km/h的世界飞行记录。至此，原来在喷气领域落后5年的美国已跨入喷气动力飞行的先进国家行列。von Ohain1933年就读于哥廷根大学，他的导师W. Pohl教授全力成就了von Ohain想搞喷气发动机的梦想。在Pohl教授的推动下，von Ohain于1936年4月15日与亨克尔(Heinkel)飞机公司签订了研制合同，并于1937年9月HeS1发动机台架试车成功。第二次世界大战结束后，von Ohain被美军收容，1951年加入美国国籍。此外，F. Whittle晚年也在美国定居，两位古稀老人成了好朋友。1992年，两人共同获得查尔斯·德拉佩奖，该奖项被誉为工程技术界的诺贝尔奖。

在第二次世界大战期间，Jumo-004发动机是世界上首台轴流式发动机，是由弗朗茨(Frantz)负责设计的；BMW003发动机于1944年交付空军使用，它是在奥斯特里希

(Ostrikhi)博士主持下设计的，该发动机采用7级压气机、环形燃烧室加单级涡轮，其中涡轮导向器和工作叶片全部都采用了气冷式空心叶片。第二次世界大战结束后，苏联不仅缴获了大量库存的Jumo-004发动机和BMW003发动机以及生产图纸，而且还俘虏了许多设计人员。苏联决定由库兹尼佐夫设计局仿制Jumo-004发动机，并将仿制品命名为RD-10；由柯里索夫设计局仿制BMW003发动机，并命名为RD-20，一年后两型发动机便仿制成功。另外，1943年4月，英国Rolls-Royce(罗尔-罗茨)公司推出威兰德离心发动机，它是在Whittle型发动机的基础上发展的；此外，Rolls-Royce公司又在威兰德的基础上发展出德温特发动机以及尼恩发动机。尼恩发动机是德温特发动机的放大型，它是当时离心式发动机的最高水平，推力达2 250 daN。第二次世界大战结束后，英国通过贸易以专利形式把德温特(Dewenter)离心式发动机和尼恩离心式发动机的图纸以及实物卖给了苏联。苏联政府将尼恩交给了克里莫夫设计局设计并定名为RD-45，将德温特发动机交给了米库林设计局并定名为RD-500；仅用了一年多时间，两型发动机即顺利仿制成功并转入批量生产，其中RD-45安装在米格-15飞机以及伊尔-28双发轰炸机上。其中米格-15飞机于1947年12月30日完成首次试飞。之后，苏联又对RD-45作了改进并命名为VK-1A，安装在米格-17飞机上，1951年完成首次试飞。另外，苏联本国的青年工程师留里卡也于1941年4月22日取得了设计内外涵涡扇发动机的专利，1947年5月制成涡喷发动机TL-1，装于苏-11飞机上。正是由于苏联既有自己的研制，又接受了英国和德国的成熟技术，所以苏联很快进入了燃气涡轮发动机的先进国家行列。

2. 航空发动机发展的现状以及变循环技术

航空发动机可以分为战斗机发动机、运输机发动机、直升机发动机、无人机发动机和巡航导弹发动机5种类型。因限于篇幅，这里只讨论前一种。对于战斗机发动机，自1973年美国普惠(HP)公司研制出世界首台推重比为8的F100发动机以来，美国通用电气公司的F404发动机和F110发动机，西欧三国联合研制的RB-199发动机，法国的M53发动机和苏联的RD-33发动机以及AL-31相继投入使用，表9.1给出了现役战斗机发动机的主要参数。除了法国的M53发动机为单转子涡扇发动机且推重比为6.2以外，其余均为双转子或者三转子涡扇发动机，推重比为7.2～8.0。从20世纪80年代中期起，航空发达国家开始为第四代战斗机研制动力。

表9.1 现役战斗机发动机的主要参数

主要参数和用途	F100-229	F110-129	F414	RB.199，MK105	AL-31F	RD-33
最大加力推力/daN	12 945	12 890	9 780	7 470	12 258	8 140
中间推力/daN	7 918	7562	6 569	—	7 620	4 913
加力耗油率/$(kg\cdot daN^{-1}\cdot h^{-1})$	2.0	1.94	—	—	2.0	2.09

续表

主要参数和用途	F100-229	F110-129	F414	RB. 199,MK105	AL-31F	RD-33
中间耗油率/($kg \cdot daN^{-1} \cdot h^{-1}$)	0.66	0.65	—	0.663	0.795	0.785
空气流量/($kg \cdot s^{-1}$)	112.4	122.5	78	73.1	112.0	76.0
总增压比	32.4	30.7	30	23.5	23.8	21.7
涡轮前温度/K	1 722	1 728	1 756	1 600	1 665	1 540
涵道比	0.36	0.76	0.27	0.97	0.60	0.48
推重比	7.72	7.28	8.91	7.78	7.14	7.87
用途	F-16C/D、F-15E	F-16C/D、F-15E	F/A-18E/F	"狂风"	苏-27	米格-29

该类发动机除推重比为 10 左右，耗油率比第三代发动机降低 8%～10%之外，发动机的高性能主要体现在第四代发动机实现超声速巡航。另外，一种全新的变循环发动机(VCE)技术已用到 GE 公司研制的 YF120 发动机的设计中。美国空军对第四代战斗机发动机的要求：① 在不开加力时可以在 Mach 数为 1.5～1.6 的条件下持续飞行、具有超声速巡航能力；② 可短距离起降、具有非常规机动能力；③ 具有隐身能力、发动机的红外辐射和雷达截面积尽可能小。从 2000 年起，用于第四代战机的发动机例如美国普惠公司的 F119，西欧四国联合研制的 EJ200 发动机、法国的 M88 发动机、俄罗斯的 AL-41F 发动机相继定型并陆续投入使用。表 9.2 给出了第四代战斗机发动机的主要参数。另外，美国正研制的 JSF(Joint Strike Fighter，联合攻击机)的 F135 发动机也被列为第四代。

表 9.2　第四代战斗机发动机的主要参数

主要参数和用途	F119	EJ200	M88-2	AL-41F	F135
加力推力/daN	15 560	9 060	7 500	17 500	19 135
不加力推力/daN	9 790	6 000	5 000	—	12 460
加力耗油率/($kg \cdot daN^{-1} \cdot h^{-1}$)	2.40	1.73	1.80	—	—
不加力耗油率/($kg \cdot daN^{-1} \cdot h^{-1}$)	0.62	0.79	0.89	—	—
推重比	11.6	约 10	8.8	>10	—
总增压比	35	26	25	—	28/35
涡轮前温度/K	1 950	1 803	1 850	1 910	1 922
涵道比	0.3	0.4	0.3	—	0.51～0.57
用途	F-22	EF2000	"阵风"	1.42	F-35

F135 发动机由普惠公司研制，2006 年 12 月装备于 F-35 飞机进行首飞，到 2007 年底，F135 已积累了 8 500 h 的地面试验，2010 年投入使用。表 9.3 预测了第五代战斗机发动机的主要参数。IHPTET（the Integrated High Performance Turbine Engine Technology）计划，以截至 1995 年，2000 年，和 2005 财年分三个阶段分别达到总目标的 30%，60%和 100%。表 9.4 给出了 IHPTET 计划中战斗机发动机的目标和效益。2005 年 IHPTET 计划取得巨大成功，美国从 2006 年开始实施 VAATE（多用途、经济可承受的先进涡轮发动机技术）和 ADVENT（自适应多用途发动机技术）等计划，美国和欧洲的一些国家开展了对第五代推重比为 15～20 范围战斗机发动机关键技术的预研工作[278]，其中变循环技术便是一项重要内容[279]。变循环发动机（VCE）是指通过改变发动机一些部件的几何形状、尺寸或位置来改变其热力循环的燃气涡轮发动机。利用变循环改变发动机循环参数（例如，增压比、涡轮前温度、空气流量以及涵道比等），使发动机在各种飞行工况下具有良好的性能。对于涡喷/涡扇发动机而言，VCE 研究的重点是飞机在爬升、加速和超声速飞行时减小发动机的涵道比，以增大推力；在起飞和亚声速飞行时，加大涵道比，降低耗油率和噪声。按照 VAATE 计划，到 2017 年推重比达到 20，耗油率下降 25%，并同时降低研制和维修成本。

表 9.3　第五代发动机主要参数的预测

参　　数	第三代	第四代	第五代
总增压比	22～32	25～35	25～40
涡轮前温度/K	1 540～1 750	1 800～1 950	2 100～2 300
涵道比	0.30～1.10	0.30～0.57	0.15～0.35（变循环）

9.2　航空发动机研制中的几项关键技术

1. 风扇与压气机的气动设计问题

风扇与压气机的设计体系已从 20 世纪 50—60 年代初的二维体系，发展到 20 世纪 70 年代中期以后的准三维设计体系。随着计算流体力学的发展，叶轮机械全三维设计体系在 20 世纪 80 年代末逐渐形成。全三维设计体系的核心是发展与完善求解三维 Navier-Stokes 方程的计算程序，目前这种程序已达到工程实用阶段。高压压气机的平均级的增压比已从 20 世纪 50 年代的 1.1～1.2 提高到 F119 发动机的 1.454；叶尖切线速度从 300 m/s 提高到 450 m/s，叶栅槽道的速度已达到 550～600 m/s。压气机的级数在减少，现在压气机用四级便达到过去 6～7 级所达到的增压比。总增压比和平均级增压比的提高会给压气机带来一系列的新问题，如喘振裕度变小、工作效率降低，因此必须采取一系列的新技术与新措施，例如，机匣处理以便提高压气机的工作稳定性和增加喘振裕度；如采用分流叶栅或串列叶栅技术来提高叶栅的工作效率以及喘振裕度；再如采用双转子加可调进口导流叶片进行综合防喘。压气机的不稳定工作除喘振之外，还有一种颤振现象。颤振是作用于叶片的气动力与叶片的弹性力耦合而形成，它频率低、振幅大，在极短的时间（十几秒到几十秒）内即可使零件破坏。

发展小展弦比弯掠（Sweepforward and Sweepback）叶片、超声速通流叶片、大小叶片与串列叶片技术以及对转风扇技术等已成为风扇与压气机叶片气动设计研制工作的重点内容[280,281]。在新概念、新技术的压气机与涡轮的气动设计方面[282-285]，尤其在非定常时序效应（Clocking Effect）和 Calming 效应以及大小叶片技术领域，陈懋章院士及团队为我国发动机的发展做出了重大贡献。

2. 燃烧室与加力燃烧室

现代航空发动机要求燃烧室要在非定常的工作条件下具有良好的性能，因此国外正在发展驻涡火焰稳定的燃烧室，在主燃区形成驻涡稳定火焰，使燃烧室具有较高的燃烧效率和较好的稳定性。另外，采用先进的旋流器技术和点火技术也一直是燃烧技术所关注的问题。这里应特别指出的是，高歌教授提出与设计的沙丘驻涡火焰稳定器是我国近些年来在喷气推进技术上的重大发明之一，这项技术早已用在我国空军使用的航空喷气发动机中。

3. 涡轮冷却以及对转涡轮技术

推重比为 8 的第三代涡扇发动机，涡轮前温度通常在 1 227 ℃～1 377 ℃的范围。推重比为 10 的发动机，涡轮前温度在 1 577 ℃～1 677 ℃的范围，而且高低压涡轮均为单级，因此多采用通道强迫对流再加上气膜的复合冷却技术，外加隔热涂层，总的冷却效果可以达到 500 ℃～600 ℃的效果。在涡轮气动设计方面，重点是研究复合弯扭叶片以及没有导向器的对转气动设计问题。

4. 推力矢量喷管以及红外抑制技术

推力矢量控制是通过改变发动机排气的方向为飞机提供俯仰、偏航和横滚力矩以及反推力，用于补充由于气动操纵面产生的气动力来进行飞行控制。推力矢量技术是一种新型航空技术，目前，苏-37 战斗机（装 AL-37FU 发动机）和 F-22 战斗机（装 F119 发动机）已用上这项技术。在抑制红外辐射作用方面，可以有多种方法，如表面涂层，或者在喷管部位采用引射冷气降壁温的办法。另外，也可以采用塞式喷管，都可达到较好的隐身效果。

9.3　对转风扇的气动设计与特性分析

1. 采用对转风扇技术的必要性

作为一种能量转换装置，航空发动机的作用是将燃料的化学能转换为通过发动机的流体动量差，从而为飞行器提供推力。引入发动机的循环热效率 η_{th} 以及发动机的推进效率 η_p，其定义分别为：

$$\eta_{th}=\frac{循环有效功}{燃料化学能}=\frac{m_a(V_9^2-V_0^2)/2}{fH^*} \tag{9.3.1}$$

$$\eta_p=\frac{推进功}{循环有效功}=\frac{C_0F}{m_a(V_9^2-V_0^2)/2} \tag{9.3.2}$$

式中，m_a，f，C_0，F 和 H^* 分别代表空气流量，油气比，飞行速度，发动机推力和燃料低热值；V_0 和 V_9 分别为发动机 0-0 截面（进口截面）和 9-9 截面（尾喷口出口截面）上的速度。

对于发动机的循环热效率 η_{th} 来讲，提高部件效率、涡轮前温度、总增压比、采用新型的热力循环布局（如中冷回热式循环）等措施都可以提高这一效率值。涡轮前温度的提高受到材料、冷却技术以及排放标准的限制。当温度超过 2 000～2 100 K 时，NO_x 的生成量会迅速增加。对于发动机的推进效率 η_p，其反映损失的是尾喷口的高速气流所带走的动能，即离速损失，因此降低喷气速度可以有效提高 η_p 值。但与此同时，这样便导致了单位质量气流的推力下降，所以在同样推力的需求下必须增大空气流量，这就是大流量、低喷气速度的推进方式相对于小流量、高喷气速度的推进方式在耗油率上的优势。增大涵道比可以有效地降低喷气速度，从而提高推进效率。半个多世纪以来，正是依赖于 η_{th} 与 η_p 的不断提高，发动机的总效率在不断提高，耗油率在不断降低。20 世纪 50 年代的涡喷发动机的总效率约为 20%，到 60 年代出现小涵道比涡扇发动机时总效率为 25%，到当前大涵道比的涡扇发动机其总效率可达 35%，而超大涵道比涡扇发动机的总效率可达 50%；相应地，巡航状态下耗油率从涡喷发动机的 1.0 kg/(daN · h)下降到现役大型民用发动机的 0.55 kg/(daN · h)，对应的涵道比从 0 提高到 10。预计到 2020 年前后涵道比可达到 12 以上，起飞状态涡轮前温度也由 1 000 K 提高到 1 700 K。表 9.4 给出了典型大涵道比涡扇发动机的主要循环参数，由表中可以看到这些循环参数的变化趋势。

表 9.4 典型大涵道比涡扇发动机的循环参数

统计时间	1977～1992	1993～2007	2008 以后
涵道比	4～6	6～9	10～15
总增压比	25～30	38～45	50～60
风扇压比	1.7	1.5～1.6	1.3～1.4
涡轮前温度/K	1 500～1 570	1 570～1 850	>1 900
巡航耗油率/ ($kg \cdot daN^{-1} \cdot h^{-1}$)	0.58～0.70	0.56～0.60	0.50～0.55
典型发动机	PW4000，RB211，CFM56，V2500，PW2037，JT9D	PW4084，TRENT800，CE90，TRENT900，GP7200	GENx，TRENT1000，PW8000

进入 21 世纪后，对民航客机的噪声和排放提出了越来越严格的要求，因此降噪技术已经成为现代发动机气动设计的一个重要组成部分，噪声纳入了重要的设计指标。飞行

噪声主要由发动机噪声和飞机噪声组成，而且发动机噪声远大于飞机噪声。发动机噪声主要有风扇噪声、喷流噪声、涡轮噪声和燃烧噪声，其中风扇和喷流噪声是重要的噪声源。随着涡扇发动机涵道比不断提高，内涵和外涵的排气速度都大大减小，相应地喷流噪声也显著下降。风扇噪声其强度近似地与叶尖切线速度的 4 次方成正比，声功率与喷流速度的 8 次方成正比[7]，因此降低叶尖线速度是降低风扇噪声的有效方法。另外，增大涵道比并且降低叶尖切线速度，这样低压部件的转速就会很低，如果按常规的思路就必须改变驱动方式和结构形式，因此普惠等公司便在风扇和低压压气机之间增添一个减速齿轮箱以便使风扇获得较低的转速[286]。另一个解决的办法是采用对转风扇技术，美国 GE 公司、英国 Rolls-Royce 公司都采用这一技术使风扇在切线速度很低的情况下实现增压、降噪和提高风扇的效率[287]。

对于军用航空发动机，追求机动性、有效载荷和实现超声速巡航等性能，发动机的推重比和尺寸是重要设计指标。为了满足推重比，风扇和压气机的级增压比不断提高。考虑单级增压比，有：

$$
\begin{aligned}
\frac{p_2^*}{p_1^*} &= \left[\left(\frac{T_2^*}{T_1^*}-1\right)\eta_{\mathrm{ad}}+1\right]^{\frac{\gamma}{\gamma-1}} = \left[\frac{c_p(T_2^*-T_1^*)}{U^2}\frac{U^2}{T_1^*}\eta_{\mathrm{ad}}\frac{1}{c_p}+1\right]^{\frac{\gamma}{\gamma-1}} \\
&= \left[\frac{L_u}{U^2}\left(\frac{U}{\sqrt{T_1^*}}\right)^2\eta_{\mathrm{ad}}\frac{1}{c_p}+1\right]^{\frac{\gamma}{\gamma-1}} \\
&= \left[\Psi\left(\frac{U}{\sqrt{T_1^*}}\right)^2\eta_{\mathrm{ad}}\frac{1}{c_p}+1\right]^{\frac{\gamma}{\gamma-1}}
\end{aligned}
\tag{9.3.3}
$$

式中，p_2^* 与 p_1^* 为截面 2 与截面 1 处的总压；η_{ad}，Ψ，U，L_u，γ 和 c_p 分别为绝热效率，负荷系数，切线速度，轮缘功，比热(容)比和比压热容。

由式(9.3.3)可知，提高单级增压比，需要增大压气机的切线速度 U 和负荷系数 Ψ。切线速度的提高要依赖于新材料的发展和整体叶盘技术的应用；压气机负荷的提高，要依赖于提高线速度、发展新叶型、开展小展弦比设计等新技术。表 9.5 给出了典型现役军用风扇的特征数据，现役军用发动机的风扇总增压比为 2.5～5.0，平均级增压比为 1.3～1.8，涵道比为 1.2～0.3，叶尖切线速度为 440～490 m/s，平均级负荷系数为 0.17～0.23。在高负荷轴流级的发展历程中，A. J. Wennerstrom 设计的高通流小展现比单级风扇[288,289]在 457.2 m/s 叶尖切线速度下，实验创下了单级增压比为 2.0，等熵效率 88.2% 的历史记录。在此后的几十年里，常规形式的风扇和压气机设计进步不大，增压比为 3.0 的常规轴流级至今未能实现。因此，一些新的气动设计方法，例如大小叶片、对转级技术、吹吸气边界层控制技术(Blowing and Bleed Technique)、串列叶栅技术、非对称端壁处理技术、弯掠叶片技术等正在高负荷风扇和压气机的气动设计中发挥着作用。另外，非定常流动的影响(例如，考虑尾迹非定常流动影响的时序效应，以及考虑上游尾迹诱导的 Calming 效应，合理选择尾迹通过频率以及叶片负荷分布等参数，有效提升叶片的负荷水平等)也逐渐纳入到压气机与涡轮的气动设计范畴。例如考虑 Calming 效应的非定常设计技术使得低压涡轮在保证性能不降低甚至略有提高的情况下，气动负荷提高了 30%～40%，已成功应用于英国 Rolls-Royce 公司的 BR71* 系列、TRENT 系列发动机，以及发动机联盟的 GP7000 系列等大涵道比涡扇发动机上。

表 9.5 典型现役军用发动机风扇特征数据

发动机	总增压比	级数	级增压比	叶尖速度/(m·s^{-1})	平均级负荷系数
АЛ－31Ф	3.62	4	1.379	470	0.172
РД－33	3.15	4	1.332	430	0.179
F110	3.2	3	1.474	440	0.234
F119	～4.4	3	～1.639	～470	～0.30
F404	3.66	3	1.541	491	0.214

综上所述，对转技术在风扇气动设计中有着两个不同的处理目的：一类是用于低线速度低增压比的民用客机发动机的风扇设计；另一类是用于高线速度高增压比的军用战机发动机风扇设计，两类问题的工程应用背景不同，因此它们便具有不同的气动特征。

2. 民用和军用发动机对转级风扇的一维初始设计

通常意义上，一排转子加一排静子在叶轮机械的书籍中被定义为“级”。但对于对转风扇来讲，“级”的概念尚无统一的定义。这里不妨将对转风扇的前转子加上后转子定义为“对转级”。在常规的转子加静子组成的基元级中，反力度在物理上反映了静压升在动叶和静叶之间的分配。对于对转级而言，这里定义前转子和后转子各自的反力度 Ω_F 和 Ω_A，它表示静压升与其加工量之比，即：

$$\Omega_F \equiv \frac{1}{L_{u,F}}\left[\int_{p_1}^{p_2}\frac{dp}{\rho}+L_{f,F}\right]=\frac{1}{L_{u,F}}\left[L_{u,F}-\frac{C_2^2-C_1^2}{2}\right] \tag{9.3.4a}$$

$$\Omega_A \equiv \frac{1}{L_{u,A}}\left[\int_{p_3}^{p_4}\frac{dp}{\rho}+L_{f,A}\right]=\frac{1}{L_{u,A}}\left[L_{u,A}-\frac{C_4^2-C_3^2}{2}\right] \tag{9.3.4b}$$

$$L_{u,F}\equiv\frac{W_1^2-W_2^2}{2}+\frac{U_2^2-U_1^2}{2}+\frac{C_2^2-C_1^2}{2} \tag{9.3.4c}$$

$$L_{u,A}\equiv\frac{W_3^2-W_4^2}{2}+\frac{U_4^2-U_3^2}{2}+\frac{C_4^2-C_3^2}{2} \tag{9.3.4d}$$

式中，W,U,C 分别为相对速度，叶片切线速度，绝对速度；下脚标 F 与 A 分别代表前转子与后转子；下脚标 1,2,3,4 分别代表前转子的前缘，前转子尾缘，后转子的前缘，后转子尾缘；L_f 为流阻功；L_u 为轮缘功。

定义对转级的级反力度 Ω_{cs} 为前转子静压升与对转级加功量的比值，即：

$$\Omega_{cs}\equiv\frac{1}{L_{u,f}+L_{u,A}}\left[L_{u,F}-\frac{C_2^2-C_1^2}{2}\right] \tag{9.3.4e}$$

假设对转级的进口与出口气流方向均为轴向，则

$$L_{u,F}=\omega_F C_u R,\quad L_{u,A}=\omega_A C_u R \tag{9.3.4f}$$

式中，ω_F 与 ω_A 分别为前转子与后转子的角速度；C_uR 为前转子出口的气流环量，于是有：

$$\Omega_{cs}=\Omega_F\frac{n^*}{n^*+1},\quad n^*\equiv\frac{\omega_F}{\omega_A} \tag{9.3.4g}$$

式中，n^* 为前后转子的转速比。

基元级的速度三角形可由负荷系数 Ψ、流量系数 φ 和反力度 Ω 这三个量纲为 1 的量确定，它们的定义为：

$$\Psi\equiv\frac{L_u}{U^2},\quad \varphi\equiv\frac{C_z}{U} \tag{9.3.5a}$$

$$\Omega\equiv\frac{1}{L_u}\left[\int\frac{1}{\rho}\mathrm{d}p+L_f\right] \tag{9.3.5b}$$

式(9.3.5a)中，C_z 表示轴向速度。

负荷系数 Ψ 反映了压气机所承受的扩压程度，Ψ 值过高将导致气流的分离失速、落后角增大、损失上升、效率下降；Ψ 值过低带来级数增多，轴向长度以及重量的增加；对于跨声速级，如果 Ψ 值过低，也不利于效率的提高。因此，轴流式压气机级的负荷系数通常为 0.2～0.35。另外，扩散因子 D 的概念与上述负荷系数相类似，经验数据表明：动叶叶尖的 D 因子不应大于 0.4，否则会导致较大的损失，动叶沿叶高的其他部位以及静子的 D 因子均不大于 0.6（通常以 0.45 为宜）。如果忽略基元级进出口半径的变化，则负荷系数 Ψ 可进一步写出：

$$\Psi=\frac{L_u}{U^2}=\frac{C_{u_2}-C_{u_1}}{U}=\frac{C_z}{U}\frac{(C_{u_2}-C_{u_1})}{C_z}=\varphi(\tan\alpha_2-\tan\alpha_1)=\varphi(\tan\beta_2-\tan\beta_1) \tag{9.3.6}$$

由式(9.3.6)可以看出，当 Ψ 固定时，更高的流量系数 φ 可以降低叶片的转折角度。通常 φ 在平均半径处取为 0.4～0.8。值得注意的是，一旦 Ψ，φ 和 Ω 确定之后压气机的级数也就确定了，叶片的高度和平均半径也就确定了，因此速度三角形也就确定了。

压气机级的长度和叶片数通过选择展弦比来确定，而展弦比对压气机的稳定工作裕度有着重要的影响[290]。在一定的负荷下，小展弦比设计可获得更高的失速裕度。在过去的 50 年里，叶片的展弦比已由 4 下降到 1.4，但至今展弦比的选取经验性较强、缺乏特定的理论方法。当叶片排的参数确定后，便可选取合适的流道形状（如等外径，等中经，等内径），于是多级压气机的基本参数便确定了。对于轮毂比，在无导叶时可取轮毂比均为 0.30；如果有导叶，则轮毂比可取值为 0.36～0.38。

在初始设计阶段，叶型损失和激波损失分别用 D 因子模型和 Miller-Lewis-Hartmann 激波损失模型来估计计算，图 9.1 给出了转子的扩散因子 D 与叶型损失系数之间的关联曲线。

为了给读者一个数量上的概念，这里给出文献[291]计算的涵道比为 8，对转级增压比为 1.60，线速度为 300 m/s（前转子）和 −222 m/s（后转子）的民用发动机对转级风扇以及涵道比为 0.5、对转级增压比为 3.50，线速度为 500 m/s（前转子）和 −391 m/s（后转子）的军用发动机对转风扇的例子，图 9.2 给出了两类压气机对转级前后转子平均半径处总增压比随转速比的变化曲线，图 9.3 与图 9.4 分别给出了平均半径处绝热效率与各种

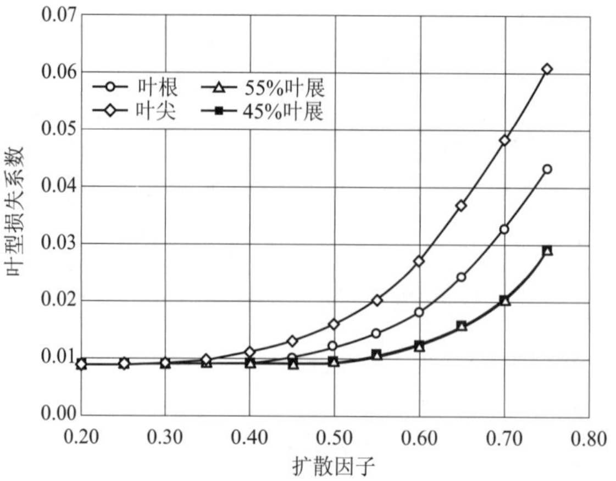

图 9.1　转子扩散因子 D 与叶型损失系数之间的关联曲线

损失随转速比的变化曲线。这里转速比是前转子和后转子的转速比值。由图 9.3 可以看出，为了保证民用对转级风扇的高效率，设计点转速比取为 4∶3。

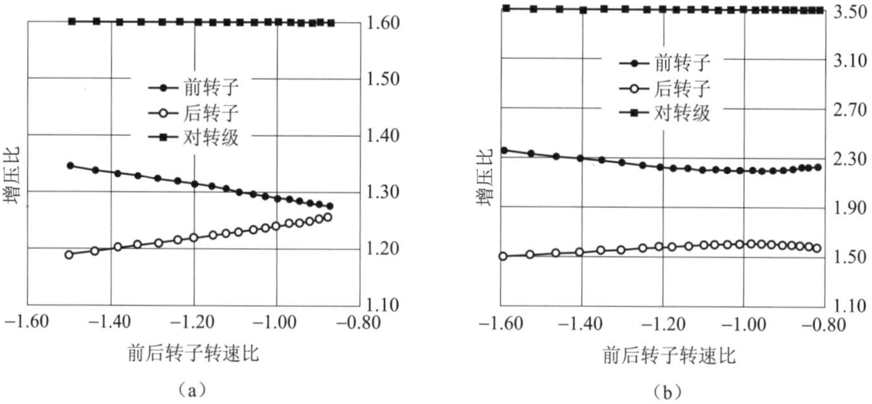

图 9.2　总增压比随转速比的变化曲线

(a) 民用发动机；(b) 军用发动机

3. 两类对转风扇的准三维反问题以及特征曲线

两类对转风扇的准三维反问题设计可采用 R. A. Novak 的流线曲率法或者吴仲华先生的两类流面理论[64]进行 S_2 流面通流计算，并且在任意中弧线上进行叶片造型[70]，之后再完成两者之间的迭代计算，最后再用正问题即求解 Navier-Stokes 方程去检验流场，因篇幅所限不展开讨论。这里仅给出上述算例中，民用和军用对转风扇在 50% 叶高处前后转子进出口位置用 Mach 数表示三角形(简称 Mach 数三角形)，如图 9.5 和图 9.6 所示。图中，下脚标 W 与 C 分别表示相对坐标系与绝对坐标系；另外，在图 9.5 和图 9.6 中，下脚标 1,2,3,4 分别表示前转子的进口、前转子的出口、后转子的进口和后转子的出口。这里还分别给出了这两类对转风扇的换算特征曲线[291]，如图 9.7 和图 9.8 所示。

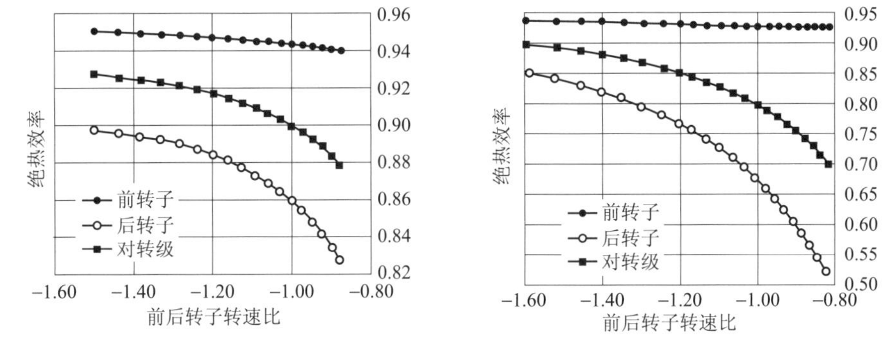

（a）　　　　　　　　　　　　　（b）

图 9.3　绝热效率随转速比的变化曲线

（a）民用发动机；（b）军用发动机

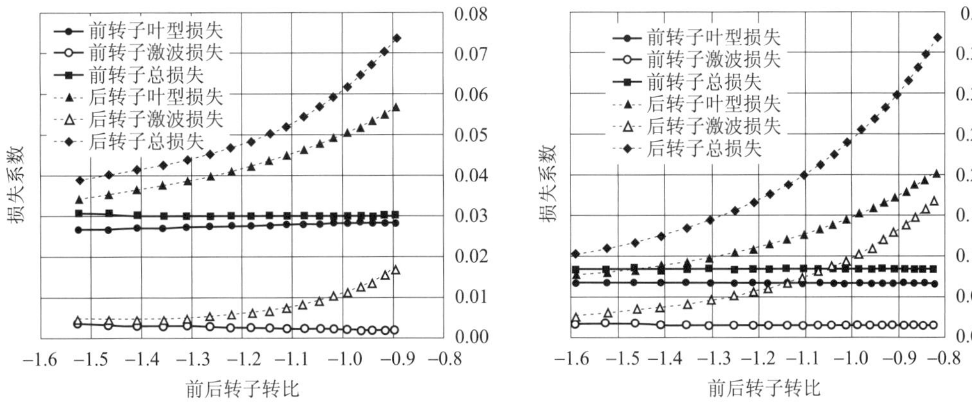

（a）　　　　　　　　　　　　　（b）

图 9.4　各种损失随转速比的变化曲线

（a）民用发动机；（b）军用发动机

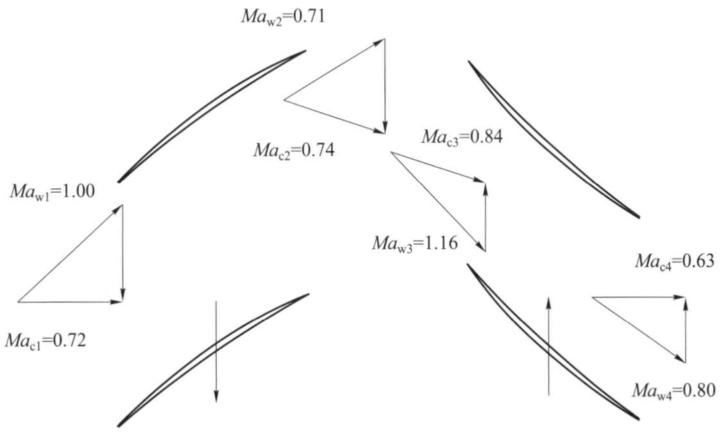

图 9.5　对转级进出口 Mach 数三角形(民用发动机)

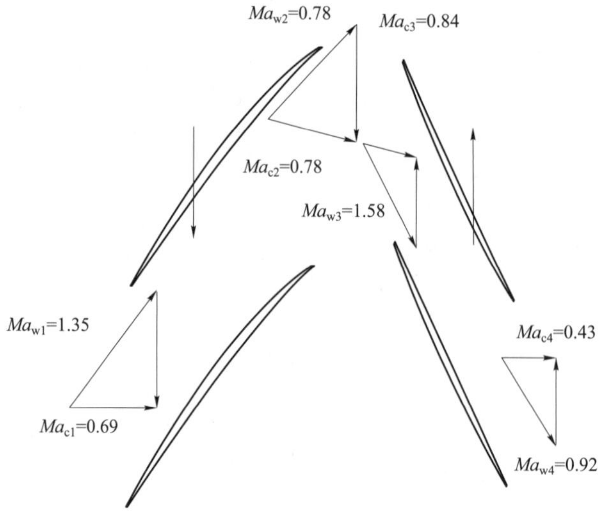

图 9.6 对转级进出口 Mach 数三角形(军用发动机)

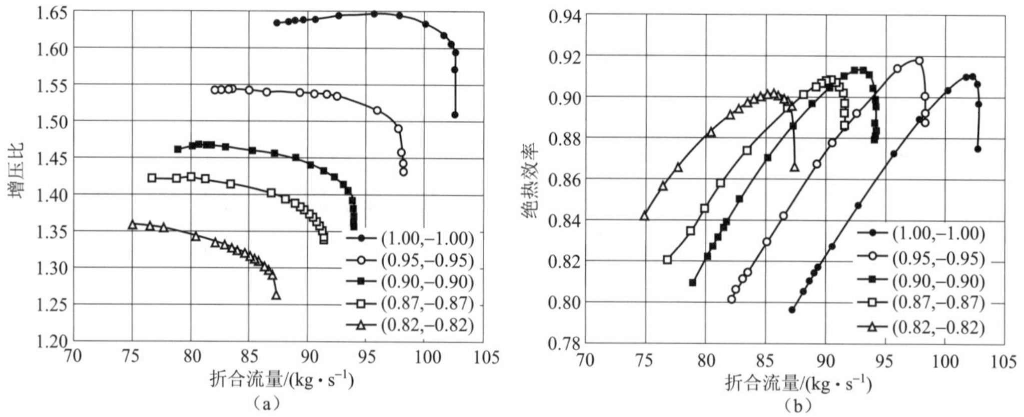

图 9.7 对转风扇的换算特征曲线(民用发动机)

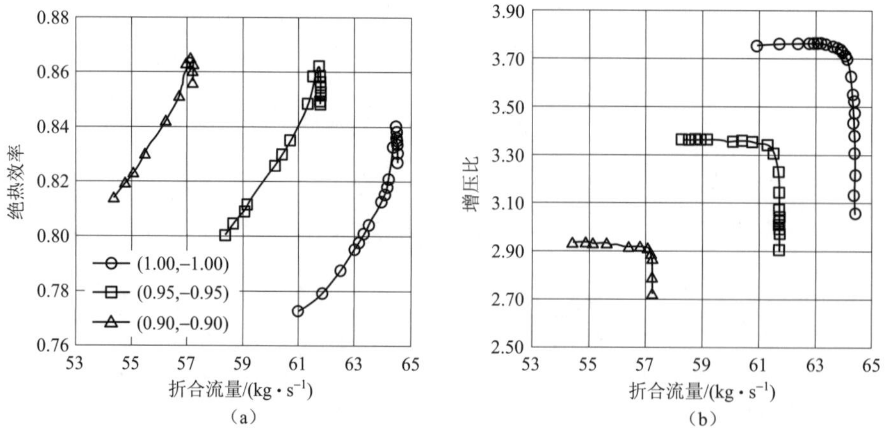

图 9.8 对转风扇的换算特征曲线(军用发动机)

9.4　尾迹与下游叶片边界层作用的近似模型

长期以来，周盛教授以及他的团队在叶轮机械非定常流动的研究领域中做了大量工作（如文献[292—297]），他提出的 18 个前沿性问题[298]很值得研究与深思，他提出的非定常耦合流动理论深刻揭示了轴流压气机内非定常涡量场相互作用的机理，指出了挖掘压气机内非定常潜能的方向。在适当的流动控制手段下，可以使非定常流场的时空结构从无序状态转化为有序，并可以提升压气机的性能。非定常性是轴流压气机内部流动的本质属性，转动部件与静止部件之间的相互作用引起了非定常旋涡流场的相互作用。在轴流压气机内的非定常流动主要分为两类：一类与转子静子的相对运动相关的非定常流动，例如，转子叶排与静子叶排的干扰，叶排与机匣之间的干扰等；另一类与转静相对运动无关的非定常流动，例如湍流、激波、分离流、进气畸变、失速、喘振等。引进折合频率 $\bar{f}$ 的概念，它是非定常性发生的频率与流体微团通过叶片通道的通过频率之比，其表达式为：

$$\bar{f} \equiv \frac{\text{脉动频率}}{\text{通过频率}} = \frac{Ut}{L} = \frac{1}{St} \tag{9.4.1}$$

式中，U 为非定常运动的特征速度；t 为流体微团通过叶片通道的周期；L 为非定常运动的特征尺度。St 为 Strouhal（斯特劳哈尔）数。

通常认为：如果折合频率 $\bar{f} \gg 1$ 时，则非定常影响显著；如果 $\bar{f} \approx 1$ 时，则认为非定常性和准定常性同时存在；如果 $\bar{f} \ll 1$，则流动的非定常性可以忽略不计。

在叶轮机械压缩系统中，上游尾迹与下游叶片排之间的相互作用是压气机内固有的非定常现象，与它相关的尾迹撞击效应（Wake Impacting Effect，WIE）是实现非定常耦合流动的有效手段。从尾迹与叶排相互作用的非线性物理过程中看，存在着沉寂效应、负射流效应，存在着非定常尾迹与叶片非定常脱落涡之间的相互作用（尾迹撞击效应），存在着非定常耦合流动，图 9.9 给出了尾迹与叶栅边界层作用机理适用范围的示意图。从工程简化的角度来分析上述过程便可以认为尾迹的作用，引起了边界层参数的变化，反映到边界层积分方程的形式上便应该有所修改。

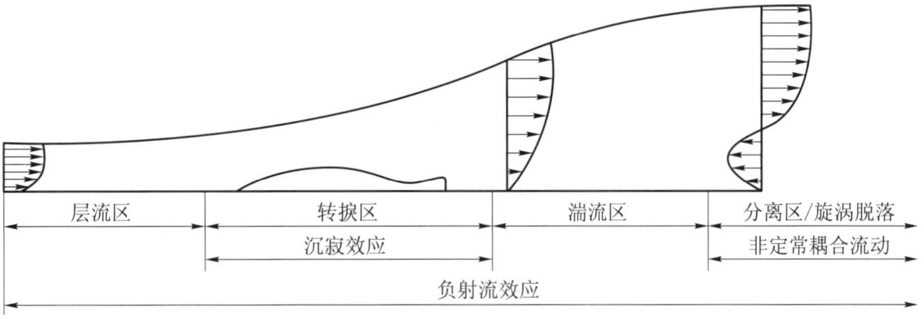

图 9.9　尾迹与叶栅边界层作用机理适用范围的示意图

下面便从这一思路去讨论尾迹与下游边界层的作用模型问题。对于可压缩二维流动的边界层问题，von Karman（冯·卡门）动量积分（文献[17]第 211 页的式(8)）为：

$$\frac{\mathrm{d}\theta}{\mathrm{d}x}+\frac{\theta}{U_e}\frac{\mathrm{d}U_e}{\mathrm{d}x}(2+H-Ma_e^2)=\frac{1}{2}C_f \tag{9.4.2a}$$

式中，θ 为边界层动量厚度；C_f 和 U_e 分别为壁面摩擦系数和边界层外缘沿主流方向的速度；Ma_e 为边界层外缘 Mach 数；H 为边界层形状因子，其定义为：

$$H\equiv\frac{\delta^*}{\theta} \tag{9.4.2b}$$

式中，δ^* 为位移厚度。

边界层的能量方程（文献[17]第 211 页的式(9)）为：

$$\frac{\mathrm{d}\delta_3}{\mathrm{d}x}+\frac{\delta_3}{U_e}[3-(2-\gamma)Ma_e^2]\frac{\mathrm{d}U_e}{\mathrm{d}x}=C_2 \tag{9.4.3a}$$

式中 γ 为等熵指数；δ_3 为边界层能量厚度；符号 C_2 的定义为：

$$C_2=\frac{2}{\rho_e U_e^3}\int_0^\infty \tau\frac{\partial u}{\partial y}\mathrm{d}y \tag{9.4.3b}$$

式中，u 为边界层内流体沿主流方向的流速；τ 为切应力。

对于高速绕平板绝热流动的湍流边界层问题，还近似的有（文献[17]第 211 页式(11)～(13)）：

$$\frac{\delta^*}{\delta}=1-\frac{1}{2b}\ln(1+b) \tag{9.4.3c}$$

$$\frac{\theta}{\delta}=\frac{1}{2b}\ln(1+b)\frac{1}{b}-\frac{\sqrt{1+b}}{2b\sqrt{b}}\ln\left(\frac{\sqrt{1+b}+\sqrt{b}}{\sqrt{1+b}-\sqrt{b}}\right) \tag{9.4.3d}$$

$$b\equiv\frac{\gamma-1}{2}Ma_e^2 \tag{9.4.3e}$$

显然，借助于式(9.4.2)与式(9.4.3)则可压缩边界层问题可解。考虑尾迹与下游叶片边界层的作用模型后，则边界层的动量积分方程式(9.4.2a)可修正为：

$$\frac{\mathrm{d}\theta}{\mathrm{d}x}+(2+H-Ma_e^2)\frac{\theta}{U_e}\frac{\mathrm{d}U_e}{\mathrm{d}x}=\frac{1}{2}C_f+\frac{\overline{U_eV_e}}{U_e^2}+\frac{\overline{-\tau_e}}{U_e^2}-\frac{1}{U_e^2}\overline{[-\int(\Delta\widetilde{B})\mathrm{d}y]} \tag{9.4.4a}$$

式中，等号右边最后三项称为尾迹相关项，是由于加入尾迹扰动假设之后出现的，其中 $\frac{\overline{U_eV_e}}{U_e^2}$ 为尾迹与边界层动量交换项；$\frac{\overline{-\tau_e}}{U_e^2}$ 为边界层外缘摩擦作用项；$-\frac{1}{U_e^2}\overline{[-\int(\Delta\widetilde{B}))\mathrm{d}y]}$ 为与尾迹相关的局部压强梯度变化项；V_e 表示边界层边缘处垂直于主流方向的分速；$\Delta\widetilde{B}$ 表示有尾迹作用时与没有尾迹作用时两者 $\widetilde{B}$ 值的增量，其中 $\widetilde{B}$ 的定义为：

$$\widetilde{B}\equiv\frac{\partial p}{\partial x} \tag{9.4.4b}$$

文献[297]详细说明了这些尾迹相关项是关于尾迹强度、尾迹宽度、尾迹通过频率和尾迹入射角的函数，这些尾迹特征参数通过负射流(Negative Jet)扰动产生的尾迹相关项改变着叶栅边界层的发展，三者共同作用引起了边界层动量厚度的变化。尾迹形成的负射流速度扰动可以表示为尾迹通过频率、尾迹强度和尾迹宽度的函数；又由于尾迹强度沿流向变化可以由尾迹恢复模型决定，因此，尾迹强度又是初始尾迹强度和尾迹入射角的函数。

令 ω_{wake} 表示尾迹在叶栅通道耗散所产生的损失系数，ω_{bl} 表示叶栅边界层损失系数，因此在尾迹的作用下，亚声速叶栅总压损失系数 ω 可表示为：

$$\omega=\omega_{wake}+\omega_{bl} \tag{9.4.5}$$

式中，ω_{bl} 与叶栅边界层动量厚度以及边界层位移厚度有关；ω_{wake} 为尾迹恢复系数(尾迹强度与尾迹入射角)的函数，因此 ω 将尾迹特征参数与尾迹恢复系数联系在一起，即建立了尾迹作用下叶栅的损失模型。

尾迹恢复考虑了尾迹在叶栅通道中发展产生的可逆损失与不可逆损失，故尾迹作用下叶栅的损失除了我们熟悉的边界层损失外，还包括尾迹在叶栅通道中发展的不可逆损失，它们构成了尾迹作用下叶栅的损失模型。

综上所述，式(9.4.4a)给出了在尾迹作用下尾迹与叶栅边界层之间的作用模型，式(9.4.5)给出了在尾迹作用下叶栅的损失模型，这是本节中最重要的两个模型，用它可以分析轴流压气机中上游尾迹作用到下游叶栅边界层时所引起的非定常效应，可以为压气机非定常潜能的开发与利用、为流动控制提供一个工程模化的近似模型。

9.5　叶轮机械中旋转失稳边界的预测及典型算例

1. 叶轮机械稳定性理论的发展与现状

长期以来，流动稳定性一直是流体力学研究的中心问题之一[299-301]，林家翘先生在文献[299]中对经典的流动稳定性理论系统做了全面介绍，周恒先生[300]和尹协远教授[301]也介绍了近 20 年来流动稳定性在非线性领域的一些进展。在叶轮机械内部流动中，以压气机为例，从宏观的平均流动的观点来看，压气机内的流动是稳定的，压气机的动力学特性是稳定的，但当流量减小至失速点(或者提升压气机的背压)时，压气机内的稳定流动特性便无法维持，在压气机内会形成失速或者喘振，这时会出现大范围的非定常不稳定的流动特性。虽然压气机旋转失速稳定性理论已经历了几十年的发展，但至今也还不能圆满解释旋转失速发生的机理。就目前而言，对跨声速压气机的稳定性设计，如果采用定常的 CFD 方法去预测失速裕度时通常都需要根据经验作出调整，即使这样，实验结果可能还是出乎设计者的意料。其实，定常的 CFD 计算如果在没有较多的压气机设计经验融入 CFD 的计算中时，并不适合预测压气机稳定性。因此旋转失速稳定理论被推到了一个急切发展的境地。迄今为止，关于压气机旋转失速稳定性理论主要有两种：一种是以 W. R. Sears 等人工作为基础而发展的小扰动稳定性理论；另一种是 1986 年前后形成的

M-G 模型[302]，它是从系统动力学的视角来研究失速。稳定性模型研究的对象是小扰动，稳定性问题真正关心的不是扰动量的大小，而是小扰动随时间变化的特征，即扰动随时间增长还是衰减。因此稳定性模型通常都是假定成一个复数形式的扰动频率，于是所有扰动量都是一个时间项 $\exp[\mathrm{i}(\omega_R+\mathrm{i}\omega_I)t]$，通过解特征方程可以得到满足匹配条件和边界条件的扰动的特征频率 $\omega_R+\mathrm{i}\omega_I$；如果频率的虚部 $\omega_I>0$，则扰动随时间的发展衰减，则系统是稳定的；反之，如果 $\omega_I<0$ 时系统会失稳。在三维稳定性模型方面，E. M. Greitzer 团队发展了一个三维不可压缩的旋转失速模型[303]，该模型采用了一种分布式的体积力。后来，这个团队又将这个模型推广到可压缩流。文献[304]也应用体积力方式进行了三维可压缩模型方面的尝试，计算了失速的非定常过程。1996 年，孙晓峰教授从三维可压缩线化非定常 Euler 方程出发，采用无穷维系统的截断技术以及有限空间波传播界面间的模态匹配方法，发展了可以考虑任意阶的径向扰动三维可压缩旋转失速稳定性模型[305]。在此工作的基础上，为使模型中壁面条件更真实的反映机匣处理中几何参数的影响，将等价分布源方法引入模型[306]。之后，孙晓峰团队从 Navier-Stokes 基本方程组出发将其线化，并假定流场小扰动为谐波分解，于是线化的 Navier-Stokes 方程组变为一个关于流动扰动振幅的二阶偏微分方程组。为了得到这个偏微分方程的非零解，便得到了关于特征值的方程组[307]。至此，求解三维可压缩流动失稳开始的问题便转化为求以扰动波频率为变量的特征方程，这个特征方程不是常规的代数方程而是复变量的大型矩阵特征方程组，这个大型矩阵方程组的求解需要巧妙的计算方法。

2. 叶轮机械可压缩流稳定性问题的一般方法及简化形式

考虑体积力 $\boldsymbol{F}$ 时的三维 Navier-Stokes 方程为：

$$\frac{\partial\rho}{\partial t}+\nabla\cdot(\rho\boldsymbol{V})=0 \tag{9.5.1a}$$

$$\frac{\partial(\rho\boldsymbol{V})}{\partial t}+\nabla\cdot(\rho\boldsymbol{V}\boldsymbol{V})=\rho\boldsymbol{F}-\nabla p+\nabla\cdot\boldsymbol{\Pi} \tag{9.5.1b}$$

$$\frac{\partial(\rho E)}{\partial t}+\nabla\cdot(\rho E\boldsymbol{V})=\rho\boldsymbol{V}\cdot\boldsymbol{F}-\nabla\cdot(p\boldsymbol{V})+\nabla\cdot(\boldsymbol{\Pi}\cdot\boldsymbol{V})+\nabla\cdot(\lambda\nabla T) \tag{9.5.1c}$$

由于流动稳定性问题关注流动失稳的起始阶段，因此可假设流场由平均流和小扰动组成，即：

$$\boldsymbol{V}=\overline{\boldsymbol{V}}+\boldsymbol{u}' \tag{9.5.2a}$$

$$p=\overline{p}+p' \tag{9.5.2b}$$

$$\rho=\overline{\rho}+\rho' \tag{9.5.2c}$$

$$\boldsymbol{F}=\overline{\boldsymbol{F}}+\boldsymbol{F}' \tag{9.5.2d}$$

式中，上脚标“—”代表平均流场；上脚标“′”代表扰动量。

平均流动可以通过求解定常流的 RANS 方程来获得，于是将式(9.5.2)代入基本控制方程式(9.5.1)后便可以得到线性化的 Navier-Stokes 方程。选取圆柱坐标系(z，r，

θ)[39]，如果假设小扰动为谐波分解的形式，即：

$$\rho'=\widetilde{\rho}(z,r)\exp[\mathrm{i}(-\omega t+m\theta)] \tag{9.5.3a}$$

$$u'_r=\widetilde{u}_r(z,r)\exp[\mathrm{i}(-\omega t+m\theta)] \tag{9.5.3b}$$

$$u'_\theta=\widetilde{u}_\theta(z,r)\exp[\mathrm{i}(-\omega t+m\theta)] \tag{9.5.3c}$$

$$u'_z=\widetilde{u}_z(z,r)\exp[\mathrm{i}(-\omega t+m\theta)] \tag{9.5.3d}$$

$$p'=\widetilde{p}(z,r)\exp[\mathrm{i}(-\omega t+m\theta)] \tag{9.5.3e}$$

式中，上脚标"～"代表流动扰动的振幅；m 为周向模态数；ω 为扰动复数频率；u'_r，u'_θ 和 u'_z 为扰动速度 $\boldsymbol{u}'$ 在柱坐标系中的分速度。

将式(9.5.3)代入到线性化的 Navier-Stokes 方程后，得：

$$\boldsymbol{A}\cdot\frac{\partial^2\boldsymbol{\Phi}}{\partial r^2}+\boldsymbol{B}\cdot\frac{\partial^2\boldsymbol{\Phi}}{\partial z^2}+\boldsymbol{Q}\cdot\frac{\partial^2\boldsymbol{\Phi}}{\partial r\partial z}+\boldsymbol{C}\cdot\frac{\partial\boldsymbol{\Phi}}{\partial r}+\boldsymbol{D}\cdot\frac{\partial\boldsymbol{\Phi}}{\partial z}+\boldsymbol{G}\cdot\boldsymbol{\Phi}-\mathrm{i}\omega\boldsymbol{H}\cdot\boldsymbol{\Phi}=0 \tag{9.5.4a}$$

式中，$\boldsymbol{A}$，$\boldsymbol{B}$，$\boldsymbol{Q}$，$\boldsymbol{C}$，$\boldsymbol{D}$，$\boldsymbol{G}$ 和 $\boldsymbol{H}$ 均为二阶张量，其含义同文献[307]；$\boldsymbol{\Phi}$ 与 ω 的定义分别为：

$$\boldsymbol{\Phi}\equiv[\widetilde{\rho}\quad\widetilde{u}_r\quad\widetilde{u}_\theta\quad\widetilde{u}_z\quad\widetilde{p}]^T \tag{9.5.4b}$$

$$\omega\equiv\omega_R+\mathrm{i}\omega_I \tag{9.5.4c}$$

引入二阶算子 $\boldsymbol{M}(\omega)$，它是关于 ω 的函数，其表达式为：

$$\boldsymbol{M}(\omega)\equiv\boldsymbol{A}\frac{\partial^2}{\partial r^2}+\boldsymbol{B}\frac{\partial^2}{\partial z^2}+\boldsymbol{Q}\frac{\partial^2}{\partial r\partial z}+\boldsymbol{C}\frac{\partial}{\partial r}+\boldsymbol{D}\frac{\partial}{\partial z}+\boldsymbol{G}-\mathrm{i}\omega\boldsymbol{H} \tag{9.5.4d}$$

于是式(9.5.4a)可写为：

$$\boldsymbol{M}(\omega)\cdot\boldsymbol{\Phi}=0 \tag{9.5.4e}$$

因此为了得到 $\boldsymbol{\Phi}$ 的非零解，则需要求解如下形式的特征值方程，即：

$$\det[\boldsymbol{M}(\omega)]=0 \tag{9.5.4f}$$

由式(9.5.4f)得到系统的特征复数频率 ω，显然，如果 $\omega_I<0$，则流动稳定；如果 $\omega_I>0$，则流动失稳。这里的模型与模态波型失速先兆(基于周向旋转速度扰动的模态波型失速先兆)有直接关联。

为了方便工程设计与计算，文献[307]采用了吴仲华先生创立的两类流面(S_1 流面和 S_2 流面)的概念[64]，在平均子午 S_2 流面上进行流动稳定性的预测和分析。大量的典型算例表明：这种简化处理十分方便、可行，便于工程应用。

3. 典型算例

这里给出孙晓峰教授团队所完成的两个典型算例[307]：一个是 NASA Rotor 37 转子在 60%转速和设计转速两种工况下的失稳点预测结果；另一个是 NASA Stage 35 转子在 85%转速和设计点转速时两种工况失稳点的预测结果，以下分别给出这两个算例的相关计算曲线。

1)NASA Rotor 37 的计算与分析

NASA Rotor 37 转子是 20 世纪 70 年代由 NASA Glenn 研究中心设计的[308]，1993 年，美国 ASME 学会曾将 NASA Rotor 37 作为盲题考核和评价当时世界各国自编 CFD 源程序的计算水平。陈乃兴和黄伟光曾代表中国参加了这次盲题大赛，取得了优异成绩，为祖国赢得了荣誉[69]。文献[309]给出了用激光测速仪和探针对该转子流场进行详细测量后得到的叶高各截面上的总温、总压分布数据。

图 9.10 给出了 NASA Rotor 37 转子在 60％设计转速时的特征线对比图。图 9.10(a)为总压比，图 9.10(b)为效率，图 9.10 中 CFD 计算是指采用通常商用 CFD 软件进行定常 CFD 计算所得结果。由图 9.10 可以看出：CFD 计算与实验曲线两者的趋势一致，总压比在近失速点相对误差为 2.4％，效率特征在近堵点偏差较大，达到 8％，近失速点误差小于 3％，数值失稳点的流量为 9.679 kg/s，而实验测得的失速开始点的流量为 10.576 kg/s，两者相对误差为－8.4％，失速裕度被高估了 8％左右。采用文献[307]所给出的稳定性模型计算时，图 9.11 给出了该工况下的特征频率计算结果，表 9.6 给出了失稳点的对比。采用稳定性模型时，随着节流过程中流量的减小，每个状态点都存在着 6 个特征模态解，图中按衰减因子(特征频率虚部)的大小分别标号为 1～6；量纲为 1 的延迟时间 NTD(延迟时间与叶片区的主流平均通过的时间之比)分别取为 0.45 和 1.0。计算结果表明：这个参数在进行稳定性模态计算中并不敏感。另外，由图 9.11 表明：模态 1 最先在流量为 10.75 kg/s 处跨过失稳临界线，衰减因子由负变正，代表了流动开始出现失稳。在预测的失稳点处，模态 1 的传播速度为 54.4％转子转频。表 9.6 给出了文献[307]用稳定性模型预测的失稳点处的流量为 10.75 kg/s，这与实验测得的压气机失稳点流量的相对误差小于 1.8％；另外，文献[307]完成这个算例的计算是在 10 个 CPU 节点的计算机上，耗时 11 h 完成的，它要比非定常的 CFD 计算耗时少得多。对于设计工况，这里因篇幅所限不再给出，感兴趣者可参阅文献[307]。

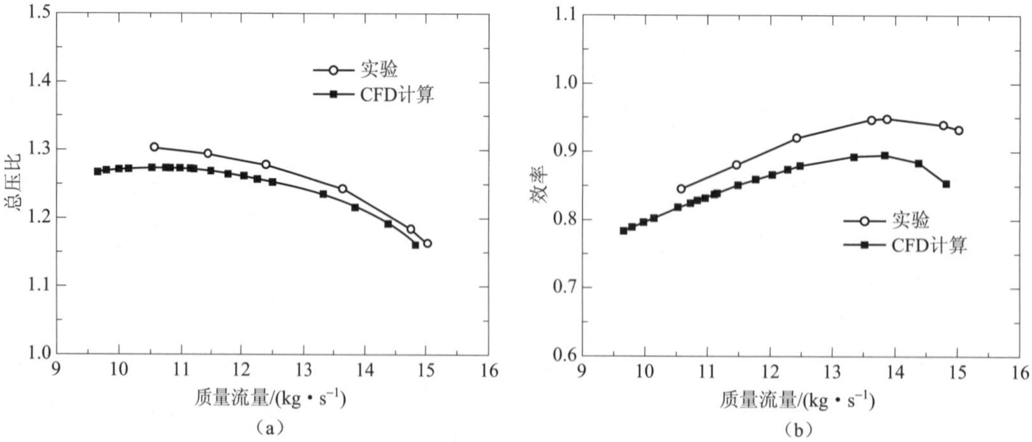

图 9.10　NASA Rotor 37 在 60％转速下的特征线对比

(a) 总压比；(b) 效率

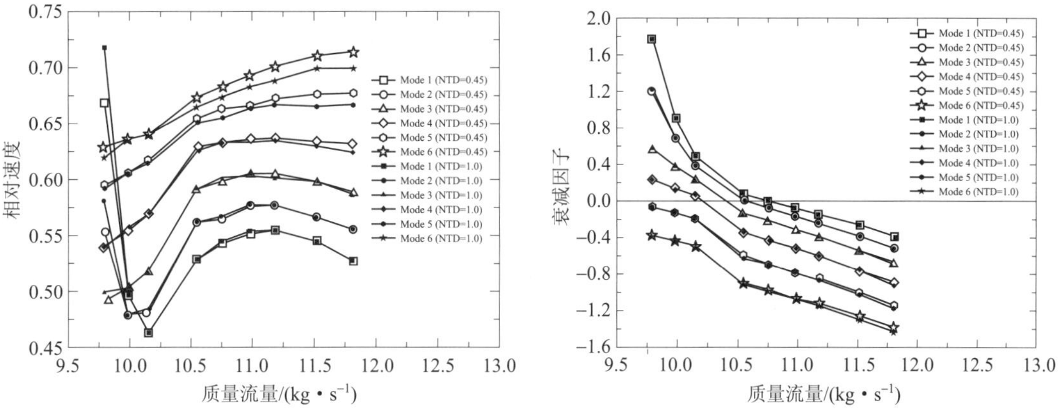

(a)　　(b)

图 9.11　NaSA Rotor 37 在 60%转速时特征频率的计算结果

(a) 相对速度;(b) 衰减因子

表 9.6　NASA Rotor 37 在 60%转速时失稳点对比

方　　法	流量/(kg・s^{-1})	流量相对误差	失稳频率/转频
节流实验	10.567		无实验数据
定常 CFD 数值发散	9.679	−8.4%	N/A
稳定性模型预测	10.75	1.8%	54.4%

2) NASA Stage 35 转子的计算与分析

NASA Stage 35 转子是 NASA 为先进核心压气机研制的一系列低展弦比进口的单级跨声速压气机之一[310],孙晓峰教授的团队曾计算了该单级压气机的 85%设计转速与设计转速两个工况时的失稳点计算。因篇幅所限,这里仅给出设计转速时的结果。图 9.12 给出了 100%转速时总静压升的特征线对比图,由该图可以看到,定常 CFD 的计

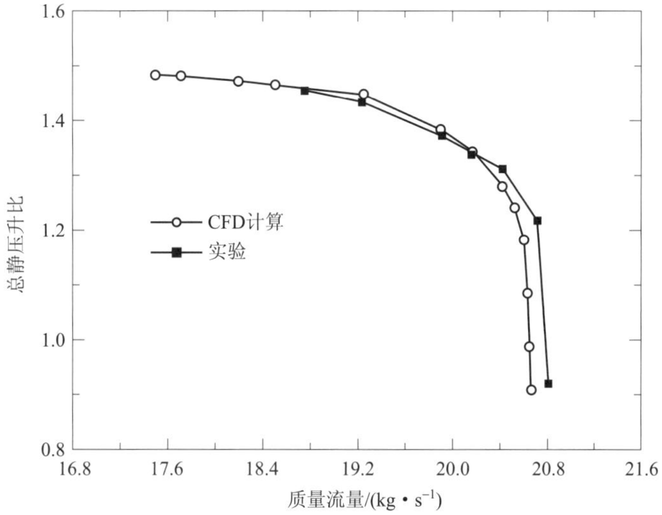

图 9.12　设计转速时总静压升特征线的对比

算结果和实验特性曲线趋势符合的很好，除计算的堵塞点流量偏低 0.9%以外，总静压升在设计点和近失速点附近都吻合的很好。定常 CFD 计算数值发散点位于 17.5 kg/s 处，实验测得的失速开始点为 18.75 kg/s，两者相对误差为−6.7%，失速裕度被高估了 6%。图 9.13 给出了 100%转速时流场特征频率计算结果。在所选的计算区域内，存在两个频率解。按相对速度大小标记为模态 1 和模态 2，模态 1 的衰减因子在 18.8 kg/s 处由负变正。该点即为模型计算的失稳临界点，与实验的失稳点流量相对误差为 0.27%。另外，失稳点对应的扰动传播速度为 66%转频。

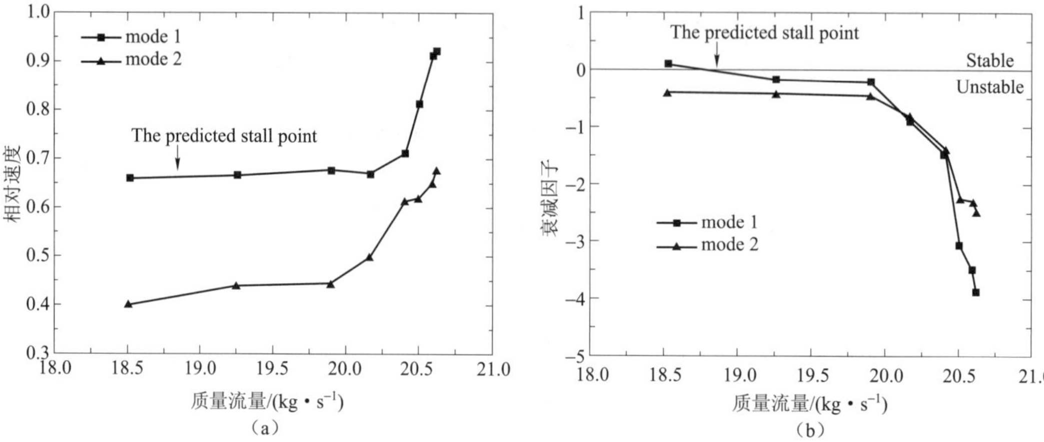

图 9.13 100%转速时特征频率计算结果

(a) 相对速度；(b) 衰减因子

9.6 压气机叶顶间隙泄漏流以及发生失速先兆的条件

随着综合高性能涡轮发动机技术(IHPTET)计划的实施，航空发动机正向着高推重比、高压比、高效率、低耗油率和宽失速裕度的方向迈进。从气动的角度来讲，对于压气机/风扇的气动设计，高压比、高效率与宽失速裕度之间存在着一定的矛盾。随着压气机级负荷的不断提高，叶片展弦比更低，叶片通道内的二次流和流动的三维性更强、叶尖泄露更严重。边界层及角区更容易发生分离。一旦压缩系统进入流动失稳状态，发生旋转失速和喘振，这将对压气机和整个发动机造成极其严重的后果。在叶轮机械中，压气机的端区流动所带来的流动损失约占总损失的 1/3，而叶顶泄露流的损失要占主要份额[311,312]，近 10 年以来的研究表明，泄露流的作用不仅仅限于造成流动损失，它还与压气机的内部失稳时出现的旋转失速现象存在着密切的关系[313,314]。旋转失速和喘振是叶轮机械中流体失稳的两种典型代表现象。目前，学术界普遍认为：诱发旋转失速的先兆波主要有两种：一种是大尺度模态波(Modal Oscillation)型失速先兆；另一种是小尺度突尖型(Spike)失速先兆。模态波形失速先兆是一种沿压气机周向旋转的大尺度、小幅值正弦波，其波长是压气机通道环面周长的数量级。它在压气机失速前逐渐增强，在 10～40 r 的时间内变为完全发展的失速团。N. A. Cumpsty 团队在一台单级、高轮毂比的轴流压气机上用多组压力传感器和热丝在 1990 年首先捕捉到周向传播的压强或速度扰动波，它们将压气机带入失速[315]。1991 年，E. M. Greitzer 团队在两台低速（单机和三级）压气机以及一台高速（三级）压气机上进行了详细测量，再次证实了文献[315]对周向传播的小幅值波的描述。另外，还发现模态波连续地过渡到旋转失速，在相位和幅值上无剧烈变化[316]。1993 年，I. J. Day 首先发现了一种由局部效应引起的、小尺度扰动的先兆波（突尖型先兆波）[317]。由捕捉到突尖型先兆到压气机完全失速通常只有 2～3 r 的时间，这就使得人们很难在早期发现突尖型失速先兆后去实施失速的控制措施。但是，I. J. Day 曾在进口导叶后沿周向布置了 12 个由快速反应阀门控制的喷嘴向第一级转子叶顶喷射气流[318]，实验表明，叶顶喷气可以有效延缓了旋转失速的发生。1997 年，文献[319]在对两种类型的失速先兆的触发机制进行研究后发现，模态波型失速先兆与突尖型失速先兆之间没有明显的区分界限，而且 I. J. Day 还认为旋转模态波与旋转失速团的生成是两个不同的物理过程，虽然他们都在压气机接近失稳时才出现，但二者并不存在继承关系。在数值计算方面，C. Hah 曾分别对轴流压气机以及离心式压气机的三维流场进行过大量的三维定常和非定常 Navier-Stokes 方程计算，发现单通道定常计算在近失速和失速后不能准确描述流场情况，而采用压气机叶栅整圈的三维非定常 Navier-Stokes 方程的数值计算则才能准确的模拟到尖脉冲失速先兆的产生过程[320]，Hah 给出了这一过程的发展：尾缘吸力面首先出现小扰动，它向上游传播并最终发展为失速团而叶顶部泄露涡在失速过程中向上游运动且分裂为失速团中更小的三维涡结构。黄伟光领导的中国科学院工程热物理研究所团队是国内最早开展压气机三维全圈非定常计算的群体[321]，这个团队不仅在叶轮机械定常流的正反问题求解中取得了重要成果[322-330]，而且在非定常计算与相关的试验方面取得了可喜的成果[331-337]。他曾于 2002 年荣获“国家自然科学二等奖”，2001 年与 2009 年先后两次荣获“国家科技进步二等奖”。他们在低速压气机转子以及跨声速压气机转子的失速先兆预测与叶顶微喷扩稳控制方面所进行的研究引起了世界工程热物理界的关注。他们曾组织几届博士生对叶顶泄漏流产生的机理进行研究，基本弄清了泄漏流与主流交界面位移前移直至溢出前缘的原因：从力学上讲主要由于泄露流与主流的轴向动量比随着流量的减小而不断增大，并最终在叶片的前缘溢出。在国外，1991—2005 年的研究基础上，E. M. Greitzer 团队在通过单通道以及多通道的数值模拟并结合多人的实验数据，在文献[338]中提出了发生突尖型失速先兆的两个必要条件：一个是叶片顶部泄漏流与进口来流之间的相互作用面与转子叶片前缘相靠近；另一个是来自邻近叶片通道的顶部间隙泄漏流在叶片尾缘处出现倒流。此外，C. Hah 等人也对突尖型失速先兆问题给出了发生的条件[339]。显然，弄清楚失速先兆的发生条件，弄懂失速先兆发生的物理机理，这对研究压气机失稳的主动控制十分有益。

第 10 章 现代飞行器的非定常大迎角气动分析以及优化设计

10.1 推动飞机发展与进步的科学大师和设计家

1903 年 12 月 17 日上午 10 点 35 分，一架外形奇特的“飞行机器”摇摇晃晃飞离地面，高度不过 1 m 左右。它没有起落架、没有驾驶员座椅。俯卧在这架“飞行机器”上的飞行员和另一位站在机翼旁、穿着夹克戴着礼帽，这两个人就是发明人类历史上第一架飞机的 Wright Brothers。那个奇特的“飞行机器”就是在华盛顿美国航空航天博物馆中展览着的“飞行者”1 号，它是人类第一架有动力的飞机。在飞机诞生 110 年后的今天，各种航空航天器其中包括喷气战斗机、运输机、直升机、大型火箭、导弹、大型航天飞行探测器以及航天飞机等五彩缤纷，是靠一大批诸如 L. Prandtl，A. Busemann，Th. von Karman，R. T. Whitcomb，Павел Осипович Сухой（巴维尔·奥西波维奇·苏霍伊）、A. I. Mikoyan（米高扬）等科学家和设计师们的努力，在一系列相关科学、特别是空气动力学方面取得突出成就的基础上，才使飞机的发展有了今天的水平。因篇幅所限，这里仅想介绍一位大师 Prandtl 和三位与喷气战机发展相关的勇士 Busemann，Whitcomb 和 Сухой 的风范，以此去激励后人。

1. Ludwing Prandtl 的敬业精神

1875 年 2 月 4 日 Ludwig Prandtl 出生于德国，1894 年，中学毕业后进入慕尼黑工业大学机械工程系学习，1899 年获弹性力学博士学位。1901—1904 年，Prandtl 曾先后在汉诺威工业大学和哥廷根大学应用力学系任教，1904 年，他在国际数学年会上宣读了他关于边界层理论方面的论文，受到了学术界的高度重视。Prandtl 一生在高等学校任教 45 年，他治学严谨、诲人不倦、在教学和科研中都取得了丰硕的成果，使德国在空气动力学这一领域一直走在世界前列，他享有“空气动力学之父”的崇高荣誉。他提出的边界层理论是流体力学领域中重大的发现之一。除此之外，他的其他贡献包括：翼型和机翼理论（例如，机翼—机身，机翼—推进，双翼飞机等理论）、风洞的基础理论研究，高速空气动力学（例如，亚声速可压流的修正公式，激波的 Prandtl 关系式）、湍流理论等。此外，在流体力学与气体动力学书籍中用他的名字命名的理论、定律或者方程有许多，例如，Prandtl 边界层方程，Prandtl 升力线理论、超声速绕外钝体的 Prandtl-Meyer 流动，亚声速线化流动的 Prandtl-Glauert 相似律，黏性管流中的 Prandtl 光滑管流摩擦律，湍流理论中的 Prandtl 混合长度理论以及流体力学与传热学[3,5,19,20]中常用的无量纲数 Prandtl 数等。1918—1919 年，Prandtl 研究并提出了大展弦比的有限翼展机翼理论，为近代高性能飞机的设计奠定了基础[340]。他还是流线型飞艇的开拓者。此外,他在风洞设计和其他动力学设备方面也有许多创新。Prandtl 一生发表了 150 篇论文及多部著作,后人为了纪念他,整理与编辑了《应用力学》、《流体力学》、《空气动力学》三本论文集,于 1961 年由德国斯普林格(Springer)出版社出版。Prandtl 的《流体力学概论》一书已成为世界各国学习流体力学的经典教材[3]。我国著名女空气动力学家,北京航空航天大学陆士嘉教授是 Prandtl 先生的博士生,她概括了她导师的主要学术成就:第一,提出了边界层理论,研究了层流稳定性和湍流边界层,为计算飞行器阻力、控制气动力分离和计算气动热与热交换等奠定了基础;第二,建造了哥廷根风洞,开创了风洞模型试验技术,推动了空气动力学的研究;第三,提出了升力线和升力面的理论,充实与发展了机翼理论。事实上,正是由于有 Prandtl 这样一流的科学家的努力拼搏,才使得德国在飞机气动力的设计上有许多新奇的气动布局设计,使第二次世界大战后,美苏两个超级大国得以在德国研究的基础上把航空科技继续向前推进。Prandtl 培养了许多学生,其中不少人后来成为世界上著名的科学家,例如,Th. von Karman, H. Schlichting[341], M. M. Munk, A. Busemann, A. Betz, K. Pohlhausen and W. Tollmien 等。北京大学前副校长、我国著名国学大师季羡林教授在写他的《留德十年》一书中,如实记载了第二次世界大战结束前夕他在德国哥廷根大学亲眼看到 Prandtl 工作的一幕[342]:当年,盟军飞机向季羡林所在的哥廷根市投掷了许多气爆弹,用以震碎房屋的玻璃。季羡林说:“在清扫碎玻璃的哗啦声中,我从远处看见一个老头儿,弯腰屈背,在仔细地看着什么,他手里没有拿着扫帚之类的东西,不像是扫玻璃的。走到跟前,我才看清楚了原来这位老人是德国的飞机制造之父、蜚声世界的流体力学权威 Prandtl 教授”。Prandtl 对季羡林说,他正在看操场周围的一段短墙,观察炸弹爆炸引起的气浪是怎样摧毁这段短墙的。当时 Prandtl 教授还自言自语:“这真是难得的机会!我的空气动力学实验室是无论如何也再现不出来的。”季羡林在书中说道:“我陡然一惊,立刻肃然起敬。面对这样一位抵死忠于科学研究的老教授,我还能说什么呢?”

2. 推动飞机理论发展的三位勇士

A. Busemann 1901 年生于德国,1924 年获得工程学位之后便在 Prandtl 教授实验室工作,并深受教授的赏识。1935 年,他在罗马举行的第 5 届沃尔塔高速飞行会议上提出后掠翼的设想,得到了与会科学家们的一致肯定。之后,关于后掠翼的风洞实验数据表明:机翼后掠不仅在超声和高亚声速时可以减少阻力、增加升力、使飞机突破声障变得容易,而且可以大大提高飞机高速飞行时的稳定性。因此,当时德国梅塞施密特公司很快将后掠翼技术应用到当时世界最早的喷气式战机 Me 262 飞机上。到第二次世界大战末期,经过多次改进的 Me262 飞机的机翼后掠角达到了 45°。另外,Me163 实用火箭飞机甚至只有后掠的主机翼,没有水平尾翼,这实际上就是后来三角翼飞机的前身。此外,美国的波音公司也很快决定将原来采用平直机翼的轰炸机改用 Busemann 的后掠翼。改进工作进行顺利,不久就推出了美国第一架后掠翼轰炸机 B-47。苏联也借鉴了 Busemann 的成果,研制了著名的米格-15 喷气式后掠翼战斗机;美国北美公司也将 NA-140 平直翼改为 F-86“佩刀”后掠翼战斗机。这里应指出的是，米格-15 和 F-86 飞机的成功应用标志着 Busemann 后掠翼技术得到世界多国的认可，后掠翼技术与喷气发动机是人类突破声障的两大关键技术。第二次世界大战结束后，A. Busemann 聘请到美国国家航空咨询委员会兰利研究中心工作，作为高级顾问他在那儿工作了 15 年。1963 年他受聘于科罗拉多大学任教授，从事教学和科研工作，培养了不少出色的工程技术人员。

R. T. Whitcomb 1921 年 2 月 21 日生于美国，1943 年大学毕业后应聘进入美国国家航空咨询委员会兰利研究中心工作，从事飞机减阻和激波方面的研究。他的主要贡献之一是在 1952 年发现和提出了跨声速面积律理论。Whitcomb 认为对于喷气飞机及来讲，机身在机翼连接处采用向内收缩的蜂腰形可以大幅度减少飞机的阻力。YF-102 战斗机在 1945 年试飞时由于跨声速波阻力过大而未超过声速，后来采用了跨声速面积律和其他措施，使其改型机 YF-102A 于同年试飞时顺利地超过声速成为世界上第一架采用跨声速面积律的飞机。由于这个理论为飞机的设计和飞行实践证实是有效的，因此 1955 年他荣获“科利尔航空奖”。Whitcomb 的另一贡献是 1967 年提出超临界翼型，减小了阻力、提高了效率。这项技术首先在洛克韦尔公司的 T-2 教练机上试验，它的改进型又在 F-8 飞机上试验，非常成功，致使 20 世纪 70 年代后半期几乎被主要跨声速飞机所采纳，这是一种非常优秀的机翼设计技术。因此 1973 年前总统尼克松为他在航空上的发明与发现授予他“国家科技奖”。

Whitcomb 还从鸟翅膀的小翅得到启发，1976 年提出了翼梢小翼的概念。在小展弦比机翼的翼梢处装一个小翼片，从而既提高了展弦比，又不会使结构质量和摩擦阻力增加许多。这一思想一经试验果然奏效。据估计，翼梢小翼能减少诱导阻力 20%～35%；这种技术先后在美国的里尔 28/29 飞机、欧洲空中客车公司的 A310-200、A320、A330/340 系列客机、俄罗斯的伊尔-96、图-204 以及美国的 C-17 军用运输机、波音 747-400、MD-11 客机等都采用了翼梢小翼技术、节省了燃油，使运输机改善了运营经济性。正是由于 Whitcomb 在公众航空服务方面的杰出成就，他荣获“Wright Brothers 纪念奖”。更为可贵的是，1980 年 2 月 29 日，Whitcomb 从美国航空航天局退休后，仍在自己从事新的课题研究，他把自己的一个房间改造成一个实验室兼车间。另外它还自学固体物理学。显然这种奋进不止的敬业精神值得称赞和学习。

Сухой 于 1895 年 7 月 22 日生于白俄罗斯。考入莫斯科大学物理系后，便开始听 N. E. Joukowski 的课，这在很大程度上决定了 Сухой 未来的事业走向。1921 年秋，Сухой 进入莫斯科包曼工程学院学习，1924 年在图波列夫指导下做毕业设计，1925 年毕业答辩后便留在图波列夫身边工作。在图波列夫设计局期间，他担任 AHT-25 飞机的主任设计师。1937 年 6 月奇卡洛夫机组驾驶该机由莫斯科经北极飞到美国，在全世界引起轰动，正是这次成功的飞行，使 Сухой 于 1939 年 7 月成立了自己的设计局。

Сухой 是苏联最早的研发喷气式飞机的设计师之一，从 1942 年他的设计局便开始了喷气飞机的研究。20 世纪 50 年代以来，他的设计局先后研制了苏-7，苏-9，、苏-11、苏-15 和苏-17 等型飞机。苏-9 飞机是当时苏联国内速度最快，飞行最高的战斗机。就飞行性能而言，它不亚于当时世界上如 F-4 飞机和 F-106 飞机等最优秀的战斗机，苏-9 战斗机在 1956—1962 年之间创立了一系列飞行速度和高度的世界纪录，苏-9 飞机的发展型是苏-11 飞机，两型飞机共生产 1 200 架。苏-15 飞机是苏联第三代战斗机的代表。位于西伯利亚的奇卡洛夫飞机制造厂生产了 1 400 架各型苏-15 飞机，构成了 20 世纪七八十年代苏联国土防空的基础，一直到 20 世纪 90 年代才被苏-27 飞机和米格-31 飞机取代。在战斗轰炸机方面开发了苏-17 变后掠翼飞机、研制了苏-24 战术飞机、苏-25 对地攻击机，成为苏军的主力装备。1969 年，在 Сухой 的倡议下，设计局开始了苏-27 飞机的设计研究工作。Сухой 大胆地采用全新的气动布局，采用机身和机翼间平滑过渡，形成翼身融合升力机身；采用纵向静不稳定设计，两个互相独立的发动机短舱安装在机翼下表面，发动机进口与机翼前缘保持一定距离等。另外，在 Сухой 的主持下，为完善方案在几年内研究了二十多个气动布局模型，反复比较与优选，以便定出最优气动布局方案。就在苏-27 飞机初步完成设计，试验机即将投入生产之际，Сухой 带着遗憾于 1975 年 9 月 15 日与世长辞。这位设计局的创始人曾担任总设计师 33 年之久，他一生共主持设计了 50 多种新飞机，其中 34 种进行了试飞。Сухой 去世后，苏-27 飞机由西蒙诺夫接任总设计师完成了后续工作。苏-27 飞机于 1969 年开始研制、1977 年 5 月 20 日首次试飞，1979 年投入批生产，1985 年进入部队服役。该机采用翼身融合技术，悬臂式中单翼，翼根外有光滑弯曲前伸的边条翼，双垂尾正常式布局，楔形进气道位于翼身融合体的前下方，有很好的气动性能。全金属半硬壳式机身、机头略向下垂、大量采用铝合金和钛合金，传统三梁式机翼。四余度电传操作系统，按静不稳定设计。该机主要针对美国的 F-16 和 F-15 飞机设计，用以取代雅克-28P、苏-15 飞机和图-28P/128 截击机，具有机动性好和敏锐性好、续航时间长等特点，可以进行超视距作战。该机有多种改型，包括苏-27P 单座陆基型、苏-27UB 串列双座教练机、苏-27K 舰载战斗/攻击机、苏-27KU 并列双座战斗轰炸机、P-42 飞机（由苏-27 飞机专门改装、创造了 31 项官方世界纪录）等。至 1992 年，独联体国家已装备了 300 多架苏-27 飞机。另外，苏-27K 舰载飞机也是增加了鸭面形成三翼面布局。三翼面布局的鸭面可以提高平尾、副翼和方向舵大迎角时的操作效率，改善了大迎角的机动性。此外，苏-34、苏-35、苏-37 等飞机也都是在苏-27 飞机的基础上发展的一类新型战机，除了加装鸭面成为三翼面布局之外，还采用了矢量推力喷管。

综上所述，苏-27 飞机是发展新一代战机的平台，图 10.1(a)给出了苏-27 飞机完成的 Cobra 机动动作。该机在 500～1 000 m 高度之间，在几秒钟内完成动态减速，实现飞行迎角从 $\alpha=0°$到$\alpha=\alpha_{\max}\approx110°$，然后再回到 $\alpha=0°$的动作，实现了世界上前所未有的大迎角飞行。所完成的 Cobra 动作显示出苏-27 飞机优异的飞行性能和操纵性能，以及发动机良好的加速性能。图 10.1(b)给出了 1995 年，X-31A 在巴黎航展上完成的 Herbst 机动表演，图 10.1(c)为大迎角机动时的迎角范围。目前，有两种大迎角机动方式：一种是 Herbst 机动，即以高的迎角变化速率使飞机达到一定的大迎角飞行，随即维持一段时间，然后回到正常迎角。在机动中既有纵向运动，又有横航向运动，以得到较小的转弯半径。

这有助于获得快速机头指向，迅速占据有利态势。当以迎角超过最大升力系数的临界迎角来进行机动飞行时，则为 Herbst 机动（图 10.1(b)）。另一种是 Cobra 机动，即飞机以较大的俯仰角加速在纵向平面内，迅速绕 y 轴转动机身，使飞机的迎角超过失速迎角，并且具有足够的保持大迎角的能力，以完成机头的指向瞄准（图 10.1(a)）。苏-27 飞机的机动动作主要依靠气动力舵面，没有去依靠矢量推力的帮助，而苏-37 飞机和 F-16MATV 完成 Cobra 动作时主要依靠推力矢量的作用。苏-27 飞机设计的成功是与 Сухой 晚年的不懈努力（尤其是气动布局的精心设计）分不开的，Сухой 坎坷（例如，1949 年 11 月他的设计局遭到关闭，直到 1953 年设计局才重新开张）而执着的一生，更赢得了人们对他的尊敬与敬仰。

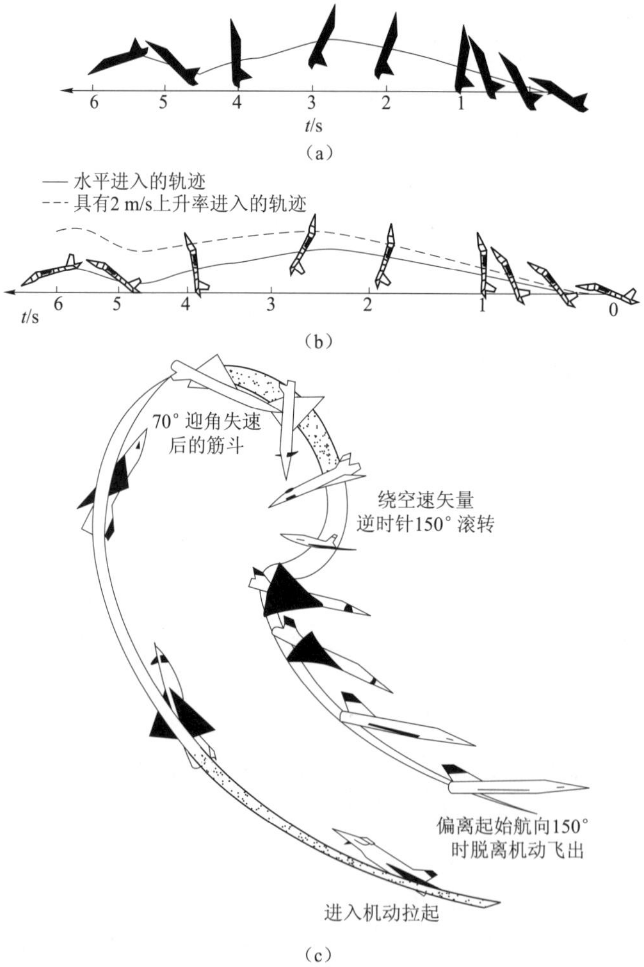

图 10.1 苏-27 和 X-31A 飞机的机动飞行

(a) 苏-27 飞机作 Cobra 机动表演；(b) 苏-27 飞机的 Cobra 机动分析；(c) X-31A 飞机作 Herbst 机动表演

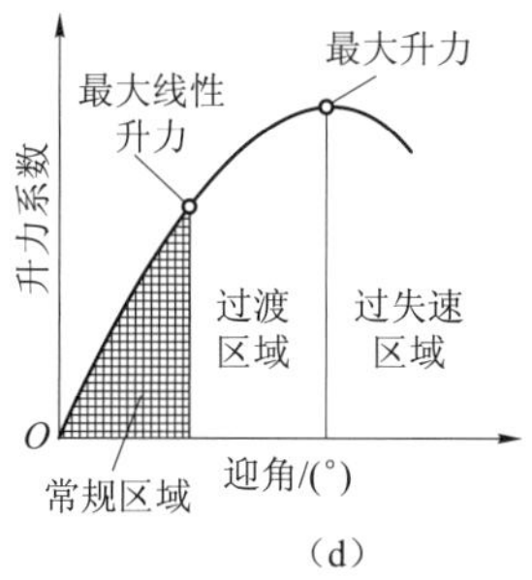

图 10.1　苏-27 和 X-31A 飞机的机动飞行(续)
(d) 大迎角机动时的迎角范围

10.2　喷气战机的现状和发展趋势

1. 第三代与第四代战斗飞机的特点

以美国 F-15、F-16 飞机和俄罗斯苏-27、米格-29 飞机为代表的第三代战斗机(下面称战机)充分运用了当代空气动力学已经取得的研究成果,如非线性升力技术、边条翼布局、翼身融合技术、弯扭的机翼中弧面以及飞机推进系统的一体化设计概念等,对气动布局进行精细地设计、比较、计算与实验分析;结合使用静不稳定的概念,在电传操纵中加入控制增稳系统,从而取得了高升力特性以及良好的操纵性与稳定性;借助于高性能发动机和优异的电子设备系统,充分保证了飞机的优异性能。表 10.1 给出了第三代战机的研制时间表,表 10.2 给出了各代战机的服役年代,表 10.3 给出了几种现役战机的性能的比较。图 10.2 和图 10.3 分别给出了 F-16、F-18 和 YF-22、YF-23 战机的外形轮廓图。

表 10.1　第三代战斗机研制时间表

日期	飞　　机					
	俄罗斯		美国			
	米格-29	苏-27	F-14(海)	F-18A(海)	F-15(空)	F-16A(空)
启动	1969 年	1969 年	1965 年	1975 年	1965 年	1972 年
首飞	1977 年 10 月	1981 年 4 月	1970 年	1978 年	1972 年	1974 年
批生产	1978 年	1982 年	1972 年	1982 年	1974 年	1978 年

表 10.2 各代战斗机的服役年代

服役年代	美国	俄罗斯	欧洲
第一代(20 世纪 50 年代)	F-100 F-86	米格-15 米格-17	
第二代(1950—1970 年)	F-4 F-104	米格-21 米格-23	
第三代(1970—1980 年)	F-15 F-16,F-18	米格-29 苏-27 等	幻影
第三代半(1980—1990 年)		苏-30 系列等	阵风 EF-2000 JS-39 等
第四代(1990—2010 年)	F-22	S-37	
2001—2050 年	洛克希德公司, 联合攻击战斗机		

表 10.3 几种现役战斗机性能比较

性能	机　　种				
	米格-29	苏-27	F-16C/D	F/A-18A/B	“幻影”2000
最大起飞质量/t	18	30	11.4	22.3	17
内部燃油/t	5.44	10	3.16	4.99	3.17
发动机型号	RD-33	AL-31F	F100-PW-220E	F404-GE-402	M53P-2
推力/kN	2×81.4	2×122.6	2×106	2×78.8	2×95
推重比	1∶2	1∶2	1∶1.18	1∶1	1∶1.35
使用升限/m	17 000	18 300	15 200	15 200	18 000
最大挂弹量/t	5.9	6	5.44	6.95	6.3
最大 Ma	2.35	2.35	2.2	1.8	2
瞬时转弯率/[(°)·s^{-1}]	20	23	13	13	16
持续转弯率/[(°)·s^{-1}]	17	17	16	16	13
最大迎角/(°)	30	120	25	57	30
作战半径/km	700	1 500	500	1 065	1 000
IRST 航程/km	30	30	—	—	—
最大航程/km	2 100	4 000	1 800	3 700	1 480
起飞滑跑距离/m	240	500	400	430	490
着陆滑跑距离/m	600	600	700	—	580
雷达作用距离/km	10	241	100	80	70

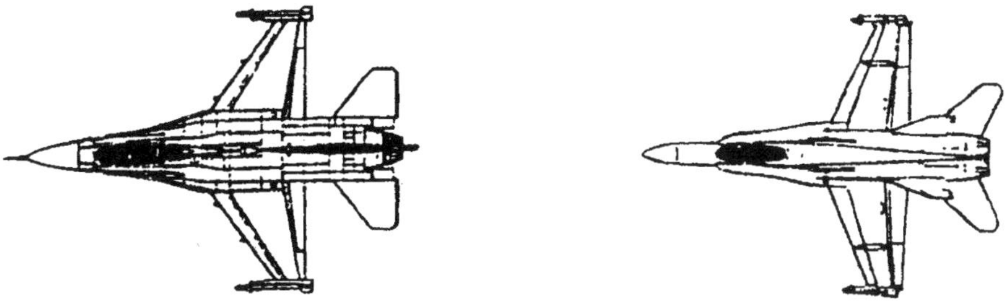

(a)　　(b)

图 10.2　F-16 与 F-18 战斗机外形平面图

(a) F-16;(b) F-18

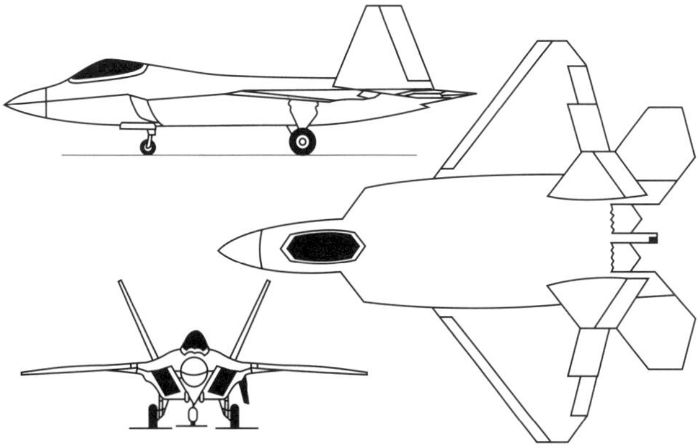

图 10.3　F-22A 战斗机的三面图

下面简要分析第三代战机的一些特点:

(1) 宽阔的高度-速度范围:实用升限为 18～19 km,低空最大速度为 1 350～1 450 km/h,高空最大速度为 2 300～2 500 km/h,活动高度为 30 m～18 km。

(2) 高的机动性:它主要体现在过载大、爬升率高和增速快;另外,转弯半径小和转弯时间短,减速范围宽,保证有效地进行近距离空战以及截击高空目标时进入有利的攻击位置。

(3) 大的实用航程:保证低空以 800～1 000 km/h 速度飞行时作战半径可达 400 km,在巡航高度以巡航速度飞行时,作战半径可达 1 600 km。

美国于 1982 年启动对第四代战机 F-22 的研制,1994 年首次试飞,2004 年服役。第四代战机 F-22 的主要特点可归纳为五点:① 高的隐身能力[343,344];② 高的机动性和机敏性;③ 发动机不开加力时实现超声速巡航($Ma=1.5$);④ 有效载荷与 F-15 飞机相当;⑤ 具有飞越所有战区的足够航程。图 10.3 给出了 F-22A 飞机的三面图,图 10.4 给出了 ATF 的两种原型机。美国提出先进战术战斗机(Advanced Tactical Fighter,ATF)计划时,始于 1982 年,1990 年 9 月原型机首飞,确定采购 438 架,2002 年开始交付生产型飞机,2013 年交付第 438 架飞机。研制 F-22 飞机的主要用途是夺取战区制空权,因此是 F-

15飞机的后继型号，该飞机由美国空军委托洛克希德、波音以及通用动力公司合作研制。美国ATF的原型机有两种(图10.4)：一种是YF-22飞机，另一种是YF-23飞机。YF-23飞机的隐身性比YF-22飞机好，但最终还是YF-22飞机取得了竞争的胜利，主要原因是它的机动性优于YF-23飞机。文献[345]全面介绍了YF-22飞机和YF-23飞机这两种原型机，文献[346]和文献[347]分别给出了YF-23飞机和F-22飞机流场计算的相关细节。

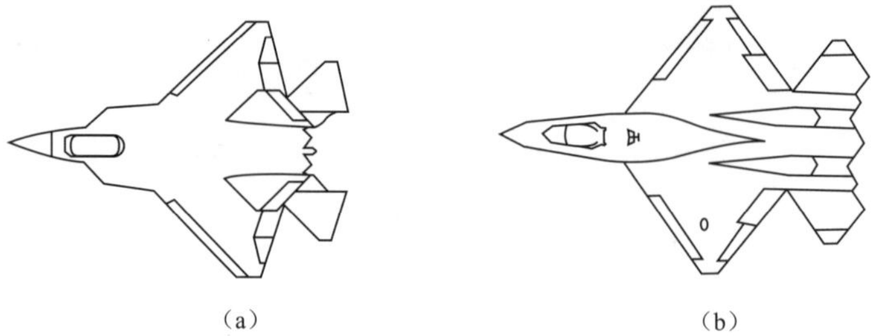

图10.4 ATF的两种原型机外形平面图

(a) YF-22战斗机；(b) YF-23战斗机

2. 第五代战机发展方向的分析和预测

自从20世纪60年代战斗机的飞行Mach数达到了2以后，第三代战机强调的是飞机的机动性和敏捷性的性能特征，第四代战机强调了战场的生存性，因此具有了隐身和超声速巡航性能的特征。这样，一方面有利于提高飞机自身生存性，另一方面也强化了它的进攻能力。所以，第三代战机和第四代战机各自的性能特征是非常清晰的。目前，美国研制的第四代战机还没有正式投入使用，其他国家的第四代战机的研制计划还不明朗，因此，第五代战机出现的时间表主要取决于美国，另外也取决于其他国家实现第四代战机的情况。

不过，在2020年以前，主要航空大国在战斗机配备上基本形成“轻”、“重”搭配的态势。例如，美国的F-14、F-15和F-16、F-18飞机；俄罗斯的苏-27飞机和米格-29飞机；美国空军计划以F-22和F-35飞机形成的第四代战机的“重轻”搭配。图10.5给出了F-35飞机的外形图。JSF(联合攻击型战斗机)计划于1995年启动，2001年验证机对比试飞结束，选定优胜者；2006年12月15日首架F-35A飞机首飞成功，2006—2008年第一批13架交美国海军陆战队；2007—2009年第二批共30架交美国空军；2008—2010年第三批54架交美国海军和英国；2009—2011年第四批86架；2010—2012年完成第五批115架的生产；2010年终开始第六批共166架飞机。F-35为联合攻击机，它属于轻型机，与F-22飞机形成第四代战机“轻重”搭配的框架，以提高作战使用上的灵活性。

由于目前采用吸气式发动机为动力的飞机，其飞行高度最高不超过30 km，而卫星都在几百千米高度层以上做轨道飞行，所以亚轨道飞行目前还是空缺。如果飞行器在亚轨道上飞行，在这一高度上目前世界上现役的防空导弹将全部失效。另外，如果飞行器以高超声速飞行，那么现役的军用飞行器(如地空导弹)就算能够看见，那也追不上，打不着。此外，目前世界上许多国家在超燃冲压发动机(Scramjet)技术方面取得了很大的进展，超

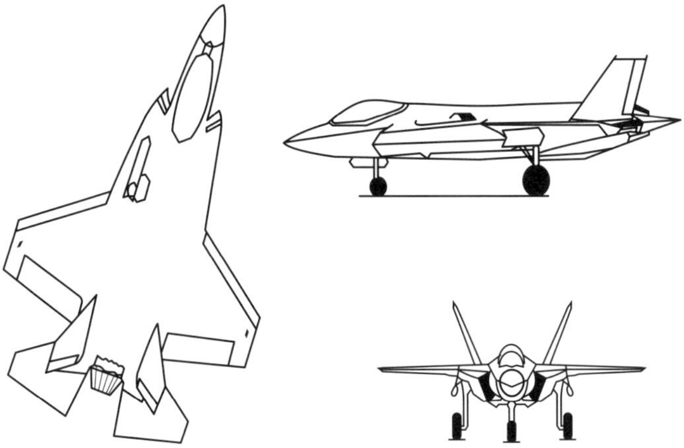

图 10.5　F-35 飞机的三面图

燃冲压发动机技术是发展高超声速技术的关键，是整个高超声速飞行器技术体系中的核心技术，因此动力问题一旦解决，那么搞一种飞行 Mach 数为 6～10 的高超声速飞机便成为现实。正是由于这个缘故，CAV(Common Aero Vehicle，又称为通用航空航天飞行器)的研究引人关注。总之，虽然第五代战机什么时候出现？它的主要性能特征是什么？我们无法知道。但从现今世界的发展，从空、天、地信息的融合能力的发展上看，下一代飞机一定会飞得更快、飞得更高，飞得更远，或许那时的飞机以超燃冲压发动机与涡轮喷气发动机以及火箭发动机为组合动力、采用一种翼身融合的升力体气动布局，飞行时采用激波升力原理，在亚轨道上作高超声速飞行。但愿这样的飞行不是为了各国之间的战争，而是作为太空中间转运站，将人类送去太空，送各国人民去探索广袤的宇宙空间。

10.3　现代战机气动布局的空气动力学基础

1. 大迎角非定常的空气动力特性

良好的大迎角性能是取得高机动性的基本条件，对于现代战斗机，大迎角机动在进攻和防御中都是不可缺少的[348-351]。表 10.4 给出了按迎角划分的飞行状态，其中 15°～30°是大迎角机动飞行状态，现代战机如 F-15、F-16、米格-29 和苏-27 飞机的机动飞行迎角一般都限制在 30°以下。在这个迎角范围内，飞机上会出现大面积的气流分离，因此飞机在飞行中会发生抖振和失控的现象。30°～70°是现代战机在正常飞行状态下禁止进入的范围，在这个迎角范围内，飞机上气流会发生全面的严重分离，操纵能力急剧下降甚至失败，飞机很容易进入尾旋状态。当迎角大于 70°时，飞机必须具有可接受的操纵和稳定性，以及可接受的飞行品质。要实现过失速机动，在气动力方面与布局设计方面都要做大量工作，例如，在气动方面，要增大可用升力；要采用一些新的气动措施和技术(例如，三翼面布局，机身边条，机身侧板等气动技术)去改善大迎角时的飞行品质；再如注意动升力的利用。在气动布局设计方面，例如，在过失速的迎角下，因气动操纵面效率这时即使不是完全丧失也效率很低，所以要寻求新的操纵手段（例如，采用矢量推力控制、机翼或机头的吹风控制、可操纵的机头边条、机翼边条和机身侧板等）。以苏-27飞机在飞行中表演Cobra机动动作为例（图10.1），由于飞机的迎角特别大，甚至超过90°，这时飞行速度不但低而且减速也很快，接近于速度为零的状态，所以这种过失速机动称为"静态"过失速机动。大迎角飞行不但飞机操纵和稳定性发生恶化，而且还会发生许多影响机动性甚至安全的飞行品质问题，如图10.6所示。例如，发生上仰、机翼摇晃、翼下冲、机头偏离等失控现象，甚至进入尾旋。

表10.4 按迎角划分的飞行状态

迎角/(°)	飞　行　状　态
0～15	普通飞行
15～30	大迎角机动，抖振和失控
30～70	过失速机动，初始和发展尾旋
>70	静态过失速机动，发展尾旋

现代战机的动力学特性在很大程度上取决于非定常力。在飞机的动力学方面，过去设计师只关注气动弹性和颤振两个问题，对动稳定性导数则主要依靠计算与低速风洞的小迎角试验。现代先进战机采用放宽静稳定性技术，强调大迎角和过失速机动，并且要求非常快速和大幅度的机动。这时气流出现时间滞后和非定常现象，动态特征已将成为飞机设计要考虑的一个重要方面。因此，机头旋涡的不对称性、机翼旋涡的不对称破裂、背风面的机头旋涡和机翼旋涡的强烈干扰现象都会对飞机的动态特性产生重要影响。大迎角时动导数有非线性，而且有时还很严重，这是大迎角气动力的一个重要特点。大迎角时的非线性在各种动导数中普遍存在。大迎角对动稳定性影响的第二个重要方面是气动力交叉耦合现象。一旦有明显的交叉耦合现象，就不能沿用常规办法将飞机的纵向和横向运动分开处理，而必须采用六自由度分析。另外，大迎角时这些交叉耦合导数的大小与常规的阻尼导数可能是同一量级，甚至更大。因此在分析飞机的大迎角运动时应考虑交叉耦合导数的影响。

2. 大迎角飞行品质的恶化

大迎角时，飞机存在着广泛的气流分离以及对称的和不对称的旋涡，大部分飞机在迎角为20°～30°内都丧失方向稳定性。由于左右机翼上旋涡的非对称破裂，在某个迎角范围内，则横向稳定性迅速降低甚至失稳。大迎角时飞机的操纵性也迅速下降，一般战机在30°迎角时方向舵效率接近于零，副翼大迎角效率也迅速降低。因此，现代战机在大迎角时很容易发生失控（Departure），在纵向上发生上仰（Pitch Up）、深失速（Deep Stall）、抖振（Buffet）；在横侧向发生机翼摇晃（Wing Rock）、翼下冲（Wing Drop）、机头偏离（Nose Slice）等现象。

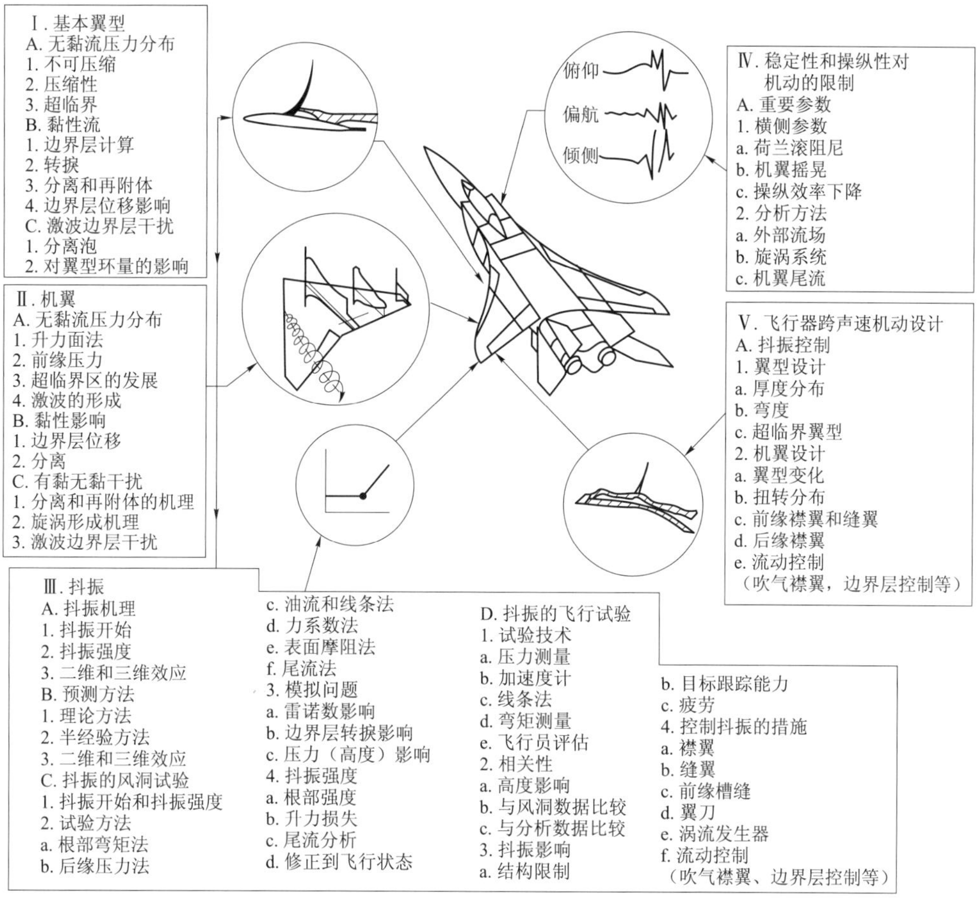

（a）

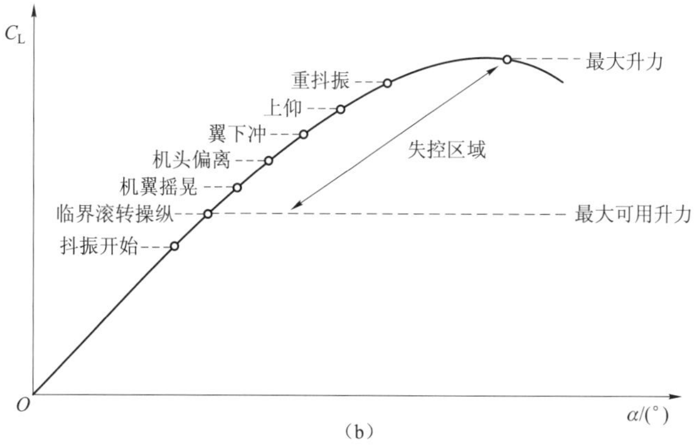

（b）

图 10.6 大迎角飞行时可能发生的气动力和飞行品质问题

（a）大迎角跨声速飞行时可能遇到的气动力问题；

（b）大迎角飞行品质可能遇到的问题

3. 战机的抖振和尾旋失控

在飞机设计一开始，便把保证良好的大迎角气动特性作为一项重要任务。因失控是尾旋的前奏，而且是限制现代战机机动能力的主要因素，因此为了具备良好的防失控防尾旋特性。应该要求：① 大迎角时具有方向稳定性；② 假设大迎角时方向不稳定，也应尽可能具有较大的横向稳定性；③ 大迎角时应有足够的方向舵操纵效率；④ 大迎角时应有足够的滚转操纵效率。另外，为了具备良好的尾旋改出特性，还应该要求：① 尾旋的特性应该是震荡的；② 尾旋的旋转率应该低；③ 大迎角和大侧滑角时应该具有自然的低头力矩；④ 大迎角时具有正的方向舵操纵能力。总之，良好的抗失控与抗尾旋能力是战斗机的一项重要任务，如何在设计阶段就真正做到，仍是一项需要继续开展研究的课题，在通常飞机设计[352,353]和飞机气动力学设计[354]的书籍中还很难找到这方面的内容。

4. 改善大迎角气动特性的措施

现代战机要求具有良好的稳定性和足够的操纵性，为了做到这一点，可采用如下措施：① 增加机翼边条；② 采用双垂尾；③ 设计细长前机身；④ 采用活动机翼边条；⑤ 设计机身边条；⑥ 采用前缘涡襟翼；⑦对机翼机头采用吹气控制；⑧采用矢量推力控制等。对于上述措施的机理分析，这里因篇幅所限不再展开讨论，感兴趣者可以参阅文献[350,351]等。

10.4 现代战机气动布局的涡动力学基础

经典的飞机气动设计是保持附着流型，在飞机正常使用范围内，气流不发生分离，这样的绕流问题在经典的气动设计下认为可以得到最低的阻力和最高的升阻比。机翼上气流发生分离，则表示飞机达到了最大升力极限。对于现代战斗机，一般要求在亚声速与跨声速时有高的机动性，同时也要求具有超声速的飞行性能，对于新型战机，还要求具有过失速机动和超声速巡航的能力。现代战机一般采用中等的或者大的后掠角或者相对厚度很小的机翼，而且机头也很细长。对于这类飞机，通常迎角不大时便发生分离，出现脱体旋涡。在成功利用旋涡空气动力学气动力方面，20 世纪 60 年代，瑞典研制 SAAB-37 战斗机便是个典型范例。该机采用近距鸭式布局，这就使得大后掠鸭翼涡与三角机翼的流动产生有利于干扰(图 10.7)，推迟了机翼分离、增加了大迎角的升力，减小了阻力，对提高机动性有明显的好处，随后其他国家对鸭式布局飞机也进行了研究。这种技术曾在瑞典的 JAS-39，法国的 Rafale(阵风)，欧洲的 EF-2000，俄罗斯的苏-37 前掠鸭式布局飞机、美国的前掠翼试验机 X-29 和 X-31 以及瑞典的 SAAB-37 广泛采用。再如，对于大后掠角的细长机翼，在很小的迎角时，气流就自前缘分离形成旋涡，这种分离涡很稳定，而且随着迎角的增大其强度不断增大，并且产生很大的涡升力。但是细长翼的低声速性能不好，阻力大、起飞与着陆时性能很差。为改善这些不足，20 世纪 70 年代出现了边条翼的气动布局，它是在机翼的前方加一细长的边条（图 10.8），边条在大迎角时可以大幅度地提高全机的升力，并且可以减小阻力。F-16，F-18，米格-29 和苏-27 等飞机都采用了边条翼布局形式。

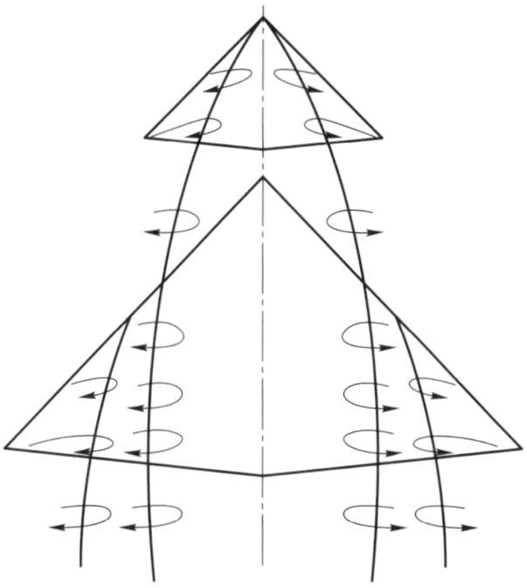

图 10.7　鸭面和机翼的前缘分离旋涡

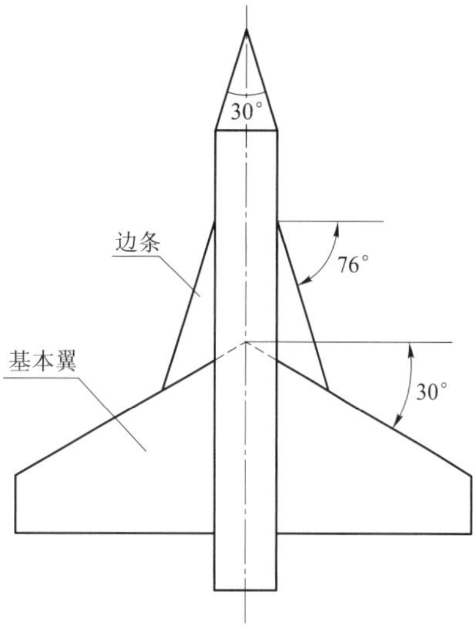

图 10.8　边条翼平面形状示意图

前掠翼的三翼面布局是涡动力学在战斗机中应用的又一范例。三翼面布局有一个重要的潜在优势，那就是比较容易实现直接升力控制，从而达到飞行轨迹的精确控制。例如，当鸭面、机翼后缘和平尾一同进行操作时，就能实现直接升力控制，进行机身俯仰指向和垂直位移机动。如果鸭面差动和方向舵结合操作，就能实现直接侧力控制，进行机身方位指向和横向位移的移动，这就使得现代战机的机动能力扩展到一个新的领域。美国的短距起落机动技术试验机 F-15S/MTD 就是 F-15 飞机上加装鸭面构成了三翼面布局；俄罗斯苏-27 飞机改型的舰载飞机也是增加鸭面之后形成三翼面布局。如图 10.9 所示，三翼面与二翼面相比，不但升力线斜率加力，失速迎角推迟，更至关重要的是大迎角时的升力明显地增大，这表明鸭面控制机翼气流分离的作用在三翼面布局的飞机上仍然存在。图 10.9 中 WBH 为平尾二翼面布局，WBHC 为三翼面布局方案。现代高机动性战斗机普遍利用涡动力学来提高大迎角时飞行的升力，它主要靠机翼前面的某一升力面（如鸭面或者边条）的旋涡与机翼流动产生有利干扰。这种增升的方式同时也带来了阻力的减小。但需要指出的是，对于三翼面布局来讲，当迎角增大到一定程度后，旋涡会发生破裂，导致稳定性和操纵性的突然变化，以及气动力非线性的产生，因此在进行三翼面布局设计时，对旋涡的影响和干扰要进行精细的分析。

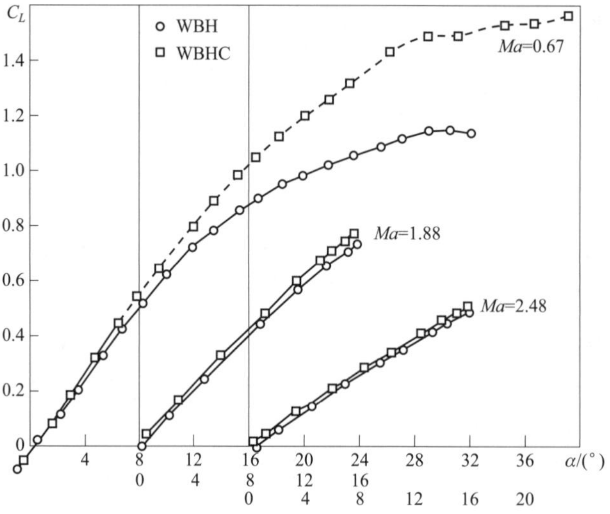

图 10.9　三翼面布局与两翼面布局时的升力比较(50°后掠机翼)

10.5　推力矢量化以及隐身技术

机敏性对近距战斗机具有极其重要的意义,以美国空军挑选的 YF-16 与 YF-17 飞机为例,这两种候选机的主要性能不分上下,但在瞬变机敏性方面 YF-16 飞机大大优于 YF-17 飞机,因此最后两个原型机竞争 YF-16 飞机胜出。飞机的机敏性仅是整个大系统机敏性的一个基本组成部分,各子系统时间延迟的综合决定了实际空战的效果。按运动方式,机敏性可分为纵向机敏性、横向机敏性和轴向机敏性。飞机的机敏性通常会随迎角的增大而降低,因研究大迎角下飞机的机敏性对战斗机来讲是十分重要的。以 F-15 飞机为例,在该机上曾进行过反推力和矢量推力喷管的对比研究,发现:采用具有矢量推力的喷管后,稳态和瞬态转弯率均有改善,而且以瞬态转弯率的改善最为显著。图 10.10 给出了由于采用矢量推力技术导致了 F-15 飞机空战包线扩大的示意图,图 10.11 给出了使用减速板和使用反推喷管时两种减速性能的对比。由这两张图可以看出:矢量推力的作用不可小视。

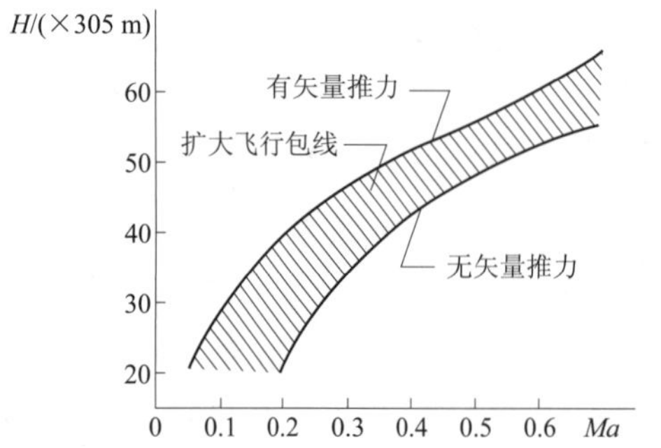

图 10.10　矢量推力对 F-15 飞机空战包线的扩大

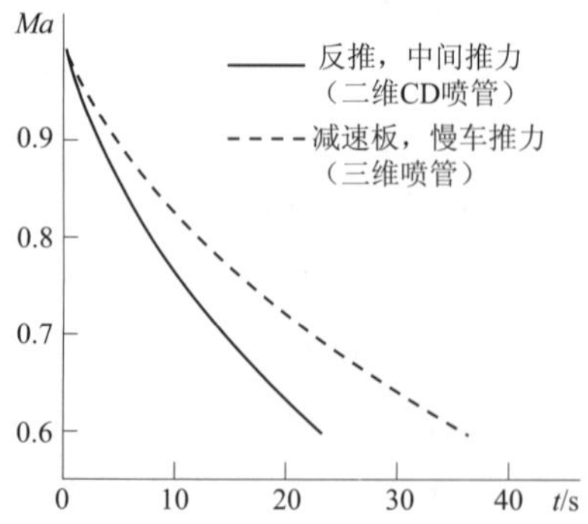

图 10.11　两种减速性能的对比

由于大迎角失速以后，气动力操纵的效率这时很低、甚至丧失，而采用矢量推力可以产生附加的操纵力矩。这样既改善了大迎角的操作，而且还成为过失速机动时的主要操纵手段，成为实现过失速机动的重要措施。另外，在 YF-17 飞机上的相关试验也证实了上述的分析与发现。因此发展多功能的尾喷管技术、注意将喷管与飞机后体进行综合设计，这既是新型先进战斗机高机敏性的需要，也是对喷管与飞机后体综合设计技术提出的一项新课题。

对新一代先进的战斗机，通常都会有隐身性能的要求[355]。隐身包括四个方面：雷达隐身；红外隐身；声隐身；可见光隐身。这其中影响战斗机突防能力和生存能力的主要因素是雷达隐身和红外隐身。目前，世界上现有的隐身飞机有 F-117、B-2 战略轰炸机和 F-22 第四代先进技术战斗机。它们共同的隐身气动设计措施可以从如下五个方面进行分析。

(1) 机翼。从隐身的角度来讲，应选用后掠角大、展弦比小、尖削比小(小梢根比)的机翼。因为小展弦比的机翼由于展长的减小而有效降低了雷达信号的作用。F-22 飞机的机翼基本上是三角翼、有利于隐身性能；F-117 攻击机采用平板前后缘削尖的翼型，这种翼型对隐身有益，但小迎角时前缘气流即发生分离、诱导阻力大、对亚声速航行的飞机很不利，从这个意义上说 F-117 飞机是牺牲气动效率换取良好的隐身性能的典型。

(2) 机身。F-117 攻击机的机身采用多面构成，这对隐身效果是好的，但这种多棱边机身很容易产生气流分离，且阻力的代价大、结构受力也不利。F-117 和 F-22 飞机都是由洛克希德公司设计的，F-22 飞机的机身继承了 F-117 飞机的倾斜平面思路，并在隐身性能和气动性能的结合方面往前迈进了一大步。另外，F-22 飞机的机头倾斜平面在两侧形成棱边，大迎角时既保持了左右旋涡的对称，又防止了失控、并且提高了大迎角飞行的品质，因此 F-22 飞机的隐身设计还是相当成功的。

(3) 尾翼。去掉尾翼有利于隐身，B-2 飞机是这样做的，F-117 飞机也是这样做的。YF-23 将平尾和垂尾合并为“燕尾”形尾翼，这是一个比较好的设计。

(4) 进气道。对它的隐身性有一个重要要求便是，不允许入射波进入压气机，以免造成镜面反射，于是 F-117 飞机上便在进气口加装了隔波栅板，也有的飞机采用了 S 形进气道。另外，在美国 B-1 轰炸机上在进气道的内部还安装了导流片，以此来阻挡电磁波在管道内部的反射、降低空腔的雷达散射截面(RCS)。

(5) 尾喷管。在红外隐身设计中，尾喷管的隐身设计十分重要。尾喷管是飞机后半部雷达波的重要反射源，这主要是由于喷管空腔反射和涡轮的镜面反射。F-117 攻击机将喷口变为二元喷口、喷口高度很小、在宽度方向上还有隔板、喷管呈 S 形弯曲，因此入射波不能直达涡轮。此外，还采用了冷气掺混降低喷流温度的措施，因此使 F-117 轰炸机的喷口具有很好的雷达和红外隐身性能。F-22 飞机也是采用俯仰矢量推力的二元喷管，并且在尾喷管的上下缘做成锯齿形，这就进一步减小了尾喷管的 RCS 值。

表 10.5 给出了典型目标体的 RCS 值，从表 10.5 中可以看到 F-117A 攻击机和 B-2

战略轰炸机的 RCS 值都是较小的。

表 10.5 典型目标体的雷达截面积

目标	雷达 RCS/m²	目标	雷达 RCS/m²
昆虫	0.001	常规战斗机	10
鸟类	0.01	B-1B 轰炸机	1.0
人	1.0	B-52 轰炸机	100
F-117A	0.025	大型运输机	1 000
B-2	0.1	大型军舰	10 000

总之,对于现代战斗机与轰炸机来讲,隐身措施是十分重要的。但必须要指出的是,对于不同类型的飞机,到底隐身到什么程度是一个需要慎重研究的问题。事实上,飞机的作战性能取决于多种因素,隐身性能只是其中之一,而且隐身性还会对飞机的机动性能、武装装载的灵活性、制造的成本等都有副作用,过分强调隐身最终有可能对作战性能造成损害。另外,美国 ATF 计划原型机 YF-22 飞机和 YF-23 飞机的竞争也是一个很好的例证:YF-23 飞机的隐身性比 YF-22 飞机好,但 YF-22 飞机的机动性比 YF-23 飞机好,两者竞争最终还是 YF-22 飞机胜出,这是由于对先进战斗机而言高机动性比隐身性能更重要。隐身技术目前是国际上高度保密的技术,尽管如此,通过对现有的隐身飞机气动设计进行仔细的研究与分析仍可以得出隐身气动设计的一些想法与措施,虽然上述 5 个主要方面没有给出系统的理论分析,但对开展战斗机隐身技术的探讨来讲还是非常宝贵与有益的。

10.6 现代飞行器的多学科多目标优化

传统的飞机设计过程和主动控制过程如图 10.12 和图 10.13 所示。在传统的总体布局设计时,主要考虑气动力、结构以及发动机三大因素,并在它们之间进行折中,以满足飞机的战术技术或者任务要求。按这种方法设计飞机,为获得某一方面的性能优势,常常必须在其他方面做出让步和牺牲。按照钱学森先生提出的系统学理论以及人—机—环境系统工程的观点[206,217,221],还必须把人的因素考虑到飞机系统的总体设计框架中去。航天员与飞行员是航天器与飞机驾驶的主体,如果座舱中的人机界面设计不适应于人的操作或者设计的控制系统使人无法完成,那么飞机的大迎角高机动飞行就不可能真正实现,对于战斗机来讲就可能失去战机。正是由于这个原因,在美国制定的 MIL-STD-1797 中 Cooper-Harper 飞行品质评价尺度是由飞行员去评价的。飞行员在对飞机进行飞行品质评价时,是从安全、有效操纵以及任务完成的效果等多侧面全方位衡量飞机的可接受性和适用性。飞行品质有狭义与广义之分,狭义的飞行品质是指飞机的稳定性和操纵性,广义的飞行品质不仅包括飞机本体和驾驶员本身的动态特性，而且还包括影响驾驶员完成特定任务的各种因素（本质上最终取决于包含驾驶员在内的人—机闭环系统的品质特征）。

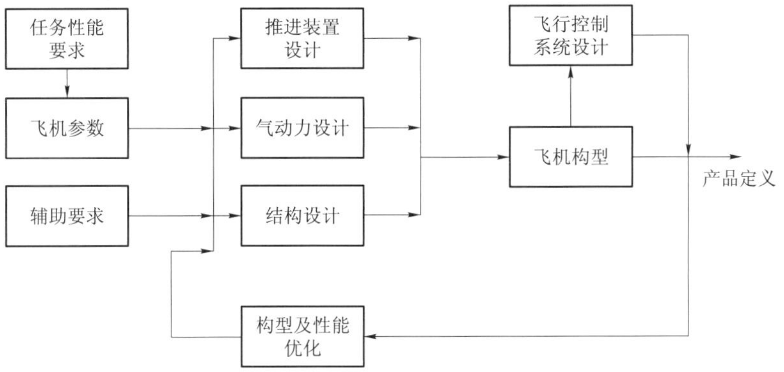

图 10.12　常规飞机设计过程

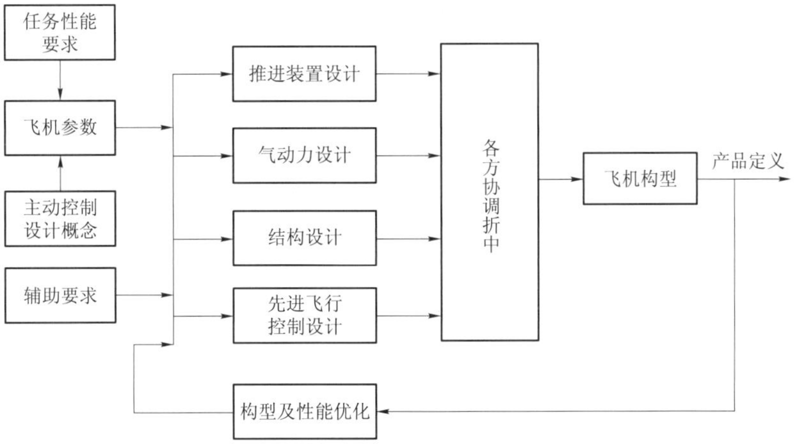

图 10.13　考虑主动控制后飞机的设计过程

控制理论经历了经典控制理论、近代控制理论以及大系统理论阶段；控制技术经历了简单系统自动化，系统高度自动化、复杂系统自动化以及综合自动化阶段；飞行控制技术则经历了飞行稳定技术、电传操纵技术、主动控制技术以及综合控制技术阶段。20 世纪 60 年代以来，飞行器设计出现了随控布局（Control Configuration Vehicle，CCV）的设计思想，这种思想很快便取代了以气动布局为中心的设计方法。CCV 设计思想是指在总体设计阶段就综合考虑飞行器的飞行控制系统（Flight Control System，FCS）、气动布局、推进系统以及机体结构四个环节，以控制为纽带、充分发挥和协调这四个环节的功能，从而大大提高了整个飞行器的性能。另外，在提出随控布局思想的同时，还提出了主动控制技术（Active Control Technology，ACT），它改变了过去那种为保证足够静稳定度所采取的降低气动效应的控制方式，采用了放宽静稳定度甚至出现负稳定度的高效主动控制措施。此外，从控制的角度来看，20 世纪 70 年代开始便出现了综合化控制系统，尤其是

IFFPC(Integrated Flight/Fire/Propulsion Control,即综合飞行/火力/推进控制)技术和TMFM(Tactical Mission Flight Management,即战术任务飞行管理)技术。IFFPC 技术和 TMFM 技术是保证未来战斗机性能特征和战术特性得以实现的核心关键技术之一;在现代立体化的战争中,战斗机与机外的通信网络(导航飞机,电子战飞机,侦察及地面C^4I 网络)实现了广泛的信息交换,并可根据这些信息实现对目标的攻击和自身保护。目前,在美国和俄罗斯的新一代战斗机上已实现了 IFFPC 技术。

综上所述,现代飞行器的总体设计涉及气动、推进系统、飞行力学[356]、结构[357]、质量、质心、隐身、费用分析等多个学科。20 世纪 90 年代初 AIAA 率先提出多学科设计优化(Multidisciplinary Design Optimization,MDO)问题[358],图 10.14 给出了飞机总体多学科设计优化的一种方案流程,它给出了大致的优化设计框架。

以航空航天飞行器外形设计或者叶轮机械三维叶片的气动设计为例,它们所涉及的多学科、多目标、多变量、多约束优化的过程,往往使得常规的优化设计方法难以得到有效的最优解。目前,对多目标优化设计问题,基于 Nash(纳什)平衡理论的系统分解方法与Pareto 遗传算法是常用的两个有效方法。Nash 平衡是 J. F. Nash 1957 年引入的一个多目标非合作竞争型对策的概念。传统的系统分解方法主要是针对单目标优化问题,对于多目标问题通常采用各种手段转化为单目标问题,而后再对系统进行分解。然而,权重的确定往往要依赖于经验数据或者主观判断。Pareto 最优的概念是 Pareto 1897 年在研究资源配置时提出的,从本质上讲,多目标 Pareto 遗传算法的收敛过程是其非支配集(Nondominated Set)不断逼近 Pareto 最优解集(Pareto Optimal Set) 的过程. 容易证明,最优解总是落在搜索区域的边界线(面) 上,例如两个优化目标的最优边界构成一条线段;三个优化目标的最优边界构成一个曲面;三个以上最优目标的最优边界则构成一个超曲面,这个超曲面就是优化问题的 Pareto 前沿面(Front)。应该指出,尽管 Pareto 遗传算法是当前多目标寻优的有效方法之一,但对于设计变量较多的多目标优化问题,这种算法的优化效率仍然较低。面对这种情况,我们提出了将 Nash 的系统分解法与Pareto 遗传算法相结合的思想(简称 Nash-Pareto 策略)。针对多目标、多设计变量的优化问题,提出了两种优化的新算法:一种是多目标问题转化为单目标时,对目标权重的确定提出了新的途径;另一种是直接对多目标问题进行优化,并对 Pareto 遗传优化技术做了改进,以得到均匀分布的 Pareto 最优解集。两种新算法都是建立在 Nash 的系统分解与 Pareto 遗传算法的基础上,因此称这类算法为 Nash-Pareto 策略。

1. 参数化设计空间以及 Nash 系统分解法

在借助于有限差分法或者有限元方法进行流场的数值求解时,三维叶片的形状是由有限个离散点或者有限单元来表示的。如果用这些离散点的坐标作为优化参数,则这时搜索空间的维数等于离散点的个数,导致了搜索空间的巨大,使得搜索过程缓慢。因此,用较少的设计变量去构建三维叶片的数学模型,实现三维叶片形状设计的参数化便成为三维叶片气动优化时的重要步骤之一。目前,叶片形状参数化的方式有许多种,这里推荐

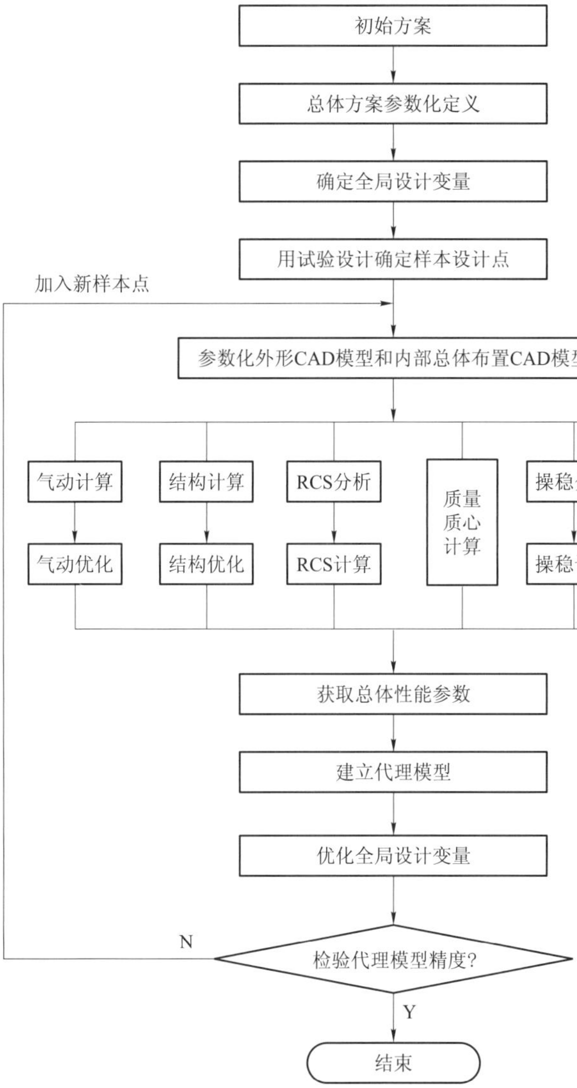

图 10.14　飞机设计多学科优化的一种方案

文献[359]所给出的采用一条叶片积迭线、几条中弧线以及几条叶型厚度分布曲线去构建三维叶片的办法。对于叶片的积迭线、叶型的中弧线、叶型厚度分布线的参数化，在数学上已有许多成熟的表示方法，这里采用非均匀有理 B 样条(NURBS)方法。对于非均匀有理 K 次 B 样条函数，其数学表达式为：

$$\boldsymbol{r}(u)=\frac{\sum_{i=0}^{n}[\omega_i \boldsymbol{p}_i N_{i,k}(u)]}{\sum_{i=0}^{n}[\omega_i N_{i,k}(u)]}\quad (u\in[0,1]) \tag{10.6.1}$$

式中，$\{\boldsymbol{p}_i\}$为控制点，它们形成一个控制多边形；$\{\omega_i\}$为权(系数)；$\{N_{i,k}(u)\}$为非均匀有理

K 次 B 样条基函数组。

另外,矢量 $\boldsymbol{p}_i$ 与 $\boldsymbol{r}(u)$ 分别为

$$\boldsymbol{p}_i=(x_i,y_i,z_i) \quad (i=0,1,\cdots,n) \tag{10.6.2}$$

$$\boldsymbol{r}(u)=[x(u),y(u),z(u)]=[x,y,z] \tag{10.6.3}$$

显然,K 次 B 样条曲线上参数为 $u\in[u_i,u_{i+1}]$的一点 $\boldsymbol{r}(u)$至多与$(K+1)$个控制顶点有关,而与其他控制顶点无关,关于这点非常重要,它是 B 样条曲线的重要的局部性质。

Nash 平衡又称 Nash 对策,它是博弈论中一种多目标非合作竞争对策的概念。对于分解为 N 个子系统(又称子空间)的优化问题,采取 Nash 对策便意味着这时该优化问题由 N 个博弈者(Player)组成。每个博弈者拥有自己的优化标准及策略集,在子系统中寻优。在此过程中存在着博弈者之间的信息交换,即当前最佳策略的交换,一直到再没有博弈者能够提高优化标准为止,此时系统便处于 Nash 的平衡状态。图 10.15 给出 $N=2$ 时基于 Nash 的系统分解方法去优化求解的示意图。图中每一个矩形方框,代表着一个子系统(或称子空间)的分析与优化。对于分解为 N 个子系统的一般复杂系统,设计变量 $\boldsymbol{X}=[x_1,x_2,\cdots,x_n]^{\mathrm{T}}$ 分解成若干子组,即:

$$\boldsymbol{X}=[\boldsymbol{X}_1 \quad \boldsymbol{X}_2 \quad \cdots \quad \boldsymbol{X}_N]^{\mathrm{T}} \tag{10.6.4}$$

式中:

$$\begin{cases}\boldsymbol{X}_1=[x_1 \quad x_2 \quad \cdots \quad x_{n1}]^{\mathrm{T}} \\ \boldsymbol{X}_2=[x_{n1+1} \quad x_{n1+2} \quad \cdots \quad x_{n2}]^{\mathrm{T}} \\ \vdots \\ \boldsymbol{X}_N=[x_{nN+1} \quad x_{nN+2} \quad \cdots \quad x_n]^{\mathrm{T}}\end{cases} \tag{10.6.5}$$

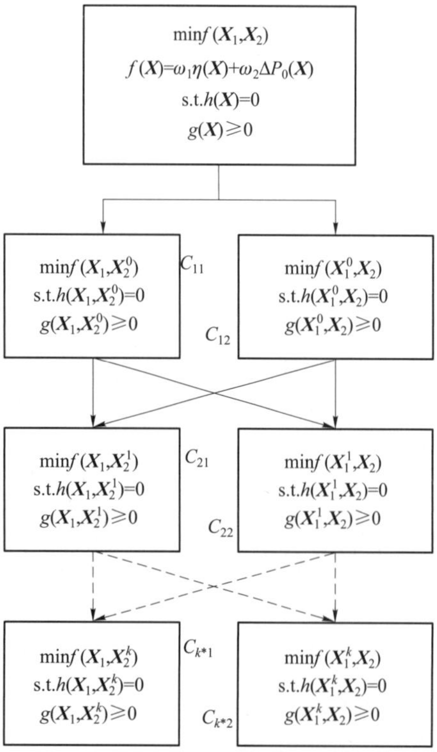

图 10.15 Nash 的系统分解方法

在本节的典型算例中,由于 $N=2$,因此 $\boldsymbol{X}_1$ 与 $\boldsymbol{X}_2$ 分别对应于二维型面与叶片积迭线。在每一个系统的优化过程中,分配到其他子系统的设计变量子组(如 $\boldsymbol{X}_1^0$,$\boldsymbol{X}_2^0$)被视为常量。经过一轮子系统的并行优化完成后,它们之间互相交换信息,将其各自的优化结果交换(如图 10.15 方框 C_{11} 的 $\boldsymbol{X}_1$ 交换给方框 C_{22} 后变为 $\boldsymbol{X}_1^1$),然后进行下一轮的并行优化直至系统处于 Nash 平衡。另外,在图 10.15 中 $\boldsymbol{f}(\boldsymbol{x})$转化为单目标后的目标函数;$\eta(\boldsymbol{x})$与 $\Delta P_0(\boldsymbol{x})$为转化前的两个目标函数,$\omega_1$ 与 ω_2 为权重。

对于直接求解多目标的优化问题,Nash 的系统分解以及对子系统的 Pareto 遗传算法寻优的基本框架如图 10.16 所示,显然这

里不需要引入目标权重系数。图 10.16 中 $i=1,2,\cdots,m$，其中，m 为目标的个数；N 为子系统的个数；S 为将各子系统优化解集进行汇集的总和数；t 为遗传算法中进化的代数。

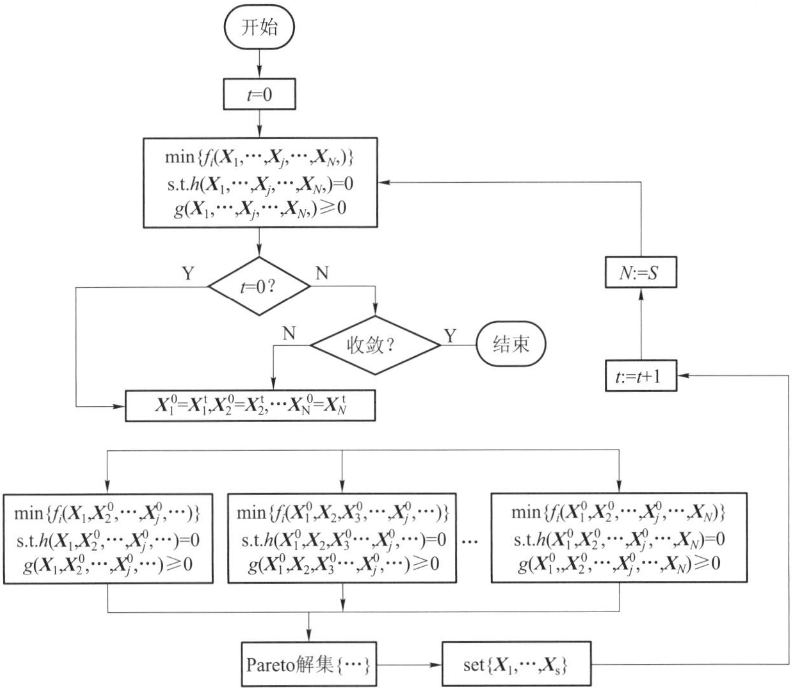

图 10.16　多目标优化时，Nash 的系统分解和子系统的 Pareto 遗传算法寻优

2. 确定权重的一种新方法

设有 p 个待优选的方案组成的方案集为 $\boldsymbol{Y}=\{Y_1,Y_2,\cdots,Y_p\}$，令目标集为 $\boldsymbol{A}=\{A_1,A_2,\cdots,A_m\}$，目标矩阵为 $\boldsymbol{B}=[b_{ij}]_{m\times p}$，这里 b_{ij} 为方案 Y_j 的第 i 个目标值。为了便于分析并消除不同物理量纲对优选结果所带来的影响，作如下规格化处理：

$$r_{ij}=[b_{ij}-(b_i)_{\min}]/[(b_i)_{\max}-(b_i)_{\min}] \tag{10.6.6}$$

式中，$j=1,2,\cdots,p$；i 属于目标集中的第 i 个目标。

另外，对于 $(b_i)_{\max}$ 与 $(b_i)_{\min}$ 的定义分别为：

$$\begin{cases}(b_i)_{\max}=\max\limits_{1\leqslant j\leqslant p}\{b_{ij}\}\\(b_i)_{\min}=\min\limits_{1\leqslant j\leqslant p}\{b_{ij}\}\end{cases} \tag{10.6.7}$$

显然，式(10.6.6)便可以构成相对隶属度矩阵 $\boldsymbol{R}$，其表达式为：

$$\boldsymbol{R}=[r_{ij}]_{m\times p} \tag{10.6.8}$$

注意到优选的相对性，定义相对理想的方案为：

$$\boldsymbol{E}=[e_1\quad e_2\quad\cdots\quad e_m]^{\mathrm{T}} \tag{10.6.9}$$

式中，e_i 的取法可有多种情况，这里取：

$$e_i = \max_{1 \leqslant j \leqslant p} r_{ij} \ (i=1,2,\ \cdots,m) \tag{10.6.10}$$

于是，方案 Y_j 越接近 $\boldsymbol{E}$，则 Y_j 就越优，所以在数量上可以用方案 Y_j 偏离 $\boldsymbol{E}$ 的程度去度量，因此取如下指标 $f_j(\boldsymbol{\omega})$，其表达式为：

$$f_j(\boldsymbol{\omega}) = \sum_{i=1}^{m}[\omega_i(e_i - r_{ij})]\ (j=1,2,\cdots,p) \tag{10.6.11}$$

式中，$\boldsymbol{\omega}=[\omega_1,\omega_2,\cdots,\omega_m]^{\mathrm{T}}$ 是关于目标的权重矢量。

容易看出，对于给定的权重矢量 $\boldsymbol{\omega}$，则 $f_j(\boldsymbol{\omega})$ 取最小时所对应的方案为最满意的方案，于是便可得到如下表达数学模型：

$$\min\{f_1(\boldsymbol{\omega}),f_2(\boldsymbol{\omega}),\cdots,f_p(\boldsymbol{\omega})\} \tag{10.6.12a}$$

$$\text{s. t.}\ \sum_{i=1}^{m}\omega_i^2 = 1 \tag{10.6.12b}$$

$$\omega_i \geqslant 0 \quad (i=1,2,\cdots,m) \tag{10.6.12c}$$

注意到上述多目标规划问题可以归结为如下单目标规划问题，即：

$$\min\{\sum_{j=1}^{p}f_j(\boldsymbol{\omega})\} \tag{10.6.13a}$$

$$\text{s. t.}\ \sum_{i=1}^{m}\omega_i^2 = 1 \tag{10.6.13b}$$

$$\omega_i \geqslant 0 \quad (\mathrm{i}=1,2,\cdots,m) \tag{10.6.13c}$$

借助于非线性规划的解法，引进 Lagrange 函数：

$$F(\boldsymbol{\omega},\lambda) = \sum_{j=1}^{p}\sum_{i=1}^{m}[\omega_i(e_i - r_{ij})] + \lambda(\sum_{i=1}^{m}\omega_i^2 - 1) \tag{10.6.14}$$

式中，λ 为 Lagrange 乘子。

令：

$$\partial F/\partial\omega_i = 0,\ \partial F/\partial\lambda = 0 \tag{10.6.15}$$

便得到权重 ω_i 的表达式为：

$$\omega_i = \sum_{i=1}^{m}(e_i - r_{ij})\Big/\sqrt{\sum_{i=1}^{m}[\sum_{j=1}^{p}(e_i - r_{ij})]^2} \tag{10.6.16}$$

3. 改进的 Pareto 遗传算法

Pareto 解是指多目标问题的一个非劣解或称可接受解，对一个多目标优化问题而言，其 Pareto 解不是唯一的，而是一群，它们形成了 Pareto 最优解集，而该解集中的任何一个解都可能是最优解。解决多目标优化问题的最好办法是在得到均匀分布的 Pareto 最优解集后，依据不同的工程设计的要求，从中选择出最满意的设计结果。与传统的遗传算法相比，Pareto 遗传算法增加了如下三个方面的关键技术。

(1) 群体排序技术。使得群体中等级越高的个体，其适应值越小；而处于同一个等级的多个个体具有相同的适应值(Fitness)。

(2) 小生境(Niche)技术。引进共享函数(Sharing Function)，使个体(Individual)间

的关系越密切，则共享函数的值也就越大；另外，对群体中聚成小块的个体进行惩罚(Penalty)，使其适应度值减小，以促使群体向良好的均匀分布特性方向进化(Evolution)。

(3) Pareto 解集过滤器。Pareto 解集过滤器的基本思路：将每一代中的等级为 1 的非劣点保留下来，储存在过滤器中，当新的点被加入到过滤器中，对所有的点进行非劣性检查，并且剔除过滤器中的一些劣解。

图 10.17 给出了本节所使用的 Pareto 遗传算法的基本框图，对于约束的处理采用了惩罚函数的处理方式。

4. Nash-Pareto 策略

Nash-Pareto 策略又称 Nash-Pareto 方法（或算法），它是 Nash 的系统分解与 Pareto 遗传算法相结合的产物，图 10.18 给出了这种算法的计算框图。在执行 Pareto 遗传算法时所使用的四个重要控制参数的取值范围：交叉(Crossover)概率为 0.4～0.99，变异(Mutation)概率为 0.000 1～0.1，群体规模为 20～100，最大进化的代数为 100～500 左右。应该强调的是，在遗传算法中控制参数取值是否合理，会对遗传优化的质量与效率产生很大影响。

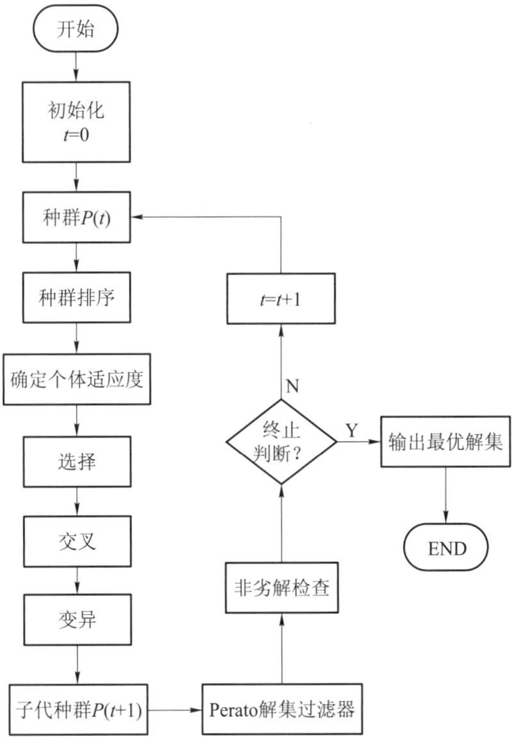

图 10.17　Pareto 遗传算法基本框图

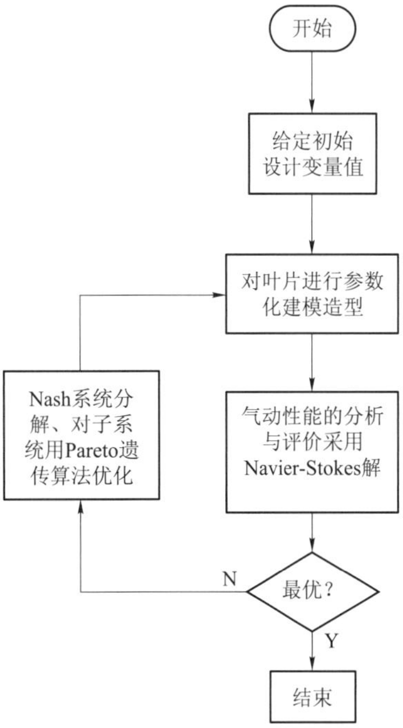

图 10.18　Nash-Pareto 方法的计算框图

5. Nash-Pareto-RSOW 算法

Nash-Pareto-RSOW 算法是建立在 Nash-Pareto 策略的基础上，它与图 10.18 的最

大区别有两点：一是它引入了目标权重，将多目标转化为单目标；二是图 10.19 中的气动计算不是直接求解 Navier-Stokes 方程，而是借助于响应面模型方法进行。图 10.19 给出了对系统采用 Nash-Pareto-RSOW 算法优化时的计算框图。本节的典型算例表明：在合适的响应面模型下，这种优化方法的计算量较小、效率较高。

6. Nash-Pareto-RS 算法

Nash-Pareto-RS 算法也是建立在 Nash-Pareto 策略的基础上，优化时它直接对多目标函数进行，不再引入目标权重函数。它与图 10.18 的最大区别是气动计算不是去直接求解 Navier-Stokes 方程，而是借助于响应面完成。图 10.20 给出了 Nash-Pareto-RS 算法优化时的计算框图。在本节的算例中，响应面模型采用了二阶多项式模型，而试验设计采用了均匀试验设计方法。

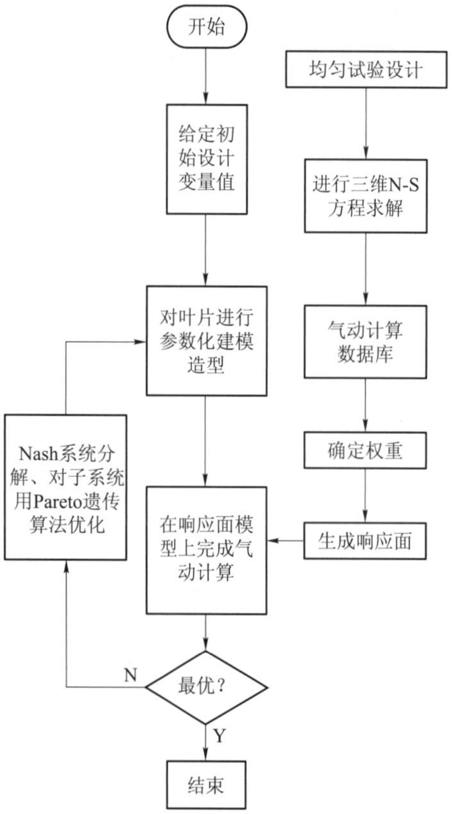

图 10.19 Nash-Pareto-RSOW 算法的计算框图

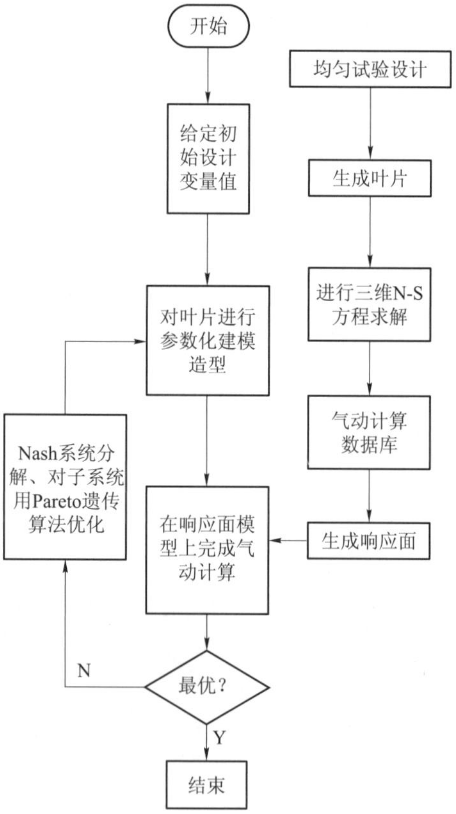

图 10.20 Nash-Pareto-RS 算法的计算框图

7. 基于 NSGA 的多目标进化优化方法概述

对于多目标优化问题，常有两种求解策略：一种是借助于加权权重系数将多目标函数合并为单目标函数；另一种是借助于多目标进化算法得到一系列多目标函数最优解。所谓进化算法，主要包括 GA（Genetic Algorithm，遗传算法），EP（Evolutionary Programming，进化规划）以及 ES(Evolutionary Strategy，进化策略)等，其中以 John H.

Holland 教授提出的以生物进化机制为原型的遗传算法研究最为活跃。对于多目标优化问题，1989 年，K. Deb 等提出了“非占优排序（Non-dominated Sorting）”的概念。在此基础上先后产生了三种多目标进化算法，即 1993 年的 MOGA（Multiobjective Genetic Algorithm），1994 年的 NPGA（Niched Pareto Genetic Algorithm）和 1994 年的 NSGA（Non-dominated Sorting Genetic Algorithm）。21 世纪初又产生了 PAES（Pareto Archived Evolution Stratege，2000 年）以及 NSGA-Ⅱ（2000 年由 K. Deb 提出“第二代非支配排序遗传算法”）等。在不考虑目标函数权重的情况下，Pareto 于 1896 年首次从数学的角度阐述了多目标最优决策问题，提出了“Pareto 解”这个十分重要的概念：假设对于所有目标函数而言，如解 X_1 均优于解 X_2，那么就称 X_1 支配 X_2；如果没有其他解能够支配 X_1，则称 X_1 为非支配解或 Pareto 解。对于一个多目标优化问题，所有 Pareto 解的集合称为 Pareto 前沿；在该集合内的解不受集合外或者集合内其他解所支配。

2000 年的 NSGA－Ⅱ算法较 1994 年的 NSGA 算法主要有两方面重大改进。

（1）精英保留策略。NSGA 将经过选择、交叉、变异遗传操作得到的子代种群与父代种群合并在一起，通过非支配排序使父代与子代共同参与竞争，选出新一代进化的父代种群。这种做法有利于父代中的优秀个体保留到下一代种群，避免优化过程中优良基因的流失，而且加速了优化收敛。

（2）提出了拥挤距离比较算子。NSGA－Ⅱ算法提出了“拥挤距离”这一重要概念，拥挤距离越大表示与该个体最邻近的那些个体之间的距离越大。换句话说，这时种群在该个体处的分布密集程度越低。因此，可以在非支配排序中将拥挤距离的大小作为判断同一层内个体优劣的依据，也就是说，如果两个个体在目标函数上互为非支配解的情况下进行比较。则令其中拥挤距离较大的个体胜出，采用这样的选取方式有利于在进化过程中保持个体的多样性，提高多目标优化 Pareto 最优解分布的均匀性。下面以高温涡轮端壁气膜冷却孔排的布置（简称为“A 问题”）以及非轴对称端壁的优化设计（简称为“B 问题”）为例，简要说明采用 NSGA－Ⅱ多目标优化算法时相关参数的选取。对于“A 问题”，设置的种群规模为 20，最大代数为 20 代，交叉与变异概率均取为 0.5，交叉与变异参数分别为 10 与 50。经过 17 代的进化搜索，共执行了 345 次的流场计算与评价，可以得到 Pareto 解集，从而使得设计者可以从所得的 Pareto 解集中去选取合适的优化设计方案。对于“B 问题”，设置的种群规模为 28，最大代数为 10 代，交叉与变异概率分别为 0.8 与 0.37，交叉与参数分别设置为 13 与 30。经历了三代的进化搜索，共执行了 107 次的流场计算与评价，也得到相应的 Pareto 解集。大量的数值优化的实践表明：采用 NSGA-Ⅱ算法能够获得多目标优化问题中的 Pareto 解集，可以为设计者提供一个选取优化设计方案的 Pareto 解集平台，从而缩短了多目标优化设计的周期。

8. 三维叶片优化的典型算例及其主要步骤

本节选取了具有双圆弧类叶型的压气机三维叶片作气动优化算例，以下分 6 小点作详细讨论。

1）二维双圆弧类叶型的参数表达

为突出本节的研究重点，简化叶型参数化时所带来的麻烦，并考虑到当前跨声速压气机叶型的一些特点，因此本节在讨论算法时仅选取了双圆弧类叶型。对于前后缘半径不等的双圆弧类叶型，我们可以证明在给定前后缘的半径 r_1 与 r_2、叶弦角 γ、弦长 l、最大相对厚度 $\bar{d}$ 以及叶型弯角 θ 这 6 个参数后，这个叶型的坐标便可以完全确定了。因此，对于这类叶型的参数化，只需要 6 个设计变量便能确定该叶型。应当需要指出的是，对于前后缘半径不等的双圆弧类叶型，给定上述 6 个参数，数学上确定其方程并不困难，但是在具体求解为数众多的高次方程时会遇到很大的麻烦，尤其是形成最后的高次方程，其形式较为复杂，很难求出一阶导数的显式形式，因此这时采用牛顿迭代便有一定困难。另外，最后形成的这个高次方程所表示的曲线存在着事先不知道的拐点和奇点，使用其他迭代方法也将会出现不收敛和无解的情况。因此，文献[220]发展了一种快速简洁求解这些高次方程组的方法，在本节二维双圆弧类叶型坐标的确定中，依然采用了上述的方法。

2）叶片积迭线的表达

描述叶片积迭线的变化采用了非均匀有理三次 B 样条函数，考虑到叶根和叶顶的特点，这时积迭线参数化后的设计变量是可以方便地得到的。应当指出，在采用 B 样条的过程中，积迭线的控制顶点沿叶高方向的分布可以是不均匀的，在控制顶点的布置上通常是靠近叶根和叶顶的区域控制顶点分布比较密集，而叶中则较稀疏。

3）均匀试验设计

均匀试验设计是为响应面的建立提供初始的样本集。该方法以较少的试验点获得较多的信息，从而大大减少了流场计算的工作量，文献[360]曾用这种方法计算过控制导弹飞行的控制射流元件的内流场，以及叶轮机叶片的叶型与飞机机翼的绕流流场，获取了不同参数下的流场特性，建立了相应问题的气动数据库，从而为响应面的确定奠定了基础。

4）三维流场 Navier-Stokes 方程的求解

在本节算例中，三维流场的求解采用了相对坐标系 (x,y,z) 下 Reynolds（雷诺）平均 Navier-Stokes 方程组，其无量纲形式为[39,7]：

$$\frac{\partial Q}{\partial t}+\frac{\partial(E_I+E_V)}{\partial x}+\frac{\partial(F_I+F_V)}{\partial y}+\frac{\partial(G_I+G_V)}{\partial z}=S_\omega \tag{10.6.17}$$

式中，符号 $Q,E_I,\cdots,S_\omega$ 的含义同文献[7]。

在非结构网格下，采用双时间步长迭代格式便可得到[7]：

$$\begin{aligned}&\frac{Q_i^{(n),(k+1)}-Q_i^{(n),(k)}}{\Delta\tau}+\left\{\frac{3Q_i^{(n),(k+1)}-4Q_i^{(n)}+Q_i^{(n-1)}}{2\Delta t}+\frac{R_i^{(n),(k)}}{\Omega_i}+\right.\\&\frac{1}{\Omega_i}\sum_{j=nb(i)}\left[(A_{ij,i}^I+A_{ij,i}^V)^{(n),(k)}S_{i,j}\delta Q_i^{(n),(k)}\right]+\\&\left.\frac{1}{\Omega_i}\sum_{j=nb(i)}\left[(A_{ij,j}^I+A_{ij,j}^V)^{(n),(k)}S_{i,j}\delta Q_j^{(n),(k)}\right]-(A_\omega)_i^{(n),(k)}\delta Q_i^{(n),(k)}\right\}=0\end{aligned} \tag{10.6.18}$$

式中，上脚标(n)代表物理时间层，(k)表示伪时间层。

$\delta Q_i^{(n),(k)}$的定义为：

$$\delta Q_i^{(n),(k)} \equiv Q_i^{(n),(k+1)} - Q_i^{(n),(k)} \tag{10.6.19}$$

式(10.6.18)又可以写为：

$$\left\{\left(\frac{1}{\Delta\tau}+\frac{3}{2\Delta t}\right)\Omega_i + \sum_{j=nb(i)}\left[S_{i,j}(A_{ij,i}^I + A_{ij,i}^V)^{(n),(k)}\right] - \Omega_i(A_\omega)_i^{(n),(k)}\right\}\delta Q_i^{(n),(k)}$$
$$= -R_i^{(n),(k)} + \frac{Q_i^{(n)} - Q_i^{(n-1)}}{2\Delta t}\Omega_i - \sum_{j=nb(i)}\left[(A_{ij,j}^I + A_{ij,j}^V)^{(n),(k)} S_{i,j}\delta Q_j^{(n),(k)}\right] \tag{10.6.20}$$

式中，Ω_i，$S_{i,j}$等的含义与文献[361]相同。显然，式(10.6.20)可用 Gauss-Seidel 点迭代算法求解[361]。

5）响应面生成技术

响应曲面采用了二阶多项式模型，其表达式为：

$$y = a_0' + \sum_{j=1}^{n} a_j' x_j + \sum_{i=1}^{n-1}\sum_{j=i+1}^{n} a_{i,j}' x_i x_j + \sum_{j=1}^{n} a_{j,j}' x_j^2 + \varepsilon \tag{10.6.21}$$

令：

$$Z_1^{(k)} \equiv [x_1^{(k)}, x_2^{(k)}, \cdots, x_n^k]\ (k=1,2,\cdots,n_s) \tag{10.6.22}$$

$$Z_2^{(k)} \equiv [x_1^{(k)}x_2^{(k)}, x_1^{(k)}x_3^{(k)}, \cdots, x_1^{(k)}x_n^{(k)}; x_2^{(k)}x_3^{(k)}, \cdots, x_2^{(k)}x_n^{(k)}; \cdots; x_{n-1}^{(k)}x_n^{(k)}] \tag{10.6.23}$$

$$Z_3^{(k)} \equiv [(x_1^{(k)})^2, (x_2^{(k)})^2, \cdots, (x_n^{(k)})^2] \tag{10.6.24}$$

令：

$$m \equiv \frac{1}{2}(n^2 - n + 2) \tag{10.6.25}$$

$$a_{j+1} = a_j'\ (j=0,1,\cdots,n) \tag{10.6.26}$$

$$a_{n+2} = a_{1,2}';\cdots;\ a_{n+m} = a_{n-1,n}' \tag{10.6.27}$$

$$a_{n+m+1} = a_{1,1}';\cdots;a_{n+m^*} = a_{n,n}' \tag{10.6.28}$$

令：

$$m^* \equiv \frac{n}{2}(n+1)+1 \tag{10.6.29}$$

$$n_r = \frac{1}{2}(n+1)(n+2) \tag{10.6.30}$$

$$A_1 \equiv [a_2 \quad a_3 \quad \cdots \quad a_{n+1}] \tag{10.6.31}$$

$$A_2 \equiv [a_{n+2} \quad a_{n+3} \quad \cdots \quad a_{n+m}] \tag{10.6.32}$$

$$A_3 \equiv [a_{n+m+1} \quad a_{n+m+2} \quad \cdots \quad a_{n+m^*}] \tag{10.6.33}$$

$$A \equiv [a_1 \quad A_1 \quad A_2 \quad A_3]^T = [a_1 \quad a_2 \quad \cdots \quad a_{n_r}]^T \tag{10.6.34}$$

为了确定式(10.6.34)中的n_r个系数，需要选定n_s组试验，注意这里要求$n_s \geqslant n_r$，于是

进行 n_s 次试验便可以得到如下形式的响应面方程，即：

$$\boldsymbol{X} \cdot \boldsymbol{A} + \boldsymbol{\varepsilon} = \boldsymbol{Y} \tag{10.6.35}$$

式中：

$$\boldsymbol{X} = \begin{bmatrix} 1 & Z_1^{(1)} & Z_2^{(1)} & Z_3^{(1)} \\ 1 & Z_1^{(2)} & Z_2^{(2)} & Z_3^{(2)} \\ \vdots & \vdots & \vdots & \vdots \\ 1 & Z_1^{(n_s)} & Z_2^{(n_s)} & Z_3^{(n_s)} \end{bmatrix} \tag{10.6.36a}$$

$$\boldsymbol{Y} \equiv [y^{(1)} \quad y^{(2)} \quad \cdots \quad y^{(n_s)}]^{\mathrm{T}} \tag{10.6.36b}$$

$$\boldsymbol{\varepsilon} = [\varepsilon^{(1)} \quad \varepsilon^{(2)} \quad \cdots \quad \varepsilon^{(n_s)}] \tag{10.6.36c}$$

显然，这里 $\boldsymbol{X}$ 为 $n_s \times n_r$ 的矩阵，$\boldsymbol{A}$ 为 $n_r \times 1$ 的矩阵（即列矩阵），$\boldsymbol{Y}$ 为 $n_s \times 1$ 的列阵。

于是，在最小二乘法估计下，希望求解的 $\boldsymbol{A}$ 满足下式最小，即：

$$\min \sum_{i=1}^{n_s} [\varepsilon^{(i)}]^2 = \min[(\boldsymbol{Y} - \boldsymbol{X} \cdot \boldsymbol{A})^{\mathrm{T}} \cdot (\boldsymbol{Y} - \boldsymbol{X} \cdot \boldsymbol{A})] \tag{10.6.37}$$

不妨将满足式(10.6.37)时的 $\boldsymbol{A}$ 记为 $\boldsymbol{A}^*$；容易推出，这时 $\boldsymbol{A}^*$ 应该为：

$$\boldsymbol{A}^* = (\boldsymbol{X}^{\mathrm{T}} \cdot \boldsymbol{X})^{-1} \cdot \boldsymbol{X}^{\mathrm{T}} \cdot \boldsymbol{Y} \tag{10.6.38}$$

6）对子系统的优化求解

如图 10.15 所示，C_{11}、C_{12}、$\cdots C_{k^*2}$ 分别为需要优化的子系统，这里 $k^* = k+1$；对这些子系统的优化求解，在本算例中是在响应面上进行的。应当指出的是，响应面优化所得到的只是近似设计空间的寻优结果，因此最后的结果还需要借助于求解三维流场的 Navier-Stokes 方程组得到。另外，还需要说明的是，这里的寻优计算，采用的是 Pareto 遗传算法而不是通常传统的遗传算法。

因篇幅所限，这里数值结果不再给出，感兴趣的读者可参阅文献[47,220]。在科学分析与工程设计中，总会遇到两类问题：一类是正问题又称分析问题；另一类是反问题又称设计问题。文献[7,22,47]等给出了多种高精度、高分辨率和高效率数值计算方法，并且已成功的应用到正问题的流场计算中。另一类是反问题，前面讲述的基于 Nash-Pareto 策略的多目标，多设计自变量，多水平的优化算法便是一个典型代表。这里必须要指出的是，在工程计算与科学分析中，有时一些量是无法用常规的数学手段来描述的，因此以王保国、黄伟光和刘淑艳为代表的 AMME Lab 团队很早便开展了使用模糊数学，灰色数学，可拓学等新型的数学工具去求解人机与环境系统复杂工程问题的尝试，大量应用算例已纳入文献[206,221]中。同样，在现代飞行器的设计与优化中，大部分量是能够用常规数学手段描述的，但有时有些量则不可能，例如，请几位专家去评价飞机座舱的设计时，有的专家认为“较好”，有的认为“可以”，有的认为“不好”，显然这里专家们从不同侧面对座舱设计给出的评价（“较好”、“可以”、“不好”）用常规数学描述便有困难，而采用模糊数学，引进模糊综合评价方法[206,221]便十分方便。另外，这里很有必要扼要介绍一下钱学森先生 1988 年 11 月 1 日在系统学讨论班的讲话中提出的“从定性到定量的综合集成方法”

(即 Meta Synthesis,简称 MS 方法)思路框架,这是一类非常重要的处理开放复杂巨系统(Open complex giant system)的通用方法。使用这个方法,当然可以完成现代飞机、现代航空发动机以及现代兵器科学中的相关优化问题。综合集成方法,采取“机帮人、人帮机”的合作方式、采取了从上而下和由下而上相结合的研究路线,即从整体到部分再由部分到整体,它把宏观研究和微观研究统一起来,最终是从整体上研究和解决问题。MS 方法的实质是把专家体系、信息与知识体系以及计算机体系有机结合起来,构成一个高度智能化的人—机结合与融合体系,这个体系具有综合优势、整体优势和智能优势。它能把人的思维、思维的成果、人的经验、知识、智慧以及各种情报、资料和信息统统集成起来,将多方面的定性认识上升到定量认识。因此,综合集成方法即超越了还原论方法,又发展了整体论方法,它的技术基础是以计算机为主的现代信息技术,它的方法基础是系统科学与数学,它的理论基础是思维科学,它的哲学基础是辩证唯物主义的实践论和认识论。我们认为钱学森先生倡导的 MS 方法也是进行先进的飞机设计和先进的航空发动机设计的重要方法。对于这样一类非常重要的方法,涉及面太广,远远超出了本书的范围。对于这个方法,本书 12.3 节所给的参考文献[417]中有较详细的说明,可供感兴趣者参考。总之,科学在进步,数值方法在不断完善,飞行器的优化设计与数值工作也会不断前进,绝不能停止在一个水平上。

最后还有一点应需格外强调的是:在现代飞行器的设计与优化问题研究中,各航空航天大国对于高超声速飞行器的研制及其关键技术格外重视。正如文献[22]所指出的,高超声速飞行器的优化设计涉及高超声速气动热力学、结构力学、气动弹性力学、飞行控制等多个学科间的耦合,属于多目标、多学科优化问题,钱学森先生给出的 MS 方法[417]应该是一个最为行之有效的通用方法,更是载人航天飞行器设计、优化以及评价的重要方法[221,417]。各航空航天大国在进行高超声速飞行器的研制与发展过程中,都高度重视超燃冲压发动机关键技术的研究,高度重视火箭基组合循环(RBCC)发动机以及涡轮基组合循环(TBCC)推进系统的研究,高度重视可重复使用运载器(RLVs)的研究,特别重视采用多种形式的组合发动机后使飞行器能够实现从低速到高速以及高超声速的飞行。另外,对于高超声速飞行器的总体外形气动设计,呈现出了多样性(例如基于升力体外形的、乘波体外形的、轴对称外形的等)的趋势。为了使读者概括了解国外高超声速技术发展的状况,这里扼要给出美国宇航局 NASA 和国防部 DOD 从 20 世纪 60 年代开始的高超声速技术应用研究的历程以及美国空军实验室推进技术理事会关于高超声速技术阶梯型发展路线(1980—2030 年)的大框架。该框架可分为四个阶段,每一个阶段在军事上都有相应的直接应用,这四个阶段是:① 亚燃冲压发动机以及战术空射导弹阶段,其中高超声速早期导弹于 1979 年试飞,飞行 $Ma=5.5$,由于冲压发动机为亚声速燃烧其效率较低;② 小型超燃冲压发动机以及快速响应高超声速巡航导弹阶段,其中 2010 年高超声速 X-51A 成功试飞(详见本书 8.8 节的介绍)便是一个重要成果;③ 中型超燃冲压发动机以及大尺寸的导弹、高超声速侦查与打击飞机或者小型的航天器阶段,这阶段将在

2015—2020 年完成;④ 大型超燃冲压发动机与组合循环发动机(包括 TBCC 推进系统和 RBCC 发动机)以及大尺寸高超声速可重复使用航天运载器(RLVs)阶段,这项任务将在 2030 年前完成。理论分析表明:氢燃料的超燃冲压发动机可在飞行 Mach 数 12~16 的范围工作,而碳氢燃料的超燃冲压发动机在飞行 Mach 数 9~10 的范围工作,因此只有采用多种组合形式发动机的推进系统,才能使高超声速可重复使用的航天运载器能够在机场跑道像普通飞机那样起飞、降落,才具有很高的灵活性与机动能力,它才真正具有工程实用价值。正因如此,美国空军科学咨询委员会高度评价了这类可重复使用的航天运载器,并认为 RLVs 提供了能够满足未来美国空间力量所有要求的巨大潜力。该委员会还特别强调:研究与发展多种组合形式发动机推进系统,应作为高超声速飞行器关键技术领域中最关键的技术,需要优先发展。综上所述,在现代国防以及航空航天工程中,将航空、航天推进动力的研制与发展放到首位是必要的,而且在进行动力推进系统的优化设计时,应该与飞行器外形的气动布局优化相耦合,要努力去发展高超声速飞行器外形与推进系统一体化的优化设计技术。毫无疑问,对于上述问题,钱学森先生提出并倡导的从定性到定量的综合集成法(即 MS 方法)是有效的。

第 11 章　现代兵器科学中的非定常流动以及湍流多相燃烧问题

“中国枪王”朵英贤院士 2000 年 12 月在为《近代兵器力学》丛书写的序中写道：“发射抛射物直到对目标的毁伤是一种大功率高瞬态的能量转换。弹丸对目标的撞击、炸药爆炸、内弹道、外弹道等则是纳秒、微秒、毫秒级的过程。有人说兵器领域是‘瞬态力学大户’此言不虚！”正如朵院士所讲的，在现代兵器科学中，非定常现象普遍存在，非定常流动问题的深入研究有助于兵器科学的健康发展。兵器科学涵盖面十分广泛，仅以航空武器为例，它包括六大类：① 航空自动武器（机关枪/机关炮）；② 航空炸弹（其中包括常规炸弹以及非常规炸弹，如核炸弹、生物炸弹、化学炸弹等）；③ 航空火箭弹；④ 空空导弹如美国的 AIM-120C 导弹、俄罗斯的 KC-172 超远程导弹、德国的红外成像无尾翼控制的“响尾蛇”IRIS-T 导弹等；⑤ 空地导弹；⑥ 航空鱼雷和水雷。显然，研究如此庞大繁多的航空武器中的非定常流动问题不是本章能胜任的课题，本章仅从现代兵器科学中经常要涉及的起始弹道学（Initial Ballistics）、中间弹道学（Intermediate Ballistics）和外弹道学（Exterior Ballistics）相关问题中抽取了具有普遍意义的两个小问题：火炮内弹道的多相流动与燃烧问题作为 11.2 节，膛口流场结构以及二次焰点燃现象作为 11.3 节。显然，11.2 节属于起始弹道学问题，11.3 节属于中间弹道学问题。另外，火箭推进系统按其使用的能源和工质的不同可以分为化学火箭推进系统和特种火箭推进系统。目前，化学火箭推进系统广泛用作运载火箭与动力装置。按照使用的发动机不同，又可分为液体火箭推进系统和固体火箭推进系统等。对于导弹与火箭的动力装置，本章选取了液体火箭发动机，抽取了液体火箭发动机中两相湍流燃烧与流动过程作为 11.4 节。此外，近 20 年来，制导兵器发展的势头十分迅速，它正向着远射程、高机动、高精度、高威力和高隐身的目标飞速迈进。制导兵器包括反坦克导弹、末制导/末敏弹、制导航空炸弹、炮射导弹、直升机载空地导弹、便携式防空导弹以及简易制导火箭等，它们是大气中有翼的飞行器。制导兵器种类繁多、气动布局多种多样，它们速度范围宽，迎角范围大。随着现代军事技术的发展，对新一代制导兵器的机动能力提出了越来越高的要求，特别是对于攻击或拦截机动目标的超声速或高超声速制导兵器提出了在高速飞行状态下具备快速反应能力的要求。传统的气动操纵面控制技术由于惯性大，受环境因素影响较多，在响应时间上很难满足要求，而结合推力矢量技术和反作用控制原理的横向喷流控制技术越来越多地被新一代高机动性能制导兵器所采用。因此，我们抽取了制导兵器中横向喷流导致的干扰现象作为 11.5 节内容。另外，11.1 节还对航空武器的前五大类进行了十分扼要的简介并对其发展趋势进行了展望。虽然,本章因为篇幅所限仅选取了上述五节内容,但它从枪炮[362-365]、导弹火箭[366,367]以及制导兵器[368]三大侧面上反映了现代兵器科学发展中普遍存在的非定常流动现象,以及在火药或者燃料燃烧过程中快速将化学能转化为热能、产生高温高压气体推动弹丸前进的重要过程,突现了上述物理化学过程的多相、湍流、非定常的流动特征以及燃烧模型的建立问题。毫无疑问,多相湍流非定常可压缩流动与燃烧的数值模拟,将为新一代兵器的设计提供一个有效的理论计算工具与平台。

11.1 现代航空武器装备的简介及其发展趋势

航空武器是飞机和武装直升机直接用于摧毁目标的重要工具,它包括航空自动武器(机关枪/机关炮)、航空炸弹、航空火箭弹、空空导弹、空地导弹、航空鱼雷和水雷六大类,在机载火力控制系统的配合下完成空战或空袭任务。本节因篇幅所限,扼要介绍前五大类。

不同类型的作战飞机配备不同的武器装备。歼击机的武器以空空导弹为主,航空机关炮为辅。强击机的武器有空地导弹、航空炸弹、制导炸弹、航空火箭弹、航空鱼雷和水雷以及航空机关枪和机关炮。轰炸机有攻防两类武器,攻击武器有巡航导弹、制导炸弹、航空炸弹;防御武器有航空机关炮。多用途战斗机兼有对空和对地(水)目标攻击能力,配备执行相应任务的对空和对地(水)武器。有的军用运输机尾部也装有自卫的航空机关炮。武装直升机的武器有航空机关枪、机关炮、航空火箭弹、反坦克导弹、常规炸弹等。

第二次世界大战后,经历了朝鲜、越南、中东等几次大规模战争,出现了多种型号转膛式和多管旋转式航空机关(枪)炮,最大射速达 6 000 发/min,空空导弹已先后有三代产品服役,现在的空空导弹、空地导弹和精确制导弹药的命中精度极高,对空可以击中上百千米之外的飞机,对地可击毁处于闹市所选中的一台汽车。20 世纪 70 年代以来,既发展了能在近距对高速度、大机动目标进行攻击的格斗导弹,同时又研制了具有全高度、全方位、全天候作战性能、可在 100 km 以外同时对多个目标进行攻击的远距拦射导弹。空地导弹配套齐全、空地战略导弹最大射程 2 500 km,重 1～10 t,带有核战斗部。空地战术导弹有反雷达、反坦克等类型。激光、电视制导炸弹已于 20 世纪 70 年代用于战争。空舰(潜)导弹、航空鱼(水)雷成为攻击军舰、潜艇的主要武器。20 世纪 90 年代以来,在发生的一些局部战争中空军起了决定性作用,新型高科技航空武器显现了巨大威力。航空武器显示的主要特点:① 航空导弹在战争中发挥了突出作用,从某种意义上讲,成为这些战争的导弹战;② 空地导弹、制导导弹等精确制导武器成为主要武器,满足了夜间空袭的需要;③ 中距拦射空空导弹的战绩超过了近距格斗空空导弹,超视距空战成为重要的空战模式。

1. 典型的自动武器

所有自动武器分为三种类型:① 利用后坐能量实现自动化;② 利用排出的火药气体

实现自动化；③ 复合型的机关炮。例如，50 mm“福拉克”-41 高射机关炮和 37 mm“福拉克”-43 高射机关炮以及 30 mm MK-103 航炮均属于第三种类型。

当今，导弹和航炮同样都装备在战斗机上，可以预计，在 21 世纪前 25 年，航炮仍是重要的航空武器，特别是对攻击机和武装直升机显得更重要。航空武器正在以下三个方面有所发展：① 改进航炮的炮弹；② 发展液体火药炮；③ 发展电磁轨道炮。这种炮当电流达(100～200)万 A 时，便可把炮弹加速到 25～30 km/s 的高速，把弹丸发出去。即使这时弹丸中不装炸药也足以摧毁目标。因此，将电磁轨道炮作为地基拦截洲际弹道导弹使用，用于对来袭导弹弹道的末段进行拦截。更有人小视国际条约中禁止向宇宙空间输送武器的规定，想在空间站上建立核反应堆。如果布置 100 门电磁轨道炮，只要接到射击指令，1～2 mim 内便可发射出 500 多枚高速弹丸，可以设想这种毁伤威力是巨大的。

2. 航空炸弹

航空炸弹由弹体、引信、装药、安定面和弹耳组成。它利用爆炸时产生的冲击波(激波)、碎片和燃烧的高温摧毁各种目标。

自 1960 年美国研制出第一台红宝石激光器后，激光制导炸弹在 1972 年 5 月便用于越南战场。在 1991 年 1～2 月的海湾战争中，美国制造了 GBU-28 激光制导炸弹专门炸毁伊拉克萨达姆的深层钢筋混凝土指挥机构。2003 年，在伊拉克战争中，准备了重 21 000 磅(9 545.5 kg)MOAB(超大火力爆炸气浪)超级航空炸弹。未来发展方向是，在追求准(加制导)、狠(提高威力)、远(加火箭发动机)三大战术技术指标上继续发展，大力发展简易空地导弹、加强新概念(如微波等)弹药武器的研制。

3. 航空火箭弹

航空火箭弹是从飞机或者武装直升机上发射，以火箭发动机为动力的非制导弹药。由引信、战斗部、火箭发动机和稳定装置组成。德国在第二次世界大战中首先研制并使用了航空火箭弹，1943 年，德国在空战中使用了 210 mm W. Gr42 涡轮喷气式火箭弹。第二次世界大战后，美、苏相继发展了航空火箭弹，如苏联的 C-5、C-8、C-13 以及美国的 70 mm“巨鼠”火箭弹等。

今后，航空火箭弹仍将是攻击机和武装直升机对地攻击的重要武器，应根据作战任务的需要研制不同用途的战斗部；提高发动机性能，增大火箭弹射程和提高命中精度。另外，苏联在 1973 年已在 C-25 航空火箭弹上加上激光制导使之成为激光制导的空地导弹。

4. 空空导弹

空空导弹是从飞机上发射攻击空中目标的导弹，它由六大部分组成：① 导引头；② 舵机舱；③ 战斗部；④ 引信；⑤ 火箭发动机；⑥ 安定面(又称尾翼或者弹翼)。另外，由德国研制的 X-4 型导弹是世界上公认的最早空空导弹，它采用有线制导系统。

21 世纪初，将有一批新型第四代空空导弹诞生并装备部队。美国 AIM-9X 红外近距格斗导弹，1996 年开始研制，2003 年服役。德国的 IRIS-T(红外成像无尾翼控制的响尾蛇)导弹，1996 年开始研制，2004 年装备部队。

目前，空空导弹仍在制导精度、机动性能和射程三个主要方面不断提高。另外，近些年来各主要大国对发展机载激光武器用于拦截导弹的技术都十分关注，可以预计近几年在这方面会有较大的发展。

5. 空地导弹

空地导弹是从飞机或者武装直升机上发射攻击地面、水(海)面目标的导弹。空地导弹的制导系统有：① 自主制导系统；② 自寻的制导系统；③ 遥控制导系统；④ 复合制导系统。

第二次世界大战结束后，各国争相发展空地导弹和空舰导弹，50多年来，空地导弹已经历了四代。20世纪50年代至60年代为第一代空地导弹，例如，美国的AGM-28A/B"大猎犬"和苏联的K-10等导弹。20世纪60年代中期至70年代初为第二代空地导弹，例如，美国的AGM-69A/B近距攻击导弹和苏联的KCP-5空地导弹。20世纪70年代初至70年代末为第三代空地导弹，例如，美国的AGM-86和苏联的X-55/65空射巡航导弹。20世纪80年代初至90年代为第四代空地导弹，例如，AGM-129先进巡航导弹，它属于战略空地导弹。对于第四代战术空地导弹，发展重点是低空亚声速巡航导弹、模式化布撒器并且携带各种子弹药。

总之，航空武器发展迅速、种类繁多、飞行弹道多种多样、飞行速度范围宽广、飞行迎角范围大。提高航空武器的命中精度、减轻武器重量、使航空武器轻便灵巧已成为主要的发展趋势。

11.2 火炮膛内非定常多相燃烧基本方程组

火炮射击时的膛内过程实际上是一个带化学反应、具有多维效应的高温、高压、瞬态燃烧及多相流动的过程。这里多相流体力学中的"物相"不同于热力学中的"物相"概念。通常热力学[37]中物相是气、液、固再加上等离子体态，而多相流体力学中的"相"有时与热力学中的"相"含意相同，如气—液两相流；有时就不同，如油—水两相流。对于火炮膛内，固相颗粒可能有大小之分，气相可能是由几种火药生成的燃气。这些燃烧生成物，有的爆温高、有的爆温低。它们的相对分子质量、热物性等可能有较大的差异。因此，火炮膛内是一个含有多种固相和多种气相的多相物系。20世纪70年代中期，K. K. Y. Kuo(郭冠云)、M. Summerfield，H. Krier，P. S. Gough及S. I. Pai(柏实义)等在内弹道两相流体力学的数学模型方面做了深入细致的研究。另外，鲍廷钰先生曾于1987年和1988年分别用中文和英文形式出版了他的《内弹道势平衡理论及其应用》一书。内弹道学的理论基础是气体动力学、气体热力学、燃烧学和传热学。在气体动力学与气动热力学方面，童秉纲、卞荫贵等先生都出版过这方面的著作与教材；在两相流和燃烧方面，宁榥、吴承康、周光坰、王宏基、庄逢辰、周力行先生等都进行过相关领域深入的研究并发表多篇重要文章与著作。在国外，柏实义、董道义、程心一、苏绍礼等先生也都出版过这方面英文的专著。目前，弹丸的最大速度已达11 km/s，用氢(H_2)或氦(He)作工质的轻质气体火炮可以得到与第二宇宙速度相比拟的炮口速度，成为研究高速碰撞的有效发射装置。本节主要讨论如下四个问题。

1. 两相流的一些重要概念以及颗粒相的一些特性

1）两相流的基本概念和主要参数

相是具有相同成分和相同物理、化学性质的均匀物质，也可以说相是物质的单一状态，例如固态、液态和气态等，在两相流动的研究中往往称为固相、液相和气相。一般来说，各相须有明显的可分界面。两相流动是指两种相都同时存在的流动，在两相流动研究中，把物质分为连续介质和离散介质。气体与液体都属于连续介质，也称为连续相与流体相；固体颗粒，液滴和气泡都属于离散介质，也称为离散相或颗粒相。流体相与颗粒相组成的流动便可称为两相流动。

下面讨论混合物中颗粒的容积分数、质量分数和质量流分数的计算。设 V_m，V_f 与 V_p 分别代表两相混合物、流体相与颗粒相所占的容积，M_m，M_f 与 M_p 为它们相应的质量，则有：

$$V_m = V_f + V_p \tag{11.2.1}$$

$$M_m = M_f + M_p \tag{11.2.2}$$

设 ρ_{mf} 与 ρ_{mp} 分别表示流体相与颗粒相的物质密度；ρ_f 与 ρ_p 分别代表流体相与颗粒相的分密度（又称浓度），简称流体相密度与颗粒相密度，则有：

$$\rho_{mf} = \frac{M_f}{V_f}, \qquad \rho_f = \frac{M_f}{V_m} \tag{11.2.3}$$

$$\rho_{mp} = \frac{M_p}{V_p}, \qquad \rho_p = \frac{M_p}{V_m} \tag{11.2.4}$$

令 ϕ 与 ε_m 分别代表颗粒的容积分数与颗粒的质量分数，则有：

$$\phi = \frac{V_p}{V_m}, \qquad \varepsilon_m = \frac{M_p}{M_m} \tag{11.2.5}$$

流体相的容积分数为：

$$1 - \phi = \frac{V_f}{V_m} = \frac{\rho_f}{\rho_{mf}} \tag{11.2.6}$$

流体相的质量分数为：

$$1 - \varepsilon_m = \frac{M_f}{M_m} = \frac{\rho_f}{\rho_m} \tag{11.2.7}$$

容易得到上述参数具有如下关系：

$$\frac{\phi}{1-\phi} = \frac{\varepsilon_m}{1-\varepsilon_m}\frac{\rho_{mf}}{\rho_{mp}} \tag{11.2.8}$$

令 ε 为两相流中通过单位面积颗粒相的质量流量分数，则：

$$\varepsilon = \frac{\dot{m}_p}{\dot{m}_m} = \frac{\rho_p v_p}{\rho_p v_p + \rho_f v_f} \tag{11.2.9}$$

式中，v_f 与 v_p 分别代表流体相与颗粒相的速度。

令 η 为装填比，其表达式为：

$$\eta \equiv \frac{\dot{m}_p}{\dot{m}_f} = \frac{\varepsilon}{1-\varepsilon} \tag{11.2.10}$$

2）两相混合物的热力学参数

(1) 压强与密度的计算。两相混合物的压强 p_m，通常有：

$$p_m = p_g + p_p \tag{11.2.11}$$

式中，p_g与 p_p分别为流体相分压强与颗粒相分压强，其表达式为：

$$p_g \equiv \rho_g \frac{R_0}{\mu_g} T, \qquad p_p \equiv \rho_p \frac{R_0}{\mu_p} T \tag{11.2.12}$$

式中，R_0为通用气体常数，R_0＝8 314.5 J/(kg・k)；μ_p为将颗粒看作拟流体后得到的相对分子质量，μ_p的表达式为：

$$\mu_p = \frac{\frac{4}{3}\pi r_p^3 \rho_{mp}}{m_C} \tag{11.2.13}$$

式中 $m_C = 1.660\ 6\times 10^{-27}$ kg，即为碳原子质量的 1/12。

另外，所有气体—颗粒流动时混合物的压强可以近似地由气相的压强来确定，即两相混合物的压强 p 为：

$$p = \rho_{mg} R_g T_g = \frac{\rho_m (1-\varepsilon_m)}{1-\phi} R_g T_g \tag{11.2.14}$$

两相混合物的密度 ρ_m为：

$$\rho_m = \rho_g + \rho_p = \frac{\rho_p}{\varepsilon_m} = \frac{1}{1-\varepsilon_m}\rho_g \tag{11.2.15}$$

令：

$$R_m = \frac{1-\varepsilon_m}{1-\phi} R_g \tag{11.2.16}$$

则有：

$$p = \rho_m R_m T_g \tag{11.2.17}$$

式(11.2.17)称为混合物的状态方程，R_m为混合物的气体常数。

值得注意的是，在两相流动中，因为 ε_m通常不是常数，所以即使 $\phi=0$ 时 R_m也不一定是常数。

(2) 内能，焓与熵的计算：两相混合物的内能 E_m为：

$$E_m = (1-\varepsilon_m) E_g + \varepsilon_m E_p \tag{11.2.18}$$

如果气相与颗粒相的比热为常数，则有：

$$E_m = (1-\varepsilon_m) c_{Vg} T_g + \varepsilon_m c T_p \tag{11.2.19}$$

式中，c_{Vg}与 c 分别为气相比定容热容与颗粒比热容。

两相混合物的焓 h_m为：

$$h_m = E_m + \frac{p}{\rho_m} \tag{11.2.20}$$

当气相与颗粒相的比热容为常数时，则有：

$$h_m=(1-\varepsilon_m)h_g+\varepsilon_m h_p \tag{11.2.21}$$

式中：

$$h_g=c_{pg}T_g,\ h_p=cT_p+\phi\frac{p}{\rho_p} \tag{11.2.22}$$

两相混合物的熵 s_m 为：

$$s_m=(1-\varepsilon_m)s_g+\varepsilon_m s_p \tag{11.2.23}$$

式中 s_g 与 s_p 分别代表单位质量气相与颗粒相的熵。

(3) 比定压热容、比定容热容、比热比的计算：两相混合物的比定压热容 c_{pm} 为

$$c_{pm}=(1-\varepsilon_m)c_{pg}+\varepsilon_m c \tag{11.2.24}$$

两相混合物的比定容热容 c_{Vm} 为：

$$c_{Vm}=(1-\varepsilon_m)c_{Vg}+\varepsilon_m c \tag{11.2.25}$$

对气相时的理想气体有：

$$c_{pg}-c_{Vg}=R_g \tag{11.2.26}$$

对于两相混合物有：

$$c_{pm}-c_{Vm}=(1-\varepsilon_m)R_g=R_m(1-\phi) \tag{11.2.27}$$

两相混合物的比热比 γ_m 为：

$$\gamma_m=\frac{c_{pm}}{c_{Vm}}=\gamma_g\frac{1+\dfrac{\varepsilon_m}{1-\varepsilon_m}\delta}{1+\dfrac{\varepsilon_m}{1-\varepsilon_m}\gamma_g\delta} \tag{11.2.28}$$

式中，γ_g 为气相比热比；γ_g 与 δ 的表达式分别为：

$$\gamma_g=c_{pg}/c_{Vg},\ \delta=c/c_{pg} \tag{11.2.29}$$

式中，c 为颗粒相的比热容。

3）两相平衡的等熵声速

对于纯气相，声速定义为：

$$a_g^2=\left(\frac{\partial p}{\partial\rho_g}\right)_s=\gamma_g R_g T_g \tag{11.2.30}$$

式中，下脚标 s 表示等熵过程。

对于两相平衡时的等熵变化，混合物的声速定义为：

$$a_e=\left(\frac{\partial p}{\partial\rho_m}\right)_e=\left(\frac{\partial p}{\partial\rho_{mg}}\right)_e\left(\frac{\partial\rho_{mg}}{\partial\rho_m}\right)_e \tag{11.2.31}$$

式中，下脚标 e 表示两相平衡等熵过程。

可以由式(11.2.31)推出下面两式成立：

(1) 当颗粒容积可忽略时，有

$$\left(\frac{a_e}{a_g}\right)^2_{\phi=0}=(1-\varepsilon_m)\left(1+\frac{\varepsilon_m}{1-\varepsilon_m}\delta\right)\Big/\left(1+\frac{\varepsilon_m}{1-\varepsilon_m}\delta\gamma_g\right) \tag{11.2.32}$$

(2) 当计及颗粒容积时，有：

$$\left(\frac{a_e}{a_g}\right)^2_{\phi\neq 0}=\frac{(1-\varepsilon_m)}{(1-\phi)^2}\frac{1-\varepsilon_m+\varepsilon_m\delta}{1-\varepsilon_m+\varepsilon_m\delta\gamma_g} \tag{11.2.33}$$

由图 11.1 可知，当 $\phi=0$ 时，两相混合物的平衡声速小于纯气相的声速；但当 ϕ 较大时，例如 $\rho_{mf}/\rho_{mp}=1$ 时，由于颗粒容积的影响，两相混合物的声速可大于纯气相的声速。

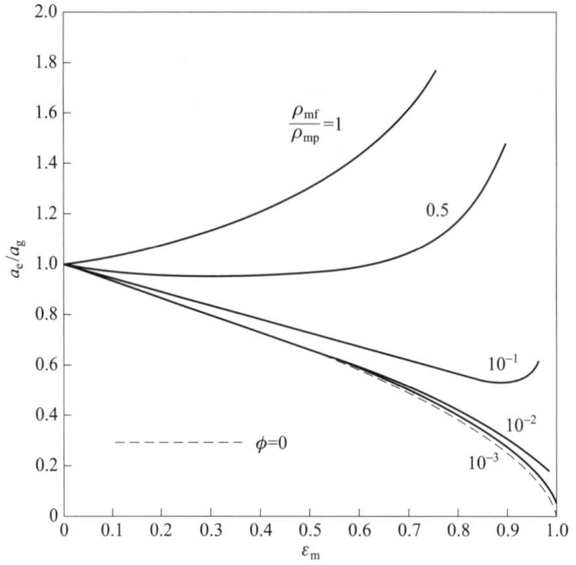

图 11.1 a_e/a_g 随 ε_m 的变化曲线

4）颗粒相的形状和尺寸特性

在实际的两相流动中，遇到的颗粒形状经常是非球的。为了便于计算，通常用“当量球”来描述非球体颗粒。这里有两种获取当量球半径的方法：一种是基于体积的当量球半径方法；另一种是基于表面的当量球半径方法，它们的表达式分别为：

$$r_{pV}=\left(\frac{3V}{4\pi}\right)^{1/3} \tag{11.2.34}$$

$$r_{ps}=\left(\frac{S}{4\pi}\right)^{1/2} \tag{11.2.35}$$

式中，V 与 S 分别为颗粒的体积与表面积。

由于测量颗粒尺寸分布的方法不同（有的是测量颗粒数与颗粒尺寸的关系；有的是测量颗粒质量与颗粒尺寸的关系），因此分布密度通常也有两种表示方法：一种是按粒径的颗粒数分布密度；另一种是按粒径的颗粒质量分布密度。下面便以颗粒半径的颗粒数分布为例说明分布密度曲线的特点。对许多颗粒尺寸分布的测量表明：颗粒数分数按颗粒半径的连续分布可以近似地用对数正态分布曲线来拟合，即：

$$f_N=\frac{1}{\sqrt{2\pi}\,r_p\ln\sigma}\exp\left[-\frac{(\ln r_p-\ln\bar{r}_{pN})^2}{2\ln^2\sigma}\right] \tag{11.2.36}$$

式中，$\bar{r}_{pN}$ 为颗粒数中值半径（又称为几何平均半径）；σ 为标准偏差，表示颗粒尺寸分布的分散程度。

5）作用在颗粒上的力

概括地讲，作用在颗粒上的力有 6 种，在这些力的作用下颗粒将产生运动，其运动方程为：

$$m_{\mathrm{p}}\frac{\mathrm{d}\boldsymbol{V}_{\mathrm{p}}}{\mathrm{d}t}=\boldsymbol{F}_{\mathrm{d}}+\boldsymbol{F}_{\mathrm{m}}+\boldsymbol{F}_{\mathrm{p}}+\boldsymbol{F}_{\mathrm{B}}+\boldsymbol{F}_{\mathrm{L}}+\boldsymbol{F}_{\mathrm{ML}} \tag{11.2.37}$$

注意：在上述方程中没有计及重力和颗粒之间的相互作用力，下面扼要地介绍这 6 种力。

(1) 阻力 $\boldsymbol{F}_{\mathrm{d}}$，其表达式为：

$$\boldsymbol{F}_{\mathrm{d}}=\frac{1}{2}\rho_{\mathrm{f}}\left|\boldsymbol{V}_{\mathrm{f}}-\boldsymbol{V}_{\mathrm{p}}\right|(\boldsymbol{V}_{\mathrm{f}}-\boldsymbol{V}_{\mathrm{p}})SC_{\mathrm{d}} \tag{11.2.38}$$

式中，$\boldsymbol{V}_{\mathrm{f}}$，$\boldsymbol{V}_{\mathrm{p}}$，$\rho_{\mathrm{f}}$ 和 C_{d} 分别代表流体的速度，颗粒的速度，流体的密度和阻力系数；S 为颗粒的迎风面积，$S=\pi r_{\mathrm{p}}^{2}$；目前，阻力系数 C_{d} 主要依靠实验来确定。

(2) 视质量力 $\boldsymbol{F}_{\mathrm{m}}$，其表达式为：

$$\boldsymbol{F}_{\mathrm{m}}=K_{\mathrm{m}}\left(\frac{4}{3}\pi r_{\mathrm{p}}^{3}\right)\rho_{\mathrm{mf}}(\boldsymbol{V}_{\mathrm{f}}-\boldsymbol{V}_{\mathrm{p}}) \tag{11.2.39}$$

Odar 的实验指出，K_{m} 的经验公式为：

$$K_{\mathrm{m}}=1.05-\frac{0.066}{A_{\mathrm{c}}^{2}+0.12} \tag{11.2.40}$$

式中，A_{c} 取决于气动力与产生加速度的力之比，即：

$$A_{\mathrm{c}}=\frac{\left|\boldsymbol{V}_{\mathrm{f}}-\boldsymbol{V}_{\mathrm{p}}\right|^{2}}{2r_{\mathrm{p}}\dfrac{\mathrm{d}}{\mathrm{d}t}\left|\boldsymbol{V}_{\mathrm{f}}-\boldsymbol{V}_{\mathrm{p}}\right|} \tag{11.2.41}$$

(3) Basset 加速度力，其表达式为：

$$\boldsymbol{F}_{\mathrm{B}}=K_{\mathrm{B}}\sqrt{\pi\mu\rho_{\mathrm{mf}}}\,r_{\mathrm{p}}^{2}\int_{t_{\mathrm{p}_0}}^{t_{\mathrm{p}}}\frac{1}{\sqrt{t_{\mathrm{p}}-\tau}}\left[\frac{\mathrm{d}}{\mathrm{d}t}(\boldsymbol{V}_{\mathrm{f}}-\boldsymbol{V}_{\mathrm{p}})\right]\mathrm{d}\tau \tag{11.2.42}$$

式中，t_{p0} 为颗粒开始加速的时间；K_{B} 为经验系数。

(4) Saffman 滑移—剪切升力 $\boldsymbol{F}_{\mathrm{L}}$，其表达式为：

$$\left|\boldsymbol{F}_{\mathrm{L}}\right|=Kr_{\mathrm{p}}^{2}(\mu\rho_{\mathrm{f}})^{\frac{1}{2}}\left|\frac{\partial\boldsymbol{V}_{\mathrm{f}}}{\partial y}\right|\left|\boldsymbol{V}_{\mathrm{f}}-\boldsymbol{V}_{\mathrm{p}}\right| \tag{11.2.43}$$

这里力的方向：当 $|\boldsymbol{V}_{\mathrm{p}}|<|\boldsymbol{V}_{\mathrm{f}}|$ 时，方向指向轴线；当 $|\boldsymbol{V}_{\mathrm{p}}|>|\boldsymbol{V}_{\mathrm{f}}|$ 时，方向离开轴线；K 为经验常数。

(5) 压强梯度力 $\boldsymbol{F}_{\mathrm{p}}$，其表达式为：

$$\left|\boldsymbol{F}_{\mathrm{p}}\right|=-\frac{4}{3}\pi r_{\mathrm{p}}^{3}\frac{\partial p}{\partial x} \tag{11.2.44}$$

式中，$\boldsymbol{F}_{\mathrm{p}}$ 的方向与压强梯度的方向相反，这个力实际上就是浮力。

(6) Magnus 力 $\boldsymbol{F}_{\mathrm{ML}}$，其表达式为：

$$\boldsymbol{F}_{\mathrm{ML}}=\pi r_{\mathrm{p}}^{3}\rho_{\mathrm{f}}\boldsymbol{\omega}\times(\boldsymbol{V}_{\mathrm{f}}-\boldsymbol{V}_{\mathrm{p}}) \tag{11.2.45}$$

式中，$\boldsymbol{\omega}$ 为球形颗粒旋转的角速度。

2. 两相流基本方程

本节仅讨论两种模型下的基本方程组：一种是均质流模型分析法下的基本方程；另一种是两相流连续介质模型法下的基本方程组。

1）均质流模型分析法

均质流模型是一种简单的物理模型，这种模型不涉及流动结构细节的描述，而把两相混合物看成有某一平均性质的假想流体，应用单相连续介质力学的概念和方法来研究流动问题，但这里需要对这种假想流体的物理性质和输运特性给出一个合理的假设。这种均质流模型需要假设两种物质混合得非常均匀，而且它们的动力学与热力学性质相近或流动速度变化不大，这时才可用双流体的概念去描述上述混合物的运动，所以这种模型又称为双流体模型。在双流体模型中，每一种组元都用流体力学方式将其连续介质化，结果使得两种连续介质存在于同一个流场中。两种组元之间的相互作用实际上是通过两种分子之间的碰撞来实现。在双流体模型中，每一组元有一个速度，令 ρ_{k}，$\boldsymbol{V}_{\mathrm{k}}$，$e_{\mathrm{k}}$，$\boldsymbol{\pi}_{\mathrm{k}}$ 与 $\boldsymbol{q}_{\mathrm{k}}$ 分别代表组元 $k(k=1,2)$ 的分密度，速度，单位质量的内能，分应力张量与分热流通量。$\boldsymbol{b}_{\mathrm{k}}$ 与 $\tilde{q}_{\mathrm{k}}$ 分别为外界作用于单位质量组元 k 上的外力与加热率。Γ_{k}，$\boldsymbol{M}_{\mathrm{k}}$ 和 E_{k} 分别代表单位体积流体微团中在单位时间内，组元 k 从另一个组元获得的质量、动量和能量传递。利用通常流体力学中导出连续方程、动量方程和能量方程的办法对组元 k 容易得到如下形式的基本方程[5]：

连续方程：

$$\frac{\partial\rho_{\mathrm{k}}}{\partial t}+\nabla\cdot(\rho_{\mathrm{k}}\boldsymbol{V}_{\mathrm{k}})=\Gamma_{\mathrm{k}} \tag{11.2.46}$$

动量方程：

$$\frac{\partial}{\partial t}(\rho_{\mathrm{k}}\boldsymbol{V}_{\mathrm{k}})+\nabla\cdot(\rho_{\mathrm{k}}\boldsymbol{V}_{\mathrm{k}}\boldsymbol{V}_{\mathrm{k}})=\nabla\cdot\boldsymbol{\pi}_{\mathrm{k}}+\rho_{\mathrm{k}}\boldsymbol{b}_{\mathrm{k}}+\boldsymbol{M}_{\mathrm{k}} \tag{11.2.47}$$

能量方程：

$$\begin{aligned}&\frac{\partial}{\partial t}\left[\rho_{\mathrm{k}}\left(e_{\mathrm{k}}+\frac{1}{2}V_{\mathrm{k}}^{2}\right)\right]+\nabla\cdot\left[\rho_{\mathrm{k}}\boldsymbol{V}_{\mathrm{k}}\left(e_{\mathrm{k}}+\frac{1}{2}V_{\mathrm{k}}^{2}\right)\right]\\&=\nabla\cdot(\boldsymbol{\pi}_{\mathrm{k}}\cdot\boldsymbol{V}_{\mathrm{k}}-\boldsymbol{q}_{\mathrm{k}})+\rho_{\mathrm{k}}\boldsymbol{b}_{\mathrm{k}}\cdot\boldsymbol{V}_{\mathrm{k}}+\rho_{\mathrm{k}}\tilde{q}_{\mathrm{k}}+E_{\mathrm{k}}\end{aligned} \tag{11.2.48}$$

式(11.2.46)～式(11.2.48)也可写成如下全微分形式：

$$\frac{\mathrm{d}_{\mathrm{k}}\rho_{\mathrm{k}}}{\mathrm{d}t}+\rho_{\mathrm{k}}\nabla\cdot\boldsymbol{V}_{\mathrm{k}}=\Gamma_{\mathrm{k}} \tag{11.2.49}$$

$$\rho_{\mathrm{k}}\frac{\mathrm{d}_{\mathrm{k}}\boldsymbol{V}_{\mathrm{k}}}{\mathrm{d}t}=\nabla\cdot\boldsymbol{\pi}_{\mathrm{k}}+\rho_{\mathrm{k}}\boldsymbol{b}_{\mathrm{k}}+\boldsymbol{M}_{\mathrm{k}}-\boldsymbol{V}_{k}\Gamma_{k} \tag{11.2.50}$$

$$\begin{aligned}&\rho_{k}\frac{d_{k}}{d\mathrm{t}}\left(\mathrm{e}_{k}+\frac{1}{2}\mathrm{V}_{k}^{2}\right)=\nabla\cdot(\boldsymbol{\pi}_{\mathrm{k}}\cdot\boldsymbol{V}_{\mathrm{k}}-\boldsymbol{q}_{k})+\\&\rho_{\mathrm{k}}\boldsymbol{b}_{\mathrm{k}}\cdot\boldsymbol{V}_{\mathrm{k}}+\rho_{\mathrm{k}}\tilde{q}_{\mathrm{k}}+E_{\mathrm{k}}-\left(e_{\mathrm{k}}+\frac{1}{2}V_{\mathrm{k}}^{2}\right)\Gamma_{\mathrm{k}}\end{aligned} \tag{11.2.51}$$

式中：

$$\frac{\mathrm{d}_k}{\mathrm{d}t}\equiv\frac{\partial}{\partial t}+\boldsymbol{V}_{\mathrm{k}}\cdot\nabla \tag{11.2.52}$$

为了使式(11.2.46)～式(11.2.48)封闭，对每一组元还需要补充热力学关系式两个，以及应力—应变率本构关系式一个，补充导热关系式一个。除此之外，用双流体模型描述二元混合物运动时还需要给定关于 Γ_{k}，$\boldsymbol{M}_{\mathrm{k}}$ 与 E_{k} 相间作用的本构关系式各一个。应该指出：仅以各组分的质量守恒关系式(11.2.46)为例，它较普通流体力学中的连续方程增加了一个扩散项，这里用这个扩散项去描述各组分之间的相互作用，因此这就归结到如何给定其中扩散系数的问题了。对于这些补充关系式，这里不再列出它们的表达式。

2）两相流连续介质模型法

在两相流动中，两相间不但存在质量传递、热量传递与动量传递，而且颗粒表面上各点的传质、传热和动量传递也均不相同；另外，气相绕过颗粒流动，在每个颗粒表面上都有边界层，而且边界层有从层流到湍流的转捩与分离，颗粒后面还有尾流，这的确是一个非常复杂的三维流动；此外，颗粒具有尺寸上的分布，不同尺寸颗粒附近的气相流动也不相同，而且颗粒之间还有碰撞、聚合和破碎等现象。因此，如果计及每个颗粒附近的实际流动状况去研究两相流动那是不可能的。事实上，这里关心是流动的平均特性，并不需要仔细研究每个颗粒周围发生的详细情况，所以在本小节中对颗粒相采用了拟流体假设；另外，对于气相来讲，把两相间的相互作用笼统地看成体系内部有一个分布热源、分布质量源和分布作用力存在。由于两相之间有质量交换，除了有由于速度差与温度差产生的动量交换和热量交换之外，还伴随有由于质量交换所产生的动量交换和能量交换。为了计及每个颗粒的质量交换，假设颗粒相变的产物以某个平均速度 $\boldsymbol{V}_{\omega}$ 和平均温度 T_{ω} 加入气相。因此，在下面基本方程组的推导中引入的基本假设：① 忽略颗粒布朗运动所贡献的压力；② 颗粒内部温度是均匀的；③ 颗粒满足拟流体假设。

令 $\boldsymbol{V}_{\mathrm{g}}$ 与 $\boldsymbol{V}_{\mathrm{p}}$ 分别表示流体与颗粒的速度；$f_{\mathrm{m}}(r_{\mathrm{p}})$ 代表单位体积内颗粒质量按颗粒半径的分布密度；ω 代表颗粒质量释放速率，它可以是正值，也可以是零或负值。正值表示颗粒蒸发或燃烧逐渐变为气相，负值表示气相凝结或化学反应使颗粒增大，零值表示两相间没有质量交换。

定义 $\bar{\omega}$ 的表达式为：

$$\bar{\omega}\equiv\frac{1}{\rho_{\mathrm{p}}}\int_{r_{\mathrm{pmin}}}^{r_{\mathrm{pmax}}}\omega f_{\mathrm{m}}\mathrm{d}r_{\mathrm{p}} \tag{11.2.53}$$

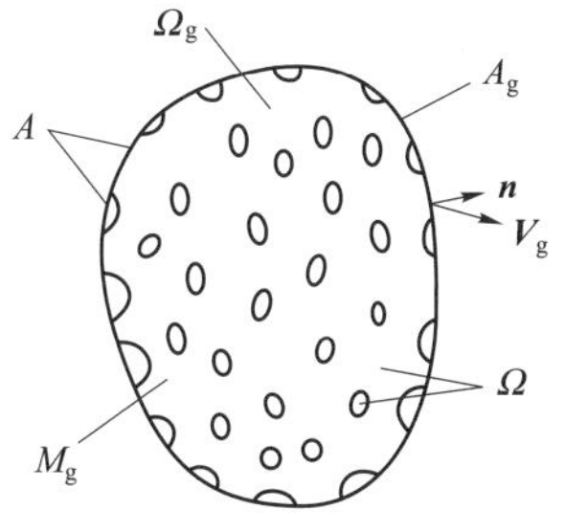

图 11.2　气相—颗粒体系

式中，$\bar{\omega}$ 代表单位体积内全部颗粒按质量平均的颗粒质量释放速率，ρ_{p} 的表达式为：

$$\rho_{\mathrm{p}}=\int_{r_{\mathrm{pmin}}}^{r_{\mathrm{pmax}}}f_{\mathrm{m}}\mathrm{d}r_{\mathrm{p}} \tag{11.2.54}$$

选取图 11.2 所示的控制体，它是由气相与颗粒所组成的混合物所组成。假设它在时刻 t 占据了控制体 Ω，对于气相来说，气相占的体积为 Ω_{g}，占据的控制面积为 A_{g}，它们与控制体的关系为：

$$\Omega_g=(1-\phi)\Omega,\ A_g=(1-\phi)A \tag{11.2.55}$$

式中，ϕ 为颗粒容积分数；A 为控制面面积。

借助于流体力学的方法对控制体写质量守恒方程，便有：

$$\iiint_{\Omega}\left[\frac{\partial \rho_g}{\partial t}+\nabla\cdot(\rho_g \boldsymbol{V}_g)-\rho_p\bar{\omega}\right]\mathrm{d}\Omega=0 \tag{11.2.56}$$

考虑到控制体的任意性，可得到微分形式的气相质量守恒方程为：

$$\frac{\partial \rho_g}{\partial t}+\nabla\cdot(\rho_g \boldsymbol{V}_g)=\rho_p\bar{\omega} \tag{11.2.57}$$

类似地，颗粒相的连续方程为：

$$\frac{\partial \rho_p}{\partial t}+\nabla\cdot(\rho_p \overline{\boldsymbol{V}_p})=-\rho_p\bar{\omega} \tag{11.2.58}$$

式中$\overline{\boldsymbol{V}_p}$的定义为：

$$\overline{\boldsymbol{V}_p}\equiv\frac{1}{\rho_p}\int_{r_{pmin}}^{r_{pmax}}\boldsymbol{V}_p f_m \mathrm{d}r_p \tag{11.2.59}$$

在未推导动量方程之前，先简要回忆一下作用在颗粒上的作用力，如图 11.3 所示。由 Newton 第二定律得颗粒的运动方程为：

$$m_p\frac{\mathrm{d}\boldsymbol{V}_p}{\mathrm{d}t}=\boldsymbol{F}_d+\boldsymbol{F}_m+\boldsymbol{F}_p+\boldsymbol{F}_B+\boldsymbol{F}_L+\boldsymbol{F}_{ML} \tag{11.2.60}$$

式中，$\boldsymbol{F}_d$，$\boldsymbol{F}_m$，$\boldsymbol{F}_p$，$\boldsymbol{F}_B$，$\boldsymbol{F}_L$及 $\boldsymbol{F}_{ML}$分别代表流体作用在颗粒上的阻力，视质量力，流体作用于颗粒上的压强梯度附加力，Basset 力，Saffman 升力以及 Magnus 力。

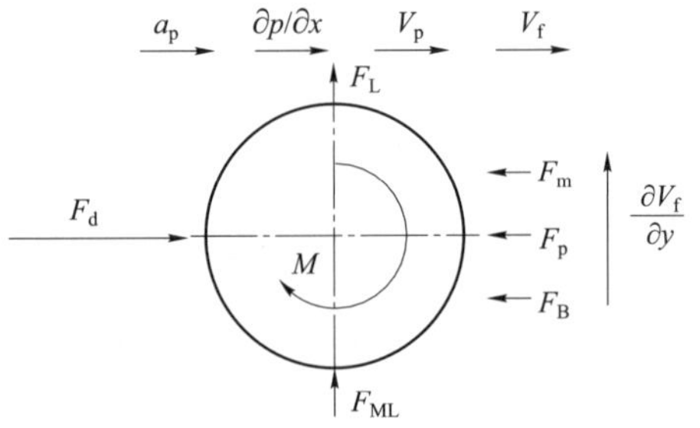

图 11.3　流体作用于颗粒上的力

在式(11.2.60)中没有计及重力和颗粒间的相互作用力。如果令 ：

$$\boldsymbol{X}\equiv\boldsymbol{F}_d+\boldsymbol{F}_m+\boldsymbol{F}_p+\boldsymbol{F}_B+\boldsymbol{F}_L+\boldsymbol{F}_{ML} \tag{11.2.61}$$

也就是说，设作用于半径为 r_p的单位质量颗粒上的气动力为 $\boldsymbol{X}(r_p)$，则 $\bar{\boldsymbol{X}}$ 定义为：

$$\bar{\boldsymbol{X}}=\frac{1}{\rho_p}\int_{r_{pmin}}^{r_{pmax}}\boldsymbol{X}f_m \mathrm{d}r_p \tag{11.2.62}$$

类似地，仿照连续性方程式(11.2.58)的推导过程便可得到对于气相的动量方程为：

$$\frac{\partial(\rho_g\boldsymbol{V}_g)}{\partial t}+\nabla\cdot(\rho_g\boldsymbol{V}_g\boldsymbol{V}_g)=\nabla\cdot[(1-\phi)\boldsymbol{\Pi}]-\nabla[(1-\phi)p]+\rho_p\bar{\boldsymbol{V}}_\omega\bar{\omega}-\rho_p\bar{\boldsymbol{X}}+\rho_g\boldsymbol{g} \tag{11.2.63}$$

式中，$\boldsymbol{\Pi}$ 为气体的黏性应力张量；$\boldsymbol{g}$ 为作用在单位质量气相上的质量力；$\bar{\omega}$ 与 $\bar{\boldsymbol{X}}$ 分别由式(11.2.53) 与式(11.2.62)定义；$\bar{\boldsymbol{V}}_\omega$的定义为：

$$\bar{\boldsymbol{V}}_\omega=\frac{1}{\rho_p}\int_{r_{pmin}}^{r_{pmax}}\boldsymbol{V}_\omega f_m \mathrm{d}r_p \tag{11.2.64}$$

颗粒相的动量方程为：

$$\frac{\partial(\rho_p\overline{\boldsymbol{V}_p})}{\partial t}+\boldsymbol{\nabla}\cdot(\rho_p\overline{\boldsymbol{V}_p}\,\overline{\boldsymbol{V}_p})=\rho_p(-\overline{\omega\boldsymbol{V}_\omega}+\overline{\boldsymbol{X}}+\overline{\boldsymbol{g}_p}) \tag{11.2.65}$$

式中$\overline{\boldsymbol{g}_p}$的定义为：

$$\overline{\boldsymbol{g}_p}\equiv\frac{1}{\rho_p}\int_{r_{pmin}}^{r_{pmax}}\boldsymbol{g}_p f_m \mathrm{d}r_p \tag{11.2.66}$$

式中，$\boldsymbol{g}_p(r_p)$为作用于单位质量半径 r_p颗粒上的质量力。

类似地，可推出气相的能量方程为：

$$\begin{aligned}&\frac{\partial e_g}{\partial t}+\boldsymbol{\nabla}\cdot(e_g\boldsymbol{V}_g)=\rho_g\left\{\left[\bar{h}_\omega+\frac{(\bar{V}_\omega)^2}{2}\right]\bar{\omega}+\bar{q}_p+\bar{q}_{(g)}\bar{\omega}'-\overline{\boldsymbol{X}}\cdot\bar{\boldsymbol{V}}_P\right\}+\\&\rho_g(\tilde{u}_c+\boldsymbol{g}\cdot\boldsymbol{V}_g)+\boldsymbol{\nabla}\cdot[(1-\phi)\lambda_g\boldsymbol{\nabla}T_g]-\\&\boldsymbol{\nabla}\cdot[(1-\phi)p\boldsymbol{V}_g]+\boldsymbol{\nabla}\cdot[(1-\phi)(\boldsymbol{\Pi}\cdot\boldsymbol{V}_g)]\end{aligned} \tag{11.2.67}$$

式中，$\tilde{u}_c$代表单位质量气相化学反应的热释放率；λ_g为气体的导热系数；$\bar{q}_p$，$\bar{\omega}'$，$\bar{h}_\omega$，$\bar{q}_{(g)}$以及e_g的定义分别为：

$$\bar{q}_p\equiv\frac{1}{\rho_p}\int_{r_{pmin}}^{r_{pmax}}q_p f_m \mathrm{d}r_p \tag{11.2.68}$$

$$\bar{\omega}'\equiv\frac{1}{\rho_p}\int_{r_{pmin}}^{r_{pmax}}\omega' f_m \mathrm{d}r_p \tag{11.2.69}$$

$$\bar{h}_\omega\equiv\frac{1}{\rho_p}\int_{r_{pmin}}^{r_{pmax}}h_\omega f_m \mathrm{d}r_p \tag{11.2.70}$$

$$\bar{q}_{(g)}\equiv\frac{1}{\rho_p}\int_{r_{pmin}}^{r_{pmax}}q_{(g)} f_m \mathrm{d}r_p \tag{11.2.71}$$

$$q_{(g)}=\eta q_c \tag{11.2.72}$$

$$e_g=\rho_g\left(e_i+\frac{V_g^2}{2}\right) \tag{11.2.73}$$

式(11.2.68)～式(11.2.73)中，q_p是单位质量半径为 r_p的颗粒传给气相的热流率；ω'为单位时间内单位质量半径为 r_p的颗粒参与化学反应或相变的颗粒质量；对于颗粒燃烧，ω'为颗粒质量释放速率；h_ω是半径为 r_p的颗粒向气相传递的单位质量的焓；q_c是单位质量半径为 r_p颗粒的反应热或相变热，其中传给气相的百分数为 η，于是传给气相的热量便由式(11.2.72)给出；式(11.2.73)中 e_i为单位质量气相的内能。

颗粒相的能量方程为[5]：

$$\frac{\partial\bar{e}_p}{\partial t}+\boldsymbol{\nabla}\cdot(\bar{e}_p\bar{\boldsymbol{V}}_p)=\rho_g\left\{-\left[\bar{h}_\omega+\frac{(\bar{V}_\omega)^2}{2}\right]\bar{\omega}-\bar{q}_p+\overline{\boldsymbol{X}}\cdot\bar{\boldsymbol{V}}_p+\bar{\boldsymbol{g}}_p\cdot\bar{\boldsymbol{V}}_p+\bar{q}^{(p)}\overline{\omega'}\right\} \tag{11.2.74}$$

式中，$\bar{q}^{(p)}$，$\bar{e}_p$等的定义为：

$$\bar{q}^{(p)}\equiv\frac{1}{\rho_p}\int_{r_{pmin}}^{r_{pmax}}q^{(p)} f_m \mathrm{d}r_p \tag{11.2.75}$$

$$q^{(p)}=(1-\eta)q_c \tag{11.2.76}$$

$$\overline{e_p}\equiv\frac{1}{\rho_p}\int_{r_{p\min}}^{r_{p\max}}e_m f_m \mathrm{d}r_p \tag{11.2.77}$$

$$e_m=h_p+\frac{V_p^2}{2}+e_\sigma \tag{11.2.78}$$

应该注意的是，符号 $q^{(p)}$ 与 q_p之间的区别，另外，e_σ是单位质量半径为 r_p颗粒的表面能量。

至此，式(11.2.57)、式(11.2.58)、式(11.2.63)、式(11.2.65)、式(11.2.67)以及式(11.2.74)便构成了连续介质模型下两相流基本方程组。这套方程组主要用于气相与颗粒组成的两相流动问题的求解，也适用于液相与颗粒组成的两相流动问题。

3. 一维两相平衡管流问题

所谓两相平衡流动，是指气相和颗粒之间的速度相等，另外温度也彼此相等的两相流动。当动量和热量传递的松弛时间 τ_V和 τ_T比颗粒在通道中的停留时间短得多时，颗粒就有足够时间来响应气相特性参数的变化，这时两相流动可以近似地按两相平衡流来计算。

另外，当通道的横截面积沿管轴变化很小，而且管道的轴线弯曲很小时，这时可近似地把管道中的流动看成是一维的，并且流动参数在横截面上认为是均匀分布。

在下面的推导中，采用了如下基本假设：

(1) 流动是一维的、绝热的。

(2) 气相遵循理想气体状态方程，在流动过程中气相成分不发生变化，即成分冻结，除了和颗粒接触外没有黏性。

(3) 忽略颗粒所占容积及其所贡献的压力。

(4) 颗粒呈球形，尺寸均一，颗粒内部温度分布均匀。

(5) 两相间相互作用时，认为气相与颗粒的速度彼此相等、温度也彼此相等。

对于两相平衡管流，其平衡混合物的连续方程为：

$$\frac{\partial\rho_e}{\partial t}+\nabla\cdot(\rho_e\boldsymbol{V}_e)=0 \tag{11.2.79}$$

对于一维、两相平衡管流，则式(11.2.79)变为：

$$\frac{\partial\rho_e}{\partial t}+\frac{\partial(\rho_e V_e)}{\partial x}=-\frac{\rho_e V_e}{A}\frac{\mathrm{d}A}{\mathrm{d}x} \tag{11.2.80}$$

或者：

$$\rho_e V_e A=\dot{m}_e=\mathrm{const} \tag{11.2.81}$$

式中，A 为管道的横截面积，它不随时间变化但它为 x 的函数，即 $A=A(x)$；ρ_e和 V_e分别为两相平衡混合物的密度和速度。

对于两相平衡流，由式(11.2.63)得其动量方程为：

$$\frac{\partial(\rho_e\boldsymbol{V}_e)}{\partial t}+\nabla\cdot(\rho_e\boldsymbol{V}_e\boldsymbol{V}_e)=\nabla\cdot[(1-\phi)\boldsymbol{\Pi}]-$$

$$\nabla[(1-\phi)p]+\rho_e \boldsymbol{g}_e \tag{11.2.82}$$

对于仅考虑壁面摩擦的一维两相平衡流，则上述方程又可变为：

$$\frac{\partial(\rho_e V_e)}{\partial t}+\frac{\partial(\rho V_e^2)}{\partial x}=-\frac{\rho_e V_e^2}{A}\frac{\partial A}{\partial x}-\frac{\partial[(1-\phi)p]}{\partial x}-\tau_{we}\frac{S}{A} \tag{11.2.83}$$

式中，S 为通道的周长；τ_{we}为两相平衡混合物在壁面处的摩擦应力，其表达式为：

$$\tau_{we}=f\rho_e V_e^2/2 \tag{11.2.84}$$

式中，f 为摩擦系数。

对于忽略了壁面摩擦力的一维两相平衡喷管流动，则式(11.2.83)又可简化为：

$$\rho_e V_e \frac{dV_e}{dx}+\frac{dp}{dx}=0 \tag{11.2.85}$$

另外，对于两相平衡流，则能量方程式(11.2.67)可变为：

$$\frac{\partial e_e}{\partial t}+\nabla\cdot(e_e \boldsymbol{V}_e)=\rho_g \tilde{u}_c+\nabla\cdot[(1-\phi)\lambda_g \nabla T_e]+\rho_p \bar{q}_c \bar{\omega}'-$$

$$\nabla\cdot[(1-\phi)p\boldsymbol{V}_e]+\nabla\cdot[(1-\phi)(\boldsymbol{\Pi}\cdot\boldsymbol{V}_e)]+\rho_e \boldsymbol{g}_e\cdot\boldsymbol{V}_e \tag{11.2.86}$$

式中：T_e为两相平衡混合物的温度；e_e为单位体积中两相平衡混合物的能量，即：

$$e_e \equiv e_g+\bar{e}_p \tag{11.2.87}$$

对于不考虑壁面摩擦的最简单的一维两相平衡流，则能量方程式(11.2.86)又可简化为：

$$\frac{\partial e_e}{\partial t}+\frac{\partial\{[e_e+(1-\phi)p]V_e\}}{\partial x}=-\frac{[e_e+(1-\phi)p]V_e}{A}\frac{dA}{dx} \tag{11.2.88}$$

当然，能量方程也可用滞止总焓表达，对于两相平衡管流则为：

$$H_e=H_0=\text{const} \tag{11.2.89}$$

式中：$H_e=h_e+\dfrac{V_e^2}{2}$。　(11.2.90)

现在归纳上述得到的不考虑壁面摩擦的最简单的一维两相平衡流的几个公式：

$$\rho_e V_e A=\text{const} \tag{11.2.91a}$$

$$\rho_e V_e \frac{dV_e}{dx}+\frac{dp}{dx}=0 \tag{11.2.91b}$$

$$c_{pe}\frac{dT_e}{dx}+V_e\frac{dV_e}{dx}=0 \tag{11.2.91c}$$

由热力学 Gibbs 关系式，得：

$$T_e dS_e=dh_e-\frac{dp}{\rho_e} \tag{11.2.92}$$

注意：式(11.2.91b)与式(11.2.91c)，则式(11.2.92)变为：

$$T_e dS_e=-V_e dV_e+V_e dV_e=0 \tag{11.2.93}$$

式中，S_e与 T_e分别代表两相平衡混合物的熵与温度。

式(11.2.93)表明，在上述假设下的一维两相平衡流动是等熵流动。由能量方程式(11.2.91c)与状态方程，即：

$$p=\rho_e R_e T_e \tag{16.2.94}$$

得：

$$\frac{d\rho_e}{\rho_e}=\frac{1}{\gamma_e}\frac{dp}{p} \tag{11.2.95}$$

$$\gamma_e=\frac{c_{pe}}{c_{pe}-R_e} \tag{11.2.96}$$

式中，R_e为两相平衡混合物的气体常数；γ_e为两相平衡混合物等熵流动的等熵指数，也称为平衡混合物的比热比，其表式式为：

$$\gamma_e=\gamma_g\left(1+\frac{\varepsilon}{1-\varepsilon}\frac{c}{c_{pg}}\right)\Big/\left(1+\frac{\varepsilon}{1-\varepsilon}\frac{c}{c_{pg}}\gamma_g\right) \tag{11.2.97}$$

由于 $\gamma_g>1$，故 $\gamma_e<\gamma_g$，可见一维两相平衡流的等熵指数小于气相比热比。由于一维两相平衡喷管流动为等熵流，因此其他参数可按以下等熵关系进行计算：

$$\frac{T_0}{T_e}=1+\frac{\gamma_e-1}{2}Ma_e^2 \tag{11.2.98}$$

$$\frac{p_0}{p}=\left(1+\frac{\gamma_e-1}{2}Ma_e^2\right)^{\gamma_e/(\gamma_e-1)} \tag{11.2.99}$$

$$\frac{\rho_0}{\rho_e}=\left(1+\frac{\gamma_e-1}{2}Ma_e^2\right)^{1/(\gamma_e-1)} \tag{11.2.100}$$

$$\frac{A}{A_t}=\frac{1}{Ma_e}\left[\left(1+\frac{\gamma_e-1}{2}Ma_e^2\right)\Big/\left(\frac{\gamma_e+1}{2}\right)\right]^{(\gamma_e+1)/[2(\gamma_e-1)]} \tag{11.2.101}$$

式中，带有下脚标“0”者为滞止参数；A_t为喷管喉部面积；Ma_e为一维两相平衡流的 Mach 数，a_e为一维两相平衡声速，它们的表达式为：

$$a_e=\sqrt{\gamma_e R_e T_e} \tag{11.2.102}$$

$$Ma_e=V_e/a_e \tag{11.2.103}$$

这里还应指出，在喷管几何喉部，一维两相平衡流的 Mach 数 $Ma_{et}=1$，而这时气相 Mach 数 Ma_{gt}为：

$$Ma_{gt}=\frac{V_t}{a_{gt}}=\sqrt{\gamma_e(1-\varepsilon)/\gamma_g}<1 \tag{11.2.104}$$

因此，气相 Mach 数 $Ma_{gt}=1$ 的点应在喷管几何喉部的下游。通过喷管的流量为：

$$\dot{m}_e=K\frac{p_0}{\sqrt{R_e T_0}}q(Ma_e)A \tag{11.2.105}$$

或者：

$$\dot{m}_e=K\frac{p_0}{\sqrt{R_e T_0}}A_t \quad \text{(喉部为临界截面时)} \tag{11.2.106}$$

式中，$q(Ma_e)$为气动函数；K 的定义为：

$$K\equiv\sqrt{\gamma_e}\left(\frac{2}{\gamma_e+1}\right)^{\frac{\gamma_e+1}{2(\gamma_e-1)}} \tag{11.2.107}$$

4. 二维轴对称下非定常两相膛内燃烧基本方程组

火炮射击时的膛内过程实际是一个带化学反应、具有多维效应的高温、高压、瞬态多维多相燃烧及非定常流动的过程[369,370]。图 11.4 给出了药室点火具工作示意图。

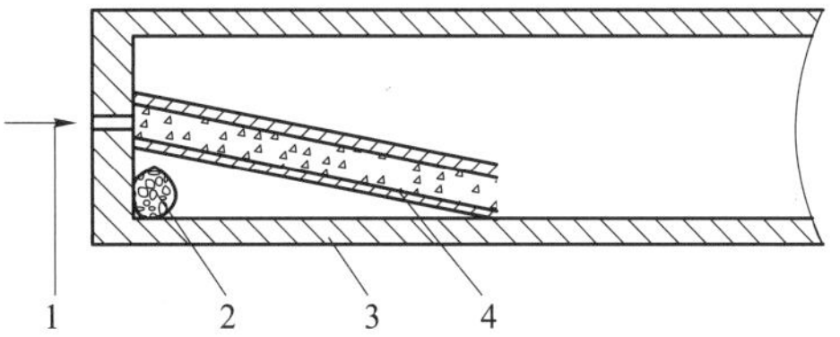

图 11.4　药室点火具工作示意图

1—底火；2—点火装包；3—燃烧室；4—点火管

选取柱坐标系(r,θ,z)，r 与 z 分别为径向坐标与轴向坐标，角 θ 按逆时针方向为正；令 t 为时间，引入空隙率 ϕ^*，它与 ϕ 的关系为：

$$\phi^*=1-\phi \tag{11.2.108}$$

因此，在不考虑 θ 方向物理量的变化时（认为是轴对称的），则二维轴对称条件下，非定常两相膛内燃烧基本方程组为：

$$\frac{\mathrm{d}}{\mathrm{d}t}\hat{\rho}+\hat{\rho}\,\nabla\cdot\boldsymbol{V}=\dot{m}_{\mathrm{c}}+\dot{m}_{\mathrm{ig}} \tag{11.2.109a}$$

$$\hat{\rho}\frac{\mathrm{d}\boldsymbol{V}}{\mathrm{d}t}+\phi^*\,\nabla p=-\boldsymbol{D}+\dot{m}_{\mathrm{c}}(\boldsymbol{V}_{\mathrm{p}}-\boldsymbol{V})+\dot{m}_{\mathrm{ig}}(\boldsymbol{V}_{\mathrm{ig}}-\boldsymbol{V}) \tag{11.2.109b}$$

$$\begin{aligned}\hat{\rho}\frac{\mathrm{d}e}{\mathrm{d}t}+\phi^*p\,\nabla\cdot\boldsymbol{V}+p\frac{\partial\phi^*}{\partial t}=&\boldsymbol{D}\cdot(\boldsymbol{V}-\boldsymbol{V}_{\mathrm{p}})-S_{\mathrm{p}}q+\\&\dot{m}_{\mathrm{c}}\left(e_{\mathrm{p}}-e+\frac{p}{\rho_{\mathrm{p}}}+\frac{1}{2}|\boldsymbol{V}-\boldsymbol{V}_{\mathrm{p}}|^2\right)+\\&\dot{m}_{\mathrm{ig}}\left(e_{\mathrm{ig}}-e+\frac{1}{2}|\boldsymbol{V}-\boldsymbol{V}_{\mathrm{p}}|^2\right)\end{aligned} \tag{11.2.109c}$$

式(11.2.109a)～式(11.2.109c)中，$\hat{\rho}\equiv\rho\phi^*$；$\dot{m}_{\mathrm{c}}$和$\dot{m}_{\mathrm{ig}}$分别为固相的气体生成率和点火源的气体生成率；$\boldsymbol{V}_{\mathrm{p}}$和$\boldsymbol{V}_{\mathrm{ig}}$分别为固相的速度和点火药气体的速度；$e$ 为比内能，S_{p}为单位体积内主装药的表面积；q 为单位气—固交界面上的热流量；$\boldsymbol{D}$ 为气—固相间作用力（阻力）。

这里在推导气相动量方程时认为动量变化的因素有燃烧释放的动量以及点火源携带的动量，并且假设气相是无黏的。在推到气相能量方程时，略去了气相热传导效应，但要计及气—固相之间的热交换，并且考虑相间阻力做功、燃烧效应以及各种源项。

另外，由固相质量平衡方程以及固相动量平衡方程，可得：

$$\frac{\mathrm{d}\phi^*}{\mathrm{d}t_p}-(1-\phi^*)\nabla\cdot\boldsymbol{V}_p=\frac{\dot{m}_c}{\rho_p} \tag{11.2.109d}$$

$$(1-\phi^*)\rho_p\frac{\mathrm{d}}{\mathrm{d}t_p}\boldsymbol{V}_p+(1-\phi^*)\nabla p+\nabla[(1-\phi^*)\tau_p]=\boldsymbol{D} \tag{11.2.109e}$$

式(11.2.109d)与式(11.2.109e)中，τ_{p}为颗粒间的平均应力；$\frac{\mathrm{d}}{\mathrm{d}t_{\mathrm{p}}}$代表固相的随体导数，其表达式为：

$$\frac{\mathrm{d}}{\mathrm{d}t_p} \equiv \frac{\partial}{\partial t} + \boldsymbol{V}_p \cdot \boldsymbol{\nabla} \tag{11.2.110a}$$

另外，还有一些辅助补充方程：

$$p = p(\rho, T) \tag{11.2.109f}$$

$$\tau_{\mathrm{p}} = \tau_{\mathrm{p}}(\phi^*) \tag{11.2.109g}$$

$$q = h_{\mathrm{c}}(T - T_{\mathrm{ps}}) \tag{11.2.109h}$$

$$\dot{m}_{\mathrm{c}} = \frac{1-\phi^*}{1-\Psi}\rho_{\mathrm{p}}\frac{\partial \Psi}{\partial t} \tag{11.2.109i}$$

$$\dot{m}_{\mathrm{ig}} = \dot{m}_{\mathrm{ig}}(t) \tag{11.2.109j}$$

$$e = e(p, \rho) \tag{11.2.109k}$$

$$\boldsymbol{D} = \boldsymbol{D}(\phi^*, \mathrm{d}p, Re_{\mathrm{p}}) \tag{11.2.109l}$$

$$T_{\mathrm{ps}} = T_{\mathrm{ps}}(t, k_{\mathrm{p}}, S_{\mathrm{p}}, h_{\mathrm{c}}, C_{\mathrm{p}}, T_{\mathrm{ps}}(0)) \tag{11.2.109m}$$

式(11.2.109h)～式(11.2.109m)中，h_{c}为热交换系数；T_{ps}为颗粒表面温度；k_{p}为气体的传热系数；Re_{p}为以颗粒当量直径计算的雷诺数；Ψ为固相颗粒相对体积燃烧量；ρ_{p}为固相密度；$\frac{\partial \Psi}{\partial t}$为几何燃烧定律，也可以由实测结果确定。

对于气相来说，状态方程式(11.2.109f)多采用 Noble-Abel 方程：

$$p\left(\frac{1}{\rho} - \alpha\right) = RT \tag{11.2.110b}$$

式中，α为余容。

显然，式(11.2.109a)～式(11.2.109m)共含有5个偏微分方程，其余均为代数方程。它是一个描述膛内流动的非定常、无黏、有源、两相燃烧方程组。这个方程组与一般的两相流基本方程的差别在于，右端项除了火药化学反应源项之外，还有点火源项、可燃药筒燃烧源项以及钝感材料源项等。对于这些源项，必须要精心处理。它们有着不可忽视的作用，有时对弹道性能起着决定性的作用。

11.3　火炮膛口流场的结构以及二次焰点燃现象

1. 火炮膛口流场形成的过程以及流场的结构特性

对于一般火炮，膛内的火药气体达到几千个大气压，即使弹丸出炮口瞬间其压强也具有 500～1 000 atm，而这时膛外是大气条件，因此膛内外形成了极大的压力差，用气体动力学的语言来讲即膛口流场属于次膨胀的射流场。图 11.5 给出了膛口流场冠状激波的形成与发展过程图；由图 11.5 中(a)可以看出：当弹丸从膛口刚飞出时，高温高压的火药气体以很大的速度向膛外喷出，并推动和压缩周围的空气，形成了膛口的压力突跃面，即激波波阵面。由于当弹丸尚未完全脱离膛口时，膛口截面与弹尾部之间形成一个环形间隙，这时一部分火药气体以高速逸出。此时膛口的气流参数正处在后效期中最大值的状态，从间隙中逸出的气流以两倍于弹丸的速度包围并超过弹丸，在弹丸前形成一个形如冠状的气团，如图 11.5(a)所示，这是膛口流场早期的冠状气团。随着弹丸飞离膛口，环形区域扩大，补充到冠状气团的气体也迅速增加，这时火药气体射流相对于弹丸的速度已高于当地声速，因此便形成了弹底激波。在弹丸和弹底激波对射流的分流和阻滞作用下，由膛内喷出的火药气体只能沿弹丸四周向前运动，使得早期形成的冠状气团得以加强。它一方面压缩周围空气介质；另一方面又要不断地向前移动，形成一系列压缩波。由于后一个压缩波处在被前一个波压缩过的介质中运动，因此传播速度要比前一个压缩波的传播速度来得快，因此它可以追上前一个波，逐次叠加成冠状激波，如图 11.5(b)所示。当膛口射流 Mach 盘形成之后，射流直径明显地超过冠状气团。随着冠状激波的前传和冠状气团的能量扩散，冠状冲击波也逐渐地脱离冠状气团，如图 11.5(c)所示。脱离后的冠状冲击波的强度和传播速度这时就不再增长，而弹丸以高于冠状激波的速度继续运动，因此在冠状激波的中央部分在弹前被弹丸压缩的稠密气体的推动下，由凹变凸，如图 11.5(d)所示。接着弹丸追上并刺破冠状激波，当被冠状激波包围的那一部分膛口激波赶上后，最后合成一个激波。这里应指出的是，当弹丸穿越冠状激波时，易造成不对称的冠状激波与弹体斜交以及波后气流方向的折转都将对弹丸产生附加的法向力，影响弹丸的正确飞行。换句话说，冠状激波的不对称性对弹丸在后效期的飞行有着显著的影响。试验中发现：合理地设计膛口装置可以改善冠状激波的对称性。图 11.6(a)给出了炮口无制退器的膛口初始流场，图 11.6(b)给出了有炮口制限器的膛口初始流场。在装有较长的制退器的情况下，弹丸出膛口装置之前，在初始激波之后还形成一个中间流场，如图 11.6(b)所示。中间流场的产生是由于弹丸进入膛口装置时，火药气体由腔壁与弹丸之间的环形间隙膨胀而越过弹丸，并在弹丸出炮口前流出。与初始激波相比，中间激波具有更大的强度，它对火药气体流场的形成有显著的影响。中间激波在火药气体冲击的追赶下，最后合并为一个激波。图 11.7 给出了膛口流场的结构图，图 11.8 给出了膛口欠膨胀流场的区域标号，在图 11.8 中共分了 5 个区。膛口射流的主要特征是在欠膨胀射流内部存在着一个 Mach 盘，它近似于正激波。它与入射斜激波和反射斜激波组成冠状激波系。

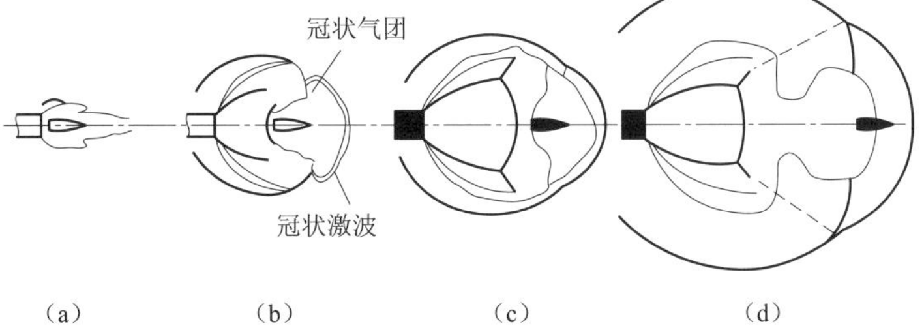

图 11.5　膛口流场冠状激波的形成与发展

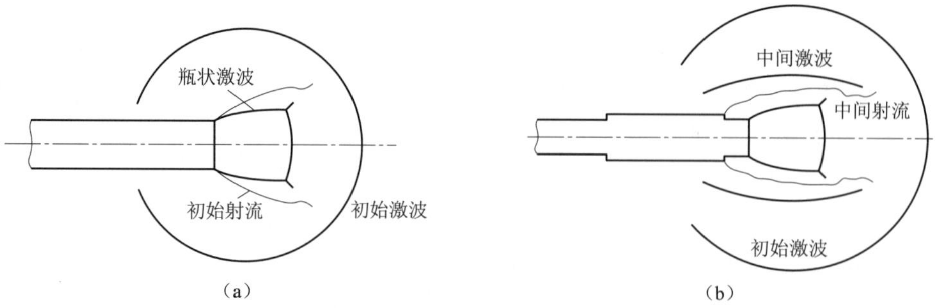

图 11.6　膛口初始流场

(a) 初始流场(炮口无制退器的);(b) 中间激波与中间射流(有炮口制退器的)

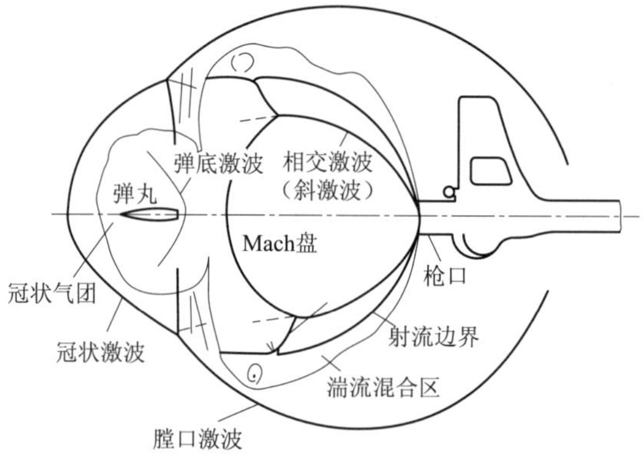

图 11.7　膛口流场结构图

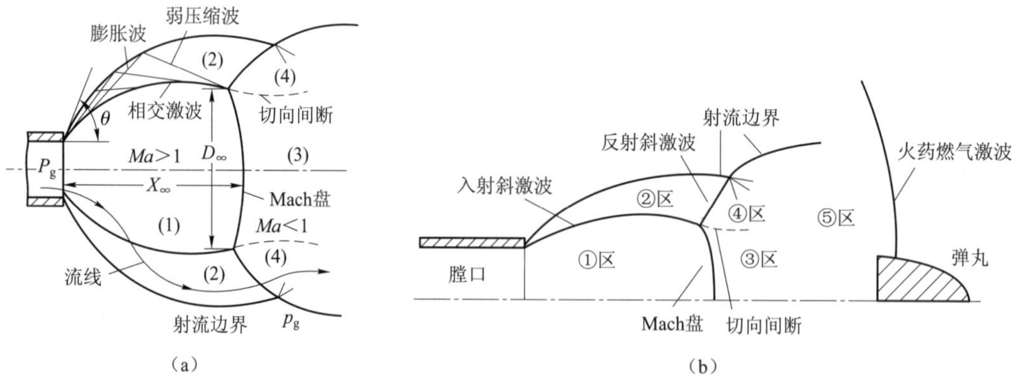

图 11.8　膛口欠膨胀射流的区域标号与流场结构

另外,流场中存在着切向间断面(图 11.8 中③区与④区的交界处)。火药燃气出膛后,一部分在冠状激波区内膨胀至超声速,然后穿越了 Mach 盘受到强的再压缩,变为高温、低速的亚声速气流。另一部分火药燃气首先穿过入射斜激波,继续膨胀后再穿过反射斜激波,受到两次较弱的再压缩,超声速流的压强已接近大气压,温度远低于膛口温度。

在滑移线两侧的超声速流和亚声速流之间以及湍流射流边界上的火药燃气和环境大气之间发生强烈的质量、动量和热量交换。滑移线消失以后，欠膨胀流进入混合段。另外，根据流动特征，可以把膛口射流划分为如下 5 个流动区域：

① 区：冠状激波内的过度膨胀区。在这个区域内，火药燃气自膛口的高温、高压膨胀至 Mach 盘前的环境温度和压强以下。该区黏性影响很小，化学反应已基本冻结，可作为无黏等熵流区处理。

② 区：它由入射斜激波、射流边界和反射斜激波构成的超声速流区。在射流边界上，火药燃气与空气混合；在靠近入射斜激波处，黏性影响可以忽略。

③ 区：它由 Mach 盘后滑移线与轴线之间的亚声速区所构成。在该区，火药燃气经 Mach 盘强的再压缩后，压强略高于环境压力，温度突跃上升至膛口温度以上，速度突跃下降。因该区未与环境大气中的 O_2 混合，因此化学反应速率较小。随着滑移线两侧质量、动量和热量交换的进行，O_2 逐渐扩散进来，使得化学反应速率增加。

④ 区：它由滑移线和射流边界以及反射斜激波下游所围成的超声速区。该区压强梯度很小，温度略高于环境温度。在射流边界上，火药燃气与环境大气发生湍流混合。在靠近滑移线处，由于横向质量、动量和热量交换的结果，使得温度逐步升高，速度逐步降低，出现了一个化学反应速率很大的局部区域。

⑤ 区：它是膛口欠膨胀射流的混合段。该区与一般湍流射流混合段相类似，也是最大速度和温度均位于轴线上[5]。所不同的是，膛口欠膨胀射流受到火药燃气激波的约束。

总之，膛口流场中，强的横向质量交换的进行，为火药燃气中的可燃成分提供了氧化剂，而复杂激波结构的存在又使得流场中出现极利于混合气体着火以及初始火焰传播的高温低速区域。因此，膛口流场多激波的特征为二次焰的点燃与传播提供了条件，而多切向间断的特征，又使得点燃过程变得更为复杂。另外，膛口流场的显著非定常特征也可由图 11.8(a)中 D_m/d 随时间 t 的变化(图 11.9)以及 X_m/d 随时间 t 的变化(图 11.10)看出。图 11.11 给出了膛口激波随时间 t 的发展图。令冲击波波阵面的球半径为 R_c，则它随时间的变化非常接近指数关系，其经验表达式为：

$$\frac{R_c}{d}=At^B \tag{11.3.1}$$

式中，d 为口径，A 和 B 为试验常数，例如，无膛口装置时，$A=0.347$，$B=0.720$。

令 L_0 代表膛口激波球心的位移，它随时间的变化也呈指数关系，其表达式为

$$\frac{L_0}{d}=Ct^D \tag{11.3.2}$$

式中，C 与 D 为试验常数；对于无膛口装置时，则 $C=0.353$，$D=0.490$。

由于在式(11.3.2)中指数 D 是一个小于 1 的数，因此膛口激波球心运动是一种减速运动。

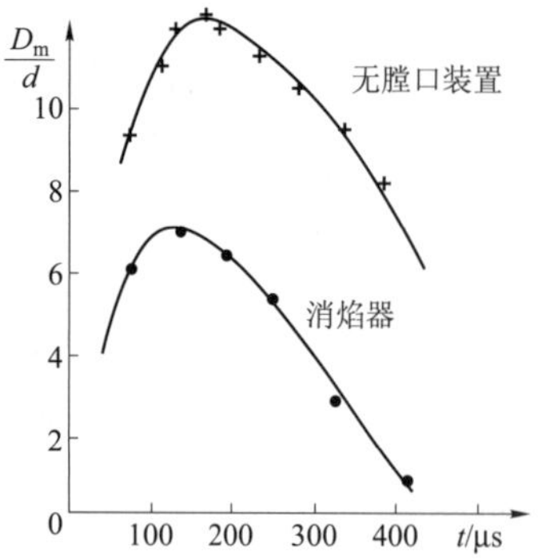

图 11.9 Mach 盘直径 D_m/d 随时间 t 的变化曲线

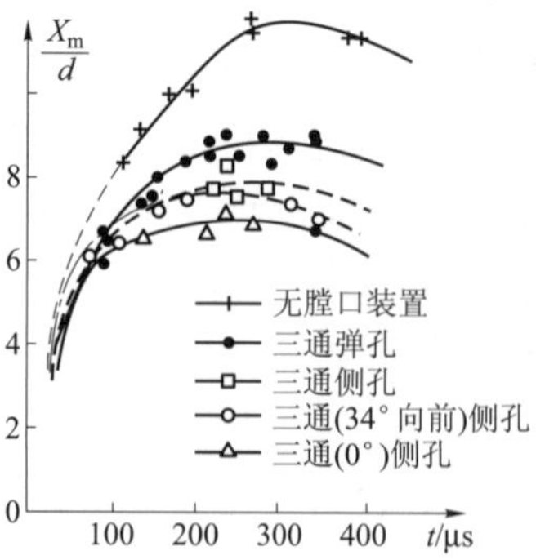

图11.10 Mach 盘距离 X_m/d 随时间 t 的变化曲线

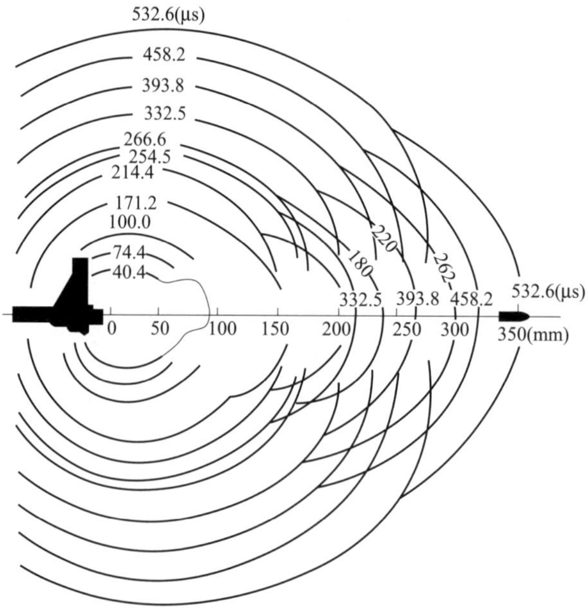

图 11.11 无膛口装置激波随时间的发展图

2. 二次焰点燃现象以及抑制方法

火药在膛内分解属负氧平衡，弹丸离膛后，膛内喷出的火药燃气中还含有约 50％的可燃成分（主要是 H_2 和 CO）。这些可燃气与环境中的 O_2 混合后将发生化学反应，而且 H_2 和 CO 的氧化均是连锁反应的性质。

链起始：

$$H_2+M \rightarrow H+H+M \tag{11.3.3a}$$

$$O_2+M \rightarrow O+O+M \tag{11.3.3b}$$

$$CO_2+M \rightarrow CO+O+M \tag{11.3.3c}$$

$$H_2O+M \rightarrow OH+H+M \tag{11.3.3d}$$

$$CO+O_2 \rightarrow CO_2+O \tag{11.3.3e}$$

链分支：

$$O+H_2=OH+H \tag{11.3.4a}$$

$$H+O_2=OH+H \tag{11.3.4b}$$

$$O+H_2O=OH+OH \tag{11.3.4c}$$

链传递：

$$OH+H_2=H_2O+H \tag{11.3.5a}$$

$$OH+CO=CO_2+H \tag{11.3.5b}$$

链终止：

$$H+H+M \rightarrow H_2+M \tag{11.3.6a}$$

$$O+O+M \rightarrow O_2+M \tag{11.3.6b}$$

$$CO+O+M \rightarrow CO_2+M \tag{11.3.6c}$$

$$OH+H+M \rightarrow H_2O+M \tag{11.3.6d}$$

为了便于分析，将上述反应系统[式(11.3.3a)～式(11.3.6d)]概括如下：

链起始：

$$M \xrightarrow{k_1} R \tag{11.3.7}$$

支链反应和传递：

$$R+M \xrightarrow{k_2} nP+\alpha R \tag{11.3.8}$$

链终止：

$$R \xrightarrow{k_3} M \tag{11.3.9}$$

式中，M，R 和 P 分别代表分子，活性中心和产物；k_1，k_2，k_3 为反应速率常数。

支链反应的重要特征之一就是反应式(11.3.8)中的 $\alpha>1$，它代表一个活性中心 R 参加反应，经过一个链后形成最终产物，同时又生成了 α 个活性中心 R；对于支链反应和传递(又称支链反应)，可以近似地认为，支链速度和链终止速度均与活性中心的浓度 C_R 成正比，由式(11.3.7)～式(11.3.9)可知，系统中 C_R 随时间 t 的变化为：

$$\frac{dC_R}{dt}=\dot{\omega}_1+k_2C_R-k_3C_R \tag{11.3.10}$$

式中，$\dot{\omega}_1=k_1C_M$ 为链起始反应速度；C_M 为 M 的浓度。

假设 $t=0$ 时，$C_R=0$，于是积分式(11.3.10)，得：

$$C_R=\frac{\dot{\omega}_1}{k_2-k_3}\{\exp[(k_2-k_3)t]-1\} \tag{11.3.11}$$

若一个活性中心 R 参加反应生成 n 个最终产物分子，则反应速率为：

$$\dot{\omega}=nk_2C_R=\frac{nk_2\dot{\omega}_1}{k_2-k_3}\{\exp[(k_2-k_3)t]-1\} \tag{11.3.12}$$

由式(11.3.12)可知，当 $k_2>k_3$ 时，则随着反应的进行，会造成化学能的大量积累，导致着火。另外，因为式(11.3.4a)～式(11.3.4c)是强吸热反应，它们的快速进行要求较高的温度，而 Mach 盘下游的高温低速区域为二次焰点燃创造了条件。膛口焰现象的发生容易引起炮位的暴露，并使炮手发生眼花，影响观察，因此二次焰是射击过程中的一种有害现象。膛口二次焰抑制的办法主要有两种：一种是物理办法，采用一定的膛口装置去降低 Mach 盘后火药燃气的温度和混合气体的温度，以便达到抑制中间焰和二次焰的目的；另一种是化学方法，即在发射药中加入少量的化学消焰剂。关于更多抑制膛口二次焰的办法，这里因篇幅所限不再给出。

11.4 单相与两相可压缩湍流燃烧的大涡模拟技术

1. 单相多组元化学反应湍流流动及其基本方程

有化学反应和燃烧的流动总是多组分的。先讨论单相多组元化学反应湍流。令 $\boldsymbol{V}_i$ 和 $\boldsymbol{V}$ 分别表示 i 组分相对于实验室坐标系的速度和混合气相对于实验室坐标系的速度；令 $\boldsymbol{U}_i$ 为 i 组元相对于混合气的运动速度（组元 i 的扩散速度），于是有[7]：

$$\boldsymbol{V}_i=\boldsymbol{V}+\boldsymbol{U}_i \tag{11.4.1}$$

组元 i 的连续方程、动量方程和能量方程分别由式(1.4.2b)、式(1.4.7)和式(1.4.11h)给出。令 Y_i 代表 i 组分的质量分数，于是组元 i 瞬态的连续方程为：

$$\frac{\partial}{\partial t}(\rho Y_i)+\nabla\cdot(\rho\boldsymbol{V}Y_i)=\nabla\cdot(\rho\widetilde{D}\nabla Y_i)+\dot{\omega}_i \tag{11.4.2a}$$

或者：

$$\rho\frac{\mathrm{d}Y_i}{\mathrm{d}t}-\nabla\cdot(\rho\widetilde{D}\nabla Y_i)=\dot{\omega}_i \tag{11.4.2b}$$

式(11.4.2a)～式(11.4.2b)中，$\widetilde{D}$为扩散系数；$\dot{\omega}_i$为 i 组元单位体积化学生成率。

在由 R 个基元反应组成的反应机理中，第 j 个反应的反应速率 W_j 为：

$$W_j=k_{\mathrm{f}j}\prod_{\alpha=1}^{\sigma}\left(\frac{\rho Y_\alpha}{M_\alpha}\right)^{\upsilon'_{\alpha j}}-k_{\mathrm{b}j}\prod_{\alpha=1}^{\sigma}\left(\frac{\rho Y_\alpha}{M_\alpha}\right)^{\upsilon''_{\alpha j}} \tag{11.4.3a}$$

式中，$k_{\mathrm{f}j}$和 $k_{\mathrm{b}j}$分别为正反应和逆反应的反应速率系数，它们一般都是温度的函数；指数 $\upsilon'_{\alpha j}$和 $\upsilon''_{\alpha j}$分别为第 j 个基元反应第 α 种组元在正反应和逆反应的化学计量系数；M_α为第 α 种组元的分子量；化学反应源项$\dot{\omega}_i$为基元反应中所有反应生成速率的和，即：

$$\dot{\omega}_i=M_i\sum_{j=1}^{R}[(\upsilon''_{ij}-\upsilon'_{ij})W_j] \tag{11.4.3b}$$

并且所有组元化学反应源项的和等于零，即：

$$\sum_{i=1}^{\sigma}\dot{\omega}_i=0 \tag{11.4.3c}$$

瞬态连续方程、动量方程和能量方程分别为：

$$\frac{\partial}{\partial t}\rho+\nabla\cdot(\rho\boldsymbol{V})=0 \tag{11.4.4}$$

$$\frac{\partial(\rho\boldsymbol{V})}{\partial t}+\nabla\cdot(\rho\boldsymbol{V}\boldsymbol{V})=-\nabla p+\nabla\cdot\boldsymbol{\Pi}+\rho\boldsymbol{g} \tag{11.4.5}$$

$$\frac{\partial(\rho h)}{\partial t}+\nabla\cdot(\rho h\boldsymbol{V})=-\nabla\cdot\boldsymbol{J}^{q}+\frac{\mathrm{d}p}{\mathrm{d}t}+\Phi+q_{\mathrm{R}} \tag{11.4.6a}$$

式中，Φ 为耗散函数；q_{R} 为辐射换热；$\boldsymbol{J}^{q}$ 表示由热传导和组分扩散所引起的焓的输运两个部分的热通量，即：

$$\boldsymbol{J}^{q}=-\lambda\nabla T+\sum_{i=1}^{\sigma}(h_i\boldsymbol{J}^{i}) \tag{11.4.6b}$$

其中 $\boldsymbol{J}^{i}$ 为：

$$\boldsymbol{J}^{i}=-\rho D_i\nabla Y_i \tag{11.4.6c}$$

将式(11.4.6b)和式(11.4.6c)代入式(11.4.6a)中，并略去耗散函数后，得：

$$\frac{\partial(\rho h)}{\partial t}+\nabla\cdot(\rho h\boldsymbol{V})=\frac{\mathrm{d}p}{\mathrm{d}t}+\nabla\cdot\left(\frac{\lambda}{C_p}\nabla h\right)-\sum_{i=1}^{\sigma}\left\{h_i\nabla\cdot\left[\left(\frac{\lambda}{C_p}-\rho D_i\right)\nabla Y_i\right]\right\}+q_{\mathrm{R}} \tag{11.4.6d}$$

引入 Favre 平均，则式(11.4.2a)、式(11.4.4)、式(11.4.5)和式(11.4.6a)变为：

$$\frac{\partial}{\partial t}\bar{\rho}+\frac{\partial}{\partial x_j}(\bar{\rho}\tilde{u}_j)=0 \tag{11.4.7a}$$

$$\frac{\partial(\bar{\rho}\tilde{u}_i)}{\partial t}+\frac{\partial}{\partial x_j}(\bar{\rho}\tilde{u}_i\tilde{u}_j)=-\frac{\partial\bar{p}}{\partial x_i}+\frac{\partial}{\partial x_j}\bar{\tau}_{ij}+\frac{\partial}{\partial x_j}(-\bar{\rho}\tilde{a}_1)+\bar{\rho}g_i \tag{11.4.7b}$$

$$\frac{\partial(\bar{\rho}\tilde{Y}_i)}{\partial t}+\frac{\partial}{\partial x_j}(\bar{\rho}\tilde{Y}_i\tilde{u}_j)=-\frac{\partial}{\partial x_j}\bar{J}^{i}_{j}+\frac{\partial}{\partial x_j}(-\bar{\rho}\tilde{a}_2)+\bar{\dot{\omega}}_i \tag{11.4.7c}$$

$$\frac{\partial(\bar{\rho}\tilde{h})}{\partial t}+\frac{\partial}{\partial x_j}(\bar{\rho}\tilde{h}\tilde{u}_j)=-\frac{\partial}{\partial x_j}\bar{J}^{q}_{j}+\frac{\partial}{\partial x_j}(-\bar{\rho}\tilde{a}_3)+\frac{\mathrm{d}}{\mathrm{d}t}\bar{P}+\bar{q}_{\mathrm{R}} \tag{11.4.7d}$$

式中，符号 a_1，a_2，a_3分别定义为：

$$a_1\equiv u''_i u''_j \tag{11.4.7e}$$

$$a_2\equiv u''_j Y''_i \tag{11.4.7f}$$

$$a_3\equiv h'' u''_j \tag{11.4.7g}$$

在 Favre 平均的方程中，仅增加了$-\bar{\rho}\tilde{a}_1$、$-\bar{\rho}\tilde{a}_2$和$-\bar{\rho}\tilde{a}_3$等湍流输运通量。在湍流问题中，分子输运通量通常要比湍流输运通量小很多，可以忽略。例如，考虑圆管湍流问题，如以圆管直径为特征长度的雷诺数为 10^5 时，取湍流强度 $u'/\tilde{u}=0.05$，则计算可以得到：

$$\frac{\bar{\rho}\tilde{a}_1}{\bar{\tau}_{ij}}\approx 250 \tag{11.4.8}$$

在 Favre 平均的方程中，需要模拟的量有：

$$-\bar{\rho}\tilde{a}_1,-\bar{\rho}\tilde{a}_2,-\bar{\rho}\tilde{a}_3,\bar{\dot{\omega}}_i,\bar{q}_{\mathrm{R}}$$

这里雷诺应力和标量通量仍采用 Bousinesq 假设：

$$-\bar{\rho}\tilde{a}_1=\mu_{\mathrm{t}}\left(\frac{\partial\tilde{u}_i}{\partial x_j}+\frac{\partial\tilde{u}_j}{\partial x_i}\right)-\frac{2}{3}\left(\bar{\rho}k+\mu_{\mathrm{t}}\frac{\partial\tilde{u}_\alpha}{\partial x_\alpha}\right)\delta_{ij} \tag{11.4.9a}$$

$$-\bar{\rho}\,\tilde{a}_2=\frac{\mu_t}{\sigma}\frac{\partial Y_i}{\partial x_j} \tag{11.4.9b}$$

$$-\bar{\rho}\,\tilde{a}_3=\frac{\mu_t}{\sigma}\frac{\partial \tilde{h}}{\partial x_j} \tag{11.4.9c}$$

湍流涡黏性系数 μ_t 为：

$$\mu_t=\frac{\frac{1}{b_1}C_\mu k^2}{\varepsilon} \tag{11.4.9d}$$

式中，b_1 的定义为

$$b_1\equiv\left[1+A\left(\frac{I_\rho}{Ma_t}\right)\right]^{3/2} \tag{11.4.9e}$$

式(11.4.9b)～式(11.4.9e)中，模型系数 $C_\mu=0.09$，$\sigma=0.9$，$A=5\sim10$，I_ρ 为密度湍流强度；Ma_t 为湍流 Mach 数。

为了计算 μ_t，还需要给出湍流动能 k 和湍流动能耗散率 ε 的计算方程。k—ε 的方程分别为[371-375]：

$$\frac{\partial}{\partial t}(\bar{\rho}k)+\frac{\partial}{\partial x_j}(\bar{\rho}k\,\tilde{u}_j)=\frac{\partial}{\partial x_j}(-\bar{\rho}\,\tilde{a}_4-\overline{u''_j p'}+\overline{u''_i\tau_{ij}})-\bar{\rho}\,\tilde{a}_1\frac{\partial \tilde{u}_i}{\partial x_j}-$$
$$\overline{p'\frac{\partial u''_i}{\partial x_i}}-\overline{u''_i}\left(\frac{\partial \bar{p}}{\partial x_i}-\frac{\partial \bar{\tau}_{ij}}{\partial x_j}\right)-\overline{\tau'_{ij}\frac{\partial u''_i}{\partial x_j}} \tag{11.4.10a}$$

式中，符号 a_1 的定义同式(11.4.7e)；a_4 的定义为：

$$a_4\equiv k''u''_j \tag{11.4.10b}$$

式(11.4.10a)中，压力—速度散度的相关项需要模拟，为此 J. R. Viegas 和 C. C. Horstman 在 AIAA Paper 1978-1165 中提出如下模型：

$$\overline{p'\frac{\partial u''_i}{\partial x_i}}=\xi\,\bar{\rho}\,\frac{k}{\gamma}Ma^2\,\frac{\partial \bar{u}_i}{\partial x_i} \tag{11.4.10c}$$

式中，Ma 为局部 Mach 数；γ 为比热比；$\xi=0.73$ 为模型常数。

在变密度湍流中，耗散率在文献[376]中分解成三个部分：

$$\bar{\rho}\,\varepsilon=\overline{\tau'_{ij}\frac{\partial u''_i}{\partial x_j}}=\bar{\rho}\,\varepsilon_s+\bar{\rho}\,\varepsilon_d+\bar{\rho}\,\varepsilon_{nh} \tag{11.4.10d}$$

式中：

$$\varepsilon_s=\frac{2\mu}{\bar{\rho}}\overline{\omega'_{ij}\omega'_{ij}} \tag{11.4.10e}$$

$$\varepsilon_d=\frac{4}{3}\times\frac{\mu}{\bar{\rho}}\overline{\left(\frac{\partial u''_i}{\partial x_i}\right)^2} \tag{11.4.10f}$$

$$\varepsilon_{nh}=\frac{2\mu}{\bar{\rho}}\left[\frac{\partial^2}{\partial x_i\partial x_j}\overline{u''_i u''_j}-\frac{\partial}{\partial x_j}\overline{\left(u''_j\frac{\partial u''_i}{\partial x_i}\right)}\right] \tag{11.4.10g}$$

式中，ε_s 与常密度流动中湍流动能耗散率相同，需要用耗散率方程求解；ε_d 是由于脉动速度的散度不等于零造成的，1991 年，S. Sarkar 提出用下式模化：

$$\varepsilon_d = \alpha_1 Ma_t^2 \varepsilon_s \tag{11.4.10h}$$

式中，Ma_t 为湍流 Mach 数；$\alpha_1 = 1$ 为模型常数；ε_{nh} 与流场不均匀性有关，通常可以将它省略。为了与湍流动能方程 k 相匹配；1987 年，D. Vandromme 提出要求解如下形式的耗散率方程：

$$\frac{\partial}{\partial t}(\bar{\rho}\varepsilon) + \frac{\partial}{\partial x_j}(\bar{\rho}\varepsilon\tilde{u}_j) = \frac{\partial}{\partial x_j}\left(\frac{\mu_t}{\sigma_\varepsilon}\frac{\partial \varepsilon}{\partial x_j}\right) - c_{\varepsilon 1}\frac{\varepsilon}{k}\bar{\rho}\tilde{a}_1\frac{\partial \tilde{u}_i}{\partial x_j} - c_{\varepsilon 2}\bar{\rho}\frac{\varepsilon^2}{k} +$$
$$c_{\varepsilon 3}\frac{\varepsilon}{k}\overline{p'\frac{\partial u_i''}{\partial x_i}} - c_{\varepsilon 4}\frac{\varepsilon}{k}\overline{u_i''}\frac{\partial \bar{p}}{\partial x_i} - c_{\varepsilon 5}\bar{\rho}\varepsilon\frac{\partial \tilde{u}_i}{\partial x_i} \tag{11.4.10i}$$

式中等号右边的前三项与常密度方程里的相同，第四项和第五项是为了与湍流动能方程式(11.4.10a)中相应的项相匹配而提出的，第六项是为了模拟湍流通过激波时长度尺度的变化而引进的。模型系数 σ_ε，$c_{\varepsilon 1}$，$c_{\varepsilon 2}$ 和常密度流动相同[377]，$c_{\varepsilon 3}$，$c_{\varepsilon 4}$，$c_{\varepsilon 5}$ 的数量级都为 1。

2. 单相可压缩湍流燃烧的大涡模拟

可压缩湍流的大涡模拟(LES)问题，在第 8.4 节中已做过详细讨论，这里仅结合燃烧和化学反应湍流问题略作说明。经过 Favre 滤波后，湍流反应流的控制方程为[47]：

$$\frac{\partial \hat{\rho}}{\partial t} + \frac{\partial}{\partial x_j}(\hat{\rho}\hat{u}_j) = 0 \tag{11.4.11a}$$

$$\frac{\partial(\hat{\rho}\hat{u}_i)}{\partial t} + \frac{\partial}{\partial x_j}[\hat{\rho}\hat{u}_i\hat{u}_j + \hat{p}\delta_{ij} - (\tau_{ij}^* + \tau_{ij}^s) - (\hat{\tau}_{ij} - \tau_{ij}^*)] = 0 \tag{11.4.11b}$$

$$\frac{\partial(\hat{\rho}\hat{E})}{\partial t} + \frac{\partial}{\partial x_i}[(\hat{\rho}\hat{E} + \hat{p})\hat{u}_i + q_i^* - \hat{u}_j\hat{\tau}_{ij} + H_i^s + \sigma_i^s] = 0 \tag{11.4.11c}$$

$$\frac{\partial(\hat{\rho}\hat{Y}_j)}{\partial t} + \frac{\partial}{\partial x_i}\left(\hat{\rho}\hat{u}_i\hat{Y}_j - \hat{\rho}D_j\frac{\partial \hat{Y}_j}{\partial x_i} + \phi_{i,j}^s + \theta_{i,j}^s\right) = \hat{\dot{\omega}}_j\ (j = 1, 2, \cdots, N) \tag{11.4.11d}$$

式中，上脚标“ˆ”与“⌒”的含义同 8.4 节的规定；τ_{ij}^s 与 q_i^* 的含义分别同式(8.4.2a)与式(8.4.2d)；$\hat{\tau}_{ij}$ 的定义为：

$$\hat{\tau}_{ij} = \mu\left(\frac{\partial \hat{u}_i}{\partial x_j} + \frac{\partial \hat{u}_j}{\partial x_i}\right) - \frac{2}{3}\mu\frac{\partial \hat{u}_k}{\partial x_k}\delta_{ij} \tag{11.4.11e}$$

另外，H_i^s，σ_i^s，$\phi_{i,j}^s$ 和 $\theta_{i,j}^s$ 的定义分别为：

$$H_i^s \equiv \hat{\rho}(\widehat{b}_7 - \widehat{E}\widehat{u}_i) + (\overline{pu_i} - \bar{p}\widehat{u}_i) \tag{11.4.11f}$$

$$\sigma_i^s \equiv \overline{u_j\tau_{ij}} - \widehat{u}_j\widehat{\tau}_{ij}，\text{或者}\ \sigma_i^s \equiv \widehat{c}_i - \widehat{u}_j\widehat{\tau}_{ij} \tag{11.4.11g}$$

$$\phi_{i,j}^s \equiv \hat{\rho}(\widehat{b}_8 - \widehat{u}_i\widehat{Y}_j) \tag{11.4.11h}$$

$$\theta_{i,j}^s \equiv \hat{\rho}(\widehat{b}_9 - \widehat{U}_{i,j}\widehat{Y}_j) \tag{11.4.11i}$$

式中，b_7，b_8，b_9 的定义分别为：

$$b_7 \equiv Eu_i,\ b_8 \equiv u_iY_j \tag{11.4.11j}$$

$$b_9 \equiv U_{i,j}Y_j, c_i \equiv \tau_{ij}u_j \tag{11.4.11k}$$

亚网格(Eddy-Break-Up,EBU)应力张量 τ_{ij}^s 模化后为:

$$\tau_{ij}^s = 2\hat{\rho}\upsilon_t\left(\hat{S}_{ij} - \frac{1}{3}\hat{S}_{kk}\delta_{ij}\right) - \frac{2}{3}\hat{\rho}k^s\delta_{ij} \tag{11.4.12a}$$

式中,$\hat{S}_{ij}$ 的定义为:

$$\hat{S}_{ij} = \frac{1}{2}\left(\frac{\partial\hat{u}_i}{\partial x_j} + \frac{\partial\hat{u}_j}{\partial x_i}\right) \tag{11.4.12b}$$

对滤波后的反应速率 $\hat{\dot{\omega}}_j$ 的封闭,可利用亚网格模型。由于化学反应速率取决于燃料和氧的混合,因此反应速率受控于混合速率。可以假设亚网格模型中分子混合所需要的时间与一个亚网格涡团完全被耗散所需要的时间相同,认为亚网格流体混合时间与亚网格湍流动能 k^s 和它的耗散率 ε^s 之比成正比[378]:

$$\tau_{\text{mix}} \sim \frac{k^s}{\varepsilon^s} \sim \frac{C_{\text{EBU}}\bar{\Delta}}{\sqrt{2k^s}} \tag{11.4.13a}$$

式中,模型系数 $C_{\text{EBU}}=1$,该混合时间尺度的反应速率为:

$$\dot{\omega}_{\text{mix}} = \frac{1}{\tau_{\text{mix}}}\min\left(\frac{1}{2}[O_2],[\text{燃料}]\right) \tag{11.4.13b}$$

有效反应速率为:

$$\dot{\omega}_{\text{EBU}} = \min(\dot{\omega}_{\text{mix}},\dot{\omega}_{\text{kin}}) \tag{11.4.13c}$$

式中,$\dot{\omega}_{\text{kin}}$ 为 Arrhenius 反应速率。

为了封闭式(11.4.11a)~式(11.4.11d),可以利用作为特征长度尺度的局部网络尺寸 $\bar{\Delta}$ 和亚网格动能 k^s 来确定亚网格应力张量 τ_{ij}^s;令亚网格湍动能 k^s 定义为:

$$k^s = \frac{1}{2}(\widehat{u_iu_i} - \hat{u}_i\hat{u}_i) \tag{11.4.14a}$$

它可以由以下的输运方程求出[379]:

$$\frac{\partial}{\partial t}(\hat{\rho}k^s) + \frac{\partial}{\partial x_j}(\hat{\rho}\hat{u}_jk^s) = \frac{\partial}{\partial x_j}\left[\hat{\rho}\left(\frac{\upsilon}{p_r} + \frac{\upsilon_t}{p_{rt}}\right)\frac{\partial k^s}{\partial x_j}\right] + P^s - D^s \tag{11.4.14b}$$

式中,P^s 和 D^s 分别为亚网格湍流动能的产生项和耗散项,其表达式分别为:

$$P^s = \tau_{ij}^s\frac{\partial\hat{u}_i}{\partial x_j} \tag{11.4.14c}$$

$$D^s = \frac{\partial}{\partial x_i}(\hat{u}_j\tau_{ij}^s) \tag{11.4.14d}$$

或者:

$$D^s = \frac{c_\varepsilon\hat{\rho}(k^s)^{3/2}}{\bar{\Delta}} \tag{11.4.14e}$$

3. 可压缩湍流两相流动与燃烧问题的大涡模拟

LES 和 DNS(Direct Numerical Simulation)方法能研究化学反应与湍流相互作用的细致结构,这就为更好地了解两相燃烧的机理打下了基础,正是由于这个缘故近年来国内外许多学者开展了用 LES 或者 DNS 方法模拟气粒两相流动以及燃烧方面的工作，例如文献[380]采用了 6 阶紧致差分格式和 3 阶 Runge-Kutta（龙格—库塔）方法直接模拟在同轴热射流中湍流油雾火焰稳定燃烧。再如文献[381]采用 8 阶紧致差分格式和 4 阶 Runge-Kutta 方法直接模拟带有蒸发油珠的二维湍流流动，计算中发现油珠影响湍流结构，未蒸发油球对湍流有所抑制，油珠蒸发可加强湍流，因此加快了化学反应速率。文献[382]采用 LES 方法研究了燃气轮机燃烧室超临界燃烧和污染物 CO 生成问题，文献[383]采用双流体模型对两相流进行 LES。文献[384，385]分别于 2007 年和 2010 年用 LES 方法计算了德国宇航中心氢燃料超燃冲压发动机的燃烧问题。这里应该特别要指出的是，在超声速燃烧冲压发动机中，物理时间尺度和化学时间尺度相差很大。假设一个飞行器在高超声速的低 Mach 数段（如 Mach 数为 6～8）飞行时，燃烧室进口的 Mach 数为 2～3，而一个合理的燃烧室长度不超过几米，因此气体驻留时间的量级是几毫秒。这就要求发动机在极短的时间内高效地完成所有的气动热力学过程，以保证燃料释放足够的热量进而在尾喷管内形成推力。文献[375]给出一个化学反应中的时间尺度表，如图 11.12 所示。化学反应速率取决于温度、压强、组分和组分浓度，通常时间尺度跨度为 $10^{-10}\sim1$s。分子运输过程的时间尺度跨度较小，为 $10^{-4}\sim10^{-2}$s。

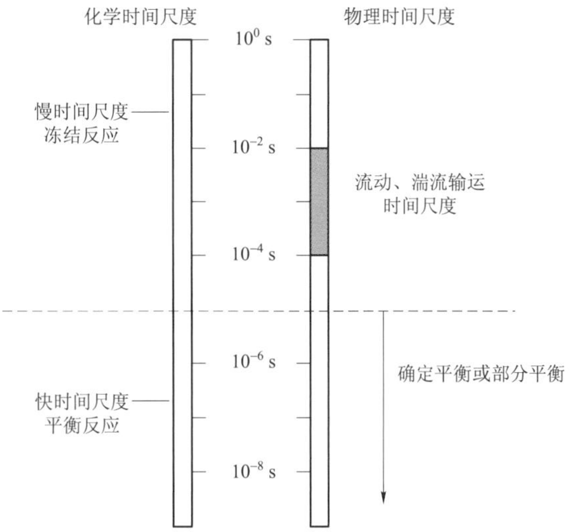

图 11.12　化学反应流动中的时间尺度

快速的化学反应对应的是平衡条件，非常缓慢的化学过程对应的是冻结条件。在这些情况下，化学反应和流场分析是可以解耦的。然而这些情况很少会在超声速燃烧冲压发动机中出现。从化学动力学的角度来讲，反应完全放热所需要的时间取决于点火延迟时间和燃烧时间。对于具有高雷诺数和中等 Damköhler 数特点的分布式燃烧区，对点火延迟时间和燃烧时间分别处理和累加是合适的。在这里 Damköhler 数 Da_{k} 可以基于 Kolmogorov 时间尺度 τ_{k}，而反应时间为 τ_c，于是有：

$$Da_{\mathrm{k}}=\frac{\tau_{\mathrm{k}}}{\tau_{\mathrm{c}}} \tag{11.4.15a}$$

在超声速燃烧的整个工况范围内，$Da_{\mathrm{k}}\approx1$。对于一个氢气—空气系统来讲，预估的燃烧时间与高超声速飞行器在 $Ma=6\sim8$ 飞行时燃气驻留时间接近。因此，除非在某处使用火焰稳定装置来延长驻留时间，否则在超燃冲压发动机中放热的化学反应过程是不可能在燃烧室内完成的。另外，在研究湍流脉动与火焰之间的相互作用问题时，也常将 Damköhler

数 Da_k 定义为湍流中最大尺度涡的时间尺度 $\tau(l_0)$ 与火焰面的时间尺度 τ_F 之比，即

$$Da = \frac{\tau(l_0)}{\tau_F} \tag{11.4.15b}$$

式中，l_0 为涡流流场中最大尺度涡的长度尺度。令 l_F 与 S_L 分别为层流火焰前锋厚度与火焰传播速度，则有

$$\tau_F = \frac{l_F}{S_L} \tag{11.4.15c}$$

令湍流中 Kolmogorov 涡时间尺度为 $\tau(\eta)$，则 Karlovitz 数 Ka 为：

$$Ka \equiv \frac{\tau_F}{\tau(\eta)} \tag{11.4.15d}$$

这里应指出，当 $Ka<1$ 并且 $Da>10$ 时，化学反应特征时间比 Kolmogorov 尺度特征时间小，表明化学反应速率很快，反应区很薄，火焰面模型假设成立；当 $Ka>1$ 并且 $Da>10$ 时，流场属于薄反应面模式区，火焰面模型假设近似成立；当 $Ka>1$ 并且 $Da<10$ 时，化学反应速率比较缓慢，反应区较厚，火焰面假设模型不成立。

LES 气粒两相流动、液雾蒸发和燃烧，主要有两种模型：一种是随机离散模型(Stachastic Separated Flow，SSF)；另一种是双流体模型。对于 SSF 模型，其基本思想是对于稀疏气粒两相流动，在 Lagrange 坐标系下直接计算颗粒蒸发前的各颗粒群沿着各自轨道的运动、质量损失以及能量的变化。当颗粒小于某一尺寸后可认为全部蒸发，并与气体完全混合。在 Euler 坐标系下，可采用 LES 处理气相场，并注意将颗粒群沿轨道中由于阻力、蒸发或燃烧而引起的颗粒群速度、温度以及尺寸变化作为质量、动量、能量以及亚网格湍流动能源项加入到气相场中以实现气相和液相间相互耦合。在液雾燃烧流场中，仿照式(11.4.11a)～式(11.4.11d)与式(11.4.14b)的思路，对于气液两相流而言，经过滤波处理后 LES 的连续方程、动量方程、能量方程、组元的连续方程和亚网格湍流动能方程分别为：

$$\frac{\partial \hat{\rho}}{\partial t} + \frac{\partial}{\partial x_j}(\hat{\rho}\hat{u}_j) = \dot{\rho}_s \tag{11.4.16a}$$

$$\frac{\partial(\hat{\rho}\hat{u}_i)}{\partial t} + \frac{\partial}{\partial x_j}[\hat{\rho}\hat{u}_i\hat{u}_j + \hat{p}\delta_{ij} - (\tau_{ij}^* + \tau_{ij}^s) - (\hat{\tau}_{ij} - \tau_{ij}^*)] = (\dot{F}_s)_i \tag{11.4.16b}$$

$$\frac{\partial(\hat{\rho}\hat{E})}{\partial t} + \frac{\partial}{\partial x_i}[(\hat{\rho}\hat{E} + \hat{p})\hat{u}_i + q_i^* - \hat{u}_j\hat{\tau}_{ij} + H_i^s + \sigma_i^s] = \dot{Q}_s \tag{11.4.16c}$$

$$\frac{\partial(\hat{\rho}\hat{Y}_j)}{\partial t} + \frac{\partial}{\partial x_i}\left(\hat{\rho}\hat{u}_i\hat{Y}_j - \hat{\rho}D_j\frac{\partial \hat{Y}_j}{\partial x_i} + \phi_{i,j}^s + \theta_{i,j}^s\right) = \hat{\dot{\omega}}_j + (\dot{S}_s)_j \tag{11.4.16d}$$

$$\frac{\partial(\hat{\rho}k^s)}{\partial t} + \frac{\partial}{\partial x_j}(\hat{\rho}\hat{u}_j k^s) = \frac{\partial}{\partial x_j}\left[\hat{\rho}\left(\frac{\upsilon}{p_r} + \frac{\upsilon_t}{p_{rt}}\right)\frac{\partial k^s}{\partial x_j}\right] + P^s - \varepsilon^s + F_k \tag{11.4.16e}$$

式(11.4.16a)～式(11.4.16c)中，$\dot{\rho}_s$，$(\dot{F}_s)_i$，$\dot{Q}_s$，$(\dot{S}_s)_j$ 分别表示气液两相之间相互作用的质量，动量，能量和组分 j 的容积平均交换率，把这些源项加入到气相方程组中构成气相和液相之间的相互耦合；F_k 表示亚网格湍流动能源项，它表示颗粒与小尺度旋涡之间相互作用对 k^s 的影响，它可模化为

$$k^s = \langle u_i F_i \rangle - \hat{u}_i \langle F_i \rangle \tag{11.4.16f}$$

式中，F_i代表耦合力；符号< >表示对亚网格所有颗粒轨道进行平均。

对于 $\dot{\rho}_s$，$(\dot{F}_s)_i$，$\dot{Q}_s$，$(\dot{S}_s)_j$的表达式目前有许多种处理方法，这里仅给出最简单的一种情况。对于 $\dot{\rho}_s$，$(\dot{F}_s)_i$，$\dot{Q}_s$，的表达式分别为：

$$\dot{\rho}_s=\frac{\pi\rho_p}{6V}\sum[(d_p^3)_{in}-(d_p^3)_{out}] \tag{11.4.16g}$$

$$(\dot{F}_s)_i=\frac{\pi\rho_p}{6V}\sum[(u_p d_p^3)_{in}-(u_p d_p^3)_{out}] \tag{11.4.16h}$$

$$\dot{Q}_s=\frac{\pi\rho_p}{6V}\sum\Big\{c_p[(T_p d_p^3)_{in}-(T_p d_p^3)_{out}]-[(d_p^3)_{in}-(d_p^3)_{out}]q_e+\frac{1}{2}\sum[(u_p^2 d_p^3)_{in}-(u_p^2 d_p^3)_{out}]\Big\} \tag{11.4.16i}$$

式中，下脚标 p 表示液相颗粒；d_p 代表颗粒直径；V 代表网格的体积。

对于液相颗粒来讲，颗粒的轨迹和速度分别为：

$$\frac{d(x_p)_i}{dt}=(u_p)_i \tag{11.4.17}$$

$$\frac{d(u_p)_i}{dt}=\frac{3}{4}C_D Re_p\left(\frac{\mu_g}{\rho_p d_p^2}\right)[u_i-(u_p)_i] \tag{11.4.18}$$

式中，下脚标 g 与 p 分别代表气相和液相；C_D为颗粒阻力系数；Re_p为颗粒的雷诺数。

因篇幅所限，有关 SSF 模型的求解细节这里不作进一步讨论，可参阅文献[386]等。对于双流体模型这里也不作介绍，可参阅文献[387]等。

最后，在结束本节讨论之前，有必要简单介绍一下我国科学家在燃烧以及湍流多相流方面所作出的贡献。以宁榥、王宏基、周力行、庄逢辰、范维澄、朱森元、刘兴洲等为代表的我国科学家在燃烧、多相湍流与热机领域做了大量的基础理论方面的工作[114,387-408]。另外，王宏基先生率领的团队在我国最早出版了超燃冲压发动机方面的专著[396]。王先生以秦鹏笔名翻译的 NASA SP-36 修订版(1975 年由国防工业出版社出版)一书一直是国内从事轴流式压气机气动设计的重要参考书。20 世纪 80 年代，北京航空航天大学高歌教授发明了沙丘稳定器，这是我国近 40 多年来在喷气推进技术上的重大发明之一。沙丘稳定器已在我国的涡喷六和涡喷七等发动机上得到应用，使得这些发动机的加力状态和非加力状态的性能均有较显著的改进。因此，1984 年高歌教授荣获“国家发明一等奖”。1985 年 2 月，国家最高领导人在中南海接见了高歌教授和宁榥先生，并合影留念。

11.5　制导兵器中横向喷流导致的气动干扰现象以及快速控制技术

1. 弹道多变性是新一代制导兵器的重要特征

制导兵器包括反坦克导弹、末制导/末敏弹、制导航空炸弹、炮射导弹、便携式防空导弹、直升机机载空地导弹、简易制导火箭等[409]。它们是大气中飞行的有翼飞行器，这些飞行器的气动布局与常规兵器的气动布局相比有很大区别：例如，常规榴弹采用陀螺稳定，以提高落点精度。而制导兵器，如炮射导弹和末制导炮弹虽然也采用旋转飞行方式，但旋转的目的在于简化控制系统和消除推力偏心、质量偏心、气动偏心对飞行性能的影响[356,410]。导弹的稳定飞行是靠尾翼以及空气动力舵面、燃气动力舵面或者横向脉冲喷流控制器等实现的。这里以"红土地"末制导炮弹为例简要地讨论一下它的气动布局与弹道特点。图 11.13 给出了"红土地"末制导炮弹的气动布局图，该弹是苏联于 20 世纪 70 年代开始研制，于 1984 年装备服役的第一代末制导炮弹。它采用惯性制导、激光半主动寻的制导方式，由 152 mm 加榴炮发射，射程 3～20 km，弹长 1 305 mm，弹径 152 mm、弹重 50 kg、命中概率为 90%。"红土地"末制导炮弹采用鸭式气动布局，在弹体头部安装两对鸭舵，用作俯仰和偏航控制。弹体尾段安装二对尾翼，用于产生升力和保证飞行稳定。鸭舵和尾翼呈"＋＋"形布置。弹身前端为带有保护罩的鼻锥部，后接引导头和控制舵段，形成近似拱形的头部。战斗部舱段和发动机舱段基体为圆柱体，尾部有一短船尾。鸭舵有四片，平面形状近似为矩形，剖面形状为非对称六边形，舵片厚度沿展向变化。在炮管内，鸭舵向后折叠插入弹体内，控制舵为锥台。尾翼有四片，翼弦较小，翼展较大、属于大展弦比尾翼。在炮管内尾翼向前折叠插入发动机四个燃烧室之间的翼槽内。导弹飞离炮管后翼片靠惯性力解锁，并呈后掠状态，以保证导弹稳定飞行。飞行中，靠尾翼片的扭转角产生顺时针的滚转力矩，使弹体顺时针旋转(后视)。图 11.14 给出了"红土地"末制导炮弹的弹道特性图。"红土地"末制导炮弹的飞行弹道多变，全弹道上动作较多，通常分为无控弹道、惯性弹道和导引弹道。而无控弹道又分为两段，即无动力无控飞行段和增速飞行段。因此远区攻击的全弹道共分为 5 段，即膛内滑行段、无控飞行段、增速飞行段、惯性制导段和末端导引段。另外，出炮口时导弹的最大飞行速度约 550 m/s，转速为 6～10 r/s。在无控飞行段和增速飞行段，舵片不张开，由张开的尾翼提供稳定力矩，以保证稳定飞行。在惯性制导段，舵片张开并按重力补偿指令偏转，控制导弹滑翔飞行。此外，鼻锥部脱离，以便激光导引头接受目标信号。当导弹飞至距离目标约 3 km 时，进入末端导引段。导引头接收到目标反射来的信号后，捕获、跟踪并命中目标。

2. 横向喷流控制技术与飞行器的高机动性能

制导兵器的发展趋势是远射程、高机动、高精度、高威力和高隐身。当然，对于不同用途的制导兵器来讲，其注意的侧重点是不同的[411]。随着现代军事技术的进展，对新一代制导兵器的机动能力提出了越来越高的要求，尤其是对于攻击或者拦截机动目标的超声速或高超声速制导兵器，应具有快速反应能力。传统的气动操纵面控制技术由于惯性较大，受环境因素的影响较多，在响应时间上很难满足上述要求。而结合推力矢量技术和反作用控制原理的横向喷流控制技术，具有快速反应的特征，因此这一控制技术已成为新一代高机动性能制导兵器控制的首选方案。

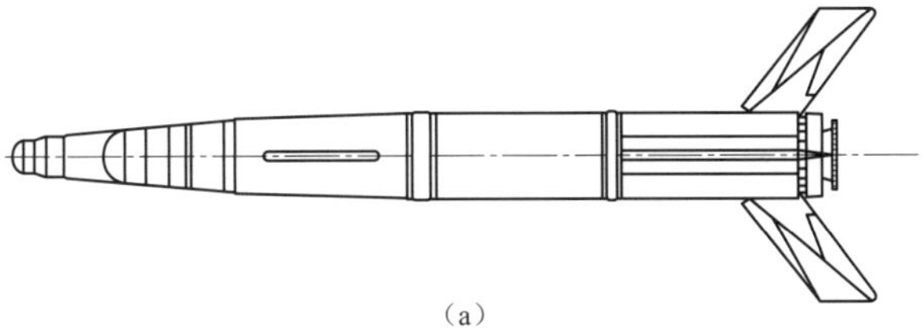

（a）

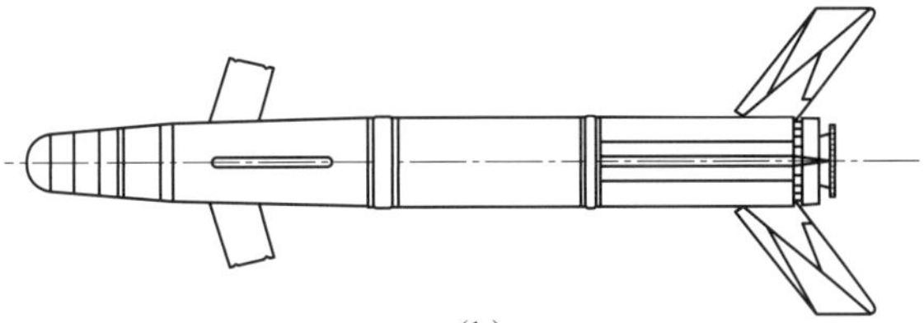

（b）

图 11.13　“红土地”末制导炮弹的气动布局图

（a）“红土地”末制导炮弹气动布局（无控）；（b）“红土地”末制导炮弹气动布局（有控）

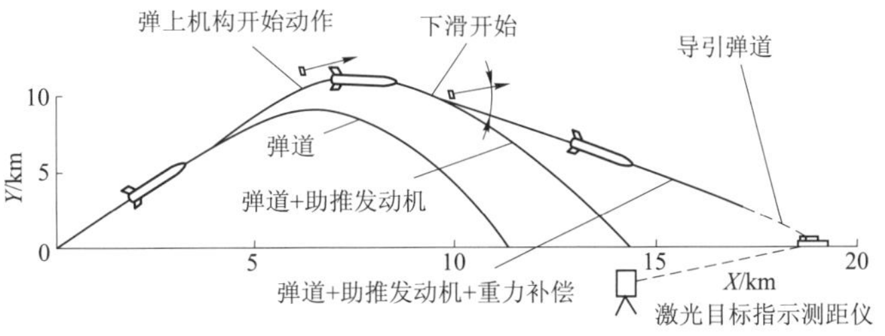

图 11.14　“红土地”末制导炮弹的弹道特性

3. 横向喷流干扰流场的复杂结构

横向喷流引起来的干扰现象非常复杂，图 11.15 给出了一个横向喷流与外流干扰的流场结构图。图中弹体由拱形头部与圆柱体组合而成，在弹体上有横向喷流与超声速来流相互作用。在拱形头部有一个弓形的脱体激波，欠膨胀喷流流出口经过膨胀扇形区与外流达到压强平衡。流动速度减缓，喷流羽流逐渐转向，向喷口下游传播的压缩波聚合而形成强度逐渐增大的桶状激波，并在喷口上方塌陷形成 Mach 盘。又由于喷流的阻塞作用，在喷流的前方形成了弓形激波，同时在喷口前缘环形的高压带区，压力扰动沿着边界层向上游传播，在喷口前缘形成楔形的流动分离区并产生分离激波，分离激波与弓形激波相交便形成了 λ 形激波。紧靠喷口的下游，由于喷流的卷吸作用形成了一个低压区。低压区后，由于流动的再压缩，形成了一个再压缩激波附着在弹体上。图 11.16(a)、(b)分别给出了来流迎角为 0°与 10°时的横向喷口附近的涡系结构图，图中外流远前方来流的 Mach 数 $Ma_\infty=4.5$，横向喷口处的 Mach 数 $Ma_j=1.0$。由图 11.16(a)、(b)可以发现：当喷流射入超声速的流场时，流动在喷口上游受阻，形成了弓形激波。在边界层内，紧靠喷流处形成了逆时针旋转的分离涡 $D(N)$。弓形激波与边界层干扰又使流动分离，分离点为 $A(S')$，并形成顺时针方向旋转的涡 $B(N)$，两涡之间有一再附点 $C(S')$。另外，由于分离又形成了分离激波。在图 11.16(a)中，A、B、C 和 D 表示流动奇点，括号内的 N、S 和

S'表示奇点的性质分别为结点、鞍点和半鞍点。综上所述，横向喷流与外流场相互作用所形成的干扰流场属于多种尺度涡的复杂结构，其中包括复杂激波系所引发的边界层流动分离，并且伴随着激波与激波、激波与边界层的相互干扰以及喷流与外流的相互剪切、喷流的卷吸以及边界涡的裹入等现象。因此横向喷流与外流作用形成了复杂的压强分布，它将产生附加的干扰力和力矩。显然，弄清楚上述横向喷流与超声速主流间的作用机理，对于提高横向喷流的控制效率与精度具有十分重要的意义。

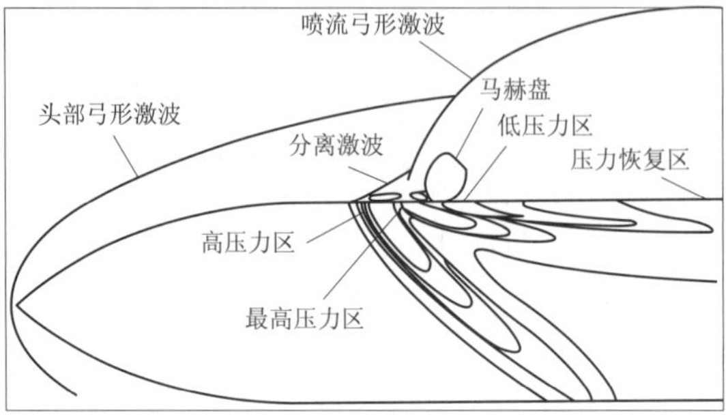

图 11.15 横向喷流与外流干扰流场的结构图

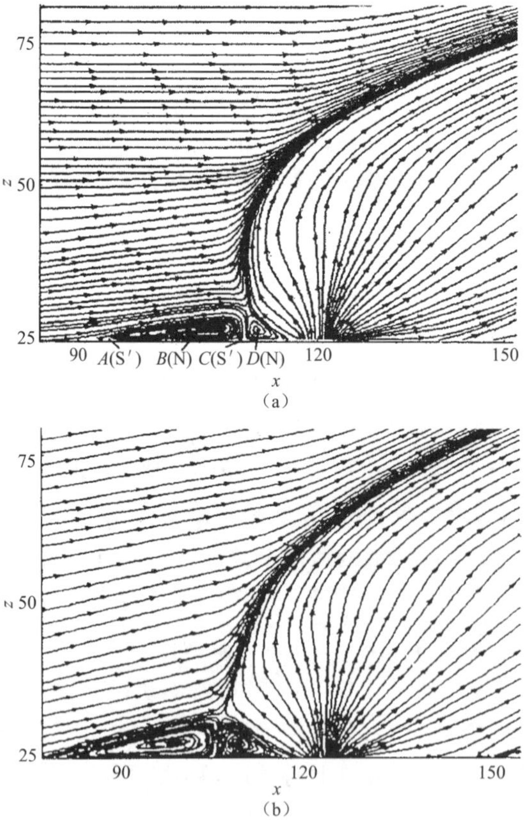

图 11.16 横向喷流喷口附近的涡系结构

(a) $\alpha=0°$；(b) $\alpha=10°$

第 12 章　航天探索、能源利用以及激光推进技术的新进展

航天探索、能源利用以及激光推进是涉及面十分广泛的三大领域，它们与非定常气体动力学联系密切。人类历史上有过像 Jules Verne（凡尔纳）和 Leonardo da Vinci（达·芬奇）那样预测将来的大师。凡尔纳在他 1863 年完成的《20 世纪的巴黎》和 1865 年完成的《从地球到月球》中分别准确地预测了 1960 年巴黎城市的发展和 1969 年人类登月的壮观景况。达·芬奇在 15 世纪后期便画出直升机、降落伞、滑翔机，甚至飞机；他绘制了一个机械加法器的蓝图，比这种机器真正出现早了大约 150 年。虽然我们几位作者不拥有凡尔纳和达·芬奇那样的先见之明和洞察力，但我们可以认真分析目前国际上前沿科学和高新技术的发展，预测未来的发展趋势。因此本章选材的基本思想是：坚持少而精，突出近期可见到成果的项目、突出引领学科发展方向的项目、突出节省能源保护环境的项目。在上述这些基本原则下，本章仅给出 6 个例子：① 太阳帆宇宙飞船；② 冲压喷气聚变发动机；③ 纳米飞船；④ 激光聚变技术；⑤ 磁场中的聚变技术；⑥ 激光推进光船。前三个属于航天探索领域，④与⑤属于清洁高效新能源的利用，⑥ 属于激光推进技术。

12.1　航天探索的新发展

1. 太阳帆宇宙飞船

光量子，简称光子，它不仅具有能量，而且具有质量和动量。在太空中的太阳强度是地球上太阳光的 8 倍，因此如果有足够大的帆，又有足够的时间等待的话，太阳帆（Solar sail）能够驱动星际飞船到达某一个恒星。太阳帆技术的研究起始于 20 世纪中期，美国国家航空航天局（NASA）曾计划用太阳帆技术实现与哈雷彗星的约会。近 20 年来，由于帆材料制造技术的进展和行星探测的需要，NASA、欧洲空间局（European Space Agency，ESA）以及俄罗斯与日本等国又重新重视这一技术的研究。1993 年，俄罗斯人从“和平”号空间站在太空部署了一个直径为 60 英尺（18.29 m）聚酯反射镜，不过当时的目的仅是为了演示与展示。2004 年，日本成功地发射了两个太阳帆模型，不过当时也是为了开展对太阳帆相关参数测试的研究，而不是以推进飞行为目的。2005 年，俄罗斯科学院进行了一次大胆尝试，在太空部署了被称为“宇宙”1 号的真正意义上的太阳帆。它是从俄罗斯一艘潜艇上发射的。但由于“波浪”号火箭点火失败，未能到达轨道。2008 年，美国宇航局的一个研究小组尝试发射所谓的“纳米帆”D，但由于“猎鹰”1 号火箭失败，“纳米帆”D 失踪了。2010 年 5 月，日本太空开发署成功地发射了“IKAROS（伊卡洛斯）”号太阳

帆，它是利用太阳帆技术在星际空间发射的第一艘宇宙飞船。该船呈正方形，对角线长60 英尺(18.29 m)，利用太阳帆推进系统向金星(Venus)飞去。日本准备在不久发射一艘利用太阳帆推进技术飞往木星(Jupiter)的飞船。

2. 冲压喷气聚变发动机

1960 年，Robert W. Bussard 提出了冲压喷气聚变(Fusion)发动机的设计思想，他把聚变发动机想象成普通的喷气发动机。通常，冲压喷气发动机吸取空气，然后与燃料进行内部混合、点燃空气与燃料的混合物，形成推力。他设想把相同的基本原理应用于聚变发动机上。冲压喷气聚变发动机不吸取空气，而是吸取星际空间中到处存在的氢气。氢气被电场和磁场挤压、加热，直到氢气融合成氦，这个过程释放大量的能量，然后产生推力。由于在深层空间中存在着取之不尽的氢气，因此可以想象，这样的冲压喷气聚变发动机能够永久运行。图 12.1 给出这类冲压喷气聚变火箭的原理构造图。图中冲压铲勺是用于收集太空中的氢气。根据 R. W. Bussard 的计算，如果这种冲压喷气聚变发动机能够保持 9.75 m/s^2 的加速度，那么仅在一年之后它就能接近 77%的光速。由于这种冲压喷气聚变发动机可以永久运行，因此从理论上计算仅用 23 年之后它就可以摆脱太阳系，到达距离地球 200 万光年的仙女座星系(Andromeda Galaxy)。

冲压喷气聚变发动机面临着几大问题：第一，在外层空间中的氢是单个质子，因此冲压喷气聚变发动机只能用质子融合质子，其产生的能量就不如融合氘和氚所产生的能量多。然而，R. W. Bussard 表示，如果我们给燃料混合物添加一些碳，对其进行改良，那么作为催化剂的碳就能够产生大量的能量，足以推动星际飞船。第二，铲勺必须足够大(大约有 160 km)才能收集足够的氢气，因此必须在太空中组装铲勺。现在看来，太空组装已不是问题。第三，关于拖曳力的问题，是 Robert Zubrin 工程师 1985 年提出的。对于 R. Zubrin 提出这个问题的正误性，人们仍有争议。核裂变与核聚变是完全不同的两个物理过程。聚变反应是太阳和其他星球能量的来源，最重要的聚变过程之一是碳氢循环；星球中的另一个核聚变反应是质子—质子循环。据估计，在太阳中发生聚变的速度为每秒有 5.64×10^{11} kg 的氢聚变为氦，与此相应，释放 3.7×10^{26} W 的功率，其中大约只有 1.8×10^{14} W 主要以电磁辐射的形式投射到地球上。一提核裂变，人们马上会想到设计了一个简单试验便证实了^{235}U 裂变所释放的中子足以使这个反应持续进行的著名匈牙利物理学家 Leo Szilard(莱奥・西拉德)[412] 和毕生为物理学奋斗的著名物理学家 Lise Meitner(丽丝・迈特纳)[413]。核裂变是依靠铀原子爆裂而产生能量，同时产生大量核废料。另外，一提到聚变，就会想到 1952 年 10 月美国爆炸了世界上第一个热核聚变装置，其机理是^{2}H 与^{3}H 反应生成^{4}He 加一个自由中子：

$$^{2}H+^{3}H\rightarrow^{4}He+n \tag{12.1.1}$$

式中，n 代表中子。

其聚变能量则是依靠把氢原子与大量热量相融合而释放更多的能量，而且反应过程所产生的废料极小。聚变的能量关系为：

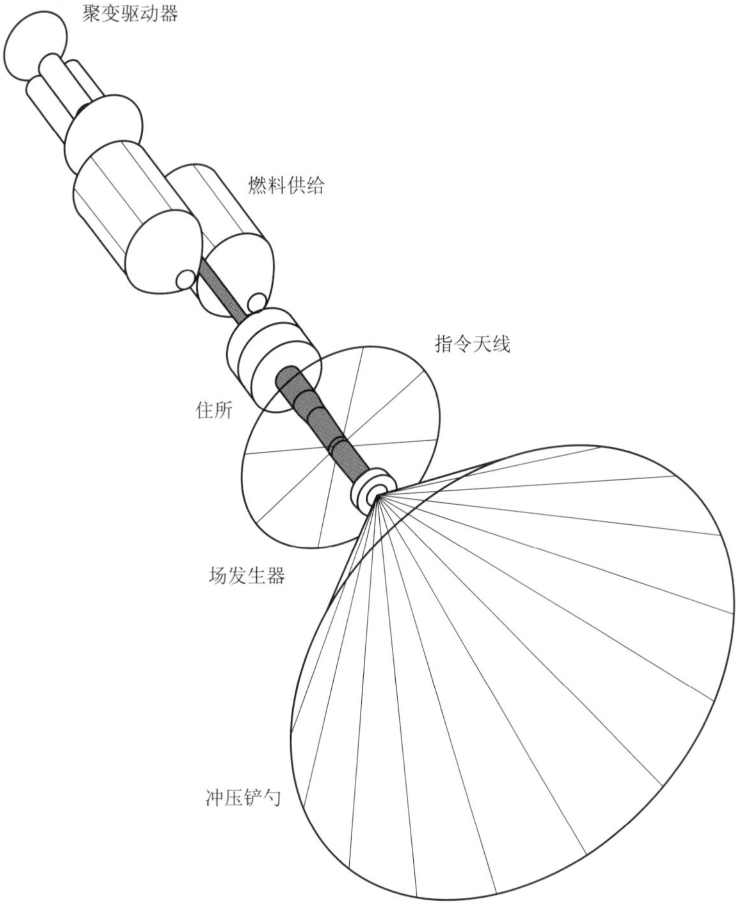

图 12.1　冲压喷气聚变火箭原理结构图

$$(热能)_{in}+(核能)_{in}\rightarrow(热能)_{out}+(辐射能) \tag{12.1.2}$$

就数量而言，输出的热量远大于使反应发生所需输入的热量。因此，聚变是大自然为宇宙供给能量的最佳方法。在恒星形成阶段，富氢(Hydrogen-rich)的气状球体由于地心引力被逐渐压缩，直到它开始加热到很高温度。当气体达到 5 000 万℃时，气体内部的氢原子核相互猛烈碰撞，直到融合而形成氦气。在这个过程中，大量能量被释放出来。值得注意的是，把氢气加热到数千万摄氏度直到质子融合形成氦气，并释放大量能量这绝非容易事。目前，国际上聚变技术已取得了重大进展，这对于冲压喷气聚变发动机的设计方案是一个有力的支持。如果能够解决上述存在的各种工程设计问题，那么冲压喷气聚变发动机必将指日可待。

3. 纳米飞船

康奈尔大学的 Mason Peck(玛森·皮克)是从事太空微型探测器的著名科学家，他设计的太空探测器仅有一个微芯片，尺寸只有 1 cm，质量仅有 1 g，可以被加速到光速的 1%～10%(每秒 3 000～30 000 km)。这个项目自 1998 年以来一直得到美国宇航局高级概念研究所提供的资金资助。以准备发射去木星的纳米飞船的芯片为例，芯片呈方形，体积比手指尖还小。芯片的一面是太阳能电池，为通讯提供电能；芯片的另一面上有无线电发射器、摄像机和传感器。芯片没有发动机，因为它仅依靠木星的磁场推进。木星磁场比地球磁场大2万倍，因此M. Peck在设计飞往木星的芯片时采用以磁场推进的设计理念是可取的。

自然界是人类最好的老师，师从自然、纳米飞船想法的产生正是来源于自然界：在自然界，哺乳动物仅生育少许后代并确保它们成活。昆虫能够生育大量后代，仅极少部分可以成活。两种不同方法可以让这两种物种生存数百万年之久。基于同样的道理，便产生了不是向恒星(Star)发送单一的、昂贵的星际飞船，而是发送百万艘小型星际飞船，每艘花费不多而且又不消耗太多的火箭燃料。另外，蚂蚁具有非常简单的神经系统和微小的大脑，但是当它们聚集到一起就能够构筑复杂的蚁冢。科学家们希望借鉴自然界中的这些经验，设计成群的机器人，有朝一日让它们完成通向其他行星和恒星之旅。纳米飞船的一个优势是，需要非常少的燃料就能把他们送入太空。它不需要使用大型助推火箭就能达到40 234 km/h(即11.2 km/s)的速度。实际上，利用普通的电场就能很容易地以接近光速的速度发射亚原子粒子。纳米粒子携带较小电荷，用电场很容易加速。因此，对太空之旅便有这么一种设想：把M. Peck设计的成千上万个成本低廉的一次性芯片，以接近光速的速度发射到太空。一旦少量的芯片抵达新的星球或目的地，那么它们就展开翅膀和桨叶，在新的星球上空飞翔，然后用无线电把数据传回地球。我们还认为：如果上述技术存在，那么我们也可以将这些纳米飞船用于在发生火山喷发、地震、洪灾、森林火灾时，即刻监测成千上万的位置，也就无须让少数科学家在火山爆发之时放置几个测定温度、湿度和风速的传感器。硅谷卡内基梅隆大学的张佩(Zhang Pei)研制的微型机器人就配有电视摄像机和传感器，具有可以进行微型机器人之间保持相互通讯的功能。另外，还具有一旦一个微型机器人碰到障碍物，它就会用无线电把信息发送给其他微型机器人的功能。这些纳米飞船的芯片完全可以在数百公里的范围内一次性给我们提供成千上万不同位置处的数据。数据被输入计算机后，就会立刻显示灾情地点的实时3D资料。因此，纳米飞船用途多样。

12.2 能源利用的新发展

20世纪时，Henry Ford和Thomas Edison两个老朋友打赌，想预测哪种形式的能源能为将来提供燃料。H. Ford把赌注压在石油代替煤，内燃机代替蒸汽机上。T. Edison把赌注压在电气汽车上。这是一个决定性的打赌，其结果对世界的历史会有深远的影响。现在看来，在二人打赌100年之后，Edison将会赢。科学家们大量的论证表明：太阳能和氢能(基于可再生的技术，如太阳能、风能、水力发电和氢能)是最有希望的赢家。因此，未来将开创一个太阳能和氢能利用的时代，太阳能如氢能将取代石油燃料，成为21世纪能源利用的基本趋势。从长远来看，这意味着利用聚变能和外层空间的太阳能。相应的，聚变电厂便会应运而生。因此，如何把过多的电储存起来也是一个需要进一步考虑的问题。最近，以中国科学院工程热物理研究所(黄伟光从 1993—2013 年一直在该所工作,其中 1998—2006 年他担任该所所长)牵头,国家能源局正式批准的“国家能源大规模物理储能技术研发中心”已在内蒙古鄂尔多斯市正式挂牌。用超临界压缩空气储能技术将电能储存起来[414],这是一个重要的节能措施,同时也为将来聚变电厂运行后储电技术奠定了前期的基础。

1. 激光聚变技术

物理学家在经过几十年的潜心研究,其中包括多次失败之后,他们对最终实现聚变深信不疑。目前,世界上共有两大家从事激光聚变的大型设备:一家建在法国的“国际热核实验反应堆”(ITER)它得到许多欧洲国家以及美国、日本和其他国家的大力支持;另一家建在美国 Lawrence Livermore 国家实验室的“国家点火装置”(NIF)激光聚变设备,该设备被安置在有三个足球场那么大的 10 层楼中,沿着一条长长的隧道发射出 192 条巨大的激光束,500 万亿 W 的激光功率被聚焦在一个极小的,肉眼几乎看不见的小球上,把它加热到 1 亿摄氏度,其炙热程度远超过了太阳中心的温度。在激光聚变中,为了使小球均匀内爆,192 条激光束必须十分精确地投射在极小小球的表面上;激光束必须在 300 万亿分之一秒内相互投射到极小目标上;激光束的最小失准或者小球的最小不规则度都意味着小球因受热不对称而造成向一边爆裂,而不是球状内爆。如果小球的不规则度超过 50 nm,那么小球也不能均匀内爆。这台设备的设计目的是证明经过聚焦的激光束可以用于加热富氢材料,并产生净能量;所用的方法是用激光瞬间击爆富氢材料的极小小球。

2. 磁场中的聚变技术

在法国进行的国际热核试验反应堆(ITER)是在采用巨型磁场缓慢压缩氢气的过程中,发送一股电流冲击氢气,对其进行加热。正是由于采用了用磁场挤压氢气和用电流冲击氢气,这样才把氢气加热到高达数百万摄氏度。在最终点火运行时,该设备将把氢气加热到远远超过太阳中心的温度。如果一切正常,根据 ITER 的设计目标 2019 年将在最少 500 s 时间内产生 500 MW 能量,这个数量是最初进入反应堆能量的 10 倍。国际热核反应堆是所有尝试过的最大国际科研项目之一。设备总质量达 23 000 t,远远超过了 7 300 t 的埃菲尔铁塔。国际热核反应试验堆大楼有 19 层高,建在有 60 个足球场那么大的巨型陆台上。该项目计划耗资 100 亿欧元,有 7 个成员国(欧盟、美国、中国、印度、日本、韩国和俄罗斯)分摊。其实,这个项目的原始思想可追溯到 20 世纪 50 年代。之所以延误了 50 年之久,主要是气体在压缩时受控聚变异常困难。目前,物理学家可以断言:国际热核试验反应堆终于解决了磁约束稳定性难题,这个难题困扰了物理学家长达 50 年之久。

DEMO 聚变反应堆项目是在 ITER 项目顺利实施的基础上,将于 2033 年准备上线的后续项目。DEMO 项目的目的是能够不断地发电,其发电量将是它消耗电能的 25 倍。预计 DEMO 的发电量是 20 亿瓦,每度电的经济成本与售价远远低于传统发电,这将使世界受益。之所以如此,是由于 DEMO 采取了如下关键措施:由式(12.1.1)可以看到,当聚变发生时形成一个额外的中子,在 ITER 项目中,这个中子快速从反应室中逃出了,而 DEMO 项目中是专门设计了被称为毯子的特殊涂层来吸收该中子的能量。然后,毯子加热,毯子内部的管子有水,水开始沸腾蒸发，蒸汽喷出时去带动涡轮叶片发电，于是这部分能量得到了充分利用。

12.3 激光推进技术的新发展

物理学家 Freeman Dyson 在激光推进方面给出了两个方案：① 设计激光推进发动机；它能在火箭底部发射出大功率的激光束从而引发微爆炸，爆炸产生的冲击波推动火箭上升。一连串稳定的速射激光脉冲使水汽化，从而把火箭推进太空，这里激光火箭不携带任何燃料；② 用1 000 MW 的巨型激光把 2 t 重的火箭送入轨道，使激光推进系统能够做到送入地球轨道的有效载荷每磅只花费 5 美元。换句话说，这样的太空旅行费，普通老百姓可以付得起。过去人们要乘坐 Virgin Galactic 公司的飞船去太空旅行，需要 20 万美元的旅行费。微软公司亿万富翁 Charles Simonyi 曾花钱购买了一张乘航天飞机去空间站的票，票价十分昂贵达 2 000 万美元。因此无论乘飞船或航天飞机都很贵，那时在美国太空旅行仍是富人专享的特权。按上述方案① 设计的激光推进发动机安装在火箭上，这时火箭的底部携带有效荷载和水箱，水缓缓地从水箱的细空中漏出。有效荷载和水箱各自重 1 t，当激光束冲击火箭底部时，水顷刻汽化，产生一连串的冲击波，把火箭推向太空。火箭加速度达到 3 g，并在 6 min 之内脱离地球引力。

对于 Freeman Dyson 提出的第一个方案，纽约 Rensselaer Polytechnic Institute 的 Leik Myrabo 已于 1997 年做出了这种火箭的实用样机：该样机（多称为光船火箭）直径 15.24 cm，质量 56.7 g，利用10 kW 的激光能够在火箭底部产生一连串的激光脉冲，并且以 2 g 的加速度推动火箭时，发出机关枪的声音。他制作的这个光船火箭可升空 100 英尺[①]高，这相当于 20 世纪 30 年代 Robert Goddard 早期液体燃料推进火箭的升空高度。

在结束本节讨论之前，为了给读者一个宏观的印象，这里第 7 章给出的激光维持爆轰波推动原理去计算光船前进的算例。如图 12.2 给出了激光维持爆轰波推动光船前进的物理模型。设光船底面直径 50 mm，光船高 32 mm，焦距 9.8 mm，入射激光能量为 50 J，激光推动质量 5 g，爆轰产物区半径为 4 mm，计算单脉冲作用下激光维持爆轰波推动光船前进的算例。

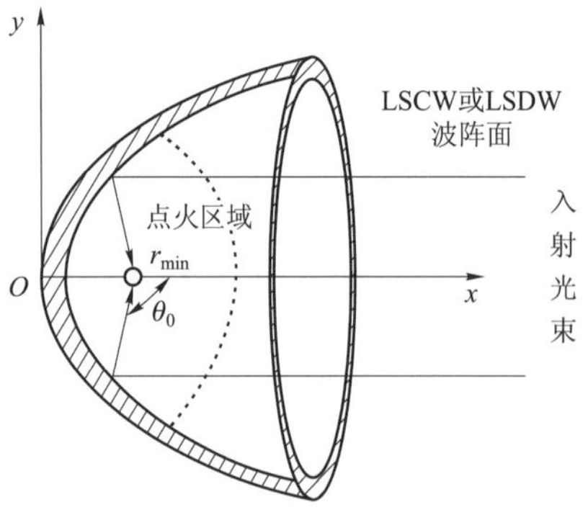

图 12.2 激光维持爆轰波推动光船前进的物理模型

图 12.3 给出了 8 个时刻下光船流场的等压强线分布图，图 12.3(a)、(b)、(c)、(d)分别为 0.15μs、0.60μs、2μs、4μs 时流场的等压强线分布；图 12.3(e)、(f)、(g)、(h)分别为 10μs、

① 1 英尺＝30.48 厘米。

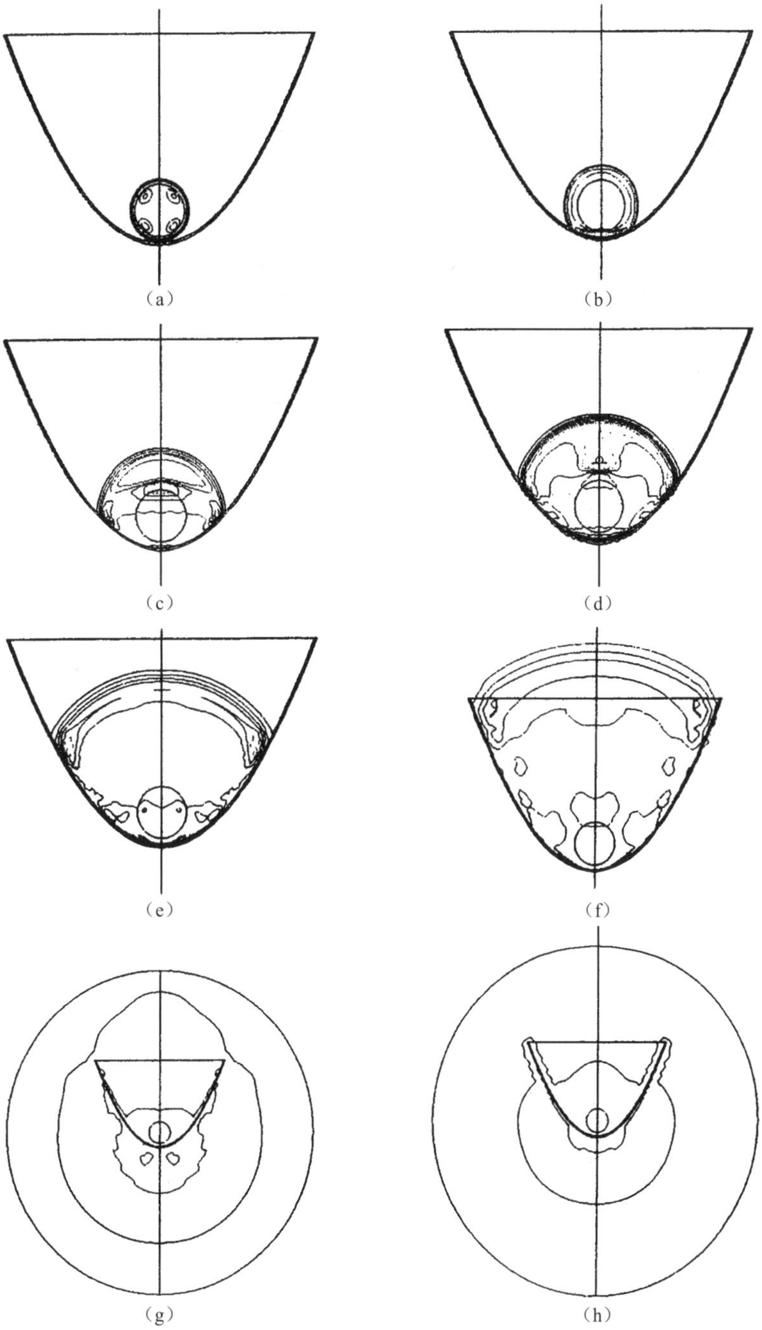

图 12.3　在 8 个时刻下光船流场等压强线分布图

(a) t=0.15 μs;(b) t=0.60 μs;(c) t=2 μs;(d) t=4 μs;

(e) t=10 μs;(f) t=30 μs;(g) t=90 μs;(h) t=150 μs

30μs、90μs、150μs 时流场的等压强线分布图。由图 12.3 可知，爆轰产物区初始压强为 373 MPa，高压气体向外膨胀形成球面激波。0.15μs 时激波到达光船顶点（图(a)），激波峰值压强为 18.6 MPa。之后激波在光船内表面发生反射，0.6μs 时最大压强升高到 26.4 MPa，而在其他方向上传播的激波峰值压强迅速降低。随着激波作用到光船内表面范围的增加，球形波阵面逐渐变为扇形。激波峰值由 0.6μs 时的几十兆帕衰减到 10μs 时的 1 MPa。10μs 后激波与抛物型光船接触范围不断扩大，30μs 时激波几乎完全覆盖了光船内表面，此时空气中激波峰值压强衰减到 0.7 MPa。30μs 后，流场中激波向外传播，由于没有约束，激波传到光船下方，对其产生向上的作用力。随着时间增加，流场压强变小。图 12.4 给出了推力随时间的变化曲线。0.6μs 时，推力上升到最大值 2 160 N，之后在 2.5μs 时又快速下降到 457 N。3μs 后推力缓慢下降，大约在 71.5μs 时下降到零。之后推力变为负值，200μs 时转变为正值，并且接近于零。图 12.5 给出了光船速度随时间的变化曲线。由图中可以看出，光船的速度先是快速上升，而后上升速度变缓，在 71.5μs 时速度上升到最大值 3.77 m/s，之后由于推力转变为负值，速度开始下降，200μs 时速度下降到最低值，之后由于推力接近于零，速度基本变化不大。图 12.6 给出了在相同入射激光能量（均 50 J）时激光维持爆轰波作用到平板与抛物形光船上推力的比较。从图中可知，两条曲线均在最初的 1μs 左右达到最大推力，之后便迅速下降，而后又转变为缓慢衰减。但在整个随时间变化的过程中，作用到光船上的推力大于平板的。

综上所述，图 12.3～图 12.6 给出的是激光单脉冲作用下的数值结果。在单个脉冲激光维持爆轰波作用时，光船获得的速度很低，产生的位移很小。因此，要使光船获得较高的速度，就需要多个脉冲激光维持爆轰波的持续推动作用。对于多脉冲激光维持爆轰波推进问题的数值模拟，国内外都十分重视[203,415]，并对许多影响因素进行了计算、分析和比较。这里仅给出本算例情况下，三种激光脉冲频率（0.667 kHz，3.77 kHz 和 13.3 kHz）时光船位移随时间的变化曲线，如图 12.7 所示。由该图可以看出，在相同的时间内，激光的脉冲频率越高，则光船前进的距离越大。对于激光频率分别为 0.667 kHz，3.77 kHz 和 13.3 kHz 这三种情况时，它们将分别要用 1.9 ms，0.9 ms 和 0.3 ms 的时间，光船才能向前运动 1.8 mm 的距离。图 12.8 给出了光船在多个脉冲激光作用时，光船速度随时间的变化曲线。从图中可以看出，光船的速度呈现周期性变化。在每个周期里，光船速度先增加后减小，之后速度恒定。图中给出了 5 个激光脉冲作用时，光船速度可达到 6.6 m/s 的数值计算结果。虽然这里的计算没有考虑空气的阻力，算出的速度会高于试验值，但总的变化趋势是合理的。不言而喻，如果将多次脉冲的激光维持爆轰波推动光船问题换成多次脉冲爆震或爆燃的航空发动机推进问题，用近似接近于定容的燃烧去代替传统的定压燃烧，以获得燃烧的高效率，于是上述激光推进问题便成为航空发动机中的脉冲爆震（Pulse Detonation）问题了。不过在航空发动机的脉冲爆震问题中不是用激光击穿空气形成爆轰波，而是通过点燃混合气形成爆震或爆燃，推动涡轮做功并在尾喷管喷出形成推力。

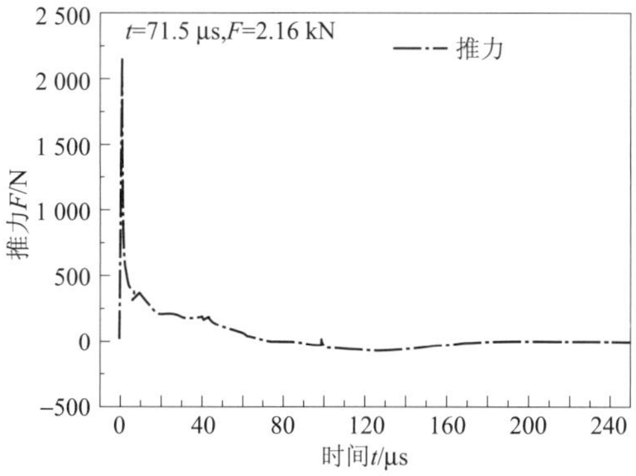

图 12.4 光船的推力—时间曲线

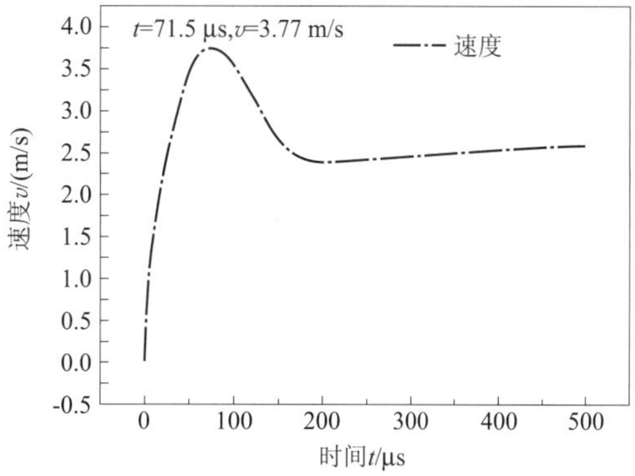

图 12.5 光船的速度—时间曲线

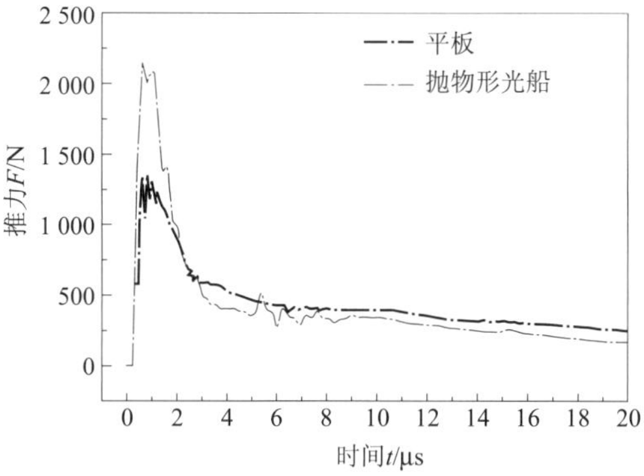

图 12.6 平板与光船推力—时间曲线的比较

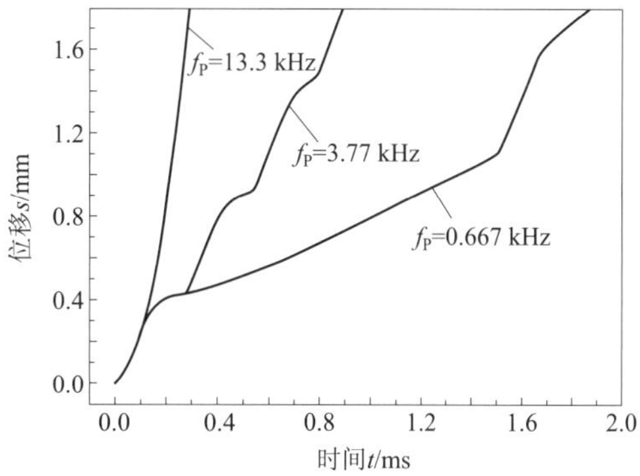

图 12.7 在三种激光脉冲频率下光船位移随时间的变化曲线

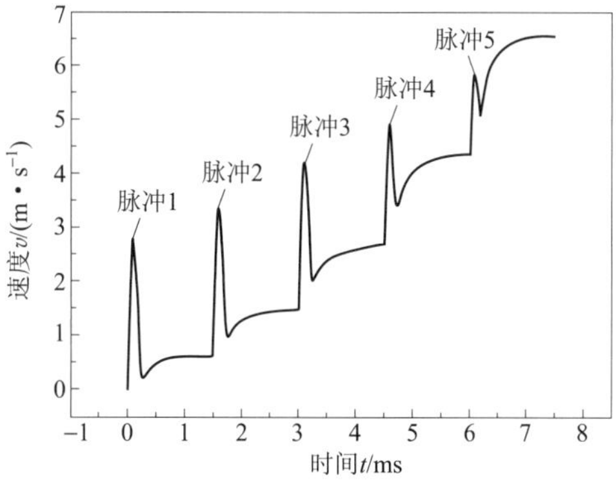

图 12.8 多脉冲激光作用下光船速度随时间的变化曲线

2005年10月25日,李政道教授在清华大学的演讲中指出:"21世纪初科学最大的迷是暗物质和暗能量。暗物质存在于人类已知的物质之外,人们目前知道它的存在,但不知道它是什么,它的构成也和人类已知的物质不同。"他鼓励人们要勇于探索,加强对暗物质和暗能量的研究,他指出:"21世纪对暗物质和暗能量的研究,也会产生令今天的人类无法想象的新发明。"另外,北京航空航天大学高歌教授在文献[416]中也指出:"到21世纪中叶,我们这代地球人类将进入前所未有的文明新纪元:以对暗物质、暗能量以及真空能利用为标志的科技突破将使人类摆脱能源匮乏的困境;冷沸材料和强磁激发能所引发广泛领域的科技革命将使人类文明进程急剧加速;人类将获得能够飞出太阳系而进行星系间旅行…的能力。"是的,我们生活在一个激动人心的时代,在广袤浩瀚的宇宙间,地球仅是太阳系中九大行星的一员;而太阳系仅是一个普通的星系,它仅是银河系中几千亿颗恒星中的一员;而我们银河系以外还有河外星系;而星系又是星系团的成员[417]。目前,人类用太空观测台(其中包括 Hubble 空间望远镜、X 射线 Chandra 观测台、大型射电望远镜以及空间红外望远镜等)已发现了上万个星系团,这些都是人类目前所观察到的宇宙。高歌教授在文献[418]中提出一个关于宇宙学的假说,中国航空工业集团公司林左鸣先生亲自为《宇宙天演论》写序。他在序中写道:"科学探索特别是前沿科学领域的探索,是一种创造新知识的过程。""对于前沿科学而言,创新思维、跨越式思维乃至另类思维不可或缺。必须允许人们对未知领域做出大致符合事物本质规律的猜想和假说。"他又写道:"对于猜想和假说,我们决不能要求它完全正确、无懈可击,只要能与事物的本质规律趋势一致,或者靠得上边、能够自圆其说,就应该允许它存在。……正如淘金者精心采掘的东西里虽会有泥沙,却往往也有金子一样,猜想和假说中也往往存在着可能引发人类知识重大突破的宝贵真理。"林先生在序的结尾一段写道:"可以认为,该书是人类在宇宙学研究上众多大胆探索中的又一次重要的努力,也是中国人在宇宙科学发展领域中少有的探索之一。"我们认为这个序写得好,充满着哲理性、科学性、和辩证思维,用词用字精湛、深刻。同样他的这种睿智也反映在文献[419]的字里行间之中。以20世纪60年代以来 Bertalanffy 的一般系统论[420]和 Laszlo 的系统哲学[421]的发展历程为例,也印证了科学探索尤其是前沿科学领域的探索需要人们不懈的努力。在我国,晚年的钱学森先生,十分关注我国系统科学、人体科学和思维科学的创建与发展,创建《系统学》一直是他的心愿[217]。在人体系统科学领域,钱学森先生应属于提出与极力倡导我国人体系统科学的第一人[422,423]。在钱学森人体系统科学思想的影响下,文献[424]和文献[425]在不同的侧面已经取得了可喜的成绩。在国外,生命科学[426]和认识神经科学[427]等领域,也已经出版了一些有重要影响的专著。对于生命的形式,人类已总结出它的共同特点:① 所有的生命形式由细胞组成;② 所有的生命形式基于碳化学;③ 所有的生命形式遵循同样的自然法则;④ 生命的基本功能是自我复制,通过变异进化及新陈代谢。对于生命的定义,法国航天局的著名宇宙生物学家 Andre Brack 认为:生命是一个热力学体系,它能够通过自我复制传输它的分子信息,通过变异实现进化。1944年诺贝尔奖获得者 Erwin

Schrödinger 认为：生命是一个热力学体系，它可以不断从环境吸取营养，在一个相当高的有序条件下维持自我的稳定，并以此提供一个负熵的条件。从目前人们对世界根源的认识上看，一般都认为世界是由物质、能量、信息三个基本要素组成的，而确定生命界与无生命界的根本区别就在于物质、能量、信息之间的相互制约关系有所不同。对于无生命界，物质是基础，物质的运动导致产生能量流和信息流，物质运动的状态不同，可以产生不同形式的能量和不同内容的信息，但信息不具有主导物质运动的能动性。对于生命界，虽然物质的基础地位没有变，但物质、能量、信息之间的相互制约关系却发生了质的变化，生命信息以它特有的程序性主导着物质、能量的转化和传送，决定着物质运动的时空和途径。也可以说，生命信息（包括 DNA、RNA 信息和神经信息或两种信息的协同作用）指挥到哪里，物质和能量就输送到哪里，其输送的时间、方向、位置、途径均由生命信息的序列结构、表达程序和调控机制所决定。生物之所以能从低有序进化到高有序，即从无生命进化到有生命，从简单到复杂，从低级到高级发展，其根本原因是生命信息主导生物系统实现自组织的功能和作用。信息是有序性的源泉和标志，是生命进化之源。值得注意的是，2008 年，我国成立了隶属于中国空间科学学会的空间生命起源与进化专业委员会，赵玉芬院士担任主任。这个专委会的成立标志着我国对宇宙生物学研究的重视，对在银河系中寻找其他具有人类可居住性的行星系统的关注。另外，我国已于 2011 年 3 月动工，投资 6.67 亿元建造世界最大的 500 米口径球面射电望远镜。该镜建在贵州省平塘县，2016 年 9 月可正式使用。用它可以测定脉冲星、发现高红移的巨脉冲星系，用它也可寻找地外文明等。在广袤浩瀚的宇宙间，有数千亿个银河系，而每个银河系都有几千亿颗恒星，而我们地球仅是在一个普通的银河系中围绕着一个普通的恒星（即太阳）旋转的小小星球，因此在银河系的内外存在可以居住的星球的概率是很大的。人类既需要关注地球家园，也需要关注 Astrobiology（宇宙生物学）的研究与进展。这里还应指出：与国外相比，过去我国在人体科学方面重视不够，但近十年来已得到重视。以人机系统工程为例，在钱学森系统科学思想的指引下，AMME Lab 团队近 20 年来在人机系统领域做了大量基础性研究工作，取得了十分可喜的成果[206,221]。在此基础上，逐渐构成了《人机系统方法学》的大框架，因此完全可以认为：文献[417]实现了钱学森先生系统学思想在人机系统领域中的一个初步框架。在这个框架的基础上，再通过多年的积累以及业内同行们的共同努力，这个学科一定会逐步成长、逐渐完善与壮大。钱学森先生一直倡导的创建《系统学》的宏伟愿望，我们这代年轻人一定能实现。事实上，人类正探索从渺观（典型尺度 10^{-36} m）、微观（10^{-17} m）、宏观（10^{2} m）、宇观（10^{21} m）直到胀观（10^{40} m）五个层次的时空范围的客观世界。英国爱丁堡大学物理学家 P. W. Higgs 1964 年提出一个得到普遍支持的假说，即认为宇宙中有一种新的基本场叫 Higgs 场，宇宙中的每一种粒子，除了光子和胶子，都和 Higgs 场相互作用，并认为 Higgs boson 为物质的质量之源。要研究 Higgs 粒子需要在渺观层次上。2013 年 10 月 8 日 84 岁的 Higgs 教授因 Higgs boson（希格斯玻色子，简称为 HB）的理论预言而荣获 2013 年度诺贝尔物理学奖，HB 的存在已被 2012 年间 CERN（欧洲核子研究中心)大型强子对撞机(Large Hadron Collider,简称 LHC)的两个实验区域、(即 ATLAS(超导环场探测器)与 CMS(紧凑渺子线圈)探测设备)以及美国 Fermilab(费米实验室)质子—反质子对撞机(Tevatron)的实验所证实。根据 2012 年 7 月 31 日 CERN 的 ATLAS 小组和 CMS 小组提交的侦测结果:希格斯玻色子的粒子质量确定为:① CMS 小组为 125.3 $\frac{GeV}{c^2}$(统计误差:±0.4,系统误差:±0.5,标准偏差:5.8);② ATLAS 小组为 126.0 $\frac{GeV}{c^2}$(统计误差:±0.4,系统误差:±0.4,标准偏差:5.9)换句话说,由上述实验数据的支持 Higgs boson 的存在可以被确认了,这里应指出:发现 HB 应属于 100 年来人类最伟大的发现之一。自 1964 年 P. W. Higgs 教授提出 Higgs 机制,在此机制中 Higgs 场引起电弱相互作用的对称性自发破缺,并将质量赋予规范玻色子和费米子。Higgs 粒子是 Higgs 场的场量子化激发并通过自相互作用而获得质量。于是提出 Higgs 场的存在,便预言了 HB 的存在。但科学是一门以事实说话的学问,只有经过实验验证的理论才可以得到物理界与大家的普遍的承认,因此从 1964 年至 2012 年的 48 年间,人们一直孜孜不倦地寻找 HB 存在的依据和实验证据。粒子物理学的标准模型预言了 62 种基本粒子,截止到 1995 年 3 月 2 日美国费米实验室向全世界宣布他们发现了顶夸克之时,被预言的 62 种基本粒子已有 61 种都已经得到实验数据的支持与验证。在粒子物理学的标准模型理论中,基本粒子被分为夸克、轻子和玻色子三大类。在标准模型所包含的玻色子有:① 负责传递电磁力的光子;② 负责传递弱核力的 W 及 Z 玻色子;③ 负责传递强核力的 8 种胶子;④ 负责引导规范变换中的对称性自发破缺的希格斯玻色子。这里光子、W 与 Z 玻色子以及胶子属于规范玻色子,而 HB 不属于规范玻色子。Higgs 场是一个标量场,Higgs 粒子没有自旋,也没有内在的角动量。长期以来,Higgs 玻色子被认为是揭晓质量的神秘起源,该粒子与 Higgs 场密切相关,从理论角度上讲,Higgs 场遍布整个宇宙。当其他粒子穿过 Higgs 场时,它们就获得质量,也就是说 HB 的存在能为宇宙的形成奠定一定的基础。这里还必须要指出的是,尽管 HB 与标准模型所预测的情况相匹配,但现代粒子物理学中的标准模型并非完整,标准模型仅是描述宇宙中非常微小成分的粒子物理学规范性理论,目前标准模型所预言的每一种粒子都已发现,但是这个模型并不包含引力。我们仍无法理解为什么引力如此虚弱,另外,宇宙中大量存在的暗物质、暗能量与标准模型之间到底是否有关联?对于这些问题,目前人们并不清楚,因此需要我们继续研究、继续探索。人类对科学的探索正是这样一步一步地向前发展,一步一步地破解自然科学之谜、生命科学之谜、宇宙之谜。我们应该以饱满热情去迎接和拥抱新学科、新思想、新探索、新发现和新领域的涌现和创生。人类探索宇宙的另一个重要任务是:在星际空间中,寻找适宜人类居住的星球。2013 年 9 月《天体生物学》杂志和 2013 年 9 月 19 英国《独立报》网站都报道了东英吉利大学环境科学学院安德鲁·拉什比团队关于地球还能支持人类生活 17.5 亿年的消息。随着太阳逐渐变老、地球上的温度不断上升、海水蒸发加剧,因此人类需要去寻找能支持人类几十亿年居住的新行星(例如人类研究发现开普勒 22b 和格利泽 581d 的宜居时间分别 60 亿年和 54.7 亿年)。随着人类高新推进技术的发展,在银河系和广袤浩瀚的宇宙之间寻找适宜人类居住环境的重任仍是任重道远。

2003 年 7 月 23 日,美国匹兹堡大学借助于“威尔金森微波各向异性探测器”的观察数据,发现了暗能量存在的直接证据。美国《科学》杂志评出年度十大科学成就时评价说,“明确宇宙能量分布,找到暗物质和暗能量存在的新证据,是 2003 年所取得的最重大的科学突破。”地球上的人类仅熟悉 4% 的显物质,而 96% 的暗物质与暗能量需要人类去探索。Einstein、Hawking 和 N. Tesla 为人类做出了光辉的榜样,Einstein 提出了相对论,推出了 Einstein 场方程[428],给出了宇宙间显物质的变化规律;Hawking 身残志不残,他开创了引力热力学和量子宇宙学,是当代最重要的广义相对论家和宇宙学家[429];N. Tesla 为人类发明了交流电和无线电。在过去的 60 多年间,在显物质领域,理论物理和粒子物理学科已取得了巨大的进步:1954 年,杨振宁和 Mills(Yang-Mills)把规范不变的理论推广到内部对称的 SU(2)非 Abel 规范变换群,即不可交换群。他们在质子、中子同位旋空间讨论了定域规范不变性,引入了规范场,从 U(1)规范群推广到 SU(2)规范群。非 Abel 规范变换不变性原理在 1967 年 Weinberg 和 Salam 构建 SU(2)×U(1) 群空间(弱同位旋和电磁规范变换空间)建立弱、电相互作用统一模型理论以及 1973 年 Gross、Politzer 和 Wilczek 在夸克的 SU(3)色空间构建 QCD(Quantum Chromodynamics,量子色动力学)理论时都起到了十分关键的作用。弱、电统一理论和 QCD 理论极为成功地描述了夸克和轻子层次的电磁相互作用、弱相互作用和强相互作用,在统一的框架下给出了自洽的理论解释,并经受住了三四十年关键性实验的考验。大统一理论(又称 GUT)最直接的预言是存在 X 玻色子。但由于其质量是质子质量的 10^{15} 倍,因此目前还不可能在实验室中产生这种粒子。物理学能够想象的 X 玻色子产生的唯一场景就是宇宙学家所称的大爆炸后的某个瞬间(约 10^{-35} s)。20 世纪 80 年代以来,在量子场论的基础上,考虑引力在内的四种作用力统一的超弦理论(Superstring Theory)有了较大的发展。例如,1996 年在 M 理论和 D 膜技术的基础上,成功地计算出了一类极端黑洞的熵,其结果与宏观上由热力学得出的 Bekenstein、Hawking 熵结果一致。因此,促使人们相信,正确的量子引力理论将对黑洞物理学的研究提供有力地支持。物理学毕竟是一门实验科学,只有经过实验检验的理论才是正确的理论。20 世纪 90 年代以来,暗物质、暗能量的发现震撼了整个科学界、尤其是粒子物理学这一领域。原以为 1974 年 Georgi 和 Glashow 提出 SU(5)的大统一理论以及 SU(2)×U(1)×SU(3)标准模型和近 30 年来超弦理论的发展,会使人类对宇宙有一个完美的理论框架。但现在看来,这些理论仅仅局限于显物质的领域,而且这些显物质仅占宇宙的 4% 左右。粒子物理学、天体物理、相对论流体力学、高超声速气动热力学、量子理论和宇宙学正处于新的重大突破的前夜,人类的物质观将面临一次新的重大飞跃。因此,我们这代人应该担负起探索暗物质、暗能量的使命。2013 年 4 月 3 日,77 岁的著名物理学家丁肇中先生公布了由他主持研究 18 年的阿尔法磁谱仪项目(AMS-02)的首批研究成果:实验观察到宇宙射线流中正电子存在的比率符合关于暗物质存在的理论预测。暗物质是目前最具有挑战性的方向之一，人类进一步的科学研究，永远也绕不开暗物质。正因如此，虽近些年西方科技发达大国的财政吃紧，但却不愿意放弃对暗物质研究的投入，这里 AMS-01 和 AMS-02 项目就是一个典型例证。1998 年 6 月 2 日发现号航天飞机和 2011 年 5 月 16 日奋进号航天飞机分别将阿尔法磁谱仪Ⅰ号和Ⅱ号送到国际空间站去寻找反物质和暗物质。阿尔法磁谱仪重 7.5 吨、价值 20 亿美元。丁肇中先生自 1994 年开始寻找暗物质以来，这个项目历时 18 年，对揭示暗物质的本质、揭示物质的最基本成分、回答使这些基本粒子相互作用的最根本的力到底是什么具有重要价值。这里必须要指出的是，诺贝尔奖委员会规定一人一生只能获一次诺贝尔奖，丁肇中先生是 1976 年荣获诺贝尔物理学奖的。至今这位 77 岁老教授对反物质和暗物质研究的执着，那种在逆境中顽强拼搏、在顺境中埋头苦干的敬业精神为我们后人树起了楷模。历史的发展将越来越有力的证明：正是科学家们这种强烈的责任心与使命感，这种对真理的非功利的追求，才会给人类带来最大的收益。最后还要指出的是，本章给出的三大领域的新发展之所以局限于显物质领域中进行，这完全是由于本章选材所给出的一坚持三突出的基本原则所限定的。Einstein 曾经说过，真正的科学是简单的、和谐的与封闭的。遵照这一观点，显物质、暗物质和暗能量，它们共存于宇宙之间。我们衷心期望本书再版时能够在本章的新发展中出现暗物质、暗能量方面与气动力学之间的联系、展示这方面的最新成果。

参 考 文 献

[1] 钱学森．气体动力学诸方程[M]. 徐华舫，译．北京：科学出版社，1966.

[2] 郭永怀．边界层理论讲义[M]. 合肥：中国科学技术大学出版社，2008.

[3] 普朗特 L. 流体力学概论[M]. 郭永怀，陆士嘉，译．北京：科学出版社，1987.

[4] 童秉纲，孔祥言，邓国华．气体动力学[M]. 北京：高等教育出版社，1990.

[5] 王保国，蒋洪德，马晖扬，等．工程流体力学（上、下册）[M]. 北京：科学出版社，2011.

[6] 周光坰，严宗毅，许世雄，等．流体力学[M]. 2 版．北京：高等教育出版社，2000.

[7] 王保国，刘淑艳，黄伟光．气体动力学[M]. 北京：北京理工大学出版社，北京航空航天大学出版社，西北工业大学出版社，哈尔滨工业大学出版社，哈尔滨工程大学出版社，2005.

[8] Landau L D，Lifshitz E M. Fluid Mechanics[M]. Oxford：Butterworth-Heinemann，1987.

[9] 庄礼贤，尹协远，马晖扬．流体力学[M]. 2 版．合肥：中国科学技术大学出版社，2009.

[10] 复旦大学数学系．流体力学[M]. 上海：上海科学技术出版社，1960.

[11] 吴望一．流体力学（上、下册）[M]. 北京：北京大学出版社，1982.

[12] 清华大学工程力学系．流体力学基础（上、下册）[M]. 北京：机械工业出版社，1982.

[13] 姚傲秋，刘世兴，方人淞．实用气体动力学（上、下册）[M]. 北京：北京科学教育出版社，1961.

[14] Batchelor G K. An Introduction to Fluid Dynamics[M]. 2nd ed. Cambridge：Cambridge University Press，2000.

[15] White F M. Viscous Fluid Flow[M]. 2nd ed. New York：McGraw Hill，1991.

[16] 卞荫贵．理想气体动力学（上、中册）[M]. 北京：中国科学技术大学出版社，1965.

[17] 王保国，刘淑艳，王新泉，等．流体力学[M]. 北京：机械工业出版，2012.

[18] 王保国，刘淑艳，刘艳明，等．空气动力学基础[M]. 北京：国防工业出版社，2009.

[19] 陶文铨．传热学[M]. 西安：西北工业大学出版社，北京航空航天大学出版社，北京理工大学出版社，哈尔滨工业大学出版社，哈尔滨工程大学出版社，2006.

[20] 王保国，刘淑艳，王新泉，等．传热学[M]. 北京：机械工业出版，2009.

[21] 卞荫贵，徐立功．气动热力学[M]. 合肥：中国科学技术大学出版社，1997.

[22] 王保国，黄伟光．高超声速气动热力学[M]. 北京：科学出版社，2014.

[23] 沈青．稀薄气体动力学[M]. 北京：国防工业出版社，2003.

[24] 王保国，刘淑艳，稀薄气体动力学计算[M]. 北京：北京航空航天大学出版社，2013.

[25] Cheremisin F G. Solution of the Wang Chang-Uhlenbeck Master Equation[J]. Doklady Physics，2002，47(12)：872-875.

[26] 王保国，黄伟光，钱耕，李翔，等．再入飞行中 DSMC 与 Navier-Stokes 两种模型的计算与分析[J]. 航空动力学报，2011，26(5)：961-976.

[27] Wang B G（王保国），Qian G（钱耕），Agarwal R K，et al. Generalized Boltzmann Solution for Non-equilibrium Flows and the Computation of Flowfields of Binary Gas Mixture[J]. Propulsion and

Power Research, 2012,1(1):48-57.
[28] Courant R, Friedrichs K O. Supersonic flow and shock waves[M]. New York: Springer-Verlag, 1976.
[29] 周毓麟. 一维非定常流体力学[M]. 北京:科学出版社,1990.
[30] 王继海. 二维非定常流和激波[M]. 北京:科学出版社,1994.
[31] Von Mises R. Mathematical Theory of Compressible Fluid Flow[M]. New York: Academic Press Inc., 1958.
[32] Sears W R. General Theory of High Speed Aerodynamics[M]. New Jersey: Princeton University Press, 1954.
[33] Liepmann H W, Puckett A E. Introduction to Aerodynamics of a Compressible Fluid[M] New York: John Wiley & Sons, 1947.
[34] Oswatitsch K. Gas Dynamics[M]. New York: Academic Press, 1956.
[35] Thompson P A. Compressible Fluid Dynamics[M]. New York: McGraw-Hill, 1972.
[36] Zucrow M J, Hoffman J D. Gas Dynamics[M]. New York: John Wiley & Sons, 1976.
[37] 王竹溪. 热力学[M]. 2版. 北京:人民教育出版社,1960.
[38] 陈懋章. 黏性流体动力学基础[M]. 北京:高等教育出版社,2002.
[39] 王保国,黄虹宾. 叶轮机械跨声速及亚声速流场的计算方法[M]. 北京:国防工业出版社,2000.
[40] 王保国,卞荫贵. 关于三维 Navier-Stokes 方程的黏性项计算[J]. 空气动力学学报,1994,12(4):375-382.
[41] 王保国. Navier-Stokes 方程组的通用形式及近似因式分解[J]. 应用数学和力学,1988,9(2):165-172.
[42] Teman R. Navier-Stokes Equations, Theory and Numerical Analysis[M]. North-Holland, 1984.
[43] Blazek J. Computational Fluid Dynamics: Principles and Applications[M]. Second Edition Amsterdam: Elsevier, 2007.
[44] Hirsch C. Numerical Computation of Internal and External Flows[M]. Vols. 1 and 2, John Wiley & Sons, 1988.
[45] 刘儒勋,舒其望. 计算流体力学的若干新方法[M]. 北京:科学出版社,2003.
[46] 张涵信,沈孟育. 计算流体力学——差分方法的原理和应用[M]. 北京:国防工业出版社,2003.
[47] 王保国,朱俊强. 高精度算法与小波多分辨分析[M]. 北京:国防工业出版社,2013.
[48] Wesseling P. Principles of Computational Fluid Dynamics[M]. New York: Springer-Verlag, 2001.
[49] 王保国. 新的解跨声速 Euler 方程的隐式杂交方法[J]. 航空学报,1989,10(7):309-315.
[50] 王保国,卞荫贵. 转动坐标系中三维跨声欧拉流的有限体积——TVD 格式[J]. 空气动力学学报,1992,10(4):472-481.
[51] 王保国,沈孟育. 高速黏性内流的高分辨率高精度迎风型杂交格式[J]. 空气动力学学报,1995,13(4):365-373.
[52] Wang B G(王保国),Guo Y H(郭延虎),Shen M Y(沈孟育). High-Order Accurate and High-Resolution Implicit Upwind Finite Volume Scheme for Solving Euler/Reynolds-Averaged Navier-Stokes Equations[J]. Tsinghua Science and Technology, 2000, 5(1):47-53.

[53] 王保国,刘淑艳,闫为革,等. 高精度强紧致三点格式的构造及边界条件的处理[J]. 北京理工大学学报,2003,23(1):13-18.

[54] 王保国,刘淑艳,潘美霞,等. 强紧致六阶格式的构造及应用[J]. 工程热物理学报,2003,24(5):761-763.

[55] 王保国,刘淑艳,杨英俊,等. 非结构网格下涡轮级三维非定常 Navier-Stokes 方程的数值解[J]. 工程热物理学报,2004,25(6):940-942.

[56] 王保国,吴俊宏,朱俊强. 基于小波奇异分析的流场计算方法及应用[J]. 航空动力学报,2010,25(12):2728-2747.

[57] 王保国,刘淑艳,张雅. 非结构网格下非定常流场的双时间步长的加权 ENO-强紧致杂交高分辨率格式[J]. 工程热物理学报,2005,26(6):941-943.

[58] 王保国,李翔,黄伟光. 激波后高温高速流场中的传热特性研究[J]. 航空动力学报,2010,25(5):963-980.

[59] 王保国,李翔. 多工况下高超声速飞行器再入时流场的计算[J]. 西安交通大学学报,2010,44(1):71-76.

[60] 王保国,李学东,刘淑艳. 高温高速稀薄流的 DSMC 算法与流场传热分析[J]. 航空动力学报,2010,25(6):1203-1220.

[61] 王保国,李耀华,钱耕. 四种飞行器绕流的三维 DSMC 计算与传热分析[J]. 航空动力学报,2011,26(1):1-20.

[62] 王保国,郭洪福,孙拓,等. 六种典型飞行器的 RANS 计算及大分离区域的 DES 分析[J]. 航空动力学报,2012,27(3):481-495.

[63] 王保国. 叶栅流基本方程组特征分析及矢通量分裂[J]. 中国科学院研究生院学报,1987,4(2):54-65.

[64] Wu C H(吴仲华). A General Theory of Three Dimensional Flow in Subsonic and Supersonic Turbomachines of Axial, Radial and Mixed Flow Types[R]. 1952,NACA TN 2604.

[65] Wu C H(吴仲华). A General Theory of Two and Three Dimensional Rotational Flow in Subsonic and Transonic Turbomachines[R]. 1993, NASA CR4496.

[66] 吴仲华. 透平机械长叶片气体动力学问题[J]. 力学学报,1957,1(1):15-48.

[67] 刘高联,王甲升. 叶轮机械气体动力学基础[M]. 北京:机械工业出版社,1980.

[68] 王仲奇. 透平机械三元流动计算及其数学和气动力学基础[M]. 北京:机械工业出版社,1983.

[69] Chen N X(陈乃兴). Aerothermodynamics of Turbomachinery: Analysis and Design[M]. Singapore: John Wiley & Sons, 2010.

[70] 陈乃兴,徐燕骥,黄伟光,等. 单转子风扇的三维反问题气动设计[J]. 航空动力学报,2002,17(1):23-28.

[71] 黄伟光,陈乃兴,山崎伸彦,等. 叶轮机械动静叶片排非定常气动干涉的数值模拟[J]. 工程热物理学报,1999,20(3):294-298.

[72] 吴文权,刘翠娥. 使用非正交曲线坐标与速度分量 S_1 流面正问题流场矩阵解[J]. 工程热物理学报,1980,1(1):17-27.

[73] 朱荣国. 使用非正交曲线坐标与速度分量 S_2 流面反问题流场线松弛解[J]. 工程热物理学报,

1980,1(1):28-35.

[74] Wu C H(吴仲华), Wang B G(王保国). Matrix Solution of Compressible Flow on S_1 Surface Through a Turbomachine Blade Row with Splitter Vanes or Tandem Blades[J]. ASME Journal of Engineering for Gas Turbines and Power, 1984, 106:449-454.

[75] Wang B G(王保国). An Iterative Algorithm between Stream Function and Density for Transonic Cascade Flow[J]. AIAA Journal of Propulsion and Power, 1986,2(3):259-265.

[76] Wang B G(王保国),Chen N X(陈乃兴), An Improved SIP Scheme for Numerical Solutions of Transonic Stream Function Equation[J]. International Journal for Numerical Methods in Fluid, 1990, 10(5):591-602.

[77] 周新海,朱方元．跨音速叶栅流场计算的多网格法[J]. 工程热物理学报,1984,5(3):239-243.

[78] 蒋滋康,朱钦．跨声速透平级完全三元流场的计算方法及其应用[J]. 工程热物理学报,1986,7(4):314-319.

[79] 沈孟育,周盛,林保真．叶轮机械中的跨音速流动[M]. 北京:科学出版社,1988.

[80]《吴仲华论文选集》编辑委员会．吴仲华论文选集[M]. 北京:机械工业出版社,2002.

[81] 吴仲华．使用非正交曲线坐标和非正交速度分量的叶轮机械三元流动基本方程及其解法[J]. 机械工程学报,1979,15(1):1-23.

[82] 吴文权．叶轮机械三元流动流函数方程组——S_1 和 S_2 流面的统一数学方程组[J]. 机械工程学报,1979,15(1):86-99.

[83] Sherif A, Hafez M. Computation of Three Dimensional Transonic Flows Using Two Stream Functions[R]. AIAA Paper 83-1948,1983.

[84] 王保国,吴仲华．含分流叶栅或串列叶栅的 S_1 流面上可压缩流动矩阵解[J]. 工程热物理学报,1984,5(1):18-26.

[85] Hamed A, Abdallah S. Streamlike Function: A New Concept in Flow Problems Formulation[J]. Journal of Aircraft, 1979,16(12):801-802.

[86] Jackson J D. Classical Electrodynamics[M]. 2nd Edition, New York: John Wiley & Sons, 1975.

[87] Hughes W F, Young F T. The Electromagnetodynamics of Fluids[M]. New York: John Wiley & Sons, 1966.

[88] 彭桓武,徐锡申．理论物理基础[M]. 北京:北京大学出版社,1998.

[89] 张宗燧．电动力学及狭义相对论[M]. 2 版．北京:北京大学出版社,2004.

[90] Griffiths D J. Introduction to Electrodynamics [M]. Third Edition. New Jersey: Prentice Hall, 1999.

[91] 卞荫贵,钟家康．高温边界层传热[M]. 北京:科学出版社,1986.

[92] 卞荫贵,徐立功．气动热力学[M]. 2 版．合肥:中国科学技术大学出版社,2011.

[93] Anderson J D Jr. Hypersonic and High Temperature Gas Dynamics[M]. New York: McGraw Hill, 1989.

[94] Park C. Nonequilibrium Hypersonic Aerothermodynamics [M]. New York: John Wiley & Sons, 1990.

[95] Bertin J J. Hypersonic Aerothermodynamics[M]. Washington DC: AIAA Inc. ,1994.

[96] Zeldovich Ya B, Raizer Yu P. Physics of Shock Waves and High-Temperature Hydrodynamic Phenomena[M]. Edited by Hayes W D and Probstein R F. New York: Dover, 2002.

[97] Pai S I(柏实义). Radiation Gas Dynamics[M]. New York: Springer-Verlag, 1966.

[98] Pomraning G C. The Equations of Radiation Hydrodynamics[M]. Oxford: Pergamon Press, 1973.

[99] Modest M F. Radiative Heat Transfer[M]. Second Edition, New York: Academic Press, 2003.

[100] Siegel R, Howell J R. Thermal Radiation Heat Transfer[M]. 4th Edition. New York: Taylor & Francis, 2002.

[101] Mihalas D, Mihalas B W. Foundations of Radiation Hydrodynamics[M]. Oxford: Oxford University Press, 1984.

[102] Balescu R. Transport Processes in Plasmas[M]. Amsterdam: North-Holland, 1988.

[103] Balescu R. Aspects of Anomalous Transport in Plasmas[M]. Bristol: Institute in Physics Publishing, 2005.

[104] 黄祖洽,丁鄂江．输运理论[M].2 版．北京:科学出版社,2008.

[105] Lewis E E, Miller W F Jr. Computational Methods of Neutron Transport[M]. Illinois: American Nuclear Society, 1993.

[106] 贝尔 G I, 格拉基登 S. 核反应堆理论[M]. 千里,译,黄祖洽,校．北京:原子能出版社,1979.

[107] Beyer H F, Shevelko V P. Introduction to the Physics of Highly Charged Ions[M]. London: Institute of Physics Publishing,2003.

[108] Brittin W E. Kinetic Theory[M]. New York: Gordon & Breach, 1967.

[109] Bonfiglio E P, Longuski J M, Vinh N X. Automated Design of Aerogravity-Assist Trajectories [J]. Journal of Spacecraft and Rockets, 2000,37(6):768-775.

[110] Sims J A, Longuski J M, Patel M R. Aerogravity-Assist Trajectories to the Outer Planets and the Effect of Drag[J]. Journal of Spacecraft and Rockets, 2000,37(1):49-55.

[111] Bird G A. Molecular Gas Dynamics and the Direct Simulation of Gas Flows[M]. Oxford: Clarendon Press, 1994.

[112] Glassman I. Combustion[M]. 3rd ed. New York: Academic Press, 1997.

[113] Williams F A. Combustion Theory[M]. 2nd ed. Reading, MA: Addison Wesley,1985.

[114] 宁榥,高歌．燃烧室气动力学[M]. 2 版．北京:科学出版社,1987.

[115] Emmons H W. Fundamentals of Gas Dynamics [M]. Princeton: Princeton University Press, 1958.

[116] 周力行．燃烧理论和化学流体力学[M].北京:科学出版社,1986.

[117] Lewis B, von Elbe G. Combustion, Flames and Explosions of Gases[M]. 3rd ed. New York: Academic Press, 1987.

[118] Schlichting H. Boundary-layer Theory[M]. New York: McGraw-Hill, 1979.

[119] 郭柏灵,庞小峰．孤立子[M].北京:科学出版社,1987.

[120] Gao G(高歌), Yong Y(熊焰). Partial-Average-Based Equations of Incompressible Turbulent Flow[J]. International Journal of Non-Linear Mechanics, 2004,39:1407-1419.

[121] Gao G(高歌), Yong Y(熊焰). On Incompressible Turbulent Flow: Partial Average Based Theory

and Applications[J]. Journal of Hydraulic Research, 2005, 43(4):399-407.

[122] 高歌，熊焰．侧偏平均湍流方程研究综述[J]. 中国力学文摘，2008,22(2):1-20.

[123] 高歌．GAO-YONG 理性湍流方程[J]. 推进技术，2010,31(6):666-675.

[124] 高歌,熊焰．不可压湍流控制方程[J]. 工程热物理学报，2002,23(2): 158-163.

[125] 高歌，熊焰．不可压湍流平均流与拟序流的各向异性模式理论及其数值验证[J]. 航空动力学报,2000, 15(1):1-12.

[126] 闫文辉,张常贤,高歌,等．用 Gao-Yong 湍流方程组数值模拟高雷诺数顶盖驱动方腔流[J] ,水科学进展,2008,19(3):428-433.

[127] 闫文辉,阎巍,高歌．用 GAO-YONG 湍流模式对翼型跨音黏流的数值模拟[J]. 北京航空航天大学学报,2008,34(4):417-421.

[128] 闫文辉,阎巍,高歌．应用 GAO-YONG 可压缩湍流模式数值模拟 RAE2822 翼型绕流[J]. 计算物理,2008,25(6):694-700.

[129] Gao G(高歌),Zhang C X(张常贤),Yan W H(闫文辉),等．Numerical Study of Compression Corner Flowfield Using Gao-Yong Turbulence Model[J] ,Journal of Aerospace Power,2012,27(1): 124-128.

[130] 高歌,任鑫．使用 GAO-YONG 湍流方程组对可压湍流边界层的数值模拟[J]. 航空动力学报,2004,19(3):289-293.

[131] 陈广业，高歌，尹幸愉．使用 GAO-YONG 方程组对不可压转捩/湍流平板边界层的计算[J] ，航空动力学报,2002,14:152-155.

[132] Gao G(高歌),Xu J L(徐晶磊). Apartial Average Based Study of Compressible Turbulent Flows [J]. International Journal of Mechanic Systems Engineering, 2013, 3(1):20-35.

[133] 李维冰，高歌．解决湍流圆/平射流异常现象的数值研究[J]. 航空动力学报,2001,16(3):262-266.

[134] 任鑫,高歌．使用 GAO-YONG 湍流方程组对顶盖驱动方腔流的计算[J]. 北京航空航天大学学报, 2005, 31(2):138-141.

[135] 许利波，高歌．用 GAO-YONG 湍流模式计算激波/边界层干扰[J]. 北京航空航天大学学报,2007, 33(10):1136-1140.

[136] 任鑫，李百合，尹幸愉．使用 GAO-YONG 湍流方程组计算翼型分离流[J]. 航空动力学报,2007, 22(1):73-78.

[137] 高琳,高歌,江立军．用 GAO-YONG 湍流模式对分离流动的数值模拟[J]. 北京航空航天大学学报, 2013,39(5):1-5.

[138] 董鹤,高歌,邸亚超．不可压缩湍流的色散模型[J] ,航空动力学报,2013,28(1):90-95.

[139] 闫文辉,高歌,Yan Yong. 应用 GAO-YONG 湍流模式数值模拟三维激波/湍流边界层干扰[J]. 航空动力学报,2009,24(10):2193-2200.

[140] 王绪伦,高歌．使用 GAO-YONG 模式对不可压圆管湍流的计算[J] ，航空动力学报,2006,21(1):7-12.

[141] 武玥,闫文辉,高歌．使用 GAO-YONG 湍流模型数值研究管道凸起流动[J]. 航空计算技术,2011,41(4):40-44.

[142] 伏晓艳,高歌．运用 GAO-YONG 湍流模式对扩压器内跨声速流动的数值模拟[J]，推进技术，2008,29(2):40-43.

[143] 王保国．跨声速主流与边界层迭代的稳定性分析与数值实验[J].工程热物理学报,1989,10(4):379-382.

[144] Berker R. Handbuch der Physic[M]. Vol. 8, pt2, Berlin: Springer, 1963.

[145] 王竹溪,郭敦仁．特殊函数概论[M]. 北京：科学出版社，1965.

[146] Thompson K W. Time-dependent Boundary Conditions for Hyperbolic Systems Ⅱ[J]. J. Comput. Phys., 1990,89:439-461.

[147] Poinsot T J, Lele S K. Boundary Conditions for Direct Simulations of Compressible Viscous Flows [J]. J. Comput. Phys., 1992,101:104-129.

[148] Milne-Thomson L M. Theoretical Hydrodynamics[M]. London: Macmillan Press, 1979.

[149] Howarth L. Modern Developments in Fluid Dynamics (High Speed Flow)[M]. Oxford: Clarendon Press,1956.

[150] Sears W R. Unsteady Motion of Airfoils with Boundary-layer Separation[J]. AIAA J. 1976,14(2).

[151] Hafez M, Lovell D. Numerical Solution of Transonic Stream Function[J]. AIAA J. 1983, 21(3): 327-335.

[152] Holst T L. Implicit Algorithm for the Conservative Transonic Full-Potential Equation Using an Arbitrary Mesh[J]. AIAA J. 1979, 17(10): 1038-1045.

[153] Murman E M, Cole J D. Calculation of Plane Steady Transonic Flows[J]. AIAA J. 1971, 9(1): 114-121.

[154] 王保国,李荣先,马智明,等．非结构网格下含冷却孔的涡轮转子三维流场计算[J].航空动力学报,2001,16(3):224-231.

[155] 王保国,李荣先,马智明,等．非结构网格生成方法的改进及气膜冷却三维静子流场的求解[J].航空动力学报,2001,16(3):232-237.

[156] Harten A. High Resolution Schemes for Hyperbolic Conservation Law[J]. J. Comput. Phys. 1983, 49: 357-393.

[157] Harten A. Engquist S, Osher S, Chakravarthy S. Uniformly High Order Essentially Non-Oscillatory Schemes Ⅲ[J]. Journal of Computational Physics, 1987, 71: 231-303.

[158] Shu C W(舒其望). Essentially Non-oscillatory and Weighted Essentially Nonoscillatory Schemes for Hyperbolic Conservation Laws[R]. NASA CR 97-206253 (1997).

[159] Shu C W(舒其望). Total Variation Diminishing Time Discretizations[J]. SIAM Journal on Scientific and Statistical Computing, 1988, 9:1073-1084.

[160] Wang B G(王保国),Chen N X(陈乃兴). A New, High-Resolution Shock-Capturing Hybrid Scheme of Flux-vector Splitting-Harten's TVD[J]. Acta Mechanica Sinica, 1990, 6(3):204-213.

[161] Lubard S C, Helliwell W S. Calculation of the Flow on a Cone at High Angle of Attach[J]. AIAA J. 1974, 12: 965-974.

[162] Beam R M, Warming R F. An Implicit Factored Scheme for the Compressible Navier-Stokes

Equations[J]. AIAA J. 1978，16:393-401.

[163] Buelow P E，Tannehill J C，Ievalts J O，Lawrence S L. Three-dimensional，Upwind，Parabolized Navier-Stokes Code for Chemically Reacting Flows[J]. J. Thermophys. Heat Transfer，1991，5：274-283.

[164] Wadawadigi G，Tannehill J C，Lawrence S L，et al. Three-dimensional Computation of the Integrated Aerodynamic and Propulsive Flowfields of a Generic Hypersonic Space Plane[R]. AIAA Paper 94-0633,(1994).

[165] 朱幼兰，钟锡昌，陈炳木，等．初边值问题差分方法及绕流[M]．北京：科学出版社，1980.

[166] 纪楚群．弯头钝锥的超声速无黏绕流数值计算方法[J].空气动力学学报，1984，2(1)：29-39.

[167] Van Driest E R. The Problem of Aerodynamic Heating[J]. Aeronautical Engineering Review，1956:26-41.

[168] Anderson J D. Computational Fluid Dynamics：The Basics with Applications[M]. New York：McGraw-Hill，1995.

[169] Gupta R N，Yos J M，Thompson R A. A Review of Reaction Rates and Thermodynamic and Transport Properties for an 11 Species Air Model for Chemical and Thermal Nonequilibrium Calculation to 30000K[R]. NASA RP-1232，(1990)；or NASA TM 101528，(1990).

[170] Yee H C. Semi-implicit and Fully Implicit Shock-capturing Methods for Hypersonic Conservation Laws with Stiff Source Terms[R]. AIAA paper 87-1116,(1987).

[171] Hess J L，Smith A M O. Calculation of Potential Flow About Arbitrary Bodies[M]. Progress in Aerospace Sciences，Vol. 5，New York：Pergamon Press，1966.

[172] Belotserkovskiy S M，Skripach B K，Tabachnikov V G. A Wing in an Unstead Gas Flow[R]. AD A 048999，(1977).

[173] Belotserkovskiy S M，Skripach B K，Tabachnikov V G. A Wing in an Unsteady Gas Flow[R]. AD A 049000，(1977).

[174] Wu J C(吴镇远). Theory for Aerodynamics Force and Moment in Viscous Flows[J]. AIAA Journal，1981，19：432-441.

[175] 童秉纲，尹协远，朱克勤．涡运动理论[M]．合肥：中国科学技术大学出版社，1994.

[176] 吴介之，马晖扬，周明德．涡动力学引论[M]．北京：高等教育出版社，1993.

[177] Lighthill M J. Introduction to Boundary Layer Theory[M]. Laminar Boundary Layers (Ed. By Rosenhead L.). Oxford:Oxford University Press，1963:46-113.

[178] 华罗庚．高等数学引论[M]．北京：科学出版社，1963.

[179] 谷超豪．数学物理方程[M]．北京：人民教育出版社，1979.

[180] Huang G C(黄国创). A Theory of Unsteady Vortex System and Its Application[C]. International Conference on Fluid Mechanics and Theoretical Physics. In Honor of Professor Pei-Yuan Chou's 90th Anniversary 1-3 June，1992，Beijing.

[181] von Allmen M. Laser Beam Interactions with Materials：Physical Principles and Applications[M]. Berlin：Springer-Verlag，1987.

[182] Kruer W L. The Physics of Laser Plasma Interactions[M]. Addison-Wesley Publishing Company，

1998.
[183] Bekefi G. Principles of Laser Plasmas[M]. New York: John Wiley &Sons, 1976.
[184] 孙承纬．激光辐照效应[M]. 北京:国防工业出版社,2002.
[185] Ready J F. Effects of High-Power Laser Radiation[M]. New York: Academic Press, 1971.
[186] Knight C J. Theoretical Modeling of Rapid Surface Vaporization with Back Pressure[J]. AIAA J. 1979, 17(5): 516-521.
[187] 陆建,倪晓武,贺安之．激光与材料相互作用物理学[M]. 北京:机械工业出版社,1996.
[188] 王竹溪,朱洪元．中国大百科全书:物理卷[M]. 北京：中国大百科全书出版社,1987.
[189] Glant V E, Zhilinsky A P, Sakharov I E. Fundamentals of Plasma Physics[M]. New York: Wiley,1980.
[190] Dendy R. Plasma Physics: An Introductory Course [M]. Cambrige: Cambrige University Press, 1993.
[191] 李钢,徐燕骥,聂超群,等．俄罗斯等离子体点火和辅助燃烧研究进展[J]. 科技导报,2012,30(17):66-72.
[192] 李钢,徐燕骥,聂超群,等．利用等离子体旋流器调控旋流扩散火焰[J]. 中国科学 E 辑(技术科学),2011,41(8):1084-1089.
[193] 李钢,徐燕骥,朱俊强,等．等离子体旋流器调控燃烧的机理分析[J]. 高压电技术,2011,37(6):1479-1485.
[194] 李钢,徐燕骥,朱俊强,等．利用介质阻挡放电等离子体流动控制压气机叶栅端壁二次流[J]. 中国科学 E 辑(技术科学),2009,39(11):1843-1849.
[195] 李钢,徐燕骥,朱俊强,等．介质阻挡放电等离子体对近壁区流场的控制的实验研究[J]. 物理学报,2009,58(6):4026-4033.
[196] 李钢,徐燕骥,聂超群,等．平面激光诱导荧光技术在交错电极介质阻挡放电等离子体研究中的初步应用[J]. 物理学报,2008, 57(10):6444-6449.
[197] Li G(李钢),Zhu J Q(朱俊强),Xu Y J(徐燕骥),et al. Experimental Investigation of Flow Separation Controls Using Dielectric Barrier Discharge Plasma Actuators[J]. Plasma Science & Technology, 2008, 10(5)605-611.
[198] Pirri A N, Root R G, et al. Plasma Energy Transfer to Metal Surfaces Irradiated by Pulsed Lasers [J]. AIAA Journal,1978,16(12):1296-1301.
[199] Raizer Y P. Breakdown and Heating of Gases under the Influence of a Laser Beam[J]. Soviet Physics, 1966,8(5):650-673.
[200] Young M, Hercher M, Chung Y W. Some Characteristics of Laser Induced Air Sparks[J]. Journal of Applied Physics, 1966, 37(13):4938-4940.
[201] Alcock A J, Demichelis C, Hamal K. Subnanosecond Schlieren Photography of Laser-Induced Gas Breakdown[J]. Applied Physics Letter, 1968,12(4):148-150.
[202] Pirri A N, Schilier R, Northam D. Momentum Transfer and Plasma Formation Above a Surface with a High Power CO_2 Laser[J]. Applied Physics Letter, 1972,21(3):79-81.
[203] 陈朗,鲁建英,冯长根,等．激光支持爆轰波[M]. 北京:国防工业出版社,2011.

[204] 洪延姬,金星,李倩,等. 吸气式脉冲激光推进导论[M]. 北京:国防工业出版社,2012.

[205] Sedov L I. Similarity and Dimensional Methods in Mechanics[M]. English Transl. (M. Holt, ed.), New York: Academic Press, 1959.

[206] 王保国,王新泉,刘淑艳,等. 安全人机工程学[M]. 北京:机械工业出版社,2007.

[207] Wang B G(王保国), Bian Y G(卞荫贵). A LU-TVD Finite Volume Scheme for Solving 3D Reynolds Averaged Navier-Stokes Equations of High Speed Inlet Flows [C]. First Asian Computational Fluid Dynamics Conference. Hong Kong: Hong Kong University Press, 1995, 3: 1055-1060.

[208] 王保国,刘秋生,卞荫贵. 三维湍流高速进气道内外流场的高效高分率解[J]. 空气动力学报, 1996,14(2):168-178.

[209] 王保国,卞荫贵. 求解三维欧拉流的隐-显示格式及改进的三维 LU 算法[J]. 计算物理,1992, 9(4):423-425.

[210] Berselli L C, Iliescu T, Layton W J. Mathematics of Large Eddy Simulation of Turbulent Flows [M]. New York: Springer,2006.

[211] Spearman M L, Collins I K. Aerodynamic Characteristics of a Swept Wing Cruise Missile at Mach Number From 0.50 to 2.86[R]. NASA TN D-7069, 1972.

[212] Stephens E. Afterbody Heating Data Obtained From an Atlas Boosted Mercury Configuration in a Free Body Reentry[R]. NASA TM X-493, 1961.

[213] Kruse R L, Malcolm G N, Short B J. Comparison of Free Flight Measurements of Stability of the Gemini and Mercury Capsules at Mach Numbers 3 and 9.5[R]. NASA TM X-957, 1964.

[214] 王保国,孙业萍,钱耕. 两类典型高速飞行器壁面热流的工程算法[C] //龙升照主编. 第10届人—机—环境系统工程大会论文集,Dhillon B S. New York: Scientific Research Publishing, 2010: 299-305.

[215] Slucomb T H. Project Fire-Ⅱ Afterbody Temperatures and pressures at 11.35 Kilometers per Second[R]. NASA TM X-1319, 1966.

[216] Papp J L, Dash S M. A Rapid Engineering Approach to Modeling Hypersonic Laminar to Turbulent Transitional Flows for 2D and 3D Geometries[R]. AIAA Paper 2008-2600.

[217] 钱学森. 创建系统学[M],太原:山西科学技术出版社,2001.

[218] 王伟. 钱学森系统学的哲学基础[C] //龙升照主编. 第12届人—机—环境系统工程大会论文集,Dhillon B S. New York: Scientific Research Publishing, 2012:315-320.

[219] 吴仲华. 能的梯级利用与燃气轮机总能系统[M]. 北京:机械工业出版社,1988.

[220] 王保国,刘淑艳,李翔. 基于 Nash-Pareto 策略的两种改进算法及应用[J]. 航空动力学报,2008, 23(2):374-382.

[221] 王保国,黄伟光,王凯全,等. 人机环境安全工程原理[M]. 北京:中国石化出版社,2014.

[222] 龙升照,黄端生,陈道木,等. 人—机—环境系统工程理论及应用基础[M]. 北京:科学出版社,2004.

[223] Hirt C W, Amsden A A and Cook J L. An Arbitrary Lagrangian-Eulerian Computing Method for All Flow Speed[J]. Journal of Computational Physics, 1974, 14:227-253.

[224] 李德元，徐国荣，水鸿寿，等．二维非定常流体力学数值方法[M]. 北京：科学出版社，1987.

[225] Geuzaine P, Farhat C. Design and Time-Accuracy Analysis of ALE Schemes for Inviscid and Viscous Flow Computations on Moving Meshes[R]. AIAA Paper 2003-3694, 2003.

[226] 傅德薰，马延文．计算流体力学[M]. 北京：高等教育出版社，2002.

[227] Pirozzoli S. Numerical Methods for High-Speed Flows[J]. Annu. Rev. Fluid Mech., 2011, 43: 163-194.

[228] Ponziani D, Pirozzoli S, Grasso F. Development of Optimized Weighted-ENO Schemes for Multiscale Compressible Flows[J]. Int. J. Numer. Meth. Fluids, 2003, 42(9): 953-977.

[229] Martin M P, Taylor E M, Wu M, et al. A Bandwidth-Optimized WENO Scheme for the Effective Direct Numerical Simulation of Compressible Turbulence[J]. J. Comput. Phys., 2006, 220: 270-289.

[230] Li X L(李新亮), Fu D X(傅德薰), Ma Y W(马延文). Direct Numerical Simulation of Hypersonic Boundary Layer Transition Over a Blunt Cone with a Small Angle of Attack[J]. Physics of Fluids, 2010, 22: 025105.

[231] Fang J(方剑), Lu L P(陆利蓬), Li Z R(李兆瑞), et al. Assessment of Monotonicity Preserving Scheme for Large-Scale Simulation of Compressible Turbulence[C] // The 4th International Symposium on Physics of Fluid, 2011, Lijiang, China.

[232] Zhou Q (周强), Yao Z H (姚朝晖), Shen M Y(沈孟育), 等. A New Family of High Order Compact Upwind Difference Scheme with Good Spectral Resolution[J]. Journal of Computational Physics, 2007, 227(2): 1306-1339.

[233] 邓小刚，刘昕，毛枚良，等．高精度加权紧致非线性格式的研究进展[J]. 力学进展，2007, 37(3): 417-427.

[234] Balsara D, Shu C W (舒其望). Monotonicity Preserving Weighted Essentially Non-oscillatory Schemes with Increasingly High Order of Accuracy[J]. J. of Comput. Phys., 2000, 160: 405-452.

[235] Marusic I, Mathis R, Hutchins N. Predictive Model for Wall-bounded Turbulent Flow[J]. Science, 2010, 329(5988): 193-196.

[236] Ducros F, Ferrand V, Nicoud F, et al. Large-eddy Simulation of the Shock/Turbulence Interaction[J]. J. of Comput. Phys., 1999, 152: 517-549.

[237] Suresh A, Huynh H T. Accurate Monotonicity Preserving Schemes with Runge-Kutta Time Stepping[J]. Journal of Computational Physics, 1997, 136: 83-99.

[238] 华罗庚．高等数学引论（第一卷第二分册）[M]. 北京：科学出版社，1979.

[239] 华罗庚，王元．数值积分及其应用[M]. 北京：科学出版社，1963.

[240] 吴俊宏，王保国．新型高分辨率格式及其在 CFD 的应用[J]. 科技导报，2010, 28(13): 40-46.

[241] Hirt C W, Nichols B D. Volume of Fluid (VOF) Method for the Dynamics of Free Boundaries [J]. Journal of Computational Physics, 1981, 39: 210-225.

[242] Fedkiw R F, Marquina A, Merriman B. An Isobaric Fix for the Overheating Problem in Multimaterial Compressible Flows[J]. Journal of Computational Physics, 1999, 148: 545-578.

[243] Osher S, Sethian J A. Fronts Propagating with Curvature Dependent Speed: Algorithms Based on Hamilton-Jacobi Formulations[J]. Journal of Computational Physics, 1988, 79: 12.

[244] Merriman B, Bence J K, Osher S. Motion of Multiple Junctions: A Level Set Approach[J]. Journal of Computational Physics, 1994, 112: 334.

[245] Peskin C S. Numerical Analysis of Blood Flow in the Heart[J]. Journal of Computational Physics, 1977, 25: 220-252.

[246] Peskin C S. Flow Patterns around Heart Valves: A Numerical Method [J]. Journal of Computational Physics, 1972, 10: 252-271.

[247] Goldstein D, Handler R, Sirovich L. Modeling a Noslip Flow with an External Force Field[J]. Journal of Computational Physics, 1993, 105: 354-366.

[248] Fadlun E A, Verzicco R, Orlandi P, et al. Combined Immersed Boundary Finite Difference Method for Three Dimensional Complex Flow Simulations[J]. Journal of Computational Physics, 2000, 161(1): 35-60.

[249] Li Z L. An Overview of the Immersed Interface Method and its Applications[J]. Taiwanese Journal of Mathematics, 2003, 7(1): 1-49.

[250] Tseng Y H, Ferziger J H. A Ghost Cell Immersed Boundary Method for Flow in Complex Geometry[J]. Journal of Computational Physics, 2003, 192: 593-623.

[251] Mittal R, Iaccarino G. Immersed Boundary Method[J]. Annual Review of Fluid Mechanics, 2005, 37: 239-261.

[252] Palma P D, Tullio M D, Pascazio G, et al. An Immersed Boundary Method for Compressible Viscous Flows[J]. Computers & Fluids, 2006, 35(7): 693-702.

[253] Zhong X. A New High Order Immersed Interface Method for Solving Elliptic Equations with Imbedded Interface of Discontinuity[J]. Journal of Computational Physics, 2007, 225(1): 1066-1099.

[254] Zhong G H (钟国华), Sun X F (孙晓峰). A New Simulation Strategy for an Oscillating Cascade in Turbomachinery Using Immersed Boundary Method[J]. Journal of Propulsion and Power, 2009, 259(2): 312-321.

[255] Karagiozis K, Kamakoti R, Pantano C. A Low Numerical Dissipation Immersed Interface Method for the Compressible Navier-Stokes Equations[J]. Journal of Computational Physics, 2010, 229: 701-727.

[256] Meyer M, Devesa A, Hickel S, et al. A Conservative Immersed Interface Method for Large Eddy Simulation of Incompressible Flows[J]. Journal of Computational Physics, 2010 229.

[257] Meyer M, Hickel S, Adams N A. Assessment of Implicit Large Eddy Simulation with a Conservation Immersed Interface Method for Turbulent Cylinder Flow[J]. International Journal of Heat and Fluids Flow, 2010, 31: 368-377.

[258] Zeeuw D L, Powell K G. An Adaptively Refined Cartesian Mesh Solver for the Euler Equations [J]. Journal of Computational Physics, 1992, 101(2): 453-454.

[259] Chiang Y L, van Leer B, Powell K G. Simulation of Unsteady Inviscid Flow on an Adaptive

Refined Cartesian Grid[R]. AIAA Paper, 1992-0443, 1992.
[260] Coirier W J, Powell K G. An Accuracy Assessment of Cartesian Mesh Approaches for the Euler Equations[J]. Journal of Computational Physics, 1995, 117(1): 121-131.
[261] Forrer H, Jeltsch R. A Higher Order Boundary Treatment for Cartesian Grid Method[J]. Journal of Computational Physics, 1998, 140(2): 259-277.
[262] Dadone A. Cartesian Grid Computation of Inviscid Flows about Multiple Bodies[R]. AIAA Paper 2003-1121, 2003.
[263] Dadone A, Grossman B. Ghost Cell Method for Inviscid Three Dimensional Flows on Cartesian Grids[R]. AIAA Paper, 2005-874, 2005.
[264] Dadone A. Towards a Ghost Cell Method for Analysis of Viscous Flows on Cartesian Grids[R]. AIAA Paper 2010-709, 2010.
[265] 韩玉琪，江立军，高歌，等．一种新的边界处理方法在笛卡儿网格中的应用[J]. 航空动力学报，2012，27(10)：2371-2377.
[266] Han Y Q (韩玉琪), Cui S X (崔树鑫), Gao G (高歌), et al. Application of Ghost Body Cell Method on Adaptively Refined Cartesian Grid in Computational Fluid Dynamics[C]. The 2nd International Conference on Mechtronics and Applied Mechanics, Dec. 6-7, 2012, Hong Kong, China.
[267] 韩玉琪，崔树鑫，高歌．基于自适应笛卡儿网格的翼型绕流数值模拟[J]. 科学技术与工程，2013，13(10)：2891-2895.
[268] Jawahar P, Kamath H. A High Resolution Procedure for Euler and Navier-Stokes Computations on Unstructured Grids[J]. Journal of Computational Physics, 2000, 164(1): 165-203.
[269] 顾诵芬．世界航空发展史[M]. 郑州：河南科学技术出版社，1998.
[270] 陈懋章．风扇/压气机技术发展和对今后工作的建议[J]. 航空动力学报，2002，17(1)：1-15.
[271] 陈懋章，刘宝杰．大涵道比涡扇发动机风扇/压气机气动设计技术分析[J]. 航空学报，2008，29(3)：513-526.
[272] 刘大响，陈光．航空发动机——飞机的心脏[M]. 北京：航空工业出版社，2003.
[273] 林左鸣．战斗机发动机的研制现状和发展趋势[J]. 航空发动机，2006，32(1)：1-8.
[274] 陈懋章．中国航空发动机高压压气机发展的几个问题[J]. 航空发动机，2006，32(2)：5-11.
[275] 刘大响，程荣辉．世界航空动力技术的现状及发展动向[J]. 北京航空航天大学学报，2002，28(5)：490-496.
[276] 陈懋章，刘宝杰．中国压气机基础研究及工程研制的一些进展[J]. 航空发动机，2007，33(1)：1-9.
[277] 陈懋章，刘宝杰．风扇/压气机气动设计技术发展趋势——用于大型客机的大涵道比涡扇发动机[J]. 航空动力学报，2008，23(6)：961-975.
[278] Mckay B. Next Generation Propulsion & Air Vehicle Considerations[R]. AIAA Paper 2009-4803, 2009.
[279] Maclin H. Propulsion Technology for Future Commercial Aircraft[R]. AIAA Paper 2003-2544, 2003.

[280] 陈懋章．压气机气动力学发展的一些问题[J]. 航空学报，1985，6(5)：405-410.

[281] 王仲奇，郑严．叶轮机械弯扭叶片的研究现状及发展趋势[J]. 中国工程科学，2000，2(6)：40-48.

[282] 陈懋章，彭波．用可压缩流涡方法模拟叶轮机动静叶的相互作用[J]. 中国工程科学，2000，2(2)：15-23.

[283] 吴先鸿，陈懋章．非定常动静叶干涉作用的二维数值模拟[J]. 航空动力学报，1998，13(2)：128-132.

[284] 张永新，邹正平，陈懋章，等．单级大小叶片轴流压气机流动分析[J]. 航空动力学报，2004，19(1)：89-93.

[285] 邹正平，綦蕾，李维，等．上游尾迹与涡轮转子泄漏流相互作用数值模拟[J]. 航空动力学报，2010，25(1)：58-66.

[286] Fite E B. Fan Performance from Duct Rake Instrumentation on a 1. 294 Pressure Ratio，725 ft/sec Tip Speed Turbofan Simulator Using Vaned Passage Casing Treatment[R]. NASA TM 2006-214241，2006.

[287] Rolls-Royce Aerospace Group. The Jet Engine[M]. 5th Ed. Birmingham，England：Renault Printing Co. Ltd，1996.

[288] Wennerstrom A J，Frost G R. Design of a 1500 ft/sec，Transonic，High Through Flow，Single Stage Axial Flow Compressor with Low Hub/Tip Ratio[R]. AD-B016386，1976.

[289] Wennerstrom A J. Highly Loaded Axial Flow Compressors：History and Current Development [J]. ASME Journal of Turbomachinery，1990，112：567-578.

[290] Wennerstrom A J. Low Aspect Ratio Axial Flow Compressors：Why and What It Means[J]. ASME Journal of Turbomachinery，1989，111(4)：357-365.

[291] 杨小贺，单鹏．两类对转风扇的设计与气动特征数值研究[J]. 航空动力学报 . 2011，26(10)：2313-2322.

[292] 任汝根，周盛．叶轮机械中的非定常流动[J]. 燃气涡轮实验与研究，1991，4(4)：1-24.

[293] 孟庆国，周盛．叶轮机械非常定流动研究进展[J]. 力学进展，1997，27(2)：232-247.

[294] 陆亚钧．叶轮机非常定流动理论[M]. 北京：北京航空航天大学出版社，1990.

[295] 周盛，侯安平，陆亚钧，等．关于轴流压气机的非定常两代流型[J]. 航空学报，2005，26(1)：1-7.

[296] 侯安平，周盛．轴流式叶轮机时序效应的机理探讨[J]. 航空动力学报，2003，18(1)：70-75.

[297] 杨荣菲，李秋实，周盛，等．压气机中尾迹/边界层作用模型的分析与验证[J]. 航空动力学报，2011，26(7)：1647-1653.

[298] 周盛，王强，侯安平．关于飞机推进系统气动热力学的若干疑题[J]. 航空知识，2008，1：58-59.

[299] Lin C C（林家翘）. The Theory of Hydrodynamic Stability[M]. Cambridge：Cambridge University Press，1955.

[300] 周恒，赵耕夫．流动稳定性[M]. 北京：国防工业出版社，2004.

[301] 尹协远，孙德军．旋涡流动的稳定性[M]. 北京：国防工业出版社，2003.

[302] Moore F K，Greitzer E M. A Theory of Post Stall Transients in Axial Compressors：Part 1

Development of the Equations[J]. ASME J. Eng. Gas Turbines and Power, 1986, 108: 68-76.

[303] Gong Y, Tan C S, Gordon K A, Greitzer E M. A Computational Model for Short-Wavelength Stall Inception and Development in Multistage Compressors[J]. Journal of Turbomachinery, 1999, 121(4): 726-734.

[304] Chima R V. A Three Dimensional Unsteady CFD Model of Compressor Stability[R]. NASA TM-214117, 2006.

[305] Sun X F (孙晓峰). On the Relation Between the Inception of Rotating Stall and Casing Treatment [R]. AIAA Paper 1996-2579, 1996.

[306] Sun X F (孙晓峰), Sun D K (孙大坤), Yu W W (于巍巍). A Model to Predict Stall Inception of Transonic Axial Flow Fan/Compressors[J]. Chinese Journal of Aeronautics, 2011, 24(6): 687-700.

[307] Sun X F (孙晓峰), Liu X H (刘小华), Hou R W (侯睿炜), 等. A General Theory of Flow-Instability Inception in Turbomachinery[J]. AIAA Journal 2013 or AIAA Paper 2012-4156, 2012.

[308] Reid L, Moore R D. Design and Overall Performance of Four Highly Loaded, High Speed Inlet Stages for an Advanced High Pressure Ratio Core Compressor[R]. NASA TP 1337, 1978.

[309] Suder K L, Celestina M L. Experimental and Computational Investigation of the Tip Clearance Flow in a Transonic Axial Compressor Rotor[J]. Journal of Turbomachinery, 1996, 118(2): 218-229.

[310] Reid L, Moore R D. Performance of Singer-Stage Axial Flow Transonic Compressor With Rotor and Stator Aspect Rations of 1.19 and 1.26, Respectively, and with Design Pressure Ratio of 1.82[R]. NASA TP 1338, 1978.

[311] Cumpsty N A. Compressor Aerodynamics[M]. Malabar, Florida: Krieger Publishing Company, 2004.

[312] Denton J D. Loss Mechanisms in Turbomachines[J]. ASME Journal of Turbomachinery, 1993, 115(4): 621-656.

[313] Yamada K, Furukawa M, Nakano T, et al. Unsteady Three Dimensional Flow Phenomena due to Breakdown of Tip Leakage Vortex in a Transonic Axial Compressor Rotor[R]. ASME Paper 2004-GT-53745, 2004.

[314] Zhang H W (张宏武), Deng X Y (邓向阳), Huang W G (黄伟光), et al. A Study on the Mechanism of Tip Leakage Flow Unsteadiness in an Isolated Compressor Rotor[R]. ASME Paper 2006-GT-91123, 2006.

[315] McDougall N M, Cumpsty N A, Hynes T P. Stall Inception in Axial Compressors[J]. ASME Journal of Turbomachinery, 1990, 112(1): 116-125.

[316] Garnier V H, Epstein A H, Greitzer E M. Rotating Waves as a Stall Inception Indication in Axial Compressors[J]. ASME Journal of Turbomachinery, 1991, 113(2): 390-392.

[317] Day I J. Stall Inception in Axial Compressors[J]. ASME Journal of Turbomachinery, 1993, 115(1): 1-9.

[318] Day I J. Active Suppression of Rotating Stall and Surge in Axial Compressors[J]. ASME Journal of Turbomachinery, 1993, 115(2): 40-47.

[319] Camp T R, Day I J. A Study of Spike and Modal Stall Phenomena in a Low-Speed Axial Compressor[J]. ASME Paper 1997-GT-526, 1997.

[320] Hah C, Schulze R, Wagner S, et al. Numerical and Experimental Study for Short Wavelength Stall Inception in a Low-Speed Axial Compressor[R]. ISABE Paper 99-7033, 1999.

[321] 蒋康涛，徐纲，黄伟光，等．单级跨音压气机整圈三维动静叶干涉的数值模拟[J]. 航空动力学报，2002，17(5)：549-555.

[322] 陈乃兴，黄伟光，周倩．跨音速单转子压气机三维湍流流场的数值计算[J]. 航空动力学报，1995，10(2)：109-112.

[323] 黄伟光，刘建军．两种 TVD 格式在跨音速叶栅流场计算中的应用[J]. 工程热物理学报，1995，16(3)：309-312.

[324] 陈乃兴，徐燕骥，黄伟光，等．单转子风扇的三维反问题气动设计[J]. 航空动力学报，2002，17(1)：23-28.

[325] 陈乃兴，徐燕骥，黄伟光，等．多级轴流压气机三维气动设计的一种快速方法[J]. 工程热物理学报，2003，24(4)：583-585.

[326] 谭春青，陈海生，蔡睿贤，等．一种典型透平静叶型叶片正弯曲作用的实验研究[J]. 工程热物理学报，2011，22(3)：294-297.

[327] 谭春青，王仲奇，韩万今．在大转角透平叶栅中叶片反弯曲对通道涡及静压场的影响[J]. 工程热物理学报，1994，15(2)：141-146.

[328] Tan C Q (谭春青), Zhang H L (张华良), Chen H S (陈海生), et al. Blade Bowing Effect on Aerodynamic Performance of a Highly Loaded Turbine Cascade[J]. AIAA Journal of Propulsion and Power, 2010, 26(3): 604-607.

[329] 牛玉川，朱俊强，聂超群．吸附式亚声速压气机叶栅气动性能实验及分析[J]. 航空动力学报，2008，23(3)：483-489.

[330] 葛正威，朱俊强，黄伟光．吸附式跨声速压气机叶栅流场数值模拟[J]. 航空动力学报，2007，22(8)：1365-1370.

[331] 黄伟光，陈乃兴，山崎伸彦，等．叶轮机械动静叶片排非定常气动干涉的数值模拟[J]. 工程热物理学报，1999，20(3)：294-298.

[332] 张宏武，徐燕骥，黄伟光，等．跨音透平级动叶顶部间隙流动的数值模拟[J]. 工程热物理学报，2002，23(4)：441-444.

[333] 徐纲，聂超群，黄伟光，等．低速轴流压气机顶部微量喷气控制失速机理的数值模拟[J]. 工程热物理学报，2004，25(1)：37-40.

[334] 王沛，朱俊强，黄伟光．间隙流触发压气机内部流动失稳机制及周向槽扩稳机理[J]. 航空动力学报，2008，23(6)：1067-1071.

[335] 耿少娟，陈静宜，黄伟光，等．跨音速轴流压气机叶顶间隙泄漏流对微喷气的非定常响应机制和扩稳效果研究[J]. 工程热物理学报，2009，30(12)：2103-2106.

[336] 杜娟，林峰，黄伟光，等．某跨音速轴流压气机转子叶顶泄漏流的非定常特征[J]. 工程热物理学

报，2009，30(5)：749-752.

[337] Nan X（南希），Lin F（林峰），Huang W G（黄伟光），et al. Effects of Casing Groove Depth and Width on the Stability and Efficiency Improvement for a Transonic Axial Rotor[R]. Proceedings of the 10th International Symposium on Experimental Computational Aerothermodynamics of Internal Flows，July 2011，Brussels，Belgium，ISAIF Paper 2010-054.

[338] Vo H D，Tan C S，Greitzer E M. Criteria for Spike Initiated Rotating Stall[R]. ASME GT 2005-68374，2005. or ASME Journal of Turbomachinery，2008，130(1).

[339] Hah C，Bergner J，Schiffer H Z. Short Length-Scale Rotating Stall Inception in a Transonic Axial Compressor Criteria and Mechanism[R]. ASME Paper 2006-GT-90045，2006.

[340] 顾诵芬，解思适．飞机总体设计[M]. 北京：北京航空航天大学出版社，2001.

[341] Schlichting H. Boundary Layer Theory[M]. 7th ed.，New York：McGraw-Hill，1979.

[342] 季羡林．留德十年[M]. 北京：中国人民大学出版社，2004.

[343] D. 理查森．现代隐身飞机[M]. 魏志祥，译．北京：科学出版社，1991.

[344] J. 琼斯．隐身技术[M]. 洪旗，魏海滨，译．北京：航空工业出版社，1991.

[345] Sweetman B. YF-22 and YF-23 Advanced Tactical Fighters[M]. Motorbooks International，Wichita，USA，1991.

[346] Busch R J. Computational Fluid Dynamics in the Design of the YF-23 ATF Prototype[R]. AIAA Paper 1991-1627，1991.

[347] Bangert L H，Johnston C E，Schoop M J. CFD Applications in F-22 Design[R]. AIAA Paper 1993-3055，1993.

[348] Rom J.. High Angle of Attack Aerodynamics[M]. New York：Springer-Verlag，1992.

[349] R·C·比施根斯．干线飞机空气动力学和飞行力学[M]. 孙荣科，顾诵芬，译．北京：航空工业出版社，1996.

[350] Huenecke K. Modern Combat Aircraft Design[M]. Naval Institute Press，1987.

[351] Whitford R. Design for Aircombat[M]. Jane's Publishing Company，1987.

[352] Raymer D P. Aircraft Design：A Conceptual Approach[M]. AIAA Education Series，Washington D C，1989.

[353] Torenbeek E. Synthesis of Subsonic Airplane Design[M]. Delft University Press，1982.

[354] Küchemann D. The Aerodynamic Design of Aircraft[M]. Pergamon Press，1978.

[355] 李天．飞机隐身设计指南[M]. 北京：中国航空工业总公司，1995.

[356] 陈士橹．近代飞行器飞行力学[M]. 西安：西北工业大学出版社，1987.

[357] 郦正能．飞行器结构学[M]. 北京：北京航空航天大学出版社，2005.

[358] AIAA Technical Committee for MDO. Current State of the Art：Multidisciplinary Design Optimization[R]. AIAA White Paper，Washington D. C.，Sept，1991.

[359] 陈乃兴．叶轮机械动力学及其优化设计研究中的若干问题[J]. 工程热物理纵横，2007(4)：12-14.

[360] 张峰，刘淑艳，王保国．射流元件复杂湍流场的高分辨率高精度解[J]. 机械工程学报，2008，44(2)：16-21.

[361] 王保国，刘淑艳，张雅．双时间步长加权 ENO—强紧致高分辨率格式及在叶轮机械非定常流动中的应用[J]. 航空动力学报，2005，20(4)：534-539.
[362] Corner J. Theory of Interior Ballistics of Guns[M]. New York：Wiley，1950.
[363] 马福球，陈运生，朵英贤．火炮与自动武器[M]. 北京：北京理工大学出版社，2003.
[364] 鲍廷钰，邱文坚．内弹道学[M]. 北京：北京理工大学出版社，1995.
[365] 金志明．高速推进内弹道[M]. 北京：国防工业出版社，2001.
[366] Nielsen J N. Missile Aerodynamics[M]. New York：McGraw-Hill，1960.
[367] Hemsch M J，Mendenhall M R. Tactical Missile Aerodynamics[M]. Volume 104，Progress in Astronautics and Aeronautics. New York，1992.
[368] Moore F G. Approximate Methods for Weapon Aerodynamics[M]. American Institute of Aeronautics and Astronautics，2002.
[369] Krier H and Summerfield M. Interior Ballistics of Guns[M]. New York：Published by The AIAA，1979.
[370] Kuo K. K. Y (郭冠云). Principles of Combustion[M]. New York：John Wiley & Sons，1986.
[371] Peters N. Turbulent Combution[M]. Cambridge：Cambridge University Press，2000.
[372] Wilcox D C. Turbulence Modeling for CFD[M]. 2nd. DCW Industries，INC，1998.
[373] Pope S B. Turbulent Flows[M]. Cambridge：Cambridge University Press，2001.
[374] Galperin B，Orszag S A. Large Eddy Simulation of Complex Engineering and Geophysical Flows [M]. Cambridge：Cambridge University Press，2010.
[375] Warnatz J，Maas U，Dibble R W. Combustion[M]. Berlin：Springer-Verlag，1996.
[376] Chassaing P，Antonia R A，et al. Variable Density Fluid Turbulence[M]. Dordrecht：Kluwer Academic Publishers，2002.
[377] 陈义良．湍流计算模型[M]. 合肥：中国科学技术大学出版社，1991.
[378] Stone C，Menon S. Simulation of Fuel-Air Mixing and Combustion in a Trapped-Vortex Combustor[R]. AIAA Paper 2000-0478，2000.
[379] Chakravarthy V，Menon S. Large Eddy Simulations of Turbulent Premixed Flames in the Flamelet Regime[J]. Combustion Science and Technology，2001，162：175-222.
[380] Domingo P，Vervisch L. DNS Analysis of Partially Premixed Combustion in Spray and Gaseous Turbulent Flame-base Stabilized in Hot Air[J]. Combustion and Flame，2005，140：172-195.
[381] Yunling W，Christopher J R. Direct Numerical Simulation of Turbulent Droplets Flow with Evaporation[R]. AIAA Paper 2003-1281，2003.
[382] Tramecourt N，Menon S. LES of Supercritical Combustion in a Gas Turbine Engine[R]. AIAA Paper 2004-3381，2004.
[383] Pandya R V，Mashayek F. Two-Fluid Large-Eddy Simulation Approach for Particle-Laden Turbulent Flows[J]. Heat and Mass Transfer，2002，4753-4759.
[384] Berglund M，Fureby C. LES of Supersonic Combustion in a Scramjet Engine Model[C]. Proceedings of the Combustion Institute，2007，31：2497-2504.
[385] Genin F，Menon S. Simulation of Turbulent Mixing Behind a Strut Injector in Supersonic Flow

[J]. AIAA Journal, 2010, 48(3): 526-539.
[386] Menon S, Kim W W, Stone C. Large-Eddy Simulation of Fuel-Air Mixing and Chemical Reactions in Swirling Flow Combustor[R]. AIAA Paper 99-3440, 1999.
[387] Zhou L X (周力行). Theory and Numerical Modeling of Turbulent Gas-Particle Flows and Combustion[M]. Florida: CRC Press, 1993.
[388] 徐旭常，周力行．燃烧技术手册[M]. 北京：化学工业出版社，2008.
[389] 范维澄，陈义良，洪茂玲．计算燃烧学[M]. 合肥：安徽科技出版社，1987.
[390] 王应时，范维澄，周力行，徐旭常．燃烧过程数值计算[M]. 北京：科学出版社，1986.
[391] 庄逢辰，液体火箭发动机喷雾燃烧的理论、模型及应用[M]. 长沙：国防科技大学出版社，1995.
[392] 朱森元．氢氧火箭发动机及其低温技术[M]. 北京：国防工业出版社，1995.
[393] 刘兴洲．飞航导弹动力装置（上、下册）[M]. 北京：宇航出版社，1992.
[394] 张斌全．燃烧理论基础[M]. 北京：北京航空航天大学出版社，1990.
[395] 金如山．航空燃气轮机燃烧室[M]. 北京：宇航出版社，1988.
[396] 刘陵，刘敬华，张榛，等．超声速燃烧与超音速燃烧冲压发动机[M]. 西安：西北工业大学出版社，1993.
[397] 杜声同，严传俊．航空燃气轮机燃烧与燃烧室[M]. 西安：西北工业大学出版社，1988.
[398] 郑楚光．湍流反应流的 PDF 模拟[M]. 武汉：华中科技大学出版社，2005.
[399] 何洪庆，张振鹏．固体火箭发动机气体动力学[M]. 西安：西北工业大学出版社，1988.
[400] 刘国球．液体火箭发动机原理[M]. 北京：宇航出版社，1993.
[401] 曹泰岳，常显奇，蹇泽群，等．固体火箭发动机燃烧过程理论基础[M]. 长沙：国防科技大学出版社，1992.
[402] 董师颜，张兆良．固体火箭发动机原理[M]. 北京：北京理工大学出版社，1996.
[403] 颜子初．大型运载火箭、天地往返运输系统主发动机的发展[J]. 导弹与航天运载技术．1993，1：22-29.
[404] 张育林，刘昆，程谋森．液体火箭发动机动力学理论与应用[M].北京：科学出版社，2005.
[405] 李宜敏，张中钦，赵元修．固体火箭发动机原理[M]. 北京：国防工业出版社，1985.
[406] 蒋德明．内燃机中的气体流动[M]. 北京：机械工业出版社，1986.
[407] 岑可法，姚强，骆仲泱，等．高等燃烧学[M]. 杭州：浙江大学出版社，2002.
[408] 黄兆祥．航空燃气轮机喷气发动机燃烧室[M]. 北京：国防工业出版社，1979.
[409] 樊启发．世界制导兵器手册[M]. 北京：兵器工业出版社，1996.
[410] 唐胜景，郭杰，李响，等．飞行器系统概论[M]. 北京：国防工业出版社，2012.
[411] 吴甲生，雷娟棉．制导兵器气动布局发展趋势及有关气动力技术[J]. 北京理工大学学报，2003，23(6).
[412] W. Lanouette, Bela Silard. Genius in the Shadows: A Biography of Leo Szilard, the Man Behind the Bomb[M]. Chicago: University of Chicago Press, 1994.
[413] R. L. Sime. Lise Meitner: A Life in Physics[M]. Berkeley, CA: University of California Press, 1966.
[414] 陈海生，徐玉杰，谭春青，等．压缩空气储能技术原理[J]. 储能科学与技术，2013，12(2)：

146-151.

[415] Hirooka Y, Katsurayama H, Mori K, et al. Computational Analysis on Nozzle Performance of a RP Laser Thruster[R]. AIAA Paper 2004-653,2004.

[416] 高歌．兰星科技畅想[M]. 北京:航空工业出版社,2008.

[417] 王保国，王伟，张伟,徐燕骥．人机系统方法学[M]. 北京：清华大学出版社，2014.

[418] 高歌．宇宙天演论[M]. 北京：航空工业出版社，2010.

[419] 林左鸣．用企业家精神点燃时代引擎[M]. 北京：航空工业出版社，2013.

[420] Bertalanffy L von. General Systems Theory[M]. New York: George Braziller, 1968.

[421] Laszlo E. 系统哲学引论[M].钱兆华，熊继宁，刘俊生,译．北京：商务印书馆，1998.

[422] 钱学森．人体科学与现代科技发展纵横观[M]. 北京：人民出版社，1996.

[423] 钱学森．论人体科学与现代科技[M]. 上海：上海交通大学出版社,1998.

[424] 佘振苏，倪志勇．人体复杂系统科学探索[M]. 北京：科学出版社，2012.

[425] 唐孝威．意识论：意识问题的自然科学研究[M]. 北京：高等教育出版社，2004.

[426] Schördinger E. 生命是什么：物质与意识[M].罗辽复，罗来欧,译．长沙：湖南科学技术出版社，2003.

[427] Gazzaniga M S, Ivry R B, Mangun G R. 认识神经科学：关于心智的生物学[M]. 周晓林,高定国,译．北京：中国轻工业出版社，2011.

[428] Weinberg S. Gravitation and Cosmology[M]. New York: John Wiley, 1972.

[429] Hawking S. A Brief History of Time[M]. New York: Bantam, 1988.

索　　引

Ж～C

C

D

E

G

H

J

K

L

M

Q

R

S

X

Y

Z